JN431257

SI Units (Système international d'unités)

Selected SI Units			Commonly used SI prefixes		
Quantity	**Name**	**SI symbol**	**Factor**	**Prefix**	**SI symbol**
Energy	joule	J (1 J = 1 N · m)	10^9	giga	G
Force	newton	N (1 N = 1 kg · m/s^2)	10^6	mega	M
Length	meter*	m	10^3	kilo	k
Mass	kilogram*	kg	10^{-3}	milli	m
Moment (torque)	newton meter	N · m	10^{-6}	micro	μ
Rotational frequency	revolution per second	r/s	10^{-9}	nano	n
	hertz	Hz (1 Hz = 1 r/s)			
Stress (pressure)	pascal	Pa (1 Pa = 1 N/m^2)			
Time	second*	s			
Power	watt	W (1 W = 1 J/s)			

* SI base unit

Selected Rules and Suggestions for SI Usage

1. Be careful in the use of capital and lowercase for symbols, units, and prefixes (e.g., m for meter or milli, M for mega).
2. For numbers having five or more digits, the digits should be placed in groups of three separated by a small space, counting both to the left and to the right of the decimal point (e.g., 61 354.982 03). The space is not required for four-digit numbers. Spaces are used instead of commas to avoid confusion—many countries use the comma as the decimal marker.
3. In compound units formed by multiplication, use the product dot (e.g., N · m).
4. Division may be indicated by a slash (m/s), or a negative exponent with a product dot (m · s^{-1}).
5. Avoid the use of prefixes in the denominator (e.g., km/s is preferred over m/ms). The exception to this rule is the prefix k in the base unit kg (kilogram).

Equivalence of U.S. Customary and SI Units (Asterisks indicate exact values; others are approximations.)

	U.S. customary to SI	SI to U.S. customary
1. Length	1 in. = 25.4* mm = 0.0254* m 1 ft = 304.8* mm = 0.3048* m	1 mm = 0.039 370 in. 1 m = 39.370 in. = 3.281 ft
2. Area	1 in.^{2} = 645.16* mm^2 1 ft^2 = 0.092 903 04* m^2	1 mm^2 = 0.001 550 in.^{2} 1 m^2 = 1550.0 in.^{2} = 10.764 ft^2
3. Volume	1 in.^{3} = 16 387.064* mm^3 1 ft^3 = 0.028 317 m^3	1 mm^3 = 0.000 061 024 in.^{3} 1 m^3 = 61 023.7 in.^{3} = 35.315 ft^3
4. Force	1 lb = 4.448 N 1 lb/ft = 14.594 N/m	1 N = 0.2248 lb 1 N/m = 0.068 522 lb/ft
5. Mass	1 lbm = 0.453 59 kg 1 slug = 14.593 kg	1 kg = 2.205 lbm 1 kg = 0.068 53 slugs
6. Moment of a force	1 lb · in. = 0.112 985 N · m 1 lb · ft = 1.355 82 N · m	1 N · m = 8.850 75 lb · in. 1 N · m = 0.737 56 lb · ft
7. Power	1 hp (550 lb · ft/s) = 0.7457 kW	1 kW = 1.3410 hp

Area Moments of Inertia

Rectangle

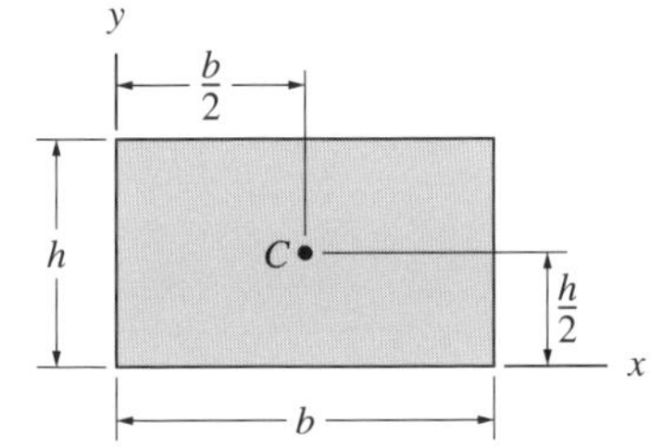

$\bar{I}_x = \dfrac{bh^3}{12}$ $\quad \bar{I}_y = \dfrac{b^3h}{12}$ $\quad \bar{I}_{xy} = 0$

$I_x = \dfrac{bh^3}{3}$ $\quad I_y = \dfrac{b^3h}{3}$ $\quad I_{xy} = \dfrac{b^2h^2}{4}$

Circle

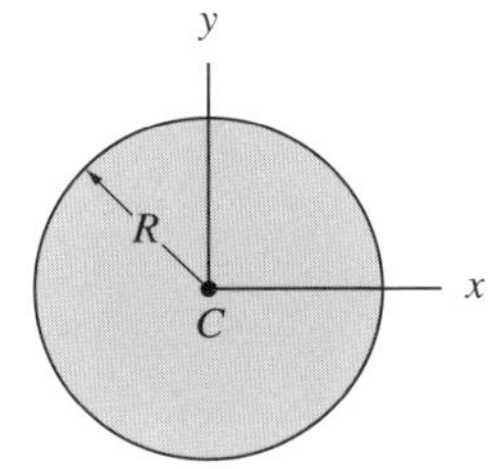

$I_x = I_y = \dfrac{\pi R^4}{4}$ $\quad I_{xy} = 0$

Half parabolic complement

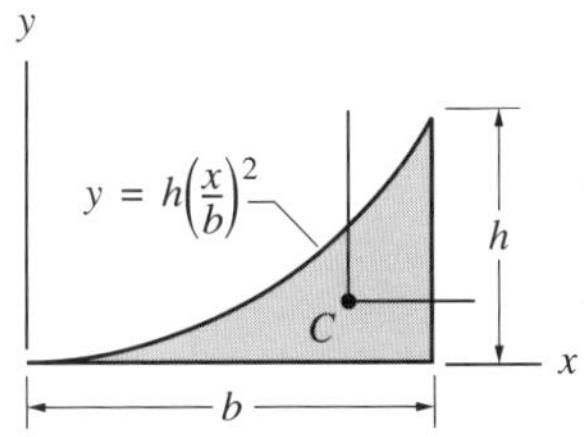

$\bar{x} = \dfrac{3b}{4}$ $\quad \bar{y} = \dfrac{3h}{10}$

$\bar{I}_x = \dfrac{37bh^3}{2100}$ $\quad I_x = \dfrac{bh^3}{21}$

$\bar{I}_y = \dfrac{b^3h}{80}$ $\quad I_y = \dfrac{b^3h}{5}$

$\bar{I}_{xy} = \dfrac{b^2h^2}{120}$ $\quad I_{xy} = \dfrac{b^2h^2}{12}$

Right triangle

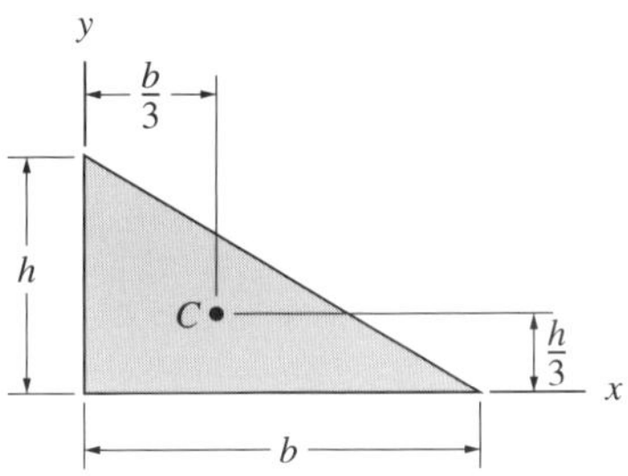

$\bar{I}_x = \dfrac{bh^3}{36}$ $\quad \bar{I}_y = \dfrac{b^3h}{36}$ $\quad \bar{I}_{xy} = -\dfrac{b^2h^2}{72}$

$I_x = \dfrac{bh^3}{12}$ $\quad I_y = \dfrac{b^3h}{12}$ $\quad I_{xy} = \dfrac{b^2h^2}{24}$

Semicircle

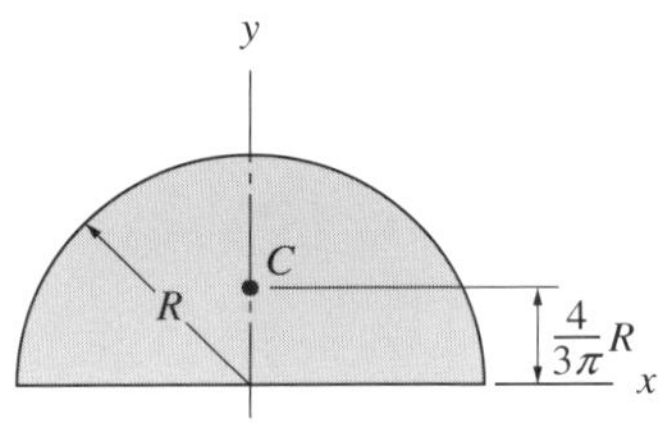

$\bar{I}_x = 0.1098R^4$ $\quad \bar{I}_{xy} = 0$

$I_x = I_y = \dfrac{\pi R^4}{8}$ $\quad I_{xy} = 0$

Half parabola

$y = h\left(\dfrac{x}{b}\right)^2$

$\bar{x} = \dfrac{3b}{8}$

$\bar{y} = \dfrac{3h}{5}$

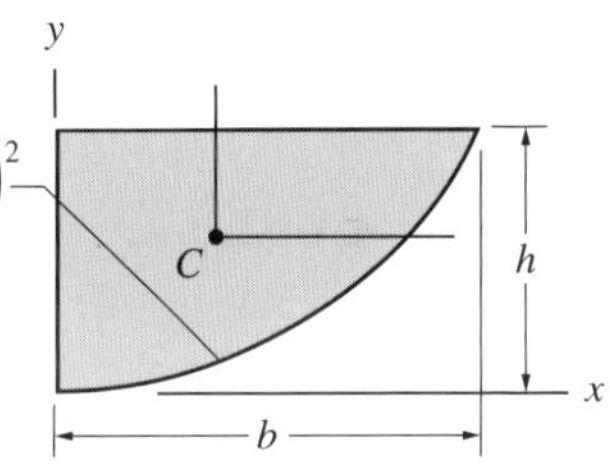

$\bar{I}_x = \dfrac{8bh^3}{175}$ $\quad I_x = \dfrac{2bh^3}{7}$

$\bar{I}_y = \dfrac{19b^3h}{480}$ $\quad I_y = \dfrac{2b^3h}{15}$

$\bar{I}_{xy} = \dfrac{b^2h^2}{60}$ $\quad I_{xy} = \dfrac{b^2h^2}{6}$

Isosceles triangle

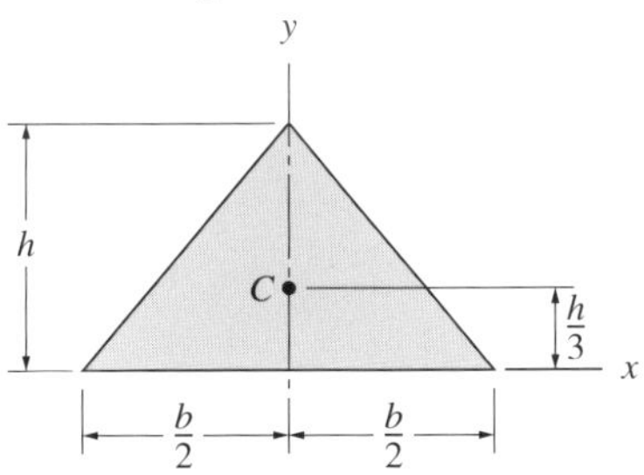

$\bar{I}_x = \dfrac{bh^3}{36}$ $\quad \bar{I}_y = \dfrac{b^3h}{48}$ $\quad \bar{I}_{xy} = 0$

$I_x = \dfrac{bh^3}{12}$ $\quad I_{xy} = 0$

Quarter circle

$\bar{x} = \dfrac{4R}{3\pi}$

$\bar{y} = \dfrac{4R}{3\pi}$

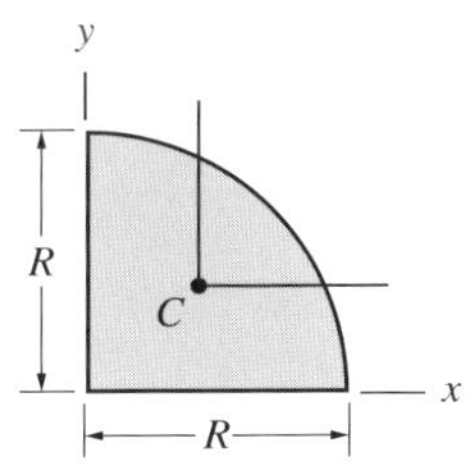

$\bar{I}_x = \bar{I}_y = 0.054\,88\,R^4$ $\quad I_x = I_y = \dfrac{\pi R^4}{16}$

$\bar{I}_{xy} = -0.016\,47\,R^4$ $\quad I_{xy} = \dfrac{R^4}{8}$

Circular sector

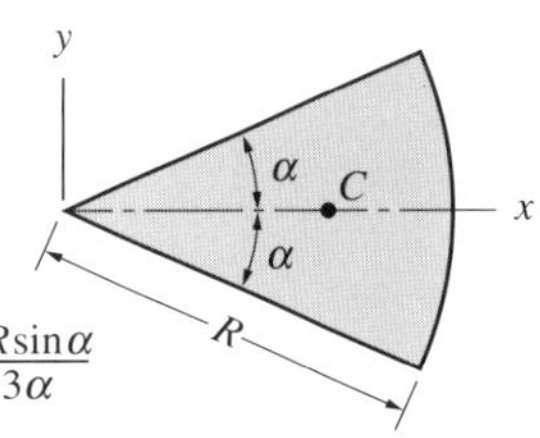

$\bar{x} = \dfrac{2R\sin\alpha}{3\alpha}$

$I_x = \dfrac{R^4}{8}(2\alpha - \sin 2\alpha)$

$I_y = \dfrac{R^4}{8}(2\alpha + \sin 2\alpha)$

$I_{xy} = 0$

Triangle

$\bar{x} = \dfrac{a+b}{3}$ $\quad \bar{y} = \dfrac{h}{3}$

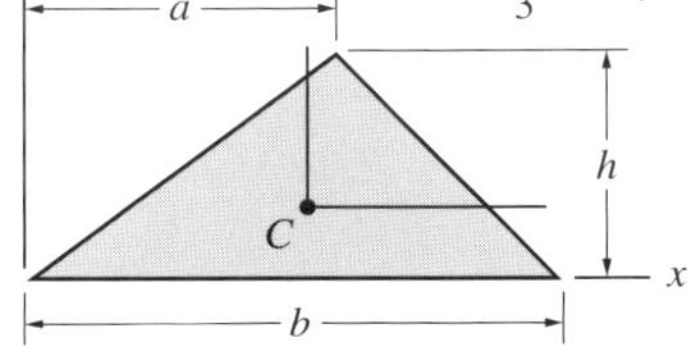

$\bar{I}_x = \dfrac{bh^3}{36}$ $\quad I_x = \dfrac{bh^3}{12}$

$\bar{I}_y = \dfrac{bh}{36}(a^2 - ab + b^2)$ $\quad I_y = \dfrac{bh}{12}(a^2 + ab + b^2)$

$\bar{I}_{xy} = \dfrac{bh^2}{72}(2a - b)$ $\quad I_{xy} = \dfrac{bh^2}{24}(2a + b)$

Quarter ellipse

$\bar{x} = \dfrac{4a}{3\pi}$

$\bar{y} = \dfrac{4b}{3\pi}$

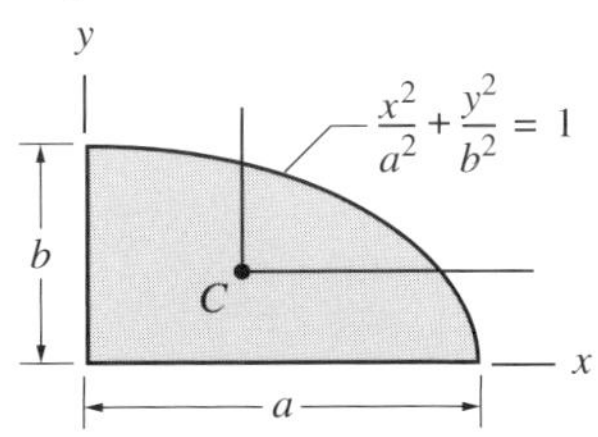

$\bar{I}_x = 0.054\,88ab^3$ $\quad I_x = \dfrac{\pi ab^3}{16}$

$\bar{I}_y = 0.054\,88a^3b$ $\quad I_y = \dfrac{\pi a^3b}{16}$

$\bar{I}_{xy} = -0.016\,47a^2b^2$ $\quad I_{xy} = \dfrac{a^2b^2}{8}$

SI EDITION

Engineering Mechanics

DYNAMICS

동역학

제4판

CENGAGE

Engineering Mechanics: Dynamics, SI Edition, **4th Edition**

Andrew Pytel
Jaan Kiusalaas

© 2020 Cengage Learning Korea Ltd.

Original edition © 2017 Cengage Engineering, a part of Cengage Learning.
Engineering Mechanics: Dynamics, SI Edition, 4th Edition
by Andrew Pytel, Jaan Kiusalaas
ISBN: 9781305579217

This edition is translated by license from Cengage Engineering, a part of Cengage Learning, for sale in Korea only.

ALL RIGHTS RESERVED. No part of this work covered by the copyright herein may be reproduced, transmitted, stored or used in any form or by any means graphic, electronic, or mechanical, including but not limited to photocopying, recording, scanning, digitalizing, taping, Web distribution, information networks, or information storage and retrieval systems, without the prior written permission of the publisher.

For permission to use material from this text or product, email to
asia.infokorea@cengage.com

ISBN-13: 979-11-90017-08-4

Cengage Learning Korea Ltd.
14F YTN Newsquare 76 Sangamsan-ro
Mapo-gu Seoul 03926 Korea
Tel: (82) 2 330 7000
Fax: (82) 2 330 7001

Cengage Learning is a leading provider of customized learning solutions with office locations around the globe, including Singapore, the United Kingdom, Australia, Mexico, Brazil, and Japan. Locate your local office at: **www.cengage.com**

Cengage Learning products are represented in Canada by Nelson Education, Ltd.

To learn more about Cengage Learning Solutions, visit **www.cengageasia.com**

SI EDITION

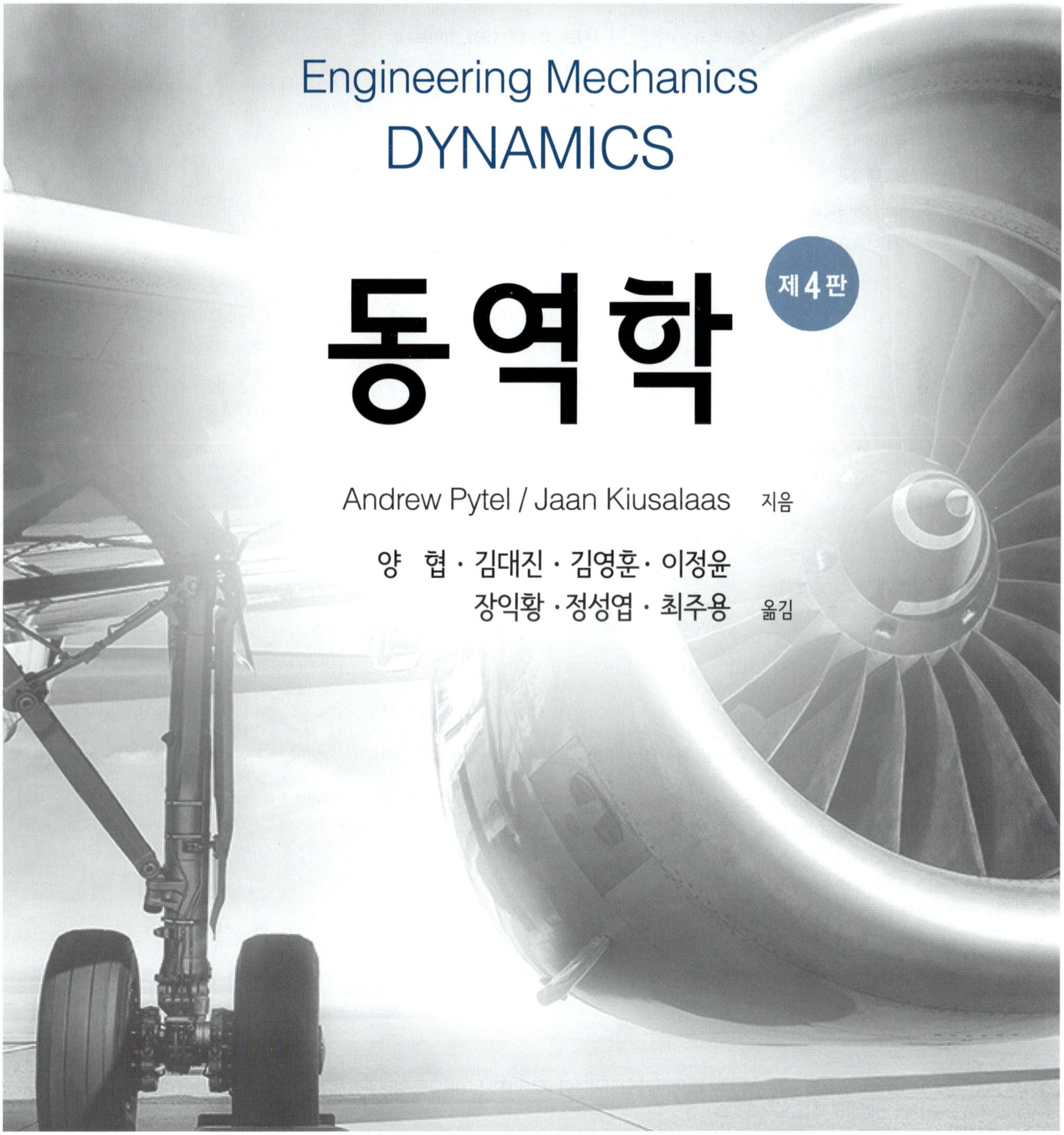

Engineering Mechanics
DYNAMICS

동역학

제 4 판

Andrew Pytel / Jaan Kiusalaas 지음

양 협 · 김대진 · 김영훈 · 이정윤
장익황 · 정성엽 · 최주용 옮김

CENGAGE (주)한티에듀

Andover • Melbourne • Mexico City • Stamford, CT • Toronto • Hong Kong • New Delhi • Seoul • Singapore • Tokyo

역 자

양　협(대표역자)	강원대학교	기계설계공학과	(서문, 11, 17, 18장, 찾아보기)
김대진	안동대학교	기계공학과	(16장)
김영훈	경남대학교	조선해양시스템공학과	(20장)
이정윤	경기대학교	기계시스템공학과	(15장)
장익황	원광대학교	스마트자동차공학과	(14장)
정성엽	한국교통대학교	기계공학과	(12, 13장)
최주용	경성대학교	기계메카트로닉스공학부	(19장)

동역학 제4판

발 행 일 2020년 06월 01일 초판 1쇄
지 은 이 Andrew Pytel, Jaan Kiusalaas
옮 긴 이 양　협, 김대진, 김영훈, 이정윤, 장익황, 정성엽, 최주용
펴 낸 이 김준호
펴 낸 곳 (주)한티에듀 | 서울시 마포구 동교로 23길 67 Y빌딩 3층
등　록 제2018-000145호 2018년 5월 15일
전　화 02) 332-7993~4 | **팩　스** 02) 332-7995
I S B N 979-11-90017-08-4 (93530)
가　격 35,000원

마 케 팅 노호근 박재인 최상욱 김원국
편　집 김은수 유채원
관　리 김지영 문지희
인　쇄 우일미디어

이 책에 대한 의견이나 잘못된 내용에 대한 수정정보는 아래의 한티미디어 홈페이지나 이메일로 알려주십시오.
독자님의 의견을 충분히 반영하도록 늘 노력하겠습니다.

홈페이지 www.hanteemedia.co.kr | 이메일 hantee@hanteemedia.co.kr

- 이 책은 (주)한티에듀와 CENGAGE의 독점계약에 의해 발행된 것이므로 내용, 사진, 그림 등의 전부나 일부의 무단전재와 복제를 금합니다.
- 파본 도서는 구입처에서 교환하여 드립니다.

역자 서문

역학은 힘에 관한 학문이다.

역학(mechanics)은 한자로 쓰면 '力學'으로, 직역하자면 '힘에 관한 학문'이다. 즉, 물체에 힘이 작용하면 이 물체에 어떠한 효과가 발생하게 되는지를 공부하는 학문 영역이다. 다만, 이 역학이라는 것이 원래 물리학에서 큰 몫을 차지하고 있었으므로 공학계에서는 **공업 · 역학**(engineering mechanics)이라는 명칭으로 따로 구별할 따름이다.

이러한 공업역학은 교육 및 학습 목적상(?) **정 · 역학**(statics)과 **동 · 역학**(dynamics)으로 분류를 하고 있는데, 이는 단순하게 말하자면 힘이 작용하는 대상 물체의 상태가 정적(static)이냐 동적(dynamic)이냐에 따른 것이고, 학문적으로 말하자면 대상 물체의 **가속도**가 0이냐 아니냐를 기준으로 하여 구분한 것이다.

동역학은 dynamic하고 variety하다!

그러므로 동역학은 '동적인 물체와 힘과의 관계를 다루는 학문'이 되는 셈이고, 그 문제 해법도 따지고 보면 3가지—**힘–질량–가속도 법**(FMA법; force-mass-acceleration법), **일–에너지 법**(WE법; work-energy법), **충격량–운동량 법**(IM법; impulse-momentum법)—로 단순 정리된다.

다만, 배우는 사람으로서 갖춰야 할 점이 있다면, 문제만 잘 풀면 되지 않느냐 하는 생각에 치우쳐서 그저 문제 풀이 비법만을 추구하는 데 몰두하지 말고, 동역학에서 학습할 내용도 결국은 정역학에서 학습했던 내용을 바탕으로 하기 때문에 정역학에서 이미 익혔던 주요 개념—**자유 물체도**(FBD, *Free Body Diagram*)와 힘의 평형식($\Sigma \mathbf{F} = 0$)—에다가 동역학에서 배울 **질량–가속도 선도**(MAD, *Mass-Acceleration Diagram*)와 **운동 방정식**($\Sigma \mathbf{F} = m\mathbf{a}$ 및 $\Sigma M = I\alpha$)의 개념을 충실히 이해하여 이를 응용할 줄 알아야 한다는 것이다.

하나 더, 이 책으로 공부하는 기계 계열 공대생들은 제발 본인들만이 동역학을 학습하고 있다고 오해하지 말기를 바란다. 동역학은 정역학에 이어 공학 분야에서 모든 역학 과목과 설계 과목의 필수 과목이 될 뿐만 아니라 물리학은 물론이고 화학, 의학, 생물학, 스포츠 역학 등과 같은 비공학 분야에서도 다양하게 응용되고 있다는 사실을 간과해서는 안 된다.

미 상용단위 단위의 수줍은 귀환?

이 제4판의 앞표지 머리띠 부분에는 SI판이라고 간판을 크게 걸어놓고서는 실상 그 내용은 **국제 단위계**(SI, *Le Système International d'Unités*; MKS + cgs단위계를 기본으로 함)와 함께 **미 상용단위계**(USCS, *the United States Customary System*; FPS 단위계 기본)를 **병용**하는 것으로 회귀하고 있다.

이는 과거 미국 태생의 원서들이 초판을 발간하였을 때는 당연히 영미 단위계(현 USCS)를 채택하고 있었으나 1970년대 후반 국제단위를 널리 사용하게 된 시점 이후에 발간된 개정판에서는 미 국내 · 외 수요자를 동시에 만족시키려고 시도했던 포맷으로 기억이 된다.

현재 일상생활에서 SI 단위 사용이 강제되고 있지 않는 나라로 미국과 미얀마가 공식적으로 언급되고 있지만 현실적인 면을 고려할 때 SI 단위와 함께 USCS를 익히는 것도 엔지니어로서 차원과 단위 개념의 외연을 넓히는 데 훨씬 더 좋다고 생각한다.

이 최신판의 구성이 궁금하다면…

이 교재는 크게 다음과 같이 두 부분으로 구성되어 있는데, 이는 지극히 전형적인 편성이다.

질점 동역학을 취급하는 **전반부(제11~15장)**에서는, 제11장에서 동역학의 기본 개념—속도, 가속도 및 뉴턴의 인력 법칙, 질점 운동 법칙 등—을 도입하여, 제12장에서는 직교좌표계 질점 동역학—운동학과 운동역학—에 적용하고, 제13장에서는 곡선좌표계 질점 동역학에 확장 적용하고 있다. 제14장에서는 일, 에너지, 충격량, 운동량 및 동력의 개념들을 소개한 다음, 충격량-운동량 법을 유도하고 있다. 제15장은 다중 질점 문제에 대한 상대운동과 구속 운동의 운동학을 설명하고 이를 질점 및 질점계의 운동역학에 대하여 적용한다. WE법과 IM법을 설명한 다음, 두 가지 특수 응용—충돌 역학과 질량유량—에 적용한다. 참고로, 충돌 역학은 소위 '당구공 문제'와 '충돌/추돌 사고 문제' 등 질점 충돌을 해석하는 기본이 되며, 질량 유량은 '로켓 문제'와 같이 유체를 동역학적으로 해석하는 개념이다.

강체 동역학을 취급하는 **후반부(제16~19장)**에서는, 제16장에서 강체의 평면 운동학을 다루며 그 주안점으로는 동일한 강체에 들어 있는 여러 점들의 운동(속도 및 가속도)을 상대속도, 상대가속도 및 순간 속도 중심 개념으로 설명한다.

제17장에서는 먼저 물체의 관성 모멘트, 각운동량 개념 및 운동방정식(오일러 방정식)을 유도할 때 사용하는 개념을 소개한 뒤 이러한 방정식들을 FBD와 MAD를 사용하는 문제 풀이에 적용하는 법을 설명한다. 제18장은 WE 원리와 IM 원리를 사용하는 평면 운동 강체 해석을 한 다음, 우력이 한 일과 강체의 운동에너지를 나타내는 식을 유도한다. WE 원리와 IM 원리를 적용하는 예시 문제와 충돌 문제가 함께 구성되어 있다. 제19장에서는 3차원 강체 동역학—당연히 이는 2차원 강체 동역학보다 더 복잡함—을 소개하고 있다.

마지막으로, **제20장**에서는 기계 진동—이는 고학년에 단일 과목으로 편성되어 있는 '기계 진동학'의 기초임—을 소개하고 있다.

덧붙여서, 이 제4판으로 학습하게 될 학생들은 이전 판을 보지 않았기 때문에 신판에서 달라진 내용을 비교할 수가 없겠지만, 원저자들이나 강의자들에게는 신판에 포함된 변화 내용이 대단히 중요하다. 동역학 교육 방향의 추세나 강의 내용 업그레이드(?)의 지표가 되기 때문이다. 하여튼, 어떤 책이나 체계적으로 구성되어 있기 마련이므로 구체적인 구성은 저자 서문을 참조하길 바란다.

끝으로…

우리가 배우는 전공 학문들이 서양에 근원을 두었다는 점을 염두에 두고, '입시를 위한 영어와 수학'에서 '전공 용어를 익히기 위한 영어와 공학 문제를 풀기 위한 수학'으로 관점을 돌려 영어 울렁증과 수학 공포증을 슬기롭게 이겨내면서, 자신감을 가지고 성공적으로 동역학을 이수하길 바란다.

Good luck!

SI판 서문

Preface to the SI Edition

본 공업역학: 동역학 판은 완전히 국제단위계(*Le Système International d'Unités*, 즉 SI 단위계)를 채택한 개정판이다.

국제단위계

미국 상용단위계(United States Customary System of units, USCS)는 FPS (foot-pound-second) 단위(영국 단위 또는 제국 단위라고도 함)를 사용한다. SI 단위계는 주로 MKS(meter-kilogram-second) 단위계이다. 그러나 CGS (centimeter-gram-second) 단위계는 특히 교재에서 SI 단위로 인정되기도 한다.

본 교재에서 SI 단위를 사용한 내역

본 교재에서는 MKS 단위와 CGS 단위가 모두 사용되었다. 미 국내판에 사용되었던 FPS 단위인 미국 상용단위계는 본문과 문제에서 완전히 SI 단위로 바뀌었다. 그러나 편람, 정부표준 및 제품 안내서에서 인용한 데이터에서는, 모든 값을 SI 단위로 변환시키는 것이 극히 어려울 뿐만 아니라 그 출전의 지식재산권을 침해하는 것이기도 하다. 또한 ASTM 결정 입도(grain size number)와 조미니 거리(Jominy distances) 같은 몇몇 양들은 일반적으로 FPS 단위로 계산하므로 SI 단위로 변환시키게 되면 그 적정성을 잃게 되기 마련이다. 그러므로 그림, 표, 예시 및 참고문헌에 있는 몇몇 데이터들은 FPS 단위를 그대로 두었다. FPS와 SI 단위계의 관계에 익숙지 않은 독자들에게는 책의 앞 면지에 변환표를 마련해놓았다.

출처가 분명한 데이터를 사용해야 하는 문제를 풀고자 할 때에는, 그 데이터를 계산에 사용하기 직전에 FPS 단위에서 SI 단위로 변환시키면 된다. 표준화된 양과 제조업체 데이터가 SI 단위로 필요할 때에는 해당 국가/지역에 있는 담당 정부기관이나 관계당국에 알아보면 된다.

강의 자료

SI판 교수용 해답집 인쇄본은 요청하면 구할 수 있다. 교수용 해답집 전자파일과 SI판 그림 파워포인트 슬라이드는 www.cengage.com/engineering에서 구할 수 있다. 본 SI판에 대한 독자 의견을 크게 환영하며 이는 후속판 내용을 개선하는 데 큰 도움이 되리라 확신한다.

발행인 일동

저자 서문

Preface

정역학과 동역학 과목은, 힘이 작용하고 있는 물체의 거동에 관한 공학 부문인 공업역학의 기초를 구성하고 있다. 공업역학은 기계 공학, 항공우주 공학, 토목 공학, 건축 공학 등에서 기본적인 역할을 한다. 또한, 공업역학의 원리들은 공학 분야의 여러 부문에도 많이 적용되어 화학, 물리학, 의학, 생물학과 같은 비공학 분야에 적용될 때도 많이 있다.

정역학과 동역학의 원리들은 가짓수로 보면 비교적 몇 가지가 되지 않는다. 이러한 원리들을 현실 세계의 문제에 적용하려면 암기보다는 경험에서 얻어지는 통찰력이 필요하다. 그러므로 이 책도 마찬가지지만, 모든 공학 교재에는 학생들이 풀어야 할 문제들이 많이 들어 있다. 공학적 문제 해결법을 학습하는 것이 동역학 입문 과정에서 익혀야 하는 여러 학습 내용 중에서도 한층 더 가치가 있는 내용이다.

이번 판에서 새로워진 점 이전 판에서 검증된 특징들을 유지하면서 다음과 같이 획기적으로 개정하였다.

- 예제들은 각각의 절에서 도입하고 있는 개념들을 예시하고 있다.
- 과제 문제들은 '교재용' 문제와 실제 응용 관련 문제 사이에서 균형을 맞췄다.
- 많은 문제들에서는 미국 상용 단위와 SI 단위를 거의 균등하게 사용하고 있다.
- 교재 전체에 걸쳐 자유 물체도의 중요성을 강조하였다.
- 수치 해법을 교재 전반에 균일하게 편성하였으며 컴퓨터 프로그래밍보다는 컴퓨터 응용에 중점을 두었다.
- 문제에 적용할 때마다, 지배 식을 작성하기 전에 독립 식의 개수와 미지량의 개수를 비교하였다.
- 연습문제는 매 장 끝부분에 실어서 학생들이 해당 장에서 다루는 다양한 유형의 문제를 식별하고 풀이하는 연습을 더 할 수 있게 하였다.
- 과제 문제 중에서 30% 정도는 새로운 문제이거나 이전 판에 실렸던 문제들을 변형시킨 문제이다.

전형적인 구성이지만, 이 책에는 동역학 과정이 3학점짜리라면 취급해도 될 만한 내용이 더 들어 있다. 주제 중에는 별표(*)로 표시되어 있는 주제가 있는데, 이 주제는 건너뛰어도 학습의 흐름에 지장을 주지 않는다는 것을 의미한다. 또한 별표는 문제에도 표시가 되어 있는데, 이는 학생들이 미리 추론해 보길 바라는 문제를 나타내려고 사용한 것이다. 문제에 표시되어 있는 컴퓨터 디스크 모양 아이콘( )은 해당 문제를 완벽하게 풀려면 컴퓨터를 사용하라는 의미이다.

수치 해법이 필요한 예제들은 MATLAB®을 사용하여 풀었는데, 이 소프트웨어는 많은 공학도들에게 잘 알려져 있는 것이다.

이 교재의 전체 구성은 상당히 전형적이다. 즉, 제11~15장은 전적으로 질점 동역학에 배분되어 있고, 제16~19장에서는 강체 동역학을 다루고 있으며, 제20장에서는 기계 진동을 취급하고 있다.

이 교재는 제11장에서 다음과 같은 동역학의 기본 개념으로 시작한다. 즉, 속도, 가속도 및 뉴턴의 인력 법칙과 질점 운동 법칙 등이 그것이다. 제12장에서는 직교 좌표계를 사용하여 이러한 개념들을 질점 동역학에 적용한다. 이 장에서는 운동학과 운동역학을 모두 다루고 있다. 이와 같은 해석법에서 사용되는 힘과 가속도의 관계를 일찌감치 소개하게 되면 학생들은 문제를 해석할 때 뉴턴의 운동 법칙이 어떻게 사용되는지를 빨리 이해하게 된다. 모든 운동역학 문제를 풀 때에는 자유 물체도와 질량-가속도 선도를 사용한다.

제12장은 소위 **면적법**(area method)을 설명함으로써 끝이 나는데, 이 면적법에서는 위치, 속도 및 가속도 간의 기하학적 관계를 사용한다(이 주제는 선택 사항임).

제13장에서는 질점 동역학이 곡선좌표계에 확장되어 있다. 이 좌표계에서는 경로좌표계(법선접선 좌표계), 극좌표계 그리고 원통좌표계를 설명한다.

제14장에서는 일, 에너지, 충격량, 운동량 및 동력의 개념을 소개한다. 그런 다음, 이러한 개념들을 질점 운동을 해석하는 충격량-운동량 법을 유도하는 데 사용한다. 이 장에서는 끝으로 지구 중력의 영향을 받는 공간 운동을 포괄적으로 설명한다(이 주제는 선택 사항임).

제15장에는 2개 이상의 질점을 포함하는 문제가 들어 있다. 이 장은 상대 운동과 구속 운동의 운동학으로 시작하여 이를 질점 및 질점계의 운동역학에 대한 적용으로 이어진다. 일-에너지 법과 충격량-운동량 법으로 기본 설명을 마친다. 이 장에서는 다음과 같은 2가지 특수 응용으로 마감한다. 즉, 충돌 역학과 질량유량(선택 주제)이 그것이다.

제16장에는 전적으로 강체의 평면 운동학에 배분되어 있다. 그 주안점은 동일한 강체에 들어 있는 여러 점들의 운동(속도 및 가속도)에 관한 것이다. 이 해석에서는 상대속도, 상대가속도 및 순간 속도 중심을 사용한다. 문제 풀이에서는 스칼라 해법과 벡터 해법을 모두 사용한다. 이 장의 제2부에서는 운동학을 회전 좌표계에 확장한다. 여기에서는 벡터의 절대 및 상대 시간 도함수와 코리올리 가속도를 소개한다. 이 장의 마지막 주제인 구속 해법은 선택 사항이다.

제17장에서는 평면운동을 다룬다. 이 장은 물체의 관성 모멘트와 각운동량

개념과 운동방정식(오일러 방정식)을 유도할 때 사용하는 개념을 소개함으로써 시작한다. 이 장의 나머지에서는 이러한 방정식들을 자유물체도와 질량-가속도 선도를 사용하는 문제 풀이에 응용하는 것을 설명한다. 이 설명에는 운동 미분방정식의 유도와 풀이가 포함되어 있다(이 주제는 선택적임).

제18장은 일에너지 원리와 충격량운동량 원리를 사용하는 평면 운동 강체 해석으로 이어진다. 이 장은 우력이 한 일과 강체의 운동에너지를 나타내는 식을 유도함으로써 시작하는데, 이는 일-에너지 법에서 핵심적인 사항이다. 이 장의 나머지에는 중점적으로 일에너지 원리와 충격량운동량 원리의 적용을 예시하는 문제가 충돌 문제와 함께 구성되어 있다.

제19장에서는 3차원 강체 동역학을 설명한다. 이 주제는 이전의 장에서 설명한 내용보다 훨씬 더 복잡하므로, 대개는 기초 동역학 과정에 포함되지는 않는다. 이 장은 다음과 같은 운동학의 기본 도구를 설명함으로써 시작한다. 즉, 강체에 있는 두 점의 상대 운동방정식과 회전 좌표계에서의 벡터 도함수가 그것이다. 그다음으로 충격량-운동량 법과 일에너지 법을 다루고 있다. 이 두 방법은 모두 물체의 관성 텐서의 사용에 달려 있는데, 이에 관해서는 이 장에서 포괄적으로 설명한다. 마지막으로 운동방정식에 바탕을 둔 힘-질량-가속도 법을 설명한다. 이 방정식들은 다소 복잡하므로 관련 문제들은 다음과 같은 특별한 경우에 국한되어 있다. 즉, 고정 축에 관한 회전과 비대칭 물체의 무토크 운동(자이로스코프는 포함)이 그것이다.

제20장은 기계 진동의 서론으로, 이 장에서는 자유진동, 감쇠진동, 강제진동 등을 다루고 있지만, 취급 범위는 1자유도계로 한정한다. 문제 풀이에는 힘-질량-가속도 법과 에너지 보존 원리를 사용한다.

학생용 웹사이트 *Study Guide for Pytel and Kiusalaas's Engineering Mechanics, Dynamics, 4th Edition*, J. L. Pytel and A. Pytel. 이 학습 지침서에는 학생들이 각 장마다 중요한 특징에 초점을 맞출 수 있도록 도와주는 자기 평가(문제)가 들어 있다. '길라잡이' 문제들이 제공되어 있어서 학생들에게는 이 책에 수록된 문제를 풀어보려고 시도하기 전에 대표적인 문제들을 접해볼 수가 있다.

교수용 웹사이트 www.cengagebrain.com에는 비밀번호로 보호되는 웹사이트에 상세한 *Instructor's Solutions Manual*과 *Lecture Note PowerPoints* 슬라이드가 교수용으로 사용할 수 있도록 마련되어 있다.

감사의 글 이 지면을 빌려 값진 제언을 해주신 다음의 감수자들께 감사의 마음을 표한다.

Hamid R. Hamidzadeh, Tennessee State University
Aiman S. Kuzmar, The Pennsylvania State University—Fayette,

The Eberly Campus
Gary K. Matthew, University of Florida
Noel Perkins, University of Michigan
Corrado Poli. University of Massachusetts, Amherst

아울러, 이 신판에 정성을 쏟아주신 다음의 **센게이지 러닝 글로벌 공학 팀**에 감사의 말씀을 전하고자 한다.

Timothy Anderson, Product Director; Mona Zeftel, Senior Content Developer; D. Jean Buttrom, Content Project Manager; Kristin Stine, Marketing Manager; Elizabeth Murphy, Engagement Specialist; Ashley Kaupert, Associate Media Content Developer; Teresa Versaggi and Alexander Sham, Product Assistant; 그리고 RPK Editorial Services의 Rose Kernan.

이분들은 이 책을 개발하고 제작하는 단계에서 모든 일을 전문적으로 진행시켜 성공적으로 끝마칠 수 있도록 해주었다.

ANDREW PYTEL
JAAN KIUSALAAS

차례

Contents

동역학 소개 11

Introduction to Dynamics

11.1 서론

1.1a 공업역학이란?

고전 동역학은 뉴턴과 오일러*가 확립한 원리를 사용하여 물체 운동을 연구한다. 이 교재는 그림 11.1과 같은 상세 분류를 바탕으로 구성되어 있다.

이 교재의 전반부는 질점 동역학을 다루고 있다. *질점*(particle)은 질량 점(mass point)으로서 질량은 가지고 있으나 크기는 없다. 질점은 문제를 공식화할 때 나타나는 다른 모든 크기에 비하여 그 크기를 무시할 수 있는 물체의 근사 모델이다. 예를 들어, 태양 둘레를 도는 지구 운동을 연구할 때에는 지구 직경이 지구궤도 크기보다 훨씬 더 작으므로 지구를 질점으로 보아도 된다.

이 교재의 후반부는 주로 *강체*(rigid body) 동역학에 집중되어 있다. 물체는 임의의 2개의 물질 점 간의 거리가 일정한 상태로 유지되고 있을 때, 즉 물체가 변형하지 않을 때 강성이 있다고 한다. 어떠한 물체라도 하중이 가해지게 되면 어느 정도는 변형을

* 아이작 뉴턴 경은 1687년에 『프린키피아(Principia)』를 발표함으로써 고전역학 기초를 세운 공적을 인정받고 있다. 그러나 오늘날 사용되고 있는 운동법칙은 그 후로 60년이 지나서 레온하르트 오일러(Leonhard Euler)와 동시대의 사람들에 의해 전개된 것이다. 특히, 유한한 물체의 운동법칙은 오일러의 업적으로 여겨지고 있다.

Everett Historical/Shutterstock.com

아이작 뉴턴 경(1642~1727)은 자신의 논문인「자연철학의 수학적 원리(Philosophiae Naturalis Principia Mathematica)」에서 세 가지 운동법칙과 만유인력 이론으로 동역학의 기초를 세웠다. (© *Georgios Kollidas/Isaac newton1/Thinkstock*)

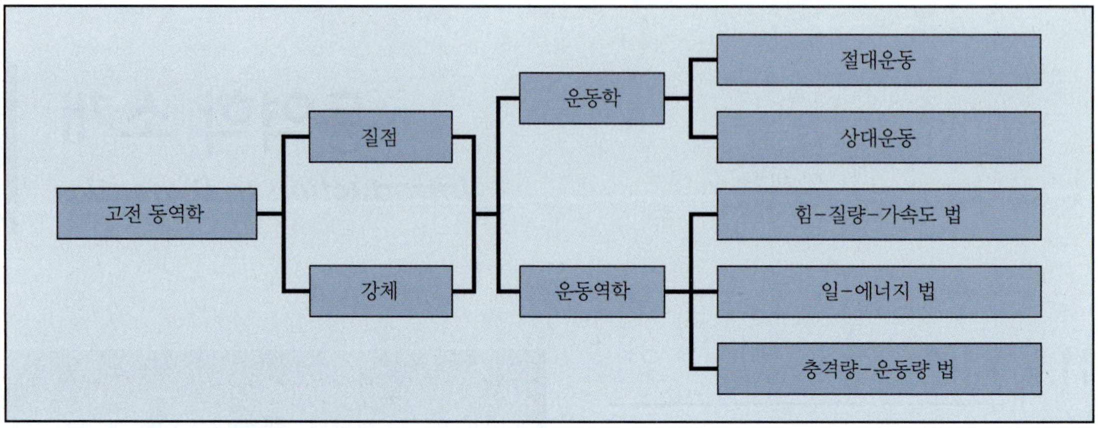

그림 11.1

겪게 되므로 진정한 강체는 존재하지 않는다. 그러나 많은 적용에서는 변형이 (물체의 크기에 비하여) 무척이나 작기 때문에 강체 이상화는 훌륭한 근사화이다.

그림 11.1에서와 같이, 동역학의 주요 분야는 운동학과 운동역학이다. *운동학*(kinematics)은 운동의 기하학이다. 운동학은 운동 원인과는 관계가 없다. 반면에, *운동역학*(kinetics)은 물체에 작용하는 힘과 그 결과로서 발생하는 운동을 다룬다. 운동학은 그 자체로도 중요한 주제일 뿐만 아니라 운동역학에 필수적이다. 그러므로 운동학 학습은 항상 운동역학의 기초로 시작한다.

운동학은 그림 11.1에서와 같이 두 부분으로 나눌 수 있는데, 절대운동과 상대운동이 그것이다. *절대운동*(absolute motion)이라는 용어는 운동을 고정된 좌표계에 대하여 기술할 때 사용한다. 반면에, *상대운동*(reative motion)은 운동을 움직이는 좌표계에 대하여 기술한다.

그림 11.1에는 또한 운동역학 해석의 세 가지 주요 방법이 수록되어 있다. *힘-질량-가속도 법*(FMA법; force-mass-acceleration method)은 뉴턴-오일러의 운동법칙을 직접 적용한 것인데, 이 방법은 물체에 작용하는 힘을 질량 및 가속도와 관계를 맺은 것이다. 이 관계를 *운동방정식*(equation of motion)이라고 하며 속도와 위치를 시간의 함수로 구하려면 두 번 적분하면 된다.

일-에너지 법(work-energy method)과 *충격량-운동량 법*(impulse-momentum method)은 뉴턴-오일러 운동법칙의 적분형태들이다(이 운동방정식들은 위치 또는 시간에 대하여 적분하면 된다). 이 두 방법 모두에서는 가속도가 적분에 의해 소거된다. 이 방법들은 속도-위치 관계 문제나 속도-시간 관계 문제를 풀 때 매우 효율적이기도 하다.

이 장의 목적은 뉴턴역학의 기본 개념인 변위, 속도, 가속도, 뉴턴의 법칙 및 측정 단위를 복습하는 것이다.

11.2 벡터 함수의 도함수

동역학을 학습하려면 먼저 벡터 미분학을 알아야 한다. 여기에서는 벡터의 도함수를 설명한다. 필요에 따라 교재 전체에 걸쳐서 적분을 도입하였다.

벡터 **A**는 **A**의 크기와 방향이 스칼라 매개변수 u에 종속될 때 u의 벡터 함수라고 한다(동역학에서는 스칼라 매개변수로서 흔히 시간을 선정한다). 이 함수 관계는 $\mathbf{A}(u)$로 표시한다. 스칼라 변수가 값 u로부터 값 $(u + \Delta u)$까지 변화하면, 벡터 **A**는 $\mathbf{A}(u)$로부터 $\mathrm{A}(u + \Delta u)$까지 변화하게 된다. 그러므로 벡터 **A**의 변화는 다음과 같이 쓸 수 있다.

$$\Delta\mathbf{A} = \mathbf{A}(u + \Delta u) - \mathbf{A}(u) \tag{11.1}$$

그림 11.2에서 알 수 있는 바와 같이, $\Delta\mathbf{A}$는 벡터 **A**의 크기와 방향 모두의 변화에 기인한다.

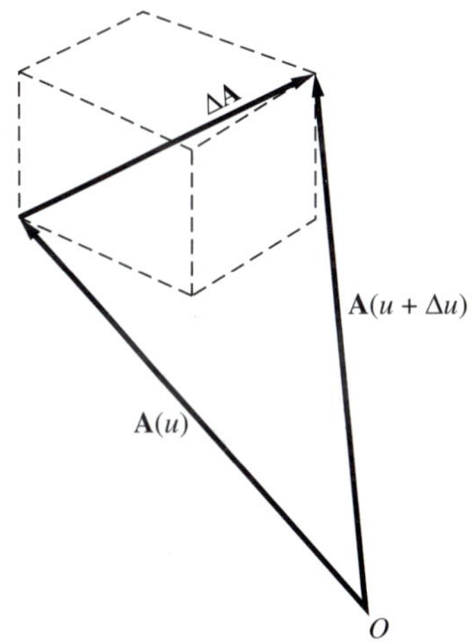

그림 11.2

u에 대한 **A**의 도함수는 극한이 존재한다는 가정하에서 다음과 같이 정의된다.

$$\frac{d\mathbf{A}}{du} = \lim_{\Delta u \to 0} \frac{\Delta\mathbf{A}}{\Delta u} = \lim_{\Delta u \to 0} \frac{\mathbf{A}(u + \Delta u) - \mathbf{A}(u)}{\Delta u} \tag{11.2}$$

이 정의는 스칼라 함수 $y(u)$의 도함수와 닮았는데, 그 도함수는 다음과 같이 정의된다.

$$\frac{dy}{du} = \lim_{\Delta u \to 0} \frac{\Delta y}{\Delta u} = \lim_{\Delta u \to 0} \frac{y(u + \Delta u) - y(u)}{\Delta u} \tag{11.3}$$

주의 벡터 함수를 다룰 때에는, 도함수의 크기 $|d\mathbf{A}/du|$와 크기의 도함수 $d|\mathbf{A}|/du$를 혼동해서는 안 된다. 일반적으로, 이 두 도함수는 같지 않기 마련이다. 예를 들어, 벡터 **A**의 크기가 일정하면, $d|\mathbf{A}|/du = 0$이다. 그러나 $|d\mathbf{A}/du|$는 **A**의 방향 역시 일정하지 않는 한 0이 될 수 없다.

다음과 같은 유용한 항등식들은 도함수의 정의에서 유도될 수 있다(여기에서, **A**와 **B**는 스칼라 u의 벡터 함수라고 하고 m 역시 스칼라이다).

$$\frac{d(m\mathbf{A})}{du} = m\frac{d\mathbf{A}}{du} + \frac{dm}{du}\mathbf{A} \tag{11.4}$$

$$\frac{d(\mathbf{A} + \mathbf{B})}{du} = \frac{d\mathbf{A}}{du} + \frac{d\mathbf{B}}{du} \tag{11.5}$$

$$\frac{d(\mathbf{A} \cdot \mathbf{B})}{du} = \mathbf{A} \cdot \frac{d\mathbf{B}}{du} + \frac{d\mathbf{A}}{du} \cdot \mathbf{B} \tag{11.6}$$

$$\frac{d(\mathbf{A} \times \mathbf{B})}{du} = \mathbf{A} \times \frac{d\mathbf{B}}{du} + \frac{d\mathbf{A}}{du} \times \mathbf{B} \tag{11.7}$$

11.3 질점의 위치, 속도 및 가속도

11.3a 위치

그림 11.3에 도시되어 있는 바와 같이 완만한 경로를 따르는 질점의 운동을 살펴보자. 시각 t에서 질점의 위치를 **위치벡터**(position vector) $\mathbf{r}(t)$로 명확히 표시하게 되면, 이는 고정된 원점 O로부터 질점까지 그은 벡터이다. 질점의 위치를 시각 t에서는 A, 시간 $t + \Delta t$에서는 B라고 하자. 여기에서 Δt는 유한한 시간 간격이다. 이에 상응하는 질점의 위치벡터 변화는 다음과 같다.

$$\Delta\mathbf{r} = \mathbf{r}(t + \Delta t) - \mathbf{r}(t) \tag{11.8}$$

이를 질점의 변위벡터(displacement vector)라고 한다.

그림 11.3에 나타나있는 바와 같이, 시각 t에서의 질점 위치 또한 **경로좌표**(path coordinate) $s(t)$로 명시할 수 있는데, 이는 고정점 E와 질점 간의 경로길이이다. 시간 간격 Δt 동안 경로길이 변화는 다음과 같다.

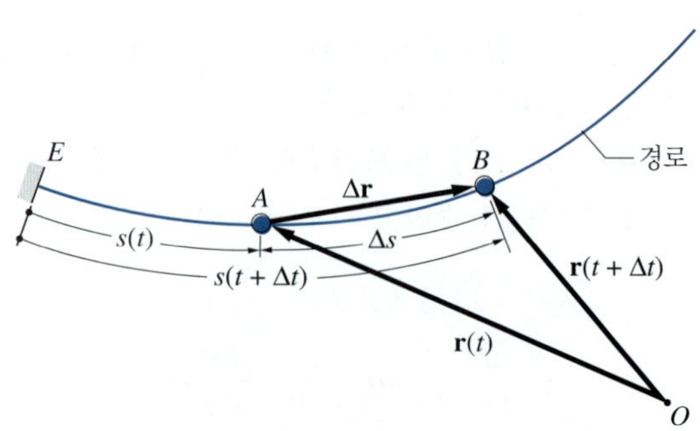

그림 11.3

$$\Delta s = s(t + \Delta t) - s(t) \tag{11.9}$$

주의 경로길이 변화를 질점이 이동한 거리(distance traveled)와 혼동해서는 안 된다. 이 둘은 운동방향이 시간 간격 동안 변하지 않을 때에만 같다. Δt 동안 운동방향이 변하면 이동거리는 Δs보다 더 커지게 된다.

11.3b 속도

시각 t에서의 질점 속도는 다음과 같이 정의된다.

$$\mathbf{v}(t) = \lim_{\Delta t \to 0} \frac{\Delta \mathbf{r}}{\Delta t} = \dot{\mathbf{r}}(t) \tag{11.10}$$

여기에서, 벡터 위의 도트는 시간에 대한 미분을 나타낸다. 속도는 벡터함수 $\mathbf{r}(t)$의 도함수이므로 이 또한 벡터이다. 그림 11.3에서 $\Delta \mathbf{r}$은 $\Delta t \to 0$함에 따라 A에서 경로에 접하게 됨을 알 수 있다. 결과적으로 **속도벡터**(velocity vector)는 질점 경로에 접한다.

또한 그림 11.3에서 $\Delta t \to 0$함에 따라 $|\Delta \mathbf{r}| \to \Delta s$임을 추론할 수 있다. 그러므로 속도의 크기는 질점의 **속력**(speed)이라고도 알려져 있는데, 이는 다음과 같다.

$$v(t) = \lim_{\Delta t \to 0} \frac{|\Delta \mathbf{r}|}{\Delta t} = \lim_{\Delta t \to 0} \frac{\Delta s}{\Delta t} = \dot{s}(t) \tag{11.11}$$

속도의 차원은 [길이/시간]이므로, 속도의 단위는 m/s 또는 ft/s이다.

11.3c 가속도

그림 11.4(a)에는, A(시각 t)에서의 질점의 속도벡터와 B(시각 $t + \Delta t$)에서의 질점의 속도벡터가 그려져 있다. 두 벡터는 모두 경로에 접한다는 사실에 주목하여야 한다. 시간 간격 Δt 동안의 속도 변화는 그림 11.4(b)에 그려져 있으며 식으로 쓰면 다음과 같다.

$$\Delta \mathbf{v} = \mathbf{v}(t + \Delta t) - \mathbf{v}(t) \tag{11.12}$$

시각 t에서의 질점 가속도는 다음과 같이 정의된다.

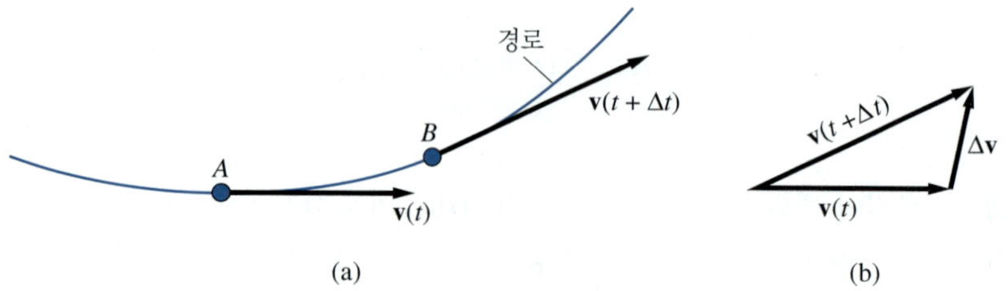

그림 11.4

$$\mathbf{a}(t) = \lim_{\Delta t \to 0} \frac{\Delta \mathbf{v}}{\Delta t} = \dot{\mathbf{v}}(t) = \ddot{\mathbf{r}}(t) \tag{11.13}$$

가속도는 차원이 [길이/시간^2]인 벡터이므로, 그 단위는 m/s^2 또는 ft/s^{2}이다.

주의 가속도벡터는 일반적으로 질점의 경로에 접하지 않는다. 가속도의 방향은 $\Delta t \to 0$함에 따라 $\Delta\mathbf{v}$와 일치하게 되는데, 이는 그림 11.4(b)에서 알 수 있는 바와 같이, 반드시 $\mathbf{v}$와 같은 방향에 있지는 않다.

11.4 뉴턴역학*

11.4a 뉴턴역학의 개관

1687년, 아이작 뉴턴 경(Sir Isaac Newton, 1642~1727)은 그 유명한 운동법칙을 『프린키피아(Principia; Mathematical Principles of Natural Philosophy, 자연철학의 수학적 원리)』로 출간하였다. 의심할 여지 없이, 이 저서는 이제껏 출간된 가장 영향력이 있는 과학서적 반열에 든다. 그러나 이 책의 출판으로 즉각 고전역학이 정립되리라고는 생각하지 못했던 것이다. 뉴턴의 역학연구는 주로 천체역학을 취급하였으므로 질점운동에 국한되었다. 강체역학, 유체역학 및 변형체역학은 이로부터 200여 년이 더 지나서야 발달하게 되었다. 이러한 분야들이 유용한 형태를 취하기까지는 저마다 새로운 원리가 필요하였다.

그래도, 뉴턴의 연구는 고전역학, 즉 뉴턴역학의 초석이다. 뉴턴의 업적은 20세기 초에 태동한 역학의 두 가지 다른 분야인 상대성역학과 양자역학에까지도 영향을 미쳤다. 상대성역학(relativistic mechanics)은 우주규모(광속에 가까운 속도, 강중력장 등)에서 발생하는 현상을 취급한다. 상대성역학에는 뉴턴역학에서 가장 이의가 있는 가설 중에서 두 가지, 즉 고정 또는 관성 기준계의 존재 가설과 시간은 우주의 모든 부분에서 동일한 빠르기로 "흐르고 있는(running)" 절대

* 이 절은 정역학의 제1.2절과 동일한데 동역학 학습과 관련이 있으므로 다시 실었다.

변수라는 가정이 배제되어 있다(뉴턴 본인도 이 두 가지 가설로 고민을 했다는 증거가 있다). **양자역학**(quantum mechanics)은 원자 또는 아원자 규모의 입자와 관계가 있다. 양자역학에도 고전역학의 두 가지 소중한 개념, 즉 결정론과 연속성이 배제되어 있다. 양자역학은 본질적으로 개연론적 이론인데, 사건을 예측하는 대신에 사건이 일어날 가능성을 결정한다. 게다가 이 이론에 따르면, 사건은 연속적인 방식보다도 불연속적인 단계(**양자**(quanta)라고 함)로 발생한다.

그러나 상대성 역학과 양자역학은 결코 뉴턴역학의 원리를 무효화하지 않았다. 일상 경험에서 겪게 되는 물체운동의 해석에서는 두 이론 모두 뉴턴역학 식에서 만난다. 한층 더 난해한 이론일수록 실제로는 뉴턴의 운동법칙의 타당성을 강화해준다.

11.4b 질점운동에 관한 뉴턴 법칙

뉴턴의 질점운동법칙을 현대용어를 사용하면 다음과 같이 기술할 수 있다.

1. 질점이 정지 상태 (또는 직선 등속도 운동 상태)에 있을 때, 외력이 작용하지 않는 한은 정지 상태 (또는 직선 등속도 운동 상태)를 유지하려고 한다.
2. 외력을 받는 질점은 힘이 작용하는 방향으로 가속된다. 이 가속도의 크기는 힘의 크기에 비례하고 질점질량에 반비례한다.
3. 모든 작용에는 크기가 같고 방향이 정반대인 반작용이 있다. 즉, 두 질점 간의 상호 작용력은 그 크기가 서로 같고 방향은 동일 작용선상에서 서로 반대이다.

제1법칙은 제2법칙의 특별한 경우에 해당하지만, 정역학 과목에서 차지하는 중요성 때문에 제1법칙을 별도로 기술하는 것이 관례이다.

11.4c 관성 기준계

뉴턴의 제2법칙을 적용할 때는 가속도가 측정되는 좌표계에 주의를 기울여야 한다. **관성 기준계**(inertial reference frame; 뉴턴 기준계 또는 갈릴레이 기준계라고도 함)는 그 기준계에 대한 질점운동에 뉴턴의 운동법칙을 적용하여도 그 정밀도를 받아들일 수 있을 정도로 타당한 소정의 고정 기준계로 정의된다. 지구 표면에서 사용되는 대부분의 설계응용에서 관성계는 좌표계를 지구에 고정시킴으로써 충분한 정밀도로 근사될 수 있다. 지구위성 연구에서는 태양에 고정시킨 좌표계면 보통 충분하다. 행성여행에서는 소위 항성(고정된 별)에 고정시킨 좌표계를 사용하는 것이 필요하다.

관성계에 대해 일정한 속도로 병진 운동하는 기준계라면 그 자체도 관성계이다. 뉴턴의 법칙을 명백하게 적용하려고 하는 기준계를 언급할 때에는 관성이라는 단어를 생략하는 것이 통상적인 관례이다.

11.4d 단위와 차원

측정기준을 **단위**(unit)라고 한다. **차원**(dimension)이라는 용어는 사용하는 단위에 상관없이 측정유형을 말한다. 예를 들어, kg과 m/s는 단위인 반면에 [질량]과 [길이/시간]은 차원이다. 이 교재에서는 전반에 걸쳐 SI 단위계(Système International d'Unités)가 사용되고 있다. SI 단위계는 기본 차원이 질량[M], 길이 [L], 및 시간[T]이며, 기본 단위는 킬로그램(kg), 미터(m) 및 초(s)이다. 다른 모든 차원이나 단위들은 기본량의 조합이다. 예를 들어, 속도의 차원은 [L/T]이고 단위는 m/s, ft/s 등등이다.

기본차원이 [FLT]인 단위계를 **중력 단위계**(gravitational system)라고 한다. 기본 차원이 (SI 단위계에서처럼) [MLT]이면, 이 단위계는 **절대 단위계**(absolute system)라고 한다. 각각의 도량형법에서 기본단위는 물리적으로 재현 가능한 현상이나 실물에 의해 정의된다. 예를 들어, 초(s)는 어떤 동위원소에서 정해진 복사 사이클의 횟수만큼의 기간으로 정의되고, 킬로그램(kg)은 프랑스 파리 근교에 보존되어 있는 어떤 금속 블록의 질량으로서 정의된다.

물리 현상을 나타내는 모든 식들은 차원이 동등하여야 한다. 즉, 식의 모든 항은 차원이 같아야 한다. 그렇지 않으면 식은 물리적으로 의미가 없어진다(예를 들어, 힘을 길이와 합치는 것은 무의미함). 식의 **동차성**(dimensional homogeneity)을 확인하는 것은 그렇게 함으로써 수식을 푸는 과정 중에 저지른 실수가 드러날 수 있으므로 익혀야 할 좋은 습관이다.

11.4e 질량, 힘 및 중량

힘 **F**가 질량이 m인 질점에 작용할 때, 뉴턴의 제2법칙에 따르면 다음과 같다.

$$\mathbf{F} = m\mathbf{a} \tag{11.14}$$

여기에서 **a**는 질점의 가속도벡터이다. [FLT] 중력 단위계에서, 질량차원은 식 (11.14)의 동차성의 원리에 따라 다음과 같아야 한다.

$$[M] = \left[\frac{FT^2}{L}\right] \tag{11.15a}$$

미 상용단위계(USCS, U.S. Customary System)에서는, 질량의 유도 단위를 slug(슬러그)라고 한다. 1 slug는 1.0 lb의 힘에 의해 1.0 ft/s^{2}의 변화율로 가속되는 질량으로 정의된다. 식 (11.15a)에 있는 차원에 단위들을 대입하면 slug의 단위가 나온다.

$$1.0\ \text{slug} = 1.0\ \text{lb} \cdot \text{s}^2/\text{ft}$$

$[MLT]$ 절대 단위계에서, 식 (11.14)의 힘 차원은 동차성의 원리에 따라 다음과 같이 된다.

$$[F] = \left[\frac{ML}{T^2}\right] \tag{11.15b}$$

SI 단위계에서 힘의 유도단위는 **뉴턴(N)**인데, 이는 1.0 kg의 질량을 1.0 m/s^2의 비율로 가속시키는 힘으로 정의된다. 식 (11.15b)에서 다음과 같은 관계를 구할 수 있다.

$$1.0\ \text{N} = 1.0\ \text{kg} \cdot \text{m/s}^2$$

중량(weight)은 물체에 작용하는 중력이다. 중력가속도(물체의 자유낙하 가속도)를 g라고 하면, 질량이 m인 물체의 중량 W는 뉴턴의 제2법칙에 따라 다음과 같다.

$$W = mg \tag{11.16}$$

질량은 물체의 일정한 특성인 반면에 중량은 g의 국소값에 따라 달라지는 변수라는 점에 유의하여야 한다. **표준 중력가속도**(standard gravity)라고 하는, 해수면에서의 공칭 중력가속도는 $g = 9.80665\ \text{m/s}^2$ $(32.174\ \text{ft/s}^2)$로 정의된다. g의 실제 값은 위도와 거대한 땅덩어리의 접근 정도에 따라 대략 9.78~9.84 사이에서 변한다. 이 교재에서는 계산 과정에서 대부분 다음과 같은 평균값을 사용한다.

$$g = 9.81\ \text{m/s}^2\ (32.2\ \text{ft/s}^2)$$

그러나 어떤 경우에는 계산에서 이 값을 9.8 m/s^2로 반올림하여 한층 더 간단하게 하였다. 그러므로 질량이 1.0 kg인 물체는 지구에서 중량이 $(9.81\ \text{m/s}^2)(1.0\ \text{kg}) = 9.81\ \text{N}$이다.

과거에는 lb(pound, 파운드)를 질량의 단위로도 사용했던 적이 있다. lbm (*pund mass*, 질량 파운드)를 지표면상에서 중량이 1.0 lb인 물체의 질량으로 정의했었다. 이 lbm가 소멸된 단위이기는 하지만, 아직까지도 종종 사용이 되고 있으므로 질량과 중량 간에 혼란을 일으키고 있다. 이 책에서는, lb를 오로지 힘의 단위로만 사용하고 있다.

11.4f 단위 변환

측정값을 하나의 단위계에서 다른 단위계로 변환시키는 편리한 방법은 그 측정값에 적절한 변환계수를 곱하는 것이다. 예를 들어, 240 mi/h를 ft/s로 변화시키려면 다음과 같이 처리한다.

$$240\ \mathrm{mi/h} = 240\frac{\mathrm{mi}}{\mathrm{h}} \times \frac{1.0\ \mathrm{h}}{3600\ \mathrm{s}} \times \frac{5280\ \mathrm{ft}}{1.0\ \mathrm{mi}} = 352\ \mathrm{ft/s}$$

각각의 변환계수는 크기가 1인 무차원 수임을 알 수 있다. 그러므로 측정값에 변환계수를 곱하면 값은 변화하지 않고 단위만 바뀐다. 환산 중에는 숫자량인 것처럼 단위를 약분하여도 된다는 점을 주목하여야 한다.

역학에 사용할 수 있는 변환계수들은 본 교재의 앞 면지에 수록되어 있다.

11.4g 인력법칙

뉴턴은 자신의 많은 다른 업적 이외에도 만유인력법칙을 제안하였다. 그림 11.5와 같이, 거리가 R만큼 떨어져 있는, 질량이 각각 m_A, m_B인 2개의 질점이 있다고 하자. 만유인력법칙에 따르면 이 2개의 질점은 두 질점을 연결하는 선을 따라 작용하는 크기가 F인 힘으로 서로 당겨진다. 여기에서 F는 다음과 같다.

$$F = G\frac{m_A m_B}{R^2} \tag{11.17}$$

만유인력상수 $G = 3.44 \times 10^{-8}\ \mathrm{ft^3/(slugs \cdot s^2)}$ 또는 $6.67 \times 10^{-11}\ \mathrm{m^3/(kg \cdot s^2)}$이다. 이 법칙은 질점에 타당한 것이지만, 뉴턴은 질량이 균일하게 분포되어 있다는 가정하에 구체에도 적용 가능함을 증명하였다(이 결과를 유도하자고 할 때 뉴턴은 미적분학을 개발할 수밖에 없었다).

여기에서, $m_A = M_e$(지구질량), $m_B = m$(물체질량) 및 $R = R_e$(지구반경)이라고 하면, 식 (11.17)에서 F는 물체의 중량 W가 된다. $W = GM_e m/R_e^2$과 $W = mg$를 비교하면 $g = GM_e/R_e^2$을 구할 수 있다. 물론, 중력가속도의 국소 변화를 고려하여 g값을 조정할 필요가 있는 응용문제도 있다.

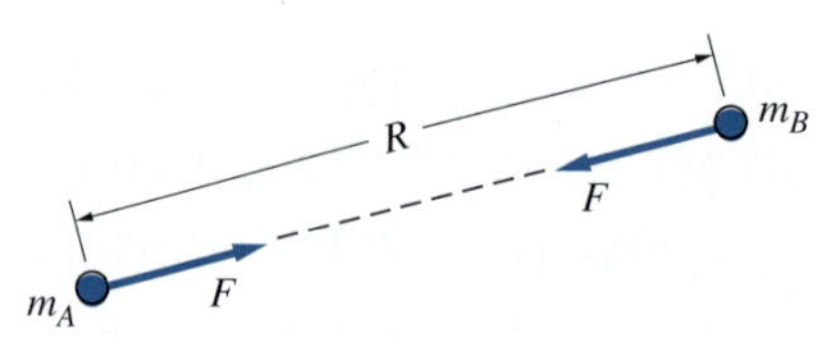

그림 11.5

예제 11.1

1.5 mi/h를 mm/s로 환산하라.

풀이

이 책의 앞 면지에 있는 환산계수를 사용하면 다음과 같이 된다.

$$1.5\,\text{mi/h} = \frac{1.5\,\cancel{\text{mi}}}{\cancel{\text{h}}} \times \frac{1.0\,\cancel{\text{h}}}{3600\,\text{s}} \times \frac{5280\,\cancel{\text{ft}}}{1.0\,\cancel{\text{mi}}} \times \frac{304.8\,\text{mm}}{1.0\,\cancel{\text{ft}}} = 671\,\text{mm/s}$$ 답

예제 11.2

어떤 질점의 가속도 a가 다음 식과 같이 속도 v, 위치 좌표 x 및 시간 t의 관계식으로 표현된다.

$$a = Ax^3t + Bvt^2 \tag{a}$$

여기에서, A와 B는 상수이다. 가속도의 차원은 시간 제곱당 길이, 즉 $[a] = [L/T^2]$이다. 다른 변수들의 차원은 각각 $[v] = [L/T]$, $[x] = [L]$ 및 $[t] = [T]$이다. 식 (a)가 차원이 동일하게 되도록 A와 B의 차원을 각각 유도하라. A와 B의 단위를 SI 단위계와 U.S. 상용 단위계로 모두 나타내라.

풀이

식 (a)가 차원이 동일하게 되려면, 식 우변의 각 항의 차원은 가속도 a의 차원과 동일하게 $[L/T^2]$이 되어야 한다. 그러므로 식 (a)의 우변 첫째 항의 차원은 다음과 같이 된다.

$$[Ax^3t] = [A][x^3][t] = [A][L^3][T] = \left[\frac{L}{T^2}\right] \tag{b}$$

식 (b)를 풀어 A의 차원을 구하면 다음과 같다.

$$[A] = \frac{1}{[L^3][T]}\left[\frac{L}{T^2}\right] = \frac{1}{[L^2T^3]}$$ 답

A의 단위는, SI 단위계에서 $m^{-2}s^{-3}$이지만 U.S. 상용 단위계에서는 $\text{ft}^{-2}\text{s}^{-3}$이다. 같은 방식으로, 식 (a)의 우변 둘째 항의 차원을 해석하면 다음과 같이 된다.

$$[Bvt^2] = [B][v][t^2] = [B]\left[\frac{L}{T}\right][T^2] = \left[\frac{L}{T^2}\right] \qquad \text{(c)}$$

식 (c)를 풀어 B의 차원을 구하면 다음과 같다.

$$[B] = \left[\frac{L}{T^2}\right]\left[\frac{T}{L}\right]\left[\frac{1}{T^2}\right] = \left[\frac{1}{T^3}\right] \qquad \text{답}$$

B의 단위는 SI 단위계에서나 U.S. 상용 단위계에서나 모두 s^{-3}이다.

예제 11.3

지구 표면 위로 지구반경 값과 같은 높이에 있는 70 kg인 사람에게 가해지는 지구 중력을 구하라. 지구의 질량과 반경은 각각 $M_e = 5.9742 \times 10^{24}$ kg과 $R_e = 6378$ km이다.

풀이

지구(질량이 M_e) 중심으로부터 거리가 $2R_e$만큼 떨어진 위치에 있는 질량이 m인 물체를 생각해보자. 만유인력법칙인 식 (11.17)에 의하면 이 물체는 다음 식으로 표현되는 힘 F만큼 지구로 끌어당겨진다.

$$F = G\frac{mM_e}{(2R_e)^2}$$

여기에서, $G = 6.67 \times 10^{-11}$ $m^3/(kg \cdot s^2)$은 만유인력상수이다. G값과 주어진 매개변수 값을 대입하면, 70 kg인 사람에게 작용하는 지구 중력은 다음과 같다.

$$F = (6.67 \times 10^{-11})\frac{(70)(5.9742 \times 10^{24})}{[2(6378 \times 10^3)]^2} = 171.4\ \text{N} \qquad \text{답}$$

REVIEW OF EQUATIONS

Differentiation formulas for vector functions

$$\frac{d(m\mathbf{A})}{du} = m\frac{d\mathbf{A}}{du} + \frac{dm}{du}\mathbf{A}$$

$$\frac{d(\mathbf{A} + \mathbf{B})}{du} = \frac{d\mathbf{A}}{du} + \frac{d\mathbf{B}}{du}$$

$$\frac{d(\mathbf{A} \cdot \mathbf{B})}{du} = \mathbf{A} \cdot \frac{d\mathbf{B}}{du} + \frac{d\mathbf{A}}{du} \cdot \mathbf{B}$$

$$\frac{d(\mathbf{A} \times \mathbf{B})}{du} = \mathbf{A} \times \frac{d\mathbf{B}}{du} + \frac{d\mathbf{A}}{du} \times \mathbf{B}$$

Position, velocity and acceleration of a particle

Displacement: $\Delta\mathbf{r} = \mathbf{r}(t + \Delta t) - \mathbf{r}(t)$

Change in path length: $\Delta s = s(t + \Delta t) - s(t)$

Velocity: $\mathbf{v}(t) = \lim_{\Delta t \to 0} \frac{\Delta\mathbf{r}}{\Delta t} = \dot{\mathbf{r}}(t) \quad v(t) = \dot{s}(t)$

Acceleration: $\mathbf{a}(t) = \lim_{\Delta t \to 0} \frac{\Delta\mathbf{v}}{\Delta t} = \dot{\mathbf{v}}(t) = \ddot{\mathbf{r}}(t)$

Newton's second law

$$\mathbf{F} = m\mathbf{a}$$

Weight-mass relationship

$$W = mg \quad g = 9.81\ \mathrm{m/s^2} = 32.2\ \mathrm{ft/s^2}$$

Universal law of gravitation

$$F = G\frac{m_A m_B}{R^2}$$

$$G = 6.67 \times 10^{-11}\ \mathrm{m^3/(kg \cdot s^2)} = 3.44 \times 10^{-8}\ \mathrm{ft^3/(slugs \cdot s^2)}$$

연습문제

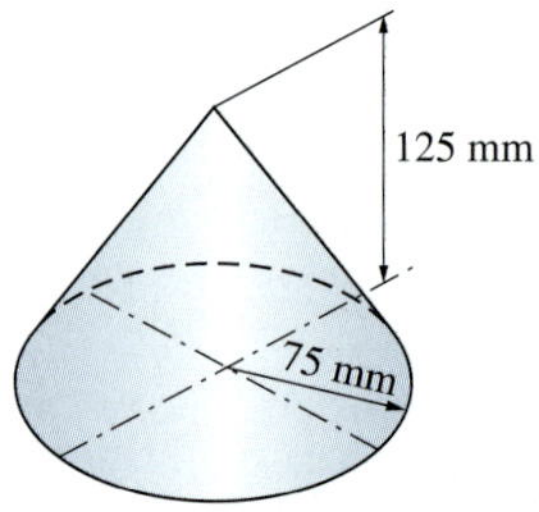

그림 P11.2

11.1 어떤 사람이 $g = 1.62\ \text{m/s}^2$인 달에서는 몸무게가 106.8 N이 나온다. (a) 이 사람의 질량과, (b) 지구에서 이 사람의 체중을 각각 구하라.

11.2 고체 알루미늄 원뿔체의 질량밀도가 2700 kg/m^3이다. 이 원뿔체의 중량을 lb 단위로 구하라.

11.3 다음을 각각 변환하라. (a) 100 kN/m^2을 lb/in^2 단위로, (b) 30 m/s을 mi/h 단위로, (c) 800 slugs를 Mg 단위로, (d) 20 lb/ft^2를 N/m^2.

11.4 어떤 물체의 관성질량모멘트가 $I = 20\ \text{kg m}^2$이다. 이 I를 U.S. 상용 단위계의 기본단위로 나타내라.

11.5 질량이 m인 강체가 평면운동을 하고 있을 때, 그 운동에너지(KE)는 다음과 같다.

$$KE = \frac{1}{2}mv^2 + \frac{1}{2}mk^2\omega^2$$

여기에서, v는 질량중심의 속도이고, k는 상수이며, ω는 강체의 각속도로 단위가 rad/s이다. KE와 k의 단위를 다음 단위계의 기본 단위로 각각 나타내라. (a) SI 단위계, (b) U.S. 상용 단위계.

11.6 어떤 응용문제에서, 질점의 가속도 a와 위치 좌표 x의 관계식은 다음과 같다.

$$a = \frac{gkx}{W}$$

여기에서, g는 중력가속도이고, k는 상수이며, W는 질점의 중량이다. k의 차원이 $[F/L]$일 때, 이 식은 차원이 동일함을 증명하라.

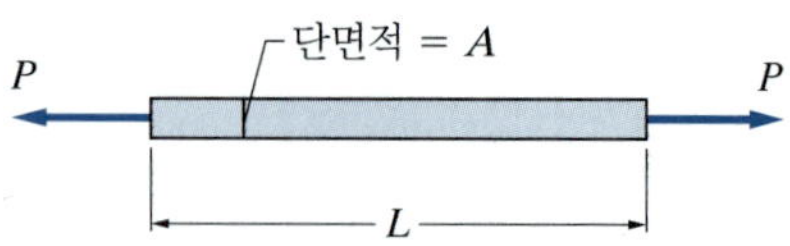

그림 P11.7

11.7 후크(Hooke)의 법칙에서는, 균일 탄성체 봉에 축방향 힘 P가 가해질 때 발생되는 신장량 δ를 다음과 같이 나타낸다.

$$\delta = \frac{PL}{EA}$$

여기에서, E는 탄성계수로 상수이다. 이 E의 차원을 다음 단위계의 기본 차원으로 각각 구하라. (a) 중력 [FLT] 단위계, (b) 절대 [MLT] 단위계.

11.8 다음 차원을 $[FLT]$ 중력 단위계의 기본 차원으로 각각 구하라: (a) mv^2, (b) mv 및 (c) ma. 변수의 차원은 $[m] = [M]$, $[v] = [L/T]$ 및 $a = [L/T^2]$이다.

11.9 기하학 교재에는 포물선 식이 $y = x^2$으로 주어져 있으며, 여기에서 x와 y는 mm 단위이다. 이 식이 차원이 맞게 성립하는지 알아보라.

11.10 균질 구가 직경에 대한 질량관성 모멘트 I가 $I = (2/5)m\,R^2$이고, 여기에서 m과 R은 각각 질량과 반경이다. I의 차원을 다음 단위계로 각각 나타내라. (a) $[FLT]$ 중력 단위계, (b) $[MLT]$ 절대 단위계.

11.11 다음 식에서 상수 A와 B의 차원을 구하라. 각각의 식은 차원이 같다고 가정한다: (a) $v^3 = Ax^2 + Bvt^2$ 및 (b) $x^2 = At^2e^{Bt2}$. 변수의 차원은 $[x] = [L]$, $[v] = [L/T]$ 및 $a = [L/T^2]$이다.

11.12 어떤 진동 문제에서, 질량이 m인 질점 운동을 나타내는 미분식이 다음과 같다.

$$m\frac{d^2x}{dt^2} + c\frac{dx}{dt} + kx = P_0 \sin \omega t$$

여기에서, x는 질점의 변위이다. 상수 c, k, p_0 및 ω의 차원은 $[FLT]$ 중력 단위계의 기본 차원으로 어떻게 나타내는가?

11.13 만유인력상수 G의 차원을 식 (11.17)을 사용하여 다음의 기본 차원으로 각각 유도하라. (a) $[FLT]$ 중력 단위계와, (b) $[MLT]$ 절대 단위계의 기본 차원.

11.14 속도 v로 공기 중을 이동하고 있는 투사체에 작용하는 항력 F는 다음 식과 같이 나타낸다.

$$F = \frac{1}{2}C\rho v^2 A$$

이 식에서 ρ는 공기의 질량밀도이고 C는 항력계수라고 한다. 이 C를 무차원으로 표현하라.

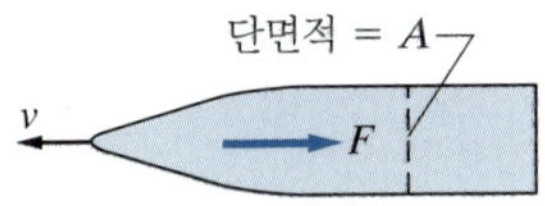

그림 P11.14

11.15 질량이 8 kg인 2개의 균질 구가 서로 400 mm만큼 떨어져 있다. 하나의 질점에 작용하는 만유인력을 지구에서의 중량의 %로 나타내라.

11.16 반경이 20 cm이고 질량이 2 kg인 2개의 동일한 구가 접촉상태로 놓여 있다. 두 구 사이의 만유인력을 구하라.

문제 11.17~11.21에서는 다음의 데이터를 사용하라:

지구질량 = 5.9742×10^{24} kg
지구반경 = 6378 km
달질량 = 0.073483×10^{24} kg
달반경 = 1737 km
태양의 질량 = 1.9891×10^{30} kg
지구와 태양 간의 거리 = 149.6×10^6 km

11.17 지상 고도 1600 km에 있는 중량이 3 kN인 물체의 질량을 kg 단위로 구하라.

11.18 달에서 물체의 중량은 지구에서 중량의 대략 1/6임을 증명하라.

11.19 지표면에서 몸무게가 667 N인 사람이 있다. 지구 표면 위로 지구반경 값과 같은 높이에서 이 사람의 몸무게를 구하라.

11.20 지표면상에서 질량이 1.0 kg인 물체에 가해지는 태양의 중력을 구하라.

11.21 우주선이 지구와 태양을 잇는 직선을 따라 이동한다. 지구에서 얼마나 떨어진 위치에서 지구의 중력과 태양의 중력이 같아지는가?

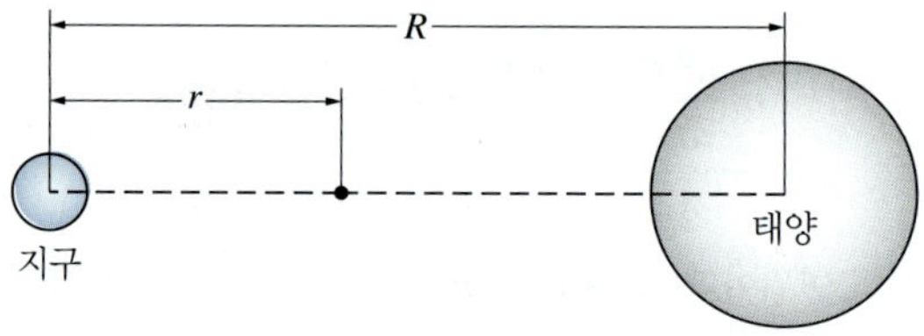

그림 P11.21

질점의 동역학: 직각좌표계 12

Dynamics of a Particle: Rectangular Coordinates

12.1 서론

이 장에서는 직각좌표계에서 질점의 동역학(운동학과 운동역학)을 배운다. 여기서는 *단일 질점*(single particle)에 대하여 그리고 움직이지 않는 고정좌표계에 국한하여 논의한다. 2개 이상의 질점의 상호작용에 관한 동역학과 상대운동에 관한 운동학은 15장에서 다룬다.

기본 운동학적 변수(위치, 속도, 가속도)의 정의는 11장에서 보았듯이 좌표계에 의존하지 않는다. 따라서 이들 정의는 어떤 고정좌표계에서도 적용할 수 있지만 운동을 기술하는 데 공간좌표계는 필수적이다. 여기에서 사용되는 직각좌표계(rectangular cartesian coordinate system)는 가장 단순한 것으로, 어떤 문제 풀이에도 이용될 수 있지만 모든 경우에 편리한 것은 아니다. 때로는 다음 장에서 설명하는 곡선좌표계(curvilinear coordinate system)가 해석을 쉽게 할 수도 있다.

직각좌표는 자연적으로 직선운동 또는 직선운동의 중첩으로 묘사될 수 있는 운동에 적합하며 투사체운동이 이에 속한다. 이 장의 대부분은 이들 두 가지 운동의 응용에 관한 것이다.

운동학의 중요한 문제는 직선운동을 해석할 때 생긴다. 즉 주어진 질점의 가속도로 속도와 위치를 구하는 문제이다. 이 작업은 2차 미분방정식 $\ddot{x} = f(\dot{x}, x, t)$을

Germanskydiver/Shutterstock.com

스카이다이버의 낙하운동은 중력과 공기역학적 항력에 의해 결정된다. 이러한 2개의 힘이 평형을 이룰 때 스카이다이버는 일정한 속도로 낙하한다. 이때의 속도를 종단속도라고 한다. 종단속도 계산은 문제 12.47에서 다루고 있다.

풀이하는 것으로서, 동역학 전반에 걸쳐서 반복해서 나타나게 된다. 이 장에서 접하게 되는 미분방정식의 대부분은 해석적으로 풀 수 있을 정도로 간단하다. 그렇지만 수치적분을 해야 하는 문제들도 포함하고 있다. 수치 해석이 부가적인 것이긴 하지만 실용적으로 중요한 의미를 가진다. 왜냐하면 대부분의 실용적인 문제들이 해석적인 방법으로 적분이 불가능하기 때문이다.

12.2 운동학

그림 12.1(a)는 고정 직각좌표계에서 움직이는 질점 A의 경로를 보여주고 있다. **i**, **j**, **k**를 기본벡터(단위벡터)라 하면, 질점의 위치벡터는 다음과 같이 쓸 수 있다.

$$\mathbf{r}(t) = x\mathbf{i} + y\mathbf{j} + z\mathbf{k} \tag{12.1}$$

여기서 x, y, z는 질점의 시간에 따른 직각좌표이다. 속도의 정의에 관한 식 (11.10)과 미분의 연쇄법칙에 관한 식 (11.4)에 의하여 다음 식을 얻는다.

$$\begin{aligned}\mathbf{v} &= \frac{d\mathbf{r}}{dt} = \frac{d}{dt}(x\mathbf{i} + y\mathbf{j} + z\mathbf{k}) \\ &= x\frac{d\mathbf{i}}{dt} + \dot{x}\mathbf{i} + y\frac{d\mathbf{j}}{dt} + \dot{y}\mathbf{j} + z\frac{d\mathbf{k}}{dt} + \dot{z}\mathbf{k}\end{aligned}$$

좌표축은 고정이기 때문에* 기본벡터는 일정하다. 따라서 $d\mathbf{i}/dt = d\mathbf{j}/dt = d\mathbf{k}/dt =$

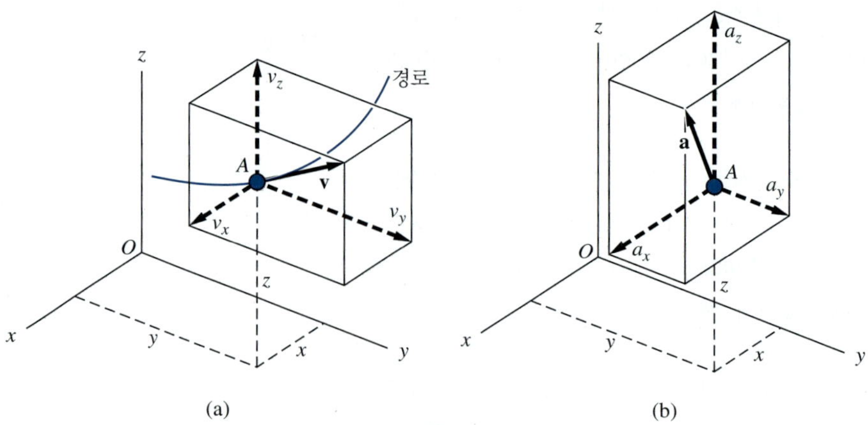

그림 12.1

* 이러한 가정은 실제적으로 매우 제한적이다. 16장에서 확인할 수 있듯이, 좌표계가 회전하지 않고 직선운동만 하는 경우에도 결과는 유효하다.

0이고, 속도벡터는 다음과 같이 된다.

$$\mathbf{v} = v_x\mathbf{i} + v_y\mathbf{j} + v_z\mathbf{k} \tag{12.2}$$

여기서, 그림 12.1(a)에서 보이는 직각성분은 다음과 같다.

$$v_x = \dot{x} \qquad v_y = \dot{y} \qquad v_z = \dot{z} \tag{12.3}$$

같은 방법으로 가속도의 정의, 식 (11.13)에 의하여

$$\mathbf{a} = \frac{d\mathbf{v}}{dt} = \frac{d}{dt}(v_x\mathbf{i} + v_y\mathbf{j} + v_z\mathbf{k}) = \dot{v}_x\mathbf{i} + \dot{v}_y\mathbf{j} + \dot{v}_z\mathbf{k}$$

이고, 가속도는 다음과 같다.

$$\mathbf{a} = a_x\mathbf{i} + a_y\mathbf{j} + a_z\mathbf{k} \tag{12.4}$$

여기서 직각성분은 다음과 같다(그림 12.1(b) 참조).

$$a_x = \dot{v}_x = \ddot{x} \qquad a_y = \dot{v}_y = \ddot{y} \qquad a_z = \dot{v}_z = \ddot{z} \tag{12.5}$$

12.2a 평면운동

평면운동은 특별히 주의를 기울여야 할 만큼 공학응용에서 자주 나타난다. 그림 12.2(a)는 xy 평면에서 움직이는 질점 A의 경로를 보여준다. **r**, **v**, **a**의 2차원 직각성분을 얻기 위하여, 식 (12.1)~(12.5)에서 $z = 0$을 대입하면 결과는

$$\mathbf{r} = x\mathbf{i} + y\mathbf{j} \qquad \mathbf{v} = v_x\mathbf{i} + v_y\mathbf{j} \qquad \mathbf{a} = a_x\mathbf{i} + a_y\mathbf{j} \tag{12.6}$$

이고, 여기서 각각의 성분은 다음과 같다.

$$\begin{aligned} v_x &= \dot{x} & v_y &= \dot{y} \\ a_x &= \dot{v}_x = \ddot{x} & a_y &= \dot{v}_y = \ddot{y} \end{aligned} \tag{12.7}$$

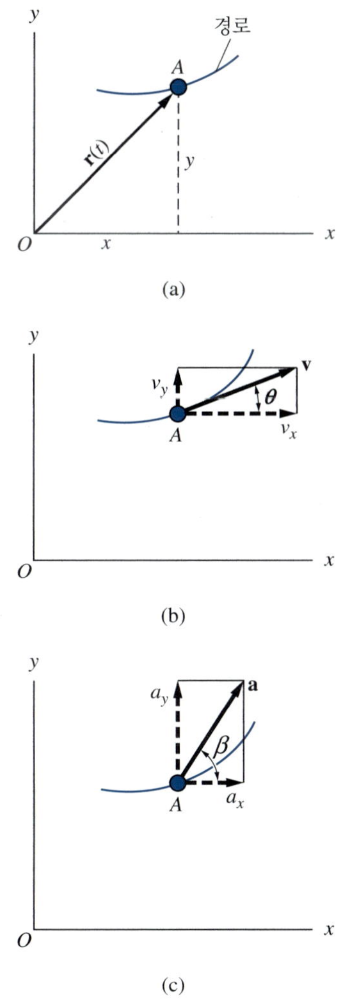

그림 12.2

그림 12.2(b)는 속도의 직각성분을 보여준다. 속도벡터 **v**의 방향을 정해주는 각 θ는 다음으로부터 얻을 수 있다.

$$\tan\theta = \frac{v_y}{v_x} = \frac{dy/dt}{dx/dt} = \frac{dy}{dx}$$

경로의 기울기는 dy/dx와 같기 때문에, 속도벡터 **v**는 경로에 접한다. 이 결과는 앞 장에서도 지적하였다.

가속도 **a**의 직각성분은 그림 12.2(c)에서 볼 수 있다. 가속도의 방향을 나타내는 각 β는 다음 식에서 계산할 수 있다.

$$\tan\beta = \frac{a_y}{a_x} = \frac{d^2y/dt^2}{d^2x/dt^2}$$

일반적으로 β는 θ와 같지 않기 때문에, 가속도가 경로에 반드시 접하는 것은 아니다.

12.2b 직선운동

경로가 직선인 운동을 직선운동이라 한다. 예로써, x축을 따라 움직이는 질점 A가 그림 12.3에 그려져 있다. 이 경우는 식 (12.6)과 (12.7)에서 $y = 0$으로 놓고 얻는 결과, $\mathbf{r} = x\mathbf{i}$, $\mathbf{v} = v_x\mathbf{i}$, $\mathbf{a} = a_x\mathbf{i}$와 같다. 이들 벡터들은 경로를 따라 향하고 있다(1차원 운동). 직선운동은 첨자로 구별할 필요가 없기 때문에 x축을 따라 움직이는 운동은 보통 다음과 같이 쓴다.

$$\mathbf{r} = x\mathbf{i} \qquad \mathbf{v} = v\mathbf{i} \qquad \mathbf{a} = a\mathbf{i} \tag{12.8}$$

여기서

$$v = \dot{x} \qquad a = \dot{v} = \ddot{x} \tag{12.9}$$

문제에 따라서는, 가속도를 나타내는 데 있어 속도와 시간보다 속도와 위치를 사용하는 것이 더 편리할 때가 있다. 이 변수치환은 미분의 연쇄법칙으로 행할 수 있다. 즉, $a = dv/dt = (dv/dx)(dx/dt)$이고, $dx/dt = v$이므로 다음 식을 얻는다.

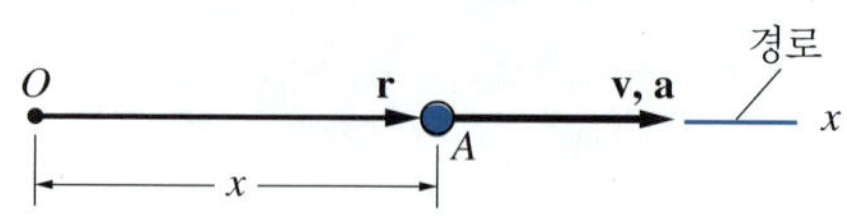

그림 12.3

$$a = v\frac{dv}{dx} \tag{12.10}$$

예제 12.1

x축을 따라 이동하는 질점의 위치가 $x = -3t^2 + 12t - 6$ m로 주어지고, 여기서 t는 초 단위이다. $t = 0$에서 $t = 3$ s까지의 시간 동안, (1) 위치, 속도, 가속도를 시간의 함수로 그려라. (2) 이동거리를 계산하라. (3) 질점의 변위를 구하라.

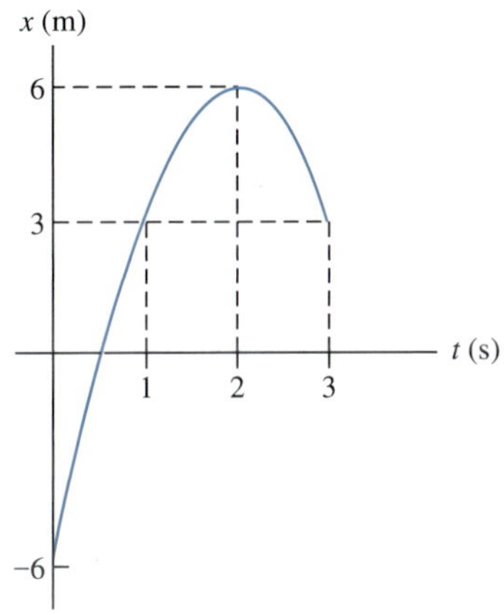

(a)

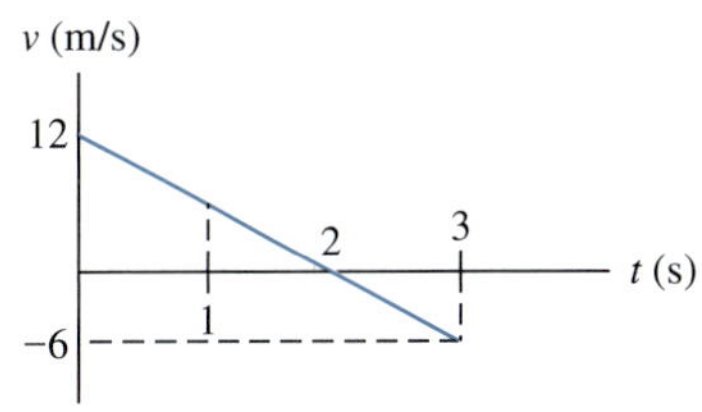

(b)

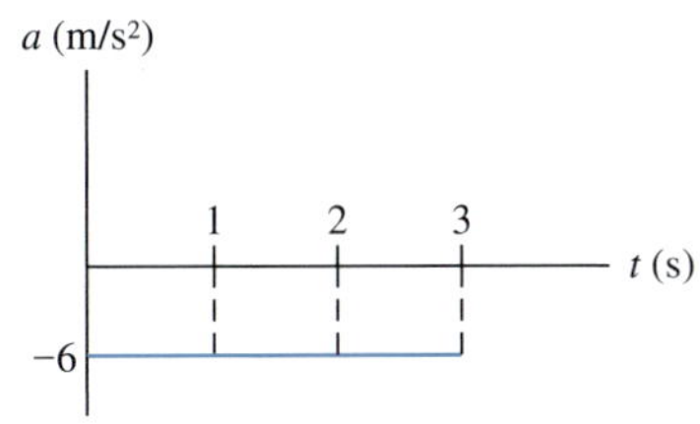

(c)

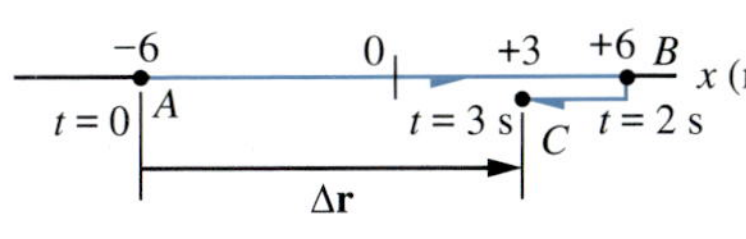

(d)

풀이

문항 1

직선운동이므로, 속도와 가속도는 다음과 같이 계산된다.

$$x = -3t^2 + 12t - 6 \text{ m} \tag{a}$$

$$v = \frac{dx}{dt} = -6t + 12 \text{ m/s} \tag{b}$$

$$a = \frac{dv}{dt} = \frac{d^2x}{dt^2} = -6 \text{ m/s}^2 \tag{c}$$

$t = 0$에서 $t = 3$ s까지의 시간 구간에 대한 이들 함수가 그림 (a)~(c)에 그려져 있다. x가 포물선이라는 데 주목하고 미분을 계속하면, 속도는 1차 함수, 가속도는 상수임을 알 수 있다. x의 최대치(또는 최소치)에 대응하는 시간은 $dx/dt = 0$ 또는 식 (b) $v = -6t + 12 = 0$에서 구할 수 있고, 계산 결과 $t = 2$ s이다. 식 (a)에 $t = 2$ s를 대입하여 x의 최대치를 구한다.

$$x_{max} = -3(2)^2 + 12(2) - 6 = 6 \text{ m}$$

문항 2

그림 (d)는 $t = 0$에서 $t = 3$ s까지의 시간 동안 질점이 어떻게 움직였는가를 보여준다. $t = 0$일 때 질점은 $A(x = -6$ m$)$을 떠나 오른쪽으로 움직인다. $t = 2$ s일 때 질점은 $B(x = 6$ m$)$에 와서 멈춘다. 그리고 왼쪽으로 움직여 $t = 3$ s일 때 질점은 $C(x = 3$ m$)$에 도달한다. 따라서 이동한 거리는 오른쪽으로 움직인 거리 $(\overline{AB})$와 왼쪽으로 움직인 거리$(\overline{BC})$를 합한 거리이다.

$$d = \overline{AB} + \overline{BC} = 12 + 3 = 15 \text{ m}$$ 답

문항 3

$t = 0$에서 $t = 3$ s 동안의 변위는 처음 위치에서 최종점을 연결하는 벡터이다. 이 벡터는 그림 (d)에서 $\Delta\mathbf{r}$이다.

$$\Delta\mathbf{r} = 9\mathbf{i} \text{ m}$$ 답

주어진 시간 동안 총이동거리(15 m)가 변위벡터의 크기(9 m)보다 크다. 그것은 그 시간 구간 동안 운동 방향이 변하였기 때문이다.

예제 12.2

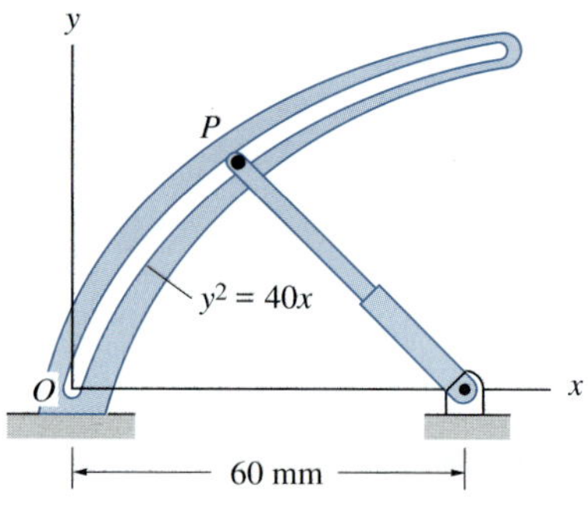

(a)

그림 (a)에서 망원경 가늠자 끝의 핀 P가 고정 포물선 경로 $y^2 = 40x$을 따라 미끄러진다. 여기서 x와 y는 mm 단위의 측정치이다. P의 y좌표는 시간 t(sec)에 대해서 $y = 4t^2 + 6t$ mm에 따라 변한다. $y = 30$ mm일 때, (1) P의 속도벡터, (2) P의 가속도벡터를 계산하라.

풀이

문항 1

y에 관한 시간함수

$$y = 4t^2 + 6t \text{ mm} \tag{a}$$

식 (a)을 경로방정식에 대입하고 x에 대하여 풀면 다음 식 (b)를 얻는다.

$$x = \frac{y^2}{40} = \frac{(4t^2 + 6t)^2}{40} = 0.40t^4 + 1.20t^3 + 0.90t^2 \text{ mm} \tag{b}$$

속도벡터의 직각성분들은 다음과 같다.

$$v_x = \dot{x} = 1.60t^3 + 3.60t^2 + 1.80t \text{ mm/s} \tag{c}$$

$$v_y = \dot{y} = 8t + 6 \text{ mm/s} \tag{d}$$

식 (a)에서 $y = 30$ mm로 하여 t에 대하여 풀면 $t = 2.090$ s를 얻는다. 이 시간을 식 (c)과 (d)에 대입하여 다음을 얻는다.

$$v_x = 34.1 \text{ mm/s} \quad \text{and} \quad v_y = 22.7 \text{ mm/s}$$

결과적으로, $y = 30$ mm에서 속도벡터는

$$\mathbf{v} = 34.1\mathbf{i} + 22.7\mathbf{j} \text{ mm/s}$$ 답

이 결과를 그림으로 나타내면 아래와 같고 또한 그림 (b)에서도 볼 수 있다.

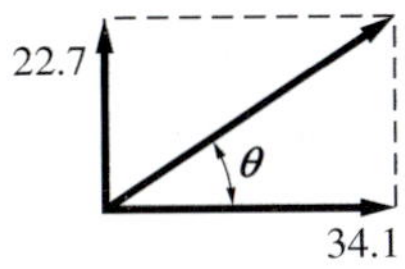

$$v = 41.0 \text{ mm/s}$$
$$\theta = \tan^{-1}\frac{22.7}{34.1} = 33.7°$$

$y = 30$ mm에서 경로의 기울기 dy/dx을 구해보면, 위에서 구한 속도벡터가 경로에 접한다는 사실을 쉽게 알 수 있다.

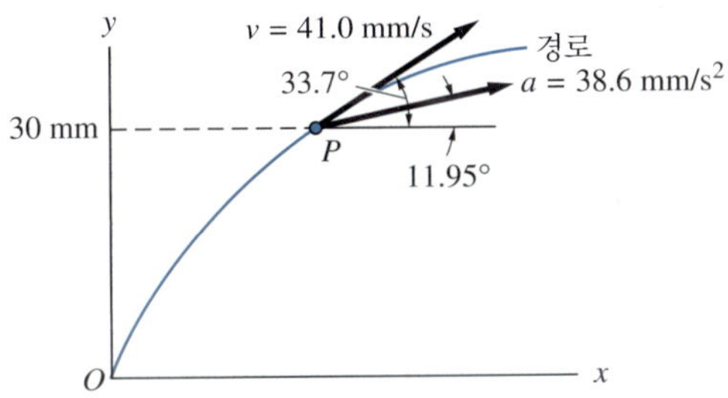

(b)

문항 2

식 (c)과 (d)에서, 미분에 의하여 가속도 성분을 구할 수 있다.

$$a_x = \dot{v}_x = 4.80t^2 + 7.20t + 1.80 \text{ mm/s}^2$$
$$a_y = \dot{v}_y = 8 \text{ mm/s}^2$$

여기에 $t = 2.090$ s를 대입하면

$$a_x = 37.8 \text{ mm/s}^2 \quad \text{and} \quad a_y = 8 \text{ mm/s}^2$$

따라서 $y = 30$ mm에서 가속도벡터는

$$\mathbf{a} = 37.8\mathbf{i} + 8\mathbf{j} \text{ mm/s}^2$$ 답

a을 그림으로 나타내면

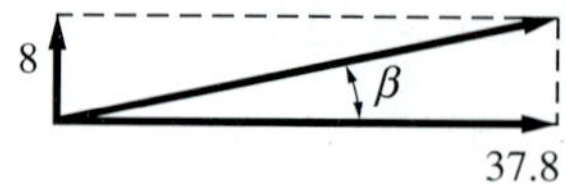

$$a = 38.6 \text{ mm/s}^2$$

$$\beta = \tan^{-1}\frac{8}{37.8} = 11.95°$$

그림 (b)를 보면 가속도벡터 **a**의 방향이 경로의 접선방향이 아님을 알 수 있다.

예제 12.3

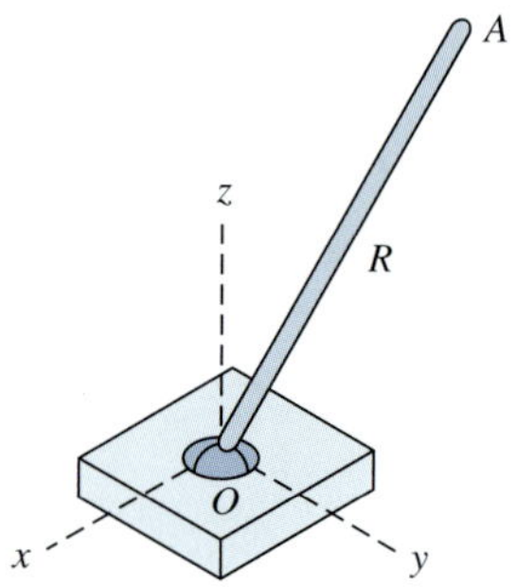

길이 R의 강체 암 OA는 볼·소켓 조인트 O에서 회전한다. 다음 식들은 끝단 A의 공간 운동을 나타내는 직각좌표 x, y이다.

$$x = R\cos\omega t \qquad y = \frac{R}{2}\sin 2\omega t$$

여기서 ω는 상수이다. 끝단 A의 좌표 z에 관한 식을 구하라.

풀이

암 OA는 강체이기 때문에 끝단 A의 위치 좌표는 다음 식을 만족한다.

$$x^2 + y^2 + z^2 = R^2$$

x와 y에 대한 식을 대입하면 다음 식을 얻는다.

$$R^2\cos^2\omega t + \frac{R^2}{4}\sin^2 2\omega t + z^2 = R^2$$

삼각항등식 $\sin 2\omega t = 2\sin\omega t\cos\omega t$와 $(1 - \cos^2\omega t) = \sin^2\omega t$을 이용하여 다음 결과를 얻는다.

$$
\begin{aligned}
z^2 &= R^2(1 - \cos^2\omega t - \sin^2\omega t\cos^2\omega t)\\
&= R^2(\sin^2\omega t - \sin^2\omega t\cos^2\omega t)\\
&= R^2\sin^2\omega t(1 - \cos^2\omega t)\\
&= R^2\sin^4\omega t
\end{aligned}
$$

그러므로 좌표 z에 대한 식은 다음과 같다.

$$z = R\sin^2\omega t$$ **답**

예제 12.4

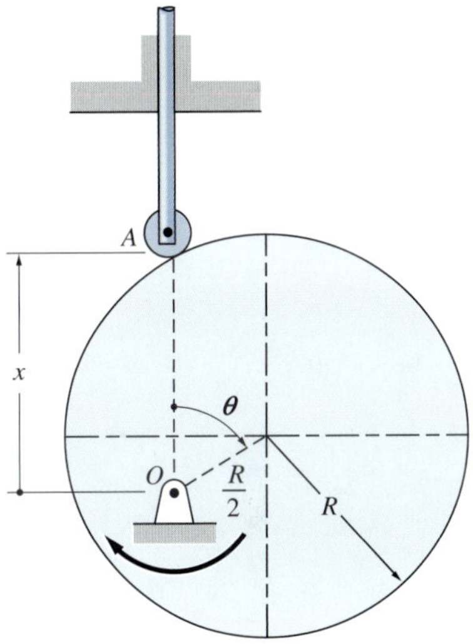

반경 $R = 16$ mm인 원형 캠(cam)은 $R/2$의 편심이 되도록 O에 선회축을 두고 있다. 기하학적으로, 종동절 A의 위치 좌표 x와 각 θ 사이에 다음 관계가 있다.

$$x(\theta) = \frac{R}{2}\left(\cos\theta + \sqrt{\cos^2\theta + 3}\right)$$

만약 캠이 O축 주위를 시계방향으로 일정한 각속도 $\dot{\theta} = 2000$ rev/min으로 회전하고 있다고 가정하면, $\theta = 45°$일 때 종동절의 속도를 구하라.

풀이

$$
\begin{aligned}
v &= \frac{dx}{dt} = \frac{dx}{d\theta}\frac{d\theta}{dt}\\
&= \frac{R}{2}\left[-\sin\theta + \frac{1}{2}\left(\frac{-2\cos\theta\sin\theta}{\sqrt{\cos^2\theta + 3}}\right)\right]\dot{\theta}\\
&= -\frac{R}{2}\sin\theta\left(1 + \frac{\cos\theta}{\sqrt{\cos^2\theta + 3}}\right)\dot{\theta}
\end{aligned}
$$

주어진 식에 $R = 0.016$ m, $\theta = 45°$, $\dot{\theta} = 2000(2\pi/60)$ rad/s를 대입하면 다음 결과를 얻는다.

$$v = -\frac{0.016}{2}(\sin 45°)\left(1 + \frac{\cos 45°}{\sqrt{\cos^2 45° + 3}}\right)\frac{2000(2\pi)}{60} = -1.633 \text{ m/s}$$ **답**

여기서 음의 부호는 종동절이 아래 방향으로 운동함을 의미한다.

연습문제

12.1 시간 $t = 0$에서 로켓이 수직방향으로 발사된다. 로켓의 고도 y는 다음과 같이 주어진다.

$$y = -0.16t^4 + 4.9t^3 + 0.14t^2 \text{ m}$$

여기서 t는 초 단위이다. 로켓의 최대 속도와 최대 속도일 때의 고도를 구하라.

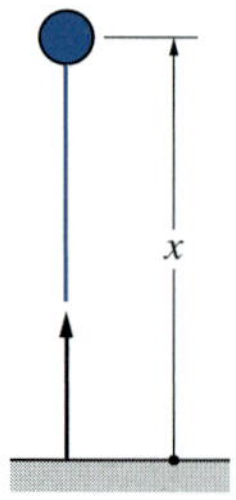

그림 P12.2

12.2 어떤 행성의 표면에서 수직 방향으로 던져진 물체가 있을 때, 대기권의 저항이 없다면, 물체의 운동은 다음 식으로 나타내진다.

$$x = -\frac{1}{2}gt^2 + v_0 t$$

여기서 g와 v_0는 상수이다. (a) 물체의 속도와 가속도에 관한 식을 구하라. 결과를 이용하여, v_0는 물체의 초기속력이고 g는 중력가속도임을 보여라. (b) 물체가 도달할 수 있는 최고높이와 떠 있는 시간을 구하라. (c) $v_0 = 26.8$ m/s와 $g = 9.81$ m/s^2 (지구 표면)에 대하여 (b)의 결과를 검증하라.

12.3 x축을 따라 움직이는 질점의 위치가 다음과 같이 서술된다.

$$x = 6(1 - e^{-t/2}) \text{ m}$$

여기서 t는 초 단위 시간이다. (a) 시간 구간 $0 \le t \le \infty$초에 대하여 위치, 속도, 가속도의 최댓값을 구하라. (b) 위치 $x = 3$ m일 때 t, v, a를 구하라.

12.4 x축을 따라 움직이는 질점의 위치가 다음과 같이 서술된다.

$$x = t^3 - 6t^2 - 32t \text{ m}$$

여기서 t는 초 단위 시간이다. 시간 $t = 10$초에서의 변위, 속도, 가속도와 이동한 거리를 구하라.

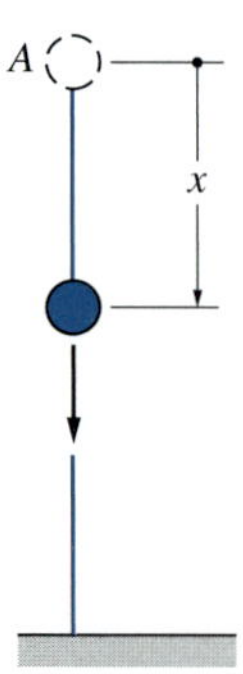

그림 P12.6

12.5 직선의 고속도로 위를 달리는 자동차의 위치는 다음과 같이 서술된다.

$$x = t^2 - \frac{t^3}{90} \text{ m}$$

여기서 t는 초 단위 시간이다. (a) 시간 $t = 0$에서 출발하여 멈출 때까지 자동차가 이동한 거리를 구하라. (b) 자동차가 도달한 최대 속도를 구하라.

12.6 A에서 정지하고 있던 물체를 자유롭게 떨어뜨렸다. 공기 저항을 감안하여, 물체의 위치는 시간의 함수로 다음과 같이 주어진다.

$$x = v_0(t - t_0 + t_0 e^{-t/t_0})$$

여기서 v_0와 t_0는 상수이다. (a) 물체의 속력 v에 대한 식을 구하라. 결과를 이용하여 v_0가 종단속도임을 설명하라. (b) 가속도 a에 관한 식을 t의 함수로 또는 v의 함수로 나타내라.

12.7 x축에 일직선으로 놓인 80 m 길이의 전선을 따라 구슬이 움직인다. 구슬의 위치는 다음 식으로 주어진다.

$$x = 3t^2 - 12t \text{ m}$$

여기서 x는 선의 중간으로부터 측정되며, 시간은 초 단위이다. (a) 구슬이 전선으로부터 이탈하는 시간을 구하라. (b) 시간 $t = 0$에서부터 구슬이 전선을 이탈할 때가지 이동한 거리를 구하라.

12.8 질점이 곡선 $x^2 = 12y$를 따라 움직인다. 여기서 x와 y의 단위는 mm이다. 여기서 시간에 대한 x좌표는 다음 식으로 주어진다.

$$x = 4t^2 - 2 \text{ mm}$$

여기서 시간 t는 초 단위이다. 시간 $t = 2$ s일 때 속도와 가속도벡터의 크기를 구하라.

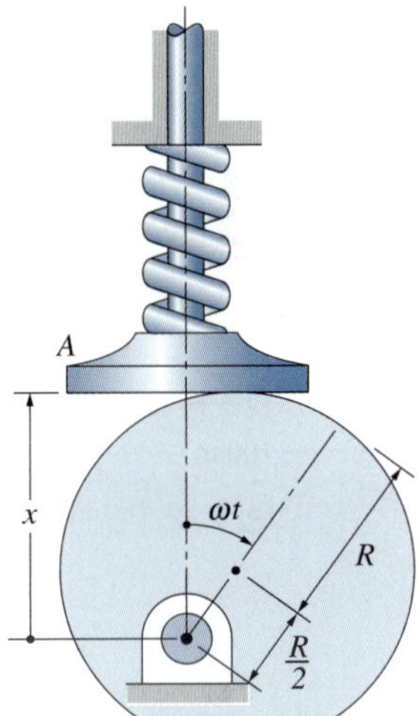

그림 P12.9

12.9 반경 R이고 편심거리가 $R/2$인 원형 캠이 일정 각속도 ω로 시계방향으로 회전하고 있다. 평면 종동절 A의 수직운동은 다음 식으로 주어진다.

$$x = R\left(1 + \frac{1}{2}\cos\omega t\right)$$

(a) 시간 t의 함수로 종동절의 속도와 가속도를 구하라. (b) 만일 ω가 두 배로 된다면 종동절의 최대 속도와 최대 가속도는 어떻게 변하겠는가?

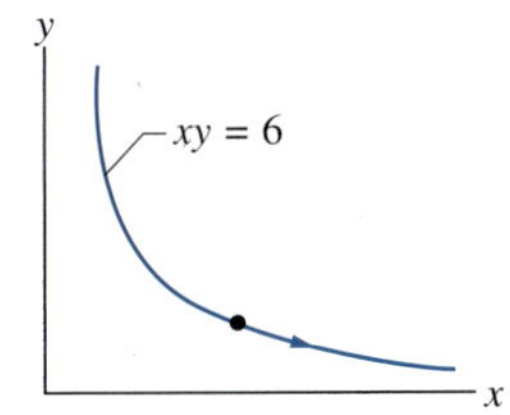

그림 P12.10

12.10 질점이 쌍곡선 궤적인 $xy = 6$을 따라 운동한다. (여기서 x와 y의 단위는 m이다.) 만약 질점의 수직방향 좌표가 시간 t(초)의 함수인 $y = 50 - 2t$ m에 따라 변한다면, 시간 $t = 20$ s가 될 때 질점의 속도와 가속도벡터를 구하라.

12.11 시간 $t = 0$에서 속도 v_0로 어떤 행성에서 미사일이 발사되었다. 만유인력의 이론에 의하여, 발사 후 미사일의 속력 v는 다음 식으로 주어진다.

$$v^2 = 2gr_0\left(\frac{r_0}{r} - 1\right) + v_0^2$$

여기서 g는 행성표면의 중력가속도이고, r_0는 행성의 평균 반경이다. (a) r의 함수로 미사일의 가속도를 구하라. (b) 탈출속도, 즉 미사일이 행성으로 돌아오지 않을 v_0의 최솟값을 구하라. (c) 문제 (b)의 결과를 이용하여, 지구에서의 탈출속도를 계산하라. 지구에서는 $g = 9.81$ m/s^{2}이고 r_0는 6340 km이다.

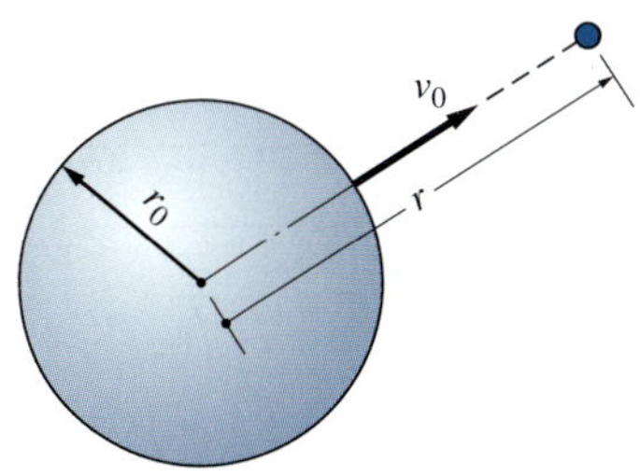

그림 P12.11

12.12 평면 위를 이동하는 질점의 자표는 다음 식으로 주어진다.

$$x = 15 - 2t^2 \text{ m} \qquad y = 15 - 10t + t^2 \text{ m}$$

여기서 시간 t는 초 단위이다. (a) 시간 $t = 0$ s와 (b) 시간 $t = 5$ s에서의 속도와 가속도 벡터를 구하라.

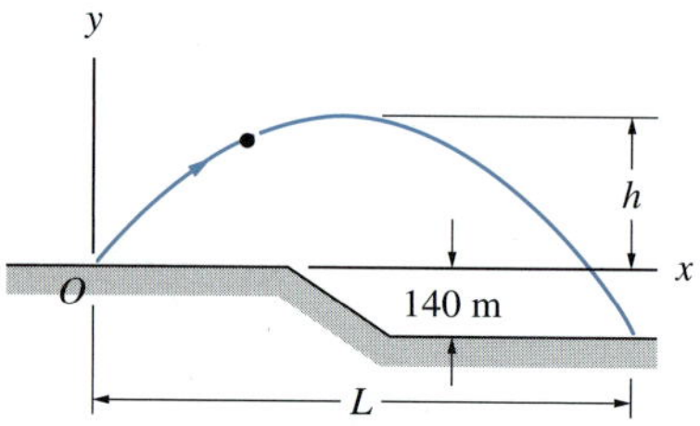

그림 P12.13

12.13 발사체가 O점에서 발사되어 포물선을 그리며 움직인다. 매개변수로 주어지는 식은 다음과 같다.

$$x = 58t \qquad y = 78t - 4.91t^2$$

여기서 x와 y는 미터, t는 초 단위이다. (a) 비행하는 동안의 가속도벡터, (b) O점에서의 속도벡터, (c) 최고높이 h, (d) 거리 L을 구하라.

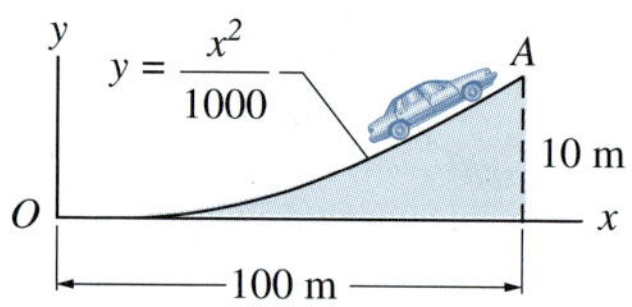

그림 P12.14

12.14 그림에서 보듯 자동차가 일정한 속력 $v_0 = 6$ m/s로 포물선 단면을 가진 언덕길을 올라간다. A 지점에서 자동차의 속도와 가속도벡터를 구하라.

12.15 평면운동을 하는 질점의 위치가 다음과 같이 주어진다.

$$x = a\cos\omega t \qquad y = b\sin\omega t$$

여기서 $a > b$이고 ω는 일정하다. (a) 질점의 경로가 타원임을 보여라. (b) 가속도벡터는 항상 타원의 중심으로 향하고 있음을 증명하라.

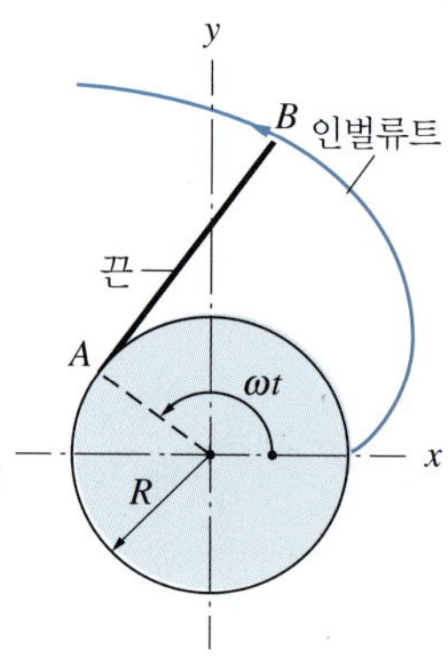

그림 P12.16

12.16 정지하고 있는 실린더로부터 팽팽하게 감긴 끈이 풀릴 때, 끈의 끝 B는 원의 **인벌류트**로 알려진 곡선을 그린다. 만일 끈이 일정한 각속력 ω로 풀린다면, 인벌류트의 식은 다음과 같이 주어진다.

$$x = R\cos\omega t + R\omega t\sin\omega t \qquad y = R\sin\omega t - R\omega t\cos\omega t$$

여기서 R은 실린더의 반경이다. 시간의 함수로 B의 속력을 구하라. 속도벡터는 끈에 항상 수직임을 보여라.

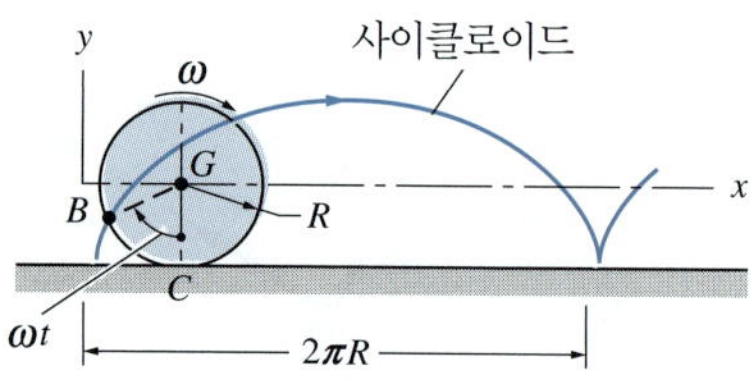

그림 P12.17

12.17 반경 R의 휠이 일정 각속도 ω로 구를 때, 휠 둘레의 한 점 B는 **사이클로이드**(cycloid)로 알려진 곡선의 흔적을 남긴다. 이 곡선의 식은 다음과 같이 주어진다.

$$x = R(\omega t - \sin\omega t) \qquad y = R(1 - \cos\omega t)$$

(a) B의 속도벡터는 $\overline{BC}$에 항상 수직임을 보여라. (b) B의 가속도벡터는 항상 $\overline{BG}$ 방향임을 보여라.

12.18 질점이 그림의 나선(helix)을 따라 움직일 때, 그 위치벡터의 성분은 다음과 같다.

$$x = R\cos\omega t \qquad y = R\sin\omega t \qquad z = -\frac{h}{2\pi}\omega t$$

여기서 ω는 일정하다. 속도와 가속도의 크기는 일정함을 보이고, $R = 1.2$ m, $h = 0.75$ m, $\omega = 4\pi$ rad/s일 때 이들 값을 구하라.

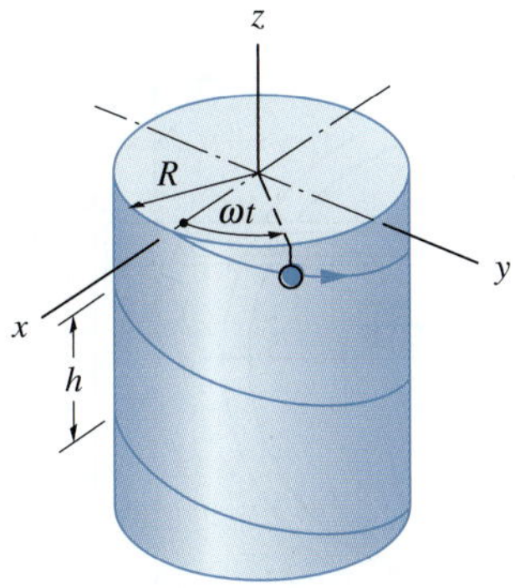

그림 P12.18

12.19 질점의 경로 OB는 그림의 쌍곡선 포물면상에 놓여 있으며, 그 운동의 표현식은 다음과 같이 주어진다.

$$x = \frac{4}{5}v_0 t \qquad y = \frac{3}{5}v_0 t \qquad z = -\frac{1}{25}v_0^2 t^2$$

여기서 좌표는 인치 단위이고 v_0는 일정하다. (a) 질점이 B에 있을 때 속도와 가속도, (b) B에서 경로가 xy 평면과 이루는 각을 구하라.

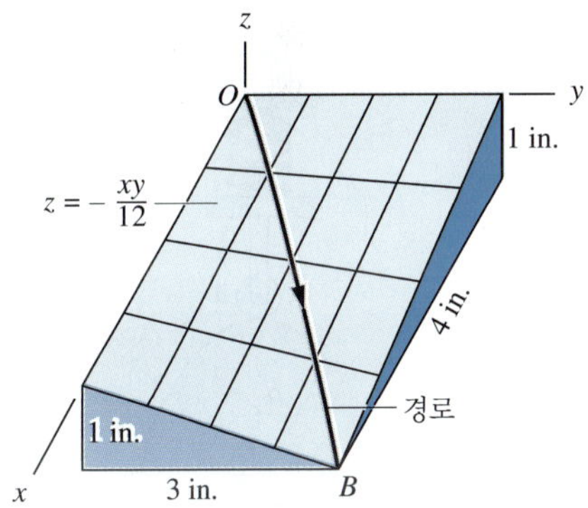

그림 P12.19

12.20 질점의 공간운동이 다음과 같이 주어졌다.

$$x = 3t^2 + 4t \qquad y = -4t^2 + 3t \qquad z = -6t + 9$$

여기서 좌표들은 m 단위이고, 시간 t는 초 단위이다. (a) 시간의 함수로 질점의 속도와 가속도벡터를 구하라. (b) **v**와 **a**가 형성하는 평면에 수직인 단위벡터가 일정함을 보임으로써, 질점의 운동이 평면 위의 운동(좌표축이 이루는 면에서의 운동이 아님)임을 보여라.

12.21 어떤 질점의 3차원 운동이 다음과 같이 주어진다.

$$x = R\cos\omega t \qquad y = R\sin\omega t \qquad z = \frac{R}{2}\sin 2\omega t$$

여기서 R과 ω는 일정하다. 이 점의 최대 속도와 최대 가속도를 계산하라.

12.22 그림의 기구에 대하여, (a) 슬라이드 C의 속도 $\dot{x}$을 θ와 $\dot{\theta}$의 항으로, (b) C의 가속도 $\ddot{x}$을 θ와 $\dot{\theta}$, $\ddot{\theta}$의 항으로 구하라.

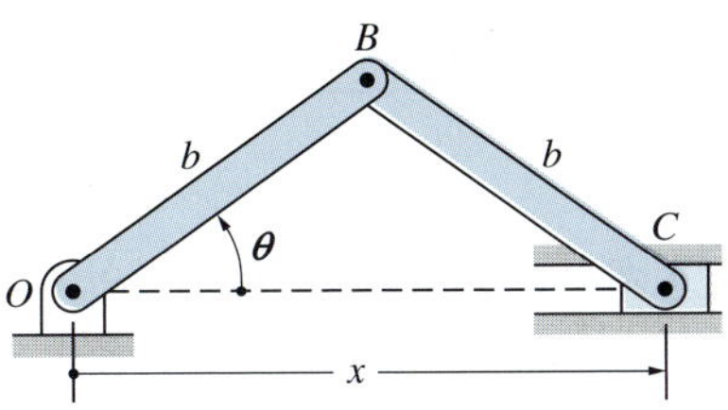

그림 P12.22

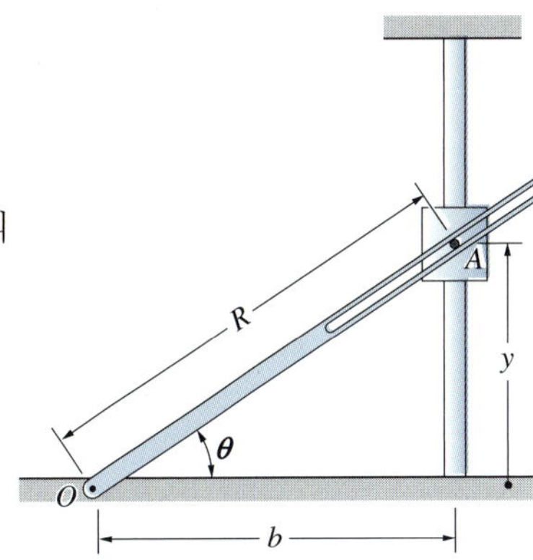

그림 P12.23

12.23 미끄럼 칼라 A에 붙어 있는 핀이 봉 OB의 슬롯에 걸려 있다. (a) A의 속력 $\dot{y}$을 θ와 $\dot{\theta}$의 항으로, (b) A의 가속도 $\ddot{y}$을 θ와 $\dot{\theta}$, $\ddot{\theta}$의 항으로 구하라.

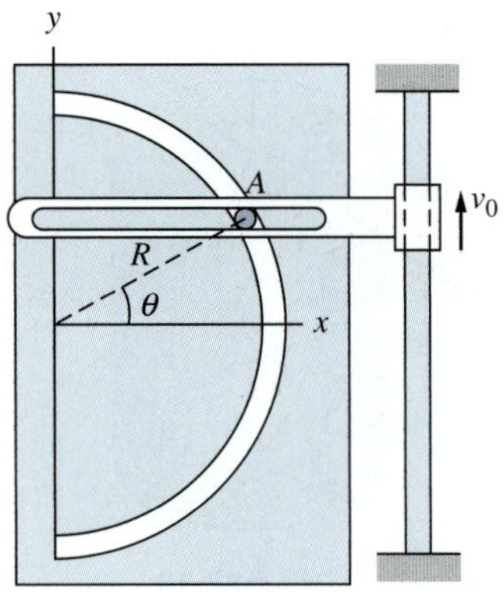

그림 P12.24

12.24 핀 A가 반경 $R = 6$ m인 원형의 홈을 따라 움직인다. 핀 A가 홈이 파인 수평바에 의해 $v_0 = 2.5$ m/s의 속력으로, 수직방향으로 밀려 올라가고 있다. 각도 $\theta = 60°$일 때 핀의 속도벡터와 가속도벡터를 구하라.

12.25 캠의 윤곽은 다음의 식으로 주어진다.

$$r = 55 + 10\cos\theta + 5\cos 2\theta \text{ mm}$$

캠이 일정한 각속도 $\dot{\theta} = 1200$ rev/min으로 회전할 때 종동절 A의 최대 가속도를 구하라.

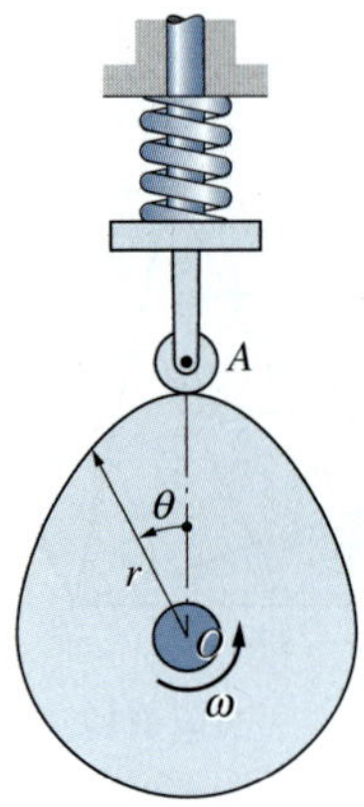

그림 P12.25

***12.26** 비행기 C는 레이더기지 A와 B에서 추적된다. 그림에서 제시된 순간에서 삼각형 ABC는 동일 수직평면상에 놓인다. 이때 레이더에서 읽은 기록은 $\theta_A = 30°$, $\theta_B = 22°$, $\dot{\theta}_A = 0.026$ rad/s, $\dot{\theta}_B = 0.032$ rad/s이다. 이 순간, (a) 고도 y, (b) 속력 v, (c) 비행기의 상승각 α을 구하라.

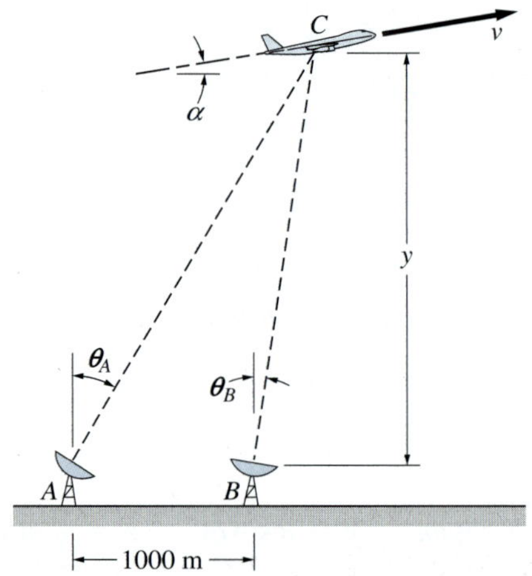

그림 P12.26

12.3 동역학: 힘–질량–가속도 법

12.3a 운동방정식

질량 m인 어떤 질점에 몇 개의 힘이 작용할 때, 뉴턴의 제2법칙은 $\Sigma\mathbf{F} = m\mathbf{a}$이고, 여기서 $\Sigma\mathbf{F}$는 힘의 벡터 합(결과적인 힘), $\mathbf{a}$는 질점의 가속도이다. 이 방정식의 직각좌표계 스칼라 식은

$$\Sigma F_x = ma_x \qquad \Sigma F_y = ma_y \qquad \Sigma F_z = ma_z \tag{12.11}$$

식 (12.11)은 질점의 운동방정식으로 알려져 있다.

만일 질점의 가속도를 안다면, 이 운동방정식으로 힘을 구할 수 있다. 그리고 만약 힘들이 주어진다면, 이 운동방정식으로 가속도를 구할 수 있다. 그렇지만 대부분의 문제들은 힘들 중의 일부와 가속도 성분의 일부만 주어지는 혼합형 문제들이다.

식 (12.11)에 의하여, 질점의 힘과 가속도의 관계를 알아보는 방법을 **힘–질량–가속도**(FMA: force-mass-acceleration)**법**이라 부른다. 후에 또 다른 방법, 즉 일과 에너지 법과 충격량과 운동량 법으로 힘과 운동 사이의 관계를 얻을 수 있다.

12.3b 자유물체 선도와 질량–가속도 선도

힘–질량–가속도 법의 첫걸음은 뉴턴 제2법칙의 양쪽 항 각각에 대한 2개 선도를 작성하는 것이다. 첫 번째 선도는 질점에 작용하는 모든 힘을 보여주는 **자유물체 선도**(FBD: free-body diagram)이고, 두 번째 선도는 **질량–가속도 선도**(MAD: mass-acceleration diagram)라 부르는 질점의 **관성벡터** $m\mathbf{a}$을 나타낸다. 이제 뉴턴의 운동 제2법칙은 두 선도가 정적으로 등가이어야 하는 조건으로써 만족될 수 있다, 즉, 두 결과는 같아야 한다.

질점의 자유물체 선도와 질량·가속도 선도는 그림 12.4(a)와 같다. 선도 사이의 등호는 정적 등가를 의미한다. 직각좌표를 사용하면, 관성벡터는 그림 12.4(b)의 예와 같이 보통 직각성분으로 나타낸다. 일단 선도가 그려지면, 등가의 조건 즉, 운동방정식을 세우기는 상대적으로 쉽다.

정역학에서와 마찬가지로 동역학에서도 자유물체 선도는 중요하다. 이 선도는 질점에 작용하는 모든 힘들을 분명하고 간결한 방법으로 확인해준다. 또 그것은 미지량에 대한 표기를 명확히 해주고, 아는 값도 표시해준다. 질량·가속도 선도 역시 비슷한 역할을 한다. 모르는 값을 정의하고, 알고 있는 값의 크기와 방향을 보여주는 것은 같지만, 질량·가속도 선도의 장점은 운동학에 집중해서 관성벡터를 묘사한다는 것이다. 결국 가속도벡터의 성분 가운데 어느 성분을 미리 알고

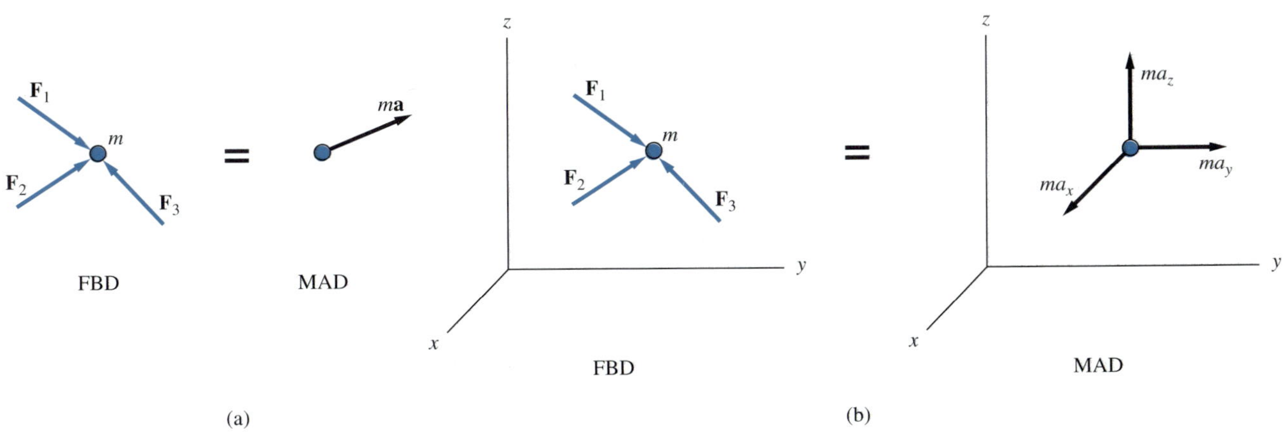

그림 12.4

있고 어느 성분을 모르는지는 운동학에 의해 결정된다.

요약하면, 힘–질량–가속도 법은 다음의 단계로 구성된다.

1단계: 질점에 작용하는 모든 힘을 보여주는 자유물체 선도(FBD)를 그린다.
2단계: 질점의 가속도를 해석하는 데 운동학을 이용한다.
3단계: 2단계의 결과를 이용하여, 관성벡터 $m\mathbf{a}$을 나타내는 질점의 질량–가속도 선도(MAD)를 그린다.
4단계: 자유물체 선도(FBD)와 질량–가속도 선도(MAD)를 근거로, 두 선도의 정적 등가성을 이용하여 힘과 가속도의 관계를 얻는다.

12.4 직선운동의 동역학

12.4a 운동방정식

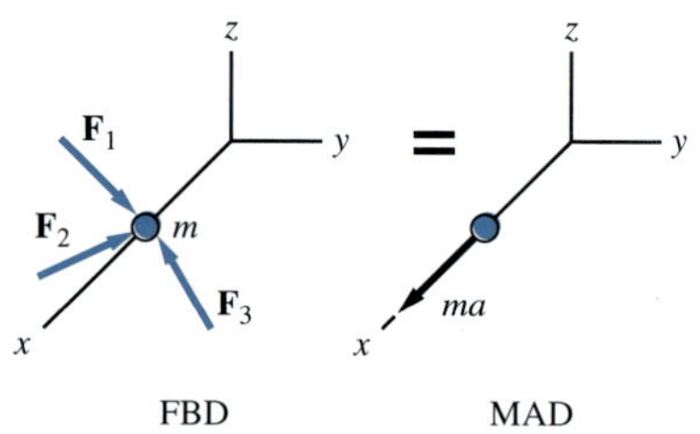

그림 12.5

그림 12.5는 x축을 따라 직선운동을 하는 질점의 자유물체 선도(FBD)와 질량·가속도 선도(MAD)를 보여준다. 대응하는 운동방정식은

$$\Sigma F_x = ma \tag{12.12}$$

$$\Sigma F_y = \Sigma F_z = 0 \tag{12.13}$$

어떤 문제에서는 질점에 작용하는 모든 힘이 운동의 방향(x방향)과 같다. 이 경우 식 (12.13)은 자동적으로 만족된다. 그렇지 않으면, 식 (12.13)은 반작용과 같은 미지의 힘을 계산하는 데 이용될 수 있다.

12.4b 속도와 위치의 결정

어떤 질점의 임의 위치에 대한 운동방정식을 세우고 가속도 a에 대하여 방정식을 푼다고 가정하자. 일반적으로 가속도는 질점의 위치와 속도, 그리고 시간의 함수로 주어진다.

$$a = f(v, x, t) \tag{12.14}$$

식 (12.14)의 등가 형식은

$$\ddot{x} = f(\dot{x},\ x,\ t)$$

이 식은 2차 상미분방정식이다. 방정식의 해는 시간함수로서 위치 $x(t)$일 것이다.

만일 식 (12.14)의 a에 대한 표현에서 세 변수 (x, v, t)가 명시적으로 나타나 있으면, 해석적인 해를 얻을 수 있는 기회는 아주 적다. 그 이유는 f가 보통 비선형 함수, 즉, $\sin x$ 또는 v^2과 같은 비선형 항을 가지기 때문이다. 대부분의 경우, 비선형 미분방정식은 오직 수치적으로만 풀 수 있다. 그러나 만일 f가 단 하나의 변수만을 포함한다면, 아래에 보인 것처럼 미분방정식은 간단한 방법으로 적분된다.

경우 1: $a = f(t)$. $a = dv/dt$에서 다음 식을 얻는다.

$$dv = a(t)\,dt \tag{12.15}$$

식의 양변을 적분하여, 시간함수로서 속도를 얻는다.

$$v(t) = \int a(t)\,dt + C_1 \tag{12.16}$$

일단 속도가 구해지면, 위치 좌표 x는 $v = dx/dt$ 또는 $dx = v(t)\,dt$로부터 구할 수 있다. 식의 양변을 적분하여 다음 식을 얻는다.

$$x(t) = \int v(t)\,dt + C_2 \tag{12.17}$$

적분상수 C_1과 C_2는 초기조건(보통 $t = 0$일 때의 x와 v값)에 의하여 결정된다.

경우 2: $a = f(x)$. 여기서 식 (12.10), $a = v\,dv/dx$을 이용한다. x와 v가 방정식의 서로 맞은편에 있도록 변수를 분리할 수 있다.

$$v\,dv = a(x)\,dx \tag{12.18}$$

이 방정식을 적분한 결과는

$$\frac{1}{2}v^2 = \int a(x)\,dx + C_3$$

여기서 C_3는 적분상수이다. 따라서

$$v(x) = \sqrt{2\left[\int a(x)\,dx + C_3\right]} \tag{12.19}$$

이 단계에서 식 (12.19)의 v 대신 dx/dt을 대입할 수 있고, 변수 x와 t를 분리하여 $x(t)$를 구하기 위하여 다시 적분한다. 그러나 제곱근이 있기 때문에 적분이 쉽지 않을 것이다.

경우 3: $a = f(v)$. 식 (12.18)에 $a(x)$ 대신 $a(v)$를 대입한다.

$$v\,dv = a(v)\,dx$$

변수 x와 v를 분리하면

$$dx = \frac{v\,dv}{a(v)} \tag{12.20}$$

위 적분으로, v의 함수로서 x를 얻는다.

$$x(v) = \int \frac{v\,dv}{a(v)} + C_4 \tag{12.21}$$

식 (12.21)은 x의 함수로서 v을 원한다면, 속도에 대한 식으로 변환시킬 수 있다.

또한 식 (12.15), $dv = a(v)\,dt$에서 시작할 수도 있다. 변수 분리를 위해 다시 정리하면

$$dt = \frac{dv}{a(v)} \tag{12.22}$$

적분하여 v의 함수로서 t를 구한다.

$$t(v) = \int \frac{dv}{a(v)} + C_5 \tag{12.23}$$

여기서 결과를 변환하여, 시간 t의 함수로서 v를 구할 수 있다.

예제 12.5

그림 (a)와 같이 시간 $t = 0$에서 힘 P가 수평면 위에 정지 상태로 놓여진 300 N의 블록 A에 작용하고 있다. $t = 5$ s일 때 블록의 속도와 위치를 구하라. 정마찰계수 및 동마찰계수는 0.2이다.

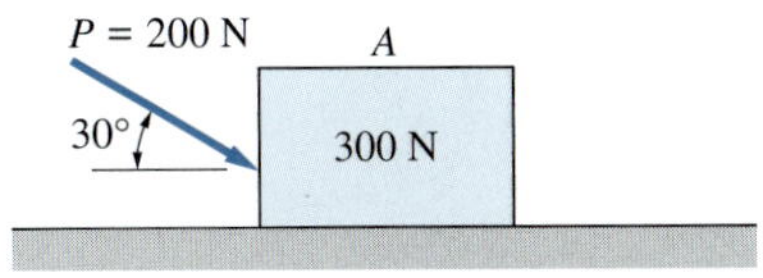

(a)

풀이

그림 (b)는 블록의 자유물체 선도(FBD)이다. 여기서 N_A는 수직항력이고, F_A는 마찰력이다. 그림 (b)는 질량·가속도 선도(MAD)를 보여준다. 직선운동이므로 $a_y = 0$이다.

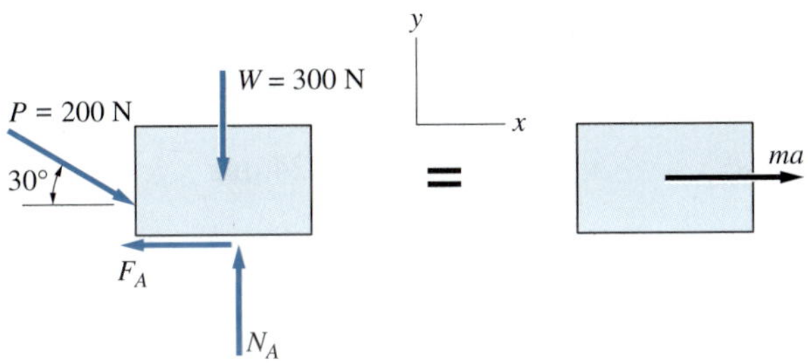

(b)

자유물체 선도(FBD)와 질량·가속도 선도(MAD)를 통해 다음 결과를 얻는다.

$$\Sigma F_y = 0 \quad +\uparrow \qquad N_A - W - P\sin 30° = 0 \qquad \text{(a)}$$

$$\Sigma F_x = ma \quad \xrightarrow{+} \qquad P\cos 30° - F_A = ma \qquad \text{(b)}$$

식 (a)를 통해 수직항력 N_A는 다음과 같다.

$$N_A = W + P\sin 30° = 300 + 200\sin 30° = 400\text{ N}$$

그러므로 마찰력 F_A는

$$F_A = \mu_k N_A = 0.2(400) = 80\text{ N}$$

식 (b)로부터 가속도는 다음과 같다.

$$a = \frac{1}{m}(P\cos 30° - F_A) = \frac{9.81}{300}(200\cos 30° - 80) = 3.048\text{ m/s}^2$$

블록의 속도 v와 위치 좌표 x는 적분을 통해 다음과 같이 구해진다.

$$v = \int a\,dt = \int 3.048\,dt = 3.048t + C_1 \tag{c}$$

$$x = \int v\,dt = \int (3.048t + C_1)dt = 1.524t^2 + C_1 t + C_2 \tag{d}$$

여기서 C_1와 C_2는 초기조건으로부터 구해지는 적분상수이다. 주어진 초기 속도는 0이다. x축상에서 원점은 자유롭게 정할 수 있으므로, 시간 $t = 0$일 때 $x = 0$으로 정한다. 그러므로 초기조건을 정리하면 다음과 같다.

$$v = 0 \text{ and } x = 0 \text{ when } t = 0$$

식 (c)와 (d)에 초기조건을 대입하면, $C_1 = 0$과 $C_2 = 0$을 얻는다. 그러므로 다음과 같이 시간 $t = 5$ s에서의 블록의 속도와 위치 좌표 결과를 얻는다.

$$v = 3.048(5) = 15.24 \text{ m/s}$$ **답**

$$x = 1.524(5)^2 = 38.1 \text{ m}$$ **답**

예제 12.6

그림 (a)는 덤프트럭에 실려 있는 질량 m의 나무상자를 보여주고 있다. 트럭의 화물칸 바닥 면과 나무상자 사이의 정마찰계수는 0.64이다. 그림의 바닥 면 위치에서 나무상자가 미끄러지도록 하기 위하여 트럭은 오른쪽으로 가속되어야 한다. 나무상자가 미끄러질 수 있는 최소 가속도 a을 구하라. 답을 중력가속도 g의 항으로 나타내라.

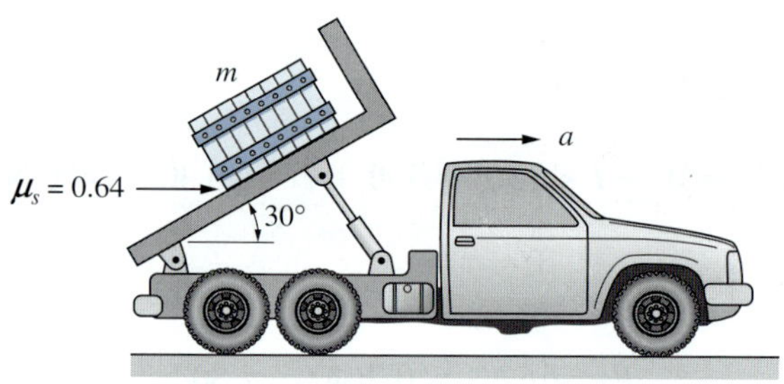

(a)

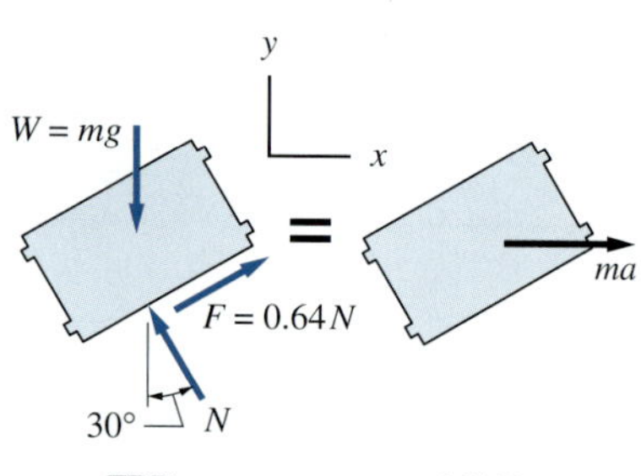

(b)

풀이

그림 (b)는 나무상자의 자유물체 선도(FBD)이다. 무게 $W = mg$에 추가해서, 나무상자는 수직 접촉력 N과 마찰력 $F = 0.64\ N$을 받고 있다(나무상자가 미끄러지지 않는 상태이기 때문에 F는 최대의 정적인 값, $\mu_s N$와 같다). 그림 (b)는 또한 나무상자의 질량·가속도 선도(MAD)를 보여주고 있다. 미끄러지려는 순간 나무상자와 트럭은 같은 가속도를 가지기 때문에, 나무상자의 수평 방향 관성벡터는 ma이다.

그림 (b)에서 나무상자의 운동방정식은

$$\Sigma F_x = ma \quad \overset{+}{\rightarrow} \quad -N\sin 30° + 0.64N\cos 30° = ma \tag{a}$$

$$\Sigma F_y = 0 \quad +\uparrow \quad N\cos 30° + 0.64N\sin 30° - mg = 0 \tag{b}$$

식 (b)로부터

$$N = \frac{mg}{\cos 30° + 0.64\sin 30°} = 0.8432mg \tag{c}$$

식 (c)를 식 (a)에 대입하면 다음 결과를 얻는다.

$$0.8432mg(-\sin 30° + 0.64\cos 30°) = ma$$

$$a = 0.0458g$$ 답

여기서 주목할 점은 이 결과가 나무상자의 질량 m에 무관하다는 것이다.

참고

거의 모든 트럭은 상기 문제의 가속도를 낼 수 있다. 예를 들어, 만약 트럭이 20초 동안 속도 0에서 26.8 m/s까지 가속할 수 있다면, 이때의 평균가속도는 13.4 m/s^2 즉, 1.367g이 된다.

예제 12.7

그림 (a)에서 질량 m인 블록이 수평면상을 마찰 없이 미끄러진다. 위치 좌표 x는 강성 k인 스프링이 변형되지 않는 위치로부터 측정된다. 만일 $x = 0$에서 블록이 오른쪽으로 속도 v_0로 밀렸다면, x의 함수로 (1) 블록의 가속도를, (2) 블록의 속도를 구하라. (3) 블록이 처음 멈출 때의 위치 x를 구하라.

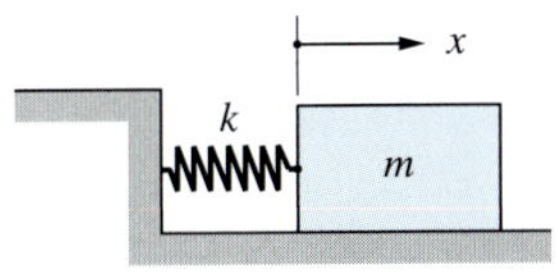

(a)

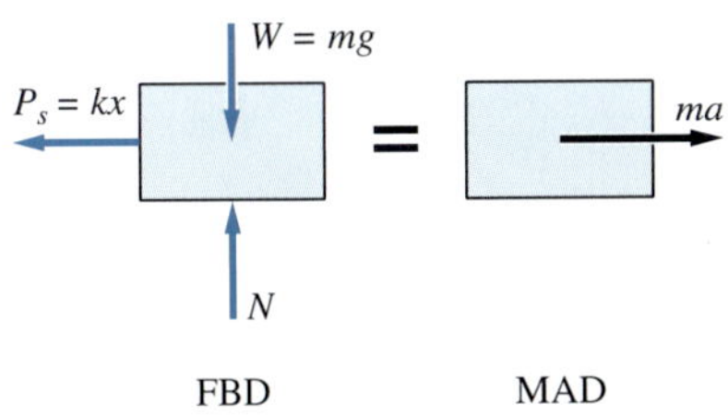

(b)

풀이

문항 1

임의의 x값에 대한 블록의 자유물체 선도(FBD)는 그림 (b)이다. 여기서 N은 마찰이 없는 평면에 의해 작용되는 수직력이고, $P_s = kx$는 스프링에 의한 힘이다. 그림 (b)는 또한 질량·가속도 선도(MAD)를 보여준다. 운동이 x방향으로만 일어나기 때문에 $a_y = 0$이고, 관성벡터의 크기는 $ma_x = ma$이다. 자유물체 선도(FBD)와 질량·가속도 선도(MAD)를 고려하면, 운동방정식은

$$\Sigma F_x = ma \quad \xrightarrow{+} \quad -kx = ma$$

따라서 가속도는 다음과 같다.

$$a = -\frac{k}{m}x \qquad \text{답 (a)}$$

문항 2

x를 독립변수로 하여 위치의 함수로서 속도를 구할 수 있다. 식 (12.10)의 $a = vdv/dx$을 이용하면, 식 (a)는 다음과 같이 된다.

$$v\frac{dv}{dx} = -\frac{k}{m}x$$

x와 v 변수를 분리하여 정리하면,

$$v\,dv = -\frac{k}{m}x\,dx \qquad \text{(b)}$$

식 (b)를 적분하면 다음 결과를 얻는다.

$$\frac{v^2}{2} = -\frac{kx^2}{2m} + C \qquad \text{(c)}$$

적분상수 C는 초기조건, $x = 0$일 때 $v = v_0$로부터 구할 수 있으며, 그 결과 $C = v_0^2/2$이다. 따라서 속도는 다음과 같이 표현할 수 있다.

$$v = \pm\sqrt{(-k/m)x^2 + v_0^2} \qquad \text{답 (d)}$$

문항 3

블록이 처음 멈출 때의 위치는 식 (d)에서 $v = 0$이라 놓음으로써 구해진다. 그 결과는 다음과 같다.

$$x = v_0\sqrt{m/k} \qquad \text{답}$$

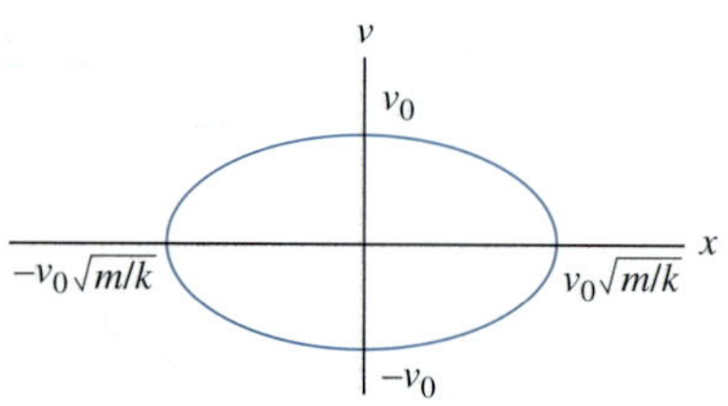

(c)

참고

$C = v_0^2/2$일 때, 식 (c)는 $v^2 + (k/m)x^2 = v_0^2$라 쓰인다. x에 대한 v의 그림, 소위 위상 평면도라 부르는 그림은 그림 (c)에서 보는 타원이다. 예상한 바와 같이, 그림이 폐곡선이기 때문에 블록의 운동은 **왕복운동**(oscillatory)(반복운동)이다.

예제 12.8

그림 (a)에서 공이 위로 던져졌다. 공의 무게는 1.33 N이고, 초기속도는 18.3 m/s이다. (1) 공기 저항을 무시할 때, (2)공기역학적 항력으로 알려진 속도에 반대인 저항력 F_D가 있을 때, 공이 도달할 수 있는 최고높이를 계산하라. 여기서 $F_D = cv^2$, $c = 1.915 \times 10^{-3}\ \mathrm{N \cdot s^2/m^2}$이라 가정한다.

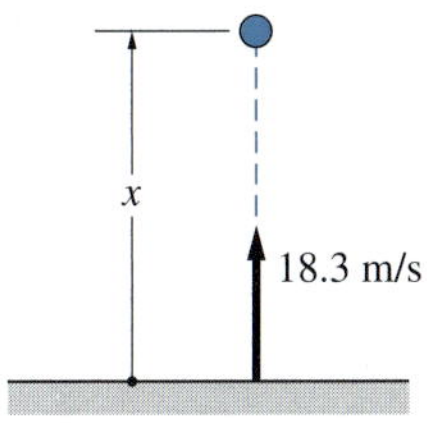

(a)

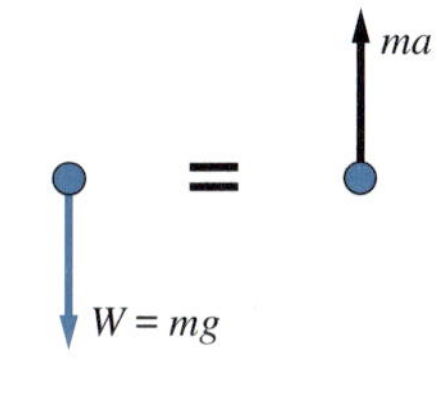

(b)

풀이

문항 1

공기 저항이 무시될 때, 그림 (b)의 자유물체 선도(FBD)와 같이, 공이 떠 있는 동안 받는 힘은 단지 무게이다. 직선운동이므로 관성벡터의 크기는 질량·가속도 선도(MAD)와 같이 $ma_x = ma$이다. 뉴턴의 제2법칙을 적용하면,

$$\Sigma F_x = ma \quad +\uparrow \quad -mg = ma$$

이를 이용하여 가속도를 구하면,

$$a = -g = -9.81\ \mathrm{m/s^2} \qquad \text{(a)}$$

시간에 따라 자유물체 선도는 변하지 않으므로 가속도는 일정하다. 따라서 위치와 속도는 시간에 대한 가속도의 적분으로 다음과 같이 구할 수 있다.

$$v = \int a\,dt = \int (-9.81)\,dt = -9.81t + C_1\ \mathrm{m/s} \qquad \text{(b)}$$

$$x = \int v\,dt = \int (-9.81t + C_1)\,dt = -4.905t^2 + C_1 t + C_2\ \mathrm{m} \qquad \text{(c)}$$

적분상수 C_1, C_2는 $t = 0$일 때의 초기조건 $x = 0$, $v = 18.3$ m/s를 적용하여 계산할 수 있다. 결과는 $C_1 = 18.3$ m/s, $C_2 = 0$이다. 따라서 속도와 위치는 다음과 같이 주어진다.

$$v = -9.81t + 18.3\ \mathrm{m/s} \qquad \text{(d)}$$

$$x = -4.905t^2 + 18.3t\ \mathrm{m} \qquad \text{(e)}$$

공은 $v = 0$일 때 최고높이에 도달한다. 식 (d)에서 $v = 0$라 놓으면 다음 결과를 얻는다.

$$0 = -9.81t + 18.3 \quad \text{or} \quad t = 1.863\ \mathrm{s}$$

이 시간을 식 (e)에 대입하면, 공기 저항이 없을 때 공이 도달할 수 있는 최고높이는

$$x_{max} = -4.905(1.863)^2 + 18.3(1.863) = 17 \text{ m} \qquad \text{답}$$

참고로, 이 경우에는 가속도, 속도 그리고 위치는 공의 무게에 무관하다.

문항 2

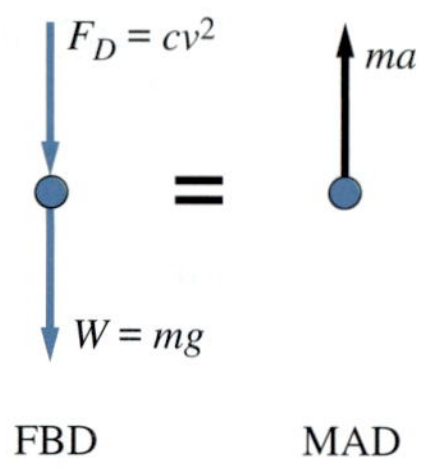

(c)

공기역학적 항력을 고려할 때, 공이 위로 향하는 동안 자유물체 선도(FBD)와 질량·가속도 선도(MAD)는 그림 (c)와 같다. 위로 향하는 속도가 양의 방향이기 때문에, 속도에 항상 반대인 항력 F_D는 아래로 작용한다는 사실에 주목하라. 뉴턴의 제2법칙으로부터 다음의 운동방정식을 얻는다.

$$\Sigma F_x = ma_x \quad +\uparrow \quad -mg - cv^2 = ma \tag{f}$$

식 (f)의 완전한 해(시간의 함수로서 x와 v)는 수치적인 방법에 의하여 계산하는 것이 최선이다. 그러나 만일 독립변수가 t에서 x로 바뀔 수 있다면 속도를 위치의 함수로 구할 수 있으며 직접 적분하여 구할 수 있다. 식 (12.10)으로부터 $a = v\,dv/dx$을 대입하면, 식 (f)는

$$-mg - cv^2 = m\frac{dv}{dx}v$$

여기서 변수 x와 v는 다음과 같이 분리된다.

$$dx = -\frac{mv\,dv}{mg + cv^2} \tag{g}$$

이 식의 양변을 적분하면(필요하면 적분표를 이용하여), 다음 식을 얻는다.

$$x = -\frac{m}{2c}\ \ln(mg + cv^2) + C_3 \tag{h}$$

여기서 C_3는 적분상수이다. $mg = W = 1.33$ N, $m = 1.33/9.81 = 0.1356$ kg, $c = 1.915 \times 10^{-3}\ \text{N}\cdot\text{s}^2/\text{m}^2$를 대입하면 식 (h)은 다음 식으로 정리된다.

$$x = -35.4\ln[1.33 + (1.915 \times 10^{-3})v^2] + C_3 \text{ m} \tag{i}$$

초기조건 $x = 0$일 때 $v = 18.3$ m/s를 적용하여 적분상수를 구하면, $C_3 = 24$ m이다. 따라서 x의 해는

$$x = -35.4\ln[1.33 + (1.915 \times 10^{-3})v^2] + 24 \text{ m} \tag{j}$$

공의 최고높이는 $v = 0$일 때 일어나기 때문에, 다음의 결과를 얻는다.

$$x_{max} = -35.4 \ln 1.33 + 24 = 13.9 \text{ m}$$ 답 (k)

물론, 이 값은 공기 저항을 무시한 (문항 1)에서 얻은 최고높이보다 작다.

요약하면, 이 예제의 두 문제에 대한 운동방정식을 구하는 데 힘-질량-가속도 법(FBA)을 이용하였다. (문항 1)에서 공기 저항을 무시할 때, 가속도는 단순히 $-g$이고, 공의 무게에 독립적이다. 속도와 위치는 적분에 의하여 시간 항으로 구해진다. 공기역학적 항력을 포함하는 (문항 2)의 경우에는 운동방정식에 $-cv^2$ 항이 추가된다. 그 결과 가속도는 c, v 및 W에 종속된다. 이 경우, 완전한 해 $x(t)$와 $v(t)$는 구하지 않았다(구하기가 매우 까다롭다). 그러나 $x(v)$는 쉽게 구할 수 있었고 이로부터 공의 최고높이를 계산하였다.

예제 12.9

예제 12.8의 문제 (2)의 조건에 대하여 수치적분을 이용하여 공의 비행시간과 충돌 속도를 구하라.

풀이

예제 12.8의 문제 (2)의 풀이에서 공이 상승하는 동안의 가속도는 $a = -g - (c/m)v^2$이다. 공기 저항은 언제나 속도의 반대 방향이므로, 하강하는 동안의 가속도는 $a = -g + (c/m)v^2$이다. 2개 표현식을 합치면 다음 식을 얻는다.

$$a = -g - \frac{c}{m}\operatorname{sgn}(v)\, v^2$$

여기서 $\operatorname{sgn}(v)$는 v의 부호이다. $x = x_1$, $v = x_2$으로 표기법을 바꾸면, 등가의 1차 미분방정식을 얻는다.

$$\dot{x}_1 = x_2 \qquad \dot{x}_2 = -g - \frac{c}{m}\operatorname{sgn}(x_2)\, x_2^2$$

여기서 초기조건 $x_1(0) = 0$, $x_2(0) = 18.3$ m/s이다. $g = 9.8$ m/s^{2}이고,

$$\frac{c}{m} = \frac{1.915 \times 10^{-3}}{0.1356} = 0.0141 \text{ m}^{-1}$$

이다. 예제 12.8의 풀이를 보면, 공기 저항이 없는 경우의 비행시간은 2(1.863) = 3.726 s이다. 이 시간은 공기 저항으로 다소 줄어들기 때문에 시간 $t = 0$에서 3.6 s 동안에 대하여 적분을 한다. 여기에 제시된 MATLAB 프로그램은 0.05 s 시간 간격으로 수치 해를 구한다.

```
function example12 _ 9
[t,x] =ode45(@f, [0:0.05:3.6], [0 60]);
printSol(t,x)
  function dxdt = f(t,x)
  dxdt = [x(2)
          -32.2 - 4.2933e-3*sign(x(2))*x(2)^2];
  end
end
```

함수 ode45의 인자 및 결과 출력을 위해 사용하는 printSol 함수는 부록 E에 설명되어 있다. 출력된 마지막 6줄은 다음과 같다.

```
      t                   x1                  x2
3.3500e+000            0.2852              -14.9059
3.4000e+000           -0.4684              -15.2366
3.4500e+000           -1.2383              -15.5603
3.5000e+000           -2.0243              -15.8770
3.5500e+000           -2.8259              -16.1867
3.6000e+000           -3.643               -16.4894
```

지면과 충돌할 때, $x_1 = 0$이며, 이것은 3.35 s와 3.4 s 시간 사이에서 발생하는 것을 알 수 있다. 좀 더 정확한 값은 선형 보간법을 통해 구할 수 있다. 부록 E에서 식 (E.7)을 참고하라.

$$\frac{-0.4684 - 0.2852}{3.4 - 3.35} = \frac{0 - 0.2852}{t - 3.35}$$

$$t = 3.3689 \text{ s}$$ 답

충돌 속도는 시간 $t = 3.3689$ s일 때의 x_2의 값이다. 그것도 선형 보간법을 통해 결정되며 다음과 같다.

$$\frac{-15.2366 - (-14.9059)}{3.4 - 3.35} = \frac{v - (-14.9059)}{3.3689 - 3.35}$$

$$v = -15.03 \text{ m/s}$$ 답

연습문제

12.27 50 kg의 상자가 속력 $v = 4t$ m/s로 들어 올려질 때 힘 T를 구하라. 여기서 시간 t는 초 단위이다.

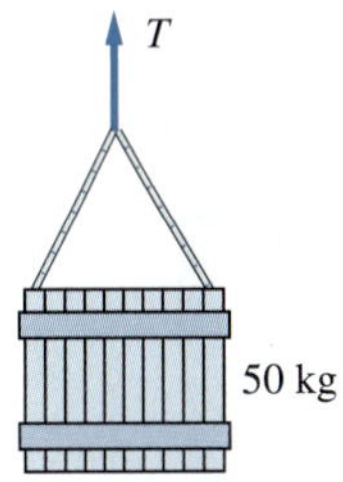

그림 P12.27

12.28 어떤 자동차가 평평한 직선로를 100 km/h의 속력으로 주행하다가 정지했다. 자동차 타이어와 도로 사이의 동적 마찰계수가 0.65일 때 자동차가 정지할 때 이동한 거리를 구하라.

12.29 자동차가 5° 경사로를 내려가고 있었다고 가정하여 문제 12.28을 다시 구하라.

12.30 0.1 kg의 블록이 x축을 따라 움직인다. 블록에 작용하는 모든 힘의 합은 $\mathbf{F} = -1.2t\mathbf{i}$ N이며, 시간 t는 초 단위이다. 시간 $t = 0$일 때 $x = 0$, $\mathbf{v} = 64\mathbf{i}$ m/s이다. 시간 $t = 0$에서 $t = 4$초까지 동안 질점이 이동한 거리를 구하라.

12.31 x축에 놓여 있는 철사 줄을 따라 12 g의 구슬이 미끄러진다. 구슬에 작용하는 힘의 총합은 $\mathbf{F} = 0.06\sqrt{v}\mathbf{i}$ N이며 속력 v는 m/s 단위이다. 시간 $t = 0$일 때 $x = 0$이고 $t = 0.8$ s일 때 $\mathbf{v} = 0.25\mathbf{i}$ m/s이다. $t = 1.2$ s일 때 x를 구하라.

12.32 질량 m의 석탄을 실은 바지선이 일정한 힘 T에 의해 견인되고 있다. 이 운동은 유체역학적인 힘 $F_D = cv^2$에 의해 저항을 받고 있다. 여기서 v는 바지선의 속력, c는 상수이다. 만약 바지선이 $x = 0$의 위치에서 정지 상태로부터 출발한다면 v를 x의 함수로 표현하라. 그리고 종단속도는 얼마인가?

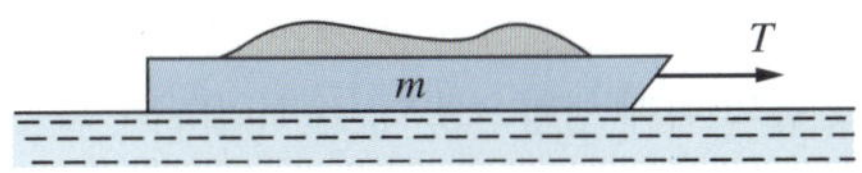

그림 P12.32

12.33 4 kg의 블록이 y축을 따라 움직인다. 블록에 작용하는 힘의 총합은 $\mathbf{F}$ $(4t - 4)\mathbf{j}$ N이며, 시간 t는 초 단위이다. 시간 $t = 0$일 때 $y = 0$, $\mathbf{v} = -8\mathbf{j}$ m/s이다. 시간 $t = 0$에서 $t = 8$초 동안 블록이 이동한 거리를 구하라.

12.34 진자 AB는 운반차에 매달려 있고, 운반차는 우측으로 일정 가속도 a를 가진다. 진자가 가지는 일정한 각도 θ를 구하라.

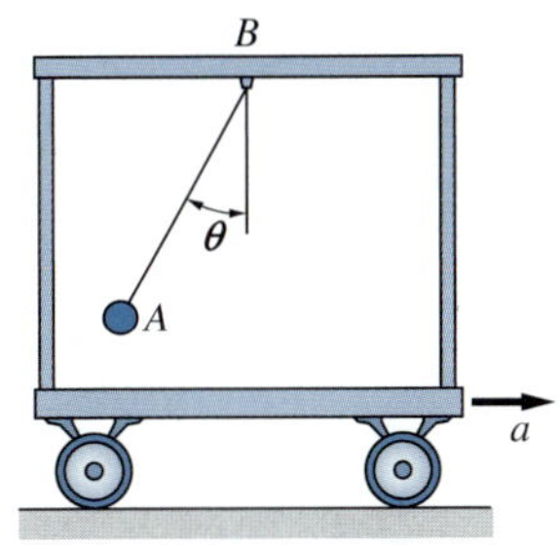

그림 P12.34

12.35 균일한 실린더가 V노치 받침대에 놓여 있다. 실린더가 받침대를 넘어가지 않을 최대 수평가속도를 구하라. 마찰은 무시한다.

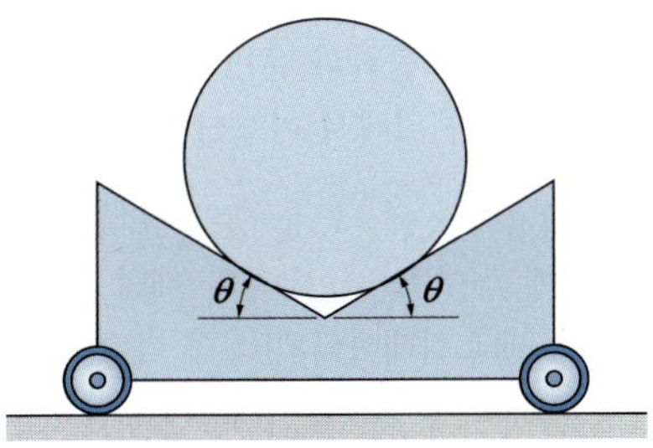

그림 P12.35

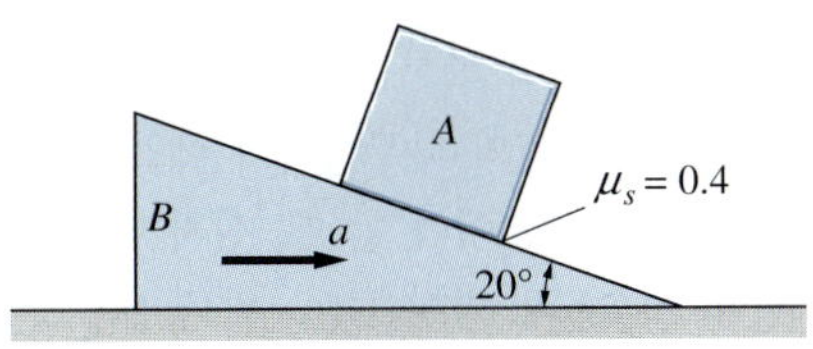

그림 P12.36

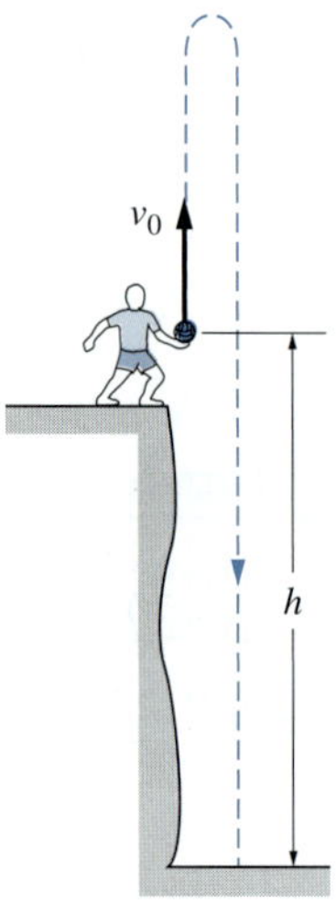

그림 P12.37

12.36 질량 m의 블록 A가 쐐기 B의 경사면에 놓여 있고, A, B 사이의 정마찰계수는 0.4이다. 블록이 쐐기의 경사면을 거슬러 올라가기 위한 최소의 가속도 a을 구하라.

12.37 절벽 끝에서 v_0의 속도로 공이 수직으로 던져진다. 공이 절벽의 바닥면에 닿을 때의 속도를 구하라. 여기서 공이 던져지는 곳에서 절벽 바닥면까지의 거리는 h이다. 공기 저항은 무시한다.

12.38 무게 $W = 0.0275$ N의 질량인 탄알이 0.55 m의 긴 총열을 가진 소총에서 발사된다. 총열에 놓인 탄알은 가스압력의 폭발력에 의해 힘 $F = F_0 e^{-x/b}$ lb을 받는다. 여기서 $F_0 = 7010$ N, $b = 0.61$ m이고, x의 단위는 ft이다. 탄알의 포구속력을 구하라. 저항은 무시한다.

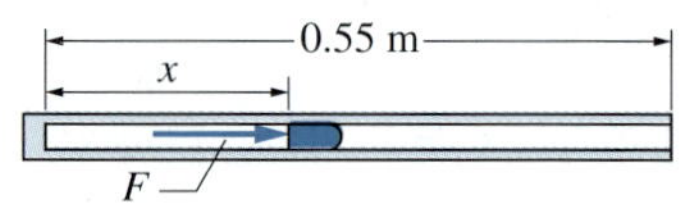

그림 P12.38

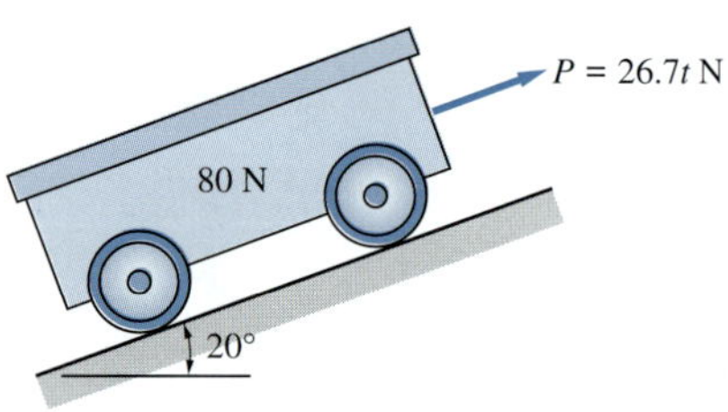

그림 P12.39

12.39 80 N의 운반차가 시간 $t = 0$에서 경사면에 놓여 있다. 힘 $P = 26.7t$ N이 운반차에 작용하고 있다. 여기서 시간 t는 초 단위이다. (a) 운반차의 운동 방향이 바뀔 때까지 운반차가 경사면에서 내려간 거리를 구하라. (b) 운반차가 처음 위치에 도달했을 때 운반차의 속도를 구하라.

12.40 수평 방향의 힘 $P = 35.6 - 8.9t$ N(여기서 시간 t는 초 단위이다)가 기울어진 봉을 따라 미끄러지면서 움직이는 22.2 N의 칼라에 작용하고 있다. 시간 $t = 0$일 때 칼라의 위치는 $x = 0$이고, 봉의 아래 방향으로 $v_0 = 10$ ft/s의 속도로 움직인다. 처음으로 $x = 0$의 위치로 되돌아올 때까지 걸리는 시간과 이때 칼라의 속도를 구하라. 마찰은 무시한다.

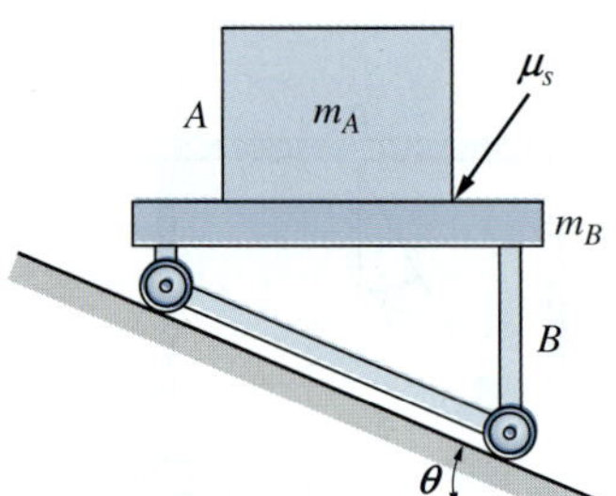

그림 P12.41

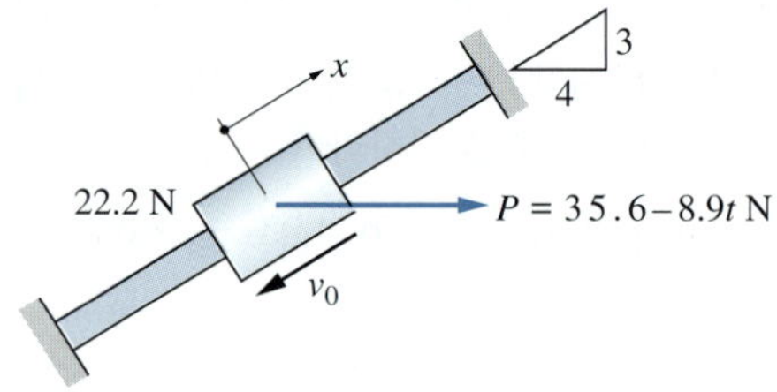

그림 P12.40

12.41 블록 A와 운반차 B 사이의 정마찰계수는 μ_s이다. 블록과 운반차의 조립체가 경사면 위에서 정지 상태였다가 놓아졌을 때, 블록이 운반차 위에서 미끄러지는 것을 막기 위한 μ_s의 최솟값을 구하라.

12.42 267 N의 나무상자가 에스컬레이터의 계단에 놓여 있다. 상자와 계단 사이의 정마찰계수가 0.3이라 할 때, 상자가 미끄러지지 않을 에스컬레이터의 최대 가속도 a를 구하라. 가속도의 방향은 (a) 위로, (b) 아래로 가정하라.

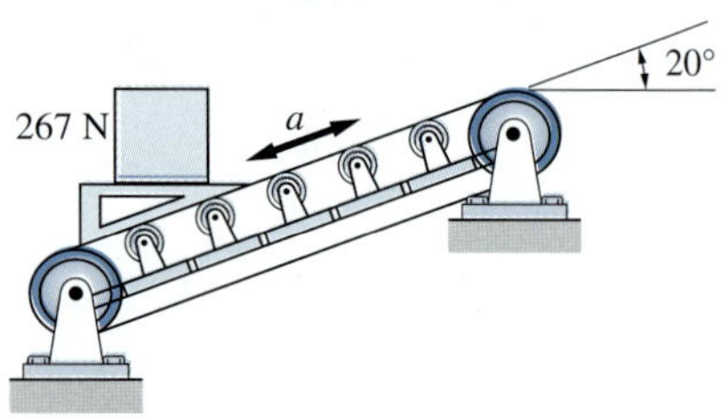

그림 P12.42

12.43 질량 m의 소포가 초기속도 6 m/s으로 수평면을 따라서 움직인다. 소포와 바닥면 사이의 동마찰계수가 0.2일 때 소포가 멈추기 전까지 움직이는 최대 거리를 구하라.

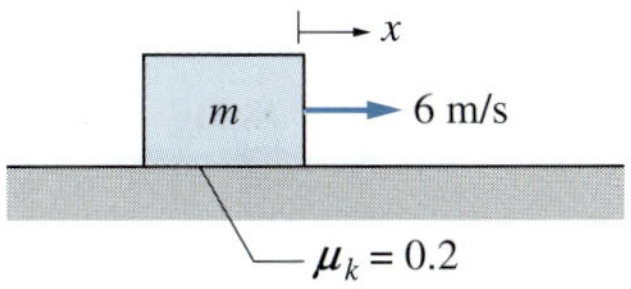

그림 P12.43

12.44 13.35 kN의 로켓 썰매가 직선 시험 트랙을 따라 추진되었다. 로켓 엔진은 4초 동안 점화되어, $F = 4.45e^{-0.2t}$ kN의 추진력을 내고 꺼졌다. 썰매가 시간 $t = 0$에서 정지 상태로부터 출발하고 동마찰계수는 0.05라 가정할 때 썰매가 도달하는 최대 속력을 구하라.

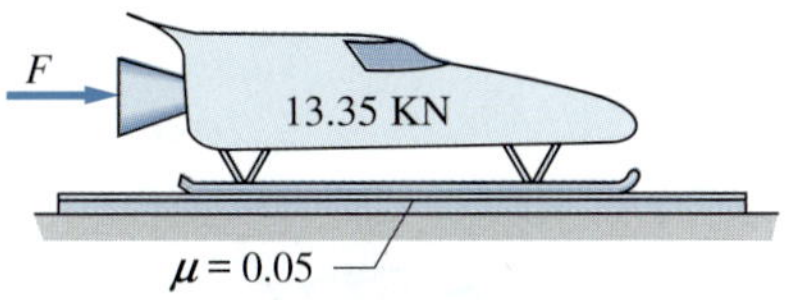

그림 P12.44

12.45 질량 $m = 2.5$ kg인 블록이 강성계수 $k = 25$ N/m인 스프링에 묶여 있다. 블록과 경사면 사이의 동마찰계수 $\mu_k = 0.3$이다. 만약 블록이 스프링이 변형되지 않은 채로 $x = 0$의 위치에서 정지 상태로 놓였을 때 블록이 멈출 때까지의 위치 x를 구하라.

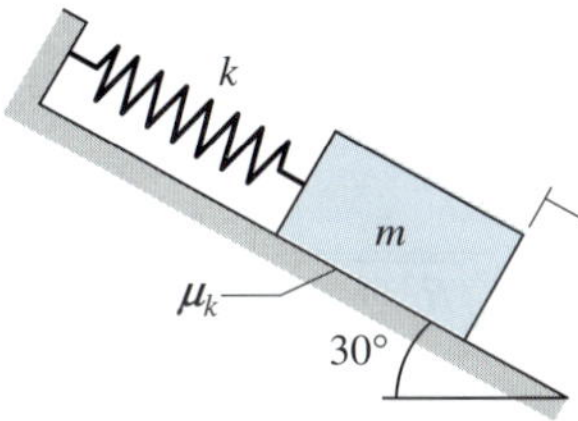

그림 P12.45

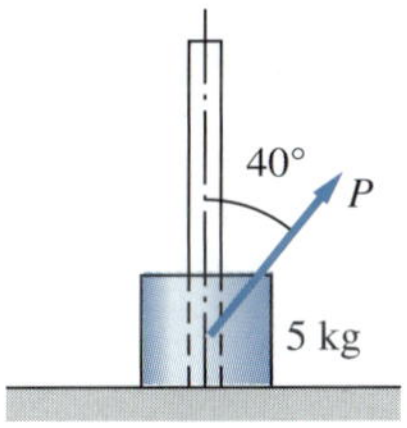

그림 P12.46

12.46 수직 가이드 로드와 5 kg의 미끄럼 칼라 사이의 정마찰계수와 동마찰계수는 각각 $\mu_s = 0.5$, $\mu_k = 0.40$이다. 칼라가 움직이기 시작할 때까지 힘 P를 천천히 증가시킨다고 할 때, 칼라의 초기 가속도를 구하라.

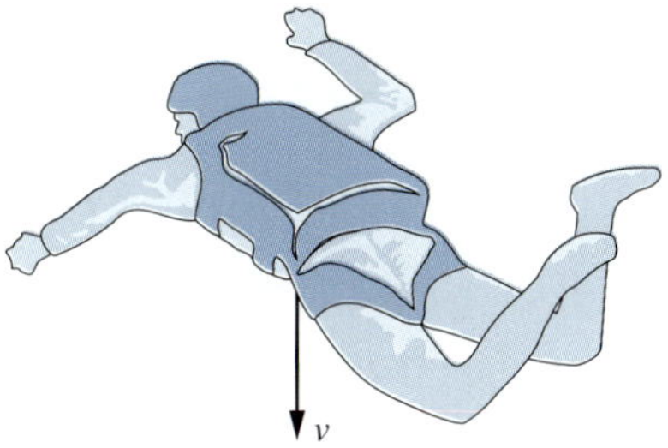

그림 P12.47

12.47 팔을 펼친 자세에서 600-N의 스카이다이버가 받는 항력은 $F_D = 0.209v^2$으로 추정하며, 여기서 F_D는 Newton, v는 m/s 단위이다. (참고문헌: *Scientific and Engineering Problem-Solving with the Computer*, W. R. Bennett, Jr., Prentice Hall, New York, 1976.) 스카이다이버는 수직으로 하강한다고 가정하고, 종단 속도를 구하라.

12.48 1.8 kg의 실린더가 그림의 위치에 있을 때 스프링의 변형은 없다. 이 위치에서 정지하고 있던 실린더를 놓아주었다. 실린더가 바닥에 부딪칠 때 속도를 구하라.

12.49 1.8 kg의 실린더가 그림의 위치에 놓일 때 실린더와 연결된 스프링에는 변형이 없다. 만약 실린더를 바닥에 닿을 때까지 당긴 다음 정지 상태에서 놓는다면, 실린더가 바닥을 기준으로 도달하게 되는 최대 높이는 얼마인가?

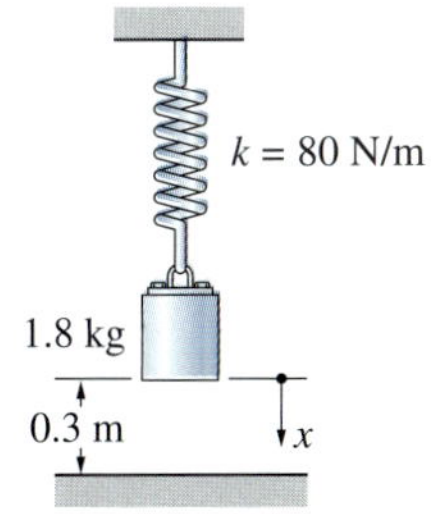

그림 P12.48, P12.49

12.50 강성 k의 선형 스프링은, 10 km/h의 속력으로 달리는 18 Mg의 열차가 충격 후 500 mm 이내에 멈출 수 있게 설계된다. 요구하는 결과를 낼 수 있는 k의 최솟값을 구하라.

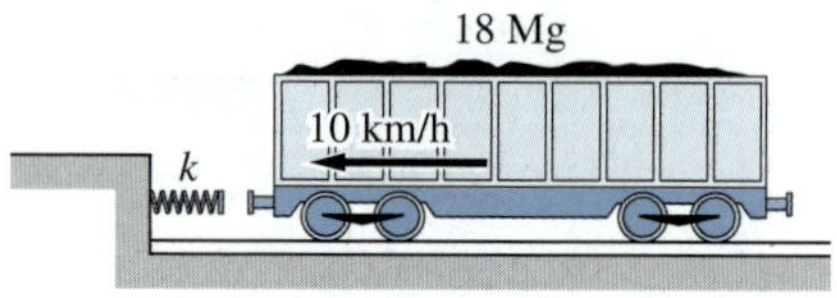

그림 P12.50

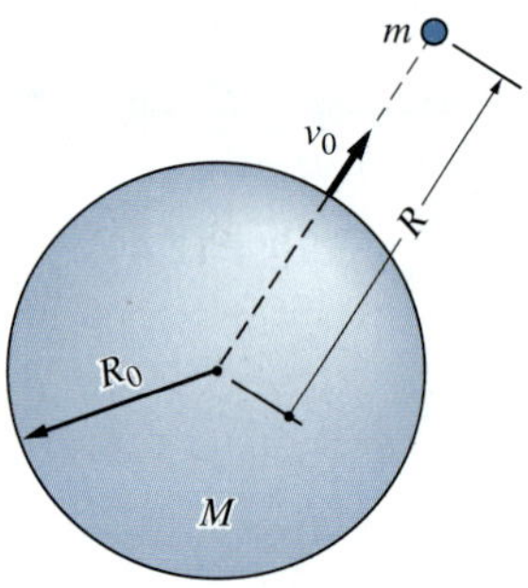

그림 P12.51

12.51 중력의 법칙에 따르면, 질량 M의 행성 중심으로부터 거리 R에 위치한 질량 m의 질점에 작용하는 힘은 $F = mg(R_0/R)^2$이다. 여기서, R_0는 행성의 반경이고 g는 행성 표면에서의 중력가속도이다. 만일 지구(R_0 = 6340 km, g = 9.81 m/s^2) 표면으로부터 질량 m이 수직으로 초기속도 v_0 = 5000 ft/s로 발사된다면, 공기 저항을 무시할 때 질량이 지구 표면에서 얼마나 높이 올라가겠는가?

12.52 반경이 R미터인 원반이 정전기 전압 V볼트의 전하를 보유하고 있다. 전하 q 쿨롱의 질점이 원반의 축상에, 그리고 원반에서 y미터 거리에 놓여 있다. 질점에 작용하는 척력 F(뉴턴 단위)는 다음과 같다.

$$F = \frac{Vq}{R}\left(1 - \frac{y}{\sqrt{R^2 + y^2}}\right)$$

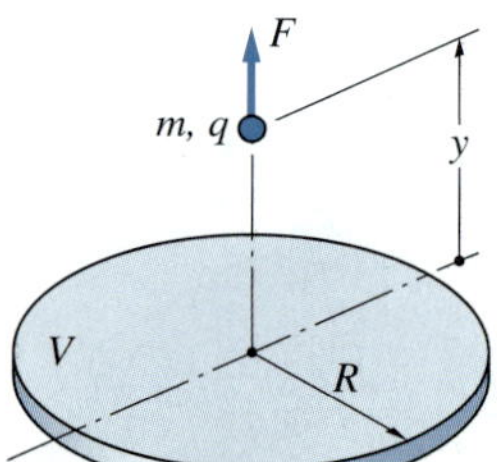

그림 P12.52

질점이 면의 중앙으로부터 속도 0으로 출발한다. $y = R$일 때 질점의 속도를 구하라. 중력의 효과는 무시한다.

***12.53** 무게가 11.12 kN인 경비행기가 40.2 m/s의 속력으로 착륙하기 시작해서 프로펠러의 역추진력과 공기역학적 저항에 의해서 부드럽게 멈춘다. 만약 프로펠러의 역추진력 T = 2002 N (상수)이고 공기역학적 항력 $F_D = c_D v^2$이라면 멈출 때까지 이동한 거리를 구하라. 여기서 c_D = 0.287 N·s^2/m^{2}이고 v는 ft/s 단위이다.

***12.54** 질량 22.2 N의 블록이 P = 35.6 N의 일정한 힘에 의해 경사진 평면 위에서 미끄러져 움직이고 있다. 블록이 x = 0의 위치에서 정지한 후 놓아졌을 때 블록의 최대 속도를 구하고, 이때의 위치 x값을 구하라. 마찰은 무시한다.

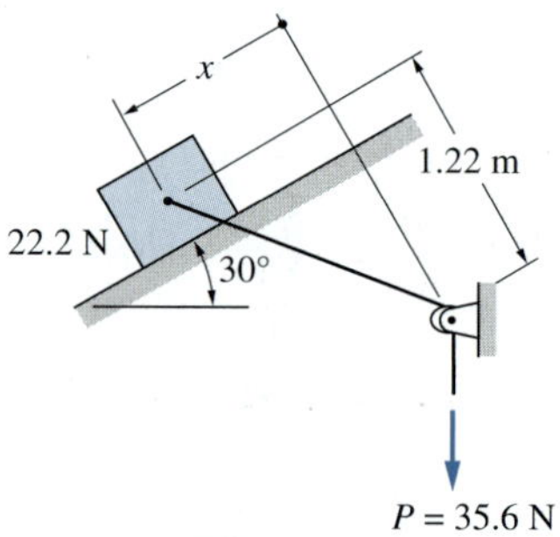

그림 P12.54

***12.55** 질량 m인 물체가 수직방향으로 낙하할 수 있도록 정지 상태에서 놓여진다. 물체에 작용하는 공기역학적 항력 $F_D = c_D v$이다. 여기서 v는 속도이고, c_D는 상수이다. 물체가 정지 상태에서 놓아진 후 종단속도의 90%에 도달할 때까지 필요한 시간을 구하라.

12.56 속력 20 m/s로 달리던 열차가 긴급하게 정지한다. 제동되는 동안의 가속도는 $a = -(7/4) + (v/16)$ m/s^{2}이다. 여기서 v는 속도이고 m/s 단위이다. 기차가 정지할 때까지 이동한 거리를 수치적분을 이용하여 구하라. 그리고 해석해인 x = 241 m와 그 결과를 비교하라.

12.57 어떤 모형 배가 실험 정박장으로 508 mm/s의 속력으로 견인되던 중 시간 $t = 0$에서 견인줄이 풀린다. 유체역학적 항력 때문에 배의 가속도는 $a = -(2.54v^2)$ mm/s^{2}이다. 여기서 v는 속력이고, mm/s 단위이다. 배의 속력이 254 mm/s로 줄어들 때까지의 소요 시간을 수치적분을 이용하여 구하라. 해석해인 $t = 0.5$ s와 그 결과를 비교하라.

12.58 문제 12.47에서 묘사된 스카이다이버의 가속도는 $a = (9.81 - 3.41 \times 10^{-3}v^2)$ m/s^{2}이다. 여기서 v는 속력이고 m/s 단위이다. 스카이다이버가 점핑 이후 44.7 m/s 속력에 도달할 때까지 요구되는 시간을 수치적분을 이용하여 구하라. 해석해인 $t = 6.55$ s와 그 결과를 비교하라.

12.59 무부하 상태에서의 길이가 127 mm인 스프링에 1.78 N의 슬라이더 A가 달려 있다. 슬라이더가 $x = 203$ mm에서 정지한 후 놓였을 때 가속도는

$$a = -\left(147.22x - \frac{28\,980x}{\sqrt{x^2 + 9}}\right) \text{ m/s}^2$$

이다. 여기서 x는 m 단위이다. 슬라이더가 B점에 도달했을 때 슬라이더의 속력을 수치적분을 이용하여 구하라. 해석해인 $v = 5.66$ m/s와 그 결과를 비교하라.

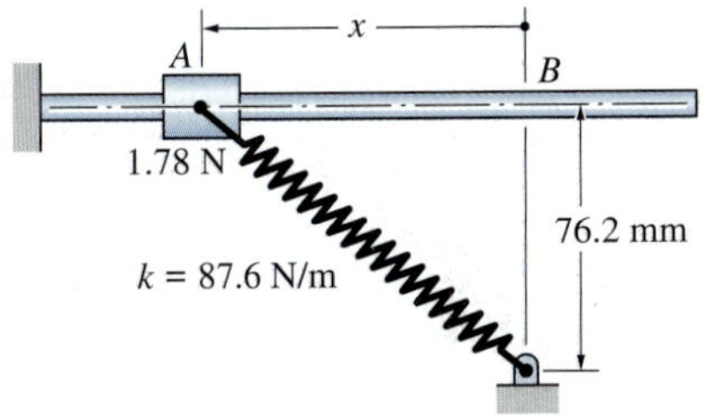

그림 P12.59

12.60 1.11 kN의 물체가 지표면에서 9145 m 상공에서 정지 후 낙하한다. 낙하하는 동안 이 물체의 가속도는

$$a = -9.81(1 - 5.8 \times 10^{-5}v^2e^{-9.78\times10^{-6}x}) \text{ m/s}^2$$

이다. 여기서 v는 속력이고 m/s 단위이며, x는 고도이고 m 단위이다. (지수함수 항은 고도에 따른 공기 밀도의 변화를 고려한 것이다.) (a) 물체의 최대 속력을 수치적분으로 구하고, 최대 속력일 때의 고도를 구하라. (b) 낙하하기 시작하면서부터 최대 속도에 도달할 때까지 고도에 따른 속력 변화 그래프를 그려라.

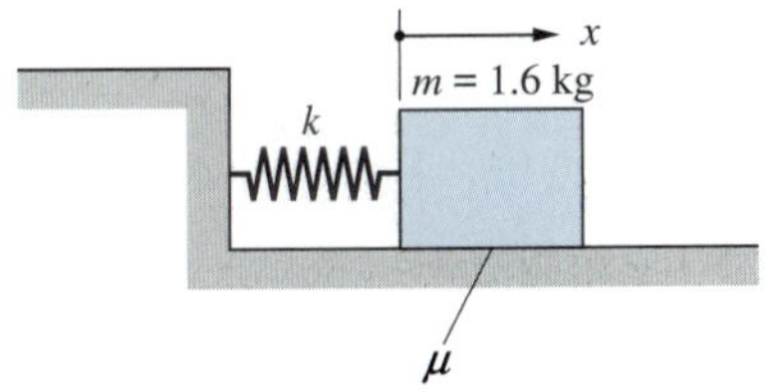

그림 P12.61

12.61 1.6 kg 블록과 수평면 사이의 정마찰계수와 동마찰계수는 $\mu = 0.2$이다. 블록에 매달린 스프링의 강성계수는 30 N/m이고, $x = 0$일 때 스프링의 변형은 없다. 시간 $t = 0$에서 블록은 $x = 0$의 위치에 있고, 오른쪽으로 $v = 6$ m/s의 속력으로 오른쪽으로 움직인다. (a) 속도 v 방향이 양과 음 어느 값일 때에도 유용한 블록의 가속도에 대한 표현식을 유도하라. (b) 시간 $t = 0$에서 1.2 s 사이에 블록이 정지하는 시간을 수치적분을 이용하여 구하라. (c) 문제 (b)에서 정의된 시간 구간에 대해서 위치에 대한 속도 그래프를 그려라.

12.62 시간 $t = 0$에서 변형 전 상태의 스프링이 매달려 있는 2 kg의 블록에 정지 상태에서 힘 $P(t)$이 작용한다. (a) 블록의 가속도에 대한 표현식을 구하라. (b) 블록의 최대 변위와 최대 속도를 수치적분을 이용하여 구하라. (c) 시간 구간 $0 \le t \le 3$ s에서 변위 대 속도의 그래프를 그려라.

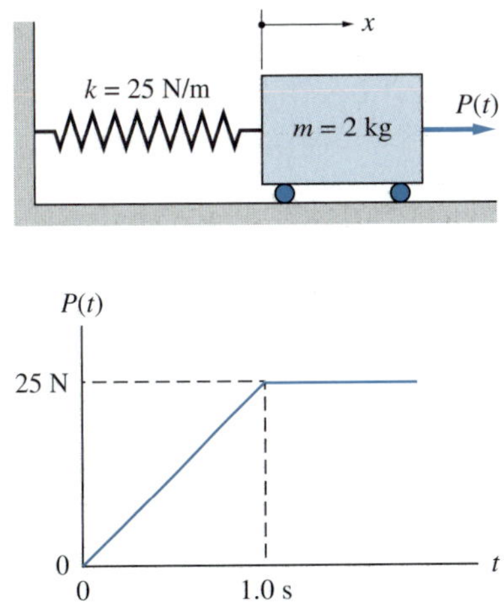

그림 P12.62

12.63 얕은 물 용기의 바닥으로부터 기포가 떨어져 나와 수면으로 상승한다. 물의 부력과 점성 항력에 의해 결정되는 거품의 가속도는 $a = 24.4 - 2.69v^{1.5}$ m/s²이다. 여기서 v는 속도이고 m/s 단위이다. 수면에 도달할 때의 거품 속도를 수치적분을 이용하여 구하라.

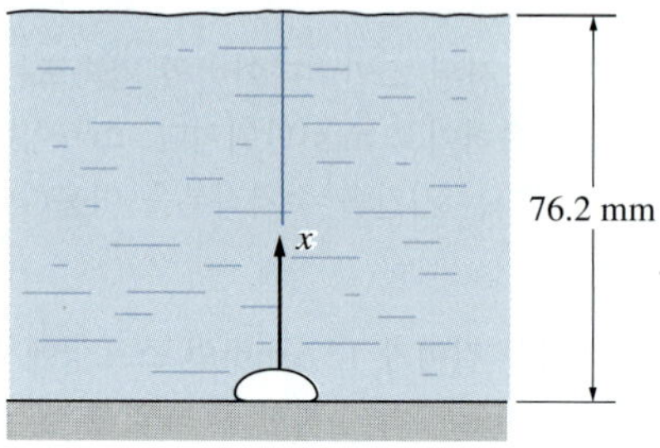

그림 P12.63

12.5 곡선운동

12.5a 직선운동의 중첩

독립적인 직선운동의 중첩으로 나타낼 수 있는 곡선운동의 특별한 경우를 생각한다. 이러한 상태는 가속도 성분이 가지는 형식이 다음과 같을 때 일어난다.

$$a_x = f_x(v_x, x, t) \qquad a_y = f_y(v_y, y, t) \qquad a_z = f_z(v_z, z, t) \tag{12.24}$$

식 (12.24)는 비연성(uncoupled)이라 말한다. 왜냐하면 어떤 한 좌표방향의 가속도가 다른 두 방향 운동에 독립적이기 때문이다. 따라서 앞 절에서 소개한 방법으로 해석할 수 있는 독립적인 x, y, z 방향의 직선운동으로 볼 수 있다.

만일 어떤 평면, 말하자면 xy 평면에서 질점이 움직인다면, 그 운동은 두 직선운동, 즉 하나는 x 방향, 다른 하나는 y 방향 운동의 중첩으로 취급할 수 있다. 일정한 중력장에서의 투사체 운동은 이 범주에 속한다.

12.5b 일반적인 곡선운동

식 (12.24)가 연성되어 있다면, 해석적인 풀이는 어렵거나 불가능하다. 이런 종류의 방정식들은 부록 E.3에 소개된 수치해석적 방법을 통해 해결된다.

예제 12.10

그림 (a)에서, 어떤 언덕마루를 넘어가는 1200 kg의 자동차가 있을 때, 그 위치는 다음과 같이 주어진다.

$$x = v_0 t \qquad y = h\exp\left[-\left(\frac{v_0 t}{b}\right)^2\right] \tag{a}$$

여기서 $v_0 = 30$ m/s, $h = 10$ m, $b = 50$ m이고 t는 초 단위이다. A에서 자동차와 도로 사이의 접촉력 R을 구하라.

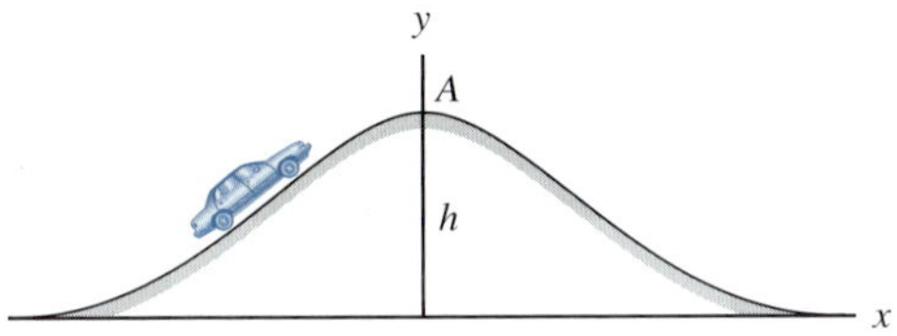

(a)

풀이

자동차의 가속도 성분은 식 (a)를 미분함으로써 구할 수 있다.

$$\dot{x} = v_0$$

$$\ddot{x} = 0$$

$$\dot{y} = -2h\left(\frac{v_0}{b}\right)^2 t\exp\left[-\left(\frac{v_0 t}{b}\right)^2\right]$$

$$\ddot{y} = -2h\left(\frac{v_0}{b}\right)^2 \exp\left[-\left(\frac{v_0 t}{b}\right)^2\right] + 4h\left(\frac{v_0}{b}\right)^4 t^2\exp\left[-\left(\frac{v_0 t}{b}\right)^2\right]$$

A점에서 $x = 0$이고, 식 (a)에 의하여 $t = 0$이다. 따라서 A에서 가속도 성분은

$$a_x = \ddot{x} = 0$$

$$a_y = \ddot{y} = -2h\left(\frac{v_0}{b}\right)^2 = -2(10)\left(\frac{30}{50}\right)^2 = -7.2 \text{ m/s}$$

음의 부호는 가속도가 아래 방향(음의 y 방향)임을 의미한다.

A점에서 자동차의 자유물체 선도(FBD)와 질량·가속도 선도(MAD)는 그림 (b)와 같다. 여기서 R_x와 R_y는 자동차에 작용하는 접촉력의 성분을 나타낸다. 선도에서 다

음의 운동방정식을 유도한다.

$$\Sigma F_x = 0 \qquad R_x = 0$$
$$\Sigma F_y = ma_y \quad +\!\uparrow \quad R_y - mg = ma_y$$

그러므로 접촉력은 다음과 같다.

$$R = R_y = m(g + a_y) = 1200(9.81 - 7.2) = 3130\ \text{N}$$ 답

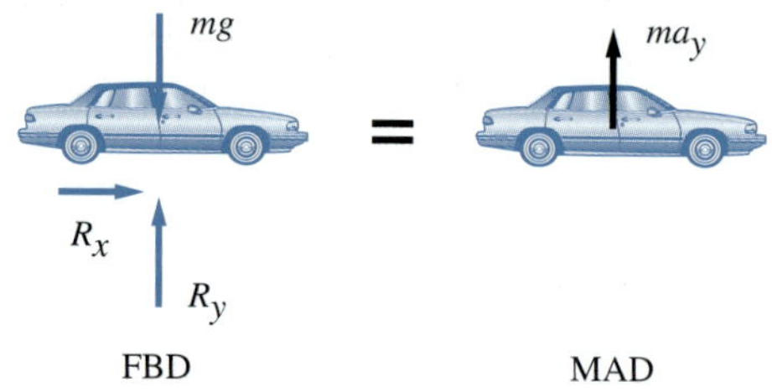

(b)

예제 12.11

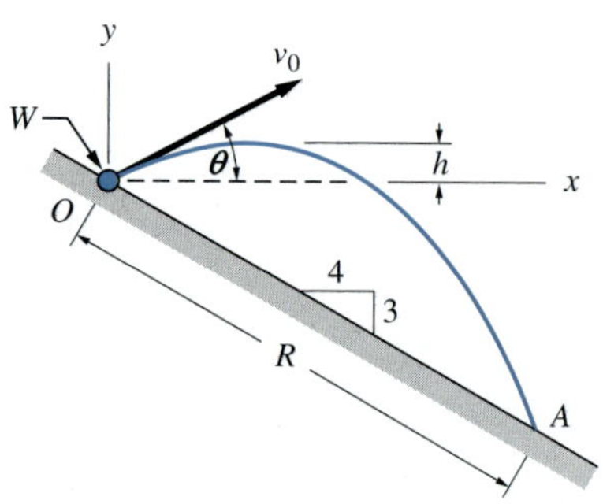

(a)

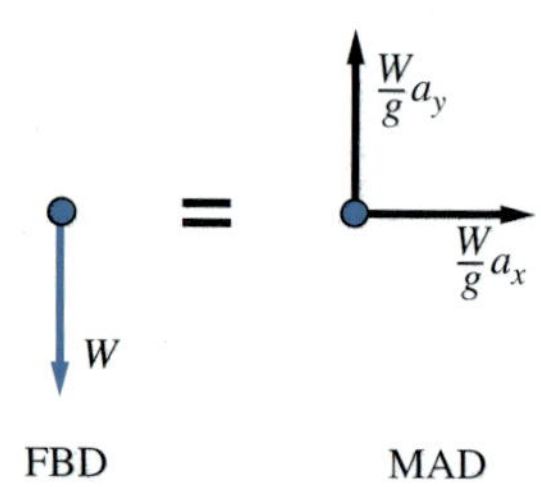

(b)

그림 (a)와 같이, 무게 W의 발사체가 원점 O에서 발사되었다. 초기속도 v_0는 수평과 θ각을 이룬다. 발사체는 경사면을 따라 측정되는, O에서부터 거리 R인 지점 A에 착지한다. (1) v_0와 θ을 알고 있다고 가정하고, 발사체의 속도와 위치의 직각성분을 시간함수로 구하라. (2) v_0 = 27.4 m/s, θ = 30°로 주어질 때, 최고높이 h와 거리 R을 구하라.

풀이

문항 1

그림 (b)의 자유물체 선도(FBD)와 질량·가속도 선도(MAD)로부터 다음의 운동방정식을 얻는다.

$$\Sigma F_x = ma_x \quad \xrightarrow{+} \quad 0 = \frac{W}{g}a_x$$
$$\Sigma F_y = ma_y \quad +\!\uparrow \quad -W = \frac{W}{g}a_y$$

이 식으로부터 가속도 성분은 $a_x = 0$이고, $a_y = -g$이다. a_x와 a_y는 상수이므로 속도와 위치는 적분에 의하여 쉽게 구할 수 있고, 그 적분 결과는 다음 표와 같다.

x-direction	y-direction	
$a_x = 0$	$a_y = -g$	(a)
$v_x = \int a_x\,dt = C_1$	$v_y = \int a_y\,dt = -gt + C_3$	(b)
$x = \int v_x\,dt = C_1 t + C_2$	$y = \int v_y\,dt = -\frac{1}{2}gt^2 + C_3 t + C_4$	(c)

식 (c)는 t를 매개변수로 하는 방정식이고 xy 평면에 있는 포물선이다. 따라서 공기 저항이 없을 때, 발사체는 포물선 경로를 따른다.

적분상수($C_1 \sim C_4$)를 구하기 위해서는 운동에 부가되는 4개의 조건이 필요하다. 문제의 설명과 그림 (a)를 검토하면 4개의 초기조건이 있다. 발사하는 시간을 $t = 0$이라 하면, 이들 조건은 다음과 같다.

1. $t = 0$일 때, $x = 0$

2. $t = 0$일 때, $y = 0$

조건 1과 2를 식 (c)에 대입하면, $C_2 = C_4 = 0$을 얻는다.

3. $t = 0$일 때, $v_x = v_0 \cos\theta$

4. $t = 0$일 때, $v_y = v_0 \sin\theta$

식 (c)에 따르면, $C_1 = v_0 \cos\theta$, $C_3 = v_0 \sin\theta$일 때 조건 **3**과 **4**는 만족된다. $C_1 \sim C_4$을 식 (b)와 (c)에 대입하면, 속도와 위치의 직각성분은 다음과 같다.

$$v_x = v_0 \cos\theta \qquad v_y = -gt + v_0 \sin\theta \qquad \text{답 (d)}$$

$$x = (v_0 \cos\theta)t \qquad y = -\frac{1}{2}gt^2 + (v_0 \sin\theta)t \qquad \text{답 (e)}$$

주의 식 (d)와 (e)는 공기 저항이 없는 발사체 문제를 푸는 데 이용하면 편리하다. 그러나 초기조건이 앞의 **1**에서 **4**항까지 명시한 것과 일치하지 않으면 이들 식을 응용할 수 없다.

문항 2

$v_0 = 27.4$ m/s와 $\theta = 30°$을 식 (d)와 (e)에 대입하면, 다음과 같은 운동에 대한 표현을 얻는다.

$$v_x = 23.76 \text{ m/s} \qquad v_y = -9.81t + 13.72 \text{ m/s} \qquad \text{(f)}$$

$$x = 23.76t \text{ m} \qquad y = -4.905t^2 + 13.72t \text{ m} \qquad \text{(g)}$$

운동의 모든 특성은 식 (f)와 (g)로부터 계산할 수 있다.

최고높이 h는 $v_0 = 0$일 때의 y값과 같다. 이 시간을 t_1이라 하면, 식 (f)의 두 번째 식에서 그 결과를 얻는다.

$$0 = -9.81t_1 + 13.72 \quad \text{or} \quad t_1 = 1.3975 \text{ s}$$

이 t_1의 값을 식 (g)의 두 번째 식에 대입하면 발사체의 최고높이를 얻는다.

$$h = -4.905(1.3975)^2 + 13.72(1.3975) = 9.57 \text{ m}$$ 답

다음으로 발사체가 경사면의 A 지점에 착지하는 시간을 t_2라고 할 때 A의 좌표, $x = (4/5)R$과 $y = -(3/5)R$을 식 (g)에 대입하면, 다음 관계식을 얻는다.

$$\frac{4}{5}R = 23.76t_2 \quad \text{and} \quad -\frac{3}{5}R = -4.905t_2^2 + 13.72t_2$$

이 해는 $t_2 = 6.426$ s이고 거리 R은 다음과 같다.

$$R = 190.8 \text{ m}$$ 답

예제 12.12

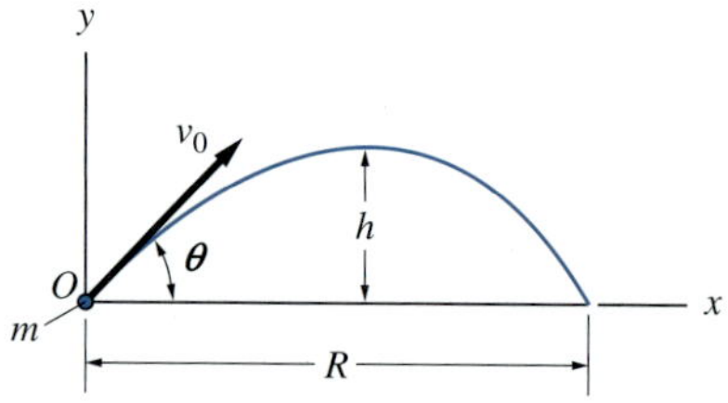

(a)

그림 (a)에서 보는 바와 같이, 질량 m의 발사체가 초기속도 v_0로 O점에서 발사되었다. 공기역학적 항력 F_D는 발사체의 속도에 비례한다. 즉, $F_D = cv$이다. 여기서 c는 상수이다. (1) 운동방정식을 유도하라. (2) 운동방정식의 해가 다음 식임을 입증하라.

$$x = C_1e^{-ct/m} + C_2 \quad \text{and} \quad y = C_3e^{-ct/m} - \frac{mgt}{c} + C_4$$

여기서 $C_1 \sim C_4$는 상수이다. (3) $W = 8.9$ N, $c = 0.584$ N·s/m, $v_0 = 24.4$ m/s, $\theta = 30°$일 때 최고높이 h를 구하라.

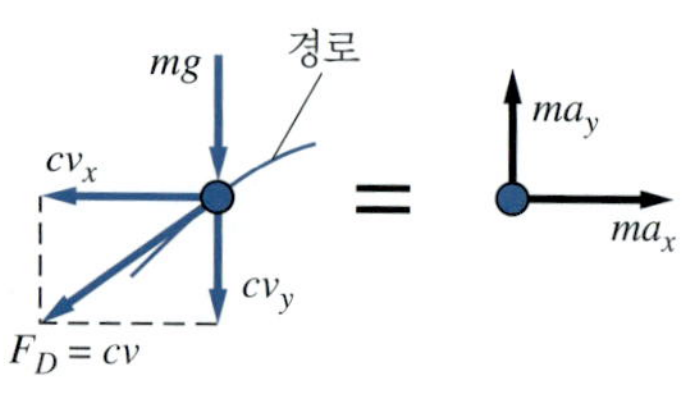

(b)

풀이

문항 1

그림 (b)는 발사체의 자유물체 선도(FBD)와 질량·가속도 선도(MAD)이다. 자유물체 선도(FBD)에서 항력의 방향은 속도벡터의 방향(경로의 접선)과는 반대이다. 그리고 그 직각성분은 cv_x와 cv_y이다. 질량·가속도 선도(MAD)에서 관성벡터의 직각성분은 ma_x와 ma_y이다. 대응하는 운동방정식은 다음과 같다.

$$\Sigma F_x = ma_x \quad \overset{+}{\rightarrow} \quad -cv_x = ma_x$$ 답 (a)

$$\Sigma F_y = ma_y \quad +\!\uparrow \quad -mg - cv_y = ma_y$$ 답 (b)

문항 2

문제에서 주어진 $x(t)$와 $y(t)$에 관한 식이 운동방정식을 만족시키는지 증명하기 위하여, 먼저 그들의 도함수를 구해야 한다.

$$x = C_1 e^{-ct/m} + C_2 \qquad y = C_3 e^{-ct/m} - \frac{mgt}{c} + C_4 \tag{c}$$

$$v_x = \dot{x} = -C_1 \frac{c}{m} e^{-ct/m} \qquad v_y = \dot{y} = -C_3 \frac{c}{m} e^{-ct/m} - \frac{mg}{c} \tag{d}$$

$$a_x = \ddot{x} = C_1 \left(\frac{c}{m}\right)^2 e^{-ct/m} \quad a_y = \ddot{y} = C_3 \left(\frac{c}{m}\right)^2 e^{-ct/m} \tag{e}$$

위 결과를 식 (a)와 (b)에 대입해보면, 식 (c)는 운동방정식을 만족시키므로 운동방정식의 해임을 알 수 있다.

문항 3

c와 W에 대한 주어진 값을 이용하면, $c/m = 0.584(9.81)/8.9 = 0.6440\ \text{s}^{-1}$, $mg/c = 8.9/0.584 = 15.24$ m/s이다. 이들 값을 식 (c)와 (d)에 대입하고, 시간 t는 초 단위라고 가정하면 다음 결과를 얻는다.

$$x = C_1 e^{-0.6440t} + C_2 \text{ m} \qquad y = C_3 e^{-0.6440t} - 15.24t + C_4 \text{ m} \tag{f}$$

$$v_x = -0.6440 C_1 e^{-0.6440t} \text{ m/s} \quad v_y = -0.6440 C_3 e^{-0.6440t} - 15.24 \text{ m/s} \tag{g}$$

기술된 문제로부터 $t = 0$일 때의 운동은 아래의 초기조건을 만족해야 한다고 추정한다.

1. $x = 0$
2. $y = 0$
3. $v_x = 24.4 \cos 30° = 21.1$ m/s
4. $v_y = 24.4 \sin 30° = 12.2$ m/s

4개의 초기조건을 식 (f)와 (g)에 대입하여 얻은 식을 풀면 적분상수를 구할 수 있다. 구체적인 계산 과정을 생략하고, 그 결과는 $C_1 = -32.8$ m, $C_2 = 32.8$ m, $C_3 = -42.6$ m, $C_4 = 42.6$ m이다. 이들 값을 식 (f)와 (g)에 대입하여, 다음을 얻는다.

$$x = 32.8\left(1 - e^{-0.6440t}\right) \text{ m} \tag{h}$$

$$y = 42.6\left(1 - e^{-0.6440t}\right) - 15.24t \text{ m} \tag{i}$$

$$v_x = 21.1 e^{-0.6440t} \text{ m/s} \tag{j}$$

$$v_y = 27.43 e^{-0.6440t} - 15.24 \text{ m/s} \tag{k}$$

y의 최댓값은 $v_y = 0$일 때 일어난다. 이 시간을 t_1이라 하면, 식 (k)에서

$$0 = 27.43e^{-0.6440t_1} - 15.24$$

이것으로부터

$$t_1 = -\frac{\ln(15.24/27.43)}{0.6440} = 0.9127 \text{ s}$$

$t = t_1 = 0.9127$ s를 식 (i)에 대입하여, y의 최댓값을 얻는다.

$$\begin{aligned} y_{\max} = h &= 42.6\left[1 - e^{-0.6440(0.9127)}\right] - 15.24(0.9127) \\ &= 5.02 \text{ m} \end{aligned}$$

답

예제 12.13

예제 12.12의 발사체에 대한 운동방정식에서 $c = 0$, 0.292, 그리고 0.584 N·s/m을 사용해서 수치적으로 적분한다. 그리고 세 가지 궤적을 도시하라.

풀이

예제 12.12에서 유도된 운동방정식은 다음과 같다.

$$a_x = -\frac{c}{m}v_x \qquad a_y = -g - \frac{c}{m}v_y$$

다음과 같이 변수를 치환하고

$$\begin{bmatrix} x \\ y \\ v_x \\ v_y \end{bmatrix} = \begin{bmatrix} x_1 \\ x_2 \\ x_3 \\ x_4 \end{bmatrix}$$

등가의 1차 미분방정식과 초기조건을 구하면 다음과 같다.

$$\begin{bmatrix} \dot{x}_1 \\ \dot{x}_2 \\ \dot{x}_3 \\ \dot{x}_4 \end{bmatrix} = \begin{bmatrix} x_3 \\ x_4 \\ -(c/m)x_3 \\ -g - (c/m)x_4 \end{bmatrix}$$

$$\mathbf{x}(0) = \begin{bmatrix} 0 \\ 0 \\ 24.4\cos 30° = 21.1 \text{ m/s} \\ 24.4\sin 30° = 12.2 \text{ m/s} \end{bmatrix}$$

아래 제시된 MATLAB 프로그램으로 미분방정식을 적분한다. 명령어 hold on은 현재 그래프에 새로운 곡선을 추가하도록 해준다. 모든 다른 명령어는 부록 E에 설명되어 있다. 비행시간은 약 2.5 s 정도로 추정된다. 시간 증분을 0.05 s로 선택하면 각 그래프마다 약 50개 정도의 값을 표시할 수 있다.

```
function example12 _ 13
g = 32.2; m = 2/g;
time = [0:0.05:2.5];
x0 = [0 0 69.282 40];

c = 0.04;
[t,x] = ode45(@f,time,x0);
axes('fontsize',14)
plot(x(:,1),x(:,2),'linewidth',1.5)
grid on
xlabel('x (ft)'); ylabel('y (ft)')
hold on

c = 0.02
[t,x] = ode45(@f,time,x0);
plot(x(:,1),x(:,2),'linewidth',1.5)

c = 0;
[t,x] = ode45(@f,time,x0);
plot(x(:,1),x(:,2),'linewidth',1.5)

  function dxdt = f(t,x)
  dxdt = [x(3); x(4); -c/m*x(3); -g - c/m*x(4)];
  end
end
```

x와 y의 그래프가 아래에 제시된다. x축 아래의 그래프 부분은 MATLAB 창의 edit 기능을 이용해서 편집되었다.

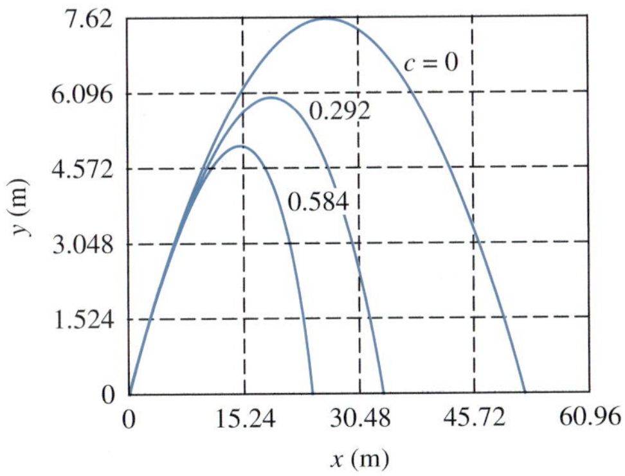

연습문제

12.64 자동차가 포물선 $y = -x^2/122$의 형태인 언덕을 오르고 있다. 여기서 x와 y의 단위는 m이다. 언덕의 마루 지점인 O에서 자동차가 도로와의 접촉을 잃어버리지 않기 위한 최대 속력을 구하라.

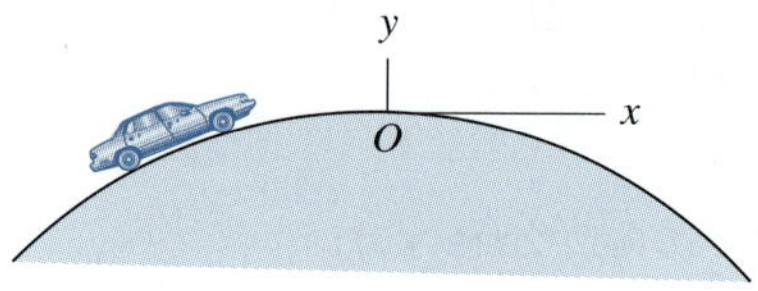

그림 P12.64

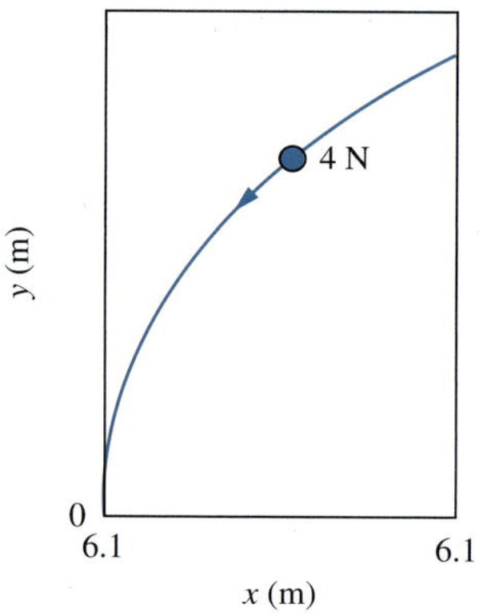

그림 P12.65

12.65 어떤 17.8 N의 물체가 다음 그림의 경로를 따라 움직인다. 물체의 위치 좌표는 시간(초 단위)에 따라 다음과 같이 변한다.

$$x = 6.1\cos\left(\frac{\pi t}{2}\right)\text{ m} \qquad y = 19.62(4 - t^2)\text{ m}$$

시간 $t = 0, 1, 2$초에서 물체에 작용하는 힘의 성분을 구하라.

12.66 자동차 바퀴의 테두리에 0.556 N의 균형추 A가 부착된다. 자동차가 일정 속도 v_0로 달릴 때 A의 경로는 사이클로이드 곡선이 되며, 다음 식으로 주어진다.

$$x = v_0 t - r\sin\frac{v_0 t}{R} \qquad y = R - r\cos\frac{v_0 t}{R}$$

(a) 균형추의 가속도의 크기가 일정함을 보여라. (b) $v_0 = 26.8$ m/s, $R = 0.38$ m, $r = 0.244$ m일 때 균형추와 바퀴 사이에 작용하는 힘의 크기를 구하라. (중력가속도는 무시한다.)

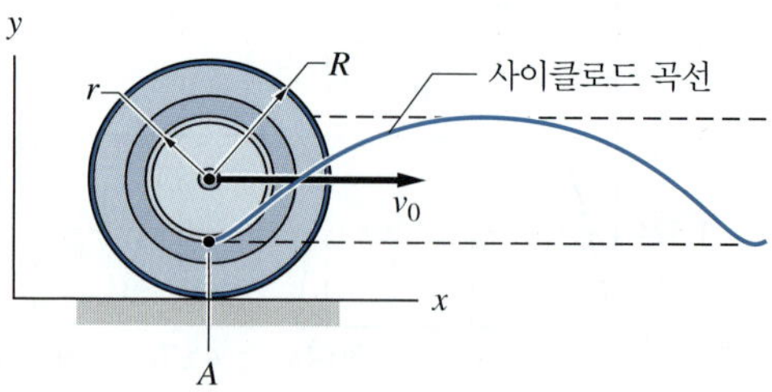

그림 P12.66

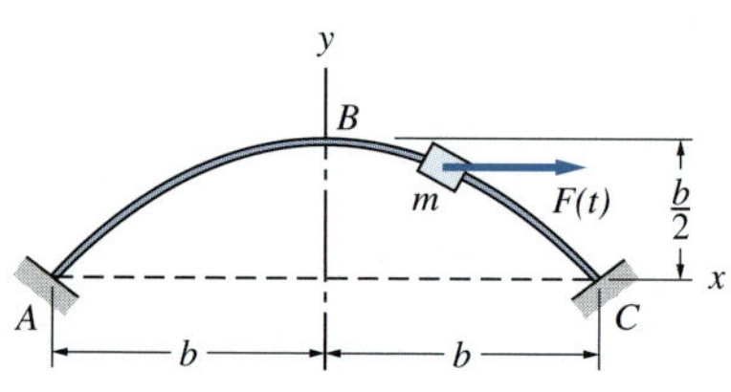

그림 P12.67

12.67 질량 $m = 0.5$ kg인 슬라이더가 수평력 $F(t)$를 받으면서 포물선 형태의 가이드 로드 ABC를 따라 움직인다. 슬라이더와 가이드 로드 사이의 동마찰계수 $\mu = 0.2$이다. 슬라이더의 위치는 다음 식으로 주어진다.

$$x = b\sin\frac{2\pi t}{t_0} \qquad y = \frac{b}{4}\left(1 + \cos\frac{4\pi t}{t_0}\right)$$

여기서 $t_0 = 0.8$ s이고 $b = 1.2$ m이다. 가이드 로드 ABC가 수직평면 위에서 움직인다고 가정할 때 슬라이더가 B점에 있을 때 작용하는 힘을 구하라.

12.68 질량 m의 자동차가 입체 교차로를 따라 달린다. 자동차의 위치는 다음 식으로 주어진다.

$$x = \frac{b}{2}\left(\sin\frac{\pi t}{4t_0} + \sin\frac{3\pi t}{4t_0}\right) \qquad y = \frac{b}{2}\left(\cos\frac{\pi t}{4t_0} - \cos\frac{3\pi t}{4t_0}\right)$$

여기서 $b = 240$ m, O점에서 A점 사이의 이동시간 $t_0 = 12$ s이다. 자동차가 A점에서 미끄러지는 것을 막기 위한 타이어와 도로 사이의 마찰계수의 최솟값을 구하라(자동차가 A점에 있을 때의 시간 $t = t_0$이다).

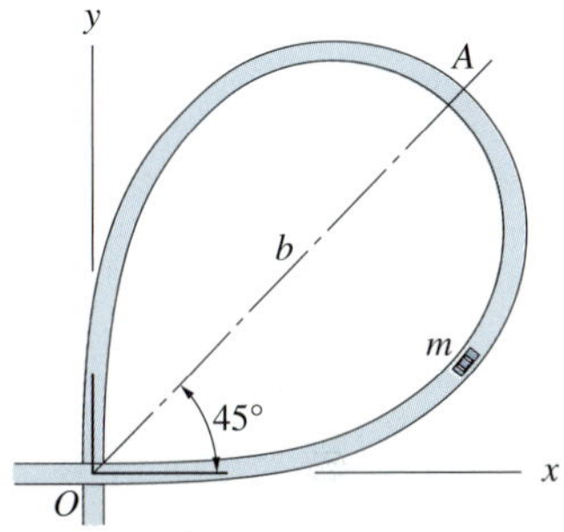

그림 P12.68

12.69 스프링클러 A는 경사진 xy 평면 위에 위치하며 진동한다. 물은 스프링클러에서 6.71 m/s의 속도로 떠나서 거리 R만큼 떨어진 B점에 떨어진다. 각도 $\theta = 30°$임을 알고 있을 때 거리 R을 구하라. 공기 저항은 무시한다.

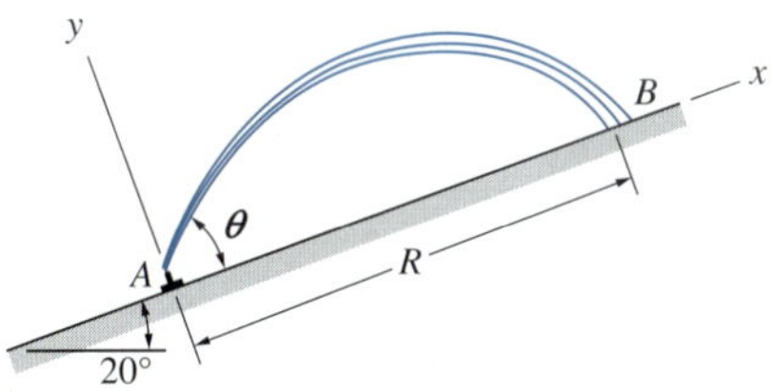

그림 P12.69

12.70 발사체가 초기속도 $v_0 = 19.8$ m/s, 각 $\theta = 55°$로 A점에서 발사되어 수직인 벽의 B점에서 충돌한다. 공기 저항은 무시하고 높이 h를 구하라.

***12.71** 공기 저항을 포함하여 문제 12.70을 풀어라. 공기역학적 저항력 $F_D = -cv$이고, 여기서 $c = 0.0365$ N·s/m이고 발사체의 무게는 5.34 N이다. 예제 문제 12.12의 (문항 2)에 유도한 방정식을 이용하라.

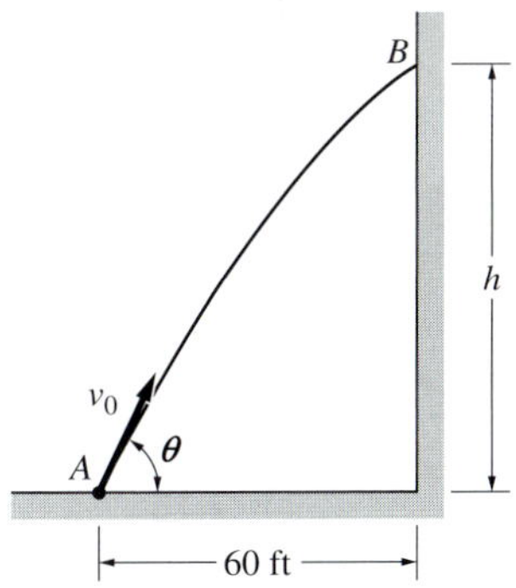

그림 P12.70, P12.71

12.72 항공기가 속도 200 m/s로 수직축에 대해서 30° 각도로 하강하고 있다. 비행경로는 목표점 A를 향하고 있다. 만약 항공기가 1200 m 고도에서 수하물을 떨어뜨린다면, 수하물의 낙하지점과 목표점 사이의 거리를 구하라.

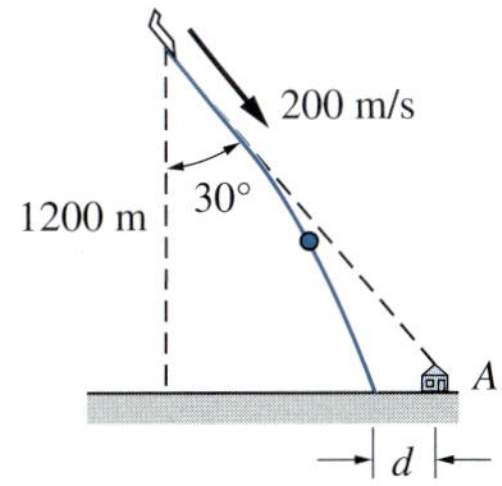

그림 P12.72

12.73 고화력의 소총으로부터 발사된 탄알의 속도는 $v_0 = 762$ m/s이고, 발사각은 수평면을 기준으로 θ만큼 기울어졌다. 만약 발사된 탄알이 거리 $R = 1.6$ km만큼 떨어진 목표지점 A를 맞추게 하려면 θ는 얼마여야 하는가? 공기 저항은 무시하고, 예제 12.11의 식 (d), (e)를 사용하여 풀어라.

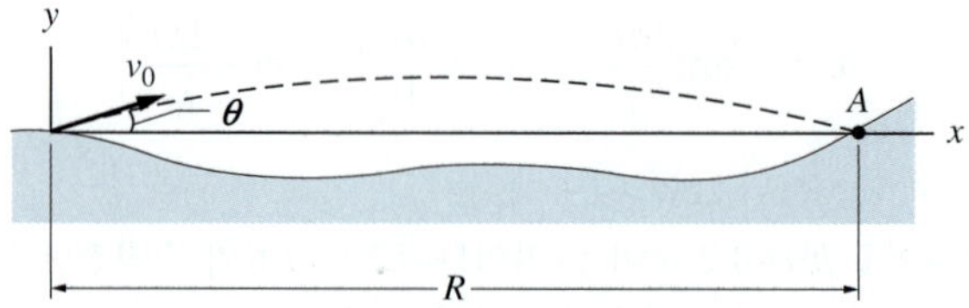

그림 P12.73

12.74 배구선수가 초기속도 $v_0 = 12.8$ m/s, 각 $\theta = 28°$로 A점에서 공을 서브한다. (a) 공의 경로 방정식을 구하라. (y는 x의 함수이다.) (b) 공이 네트 C를 넘는 데 안전한지, 그리고 베이스라인 B 안쪽으로 떨어지는지를 결정하라.

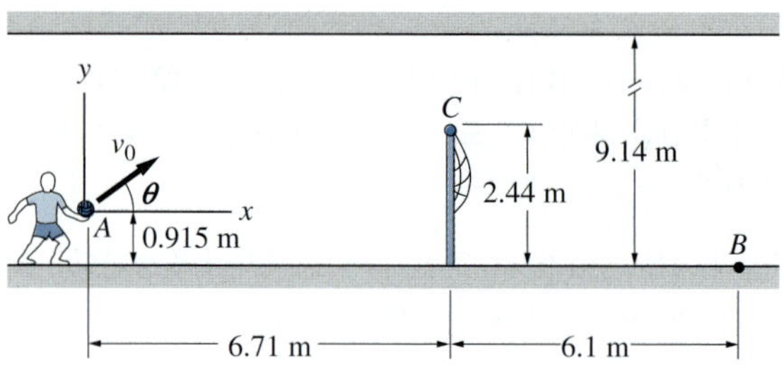

그림 P12.74, P12.75

12.75 배구공이 A점에서 초기속력 v_0, 각 $\theta = 70°$로 서브된다. 공이 천장에 부딪치지 않을 최대 속력 v_0을 구하라.

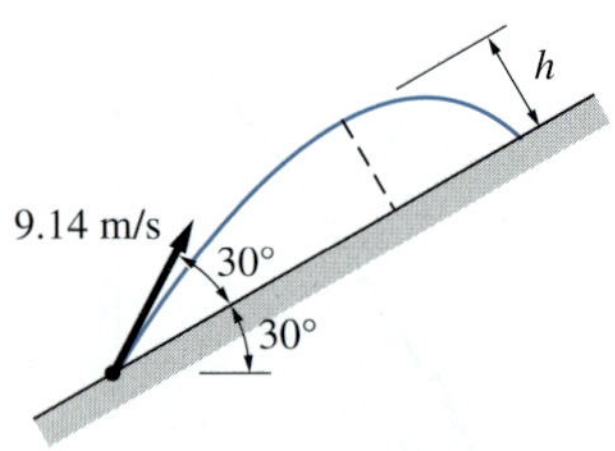

그림 P12.76

12.76 그림의 초기속도로 발사체가 경사면 위쪽으로 발사되었다. 경사면에 수직으로 측정된 발사체가 도달할 수 있는 최고높이 h를 계산하라. 단 공기 저항은 무시한다.

12.77 전하 q(쿨롱)을 운반하는 질량 m(kg)인 질점이 두 충전 평판 사이의 공간으로 들어간다. 질량의 속도는 그림과 같이 수평으로 v_0(m/s)이다. 중력가속도는 무시하고, 질점이 평판 사이에 있는 동안 받는 힘은 $F = q\Delta V/2d$이다. 여기서, $\Delta V = V_2 - V_1$은 두 평판 간의 정전기 전위차(volts)이다. 질점이 극판의 모서리 A를 비껴갈 수 있는 가장 큰 ΔV에 대한 식을 구하라.

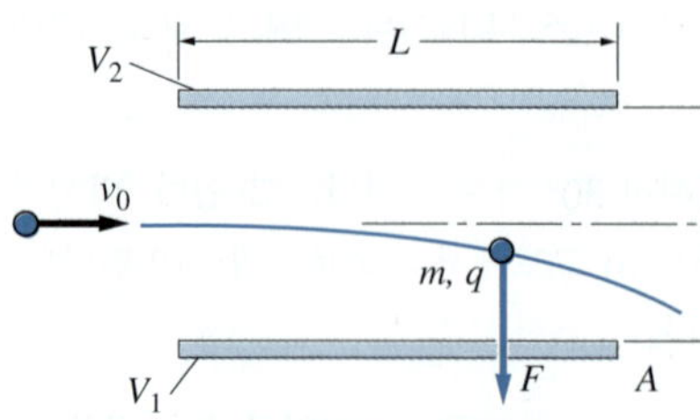

그림 P12.77

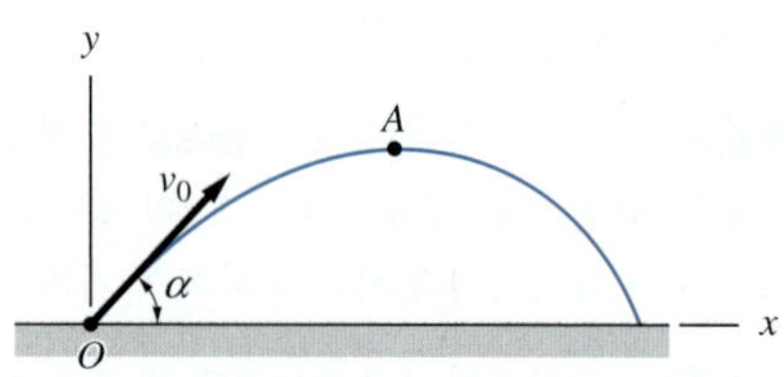

그림 P12.78

***12.78** 질량 m인 발사체가 수평과 이루는 각 α, 초기속도 v_0로 O에서 발사되었다. 비행 중 발사체가 받는 공기역학적 항력은 $\mathbf{F}_D = -c\mathbf{v}$이다. 여기서, c는 상수이다. 점 A

가 궤도의 정점이라 할 때, (a) A에 도달하는 시간, (b) A에서 발사체의 속력을 나타내는 식을 구하라.

12.79 벽면으로부터 30 m 거리, 높이 2 m인 위치에서 그림의 초기속도로 0.1 kg의 돌이 던져졌다. 돌에 작용하는 공기역학적 항력은 $F_D = 0.0005\ v^2$이다. 여기서, F_D의 단위는 N이고 속도 v는 m/s이다. (a) 가속도 성분이 다음과 같음을 보여라.

$$a_x = -0.005\ v_x\sqrt{v_x^2 + v_y^2}\ \text{m/s}^2$$
$$a_y = -0.005\ v_y\sqrt{v_x^2 + v_y^2} - 9.81\ \text{m/s}^2$$

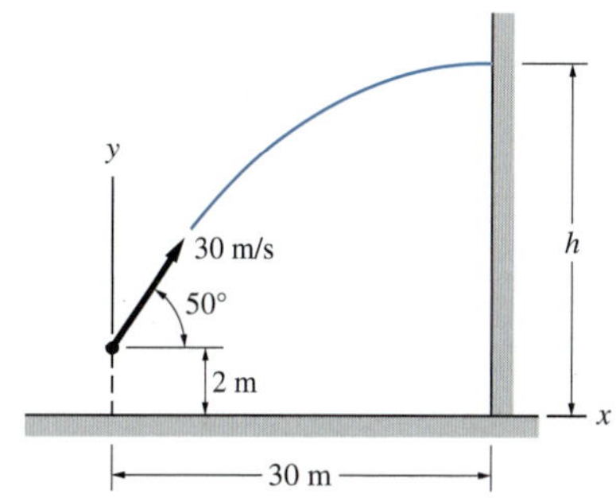

그림 P12.79

(b) 돌이 벽면에 부딪히는 높이 h와 부딪힐 때의 속력을 수치적분을 이용하여 구하라. **참고**: 해석해는 $h = 24.0$ m, $v = 16.3$ m/s이다.

12.80 0.01 kg의 질점이 xy 평면에 놓여 있는 매끄러운 수평면에서 자유롭게 움직인다. 질점에 작용하는 힘 **F**는 항상 원점으로부터의 방향이고, 그 크기는 $F = 0.005/d^2$ N이다. d는 O로부터의 거리이고 m 단위이다. $t = 0$일 때, 질점의 위치는 $x = 0.3$ m, $y = 0.4$ m이고 그 속도는 $\mathbf{v} = -2\mathbf{j}$ m/s이다. (a) 질점의 가속도 성분을 구하고 초기조건을 세워라. (b) x축을 지나갈 때의 속력과 x좌표를 수치적분을 이용하여 구하라.

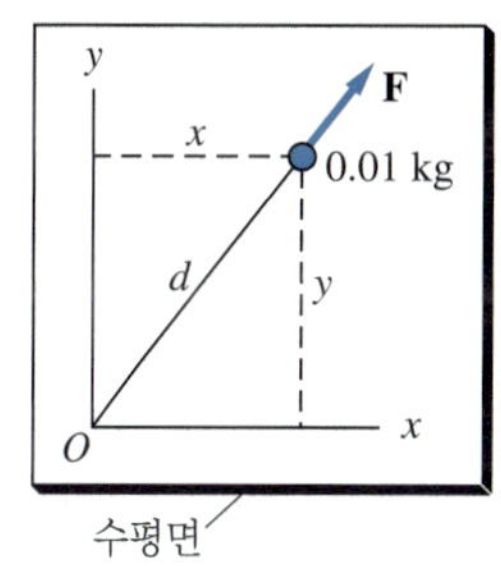

그림 P12.80, P12.81

12.81 힘 **F**의 방향이 원점으로 향한다고 가정하여 문제 12.80을 풀어라.

12.82 질량 28.35 g의 공이 높이 1.83 m에서 속도 36.6 m/s로 수평방향으로 던져진다. 공에 작용하는 공기역학적 항력은 $F_D = c_D v^{1.5}$ lb이다. 여기서, v는 ft/s 단위의 속력이고, $c_D = 0.0317\ \text{N}\cdot(\text{s/m})^{1.5}$이다. (a) 그림에서의 좌표계를 이용하여 v_x와 v_y의 함수로 a_x와 a_y를 구하고 초기조건을 세워라. (b) 수치적분을 이용하여 비행시간과 이동거리 R을 결정하라. (해석해는 $t = 0.655$ s이고 $R = 19.2$ m이다.)

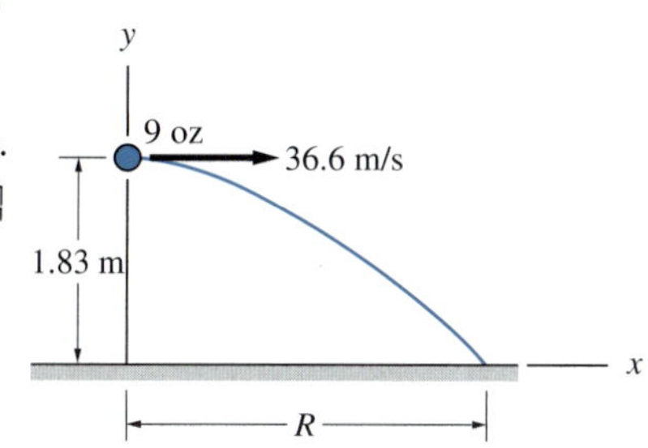

그림 P12.82

12.83 1.0 kg의 공이 20 m/s의 맞바람을 맞으면서 초기속도 30 m/s로 차여졌다. 공에 작용하는 공기역학적 항력은 $\mathbf{F}_D = 0.5\mathbf{v}$ N이다. 결과적인 공의 가속도는 다음 식으로 주어진다.

$$\mathbf{a} = -(10 + 0.5v_x)\mathbf{i} - (9.81 + 0.5v_y)\mathbf{j}\ \text{m/s}^2$$

여기서 속도 성분의 단위는 m/s이다. (a) 수평거리 b와 비행시간을 구하라. (b) 공의 궤적(y vs. x)을 그려라.

12.84 선형 스프링에 부착된 질량 $m = 0.25$ kg이 수직면상에서 움직인다(스프링의 강성 $k = 10$ N/m, 자유 길이 $L_0 = 0.5$ m). 스프링은 인장과 압축 모두에 반발한다. 질량이 $x = 0.5$ m, $y = -0.5$ m에서 정지 상태로부터 놓여진다. (a) 질량의 가속도 성분을 나타내는 표현과 초기조건을 세워라. (b) $0 \le t \le 2$ s에서 가속도 성분을 수치적분하고, 질량의 궤적을 그려라.

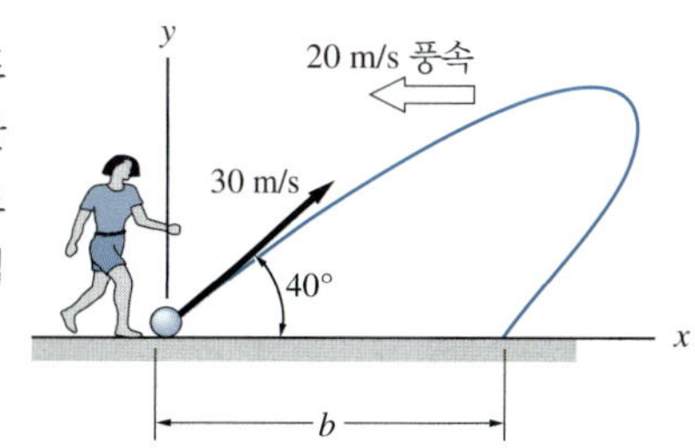

그림 P12.83

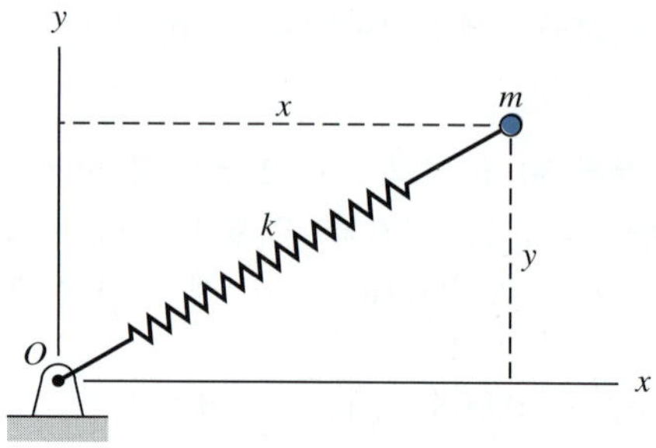

그림 P12.84, P12.85

12.85 질량이 $x = y = 0.5$ m의 위치에서 정지하고 있다가 놓여졌고 스프링이 압축에는 반발하지 않는다고 가정하고, 문제 12.84를 풀어라.

12.86 그림 (a)에서 탁구공의 평면운동은 그림 (b)에 주어진 세 가지 가속도 성분에 의해 지배된다. 중력가속도 g와 함께 공기역학적 항력 a_D와 양력 a_L의 영향이 공존한다(양력은 베르누이 효과, 즉 공의 스핀에 의한 공기압력의 차에 기인한다). 이들 가속도에 관한 실제적인 추정치는 $a_D = 0.05\ v^2$과 $a_L = 0.16\omega v$이다. 여기서 v 단위는 ft/s이고 스핀 ω는 rev/s이다. 수평과 $\theta = 60°$각으로, 초기속도 $v_0 = 60$ ft/s로 테이블 높이에서 공이 패들(라켓)을 떠난다. 이때 톱 스핀은 $\omega = +10$ rev/s이고 일정하게 유지된다고 가정한다. (a) 가속도의 x와 y방향 성분을 구하라. (b) 공이 탁상에 떨어진다는 가정하에, 비행하는 동안의 가속도 성분들을 구하라. 비행시간과 수평 이동거리를 구하라. (c) 공의 궤적을 그려라.

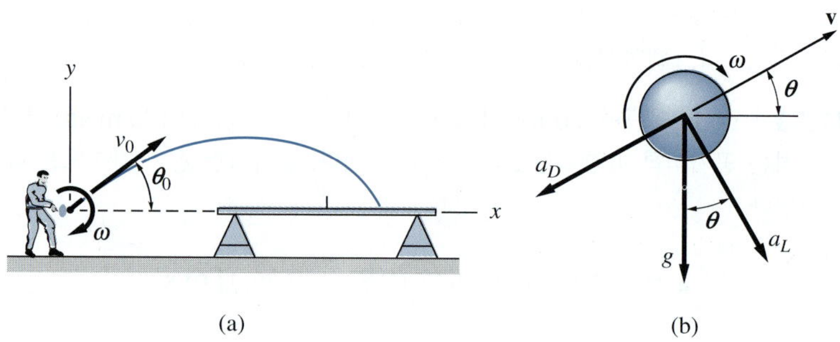

그림 P12.86

12.6 면적법에 의한 운동 선도

이 절에서는 직선운동을 하는 질점의 가속도, 속도, 위치 선도 사이의 기하학적 관계를 보여준다. 이 관계들은 직선운동을 해석하기 위한 단순한 수치 방법을 개발하는 데 활용되는데, 이를 **면적법**(area method)이라 부른다. 이 방법은 주어진 가속도 선도로부터 속도와 위치 선도를 그리는 방법이며, 특히 가속도 선도가 직선인 경우에 유용하다.

직선운동을 하는 질점의 가속도, 속도 그리고 위치를 도시한 것이 그림 12.6이다. 직선운동에서 $a = dv/dt$, $v = dx/dt$임을 이용하여 선도들 사이의 다음 관계를 유추할 수 있다.

1. 시간 t_i에서 속도 선도의 기울기는 그 시간의 가속도와 같다. 즉, 그림 12.6(b)에서 보는 바와 같이 $(dv/dt)_i = a_i$이다.
2. 시간 t_i에서 위치 선도의 기울기는 그 시간의 속도와 같다. 즉, 그림 12.6(c)에서 보는 바와 같이 $(dx/dt)_i = v_i$이다.

다음은 그림 12.6에서 보는 바와 같이, 시간 t_0에서 시작하고 시간 t_n에서 끝나는 시간 간격을 생각해보자. 가속도, 속도, 위치의 처음과 마지막 값을 각각 a_0, v_0, x_0, 그리고 a_n, v_n, x_n으로 표시한다. $a = dv/dt$를 $dv = a\,dt$로 고쳐 쓰고 t_0와 t_n 사이를 적분하면

$$v_n - v_0 = \int_{t_0}^{t_n} a(t)\,dt$$

이 식의 우측 항은 가속도 선도의 t_0와 t_n 사이 면적과 같다.

$$v_n - v_0 = a\text{-}t \text{ 선도의 면적 } \Big]_{t_0}^{t_n} \tag{12.25}$$

같은 방법으로, $v = dx/dt$를 $dx = v\,dt$로 고쳐 쓰고 t_0와 t_n 사이를 적분하면

$$x_n - x_0 = \int_{t_0}^{t_n} v(t)\,dt$$

이 식의 우측 항은 속도 선도의 t_0와 t_n 사이 면적과 같다.

$$x_n - x_0 = v\text{-}t \text{ 선도의 면적 } \Big]_{t_0}^{t_n} \tag{12.26}$$

식 (12.25)와 (12.26)은 다음 방법으로 바꾸어 말할 수 있다.

3. 주어진 시간 간격 동안 속도의 증가는 동일한 시간 간격에 대한 a-t 선도의 면적과 같다. [그림 12.6(a)의 회색 부분].
4. 주어진 시간 간격 동안 위치 좌표의 증가는 동일한 시간 간격에 대한 v-t 선도의 면적과 같다. [그림 12.6(b)의 회색 부분].

직선운동에 대한 관계 **1~4**를 설명하였다. 그렇지만 이들 관계는 곡선운동의 특별한 경우, 즉 직선운동의 중첩과 같은 운동, 또는 각각의 좌표축을 따른 운동인 경우에는 적용할 수 있다. 예를 들면, 2차원의 경우 운동을 2개의 선도 세트, 즉 x축 방향의 a_x-t, v_x-t, x-t와 y축 방향의 a_y-t, v_y-t, y-t 운동 선도의 세트로 나누어 나타낼 수 있다.

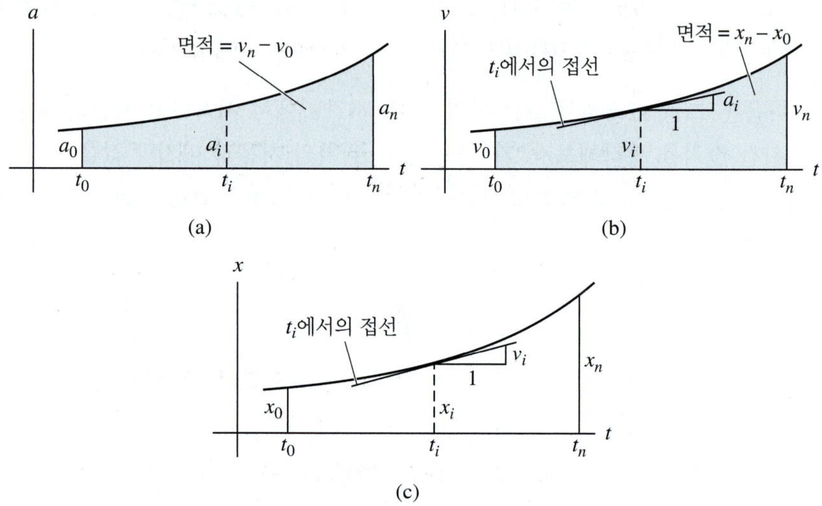

그림 12.6

예제 12.14

그림 (a)에서 5 kg의 블록이 $x = 0$ 위치에서 정지하고 있고, 힘 $P(t)$가 작용할 때 $t = 0$이다. 시간과 $P(t)$의 변화를 그림 (b)에서 보여준다. 블록과 수평면 사이의 마찰은 무시할 수 있다. (1) *a-t*, *v-t*, *x-t* 선도를 그리는 데 면적법을 이용하라. (2) $t = 5$ s일 때 블록의 속도와 위치를 구하라.

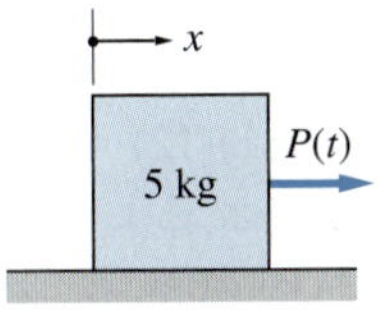

(a)

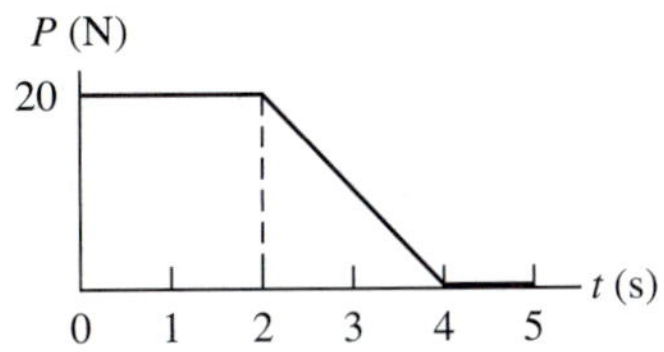

(b)

풀이

문항 1

a-t 선도 그림 (c)에서 블록의 자유물체 선도(FBD)와 질량·가속도 선도(MAD)로부터 아래의 운동방정식을 얻는다.

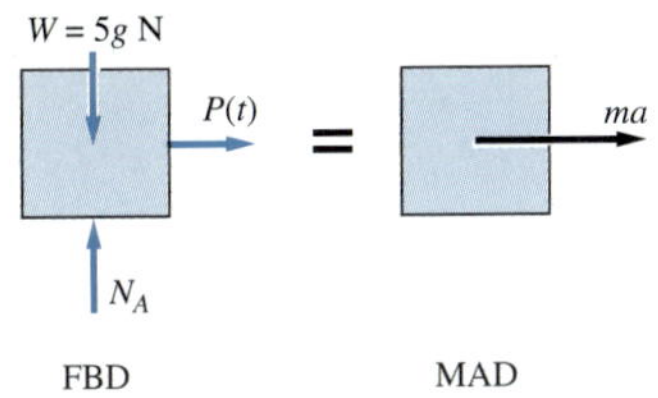

(c)

$$\Sigma F_x = ma \quad \overset{+}{\rightarrow} \quad P = 5a$$

그러므로 가속도는

$$a = \frac{P}{5}$$

그 결과의 *a-t* 선도는 그림 (d)와 같다.

나머지 풀이에서는 시간에 따라 변수를 구별하기 위해서 변수 a, v, x에 첨자를 이용한다. 예를 들면, 시간 $t = 0$, 1 s, 2 s,…,에 대한 각각의 속도는 v_0, v_1, v_2,…라고 나타낸다.

v-t 선도 *v-t* 선도를 만들기 전에 그림 (d)의 *a-t* 선도 아래 면적을 계산한다. $A_1 = 2(4) = 8$ m/s 그리고 $A_2 = (1/2)(2)(4) = 4$ m/s. 속도 v_2, v_4, v_5는 식 (12.25)를 적용하여 구한다. ($v_0 = 0$을 상기하라.)

$$\begin{aligned} v_2 &= v_0 + \text{area of the } a\text{-}t \text{ diagram}\Big]_{t=0}^{t=2\text{ s}} \\ &= v_0 + A_1 = 0 + 8 = 8 \text{ m/s} \end{aligned}$$

(d)

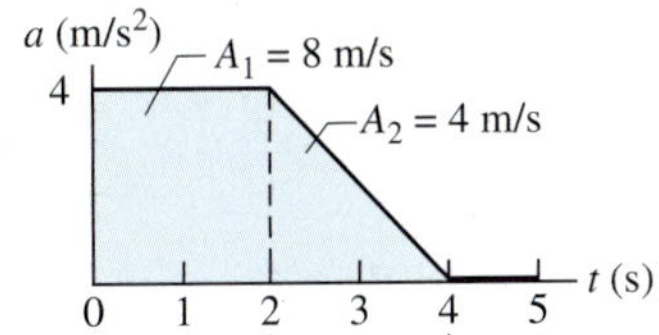

(e)

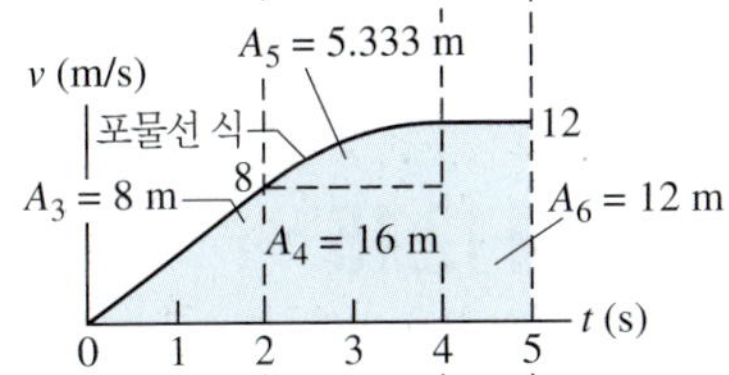

(f)

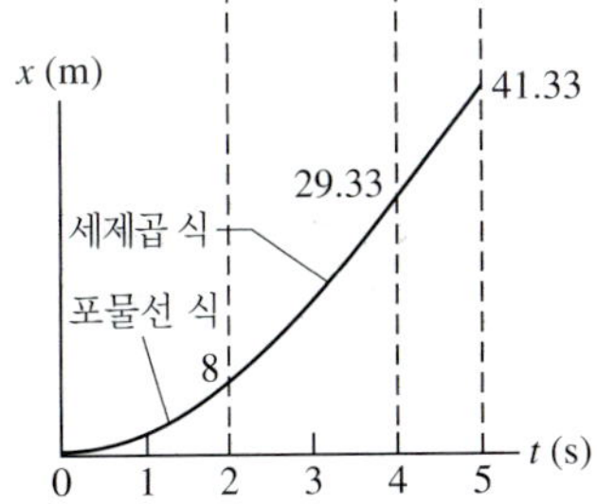

$$v_4 = v_2 + \text{ area of the } a\text{-}t \text{ diagram}\Big]_{t=2\text{ s}}^{t=4\text{ s}}$$
$$= v_2 + A_2 = 8 + 4 = 12 \text{ m/s}$$
$$v_5 = v_4 + \text{ area of the } a\text{-}t \text{ diagram}\Big]_{t=4\text{ s}}^{t=5\text{ s}}$$
$$= v_4 + 0 = 12 \text{ m/s}$$

값 v_0, v_2, v_4, v_5는 그림 (e)에서 도시된다. 이들 점을 연결하여 만든 v-t 선도의 형상은 $a = dv/dt$로부터 추정된다. 즉, 가속도는 v-t 선도의 기울기와 같다.

***x-t* 선도** 그림 (e)의 v-t 선도 아래 면적을 계산한다. $A_3 = (1/2)(2)(8) = 8$ m, $A_4 = (2)(8) = 16$ m, $A_5 = (2/3)(2)(4) = 5.333$ m, $A_6 = (1)(12) = 12$ m이다. 위치 x_2, x_4, x_5는 식 (12.26)을 적용하여 구한다. ($x_0 = 0$을 상기하라.)

$$x_2 = x_0 + \text{ area of the } v\text{-}t \text{ diagram}\Big]_{t=0}^{t=2\text{ s}}$$
$$= 0 + A_3 = 0 + 8 = 8 \text{ m}$$
$$x_4 = x_2 + \text{ area of the } v\text{-}t \text{ diagram}\Big]_{t=2\text{ s}}^{t=4\text{ s}}$$
$$= 8 + (A_4 + A_5) = 8 + 16 + 5.333 = 29.33 \text{ m}$$
$$x_5 = x_4 + \text{ area of the } v\text{-}t \text{ diagram}\Big]_{t=4\text{ s}}^{t=5\text{ s}}$$
$$= 29.33 + A_6 = 29.33 + 12 = 41.33 \text{ m}$$

값 x_0, x_2, x_4, x_5는 그림 (f)에서 도시된다. 이들 점을 연결하여 만든 x-t 선도의 형상은 $v = dx/dt$로부터 추정된다. 즉, x-t 선도의 기울기는 속도와 같다.

문항 2

그림 (d)에서 (f)의 선도를 작성한 후에는 주어진 시간에 대한 a, v, x를 계산하는 것은 쉽다. 특히 그림 (e)와 (f)로부터 다음 결과를 얻을 수 있다.

$$v_5 = 12 \text{ m/s} \quad \text{and} \quad x_5 = 41.3 \text{ m}$$ **답**

예제 12.15

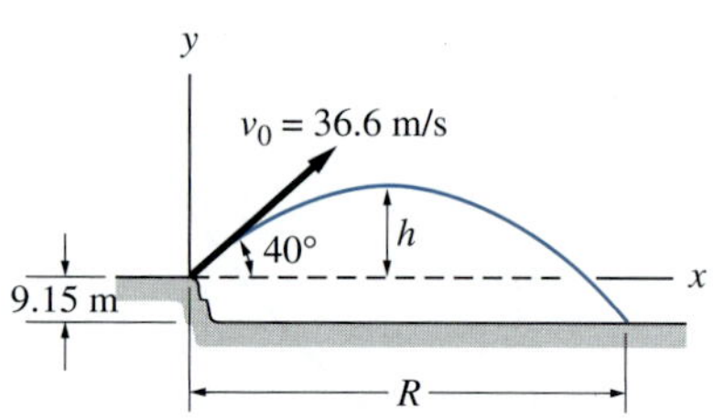

(a)

잔디밭보다 30 ft 높은 곳에 위치한 골프 티(tee)로부터 공을 쳐 날렸다. 공의 초기 속도 벡터 $\mathbf{v}_0$는 그림 (a)와 같다. (1) 면적법을 이용하여 가속도, 속도, 위치 선도를 작도하라. (2) 티 위로 올라간 공의 최고높이 h와 거리 R, 그리고 공이 잔디에 부딪칠 때 속도벡터를 구하라. 공기 저항은 무시한다.

풀이

기초 해설

공기 저항을 무시하기 때문에, 공에 작용하는 유일한 힘은 공의 무게이다. 그러므로 $a_y = -g = -9.81\ \text{m/s}^2$이고 $a_x = 0$이다. 따라서 x와 y방향의 운동은 비연성관계이므로, 곡선운동을 x와 y방향 운동의 벡터 중첩으로 생각하면 편리하다(12.5절 참조). 그 결과, 수직방향과 수평방향에 대한 2개의 운동 선도가 존재한다.

차후 설명을 위해서 다음 시간에 대한 기호를 도입한다. $t_0 = 0$는 공을 칠 때, t_1은 공이 최고높이에 도달할 때, 그리고 t_2는 공이 잔디를 칠 때이다. 그리고 첨자 0, 1, 2는 대응하는 시간에 대한 변수들 x, y, v_x, v_y의 값을 나타내는 데 사용한다.

그림 (a)에서 운동에 부과된 5개의 조건을 찾는다.

1. $x_0 = 0$
2. $y_0 = 0$
3. $y_2 = -9.15$ m
4. $(v_y)_0 = 36.6 \sin 40° = 23.5$ m/s
5. $(v_x)_0 = 36.6 \cos 40° = 28$ m/s

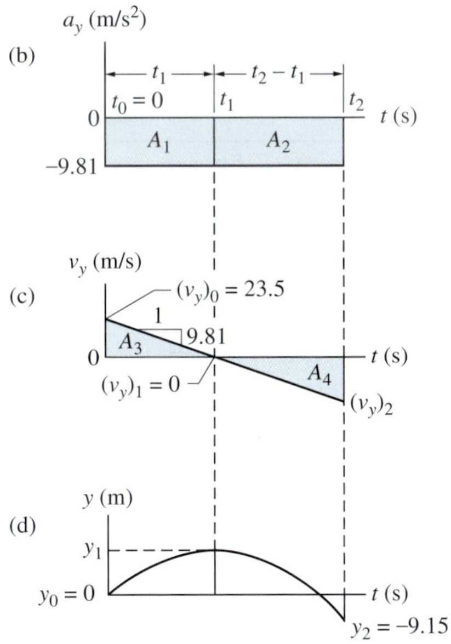

문항 1

***y*방향의 운동** a_y-t 선도는 그림 (b)이다. 여기서 a_y는 일정한 값 $-9.81\ \text{m/s}^2$이다.

$a_y = dv_y/dt$이므로 v_y-t 선도는 그림 (c)에서 보는 바와 같이, 기울기가 $-9.81\ \text{m/s}^2$인 직선이다. 이 선도의 초깃값은 $(v_y)_0 = 23.5$ m/s이다. t_1은 공이 최고높이에 도달할 때의 시간이므로 $(v_y)_1 = 0$이다.

$v_y = dy/dt$이므로, 그림 (d)에서 보는 바와 같이 v_y-t 선도는 포물선이다. 초기조건으로부터, $y_0 = 0$, $y_2 = -9.15$ m이다. v_y-t 선도에 불연속이 없으므로 y-t 선도는 매끄러운 곡선이다.

그림 (b)~(d)의 운동 선도에 면적법을 적용하면, 아래의 식들을 얻는다.

$(v_y)_1 = (v_y)_0 + A_1$	$0 = 23.5 - 9.81t_1$	(a)
$(v_y)_2 = (v_y)_1 + A_2$	$(v_y)_2 = 0 - 9.81(t_2 - t_1)$	(b)
$y_1 = y_0 + A_3$	$y_1 = 0 + \frac{1}{2}(23.5)t_1$	(c)
$y_2 = y_1 + A_4$	$-9.15 = y_1 - \frac{1}{2}(9.81)(t_2 - t_1)^2$	(d)

식 (a)~(d)를 4개의 미지수에 대하여 풀면, $t_1 = 2.395$ s, $t_2 = 5.152$ s, $(v_y)_2 = -27.06$ m/s, $y_1 = 28.15$ m이다.

***x*방향의 운동** $a_x = 0$인 a_x-t 선도는 그림 (e)와 같다. $a_x = dv_x/dt$이므로, 그림 (f)의 v_x-t 선도는 수평의 직선이고 초깃값은 $(v_x)_0 = 28$ m/s이다. $v_x = dx/dt$를 이용하면, 그림 (g)의 x-t 선도는 기울기가 28 m/s인 직선임을 알 수 있다.

다음 식들은 그림 (e)~(f)의 운동 선도에 면적법을 적용하여 얻은 결과이다.

$(v_x)_2 = (v_x)_0 + A_5$	$(v_x)_2 = 28 + 0$	(e)
$x_2 = x_0 + A_6$	$x_2 = 0 + 28t_2$	(f)

식 (e)을 풀면 $(v_x)_2 = 28$ m/s이다. $t_2 = 5.152$ s를 식 (f)에 대입하면 $x_2 = 144.5$ m이다.

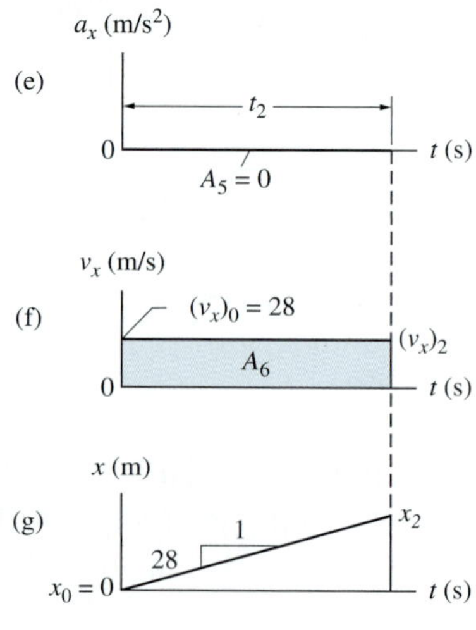

그림 (h)는 최종 운동 선도이다.

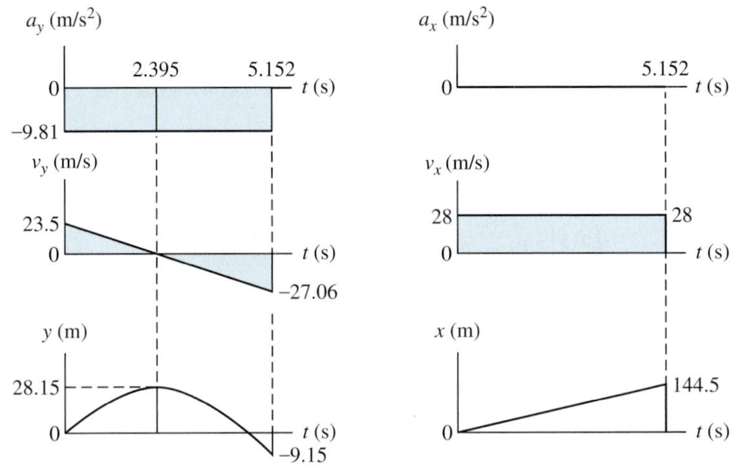

(h)

문항 2

공의 최고높이는 그림 (h)의 위치 선도에서 구한다.

$$h = 28.15 \text{ m} \quad \text{and} \quad R = 144.5 \text{ m}$$ 답

그림 (h)의 속도 선도에서 공이 잔디에 부딪칠 때의 속도벡터는 다음과 같다.

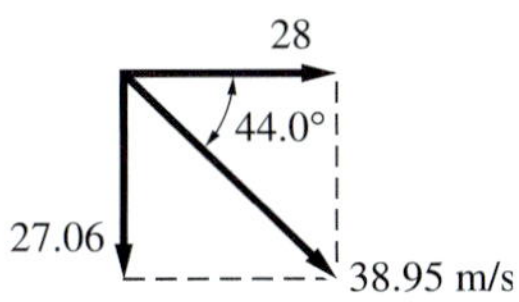

답

연습문제

12.87 두 정거장를 연결하는 일직선, 트랙레벨 위를 달리는 통근 열차는 그림에서 보는 가속도를 받는다. 기차의 가속도, 속도, 위치 선도를 그려라. 두 정거장 사이의 거리는 얼마인가?

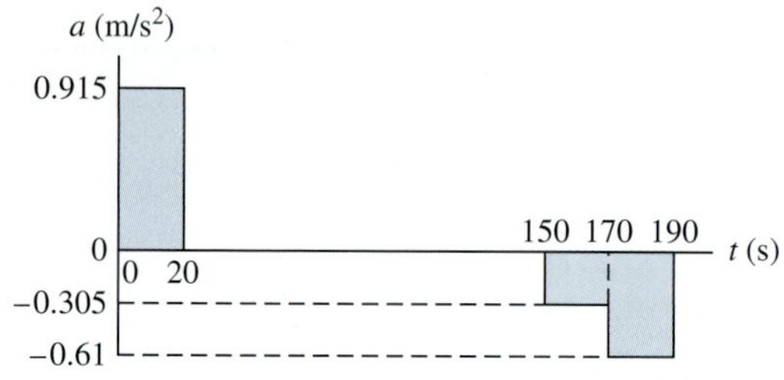

그림 P12.87

12.88 수직으로 발사된 후 로켓의 x방향 상승함수가 시간 t의 함수이다. 속도 선도와 가속도 선도를 그려라.

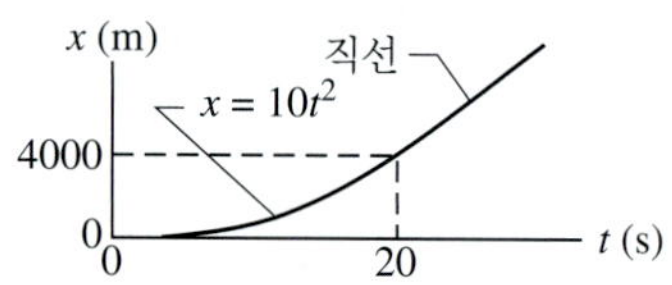

그림 P12.88

12.89 배구공이 A점에서 초기속력 v_0, 각도 $\theta = 60°$로 서브된다. 공이 천장에 부딪치지 않을 최대 속력 v_0을 구하라. 공기 저항은 무시하라.

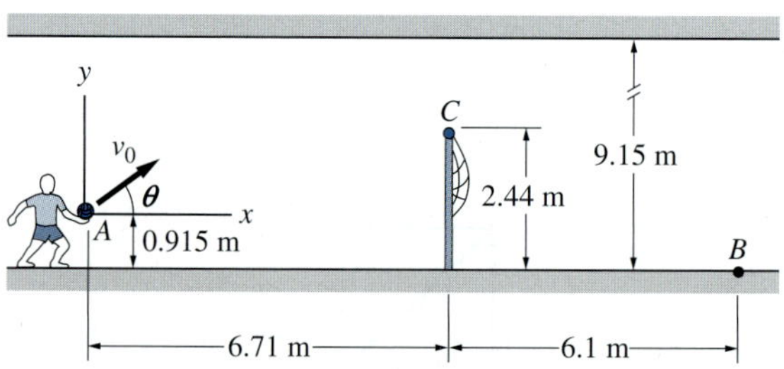

그림 P12.89

12.90 운전자가 브레이크를 밟기 시작할 때 자동차는 26.8 m/s의 속력으로 직선도로를 달리고 있었다. 자동차가 다음 선도와 같이 감속된다고 할 때 자동차가 멈출 때까지 걸린 시간 t_1와 브레이크를 밟고 있는 동안 이동한 거리를 구하라.

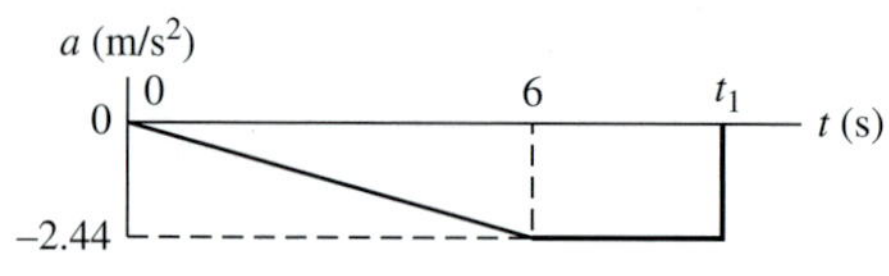

그림 P12.90

12.91 미사일이 A에서 초기속도 $v_0 = 240$ m/s로 수평방향으로 발사된다. 미사일의 사정거리는 $R = 1200$ m를 알고 있다면, 발사지점의 높이 h와 비행시간을 구하라.

12.92 발사체가 A에서 초기속력 v_0로 수평방향으로 발사된다. 비행시간은 10 s이고, B 지점에서 발사체의 경로와 수평이 이루는 각은 20°이다. v_0와 거리 R, 발사높이 h를 구하라. U.S.단위계를 사용하라.

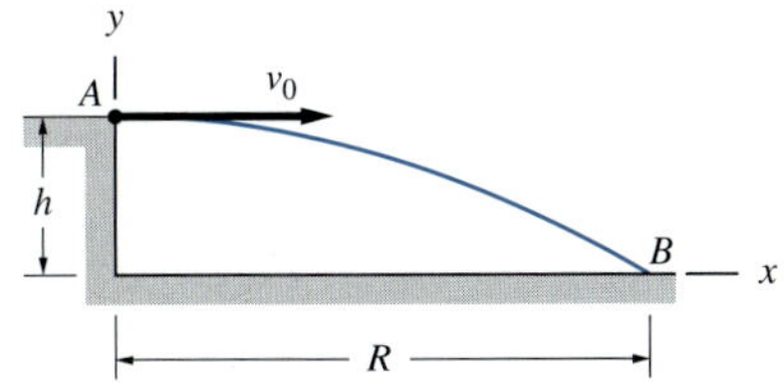

그림 P12.91, P12.92

12.93 발사체가 수평방향으로 79.2 m/s의 속력으로, 경사진 평면 아래쪽을 향해 발사된다. 가속도, 속도, 위치 선도를 그려라. 그려진 선도를 이용하여 평면에 대해 수직방향으로의 최고높이 h, 평면 위의 이동거리 R, 비행시간을 구하라. 공기 저항은 무시한다.

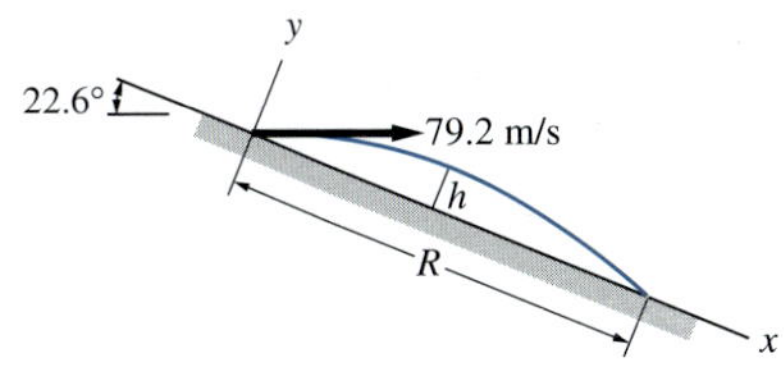

그림 P12.93

12.94 발사체가 높게 위치한 목표지점을 향해 초기속도 v_0 = 220 m/s로 발사된다. 비행시간과 사정거리 R을 구하라.

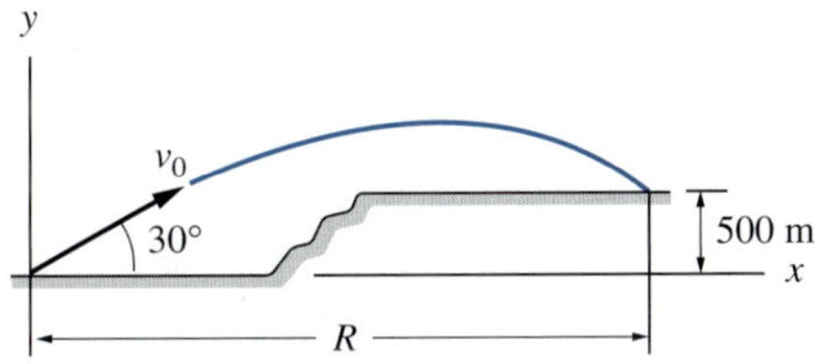

그림 P12.94

12.95 처음에 정지하고 있던 자동차가 바르고 수평인 길에서 그림의 가속도에 따라 가속된다. (a) 최대 속력을 구하라. (b) 자동차가 최대 속력에 도달할 때까지 달린 거리를 구하라.

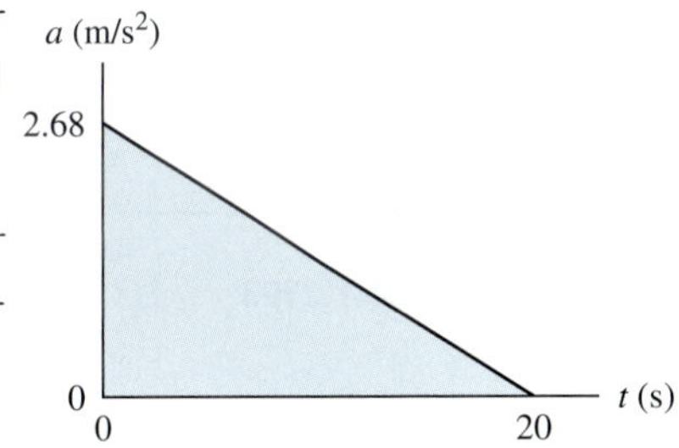

그림 P12.95

12.96 지하철 전차가 3.2 km 떨어져 있는 두 역에서 멈춘다. 전차의 최대 가속도와 감속도는 각각 2.01 m/s^{2}과 1.68 m/s^{2}이다. 그리고 최대 허용속도는 20.1 m/s이다. 두 역 사이를 달릴 수 있는 가장 짧은 시간을 구하라.

12.97 열차가 16초 이내에 긴급 정지하게 되었는데, 감속도는 선도가 보여주는 바와 같다. 제동을 걸기 직전 열차의 속력과 제동거리를 구하라.

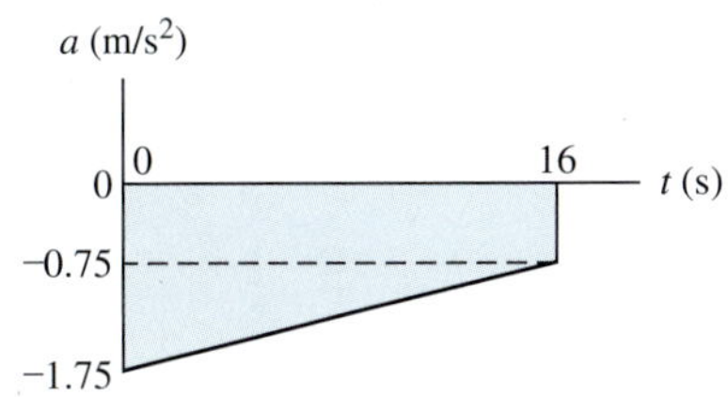

그림 P12.97

12.98 비행기가 속력 40 m/s로 평평한 활주로 위에 착륙하려고 한다. 착륙 후 처음 3초 동안은 프로펠러의 역추진력으로 3.2 m/s^{2}의 감속도가 발생한다. 다음 5초 동안에는 바퀴 제동력에 의해 1.8 m/s^{2}의 감속도가 더해진다. 그런 다음 역추진기는 멈추게 되고, 비행기는 바퀴의 제동력만으로 멈추게 된다. 가속도, 속도, 위치 선도를 그려라. 멈추기 전까지 활주로 위를 이동한 거리는 얼마인가?

12.99 자동차가 펄스제트엔진으로 추진된다. 여기서 제트엔진은 간헐적으로 점화된다. 자동차의 가속도는 선도와 같다. 자동차가 시간 t = 0에서 정지 상태로부터 출발한다고 가정하고, $0 \le t \le 4$ s 구간에 대한 속도 선도를 그려라. 시간 t = 0.4 s에서 자동차의 속력은 얼마이고 이동한 거리는 얼마인가?

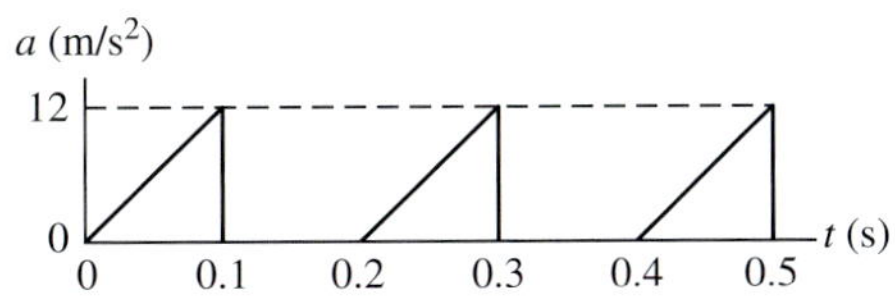

그림 P12.99

12.100 무게 35.6 N의 블록이 시간 $t = 0$에서 거친 표면 위에 정지하고 있다. $t > 0$에 대해서, 진폭 P_0의 수평력 $P(t)$가 주기적으로 블록에 작용한다. 여기서 $P(t)$의 주기는 0.5 s이다. (a) 각각의 주기 동안 평균 가속도가 0이 되기 위한 P_0를 구하라. (b) 문제 (a)에서 각각의 주기 동안 평균 속력은 얼마인가?

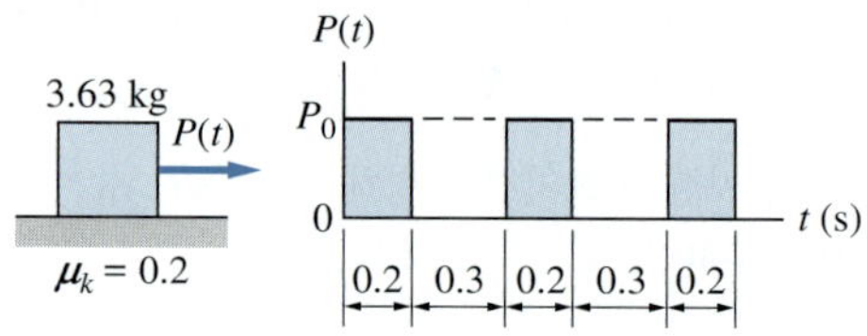

그림 P12.100, P12.101

12.101 무게 3.63 kg의 블록에 작용하는 주기적 힘의 진폭은 $P_0 = 26.7$ N이다. 블록과 수평면 사이의 동마찰계수는 0.2이다. 만일 $t = 0$일 때 블록의 속도가 우측으로 0.61 m/s이었다면, (a) $t = 0.7$ s일 때 블록의 속도, (b) $t = 0$에서 0.7 s까지 블록이 이동한 거리를 구하라.

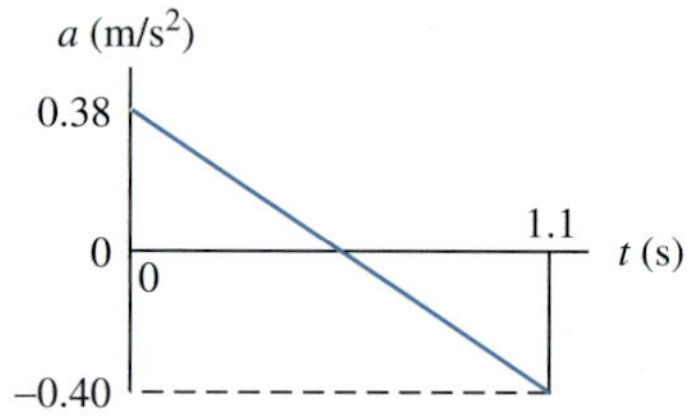

그림 P12.102

12.102 평평한 도로를 달리던 자동차가 작은 둔덕과 부딪혔다. 그 결과, 충돌 직후 처음 1.1초 동안 자동차의 수직방향 가속도는 그림과 같다. 수직방향 운동에 대한 속도와 위치 선도를 그려라. 1.1 s 동안 자동차의 수직방향 최대 속도와 최대 변위를 구하라.

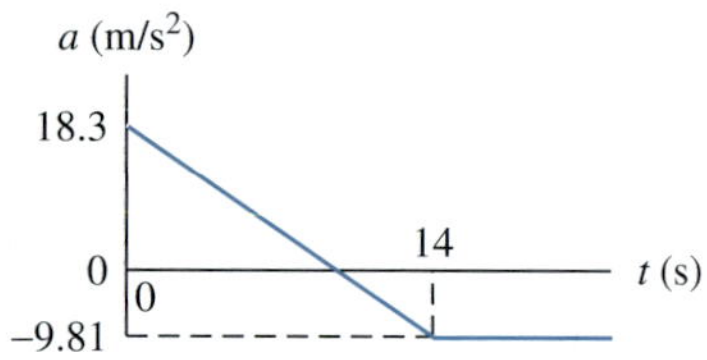

그림 P12.103

12.103 지구 표면으로부터 수직으로 로켓이 발사되었다. 엔진이 14 s 동안 점화되어 그림의 선도와 같은 가속도를 얻었다. 최대 속력, 최고높이, 최고높이에 도달할 때의 시간을 구하라.

REVIEW OF EQUATIONS

Kinematics in rectangular coordinates

$$v_x = \dot{x} \quad v_y = \dot{y} \quad v_z = \dot{z}$$
$$a_x = \dot{v}_x = \ddot{x} \quad a_y = \dot{v}_y = \ddot{y} \quad a_z = \dot{v}_z = \ddot{z}$$

Rectilinear motion

$$v = \dot{x} \quad a = \dot{v} = \ddot{x} = v\frac{dv}{dx}$$

Direct integration of equations of motion is possible in the following cases:

$$\text{If a} = f(t): \ dv = a(t)dt$$
$$\text{If a} = f(x): \ vdv = a(x)dx$$
$$\text{If a} = f(v): \ dx = \frac{vdv}{a(v)} \quad dt = \frac{dv}{a(v)}$$

Force-mass-acceleration method

$$\Sigma F_x = ma_x \quad \Sigma F_y = ma_y \quad \Sigma F_z = ma_z$$

REVIEW PROBLEMS

12.104 A particle is moving along the x-axis with the velocity $v = 2x^3 - 8x^2 + 12x$ mm/s, where x is measured in millimeters. Find the acceleration of the particle when $x = 2$ mm.

12.105 An object is undergoing rectilinear motion. During a certain six-second period, the velocity of the object changes from v_0 to 4.88 m/s, while its acceleration increases uniformly from 0 to 2.44 m/s². Determine v_0.

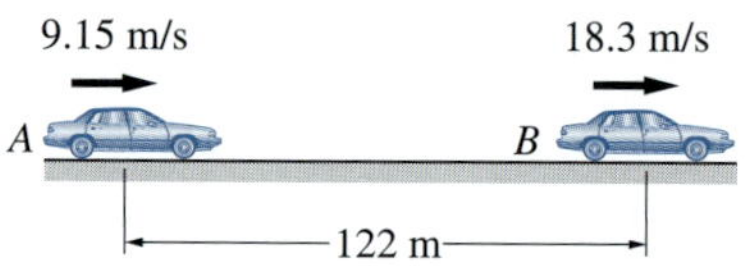

Figure P12.106

12.106 The two cars A and B are traveling in the same direction along a straight highway. At the instant shown, car A is 122 m behind car B, where the speeds of the cars are 9.15 m/s for A and 18.3 m/s for B. At the same instant, car A accelerates at the constant rate of 1.22 m/s², while car B decelerates at the constant rate of 0.61 m/s². How long will it take for car A to overtake car B?

12.107 The position coordinate of an object moving along the x-axis is given by $x = 0.0762t^3 - 0.229t + 0.102$ m, where the time t is measured in seconds. For the time interval $t = 0$ to $t = 2$ s, determine (a) the displacement of the object; and (b) the total distance traveled.

12.108 A boy drops a stone down a well and three seconds later hears the splash. Neglecting air resistance, compute the depth of the well. The speed of sound is 1120 ft/s.

12.109 A particle moving along the x-axis starts from rest at time $t = 0$ with the acceleration $a = 3.66t - 1.83t^2$ m/s², where t is measured in seconds. For the time interval $t = 0$ to $t = 5$ s, determine (a) displacement of the particle; and (b) the total distance traveled.

12.110 A bullet is fired into a viscous medium with the velocity $v_0 = 244$ m/s. The acceleration of the bullet in the medium is related to the velocity by $a = -cv^2$ m/s², where $c = 2.62$ m^{-1}. Determine the time and distance traveled by the bullet when $v = 122$ m/s.

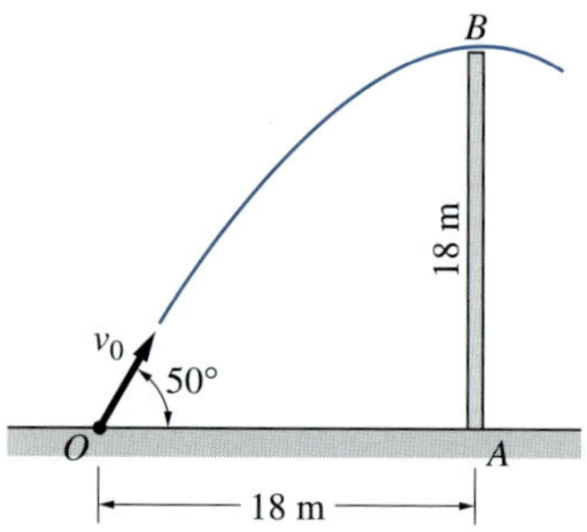

Figure P12.112

12.111 A train is traveling at 22.86 m/s when brakes are applied at time $t = 0$. The resulting velocity of the train is $v = 22.86e^{-0.05t}$ m/s, where t is in seconds. Determine the time and distance traveled when $v = 1.52$ m/s.

12.112 The projectile is launched at O with the velocity v_0 inclined at 50° to the horizontal. Determine the smallest value of v_0 for which the projectile will clear the wall AB. Neglect air resistance.

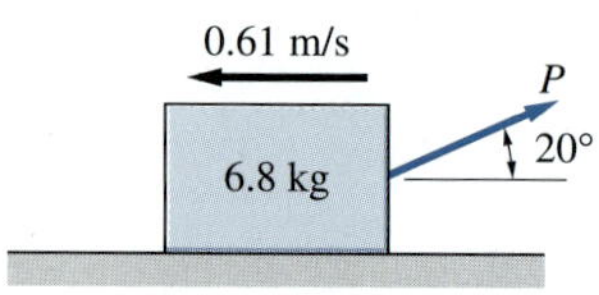

Figure P12.113

12.113 At the instant shown, the 6.8-kg block is sliding across the horizontal plane with a velocity of 0.61 m/s to the left. Find the force P that will give the block an acceleration of 9.15 m/s² to the right at this instant. The coefficient of kinetic friction between the block and the plane is 0.2.

12.114 A 1400-kg rocket is launched vertically from the surface of the earth. During the 20-second burn, the propulsive force F of the engine varies with time, as shown in the plot. Assuming that the gravitational acceleration and the mass of the rocket are constant, determine the elevation of the rocket at the end of the burn.

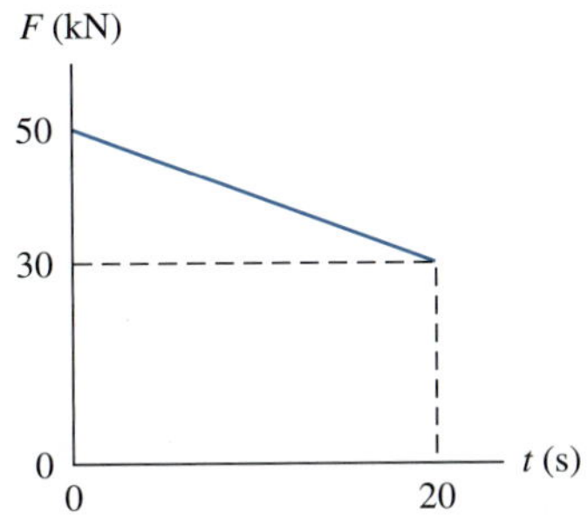

Figure P12.114

12.115 A 0.2-kg mass moves along the x-axis. The resultant of all the forces acting on the mass is $\mathbf{F} = -1.6e^{4x}\mathbf{i}$ N, where x is in meters. Knowing that $\mathbf{v} = 6\mathbf{i}$ m/s when $x = 0$, determine x when $v = 0$.

12.116 A 10-kg parcel is dropped from a height with no initial velocity. During the fall, the aerodynamic drag force acting on the parcel is $F_D = kv$, where k is a constant and v is the velocity. If the terminal velocity of the parcel is 60 m/s, determine (a) the value of k; and (b) the time when the velocity of the parcel reaches 59 m/s.

12.117 A skier arrives at the peak of the hill with the speed of 8 m/s directed at 30° to the horizontal. Determine the duration and the distance d of the ensuing jump. Neglect air resistance.

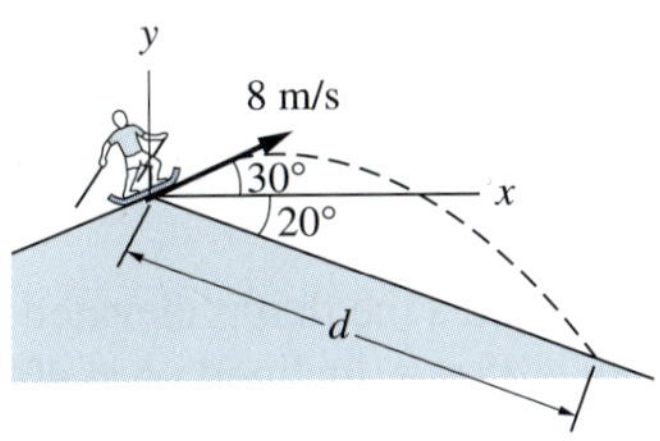

Figure P12.117

12.118 The free length of the spring that is attached to the 136-g slider is 76.2 mm. If the slider is released from rest when $x = 152.4$ mm, calculate its initial acceleration. Neglect friction.

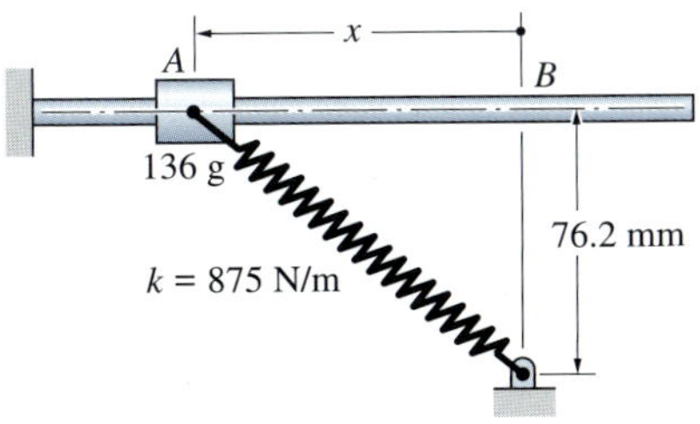

Figure P12.118

12.119 A particle follows the path shown in the figure. The description of motion is $x = b \sin \omega t$, $y = b \exp(-\omega t/2)$, where b and ω are constants. Determine the magnitude of the acceleration at (a) point A; and (b) point B.

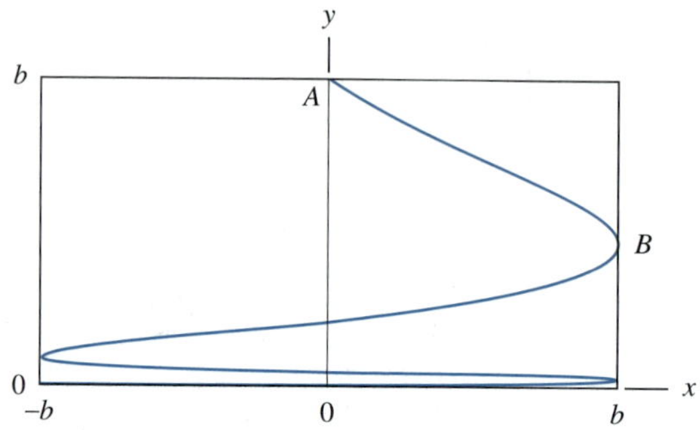

Figure P12.119

12.120 The rope ABC passes around the peg that is attached to the 356-N block. A constant vertical force of 89 N is applied to the end of the rope. The coefficient of kinetic friction between the block and the plane is 0.2. If the block has a velocity of 1.52 m/s to the left when $x = 1.83$ m, determine its acceleration in this position.

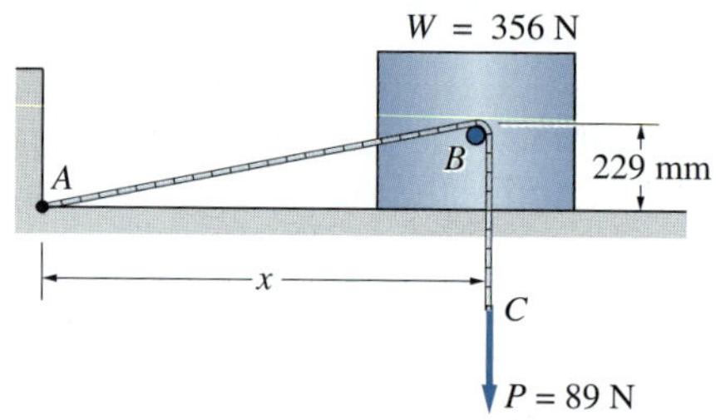

Figure P12.120

12.121 The golf ball is hit from a tee that is elevated 8 m above a level fairway. The initial velocity of the ball is 45 m/s, inclined up at 40° to the horizontal. Determine (a) the horizontal distance traveled by the ball; and (b) the speed of the ball when it hits the fairway. Neglect air resistance.

12.122 The mass m is released with zero velocity on top of an undeformed spring of stiffness k. Derive the expressions for (a) the maximum force in the spring; and (b) the maximum velocity of the mass.

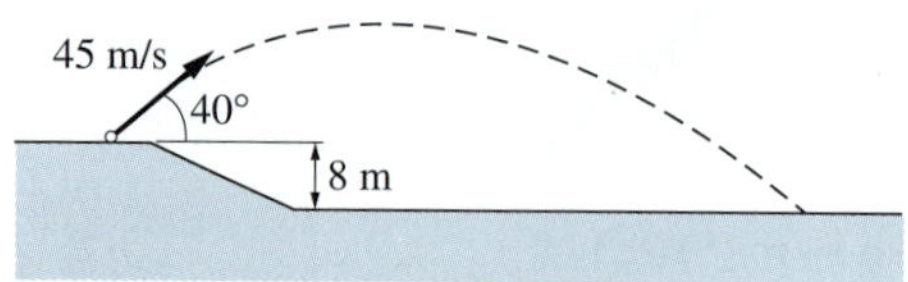

Figure P12.121

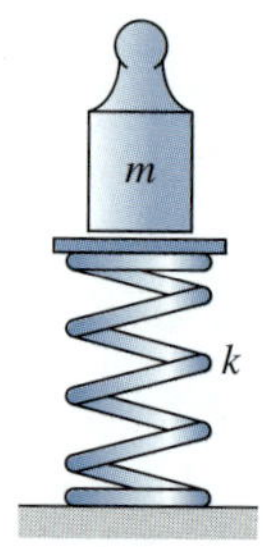

Figure P12.122

질점의 동역학: 곡선좌표계

Dynamics of a Particle: Curvilinear Coordinates

13

13.1 서론

12장의 서론에서 곡선좌표계(curvilinear coordinates)는 종종 직각좌표에 비해 질점의 운동을 보다 쉽게 나타낼 수 있다는 것을 설명하였다. 이 장에서는 곡선좌표계로서 경로좌표계(path coordinates)와 극좌표계(polar coordinates)에 대해 공부한다. 또한 극좌표계에 축방향 좌표 z가 추가된 원통좌표계(cylindrical coordinates)도 고려한다.

법선 및 접선좌표계(normal-tangential(n-t) coordinates)로도 알려져 있는 경로좌표계는 질점의 운동을 운동경로의 법선과 접선방향의 성분을 이용하여 설명한다. 이것은 예를 들어 곡선 주행도로에서의 자동차의 이동과 같이 만약 경로(path)가 미리 알려져 있다면, 곡선운동을 설명하기에 편리하고 매우 자연스러운 방법이다.

극좌표계 (R-θ)는 만약 운동 또는 운동을 지배하는 힘이 고정점으로부터 반경방향의 거리 R과 각도 θ에 의하여 구체화된다면 유용하다. 예를 들면 인공위성에 작용하는 중력이 지구 중심으로부터의 거리 R에 의존하기 때문에 인공위성의 궤도운동은 극좌표에 의해 가장 잘 설명된다.

13장은 두 부분으로 구성된다. 13장의 대부분을 차지하는 첫 번째 부분은 운동학(kinematics)에 집중된다. 왜냐하면 운동학은 주로 직각좌표보다 곡선좌

Germanskydiver/Shutterstock.com

직선도로를 주행하는 자동차의 가속도는 속력의 변화율에 의해 결정된다. 곡선도로에서의 가속도는 속도의 방향이 변하는 비율에 따라서도 영향을 받는다. 이것은 예제 13.1에 형상화되어 있다.

표에 더욱 관련이 있기 때문이고, 그것은 또한 13장에서 가장 중요한 주제이다. 나머지 부분은 질점의 운동역학(kinetics)에 관한 것으로, 앞 장에서 다룬 내용과 크게 다르지 않다.

13.2 운동학: 경로(법선 및 접선)좌표계

13.2a 평면운동

1. 기하학적 사전준비 그림 13.1은 xy 평면 내에서 운동하는 질점의 경로를 나타낸다. 질점의 위치는 고정된 기준점으로부터 경로를 따라 측정된 거리인 **경로좌표**(path coordinate) s에 의해 설명된다. 질점이 미소한 시간 간격 dt 동안에 A에서 B까지 이동할 때, 질점은 반경 ρ와 미소길이 ds의 원호를 따라간다. 이 질점에 대응하는 변위는 $d\mathbf{r}$이고, 크기는 $|d\mathbf{r}| = ds$이다. 그림 13.1로부터 $ds = \rho\, d\theta$의 유용한 관계가 얻어지고, 이를 dt로 나누면 다음과 같이 된다.

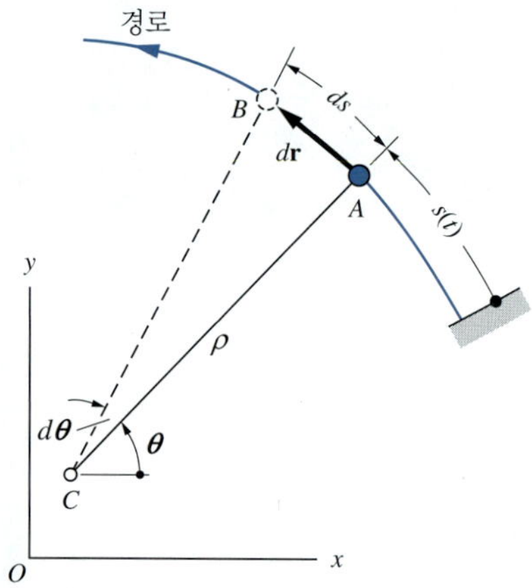

그림 13.1

$$\dot{s} = \rho\dot{\theta} \tag{13.1}$$

여기서 각도 θ의 단위는 라디안(radian)이다.

반경 ρ는 A점에서 경로의 **곡률반경**(radius of curvature)이다. 만약 경로의 식이 알려져 있다면, 경로의 곡률반경은 다음 식으로부터 계산할 수 있다.

$$\rho = \frac{\left[1 + \left(\dfrac{dy}{dx}\right)^2\right]^{3/2}}{\left|\dfrac{d^2y}{dx^2}\right|} = \frac{\left[1 + \left(\dfrac{dx}{dy}\right)^2\right]^{3/2}}{\left|\dfrac{d^2x}{dy^2}\right|}$$

이 식에서 x 또는 y 중의 하나는 독립변수로 취급할 수 있는 것에 주목한다. ρ의 역수, 즉 $1/\rho$은 경로의 **곡률**(curvature)로서 알려져 있다.

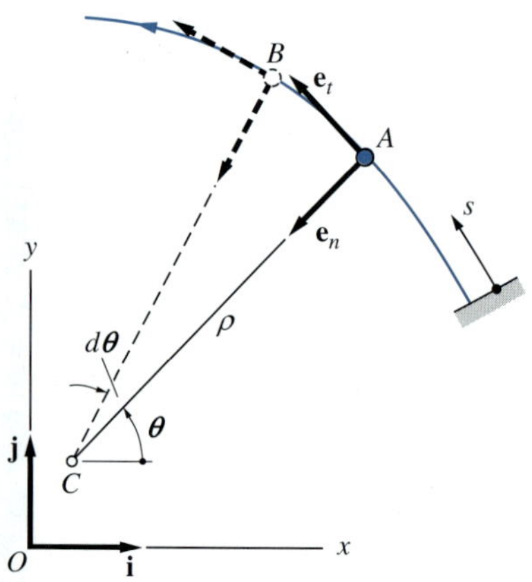

그림 13.2

경로 위의 점 A와 관련된 **기초벡터**(base vector) $\mathbf{e}_n$과 $\mathbf{e}_t$는 그림 13.2에 나타나 있다. 직각좌표계에서의 기초벡터 $\mathbf{i}$와 $\mathbf{j}$와 같이 $\mathbf{e}_n$과 $\mathbf{e}_t$는 단위 크기로 서로 수직이고, 속도와 가속도벡터에 대한 기준(base)으로 사용된다. 그러나 $\mathbf{e}_n$과 $\mathbf{e}_t$의 방향은 고정되어 있지 않고, 질점 A의 위치에 따라서 변화한다. 즉, $\mathbf{e}_t$는 A에서 경로의 접선이고, s가 증가하는 방향을 향하며, 반면에 $\mathbf{e}_n$은 경로에 수직이며, 곡률 C의 중심으로 향하는 방향이다. 그림 13.2는 질점이 A점에서 B점으로 이동할 때, 기초벡터가 어떻게 방향이 변화하는지를 보여준다. 통상적으로 $\mathbf{e}_n$을 **단위법선**(unit normal), $\mathbf{e}_t$를 **단위접선**(unit tangent)이라 부른다.

다른 유용한 식은 그림 13.1과 13.2로부터 유도할 수 있다. $d\mathbf{r}$은 A점에서의 경로에 접선방향이고, ds의 크기를 가지는 것에 주목하면, $d\mathbf{r} = \mathbf{e}_t\, ds$로 쓸 수 있다. 결국 $\mathbf{e}_t$는 다음과 같이 구할 수 있다.

$$\mathbf{e}_t = \frac{d\mathbf{r}}{ds} \tag{13.2}$$

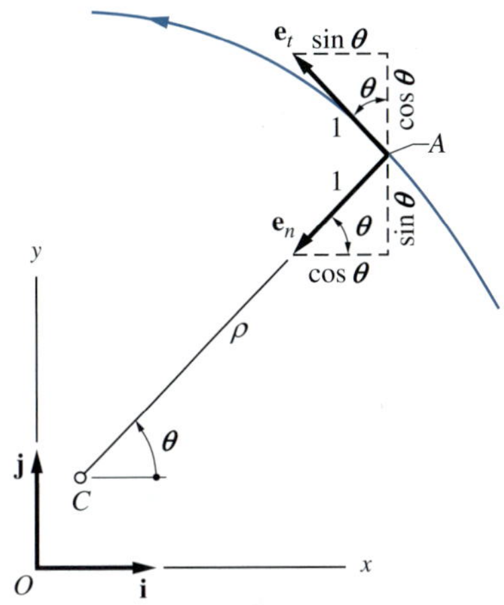

그림 13.3

2. 기초벡터의 도함수 $\mathbf{e}_n$과 $\mathbf{e}_t$의 방향은 질점의 위치에 따라 변화하기 때문에, $\mathbf{e}_n$과 $\mathbf{e}_t$의 시간에 대한 도함수(derivative)는 0이 아니다. 도함수를 얻기 위해, 먼저 직각좌표 성분으로 기초벡터를 표현한다. 그림 13.3을 이용하면, 경로좌표의 기초벡터와 직각좌표의 기초벡터 사이에는 다음의 관계식이 얻어진다.

$$\mathbf{e}_t = -\sin\theta\mathbf{i} + \cos\theta\mathbf{j} \qquad \mathbf{e}_n = -\cos\theta\mathbf{i} - \sin\theta\mathbf{j} \tag{13.3}$$

위 식을 시간에 대하여 미분하고, $d\mathbf{i}/dt = d\mathbf{j}/dt = \mathbf{0}$인 것에 주목하면 다음 식이 얻어진다.

$$\dot{\mathbf{e}}_t = (-\cos\theta\mathbf{i} - \sin\theta\mathbf{j})\dot{\theta} \qquad \dot{\mathbf{e}}_n = (\sin\theta\mathbf{i} - \cos\theta\mathbf{j})\dot{\theta}$$

식 (13.3)과 비교하면, 위 식은 다음과 같은 식을 얻을 수 있다.

$$\dot{\mathbf{e}}_t = \dot{\theta}\mathbf{e}_n \qquad \dot{\mathbf{e}}_n = -\dot{\theta}\mathbf{e}_t \tag{13.4}$$

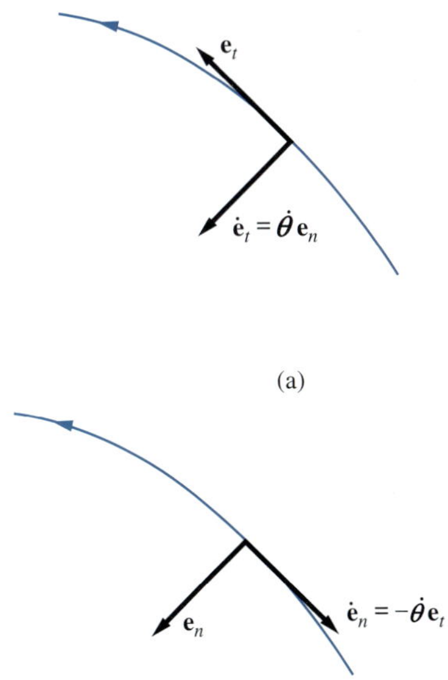

그림 13.4

기초벡터와 이들의 도함수를 그림 13.4에 나타내었다. 각 기초벡터와 이들의 도함수는 서로 수직이고, 단지 벡터의 방향만이 변화한다. (반면에 벡터의 크기 변화는 벡터와 평행하다.)

3. 속도와 가속도 먼저 속도의 정의는 $\mathbf{v} = d\mathbf{r}/dt$이고, 여기서 $\mathbf{r}$은 질점의 위치벡터이다. 미분의 연쇄법칙(chain rule)과 식 (13.2)를 이용하면, 속도는 $\mathbf{v} = (d\mathbf{r}/ds)(ds/dt) = \mathbf{e}_t\,(ds/dt)$, 또는 다음과 같이 나타낼 수 있다.

$$\mathbf{v} = v\mathbf{e}_t \tag{13.5}$$

여기서 속도의 크기는

$$v = \dot{s} \tag{13.6}$$

이고, 속력(speed)이라 부른다. 식 (13.5)는 속도가 항상 $\mathbf{e}_t$의 방향으로 경로에 대하여 접선방향인 것을 나타낸다.

질점의 가속도는 식 (13.4)의 관계를 이용하여 속도를 미분함으로서 다음과 같이 얻어진다.

$$\mathbf{a} = \frac{d\mathbf{v}}{dt} = \frac{d}{dt}(v\mathbf{e}_t) = \dot{v}\mathbf{e}_t + v\dot{\mathbf{e}}_t = \dot{v}\mathbf{e}_t + v\dot{\theta}\mathbf{e}_n$$

식 (13.1)에서 얻어지는 $\dot{\theta} = \dot{s}/\rho = v/\rho$의 관계를 상기 식에 대입함으로써, 마지막 항에서 $\dot{\theta}$를 소거할 수 있고, 그 결과는 다음 식과 같다.

$$\mathbf{a} = a_t\mathbf{e}_t + a_n\mathbf{e}_n \tag{13.7}$$

여기서 가속도의 법선 및 접선성분은 식 (13.8)과 같다.

$$a_n = \frac{v^2}{\rho} \qquad a_t = \dot{v} \tag{13.8}$$

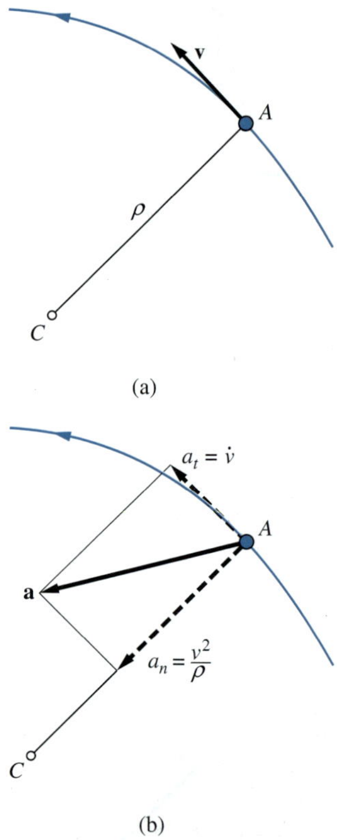

그림 13.5

때때로 a_t의 표현식에서 시간을 소거하는 것이 유리한 경우가 있다. 미분의 연쇄법칙을 이용하면 가속도의 접선성분은 $a_t = dv/dt = (dv/ds) \times (ds/dt)$ 또는

$$a_t = v\frac{dv}{ds} \tag{13.9}$$

로 쓸 수 있고, 식 (13.9)는 직선운동에서의 $a = v\,dv/ds$와 유사하다. 그러나 직선운동에서 a는 가속도의 크기인 반면에, 식 (13.9)에서 a_t는 가속도의 접선성분의 크기를 나타낸다는 점에 주의해야 한다.

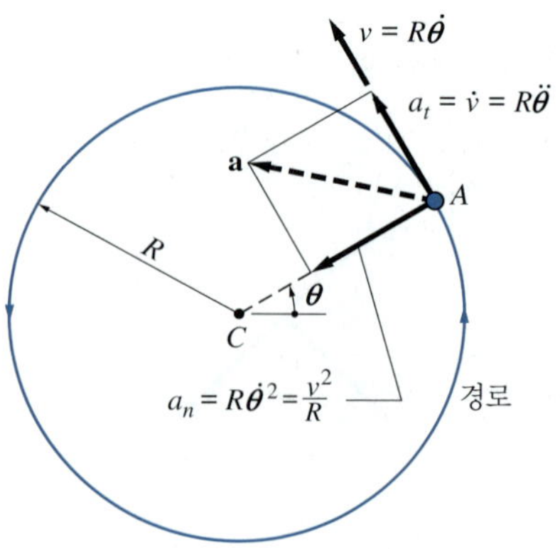

그림 13.6

속도벡터와 가속도벡터를 그림 13.5에 나타내었다. 접선가속도 a_t는 질점 속도의 크기인 속력의 변화에 기인하는 것이 명백하다. 만약 속력이 증가한다면 $\mathbf{a}_t$는 속도와 같은 방향을 가지고, 반면에 속력이 감소한다면 $\mathbf{a}_t$와 속도는 반대방향이 될 것이다. 만약 속력이 일정하다면, $a_t = 0$이다.

법선가속도 a_n은 종종 **구심가속도**(centripetal acceleration)라 불리고, 속도의 방향 변화에 기인하여 발생한다. $\mathbf{a}_n$은 항상 경로의 곡률중심을 향하는 방향을 가진다. 만약 경로가 직선이라면 $(1/\rho = 0)$, $a_n = 0$이다.

주의 다음의 세 가지 식을 혼동해서는 안 된다.

- $\mathbf{a} = d\mathbf{v}/dt$: 가속도의 정의
- $a = dv/dt$: 직선운동에서 가속도의 크기
- $a_t = dv/dt$: 평면 곡선운동에서 가속도의 접선성분 크기

항상 아래첨자를 포함하고, 스칼라와 벡터에 대하여 다른 표기방법(notation)을 사용하는 등의 표기방법에 주의하여 사용함으로써 이와 같은 혼동을 피할 수 있다.

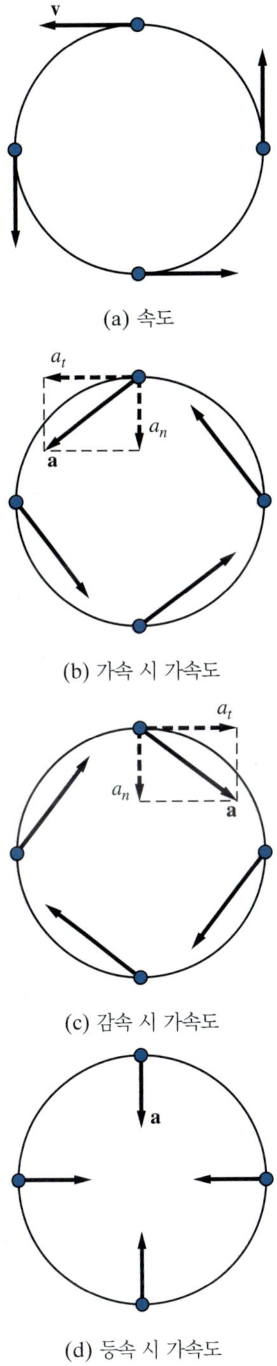

(a) 속도
(b) 가속 시 가속도
(c) 감속 시 가속도
(d) 등속 시 가속도
그림 13.7

4. 원의 경로를 따르는 운동 곡선운동의 특별한 경우인 원의 경로는 동역학, 특히 강체의 운동학에서 중요한 역할을 차지하고 있다. 그림 13.6에 보는 바와 같이 만약 경로의 반경이 R이라면, 곡률반경은 $\rho = R$로 일정하므로 식 (13.1)은 $\dot{s} = R\dot{\theta}$ 또는 다음 식과 같다.

$$v = R\dot{\theta} \tag{13.10}$$

이것을 식 (13.8)에 대입하면, 다음 식이 얻어진다.

$$a_n = \frac{v^2}{R} = R\dot{\theta}^2 \qquad a_t = \dot{v} = R\ddot{\theta} \tag{13.11}$$

여기서 $\dot{\theta}$와 $\ddot{\theta}$는 각각 직선 AC의 각속도(angular velocity)와 각가속도(angular acceleration)를 나타낸다.

그림 13.7은 질점이 원의 주위를 시계반대방향으로 이동할 때, 가속도벡터의 방향이 어떻게 변화하는가를 나타내고 있다. 이전에도 지적하였듯이 속도는 그림 13.7(a)에 보이는 것과 같이 항상 경로의 접선방향이다. 그림 13.7(b)에서 $\dot{v}$가 양(+)이 되도록 속력은 증가하는 것으로 가정하면, a_t는 항상 양이고, $\mathbf{a}_t$는 $\mathbf{v}$와 같은 방향이다. 항상 $\mathbf{a}_n$은 원의 중심방향을 향한다.

그림 13.7(c)에서와 같이 속력이 감소한다면, $\dot{v}$는 음(−)이 된다. 현재 a_t가 음이기 때문에, $\mathbf{a}_t$와 $\mathbf{v}$는 서로 반대방향이 된다. 반면 $\mathbf{a}_n$은 여전히 원의 중심을 향하고 있다.

그림 13.7(d)에서 속력이 일정하다($\dot{v} = 0$). 따라서 $a_t = 0$이 되고, 가속도 벡터는 원의 중심을 향한다.

13.2b 공간운동

경로좌표를 이용한 3차원 질점운동의 설명은 이 책의 범위를 벗어나는 공간 곡선의 기하학에 관한 지식을 필요로 한다. 속도와 가속도에 대한 식 (13.5)에서 식

(13.9)는 3차원 운동의 경우에도 역시 사용할 수 있다.* 그러나 공간운동에서 운동의 평면(plane)은 질점의 위치와 함께 연속적으로 변화한다.

그림 13.8은 시간 t에서 점 A에 있는 질점을 나타낸다. 단위 접선벡터는 $\mathbf{e}_t = d\mathbf{r}/ds$이고, 단위 법선벡터('principal normal'이라 한다)는 $\mathbf{e}_n = \rho\, d^2\mathbf{r}/ds^2$이다. 여기서 $\rho = 1/|d^2\mathbf{r}/ds^2|$는 원호 ds의 곡률반경이다. 제3의 단위벡터로는 이중법선(binormal)이라 불리는 $\mathbf{e}_b$가 주로 사용되고, 3개의 단위벡터는 right-handed triad, 즉 $\mathbf{e}_b = \mathbf{e}_t \times \mathbf{e}_n$을 형성한다. $\mathbf{e}_t$와 $\mathbf{e}_n$에 의해 이루어지는 평면을 접촉평면(osculating plane)이라 부른다(라틴어로 "입 맞추다"는 의미의 *osculari*에서 유래). 2차원 운동의 경우, 접촉평면은 공간에서 고정되어 있고, 운동평면이다. 3차원 운동의 경우, 접촉평면의 방향(orientation)은 질점이 경로를 따라 이동할 때 연속적으로 변화한다. 기하학적으로 매우 복잡하기 때문에, 경로좌표는 3차원 운동에서 제한적으로 이용된다.

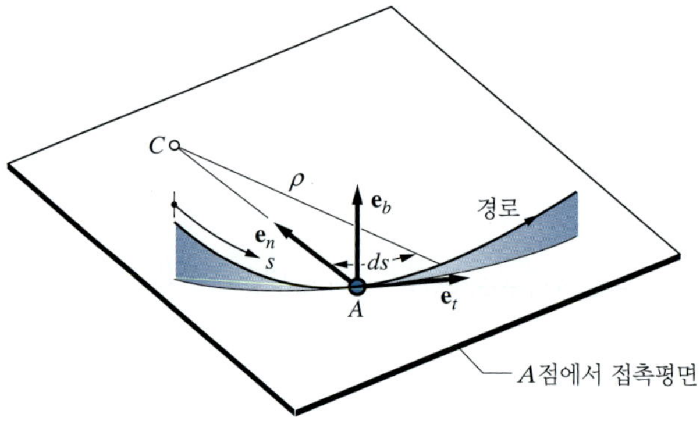

그림 13.8

* *Principles of Dynamics,* Donald T. Greenwood, Prentice Hall, 1988 참조.

예제 13.1

그림 (a)에 보이는 길이 2 m의 봉과 x축 사이의 각이 $\theta(t) = 0.3t^3 - 1.6t + 3$ rad에 따라 변화한다. 여기서 t는 시간(sec)이다. $t = 2$ s일 때, (1) 봉의 끝점 A의 속도와 가속도의 크기를 구하라. (2) 점 A의 속도와 가속도벡터를 봉에 표시하라.

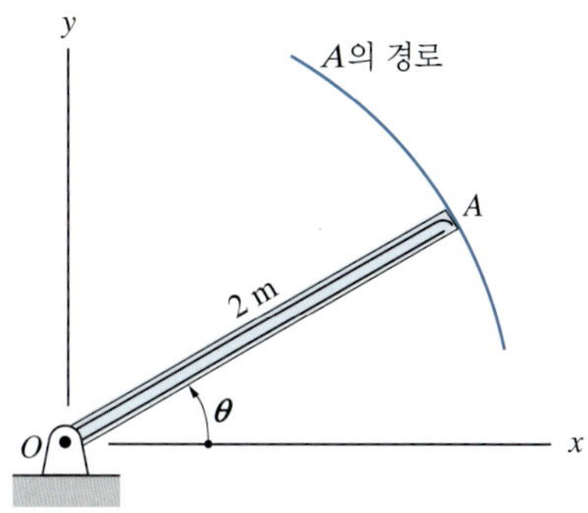

(a)

풀이

문항 1

A의 경로는 O점이 중심이고, 반경 $R = 2$ m인 원이기 때문에 법선과 접선성분을 이용하는 것이 편리하다.

봉의 각속도와 각가속도는 각각 $\dot{\theta} = 0.9t^2 - 1.6$ rad/s와 $\ddot{\theta} = 1.8t$ rad/s^{2}이다. $t = 2$ s에서 다음 식을 얻는다.

$$\dot{\theta}|_{t=2\text{s}} = 0.9(2)^2 - 1.6 = 2.00 \text{ rad/s}$$
$$\ddot{\theta}|_{t=2\text{s}} = 1.8(2) = 3.60 \text{ rad/s}^2$$

$\dot{\theta}$와 $\ddot{\theta}$는 양(+)이기 때문에, 이들의 방향은 θ에 대한 양의 방향과 동일한 시계반대 방향이다.

식 (13.10)으로부터, A의 속도 크기 v는 다음과 같이 구해진다.

$$v = R\dot{\theta} = 2(2.00) = 4.00 \text{ m/s}$$ 답

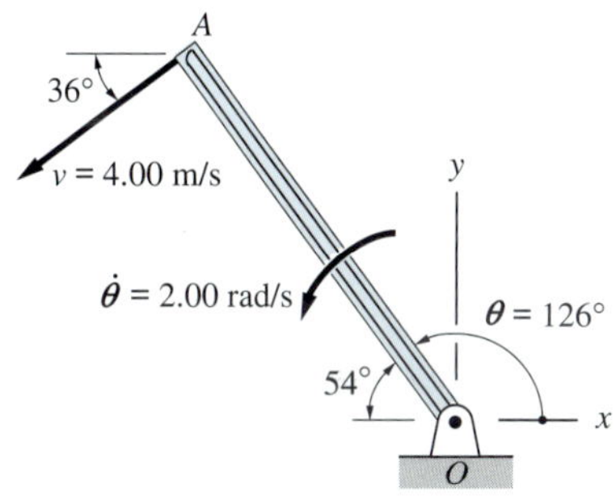

(b)

A의 가속도의 법선과 접선성분은 식 (13.11)을 이용하면

$$a_n = R\dot{\theta}^2 = 2(2.00)^2 = 8.00 \text{ m/s}^2$$
$$a_t = R\ddot{\theta} = 2(3.60) = 7.20 \text{ m/s}^2$$

이다. 따라서 A의 가속도 크기는

$$a = \sqrt{a_n^2 + a_t^2} = \sqrt{(8.00)^2 + (7.20)^2} = 10.76 \text{ m/s}^2$$ 답

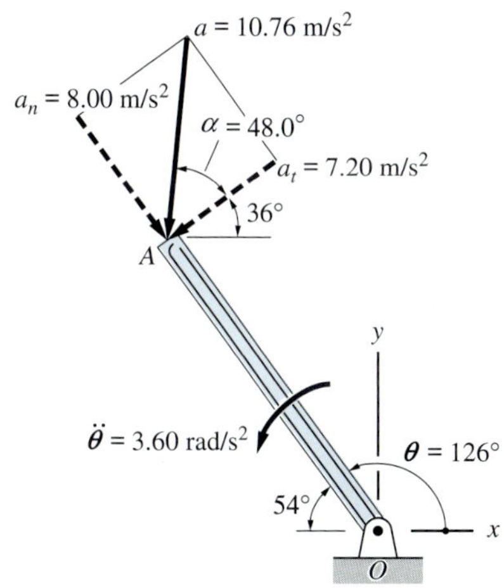

(c)

문항 2

$t = 2$ s를 $\theta(t)$에 관한 식에 대입하면, $t = 2$ s에서 봉의 각위치는 다음과 같다.

$$\theta|_{t=2\text{s}} = 0.3(2)^3 - 1.6(2) + 3 = 2.20 \text{ rad} = 126°$$

끝점 A의 속도벡터를 그림 (b)에 나타내었다. (문항 1)에서 계산하였듯이 $\mathbf{v}$의 크기는 4.00 m/s이며, 벡터는 원의 경로에 접선방향이고 방향은 $\dot{\theta}$의 방향과 일치한다.

그림 (c)는 (문항 1)에서 구한 가속도벡터의 법선과 접선성분의 방향을 나타낸다. $\mathbf{a}_n$은 경로에 수직이고, 중심점 O를 향하고 있다. $\mathbf{a}_t$의 방향은 경로에 접선방향이고, $\ddot{\theta}$에 대한 방향과 일치한다. 가속도벡터의 크기 10.76 m/s^{2}은 또한 그림 (c)에 나타나 있고, $\mathbf{a}$와 $\mathbf{a}_t$ 사이의 각은 다음과 같다.

$$\alpha = \tan^{-1}\frac{a_n}{a_t} = \tan^{-1}\frac{8.00}{7.20} = 48.0°$$

예제 13.2

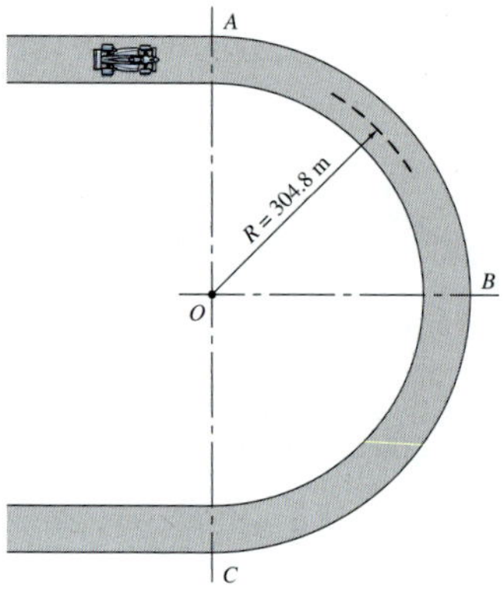

(a)

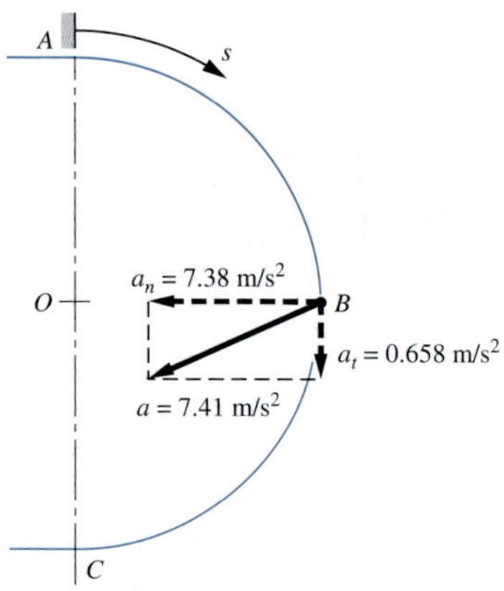

(b)

그림 (a)에 나타낸 경주용 자동차는 점 A의 반원곡선에 진입할 때 144 km/h로 이동한다. 운전자는 일정한 비율로 속력을 증가시키고, 192 km/h로 점 C의 곡선을 빠져나간다. 자동차가 B에 있을 때의 가속도를 구하라.

풀이

경주용 자동차는 원의 경로를 따라 이동하기 때문에 경로좌표를 이용하여 운동을 설명하는 것이 편리하다. 그림 (b)에 나타내었듯이 A에서 C로 향하는 경로를 따라 측정된 거리를 s라 하자.

속력이 일정한 비율로 증가하기 때문에 가속도의 접선성분 크기는 A와 C 사이에서 일정하다. 따라서 $a_t\,ds = v\,dv$의 적분은 다음과 같이 된다.

$$\frac{v^2}{2} = a_t s + C \tag{a}$$

여기서 C는 적분상수이다. 2개의 상수 a_t와 C는 운동에 대한 다음의 2개의 조건을 이용하여 구할 수 있다.

1. A에서: $s = 0$, $v = 40.23$ m/s
2. C에서: $s = \pi R = 304.8\pi$ m, $v = 53.65$ m/s

조건 **1**을 식 (a)에 대입하면,

$$\frac{(40.23)^2}{2} = 0 + C$$

상기 식으로부터 적분상수는

$$C = 809.2\ (\text{m/s})^2 \tag{b}$$

조건 **2**와 C값을 식 (a)에 대입하면,

$$\frac{(53.65)^2}{2} = a_t(304.8\pi) + 809.2$$

위 식을 a_t에 대하여 풀면

$$a_t = 0.658\ \text{m/s}^2 \tag{c}$$

그림 (b)에 나타내었듯이 a_t의 방향은 B점에서 아래쪽, 즉 속력이 증가하는 방향이다.

C와 a_t의 값을 식 (a)에 대입하고, 속력 v와 거리 s 사이의 관계에 의해 다음 식을 얻는다.

$$\frac{v^2}{2} = 0.658\,s + 809.2 \tag{d}$$

B점에서 자동차의 속력을 계산하기 위해, $s = \pi R/2 = 152.4\pi$ m를 식 (d)에 대입하면, 그 결과는 다음과 같다.

$$\frac{v^2}{2} = 0.658(152.4\pi) + 809.2$$
$$v = 47.42\ \text{m/s}$$

식 (13.11)로부터 B점에서의 가속도의 법선성분은

$$a_n = \frac{v^2}{R} = \frac{(47.42)^2}{304.8} = 7.38\ \text{m/s}^2$$

이고, 그림 (b)에 나타내었듯이, 경로의 곡률중심(O점)을 향하는 방향이다.

B점에서 가속도벡터의 크기는

$$a = \sqrt{(7.38)^2 + (0.658)^2} = 7.41\ \text{m/s}^2$$ **답**

이고, 그림 (b)에 나타낸 방향을 가진다.

예제 13.3

유연한 벨트가 반경이 다른 2개의 풀리(pulley) 주위를 이동한다. 그림의 순간에 벨트 위의 C점은 그림에 나타낸 방향으로 5 m/s의 속도와 50 m/s²의 가속도를 가진다. 이 순간에 벨트 위의 A점과 B점의 가속도 크기를 계산하라.

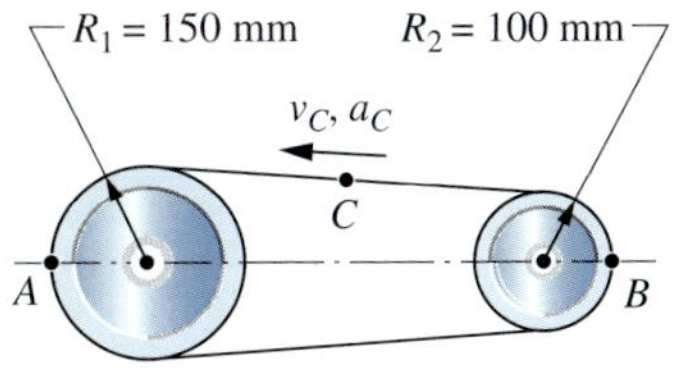

풀이

벨트는 늘어나지 않는다고 가정하면, 다음과 같은 결론을 얻는다.

1. 벨트 위의 모든 점은 같은 속력을 가진다. 즉, $v_A = v_B = v_C = 5$ m/s이다.
2. 벨트 위의 모든 점에서 속력의 변화율(dv/dt)은 동일하다. 따라서 $(a_A)_t = (a_B)_t = a_C = 50$ m/s^{2}이다.

*A*점의 경우

$$(a_A)_n = \frac{v_A^2}{R_1} = \frac{(5)^2}{0.150} = 166.67 \text{ m/s}^2$$

$$a_A = \sqrt{(a_A)_n^2 + (a_A)_t^2} = \sqrt{(166.67)^2 + (50)^2} = 174.0 \text{ m/s}^2$$ 답

*B*점의 경우

$$(a_B)_n = \frac{v_B^2}{R_2} = \frac{(5)^2}{0.100} = 250.0 \text{ m/s}^2$$

$$a_B = \sqrt{(a_B)_n^2 + (a_B)_t^2} = \sqrt{(250.0)^2 + (50)^2} = 255 \text{ m/s}^2$$ 답

예제 13.4

그림 (a)의 트롤리(trolley)가 포물선의 궤도를 따라 64 km/h의 일정한 속력으로 이동한다. 포물선의 방정식은 $x^2 = 152.4y$이며, 여기서 x와 y는 m 단위이다. 트롤리가 (1) O점에 있을 때의 가속도와 (2) A점에 있을 때의 가속도를 각각 구하라.

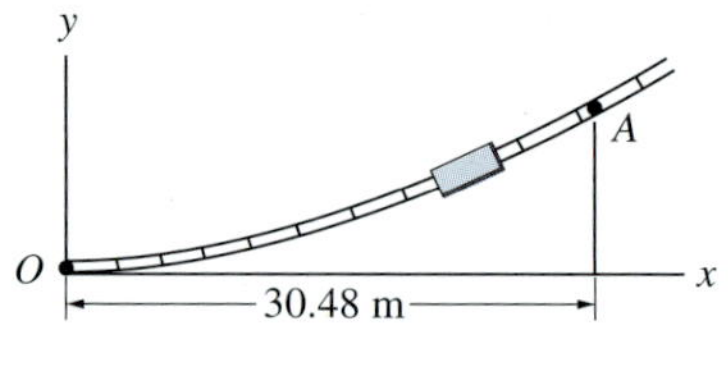

(a)

풀이

사전 검토

트롤리의 속력이 일정하기 때문에, 가속도의 접선성분은 궤도의 모든 점에서 0이다. 따라서 가속도는 단지 법선성분만을 가지며 식 (13.8)로 다음과 같이 계산할 수 있다.

$$|\mathbf{a}| = a_n = \frac{v^2}{\rho} \tag{a}$$

여기서 ρ는 트롤리 위치에서 궤도의 곡률반경을 의미한다. a_n은 궤도의 곡률중심을 향하는 것을 상기하자.

좌표가 x와 y인 임의의 점에서 곡률반경은 다음과 같이 계산된다.

$$\rho = \frac{\left[1 + \left(\dfrac{dy}{dx}\right)^2\right]^{3/2}}{\left(\dfrac{d^2y}{dx^2}\right)} \tag{b}$$

포물선 ($x^2 = 152.4\,y$)를 x에 대해 연속적으로 미분하면 다음과 같다.

$$\frac{dy}{dx} = \frac{x}{76.2} \qquad \frac{d^2y}{dx^2} = \frac{1}{76.2} \tag{c}$$

식 (c)를 식 (b)에 대입하면, 궤도의 곡률반경을 계산할 수 있다.

$$\rho = 76.2\left[1 + (x/76.2)^2\right]^{3/2} \text{ m} \tag{d}$$

트롤리의 속도를 km/h에서 m/s로 바꾸면 아래와 같다.

$$v = 64 \text{ km/h} = \frac{64 \times 10^3}{3600} = 17.78 \text{ m/s} \tag{e}$$

문항 1

식 (d)를 사용하면 O점($x_O = 0$)에서 곡률반경은 다음과 같다.

$$\rho_O = 76.2\left[1 + (0/76.2)^2\right]^{3/2} = 76.2 \text{ m}$$

따라서 식 (a)에서 가속도의 법선성분은 아래와 같이 계산된다.

$$(a_n)_O = \frac{v^2}{\rho_O} = \frac{(17.78)^2}{76.2} = 4.2 \text{ m/s}^2$$ 답

O점에서 궤도의 접선은 x축과 일치하는 것에 주목하자. 따라서 $(a_n)_O$은 그림 (b)에서 보듯이 궤도의 곡률중심을 향하고 있는 y축에 놓여 있다.

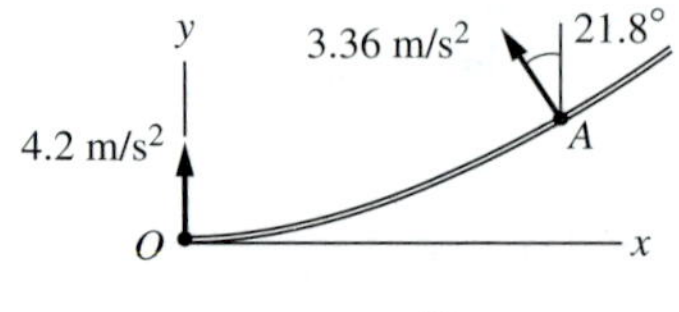

(b)

문항 2

식 (d)를 사용하면, A점(x_A = 30.48 m)에서 곡률반경은 다음과 같다.

$$\rho_A = 76.2\left[1 + (30.48/76.2)^2\right]^{3/2} = 95.2 \text{ m}$$

따라서 가속도의 접선성분은 다음과 같다.

$$(a_n)_A = \frac{v^2}{\rho_A} = \frac{(17.78)^2}{95.2} = 3.36 \text{ m/s}^2$$ 답

식 (c)의 첫 번째 식을 이용하면, A점에서 궤도의 경사는 다음과 같다.

$$\left(\frac{dy}{dx}\right)_A = \frac{x_A}{76.2} = \frac{30.48}{76.2} = 0.4 \text{ rad} = 21.8°$$

따라서 $(a_n)_A$는 그림 (b)에서와 같이 궤도의 수직한 방향 즉 곡률중심을 향한다.

연습문제

13.1 자동차가 S자 곡선의 AB 부분을 일정한 속력으로, BC 부분을 감속, CD 부분을 가속하여 달리고 있다. 5개의 지정된 각 점의 대략적인 가속도벡터의 방향을 나타내라.

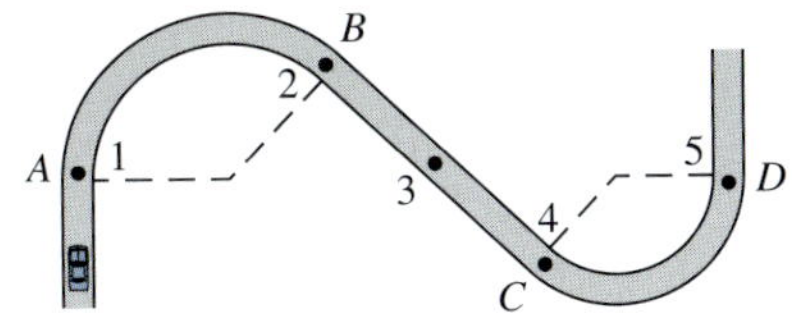

그림 P13.1

13.2 자동차가 반경 200 m인 곡선을 0.8 m/s^2 비율로 속력을 올리며 주행하고 있다. 어떤 순간에 총가속도의 크기는 1.5 m/s^{2}으로 관측되었다. 이 순간에 자동차의 속력은 몇 km/h인가?

13.3 로켓이 지표면에 근접하여 동력비행(powered flight)을 하고 있다. 로켓의 속력이 그림과 같이 244 m/s일 때, 경로의 곡률반경을 구하라. 로켓의 가속도는 로켓의 추진에 의한 가속도와 중력에 의한 가속도의 구성요소로 이루어지는 것에 주목하라.

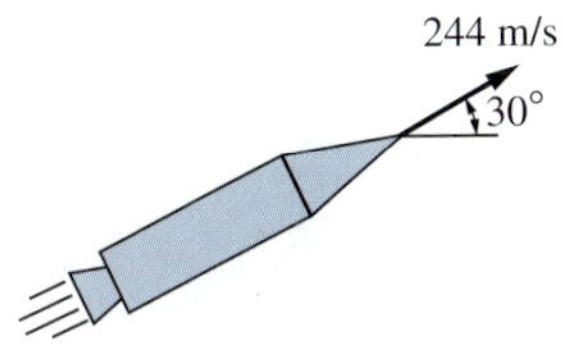

그림 P13.3

13.4 자동차가 도로의 파인 부분을 일정한 속력으로 통과하고 있다. 파인 부분의 바닥인 점 A에서 도로의 곡률반경은 457 m이다. 점 A에서 자동차가 받는 가속도의 크기가 $0.25g$라면 자동차의 속력을 km/h로 구하라.

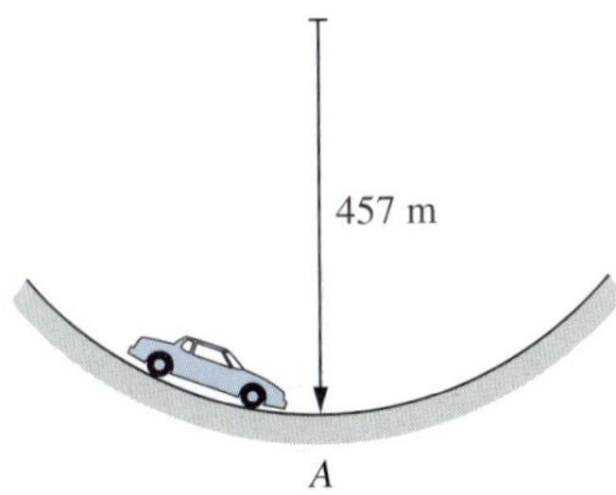

그림 P13.4

13.5 점 A에서 초기속도 v_A로 볼을 수평에 대해 각도 θ로 발사한다. 볼의 경로에서 가장 높은 점 B에서 곡률반경을 유도하라.

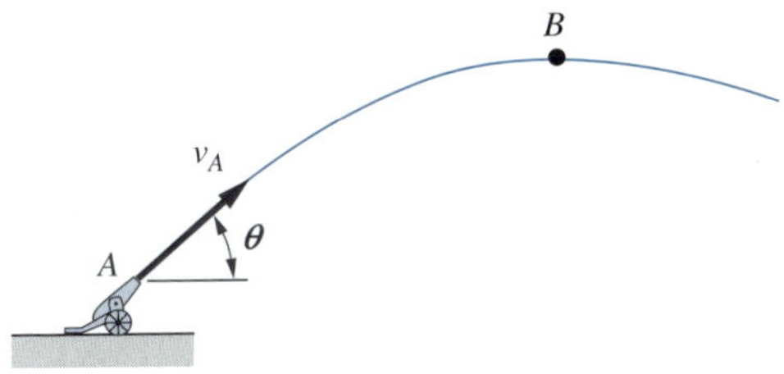

그림 P13.5

13.6 질점이 반경 $R = 0.61$ m인 원의 주위를 따라 이동한다. 정지 상태에서 점 A로부터 출발한 질점의 속력은 일정한 비율로 증가된다. 질점은 점 B에 도착했을 때, 속력이 1.52 m/s가 되었다. 점 B에서 질점의 가속도 크기를 결정하라.

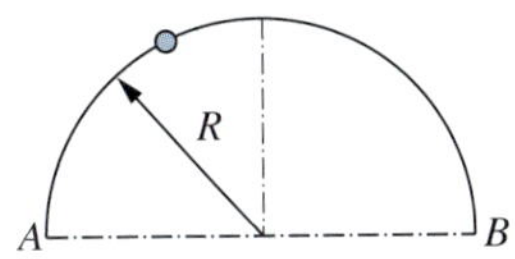

그림 P13.6

13.7 질점이 그림과 같은 곡선을 따라 일정한 속도, 2 m/s로 이동한다. 점 A, B, C에서의 질점의 가속도의 크기를 각각 결정하라.

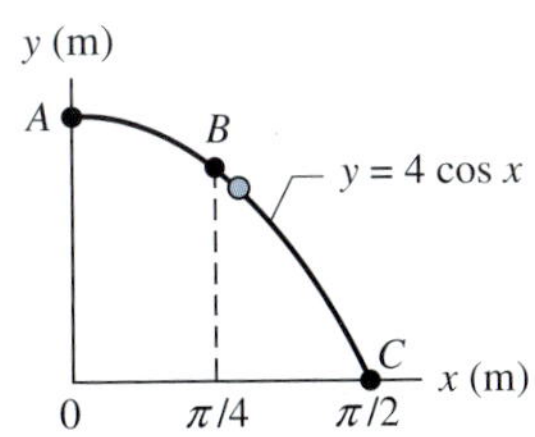

그림 P13.7

13.8 질점이 점 O로부터 점 B까지 평면곡선을 따라 이동한다. O와 B 사이의 경로길이는 80 m이다. 가속도의 접선성분은 $a_t = 1.27s$ mm/s^{2}이고, 여기서 s는 점 O로부터 mm로 측정된 경로좌표이다. O에서 질점의 속력은 508 mm/s이고, B에서 경로의 곡률반경은 3.05 m이다. B에서 질점의 가속도 크기를 구하라.

13.9 질점은 2.44 m/s의 속력으로 점 O를 통과한다. O와 B 사이에서 속력은 $2.21\sqrt{v}$ m/s^{2}의 비율로 증가한다. 여기서 v는 속력(m/s)이다. (a) 질점이 점 A의 바로 왼쪽에 있을 때의 가속도의 크기를 구하라. (b) 질점이 점 A의 바로 오른쪽에 있을 때의 가속도의 크기를 구하라.

13.10 소방호스가 릴(reel)로부터 450 mm/s의 일정 속도로 풀리고 있다. 얼레의 가

장자리(rim)인 점 A의 법선가속도 성분을 다음의 경우에 대해 구하라. (a) 그림에 보이는 순간, (b) 거의 모든 호스가 얼레에서 풀렸을 때

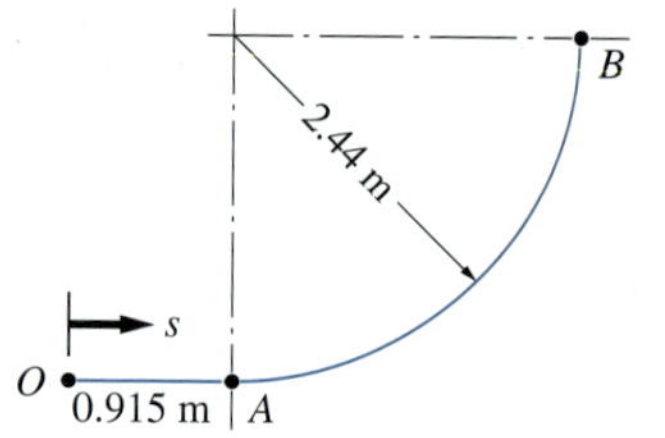

그림 P13.9

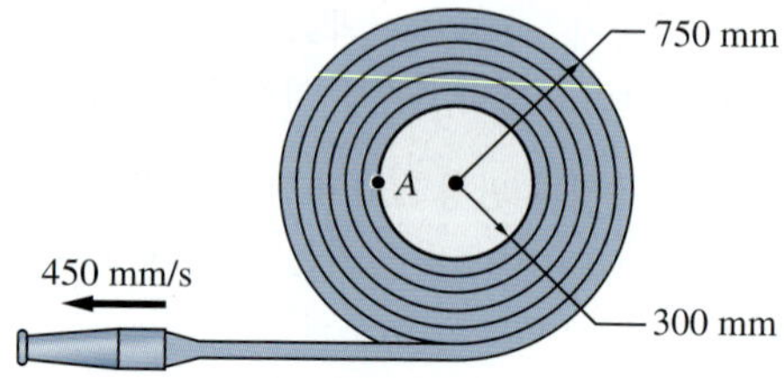

그림 P13.10

13.11 풀리(pulley) A가 자동차용 엔진의 크랭크축에 부착되어 있다. 크랭크축이 2000 rev/min의 일정 각속도로 회전한다면, V 벨트가 3개의 풀리를 돌 때 가속도는 벨트의 어느 점에서 최대가 된다. 최대 가속도를 구하라.

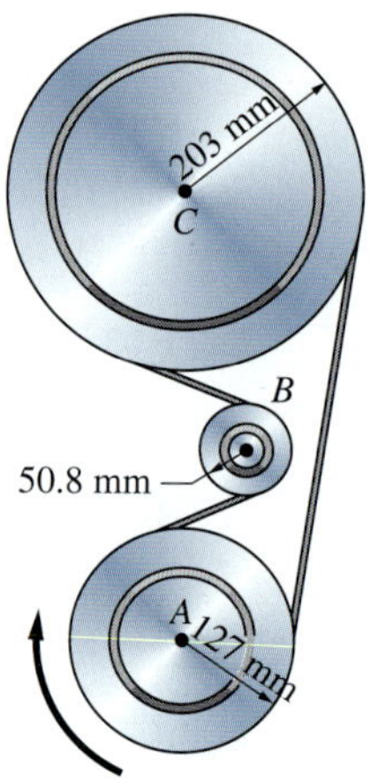

그림 P13.11

13.12 그림에 보여지는 순간에 봉 OB의 각속도와 각가속도가 각각 시계반대방향으로 $\dot{\theta} = 8$ rad/s, $\ddot{\theta} = 24$ rad/s^{2}이다. (a) 봉 위의 점 A와 B의 속도벡터를 계산하라. (b) 점 A와 B의 가속도벡터를 계산하라.

13.13 봉 OB의 각속도가 $\dot{\theta} = 8 - 12t^2$ rad/s로 변화한다. 여기서 t는 초 단위로 측정된 시간이다. 다음의 경우에 대해 점 B의 가속도의 크기를 계산하라. (a) $t = 0$, (b) $t = 1.0$ s.

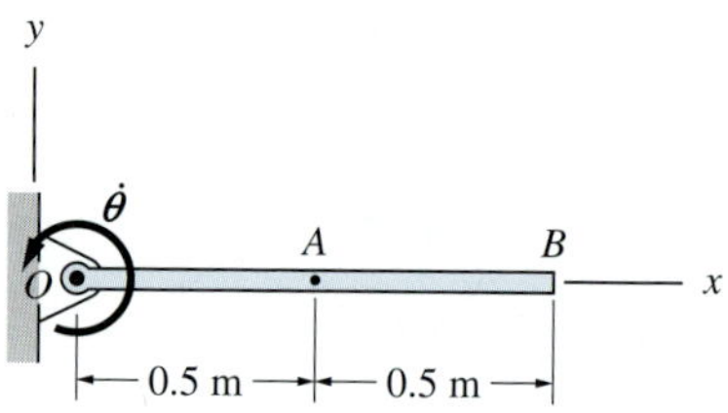

그림 P13.12, P13.13

13.14 벨트의 속력이 0.2초 시간 간격 동안에 0에서 2 m/s까지 일정한 비율로 변화된다. (a) 0.2초 시간 간격 동안 벨트에 의해 이동한 거리를 계산하라. (b) 이 시간 간격 동안 벨트 위의 어느 점에서 최대 가속도를 계산하라.

13.15 벨트 속력의 변화율이 $0.06(10 - t)$ m/s^{2}으로 주어진다. 여기서 t는 초 단위의 시간이다. $t = 0$일 때, 벨트의 속력은 0.8 m/s이다. 풀리(pulley)와 접촉하는 한 점의 법선가속도 성분이 40 m/s^{2}일 때, 다음을 구하라. (a) 벨트의 속력, (b) 이 속력에 도달하기 위해 필요한 시간, (c) 벨트가 이동한 거리.

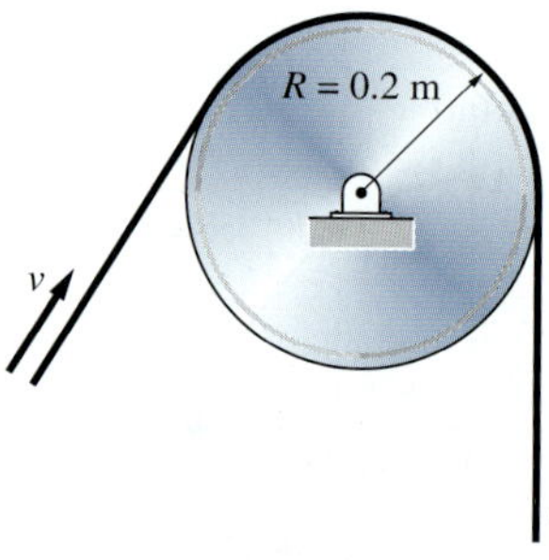

그림 P13.14, P13.15

13.16 자동차 운전자가 35 km/h로 고속도로의 출구 진입로를 들어서는 순간, A점에서 자동차의 가속도 크기가 1.3 m/s^{2}이 되도록 브레이크를 순간적으로 사용한다. 접선가속도가 유지된다면, 자동차는 정지하기까지 얼마나 이동하는가?

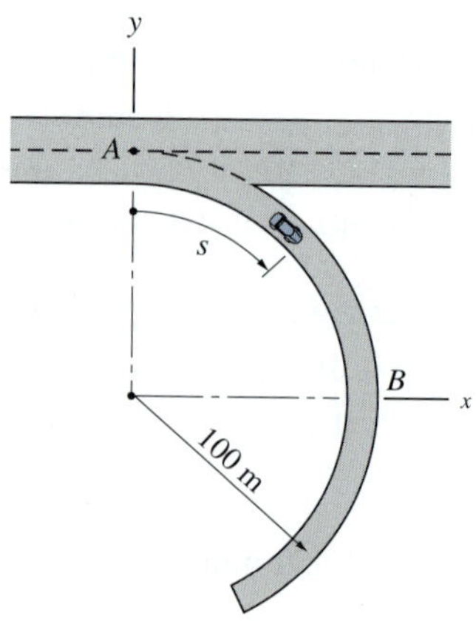

그림 P13.16, P13.17

13.17 점 A에서 정지 상태로부터 $(90 + s)/450\ \mathrm{m/s^2}$의 접선가속도로 자동차가 출발한다. 여기서 s는 A부터 곡선을 따라 측정된 미터(m) 단위의 거리이다. B점에 도달하였을 때, 자동차의 가속도벡터를 계산하라.

13.18 스케이트보더가 포물선 모양의 하프파이프(half-pipe)에서 아래로 향하고 있다. 하프파이프의 외곽선은 $y = x^2/80$ m이다. 여기서 x는 미터(m) 단위이다. 점 A에서 $v_A = 12$ m/s, $\dot{v}_A = 4\ \mathrm{m/s^2}$로 주어질 때, A에서 라이더의 가속도의 크기를 구하라.

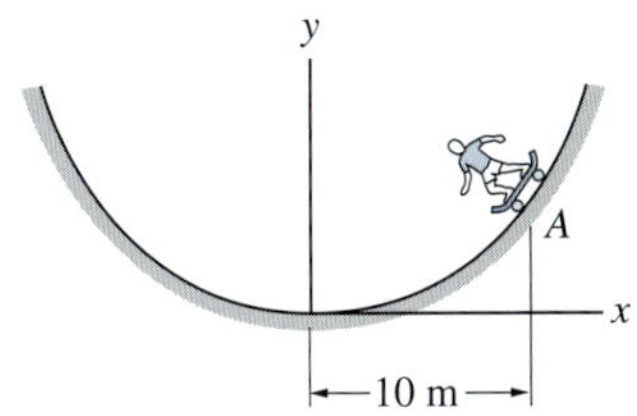

그림 P13.18

13.19 비행기가 수직평면에 놓여 있는 반경이 4.5 k/m인 원의 경로를 따라 비행한다. 무중력상태를 시뮬레이션하기 위해 비행기의 가속도벡터는 수직으로 아래 방향을 향하고 있으며 크기는 중력가속도 g를 가진다. A에서 비행기의 속력 v와 속력의 변화율 $\dot{v}$를 구하라. 비행기의 고도에서 중력가속도는 $g = 9.82\ \mathrm{m/s^2}$이다.

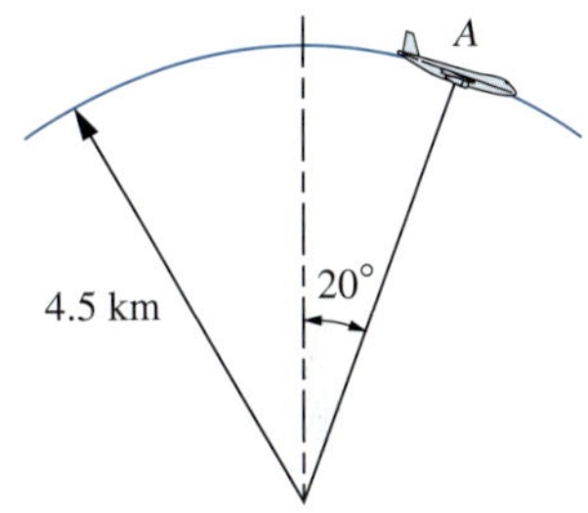

그림 P13.19

***13.20** 자동차가 그림과 같은 경주용 트랙을 달린다. 타이어와 도로의 정지마찰력(traction)의 한계는 최대 가속도 $5\ \mathrm{m/s^2}$이다. 가장 빨리 트랙을 한 번 완주하는 데 걸리는 시간을 구하라.

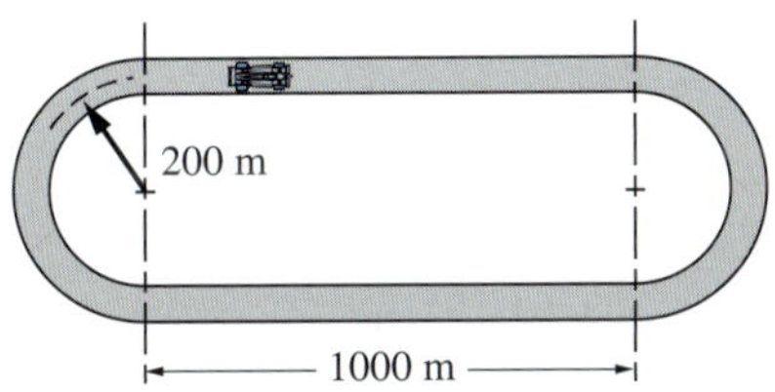

그림 P13.20

13.21 슬라이더 A의 슬롯에 핀 B가 연결되어 있으며, 이것은 막대 OB에 붙어 있다. 그림의 위치에서 슬라이더는 일정한 속력 152 mm/s로 위 방향으로 이동하고 있다. 핀 B의 속도와 가속도벡터의 크기를 구하라.

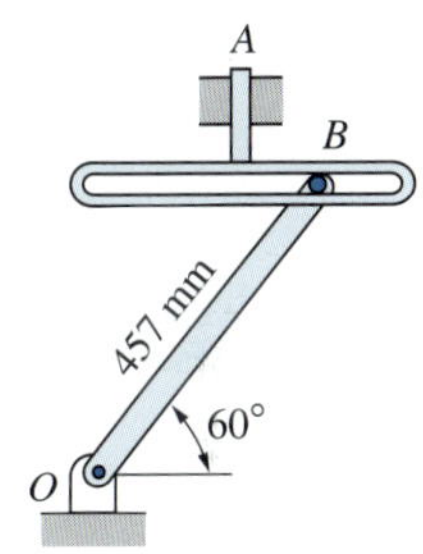

그림 P13.21

13.22 스키선수가 $x^2 = -36.6y$로 기술되는 경사로를 활강하고 있다. 여기서 x와 y는 미터(m) 단위이다. A에서 스키선수의 속력은 3.05 m/s이며, 일정한 비율 $0.366\ \mathrm{m/s^2}$로 증가하고 있다. A에서 스키선수의 가속도벡터의 크기를 구하라.

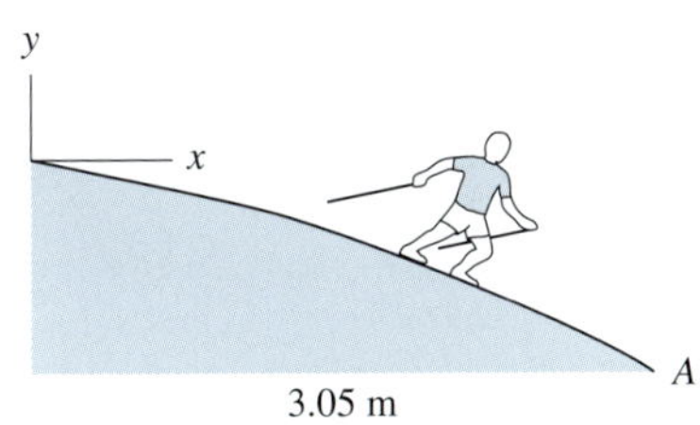

그림 P13.22

13.23 평상형의 플로터(flatbed plotter)의 펜 P는 $R = 127$ mm의 원을 따라 움직인다. $\theta = 20°$일 때, 슬라이더의 속력이 50.8 mm/s이다. 이 위치에 대해 다음을 계산하라. (a) P의 속력, (b) P의 가속도의 크기.

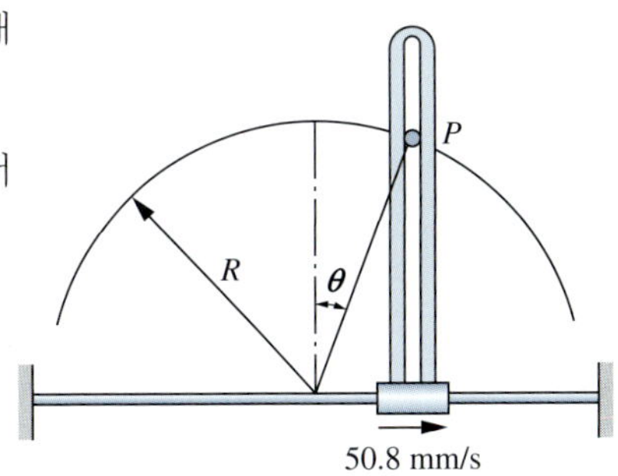

그림 P13.23

13.24 질점이 포물선 $y = Ax^2 + Bx + C$를 따라 일정 속력 v_0으로 움직인다. 최대 가속도와 이에 대응하는 x축의 좌표를 구하라.

13.25 질점이 타원 $(x/a)^2 + (y/b)^2 = 1$을 따라 일정 속력 v_0으로 움직인다. 여기서 $a > b$이다. 질점의 최대 가속도를 구하라.

13.3 운동학: 극좌표계와 원통좌표계

13.3a 평면운동(극좌표계)

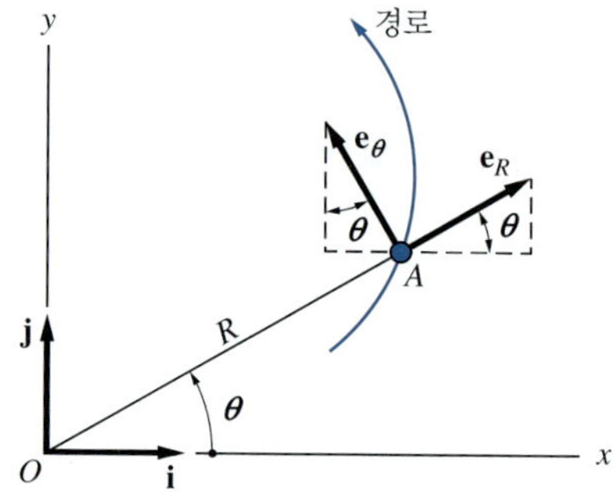

그림 13.9

1. 기하학적 사전준비 그림 13.9는 xy 평면에서 움직이는 질점 A의 위치를 설명하는 극좌표 R과 θ를 나타낸다. 반경좌표 R은 반경선분(radial line) OA의 길이이고, θ는 x축과 반경선분 사이의 각도이다. (평면운동에서 극좌표 R은 질점의 위치벡터 $\mathbf{r}$의 크기와 동일하다.)

극좌표계의 기초벡터 $\mathbf{e}_R$과 $\mathbf{e}_\theta$를 그림 13.9에 함께 나타내었다. 벡터 $\mathbf{e}_R$은 반경선분을 따르는 방향이고, O로부터 멀어지는 방향을 향한다. $\mathbf{e}_\theta$는 θ가 증가하는 방향으로 $\mathbf{e}_R$과 수직방향이다.

2. 기초벡터의 도함수 질점이 이동함에 따라 $\mathbf{e}_R$과 $\mathbf{e}_\theta$는 회전하는 것에 주목하라. 따라서 $\mathbf{e}_R$과 $\mathbf{e}_\theta$는 회전좌표계(rotating reference frame)의 기초벡터이며, 경로좌표계(법선 및 접선좌표계)와 유사하다. 두 좌표계 사이의 기본적인 차이는 경로좌표는 질점의 경로와 운동방향에 의존하는 반면, 극좌표는 질점의 위치에 의해서만 결정된다. 결과적으로 이러한 기초벡터는 크기가 1로 일정하더라도 방향이 시간에 따라 변화하므로 도함수가 0이 되지 않는다.

앞에서도 설명하였듯이 먼저 단위 기초벡터의 시간 도함수를 구하기 위해 xy 좌표계의 단위벡터와의 관계를 나타내면, 그림 13.9로부터 아래의 관계가 있음을 알 수 있다.

$$\begin{aligned} \mathbf{e}_R &= \cos\theta\mathbf{i} + \sin\theta\mathbf{j} \\ \mathbf{e}_\theta &= -\sin\theta\mathbf{i} + \cos\theta\mathbf{j} \end{aligned} \tag{13.12}$$

xy 좌표계는 고정되어 있으므로 $d\mathbf{i}/dt = d\mathbf{j}/dt = \mathbf{0}$이 되는 것을 고려하여 시간에 대하여 미분하면 다음 식이 얻어진다.

$$\frac{d\mathbf{e}_R}{dt} = (-\sin\theta\mathbf{i} + \cos\theta\mathbf{j})\dot{\theta} \qquad \frac{d\mathbf{e}_\theta}{dt} = (-\cos\theta\mathbf{i} - \sin\theta\mathbf{j})\dot{\theta}$$

위 결과를 수식 (13.12)와 비교하면 다음과 같다.

$$\dot{\mathbf{e}}_R = \dot{\theta}\mathbf{e}_\theta \qquad \dot{\mathbf{e}}_\theta = -\dot{\theta}\mathbf{e}_R \tag{13.13}$$

$\dot{\theta}$ 항은 반경선분의 각속도(angular velocity)라 불린다. 기초벡터와 이들의 도함수를 그림 13.10에 나타내었다. $\dot{\mathbf{e}}_R$과 $\dot{\mathbf{e}}_\theta$는 각각 $\mathbf{e}_R$과 $\mathbf{e}_\theta$에 대하여 수직이다.

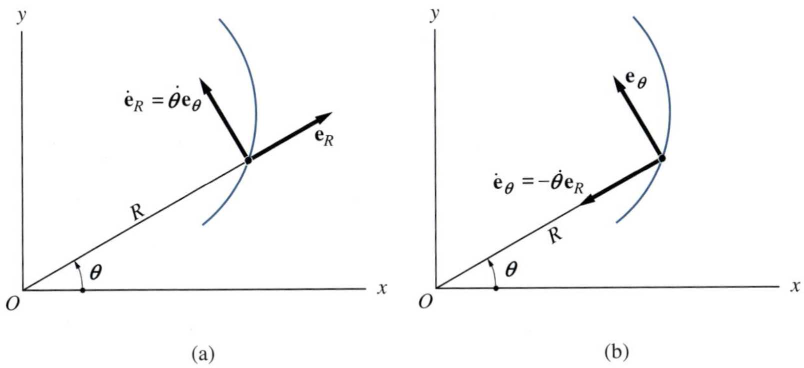

그림 13.10

3. 속도 및 가속도벡터 질점의 위치벡터 $\mathbf{r}$은 극좌표에서 다음과 같이 쓸 수 있다.

$$\mathbf{r} = R\mathbf{e}_R \tag{13.14}$$

속도벡터는 정의에 의해 $\mathbf{v} = d\mathbf{r}/dt$이므로, 속도벡터는 다음과 같다.

$$\mathbf{v} = \frac{d\mathbf{r}}{dt} = \frac{d}{dt}(R\mathbf{e}_R) = \dot{R}\mathbf{e}_R + R\dot{\mathbf{e}}_R$$

식 (13.13)으로부터 $\dot{\mathbf{e}}_R$을 위 식에 대입하면 다음 식이 주어진다.

$$\mathbf{v} = v_R\mathbf{e}_R + v_\theta\mathbf{e}_\theta \tag{13.15}$$

여기서

$$v_R = \dot{R} \qquad v_\theta = R\dot{\theta} \tag{13.16}$$

v_R과 v_θ 성분을 각각 속도의 반경방향(radial) 성분과 횡방향(transverse) 성분이라 한다.

가속도벡터는 다음과 같이 계산된다.

$$\begin{aligned}\mathbf{a} &= \frac{d\mathbf{v}}{dt} = \frac{d}{dt}(\dot{R}\mathbf{e}_R + R\dot{\theta}\mathbf{e}_\theta)\\ &= (\ddot{R}\mathbf{e}_R + \dot{R}\dot{\mathbf{e}}_R) + (\dot{R}\dot{\theta}\mathbf{e}_\theta + R\ddot{\theta}\mathbf{e}_\theta + R\dot{\theta}\dot{\mathbf{e}}_\theta)\end{aligned}$$

위 식에서 $\ddot{\theta}$는 각가속도(angular acceleration)라 한다. 식 (13.13)으로부터 $\dot{\mathbf{e}}_R$과 $\dot{\mathbf{e}}_\theta$는 대입하고, 항을 정리하면 이 식은 다음과 같이 된다.

$$\mathbf{a} = a_R\mathbf{e}_R + a_\theta\mathbf{e}_\theta \tag{13.17}$$

여기서 가속도의 반경방향과 횡방향 성분은 다음 식에 의해 주어진다.

$$a_R = \ddot{R} - R\dot{\theta}^2 \qquad a_\theta = R\ddot{\theta} + 2\dot{R}\dot{\theta} \tag{13.18}$$

속도와 가속도벡터의 극좌표 성분을 그림 13.11에 나타내었다.

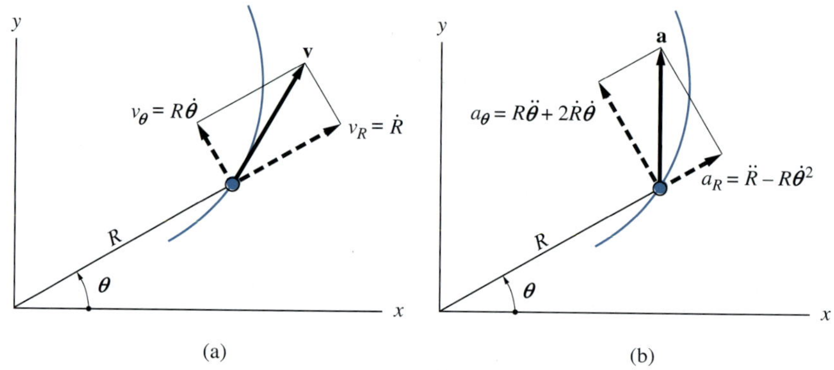

그림 13.11

경로가 원인 특별한 경우, 극좌표 R은 원의 반경(일정한 값)과 같다. 따라서 식 (13.15)에서 식 (13.18)로부터 속도와 가속도벡터는 다음과 같다.

$$\begin{aligned} \mathbf{v} &= R\dot{\theta}\mathbf{e}_\theta \\ \mathbf{a} &= -R\dot{\theta}^2\mathbf{e}_R + R\ddot{\theta}\mathbf{e}_\theta \end{aligned} \tag{13.19}$$

이 식들은 경로좌표를 사용한 식 (13.10) 및 (13.11)과 일치한다. 단, 원의 경로상에서의 운동의 경우에는 $\mathbf{e}_R = -\mathbf{e}_n$과 $\mathbf{e}_\theta = \mathbf{e}_t$의 관계가 있음에 주목하자.

13.3b 공간운동(원통좌표계)

그림 13.12에 나타낸 원통좌표는 공간 내에서 움직이는 질점 A의 위치를 설명하는 데 이용된다. 3개의 원통좌표는 극좌표 R과 θ,그리고 직각좌표 z와 동일한 축방향좌표 z로 구성된다. 단위 기초벡터는 $\mathbf{e}_R$, $\mathbf{e}_\theta$ 및 $\mathbf{e}_z$이고, 여기서 $\mathbf{e}_z = \mathbf{k}$이다.

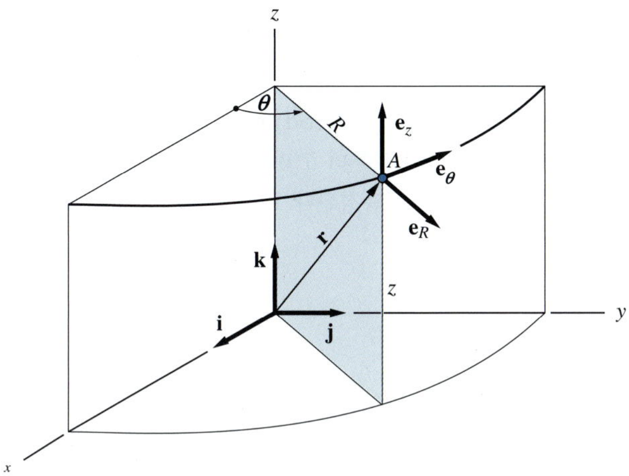

그림 13.12

원통좌표로 표현된 그림 13.12에서의 질점의 위치벡터 $\mathbf{r}$은 다음과 같다.

$$\mathbf{r} = R\mathbf{e}_R + z\mathbf{e}_z \tag{13.20}$$

이것을 극좌표에 대한 $\mathbf{r} = R\mathbf{e}_R$과 비교하면, 원통좌표에서 속도 $\mathbf{v}$와 가속도 $\mathbf{a}$의 표현은 $z\mathbf{e}_z$ 항이 추가되는 것을 제외하면 극좌표의 경우와 동일하다는 것을 알 수 있다. $\dot{\mathbf{e}}_z = \dot{\mathbf{k}} = \mathbf{0}$인 것을 이해하면, 식 (13.15)에서 식 (13.18)은 쉽게 다음과 같이 변경된다.

$$\begin{aligned} \mathbf{v} &= \dot{R}\mathbf{e}_R + R\dot{\theta}\mathbf{e}_\theta + \dot{z}\mathbf{e}_z \\ \mathbf{a} &= (\ddot{R} - R\dot{\theta}^2)\mathbf{e}_R + (R\ddot{\theta} + 2\dot{R}\dot{\theta})\mathbf{e}_\theta + \ddot{z}\mathbf{e}_z \end{aligned} \tag{13.21}$$

예제 13.5

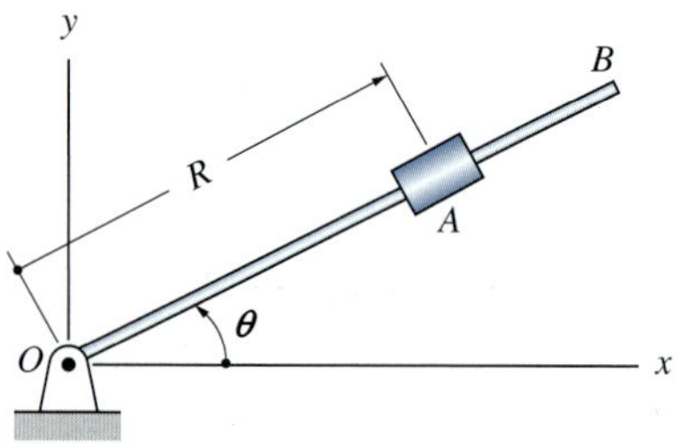

(a)

그림 (a)의 고리(collar) A는 회전하는 봉(rod) OB를 따라 미끄러진다. 봉의 각위치는 $\theta = 2\pi t^2/3$ rad로 주어지고, O점으로부터 고리의 거리는 $R = 457.2t^4 + 101.6$ mm로 변화한다. 여기서 시간 t는 초 단위로 측정된다. $t = 0.5$ s에서 고리의 속도와 가속도벡터를 결정하라.

풀이

$t = 0.5$ s에서 고리 A의 극좌표값과 이것의 1차 및 2차 도함수를 결정하는 것으로부터 풀이를 시작한다.

$$R = 457.2t^4 + 101.6 = 457.2(0.5)^4 + 101.6 = 130.2 \text{ mm}$$
$$\dot{R} = 1828.8t^3 = 1828.8(0.5)^3 = 228.6 \text{ mm/s}$$
$$\ddot{R} = 5486.4t^2 = 5486.4(0.5)^2 = 1371.6 \text{ mm/s}^2$$
$$\theta = \frac{2}{3}\pi t^2 = \frac{2}{3}\pi(0.5)^2 = 0.5236 \text{ rad} = 30°$$
$$\dot{\theta} = \frac{4}{3}\pi t = \frac{4}{3}\pi(0.5) = 2.094 \text{ rad/s}$$
$$\ddot{\theta} = \frac{4}{3}\pi = 4.189 \text{ rad/s}^2$$

속도벡터의 극좌표 성분은 식 (13.16)으로부터 다음과 같이 계산할 수 있다.

$$v_R = \dot{R} = 228.6 \text{ mm/s} \qquad v_\theta = R\dot{\theta} = (130.2)(2.094) = 272.6 \text{ mm/s}$$

따라서, $t = 0.5$ s에서 고리의 속도벡터는 다음과 같다.

$$\mathbf{v} = v_R\mathbf{e}_R + v_\theta\mathbf{e}_\theta = 228.6\mathbf{e}_R + 272.6\mathbf{e}_\theta \text{ mm/s}$$ **답**

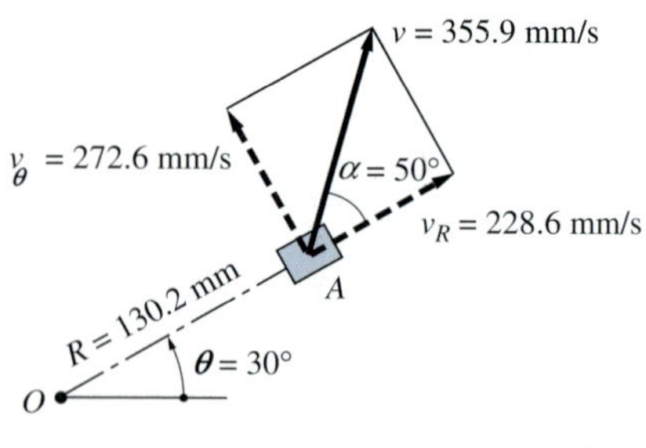

(b)

이 결과를 그림 (b)에 나타낸다. 여기서 $\mathbf{v}$의 크기와 $\mathbf{v}$와 봉 사이의 각도 α는 다음 식으로부터 계산된다.

$$v = \sqrt{v_R^2 + v_\theta^2} = \sqrt{(228.6)^2 + (272.6)^2} = 355.9 \text{ mm/s}$$
$$\alpha = \tan^{-1}\frac{v_\theta}{v_R} = \tan^{-1}\frac{272.6}{228.6} = 50.0°$$

식 (13.18)로부터 얻을 수 있는 가속도 성분은 다음과 같다.

$$a_R = \ddot{R} - R\dot{\theta}^2 = 1371.6 - (130.2)(2.094)^2 = 800.9 \text{ mm/s}^2$$
$$a_\theta = R\ddot{\theta} + 2\dot{R}\dot{\theta} = (130.2)(4.189) + 2(228.6)(2.094) = 1502.7 \text{ mm/s}^2$$

따라서 $t = 0.5$ s에서 고리의 가속도벡터는 아래와 같다.

$$\mathbf{a} = a_R\mathbf{e}_R + a_\theta\mathbf{e}_\theta = 800.9\mathbf{e}_R + 1502.7\mathbf{e}_\theta \text{ mm/s}^2$$ 답

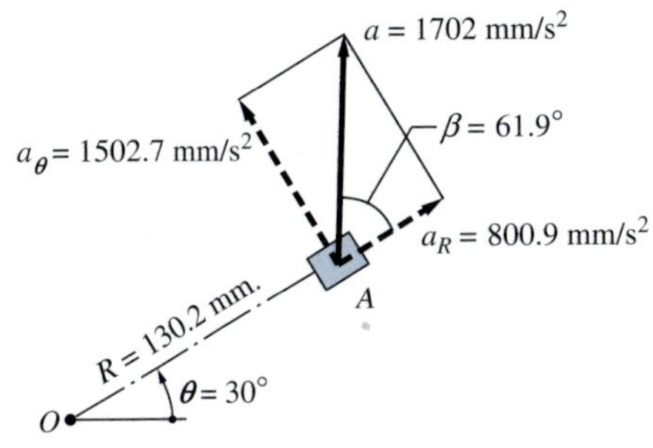

(c)

이것을 도식적으로 나타내면 그림 (c)와 같다. 가속도벡터 **a**의 크기와 각도 β는 다음으로부터 계산된다.

$$a = \sqrt{a_R^2 + a_\theta^2} = \sqrt{(800.9)^2 + (1502.7)^2} = 1702 \text{ mm/s}^2$$
$$\beta = \tan^{-1}\frac{a_\theta}{a_R} = \tan^{-1}\frac{1502.7}{800.9} = 61.9°$$

예제 13.6

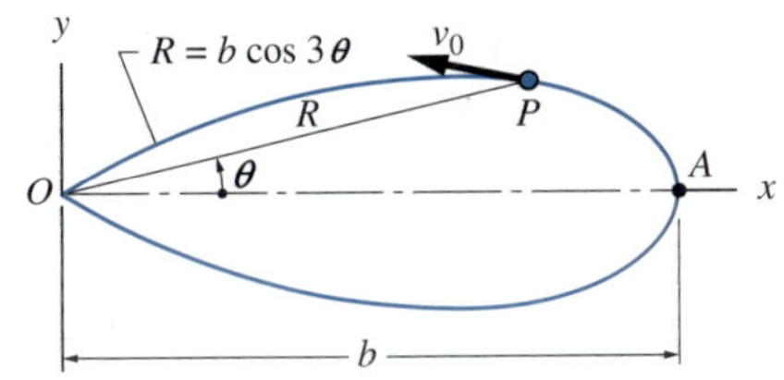

그림에서 보듯이 질점 P는 $R = b\cos 3\theta$로 나타내지는 경로를 따라 일정 속력 v_0로 이동한다. A점에서 질점의 가속도벡터를 결정하라.

풀이

R을 시간에 대해 두 번 미분하여 다음과 같은 식을 얻을 수 있다.

$$R = b\cos 3\theta$$
$$\dot{R} = -3b\dot{\theta}\sin 3\theta$$
$$\ddot{R} = -9b\dot{\theta}^2\cos 3\theta - 3b\ddot{\theta}\sin 3\theta$$

$\theta = 0$을 대입하면, A점에서 위 식은 다음과 같다.

$$\begin{aligned} R &= b\cos 0 = b \\ \dot{R} &= -3b\dot{\theta}\sin 0 = 0 \\ \ddot{R} &= -9b\dot{\theta}^2\cos 0 - 3b\ddot{\theta}\sin 0 = -9b\dot{\theta}^2 \end{aligned} \tag{a}$$

식 (13.16)으로부터 속도의 횡방향 성분은 $v_\theta = R\dot{\theta}$이다. A점에서 경로의 접선이 반경선분 $\overline{OA}$와 수직이므로 A점에서 $v_R = 0$이다. 따라서 $v_\theta = v_0$이고, $\dot{\theta}$는 아래와 같이 계산된다.

$$\dot{\theta} = \frac{v_0}{R} = \frac{v_0}{b} \tag{b}$$

A점에서 반경선분의 각가속도 $\ddot{\theta}$는 다음 조건으로부터 계산될 수 있다.

$$v_0^2 = v_R^2 + v_\theta^2 = \dot{R}^2 + (R\dot{\theta})^2 = \text{constant}$$

위의 계산식을 미분하면 다음과 같다.

$$2\dot{R}\ddot{R} + 2R\dot{R}\dot{\theta}^2 + 2R^2\dot{\theta}\ddot{\theta} = 0$$

A점에서 $\dot{R} = 0$ 때문에 위 식은 $0 = 2R^2\dot{\theta}\ddot{\theta}$와 같이 간단하게 정리되며 다음의 충분조건을 가진다.

$$\ddot{\theta} = 0 \tag{c}$$

이제 식 (13.18)에서 A점에서 가속도의 극좌표 성분은 식 (a)에서 식 (c)를 통하여 다음과 같이 계산할 수 있다.

$$a_R = \ddot{R} - R\dot{\theta}^2 = -9b\dot{\theta}^2 - b\dot{\theta}^2 = -10b\left(\frac{v_0}{b}\right)^2 = -\frac{10v_0^2}{b}$$
$$a_\theta = R\ddot{\theta} + 2\dot{R}\dot{\theta} = 0 + 0 = 0$$

따라서 A점에서 질점의 가속도벡터는 다음과 같다.

$$\mathbf{a} = -\frac{10v_0^2}{b}\mathbf{e}_R = -\frac{10v_0^2}{b}\mathbf{i}$$ 답

예제 13.7

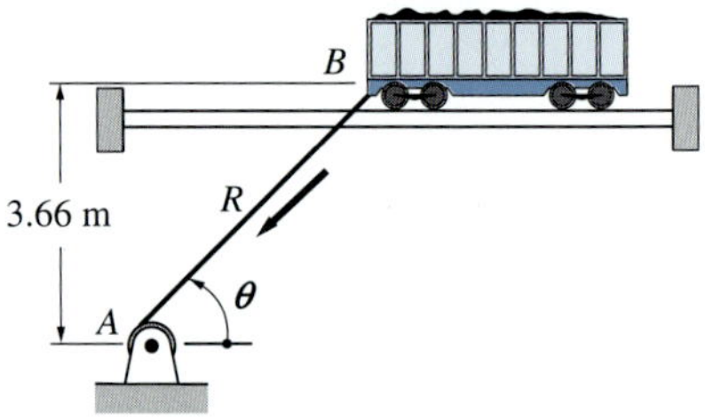

(a)

그림 (a)에서 윈치(winch) A와 철도차량(railroad car) 위의 점 B를 연결하는 케이블이 1.524 m/s의 일정 비율로 감긴다. $\theta = 60°$일 때 (1) B의 속도와 $\dot{\theta}$를 구하고, (2) B의 가속도와 $\ddot{\theta}$를 구하라. 단, 윈치의 반경은 무시한다.

풀이

그림 (a)로부터 케이블의 길이 R과 각도 θ는 점 B의 극좌표임을 알 수 있다. $\theta = 60°$에서 R은 다음과 같다.

$$R = \frac{3.66}{\sin\theta} = \frac{3.66}{\sin 60°} = 4.22 \text{ m}$$

문제의 설명에 의하면, R은 1.524 m/s의 일정한 비율로 줄어든다. 따라서

$$\dot{R} = -1.524 \text{ m/s} \qquad \ddot{R} = 0$$

점 B는 직선의 수평경로를 따라 이동하므로, 결과적으로 점 B의 속도와 가속도벡터 역시 수평방향이 된다.

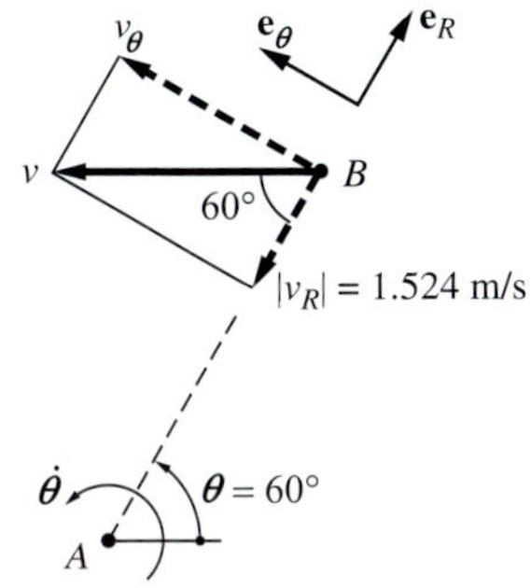

(b)

문항 1

그림 (b)는 $\theta = 60°$에서 점 B의 속도벡터 $\mathbf{v}$를 반경방향 성분과 횡방향 성분으로 분해하여 나타내었다. $v_R = \dot{R} = -1.524$ m/s는 음수이므로, $\mathbf{v}_R$은 $\mathbf{e}_R$의 반대방향, 즉 A로 향한다. $\mathbf{v}_R$과 $\mathbf{v}$의 방향이 수평방향이라는 것을 이용하면, 속도 선도를 완성할 수 있다. 선도의 기하학으로부터 $\theta = 60°$에서 B의 속력은 다음과 같다.

$$v = \frac{1.524}{\cos 60°} = 0.305 \text{ m/s (to the left)}$$ 답

속도 선도로부터 $v_\theta = 1.524 \tan 60°$의 관계가 얻어지고, 이 결과를 식 (13.16)의 $v_R = R\dot{\theta}$와 비교하면 $\dot{\theta}$는 다음과 같다.

$$\dot{\theta} = \frac{v_\theta}{R} = \frac{1.524 \tan 60°}{4.22} = 0.6250 \text{ rad/s (CCW)}$$ 답

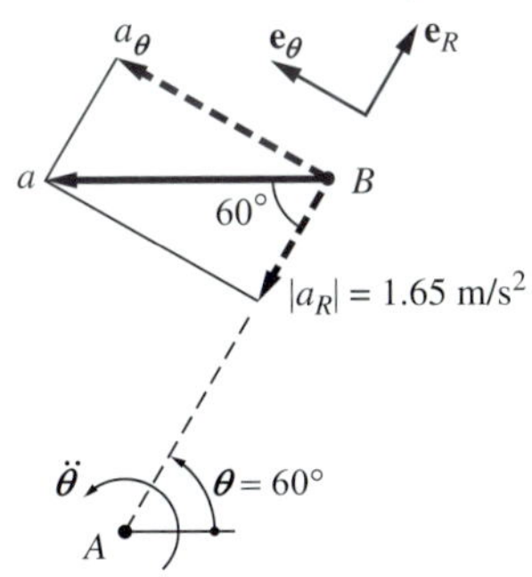

(c)

문항 2

$\theta = 60°$에서 점 B의 가속도 선도는 그림 (c)와 같다. 가속도의 반경방향 성분은 식 (13.18)에 의해 다음과 같다.

$$a_R = \ddot{R} - R\dot{\theta}^2 = 0 - (4.22)(0.6250)^2 = -1.65 \text{ m/s}^2$$

음의 부호는 $\mathbf{a}_R$이 $\mathbf{e}_R$과 반대방향을 향하고 있음을 나타낸다. 가속도벡터 $\mathbf{a}$는 수평방향인 것이 알려져 있기 때문에, 이제 가속도 선도를 완성할 수 있다. 선도로부터 $\theta = 60°$에서 가속도의 크기는 다음과 같다.

$$a = \frac{1.65}{\cos 60°} = 3.3\ \text{m/s}^2\ \text{(to the left)}$$ 답

다시 가속도 선도를 참조하면, $a_\theta = 1.65 \tan 60°$을 얻을 수 있다. 식 (13.18)의 $a_\theta = R\ddot{\theta} + 2\dot{R}\dot{\theta}$과 비교하면, $\ddot{\theta}$는 다음과 같다.

$$\ddot{\theta} = \frac{a_\theta - 2\dot{R}\dot{\theta}}{R} = \frac{1.65 \tan 60° - 2(-1.524)(0.6250)}{4.22}$$
$$= 1.127\ \text{rad/s}^2\ \text{(CCW)}$$ 답

예제 13.8

놀이공원기구의 승용차(passenger car)는 수직기둥(mast) OC에 암(arm) AB에 의해 연결되어 있다. 어느 시간 간격 동안에 기둥은 일정 비율 $\dot{\theta} = 1.2$ rad/s로 회전하고, 암은 일정 비율 $\dot{\phi} = 0.3$ rad/s로 상승한다. $\phi = 40°$의 순간에 승용차의 속도와 가속도의 원통좌표 성분을 구하라.

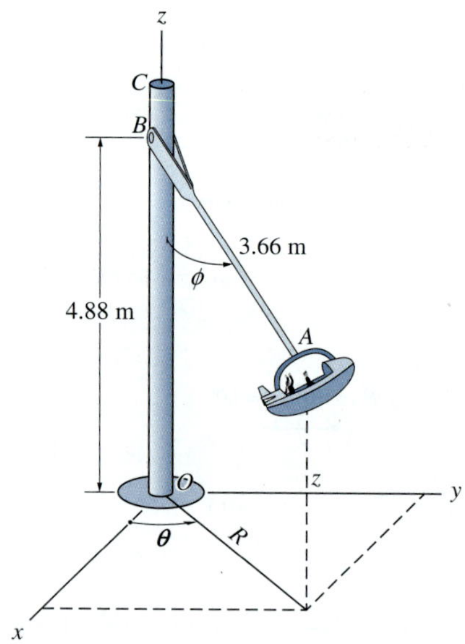

풀이

그림을 참조하면, 승용차의 R과 z 좌표는 $R = 3.66 \sin\phi$ m, $z = 4.88 - 3.66 \cos\phi$ m 임을 알 수 있다.

$\ddot{\phi} = 0$ ($\dot{\phi}$는 상수)임을 이용하여, $\phi = 40°$일 때 아래 식을 얻을 수 있다.

$$R = 3.66\sin\phi = 3.66\sin 40° = 2.35\text{ m}$$
$$\dot{R} = 3.66\cos\phi\,\dot{\phi} = (3.66\cos 40°)(0.3) = 0.841\text{ m/s}$$
$$\ddot{R} = -3.66\sin\phi\,\dot{\phi}^2 = -(3.66\sin 40°)(0.3)^2 = -0.212\text{ m/s}^2$$

과

$$z = 4.88 - 3.66\cos\phi = 4.88 - 3.66\cos 40° = 2.08\text{ m}$$
$$\dot{z} = 3.66\sin\phi\,\dot{\phi} = (3.66\sin 40°)(0.3) = 0.706\text{ m/s}$$
$$\ddot{z} = 3.66\cos\phi\,\dot{\phi}^2 = (3.66\cos 40°)(0.3)^2 = 0.252\text{ m/s}^2$$

식 (13.21)을 이용하면, 속도의 원통좌표 성분은 아래와 같다.

$$v_R = \dot{R} = 0.841\text{ m/s}$$
$$v_\theta = R\dot{\theta} = 2.35(1.2) = 2.822\text{ m/s}$$ 답
$$v_z = \dot{z} = 0.706\text{ m/s}$$

$\dot{\theta}$가 상수인 것을 고려하면, 식 (13.21)에서 가속도의 성분은 다음과 같이 된다.

$$a_R = \ddot{R} - R\dot{\theta}^2 = -0.212 - 2.822(1.2)^2 = -3.6\text{ m/s}^2$$
$$a_\theta = R\ddot{\theta} + 2\dot{R}\dot{\theta} = 0 + 2(0.841)(1.2) = 2.02\text{ m/s}^2$$ 답
$$a_z = \ddot{z} = 0.252\text{ m/s}^2$$

연습문제

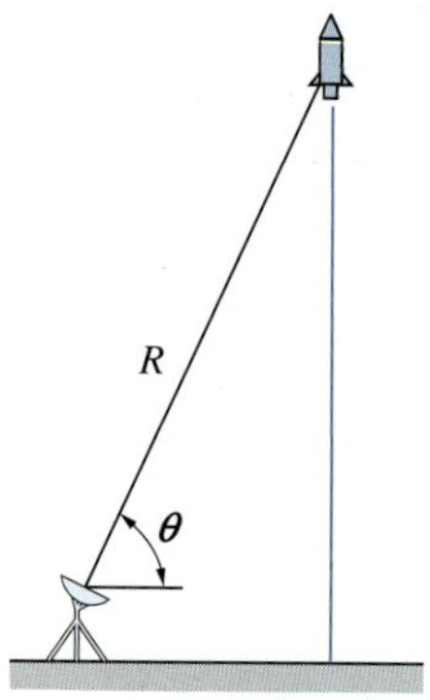

그림 P13.26

13.26 수직하게 날고 있는 로켓이 레이더에 의해 추적되고 있다. 레이더가 읽은 값이 $\theta = 40°$, $R = 5$ km, $\dot{R} = 350$ m/s, $\ddot{R} = 100$ m/s^{2}일 때, 로켓의 속도와 가속도를 구하라.

13.27 질점의 평면운동이 극좌표로 $R = 0.75 + 0.5t^2$ m와 $\theta = \pi t^2/2$ rad로 표현된다. 여기서 시간 t는 초 단위이다. 시간이 $t = 2$ s일 때, 속도와 가속도의 크기를 구하라.

13.28 질점 P가 $R = 1.22 + 0.61 \sin\theta$ m의 곡선을 따라 움직인다. $\dot{\theta} = 1.5$ rad/s이며 일정한 것을 알고 있을 때, 다음을 구하라. (a) A에서 P의 속도와 가속도의 극좌표 성분을 구하라. (b) B에서 P의 속도와 가속도의 극좌표 성분을 구하라.

13.29 질점 P가 $R = 1.22 + 0.61 \sin\theta$ m의 곡선을 따라 일정한 속도 $v = 1.22$ m/s로 움직인다. (a) A에서 각속도 $\dot{\theta}$를 구하라. (b) B에서 각속도 $\dot{\theta}$를 구하라.

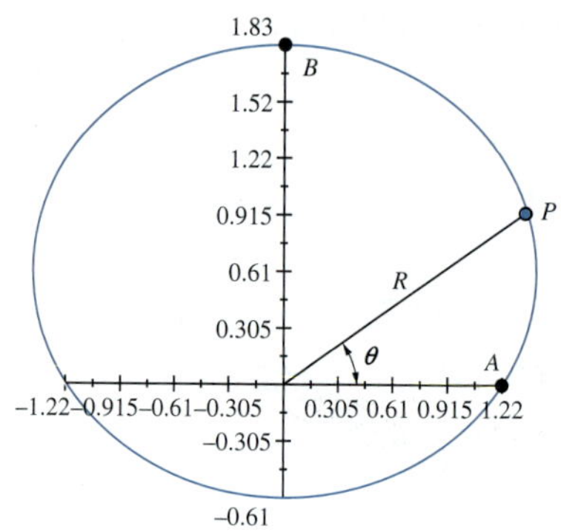

그림 P13.28, P13.29

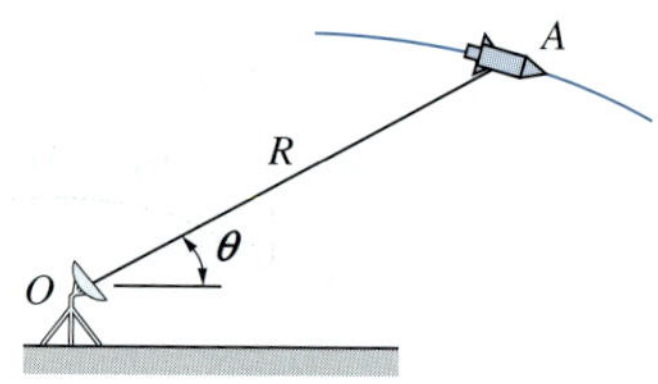

그림 P13.30

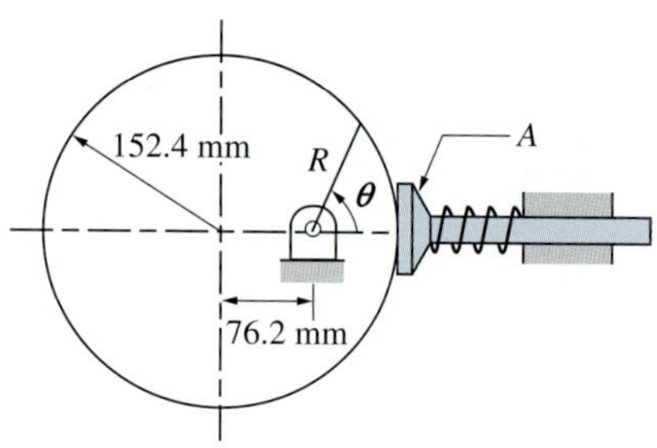

그림 P13.31

13.30 발사체(projectile) A는 점 O에 위치한 레이더에 의해 추적되고 있다. 주어진 순간에 레이더가 읽은 값이 $\theta = 30°$, $R = 2438$ m, $\dot{R} = 183$ m/s, $\ddot{R} = 15.25$ m/s^{2}일 때, 발사체의 속력을 구하라.

13.31 원형 외곽선을 가지는 편심 캠(cam)에 접하는 피동절(follower) A를 스프링이 지지하고 있다. 캠 외곽선의 방정식이 $R^2 + 0.236R\cos\theta - 0.042 = 0$이다. 여기서 R은 밀리미터(mm) 단위이다. 캠이 일정한 각속도 $\dot{\theta} = 2$ rad/s로 회전하고 있을 때, $\theta = 0$일 때, 피동절의 속도와 가속도를 구하라.

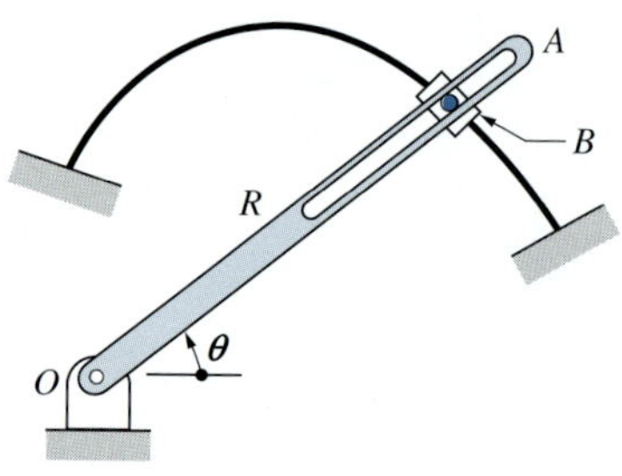

그림 P13.32

13.32 고리 B가 $R = 0.3 - 0.4(\theta/\pi)$ m로 나타낼 수 있는 나선형 봉 위를 미끄러진다. 고리 위의 핀이 암 OA의 홈에 연결된다. OA가 일정한 각속도 $\dot{\theta} = 2$ rad/s로 회전할 때, 고리 B의 속도와 가속도의 극좌표 성분을 (a) $\theta = 90°$와 (b) $\theta = 60°$에서 각각 구하라.

13.33 봉을 기준으로 측정된 고리 A가 1.22 m/ss의 일정 속도로 B를 향하여 미끄러지는 동안, 점 O를 중심으로 시계반대방향으로 15 rev/min의 일정 각속도로 회전하는 봉 OB가 있다. 고리 A가 $R = 213$ mm, $\theta = 0$의 위치에 있을 때, 다음을 구하라. (a) A의 속도벡터, (b) A의 가속도벡터.

13.34 봉의 각가속도가 $\alpha = 1.2\ \text{rad/s}^2$로 일정할 때, 봉 OB의 운동이 $\dot{\theta} = \alpha t$로 설명된다. 봉에 대한 고리 A의 밖으로 향하는 속도가 일정하고 $v_0 = 0.8$ m/s라 할 때, 봉 위의 고리 A의 위치는 $R = v_0 t$이다. 고리의 속도와 가속도벡터를 시간에 대한 함수로 계산하라.

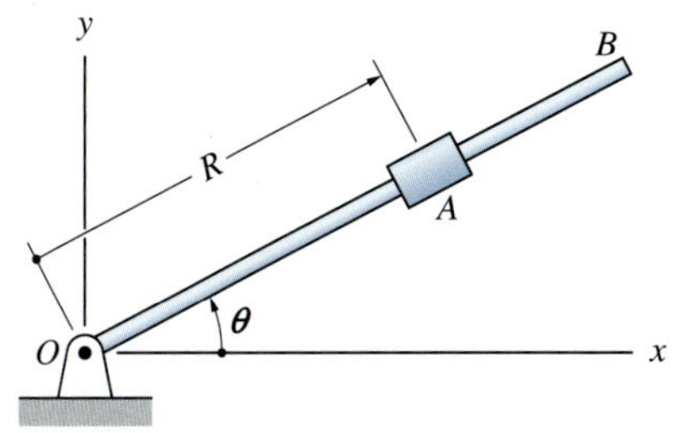

그림 P13.33, P13.34

13.35 질점이 $\theta = 2t$ rad/s, $R = \cosh t$ mm의 경로를 따라서 움직인다. 여기서 t의 단위는 초(second)이다. $R = 2.5$ mm일 때 속도와 가속도벡터를 결정하라.

13.36 고리 B가 $R = b\theta$인 나선모양을 가지는 안내봉(guide rod)을 따라 미끄러진다. 고리 위의 핀이 홈이 난 암(arm) OC 내를 미끄러진다. OC가 일정 각속도 $\dot{\theta} = \omega$로 회전할 때, A에서 고리의 가속도 크기를 구하라.

13.37 고리 B가 $R = b\theta$인 나선모양을 가지는 안내봉을 따라 미끄러진다. 고리 위의 핀이 홈이 난 암 OC 내를 미끄러진다. 만약 고리의 속도가 v_0로 일정할 때, 암 OC의 각속도 $\dot{\theta}$를 v_0, b 및 θ로 나타내라.

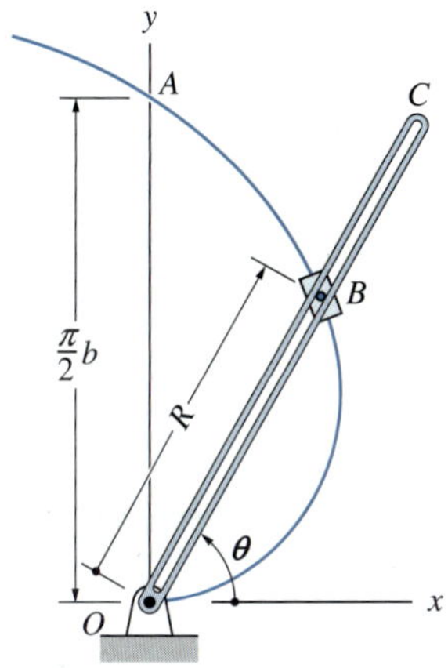

그림 P13.36, P13.37

13.38 홈이 난 암 OB가 O점의 핀을 중심으로 회전한다. 홈 내의 볼 A가 스프링에 의해 고정된 캠 C를 누르고 있다. ω가 일정할 때, OB의 각속도가 $\dot{\theta} = \omega$이라면, 다음을 결정하라. (a) A의 최대 속도, (b) A의 가속도, (c) $\dot{R}$(OB에 대한 A의 속도), (d) $\ddot{R}$(OB에 대한 A의 가속도).

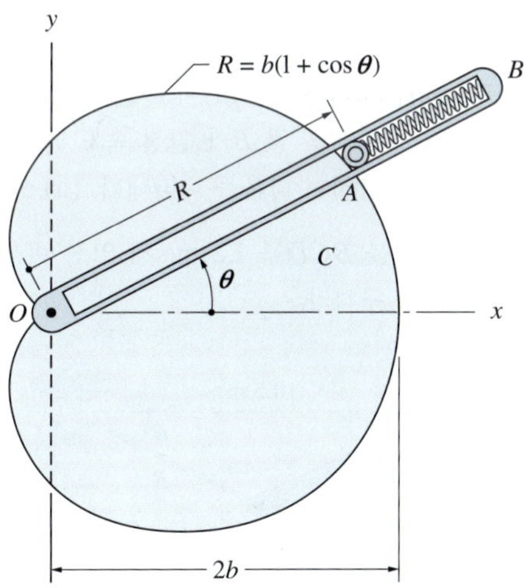

그림 P13.38, P13.39

13.39 홈이 난 암 OB가 O점의 핀을 중심으로 회전한다. 홈 내의 볼 A가 스프링에 의해 고정된 캠 C를 누르고 있다. ω가 일정할 때, 암 OB의 각위치가 $\theta = \pi \sin \omega t$로 시간 t에 의존한다. $\theta = \pi/2$일 때, 볼의 속도와 가속도벡터를 구하라.

13.40 클로버 잎 모양의 고속도로 입체교차로의 곡선부분은 $R^2 = b^2 \sin 2\theta$, $0 \le \theta \le 90°$로 정의된다. 만일 일정한 속도 v_0로 곡선을 따라 자동차가 운행할 경우 A점에서 가속도의 반경방향 성분 a_R을 구하라. 그리고, A에서 고속도로의 곡률반경을 구하라.

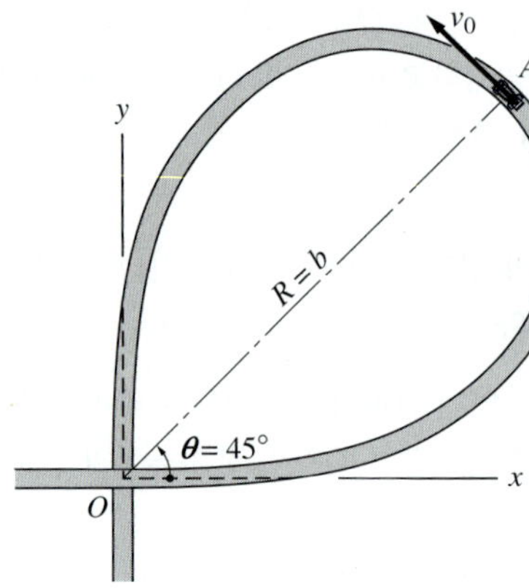

그림 P13.40

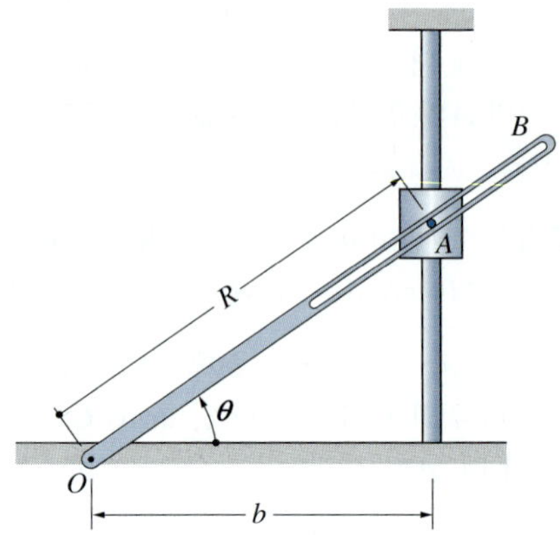

그림 P13.41

13.41 미끄럼 고리 A에 부착된 핀이 막대 OB 내의 홈에 맞물려 있다. 극좌표를 사용하여 A의 속력을 θ와 $\dot{\theta}$로 나타내라. (참고: 직교좌표계를 이용한 해답을 문제 12.23에 나타내었다.)

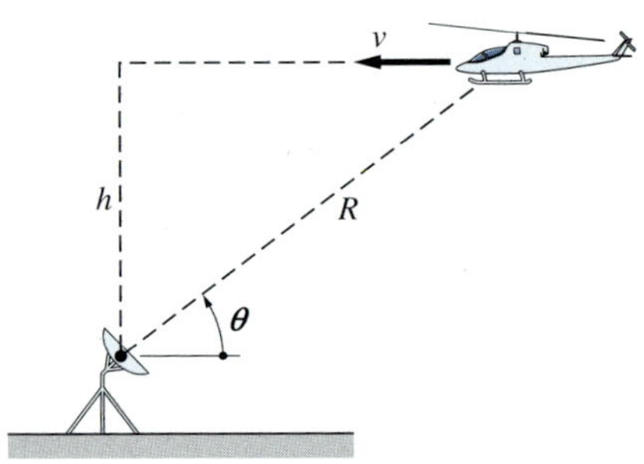

그림 P13.42

13.42 헬리콥터가 일정한 시간 간격으로 R, θ 및 $\dot{\theta}$를 기록하는 레이더에 의해 추적된다. 어느 순간의 기록이 $R = 2500$ m, $\theta = 35°$, $\dot{\theta} = 0.03$ rad/s이다. 헬리콥터가 수평비행을 할 때, 이 순간에 헬리콥터의 고도 h와 속력을 구하라.

13.43 로봇의 텔레스코프 암(telescopic arm)이 O를 중심으로 수평축으로 회전하는 마운트(mount) A에서 미끄러진다. 암의 끝 B가 일정 속도 v_B로 그림에 나타낸 수직선을 따라 이동한다. v_B, b 및 θ를 이용하여 다음을 나타내라. (a) $\dot{\theta}$와 $\dot{R}$, (b) $\ddot{\theta}$와 $\ddot{R}$.

13.44 윈치(winch) D가 케이블 BCD를 1.2 m/s의 일정 비율로 풀고 있다. $R = 6$ m일 때, 봉 AB의 끝 B의 속력을 구하라.

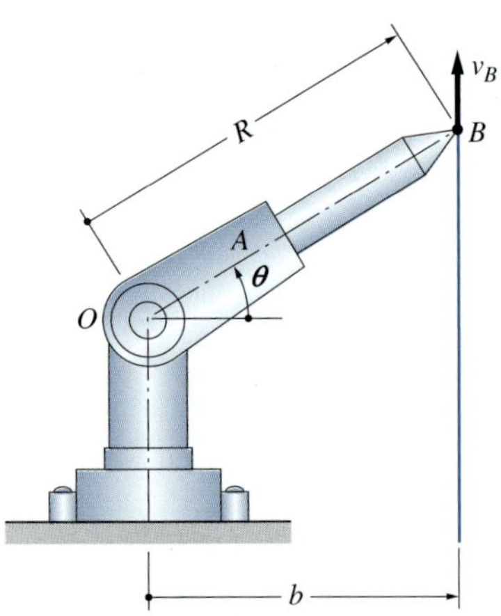

그림 P13.43

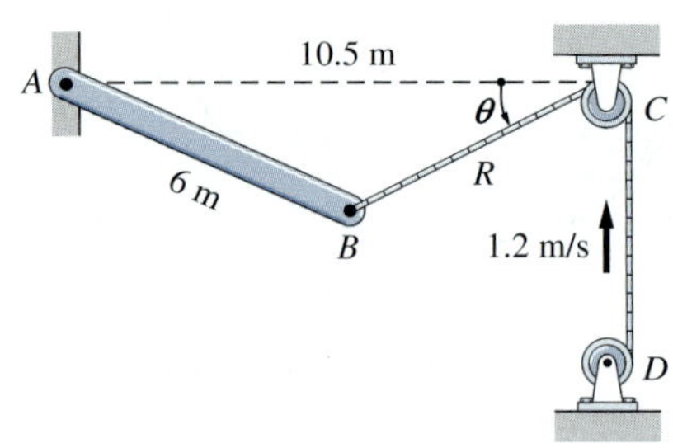

그림 P13.44

13.45 질점이 $R = 0.4$ m, $z = -0.2\theta$ m(θ는 라디안)인 원통좌표계로 나타낸 나선을 따라 움직인다. 어느 순간에 $\dot{\theta} = 6$ rad/s, $\ddot{\theta} = -10$ rad/s^{2}가 알려져 있다. 이 순간에 속도와 가속도벡터의 크기를 구하라.

13.46 질점이 $R = 101.6$ mm와 $z = 12.7 \sin 4\theta$ mm로 나타낼 수 있는 경로를 따라

이동한다. 만일 $\dot{\theta} = 0.8$ rad/s(일정)일 경우, 질점의 최대 속도와 최대 가속도의 크기를 결정하고, 이때 각도 θ를 구하라.

13.47 어린이가 나선형의 물미끄럼틀 AB를 따라 미끄러져 내려간다. 원통좌표계로 운동을 표현하면, $R = 4$ m, $\theta = \omega^2 t^2$ 및 $z = h[1 - (\omega^2 t^2/\pi)]$이고, 여기서 $h = 3$ m, $\omega = 0.75$ rad/s이다. 어린이가 점 B에 있을 때, 속도 및 가속도벡터의 크기를 구하라.

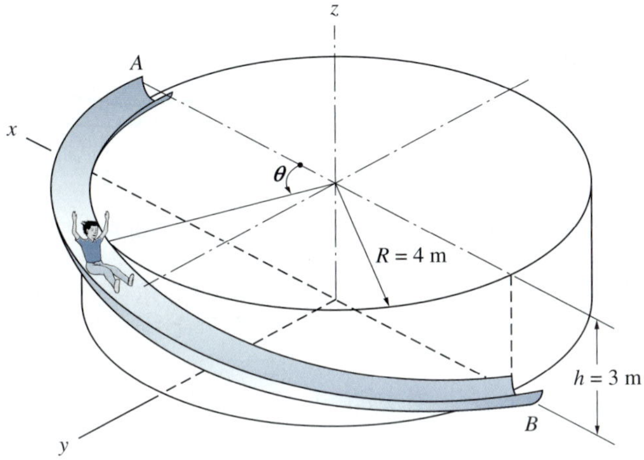

그림 P13.47

13.48 슬라이더 A가 $\dot{\theta} = 1.83$ m/s의 일정한 속력으로 위로 움직일 때, 봉 OE가 $\dot{\theta} = 4$ rad/s의 일정한 각속도로 z축을 중심으로 회전한다. $\dot{s} = 0.61$ m일 때, A의 속도와 가속도벡터의 크기를 구하라.

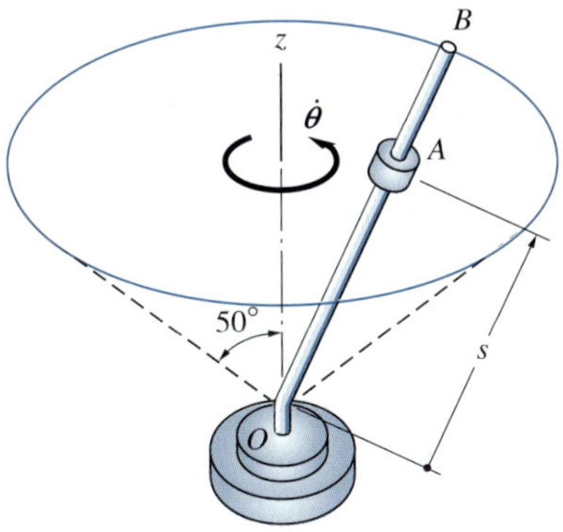

그림 P13.48

13.49 길이 $L = 0.8$ m인 막대 OA가 z축에 대해 일정한 각속도 $\dot{\theta} = 3$ rad/s로 회전한다. 이와 동시에 막대는 $\dot{\beta} = 2$ rad/s의 일정한 비율로 들리고 있다. $\theta = 50°$와 $\beta = 40°$일 때, 끝점 A의 가속도의 크기를 결정하라.

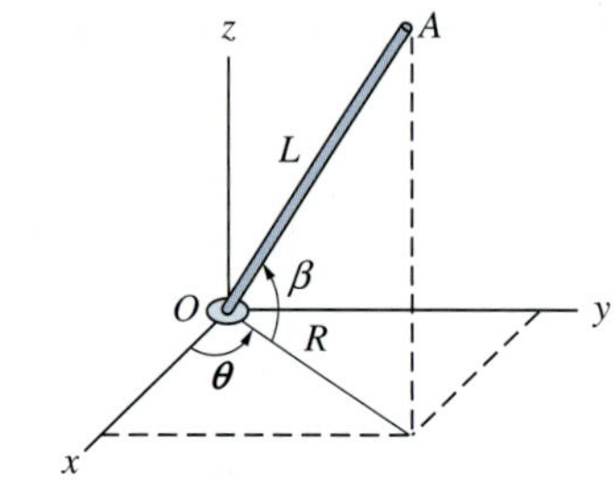

그림 P13.49

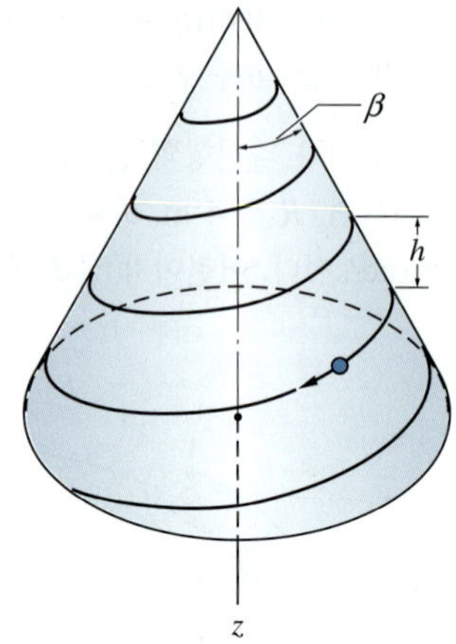

그림 P13.50

13.50 원뿔형의 표면 위를 움직이는 질점의 경로가 다음 식과 같이 정의된다.

$$R = \frac{h}{2\pi}\theta \tan\beta \qquad z = \frac{h}{2\pi}\theta$$

여기서 R, θ 및 z는 원통좌표이다. 만약 질점의 운동이 $\dot{\theta} = \omega$(일정)와 같다면, 다음을 θ의 함수로 표시하라. (a) 질점의 속력, (b) 가속도벡터의 원통좌표 성분

13.4 운동역학: 힘–질량–가속도 법

힘–질량–가속도(FMA)법은 직각좌표계를 이용하여 12.3절에서 설명하였다. 곡선좌표를 고려할 때에도, 이 방법의 네 가지 기본 단계는 다음과 같이 동일하다. (1) 질점의 자유물체 선도(FBD)를 그린다. (2) 가속도의 운동학적인 해석을 수행한다. (3) 질점의 질량–가속도 선도(MAD)를 그린다. (4) FBD와 MAD의 정역학적으로 등가인 관계로부터 운동방정식을 유도한다. 단지 2번째 단계인 운동학의 세부적인 사항에서 중요한 변화가 있다.

13.4a 경로 (*n*-*t*) 좌표계

질점의 자유물체 선도와 질량–가속도 선도를 그림 13.13(a)에 나타내었다. MAD는 질량·가속도벡터의 법선과 접선성분을 나타낸다. 정역학적으로 등가이기 위한 두 선도에 대한 조건은 다음과 같다.

$$\Sigma F_n = ma_n \qquad \Sigma F_t = ma_t \tag{13.22}$$

여기서 ΣF_n과 ΣF_t는 질점에 작용하는 합력(resultant force)의 법선과 접선성분이다. 앞에서도 설명하였듯이 경로좌표는 단지 평면운동에 대해서만 사용된다.

13.4b 원통좌표계

원통좌표 성분에 의한 질점의 운동방정식은 다음과 같다.

$$\Sigma F_R = ma_R \qquad \Sigma F_\theta = ma_\theta \qquad \Sigma F_z = ma_z \tag{13.23}$$

여기서 ΣF_R, ΣF_θ와 ΣF_z는 질점에 작용하는 합력의 각 좌표축방향의 성분을 나타낸다. 그림 13.13(b)의 FBD와 MAD를 참조한다. 만약 질점의 경로가 xy 평면 내에 존재하면, 식 (13.23)의 세 번째 항은 $\Sigma F_z = 0$이 되고, 운동은 단지 극좌표 R과 θ에 의존한다.

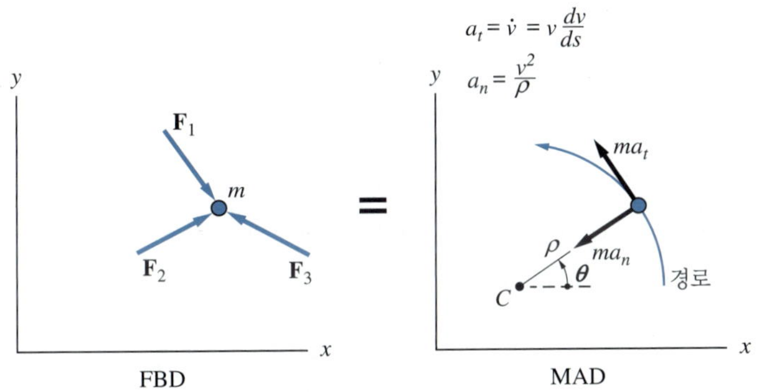

(a) 경로(n-t)좌표

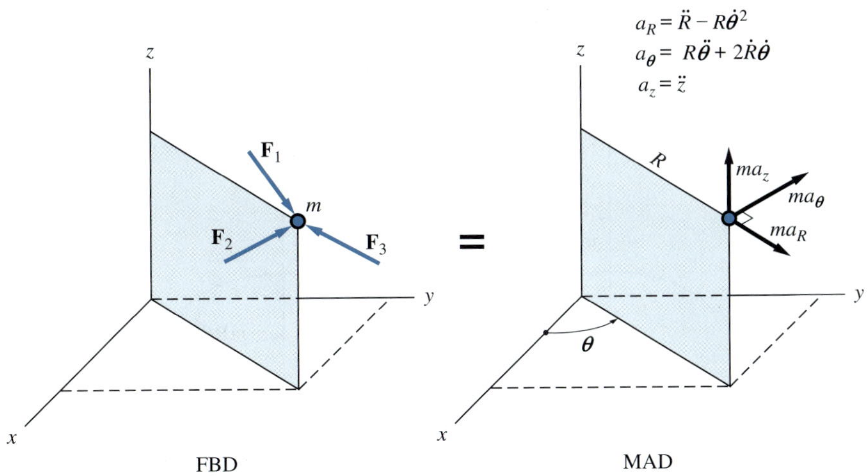

(b) 원통좌표

그림 13.13

예제 13.9

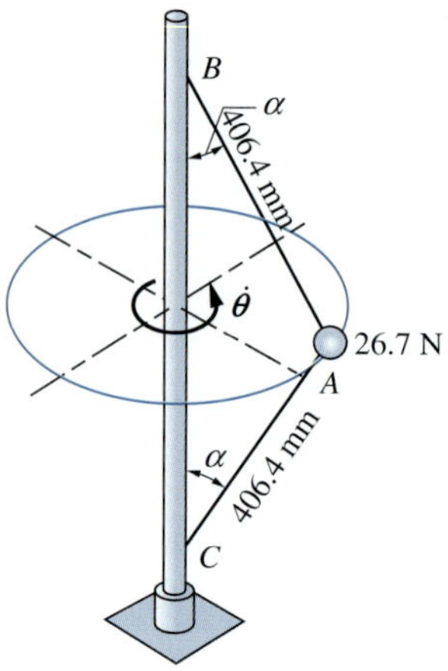

(a)

그림 (a)에 나타내었듯이, 줄 AB와 AC는 수직축에 26.7 N의 볼 A와 연결되어 있다. 축이 일정 각속도 $\dot{\theta}$로 회전할 때, 공은 축에 대해 $\alpha = 30°$ 기울어진 줄과 함께 수평 원을 따라 이동한다. 줄 AC의 장력이 53.4 N인 경우 $\dot{\theta}$의 값을 구하라.

풀이

공의 FBD와 MAD를 그림 (b)에 보였다. FBD는 공의 무게와 두 줄의 장력을 나타낸다. 공의 속력이 일정하기 때문에, MAD는 단지 가속도의 법선성분 $a_n = R\dot{\theta}^2$만을 포함한다. 여기서 R은 A의 경로의 반경이다. y 방향의 운동방정식은

$$\Sigma F_y = 0 \quad +\uparrow \quad T_{AB}\cos 30° - T_{AC}\cos 30° - 26.7 = 0$$

$T_{AC} = 53.4$ N를 대입하면,

$$T_{AB} = \frac{26.7}{\cos 30°} + 53.4 = 84.2 \text{ N}$$

두 번째 운동방정식은

$$\Sigma F_n = ma_n \quad \nwarrow + \quad T_{AB}\sin 30° + T_{AC}\sin 30° = mR\dot{\theta}^2$$

$R = 0.406 \sin 30° = 0.203$ m를 대입하면, 이 식은 다음과 같이 되고,

$$(84.2 + 53.4)\sin 30° = \frac{26.7}{9.81}(0.203)\dot{\theta}^2$$

각속도는 다음과 같이 얻어진다.

$$\dot{\theta} = 11.16 \text{ rad/s}$$

답

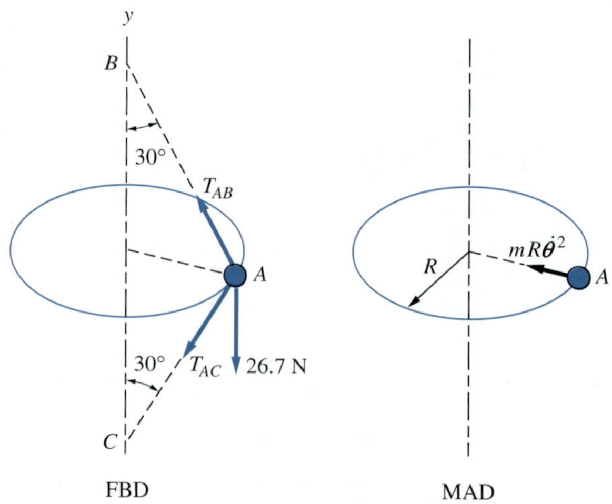

(b)

예제 13.10

그림 (a)에 나타낸 2.224 N의 블록 B는 회전봉 OA를 따라 미끄러진다. B와 OA 사이의 동마찰계수는 $\mu_k = 0.2$이다. 그림에 주어진 위치에서 $\dot{R} = 0.61$ m/s, $\dot{\theta} = 5$ rad/s 및 $\ddot{\theta} = 3$ rad/s^{2}이다. 이 위치에서 봉 OA에 대한 B의 가속도 $\ddot{R}$을 결정하라.

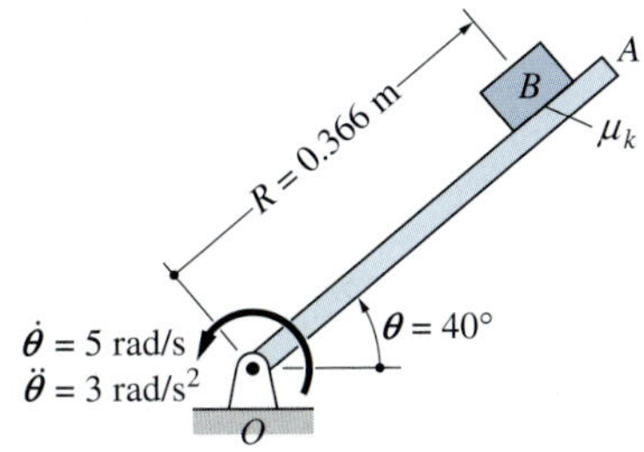

(a)

풀이

그림 (b)의 자유물체 선도(FBD)를 참조하면, 2.224 N의 블록무게, 봉 OA에 의해 작용하는 수직력 N, 동마찰력 $F = \mu_k N$의 세 가지의 힘이 B점에 작용하고 있음을 알 수 있다. F의 방향은 OA에 대한 B의 속도 $\dot{R}$와 반대이다. B의 질량-가속도 선도(MAD)를 함께 그림 (b)에 나타내었다. 여기서 관성벡터 $m\mathbf{a}$는 극좌표에 대하여 표시되어 있다.

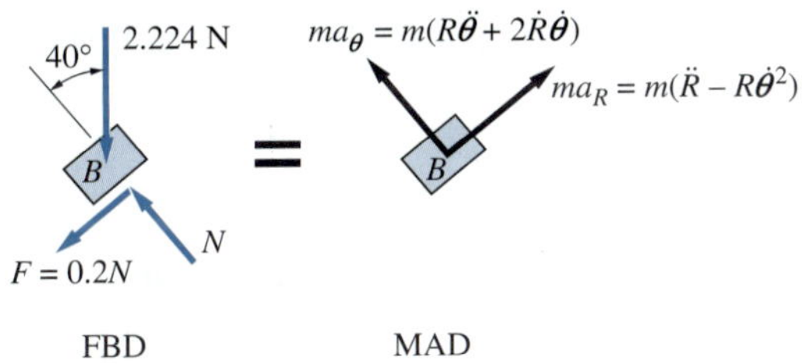

(b)

그림 (b)를 살펴보면 FBD와 MAD선도에서 N와 $\ddot{R}$이 미지수이고, 다른 변수는 주어져 있음을 알 수 있다. 따라서 2개의 미지수는 2개의 운동방정식으로부터 계산될 수 있다. 봉에 수직한 방향의 경우

$$\Sigma F_\theta = m(R\ddot{\theta} + 2\dot{R}\dot{\theta})$$

$$\overset{+}{\nwarrow} \quad N - 2.224\cos 40° = \frac{2.224}{9.81}[(0.366)(3) + 2(0.61)(5)]$$

이 되고, 이로부터 N는 다음과 같다.

$$N = 3.33\ \text{N}$$

반경방향의 경우 다음 식을 얻을 수 있다.

$$\Sigma F_R = m(\ddot{R} - R\dot{\theta}^2)$$

$$\overset{+}{\nearrow} \quad -2.224\sin 40° - 0.2N = \frac{2.224}{9.81}[\ddot{R} - (0.366)(5)^2]$$

위 식에 $N = 3.33$ N을 대입하고, $\ddot{R}$에 대하여 풀면 다음과 같다.

$$\ddot{R} = -0.107\ \text{m/s}^2$$ **답**

음의 부호는 봉 OA에 대한 B의 가속도가 점 O를 향하는 것을 의미한다.

예제 13.11

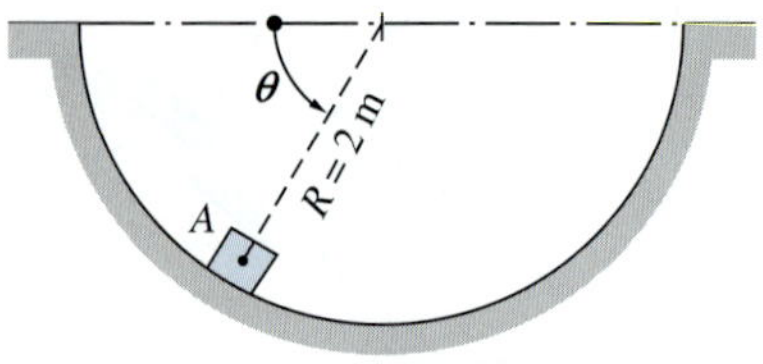

(a)

그림 (a)에서 12 kg의 질량 A는 반경 $R = 2$ m의 마찰을 무시할 수 있는 반원통(trough) 내를 미끄러진다. 질량은 반원통의 바닥 쪽으로 속도 $v_0 = 4$ m/s로 $\theta = 30°$에서 출발한다. θ의 함수로 다음을 유도하라. (1) 질량의 속력, (2) 질량과 반원통 사이의 접촉력

풀이

문항 1

경로가 원이므로, 법선 및 접선좌표계와 극좌표계가 동일한 방법으로 사용될 수 있다. 여기서는 법선 및 접선좌표를 선택하였다.

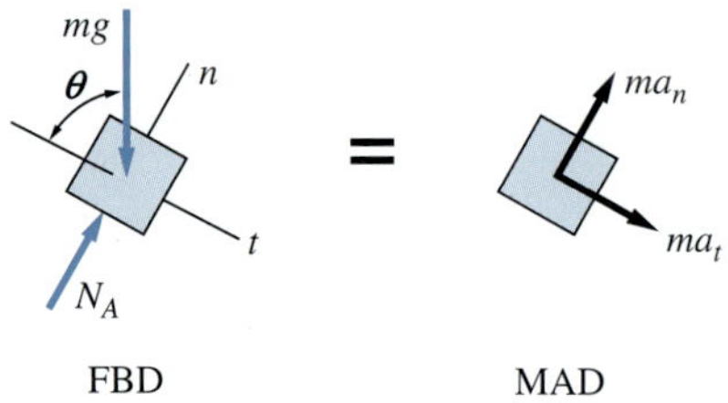

(b)

임의의 위치에서 질량의 자유물체 선도를 그림 (b)에 나타내었다. 자유물체 선도에는 질량의 무게 mg와 접촉력 N_A가 포함되어 있고, 마찰이 없기 때문에 접촉력은 반원통의 표면에 수직방향이다. 질량-가속도 선도(MAD)는 관성벡터의 법선 및 접선성분을 나타낸다. 접선방향의 운동방정식은

$$\Sigma F_t = ma_t \quad \searrow^{+} \quad mg\cos\theta = ma_t$$

이고, 이로부터 다음이 얻어진다.

$$a_t = g\cos\theta \tag{a}$$

식 (13.9)로부터 $a_t = v(dv/ds)$를 대입하면, 식 (a)는 $(v/R)(dv/d\theta) = g\cos\theta$로 된다. 여기서 $ds = R\,d\theta$임을 이용하였다. 이를 재정리하고

$$v\,dv = gR\cos\theta\,d\theta$$

적분하면

$$\frac{1}{2}v^2 = gR\sin\theta + C \tag{b}$$

여기서 C는 적분상수이다. 식 (b)에서 $\theta = 30°$일 때, 초기조건 $v = v_0 = 4$ m/s을 대입하면, 다음과 같이 C를 구할 수 있다. $C = \frac{1}{2}v_0^2 - gR\sin 30° = \frac{1}{2}(4)^2 - (9.81)(2)\sin 30° = -1.810\ (\text{m/s})^2$. 따라서 θ의 함수로서의 질량의 속력은 다음과 같다.

$$\begin{aligned} v &= \pm\sqrt{2(gR\sin\theta + C)} = \pm\sqrt{2[(9.81)(2)\sin\theta - 1.810]} \\ &= \pm\sqrt{39.24\sin\theta - 3.62}\ \text{m/s} \end{aligned}$$ 답

문항 2

그림 (b)를 참조하면, 법선방향의 운동방정식은

$$\Sigma F_n = ma_n \quad \overset{+}{\nearrow} \quad N_A - mg\sin\theta = ma_n$$

이다. $a_n = v^2/R$을 대입하고, N_A에 대해 풀면 다음과 같이 얻어진다.

$$N_A = m\left(g\sin\theta + \frac{v^2}{R}\right) = 12\left(9.81\sin\theta + \frac{39.24\sin\theta - 3.62}{2}\right)$$
$$= 353.2\sin\theta - 21.7\text{ N} \qquad \text{답}$$

참고

질량은 $v = 0$ 또는 $39.24\sin\theta - 3.62 = 0$일 때 정지하고, 다음에 역방향으로 움직이며,이때의 각도는 $\theta = 174.7°$이다. 따라서 질량은 반원통을 벗어나지 않는다.

예제 13.12

그림 (a)에서 수직축 AB는 베어링 A에서 회전한다. 0.6 kg의 슬라이더 P는 마찰이 없는 봉 OD를 따라 자유롭게 움직일 수 있고, 30°의 각도로 AE와 강하게 결합되어 있다. $r = 1.2$ m인 어느 순간에 $\dot{\theta} = 4$ rad/s, $\ddot{\theta} = 0$ 그리고 OD에 대한 P의 속도는 $\dot{r} = 4$ m/s로 알려져 있다. 이 순간에 OD에 의해 P에 작용하는 접촉력의 크기와 OD에 대한 P의 가속도 $\ddot{r}$을 구하라.

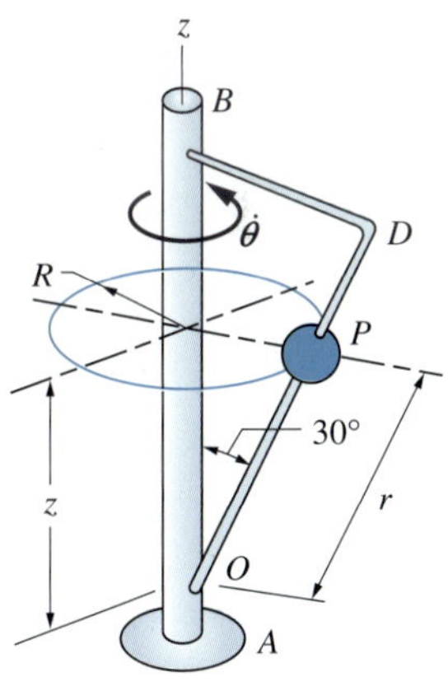

(a)

풀이

관심을 가지는 순간의 슬라이더 P의 자유물체 선도(FBD)는 그림 (b)에 나타나 있고, 여기서 슬라이더의 무게는 $mg = 0.6(9.81) = 5.886$ N이다. OD에 의해 작용하는 접촉력을 2개의 성분, 즉 OD에 수직이고 z축을 통과하는 N_1과 OD와 N_1에 수직인 N_2로 분해하는 것이 편리하다. 슬라이더 P의 질량-가속도 선도(MAD)를 그림 (c)에 나타내었다. 여기서 관성벡터 $m\mathbf{a}$는 원통좌표 성분에 의해 나타내었다.

그림 (a)로부터 $R = r\sin 30° = 1.2\sin 30° = 0.60$ m와 $z = r\cos 30°$를 얻을 수 있다. 시간에 대하여 미분하고, $\dot{r} = 4$ m/s를 대입하면 다음 식을 얻을 수 있다.

$$\dot{R} = \dot{r}\sin 30° = 4\sin 30° = 2.00\text{ m/s}$$
$$\ddot{R} = \ddot{r}\sin 30°$$
$$\dot{z} = \dot{r}\cos 30° = 4\cos 30° = 3.464\text{ m/s}$$
$$\ddot{z} = \ddot{r}\cos 30°$$

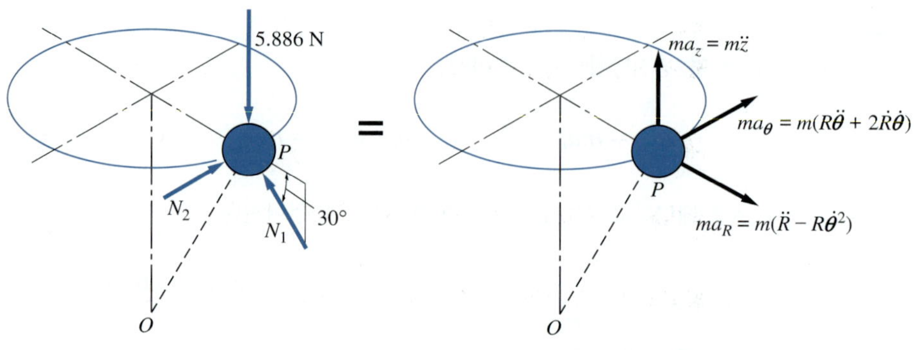

(b) (c)

$\dot{\theta}$, $\ddot{\theta}$, $\dot{r}$은 주어져 있기 때문에, $\ddot{r}$만이 유일한 미지의 운동변수임을 알 수 있다. 그림 (b)의 FBD는 2개의 미지수(N_1, N_2)를 포함하고 있으므로, 3개의 미지수를 포함하는 문제를 얻을 수 있다. 이러한 미지수는 슬라이더에 대한 3개의 유용한 운동방정식으로부터 결정될 수 있다.

그림 (b)와 (c)를 참조하면, 운동방정식은 아래와 같다.

$$\Sigma F_R = ma_R = m(\ddot{R} - R\dot{\theta}^2)$$
$$\overset{+}{\searrow} \quad -N_1 \cos 30° = 0.6[\ddot{r}\sin 30° - 0.60(4)^2] \qquad \text{(a)}$$

$$\Sigma F_\theta = ma_\theta = m(R\ddot{\theta} + 2\dot{R}\dot{\theta})$$
$$\overset{+}{\nearrow} \quad N_2 = 0.6[0 + 2(2.00)(4)] = 9.600 \text{ N} \qquad \text{(b)}$$

$$\Sigma F_z = ma_z = m\ddot{z}$$
$$+\uparrow \quad N_1 \sin 30° - 5.886 = 0.6(\ddot{r}\cos 30°) \qquad \text{(c)}$$

식 (a)와 (c)를 동시에 풀면

$$\ddot{r} = -3.70 \text{ m/s}^2$$ **답**

그리고 $N_1 = 7.931$ N이다. 따라서 OD에 의해 작용하는 접촉력의 크기는 다음과 같다.

$$N = \sqrt{N_1^2 + N_2^2} = \sqrt{(7.931)^2 + (9.600)^2} = 12.45 \text{ N}$$ **답**

예제 13.13

스프링 상수가 $k = 28.1$ N/m인 이상적인 스프링에 $m = 0.3$ kg인 질량이 연결되어 있다. 스프링은 변형되지 않은 상태에서 질점 A는 그림 (a)에 표시된 방향으로 $v_0 = 2$ m/s의 속력으로 평판에서 발사된다. 평판과 질점 사이의 마찰은 무시할 수 있다. (1) 극좌표

R과 θ의 항으로 질점의 운동을 나타내는 미분방정식을 유도하고 초깃값을 구하라. (2) $t = 0$에서 $t = 1.5$ s까지 미분방정식을 수치적으로 풀고 질점의 궤적을 그려라.

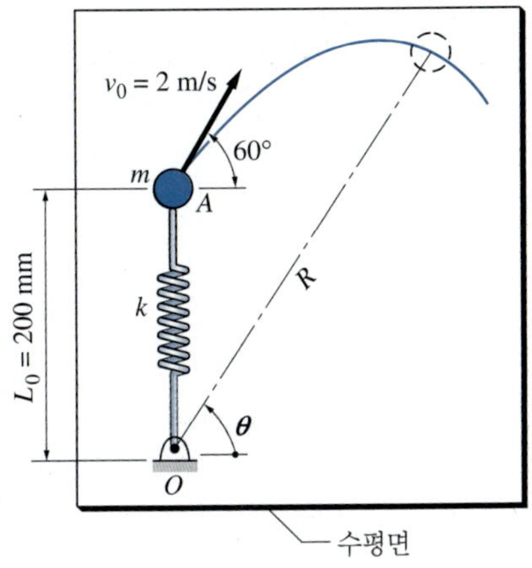

(a)

풀이

문항 1

임의의 위치에서 질점의 자유물체 선도(FBD)와 질량-가속도 선도(MAD)는 그림 (b)에 나타내었다. FBD에 표시된 단 하나의 힘은 스프링힘 $F = k(R - L_0)$이다. 여기서 L_0는 스프링의 원래 길이이다. 수평면에 의한 반력과 질점의 무게는 운동 평면에 대해 수직이므로, 운동방정식에 적용하지 않았다. 그림 (b)의 MAD는 관성벡터의 극좌표 성분을 나타내며 가속도는 수식 (13.18)로부터 구했다.

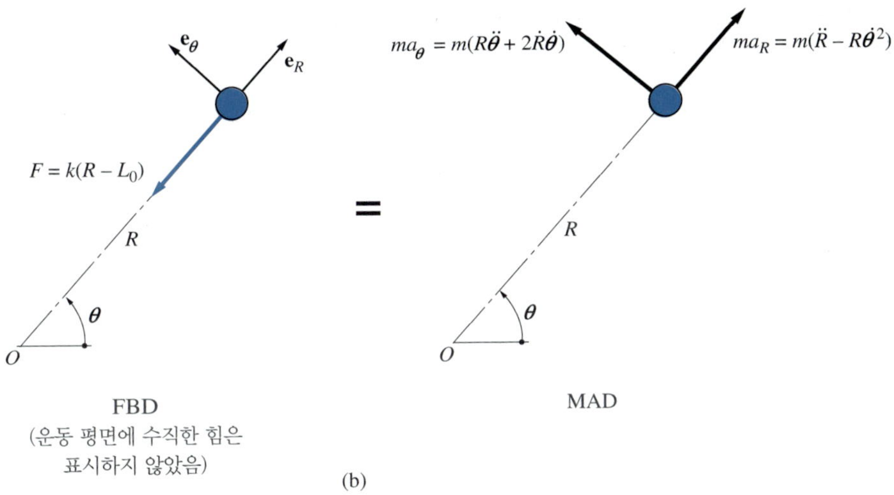

(b)

그림 (b)로부터 운동방정식은 다음과 같이 유도된다.

$$\Sigma F_R = ma_R \quad \overset{+}{\nearrow} \quad -k(R - L_0) = m(\ddot{R} - R\dot{\theta}^2)$$

$$\Sigma F_\theta = ma_\theta \quad \underset{+}{\nwarrow} \quad 0 = m(R\ddot{\theta} + 2\dot{R}\dot{\theta})$$

여기서 $m = 0.3$ kg, $k = 28.1$ N/m, $L_0 = 0.2$ m를 대입하면 $\ddot{R}$과 $\ddot{\theta}$는 다음의 미분방정식이 된다.

$$\ddot{R} = R\dot{\theta}^2 - 93.667R + 18.733 \text{ m/s}^2 \qquad \ddot{\theta} = -\frac{2\dot{R}\dot{\theta}}{R} \text{ rad/s}^2$$ **답**

초기조건은 다음과 같다.

$$R_0 = L_0 = 0.2 \text{ m}$$
$$\dot{R}_0 = (v_R)_0 = 2\sin 60° = 1.73205 \text{ m/s}$$
$$\theta_0 = \frac{\pi}{2} \text{ rad}$$ 답
$$\dot{\theta}_0 = \frac{(v_\theta)_0}{L_0} = -\frac{2\cos 60°}{0.2} = -5.000 \text{ rad/s}$$

문항 2

다음의 표기방법을 이용하면,

$$\mathbf{x} = [R\ \theta\ \dot{R}\ \dot{\theta}]^T$$

등가의 일차 미분방정식으로 나타낼 수 있다.

$$\dot{\mathbf{x}} = \begin{bmatrix} x_3 \\ x_4 \\ x_1x_4^2 - 93.667x_1 + 18.733 \\ -2x_3x_4/x_1 \end{bmatrix}$$

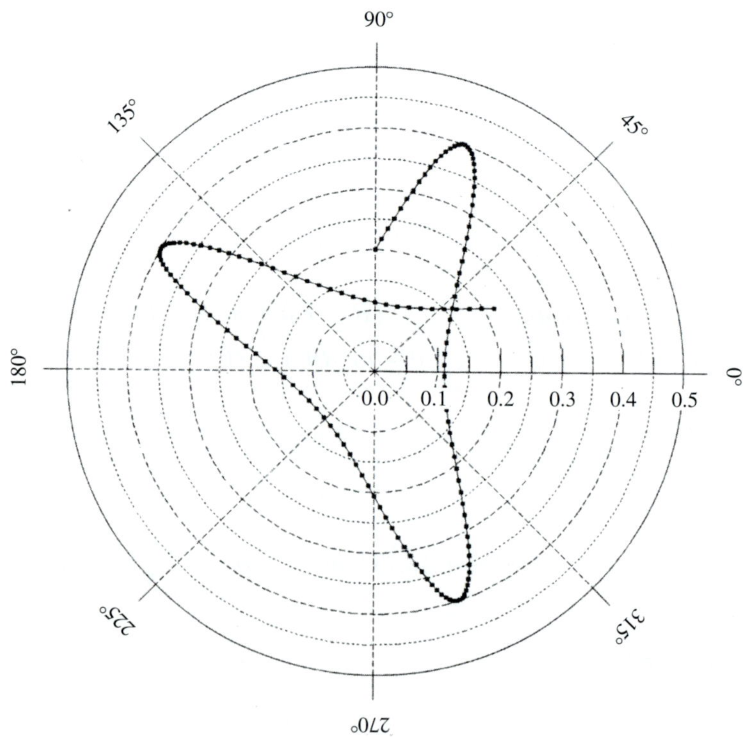

(c)

미분방정식과 궤적을 그리는 MATLAB 프로그램은 다음과 같다.

```
function example13 _ 13
time = [0:0.025:1.5];
x0 = [0.2 pi/2 1.73205 -5];
[t,x] = ode45(@f,time,x0);
axes('fontsize',14)
polar(x(:,2),x(:,1))
grid on

    function dxdt = f(t,x)
    dxdt = [x(3)
            x(4)
            x(1)*x(4)^2-93.667*x(1) + 18.7333
            -2*x(3)*x(4)/x(1)];
    end
end
```

그림 (c)는 궤적을 극좌표로 나타낸 것이다. 여기서 R은 절대 0.4 m를 넘지 않음에 주의하자.

연습문제

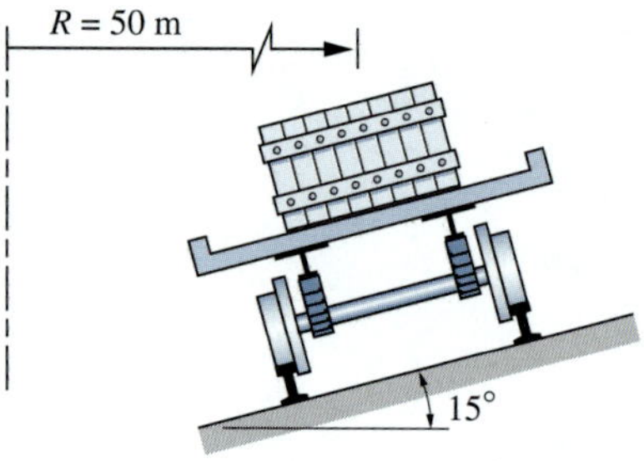

그림 P13.52

13.51 오토바이(motorcycle)가 경사가 없는 반경 183 m의 곡선을 따라 이동한다. 타이어와 도로 사이의 정마찰계수가 0.4라고 할 때, 오토바이가 미끄러지지 않을 일정한 최대 속력을 구하라.

13.52 평상형(flatbed)의 기차가 반경 50 m, 횡경사각 15°의 곡선을 70 km/h의 일정한 속력으로 이동한다. 질량이 M인 나무상자가 미끄러지는 것을 방지하기 위한 나무상자와 기차 사이의 최소 정마찰계수를 구하라.

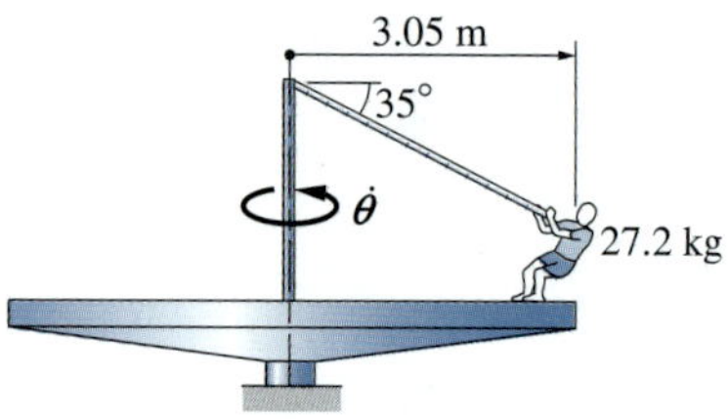

그림 P13.53

13.53 일정한 각속도 $\dot{\theta} = 2$ rad/s로 수직축에 대해 회전하는 놀이기구에 연결된 로프를 27.2 kg의 아이가 붙잡고 있다. 로프에 가해진 장력과 아이와 놀이기구 플랫폼 사이의 수직 힘을 구하라. 단, 마찰은 무시한다.

13.54 오토바이를 타는 사람이 원통형 벽의 내부의 수평 원을 따라 돌고 있다. 만일 타이어와 벽의 정마찰계수가 0.6이라면, 가능한 오토바이의 최저 속력을 구하라.

13.55 1451 kg의 자동차가 18.3 m/s의 속도로 그림과 같이 곡률반경이 61 m인 도로를 지나간다. 그림과 같은 위치에서 운전자가 브레이크를 밟았을 때, 자동차는 감속한다. 자동차와 타이어의 정지마찰계수가 0.6이라고 한다면, 그림의 순간에 가능한 최대 감속도를 결정하라.

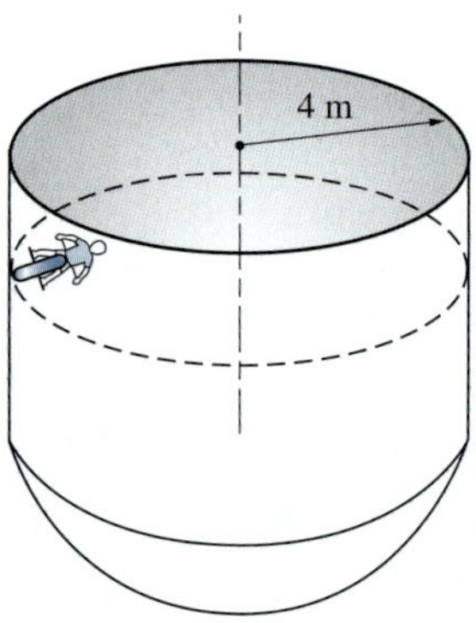

그림 P13.54

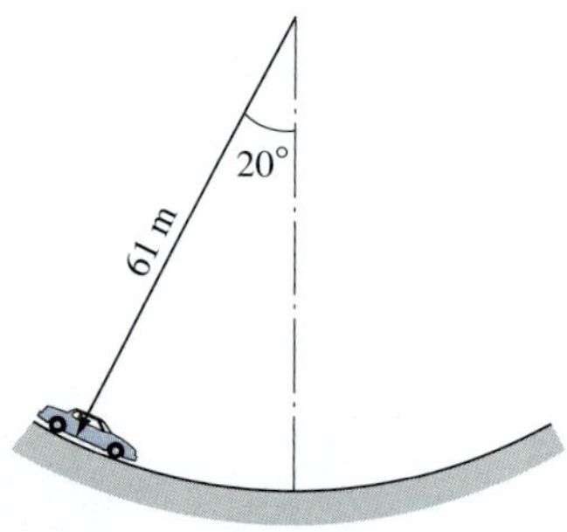

그림 P13.55

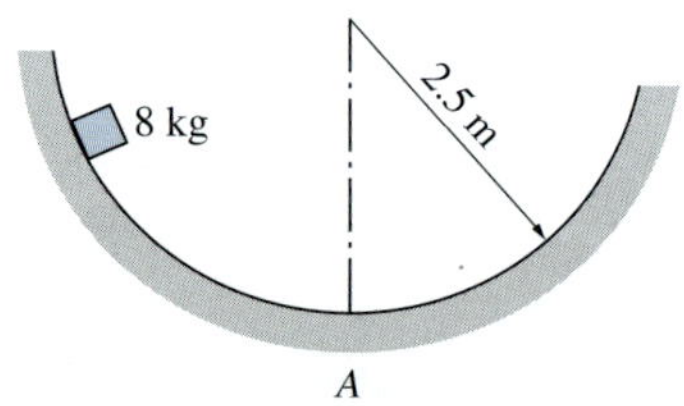

그림 P13.56

13.56 원형의 활강경사면을 미끄러져 내려오는 8 kg인 상자가 2.8 m/s의 속력으로 A점에 이른다. 활강경사면과 상자 사이의 동마찰계수는 0.2이다. 상자가 A에 있을 때, 다음을 계산하라. (a) 상자와 활강경사면 사이에 작용하는 법선력, (b) 상자의 속력 변화율.

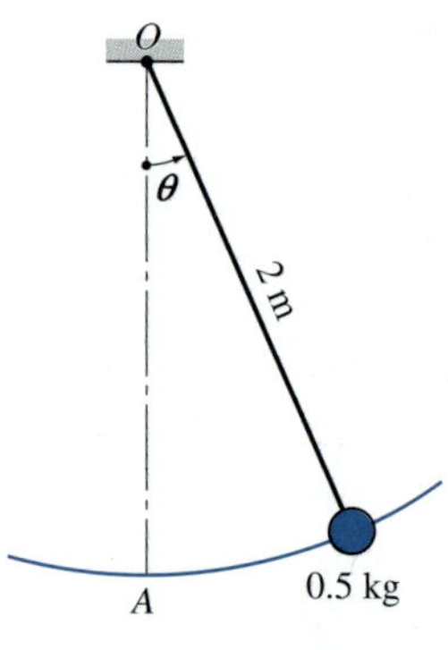

그림 P13.57, P13.58

13.57 $\theta = 25°$일 때, 단진자(simple pendulum)의 줄의 장력이 8.5 N이다. 이 순간에 줄의 각속도와 각가속도를 계산하라.

13.58 진자가 $\theta = 30°$의 정지 상태로부터 놓여진다. (a) θ를 독립변수로 하는 운동방정식을 유도하라. (b) θ의 함수로 추의 속력을 구하라.

13.59 질량 m의 구슬이 반경이 R인 1/4원의 와이어 AB를 따라서 마찰 없이 미끄러진다. 이때, 와이어 AB는 일정한 각속도 ω를 가지고 수직축 BC에 대해 회전한다. $R = 250$ mm이고 $\omega = 6.7$ rad/s일 때, 구슬이 와이어에서 미끄러지지 않는 각도 θ를 구하라.

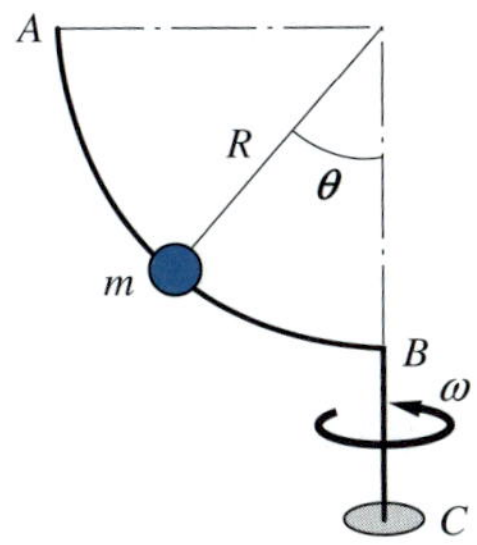

그림 P13.59

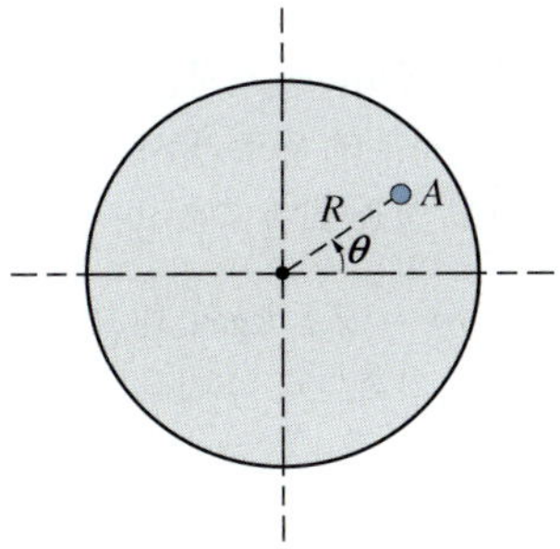

그림 P13.60

13.60 동전 A가 정지하고 있는 턴테이블(turntable)의 $R = 381$ mm, $\theta = 0$인 위치에 놓여 있다. 동전과 턴테이블 사이의 정마찰계수는 0.2이다. 턴테이블이 일정 각가속도 $\ddot{\theta} = 1.5$ rad/s^{2}로 움직이기 시작한다면, 동전이 미끄러지기 시작할 때의 각속도 $\dot{\theta}$를 구하라.

13.61 544 g의 고리가 매끄러운 봉 OA 위에서 자유롭게 미끄러진다. 봉이 일정한 각속도 $\dot{\theta}$로 점 O의 핀에 대해 수직한 평면에서 회전하고 있다. 점 A에서 고리가 접촉을 유지하기 위한 $\dot{\theta}$의 최솟값을 결정하라. 고리와 봉 사이의 마찰이 결과에 영향을 주는지 설명하라.

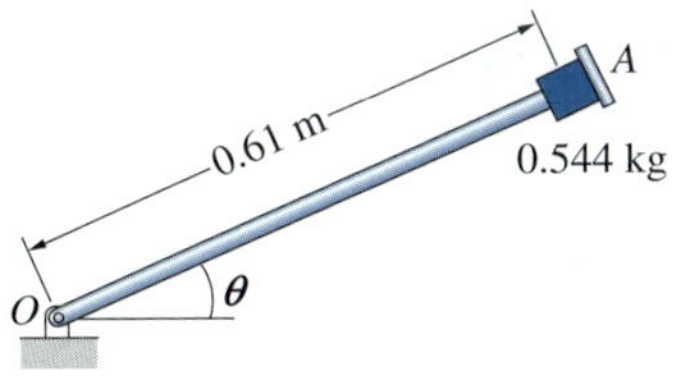

그림 P13.61

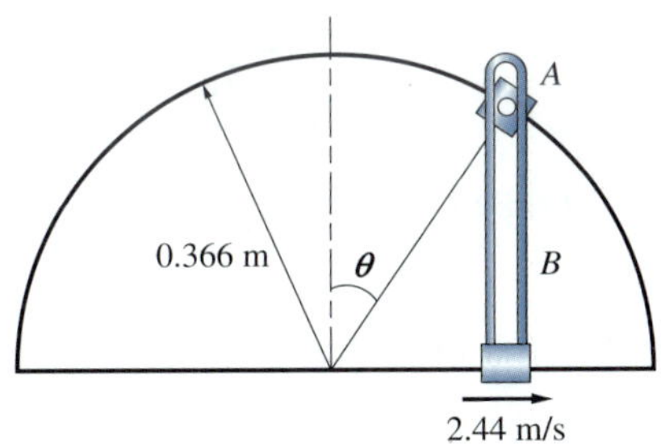

그림 P13.62

13.62 180 g의 고리 A가 반원 안내봉(guide rod) 위를 미끄러진다. 고리 위 핀은 수직한 슬롯 B에 연결되며, B는 일정한 속도 2.44 m/s로 오른쪽으로 움직이고 있다. $\theta = 30°$일 때, B와 핀 사이에 작용하는 힘을 결정하라. 단, 마찰은 무시한다.

13.63 스프링이 프레임과 907 g의 슬라이더 A 사이에서 연결된다. 스프링은 강성 29.2 N/m을 가지며 $x = 152.4$ mm에서 변형되지 않은 상태이다. 프레임이 일정한 각속도 $\dot{\theta} = 5$ rad/s로 수점 O에 대해 수평면에서 회전하고 있다면, 길이 x를 구하라. 단, 마찰은 무시한다.

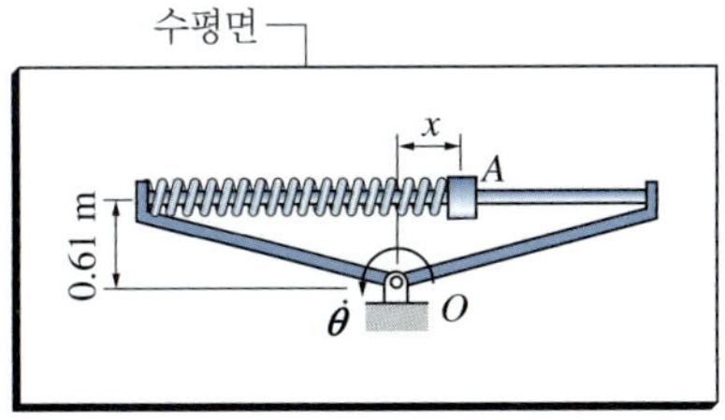

그림 P13.63

13.64 스프링이 8.9 N의 힘을 가하고 있다. 이 힘은 스톱(stop) B에 대하여 680 g의 슬라이더 A에 압력을 가한다. 각속도 $\dot{\theta}$가 느리게 증가한다고 가정하고, 슬라이더가 스톱 B와 접촉을 잃게 되는 $\dot{\theta}$를 찾아라. 조립체가 (a) 수평 평면에서 회전할 때와 (b) 수직 평면에서 회전하는 것을 가정하라.

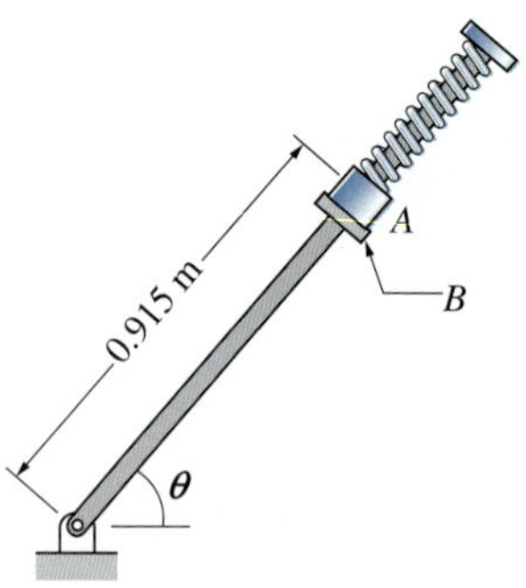

그림 P13.64

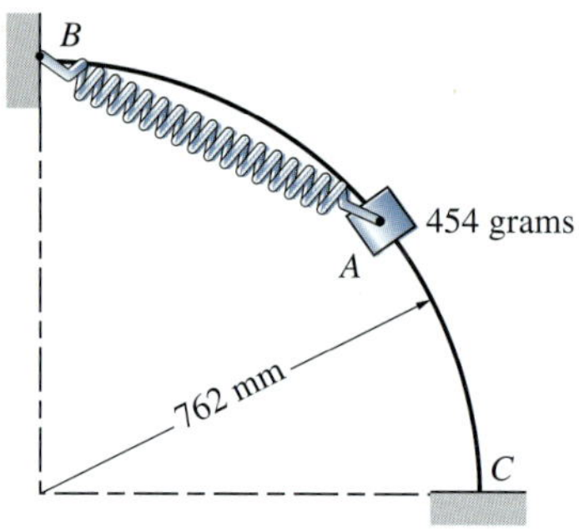

그림 P13.65

13.65 454 g의 슬라이더 A가 원형 안내봉 BC 위를 미끄러진다. 자유길이가 0.396 m이며 강성 17.5 N/m를 가지는 스프링이 슬라이더에 연결되어 있다. 슬라이더가 속도 2.44 m/s로 C에서부터 위로 발사된다. 슬라이더의 가속도의 크기와 발사 직후 안내봉과 슬라이더 사이의 접촉 힘을 구하라. 단, 마찰은 무시한다.

13.66 질량 $m = 2.5$ kg의 미끄럼 고리(sliding collar)를 운반하는 봉 OA가 $\dot{\theta} = 20$ rad/s의 일정 각속도로 수직축 OB에 대해 회전하고 있다. 줄이 $R_0 = 1.4$ m의 위치에서 고리와 연결된다. (a) 줄의 장력을 구하라. (b) 줄이 끊어진 직후의 봉에 대한 고리의 가속도 $\ddot{R}$을 구하라. 단, 마찰은 무시한다.

13.67 질량 $m = 2$ kg의 미끄럼 고리(sliding collar)를 운반하는 봉 OA가 수직축 OB에 대해 회전하고 있다. 줄이 고리를 O를 향하여 0.8 m/s의 일정한 비율로 당기는 동안 봉의 각속도는 $\dot{\theta} = 6$ rad/s로 일정하게 유지된다. 고리가 $R_0 = 1.2$ m인 위치에 이를 때, 줄의 장력 및 봉과 고리 사이의 접촉력을 구하라.

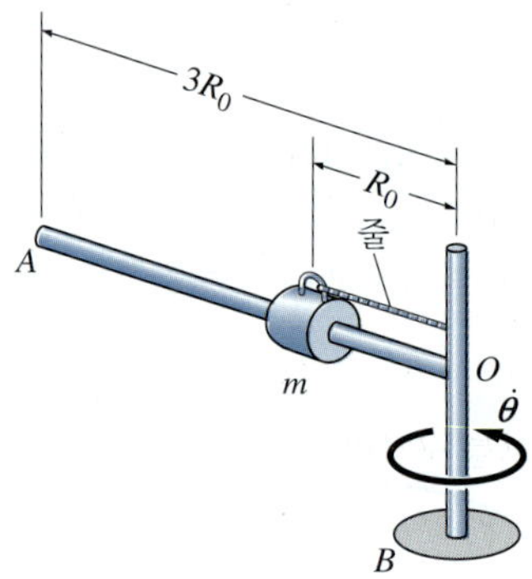

그림 P13.66, P13.67

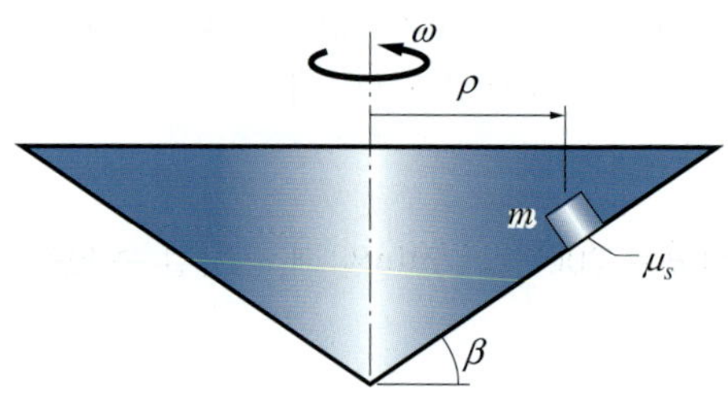

그림 P13.68

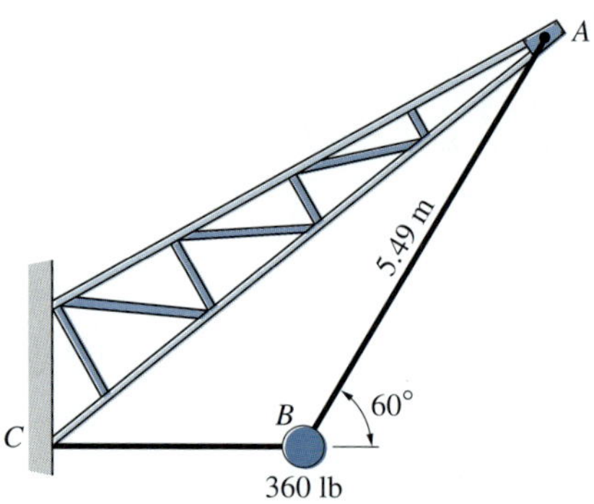

그림 P13.69

13.68 질량 m인 작은 블록이 원뿔 내부에 반경 거리 $\rho = 0.366$ m의 위치에 있다. 원뿔이 각속도 ω로 회전하고, 블록과 원뿔의 정지마찰계수는 $\mu_k = 0.28$이며, 원뿔의 각도가 $\beta = 35°$일 때, 원뿔 안에서 블록이 미끄러지지 않을 ω의 범위를 구하라.

13.69 163.2 kg의 기중기 볼(wrecking ball)이 처음에 케이블 AB와 BC에 의해서 정지되어 있다. 다음의 경우에 케이블 AB에 작용하는 힘을 구하라. (a) 케이블 BC가 풀리기 전, (b) 케이블 BC가 풀린 직후.

13.70 직경 25.4 mm의 구슬(marble)이 수평방향의 xy 평면에 포물선 모양을 한 홈 AOB 안에서 구른다. 홈의 단면은 너비 20.3 mm의 직사각형이다. 마찰을 무시하고, 구슬이 홈 안에 머무를 수 있는 최대 속력을 구하라.

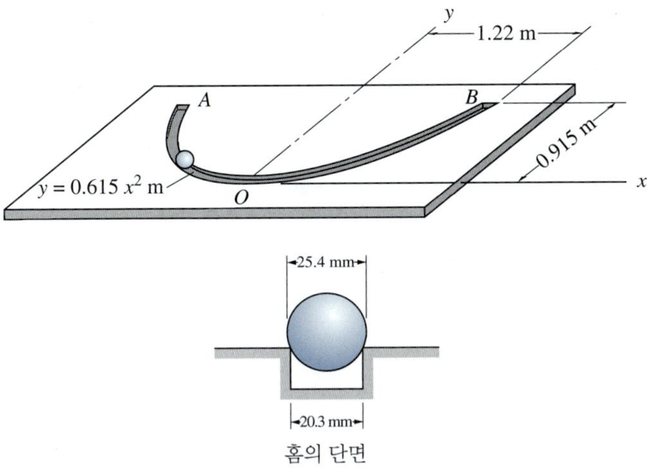

그림 P13.70

13.71 슈(shoe) A와 하우징 B 사이의 마찰은 원심클러치(centrifugal clutch)가 축 1에서 축 2로 토크를 전달할 수 있도록 한다. 슈와 하우징 사이의 정마찰계수가 0.8일 때, 원심력은 하우징에 대하여 슈를 고정한다. 각각의 슈의 무게는 454 g이고, 슈 조립체의 다른 부품의 무게는 무시할 수 있다. (a) $\dot{\theta} \geq 500$ rev/min일 때만 슈와 하우징 사이가 접촉할 수 있도록 하는 각각의 클러치 스프링 C에서의 초기 인장력을 계산하라. (b) $\dot{\theta} = 2000$ rev/min일 때, 전달될 수 있는 최대 토크를 구하라.

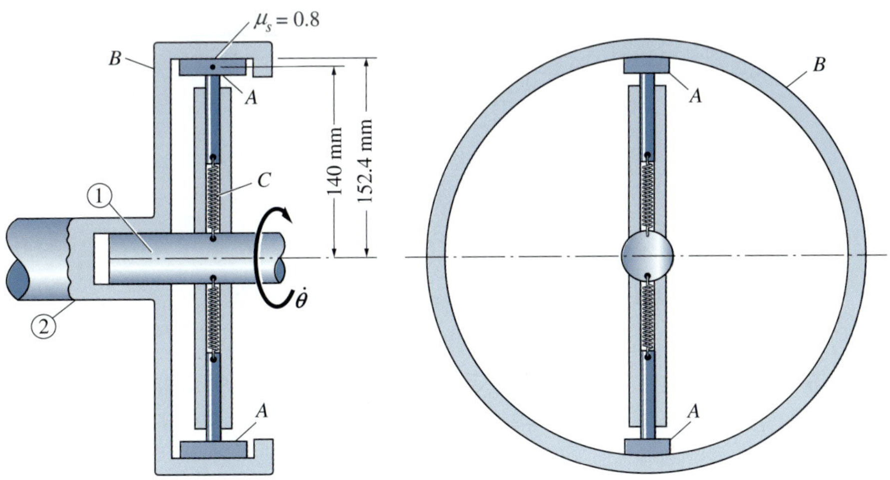

그림 P13.71

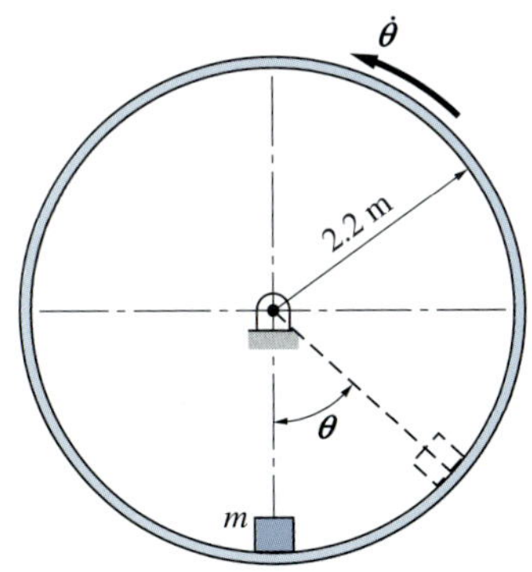

그림 P13.72

13.72 질량 m의 포장(package)이 수직평면을 일정 각속도 $\dot{\theta} = 1.2$ rad/s로 회전하는 원통(drum) 안에 놓여 있다. 포장이 미끄러지기 전에 $\theta = 35°$의 위치에 도달한다면, 포장과 원통 사이의 정마찰계수를 구하라.

13.73 3.6 kg의 질점 P의 경로는 $R = R_0(1 + e\cos\theta)$로 주어지는 타원(ellipse)이다. 여기서 $R_0 = 0.5$ m, $e = 2/3$이다. 선 OP의 각속도가 20 rad/s로 일정하다고 가정하고, 질점이 A에 있을 때 질점에 작용하는 힘의 극좌표 성분을 계산하라.

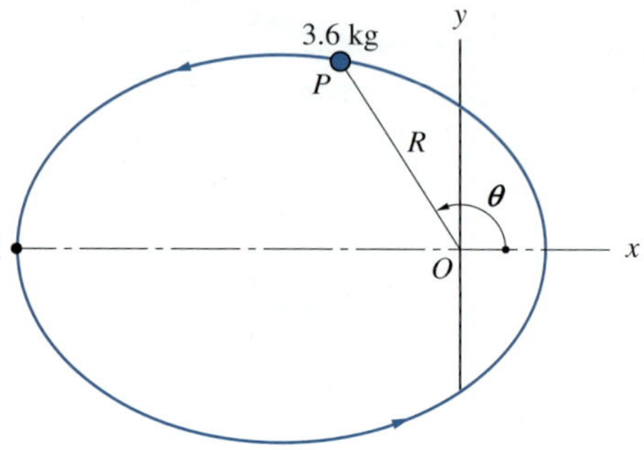

그림 P13.73, P13.74

13.74 3.6 kg의 질점 P가 문제 13.73에서 설명한 타원을 따라서 움직인다. 질점의 운동이 $v_\theta = R\dot{\theta} = 10$ m/s로 일정하다면, 질점이 A에 있을 때 질점에 작용하는 힘의 극좌표 성분을 계산하라.

13.75 그림에서 진자가 위치 $A(\theta = 0)$에서 각속도 $\dot{\theta}_A$로 놓아진다. 진자가 위치 $B(\theta = 180°)$에 도달할 수 있는 최소 각속도 $\dot{\theta}_A$를 구하라. 단, 막대의 무게는 무시할 수 있다.

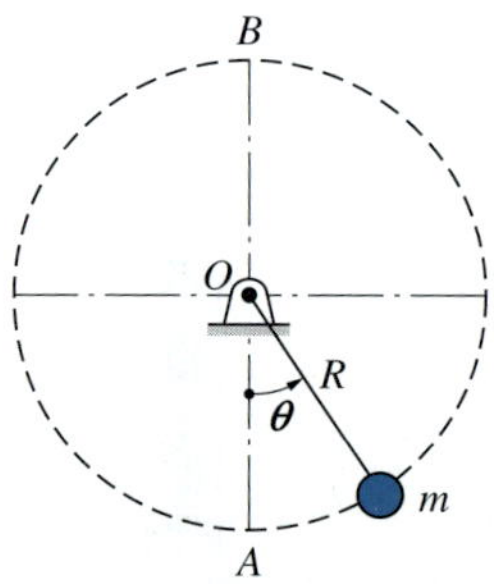

그림 P13.75

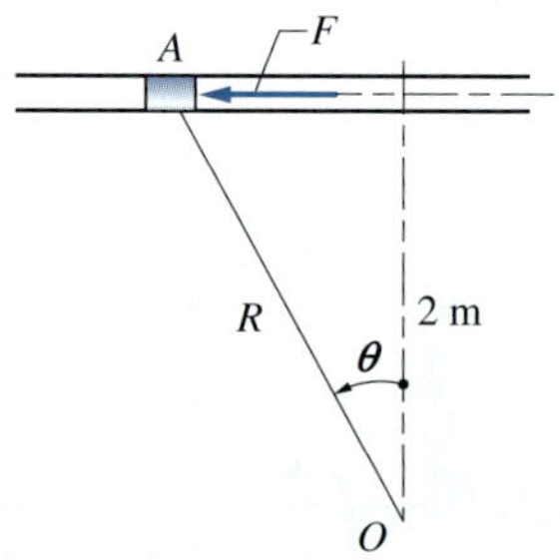

그림 P13.76

13.76 0.6 kg의 실린더 A가 마찰을 무시할 수 있는 수평 튜브에서 힘 F로 추진되어 움직인다. 움직이는 실린더가 $R\dot{\theta} = 4$ m/s를 일정하게 유지하기 위한 F를 θ의 함수로 구하라.

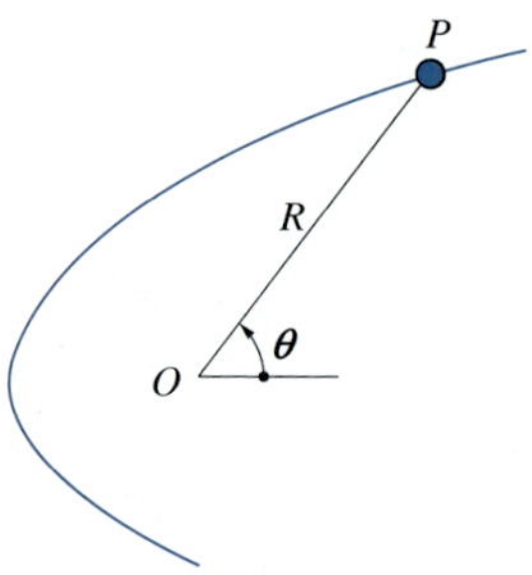

그림 P13.77

13.77 질점 P가 곡선 경로를 따라 움직이고 있으며, 질점의 속력은 $R^2\dot{\theta}$를 일정하게 유지하도록 변화하고 있다. 질점에 작용하는 힘은 항상 반경선분 $\overline{OP}$를 향하고 있음을 증명하라.

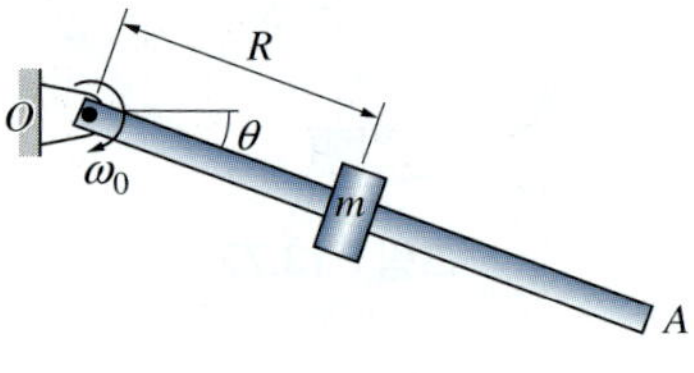

그림 P13.78

***13.78** 질량 m인 고리가 막대 OA에서 자유롭게 미끄러진다. 조립체는 수직평면에서 O축에 대해 ω_0의 일정한 각속도로 시계방향으로 회전한다. 만일 $\theta = 0$인 O점에서 고리가 정지 상태로 놓여진다면, (a) 고리의 운동을 나타내는 미분방정식을 R과 θ로 구하라. (b) 미분방정식을 풀어서 R을 θ의 함수로 구하라.

13.79 회전하는 암 OB 내의 홈을 따라 미끄러지는 0.10 kg의 볼 A는 강성 k의 압축 스프링에 의해서 정지 캠 C와 접촉을 유지한다. 스프링은 암이 OP의 위치에 고정되어 있을 때 볼에 2 N의 힘을 가한다. 암이 $\dot{\theta} = 20$ rad/s의 일정 각속도로 회전한다면, 암이 OQ의 위치에 있을 때 캠과 볼 사이의 접촉을 유지할 수 있도록 하는 최소 스프링 강성 k를 구하라. 마찰은 무시하고 조립체는 수평면에 놓여 있다고 가정한다.

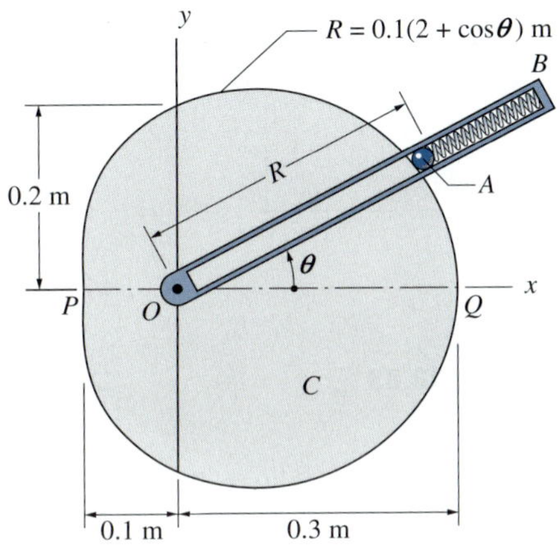

그림 P13.79, P13.80

***13.80** 문제 13.79에 설명한 계의 암 OB는 일정 각속도 $\dot{\theta} = 20$ rad/s로 회전한다. $\theta = 60°$일 때, 볼 A에 스프링에 의해 작용하는 힘은 12.5 N이다. 이 위치에서 다음을 구하라. (a) 볼과 캠 사이의 접촉력, (b) 볼과 홈(slot) 사이의 접촉력.

13.81 질량 m의 고리는 일정 각속도 $\dot{\theta} = \omega$로 회전하면서 무게를 무시한 봉 OB를 미끄러진다. 고리에 부착된 핀 A는 고정된 수직 홈(slot)에 맞물린다. 마찰은 무시하고, 다음을 구하라. (단, 답은 θ, ω, m, b 및 g를 이용하여 나타낸다.) (a) 슬롯에 의해 핀에 작용하는 힘, (b) 봉에 의해 고리에 작용하는 힘.

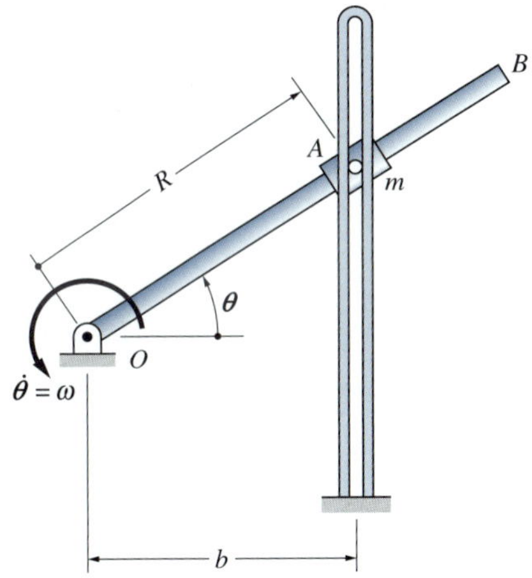

그림 P13.81

13.82 질량 C는 수직축 AB에 있는 2개의 와이어에 연결되어 있다. 그림에서 보듯이 축의 회전 때문에 질량이 수평 원을 이동한다. 와이어에 동일한 인장력을 일으키는 질량의 속력 v_0를 계산하라.

13.83 기계적인 머니퓰레이터(manipulator)의 텔레스코프 암(telescopic arm)은 수직축에 대해 일정 각속도 $\dot{\theta} = 8$ rad/s로 회전한다. 각 ϕ는 45°로 일정하게 유지되지만, 암의 길이는 $L = 1.83 + 0.61\sin(2\dot{\theta}t)$ m으로 t에 따라 변화한다. 여기서 t는 시간(sec)이다. 54.4 kg의 머니퓰레이터의 머리에 암에 의해 작용하는 힘의 원통좌표 성분을 시간의 함수로 계산하라.

13.84 기계적인 머니퓰레이터의 텔레스코프 암은 수직축에 대해 일정 각속도 $\dot{\theta} = 8$ rad/s로 회전한다. 암이 $\dot{L} = 4$ ft/s로 늘어나면서, 동시에 $\dot{\phi} = 2$ rad/s의 일정한 비율로 낮아진다. $L = 6$ ft이고 $\phi = 45°$일 때, 암이 120 lb의 머니퓰레이터 머리에 작용하는 힘의 원통좌표 성분을 결정하라.

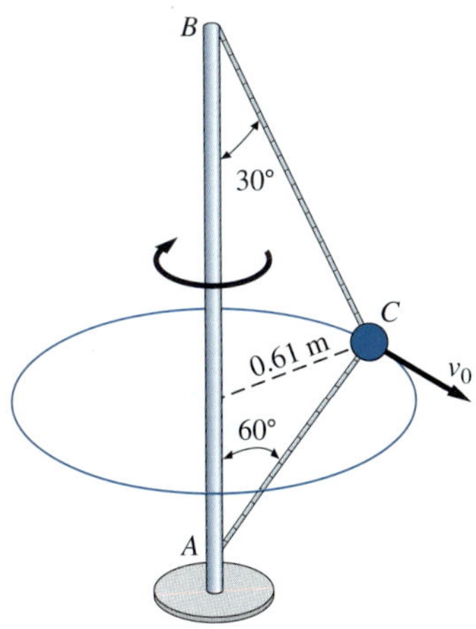

그림 P13.82

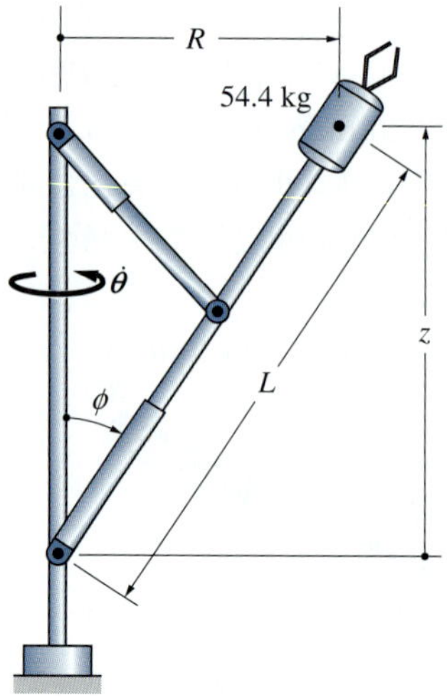

그림 P13.83

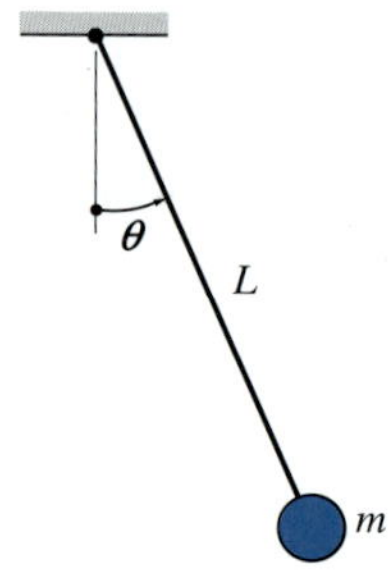

그림 P13.84

13.85 단진자의 운동 미분방정식은 $\ddot{\theta} = -(g/L)\sin\theta$로 나타낼 수 있다. $L = 9.81$ m로 주어지고, $\theta = 60°$에서 정지 상태로부터 진자를 놓는다. 진자가 $\theta = 0$의 위치에 도달할 때까지 필요한 시간을 결정하라. 해석적인 해인 1.686 s와 계산된 답을 비교하라.

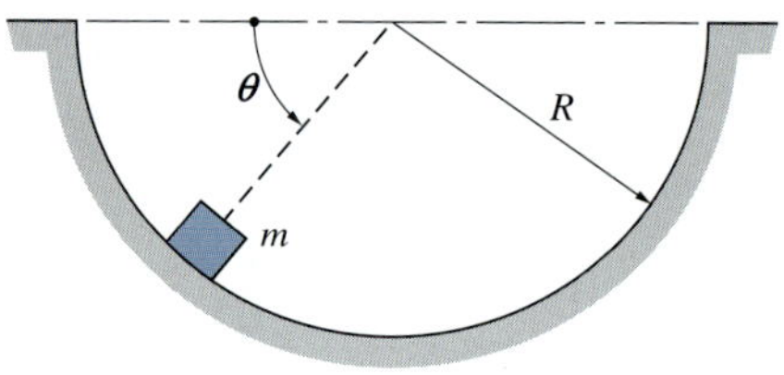

그림 P13.86

13.86 질량 m의 블록(block)은 $\theta = 0$에서 정지 상태로부터 놓여지고, 원형의 표면에 미끄러지게 된다. 블록과 표면 간의 동마찰계수는 μ이다. (a) 블록의 운동 미분방정식이 아래와 같음을 보여라.

$$\ddot{\theta} = (g/R)(\cos\theta - \mu\sin\theta) - \mu\dot{\theta}^2 \qquad (\dot{\theta} \geq 0)$$

(b) $R = 2$ m와 $\mu = 0.3$을 이용하여, 블록이 처음으로 정지 상태가 되는 θ의 값을 수치적분에 의해 구하라.

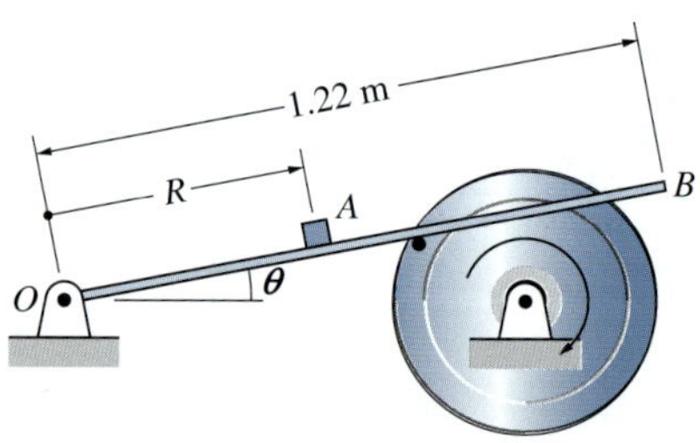

그림 P13.87

13.87 회전원반에 부착된 못(peg)이 테이블 OB의 경사각을 $\theta = \theta_0 \cos\omega t$로 변화하게 한다. 여기서, $\theta_0 = 15°$, $\omega = \pi$ rad/s이다. $t = 0$에서 질점 A는 테이블에 대한 상대속도를 가지지 않는 $R = 0.61$ m인 테이블 위에 놓여 있다. (a) 질점에 대한 운동방정식을 유도하고, 초기조건들을 설명하라. (b) 놓는 시간으로부터 질점이 테이블을 벗어날 때까지 수치적으로 방정식을 적분하고, $R(t)$를 그려라. (c) A가 테이블를 벗어나는 시간을 결정하고 그때 테이블에 대한 A의 속도를 결정하라. 단, 마찰은 무시한다.

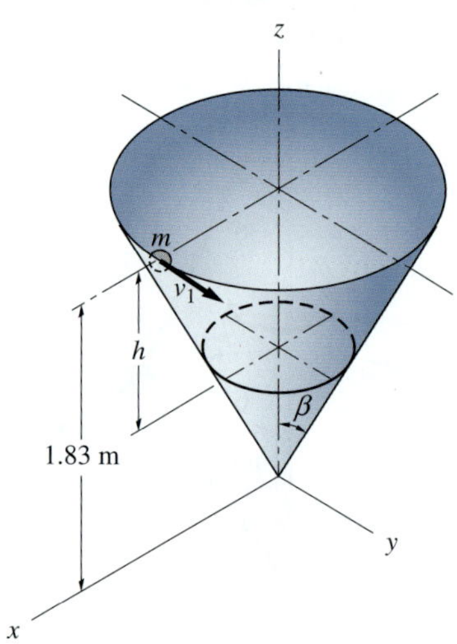

그림 P13.88

13.88 질량 m의 질점이 마찰이 없는 원뿔형의 용기 내를 미끄러진다. 질점은 $t = 0$에서 $v_1 = 3.05$ m/s의 속력으로 용기 가장자리에서 접선방향으로 출발한다. (a) 운동 미분방정식이

$$\ddot{\theta} = -\frac{2\dot{z}\dot{\theta}}{z}$$

$$\ddot{z} = \frac{z\dot{\theta}^2 \tan^2\beta - g}{1 + \tan^2\beta}$$

임을 보이고, 초기조건들을 설명하라. (b) $\beta = 20°$를 이용하여, $t = 0$에서 $t = 2$ s까지 수치적으로 운동방정식을 풀고, $z(\theta)$를 그려라. (c) 수치적인 해로부터, 질점이 움직이지 않는 수직거리 h를 구하라.

13.89 강성 10 N/m, 자유길이 0.5 m인 유연한 줄(cord)에 부착된 0.25 kg의 질량이 수직면을 자유롭게 움직인다. 변형되지 않은 줄에 매달린 질량을 $\theta = 0$의 정지 상태에서 놓는다. (a) 운동 미분방정식을 유도하고 초기조건들을 설명하라. (b) 놓는 시간부터 줄이 처음으로 수직이 될 때까지 방정식을 수치적으로 풀고, $R(\theta)$을 그려라. (c) 줄이 최대로 늘어난 길이를 구하라.

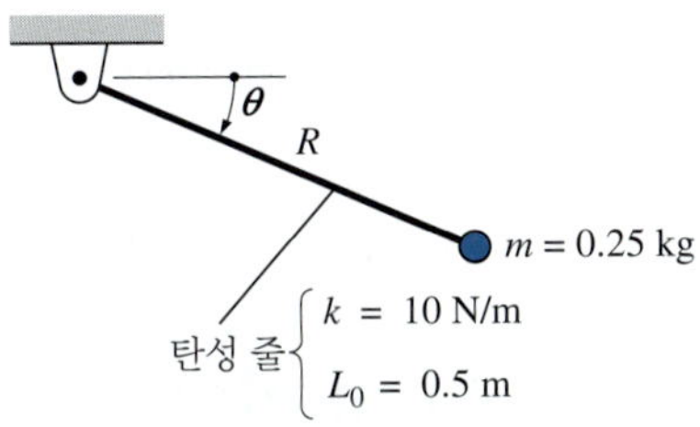

그림 P13.99, P13.90

13.90 문제 13.89에서 0.25 m만큼 늘어난 줄에 매달린 0.25 kg의 질량을 $\theta = 0$의 정지 상태에서 놓는다. (a) 질량에 대한 운동 미분방정식을 유도하고, 초기조건들을 설명하라. (b) 놓는 시간으로부터 줄이 늘어날 때까지 식을 수치적으로 풀고, $R(\theta)$를 그려라. (c) R의 최댓값과 줄이 느슨해질 때의 θ값을 결정하라.

REVIEW OF EQUATIONS

Kinematics in normal-tangential coordinates

$$v_n = 0 \quad v_t = v = \dot{s} \quad \text{(velocity is tangent to the path)}$$

$$a_n = v^2/\rho \quad a_t = \dot{v} = v\frac{dv}{ds}$$

s = distance measured along the path of the particle
ρ = radius of curvature of the path
$\mathbf{e}_n$ is pointed towards center of curvature
$\mathbf{e}_t$ is pointed in the direction of the velocity

Kinematics of motion along a circular path

$$v = R\dot{\theta}$$

$$a_n = \frac{v^2}{R} = R\dot{\theta}^2 \quad a_t = \dot{v} = R\ddot{\theta}$$

R = radius of the path

Kinematics in polar and cylindrical coordinates

$$v_R = \dot{R} \quad v_\theta = R\dot{\theta} \quad v_z = \dot{z}$$

$$a_R = \ddot{R} - R\dot{\theta}^2 \quad a_\theta = R\ddot{\theta} + 2\dot{R}\dot{\theta} \quad a_z = \ddot{z}$$

$\mathbf{e}_R$ is pointed outward from the origin
$\mathbf{e}_\theta$ is pointed towards increasing θ

REVIEW PROBLEMS

13.91 The airplane flies a vertical loop of radius 396 m. The speed of the plane at the top of the loop is constant at 240 km/h. If the weight of the pilot is 800 N, determine the contact force between the pilot and his seat when the plane is at the top of the loop.

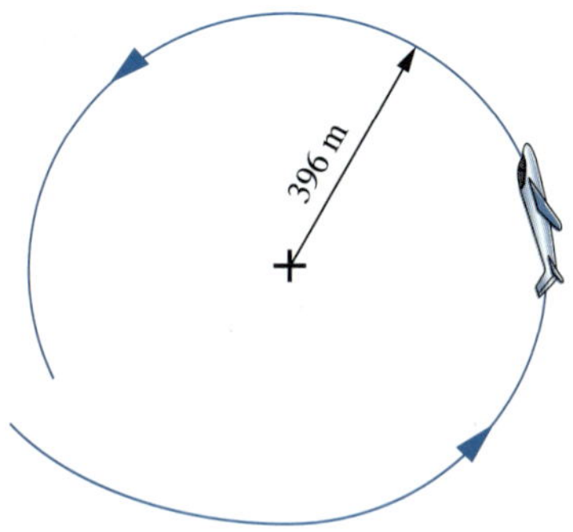

Figure P13.91

13.92 The 1361-kg car travels at the constant speed of 104 km/h on a road with the profile $y = h\cos(2\pi x/b)$ m, where $h = 0.915$ m and $b = 61$ m. Determine the maximum normal force between the tires and the road.

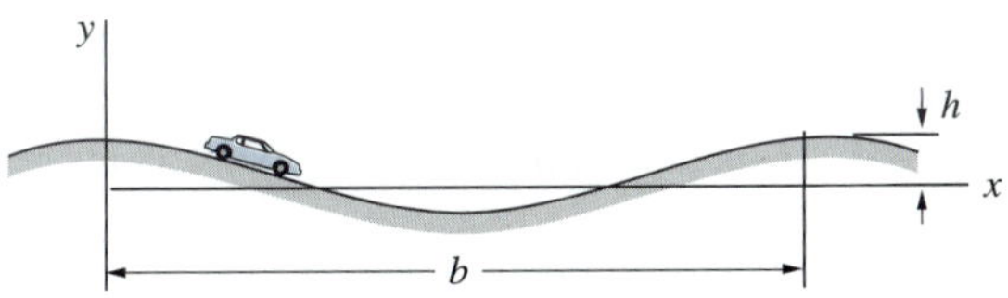

Figure P13.92

13.93 A 600-kg satellite is in a circular orbit around a planet. The radius of the orbit is 8000 km and the period (time of a complete orbit) is 6 hours. Determine (a) the gravitational force acting on the satellite; and (b) the mass of the planet. Use $G = 6.493 \times 10^{-11}\ \text{m}^3/(\text{kg} \cdot \text{s}^2)$ for the universal gravitational constant.

13.94 The bent water pipe of constant cross section is rotating about the vertical axis AB with the constant angular velocity $\dot{\theta} = 160$ rev/min. If the speed of water

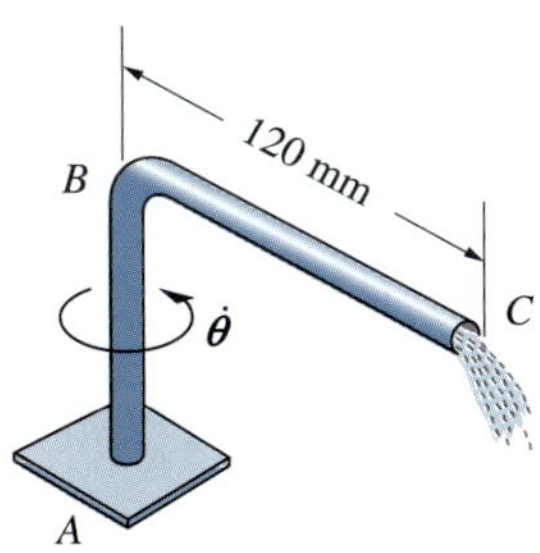

Figure P13.94

in portion AB of the pipe is 600 mm/s (constant), determine the magnitude of the acceleration of a water particle just before it exits the pipe at C.

13.95 The car travels on a curve that has the shape of the spiral $R = (2b/\pi)\theta$, where $b = 10$ m. If $\dot{\theta} = 0.5$ rad/s (constant), determine the speed of the car and the magnitude of the acceleration when $\theta = 3\pi/2$ rad (point A).

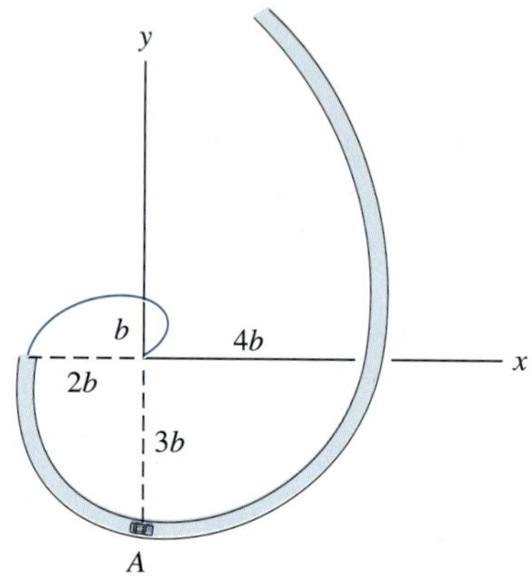

Figure P13.95

13.96 Bar AB starts from rest at $\theta = 0$ with the constant angular acceleration $\ddot{\theta} = 5$ rad/s^2. The block of mass m begins sliding on the bar when $\theta = 30°$. Determine the coefficient of static friction between the block and the bar.

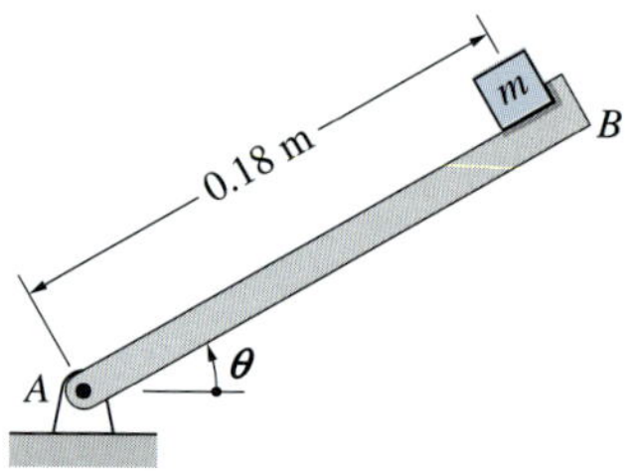

Figure P13.96

13.97 A projectile is launched at B with the velocity v_0 inclined at angle θ_0 to the horizontal. Knowing that the radii of curvature of the trajectory at A and B are $\rho_A = 40.8$ m and $\rho_B = 63.1$ m, determine θ_0 and v_0. Neglect air resistance.

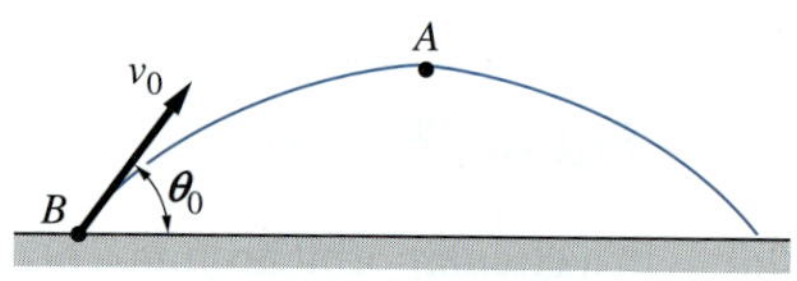

Figure P13.97

13.98 The 12-kg package slides down a smooth slope with the profile $y = \sinh x$, where x and y are in meters. When the package reaches the position shown, its speed is 8 m/s. For this position, determine the normal force between the package and the slope; and the rate of change of speed.

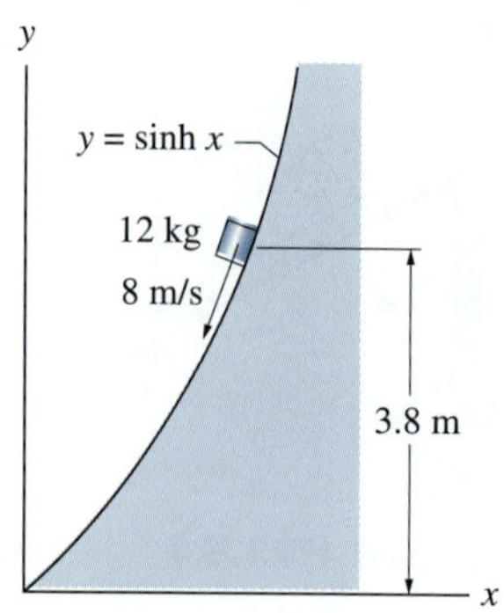

Figure P13.98

13.99 The 1.36-kg slider moves in the vertical plane along the semicircular rod of 0.61-m radius. The string attached to the slider passes over the small peg at B and carries a constant 8-N tension. When the slider is at A, its velocity is 1.28 m/s. For this position, determine the normal and tangential acceleration components of the slider and the contact force applied by the rod on the slider. Neglect friction.

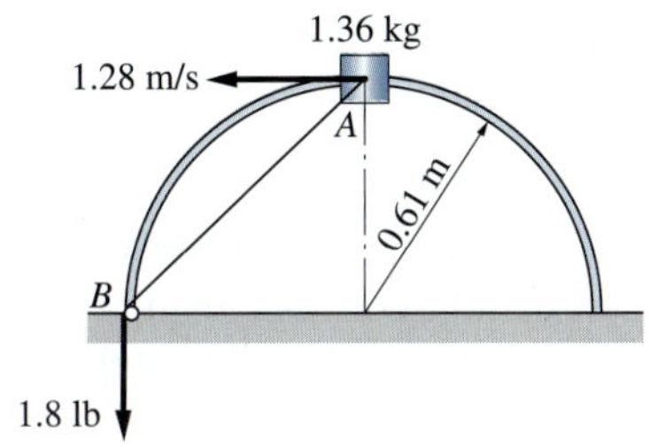

Figure P13.99

13.100 The car travels at a constant speed on a circular, banked track of 91.5-m radius. If the bank angle is $\beta = 10°$ and the coefficient of static friction between the track and the tires is 0.7, determine the maximum possible speed of the car in mi/h.

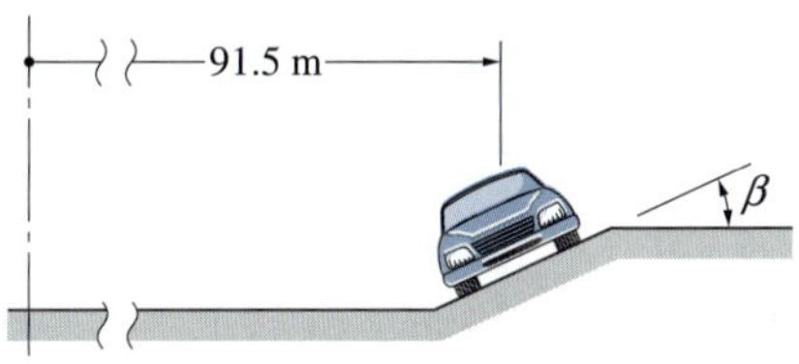

Figure P13.100

13.101 The rope ABC is attached to the sliding collar A and passes over the peg B. The rope is kept taut by a weight attached to end C. The collar is moving to the left at the constant speed of 1.6 m/s. When the collar is in the position $\theta = 50°$, determine (a) the velocity of point C and $\dot{\theta}$; and (b) the acceleration of point C.

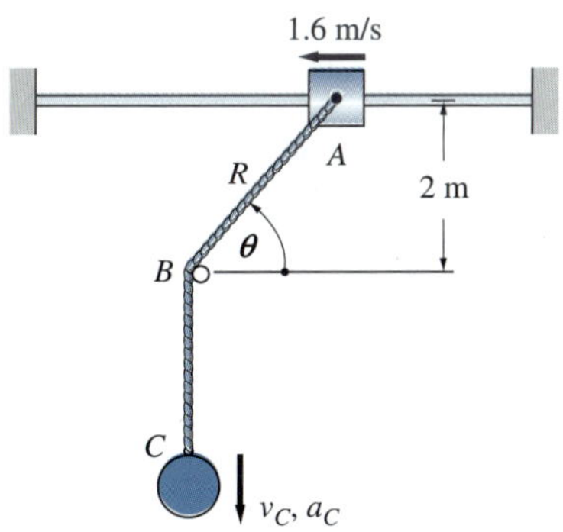

Figure P13.101

13.102 The particle of mass m is placed on the cylindrical surface of radius R at $\theta = 0$. The particle is then displaced slightly and released from rest. Determine the speed of the particle as a function of the angle θ. At what value of θ does the particle lose contact with the surface? Neglect friction.

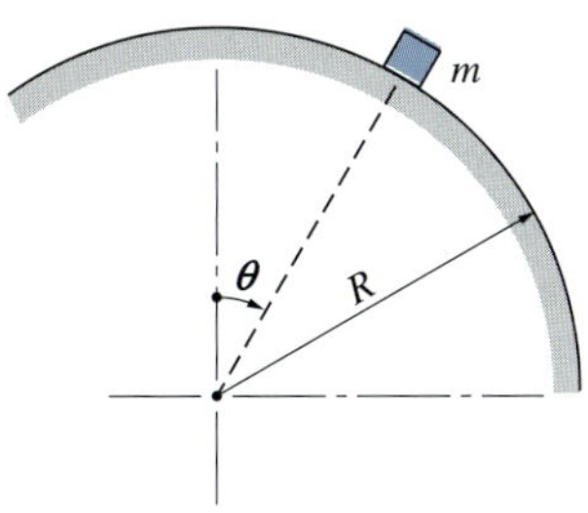

Figure P13.102

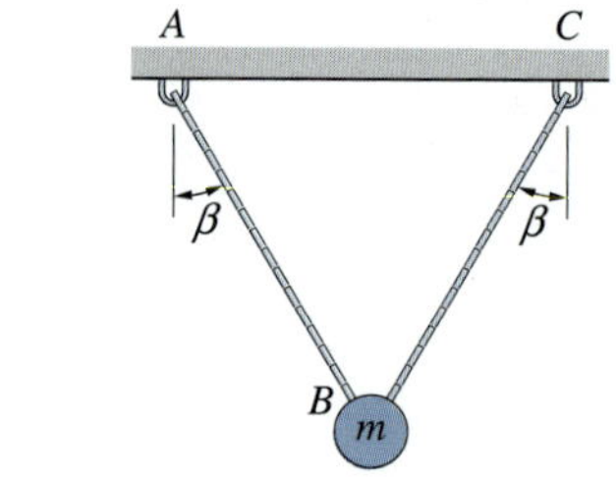

Figure P13.103

13.103 The mass m is suspended from two wires, as shown, when wire AB is cut. If $\beta = 35°$, determine the force in wire BC (a) before AB is cut; and (b) just after AB is cut. (c) For what value of β would the results of parts (a) and (b) be the same?

13.104 A particle moves on the surface of a sphere of radius b. The description of motion in cylindrical coordinates is $\theta = \omega t$, $R = b \sin \omega t$, $z = b \cos \omega t$, where ω is a constant. Determine (a) the maximum speed; and (b) the maximum magnitude of the acceleration vector of the particle.

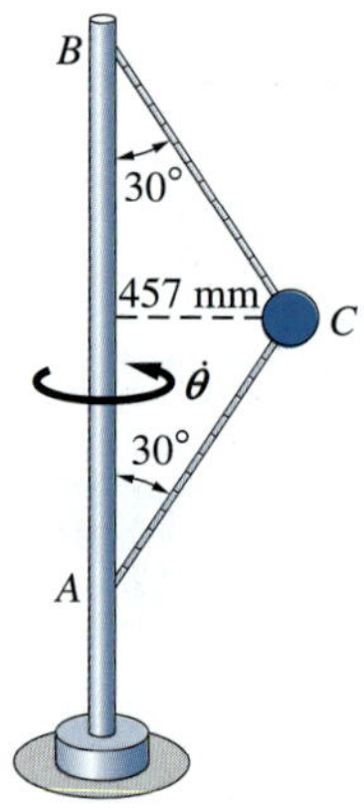

Figure P13.105

13.105 The mass at C is attached to the vertical pole AB by two wires. The assembly is rotating about AB at the constant angular speed $\dot{\theta}$. If the force in wire BC is twice the force in AC, determine the value of $\dot{\theta}$.

13.106 The collar B slides on a semicircular rod. A pin attached to the collar engages a slot in the slotted bar that rotates about A with the constant angular velocity $\dot{\theta} = \omega_0$. Determine the speed v of the collar in terms of ω_0.

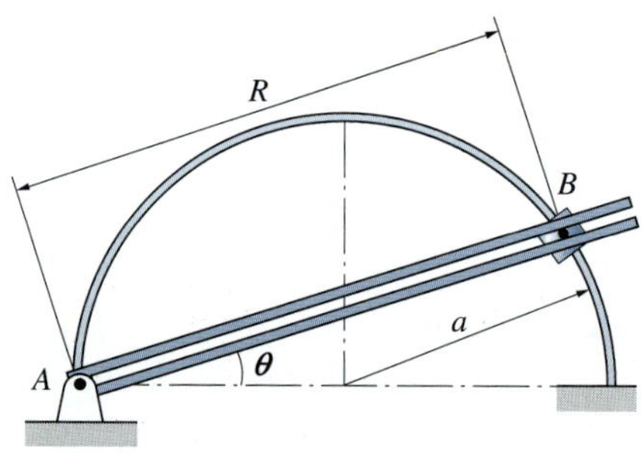

Figure P13.106

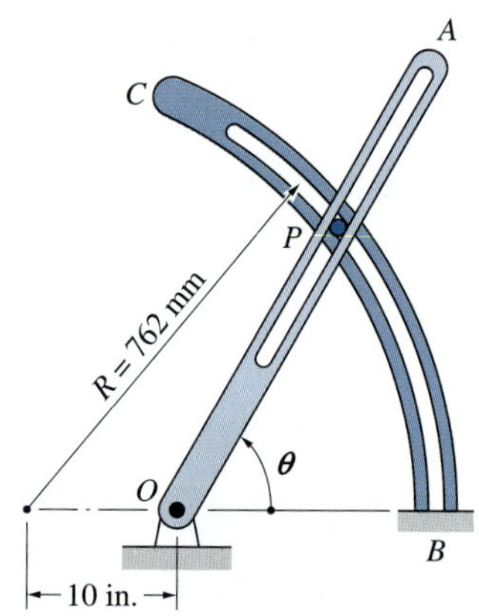

Figure P13.107

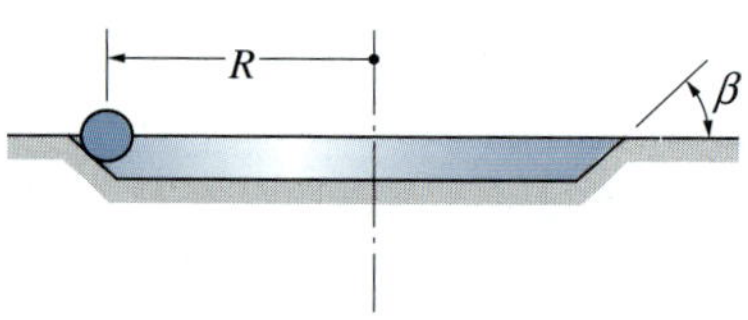

Figure P13.108

13.107 The pin P slides in slots in both the rotating arm OA and the fixed circular bar BC. If OA rotates with the constant angular speed $\dot{\theta} = 2$ rad/s, find the speed of P when $\theta = 60°$.

13.108 The path of a ball of mass m that rolls around a frictionless, circular track is a circle of radius R. The track is banked at the angle β. Determine the speed of the ball.

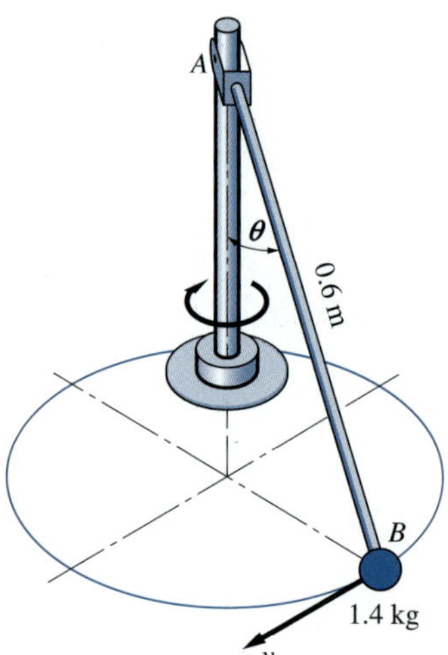

Figure P13.109

13.109 The pendulum is connected to the vertical shaft by a clevis at A. The mass of the bob B is 1.4 kg, and the mass of the arm AB is negligible. The shaft rotates with a constant angular speed, causing the bob to travel in a horizontal circle. If $\theta = 80°$, determine (a) the tensile force in AB; and (b) the speed v of the bob.

질점의 일과 에너지 및 충격량과 운동량의 원리

14

Work-Energy and Impulse-Momentum Principles for a Particle

14.1 서론

12장과 13장에서 이용한 힘–질량–가속도 법에서는 질점의 운동방정식을 뉴턴의 제2법칙 **F** = *m***a**로부터 직접 구하였다. 이들 방정식의 해를 이용하여 속도를 얻기 위해서는 한 번의 적분이, 그리고 위치를 얻기 위해서는 두 번의 적분이 필요하다.

일과 에너지 및 충격량과 운동량의 방법은 운동방정식의 적분형식을 이용한다. 만약 위치에 대하여 **F** = *m***a**의 양변을 적분하면, 일과 에너지 방법에서 이용되는 식을 얻을 수 있다. **F** = *m***a**를 시간에 대하여 적분하면, 충격량과 운동량 방법에 대한 식을 얻을 수 있다. 운동방정식의 적분형식은 특정형태의 문제에 대한 해를 구하는 데 매우 효과적이다. 일과 에너지의 방법은 질점의 변위 동안에 속력의 변화를 계산하는 데 유용하다. 충격량과 운동량의 방법은 시간 간격 동안에 발생하는 속도의 변화를 결정하는 데 매우 적합하다.

(Andrey Armyagov/Shutterstock.com)

행성 간 여행에서 우주선을 발사시키는 데에는 많은 에너지가 든다. 연습문제 14.48은 지구 중력장을 탈출하는 데 필요한 에너지를 계산하는 방법을 보여준다.

14.2 힘에 의한 일

14.2a 일의 정의

다음 절에서 유도되는 일-에너지 원리에서 기본적인 역할을 하는 개념인 힘에 의한 일을 정의하는 것으로부터 시작한다. 힘 $\mathbf{F}$의 작용점인 점 A는 그림 14.1에 나타낸 경로 $\mathscr{L}$를 따른다고 하자. 고정점 O로부터 측정된 점 A의 위치벡터는 시간 t에서의 $\mathbf{r}$과 시간 $t + dt$에서의 $\mathbf{r} + d\mathbf{r}$에 의해 표시된다. 미소 시간 간격 dt 동안의 점 A의 변위인 $d\mathbf{r}$은 A에서 경로의 접선방향인 것에 주의한다. 힘의 작용점에 변위 $d\mathbf{r}$이 작용할 때, 힘 $\mathbf{F}$에 의한 일 dU는 다음 식으로 정의된다.

$$dU = \mathbf{F} \cdot d\mathbf{r} \tag{14.1}$$

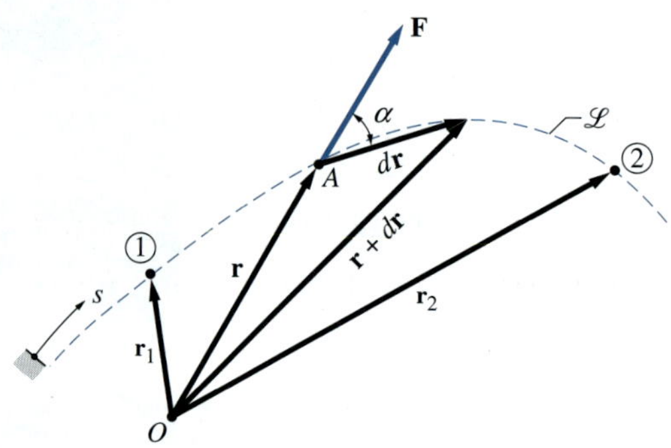

그림 14.1

점 위치가 ①에서 ②로 이동할 때, $\mathbf{F}$에 의해 이루어진 일은 경로 $\mathscr{L}$를 따르는 식 (14.1)을 적분함으로써 얻을 수 있다.

$$U_{1-2} = \int_{\mathscr{L}} dU = \int_{r_1}^{r_2} \mathbf{F} \cdot d\mathbf{r} \tag{14.2}$$

일은 양(+), 음(−) 또는 0이 될 수 있는 스칼라양이다. 일의 차원은 $[FL]$이며, SI 단위계에서 일의 단위는 N·m 또는 *joule* (J) (1 J = 1 N·m)이고, 미국 상용 단위계에서는 lb·ft 또는 lb·in이다.

$ds = |d\mathbf{r}|$, $F = |\mathbf{F}|$의 표시를 이용하면, 식 (14.1)은 다음과 같이 쓸 수 있다.

$$dU = F\cos\alpha \; ds \tag{14.3}$$

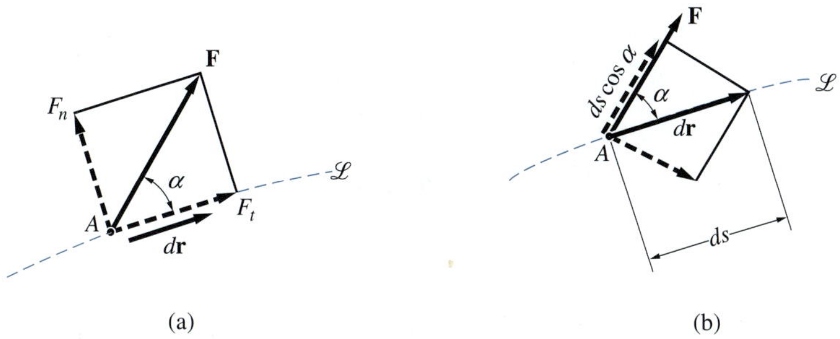

그림 14.2

여기서, α는 그림 14.1에 나타낸 것과 같이 $\mathbf{F}$와 $d\mathbf{r}$ 사이의 각도이고, 그림 14.2(a)에서 $F\cos\alpha = F_t$는 점 A에서 경로에 접하는 $\mathbf{F}$의 성분이다. 따라서 식 (14.2)는 다음과 같다.

$$U_{1-2} = \int_{s_1}^{s_2} F_t\, ds \tag{14.4}$$

여기서, s는 그림 14.1에 나타난 경로의 임의의 고정점으로부터 측정된 경로 길이이다. 경로에 수직인 법선성분 F_n은 일을 하지 않는다. 즉, $\mathbf{F}_n \cdot d\mathbf{r} = 0$이다. 접선성분 F_t가 모든 일을 하기 때문에, $\mathbf{F}$의 **작용 성분**(working component)이라 부른다. 따라서 미소 일은 다음과 같이 나타낼 수 있다.

$$\begin{aligned} dU &= F_t\, ds \\ &= (\mathbf{F}\text{의 작용 성분}) \times (d\mathbf{r}\text{의 크기}) \end{aligned}$$

식 (14.4)의 기하학적 해석은 그림 14.3에 나타내듯이, 일 U_{1-2}가 F_t-s 선도 아래의 면적과 같다는 것이다.

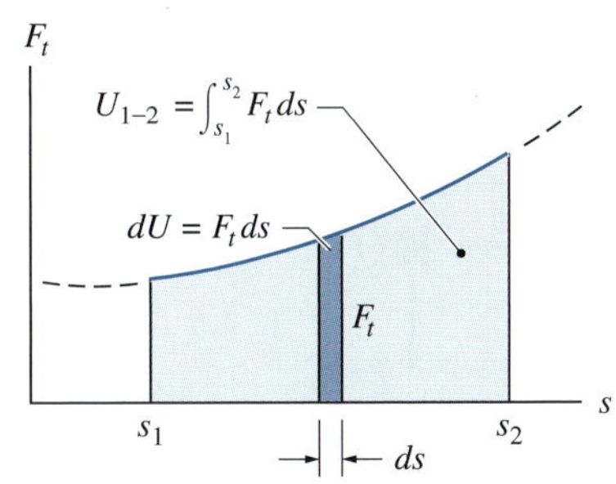

그림 14.3

미소 일의 또 다른 표현은 그림 14.2(b)로부터 구해진다. $ds\cos\alpha$는 힘 $\mathbf{F}$와 평행한 $d\mathbf{r}$의 성분이다. 이 성분은 미분 변위의 **일 흡수 성분**(work absorbing component)으로 부른다. 따라서 미소 일은 다음과 같다.

$$\begin{aligned} dU &= F(ds\cos\alpha) \\ &= (\mathbf{F}\text{의 크기}) \times (d\mathbf{r}\text{의 일 흡수 성분}) \end{aligned}$$

힘에 의해 일에 대한 다른 유용한 표현은 직각좌표계에서 $\mathbf{F}\cdot d\mathbf{r}$의 도트 곱(dot product)의 표현을 이용함으로써 다음과 같이 얻을 수 있다.

$$U_{1-2} = \int_{\mathscr{L}} (F_x dx + F_y dy + F_z dz)$$
$$= \int_{x_1}^{x_2} F_x dx + \int_{y_1}^{y_2} F_y dy + \int_{z_1}^{z_2} F_z dz \quad (14.5)$$

여기서, dx, dy 및 dz는 $d\mathbf{r}$의 xyz 직각좌표의 성분이고 (x_1, y_1, z_1)와 (x_2, y_2, z_2)는 각각 점 ①과 ②의 좌표이다.

14.2b 일정한 힘에 의한 일

만약 힘 **F**가 크기와 방향 모두 일정하다면, 식 (14.2)는 다음과 같이 된다.

$$U_{1-2} = \mathbf{F} \cdot \int_{r_1}^{r_2} d\mathbf{r} = \mathbf{F} \cdot \Delta\mathbf{r}$$

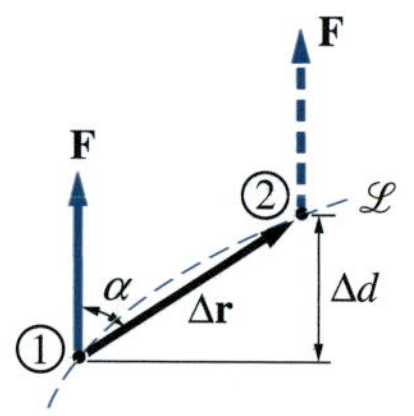

그림 14.4

여기서 $\Delta\mathbf{r}$은 그림 14.4에 나타낸 것처럼 위치 ①에서 ②의 위치까지의 변위벡터이다.

α를 **F**와 $\Delta\mathbf{r}$ 사이의 각도, Δd는 방향의 변위라 하자. 도트의 곱의 정의를 이용하면, **F**에 의한 일은 $U_{1-2} = \mathbf{F} \cdot \Delta\mathbf{r} = F|\Delta\mathbf{r}|\cos\alpha$로 되고, 이것은 다음과 같이 쓸 수도 있다.*

$$U_{1-2} = F\Delta d \quad (14.6)$$

Δd는 **F**의 작용점에서의 변위가 아니고, 변위의 일을 수행하는 성분임에 주의하라.

식 (14.6)으로부터 일정한 힘에 의한 일은 단지 힘의 작용점의 초기와 최종 위치에만 의존하고, 경로 $\mathscr{L}$에 독립적이라는 것에 주의한다.

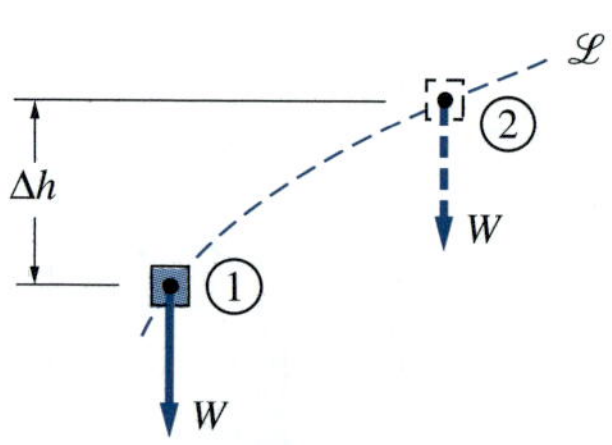

그림 14.5

만약 물체가 지구 표면에 매우 근접하여 위치한다면, 물체의 무게는 일정한 힘으로 간주되고, 식 (14.6)은 물체의 일을 계산하는 데 이용될 수 있다. 그림 14.5는 무게가 W인 물체를 나타내고, 물체는 위치 ①에서 위치 ②까지 경사면의 위쪽으로 이동한다. 높이의 변화 Δh는 변위의 일을 수행하는 성분이라는 것을 알 수 있다. 따라서 W에 의한 일은 다음과 같다.

$$U_{1-2} = -W\Delta h \quad (14.7)$$

* 식 (14.6)은 "힘 × 거리"로서, 보통 일의 "정의"에 대한 기본이다. 이 식은 일정한 힘에 대해서만 유용하다. 일의 일반적 정의는 식 (14.2)로 주어진다.

이 식에서 음(−)의 부호는 W와 고도 Δh의 좌표가 서로 반대방향을 가진다는 사실에 기인한다. 모든 일정한 힘의 경우에서처럼, W에 의한 일은 경로에 독립적이다.

14.2c 중심력에 의한 일

중심력(central force)은 다음과 같이 정의되는 2개의 특징을 갖는다. 첫째, 힘은 항상 고정점을 향한다. 둘째, 힘의 크기는 고정점과 힘의 작용점 사이의 거리의 함수이다. 중력과 스프링에 의해 부과되는 힘은 중심력의 흔한 두 가지 예이다.

그림 14.6에 나타나 보이는 중심력 $\mathbf{F}$에 의한 일을 생각하는데, 이 힘의 작용점은 경로 $\mathscr{L}$를 따라 미소 거리 ds를 움직인다. 식 (14.3)으로부터 미소 일은 다음과 같다.

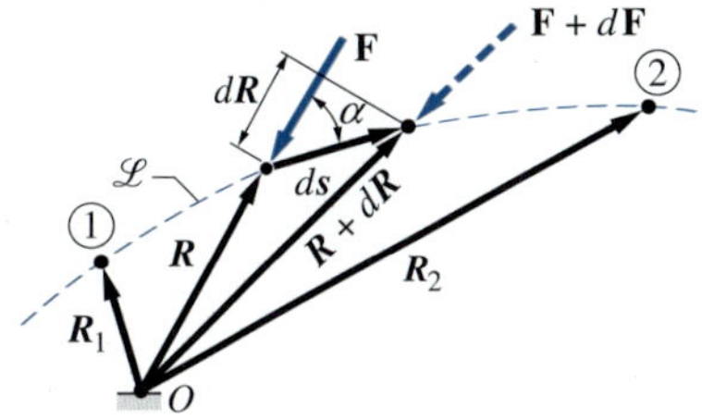

그림 14.6

$$dU = -F\cos\alpha\, ds = -F\, dR$$

여기서, dR은 $\mathbf{F}$의 작용점과 고정점 O 사이의 거리의 증가이다. 음의 부호(−)는 반대의 방향을 갖는 $\mathbf{F}$와 dR의 결과이다. 위치 ①에서 위치 ②까지의 일정 변위 동안 $\mathbf{F}$에 의한 일은 다음과 같다.

$$U_{1-2} = -\int_{R_1}^{R_2} F\, dR \tag{14.8}$$

일은 경로 $\mathscr{L}$에 대해 수직이며, R의 처음과 최종값에만 의존한다는 것을 주지하라.

1. **스프링에 의한 일** "이상적인" 스프링은 스프링의 무게를 무시할 수 있고, 스프링의 변형(신장 또는 수축)은 변형을 일으키는 힘에 비례한다. 대부분의 나선형 스프링은 아주 근사하게 이러한 이상적인 조건에 가깝다. 힘 F로 인한 스프링 변위 δ 사이의 비례 관계는 다음과 같다.

$$F = k\delta \tag{14.9}$$

여기서, k는 **스프링 강성**(stiffness) 또는 **스프링 상수**(spring constant)라 부른다. k의 차원은 $[F/L]$이고, 단위는 lb/ft, lb/in 또는 N/m이다. 스프링의 또 다른 중요한 특성은 자유 길이라고 불리는 변형되지 않은 길이이다. 자유 길이를 L_0라 하고 변형된 길이를 L이라 할 때 스프링의 늘어난 길이는 $\delta = L - L_0$이다.

그림 14.7(a)는 변형된 길이 L의 나선형 스프링을 보여준다. 스프링에 의해 부과되는 힘 F는 중심력이고, 이 중심력에 의한 일은 식 (14.8)을 사용하여 계산할 수 있다. 그림에 보이는 미소 신장 $d\delta$는 둘 다 고정점 O와 힘의 작용점 간의 거리의 미소 변화를 나타낸다는 관점에서 식 (14.8)에서의 dR과 같다. 따라서 식 (14.8)에서 dR을 $d\delta$로 대치함으로써, 스프링의 변형이 δ_1에서 δ_2로 변할 때 다음

과 같이 스프링에 의한 일을 얻는다.

$$U_{1-2} = -\int_{\delta_1}^{\delta_2} F\, d\delta = -k\int_{\delta_1}^{\delta_2} \delta\, d\delta = -\frac{1}{2}k(\delta_2^2 - \delta_1^2) \qquad (14.10)$$

식 (14.9)와 식 (14.10)은 신장(양의 δ)뿐만 아니라 수축(음의 δ)에 대해서도 타당하다.

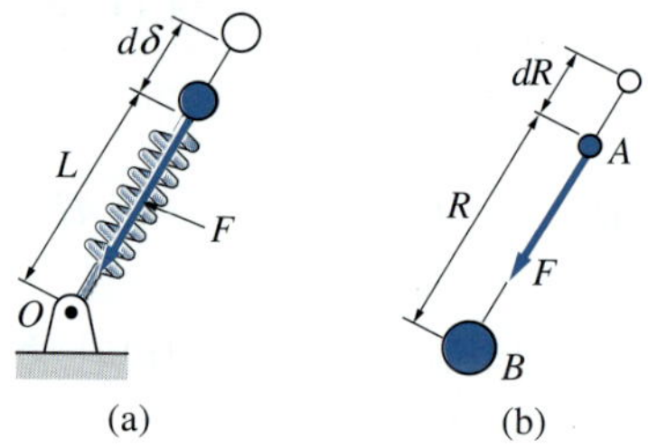

그림 14.7

2. 중력에 의한 일 지구 표면에 가까운 물체에 작용하는 중력(무게)에 의한 일은 식 (14.8)로부터 계산될 수 있다. 지구 표면으로부터 먼 물체의 경우, 중력에 의한 일은 뉴턴의 중력법칙(Newton's law of gravitation)으로부터 결정되어야만 한다.

$$F = G\frac{m_A m_B}{R^2} \qquad (11.17,\ 다시\ 씀)$$

여기서, F는 거리 R만큼 떨어져 있는 질량 m_A와 m_B의 두 물체 사이의 인력이고, G는 만유인력상수이다.

그림 14.7(b)에 보이는 힘 F는 물체 B가 다른 물체 A에 작용하는 중력 F를 나타낸다. 식 (14.8)에 식 (11.17)을 대입하면 F에 의한 일은 다음과 같다.

$$U_{1-2} = -Gm_A m_B \int_{R_1}^{R_2} \frac{dR}{R^2} = Gm_A m_B\left(\frac{1}{R_2} - \frac{1}{R_1}\right) \qquad (14.11)$$

여기서 R_1과 R_2는 물체 사이의 초기와 최종 거리이다.

식 (14.11)은 일반적으로 우주역학에 적용되고, 특히 위성의 비행에 적용된다. 이 경우, $m_A = M_e$(지구의 질량)이고, R은 지구 중심으로부터 위성까지의 거리이다.

14.3 일과 운동에너지의 원리

일과 운동에너지의 원리(또는 일-에너지 원리라고도 함)는 질점에 작용하는 모든 힘에 의해 이루어진 일(합력에 의한 일)이 질점의 운동에너지의 변화와 동일하다는 것을 나타낸다. 이 원리는 운동역학 해석(kinetic analysis)에서 일-에너지법의 근간을 형성하고, 질점의 경로를 따르는 뉴턴의 제2법칙을 적분하는 것에 의해 유도된다.

질량 m의 질점이 s_1에서 s_2로 변하는 경로 $\mathscr{L}$를 따라, 위치 ①에서 위치 ②로 움직인다고 생각하자. $\Sigma\mathbf{F}$를 질점에 작용하는 합력(모든 힘의 벡터 합)이라 하자. 경로에 접선방향으로 뉴턴의 제2법칙을 적용하면 다음과 같다.

$$\Sigma F_t = ma_t \tag{14.12}$$

식 (13.9)에 따라, $a_t = v\,dv/ds$이고, 식 (14.12)에 대입함으로써, $\Sigma Ft = mv\,dv/ds$ 또는

$$\Sigma F_t\,ds = mv\,dv$$

을 얻는다. 경로 $\mathscr{L}$를 따라 적분하면 다음을 얻는다.

$$\int_{s_1}^{s_2} \Sigma F_t\,ds = \int_{v_1}^{v_2} mv\,dv$$

여기서, v_1과 v_2는 경로의 종점들 ①과 ②점에서의 속력이다. 적분의 결과는 다음과 같다.

$$U_{1\text{-}2} = \frac{1}{2}m(v_2^2 - v_1^2) \tag{14.13}$$

정의에 의해, 질점의 **운동에너지(kinetic energy)**는 다음과 같다.

$$T = \frac{1}{2}mv^2 \tag{14.14}$$

따라서 식 (14.13)은 다음 식이 된다.

$$U_{1\text{-}2} = T_2 - T_1 = \Delta T \tag{14.15}$$

식 (14.15)는 다음과 같이 질점의 운동에 대한 일-에너지 원리(work-energy principle)(또는 일과 에너지의 평형)이다.

질점에 작용하는 합력에 의한 일
= 질점의 운동에너지의 변화

이 원리가 운동역학 해석(kinetic analysis)에서 사용될 때, 이 방법은 **일-에너지 법**(work-energy method)으로 불린다.

일-에너지 원리는 뉴턴의 제2법칙의 적분으로부터 얻어지기 때문에, 독립적인 새로운 원리는 아니다. 따라서 일-에너지 법에 의해 해결될 수 있는 모든 문제는 이론적으로 힘-질량-가속도 법(FMA법: force-mass-acceleration method)으로도 해결될 수 있다.

FMA법과 비교하여 일-에너지 법의 중요한 이점은 다음과 같다.

1. 일이 적분 과정 없이 계산될 수 있는 문제(앞 절에서 논의했던 특별한 경우와 같이)에서 질점의 속력 변화는 최소한의 계산으로 쉽게 얻을 수 있다. (만약 적분이 일을 계산하기 위해 사용되어야만 한다면, 일-에너지 법은 일반적으로 FMA법에 의해 구해지는 가속도를 적분하는 것에 비해 이점이 없다.)
2. 단지 일을 하는 힘만이 고려되고, 일을 하지 않는 힘은 해석에 포함되지 않는다.
3. 만약 최종위치, 즉 ②의 위치가 임의 위치로 선택된다면, 일-에너지 법은 질점의 위치 함수로써 속력을 구할 것이다.

주의 다음 사항은 일-에너지 법을 이용할 때 기억하여야만 한다.

- 힘에 의한 일은 힘의 작용점의 위치 변화와 관련되는 **스칼라양**(양, 음 또는 0)이다("**주어진 위치에서의 일**"이라는 용어는 의미가 없다).
- 운동에너지는 시간이 주어진 순간에 질점의 속력과 관련되는 **스칼라양**(항상 양)이다. 운동에너지의 단위는 일의 단위인 N·m, lb·ft 등의 단위와 동일하다.
- 일-에너지 원리인 $U = \Delta T$는 **스칼라** 식이다. 비록 이는 명확한 사항이지만, 일반적인 실수는 x, y 및 z방향으로 분리하여 일과 에너지의 원리를 적용하는 것으로, 이는 물론 잘못된 것이다.
- 일-에너지 법을 적용할 때, 단지 일에 관여하는 힘만을 나타내는 **작용력 선도**(active force diagram)는 일반적인 자유물체도(FBD: free-body diagram)를 대신하여 사용될 수도 있다. 작용력 선도를 결정하는 편리한 방법은 먼저 임의 위치에서 질점의 FBD를 그리고, 다음에 일에 관여하지 않는 힘들을 지우거나 표시를 하는 것이다. 이 교재에서는 일에 관여하지 않는 힘을 FBD에 대하여 점선 화살표로 나타낸다.

예제 14.1

그림 (a)에 보이는 질량 $m = 1.8$ kg의 칼라(collar) A가 수직 평면에 놓여 있는 마찰이 없는 봉(rod) 위를 미끄러진다. 로프(rope)는 A점에 부착되고, B점의 풀리(pulley) 위를 지나간다. 일정한 수평력 P가 로프의 끝에 작용한다. 칼라는 위치 ①의 정지 상태로부터 풀린다. (1) $P = 20$ N일 때, ②의 위치에서 칼라의 속력을 구하라. (2) 칼라가 ②의 위치에 도달할 P의 최솟값을 구하라.

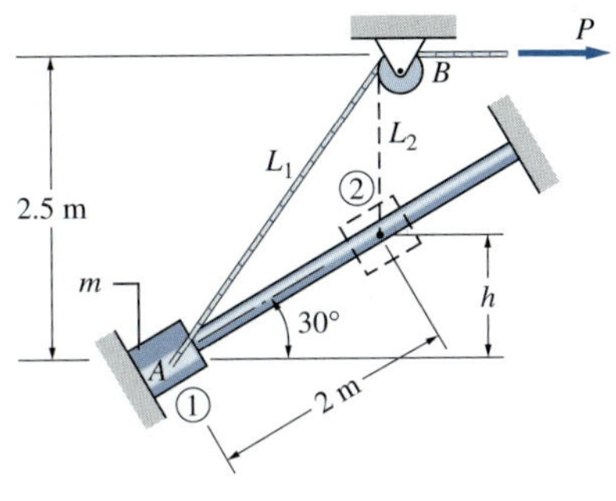

(a)

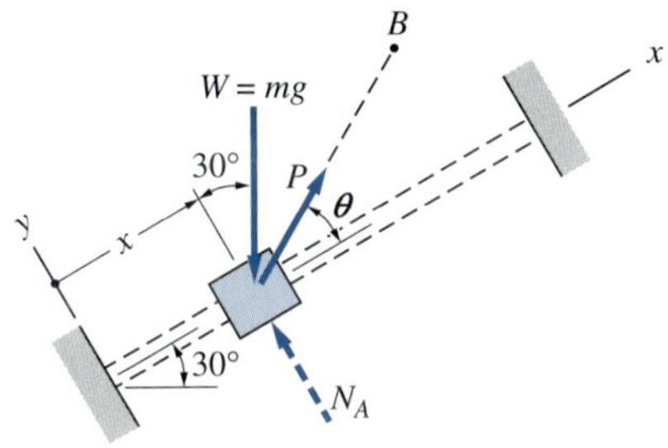

(b)

풀이

사전 검토

두 특정 위치 사이의 칼라의 속력 변화를 구하기 위해, 일-에너지 법에 이상적으로 적용시키는 작업이 요구된다. 칼라의 자유물체 선도를 그림 (b)에 나타낸다. 칼라의 무게 W와 로프에 작용하는 힘 P만이 칼라에 일을 한다. 칼라의 경로인 봉과 수직인 법선 접촉력 N_A는 일을 하지 않는다. 따라서 작용력 선도의 일부가 아니라는 것을 나타내도록 N_A는 그림에서 점선의 화살표로 나타낸다(작용력 선도는 FBD로부터 일을 하지 않는 모든 힘을 제거함으로써 얻을 수도 있다는 것을 상기한다).

W에 의한 일 칼라의 무게 $W = mg$에 의해 이루어진 일은 식 (14.7)로부터 얻을 수 있다.

$$U_{1\text{-}2} = -mgh \tag{a}$$

여기서 h는 그림 (a)에 보이는 바와 같이 고도의 변화이다.

P에 의한 일 그림 (b)의 힘 P는 중심력으로 일정한 크기를 갖는다. (방향은 항상 B를 향한다.) 그러므로 일은 식 (14.8)을 이용하여 구할 수 있다.

$$U_{1\text{-}2} = -P\int_{L_1}^{L_2} dL = P(L_1 - L_2) \tag{b}$$

여기서 L_1과 L_2의 길이는 그림 (a)에 나타난 길이이다.

문항 1

위치 ②에서의 칼라의 속력을 v_2라 하면, $T_1 = 0$(칼라는 위치 ①에서 정지하고 있다)와 $T_2 = \frac{1}{2}mv_2^2$을 얻는다. 따라서 일-에너지 원리로부터 다음을 얻는다.

$$U_{1\text{-}2} = T_2 - T_1$$

$$-mgh + P(L_1 - L_2) = \frac{1}{2}mv_2^2 - 0 \tag{c}$$

일 U_{1-2}는 식 (a)와 식 (b)에서 W와 P에 의해 이루어진 일을 더함으로써 얻어진다. 그림 (a)로부터 $h = 2\sin 30° = 1.0$ m, $L_1 = \sqrt{(2\cos 30°)^2 + (2.5)^2} = 3.041$ m 및 $L_2 = 2.5 - 1.0 = 1.5$ m가 얻어진다. 이들 값과 함께 $m = 1.8$ kg과 $P = 20$ N을 식 (c)에 대입하면 다음을 얻는다.

$$-(1.8)(9.81)(1.0) + 20(3.041 - 1.5) = \frac{1}{2}(1.8)v_2^2$$

이로부터 다음과 같이 v_2가 얻어진다.

$$v_2 = 3.82 \text{ m/s}$$ 답

문항 2

문제의 이 부분에서 칼라는 위치 ②에 정지하여 있고, 따라서 $T_1 = T_2 = 0$이다. 그러므로 문제는 $U_{1-2} = 0$인 P의 값을 찾는 것이 된다. 즉

$$-mgh + P(L_1 - L_2) = 0$$

해는 다음과 같다.

$$P = \frac{mgh}{L_1 - L_2} = \frac{(1.8)(9.81)(1.0)}{3.041 - 1.5} = 11.46 \text{ N}$$ 답

참고

- (문항 1)에서 주어진 P의 값이 11.46 N보다 작다면, U_{1-2}는 위치 ②에서 허수의 속도(imaginary speed), 즉 음수의 제곱근이 되는 음의 값이 된다. 이 결과는 칼라가 ②의 위치에 도달하는 것이 불가능함을 나타낸다.
- 봉과 칼라 사이의 마찰력을 무시할 수 없다면, 동마찰력 $F_k = \mu_k N_A$를 그림 (b)의 작용력 선도에 추가하여야 한다. N_A가 위치좌표 x에 따라 변화하므로, F_k도 역시 x에 따라 변화한다. 따라서 마찰력에 의한 일을 구하기 위해 적분이 필요하다. 그러므로 일-에너지 법은 FMA법에 비해 아무런 이점이 없다. 그러나 법선력이 일정한 경우, 마찰력에 의한 일은 적분이 없이도 얻어질 수 있다(예제 14.2 참조).

예제 14.2

그림 (a)에 보이는 바와 같이, 질량 $m = 1.6$ kg인 블록이 수평면에 위치하고, 이상적인 스프링에 부착되어 있다. 블록과 평면 사이의 정마찰계수와 동마찰계수는 그림에 주어져 있다. 스프링은 $k = 30$ N/m의 강성을 가지고, $x = 0$에서 변형되지 않는다. 블록은 $x = 0$에서 우측으로 6 m/s의 속도로 움직인다. (1) 블록이 처음에 정지할 때, x의 값을 구하라. (2) 블록은 (문항 1)에서 구한 위치에 정지 상태로 있지 않음을 보여라. (3) 블록이 두 번째로 $x = 0$에 도달할 때 블록의 속력을 구하라.

풀이

문항 1

그림 (b)는 오른쪽으로의 운동을 가정한 블록의 FBD를 나타낸다. 무게가 $mg = (1.6)(9.81) = 15.696$ N이고, 법선 접촉력 N_A는 일을 하지 않기 때문에(이 힘은 블록의 경로와 수직이다) 점선의 화살표로 나타낸다. 그렇지만 일을 수행하는 동마찰력 F_k를 구하기 위해, N_A를 계산하여야만 한다. $\Sigma F_y = 0$으로부터, $N_A = mg = 15.696$ N을 얻는다. 따라서 $F_k = \mu_k N_A = (0.2)(15.696) = 3.139$ N이다. N_A가 일정하므로 F_k는 일정한 것과, 마찰력은 운동방향과 반대이기 때문에, 일이 음이 되는 것에 주의한다. 오로지 다른 힘은 스프링의 힘 $P = kx$이다. (이 경우, 블록의 변위 x는 스프링의 신장이 늘어난 길이와 같다.)

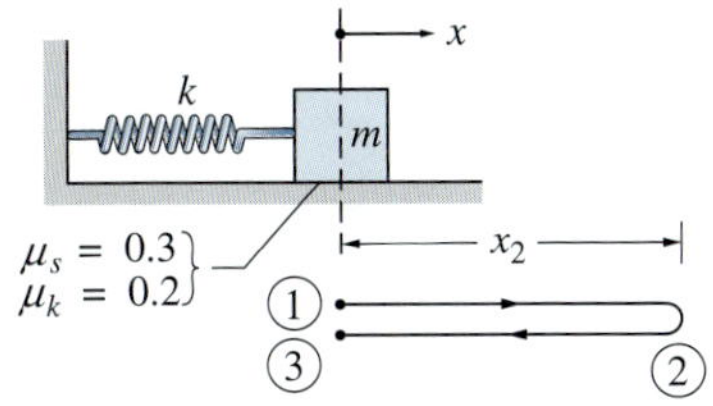

(a)

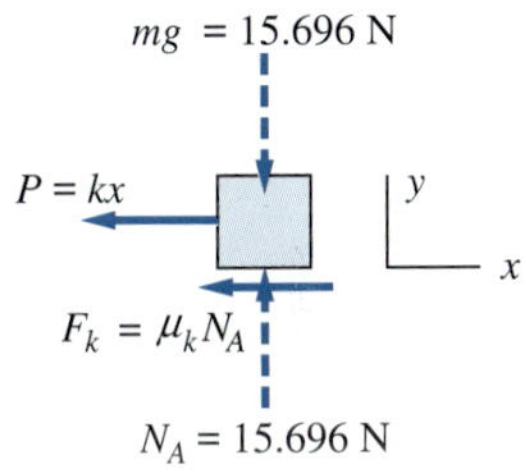

(b)

시작위치 ①과 정지위치 ② 사이에 일과 에너지의 원리를 적용하면 다음과 같다.

$$U_{1\text{-}2} = T_2 - T_1$$

$$-\frac{1}{2}k(x_2^2 - x_1^2) - F_k x_2 = \frac{1}{2}mv_2^2 - \frac{1}{2}mv_1^2$$

$$-\frac{1}{2}(30)(x_2^2 - 0) - 3.139x_2 = 0 - \frac{1}{2}(1.6)(6)^2$$

두 해의 값은 $x_2 = 1.2850$ m와 -1.4942 m이다. 시작 속도가 우측을 향하였기 때문에 양의 근만이 물리적인 의미를 갖는다. 즉

$$x_2 = 1.285 \text{ m}$$ **답**

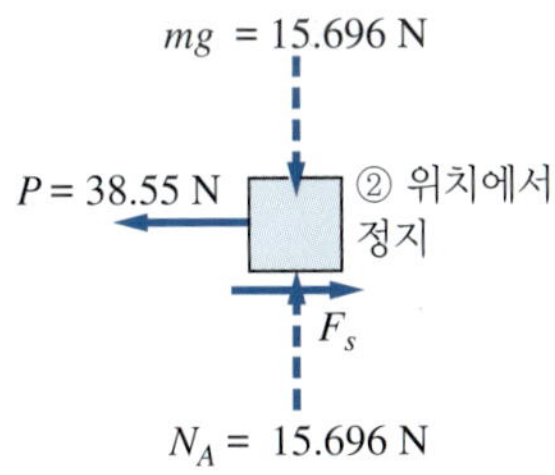

(c)

문항 2

②의 위치에서 정지하고 있는 블록의 FBD를 그림 (c)에 나타낸다. 스프링의 힘은 $P = kx_2 = (30)(1.2850) = 38.55$ N이고, 이 힘은 블록을 왼쪽으로 당기려 하며, 정마찰력 F_s에 의해 저항을 받는다. 이 위치에서의 평형은 단지 $F_s = P = 38.55$ N일 때만 가능하다. 가능한 최대 마찰력은 $F_{max} = \mu_s N_A = (0.3)(15.696) = 4.709$ N이다. $F_s > F_{max}$이기 때문에, 평형은 불가능하고, 블록은 왼쪽으로 이동하기 시작할 것이다.

문항 3

두 번째로 블록이 $x = 0$에 도달할 때, 블록의 위치를 그림 (a)에 ③으로 나타낸다. 이 위치에서 블록의 속력을 얻기 위해, ①과 ③의 위치 사이에 일-에너지 원리를 적용한다(②와 ③의 위치를 선택해도 동일한 결과가 얻어진다). 스프링의 힘에 의한 순수한 일은 0이다. 이는 스프링이 두 위치에서 변형되지 않기 때문이다. 동마찰력에 의해 이루어진 일은 블록이 ①에서 ②로 이동할 때 $-F_k x_2$이고, ②와 ③ 사이에서는 $-F_k x_2$(마찰력에 의한 일은 항상 음인 것을 상기한다)이므로, 전체 일은 $-2F_k x_2$이다. 따라서 일-에너지 원리는 다음과 같이 된다.

$$U_{1\text{-}3} = T_3 - T_1$$
$$-2F_k x_2 = \frac{1}{2}m(v_3^2 - v_1^2)$$
$$-2(3.139)(1.2850) = \frac{1}{2}(1.6)(v_3^2 - 6^2)$$

이로부터 다음 값을 얻는다.

$$v_3 = 5.09 \text{ m/s}$$ **답**

참고

만약 v_3가 허수(음수의 제곱근)로 판정된다면, 블록은 ②와 ③의 위치 사이의 어느 곳에서 정지하기 때문에, ③의 위치에 도달할 수 없는 것으로 결론지을 수 있다. 이 정지 위치는 일–에너지 원리의 다른 적용에 의해 결정된다.

예제 14.3

그림 (a)에서 907 g의 칼라는 마찰을 무시할 수 있는 안내봉을 따라 미끄러진다. 칼라에 부착된 스프링의 자유 길이는 L_0 = 1.83 m이고, 강성은 k = 116.8 N/m이다. 만약 칼라가 A에서 v_A = 3.66 m/s의 속력으로 봉의 아래로 이동할 때, B에서의 칼라의 속력을 구하라.

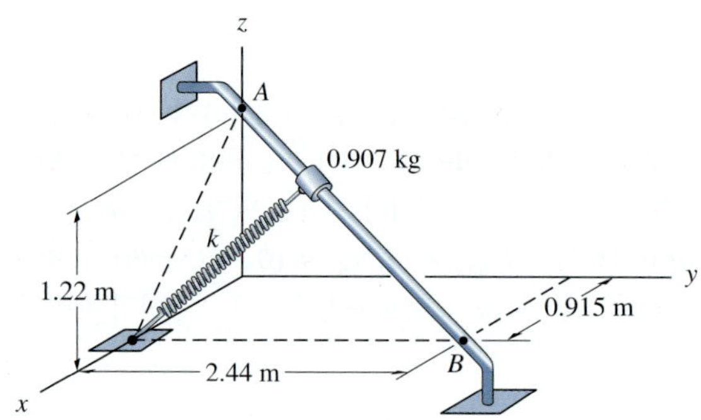

(a)

풀이

칼라가 A로부터 임의 거리 s에 있을 때, 칼라의 자유물체도(FBD)를 그림 (b)에 나타낸다. 칼라에 작용하는 힘들은 W와 스프링의 힘 F, 그리고 봉에 의해 작용하는 수직 접촉력 N이다. 단지 W와 F만이 칼라에 대해 일을 하고, N은 칼라의 경로 AB에 대해 수직이기 때문에 일을 하지 않는다.

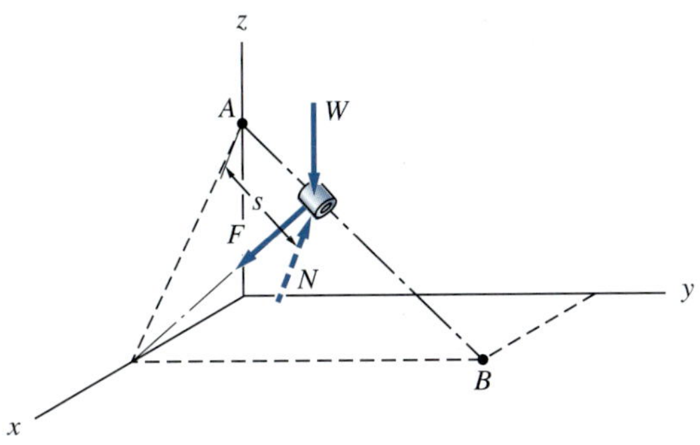

(b)

W에 의한 일 식 (14.7)로부터 무게에 의한 일은 다음과 같다.

$$U_{A-B} = -W(z_B - z_A) = -8.9(0 - 1.22) = 10.85\ \text{N} \cdot \text{m} \tag{a}$$

F에 의한 일 칼라에 대한 스프링의 힘에 의해 이루어진 일은 식 (14.10)으로부터 얻어진다.

$$U_{A-B} = -\frac{1}{2}k(\delta_B^2 - \delta_A^2) \tag{b}$$

L_A와 L_B가 칼라가 각각 A와 B에 있을 때의 스프링 길이라 하면, 상응하는 스프링의 변형된 길이는 다음과 같다.

$$\delta_A = L_A - L_0 = \sqrt{0.915^2 + 1.22^2} - 1.83 = -0.305\ \text{m}$$

$$\delta_B = L_B - L_0 = 2.44 - 1.83 = 0.61\ \text{m}$$

음의 부호는 칼라가 A에 있을 때, 스프링이 압축되는 것을 나타낸다. δ_A와 δ_B의 값을 식 (b)에 대입하면, 다음을 얻는다.

$$U_{A-B} = -\frac{1}{2}(116.8)[(1.83)^2 - (-0.915)^2] = -16.27\ \text{N} \cdot \text{m} \tag{c}$$

칼라에 대해 이루어진 일은 식 (a)와 식 (c)를 더함으로써 얻어진다.

$$U_{A-B} = 10.85 - 16.27 = -5.42\ \text{N} \cdot \text{m}$$

위치 A와 B 사이에 일–에너지 원리를 적용하면

$$U_{A-B} = T_B - T_A = \frac{1}{2}\frac{W}{g}(v_B^2 - v_A^2)$$

$$-5.42 = \frac{1}{2}\frac{8.9}{9.81}(v_B^2 - 3.66^2)$$

이고, 이로부터 다음 해를 얻는다.

$$v_B = 1.2 \text{ m/s}$$ 답

참고

- 만약 해석결과가 허수의 속도 v_B(음수의 제곱근)로 예측되었다면, 칼라는 B에 도달하기 전에 정지하는 것으로 결론지을 수 있다.
- v_B는 쉽게 몇몇 문제의 해에서 일-에너지 법의 능력을 나타냄으로써 얻어진다. 그림 (b)의 자유물체 선도의 조사는 스프링의 힘 F와 위치좌표 s 사이의 관계가 다소 복잡함을 나타낸다. 만약 FMA법을 사용했다면, 운동방정식 $\Sigma F = m\ddot{s}$의 왼편이 s의 복잡한 함수임을 의미한다. 결과적으로 이 식의 적분은 매우 어렵다. 그러나 일-에너지 법을 이용하면, 적분은 일-에너지 원리의 도함수에 의해 이미 이루어졌기 때문에 이러한 어려움을 피할 수 있다.

연습문제

14.1 (a) ①과 ③을 연결하고 있는 직선을 따라 ①에서 ③으로 힘의 작용점이 움직일 때, 다음에 주어진 각각의 힘에 의해 이루어진 일을 계산하라. (b) 만약 경로가 직선 ①-②와 ②-③으로 구성될 때, 문제 (a)를 반복해서 계산하라. (단, x와 y의 단위는 m이다.)

1. $\mathbf{F} = 30\mathbf{i} - 10\mathbf{j}$ N
2. $\mathbf{F} = 3x\mathbf{i} - y\mathbf{j}$ N
3. $\mathbf{F} = 3y\mathbf{i} - x\mathbf{j}$ N

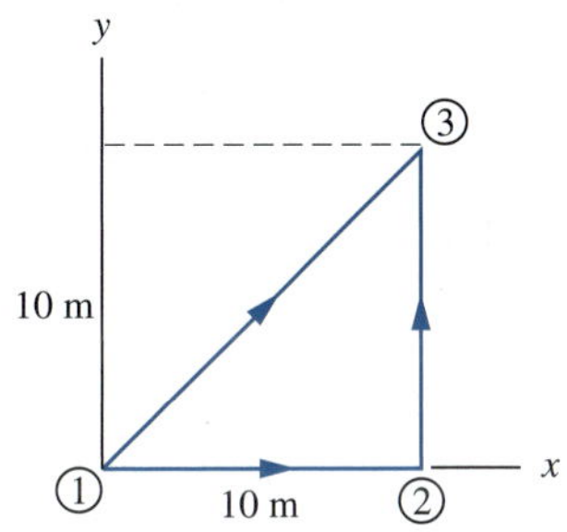

그림 P14.1

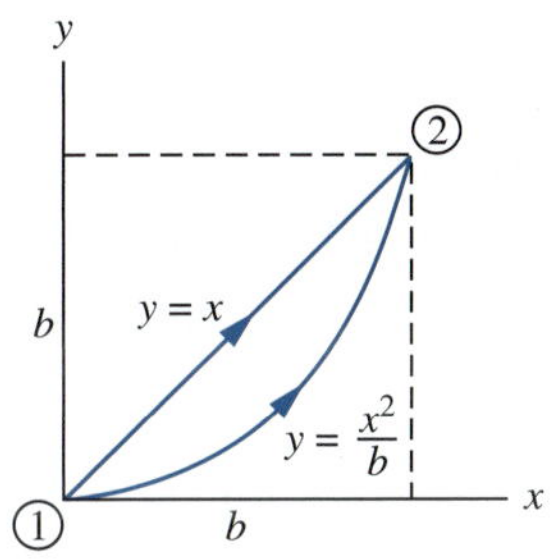

그림 P14.2, P14.3

14.2 힘 $\mathbf{F} = (F_0/b^3)(xy^2\mathbf{i} + x^2y\mathbf{j})$의 작용점이 각각 (a) 직선 $y = x$, (b) 포물선 $y = x^2/b$를 따라 ①에서 ②로 움직일 때, 힘에 의한 일을 구하라.

14.3 힘 $\mathbf{F} = (F_0/b^3)(x^2y\mathbf{i} + xy^2\mathbf{j})$에 대해, 문제 14.2를 반복하라.

14.4 무게 W의 칼라(collar)가 마찰이 없는 반지름 R인 원호 위를 미끄러진다. 칼라에 부착된 이상적인 스프링의 자유 길이는 $L_0 = R$이고, 강성은 k이다. 슬라이더가 A에서 B로 움직일 때, 다음을 구하라. (a) 스프링에 의해 이루어진 일 (b) 무게에 의해 이루어진 일.

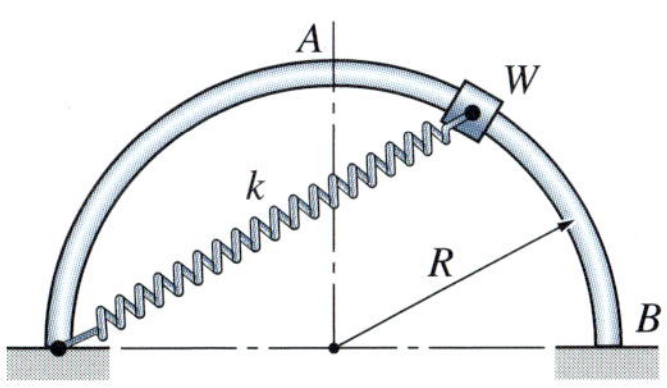

그림 P14.4

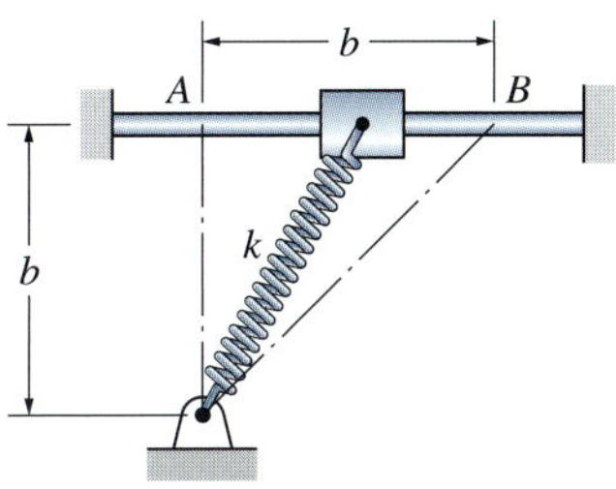

그림 P14.5, P14.6

14.5 슬라이더가 A에서 B로 움직일 때, 슬라이더에 고정된 이상적인 스프링에 의해 이루어진 일의 표현식을 유도하라. 스프링의 자유 길이는 (a) $L_0 = b$, (b) $L_0 = 0.8b$로 가정한다.

14.6 슬라이더와 봉 사이의 동마찰계수는 μ이고, 스프링의 자유 길이는 $L_0 = b$이다. 슬라이더가 A에서 B로 움직일 때, 슬라이더 표면의 마찰력에 의한 일의 표현식을 유도하라. 단, 슬라이더의 무게는 무시한다.

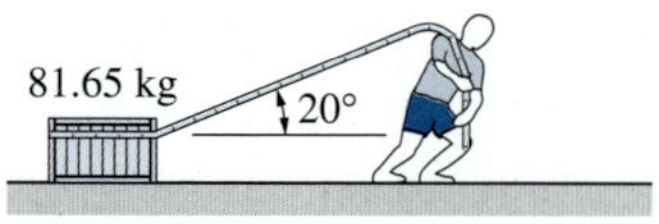

그림 P14.7

14.7 사람이 133.5 N의 일정한 힘으로 마루 위에 있는 81.65 kg 나무상자를 당기고 있다. 나무상자가 처음에 정지 상태에 있었다면 1.22 m/s의 속도로 움직이기까지 얼마나 움직였을까? 나무상자와 마루 사이 동마찰계수는 0.15이다.

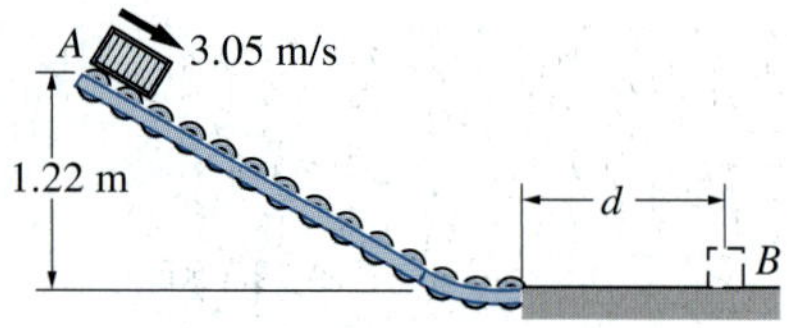

그림 P14.8

14.8 경사진 롤러 컨베이어 꼭대기 지점인 A에 2.27 kg 상자가 3.05 m/s으로 내려온다. 컨베이어 벨트가 아래로 내려와서 상자가 거친 수평면 위로 B까지 d 거리만큼 미끄러졌다. 상자와 거친 수평면 사이의 동마찰계수는 0.4이고 롤러의 마찰을 무시할 때 움직인 거리 d를 구하라.

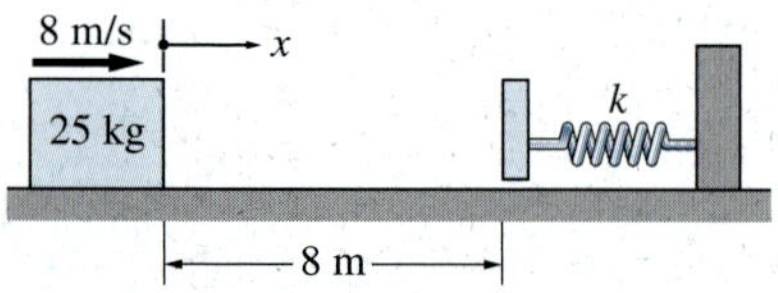

그림 P14.9

14.9 25 kg 상자가 8 m/s의 속도로 거친 수평면을 따라 발사되었다. 상자가 앞에 놓인 스프링에 의해 멈출 때까지 움직인 거리 x를 구하라. 상자와 수평면 사이의 동마찰계수는 $\mu_k = 0.2$이고 스프링 상수는 $k = 150$ N/m이다.

14.10 지면과 10 m 높이의 언덕을 차량이 80 km/h의 속력으로 달려간다. 운전자가 브레이크와 가속페달을 모두 떼고 있다고 가정할 때 언덕 꼭대기에서 차량의 속도는?

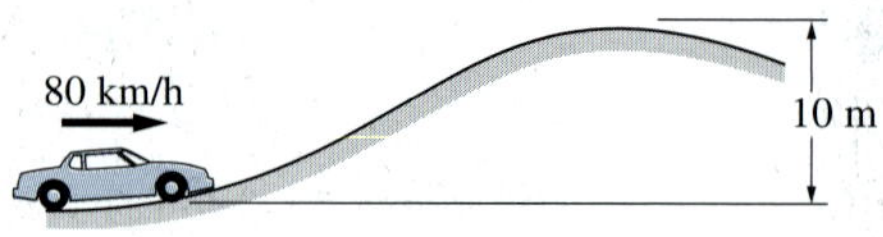

그림 P14.10

14.11 0.6 kg의 슬라이드 칼라가 고정된 A에 로프가 연결되어 있다. 로프 끝에 10 N의 일정한 힘이 작용한다. 칼라가 정지된 ①의 위치에서 ②의 위치로 움직일 때 속력은? 단 마찰은 무시한다.

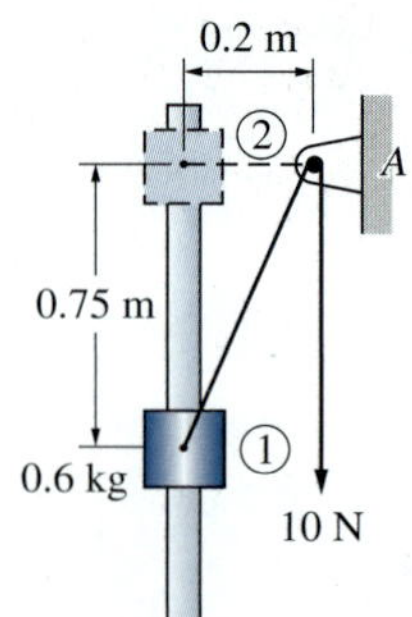

그림 P14.11

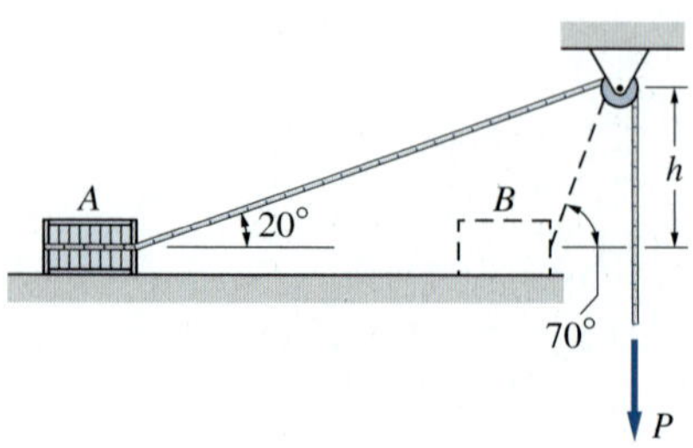

그림 P14.12

14.12 무게 W의 나무상자가 로프(rope)의 끝부분에 작용하는 일정한 수직방향의 힘 P에 의해서 바닥을 가로질러 A에서 B로 끌려간다. 힘 P에 의해 나무상자에 하여진 일을 구하라. 나무상자는 바닥에서 들어 올려지지 않는다고 가정한다.

14.13 0.5 kg 질량의 공이 스프링 위에 놓여 있다. 스프링이 0.1 m까지 압축이 되었다가 원래 형태로 돌아간다. 공이 도달하게 된 최대 높이는?

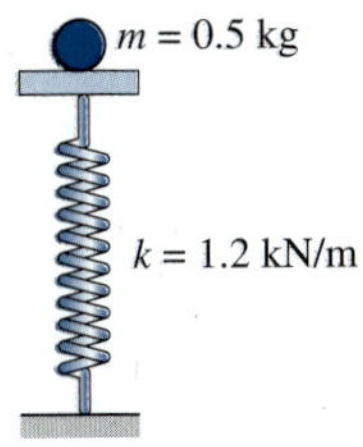

그림 P14.13

14.14 0.31 kg의 질량이 수직평면에 놓여 있는 마찰이 없는 와이어(wire)에 미끄러진다. 자유 길이가 80 mm이고, 강성이 120 N/m인 이상적인 스프링이 질량에 부착되어 있다. 질량이 A에서 정지 상태로부터 놓여진 후 와이어의 끝부분 B에 도달한다면, 거리 b의 최솟값을 구하라.

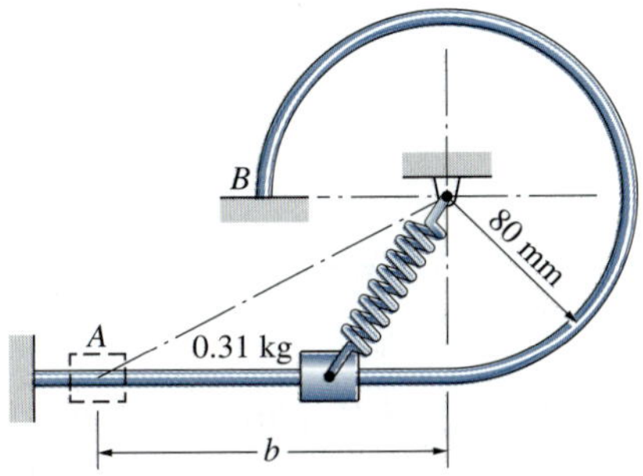

그림 P14.14

14.15 1.36 kg의 칼라가 마찰이 없는 봉을 따라 A에서 B로 움직인다. 스프링의 강성은 k이고, 자유 길이가 203 mm이다. 칼라가 A에서 정지 상태로부터 놓여진 후, 0.61 m/s의 속력으로 B에 도달하기 위한 k값을 계산하라.

14.16 초기에 A에서 정지되어 있는 10 kg의 짐이 그래프에 보이는 일정한 힘 P에 의해서 A와 B 사이로 추진된다. 마찰이 없다고 할 때, 짐이 D에 도달할 수 있는 P의 최솟값을 구하라.

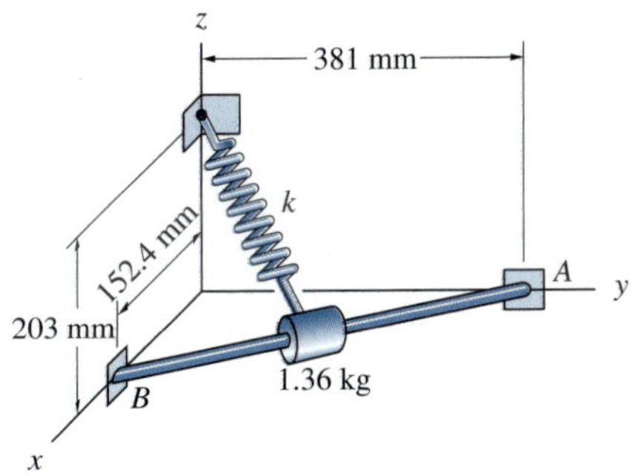

그림 P14.15

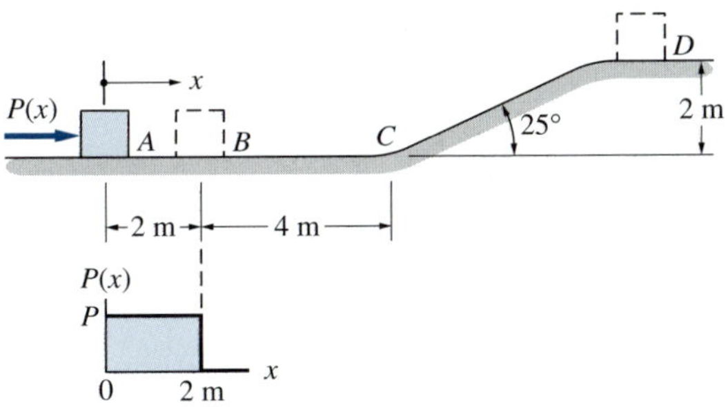

그림 P14.16

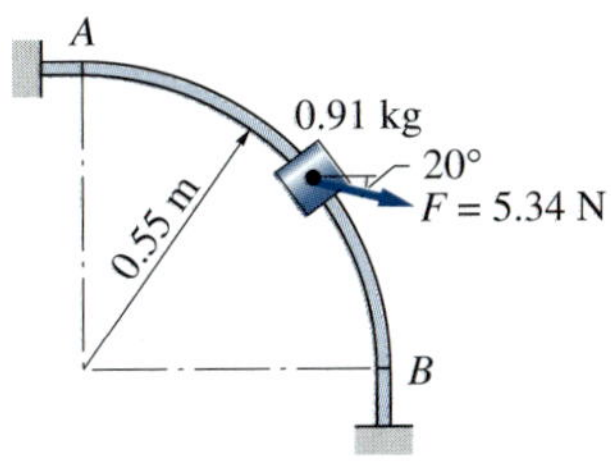

그림 P14.17

14.17 0.91 kg 칼라가 수평면 위에 놓여진 마찰이 거의 없는 원형 로드 위에서 미끄러지고 있다. 칼라에 일정한 크기와 방향의 힘 F가 작용한다. 칼라가 정지 상태의 A에서 놓으면 B 지점에서 속도는?

14.18 위치 ①에서 0.3 kg의 블록이 스프링을 120 mm로 압축하면서 유지하고 있다. 그러고 나서 블록이 놓아져 스프링이 블록을 원통형 표면으로 쏘아 올린다. 마찰을 무시할 때, 위치 ②에서 표면이 블록에 가하는 접촉력을 구하라.

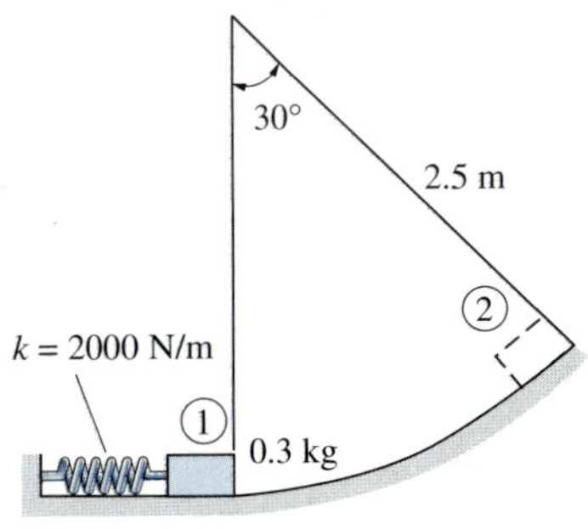

그림 P14.18

14.19 그림과 같은 위치에서 5 kg의 상자가 경사면을 따라 6 m/s의 속도로 움직인다. 상자가 스프링에 부딪힌 후 스프링에 걸리는 최대 힘을 구하라. 단, 상자와 경사면 사이의 동마찰계수는 $\mu_k = 0.25$이고, 스프링 상수는 $k = 4$ kN/m이다.

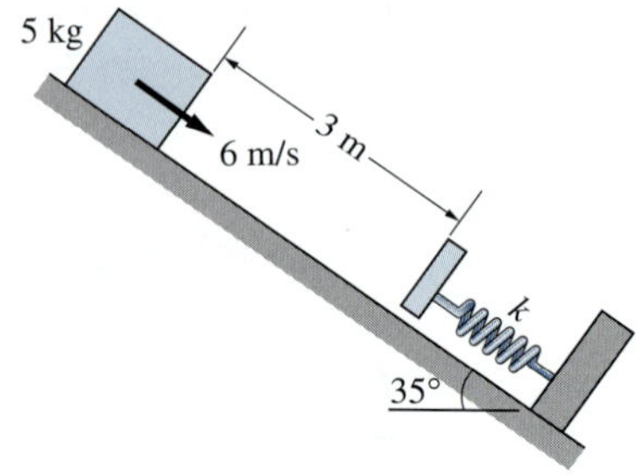

그림 P14.19

14.20 9.07 kg의 상자가 스프링 끝에 붙어 있다. $x = 0$일 때는 스프링이 변형이 없는 상태이다. 스프링이 457 mm 압축된 다음 원래대로 놓는다. 이때 처음에 $x = 0$ 위치로 되돌아왔을 때 상자의 속도는?

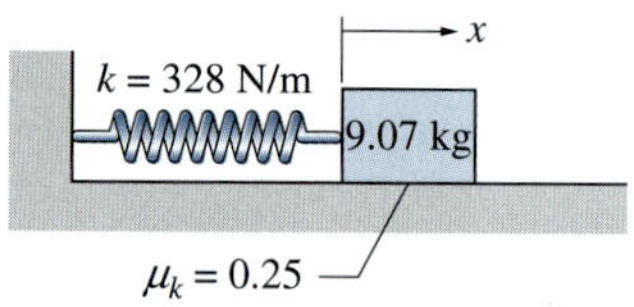

그림 P14.20

14.21 질량 m의 블록이 강성이 k인 스프링에 매달려 있다. 블록을 평형상태로부터 거리 h만큼 밑으로 잡아당긴 후 놓는다면, 평형점을 통과할 때 블록의 속력을 구하라.

14.22 3.63 kg의 블록이 수직면에 놓여진 마찰이 없는 홈(slot)을 미끄러진다. 블록에 부착된 스프링 A와 B의 강성은 각각 $k_A = 504$ N/m, $k_B = 252$ N/m이다. 블록이 ①의 위치에 있을 때, 스프링 A는 152 mm 압축되고, 스프링 B는 변형되지 않는다. 블록이 ① 위치에서 홈의 아래로 v_1의 속력으로 내려간다면, 블록이 ②의 위치에 도달할 수 있도록 하는 v_1의 최솟값을 구하라.

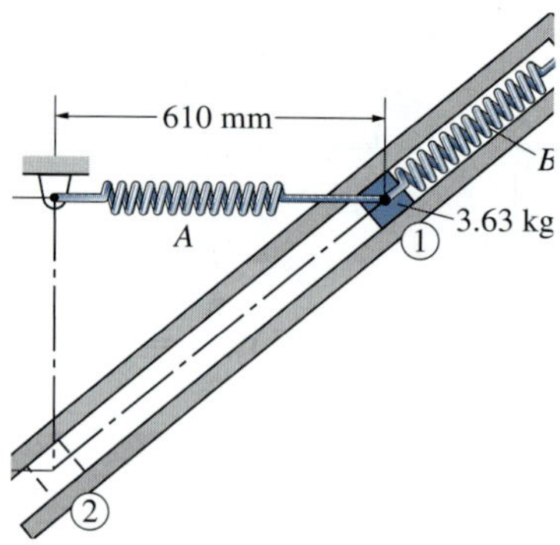

그림 P14.22

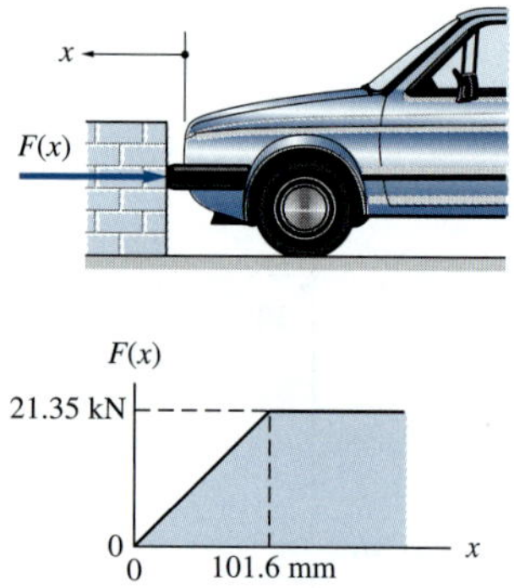

그림 P14.23

14.23 그림의 선도는 에너지 흡수용 자동차 범퍼(bumper)에 대한 힘 F와 변형 x의 관계를 보여준다. 1090 kg의 자동차가 각각 (a) 4.8 km/h, (b) 8 km/h의 속력으로 견고한 벽에 부딪힐 때, 범퍼의 최대 변형을 구하라.

14.24 그림의 선도는 건초더미를 천천히 관통하는 화살을 밀 때 필요한 힘 F를 관통거리 x에 대해 나타낸 것이다. F-x의 선도가 관통 속력과는 상관이 없다고 가정하고, 91 g인 화살의 입구 속력이 64 m/s라면, 화살의 출구 속력을 구하라.

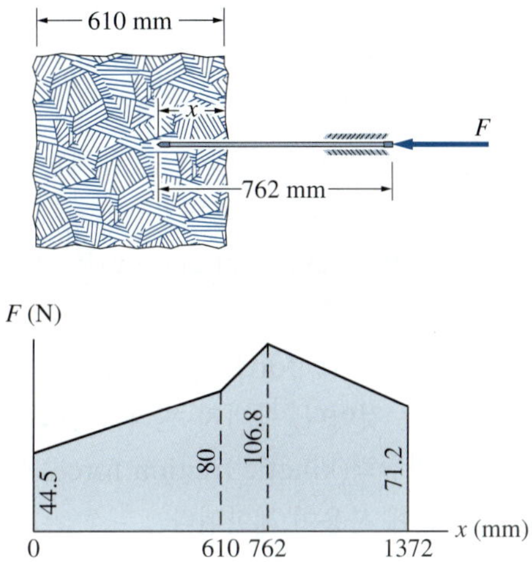

그림 P14.24

14.25 무게 3.63 kg의 물체가 O에서 수직축에 대해서 자유롭게 회전할 수 있는 가벼운 바퀴의 가장자리(rim)에 부착되어 있다. 로프는 바퀴 둘레의 4분의 3을 감고 있다. 일정한 힘 P가 로프 끝에 작용할 때, 바퀴는 그림에 보이는 위치에 정지해 있다. 로프가 다 풀릴 때까지 바퀴의 각속도가 500 rev/min이 되게 하는 P의 최솟값을 구하라. 단 바퀴의 질량과 마찰은 무시한다.

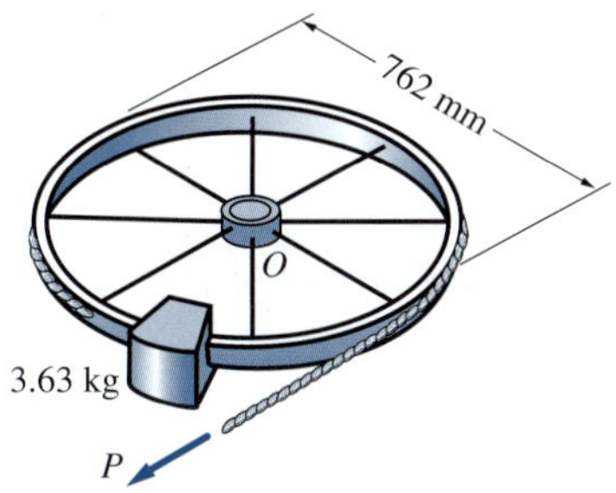

그림 P14.25

14.4 보존력과 기계적 에너지의 보존

만약 힘에 의한 일이 힘의 작용점의 초기위치와 최종위치에만 의존한다면 힘은 보존된다고 한다. 앞 절에서 논의했던 모든 특정 힘은 보존된다. 왜냐하면 각 경우에 있어서 끝점 사이의 경로를 구체화하지 않고도 일을 결정할 수 있기 때문이다.

위치에너지에 대해서 보존력의 효과를 설명하는 것이 종종 편리하다. 간략히 말해서, 위치에너지는 보존력이 일을 하기 위한 능력이다. 에너지보존의 원리는 총에너지(모든 형태의 에너지의 합)가 밀폐계(closed system)에서 일정하게 남아 있다는 것을 의미한다. 예를 들면 전기에너지는 기계적인 에너지로 전환되는 것처럼 에너지의 형태는 변하지만, 전체 에너지는 생성되거나 소멸되지 않는다.

역학에서는 우리의 관심을 위치에너지와 운동에너지의 합으로 정의되는 기계적인 에너지에만 제한한다. 만약 질점, 물체 또는 물체의 밀폐계에 작용하는 모든 힘이 보존된다면, 기계적인 에너지는 보존되고, 이는 **기계적 에너지보존의 원리**(principle of conservation of mechanical energy)로 알려진 개념이다.

이 절에서는 기계적 에너지보존의 원리에 대한 응용에 대해서 설명한다. 이것은 단순히 보존력계(conservative force system)에 대한 일–에너지 원리인 $U_{1-2} = \Delta T$를 다시 언급하는 것이다. 에너지 원리는 몇몇 문제에서 일–에너지법보다 적용하기 쉽지만, 동마찰력(kinetic friction force)과 같은 비보존력에 대해서는 효과적이지 않기 때문에 사용이 제한된다.

14.4a 보존력과 위치에너지

만약 힘 **F**가 보존된다면, 그 일은

$$U_{1-2} = \int_{\mathbf{r}_1}^{\mathbf{r}_2} \mathbf{F} \cdot d\mathbf{r} \qquad (14.2, \text{ 다시 씀})$$

로서, 힘의 작용점의 초기위치와 최종위치의 함수이다. 식 (14.2)에서의 적분은 적분 인자(integrand)가 어떤 스칼라 함수 $-V(\mathbf{r})$의 완전미분일 때에만, 즉 만약 적분인자가 다음 식(음의 부호는 규약상 도입되었다)과 같이 쓰일 수 있다면, $\mathbf{r}_1$과 $\mathbf{r}_2$의 함수가 될 수 있다.

$$\mathbf{F} \cdot d\mathbf{r} = -dV \qquad (14.16)$$

함수 $V(\mathbf{r})$은 힘 **F**의 위치에너지(potential energy)라 불린다. 식 (14.16)을 식 (14.2)에 대입하면 다음 식과 같다.

$$U_{1-2} = -\int_{V_1}^{V_2} dV = -(V_2 - V_1) = -\Delta V \qquad (14.17)$$

여기서, $V_1 = V(\mathbf{r}_1)$이고, $V_2 = V(\mathbf{r}_2)$로 표기한다.

식 (14.17)을 다음과 같이 나타낸다.

보존력의 일 = 위치에너지의 감소

따라서 위치에너지는 힘이 일할 능력으로 간주될 수 있다. 양의 일은 위치에너지를 감소시키고, 음의 일은 위치에너지를 증가시킨다.

식 (14.17)은 위치에너지의 변화를 포함한다는 것을 아는 것이 중요하다. 따라서 V가 측정되는 기본선(또는 기준선)은 임의적으로 선택될 수 있다.

보존력의 중요한 성질은 보존력의 성분이 위치에너지로부터 유도될 수 있다는 것이다. 직각좌표계 (x, y, z)의 한 점에 작용하는 보존력 $\mathbf{F}$를 생각하자. $\mathbf{F} = F_x\mathbf{i} + F_y\mathbf{j} + F_z\mathbf{k}$이고, $d\mathbf{r} = dx\,\mathbf{i} + dy\,\mathbf{j} + dz\,\mathbf{k}$를 이용하면 다음을 얻는다.

$$dV = -\mathbf{F}\cdot d\mathbf{r} = -(F_x dx + F_y dy + F_z dz) \tag{14.18}$$

dV는 위치에너지 V의 완전미분이기 때문에, 다음과 같이 쓸 수 있다.

$$dV = \frac{\partial V}{\partial x}dx + \frac{\partial V}{\partial y}dy + \frac{\partial V}{\partial z}dz \tag{14.19}$$

식 (14.18)과 식 (14.19)를 비교하면, $\mathbf{F}$의 직각좌표 성분은 다음과 같이 된다.

$$F_x = -\frac{\partial V}{\partial x} \qquad F_y = -\frac{\partial V}{\partial y} \qquad F_z = -\frac{\partial V}{\partial z} \tag{14.20}$$

식 (14.20)은 보존력 $\mathbf{F}$가 위치에너지 V의 음의 기울기(negative gradient)임을 나타낸다. 기울기 연산자 ∇("del"이라 함)을 이용하면, 식 (14.20)은 다음과 같이 쓸 수 있다.

$$\mathbf{F} = -\nabla V \tag{14.21}$$

단지 보존력만이 이러한 방법으로 포텐셜함수로부터 유도가 가능하다. 마찰력과 같은 비보존력은 위치에너지를 포함하지 않는다.

14.4b 기계적 에너지의 보존

만약 질점에 작용하는 모든 힘이 보존된다면, 그 힘의 합력은 또한 보존된다. 합력의 위치에너지 $V(\mathbf{r})$은 질점에 작용하는 모든 힘의 위치에너지를 더함으로써 얻어진다. 만약 질점이 위치 ①에서 ②까지 이동한다면, 식 (14.17)은 합력에 의한 일을 위치에너지의 변화 $U_{1-2} = -(V_2 - V_1)$와 관련시키는 데 이용될 수 있다. 이것을 일-에너지 원리 $U_{1-2} = \Delta T$에 대입하면, $-(V_2 - V_1) = T_2 - T_1$ 또는 다음 식을 얻는다.

$$V_1 + T_1 = V_2 + T_2 \tag{14.22}$$

전체 기계적 에너지* E를 운동에너지와 위치에너지의 합이라 놓으면, 즉

$$E = T + V \tag{14.23}$$

라 하면, 식 (14.22)는 다음과 같이 된다.

$$E_1 = E_2 \quad \text{혹은} \quad \Delta E = 0 \tag{14.24}$$

이 식을 기계적 에너지보존의 원리(principle of conservation of mechanical energy)라 부른다.

동마찰력에 의해 이루어진 일은 경로에 독립적이 아니기 때문에, 동마찰력은 비보존력이 된다. 따라서 동마찰력이 존재할 때, 전체 기계적 에너지는 보존되지 않고, 마찰력에 의한 음의 일로 감소된다. 이 에너지는 소실되지 않고, 열의 형태로 열에너지로 전환된다. 바꾸어 말하면 전체 에너지는 여전히 보존되고, 에너지의 형태가 변화된다.

전체 기계적 에너지 E는 만약 모든 힘이 보존된다면, 상수이기 때문에, 다음과 같은 결론을 얻는다.

$$\frac{dE}{dt} = 0 \tag{14.25}$$

이 식은 때때로 질점의 가속도를 구하는 데 유용하다.

14.4c 위치에너지의 계산

보존력의 위치에너지는 14.2절의 방법에 의해 유도된 일을 식 (14.17)의 위치에너지의 정의와 비교하는 것으로 계산할 수 있다. 결과는 표 14.1로 요약된다.

표 14.1 위치에너지에 대한 공식

1. 일정한 힘	2. 무게	3. 탄성	4. 중력
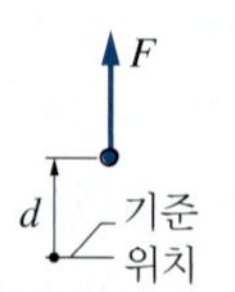	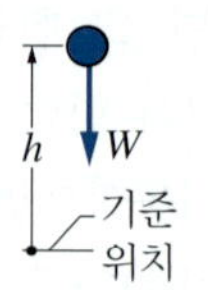	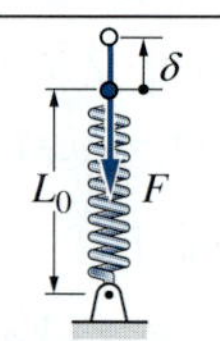	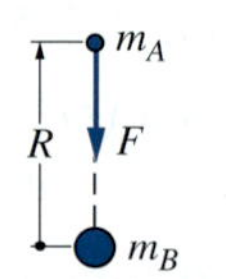
$V_f = -Fd$	$V_g = Wh$	$V_e = \frac{1}{2}k\delta^2$	$V_g = -\frac{Gm_A m_B}{R}$

* 여기서는 기계적 에너지를 강조한다. 열과 같은 다른 형태의 에너지는 논의에서 제외한다.

일정한 힘의 위치에너지 일정한 힘 $\mathbf{F}$(크기와 방향이 일정)에 의한 일은 이미 앞에서 다음과 같이 표현했다.

$$U_{1\text{-}2} = F\,\Delta d \qquad (14.6,\ \text{다시 씀})$$

여기서 F는 힘의 크기이고, Δd는 그림 14.4에 나타난 것처럼 힘의 작용점에서 일을 수행하는 변위를 나타낸다. $U_{1-2} = -\Delta V$와 비교하면, 일정한 힘의 위치에너지는 다음과 같다.

$$V_f = -Fd \qquad (14.26)$$

여기서 d는 임의의 편리한 기준이다.

무게의 위치에너지 만약 운동이 지구 표면으로부터의 조금 떨어진 거리로 한정된다고 가정하면, 물체의 무게는 일정한 힘으로 간주될 수 있다. 그림 14.5에서 무게 W에 의한 일은 다음과 같이 주어진다.

$$U_{1\text{-}2} = -W\,\Delta h \qquad (14.7,\ \text{다시 씀})$$

이 식을 $U_{1-2} = -\Delta V$와 비교하면, 중력 위치에너지(gravitational potential energy)라 불리는 W의 위치에너지는 다음 식과 같다.

$$V_g = Wh \quad (W\text{는 일정무게}) \qquad (14.27)$$

여기서, h의 양의 방향은 수직의 위쪽이어야만 한다. 왜냐하면 위치에너지의 변화만이 중요하기 때문에, 측정되는 y의 기준위치(datum)는 임의적이다.

스프링의 위치에너지 식 (14.10)에 따라, 이상적인 스프링의 자유단이 위치 ①에서 ②로 이동할 때, 이상적인 스프링*에 의한 일은

$$U_{1\text{-}2} = -\frac{1}{2}k(\delta_2^2 - \delta_1^2) = \frac{1}{2}k\,\Delta(\delta^2)$$

이고, 여기서 δ는 스프링의 자유 길이 L_0로부터 측정된 스프링의 변형된 길이이다. 탄성 위치에너지(elastic potential energy)**라 불리는 스프링의 위치에너지는

* 스프링에 한 일은 스프링에 의해 하여진 일이라는 것을 주지하라. 스프링의 위치에너지는 물체가 스프링에 주는 영향이 아니라, 스프링이 부착된 물체에 대해 일을 할 스프링의 능력을 말한다.

** 탄성은 하중을 받아 변형된 물체가 하중이 제거될 때, 변형 전 형상으로 복귀할 능력을 말한다.

이 식을 $U_{1-2} = -\Delta V$과 비교하는 것에 의해 얻어진다. 탄성 위치에너지는 다음과 같다.

$$V_e = \frac{1}{2}k\delta^2 \tag{14.28}$$

탄성 위치에너지는 항상 양이 된다는 것에 주의한다.

중력 위치에너지 식 (14.27)은 중력가속도 g의 변화를 무시할 수 있는 경우에만 무게의 중력 위치에너지를 계산하는 데 사용할 수 있다. 이 제한을 위배하는 운동에 대해서는 일정한 무게는 뉴턴의 중력법칙 $F = Gm_Am_B/R^2$으로부터 구한 힘으로 대체되어야만 한다. F에 의한 일은 식 (14.11)로 알려져 있다.

$$U_{1\text{-}2} = Gm_Am_B\left(\frac{1}{R_2} - \frac{1}{R_2}\right) = Gm_Am_B\Delta(1/R)$$

여기서 m_A와 m_B는 서로를 향하여 잡아당기는 두 물체의 질량이다. 이 식을 $U_{1-2} = -\Delta V$와 비교하면, 질량 m_A와 m_B를 구성하고 있는 계의 중력 위치에너지는 다음과 같다.

$$V_g = -\frac{Gm_Am_B}{R} \tag{14.29}$$

중력 위치에너지는 R이 무한대로 될 때, 0에 접근하는 항상 음의 값이다.

예제 14.4

그림은 4.54 kg의 칼라가 중력과 이상적인 스프링의 작용을 받고 있는 마찰이 없는 수직 봉을 따라 미끄러지는 것을 나타낸다. 스프링은 875.6 N/m의 강성을 가지고, 762 mm의 자유 길이를 가진다. 칼라는 ①의 위치로부터 놓여진다. 기계적 에너지보존 원리를 이용하여 ②의 위치에서 칼라의 속력을 구하라.

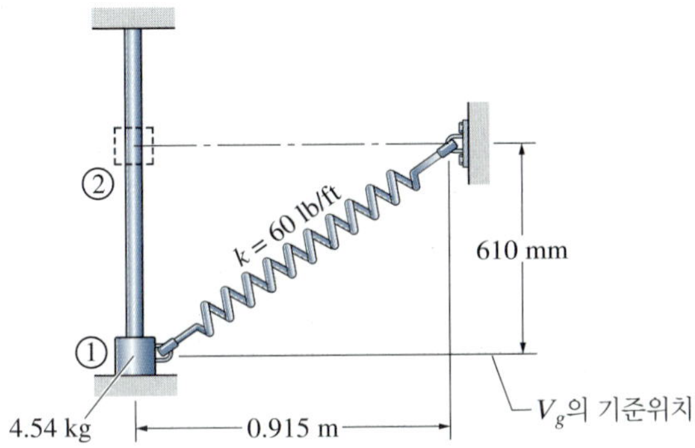

풀이

칼라의 자유물체도를 그리지 않고도, 단지 무게와 스프링 힘만이 봉을 따라 이동할 때 칼라에 대해 일을 함을 알 수 있다(칼라와 봉 사이의 수직력은 일을 하지 않는다). 무게와 스프링 힘은 모두 보존되기 때문에, 기계적 에너지보존 법칙을 이용할 수 있다.

중력 위치에너지 ①의 위치로부터는 쉽게 구해지며, ②의 위치에서는 높이 h를 측정하여 구해진다. 따라서,

$$(V_g)_1 = 0 \quad (V_g)_2 = Wh_2 = 4.54 \times 9.81(0.61) = 27.12 \text{ N} \cdot \text{m}$$

탄성 위치에너지 두 위치에서 스프링의 변위는 다음과 같다.

$$\delta_1 = \sqrt{0.61^2 + 0.915^2} - 0.762 = 0.337 \text{ m}$$
$$\delta_2 = 0.915 - 0.762 = 0.153 \text{ m}$$

이로부터 다음을 얻는다.

$$(V_e)_1 = \frac{1}{2}k\delta_1^2 = \frac{1}{2}(875.6)(0.337)^2 = 49.72 \text{ N} \cdot \text{m}$$
$$(V_e)_2 = \frac{1}{2}k\delta_2^2 = \frac{1}{2}(875.6)(0.153)^2 = 10.17 \text{ N} \cdot \text{m}$$

운동에너지 ①의 위치에서 칼라는 정지해 있어 운동에너지는 없으며, ②의 위치에서 운동에너지는 다음과 같다.

$$T_1 = 0 \qquad T_2 = \frac{1}{2}mv_2^2 = \frac{1}{2}4.54v_2^2 = 2.27v_2^2$$

에너지의 보존 ①의 에너지의 값과 ②의 에너지의 값이 같다고 하면, 다음과 같다.

$$T_1 + (V_g)_1 + (V_e)_1 = T_2 + (V_g)_2 + (V_e)_2$$
$$0 + 0 + 49.72 = 2.27v_2^2 + 27.12 + 10.17$$

이로부터 칼라의 속력을 얻는다.

$$v_2 = 2.34 \text{ m/s}$$ **답**

예제 14.5

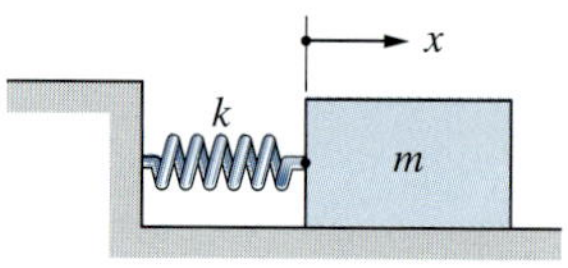

그림에 나타난 바와 같이, 질량 m을 가진 블록이 마찰이 없는 수평면을 미끄러진다. 위치좌표 x는 강성이 k인 이상적인 스프링의 변형되지 않은 위치에서 측정된다. 기계적 에너지보존 법칙을 이용하여 블록의 가속도를 x의 함수로 유도하라. (이 문제는 예제 12.7의 힘-질량-가속도 법으로 구해졌다.)

풀이

보존적인 스프링력은 블록이 움직임에 따라 일을 하므로, 기계적 에너지보존 법칙을 이용하여 증명할 수 있다. 블록의 운동에너지 T는 다음과 같다.

$$T = \frac{1}{2}mv^2 = \frac{1}{2}m\dot{x}^2 \qquad \text{(a)}$$

위치좌표 x는 스프링의 변형이 없는 위치에서 측정되기 때문에, 스프링의 변형은 δ에 상응한다. 따라서 탄성 위치에너지는 다음과 같다.

$$V_e = \frac{1}{2}k\delta^2 = \frac{1}{2}kx^2 \qquad \text{(b)}$$

식 (a)와 (b)를 결합하면, 전체 기계적 에너지 E는 다음과 같다.

$$E = T + V_e = \frac{1}{2}m\dot{x}^2 + \frac{1}{2}kx^2$$

전체 기계적 에너지는 보존되므로, 식 (14.25)로부터

$$\frac{dE}{dt} = m\dot{x}\ddot{x} + kx\dot{x} = 0$$

또는

$$\dot{x}(m\ddot{x} + kx) = 0$$

을 얻는다. 정적 해 $\dot{x} = 0$은 무시하고, 가속도가 $a = \ddot{x}$인 것을 인식하면 가속도에 대해 다음을 얻는다.

$$a = -\frac{k}{m}x$$ **답**

이것은 힘–질량–가속도 법을 이용하여 예제 12.7에서 구한 결과와 같다.

연습문제

14.26 무게 W인 상자가 스프링의 상부에 놓였다가 제거되었다. 그 결과로 인한 운동 중에 스프링의 최대 힘을 구하라.

그림 P14.26

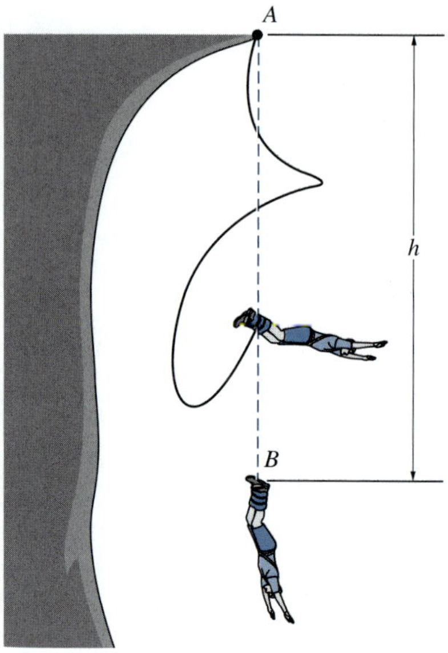

그림 P14.27

14.27 A 지점에 68 kg 사람이 번지(bungee) 줄에 매달려 점프했다. 줄의 자유 길이는 L = 48.8 m, 강성 k = 3503 N/m이다. 점프를 한 지점과 가장 낮은 지점 B에 거리 h를 구하고 줄의 최대 장력을 구하라.

14.28 강성이 k인 선형 스프링은 10 km/h로 달리고 있는 18 Mg의 기차가 스프링에 충돌한 후, 500 mm 거리에서 정지하도록 설계되어 있다. 원하는 결과를 얻기 위한 k의 최솟값을 구하라(참고: 이 문제는 문제 12.50에서 FMA법으로 계산된 문제이다).

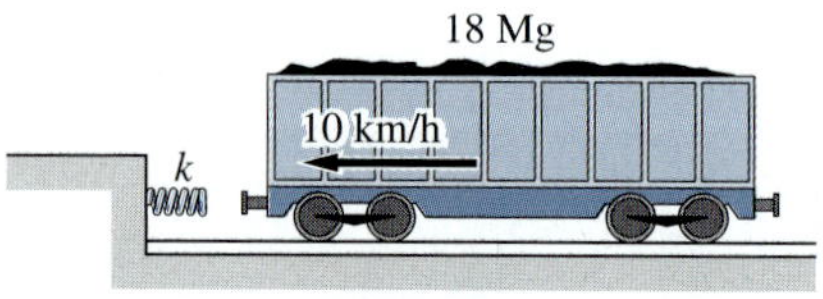

그림 P14.28

14.29 그림에 보이는 바와 같이, 문제 14.28의 1개의 스프링이 동일 강성 k를 갖는 2개의 스프링으로 대체되었을 때, k의 최솟값을 구하라(참고: 하나의 스프링이 다른 것보다 300 mm 더 짧은 것에 주의한다).

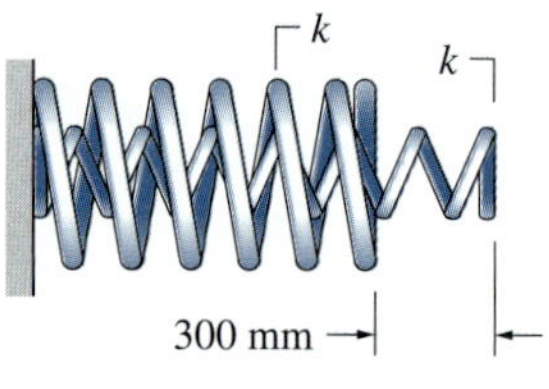

그림 P14.29

14.30 무게 2.27 kg의 공이 A 위치에서 정지 상태로부터 놓아진다. 정지 상태에서는 강성이 k인 2개 스프링은 각각 변형이 없다. 공이 B 위치에 도달하기 위한 k의 최댓값을 구하라.

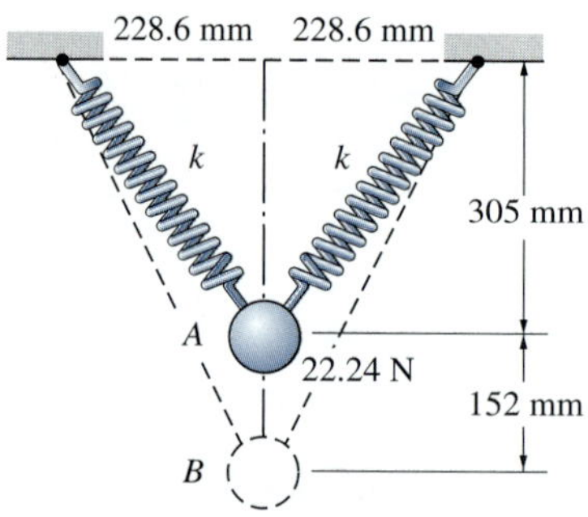

그림 P14.30

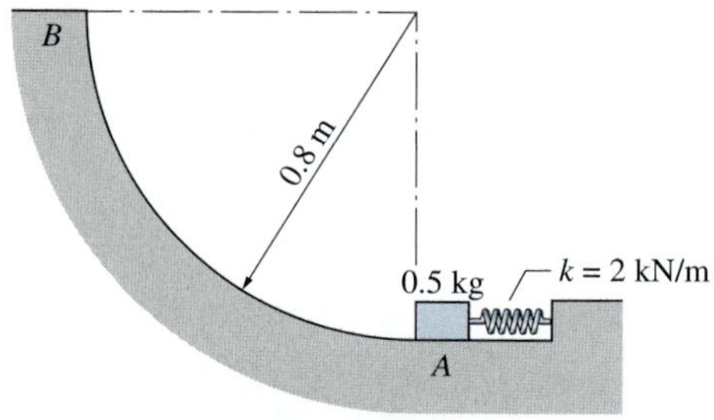

그림 P14.31

14.31 0.5 kg 상자가 원형 활송 장치(chute)로 스프링 δ_A까지 압축했다가 놓인다. 상자가 속도 v_B = 1.5 m/s로 B 지점까지 도달하기 위한 δ_A값을 구하라. 단, 마찰은 무시한다.

14.32 무게가 $W = 8.9$ N인 미끄럼 칼라가 강성이 각각 $k_1 = 87.6$ N/m, $k_2 = 29.2$ N/m인 2개의 스프링에 부착되어 있다. 각 스프링의 자유 길이는 457 mm이다. 칼라가 A 위치의 정지 상태로부터 놓아질 때, B 위치에서의 칼라의 속력을 구하라. 단, 마찰은 무시한다.

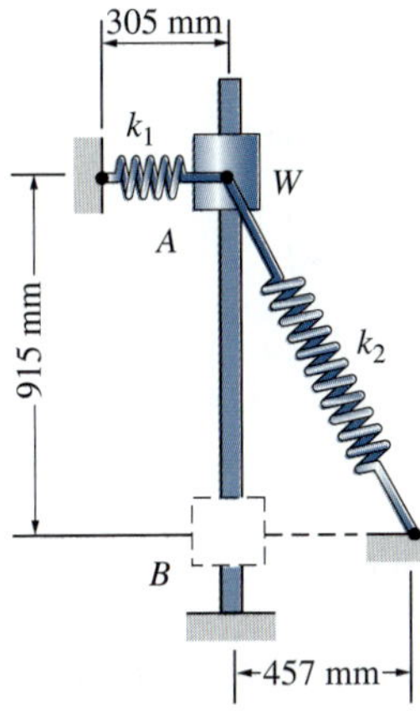

그림 P14.32

14.33 0.6 kg의 미끄럼 칼라에 부착된 스프링의 강성은 200 N/m이고, 자유 길이는 150 mm이다. A 위치에서 칼라의 속력이 우측방향으로 3 m/s일 때, B 위치에서의 속력을 구하라. 단, 마찰은 무시한다.

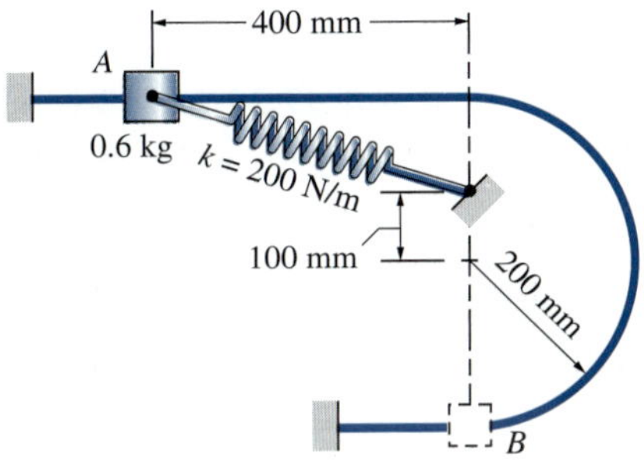

그림 P14.33

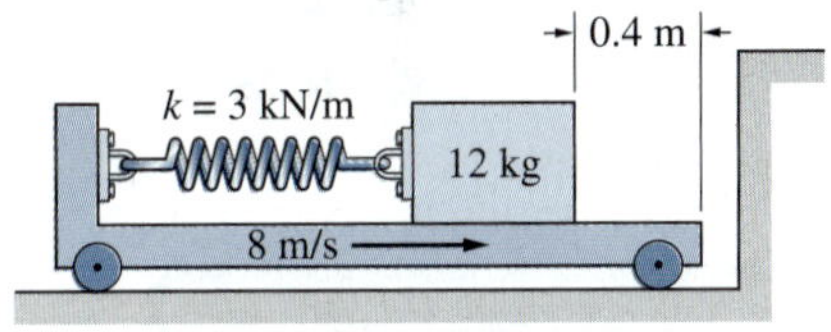

그림 P14.34

14.34 대차(platform)가 벽과 충돌하여 급정지를 일으킬 때, 대차와 12 kg의 블록은 우측으로 8 m/s 속도로 이동하고 있다. 충돌 전에 대차에 블록을 연결하고 있는 스프링은 변형되어 있지 않다. 마찰을 무시할 때, 블록이 벽에 부딪치는 속력을 구하라.

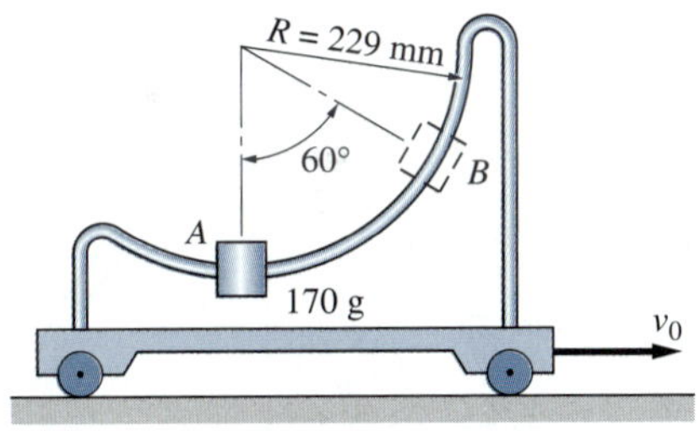

그림 P14.35

14.35 170 g의 칼라가 대차에 부착된 원형의 안내봉 위를 마찰 없이 미끄러진다. 대차가 우측으로 v_0의 속력으로 이동하고 있을 때, 칼라는 A 위치에 있다. 대차가 급정지를 일으킨 후, 칼라는 봉 위로 미끄러지고 가장 높은 위치인 B에 도달한다. v_0를 구하라.

14.36 0.5 kg인 진자가 $\theta_{max} = 50°$의 진폭으로 흔들린다. 진자를 지지하는 줄에 걸리는 최대 힘을 구하라.

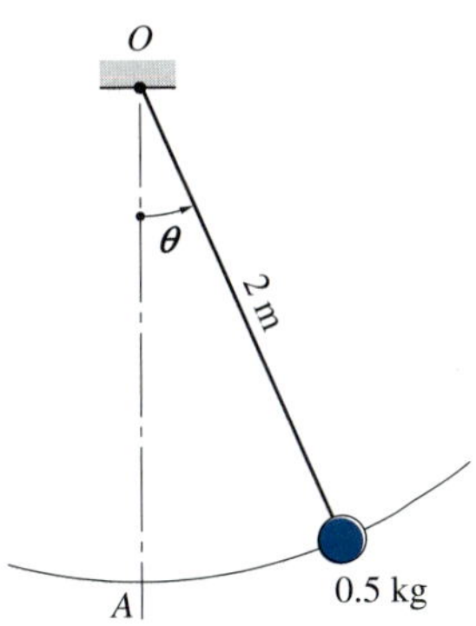

그림 P14.36

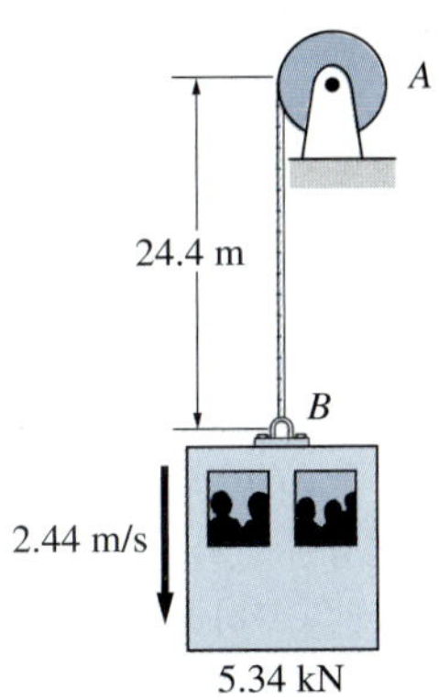

그림 P14.37

14.37 강 케이블이 드럼 A로부터 풀림에 따라, 5.34 kN의 엘리베이터가 일정한 속도 2.44 m/s로 하강한다. 그림에 보이는 위치에서 갑자기 드럼이 멈추었을 때, 강 케이블에

걸리는 최대 힘을 계산하라. 단, 강의 탄성 때문에 케이블은 강성 9630 kN/m의 이상적인 스프링으로 작용한다.

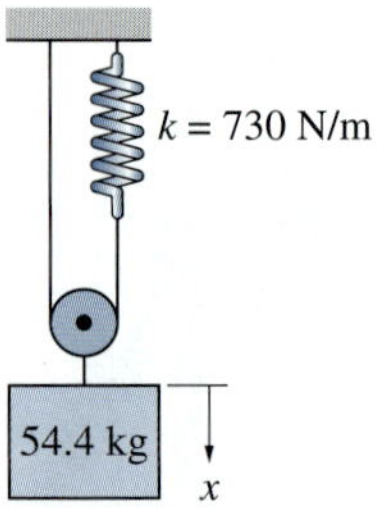

그림 P14.38

14.38 54.4 kg 상자가 변형이 없는 스프링 상태에 놓여 있다. 풀리의 무게는 무시한다. (a) 변위 x에 함수로 상자의 속도 v를 구하라. (b) 상자의 최대 속도와 최대 변위를 계산하라.

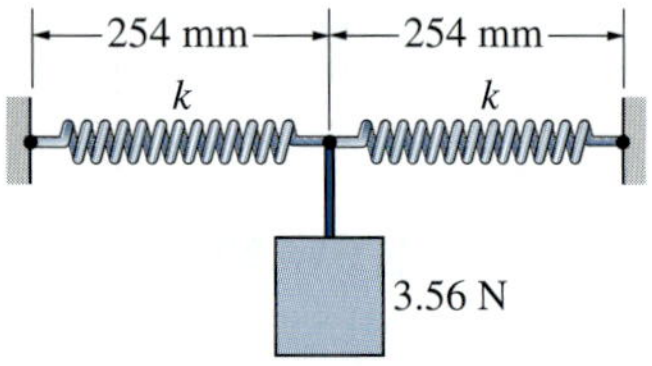

그림 P14.39

14.39 363 g의 추가 강성이 각각 k = 730 N/m인 2개의 스프링에 부착되어 있다. 추는 각 스프링이 3.8 mm 늘어난 위치를 유지한다. 추가 이 위치에서 놓아질 때, 63.5 mm 낙하한 후, 추의 속력을 구하라.

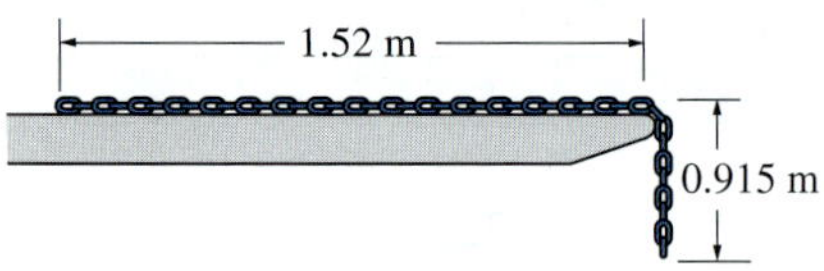

그림 P14.40

14.40 1.83 m 길이와 단위 길이당 무게 17.5 N/m을 갖는 체인이 그림에 보이는 위치의 정지 상태로부터 풀린다. 마찰을 무시할 때, 체인의 마지막 링크가 테이블을 떠나는 순간 체인의 속력을 구하라.

14.41 반원봉 AC가 수직평면에 놓여 있다. 봉 둘레를 감고 있는 스프링은 θ = 45°일 때 변형되지 않은 상태이다. 210 g의 슬라이더가 스프링으로 눌려지고, θ = 30°에서 풀릴 때, 슬라이더가 B점을 통과하는 순간 슬라이더의 속도를 구하라.

14.42 질량 m의 질점이 약간 변위되면서, 반경 R인 원통 표면을 미끄러져 내려오게 될 때까지, A에 정지해 있다. 마찰을 무시할 때, (a) 질점의 속력을 각도 θ에 대한 함수로 나타내라. (b) 질점이 표면을 떠날 때의 θ값을 구하라.

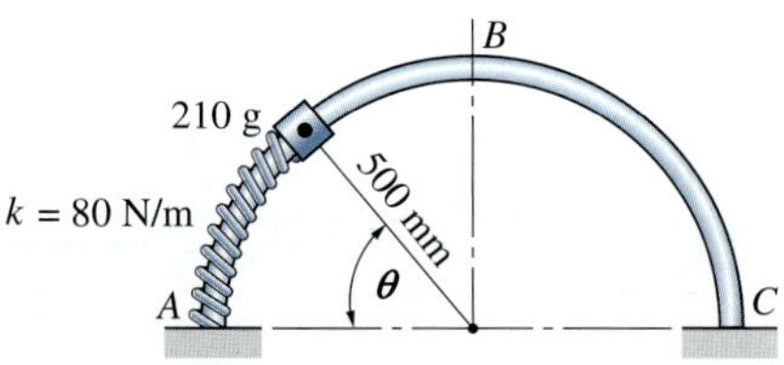

그림 P14.41

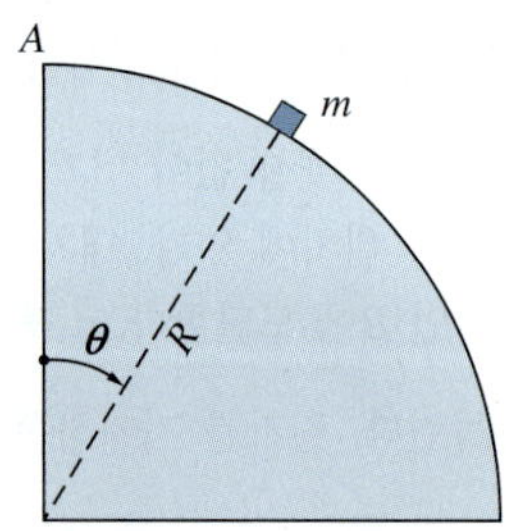

그림 P14.42

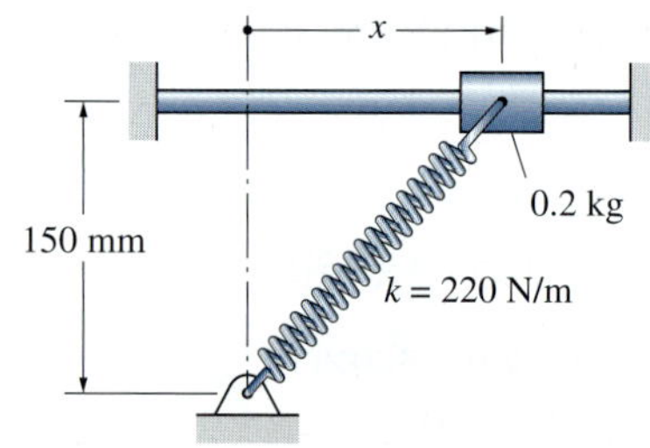

그림 P14.43

14.43 0.2 kg의 칼라에 부착된 스프링의 강성은 220 N/m이고, 자유 길이는 150 mm이다. 칼라가 x = 150 mm일 때 정지 상태로부터 놓아진다. 칼라의 가속도를 x에 대한 함수로 나타내라. 단, 마찰은 무시한다.

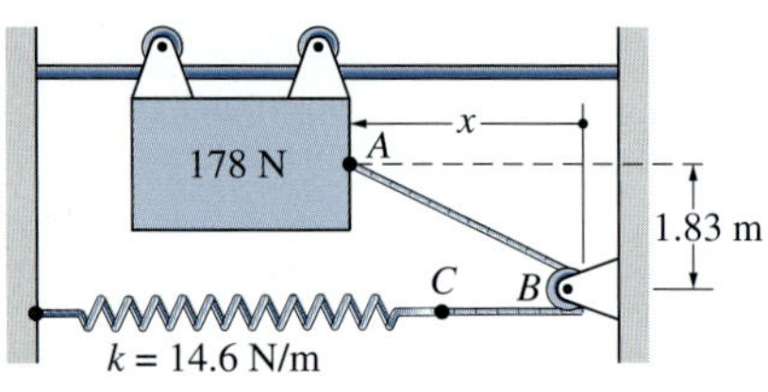

그림 P14.44

14.44 178 N의 미끄럼 패널(panel)이 수평레일 위를 움직이는 마찰이 없는 롤러에 매달려 있다. 로프 ABC에 부착된 스프링의 강성은 17.6 N/m이고, 패널은 x = 0의 위치에 있을 때, 변형이 없다. 패널이 x = 2.44 m의 정지 상태로부터 출발한다면, x = 0일 때 패널의 속력을 구하라.

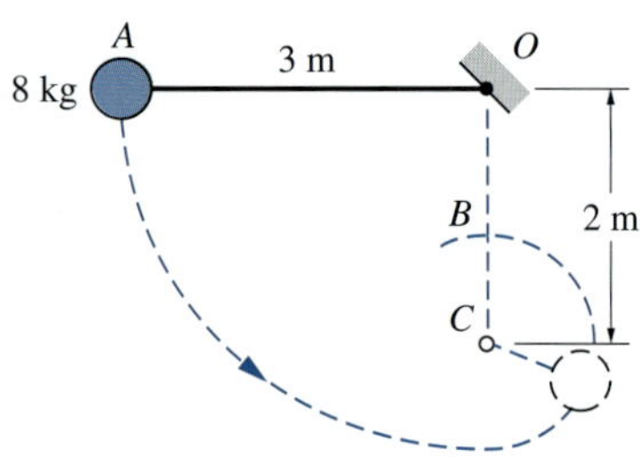

그림 P14.45

14.45 8 kg의 진자가 A에서 정지 상태로부터 놓아진다. 처음에 진자는 O점을 중심으로 회전운동을 하지만, 그 후 C점에 고정된 못이 줄을 붙잡고, C점을 중심으로 회전한다. 진자의 추가 B점에 이르렀을 때, 다음을 결정하라. (a) 추의 속력, (b) 줄 BC의 장력.

14.46 늘어나지 않았을 때 각각의 길이가 127 mm인 2개의 탄성 밴드(band)로 만들어진 새총(catapult)이 있다. 각 밴드는 강성 525.4 N/m의 이상적인 스프링과 같은 작

용을 한다. 70.9 g의 돌이 그림과 같은 위치에서 발사될 때, 돌이 D에서 새총을 벗어날 때의 속력을 구하라.

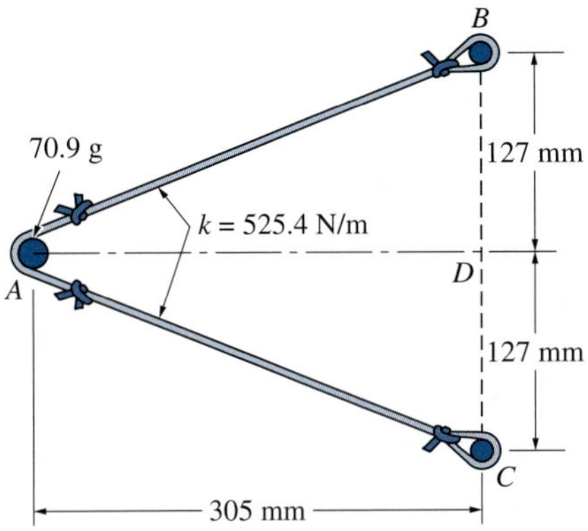

그림 P14.46

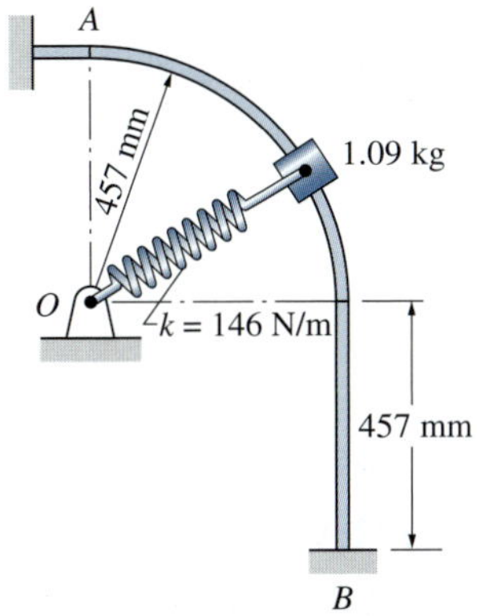

그림 P14.47

14.47 1.09 kg 칼라가 마찰을 무시할 수 있는 로드 AB를 따라 수직면을 미끄러지고 있다. 칼라에 연결된 스프링이 305 mm의 자유 길이를 가지고 있다. A 지점에 정지된 칼라가 오른쪽으로 약간 움직였다가 놓아졌다. B 지점에서 칼라의 속도를 결정하라.

14.48 1200 kg의 우주선이 지구 표면으로부터 발사된다. 지구의 중력장으로부터 우주선이 벗어나기 위한 에너지를 구하라. 다음의 값을 이용하라(지구의 질량 = 5.974×10^{24} kg, 지구의 반경 = 6378 km, 만유인력상수 = $6.672 \times 10^{-11}\ \mathrm{m^3 \cdot kg^{-1} \cdot s^{-2}}$).

14.49 위성이 지구 주위의 타원궤도에 있다. 근지점(perigee) 위치 ①에서 위성의 속력이 10.5 km/s일 때, 원지점(apogee) 위치 ②에서의 위성의 속력을 구하라. 단, $GM_e = 3.98 \times 10^{14}\ \mathrm{m^3/s^2}$을 사용한다. 여기서 M_e는 지구의 질량, G는 만유인력상수이다.

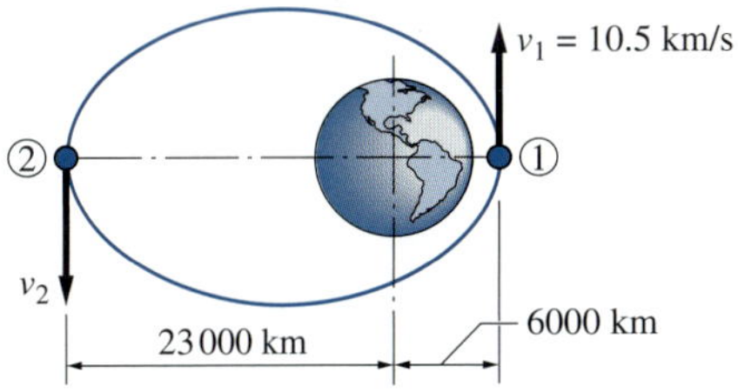

그림 P14.49

14.50 역추진 로켓의 점화는 지구위성이 근지점 A점에 도달할 때, 3 km/s로 감속시킨다. 그 결과 위성이 궤도를 벗어나 지구를 향해 내려온다. 위성이 지구 표면 위 100 km 높이의 B점에서 지구 대기권을 들어올 때 다시 점화한다. B점에서 위성의 속력이 7.7 km/s로 관측되었을 때, 근지점의 높이 h를 구하라. 단, $GM_e = 3.98 \times 10^{14}\ \mathrm{m^3/s^2}$을 사용한다. 여기서 M_e는 지구의 질량, G는 만유인력상수이다.

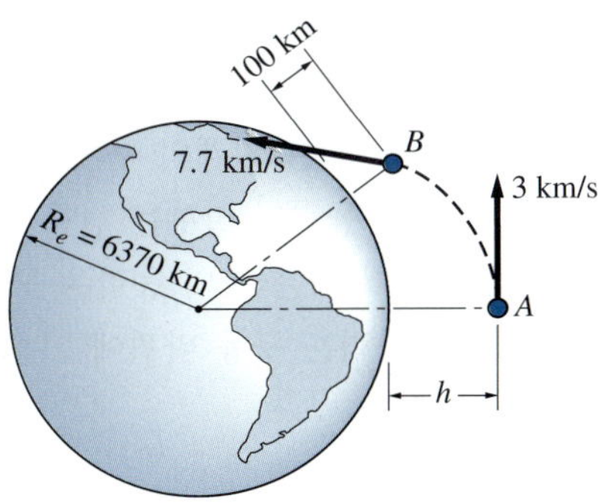

그림 P14.50

14.5 동력과 효율

동력(power)은 일의 **수행률**(the rate at which work is done)로 정의된다. P를 동력, U를 일이라 하면 동력은 다음과 같다.

$$P = \frac{dU}{dt} \tag{14.30}$$

동력은 차원이 $[FL/T]$인 스칼라양이다. SI 단위계에서 동력의 단위는 와트(watts) (1 W = 1 J/s = 1 N·m/s)이다. 미국 단위계에서 동력 단위는 lb·in./s, lb·ft/s 혹은 마력(1 hp = 550 lb·ft/s)이다.

힘 $\mathbf{F}$의 동력은 식 (14.1)의 $dU = \mathbf{F} \cdot d\mathbf{r}$을 식 (14.30)에 대입하는 것으로 얻어지고, $P = (\mathbf{F} \cdot d\mathbf{r})/dt$로 된다. $d\mathbf{r}/dt = \mathbf{v}$는 $\mathbf{F}$에 작용하는 질점의 속도인 것에 주목하면, 다음 식이 얻어진다.

$$P = \mathbf{F} \cdot \mathbf{v} \tag{14.31}$$

일을 하는 장치인 기계(machine) 또한 동력과 관련이 있다. 기계의 **입력 동력**(input power)은 에너지가 기계에 공급되는 비율이다. **출력 동력**(output power)은 기계가 일을 하는 비율이다. 기계의 **효율**(efficiency) η는 다음과 같이 정의된다.

$$\eta = \frac{\text{출력 동력}}{\text{입력 동력}} \times 100\% \tag{14.32}$$

출력 동력은 마찰, 진동 등에 의해 야기되는 기계 에너지의 손실에 의해 입력 동력에 비해 항상 작다. 따라서 기계의 효율은 항상 100%보다 작게 된다.

전동장치(transmission), 구동축(drive shaft), 구동 바퀴(driving wheel)와 같은 자동차의 구동열(drive train)은 기계의 구체적인 예이다. 입력 동력은 자동차의 엔진에 의해 공급된다. 그 동력의 일부는 전동장치와 베어링에서의 마찰을 극복하는 데 이용된다. 한층 더 적은 양의 동력은 구동축과 기어의 진동에 의한 소음으로 변환된다. 나머지 동력은 구동 바퀴에 이용될 수 있는 출력 동력이다.

1361 kg의 자동차가 400 m의 직선 성능시험 트랙을 96 km/h에서 144 km/h까지 일정한 동력으로 가속한다. (1) 구동 바퀴에 의해 자동차에 전달되는 마력을 결정하라. (2) 만약 구동열의 효율이 82%라면, 엔진의 출력 동력을 계산하라. 단, 공기 저항과 구름 저항(rolling resistance)은 무시한다.

풀이

문항 1

그림에 나타난 바와 같이 자동차의 구동 바퀴에 의해 전달되는 구동력을 F라 하자. 뉴턴의 운동 제2법칙에 따라서 $F = ma$이다. 여기서 m은 자동차의 질량, a는 가속도이다. $a = v(dv/dx)$를 대입하면, $F = mv(dv/dx)$를 얻는다. 속도 v와 구동력 F는 같은 방향이기 때문에, 스칼라 곱 $P = \mathbf{F} \cdot \mathbf{v}$은 다음과 같이 된다.

$$P = Fv = mv^2 \frac{dv}{dx}$$

dx를 양변에 곱하면 다음을 얻는다.

$$P\,dx = mv^2\,dv$$

적분을 하면 다음과 같다. (단, P와 m은 상수임을 주지하라.)

$$Px = \frac{1}{3}mv^3 + C$$

여기서 C는 적분상수이다. $m = 1361$ kg이면, 마지막 식은 다음과 같이 된다.

$$Px = 453.7v^3 + C \qquad \text{(a)}$$

P와 C의 값은 400 m 시험의 초기와 최종 상태에서 주어진 속도로부터 구할 수 있다. 시험 시작 시를 $x = 0$이라 하고, $v = 96$ km/h $= 26.7$ m/s이다. 이 값을 식 (a)에 대입하면,

$$0 = 453.7(26.7)^3 + C \qquad \text{(b)}$$

시험의 마지막에서는 $x = 400$ m, $v = 40$ m/s(144 km/h)이다. 따라서 식 (a)는 다음과 같이 된다.

$$P(400) = 453.7(40)^3 + C \tag{c}$$

따라서 구동 바퀴에 의해 자동차에 공급되는 동력은 다음과 같다.

$$P = 5.1 \times 10^5 \text{ kg} \cdot \text{m}^2/\text{s}^3, \text{ i.e., } 51\,\text{kW}$$ 답

문항 2

구동열의 효율은 82%이다. 따라서 구동열(엔진의 출력 동력)에 공급되는 힘 P'는 식 (14.32)에 따라 다음과 같다.

$$P' = \frac{P}{\eta} = \frac{51.0}{0.82} = 62.2\,\text{kW}$$ 답

예제 14.7

1800 kg인 밴타입 자동차가 $t = 0$에서 운전자가 네 바퀴 모두를 정지시키기 위해 제동을 걸었을 때, 26 m/s의 속력으로 이동하고 있다. 타이어와 도로의 마찰은 차를 정지 상태에서 미끄러지게 한다. 타이어와 도로 사이의 동마찰계수가 0.6일 때, 마찰력에 의한 동력을 시간의 함수로 계산하라.

풀이

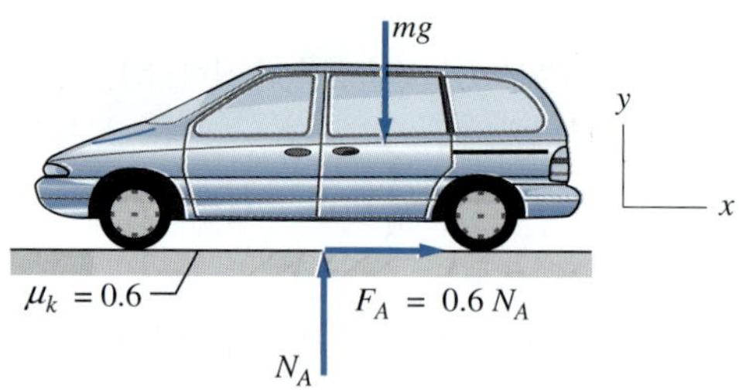

그림에서는 자동차가 제동될 때의 자유물체도를 보여준다. 여기서 N_A는 타이어에 작용하는 수직력의 합력이고, F_A는 마찰력의 합력이다. 그림으로부터, 다음의 운동방정식을 얻을 수 있다.

$$\Sigma F_x = ma \quad \xrightarrow{+} \quad 0.6N_A = ma$$
$$\Sigma F_y = 0 \quad +\uparrow \quad N_A - mg = 0$$

해는 다음과 같다.

$$N_A = mg = 1800(9.81) = 17\,658 \text{ N} = 17.658 \text{ kN}$$

$$a = 0.6g = 0.6(9.81) = 5.886 \text{ m/s}^2 \rightarrow$$

제동 동안 자동차의 속도는

$$v = \int a\, dt = \int 5.886\, dt = 5.886t + C \text{ m/s}$$

이다. 적분상수 C는 초기상태 $t = 0$일 때, 초기조건 $v = -26$ m/s로부터 구할 수 있고, $C = -26$ m/s이다. 따라서

$$v = 5.886t - 26 \text{ m/s} \rightarrow \tag{a}$$

자동차가 정지할 때의 시간은 26/5.886 = 4.42 s이다.

마찰력의 동력은 식 (14.31)에서 구할 수 있다. F_A와 v는 같은 방향임에 주의하면, 다음 식을 얻을 수 있다.

$$P = F_A v$$

식 (a)로부터 v를 대입하고, $F_A = 0.6N_A = 0.6(17.658) = 10.595$ kN을 이용하면, 다음을 얻을 수 있다.

$$P = 10.595(5.886t - 26) = 62.4t - 275 \text{ kN} \cdot \text{m/s}$$

또는

$$P = 62.4t - 275 \text{ kW} \qquad (0 \le t \le 4.42 \text{ s})$$ 답

P는 마찰력에 의해 자동차에 공급되는 동력이기 때문에, 기대한 대로 음의 값이다.

연습문제

14.51 운전자가 가속페달을 밟을 때 1905 kg 차량이 수평면을 96 km/h으로 주행하고 있다. 순간 가속력이 3.66 m/s^{2}일 때, 구동 바퀴에 전달되는 동력을 구하라.

14.52 엔진에서 일정한 동력 30 kW가 바퀴를 구동하기 위해서 전달됨에 따라 1633 kg의 차량이 48 km/h에서 96 km/h으로 가속한다. 가속 동안 차량이 주행한 거리를 구하라.

14.53 일정한 동력 450 kW가 150 Mg의 기관차의 구동 바퀴에 전달된다. 만약 $t = 0$일 때 기관차의 속력이 10 m/s이라면, $t = 60$ s일 때의 속력을 구하라.

14.54 컨베이어가 초당 272 kg의 석탄을 대기 중인 트럭에 쌓는다. 컨베이어 모터의 효율이 70%라면, 컨베이어 모터에 의해 소모된 동력을 구하라.

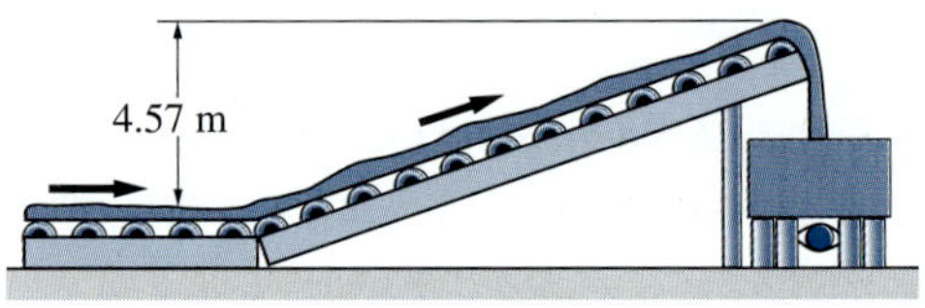

그림 P14.54

14.55 직선 수평도로를 따라 이동하는 1452 kg의 자동차는 97.5 m의 거리에서 속력이 48 km/h에서 80 km/h로 증가한다. 구동열(drive train)의 효율이 82%이고, 엔진의 출력 동력은 일정하다. 가속하는 동안의 엔진의 출력 마력을 구하라. 단, 공기 저항과 구름 저항은 무시한다(예제 14.6을 참고하라).

14.56 펌프와 배관(piping)으로 구성된 양수시스템이 저수지보다 17.68 m 높은 곳에 위치한 탱크에 저수지로부터 0.755 m^3/s의 비율로 물을 끌어 올린다. 펌프를 구동하는 전동기의 출력 동력이 179 kW일 때, 시스템의 효율을 구하라. (단, 물의 밀도는 1000 kg/m^{3}이다.)

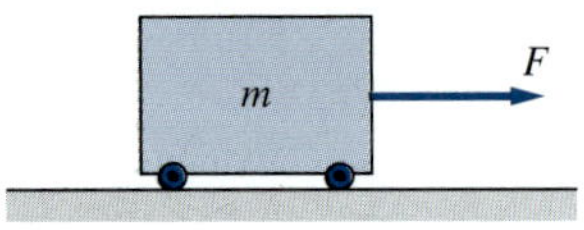

그림 P14.58, P14.59

14.57 1400 Mg인 기차가 2.8% 기울기(수평거리 100 m당 2.8 m 증가)를 일정한 속력으로 올라가고 있다. 기차의 엔진이 4800 kW의 동력을 구동 바퀴에 전달할 때, 기차의 속력을 구하라. 단, 공기 저항과 구름 저항은 무시한다.

14.58 질량 m인 블록이 일정한 힘 F가 작용할 때, 시간 $t = 0$에서 정지해 있다. F의 동력을 시간의 함수로 나타내라.

14.59 질량 m인 블록이 시간의 함수로 F가 작용할 때, 시간 $t = 0$에서 정지해 있다. 힘 F가 일정할 때 F의 동력을 시간의 함수로 나타내라.

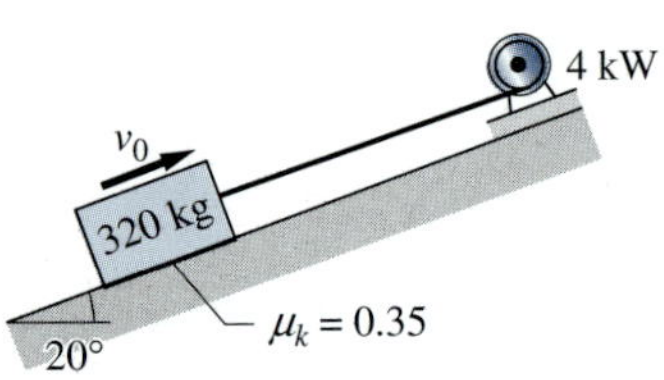

그림 P14.60

14.60 일정한 속도 v_0으로 거친 경사진 면을 320 kg 나무상자가 모터에 의해 끌려가고 있다. 4 kW의 출력이라면 v_0을 결정하라.

14.61 전기 호이스트(hoist)가 500 kg의 질량을 0.68 m/s의 일정한 속력으로 들어 올리는 데 4.2 kW의 동력을 소비한다. (a) 호이스트의 효율을 계산하라. (b) 문제 (a)에서와 같이 동력 소비가 같을 때, 호이스트가 800 kg의 질량을 들어 올릴 수 있는 일정한 속력은 얼마인가?

14.62 전기 호이스트가 질량 500 kg을 일정한 속력으로 들어 올릴 때, 5 kW의 동력을 소비한다. 호이스트의 효율을 80%로 가정하고, 질량에 의해 도달하는 최대 속력을 구하라.

그림 P14.61, P14.62

14.63 75 kg의 사람이 15.88 kg 자전거를 9.6 km/h으로 5도 경사면을 자전거로 가고 있다. 자전거의 효율이 95%일 때 사람의 마력을 계산하라.

14.64 2000 kg의 차량이 속도 v로 직선의 고속도로를 달리고 있다. 여기서 v 단위는 m/s이고 공기 저항 계수 $F_D = 0.14v^2$ N. 최대 동력이 160 kW일 때 (a) $v = 50$ km/h, (b) $v = 110$ km/h일 때 가능한 가장 큰 가속도를 각각 구하라.

14.65 자동차의 운동에 저항하는 힘 F는 $F = F_0 + cv^2$로서 자동차의 속력 v에 의존한다. 여기서 F_0와 c는 상수이다. 구동계의 출력 동력이 일정한 속도 60 mi/h와 80 km/h에서 각각 14.4 kW와 24.1 kW일 때, 112 km/h에 요구되는 동력을 구하라.

14.66 6.8 kg 칼라가 수평 가이드 로드 위를 915 mm/s의 일정한 속도로 우측으로 미끄러지고 있다. 칼라와 로드 사이에 동마찰계수가 $\mu_k = 0.6$이다. 칼라가 부드러운 고정점을 가진 줄에 의해 당겨진다. 그림에 보이듯 힘 F에 의해 당겨질 때 발생되는 동력을 구하라.

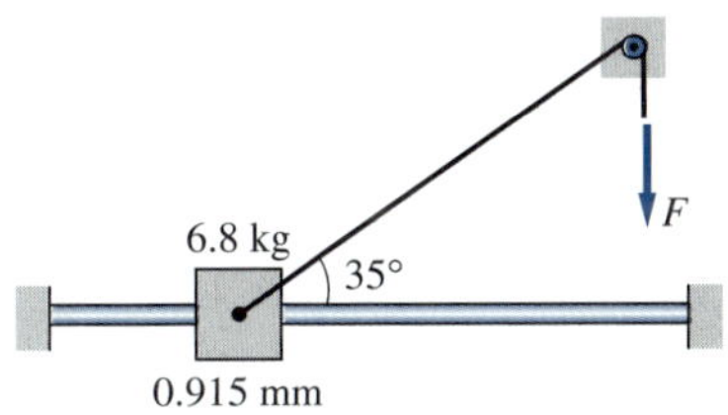

그림 P14.66

***14.67** 저속 기어에서 쓰로틀 완전 개방으로 가속하는 가솔린엔진 자동차의 전형적인 P-v 관계가 그래프에 보여진다. P는 움직이는 힘 F의 동력이고, v는 자동차의 속력이다. 최대 속력이 발생할 때의 최대 F의 값과 시간을 구하라(힌트: 원점에서 곡선 지점까지의 선은 $F = P/v$의 경사를 이룬다).

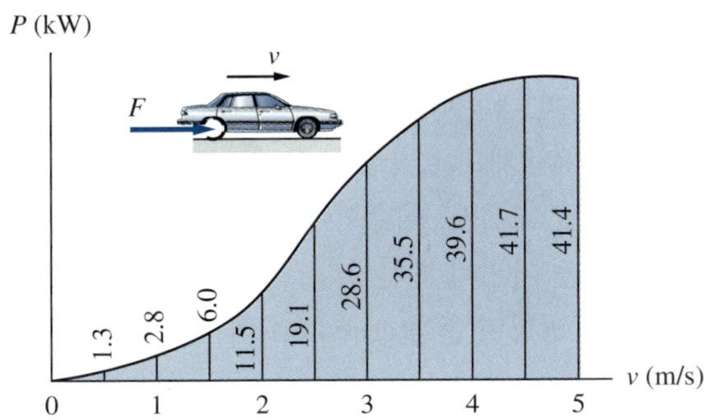

그림 P14.67

14.6 충격량-운동량 원리

일-에너지 원리가 주어진 **변위(displacement)** 동안에 질점의 속력의 변화를 결정하는 데 매우 유용하다는 것을 알았다. 만약 주어진 시간 동안의 속도 변화를 알고자 한다면, 충격량-운동량 원리가 해의 실제적인 방법을 제공한다. 힘의 충격량과 질점의 운동량을 정의하고,* 이어서 충격량-운동량 원리를 유도한다.

14.6a 힘의 충격량

시간 간격 t_1에서 t_2 동안, 힘 $\mathbf{F}$의 **충격량(impulse)** $\mathbf{L}_{1-2}$는 다음과 같이 정의된다.

$$\mathbf{L}_{1\text{-}2} = \int_{t_1}^{t_2} \mathbf{F}\, dt \qquad (14.33)$$

충격량은 벡터양이고, 충격량의 직각좌표성분은 다음과 같다.

$$(L_{1\text{-}2})_x = \int_{t_1}^{t_2} F_x\, dt \qquad (L_{1\text{-}2})_y = \int_{t_1}^{t_2} F_y\, dt \qquad (L_{1\text{-}2})_z = \int_{t_1}^{t_2} F_z\, dt \qquad (14.34)$$

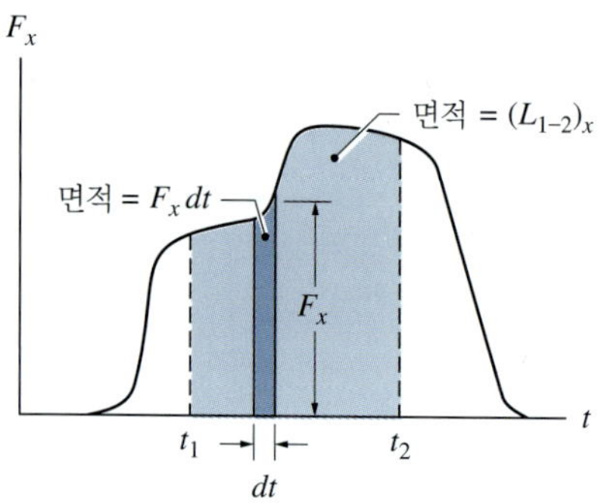

그림 14.8

여기서 F_x, F_y 및 F_z는 $\mathbf{F}$의 x, y 및 z축 좌표의 성분이다. 그림 14.8에 나타낸 것처럼 $(L_{1-2})_x$는 t_1과 t_2 사이의 F_x-t 선도 아래 부분의 면적과 동일하다. 유사하게 $(L_{1-2})_y$과 $(L_{1-2})_z$는 각각 F_y-t와 F_z-t 선도 아래 부분의 면적이다. 이러한 지식은 시간종속의 항이 도식적으로 또는 수치적으로 주어질 때, 힘의 충격량을 계산하는 경우에 매우 유용하다. 충격량의 차원은 $[FT]$이고, 따라서 단위는 N·s, lb·s 등이다.

앞 절에서 설명한 일과 에너지 방법에서는 단지 일을 하는 힘만이 해석에 포함되었다. 결과적으로 자유물체도는 작용력 선도에 의해 대체되었다. 그러나 자유물체도는 충격량을 계산할 때 항상 이용되어야만 한다. 왜냐하면 힘이 비록 일을 하지 않을지라도, 충격량을 가지기 때문이다.

만약 힘 $\mathbf{F}$의 크기와 방향이 **일정(constant)**하다면, 중요한 특별한 경우가 발생한다. 그러면 힘의 충격량은 $\mathbf{L}_{1-2} = \mathbf{F}\int_{t_1}^{t_2} dt$으로 되거나 다음과 같이 된다.

$$\mathbf{L}_{1\text{-}2} = \mathbf{F}(t_2 - t_1) = \mathbf{F}\,\Delta t \qquad (\mathbf{F}\ \text{일정}) \qquad (14.35)$$

* 이것들은 다음 절에서 논의할 각충격량 및 각운동량과 구별하기 위하여, 한층 더 정확히 **선형충격량**과 **선형운동량**이라 부른다. 그러나 그 의미가 문맥으로부터 명확할 때 "선형(linear)"이란 말은 종종 생략한다.

따라서 일정한 힘의 충격량은 힘과 시간 간격의 곱과 같고, 충격량은 힘과 동일한 방향이다.

14.6b 질점의 운동량과 운동량선도

어떤 한 순간에 질량 m의 질점의 운동량 $\mathbf{p}$는 다음 식으로 정의된다.

$$\mathbf{p} = m\mathbf{v} \tag{14.36}$$

여기서 $\mathbf{v}$는 그 순간에 질점의 속도벡터이다. 질점의 운동량은 속도벡터와 동일한 방향으로 작용하는 벡터양이다. 운동량의 차원은 $[ML/T]$ 또는 $[FT]$이다. 따라서 운동량의 차원은 충격량의 차원과 동일하다.

질점의 **운동량선도**(momentum diagram)는 운동량벡터 $m\mathbf{v}$를 나타내는 질점의 개략도이다. 운동량선도는 충격량-운동량 원리를 이용한 문제를 해석하는 데 있어서 유용한 도구이다.

14.6c 힘과 운동량의 관계

만약 질점의 질량이 일정하다면, 뉴턴의 제2법칙은 $\Sigma\mathbf{F} = m\mathbf{a}$로 된다. 여기서 $\Sigma\mathbf{F}$는 질점에 작용하는 합력이다. 만약 질량이 시간에 따라 변한다면, 이 법칙은 다음과 같은 형으로 된다.

$$\Sigma\mathbf{F} = \frac{d}{dt}(m\mathbf{v})$$

$\mathbf{p} = m\mathbf{v}$를 위 식에 대입하면, 다음과 같다.

$$\Sigma\mathbf{F} = \frac{d\mathbf{p}}{dt} \tag{14.37}$$

식 (14.37)은 뉴턴의 제2법칙의 일반적인 형태이다. 합력은 운동량의 변화율과 동일하다. 따라서 $\Sigma\mathbf{F} = m\mathbf{a}$는 단지 일정한 질량의 경우에 대해 유용한 특별한 경우로 간주된다.

14.6d 충격량-운동량 원리

dt를 식 (14.37)의 양변에 곱하고, t_1에서 t_2까지 적분하면 다음을 얻는다.

$$\int_{t_1}^{t_2} \mathbf{F}dt = \int_{t_1}^{t_2} d\mathbf{p} = \mathbf{p}_2 - \mathbf{p}_1 \tag{14.38}$$

여기서 $\mathbf{p}_1 = \mathbf{p}(t_1)$ 및 $\mathbf{p}_2 = \mathbf{p}(t_2)$는 각각 t_1과 t_2에서의 운동량을 나타낸다. 식 (14.38)의 왼쪽 부분은 t_1에서 t_2까지의 시간 간격 동안의 $\mathbf{F}$의 충격량이기 때문에 다음과 같이 된다.

$$\mathbf{L}_{1\text{-}2} = \mathbf{p}_2 - \mathbf{p}_1 = \Delta\mathbf{p} \tag{14.39}$$

식 (14.39)는 **충격량–운동량 원리**(impulse-momentum principle) 또는 **충격량–운동량의 균형**(balance of impulse and momentum)이라 불린다. 이 원리가 운동의 해석에 적용될 때, 이 기법을 **충격량–운동량 법**(impulse-momentum method)이라고 한다.

만약 직각좌표계가 사용된다면, 식 (14.39)는 각 좌표축 방향성분인 다음 3개의 스칼라 식으로 나타내진다.

$$\begin{aligned}(L_{1\text{-}2})_x &= \Delta p_x = (mv_x)_2 - (mv_x)_1\\(L_{1\text{-}2})_y &= \Delta p_y = (mv_y)_2 - (mv_y)_1\\(L_{1\text{-}2})_z &= \Delta p_z = (mv_z)_2 - (mv_z)_1\end{aligned} \tag{14.40}$$

주의 일–에너지 원리 $U_{1-2} = T_2 - T_1$와 충격량–운동량 원리 $\mathbf{L}_{1-2} = \mathbf{p}_2 - \mathbf{p}_1$를 혼동하지 않도록 주의해야 한다. 이 두 원리 사이의 몇 가지 중요한 차이는 다음과 같다.

- 일(U_{1-2})은 힘과 위치의 변화에 관련되는 **스칼라양**이다.
- 충격량($\mathbf{L}_{1-2}$)은 힘과 시간 간격에 관련되는 **벡터양**이다.
- 운동에너지(T)는 질량과 주어진 순간의 속력과 관련되는 **스칼라양**이다.
- 운동량($\mathbf{p}$)은 질량과 주어진 순간의 속도와 관련되는 **벡터양**이다.
- 일과 에너지의 원리 $U_{1-2} = \Delta T$는 **스칼라**의 식이고, 반면에 충격량–운동량 원리 $\mathbf{L}_{1-2} = \Delta\mathbf{p}$는 **벡터** 식이다.

14.6e 운동량의 보존

충격량–운동량 원리에 대한 식 (14.39)로부터 만약 주어진 시간 간격 동안에 질점에 작용하는 충격량이 0이라면, 질점의 운동량은 주어진 시간 동안 보존된다는 것을 알 수 있다. 즉, 만약 $\mathbf{L}_{1-2} = \mathbf{0}$이라면 다음과 같다.

$$\mathbf{p}_1 = \mathbf{p}_2 \qquad \text{또는} \qquad \Delta\mathbf{p} = \mathbf{0} \tag{14.41}$$

식 (14.41)은 **운동량 보존의 원리**(principle of conservation of momentum)라 불린다. 이 원리는 질점에 작용하는 합력의 충격량이 0일 때에만 유효하다는 것에 주의한다. 만약 질점에 작용하는 합력이 없다면, 합력의 충격량은 명백히 0이고, 운동량은 보존된다. 그러나 비록 힘이 0이 아닐지라도 힘의 충격량, 즉 힘의 시간 적분은 0이 되는 것이 가능하다.

운동량은 벡터양이기 때문에, 비록 전체 운동량이 보존되지 않을지라도, 운동량 성분의 하나 또는 두 개의 성분이 보존되는 것은 가능하다. 예를 들면, 식 (14.40)으로부터 만약 $(L_{1-2})_x = 0$이라면, $(L_{1-2})_y$와 $(L_{1-2})_z$에 관계없이 x방향의 운동량은 보존된다.

운동량보존의 원리는 질점 사이의 충격과 다른 상호작용을 해석하는 데 매우 유용하다.

예제 14.8

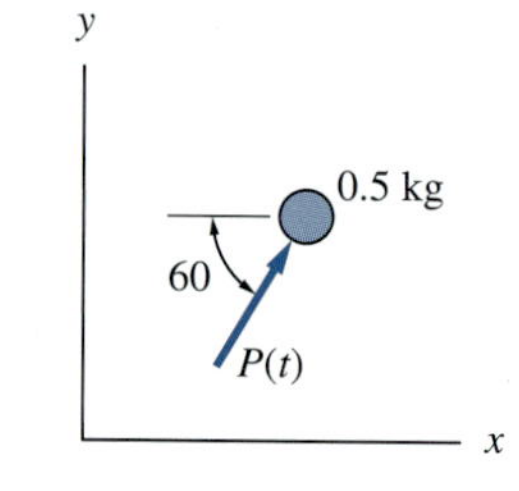

(a)

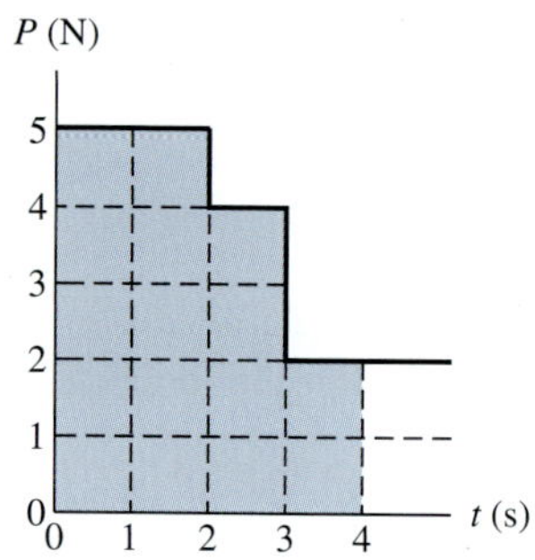

(b)

시간 $t = 0$에서, 그림 (a)의 0.5 kg인 질점의 속도는 우측으로 10 m/s이다. 질점의 무게 이외에(xy 평면은 수직임), 질점은 힘 $\mathbf{P}(t)$의 작용을 받는다. $\mathbf{P}(t)$의 방향은 운동 전체를 통하여 일정하지만, 크기는 그림 (b)에 나타난 방법으로 시간에 따라 변화한다. $t = 4$ s일 때, 질점의 속도를 계산하라.

풀이

충격량–운동량 법은 첫째, 시간 간격 동안에 운동량(속도)의 변화를 직접적으로 다루고, 둘째, 힘의 충격량은 쉽게 계산되기 때문에, 이 문제를 해결하는 가장 직접적인 방법이다.

충격량–운동량 법에 의해 문제를 해결하기 위해 필요한 선도를 그림 (c)~(e)에 나타낸다. 여기서 아래첨자 1과 2는 각각 $t = 0$와 $t = 4$ s에 대응한다. 임의 시간 t에서 질점의 자유물체 선도를 그림 (c)에 보인다. 그림 (d)는 $t = 0$일 때 운동량선도를 나타내고, 여기서 $\mathbf{p}_1 = m\mathbf{v}_1 = 0.5(10)\mathbf{i} = 5\mathbf{i}$ N·s이다. $t = 4$ s일 때의 운동량선도는 그림 (e)이고, 여기서 $m\mathbf{v}_2$의 두 성분은 양의 좌표방향으로 그려졌다.

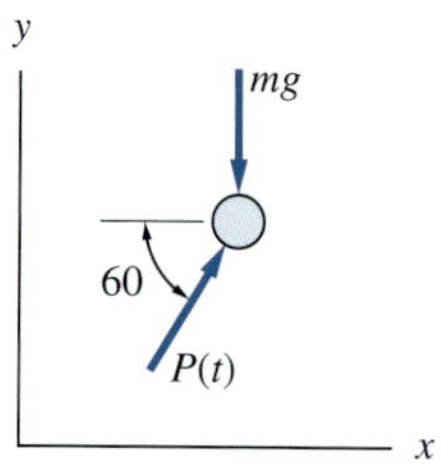

(c) 시간 t일 때 FBD

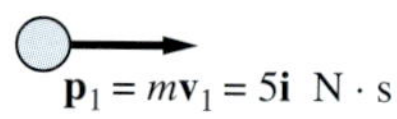

(d) 모멘트 선도 ($t = 0$)

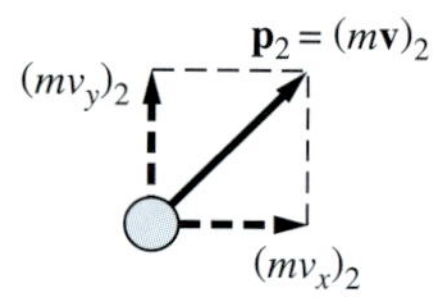

(e) 모멘트 선도 ($t = 4$ s)

무게의 충격량 무게는 일정한 힘이기 때문에, 무게의 충격량 성분은 쉽게 식 (14.35)로부터 계산된다.

$$
\begin{aligned}
(L_{1\text{-}2})_x &= 0 \\
(L_{1\text{-}2})_y &= -mg\Delta t = -0.5(9.81)(4) = -19.620 \text{ N}\cdot\text{s}
\end{aligned} \tag{a}
$$

P(t)의 충격량 그림 (b)에서 0과 4 s 사이의 P-t 선도 아래 부분의 면적은 $5(2) + 4(1) + 2(1) = 16$ N·s이다. $\mathbf{P}(t)$의 방향은 일정하기 때문에, $\mathbf{P}(t)$의 충격량 성분은 다음과 같다.

$$
\begin{aligned}
(L_{1\text{-}2})_x &= 16(\cos 60°) = 8.0 \text{ N}\cdot\text{s} \\
(L_{1\text{-}2})_y &= 16(\sin 60°) = 13.856 \text{ N}\cdot\text{s}
\end{aligned} \tag{b}
$$

식 (a)와 (b)를 충격량–운동량 원리에 대입하면, 식 (14.40)으로부터 x방향에서는 다음이 나온다.

$$(L_{1\text{-}2})_x = (mv_x)_2 - (mv_x)_1 \quad \overset{+}{\rightarrow} \quad 8.0 = 0.5(v_x)_2 - 5$$

여기에서 다음을 얻는다.

$$(v_x)_2 = 26.00\ \text{m/s}$$

y방향에서는

$$(L_{1\text{-}2})_y = (mv_y)_2 - (mv_y)_1 \qquad +\uparrow \qquad 13.856 - 19.620 = 0.5(v_y)_2 - 0$$

이 나오고, 이로부터 다음을 얻는다.

$$(v_y)_2 = -11.53\ \text{m/s}$$

시간 $t = 4$ s에서 대응하는 속도벡터를 아래에 나타낸다.

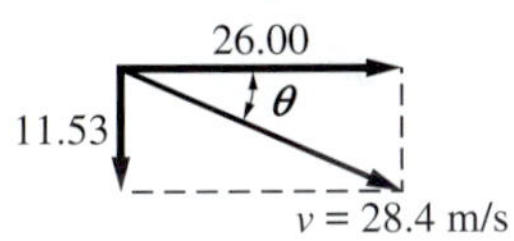

$$\theta = \tan^{-1}\frac{11.53}{26.00} = 23.9°$$ 답

예제 14.9

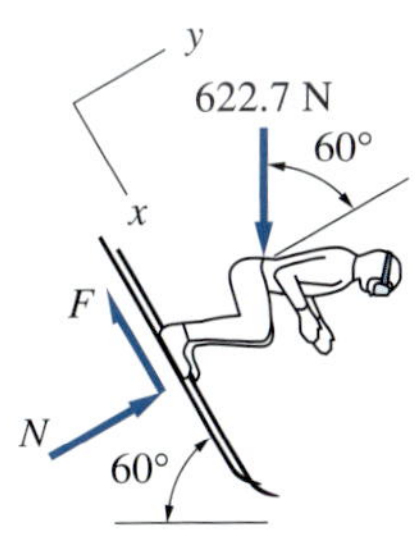

FBD

스키 점프의 직선코스는 수평면으로부터 60° 경사져 있다. 무시할 수 있는 속도로 출발선을 떠난 후, 몸무게 63.5 kg인 스키를 타는 사람이 3.5 s 후에 26.8 m/s의 속력을 가진다. 스키와 트랙 사이의 동마찰계수를 구하라. 단, 공기 저항은 무시한다.

풀이

그림에서 스키를 타는 사람에 대한 자유물체도로부터, 다음 식을 얻는다.

$$\Sigma F_y = 0 \qquad +\nearrow \qquad N - 63.5 \times 9.81\cos 60° = 0$$
$$N = 311.4\ \text{N}$$

마찰력 F를 구하기 위하여, 충격량-운동량 원리를 x방향에 적용한다. 스키를 타는 사람의 몸무게와 마찰력 F가 일정하므로, 충격량-운동량 원리에서 다음 값이 나온다.

$$(L_{1\text{-}2})_x = m[(v_2)_x - (v_1)_x] \qquad +\searrow \qquad (622.7\sin 60° - F)(3.5) = \frac{622.7}{9.81}(26.8 - 0)$$
$$F = 53.05\ \text{N}$$

따라서 동마찰계수는

$$\mu_k = \frac{F}{N} = \frac{53.05}{311.4} = 0.1704$$ 답

연습문제

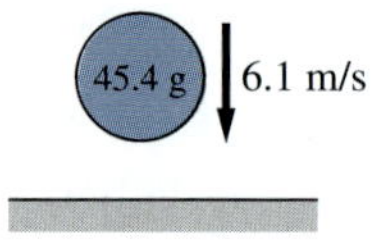

그림 P14.68

14.68 45.4 g의 공이 수평 표면에 v_0 = 6.1 m/s의 속력으로 부딪힌다. 충돌 동안 15%의 에너지 손실이 된다면, 충돌 동안 공의 충격량을 구하라.

14.69 2 kg 질점의 속도가 t = 0일 때 $\mathbf{v} = 10\mathbf{i}$ m/s이다. 질점은 $\mathbf{F} = 2t\mathbf{i} - 0.6t^2\mathbf{j}$ N에 의해 움직여진다면, t = 5 s일 때의 속도를 구하라.

14.70 일정한 수평력 **P**가 마찰이 없는 수평판을 따라 미끄러지는 1.36 kg의 물체에 가하여진다. t = 4 s에서 t = 6 s의 시간 간격 동안, 속도는 그림에 나타낸 것과 같이 변화한다. **P**의 크기와 방향을 구하라.

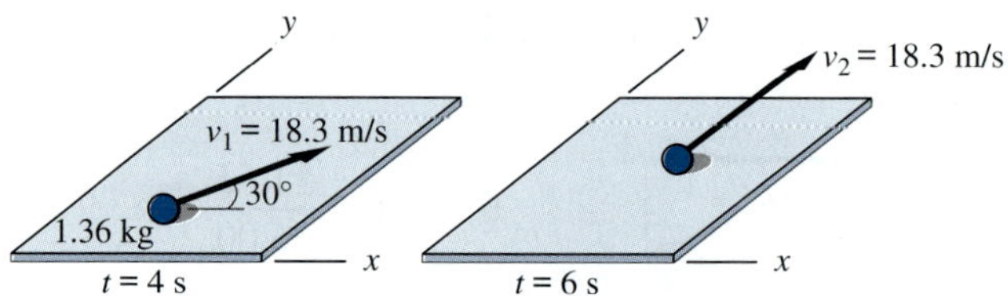

그림 P14.70

14.71 178 N의 일정한 힘이 작용할 때 356 N의 상자가 수평면에 정지 상태로 놓여 있다. 4초 후 상자의 속력을 구하라.

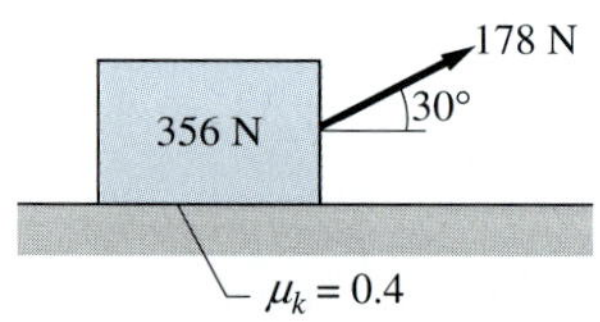

그림 P14.71

14.72 타이어와 도로 사이의 정마찰계수가 0.65일 때, 96 km/h로 이동하는 1270 kg의 자동차를 직선도로에서 멈추게 할 수 있는 최소시간을 구하라. 단, 도로는 수평이라고 가정한다.

14.73 자동차가 수평면과 5°의 경사진 언덕을 내려갈 때, 문제 14.72를 풀어라.

14.74 15 m/s로 이동하는 0.09 kg의 테니스공이 라켓과 부딪친 후, 20 m/s의 속력으로 반대방향으로 되돌아간다. 0.032 s의 접촉 시간 동안, 라켓에 의해 가해진 힘의 크기 $F(t)$는 그림과 같이 시간에 따라 변화하는 포물선의 형태가 된다. $F(t)$의 최댓값 F_{max}를 계산하라. 단, 접촉 시간이 짧기 때문에, 볼 무게의 충격량은 무시할 수 있다.

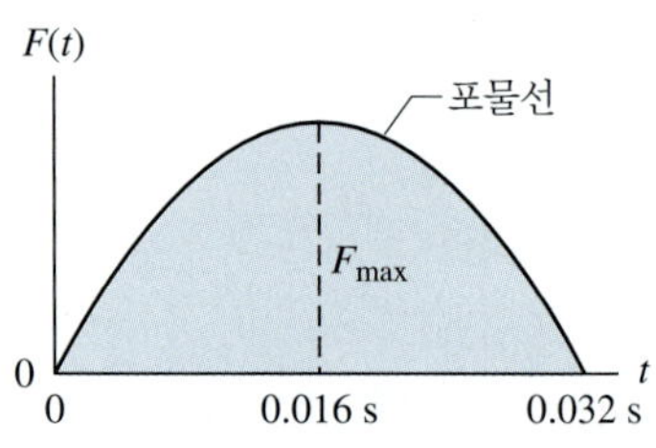

그림 P14.74

14.75 73.7 g의 볼이 v_1 = 8.53 m/s의 속력으로 θ_1 = 68°의 각도로 마찰이 없고 단단한 수평면에 부딪힌다. 되돌아오는 각도는 θ_2 = 60°이다. (a) 되돌아오는 직후의 볼의 속력을 계산하라. (b) 볼이 표면과 접촉하는 시간 동안의 볼에 작용하는 충격량의 합을 계산하라.

14.76 질량 0.05 kg의 볼이 $v_1 = 20$ m/s의 속력과 $\theta_1 = 45°$의 각도로 마찰이 없고, 단단한 수평면에 부딪힌다. 표면과 접촉하는 동안, 볼에 작용하는 충격량은 1.8 N·s이다. 되돌아오는 속력 v_2와 대응하는 각도 θ_2를 구하라.

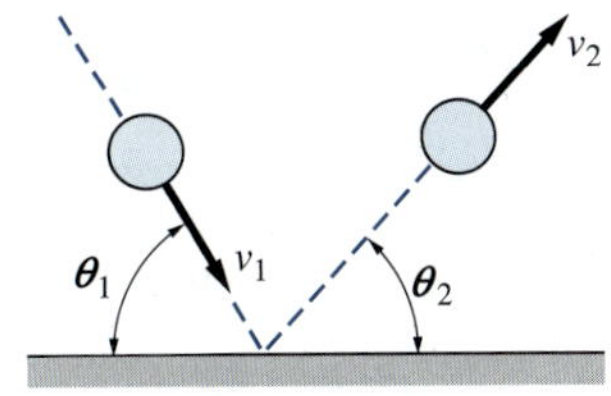

그림 P14.75, P14.76

14.77 11.34 kg 상자가 거친 수평면에 충격량 $L_{1-2} = 44.5$ N·s를 받았을 때 정지 상태에 놓여 있다. 충돌 후 상자가 이동한 거리, 이동하는 동안 걸린 시간을 구하라. 여기서 충돌 시 시간은 매우 작아서 무시한다고 가정한다.

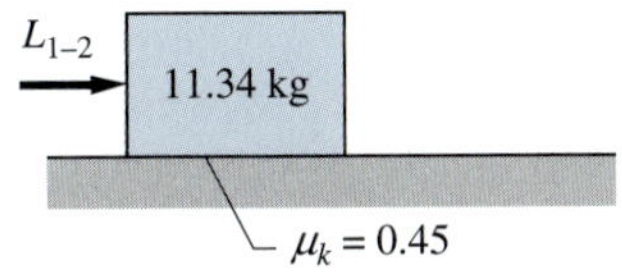

그림 P14.77

14.78 45.4 g의 야구공이 18.3 m/s로 타자를 향해 수평으로 던져졌다. 야구방망이 A와 부딪친 후, 볼의 속도는 그림에 보이는 방향으로 36.6 m/s이다. 0.02 s의 접촉 시간 동안, 야구방망이에 의해 볼에 가해진 평균 힘의 크기를 구하라.

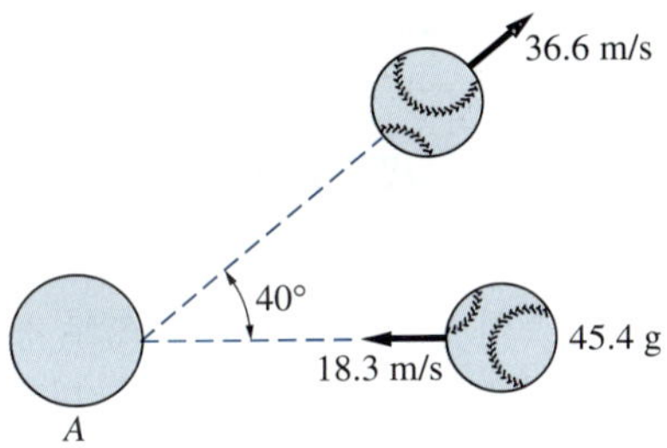

그림 P14.78

14.79 힘 $P(t)$가 작용할 때, 100 kg의 블록이 마찰이 없는 표면 위에 정지하여 있다. (a) 블록의 최대 속도와 이에 대응하는 시간을 구하라. (b) $t = 6$ s일 때, 블록의 속도를 구하라.

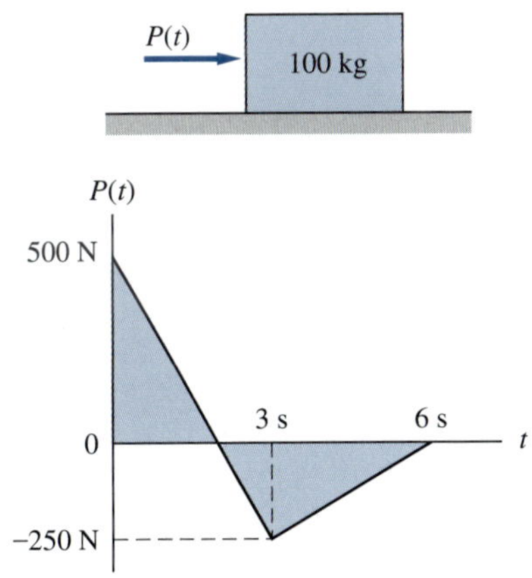

그림 P14.79

14.80 질량 m의 질점이 경사진 평면을 $v_0 = 2$ m/s의 속도를 갖고 그림과 같은 방향으로 운동할 때, 0.5 s 이후에 질점의 속도벡터를 구하라. 단, 마찰은 무시한다.

14.81 10 kg인 상자가 수평의 경사면 위를 미끄러진다. 모서리 A와 충돌로 인해 상자의 속력은 5 m/s에서 3.6 m/s로 감소한다. 모서리에서 상자로 전달되는 충격량 벡터를 구하라.

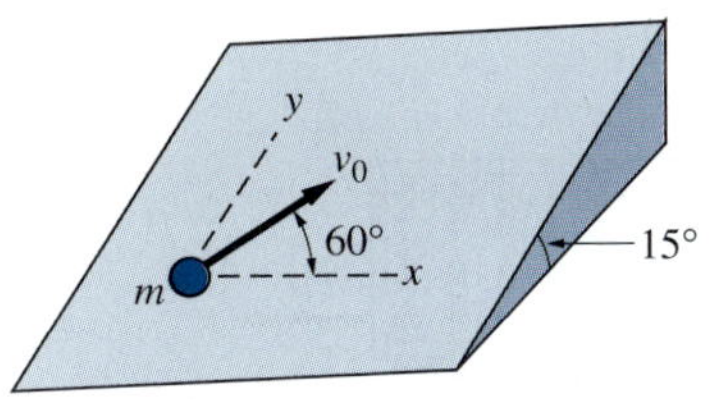

그림 P14.80

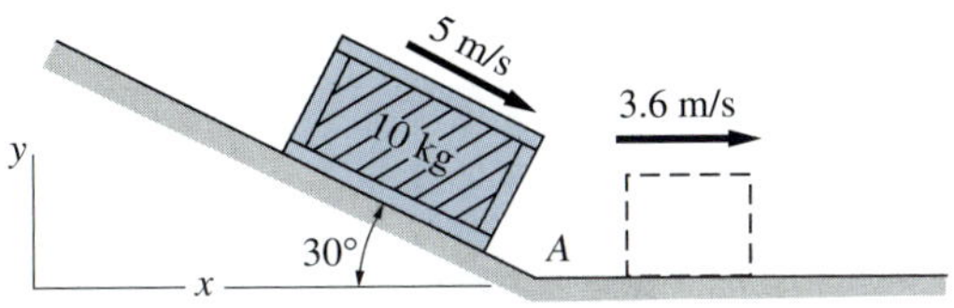

그림 P14.81

14.82 226.8 kg의 청소 "금속덩어리(pig)"가 직경 1.22 m의 파이프라인으로 넣어져 $p = 191.5(1 - e^{-0.5t})$ Pa(t는 초다)의 공기압에 의해 앞으로 구동된다. 만약 이 금속덩어리가 $t = 0$의 정지에서 출발할 때, $t = 10$ s에서 속력을 구하라. 단, 마찰은 무시한다.

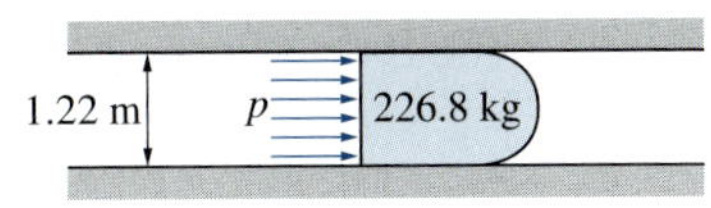

그림 P14.82

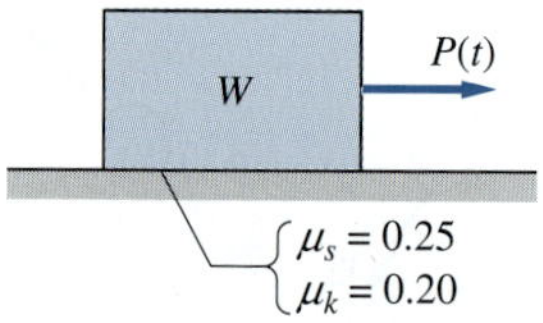

그림 P14.83

14.83 무게 W인 블록이 시간 t = 0일 때 거친 표면 위에 정지하여 있다. t = 0에서 2 s까지 동안, 사인함수로 변하는 힘 $P(t) = W \sin(\pi t/2)$가 블록에 작용한다. 그림에 보이는 마찰계수를 사용하여 다음을 구하라. (a) 블록이 움직이기 시작할 때의 시간, (b) t = 2 s에서 m/s로 측정된 블록의 속도.

14.84 4 m/s로 움직이는 컨베이어 벨트 위에 내려진 수화물(parcel)이 있다. 수화물과 벨트 사이의 동마찰계수가 0.25일 때, 수화물이 벨트의 속력에 도달할 때까지 걸리는 시간을 계산하라.

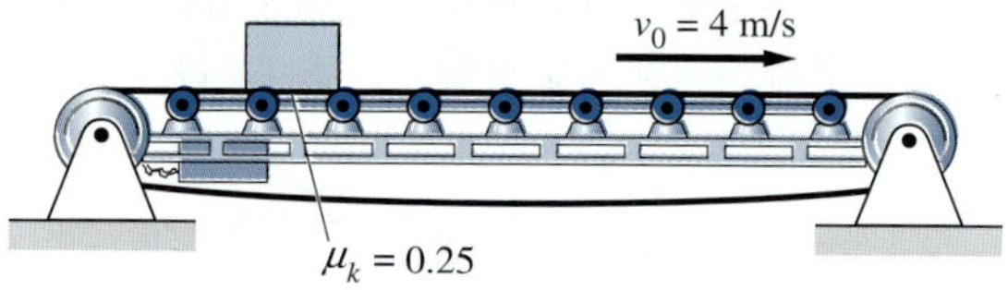

그림 P14.84

14.85 수화물이 컨베이어 벨트와 같은 2.44 m/s의 속도로 경사진 부분을 올라가기 시작한다. 그러나 불충분한 마찰 때문에 수화물은 벨트 위를 미끄러지고, 4초 후 컨베이어의 최고 높이에 도달한다. 수화물과 컨베이어 벨트 사이의 동마찰계수를 구하라.

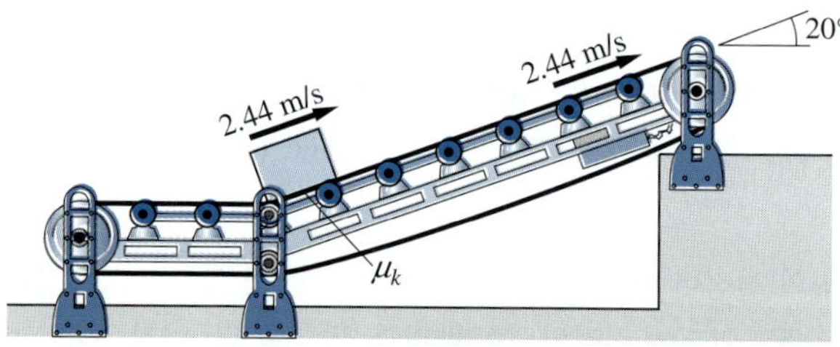

그림 P14.85

14.86 3500 kg 트레일러가 시간의 함수 $F(t)$ = 600 − 5t N의 함수로 움직인다. 만약 트레일러가 t = 0일 때 정지하였다면 속력이 3 m/s에 도달했을 때 시간을 구하라. 단, 마찰은 무시한다.

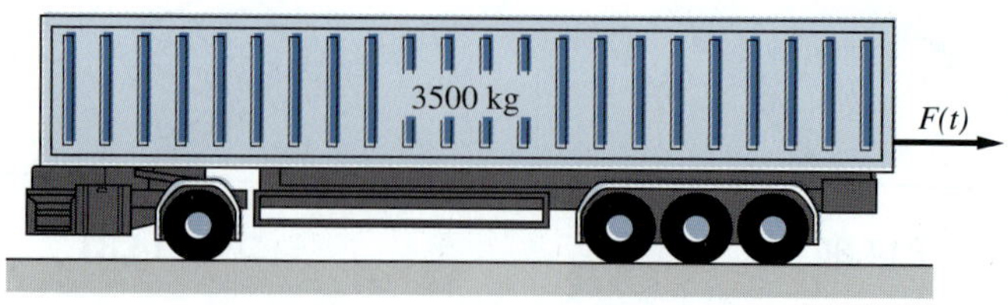

그림 P14.86

14.87 무게 W인 엘리베이터가 시간 t = 0에서 정지 상태로부터 출발하여, 3초 후 운전속도에 도달한다. 가속도는 선도에 보여지는 방법으로 (제어회로에 의해) 케이블 AB의 장력을 변화하므로 이루어진다. 엘리베이터의 운전속도(m/s)를 구하라.

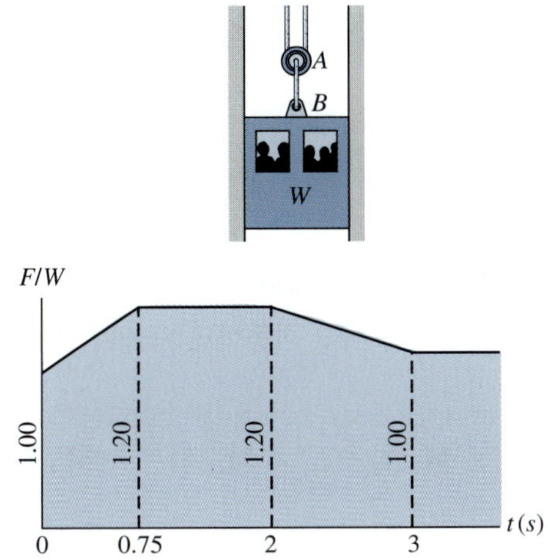

그림 P14.87

14.7 각충격량–각운동량 원리

각충격량(angular impulse)과 각운동량(angular momentum)은 각각 선형충격량과 선형운동량의 모멘트이다. 앞 절에서 나타낸 모든 식에 대하여 각충격량과 각운동량은 유사한 식이다. 각충격량–각운동량 원리는 선형충격량과 선형운동량의 원리와 동일한 목적에 사용되고, 시간 간격 동안에 질점의 속도 변화를 질점에 작용하는 힘과 연관시킨다.

14.7a 힘의 각충격량

그림 14.9에 나타낸 것처럼 $\mathbf{r}$을 임의 점 A에서 힘 $\mathbf{F}$의 작용점까지를 나타낸 벡터라 하자. 시간 간격 t_1에서 t_2까지 동안에 점 A에 대한 $\mathbf{F}$의 각충격량(angular impulse)은 다음 식으로 정의된다.

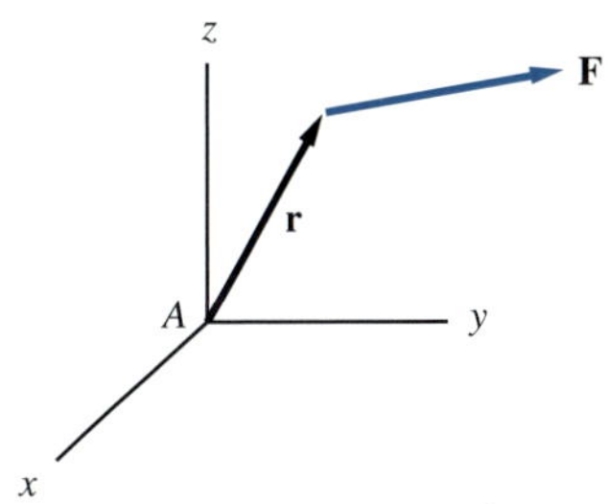

그림 14.9

$$(\mathbf{A}_A)_{1\text{–}2} = \int_{t_1}^{t_2} \mathbf{r} \times \mathbf{F}\, dt = \int_{t_1}^{t_2} \mathbf{M}_A\, dt \tag{14.42}$$

여기서 $\mathbf{M}_A = \mathbf{r} \times \mathbf{F}$는 A에 대한 $\mathbf{F}$의 모멘트이다. 각운동량은 차원[FLT]의 벡터이고, 각운동량의 단위는 N·m·s, lb·ft·s 등이 된다.

A를 그림 14.9에 나타내듯이 직각좌표계의 원점이라 하면 $\mathbf{M}_A = M_x\mathbf{i} + M_y\mathbf{j} + M_z\mathbf{k}$로 쓸 수 있고, 식 (14.42)의 직각성분은 다음과 같이 된다.

$$(A_x)_{1\text{–}2} = \int_{t_1}^{t_2} M_x\, dt \quad (A_y)_{1\text{–}2} = \int_{t_1}^{t_2} M_y\, dt \quad (A_z)_{1\text{–}2} = \int_{t_1}^{t_2} M_z\, dt \tag{14.43}$$

식 (14.43)에서 $(\mathbf{A}_A)_{1-2}$의 성분은 또한 점 A를 통과하는 좌표축에 관한 $\mathbf{F}$의 각운동량이라 불린다.

만약 $\mathbf{M}_A$의 **방향**(direction)이 시간 간격 t_1에서 t_2까지 일정하다면, $\mathbf{M}_A$와 $(\mathbf{A}_A)_{1-2}$는 같은 방향을 가진다. 이 경우, 각충격량의 크기는 $(A_A)_{1-2} = \int_{t_1}^{t_2} M_A\, dt$이다.

만약 $\mathbf{M}_A$의 방향과 **크기**(magnitude)가 일정하다면, A에 대한 각충격량은 $(\mathbf{A}_A)_{1-2} = \mathbf{M}_A \int_{t_1}^{t_2} dt$로 되고, 이 식을 적분하면 다음과 같이 된다.

$$(\mathbf{A}_A)_{1-2} = \mathbf{M}_A(t_2 - t_1) = \mathbf{M}_A\,\Delta t \qquad (\mathbf{M}_A \text{ 상수}) \tag{14.44}$$

14.7b 힘의 각충격량

정의에 따라 점 A에 대한 질점의 **각운동량**(angular momentum)은 다음과 같다.

$$\mathbf{h}_A = \mathbf{r} \times (m\mathbf{v}) \tag{14.45}$$

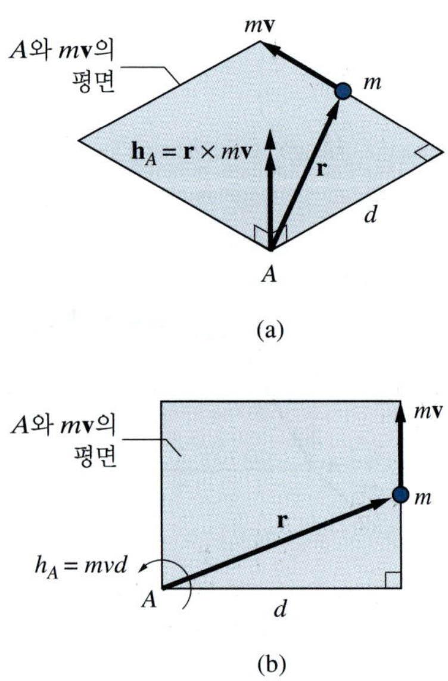

그림 14.10

여기서 $m\mathbf{v}$는 질점의 운동량이고, $\mathbf{r}$은 그림 14.10(a)에 나타낸 것과 같이 A로부터 측정된 위치벡터를 나타낸다. 각운동량은 또한 운동량의 모멘트로 알려져 있고, 식 (14.45)는 힘에 대한 모멘트의 정의와 유사하기 때문에 $\mathbf{M}_A = \mathbf{r} \times \mathbf{F}$이다. 각운동량의 차원은 $[ML^2/T]$ 또는 $[FLT]$이다. 이것은 각충격량의 차원과 동일하다.

크로스 곱(cross product)의 특성으로부터 각운동량 **벡터**(vector)의 크기는 다음과 같다.

$$h_A = mvd \tag{14.46}$$

여기서 d는 그림 14.10(a)에 나타낸 것처럼 A에서 운동량벡터 $m\mathbf{v}$까지의 **모멘트 암**(moment arm)이다. 각운동량 벡터의 방향은 A와 $m\mathbf{v}$에 의해 이루어지는 평면과 수직방향이다. 각 운동량의 2차원 그림을 그림 14.10(b)에 나타내었다. h_A의 방향성(sense)은 시계방향(CW) 또는 시계반대방향(CCW)으로, 이는 오른손 법칙에 의해 결정된다.

직각성분 $\mathbf{r} = x\mathbf{i} + y\mathbf{j} + z\mathbf{k}$와 $\mathbf{v} = v_x\mathbf{i} + v_y\mathbf{j} + v_z\mathbf{k}$의 관계를 이용하면, 식 (14.45)는 다음과 같이 된다.

$$\mathbf{h}_A = \begin{vmatrix} \mathbf{i} & \mathbf{j} & \mathbf{k} \\ x & y & z \\ mv_x & mv_y & mv_z \end{vmatrix} \tag{14.47}$$

행렬식을 전개하면 다음을 얻는다.

$$\mathbf{h}_A = h_x\mathbf{i} + h_y\mathbf{j} + h_z\mathbf{k} \tag{14.48a}$$

여기서,

$$h_x = m(yv_z - zv_y) \quad h_y = m(zv_x - xv_z) \quad h_z = m(xv_y - yv_x) \tag{14.48b}$$

이다. 이는 A를 통과하는 좌표축에 대한 질점의 각운동량이라 불린다.

14.7c 모멘트와 각운동량의 관계

식 (14.45)에서 시간에 대하여 질점의 각운동량을 미분하면, 다음 식을 얻는다.

$$\dot{\mathbf{h}}_A = \frac{d}{dt}[\mathbf{r} \times (m\mathbf{v})] = \mathbf{r} \times \frac{d(m\mathbf{v})}{dt} + \frac{d\mathbf{r}}{dt} \times (m\mathbf{v})$$

식 (14.37)에 따라, $d(m\mathbf{v})/dt = \Sigma\mathbf{F}$이고, 여기서 $\Sigma\mathbf{F}$는 질점에 작용하는 합력이다. 따라서

$$\dot{\mathbf{h}}_A = \mathbf{r} \times \Sigma\mathbf{F} + \dot{\mathbf{r}} \times (m\mathbf{v}) = \mathbf{M}_A + \dot{\mathbf{r}} \times (m\mathbf{v})$$

여기서, $\mathbf{M}_A = \mathbf{r} \times \Sigma\mathbf{F}$는 A에 대한 합력의 모멘트이다. 모멘트에 대해 풀면 다음을 얻는다.

$$\mathbf{M}_A = \dot{\mathbf{h}}_A - \dot{\mathbf{r}} \times (m\mathbf{v}) \tag{14.49}$$

$\mathbf{r}$은 A점으로부터 측정된 질점의 위치벡터이다. 지금까지 A의 선택에 관하여 어떠한 제한도 두지 않았다. A는 고정되거나 이동하는 점이 될 수 있다. 만약 A가 관성좌표계에 대하여 고정되어 있다면, $\dot{\mathbf{r}}$는 질점의 속도 $\mathbf{v}$이고, 식 (14.49)의 마지막 항은 $\dot{\mathbf{r}} \times (m\mathbf{v}) = \mathbf{v} \times (m\mathbf{v}) = \mathbf{0}$으로 된다(2개의 평행한 벡터의 벡터곱은 0이다). 결과적으로 다음과 같다.

$$\mathbf{M}_A = \dot{\mathbf{h}}_A \quad (A\text{: 고정점}) \tag{14.50}$$

만약 A가 고정되어 있지 않다면, 식 (14.50)은 일반적으로 타당하지 않고, 식 (14.49)가 사용되어야 한다. 이 경우는 다음 장에서 취급한다.

14.7d 각충격량-각운동량 원리

시간 간격 t_1에서 t_2까지 식 (14.50)을 적분하면

$$\int_{t_1}^{t_2} \mathbf{M}_A\, dt = \int_{t_1}^{t_2} d\mathbf{h}_A = (\mathbf{h}_A)_2 - (\mathbf{h}_A)_1$$

여기서 $(\mathbf{h}_A)_1 = \mathbf{h}_A(t_1)$, $(\mathbf{h}_A)_2 = \mathbf{h}_A(t_2)$이다. 상기 식의 좌변 $\int_{t_1}^{t_2} \mathbf{M}_A dt = (\mathbf{A}_A)_{1-2}$는 A에 대한 합력의 각충격량이기 때문에 다음과 같이 쓸 수 있다.

$$(\mathbf{A}_A)_{1-2} = (\mathbf{h}_A)_2 - (\mathbf{h}_A)_1 = \Delta\mathbf{h}_A \quad (A\text{: 고정점}) \tag{14.51a}$$

이 식은 각충격량-각운동량 원리(principle of angular impulse and angular momentum)로 알려져 있다. 식 (14.51a)의 직각성분은

$$\begin{aligned} (A_x)_{1-2} &= (h_x)_2 - (h_x)_1 \\ (A_y)_{1-2} &= (h_y)_2 - (h_y)_1 \\ (A_z)_{1-2} &= (h_z)_2 - (h_z)_1 \end{aligned} \tag{14.51b}$$

이다. 질점에 작용하는 합력의 각충격량을 계산하기 위해서는 FBD를 이용하여 이 원리를 적용하면 실수할 가능성을 줄일 수 있다.

14.7e 각운동량의 보존

만약 A에 대한 각충격량이 0이라면, 식 (14.51a)에 따라 A에 대한 질점의 각운동량은 보존된다. 즉,

$$\text{if } (\mathbf{A}_A)_{1-2} = \mathbf{0}\text{이면} \quad (\mathbf{h}_A)_1 = (\mathbf{h}_A)_2 \quad (A\text{: 고정점}) \tag{14.52}$$

이다. 이것은 **각운동량 보존의 원리**(principle of conservation of angular momentum)로 알려져 있다. 만약 각충격량의 단지 하나의 성분이 0으로 된다면, 각운동량의 대응하는 성분은 보존된다. 예를 들면, 식 (14.51b)에서 $(A_x)_{1-2} = 0$이면, 비록 h_y와 h_z가 보존되지 않더라도 $(h_x)_1 = (h_x)_2$이 된다.

예제 14.10

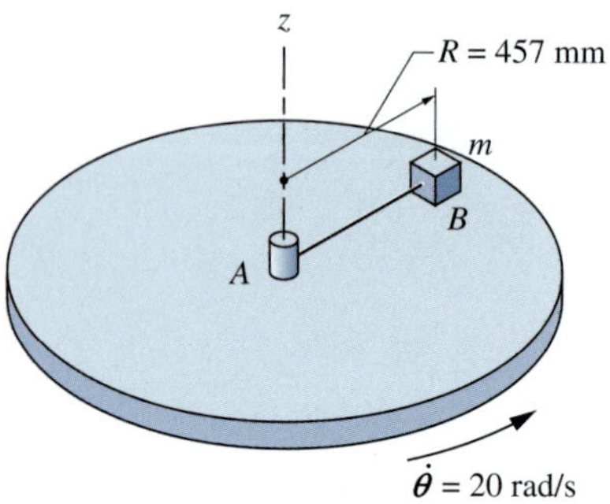

(a)

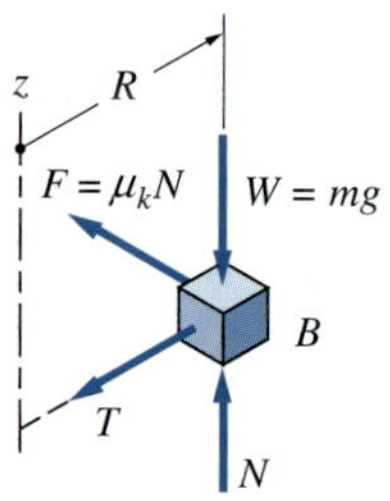

(b)

그림 (a)에서 원형 판이 수직 z축에 대해 일정한 각속도 $\dot{\theta} = 20$ rad/s으로 회전하고 있다. 질량 m의 블록 B는 팽팽한 줄 AB에 연결되어 초기속도가 0인 회전판 위에 놓여진다. 블록이 판의 속력에 도달하기 전, 3.11초 동안 미끄러진다면, 블록과 판 사이의 동마찰계수를 구하라.

풀이

그림 (b)는 블록 B의 자유물체도이다. 줄의 장력 T는 z축을 통과하고, 자중 W와 법선 접촉력 N은 축과 평행하다. 그러므로 z축에 대한 이들 힘의 각각에 대한 모멘트는 0이다. z축에 대한 동마찰력 F의 모멘트는 $M_z = (\mu_k N)R$이다. 평형방정식 $\Sigma F_z = 0$에서 얻어지는 $N = mg$를 모멘트의 식에 대입하면, 다음과 같다.

$$M_z = \mu_k mgR$$

블록이 판 위에 놓여 있을 때의 시간을 $t_1 = 0$라고 하면, 판에서 미끄러지는 것이 멈추는 시간은 $t_2 = 3.11$초이다. M_z가 일정하므로, 미끄러지는 동안에 z축에 대한 마찰력의 각충격량은

$$+\circlearrowleft \quad (A_z)_{1-2} = M_z(t_2 - t_1) = \mu_k mgRt_2$$

이고, z축에 대한 블록의 대응하는 각운동량의 변화는 다음과 같다.

$$+\circlearrowleft \quad (h_z)_2 - (h_z)_1 = mvR - 0 = mR^2\dot{\theta}$$

여기서 $v = R\dot{\theta}$이다. z축에 대한 각충격량–각운동량 원리를 적용하면, 다음을 얻는다.

$$(A_z)_{1-2} = (h_z)_2 - (h_z)_1 \qquad \mu_k mgRt_2 = mR^2\dot{\theta}$$

이것으로부터 동마찰계수는 다음과 같이 얻어진다.

$$\mu_k = \frac{R\dot{\theta}}{gt_2} = \frac{(0.457)(20)}{(9.81)(3.11)} = 0.300$$ 답

예제 14.11

그림 (a)에 보이는 질량 $m = 0.3$ kg의 질점이 마찰이 없는 수평면을 움직인다. 선형 스프링의 한쪽 끝은 질점에 부착되고, 다른 끝은 고정점 O에 부착된다. 질점이 위치 A에서 속도 $\mathbf{v}_1$으로 출발한다면, 질점의 경로와 점 O 사이의 최대 거리가 400 mm일 때, 스프링의 강성 k를 구하라. 질점이 A점에 있을 때, 스프링은 변형되지 않는다.

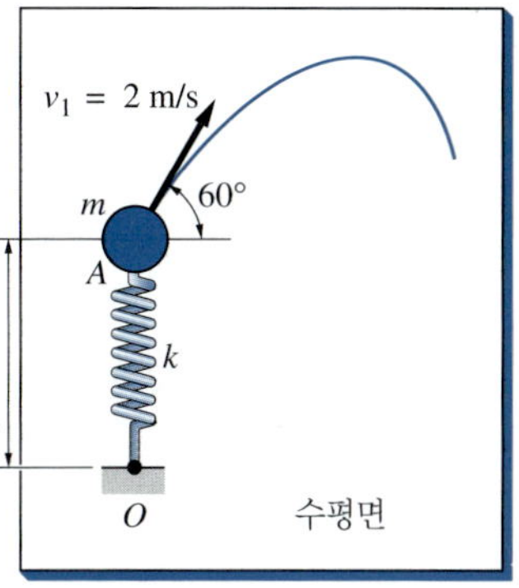

(a)

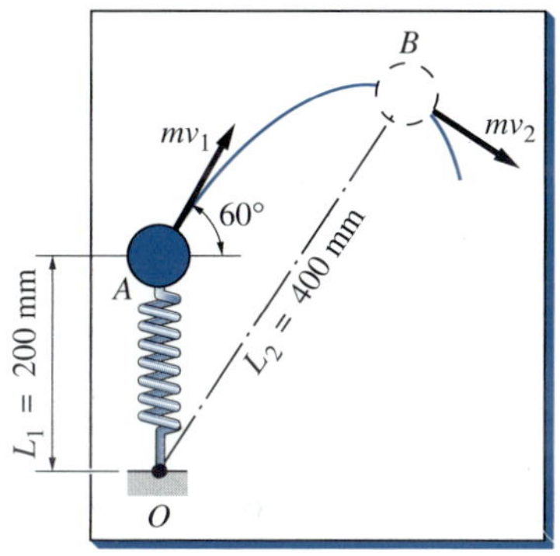

(b) 모멘트 선도

풀이

그림 (b)의 선도는 질점이 각각 A점과 B점에 있을 때, 운동량 벡터 $m\mathbf{v}_1$와 $m\mathbf{v}_2$를 보인다. 점 B는 스프링의 길이가 최댓값 $L_2 = 400$ mm와 같을 때의 질점의 위치이다. $\mathbf{v}_2$의 방향은 질점의 경로에 접선방향이다.

다시 말해서, 속도벡터는 스프링에 수직이다. 스프링의 힘은 항상 O점을 향하는 방향을 가지므로, O점에 대한 각운동량은 보존된다. 각운동량이 선운동량의 모멘트 ($h_O = mvd$)와 같다는 것을 상기하고, 그림 (b)의 모멘트벡터를 참고하면,

$$(h_o)_1 = (h_o)_2 \quad \circlearrowleft + \quad (mv_1 \cos 60°)L_1 = mv_2 L_2$$

이로부터

$$v_2 = \frac{v_1 \cos 60° L_1}{L_2} = \frac{2 \cos 60°(200)}{400} = 0.500 \text{ m/s}$$

스프링의 힘은 보존되므로, 질점의 기계적 에너지는 보존된다.

$$T_1 + V_1 = T_2 + V_2$$
$$\frac{1}{2}mv_1^2 + \frac{1}{2}k\delta_1^2 = \frac{1}{2}mv_2^2 + \frac{1}{2}k\delta_2^2$$

여기서, δ_1과 δ_2는 질점이 각각 A점과 B점에 있을 때, 스프링의 변형된 길이이다. $\delta_1 = 0$, $\delta_2 = L_2 - L_1 = 200$ mm $= 0.200$ m이고, m, v_1 및 v_2의 값을 위 식에 대입하면, 다음을 얻는다.

$$\frac{1}{2}(0.3)(2)^2 + 0 = \frac{1}{2}(0.3)(0.500)^2 + \frac{1}{2}k(0.200)^2$$

이로부터 스프링의 강성은 다음과 같이 얻어진다.

$$k = 28.1 \text{ N/m}$$ **답**

연습문제

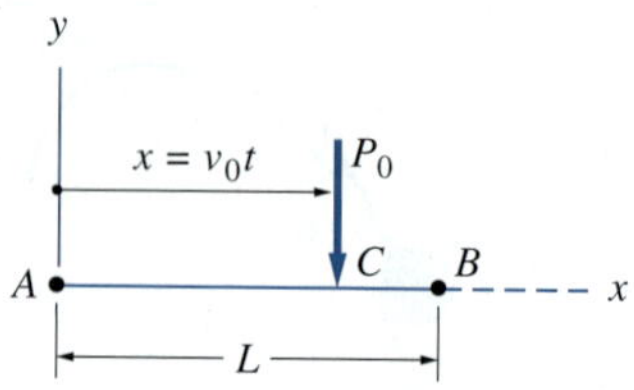

그림 P14.88

14.88 힘 P_0는 일정한 크기와 방향을 가지지만, 이 힘의 작용점 C는 일정한 속력 v_0로 x축을 따라 움직인다. 점 C가 A에서 B로 움직이는 시간 동안에 A점에 관한 힘의 각충격량을 구하라.

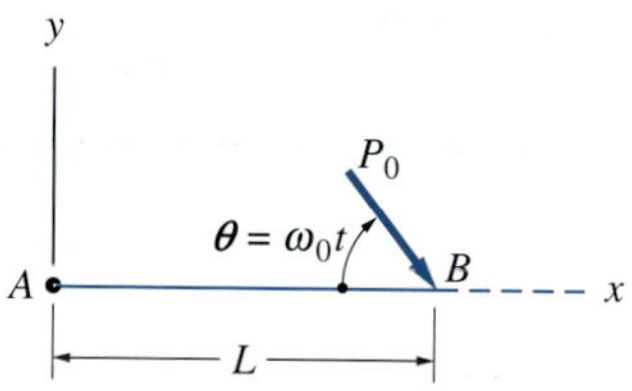

그림 P14.89

14.89 그림에 보이는 힘은 일정한 크기 P_0와 고정된 작용점 B를 가지며, 작용선은 일정한 각속도 ω_0로 회전한다. 힘이 $\theta = 0$에서 $\theta = 90°$까지 회전하는 동안의 A에 대한 힘의 각충격량을 구하라.

14.90 점 O에서 200 g 질량의 각운동량을 계산하라.

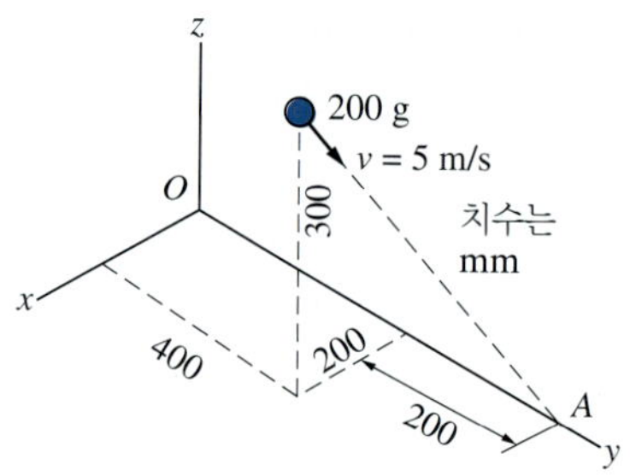

그림 P14.90

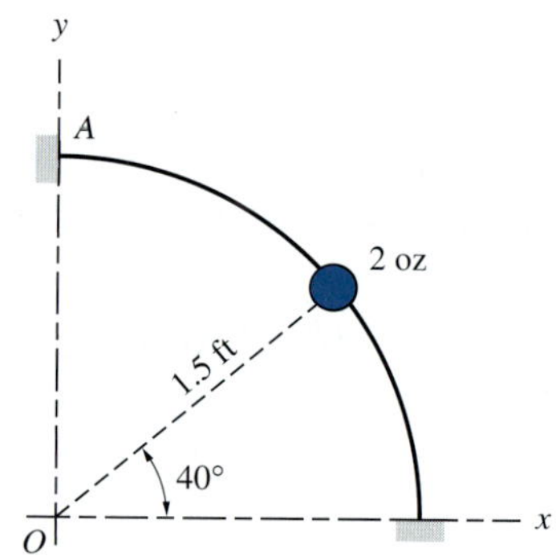

그림 P14.91

14.91 56.7 g의 구슬이 원형 와이어를 미끄러져 내려간다. 구슬이 그림의 위치에 있을 때, 구슬의 속력이 3.66 m/s이다. 이 순간에 다음의 각각 (a) O점, (b) A점의 경우에 대해 구슬의 각운동량을 구하라.

14.92 질량 m의 질점이 반지름 R의 원주 위의 경로를 따라 움직인다. 질점이 아래에 보듯이 위치할 때 속력이 v이다. 원점 O에 대하여 질점의 각운동량을 구하라.

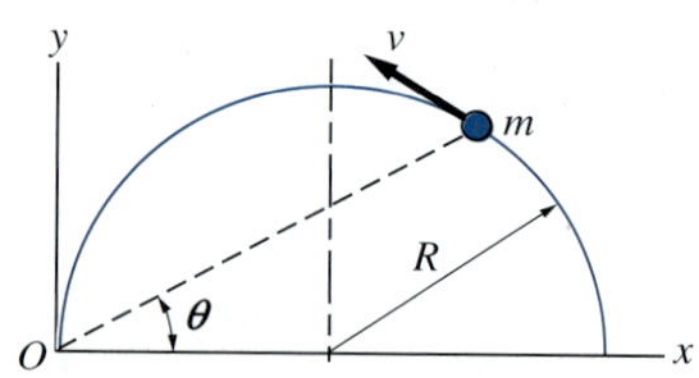

그림 P14.92

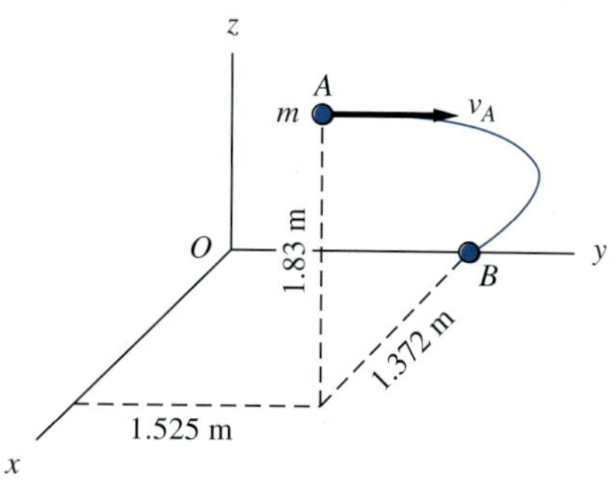

그림 P14.93

14.93 질량 m의 질점은 O점에 대한 각운동량이 항상 보존되도록 움직인다. 질점이 A에 있을 때, 질점의 속도는 y축 방향으로 $v_A = 6.1$ m/s이다. B에서 속력이 $v_B = 15.25$ m/s로 증가하였다. B에서 질점의 속도벡터를 구하라.

14.94 질량 m의 질점이 수평판 위에서 원형 경로를 따라 이동하도록 줄에 의해 구속되어 있다. 질점과 판 사이의 동마찰계수는 0.15이다. 질점의 초기속력이 $v_1 = 8$ m/s일 때, 질점이 정지하기 전까지 소요되는 시간을 구하라.

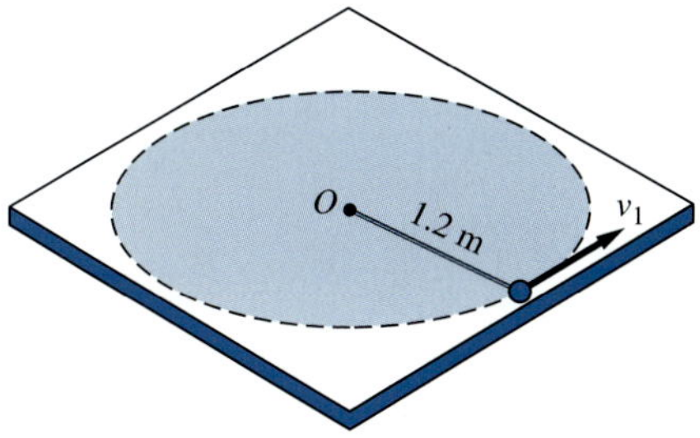

그림 P14.94

14.95 바퀴의 가장자리(rim)를 둘러싼 로프가 그림에서와 같이, 시간에 따라 변화하는 힘 F로 당겨진다. 시간 $t = 0$에서 $t = 0.5$ s까지의 시간 구간 동안 바퀴의 중심에 대한 F의 각충격량을 계산하라.

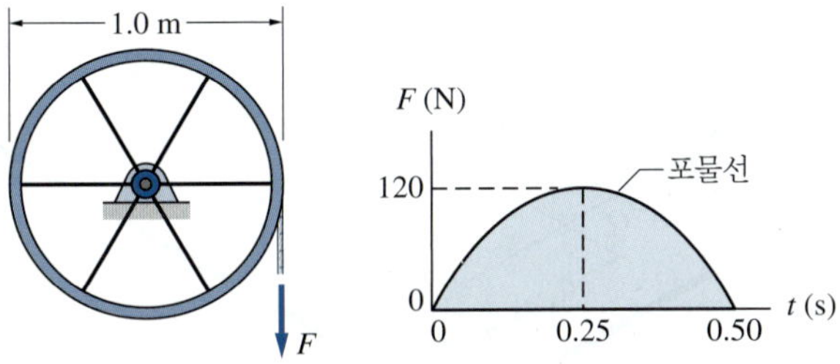

그림 P14.95

14.96 그림의 조립체(assembly)는 무게를 무시할 수 있는 구부러진 봉에 부착된 5.44 kg의 칼라로 구성된다. $t = 0$에서 제동 모멘트 M이 적용될 때, 조립체는 $\dot{\theta} = 5$ rad/s의 각속도로 수직축에 관해 자유롭게 돌고 있다. 만약 M이 그림에서처럼 시간과 함께 변한다면 조립체는 얼마 동안 회전을 계속하겠는가?

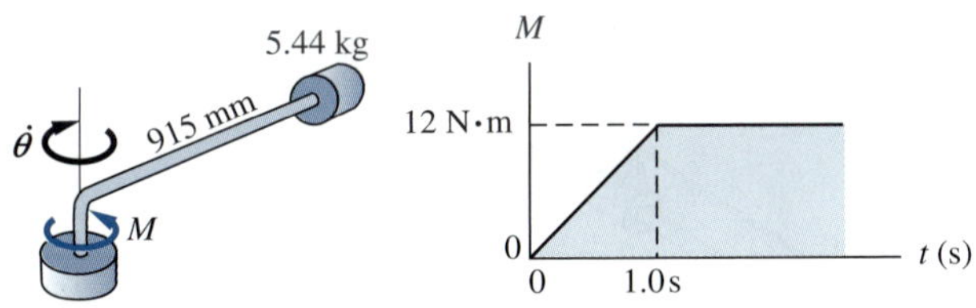

그림 P14.96

14.97 0.4 kg의 질량이 질량을 무시할 수 있는 암(arm)에 의해 지지되고 있다. 암의 각도 θ는 미끄럼 칼라에 작용하는 힘 F를 변화시킴으로써 변할 수 있다. $\theta = 60°$일 때, $\omega = 12$ rad/s의 각속도로 수직축에 대해 자유로이 회전한다. θ가 25°로 줄어든 후 각속도를 구하라.

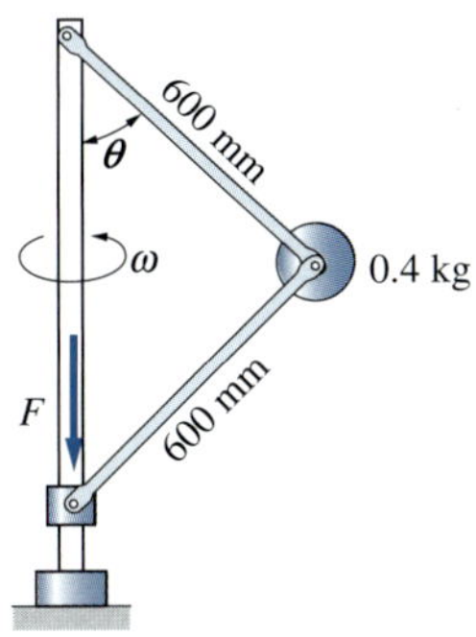

그림 P14.97

14.98 질량 $m = 2$ kg의 발사체가 위치 A에서 발사된다. 발사 후 10초 동안 발사체의 각운동량을 계산하라. 단, 공기 저항은 무시한다.

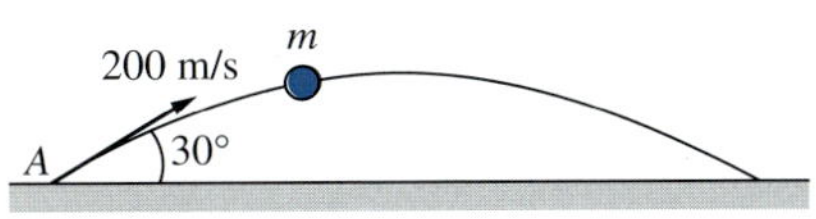

그림 P14.98

14.99 고정점 O에 스프링으로 연결된 질점이 마찰이 없는 수평판 위를 미끄러진다. 질점이 y방향으로 속도 $\mathbf{v}_A$로 A에서 출발한다. B에서 질점의 속도가 $\mathbf{v}_B = 3.66\mathbf{i} - 5.72\mathbf{j}$ m/s일 때, v_A를 구하라.

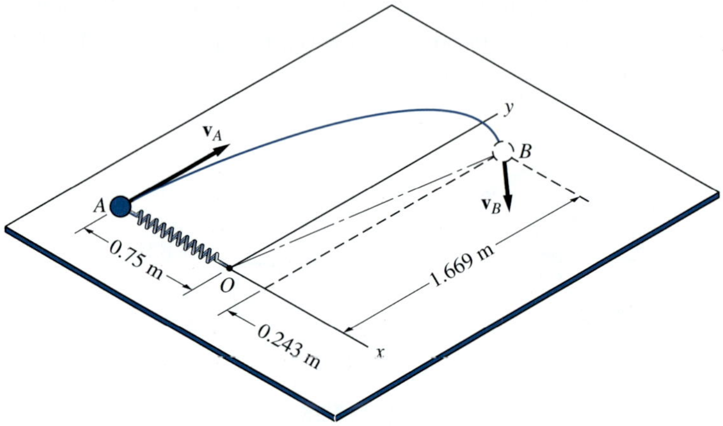

그림 P14.99

14.100 전기모터가 z축에 대해 일정 각속도 8 rad/s로 봉 OB를 회전한다. 2 kg의 슬라이더 A에 부착된 줄은 0.25 m/s의 일정한 비율로 슬라이더를 밖으로 나가게 한다. $R = 0.8$ m일 때, 슬라이더와 봉 사이의 접촉력의 크기를 구하라. 단, 마찰과 봉 OB의 질량은 무시한다.

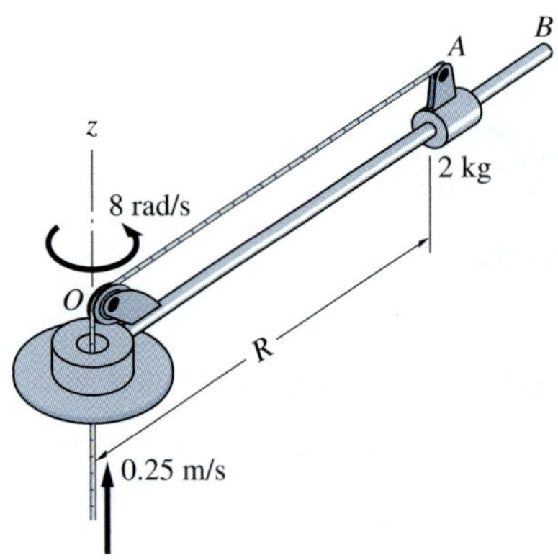

그림 P14.100

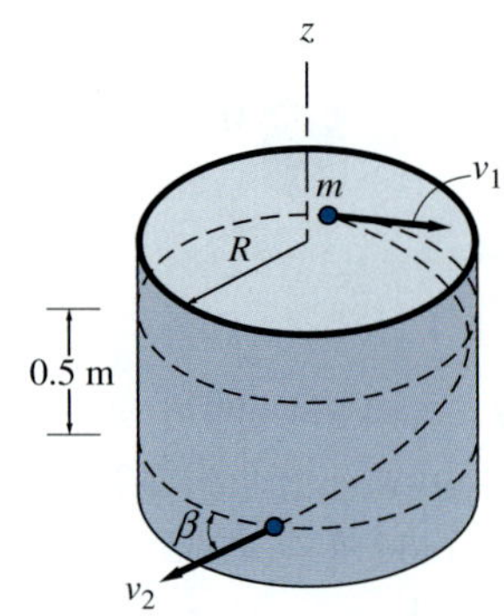

그림 P14.101

14.101 질량 m의 질점이 원통형 용기의 안쪽 벽면을 수평방향으로 속력 $v_1 = 6$ m/s로 출발한다. 질점이 출발위치 아래 0.5 m에 위치할 때, (a) 속력 v_2, (b) 수평과 $\mathbf{v}_2$ 사이의 각도 β를 구하라. 단, 마찰은 무시한다.

14.102 지구의 위성은 $R_1/R_2 = 0.25$의 타원궤도를 가진다. 근지점(위성이 지구와 가장 가까운 지점)에서 위성의 속력이 $v_1 = 8$ km/s일 때, (a) 원지점(지구에서 가장 먼 지점)에서 속력 v_2, (b) 거리 R_1을 구하라. 단, $GM_e = 3.98 \times 10^{14}$ m^3/s^{2}을 사용한다. 여기서 G는 만유인력상수, M_e는 지구의 질량이다.

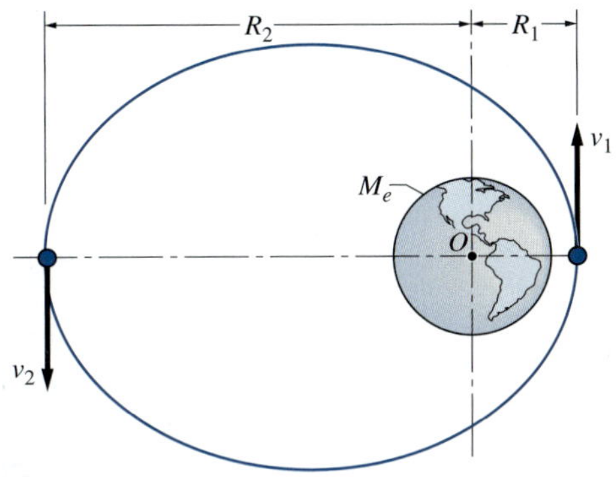

그림 P14.102

14.103 질량 m의 미끄럼 칼라 움직이는 봉 OA는 아래에 보이는 위치에 줄에 고정된 칼라가 갑자기 멈출 때, 일정한 각속도 $\omega = 10$ rad/s으로 봉이 수직축 OB에 대하여 회전하고 있다. 슬라이더가 가이드봉 끝에 도달할 때 슬라이더의 반경 방향 및 가로 방향 속도 구성 요소를 구하라. 단 마찰과 가이드봉의 질량은 무시한다.

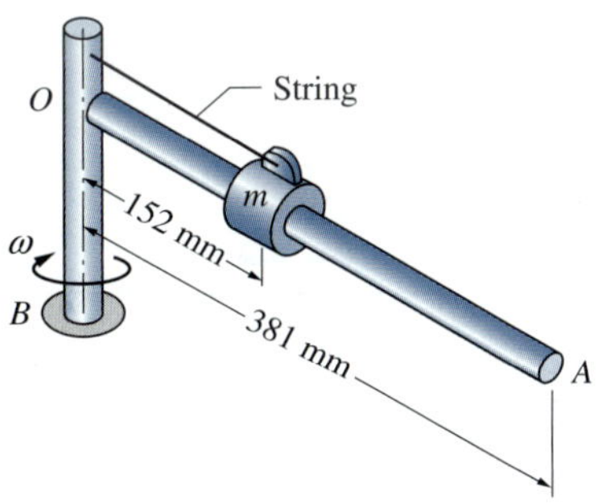

그림 P14.103

14.104 8 N의 추 A가 마찰이 없는 수평판 내의 구멍 O를 통과하는 줄에 부착되어 있다. 추가 O에 대해 회전하고 있을 때, 줄의 끝은 일정한 속력 91.5 mm/s로 아래로 당겨진다. R = 457 mm일 때 줄의 각속도가 6 rad/s라고 하면, R = 244 mm일 때 (a) 줄의 각 속도, (b) 줄의 각가속도를 구하라.

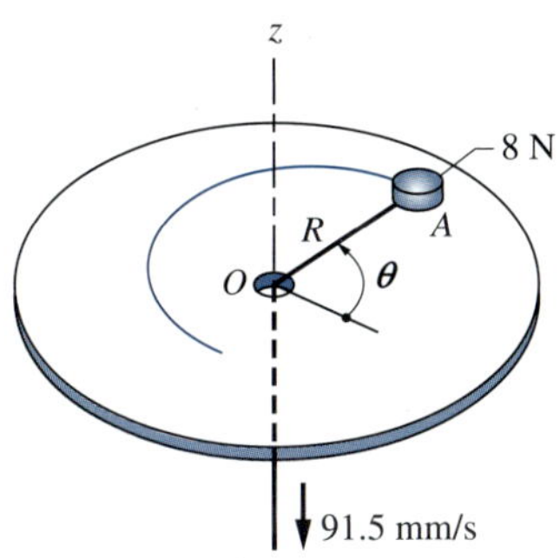

그림 P14.104

14.105 구면진자(spherical pendulum)의 0.5 kg인 추가 위치 ①에서 줄에 수직인 수평방향으로 속도 v_1으로 출발한다. 추가 도달한 가장 낮은 점이 위치 ②일 때, v_1을 구하라. (힌트: v_2는 역시 줄에 수직인 수평방향이다.)

14.106 질량 m인 질점이 마찰이 없는 원뿔 용기의 안쪽을 미끄러진다. 질점의 초기 속도가 $v_1 = 3.05$ m/s이고, 용기의 가장자리에서 접선방향이다. 질점이 용기의 가장자리 아래로 거리 $h = 457$ mm에 위치할 때, (a) 질점의 속력, (b) 속도벡터와 수평 사이의 각을 구하라.

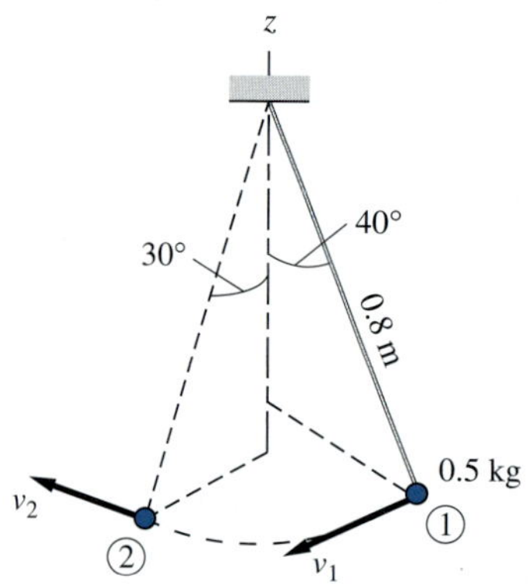

그림 P14.105

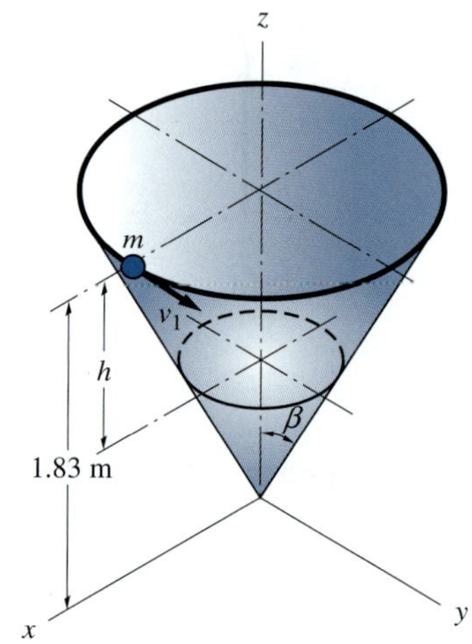

그림 P14.106

*14.8 중력하의 공간운동

중력(gravational force)의 작용하의 공간운동은 중심력운동(central force motion)의 범주에서 나타난다. 중심력운동을 지배하는 방정식은 각운동량의 보존과 기계적 에너지보존의 원리로부터 유도될 수 있다.

14.8a 중심력운동

항상 고정된 점 A의 방향으로 향하는 힘 $\mathbf{F}$만이 작용하는 질점의 이동을 고려하자. 이 경우를 중심력운동(central-force motion)이라 부르고, 다음 식이 얻어진다.

$$\mathbf{M}_A = \mathbf{r} \times \mathbf{F} = \dot{\mathbf{h}}_A = \mathbf{0}$$

여기서 $\mathbf{r}$은 A로부터의 질점의 위치벡터이다. 식 (14.45)로부터

$$\mathbf{h}_A = \mathbf{r} \times (m\mathbf{v}) = \text{일정함} \tag{14.53}$$

이 식은 만약 **r**과 **v**가 항상 동일 평면 내에 있을 때에만 유효하다는 것에 주의한다. 따라서 중심력운동은 A에 대한 일정 각운동량을 가지는 평면운동이다.

14.8b 중력작용하의 운동

이 절의 나머지 부분은 행성(또는 태양)의 중력작용하에서 이동하는 물체(예를 들면 인공위성)의 운동을 해석한다. 여기에서는 행성(planet)의 중력이 고려해야 할 유일한 힘인 행성궤도(trajectory)에 한정한다. m은 물체의 질량, M은 행성의 질량이라 하고, 행성은 해석에서 고정되어 있는 것을 의미하는 $m \ll M$이라고 가정한다.

물체에 작용하는 유일한 힘이 항상 행성의 중심방향으로 향하는 무게이므로, 물체는 식 (14.53)에 설명되듯이 중심력운동을 수행한다. 그림 14.11에 보이듯이 행성에 한정되는 이 운동을 극좌표 R과 θ에 의하여 표현하면 편리하다. 회전하지 않는 xy 좌표계는 행성궤도의 **초점**(focus)이라고도 불리는 행성의 중심 F에 좌표 원점을 가진다.

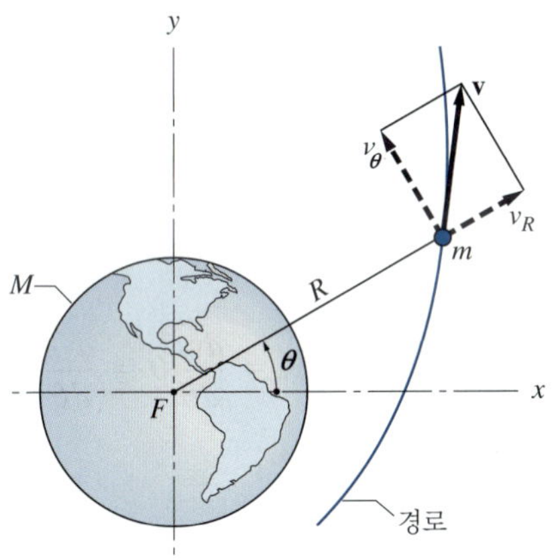

그림 14.11

식 (14.53)으로부터 F에 대한 물체의 각운동량이 보존된다는 것을 알 수 있고, 이것은 $R(mv_\theta) = R(mR\dot{\theta})$이 일정하다는 것을 의미한다. h_0를 물체의 단위 질량당의 F에 대한 각운동량이라 하면* 다음을 얻는다.

$$h_0 = Rv_\theta = R^2\dot{\theta} \qquad \text{(일정함)} \tag{14.54}$$

물체의 운동에너지는 $T = \frac{1}{2}mv^2$이고, 식 (14.29)에 따라 물체의 위치에너지는 $V_g = -GMm/R$이다. 여기서 G는 만유인력상수이다. 중력은 보존력이기

* h의 아래첨자 0과 나중의 E에서의 아래첨자 0은 단위질량과 관련되는 상수를 나타내는 데 사용된다. O자와 혼동하지 않도록 주의한다.

때문에, 물체의 총에너지는 보존된다. E_0를 단위질량당의 전체 에너지라 하면, 즉 $E_0 = (T + V_g)/m$이고, 다음 식이 얻어진다.

$$E_0 = \frac{1}{2}v^2 - \frac{GM}{R} \qquad \text{(일정함)} \tag{14.55}$$

단위질량당의 전체 에너지는 양, 음 또는 0이 될 수 있다는 것에 주의한다.

14.8c 행성궤도의 방정식

다음에 $R = R(\theta)$의 형태로 물체의 경로(행성궤도)의 방정식을 결정한다. $v^2 = v_R^2 + v_\theta^2$를 식 (14.55)에 대입하면

$$E_0 = \frac{1}{2}(v_R^2 + v_\theta^2) - \frac{GM}{R} \tag{a}$$

을 얻고, 식 (14.54)에 따라 v_R과 R은 식 (a)로부터 소거될 수 있다. 식 (14.54)에 미분의 연쇄법칙을 적용하면 다음을 얻는다.

$$\dot{R}v_\theta + R\dot{v}_\theta = 0 \tag{b}$$

을 대입하면

$$\dot{R} = v_R \qquad \text{및} \qquad \dot{v}_\theta = \frac{dv_\theta}{d\theta}\dot{\theta} = \frac{dv_\theta}{d\theta}\frac{v_\theta}{R}$$

식 (b)는 다음과 같이 된다.

$$v_R v_\theta = -R\left(\frac{dv_\theta}{d\theta}\frac{v_\theta}{R}\right)$$

이로부터 다음 식이 얻어진다.

$$v_R = -\frac{dv_\theta}{d\theta} \tag{c}$$

$R = h_0/v_\theta$[식 (14.54) 참조]와 식 (c)를 식 (a)에 대입하면 다음과 같다.

$$E_0 = \frac{1}{2}\left[\left(\frac{dv_\theta}{d\theta}\right)^2 + v_\theta^2\right] - \frac{GMv_\theta}{h_0} \tag{d}$$

$d\theta$에 대한 식 (d)의 해는

$$d\theta = \pm \frac{dv_\theta}{\left(2E_0 + \dfrac{2GMv_\theta}{h_0} - v_\theta^2\right)^{1/2}} \tag{e}$$

이다. E_0가 상수이므로, 식 (e)는 적분표를 이용하여 다음과 같이 적분할 수 있다.

$$\theta = \pm \sin^{-1}\left(\frac{v_\theta - \dfrac{GM}{h_0}}{\dfrac{GM}{h_0}\left[1 + 2E_0\left(\dfrac{h_0}{GM}\right)^2\right]^{1/2}}\right) - \alpha_0 \tag{f}$$

여기서 α_0는 적분상수이다. 이중부호(±)는 v_θ 및 θ와 관련되는 경로상의 모든 점에 대하여 v_θ와 $\theta + \pi$에 관련된 제2의 점이 있다는 것을 의미한다. 따라서 음의 부호는 일반성을 잃어버리지 않으므로 여기서는 생략한다.

식 (f)의 역을 취하면, 다음 식이 얻어진다.

$$\sin(\theta + \alpha_0) = \frac{v_\theta - \dfrac{GM}{h_0}}{\dfrac{GM}{h_0}e} \tag{14.56}$$

여기서,

$$e = \sqrt{1 + 2E_0\left(\frac{h_0}{GM}\right)^2} \tag{14.57}$$

은 행성궤도의 **편심**(eccentricity)이라 불린다. 식 (14.57)에서 제곱근 속의 항은 음이 될 수 없으므로, e는 항상 실수이다.

v_θ에 대해 식 (14.56)을 풀면 다음과 같다.

$$v_\theta = \frac{GM}{h_0}[1 + e\sin(\theta + \alpha_0)] \tag{14.58}$$

식 (14.54)에 의해, $R = h_0/v_\theta$이므로, 다음 식을 얻는다.

$$R = \frac{h_0^2}{GM[1 + e\sin(\theta + \alpha_0)]} \tag{14.59}$$

식 (14.59)로부터 가장 작은 R의 값은 $\sin(\theta + \alpha_0) = 1$, 즉 $\theta + \alpha_0 = \pi/2$일 때

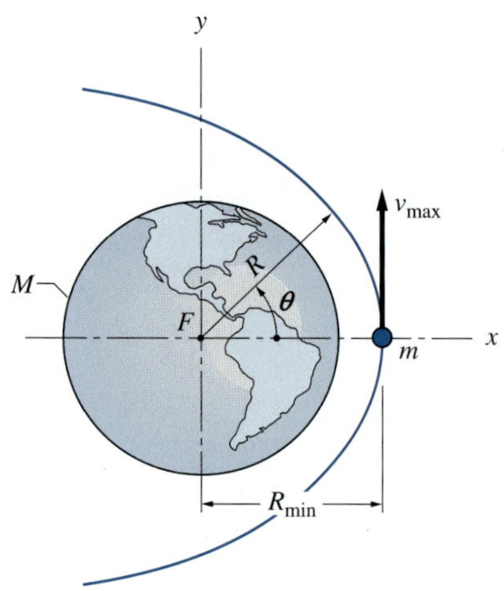

그림 14.12

발생하는 것을 알 수 있다. 그림 14.12와 같이 이 위치가 x축의 $\theta = 0$와 일치한다고 하면, 적분상수는 $\sin(\theta + \alpha_0) = \sin[\theta + (\pi/2)]$이기 때문에, 식 (14.58)과 식 (14.59)는 다음과 같이 된다.

$$v_\theta = \frac{GM}{h_0}(1 + e\cos\theta) \tag{14.60}$$

및

$$R = \frac{h_0^2}{GM(1 + e\cos\theta)} \tag{14.61}$$

행성궤도의 식을 나타내는 식 (14.61)은 극좌표에서 원뿔곡선(원, 타원, 포물선 또는 쌍곡선)을 나타낸다. 여기서 e는 곡선의 편심이고, F(행성의 중심)는 초점이다.

식 (14.60)과 식 (14.61)은 $\theta = 0$일 때 R이 최소가 되도록 x축이 선택될 때에만 유효하다는 것에 주의한다. 만약 이것이 그렇지 않은 경우라면, 식 (14.58)과 식 (14.59)가 사용되어야 한다. 식 (14.61)로부터 R의 최솟값은 다음 식과 같다.

$$R_{min} = R|_{\theta=0} = \frac{h_0^2}{GM(1 + e)} \tag{14.62}$$

$\theta = 0$일 때, $\dot{R} = v_R = 0$이 되고, 이것은 이 위치에서 $v = v_\theta$임을 의미한다. 더욱이 식 (14.55)를 조사하면 R이 가장 작을 때, v는 최대가 되는 것을 알 수 있고, 이로부터

$$v_{max} = v_\theta|_{\theta=0} = \frac{GM(1 + e)}{h_0} \tag{14.63}$$

최대 속도는 그림 14.12에 나타낸 방향으로 향하는 것으로 결론지을 수 있다. $h_0 = R_{min}v_{max}$를 식 (14.63)에 대입하고, v_{max}에 대해 풀면 다음을 얻는다.

$$v_{max} = \sqrt{\frac{GM(1 + e)}{R_{min}}} \tag{14.64}$$

태양계의 선택된 물체에 대한 수치 데이터를 표 14.2에 나타낸다. 이들 데이터는 이 절의 끝부분에서 연습문제를 풀 때에 이용된다.

표 14.2 선택된 태양계 상수

만유인력상수: $G = 6.674 \times 10^{-11}$ m$^3 \cdot$ kg$^{-1} \cdot$ s^{-2} (3.440×10^{-8} ft$^3 \cdot$ slugs$^{-1} \cdot$ s^{-2})				
물체	평균 적도 반경		질량	
	km	**mi**	**kg**	**slugs**
태양	696 000	432 000	1.9884×10^{30}	136.25×10^{27}
달	1 737	1 080	0.07346×10^{24}	5.034×10^{21}
수성	2 440	1 516	0.3301×10^{24}	22.62×10^{21}
금성	6 052	3 761	4.869×10^{24}	333.5×10^{21}
지구	6 378	3 963	5.972×10^{24}	409.2×10^{21}
화성	3 396	2 110	0.6417×10^{24}	43.97×10^{21}

14.8d 행성궤도의 분류

식 (14.61)은 원뿔단면(conic section)을 나타내는 것을 지적하였다. 이것은 행성궤도가 편심 e의 값에 따라 다음 곡선들 중의 하나가 되어야 하는 것을 의미한다.

경우 I: $e = 0$ 원
경우 II: $0 < e < 1$ 타원
경우 III: $e = 1$ 포물선
경우 IV: $e > 1$ 쌍곡선

만약 행성궤도가 원 또는 타원이라면, 물체는 행성에 의하여 사로잡히게 된다고 말한다. 이러한 물체를 위성(satellite)이라고 하고, 행성궤도는 궤도라 불린다. 다른 두 경우, 즉 행성궤도가 포물선이나 쌍곡선인 경우에는 행성의 중력적인 인력이 물체를 사로잡을 만큼 강하지 않다. 이들 행성궤도의 4가지 유형에 대한 특성은 표 14.3에 요약된다.

14.8e 타원궤도의 특성

O점에 중심이 있는 타원궤도(elliptical orbits)를 그림 14.13에 나타낸다. **근지점**(perigee)과 **원지점**(apogee)은 타원궤도에서 각각 R_{max}와 R_{min}의 위치를 나타내는 이름이다.* 이심률의 기하학적인 표현은 다음과 같이 나타낼 수 있다.

$$e = \frac{R_{max} - R_{min}}{R_{max} + R_{min}} \tag{14.65}$$

* **근지점**과 **원지점**의 용어는 초점으로서 지구와 같은 궤도운동에만 사용된다. 잡아당기는 물체가 지구가 아니라면, 이는 각각 **근점**(periapsis)과 **원점**(apoapsis)이다.

표 14.3 생성궤도의 분류

경우	e	경로	E_0	속도	초점으로부터 거리	경로 그림
I	$e=0$	원	$E_0<0$	$v_{circ}=\sqrt{\dfrac{GM}{R_{circ}}}$	$R_{circ}=\dfrac{h_0^2}{GM}$	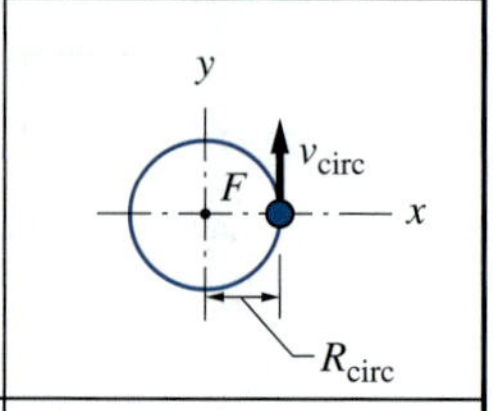
II	$0<e<1$	타원	$E_0<0$	$v_{max}=\sqrt{\dfrac{GM(1+e)}{R_{min}}}$ $v_{min}=\sqrt{\dfrac{GM(1-e)}{R_{max}}}$ $=\sqrt{\dfrac{(1-e)^2}{1+e}\cdot\dfrac{GM}{R_{min}}}$	$R_{min}=\dfrac{h_0^2}{GM(1+e)}$ $R_{max}=\dfrac{h_0^2}{GM(1-e)}$	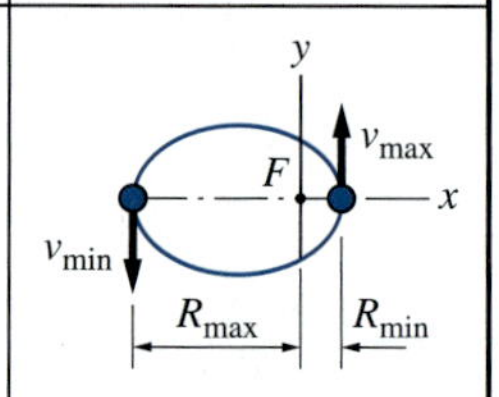
III	$e=1$	포물선	$E_0=0$	$v_{max}=v_{esc}$ $=\sqrt{\dfrac{2GM}{R_{min}}}$	$R_{min}=\dfrac{h_0^2}{2GM}$ $R_{max}=\infty$ at $\theta=\pi$	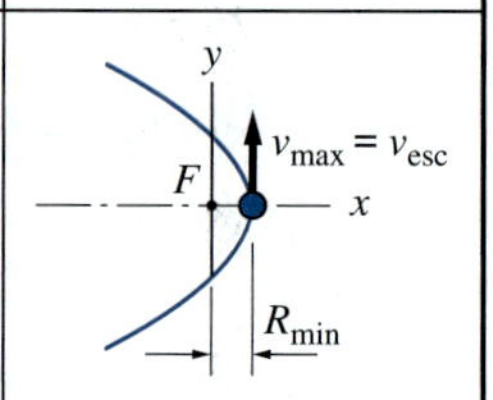
IV	$e>1$	쌍곡선	$E_0>0$	$v_{max}=\sqrt{\dfrac{GM(1+e)}{R_{min}}}$	$R_{min}=\dfrac{h_0^2}{GM(1+e)}$ $R_{max}=\infty$ at $\cos\theta_1=-\dfrac{1}{e}$	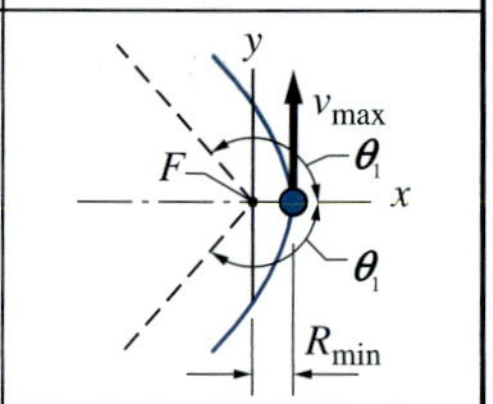

속도 v_{esc}는 탈출속도이다(행성이 지구 중력장을 탈출하는 데 필요한 최소속도).

그림 14.13에서 장경의 길이는 다음과 같이 주어진다.

$$a=\frac{R_{max}+R_{min}}{2}=\frac{h_0^2}{GM(1-e^2)} \tag{14.66}$$

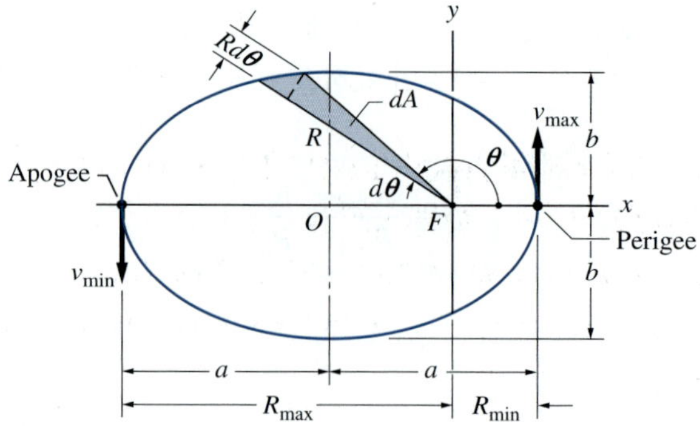

그림 14.13

해석 기하학으로부터 단경의 길이는 다음과 같다.

$$b = \sqrt{R_{\max} R_{\min}} = \frac{h_0^2}{GM\sqrt{1 - e^2}} \tag{14.67}$$

식 (14.66)과 식 (14.67)을 이용하면, 타원의 면적 A는 다음과 같이 쓸 수 있다.

$$A = \pi ab = \frac{\pi}{2}(R_{\max} + R_{\min})\sqrt{R_{\max} R_{\min}} = \frac{\pi h_0^4}{(GM)^2(1 - e^2)^{3/2}} \tag{14.68}$$

타원(또는 원)궤도의 **주기**(period) t는 경로 주위를 완전히 1회전하는 데 필요한 시간이다. 그림 14.13에 나타낸 미소면적이 $dA = (1/2)R(R\,d\theta)$로 표현되는 것에 주목하면, 주기는 타원의 면적과 관련이 된다. 면적이 초점과 위성 사이의 선에 의해 스쳐 지나가는 비율, 즉 dA/dt를 **면적속도**(areal velocy)라 한다. 식 (14.54)를 이용하면, 면적속도는 다음과 같다.

$$\frac{dA}{dt} = \frac{1}{2}R^2\dot{\theta} = \frac{h_0}{2} \tag{14.69}$$

면적속도는 일정하다는 것에 주의한다. 이것은 천문학적인 관찰에 기초하여 Johannes Kepler(1571~1630)에 의해 발표된 중요한 법칙 중의 하나이다. $t = 0$에서 $t = \tau$까지의 시간에 대하여 적분하면 $A = h_0\tau/2$을 얻는다. 따라서 식 (14.68)을 이용하면 주기는 다음과 같다.

$$\tau = \frac{2A}{h_0} = \frac{2\pi h_0^3}{(GM)^2(1 - e^2)^{3/2}} \tag{14.70}$$

타원경로의 특별한 경우로는 탄도의 운동궤적이 있고, 여기서 타원은 행성의 표면과 교차한다. 이러한 궤적은 만약 공기 저항이 무시된다면, 모든 발사체에서 이루어진다. 만약 발사체의 수직높이가 작아서 높이에 따른 중력의 변화가 무시된다면, 운동궤적은 유사한 포물선 형태로 가정된다. 따라서 포물선의 운동궤적은 수직높이의 변화가 작은 경우에만 타당한 실제 타원경로의 근사치이다.

예제 14.12

태양 주위를 도는 지구궤도의 이심률이 0.017이고, 궤도의 주기는 365.26일이다. 다음의 최대와 최솟값을 계산하라. (1) 태양 중심으로부터의 지구의 거리, (2) 태양 주위의 지구의 속도

풀이

사전 검토

표 14.1을 이용하면, 상수 GM_s이 다음과 같이 구해진다. 여기서 M_s는 태양의 질량이다.

$$GM_s = (6.674 \times 10^{-11})(1.9884 \times 10^{30}) = 1.3271 \times 10^{20}\ \text{m}^3/\text{s}^2$$

주어진 궤도의 주기는 다음과 같다.

$$\tau = 365.26\ \text{days} \times \frac{24\ \text{h}}{1\ \text{day}} \times \frac{3600\ \text{s}}{1\ \text{h}} = 31.56 \times 10^6\ \text{s}$$

태양의 중심에 대한 지구의 단위질량당의 일정한 각운동량 h_0는 식 (14.70)을 풀면 다음과 같다.

$$\begin{aligned} h_0 &= \left[\frac{(GM_s)^2\tau(1-e^2)^{3/2}}{2\pi}\right]^{1/3} \\ &= \left[\frac{(1.3271 \times 10^{20})^2(31.56 \times 10^6)[1-(0.017)^2]^{3/2}}{2\pi}\right]^{1/3} \\ &= 4.455 \times 10^{15}\ \text{m}^2/\text{s} \end{aligned}$$

문항 1

표 14.3에서 경우 II에 대한 식과 위에서 결정된 상수 값을 사용하면, 태양의 중심으로부터 지구의 최대 및 최소 거리

$$\left.\begin{matrix} R_{\min} \\ R_{\max} \end{matrix}\right\} = \frac{h_0^2}{GM_s(1 \pm e)} = \frac{(4.455 \times 10^{15})^2}{(1.3271 \times 10^{20})(1 \pm 0.017)}$$

로 되고, 이로부터 다음을 얻는다.

$$R_{\max} = 1.521 \times 10^{11}\ \text{m} \qquad R_{\min} = 1.471 \times 10^{11}\ \text{m}$$ 답

문항 2

표 14.3의 경우 II를 참조하면, 지구의 최대 속도는 다음과 같이 주어진다.

$$v_{max} = \sqrt{\frac{GM_s(1+e)}{R_{min}}} = \sqrt{\frac{(1.3271 \times 10^{20})(1+0.017)}{1.471 \times 10^{11}}}$$

$$= 30.29 \times 10^3 \text{ m/s} = 30.29 \text{ km/s}$$ **답**

다시 표 14.1의 식으로부터, 지구의 최소 속도는 다음과 같다.

$$v_{min} = \sqrt{\frac{GM_s(1-e)}{R_{max}}} = \sqrt{\frac{(1.3271 \times 10^{20})(1-0.017)}{1.521 \times 10^{11}}}$$

$$= 29.29 \times 10^3 \text{ m/s} = 29.29 \text{ km/s}$$ **답**

일반적으로 허용되는 값으로 네 자리 숫자 내에서 허용되는 지구의 평균속도는 $(1/2)(v_{max} + v_{min}) = (1/2) \times (30.29 + 29.29) = 29.79$ km/s인 것을 주목한다.

v_{max}와 v_{min}을 계산하는 다른 방법은 h_0가 일정하다는 사실을 이용하는 것이다. 즉, 식 $h_0 = v_{max}R_{min} = v_{min}R_{max}$을 푸는 것이다.

연습문제

14.107 그림에 보이는 방향으로 우주 탐사기는 v_0의 속도로 A에서 발사된다. 탐사기가 v_0의 어떤 값에서 B점을 통과할 것인가? 궤도의 분류는 무엇인가?

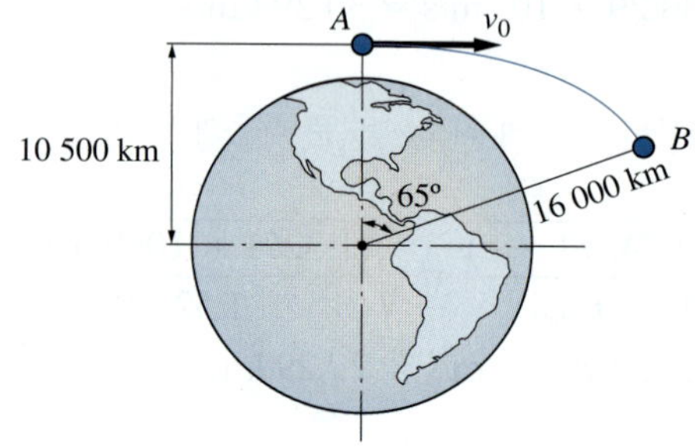

그림 P14.107

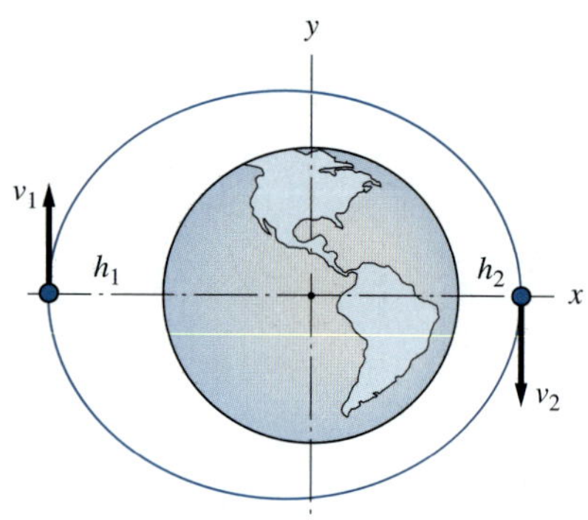

그림 P14.108

14.108 그림은 지구 위성의 타원궤도를 보여준다. 위성의 최소, 최대 속도는 $v_1 = 6$ km/s, $v_2 = 7.5$ km/s이다. 이때 일치하는 고도 h_1, h_2를 구하라.

14.109 지구 주위 달의 궤도는 원(달의 편심은 실제로 0.055이다)이라고 가정하고, 궤도의 주기가 27.3일인 것을 이용하여 지구 중심과 달의 중심 사이의 거리를 계산하라.

14.110 지구 중심과 달 중심 사이의 최대 및 최소 거리를 달 궤도의 이심률을 고려하여 계산하라. 문제 14.109에서 주어진 자료를 사용한다.

14.111 화성의 달인 포보스(Phobos)의 궤도는 이심률이 0.018이고 장경의 길이는 9380 km이다. 포보스의 궤도 주기를 구하라.

14.112 그림에서 보듯 위성이 지구 주위 타원궤도를 따른다. 위성이 지구와 가장 가까울 때(perigree), 가장 멀리 떨어져 있을 때(apogee) 거리는 2500, 4500 km이다. (a) 위성의 최대, 최소 속도를 구하고, (b) 궤도의 주기를 구하라.

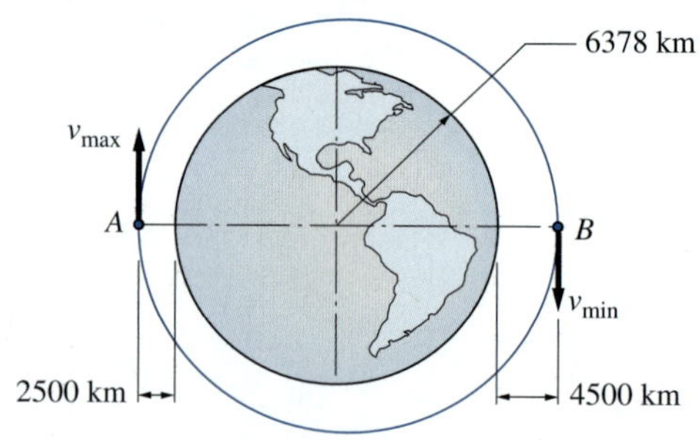

그림 P14.112

14.113 6000 kg의 우주캡슐은 지구 주위의 반경 6688 km의 원형궤도에 있다. 캡슐이 A에 있을 때, 캡슐의 속력은 역추진 로켓 점화로 감소된다. 만약 캡슐이 지구 표면에 접하는 비행경로로 B에 안착하려 한다면, 역추진 로켓의 충격량은 얼마가 필요한가?

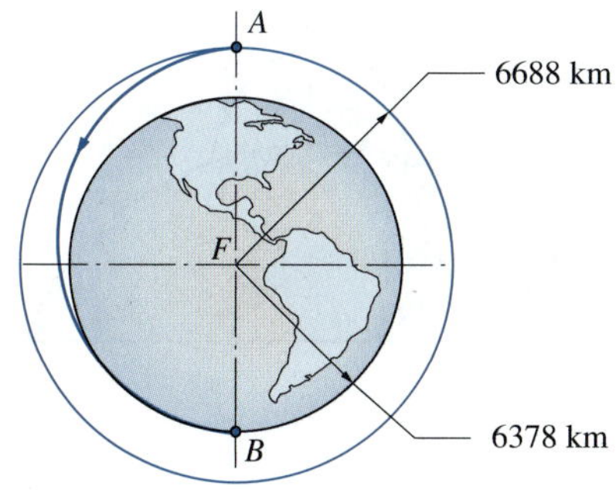

그림 P14.113

14.114 우주비행선이 금성(Venus)을 접근할 때, 위치 $x_1 = 1.524 \times 10^8$ m, $y_1 = 3.05 \times 10^7$ m에서 비행선의 속력은 $v_1 = 2.44$ km/s이다. 다음을 구하라. (a) 우주비행선이 이동하는 궤도의 형태, (b) 금성의 표면과 궤도 사이의 최소 거리, (c) 우주비행선의 최대 속도.

14.115 문제 14.114에서 설명한 우주비행선에 대해 다음을 구하라. (a) 타원궤도가 가능하다고 가정하고, 타원궤도를 일으키는 최대 속력 v_1, (b) 금성 표면과 우주비행선의 충돌이 없이 타원궤도가 가능한가?

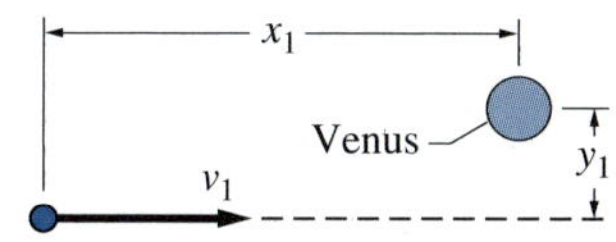

그림 P14.114, P14.115

14.116 A점에서 우주비행선의 속력은 $v_1 = 9600$ m/s이고, 방향은 $\beta = 4°$이다. (a) 궤도가 쌍곡선임을 보여라. (b) FA 선분과 궤도 중심축 사이의 각도를 계산하라. (c) 궤도와 지구 표면 사이의 최소 거리를 구하라.

14.117 A점에서 우주비행선의 속력은 $v_1 = 11.4$ km/s이고, 방향은 $\beta = 10°$이다. (a) 궤도가 쌍곡선임을 보여라. (b) 태양의 중력을 무시할 때, 우주비행선의 종단속도(terminal speed)를 구하라.

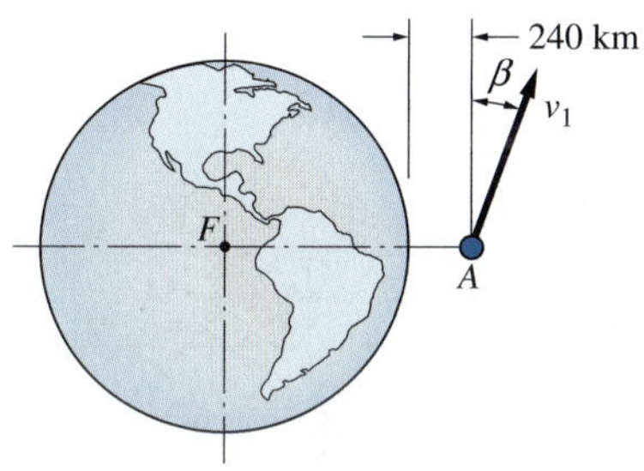

그림 P14.116, P14.117

14.118 907 kg의 통신위성이 반경 6080 km의 원형 "대기"궤도(parking orbit)(궤도 1) 내를 이동하고 있다. 위성이 필요한 반경 40,640 km의 원형 지구정지궤도(geosynchronous circular orbit)(궤도 2)에 도달하기 위해서는 타원궤도 AB로 가로질러 가야만 한다. 위성이 궤도 사이를 이동하는 동안에 위치 A와 B에서 받아야 하는 충격량을 구하라.

14.119 우주비행선이 고도 336 km에서 지구 주위의 원형궤도를 이동하고 있다. 우주비행선이 A점에 도달할 때, 비행선의 엔진은 속력을 7.5%까지 줄이기 위해서 짧은 기간 동안 연소한다. 결과적인 경로는 AB의 충돌궤도(crash trajectory)가 된다. 착륙지점에 위치한 비회전 x축으로부터 측정된 각도 β를 구하라.

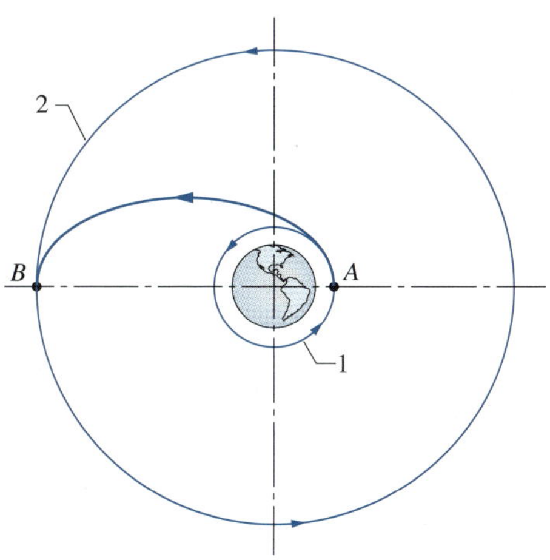

그림 P14.118

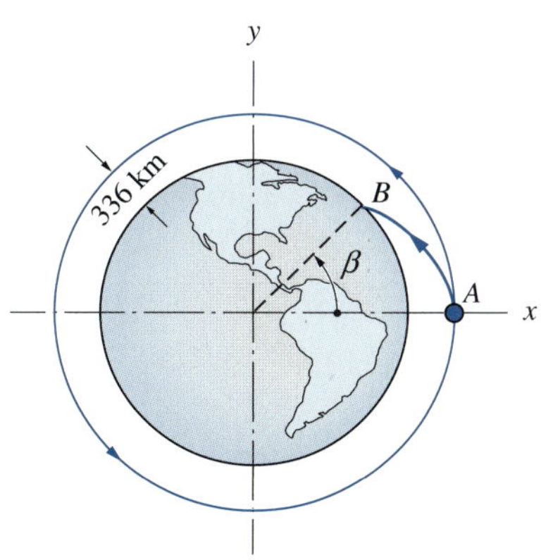

그림 P14.119

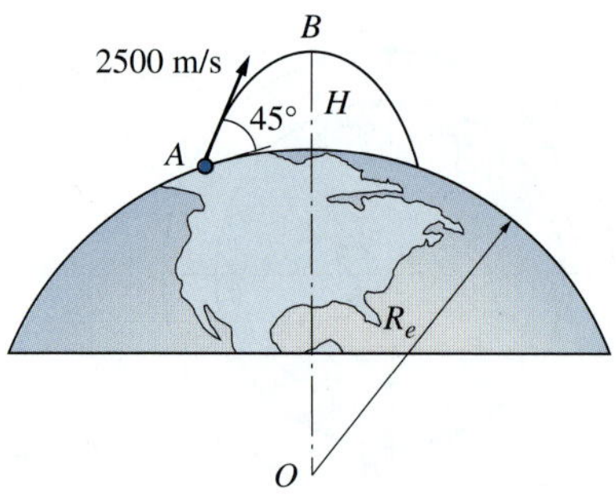

그림 P14.120

14.120 미사일이 그림에서 보여지는 방향으로 2500 m/s의 속도로 위치 A의 지구 표면에서 발사되었다. 미사일의 최대 높이 H를 구하라.

14.121 위성이 고도 H_0 = 768 km에서 그림에 나타낸 방향으로 초기속력 v_0 = 28,000 km/h로 지구 주위의 궤도 내로 진입한다. (a) 위성의 미분 운동방정식을 유도하고, 초기조건들을 설명하라. (b) 위성이 출발시간으로부터 발사 위치로 되돌아올 때의 시간까지에 대해 수치적으로 식을 풀고, R과 t 관계에 대해 그려라. (c) 궤도 주기(하나의 궤도를 완성하는 시간)를 구하라. (d) 위성이 도달하는 최고 및 최저 고도를 구하라.

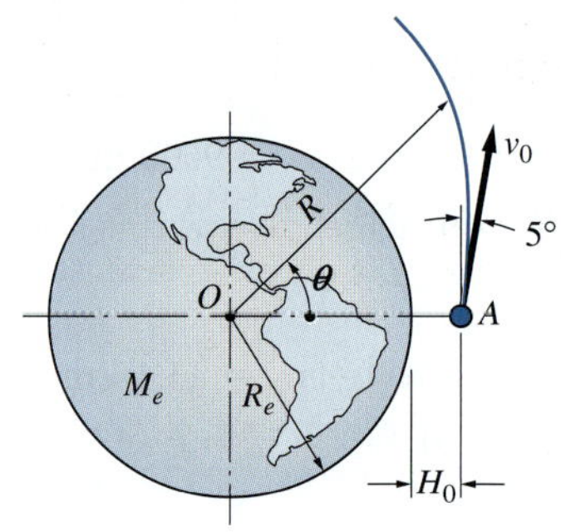

그림 P14.121, P14.122

14.122 우주비행선이 고도 H_0 = 768 km에 있을 때, 그림에 나타낸 방향으로 v_0 = 24,000 km/h의 속도를 갖는다. (a) 우주비행선의 운동 미분방정식을 유도하고, 초기조건들을 설명하라. (b) 위성이 지구와 충돌하는 시간까지 수치적으로 식을 풀고, R과 θ 관계에 대해 그려라. (c) 충돌점에서의 각도 θ를 구하라.

REVIEW OF EQUATIONS

Work and potential energy of a force

	Work	Potential energy
Constant force	$U_{1\text{-}2} = F\Delta d$	$V = -Fd$
Spring force	$U_{1\text{-}2} = -\frac{1}{2}k(\delta_2^2 - \delta_1^2)$	$V = \frac{1}{2}k\delta^2$
Gravity	$U_{1\text{-}2} = Gm_A m_B\left(\frac{1}{R_2} - \frac{1}{R_1}\right)$	$V = -\frac{Gm_A m_B}{R}$

Principle of work and kinetic energy

$$U_{1\text{-}2} = T_2 - T_1 \qquad T = \frac{1}{2}mv^2$$

Conservation of mechanical energy

$$V_1 + T_1 = V_2 + T_2$$

Power and efficiency

Power of a force: $P = \mathbf{F} \cdot \mathbf{v}$

Efficiency of a machine: $\eta = (P_{\text{out}}/P_{\text{in}}) \times 100\%$

Impulse and momentum

Impulse of a force: $\mathbf{L}_{1\text{-}2} = \int_{t_1}^{t_2} \mathbf{F}\, dt$

Momentum of a particle: $\mathbf{p} = m\mathbf{v}$

Impulse-momentum principle: $\mathbf{L}_{1\text{-}2} = \mathbf{p}_2 - \mathbf{p}_1$

Angular impulse and angular momentum

Angular impulse: $(\mathbf{A}_A)_{1\text{-}2} = \int_{t_1}^{t_2} \mathbf{M}_A\, dt$

Angular momentum: $\mathbf{h}_A = \mathbf{r} \times (m\mathbf{v})$

Angular impulse-momentum principle:
$(\mathbf{A}_A)_{1\text{-}2} = (\mathbf{h}_A)_2 - (\mathbf{h}_A)_1$ (A is a fixed point)

REVIEW PROBLEMS

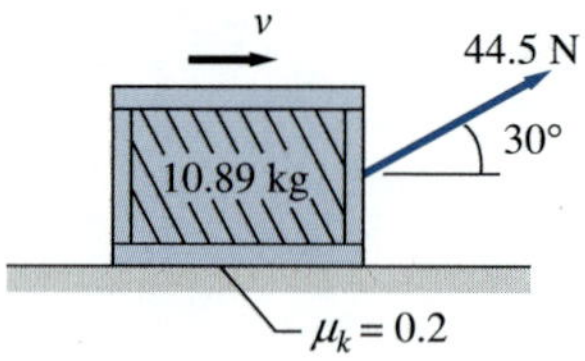

Figure P14.123

14.123 The constant 44.5-N force is pulling the 10.89-kg crate across the horizontal surface. If the coefficient of kinetic friction between the crate and the surface is 0.2, determine the time required to increase the speed v of the crate from 4.57 m/s to 15.25 m/s.

14.124 The 0.8-kg particle slides on a frictionless horizontal surface. The force P applied to the particle always acts in the negative y-direction, but its magnitude varies as $P = e^{-0.3t}$ N, where t is in seconds. If the velocity of the particle at $t = 0$ is 3 m/s in the direction shown, determine its speed at $t = 10$ s.

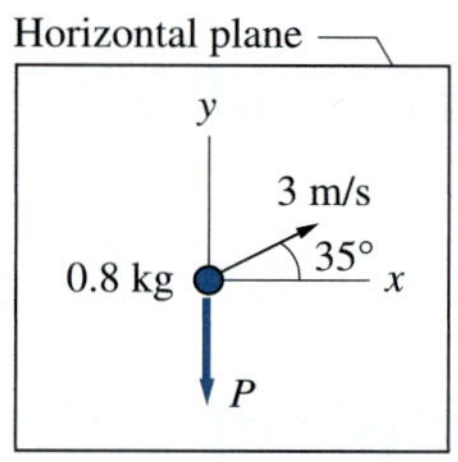

Figure P14.124

14.125 The bicycle rider starts from rest at A and coasts down the hill. (a) Find the speed of the rider at B and at C. (b) Determine the smallest radius of curvature of the path at C for which the bicycle will not leave the ground.

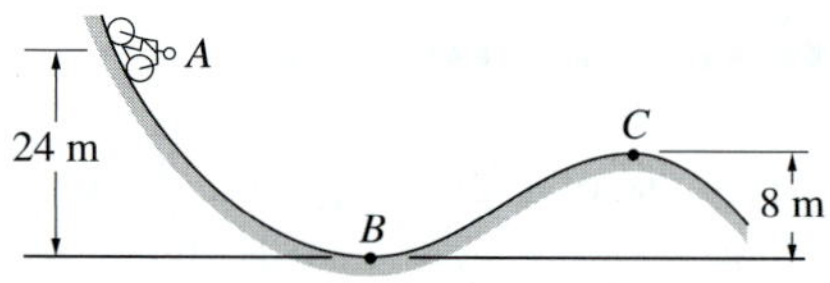

Figure P14.125

14.126 The package of weight $W = 15.9$ kg is sliding to the right along the rough, horizontal surface. When the package is at A, its speed is $v = 3.66$ m/s. The spring of stiffness $k = 4\,086$ N/m brings the package to rest. If the coefficient of kinetic friction between the package and the surface is 0.2, determine the maximum force in the spring. Neglect the weight of the end plate that is attached to the spring.

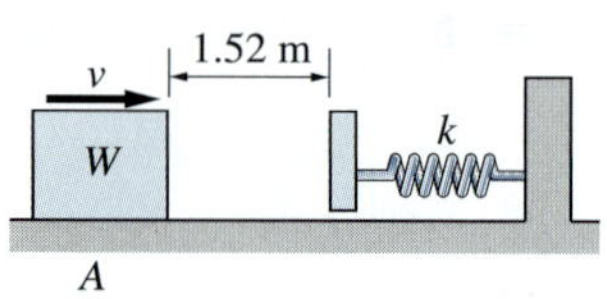

Figure P14.126

14.127 The boy on the swing starts from rest in position A and reaches position D before reversing direction. When the swing reaches the vertical position, the boy suddenly raises his legs, thereby raising his center of gravity from point B to point C. If $\theta_1 = 45°$ and $R_1/R_2 = 1.05$, determine θ_2.

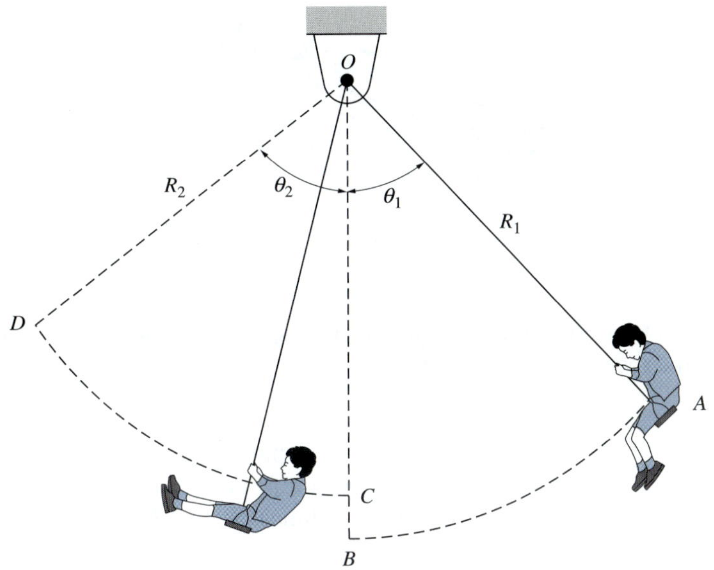

Figure P14.127

14.128 The 1.36-kg collar is pulled along the frictionless rod by the force $P(x) = 0.124/x^2$ N, where x is in m. When $x = 366$ mm, the velocity of the collar is 0.61 m/s to the right. When $x = 1.22$ m, determine (a) the velocity of the collar; and (b) the power of the force P.

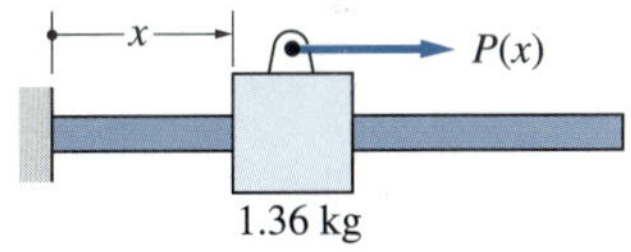

Figure P14.128

14.129 The coefficients of static and kinetic friction between the 16-kg crate and the horizontal surface are $\mu_s = 0.3$ and $\mu_k = 0.25$, respectively. The crate is at rest when the horizontal, time-dependent force P is applied. Determine the speed of the crate at $t = 8$ s.

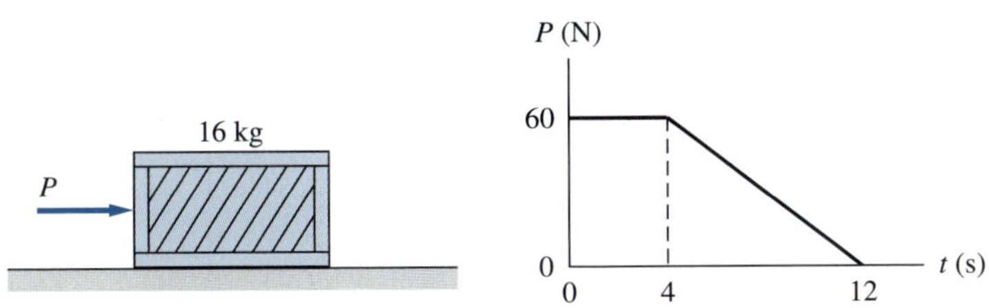

Figure P14.129

14.130 The 3.63-kg collar A slides on the vertical rod with negligible friction. The spring AB has a free length of 762 mm, and its stiffness is 61.3 N/m. If the collar is released from rest in the position shown, determine its speed at O.

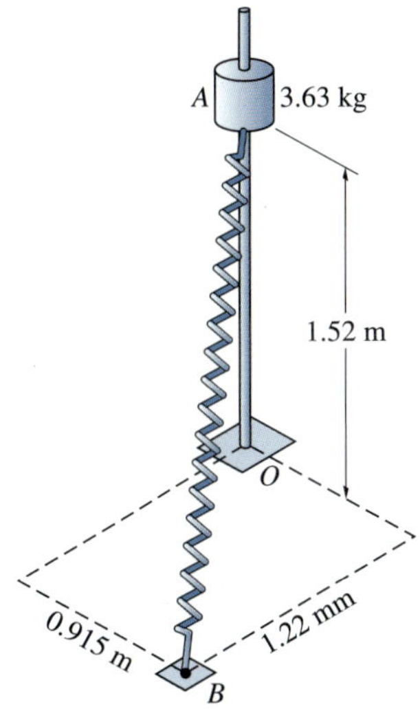

Figure P14.130

14.131 A package of mass M is placed with zero velocity on a conveyor belt that is moving at 2 m/s. The coefficient of kinetic friction between the package and the belt is 0.4. Determine the distance that the package travels before its speed reaches the speed of the belt.

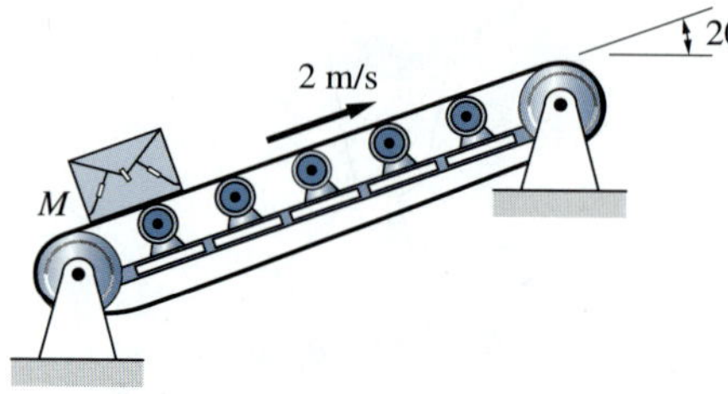

Figure P14.131, P14.132

14.132 Determine the time required for the speed of the package in Prob. 14.131 to reach the speed of the conveyor belt.

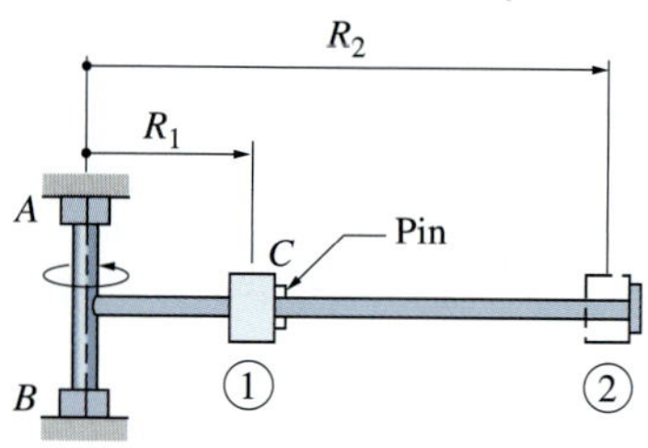

Figure P14.133

14.133 The assembly shown is rotating freely about the vertical axis AB with the sliding collar C being held in position 1 by a pin. The pin subsequently falls out, allowing the collar to slide to position 2. Determine the percentage of kinetic energy that is lost in the process in terms of the distances R_1 and R_2. Neglect all masses, except the mass of collar C.

14.134 The 544-g weight slides with negligible friction on a horizontal table. The spring attached to the weight has a stiffness of 36.5 N/m and a free length of 457 mm. When the weight is at A, its velocity is 7.62 m/s directed as shown. Determine the speed of the weight at B where the length of the spring is 0.762 m. Also, find the rate at which the spring is elongating at B.

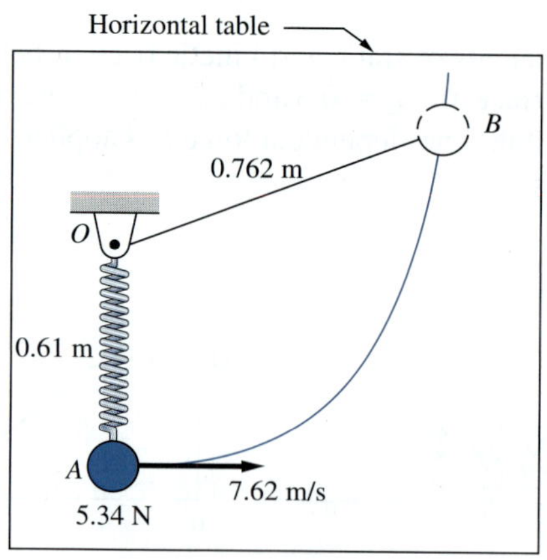

Figure P14.134

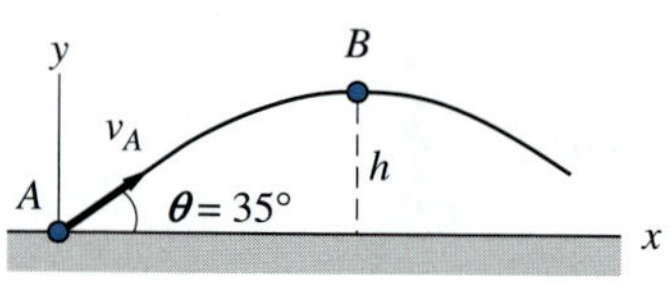

Figure P14.135

14.135 A missile is launched from point A at time $t = 0$ with the velocity $v_A = 20$ m/s in the direction shown. Determine (a) the time when the missile reaches B (the highest point on the trajectory); and (b) the maximum height h.

14.136 An unpowered space vehicle of mass m travels past the planet Venus along the trajectory AB. If the coordinates of A and B are $(-1.52, -0.305) \times 10^8$ m and $(1.21, 1.031) \times 10^8$ m, respectively, determine the speed of the vehicle at B.

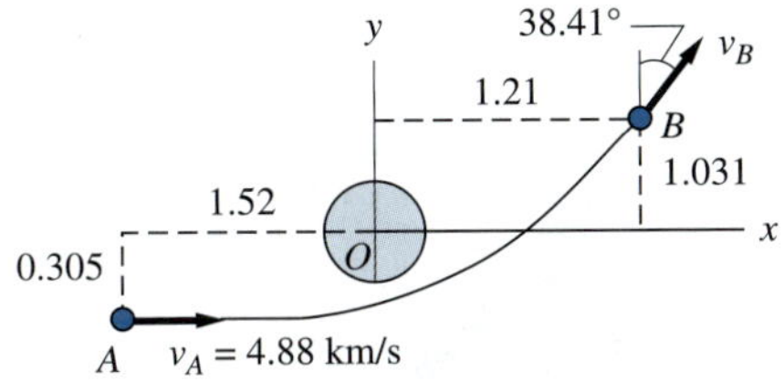

Figure P14.136

14.137 The mass m is attached to a string and swings in a horizontal circle of radius $R = 0.25$ m when $L = 0.5$ m. The length L is then shortened by pulling the string slowly through the hole A in a table until the speed of the mass has doubled. Determine the corresponding values of (a) radius R; and (b) angle ϕ.

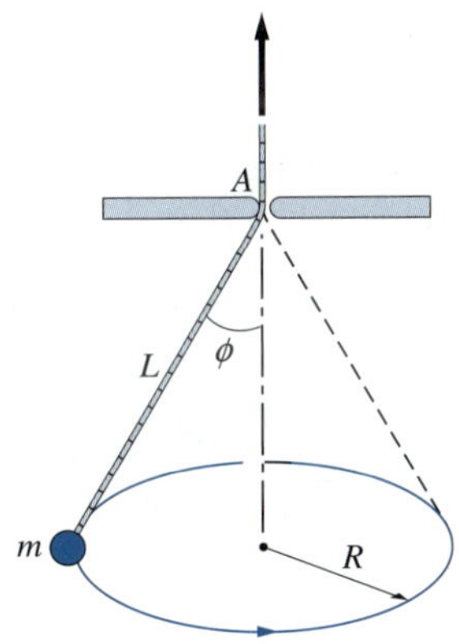

Figure P14.137

14.138 The rod OA is rotating freely about the z-axis with the angular speed of 30 rad/s. The spring is undeformed when the cord restraining the 3.63-kg collar B breaks. If the maximum displacement of the collar relative to the rod is 229 mm, determine the stiffness k of the spring. Neglect friction and the mass of rod OA.

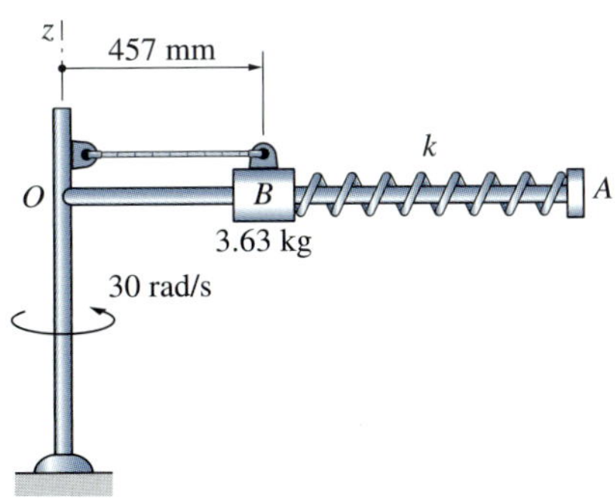

Figure P14.138

14.139 The 0.6-kg mass slides with negligible friction on the cylindrical surface. The spring attached to the mass has a stiffness of 110 N/m, and its free length is 80 mm. If the mass is released from rest at A, determine its speed at B. The motion is in the vertical plane.

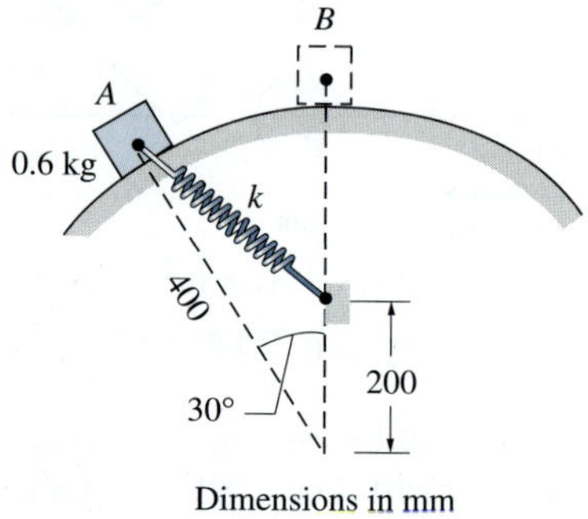

Figure P14.139

14.140 The 18.14-kg weight is attached to a bar of negligible weight. The assembly rotates in the vertical plane about O. The spring has a free length of 1.067 m, and its stiffness is 2.92 kN/m. If the system is released from rest when $\theta = 90°$, determine the speed of the weight when $\theta = 0$.

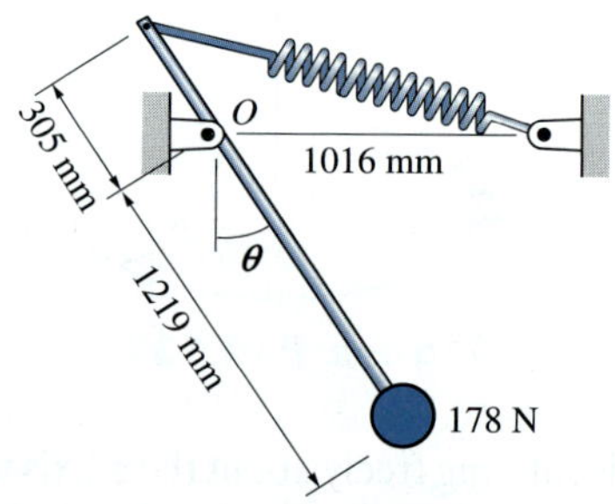

Figure P14.140

질점계의 동역학

Dynamics of Particle Systems

15

15.1 서론

지금까지 우리는 1개의 질점에 대한 동역학을 공부하였다. 즉, 운동역학에 있어서 힘–질량–가속도 법, 일과 에너지 법, 충격량과 운동량 법 등의 세 가지 방법을 소개했다. 이 장에서는 이 방법들을 2개 이상의 질점이 포함된 계에 대하여 확대 적용하고자 한다.

질점계의 운동역학을 설명하기에 앞서 운동학 분야에 속하는 *상대운동*(relative motion)의 개념에 대하여 알아야 한다. 상대운동은 질점계에 존재하는 운동학적 구속(기하학적 운동 제한)을 설명하는 데 편리하게 사용된다.

이 장에서는 질점 간의 충돌과 질량의 흐름이라는 두 가지 동역학의 적용문제를 소개한다. 충격이란 질점 사이의 충돌을 말하는데 아주 짧은 순간에 큰 접촉력이 작용하는 것이다. 질량의 흐름이란 관을 통한 유체의 흐름이나 로켓추진의 경우와 같이 질량이 계속적으로 계(system)에 들어오거나 나가는 문제에 적용된다.

Dimtry Kalinovsky/Shutterstock.com

자동차들의 충돌은 충격 모멘텀과 일–에너지 원리에 의해 지배받는다. 이런 원리들은 조사관들이 사고해석을 수행할 수 있도록 한다. 이와 같은 해석의 예를 연습문제 15.95와 15.98에 나타내었다.

15.2 상대운동의 운동학

15.2a 상대운동

우리는 지금까지 운동학을 질점의 운동이 고정(관성)좌표계에 의해 설명되는 **절대(absolute)운동**의 경우만 다루었다. 기준좌표계가 고정되어 있다는 것을 강조하기 위하여 운동 변수에 '절대'라는 접두어가 사용되었다(예: 절대속도). 뉴턴의 제2법칙, 일과 에너지 원리 및 충격량과 운동량 원리가 이 절대좌표계에 의해 유도되며 절대운동에만 적용된다. 바꾸어 말하자면, 이러한 운동역학 원리에 나타나는 위치, 속도 및 가속도는 절대적이어야 한다.

운동학에서는 고정좌표계가 질점의 운동을 설명하는 데 항상 편리한 좌표계는 아니다. 예를 들면 달리는 자동차 안에서 창문에 떨어지는 빗방울의 운동을 관찰할 때 사용할 수 있는 편리한 좌표계는 창문(이동좌표계)이며 도로(고정좌표계)가 아니다. 이동좌표계를 사용한 운동을 설명할 때 이것을 **상대적(relative)**이라고 부른다.

그림 15.1(a)는 두 질점 A와 B의 경로를 보여준다. 고정좌표계 xyz의 원점 O로부터의 두 질점에 대한 위치벡터는 $\mathbf{r}_A$와 $\mathbf{r}_B$로 표시되며, 이들의 속도는 $\mathbf{v}_A = \dot{\mathbf{r}}_A$ 및 $\mathbf{v}_B = \dot{\mathbf{r}}_B$로 표시된다. 이 벡터들은 고정좌표계를 기준으로 하기 때문에 각 질점들의 절대위치와 절대속도를 나타낸다. A에서 B로 향하는 벡터 $\mathbf{r}_{B/A}$는 A에 대한 B의 상대(relative)위치벡터라고 부른다.

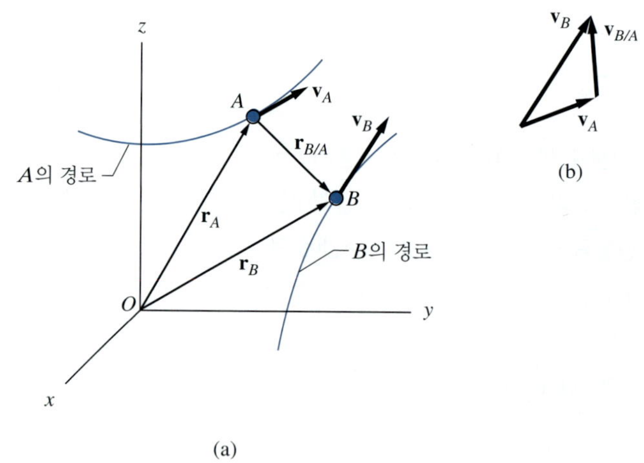

그림 15.1

그림 15.1(a)에서 절대 및 상대위치벡터는 다음 식으로 표현된다.

$$\mathbf{r}_B = \mathbf{r}_A + \mathbf{r}_{B/A} \tag{15.1}$$

이 식을 시간에 대하여 미분하고 다음 식을 이용하면

$$\mathbf{v}_{B/A} = \dot{\mathbf{r}}_{B/A} \tag{15.2}$$

식 (15.3)이 된다.

$$\mathbf{v}_B = \mathbf{v}_A + \mathbf{v}_{B/A} \tag{15.3}$$

그림 15.1(b)의 벡터 $\mathbf{v}_{B/A}$는 A에 대한 B의 상대속도이다.

식 (15.3)의 양변을 미분하면 다음 식이 된다.

$$\mathbf{a}_B = \mathbf{a}_A + \mathbf{a}_{B/A} \tag{15.4}$$

여기서

$$\mathbf{a}_{B/A} = \dot{\mathbf{v}}_{B/A} = \ddot{\mathbf{r}}_{B/A} \tag{15.5}$$

위의 식은 A에 대한 B의 상대가속도라고 부른다.

그림 15.1(a)에서 A에서 B로 그어진 벡터는 B에서 A로 향하는 벡터와는 다음과 같이 부호가 반대임을 알 수 있다.

$$\mathbf{r}_{B/A} = -\mathbf{r}_{A/B} \qquad \mathbf{v}_{B/A} = -\mathbf{v}_{A/B} \qquad \mathbf{a}_{B/A} = -\mathbf{a}_{A/B} \tag{15.6}$$

15.2b 병진운동을 하는 좌표계

때로는 기준질점과 더불어 움직이는 좌표계에 대하여 운동을 설명하는 것이 편리할 때가 있다. 그림 15.2에서는 xyz축이 관성 좌표계에 고정되어 있으며 $x'y'z'$ 좌표계는 기준질점에 고정되어 움직인다. 이 장에서는 $x'y'z'$ 좌표계가 xyz 좌표계에 대해 평행상태를 유지하는 경우에 대해서만 고려해보자. 다시 말해서 움직이는 좌표계가 기준좌표계에 대하여 회전하지 않고 병진운동만 하는 경우이다. 그러므로 고정좌표계의 기저(기본)벡터 **i**, **j**, **k**는 동시에 병진좌표계의 기저벡터가 된다.

병진좌표계에서 질점 B의 좌표는 x', y' 및 z'이다. 그러므로 이 좌표계에서 B의 상대위치벡터는

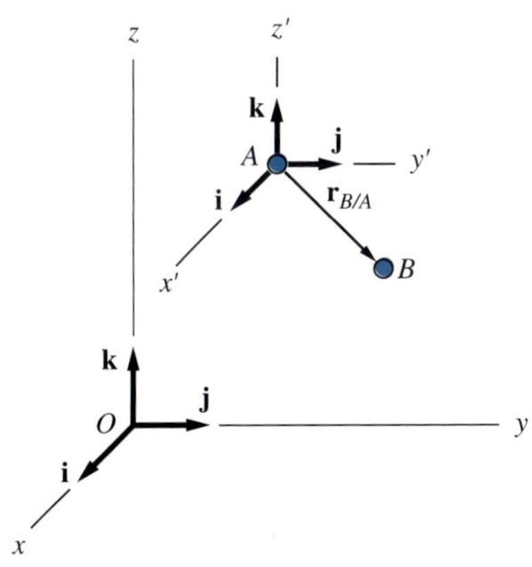

그림 15.2

$$\mathbf{r}_{B/A} = x'\mathbf{i} + y'\mathbf{j} + z'\mathbf{k} \tag{15.7}$$

B의 상대위치 및 상대가속도는 식 (15.7)을 시간에 대해 미분하면 얻어진다(기저 벡터가 일정하므로 $d\mathbf{i}/dt = d\mathbf{j}/dt = d\mathbf{k}/dt = \mathbf{0}$).

$$\mathbf{v}_{B/A} = \frac{dx'}{dt}\mathbf{i} + \frac{dy'}{dt}\mathbf{j} + \frac{dz'}{dt}\mathbf{k} \tag{15.8}$$

$$\mathbf{a}_{B/A} = \frac{d^2x'}{dt^2}\mathbf{i} + \frac{d^2y'}{dt^2}\mathbf{j} + \frac{d^2z'}{dt^2}\mathbf{k} \tag{15.9}$$

식 (15.8)과 (15.9)에서 $\mathbf{v}_{B/A}$와 $\mathbf{a}_{B/A}$는 질점 A에 고정되어 병진운동을 하는 관측자가 바라보는 질점 B의 상대속도 및 상대가속도이다.

예제 15.1

두 비행기 A와 B가 동일한 속력으로 동일한 고도에서 날고 있다. 시간 $t = 0$일 때 각 비행기의 속도는 그림 (a)에서 보는 바와 같다(xy 기준좌표계는 공간상에 고정되어 있다). (1) 비행기 A의 B에 대한 상대속도를 구하라. (2) A의 B에 대한 위치벡터를 시간에 관한 함수로 표현하라. (3) 두 비행기 사이의 최소거리를 구하고, 이때의 시간은 언제인가?

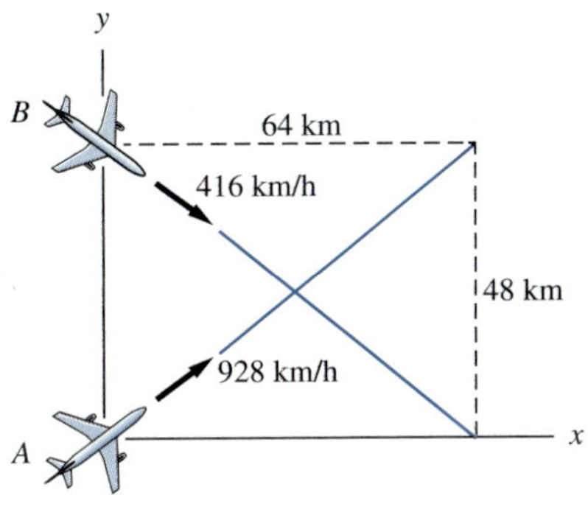

(a)

풀이

문항 1

그림 (a)에서 보는 바와 같이 비행기의 속도는

$$\mathbf{v}_A = 928\left(\frac{64\mathbf{i} + 48\mathbf{j}}{80}\right) = 742\mathbf{i} + 557\mathbf{j}\ \text{km/h}$$

$$\mathbf{v}_B = 416\left(\frac{64\mathbf{i} - 48\mathbf{j}}{80}\right) = 333\mathbf{i} - 250\mathbf{j}\ \text{km/h}$$

B에 대한 A의 상대속도는

$$\begin{aligned}\mathbf{v}_{A/B} = \mathbf{v}_A - \mathbf{v}_B &= (742\mathbf{i} + 557\mathbf{j}) - (333\mathbf{i} - 250\mathbf{j}) \\ &= 409\mathbf{i} + 807\mathbf{j}\ \text{km/h}\end{aligned}$$

답

이 벡터의 크기와 방향은 다음과 같다.

$$v_{A/B} = \sqrt{409^2 + 807^2} = 904.5\ \text{km/h}$$

$$\theta = \tan^{-1}\frac{409}{807} = 26.93°$$

이 상대속도벡터는 그림 (b)에 나타나 있다. $\mathbf{v}_{A/B}$는 비행기 B에 타고 있는 사람이 보는 비행기 A의 속도이다. 즉, 비행기 B에 고정되어 회전하지 않는 $x'y'$ 좌표계에서 A의 속

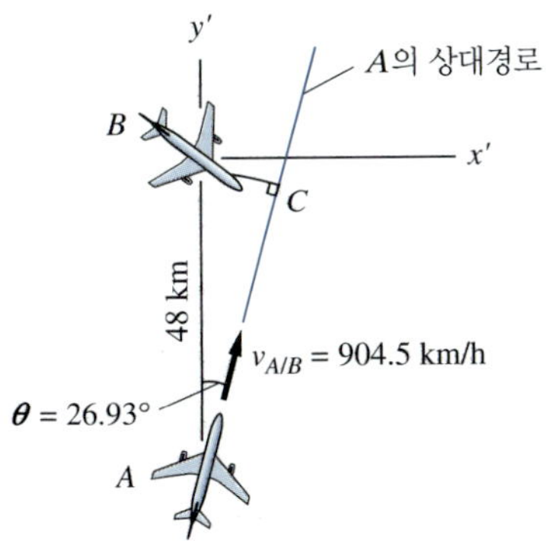

(b)

도이다. $\mathbf{v}_{A/B}$는 일정하므로 병진하는 $x'y'$좌표계에서 A의 경로는 그림 (b)에서 보는 바와 같이 직선이다.

문항 2

B에 대한 A의 상대위치벡터는 다음과 같이 상대속도를 적분하면 얻어진다.

$$\mathbf{r}_{A/B} = \int \mathbf{v}_{A/B}\, dt = \int (409\mathbf{i} + 807\mathbf{j})\, dt = (409\mathbf{i} + 807\mathbf{j})\, t + \mathbf{r}_0$$

여기에서 t는 시간으로 표시되며 $\mathbf{r}_0$는 적분상수이다. $t = 0$일 때 $\mathbf{r}_{A/B} = -48\mathbf{j}$ km이라는 초기조건으로부터 $\mathbf{r}_0 = -48\mathbf{j}$ km이 된다. 그러므로 상대위치벡터는 다음과 같다.

$$\mathbf{r}_{A/B} = 409t\,\mathbf{i} + (807t - 48)\mathbf{j}\text{ km}$$ 답

문항 3

두 비행기 사이의 거리를 s라고 하면,

$$s^2 = |\mathbf{r}_{A/B}|^2 = (409t)^2 + (807t - 48)^2\text{ km}^2 \tag{a}$$

s의 최솟값은 $d(s^2)/dt = 0$일 때이다. 따라서

$$2(409)^2 t + 2(807t - 48)(807) = 0$$

여기에서

$$t = 0.047\,32\text{ h} = 170.3\text{ s}$$ 답

이 시간 값을 식 (a)에 대입하면, 두 비행기 사이의 최소거리는

$$s_{\min} = \sqrt{[409(0.047\,32)]^2 + [807(0.047\,32) - 48]^2} = 21.75\text{ km}$$ 답

참고

(문항 3)에서의 결과는 그림 (b)로부터도 얻을 수 있다. 두 비행기 사이의 최소 거리는 비행기 A가 위치 C에 도착할 때이다. 삼각형 ABC로부터

$$s_{\min} = \overline{BC} = 48\sin 26.93° = 21.75\text{ km}$$

이 위치에 도착할 때까지 걸리는 시간은

$$t = \frac{\overline{AC}}{v_{A/B}} = \frac{48\cos 26.93°}{904.5} = 0.0473\text{ h} = 170.3\text{ s}$$

연습문제

15.1 두 대의 비행기가 그림과 같은 속도로 동일한 고도에서 비행하고 있다. 비행기 A에 탑승한 승객이 보는 비행기 B의 속도를 구하라.

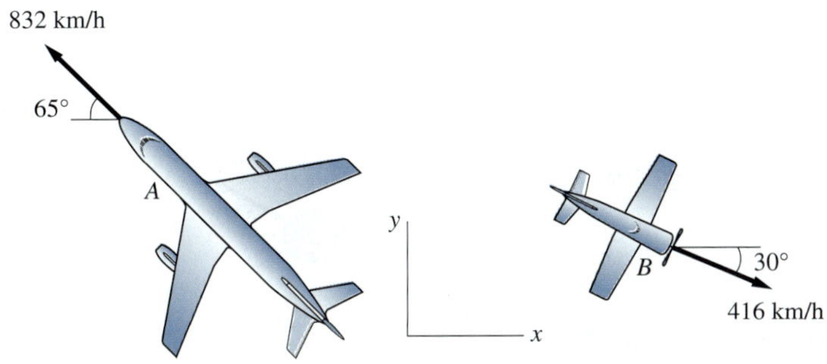

그림 P15.1

15.2 $t = 0$에서 두 대의 차가 3 km 떨어져 있고 그림과 같은 속도로 달린다. A 기차의 속력은 일정하고, B 기차는 일정한 가속도 0.15 m/s^2를 가진다. 이때 차들 사이의 최소거리와 그것이 일어나는 시간은 얼마인가?

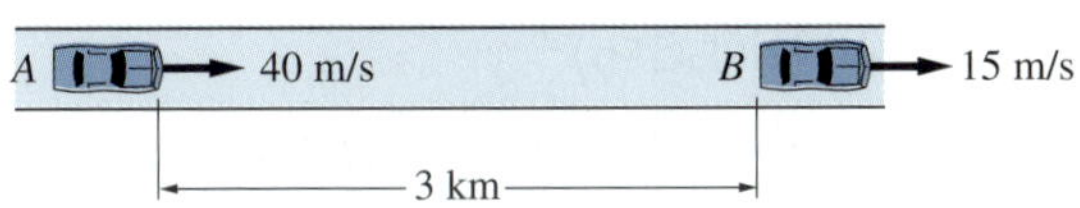

그림 P15.2

15.3 그림과 같은 위치에서 자동차 B의 속력은 16 m/s이고 증가하고 있다. 자동차 A에 있는 승객에게 자동차 B의 가속도는 0으로 보인다. 이 위치에서 자동차 A의 가속도는 얼마인가?

15.4 비행기가 시속 832 km/h의 속도로 북쪽으로 날고 있다. 그림에서와 같은 방향으로 바람이 시속 88 km/h의 속도로 불고 있을 때, 지면에 대한 비행기의 운항속도와 방향을 구하라.

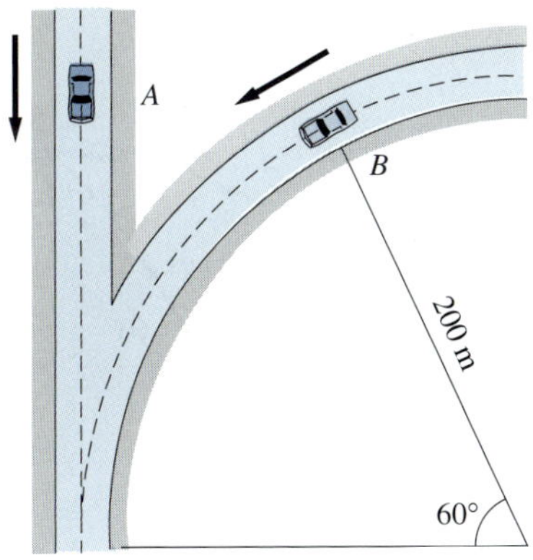

그림 P15.3

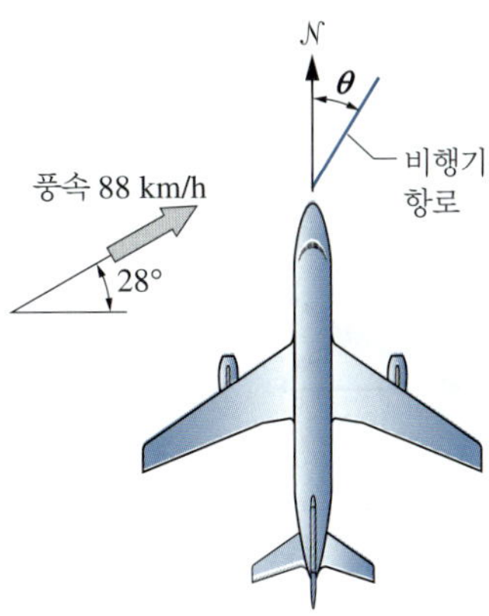

그림 P15.4

15.5 물에 대한 운항속도가 시속 24 km/h인 보트가 물살속도가 시속 10 km/h인 강을 가로 건너고 있다. (a) A 지점에서 C 지점까지 직선으로 가기 위해 보트가 향해야 할 각도 θ는 얼마인가? (b) 보트가 강을 완전히 건너기 위해 필요한 시간을 구하라.

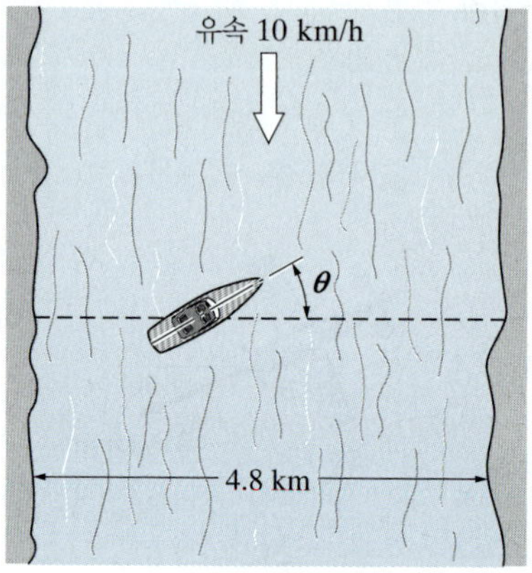

그림 P15.5

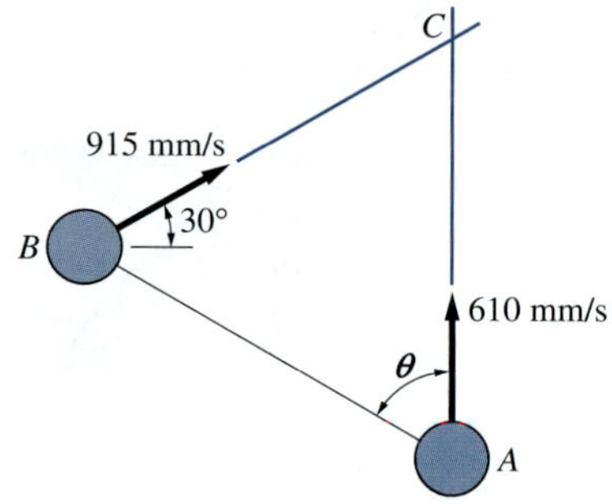

그림 P15.6

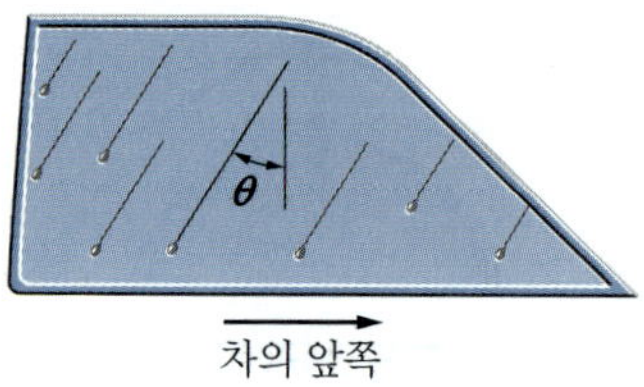

그림 P15.7

15.6 정지해 있던 당구공 A와 B를 동시에 쳐서 경로 AC와 BC를 따라 구르게 하였다. 두 공의 속도가 그림과 같을 때 두 공을 부딪히도록 하는 각도 θ를 구하라. (힌트: $\mathbf{v}_{A/B}$는 반드시 A에서 B쪽 방향으로 되어야 한다.)

15.7 정지해 있는 자동차가 바람을 향해 있을 때 그림과 같이 옆 창문에 떨어지는 빗방울선이 수직선과 $\theta = 15°$의 기울기를 이룬다. 자동차가 시속 48 km/h로 바람을 거슬러 달릴 때 각도 θ는 75°로 증가했다. 빗방울의 속도를 구하라.

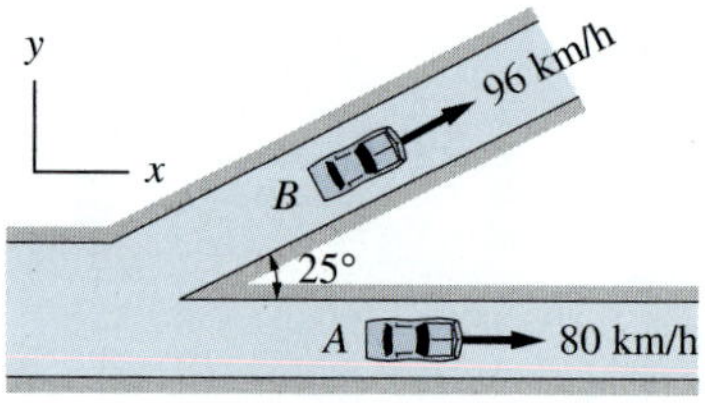

그림 P15.8

15.8 그림과 같이 두 자동차가 일정 속도로 달리고 있다. 차들 사이에 상대속도는 얼마인가?

15.9 화살총으로 끈에 매달려 있는 모래주머니를 겨누고 있다가 끈이 끊어지는 순간 총을 쏘았다. 화살의 초기속도 v_0에 관계없이 화살은 항상 모래주머니를 맞출 수 있음을 보여라(힌트: 모래주머니에 대한 화살의 상대속도는 일정함).

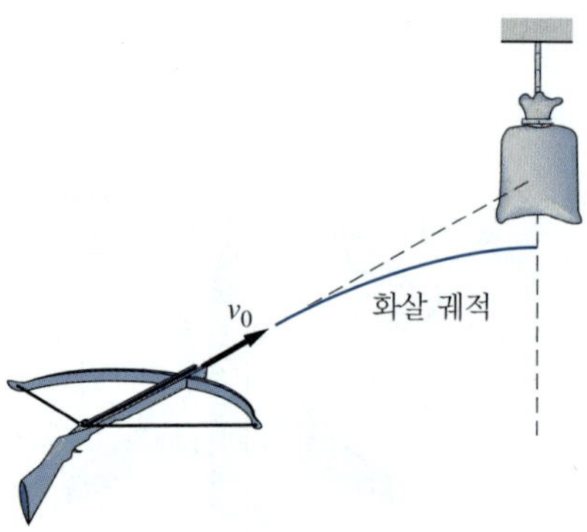

그림 P15.9

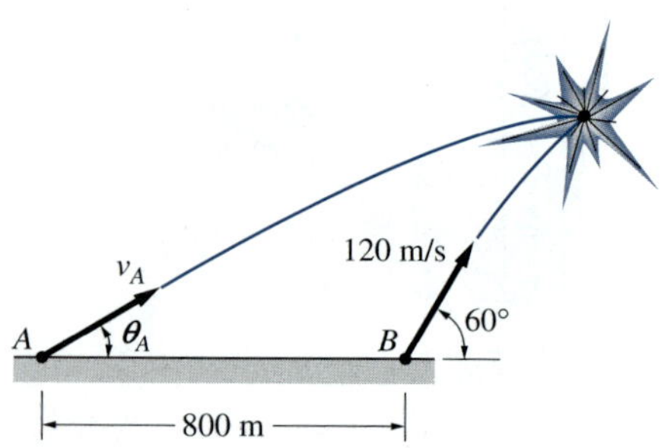

그림 P15.10

15.10 2개의 투사물 A와 B가 그림과 같은 초기위치 및 초기 속도로 동시에 발사되었다. 두 투사물이 8초 후 충돌하였다. (a) 충돌 시 두 투시물의 상대속도를 구하고 (b) 투사물 A의 초기속도를 구하라(힌트: $\mathbf{v}_{B/A}$는 일정함).

15.11 두 대의 자동차가 $v_A = 10.97$ m/s 및 $v_B = 13.72$ m/s의 일정한 속도로 원형트랙을 돌고 있다. 그림과 같은 위치에서 $\mathbf{v}_{B/A}$ 및 $\mathbf{a}_{B/A}$의 크기를 구하라.

15.12 두 대의 자동차가 원형트랙을 따라 돌고 있다. 자동차 A의 속도가 $v_A = 90$ km/h로 일정하며 그림의 위치에서 자동차 B의 속도 $v_B = 48$ km/h의 속도이고 0.762 m/s^{2}의 비율로 증가하고 있다면 이 위치에서 두 자동차의 상대가속도를 구하라.

15.13 그림에서 보는 바와 같은 순간에 자동차 A가 $v_A = 21.34$ m/s의 일정 속도와 1.83m/s^2 비율로 줄이고 있다. 같은 순간에 자동차 B가 $v_B = 12.2$ m/s의 속도로 원형도로를 위로 통과하고 있다. 이 순간에 상대속도 $v_{B/A}$와 상대가속도 $\mathbf{a}_{B/A}$를 구하라.

15.14 그림 (a)에서 보트가 y 방향으로 9.6 km/h의 속도로 항해를 하고 있다. 배가 x 방향으로 코스를 변경한 후에 풍향계의 각도를 그림 (b)에 나타내었다. 바람의 속도벡터를 구하라.

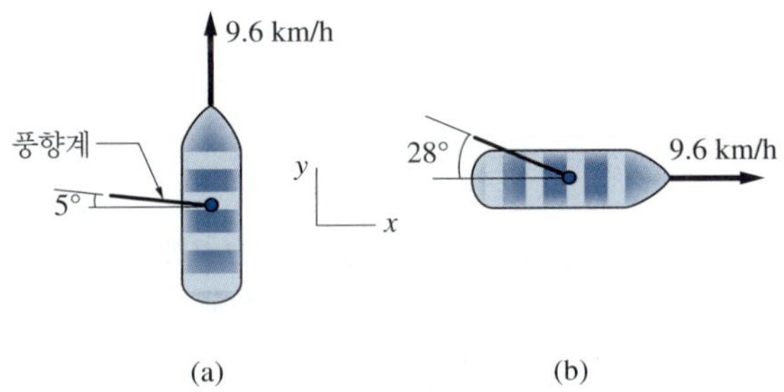

그림 P15.14

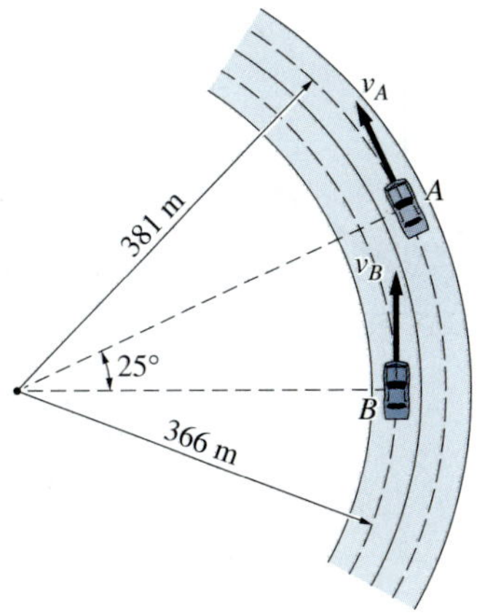

그림 P15.11, P15.12

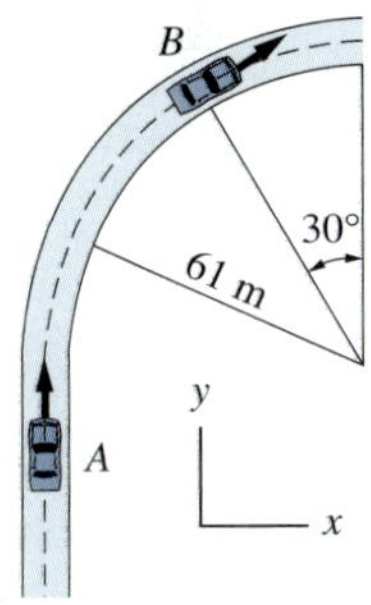

그림 P15.13

15.3 구속된 운동의 운동학

다음과 같은 용어가 질점계의 운동학을 설명할 때에 자주 사용된다:*

- 운동학적 구속(kinematic constraints): 질점들의 운동에 부가된 기하학적 제한
- 구속조건식(equation of constraint): 질점의 운동학적 구속을 위치 좌표로 설명하는 수학적 표현
- 운동학적 독립좌표(kinematically independent coordinates): 운동학적 구속을 받지 않는 질점의 위치 좌표
- 자유도의 수(number of degrees of freedom): 질점계의 형상을 완전히 묘사하는 데 필요한 운동학적 독립좌표의 수

* 이런 항들은 10장에서 가상일의 논의에서 소개했다. 동역학에서 정의가 중요하기 때문에 여기서 반복했다.

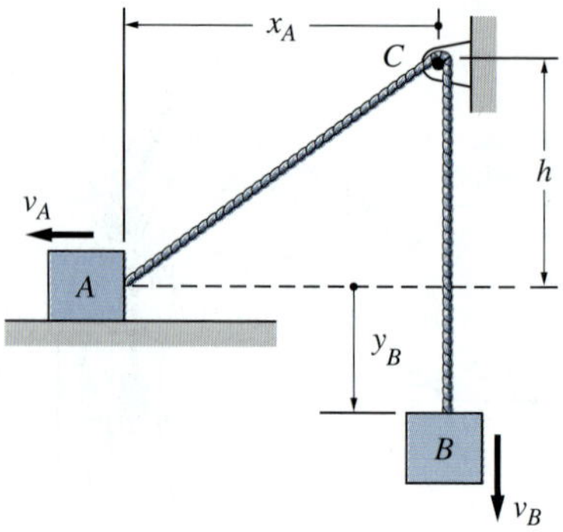

그림 15.3

그림 15.3을 사용하여 이러한 개념을 설명해보자. 이 계는 2개의 블록 A와 B가 고정걸이 C를 통과하는 로프에 의해 연결되어 있다. 각 블록의 위치 좌표는 x_A 및 y_B로 표시된다. 이 계의 운동에 대한 운동학적 **구속조건**(kinematic constraint)은 로프의 길이 L이 변하지 않는다는 것이다. 이에 해당하는 **구속방정식**(equation of constraint)은 그림 15.3의 기하학을 이용하면 된다.

$$L = \sqrt{x_A^2 + h^2} + y_B = \text{일정} \tag{15.10}$$

이 계는 1 **자유도**(degree of freedom)를 가지고 있다. 우리는 x_A와 y_B 중 하나를 **운동학적 독립좌표**(kinematically independent coordinate)로 선택할 수 있다. 그중 선택되지 않은 좌표는 식 (15.10)을 이용하여 표현할 수 있다.

두 블록의 v_A와 v_B 속도에 관한 구속조건은 식 (15.10)을 시간에 대해 미분하면 얻어진다. 즉,

$$\dot{L} = \frac{1}{2}\frac{2x_A\dot{x}_A}{\sqrt{x_A^2 + h^2}} + \dot{y}_B = 0$$

위 식에서 $\dot{x}_A = v_A$와 $\dot{y}_B = v_B$를 위 식에 대입하면 속도는 다음과 같다.

$$\frac{x_A}{\sqrt{x_A^2 + h^2}} v_A + v_B = 0 \tag{15.11}$$

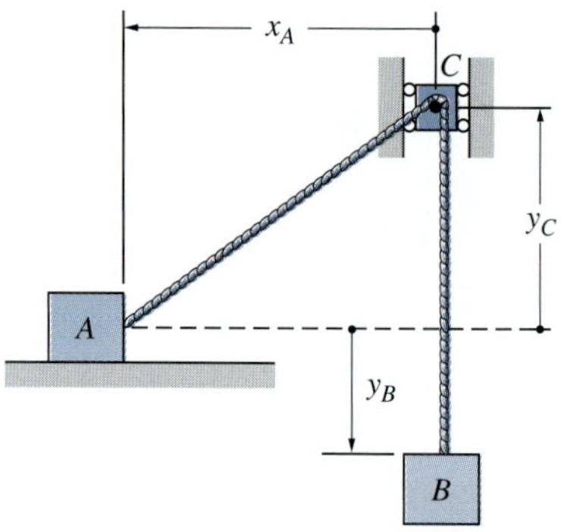

그림 15.4

두 블록의 가속도에 대한 구속조건은 다시 식 (15.11)을 한 번 더 시간에 대해 미분하면 된다.

그림 15.4에는 2 자유도계의 예를 보여주고 있다. 이 그림은 그림 15.3과 유사하나 점 C가 수직으로 움직일 수 있도록 되어 있다. 여기에서도 또한 로프의 길이 L이 일정하므로, x_A, y_B 및 y_C의 세 위치 좌표가 다음과 같은 운동학적인 식에 의해 구속된다.

$$L = \sqrt{x_A^2 + y_C^2} + y_B = \text{일정}$$

위에서 설명한 두 가지 예에서 우리는 다음과 같은 관계가 성립함을 알 수 있다.

위치 좌표의 수 − 기구학적 구속조건의 수 = 자유도의 수

이것은 특별한 기계시스템을 제외하면 항상 성립한다.*

* 이 법칙에 위배되는 계를 *nonholonomic*이라고 부른다. D. T. Greenwood, *Classical Dynamics*, Prentice Hall, 1977, p. 10 참조.

예제 15.2

그림 (a)와 같이 2개의 블록 A와 B가 길이가 일정한 케이블에 의해 두 도르래를 통하여 연결되어 있다. 두 블록의 속도와 가속도에 대한 운동학적 구속조건을 구하라.

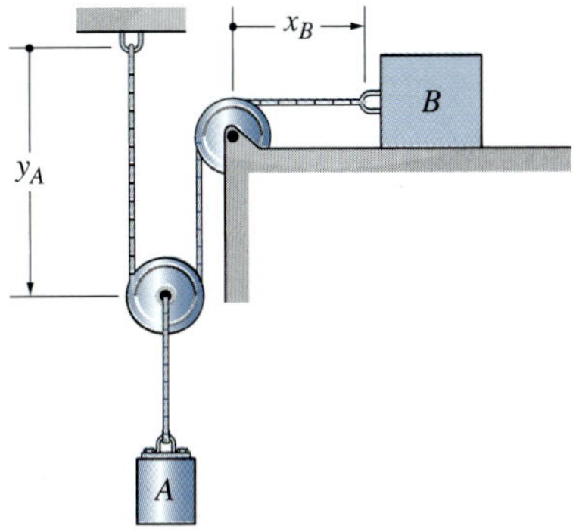

(a)

풀이

그림 (a)의 계는 y_A 또는 x_B에 의해 결정되므로 1 자유도계이다. 그림 (b)와 같이 고정된 도르래의 수직 위치를 h라 하고 케이블의 길이를 L이라 하면

$$L = y_A + \begin{pmatrix} \text{도르래 1을 둘러싸는} \\ \text{부위의 케이블의 길이} \end{pmatrix} + (y_A - h) + \begin{pmatrix} \text{도르래 2를 둘러싸는} \\ \text{부위의 케이블의 길이} \end{pmatrix} + x_B$$

L, h, 그리고 도르래를 둘러싸는 부위의 케이블의 길이 등은 일정하므로 다음 식이 성립한다.

$$\frac{dL}{dt} = v_A + 0 + v_A + 0 + v_B = 0$$

따라서

$$v_B = -2v_A$$ **답**

이 식을 시간에 대해 미분하면

$$a_B = -2a_A$$ **답**

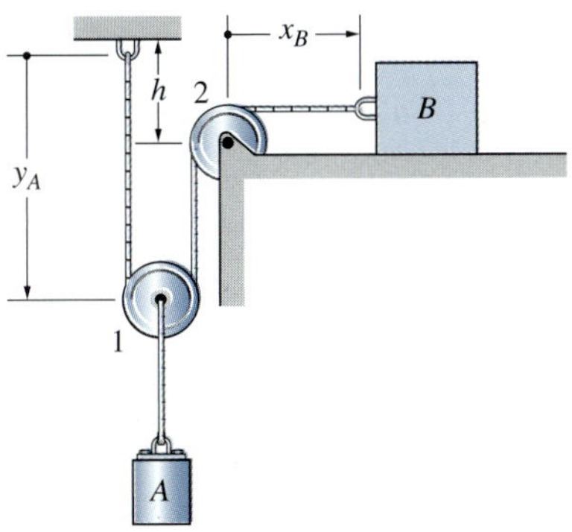

(b)

예제 15.3

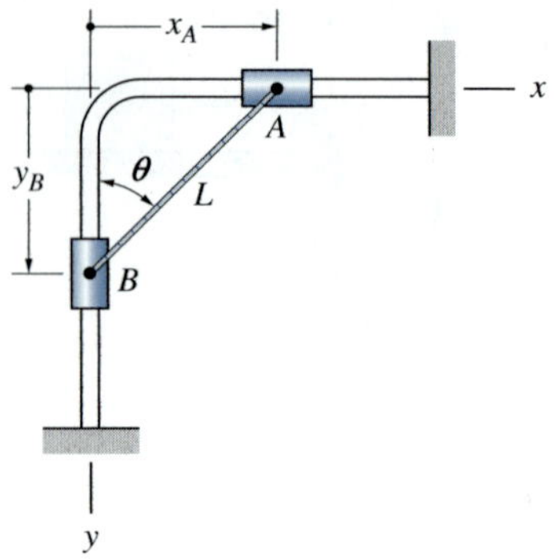

그림과 같이 2개의 칼라 A와 B가 길이 L인 로프에 의해 연결되어 있다. 칼라 A가 일정 속도 v_A로 오른쪽으로 움직인다면, 칼라 B의 속도와 가속도를 v_A와 각도 θ의 함수로 표현하라.

풀이

이 계는 x_A, y_B 또는 θ 중 하나를 알면 되므로 1 자유도계이다. 당분간 θ를 고려하지 않고 x_A와 y_B를 사용한다. 두 좌표에 대한 구속방정식은

$$x_A^2 + y_B^2 = L^2 \tag{a}$$

식 (a)를 시간에 대해 미분하여 정리하면

$$x_A v_A + y_B v_B = 0 \tag{b}$$

식 (b)를 시간에 대해 미분하면

$$(x_A a_A + v_A^2) + (y_B a_B + v_B^2) = 0 \tag{c}$$

여기서 $\dot{v}_A = a_A$이고 $\dot{v}_B = a_B$이다.

B의 속도에 대해 식 (b)를 풀면

$$v_B = -v_A \frac{x_A}{y_B} = -v_A \frac{L\sin\theta}{L\cos\theta}$$

즉,

$$v_B = -v_A \tan\theta \qquad \textbf{답} \text{ (d)}$$

$a_A = 0$이므로, 식 (c)로부터 B의 가속도는

$$a_B = -\frac{v_A^2 + v_B^2}{y_B}$$

위 식에 식 (d)로부터 구한 v_B와 $y_B = L\cos\theta$를 대입하면,

$$a_B = -\frac{v_A^2 + (-v_A\tan\theta)^2}{L\cos\theta} = -\frac{v_A^2(1 + \tan^2\theta)}{L\cos\theta}$$

삼각함수의 공식 $(1 + \tan^2\theta) = 1/\cos^2\theta$를 이용하면, 이 식은 다음과 같이 간략화된다.

$$a_B = -\frac{v_A^2}{L\cos^3\theta} \qquad \textbf{답}$$

연습문제

15.15 그림에서 블록 A가 102 mm/s의 일정 속도로 오른쪽으로 움직일 때 블록 B의 속도를 구하라.

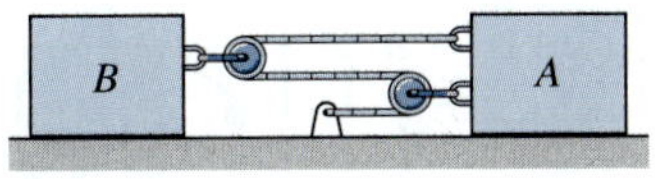

그림 P15.15

15.16 그림과 같이 블록 B가 0.4 m/s의 일정 속도로 아래로 움직일 때 블록 A의 속도를 구하라.

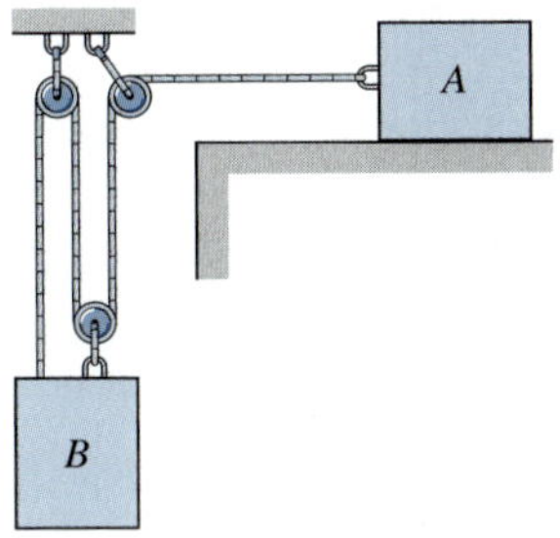

그림 P15.16

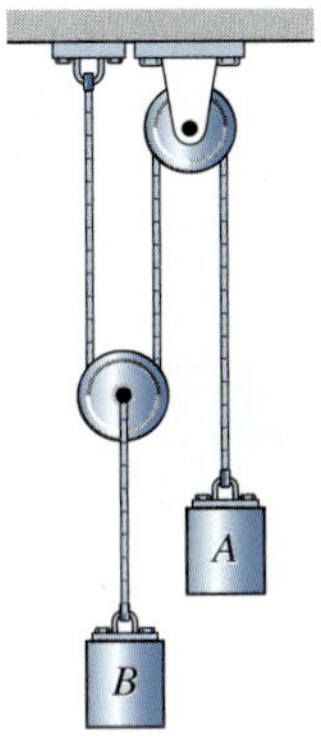

그림 P15.17

15.17 그림과 같은 순간에 블록 B와 연결되어 있는 블록 A의 상대속도가 아래 방향으로 305 mm/s의 일정 속도로 움직이고 있을 때 각 블록의 순간 속도를 구하라.

15.18 블록 A가 610 mm/s의 일정 속도로 아래쪽으로 움직일 때 블록 B의 속도를 구하라.

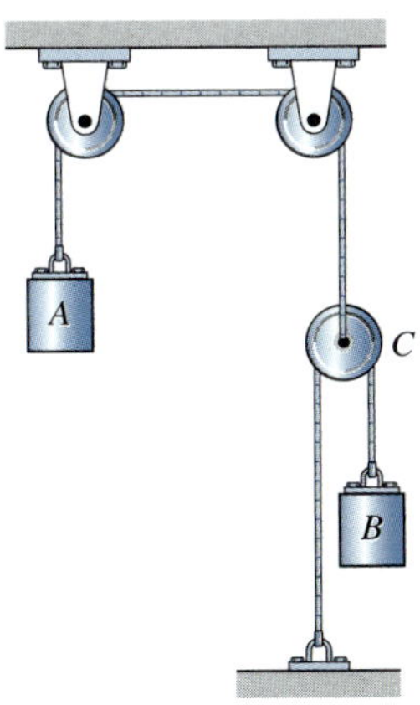

그림 P15.18

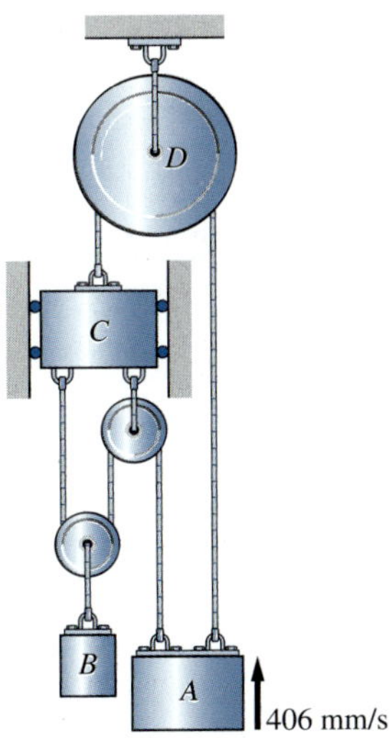

그림 P15.19

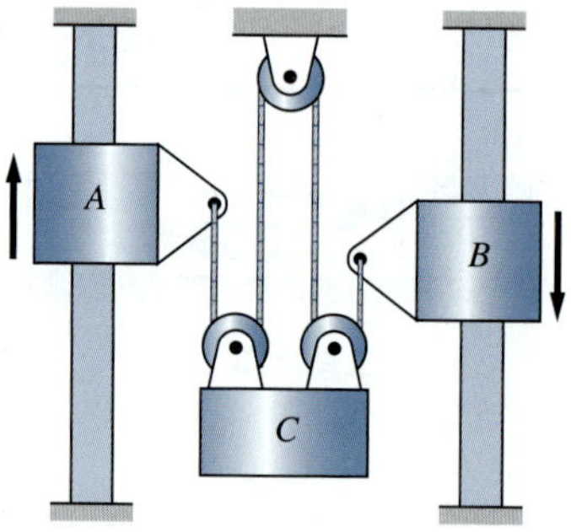

그림 P15.20

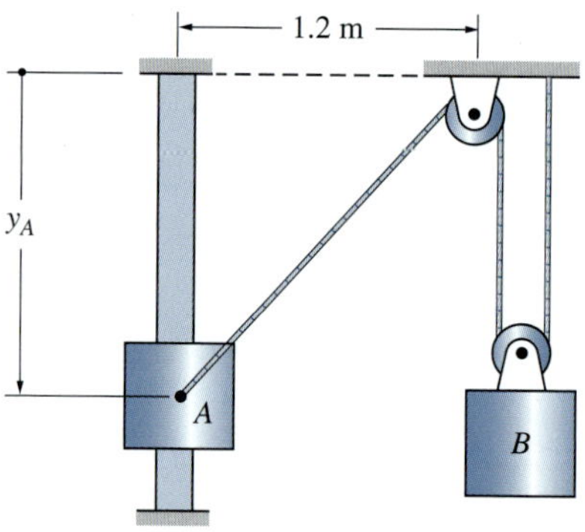

그림 P15.21

15.19 블록 A가 위로 406 mm/s의 일정 속도로 움직일 때 블록 B의 속도를 구하라.

15.20 칼라 B의 속도가 366 m/s의 속도로 하강하는 동안 칼라 A는 915 mm/s의 속도로 위로 움직이고 있다. 블록 C의 속도를 구하라.

15.21 칼라 A가 0.8 m/s의 일정 속도로 하강하고 있다. y_A = 2 m일 때 블록 B의 속도를 구하라.

15.22 블록 A가 3.6 m/s의 속도로 위로 움직이고 있다. y_B = 2 m일 때 블록 B의 속도는 얼마인가?

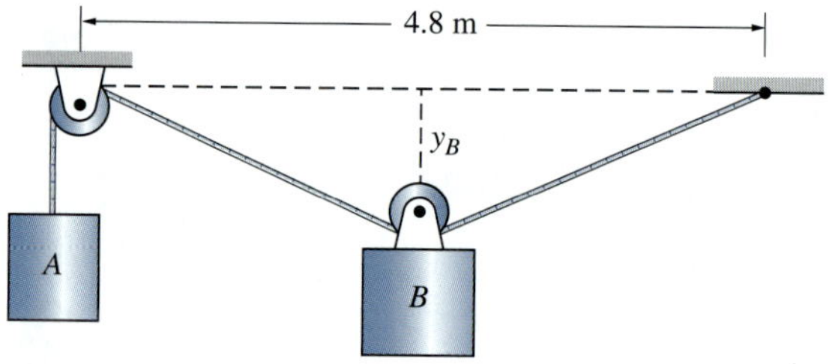

그림 P15.22

15.23 원반 A가 $\dot{\theta}$ = 2 rad/s의 각속도로 시계방향으로 움직이고 있다. θ = 60°일 때 블록 B의 속도를 구하라.

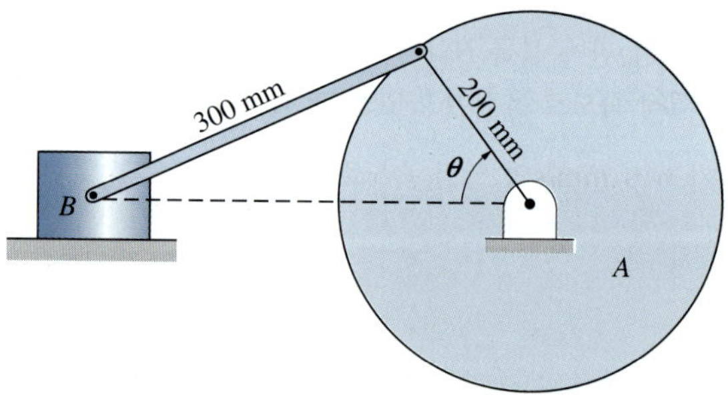

그림 P15.23

15.24 작은 못이 달려 있는 슬라이딩 칼라 A가 로프를 타고 있다. 로프의 아래쪽 끝부분이 254 mm/s로 아래 방향으로 당겨지고 있다고 하면 x = 457 mm일 때 칼라의 $\dot{x}$방향 속도를 구하라.

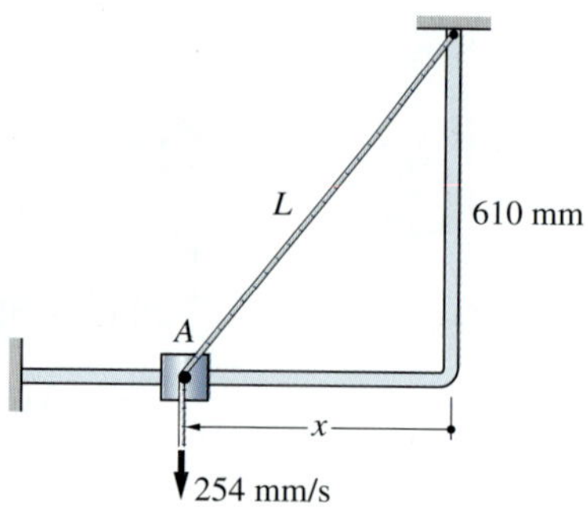

그림 P15.24

15.25 칼라 A와 B가 길이 203 mm 봉에 연결되어 있다. $x = 76.2$ mm일 때 $v_A = 203$ mm/s, $a_A = -406$ mm/s^{2}이라면 이때 블록 B의 속도와 가속도를 구하라.

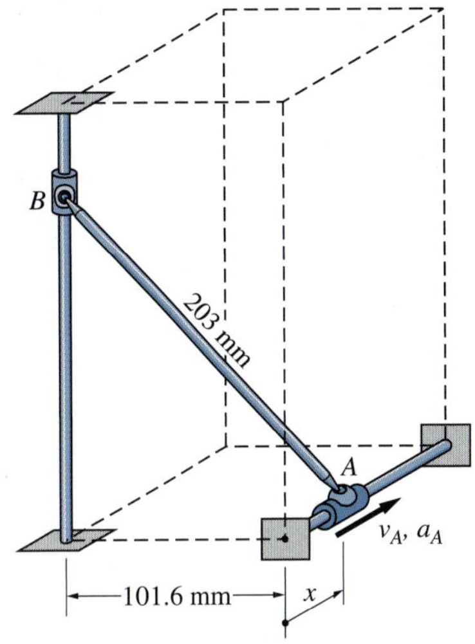

그림 P15.25

15.26 어떤 순간에 블록 A의 속도가 아래로 0.2 m/s이고 블록 C에 연결된 블록 B도 0.6 m/s의 속도로 아래로 움직이고 있다. 이때 블록 B와 블록 C의 속도를 구하라.

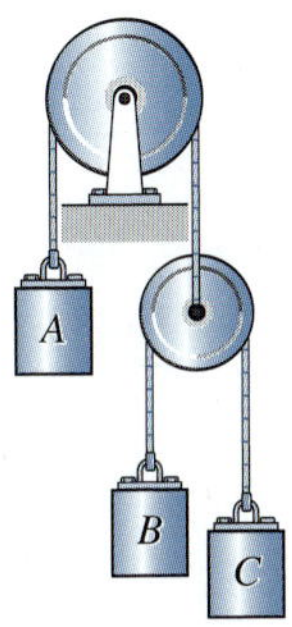

그림 P15.26

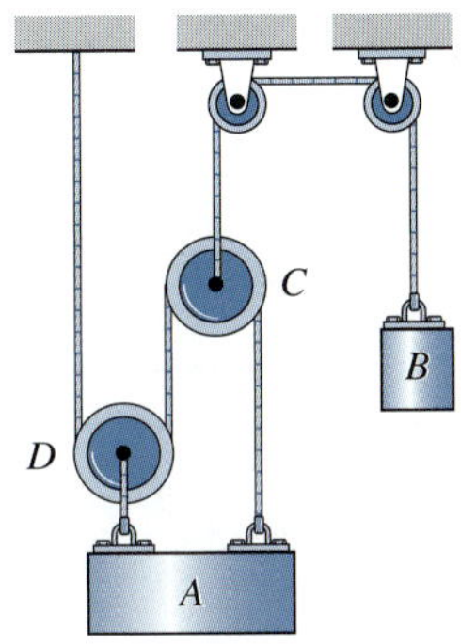

그림 P15.27

15.27 블록 B가 위 방향으로 일정한 속력 6 m/s로 움직이고 있을 때 블록 A의 속도를 구하라.

15.4 운동역학: 힘-질량-가속도 법

질량에 대한 뉴턴의 제2법칙 $\Sigma\mathbf{F} = m\mathbf{a}$는 질점계에 대해서도 적용된다. 가장 직접적인 방법은 각 질점의 운동방정식을 얻기 위해 각 질점에 대해 자유물체 선도(FBD)와 질량-가속도 선도(MAD)를 사용하는 것이다. 그러므로 n개의 질점으로 이루어진 질점계는 다음과 같은 n개의 벡터 운동방정식이 된다. $(\Sigma\mathbf{F})_i = m\,\mathbf{a}_i$, $i = 1, 2, \ldots, n$. 이 계의 질점들이 내적 구속조건(예로, 각 질점들이 질량을 무시할 수 있는 끈으로 서로 연결됨)을 가지고 있다면, 이 구속조건에 사용되는 힘(즉, 끈의 장력)들은 운동방정식에서 미지수로 나타난다.

어떤 문제에 있어서는 각 질점의 운동보다는 질량중심*의 운동을 고려하는 것으로 충분하다. 질량중심의 운동방정식은 계의 모든 질량에 대한 운동방정식들을 더함으로써 얻어진다. 질점 간의 구속력은 뉴턴의 제3법칙에 의하면 크기가 같고 방향이 반대인 짝으로 나타나므로 더하는 과정에서 모두 소멸된다.

15.4a 질량중심의 운동

질량중심(mass center)의 운동을 유도하기 전에 질량중심의 개념을 복습하고 계의 외력 및 내력에 대해 알아보자.

* 엔지니어들은 종종 무게중심과 질량중심을 호환해서 사용한다. 왜냐하면 두 중심점 모두 대부분 일치하기 때문이다.

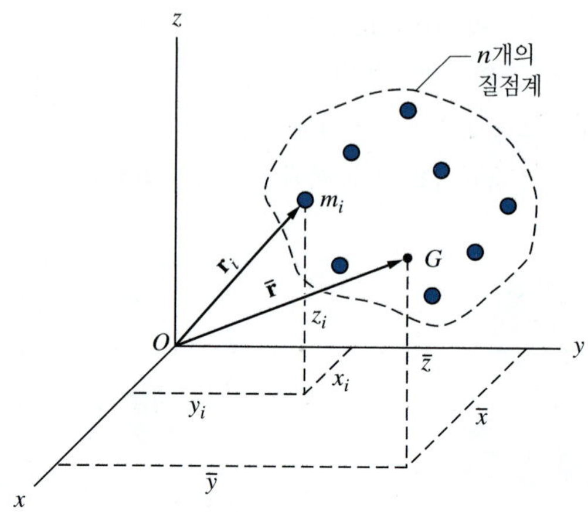

그림 15.5

질량중심 그림 15.5는 n개의 질점을 가진 계를 보여준다. i번째 질점의 질량은 m_i로 표시되며, 그 위치벡터는 $\mathbf{r}_i = x_i\mathbf{i} + y_i\mathbf{j} + z_i\mathbf{k}$이다. 이 계의 질량중심 G의 위치벡터가 다음과 같이 정의된다.

$$\bar{\mathbf{r}} = \frac{1}{m}\sum_{i=1}^{n} m_i \mathbf{r}_i \tag{15.12a}$$

이 식에서 $m = \sum_{i=1}^{n} m$은 계 전체의 질량이다. 질량중심의 위치벡터 $\bar{\mathbf{r}}$의 성분은 다음과 같다.*

$$\bar{x} = \frac{1}{m}\sum_{i=1}^{n} m_i x_i \quad \bar{y} = \frac{1}{m}\sum_{i=1}^{n} m_i y_i \quad \bar{z} = \frac{1}{m}\sum_{i=1}^{n} m_i z_i \tag{15.12b}$$

만약 xyz 좌표계가 관성 좌표계라면, 식 (15.12a)를 시간에 대해 다음과 같이 미분하여 질량중심의 속도 및 가속도를 얻을 수 있다.

$$\bar{\mathbf{v}} = \frac{d\bar{\mathbf{r}}}{dt} = \frac{1}{m}\sum_{i=1}^{n} m_i \mathbf{v}_i \quad \bar{\mathbf{a}} = \frac{d\bar{\mathbf{v}}}{dt} = \frac{d^2\bar{\mathbf{r}}}{dt^2} = \frac{1}{m}\sum_{i=1}^{n} m_i \mathbf{a}_i \tag{15.13}$$

* 이 방정식들은 8장에 있는 강체의 질량중심 정의와 유사하다. 유일한 차이점은 8장에 있는 적분들이 질점계를 위한 합으로 대체되는 것이다.

이 식에서 $\mathbf{v}_i$와 $\mathbf{a}_i$는 각각 i번째 질점의 속도 및 가속도이다.

외력 및 내력 그림 15.6(a)는 1, 2, . . . , n까지 번호가 붙여진 질점들의 자유물체 선도를 보여준다.* 벡터 $\mathbf{F}_i(i = 1, 2, \ldots, n)$는 i번째 질점에 가해지는 **외력**(external force)을 가리킨다. 외력은 질점과 계의 외부와의 상호작용에 의해 생긴다. 질점에 작용하는 외력의 예로서는 자중, 외부 질점과의 상호작용 그리고 지지반력 등이다.

외력뿐만 아니라 각 질점은 계의 내부에 속하는 힘을 받기도 한다. 예를 들면, 두 질점이 스프링에 의해 연결되거나, 서로 충돌하거나 또는 서로 유인 또는 반발하는 전하를 띠기도 한다. 질점 간의 **내력**(internal force)은 서로 크기가 같고 방향이 반대이므로 그림 15.6(a)와 같은 계의 자유물체 선도에 내력을 반드시 표시할 필요는 없다. 내력은 서로 상쇄된다. 그러나 각 질점의 운동은 외력 및 내력 모두에 의해 결정된다.

그림 15.6(a)는 i번째와 j번째 질점 사이에 작용하는 한 쌍의 내력을 보여준다. $\mathbf{f}_{ij}$는 i번째 질점에 대한 j번째 질점에 의한 내력을 표시한다. 이와 유사하게 $\mathbf{f}_{ji}$는 j번째 질점에 대한 j번째 질점에 의한 내력을 표시한다. 뉴턴의 제3법칙에 의하면

$$\mathbf{f}_{ij} = -\mathbf{f}_{ji} \qquad (i \neq j) \tag{15.14}$$

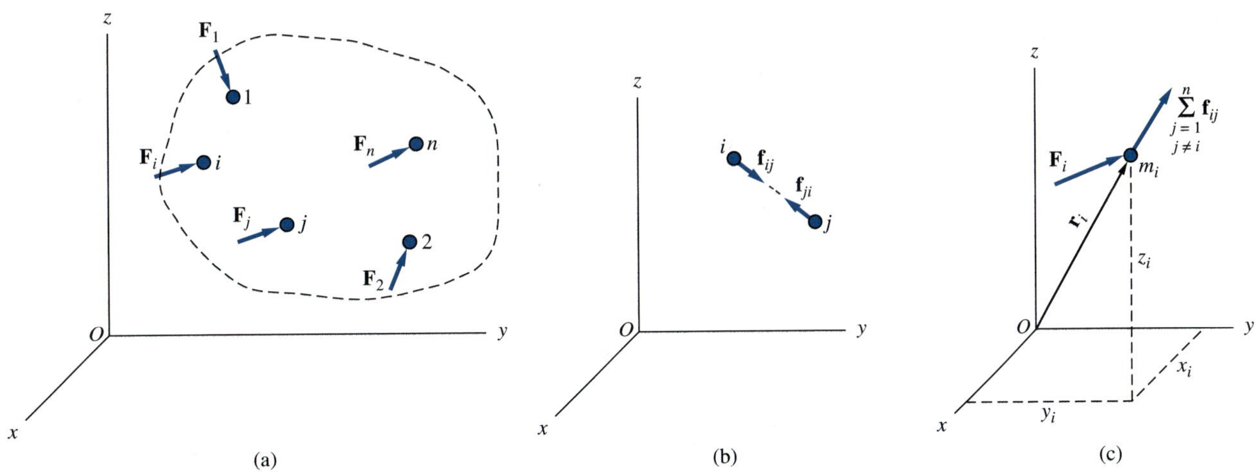

그림 15.6

* 어떤 질점도 계에 들어오거나 나가지 않는다면 계는 "닫혀 있다"고 한다. 이 제한의 이유는 나중에 분명해진다. 질점이 움직이면, 계의 경계는 항상 같은 질점을 감싸는 유연한 "주머니"로 상상할 수 있다.

이며 이 두 힘은 동일 직선상에 있다.*

그림 15.6(c)는 질점계의 i번째 질점에 대한 전형적인 자유물체 선도를 보여준다. 이미 언급한 바와 같이 $\mathbf{F}_i$는 자중을 포함하여 질점에 가해지는 외력이다. 벡터

$$\sum_{\substack{j=1 \\ j \neq i}}^{n} \mathbf{f}_{ij}$$

는 다른 질점들에 의해 이 질점에 가해지는 모든 내력의 합이다(이 계에 있는 다른 모든 질점에 의해 i번째 질점에 적용되는 힘 등의 합).

질량중심의 운동방정식 그림 15.6(c)의 자유물체 선도로부터 i번째 질점에 대해 다음과 같은 운동방정식을 취할 수 있다.

$$\mathbf{F}_i + \sum_{\substack{j=1 \\ j \neq i}}^{n} \mathbf{f}_{ij} = m_i \mathbf{a}_i \quad (i = 1, 2, \ldots, n) \tag{15.15}$$

이 계에는 n개의 질점이 있으므로, 식 (15.15)는 n개의 벡터방정식을 나타낸다. n개의 방정식을 모두 합하면 다음 식을 얻는다.

$$\sum_{i=1}^{n} \mathbf{F}_i + \sum_{i=1}^{n} \sum_{\substack{j=1 \\ j \neq i}}^{n} \mathbf{f}_{ij} = \sum_{i=1}^{n} m_i \mathbf{a}_i \tag{15.16}$$

이 식은 다음과 같은 사항을 고려하면 간략화할 수 있다.

1. $\Sigma_{i=1}^{n} \mathbf{F}_i = \Sigma \mathbf{F}$는 질점의 자중을 포함하여 이 계에 작용하는 외력의 합력이다.
2. 식 (15.14)에서 나타낸 바와 같이 모든 내력은 크기가 같고 방향이 서로 반대이다. 따라서 서로 상쇄되어 사라진다.

$$\sum_{i=1}^{n} \sum_{\substack{j=1 \\ j \neq i}}^{n} \mathbf{f}_{ij} = \mathbf{0} \tag{15.17}$$

3. 식 (15.13)을 이용하면, 식 (15.16)의 우변은 다음 식으로 교체된다.

* $i = j$인 경우는 식 (15.14)에서 제외되었다. 왜냐하면 i번째 질점에 의해 i번째 질점에 가해지는 힘인 $\mathbf{f}_{ii}$가 무의미하기 때문이다.

$$\sum_{i=1}^{n} m_i \mathbf{a}_i = m\bar{\mathbf{a}} \tag{15.18}$$

따라서 식 (15.16)을 다음과 같이 쓸 수 있다.

$$\sum \mathbf{F} = m\bar{\mathbf{a}} \tag{15.19}$$

한 질점에 대해 식 (15.19)와 뉴턴의 제2법칙 $\Sigma\mathbf{F} = m\mathbf{a}$를 비교하면, 질점계의 질량중심은 마치 계의 모든 질량을 뭉친 1개의 질점이 그 계에 작용하는 외력의 합력에 의해 움직이는 것으로 볼 수 있다.

15.4b 각 질점의 운동방정식에 대한 해법

질량중심의 운동방정식은 각 질점의 운동이나 내력에 대해서는 아무런 설명을 못하기 때문에 응용에 한계가 따른다. 각 질점의 운동방정식을 풀게 되면 이러한 단점이 사라진다. 예를 들면, 그림 15.7(a)와 같이 각각 질량 m_A와 m_B를 가지는 블록 A와 B를 생각해보자. 이 블록들은 도르래 C를 지나서 케이블에 의해 연결되어 있다. 문제는 마찰력을 무시할 때 케이블의 장력과 각 블록의 속도 및 가속도를 구하는 것이다.

이 계에는 3개의 기구학적 구속이 존재한다. 블록 A와 도르래 C의 수평면에 의한 두 가지 구속이 있는데, 그림 15.7(b)의 자유물체 선도에서와 같이 N_A와

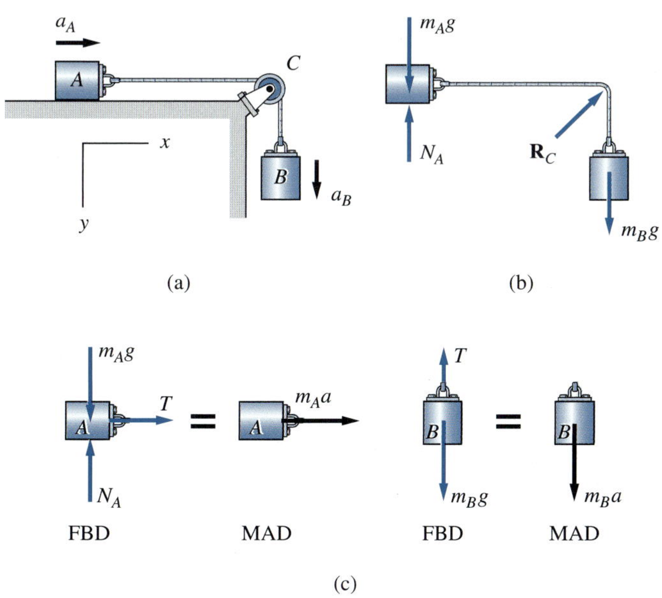

그림 15.7

$\mathbf{R}_C$로 표시된다. 세 번째 구속조건은 케이블의 길이가 일정하다는 것이다. 이에 해당하는 구속력(장력)은 이 계의 내부에 속하므로 자유물체 선도(FBD)에는 나타나지 않는다.

이 문제에서는 이 계의 질량중심의 운동에 대하여 관찰해보아도 아무런 도움이 되지 않는다. 그러므로 그림 15.7(c)와 같이 자유물체 선도 및 질량-가속도 선도를 이용하여 각 블록의 운동을 해석해보자. 케이블의 질량 및 도르래에서의 마찰력을 무시한다면 케이블의 장력 T는 일정하다. 케이블에 의한 내적인 구속으로 말미암아 두 블록의 가속도가 서로 같아야 한다. 즉, $a_A = a_B = a$이다. 그림을 관찰하면, 다음과 같은 운동방정식을 얻을 수 있다.

$$\text{Block } A: \quad \sum F_x = ma \quad \overset{+}{\rightarrow} \quad T = m_A a$$

$$\text{Block } B: \quad \sum F_y = ma \quad +\!\downarrow \quad m_B g - T = m_B a$$

그러므로

$$a = \frac{m_B g}{m_A + m_B} \qquad T = \frac{m_A m_B g}{m_A + m_B}$$

예제 15.4

그림 (a)와 같이 한 사람이 얼음면 위에 정지해 있는 널빤지의 왼쪽 끝에서 오른쪽 끝으로 걸어간다. 이 사람이 널빤지의 오른쪽 끝에 도달했을 때, 이 사람이 얼음면에 대해 실제 움직인 거리를 구하라. 사람과 널빤지의 질량은 각각 712 N과 178 N이다. 단, 널빤지와 얼음면과의 마찰은 무시한다.

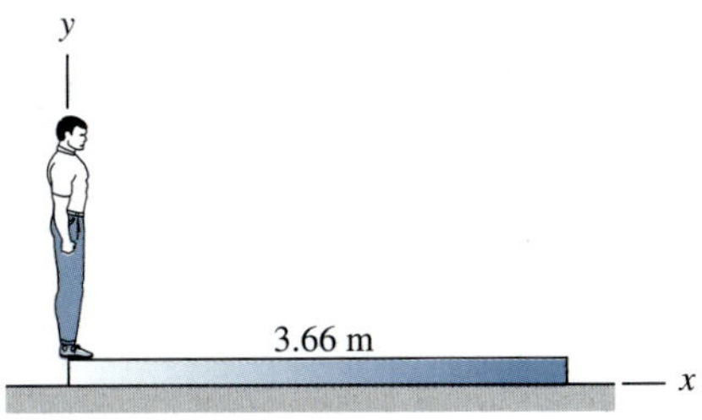

(a)

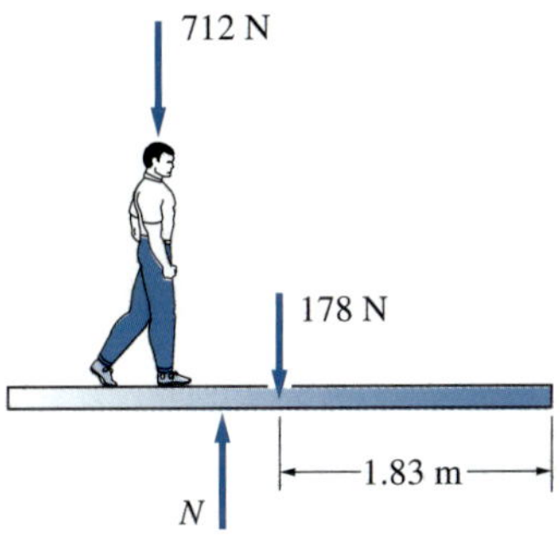

(b) FBD

풀이

그림 (b)는 널빤지와 그 위를 걷는 사람을 포함한 계에 대한 자유물체 선도를 보여준다. 이 자유물체 선도에서 나타나는 힘은 각각 널빤지와 사람의 무게와 널빤지에 대한 얼음의 수직반력 N이다. 사람과 널빤지 사이의 수직반력과 마찰력은 내력이기 때문에 자유물체 선도에 나타나지 않는다.

그림 (b)의 자유물체 선도에서 x방향으로 작용하는 힘은 없음을 알 수 있다. 그러므로 $\Sigma \mathbf{F} = m\bar{\mathbf{a}}$ 법칙에 따라 이 계의 질량중심 G는 그림 (c)와 그림 (d)에서 보는 바와 같이 절대적인 위치가 변하지 않는다.

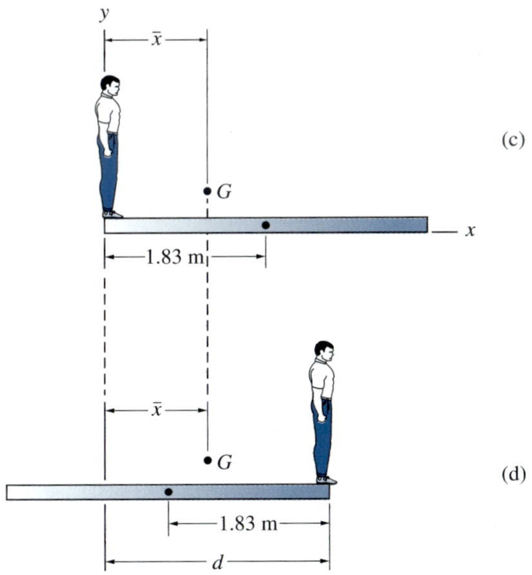

다음에는 사람이 널빤지의 왼쪽 끝에 있을 때 G의 x좌표인 $\bar{x}$를 계산한다. 그림 (c)에 의하면

$$m\bar{x} = \sum_{i=1}^{n} m_i x_i \quad \text{or} \quad W\bar{x} = \sum_{i=1}^{n} W_i x_i$$

$$(712 + 178)\bar{x} = 712(0) + 178(1.83)$$

따라서 $\overline{x}$ = 0.366 m이다. 그림 (d)와 같이 사람이 널빤지 오른쪽 끝에 있는 경우에도 위 과정을 반복하면

$$(712 + 178)\overline{x} = 712d + 178(d - 1.83)$$

$d = \overline{x} + 0.366$이 된다. 따라서 $\overline{x}$ = 0.366 m을 넣으면

$$d = 0.732 \text{ m}$$ **답**

사람이 오른쪽으로 감에 따라서 널빤지가 왼쪽으로 움직이게 됨을 관찰하라. 이러한 운동의 크기는 질량중심이 수평방향으로 움직이지 않도록 적절한 비율을 만족하여야 한다.

또한 사람과 질량중심 G와의 거리가 그림 (c)와 그림 (d)에서 보는 바와 같이 대칭적으로 같다는 것을 이용하여 문제를 풀 수 있다. 바꾸어 말하면 $\overline{x} = d - \overline{x}$ 또는 $d = 2\overline{x}$이다.

예제 15.5

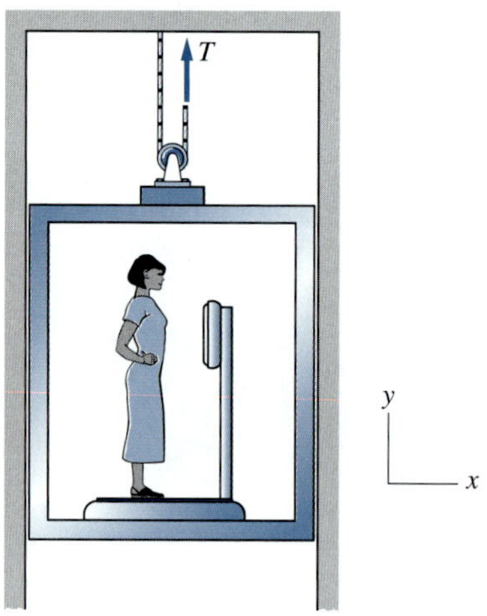

(a)

그림 (a)에는 54.4 kg의 여자가 8.9 kN의 엘리베이터에 있는 저울 위에 서 있다. 다음의 경우에 저울의 눈금과 엘리베이터의 가속도를 구하라. (단, 저울과 도르래의 무게는 무시한다.) (1) 케이블의 장력 T = 4.89 kN인 경우, (2) T = 4 kN인 경우

풀이

그림 (b)는 여자와 엘리베이터를 포함한 계의 자유물체 선도(FBD)를 보여준다. 외력으로서는 단지 무게와 케이블의 장력이 해당된다. 여자와 저울 사이에 작용하는 힘은 내력

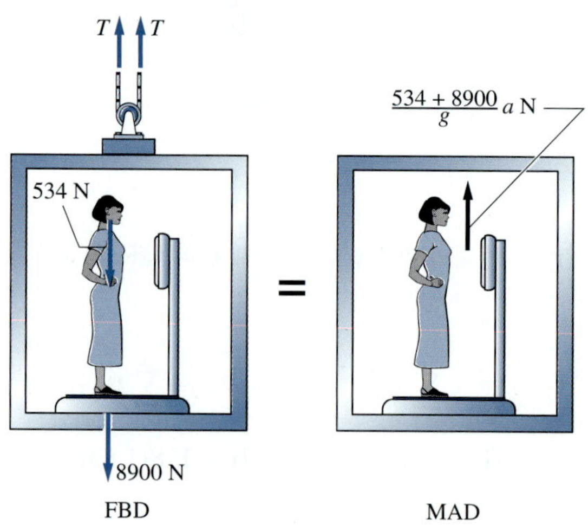

(b)

이므로 나타나지 않는다. 이 계에 대한 질량-가속도 선도(MAD)가 그림 (b)에 보여진다. 여자와 엘리베이터는 동일한 가속도 a(위쪽 방향)이므로, 관성벡터는 이 계의 전체 질량에 a를 곱한 것과 같다. 뉴턴의 제2법칙을 이용하면

$$\Sigma F_y = ma_y \quad +\uparrow \quad 2T - 54.4 \times 9.81 - 8900 = \frac{534 + 8900}{g} a$$

그러므로 가속도는

$$a = \frac{(2T - 9430)g}{9430} \text{ m/s}^2 \tag{a}$$

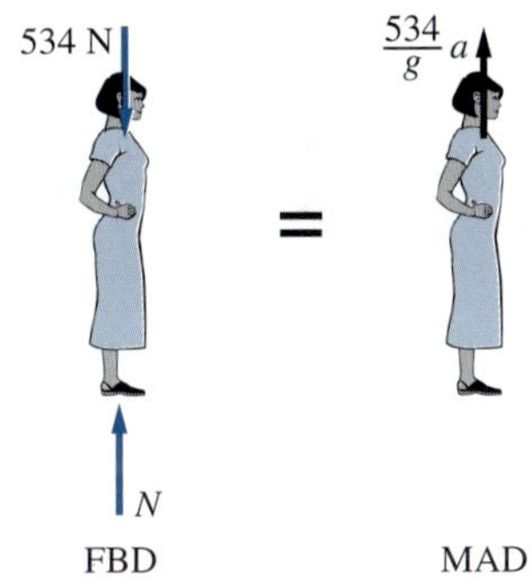

(c)

위 식에서 T의 단위는 N이고 $g = 9.81 \text{ m/s}^2$이다.

여자와 저울 사이에 작용하는 힘을 구하기 위해서는 여자를 저울로부터 분리하여야 한다. 그림 (c)에 여자에 대한 FBD가 그려져 있는데, N은 저울에 의하여 여자에게 가해지는 반력을 말한다. 물론 이 힘은 여자가 저울에 가하는 힘과 크기가 같고 방향이 반대이다. 그림 (c)에 여자의 MAD에서 a는 이미 가정한 바와 마찬가지로 위쪽 방향이다. 뉴턴의 제2법칙으로부터

$$\Sigma F_y = ma_y \quad +\uparrow \quad N - 534 = \frac{534}{g} a$$

따라서 N과 a의 관계식은

$$N = \frac{534a}{g} + 534 \text{ N} \tag{b}$$

식 (a)를 식 (b)에 대입하여 간략화하면 N과 T의 관계는

$$N = 0.11321T \tag{c}$$

문항 1

$T = 4890$ N일 때, 식 (c)로부터 저울의 눈금은 다음과 같다.

$$N = 0.11321T = 0.11321(4890) = 554 \text{ N}$$ 답

그리고, 식 (a)로부터 이에 해당하는 가속도는 다음과 같다.

$$a = \frac{(2T - 9430)g}{9430} = \frac{[2(4890) - 9430](9.81)}{9430} = 0.37 \text{ m/s}^2$$ 답

a는 양의 값이므로 가정한 바와 같이 위쪽 방향이다.

문항 2

T = 4000 N일 때, 식 (a)와 식 (c)로부터

$$N = 0.113\,21T = 0.113\,21(4000) = 453.3\text{ N}$$ **답**

그리고

$$a = \frac{(2T - 9430)g}{9430} = \frac{[2(4000) - 9430](9.81)}{9430} = -1.48\text{ m/s}^2$$ **답**

a는 음의 값이므로 아래쪽 방향이다.

가속도가 위쪽 방향일 때는 저울의 눈금이 여자의 몸무게보다 크게 나타나고, 가속도가 아래쪽 방향일 때는 더 작게 나타난다.

예제 15.6

그림 (a)와 같이 90.7 kg의 블록 A를 매달고 있는 케이블에 1335 N의 힘이 가해지고 있다. 그림 (b)에는 이 힘이 136.1 kg의 블록 B로 교체되었다. 도르래의 무게를 무시할 때, 이 두 경우에 대하여 블록 A의 가속도와 케이블의 장력을 구하라.

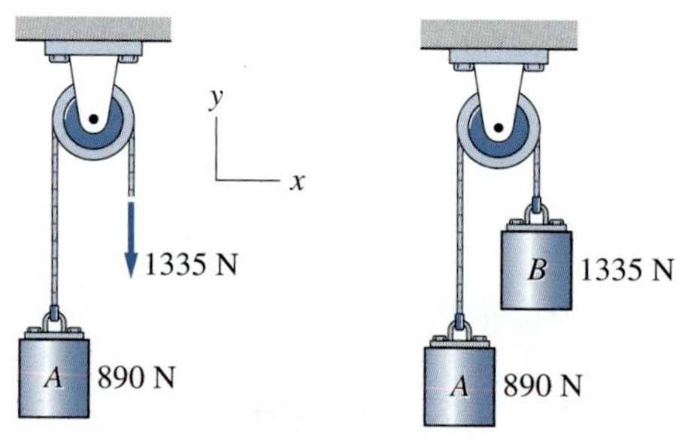

풀이

그림 (a)의 경우

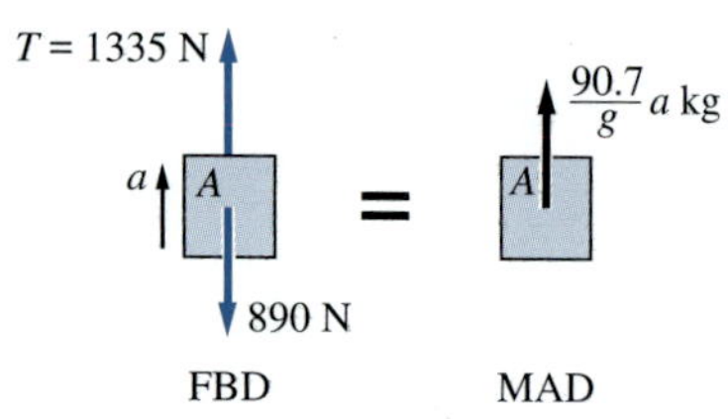

(c)

그림 (c)에는 블록 A의 FBD를 보여준다. 도르래의 질량을 무시하므로 케이블 전체길이에 대하여 장력은 일정하다. 따라서

$$T = 1335\text{ N}$$ **답**

또한, 그림 (c)는 블록 A의 MAD를 보여준다. 가속도 a가 위쪽 방향으로 향하는 것으로 가정한다. 뉴턴의 제2법칙부터

$$\Sigma F_y = ma \qquad +\uparrow \quad 136.1 - 90.7 = \frac{200}{g}a$$

따라서

$$a = \frac{g}{2} = 4.91 \text{ m/s}^2 \qquad \text{답}$$

그림 (b)의 경우

그림 (d)는 두 블록의 FBD와 MAD를 보여준다. 케이블의 길이는 일정하기 때문에 블록 A의 가속도는 블록 B의 가속도와 크기가 같고, 방향이 반대이다. 블록 A의 가속도를 위쪽 방향으로 가정하였다. 따라서 블록 A의 운동방정식은 다음과 같다.

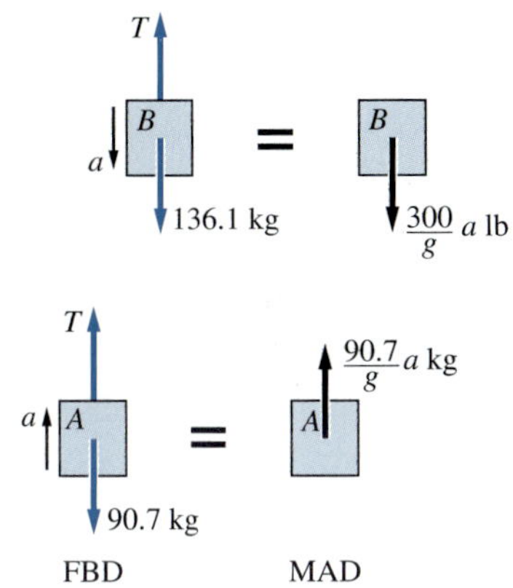

(d)

$$\Sigma F_y = ma \qquad +\uparrow \quad T - 890 = \frac{890}{g}a$$

블록 B에 대해서는 다음과 같다.

$$\Sigma F_y = ma \qquad +\uparrow \quad T - 1335 = -\frac{1335}{g}a$$

두 식을 연립하여 풀면

$$T = 1068 \text{ N} \quad \text{and} \quad a = \frac{g}{5} = 1.963 \text{ m/s}^2 \qquad \text{답}$$

케이블 끝에 133.5 kg의 힘을 가하는 것과 136.1 kg의 무게를 매다는 것과는 결과가 다름을 주목하라.

예제 15.7

그림 (a)와 같이 3개의 블록이 4개의 도르래를 사용하여 늘어나지 않는 케이블에 의하여 연결되어 있다. 블록 A, B 및 C의 질량은 각각 60 kg, 80 kg 및 20 kg이다. 그림에서와 같은 좌표를 사용하고 도르래의 무게를 무시할 경우 각 블록의 가속도와 케이블의 장력 T를 구하라.

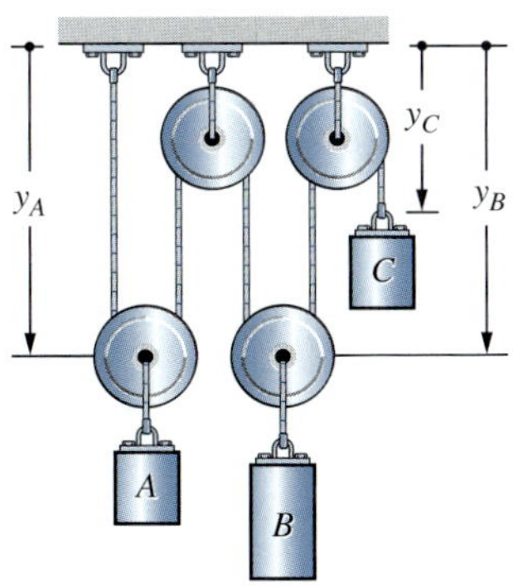

(a)

풀이

각 블록의 운동방정식을 유도하기 위하여 힘·질량·가속도 방법을 사용한다.

운동 해석

L을 그림 (a)와 같이 도르래를 통과하는 케이블의 길이라고 하면

$$L = 2y_A + 2y_B + y_C + C_1$$

이때 C는 도르래 주위를 둘러싸는 길이와 천장 쪽에 두 도르래가 달린 케이블의 길이에 해당하는 상수이다. 길이 L이 일정하므로 시간에 대하여 미분하면

$$\frac{dL}{dt} = 2v_A + 2v_B + v_C = 0$$

이때 v는 각 블록의 속도를 말한다. 다시 한번 시간에 대하여 미분하면 각 블록의 가속도에 관한 식을 얻는다.

$$2a_A + 2a_B + a_C = 0 \tag{a}$$

운동역학 해석

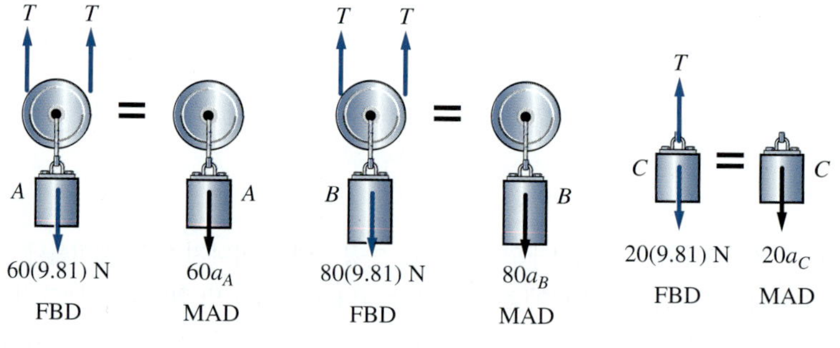

(b)

그림 (b)는 블록 A와 B(질량이 없는 도르래를 포함) 그리고 블록 C의 자유물체 선도를 보여준다. 장력 T는 케이블 전체길이를 통하여 일정하다. 그리고 질량-가속도 선도를 보여준다. 뉴턴의 제2법칙을 각 블록에 적용하면 운동방정식은 다음과 같다.

$$\overset{+}{\downarrow} \quad 60(9.81) - 2T = 60a_A$$

$$\overset{+}{\downarrow} \quad 80(9.81) - 2T = 80a_B \tag{b}$$

$$\overset{+}{\downarrow} \quad 20(9.81) - T = 20a_C$$

식 (a)와 (b)를 연립하여 풀면, 케이블의 장력과 각 블록의 가속도가 다음과 같이 구해진다.

$$T = 294.3\text{ N}$$
$$a_A = 0$$
$$a_B = 2.45\text{ m/s}^2$$
$$a_C = -4.91\text{ m/s}^2$$

답

부호는 블록 B의 가속도가 아래쪽 방향이고, 블록 C의 가속도는 위쪽 방향임을 나타낸다.

연습문제

15.28 xy 평면 위에 3개의 질점이 포함된 계가 있다. 어떤 순간에 이 질점들의 위치와 가속도가 그림에 나타나 있다. 이 순간에 (a) 이 계의 질량중심에 대한 좌표를 구하고, (b) 질량중심의 가속도를 구하라.

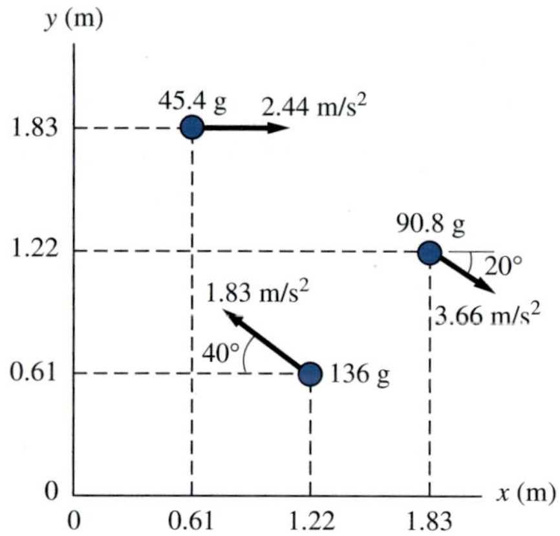

그림 P15.28

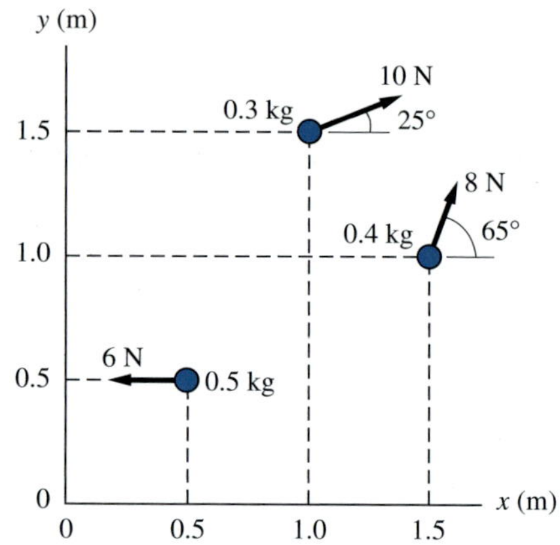

그림 P15.29

15.29 xy 평면 위에 3개의 질점이 있다. 그림과 같은 순간에 3종류의 힘이 가해진다. 이 순간에 (a) 이 계의 질량중심의 좌표를 구하고, (b) 질량중심의 가속도를 구하라.

15.30 90 kg의 남자 2명이 400 kg의 보트 A에 타고 있다. 30 m의 로프를 사용하여 선미에 있는 남자가 400 kg의 다른 보트 B를 천천히 당긴다. 두 보트가 서로 닿을 무렵까지 보트 A가 움직인 거리를 구하라. 단 물의 저항은 무시한다.

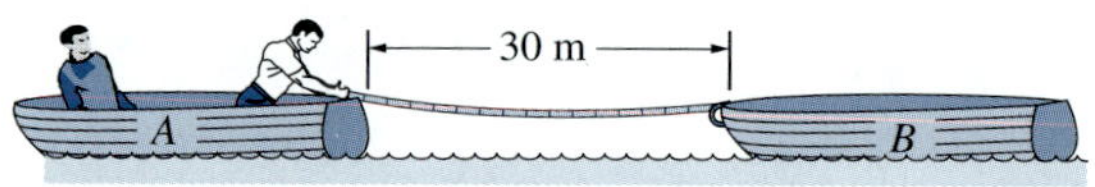

그림 P15.30

15.31 27.2 g의 총알이 차량에 고정된 소총으로부터 발사되었다. 소총과 차량의 무게의 합은 80 N이다. 발사 후 차량의 속도는 왼쪽 방향으로 $v_A = 1.34$ m/s이다. (a) 발사 후 총알의 절대속도 v_B를 구하고, (b) 총알의 총구에 대한 상대속도를 구하라.

그림 P15.31

15.32 81.6 kg의 남성이 272 kg의 떠다니는 통나무 끝에 서 있다. 남자가 B 지점에 가는 동안 통나무에 의해 이동한 거리를 구하라. 물의 유체 저항은 무시한다.

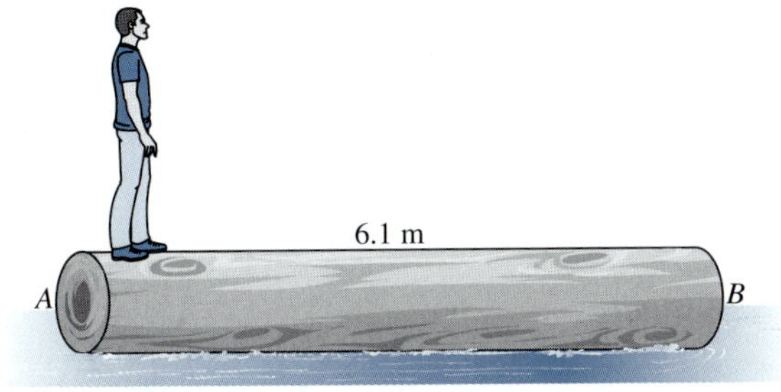

그림 P15.32

15.33 그림과 같이 12.2**j** m/s의 속도로 날아가는 4.54 kg의 투사물 A가 무게가 각각 2.72 kg과 1.81 kg인 2개의 부분 B와 C로 분리되었다. 분리 후 E 부분은 xy 평면상의 좌표(24.4 m, 15.25 m)의 위치에 떨어졌다. C 부분이 땅에 떨어지는 위치의 좌표를 구하라(힌트: 질량중심의 운동을 이용하라).

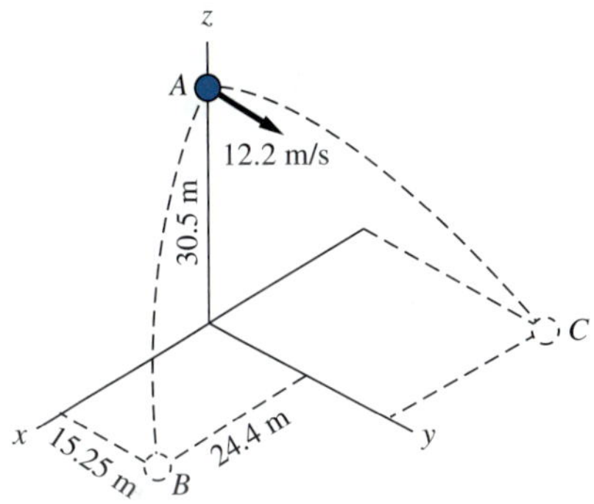

그림 P15.33

15.34 60 kg의 투사물이 $t = 0$일 때, C점으로부터 그림과 같은 속도로 발사되었다. 투사물이 날아가는 도중에 무게가 각각 20 kg과 40 kg의 A 부분과 B 부분으로 분리되었다. 두 부분은 xy 평면상에만 머물러 있다. $t = 35$ s일 때 A 부분의 위치와 속도가 그림과 같다면, 이 순간에 B 부분의 위치를 구하라(힌트: 질량중심의 운동을 이용하라).

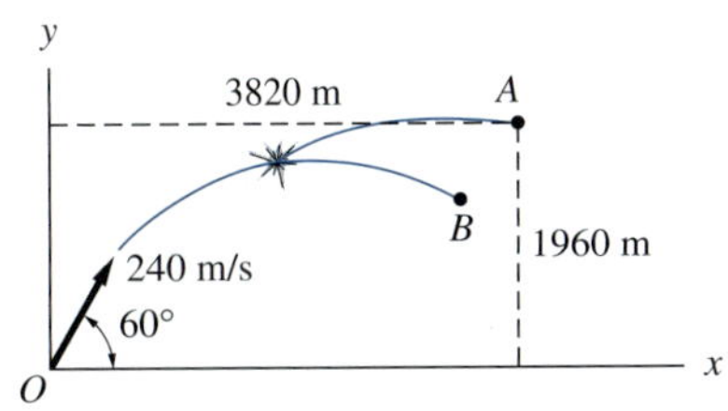

그림 P15.34

15.35 트레일러 B가 4륜구동 트럭 A에 의해 견인된다. 트럭 타이어와 노면과의 정마찰계수는 0.8이다. (a) 최대 가속도를 구하고, (b) 트레일러와 트럭의 연결 조인트의 장력을 구하라(단 트레일러의 주행저항은 무시한다).

15.36 그림과 같이 상자 A와 B가 서로 접촉하여 미끄러져 내려오고 있다. 두 상자의 가속도를 구하고 두 상자 사이의 법선하중을 구하라.

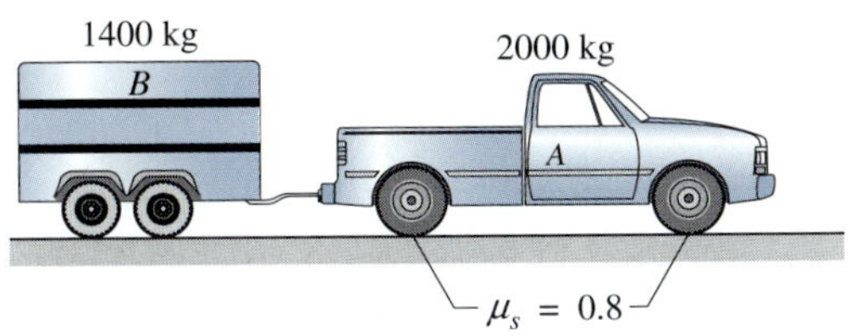

그림 P15.35

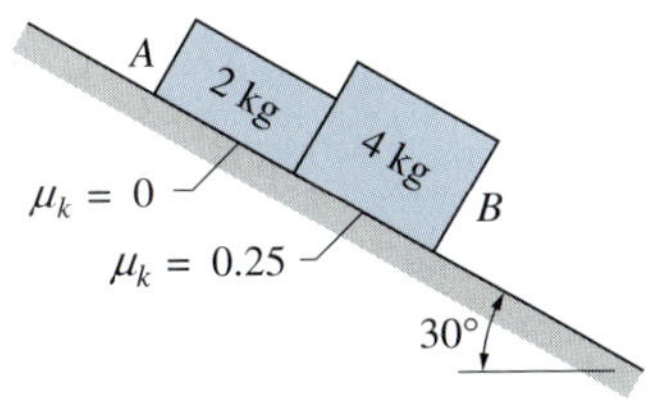

그림 P15.36

15.37 45.4 kg의 상자와 136.1 kg의 수레 사이의 정마찰계수가 0.2이다. 상자가 수레 위에서 미끄러지지 않게 밀 수 있는 최대 힘 P를 구하라.

15.38 45.4 kg의 상자와 136.1 kg의 카트 사이의 정적 및 운동학적 마찰계수는 각각 $\mu_s = 0.2$, $\mu_k = 0.18$이라고 한다. 이때 그림과 같이 상자를 미는 힘 $P = 142.3$ N이 주어졌을 때 카트와 상자의 가속도를 구하라.

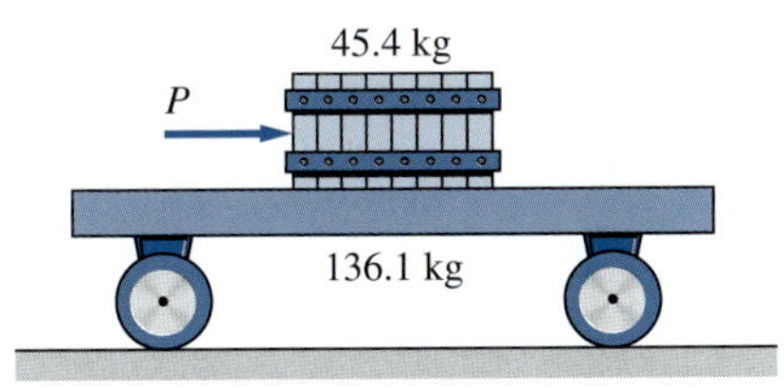

그림 P15.37, P15.38

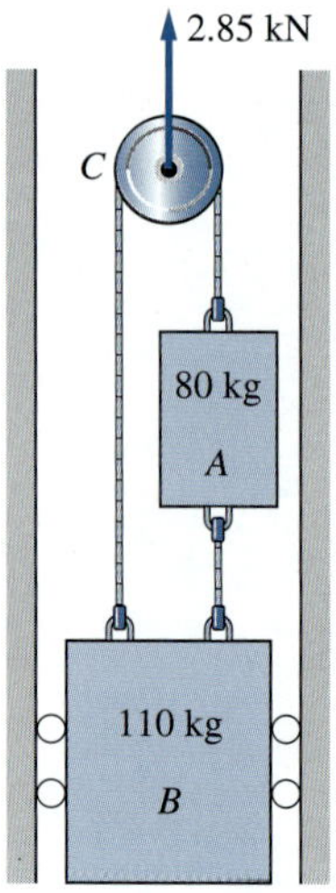

그림 P15.39

15.39 블록 A와 B, 그리고 무게를 무시할 수 있는 도르래 C로 구성된 계가 2.85 kN의 일정한 힘에 의해 위로 끌어 올려지고 있다. A와 B를 연결하는 케이블의 장력을 구하라.

15.40 블록 A와 블록 B는 3중 도르래를 통하여 연결되어 있다. 도르래의 질량을 무시할 때 로프의 장력과 블록 A의 가속도를 구하라.

15.41 미끄러지는 칼라 C의 가속도가 위쪽 방향으로 $g/4$이다. 블록 A와 B의 가속도를 구하라. 도르래의 질량은 무시한다.

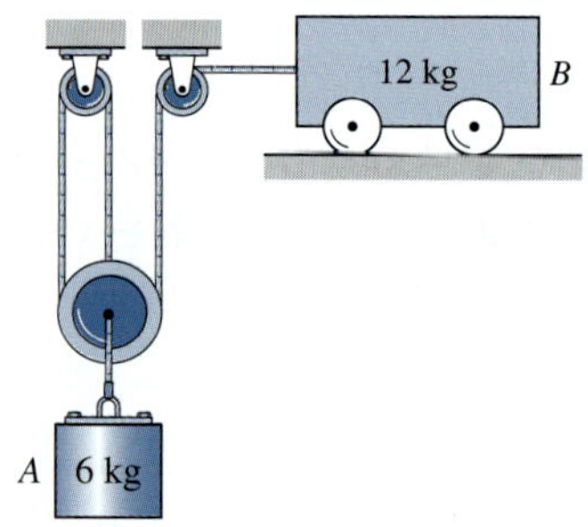

그림 P15.40

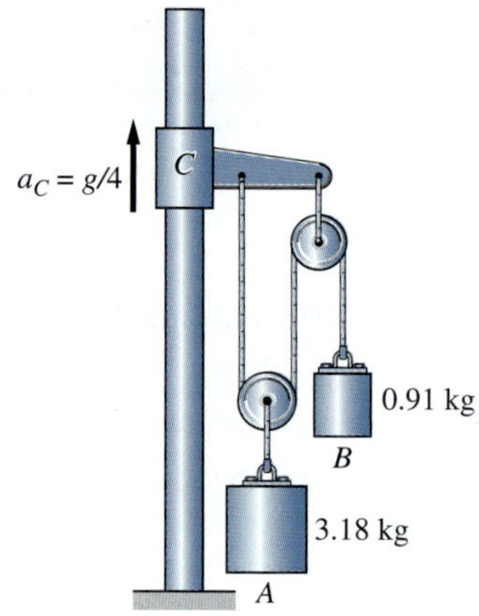

그림 P15.41

15.42 3.63 kg의 널빤지 B의 왼쪽 끝에 정지해 있는 2.72 kg 상자 A에 44.5 N의 일정한 힘이 가해지고 상자 A가 널빤지의 오른쪽 끝에 도달할 때 그림처럼 상자에 의해 움직인 널빤지의 거리 x_A를 구하라. 그림에 있는 운동마찰계수를 사용하라.

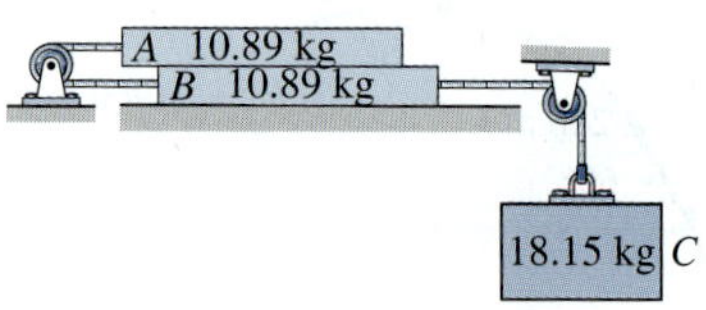

그림 P15.43

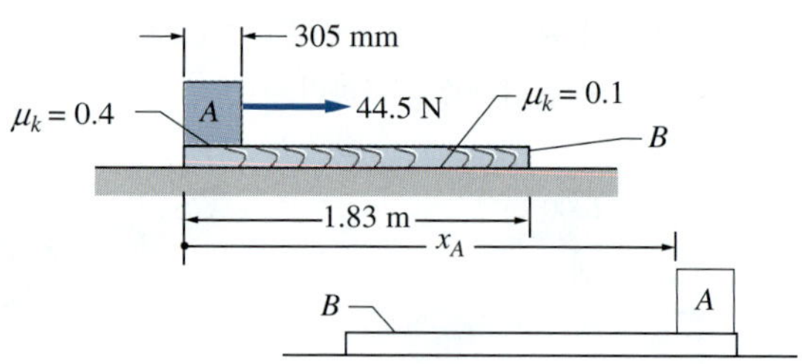

그림 P15.42

15.43 블록 A와 블록 B 사이, 블록 B와 바닥 사이의 동마찰계수는 0.4이다. 이때 블록 A와 블록 B를 연결하고 있는 로프의 장력과 블록 B, 블록 C를 연결하고 있는 로프의 장력을 구하라. 정지마찰계수는 무시한다고 가정한다.

15.44 블록 A를 오른쪽으로 4 m/s^{2}의 가속도로 끌 수 있는 힘 P의 크기를 구하라. 도르래의 질량과 마찰은 무시한다.

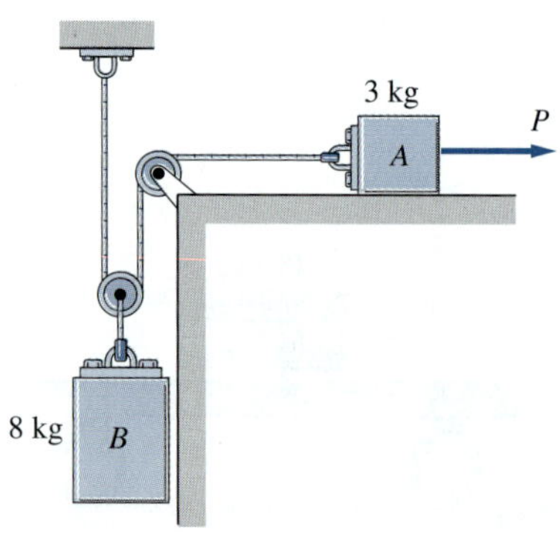

그림 P15.44

15.45 블록 A가 일정한 힘 P에 의해 수평면을 따라서 당겨지고 있다. 추 B를 연결하는 끈이 수직면과 $\theta = 40°$ 각도를 유지할 때 P의 크기를 구하라.

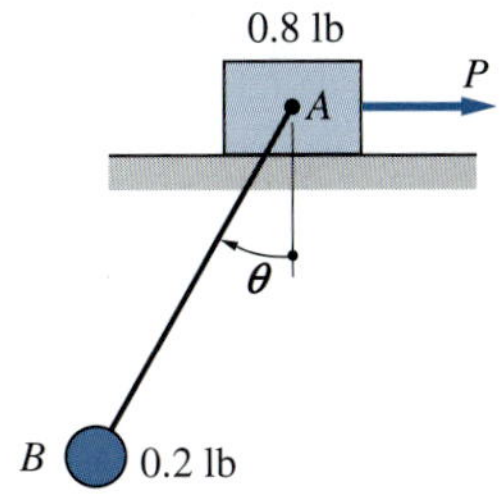

그림 P15.45

15.46 그림에 있는 위치에서 로프에 연결되어 있는 블록 A와 B가 1.2 m/s의 속도로 구면을 따라 아래쪽으로 미끄러지고 있다. 마찰력은 무시하고 이 지점에서의 로프의 장력을 구하라.

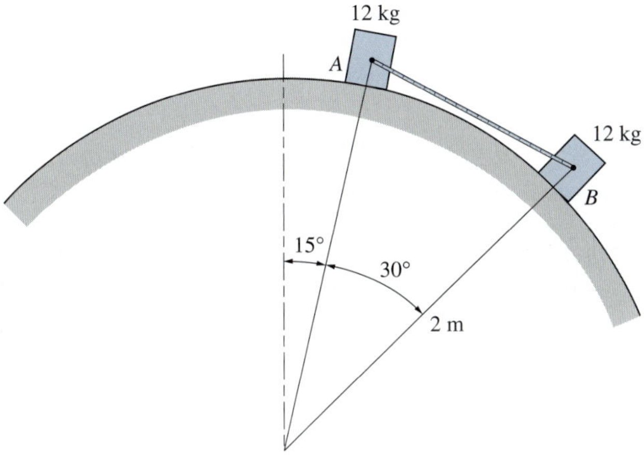

그림 P15.46

15.47 로프에 연결된 블록 A와 B가 경사면을 따라 내려오고 있다. 각 블록들과 경사면 사이의 운동마찰계수는 그림과 같다. 로프에 걸린 힘을 구하라.

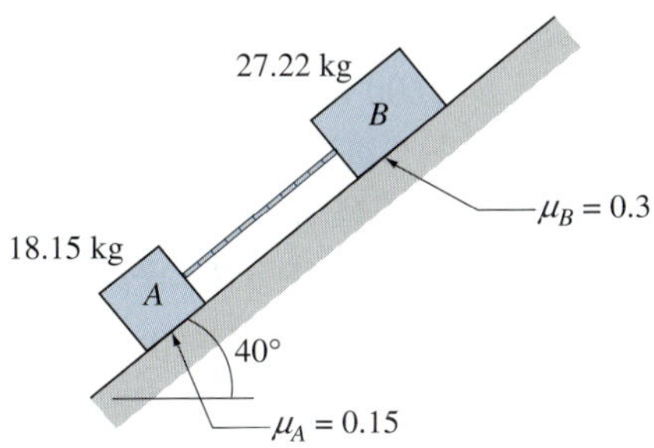

그림 P15.47

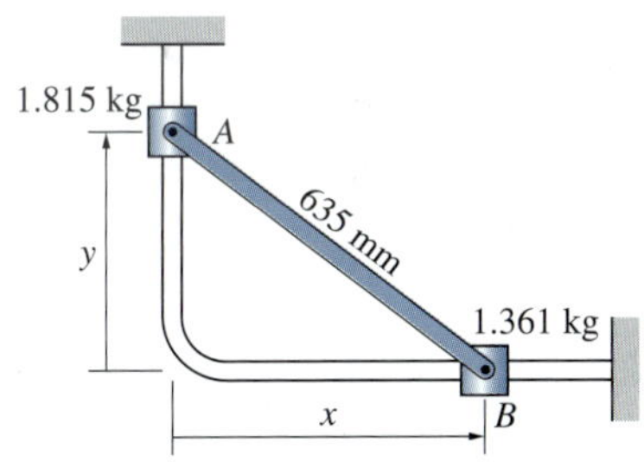

그림 P15.48

15.48 슬라이딩 칼라 A와 B는 무게를 무시할 수 있는 봉에 의해 연결되어 있다. 만약 x = 508 mm에서 고정이 풀렸다면 마찰을 무시할 때 풀린 직후 봉이 받는 힘을 구하라.

15.49 그림처럼 풀리에 걸려 있는 케이블 1과 2의 힘을 구하라. 풀리의 질량과 마찰은 무시한다.

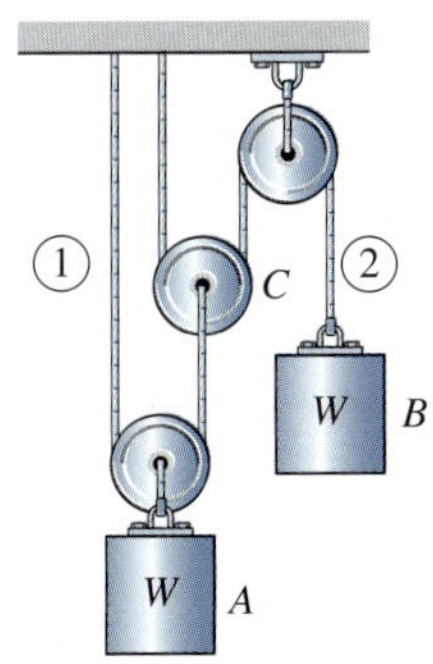

그림 P15.49

***15.50** 트럭 A가 정지해 있는 트레일러 B를 견인하고 있다. 트럭은 4륜구동이며 타이어와 노면 사이의 정지마찰계수는 0.8이다. 트레일러의 주행저항은 무시한다. x = 10 m일 때 트럭의 최대 초기가속도를 구하라.

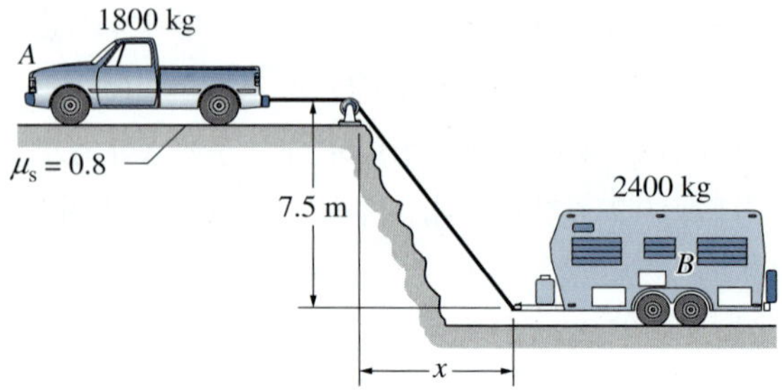

그림 P15.50

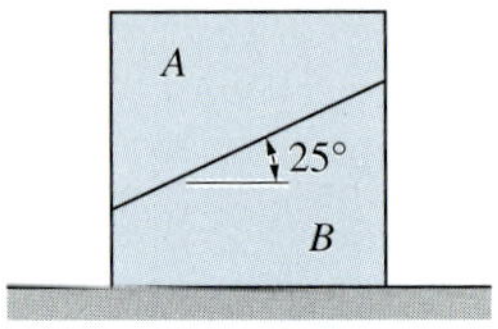

그림 P15.51

***15.51** 2개의 똑같은 블록 A, B가 그림과 같은 위치에서 움직이기 시작한다. 가속도 a_B와 $a_{A/B}$를 중력가속도 g의 단위로 계산하라. 마찰은 무시한다.

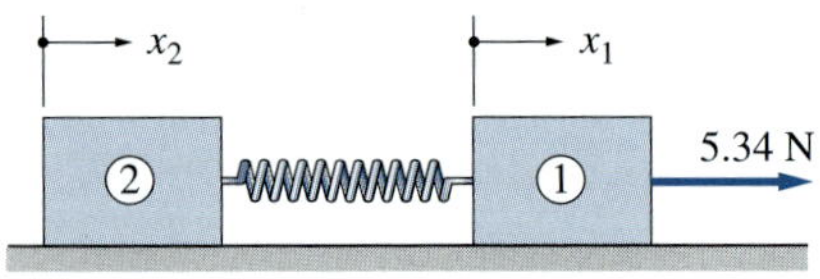

그림 P15.52

15.52 2개의 2.27 kg의 블록을 연결하는 스프링의 스프링 상수가 350 N/m이다. 이 계는 초기에 미끄러운 평면에 정지해 있는 상태에서 $t = 0$에서 5.34 N의 일정한 힘이 가해지고 있다. (a) 각 블록의 미분방정식을 유도하고 초기조건을 결정하라. (b) $t = 0.1$초일 때 각 블록의 속도와 스프링의 힘 P를 구하라. (참고: 해석적인 해는 $v_1 = 184$ mm/s, $v_2 = 52$ mm/s, $P = 3.17$ N이다.)

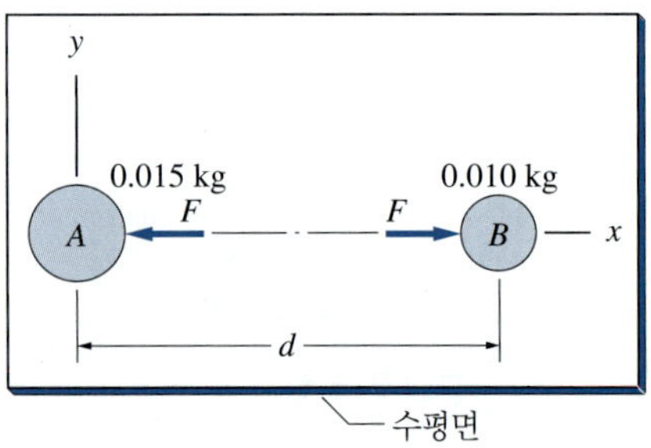

그림 P15.53

15.53 그림과 같이 두 질점 A와 B가 마찰이 없는 평면 테이블 위를 미끄러지고 있다. 두 질점이 반발력 $F = c/d^2$($c = 0.005\ \text{N}\cdot\text{m}^2$, d는 두 질점 사이의 거리이며 미터임)를 발생하는 동일한 전하를 가지고 있다. $t = 0$일 때 $d = 0.5$ m이고 A는 정지하고 있으며, B는 A를 향하여 2 m/s의 속도로 이동하고 있다. (a) 미분방정식을 유도하고 초기조건을 말하라. (b) d의 최솟값을 구하고 이때 각 질점의 속도를 구하라(참고: 해석적인 해는 $d_{min} = 0.227$ m, $v_A = v_B = 800$ mm/s이다).

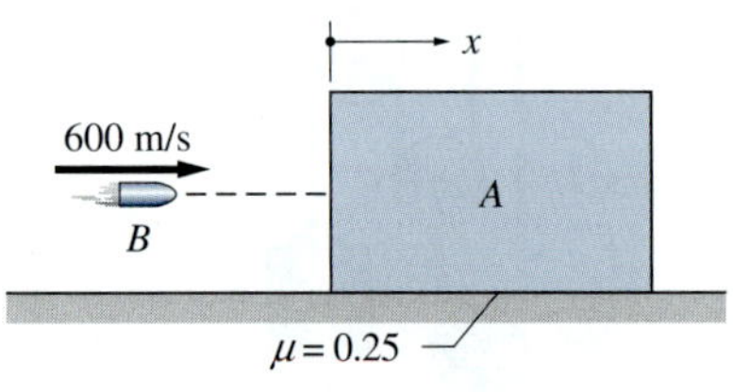

그림 P15.54

15.54 0.025 kg의 총알 B가 600 m/s의 속도로 충돌하여 마찰 없는 평면 위에 정지해 있는 15 kg 블록 A에 박혔다. 박히는 과정에서 A와 B의 힘은 $F = 50v_{B/A}$, 여기서 F의 단위는 Newton이며, 상대속도는 (m/s)이다. (a) 박히는 과정에서 A와 B의 미분방정식을 구하고 초기조건을 말하라. (b)초기접촉 후 1.0 ms 동안의 B의 속도를 구하고 A가 움직인 거리를 구하라(참고: 해석적인 해는 $v_B = 81.8$ m/s, $x_A = 0.567$ mm 이다).

15.55 두 대의 화차가 그림과 같은 속도로 충돌하였다. 각 화차의 범퍼는 동일한 스프링이며, 두 범퍼의 통합된 스프링 상수는 292 kN/m이다. (a) 두 화차의 운동방정식을 유도하라. (b) $t = 0$일 때 접촉한다고 가정하면 0.4 s의 충돌시간 중에 대한 운동방정식을 풀어라. (c) 문제 (b)에서 얻은 해를 사용하여 접촉력과 접촉시간의 최댓값을 구하라.

그림 P15.55

15.56 두 블록이 시간 $t = 0$에서 20 mm 당긴 상태에서 정지해 있다가 놓였다. (a) A가 B에 대하여 상대적으로 미끄러진다고 가정할 때 각 블록의 미분운동방정식을 유도하라. (b) 이 운동방정식을 $t = 0$에서 $t = 0.2$ s 사이의 시간 동안에 대하여 풀어라. 그리고 각 블록의 속도-시간 선도를 그려라.

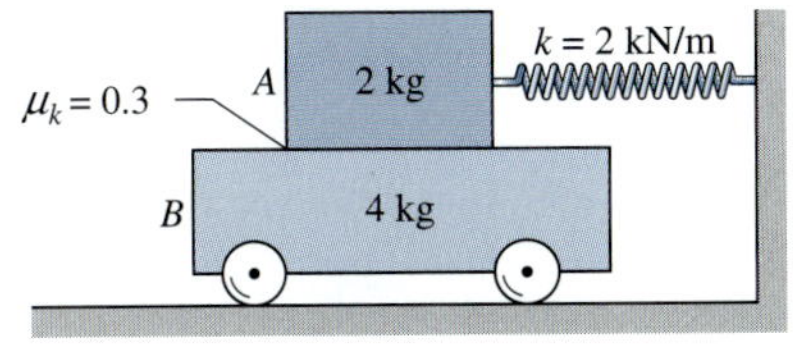

그림 P15.56

15.57 반경 762 mm의 거친 수평 디스크가 $\omega = 45$ rev/min의 각속도로 회전하고 있다. 질점 A가 $t = 0$에서 가만히 얹혀졌다($R = 305$ mm, $\theta = 0$). (a) 디스크의 미분 운동방정식이 다음과 같음을 보이고, 초기조건을 말하라.

$$\ddot{R} = R\dot{\theta}^2 - \frac{\mu_k g \dot{R}}{v} \qquad \ddot{\theta} = -\frac{2\dot{R}\dot{\theta}}{R} - \frac{\mu_k g(\dot{\theta} - \omega)}{v}$$

여기서

$$v = \left[\dot{R}^2 + R^2\left(\dot{\theta} - \omega\right)^2\right]^{1/2}$$

(b) 이 방정식을 질점이 디스크 위에 머물러 있는 시간 동안에 대하여 수치해석을 이용하여 풀어라. 질점이 디스크로부터 미끄러져 떨어지기 시작할 때 질점의 속도로부터 구한 수치해를 이용하라.

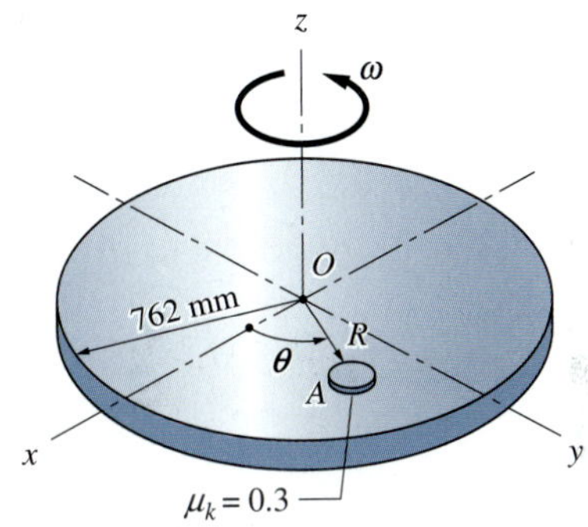

그림 P15.57

15.5 일과 에너지의 원리

이 절에서는 14.2, 14.3, 14.4절에서 설명한 단일 질점에 대한 일과 에너지 법을 질점계에 대하여 확대 적용한다.

15.5a 질점계에 가해진 일

그림 15.8은 n개의 질점으로 구성된 계에 속하는 전형적인 i번째 질점을 보여주고 있다. 15.4절에서 소개한 표기를 사용하면, 질점에 작용하는 외력과 내력은 각

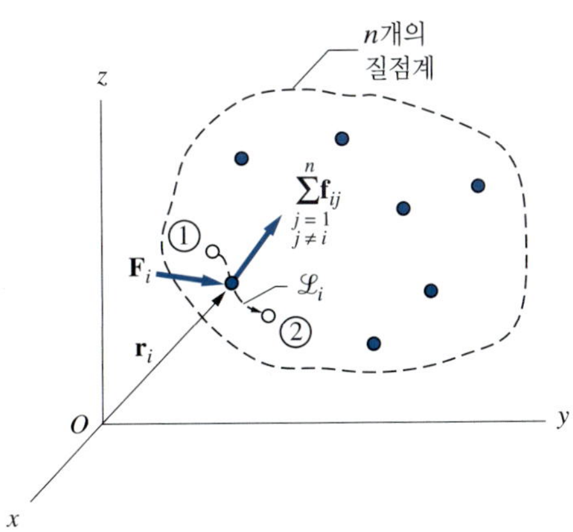

그림 15.8

각 $\mathbf{F}_i$와 $\sum_{j=1}^{n} \mathbf{f}_{ij}(j \neq i)$이다. 이 질점이 위치 ①에서 위치 ②까지 움직일 때 질점에 대해 한 일은 식 (14.2)에 의하면 다음과 같다.

$$(U_{1-2})_i = \int_{\mathscr{L}_i} \left(\mathbf{F}_i + \sum_{\substack{j=1 \\ j \neq i}}^{n} \mathbf{f}_{ij} \right) \cdot d\mathbf{r}_i \tag{15.20}$$

위 식에서 $\mathbf{r}_i$는 질점의 위치벡터이다. 이 질점계에 대한 총일(각 질점에 대해 한 일의 합)은 다음과 같이 표현된다.

$$U_{1-2} = \sum_{i=1}^{n} (U_{1-2})_i = \sum_{i=1}^{n} \int_{\mathscr{L}_i} \mathbf{F}_i \cdot d\mathbf{r}_i + \sum_{i=1}^{n} \sum_{\substack{j=1 \\ j \neq i}}^{n} \int_{\mathscr{L}_i} \mathbf{f}_{ij} \cdot d\mathbf{r}_i \tag{15.21}$$

위 식에서 우변의 첫째 항은 $(U_{1-2})_{\text{ext}}$이며, 이것은 이 계의 총외력에 의한 일이다. 둘째 항은 $(U_{1-2})_{\text{int}}$를 뜻하며 내력에 이루어진 총일이다. 따라서 이 계에 한 총일은 다음과 같다.

$$U_{1-2} = (U_{1-2})_{\text{ext}} + (U_{1-2})_{\text{int}} \tag{15.22}$$

외부 힘인 $(U_{1-2})_{\text{ext}}$의 작업은 14.2절에서 설명하는 방법으로 계산할 수 있다.

15.5b 내력이 한 일

내력 $(U_{1-2})_{\text{int}}$이 한 일은 내력의 특별한 성질을 이용하면 간단히 계산될 수 있다. 식 (15.14)에서 본 바와 같이 내력은 크기가 같고, 방향이 반대인 동일 선상의 짝으로 나타난다 $\mathbf{f}_{ij} = -\mathbf{f}_{ji}$. $\mathbf{f}_{ij}$가 한 일은 $\mathbf{f}_{ji}$가 한 일에 의해 상쇄되므로 $d\mathbf{r}_i = d\mathbf{r}_j$일 때 한 쌍의 내력이 한 총일은 0이 된다. 따라서 내력이 한 일은 없게 된다.

일을 하지 않는 내력과 일을 하는 내력 사이의 차이를 설명하기 위하여 그림 15.9(a)와 (b)같이 마찰 없는 수평면을 따라 미끄러지는 블록 A와 B로 이루어진 계를 생각해보자. 그림 15.9(a)는 늘어나지 않는 끈에 의해 연결된 블록의 FBD를 보여주며, 그림 15.9(b)는 끈 대신에 스프링 상수 k를 가진 이상적인 스프링에 의해 연결된 계의 FBD를 보여준다. 이 두 FBD는 같은 내력(W_A, W_B, N_A 및 N_B)이 존재하기 때문에 같다고 볼 수 있다. 이 두 가지 경우에 외력이 운동방향과 수직이므로 $U_{\text{ext}} = 0$가 된다.

내력이 한 일을 계산하기 위하여 그림 15.9(c)와 같이 각 블록에 가해지는 힘을 분리하여 해석해야 한다. 힘 T는 그림 15.9(a)에 있는 끈의 장력으로 나타내거나, 그림 15.9(b)의 스프링 장력을 나타낸다. 이 계가 미세하게 움직일 동안 블록 A와 블록 B에 가해진 힘 T가 한 일은 각각 $T\,dx_A$와 $-T\,dx_B$이다. 따라서

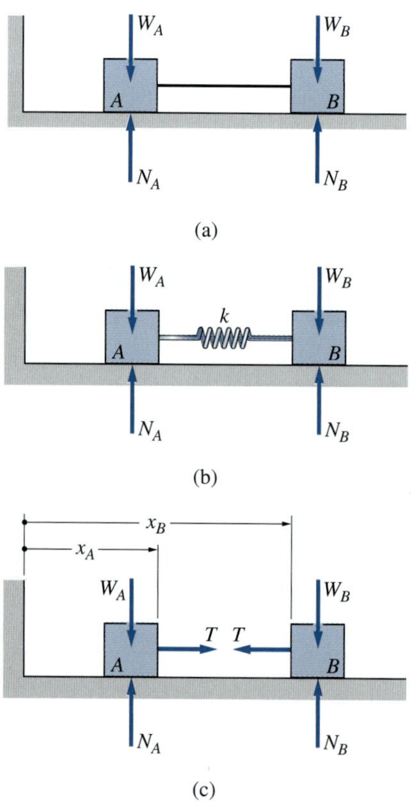

그림 15.9

T가 한 총일은 $(Tdx_A - Tdx_B)$이다. 두 블록을 연결하는 끈의 길이가 일정하다면, $d_{xA} = d_{xB}$이고 끈이 한 일은 0이다. 그러나 끈 대신 선형 스프링으로 연결할 경우, 일반적으로 스프링이 변형하기 때문에 $d_{xA} \neq d_{xB}$이다. 스프링의 힘은 내력이라 할지라도 이 계에 일을 할 수 있다.

요약하면, 늘어나지 않는 끈이나 핀조인트 같은 고정된 연결부는 연결된 물체 사이에 크기가 같고 방향이 반대인 일을 하므로 계 전체에 대해서 한 일은 0이다. 한편, 스프링이나 미끄러지는 마찰면 같은 변형 가능한 연결부는 계에 일을 할 수 있다. 결론적으로 계에 한 총일은 외력이나 내력 모두가 한 일을 포함한다.

15.5c 일과 운동에너지의 원리

식 (14.15)의 일과 에너지 원리를 임의의 i번째 질점에 적용하면

$$(U_{1\text{-}2})_i = (\Delta T)_i \tag{15.23}$$

위 식에서 (U_{1-2})는 질점에 한 일이며, $(\Delta T)_i$는 질점의 운동에너지의 변화를 말한다. n개의 질점이 있는 계에 있어서는 식 (15.23)과 같은 식이 n개 있다. 이 스칼라 식들을 모두 합하고, 식 (15.22)를 사용하면 다음과 같은 식을 얻는다.

$$(U_{1\text{-}2})_{\text{ext}} + (U_{1\text{-}2})_{\text{int}} = \Delta T \tag{15.24}$$

위 식에서 T는 계의 운동에너지이며, 모든 질점의 운동에너지의 합이므로

$$T = \sum_{i=1}^{n} T_i = \sum_{i=1}^{n} \frac{1}{2} m_i v_i^2 \tag{15.25}$$

15.5d 기계적 에너지의 보존

모든 내력 또는 외력이 보존적이라면(14.4절 참조), 계의 기계적 에너지는 보존된다. 즉,

$$V_1 + T_1 = V_2 + T_2 \tag{15.26}$$

이 식에서 V_1과 V_2는 각각 계의 최초 및 최종 위치에너지(내력 및 외력이 한 일 모두를 포함)이며, T_1과 T_2는 최초 및 최종 운동에너지(모든 질점의 운동에너지의 합)이다.

15.6 충격량–운동량 원리

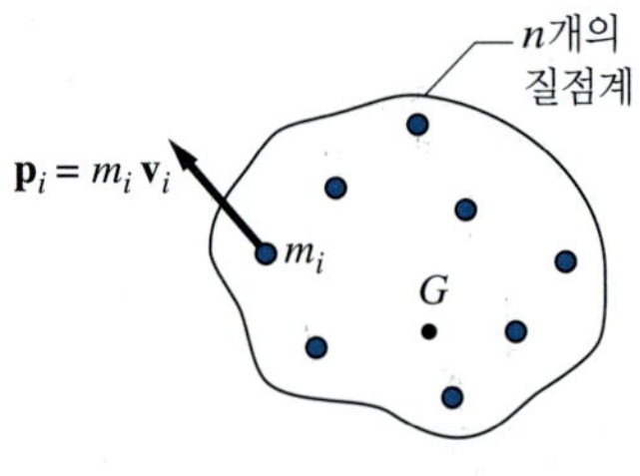

그림 15.10

이 절에서는 14.6절에서 배운 1개의 질점에 대한 충격량–운동량 원리를 질점계에 대하여 확대 적용한다.

15.6a 선형운동량

그림 15.10과 같이 n개의 질점을 가진 계를 생각해보자. 그림에서 보는 바와 같이 i번째 질점의 선형운동량은 $\mathbf{P}_i = m_i\mathbf{v}_i$($m_i$는 질점의 질량이며, $\mathbf{v}_i$는 속도이다)이다. 질점계의 선형운동량(또는 운동량) $\mathbf{p}$는 각 질점의 선형운동량의 벡터합이다. 즉,

$$\mathbf{p} = \sum_{i=1}^{n} \mathbf{p}_i = \sum_{i=1}^{n} m_i\mathbf{v}_i \tag{15.27}$$

식 (15.13)에 $\Sigma_{i=1}^{n} m_i\mathbf{v}_i = m\bar{\mathbf{v}}$($m$은 계의 전체 질량이고, $\bar{\mathbf{v}}$는 질량중심 G의 속도)를 대입하면

$$\mathbf{p} = m\bar{\mathbf{v}} \tag{15.28}$$

따라서 질점계의 운동량은 1개의 뭉쳐진 질량 m이 질점계의 질량중심의 속도 $\bar{\mathbf{v}}$로 움직일 때의 운동량과 같다.

15.6b 힘과 운동량 관계식

식 (15.19)는 질점계의 운동이 $\Sigma\mathbf{F} = m\bar{\mathbf{a}}$($\Sigma\mathbf{F}$는 이 계에 대한 외력의 합, $\bar{\mathbf{a}}$는 질량중심의 가속도)라는 식에 의해 움직인다는 것을 말한다. 이 식에서 질량 m은 일정하므로 다음과 같이 쓸 수 있다.

$$\Sigma\mathbf{F} = m\bar{\mathbf{a}} = m\frac{d\bar{\mathbf{v}}}{dt} = \frac{d}{dt}(m\bar{\mathbf{v}})$$

식 (15.28)을 사용하면, 위의 힘과 운동량 관계식은

$$\Sigma\mathbf{F} = \frac{d\mathbf{p}}{dt} \tag{15.29}$$

이 식은 단일 질점의 힘과 운동량 관계식인 식 (14.37)과 동일하다.

15.6c 충격량-운동량 원리

식 (15.29)의 양변에 dt를 곱하고 시간 t_2과 t_3 사이에서 적분하면 다음 식과 같다.

$$\int_{t_1}^{t_2} \Sigma \mathbf{F}\, dt = \int_{t_1}^{t_2} d\mathbf{p} = \mathbf{p}_2 - \mathbf{p}_1 \tag{15.30}$$

이 식에서 $\mathbf{p}_1$과 $\mathbf{p}_2$는 각각 $t = t_1$과 t_2일 때의 운동량을 가리킨다. 식 (15.30)의 좌변은 다음 식과 같이 $\mathbf{L}_{1-2}$로 표현되는 외력의 충격량이다.

$$\mathbf{L}_{1-2} = \mathbf{p}_2 - \mathbf{p}_1 = \Delta\mathbf{p} \tag{15.31}$$

이 식은 질점계에 대한 **충격량-운동량 원리**(impulse-momentum principle)이다. 이 원리와 단일질량의 충격량-운동량 원리인 식 (14.39)는 같은 형태를 보여준다. 식 (15.31)은 물론 3개의 스칼라 식에 해당되는 벡터방정식이다.

15.6d 운동량의 보존

식 (15.31)로부터 외력에 의한 충격량이 0이면, 이 계의 운동량은 보존된다. 바꾸어 말하면, $\mathbf{L}_{1-2} = \mathbf{0}$이면

$$\mathbf{p}_1 = \mathbf{p}_2 \quad \text{or} \quad \Delta\mathbf{p} = \mathbf{0} \tag{15.32}$$

이 식은 질점계에 대한 **운동량 보존의 원리**(principle of conservation of momentum)이다. 식 (15.32)는 질점에 대한 운동량 보존의 원리인 식 (14.41)과 동일한 형태이다.

각 입자의 운동량이 보존되면 전체 계의 운동량도 보존된다. 그러나 이 역이 항상 성립하는 것은 아니다. 즉, 계의 운동량이 보존되면, 각 질점의 운동량이 반드시 보존되는 것은 아니다.

식 (15.32)는 벡터관계식이므로 운동량벡터가 보존되지 않을지라도 계의 운동량 성분은 보존된다.

15.7 각충격량-각운동량 원리

각충격량-각운동량 원리는 이미 14.7절에서 설명하였다. 이 절에서는 이 원리를 질점계에 대하여 확대 적용한다.

15.7a 각운동량

n질점이 속한 계를 생각해보자. m_i와 $\mathbf{v}_i$는 각각 i번째 질점의 질량과 속도이다. 질점의 각운동량은 선형운동량의 모멘트이므로 임의의 점 A에 대한 i번째 질점의 각 모멘트는 $(\mathbf{h}_A)_i = \mathbf{r}_i \times (m_i\mathbf{v}_i)$이고, 이 식에서 $\mathbf{r}_i$는 그림 15.11에서 보는 바와 같이 A에 대한 상대위치벡터이다. A에 대한 계의 각운동량은 A에 대한 계의 모든 질점의 각운동량을 합한 것이다.

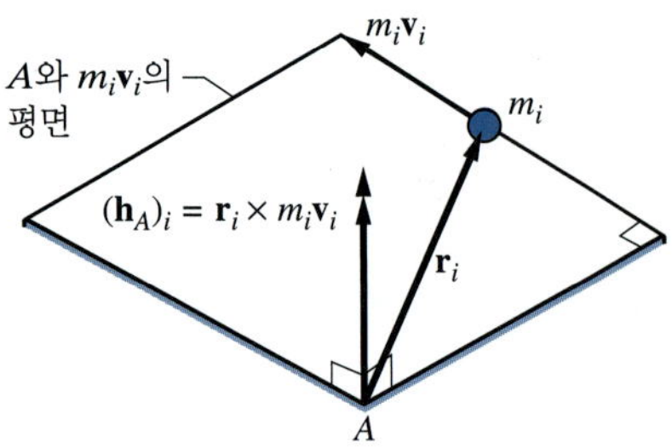

그림 15.11

$$\mathbf{h}_A = \sum_{i=1}^{n}(\mathbf{h}_A)_i = \sum_{i=1}^{n} \mathbf{r}_i \times (m_i\mathbf{v}_i) \qquad (15.33)$$

15.7b 모멘트와 각운동량 관계식

식 (15.33)의 $\mathbf{h}_A$를 시간에 대하여 미분하면

$$\dot{\mathbf{h}}_A = \frac{d}{dt}\left[\sum_{i=1}^{n} \mathbf{r}_i \times (m_i\mathbf{v}_i)\right] = \sum_{i=1}^{n} \mathbf{r}_i \times \frac{d(m_i\mathbf{v}_i)}{dt} + \sum_{i=1}^{n} \frac{d\mathbf{r}_i}{dt} \times (m_i\mathbf{v}_i) \qquad \text{(a)}$$

식 (14.37)의 힘과 운동량 관계식에 따라 $d(m_i\mathbf{v}_i)/dt$는 i번째 질점에 가해지는 합력이다. 따라서 식 (a)의 우변의 첫째 항은 이 계의 질점에 작용하는 모든 힘의 A에 대한 모멘트이다. 내력은 크기가 같고, 방향이 반대인 공통직선상의 짝이므로, 합모멘트에는 영향을 미치지 않는다. 따라서

$$\sum_{i=1}^{n} \mathbf{r}_i \times \frac{d(m_i\mathbf{v}_i)}{dt} = \Sigma\mathbf{M}_A \qquad \text{(b)}$$

이 식에서 $\Sigma\mathbf{M}_A$는 계의 외력이 형성하는 A에 대한 합모멘트이다.

식 (a)의 우변의 두 번째 항은 $\mathbf{r}_i$가 A의 i번째 질점의 위치벡터임을 이용하면 간략화된다. $d\mathbf{r}_i/dt = \mathbf{v}_i - \mathbf{v}_A$는 A에 대한 질점의 상대속도이다. 따라서,

$$\sum_{i=1}^{n} \frac{d\mathbf{r}_i}{dt} \times (m_i\mathbf{v}_i) = \sum_{i=1}^{n}(\mathbf{v}_i - \mathbf{v}_A) \times (m_i\mathbf{v}_i) = \sum_{i=1}^{n} \mathbf{v}_i \times (m_i\mathbf{v}_i) - \mathbf{v}_A \times \sum_{i=1}^{n} m_i\mathbf{v}_i \qquad \text{(c)}$$

$\mathbf{v}_i \times (m_i\mathbf{v}_i) = \mathbf{0}$(평행한 두 벡터의 벡터곱은 0)이다. 식 (15.13)에서 $\sum_{i=1}^{n} m_i\mathbf{v}_i = m\bar{\mathbf{v}}$($m$은 계의 총질량이고, $\bar{\mathbf{v}}$는 질량중심의 속도)이므로 식 (c)는 다음과 같다.

$$\sum_{i=1}^{n} \frac{d\mathbf{r}_i}{dt} \times (m_i\mathbf{v}_i) = -\mathbf{v}_A \times (m\bar{\mathbf{v}}) \qquad \text{(d)}$$

식 (b)와 식 (d)를 (a)에 대입하여 $\Sigma\mathbf{M}_A$에 대해 풀면 다음과 같은 모멘트와 각운

동량 관계식을 얻는다.

$$\Sigma \mathbf{M}_A = \dot{\mathbf{h}}_A + \mathbf{v}_A \times (m\bar{\mathbf{v}}) \tag{15.34}$$

A가 관성 좌표계에 고정되어 있거나(즉, $\mathbf{v}_A = 0$) A가 계의 질량중심이라면 ($\mathbf{v}_A = \bar{\mathbf{v}}$), 식 (15.34)는 다음과 같이 된다.

$$\Sigma \mathbf{M}_A = \dot{\mathbf{h}}_A \quad (A\text{: 고정점 또는 질량중심}) \tag{15.35}$$

15.7c 각충격량-각운동량 원리

식 (15.35)의 양변을 dt로 곱하여 t_1에서 t_2까지 적분하면

$$\int_{t_1}^{t_2} \Sigma \mathbf{M}_A \, dt = \int_{t_1}^{t_2} d\mathbf{h}_A = (\mathbf{h}_A)_2 - (\mathbf{h}_A)_1$$

위 식에서 $(\mathbf{h}_A)_1$과 $(\mathbf{h}_A)_2$는 각각 t_1과 t_2에서의 각운동량이다. 이 식의 좌변은 A에 대한 외력의 각충격량의 정의가 되므로 다음과 같이 쓸 수 있다.

$$(\mathbf{A}_A)_{1\text{-}2} = (\mathbf{h}_A)_2 - (\mathbf{h}_A)_1 \quad (A\text{: 고정점 또는 질량중심}) \tag{15.36}$$

식 (15.36)은 **각충격량-각운동량 원리**(angular impulse-momentum principle)라고 부른다. 이 원리는 A가 고정점이거나 계의 질량중심일 때만 성립한다.

15.7d 각운동량의 보존

A에 대한 외력의 각운동량이 0이라면, 식 (15.36)으로부터 이 계의 각운동량이 보존된다. 즉,

$$\text{If } (\mathbf{A}_A)_{1\text{-}2} = \mathbf{0}, \quad \text{then } (\mathbf{h}_A)_1 = (\mathbf{h}_A)_2 \quad (A\text{: 고정점 또는 질량중심}) \tag{15.37}$$

위 식은 **각운동량 보존의 원리**(principle of conservation of angular momentum)라 부른다. 이 점에 대한 각충격량이 0일 때만 고정점 또는 질량중심에 대한 각운동량은 주어진 시간 구간에서 보존된다는 것을 명심하라. 식 (15.37)은 벡터 식이므로 점 A에 대한 총각운동량이 보존되지 않는다 하더라도 A를 통과하는 축에 대한 각운동량이 보존될 수 있다.

예제 15.8

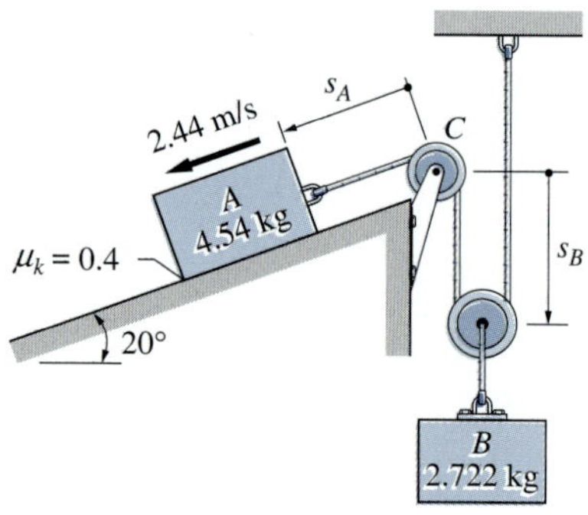

(a)

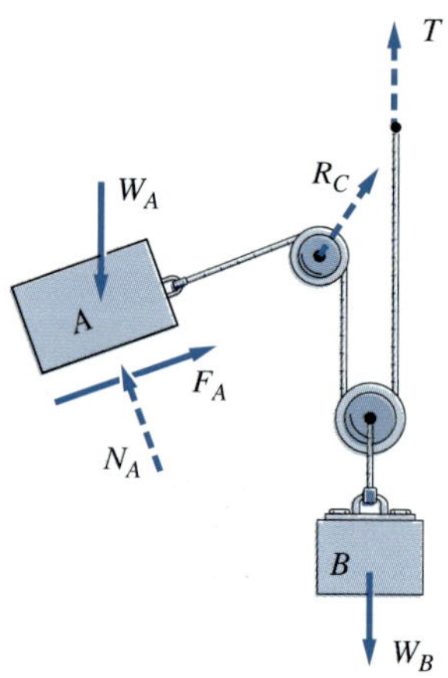

(b)

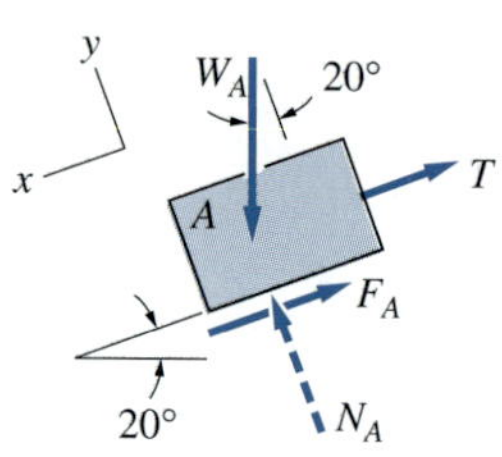

(c)

그림 (a)와 같이 블록 A와 B가 질량을 무시할 수 있는 두 도르래를 지나는 케이블에 의해 연결되어 있다. 경사면과 블록 A 사이의 동마찰계수는 0.4이다. A의 초기속도가 2.44 m/s라면, 이 계가 정지할 때까지의 블록 A의 변위 Δ_{S_A}(초기위치로부터 잰 거리)를 구하라.

풀이

이 문제는 주어진 속도 변화 동안의 변위를 결정하는 것이므로, 일과 에너지 법을 이용하는 것이 좋다. 그림 (b)와 같이 전체 계의 자유물체도에서 일을 하는 데 사용된 힘은 W_A와 W_B 그리고 블록 A에 대한 마찰력 F_A이다. 점선화살표로 표시된 힘은 일하는 데 사용되지 않은 힘이다.

1. 마찰력의 계산

마찰력 F_A는 그림 (c)에서 블록 A의 자유물체도에 의해 결정될 수 있다.

$$\Sigma F_y = 0 \qquad \nwarrow^{+} \quad N_A - W_A \cos 20° = 0$$

$$F_A = \mu_k N_A = \mu_k W_A \cos 20° = 0.4(4.54 \times 9.81 \cos 20°) = 16.74 \text{ N} \qquad \text{(a)}$$

2. 운동학

그림 (a)에서와 같이 일정한 길이의 케이블에 의해 블록의 위치를 구속하는 조건은 다음과 같다.

$$s_A + 2s_B = \text{constant}$$

따라서 두 블록의 변위 Δs_A와 Δs_B 그리고 속도는 다음과 같은 관계를 가진다.

$$\Delta s_A + 2\Delta s_B = 0 \qquad v_A + 2v_B = 0 \qquad \text{(b)}$$

3. 일과 에너지 원리

①과 ②를 이 계의 초기 및 최종위치라고 하면, 식 (15.24)의 일과 에너지 법에 의해

$$(U_{1\text{-}2})_{\text{ext}} + (U_{1\text{-}2})_{\text{int}} = T_2 - T_1$$

$$[(W_A \sin 20°)\Delta s_A - F_A \Delta s_A + W_B \Delta s_B] + 0 = 0 - \frac{1}{2}\left[\frac{W_A}{g}(v_A)_1^2 + \frac{W_B}{g}(v_B)_1^2\right] \qquad \text{(c)}$$

식 (b)와 주어진 값들을 위 식에 대입하면 일과 에너지 방정식은 다음과 같다.

$$(4.54 \times 9.81 \sin 20°)\Delta s_A - 16.74\Delta s_A + 2.722 \times 9.81\left(-\frac{\Delta s_A}{2}\right)$$

$$= -\frac{1}{2}\frac{4.54 \times 9.81}{9.81}(2.44)^2 - \frac{1}{2}\frac{2.722 \times 9.81}{9.81}\left(-\frac{2.44}{2}\right)^2$$

따라서 블록 A의 변위는

$$\Delta s_A = 1.042 \text{ m}$$ 답

참고

이 문제는 또한 각각의 블록에 대해 일과 에너지식을 이용하면 풀 수 있다. 이 경우에는 케이블의 장력에 의한 일이 각 식에 나타난다. 그러나 이 두 식을 합하게 되면 이 일의 합들이 상쇄되어 최종적으로 식 (c)와 동일한 형태가 된다.

예제 15.9

그림 (a)와 같이 두개의 칼라 A와 B가 동일평면상에 1.2 m 떨어진 거리에 있는 마찰 없는 막대를 따라 미끄러지고 있다. 스프링 상수가 $k = 100$ N/m이고 자유길이는 $L_0 = 1.2$ m이다. 이 계가 그림 (a)와 같이 스프링길이 $L_1 = 1.8$ m로 늘어난 상태의 위치에서 움직이기 시작한다면, 각 칼라의 최대 속도는 얼마가 되겠는가?

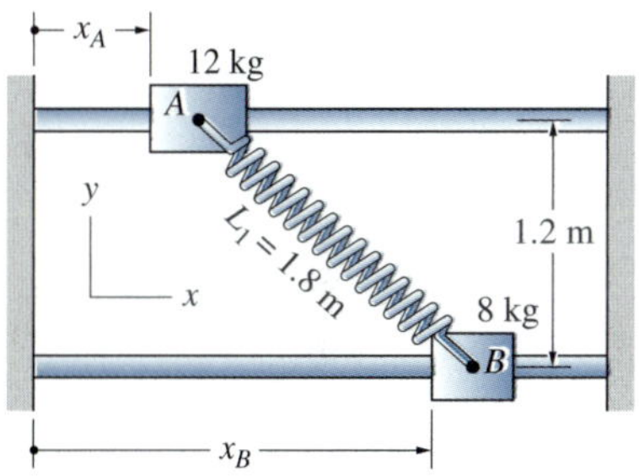

(a)

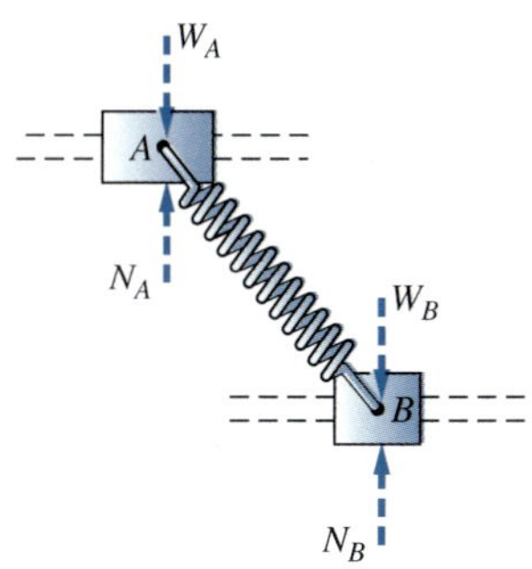

(b)

풀이

그림 (a)와 같이 움직이기 전의 위치를 ①의 위치라고 하면 스프링의 수축력이 각 칼라를 끌어당기게 된다. 스프링의 자유길이가 두 막대의 거리와 같으므로 A가 바로 B의 위에 올 때까지 수축하게 된다. 이 위치를 ②의 위치라고 하면, 이때가 칼라의 속도가 최대가 될 때이다. ②의 위치를 통과하면 스프링의 수축력이 각 칼라의 속도를 늦추게 되어 마침내 일시 정지하게 된다. 이 계는 보존적이므로 다시 각 칼라는 ①의 위치로 돌아가게 되는 동작을 반복한다.

1. 일과 에너지 원리 이용

2개의 칼라와 1개의 스프링으로 이루어진 계를 해석한다. 그림 (b)와 같이 임의의 위치에서 이 계의 자유물체도를 보여준다. 외력은 두 칼라의 자중 W_A와 W_B 그리고 두 막대에 의한 수직방면 N_A와 N_B이다. 스프링의 수직력은 내력이므로 자유물체도에 나타나지 않는다.

그림 (b)의 자유물체도에서 각 외력은 칼라가 움직이는 경로에 대해 수직이므로 $(U_{1-2})_{\text{ext}} = 0$이다. 따라서 일과 에너지 원리를 이용하면* 식 (15.24)는 다음과 같다.

$$(U_{1-2})_{\text{ext}} + (U_{1-2})_{\text{int}} = T_2 - T_1$$
$$0 + (U_{1-2})_{\text{int}} = T_2 - 0$$

* 기계 에너지보존의 원칙인 식 (15.26)도 시스템이 보전적이기 때문에 사용할 수 있다.

위 식에서 초기운동에너지 $T_1 = 0$를 사용하였다. 식 (14.10)을 사용하여 스프링이 한 일 $(U_{1-2})_{\text{int}}$를 계산하고

$$-\frac{1}{2}k\left(\delta_2^2 - \delta_1^2\right) = \frac{1}{2}m_A(v_A)_2^2 + \frac{1}{2}m_B(v_B)_2^2$$

이 계의 운동에너지는 각 칼라의 운동에너지의 합이므로 스프링의 변형량 $\delta_1 = L_1 - L_0 = 1.8 - 1.2 = 0.6$ m이고 $\delta_2 = 0$을 대입하면

$$-\frac{1}{2}(100)[0 - (0.6)^2] = \frac{1}{2}(12)(v_A)_2^2 + \frac{1}{2}(8)(v_B)_2^2$$

위 식을 간략화하면 다음과 같다.

$$6(v_A)_2^2 + 4(v_B)_2^2 = 18 \tag{a}$$

2. 충격량-운동량 원리 이용

A와 B의 최종속도에 관한 식은 충격량-운동량 원리를 이용하면 얻어진다. 그림 (b)의 자유물체도로부터 x방향으로는 외부로부터 충격량이 가해지지 않음을 알 수 있다. 따라서 이 계의 x방향으로의 운동량은 보존된다. (수직방향으로의 운동량 변화는 0이지만 이것은 여기에서 쓰이지 않는다.) 위치 ①에서 x방향으로의 운동량은 0이므로 위치 ②에서도 0이어야 한다. 두 칼라의 운동량을 더하여 이 계의 운동량을 구하면 다음과 같다.

$$\overset{+}{\rightarrow} \qquad (p_x)_2 = m_A(v_A)_2 + m_B(v_B)_2 = 0$$

위 식에서 두 칼라의 속도는 오른쪽 방향을 +로 한다. 질량 값을 대입하면 이 식은 다음과 같이 된다.

$$12(v_A)_2 + 8(v_B)_2 = 0 \tag{b}$$

식 (a)와 (b)를 연립하여 풀면 칼라의 최대 속도는 다음과 같다.

$$(v_A)_2 = \pm 1.095 \text{ m/s} \quad \text{and} \quad (v_B)_2 = \mp 1.643 \text{ m/s}$$ **답**

이 해의 이중부호는 칼라 A가 위치 ②를 통과할 때 오른쪽으로 움직이고 칼라 B는 왼쪽으로 움직이는 것을 말한다.

예제 15.10

그림 (a)와 같이 12 kg의 블록이 정지 상태에서 2 kg의 쐐기 B의 꼭대기(위치 ①)에서 내려오고 있다. 블록이 그림 (b)와 같이 경사면의 바닥에 도착할 때의 A와 B의 속도를 구하라. 단, 마찰은 무시한다.

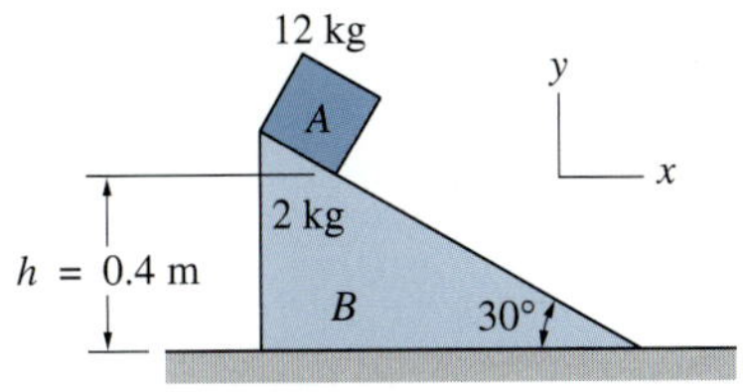

(a) 위치 ①

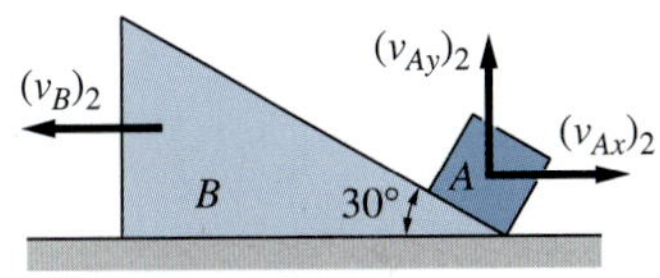

(b) 위치 ②

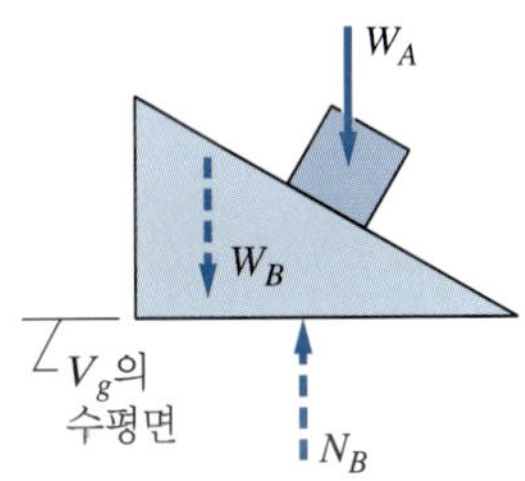

(c)

풀이

블록 A와 쐐기 B로 구성된 계에 다음과 같은 단계를 거쳐 해를 구한다.

1단계: 기계적 에너지보존의 원리를 적용한다.
2단계: x방향으로 선형운동량보존의 원리를 적용한다.
3단계: 운동학을 이용하여 A와 B의 속도관계식을 구한다.
4단계: 1~3단계의 결과로부터 나온 식을 푼다.

1~3단계의 순서는 바뀌어도 된다. 그림 (b)에 A와 B의 속도 방향을 가정하고 있다. 그림 (c)에는 임의의 위치에 대한 계의 자유물체 선도를 보인다.

1단계: 기계적 에너지보존 원리 적용

마찰은 무시하므로 위치 ①과 ② 사이에 이 계에 대해 일을 하는 힘은 A의 자중이다. 즉, 이 계는 보존적이다. 그림 (c)에서와 같이 수평면을 V_g의 기준면으로 하고 기계적 에너지보존의 원리,* 식 (15.26)을 적용하면

$$V_1 + T_1 = V_2 + T_2$$
$$m_A gh + 0 = 0 + \frac{1}{2}m_A(v_A)_2^2 + \frac{1}{2}m_B(v_B)_2^2$$

위 식에서 $T_1 = 0$이고 $V_2 = 0$이다. 주어진 값들을 대입하면

$$12(9.81)(0.4) = \frac{1}{2}(12)(v_A)_2^2 + \frac{1}{2}(2)(v_B)_2^2$$

이 식은 다음과 같이 된다.

$$6(v_A)_2^2 + (v_B)_2^2 = 47.09 \qquad \text{(a)}$$

2단계: x방향으로 선형운동량 보존의 원리 적용

그림 (c)의 자유물체 선도로부터 x방향으로는 힘이 없으므로 충격량도 없다. 따라서 운동량의 x성분은 보존된다(A와 B 사이의 법선력은 x성분이지만, 이것은 계의 내력이다).

* 일과 에너지 원리인 식 (15.24)도 사용할 수 있다.

위치 ①에서 운동량의 x성분은 0이므로 위치 ②에서의 운동량의 x성분도 0이다. 그림 (b)에서의 속도를 이용하면

$$\overset{+}{\rightarrow} \quad (p_x)_2 = m_A(v_{Ax})_2 - m_B(v_B)_2 = 0$$

위 식에 m_A와 m_B값을 대입하면

$$12(v_{Ax})_2 - 2(v_B)_2 = 0 \tag{b}$$

3단계: 운동학을 이용하여 A와 B의 속도의 관계식 유도

A와 B의 속도는 상대속도 관계식 $\mathbf{v}_A = \mathbf{v}_{A/B} + \mathbf{v}_B$를 만족해야 한다. 운동학적 구속은 $\mathbf{v}_{A/B}$가 B의 경사면 방향이라는 것이다. $\mathbf{v}_{A/B}$가 경사면을 내려가는 방향이라고 가정하면

$$\mathbf{v}_{A/B} = 30^\circ \searrow v_{A/B}$$

그림 (b)에서의 속도를 이용하여 위치 ②에서 상대속도 관계식은

$$(\mathbf{v}_A)_2 = (\mathbf{v}_{A/B})_2 + (\mathbf{v}_B)_2$$
$$(v_{Ax})_2\mathbf{i} + (v_{Ay})_2\mathbf{j} = (v_{A/B})_2\cos 30^\circ\mathbf{i} - (v_{A/B})_2\sin 30^\circ\mathbf{j} - (v_B)_2\mathbf{i}$$

위 식에서 벡터의 성분들을 같다고 두면, 다음 2개의 스칼라 식을 얻는다.

$$(v_{Ax})_2 = (v_{A/B})_2\cos 30^\circ - (v_B)_2 \tag{c}$$

$$(v_{Ay})_2 = -(v_{A/B})_2\sin 30^\circ \tag{d}$$

4단계: 1~3단계의 결과식에 대한 해법

식 (a)~(d)는 4개의 미지수 $(v_{Ax})_2$, $(v_{Ay})_2$, $(v_B)_2$ 및 $(v_{A/B})_2$를 포함하고 있다. 계산 결과는 다음과 같다.

$$(v_{Ax})_2 = 0.580\text{ m/s} \qquad (v_{Ay})_2 = -2.34\text{ m/s}$$
$$(v_B)_2 = 3.48\text{ m/s} \qquad (v_{A/B})_2 = 4.69\text{ m/s}$$

답

$(v_{Ay})_2$의 부호가 음이므로, 이 속도의 방향은 그림 (b)에서 보인 것과는 반대방향이다.

따라서 위치 ②에서 A의 속도는

$$(v_A)_2 = \sqrt{(v_{Ax})_2^2 + (v_{Ay})_2^2} = \sqrt{(0.580)^2 + (2.34)^2}$$
$$= 2.41\text{ m/s}$$

답

그림 (a)와 같이 질량이 각각 m인 2개의 작은 공이 마찰이 없고 질량을 무시할 만한 프레임 AOB에서 미끄러지고 있다. 지지점 O에서 x축에 대하여 프레임이 자유 회전하고 있다. 최초에 반경방향의 거리 R_1에 있는 두 공이 두 끈에 의해 연결된 상태에서 프레임이 각속도 ω_1로 회전하고 있다. 두 끈이 동시에 끊어져 거리 R_2에 있는 멈춤쇠 A와 B쪽으로 미끄러진다. 두 공이 멈춤쇠에 부딪혀 반발하지 않는다고 가정하면 프레임의 최종 각속도 ω_2를 구하라.

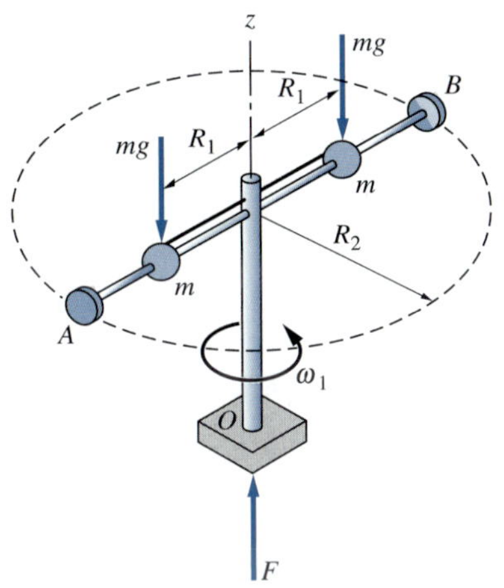

(a) 자유물체도

풀이

끈이 끊어지기 전의 프레임에 대한 자유물체도가 그림 (a)에 보여진다. 이 계에 대한 유일한 외력은 공의 무게 mg와 O에서의 지지반력 F이다. 공과 막대 그리고 공과 끈 사이에 작용하는 힘은 모두 내력이므로 계의 FBD에 나타나지 않는다.

그림 (a)에서 외력들이 x축과 평행하므로 z축에 대한 외력모멘트는 0이다. 끈이 끊어진 후 공이 z축으로부터 멀어지므로 FBD는 시간에 따라 변한다. 그러나 무게 벡터는 항상 z축과 평행한데, 이것은 공이 막대를 따라 움직임에 따라 z축에 대한 각충격량은 계속 0이 된다. 공이 멈춤쇠와 부딪힐 때 충돌력은 이 계의 내력이 된다. 따라서 이 계에서는 z축에 대해 각충격량이 전혀 없으며, 이 축에 대한 각운동량이 보존됨을 뜻한다.

그림 (b)와 (c)는 끈이 끊어지기 전의 시간 t_1과 줄이 끊어져 두 공이 멈춤쇠의 위치에 와 있는 시간 t_2에서의 운동량선도를 보인다. 프레임의 질량은 무시하므로 각 공의 선운동량만 고려한다. 공의 속도는 $v_1 = R_1\omega_1$과 $v_2 = R_2\omega_2$에 의해 각속도와 관계된다.

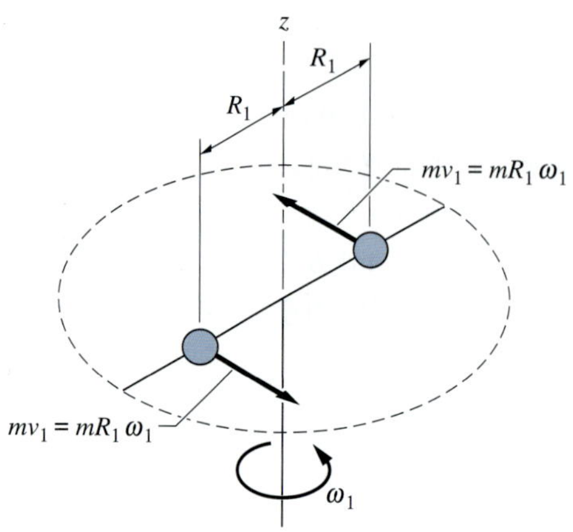

(b) $t = t_1$에서의 운동량선도

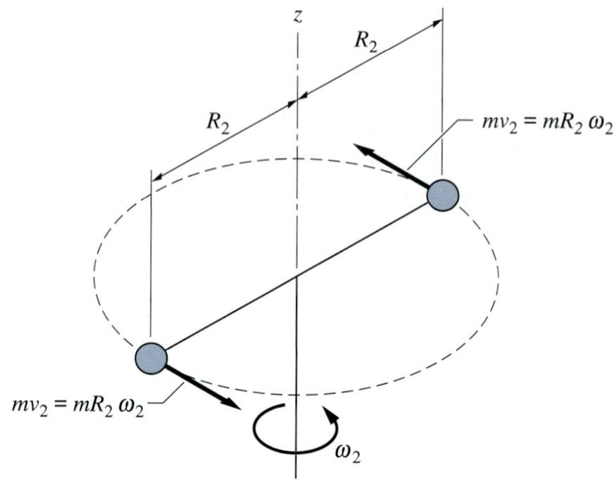

(c) $t = t_2$에서의 운동량선도

각운동량은 선행운동량의 모멘트와 같으므로, z축에 대한 각운동량 보존 원리에 의해

$$(h_z)_1 = (h_z)_2$$

$$2(mR_1\omega_1)R_1 = 2(mR_2\omega_2)R_2$$

따라서

$$\omega_2 = (R_1/R_2)^2\omega_1$$ 답

참조

질량을 회전축 쪽으로 또는 반대쪽으로 이동시키는 것은 각속도를 조절하는 효과적인 수단이다(답변에서 R_1/R_2 비율의 제곱에 유의한다). 예를 들어, 피겨스케이트 선수들은 회전 속도를 변화시키기 위해 팔의 위치를 이용한다.

연습문제

15.58 스프링이 변형되지 않은 상태에서 정지되어 있는 시스템이 있다. 여기서 4 kg의 질량추가 400 mm 수직낙하를 하였을 때 속도를 구하라. 스프링 상수 k = 240 N/m이고 봉의 자체 질량은 무시한다.

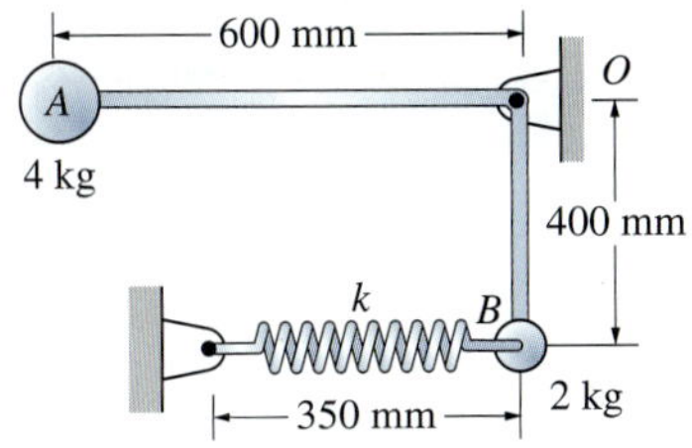

그림 P15.58

15.59 그림과 같은 위치에서 블록 A가 왼쪽으로 6.71 m/s의 속도로 움직이고 있고 스프링은 변형되지 않은 상태이다. A가 1.65 m 움직인 후 정지하게 하려면 스프링 상수 k는 얼마가 되면 되겠는가? A와 수평면과의 마찰계수는 0.2이며 도르래의 무게는 무시한다.

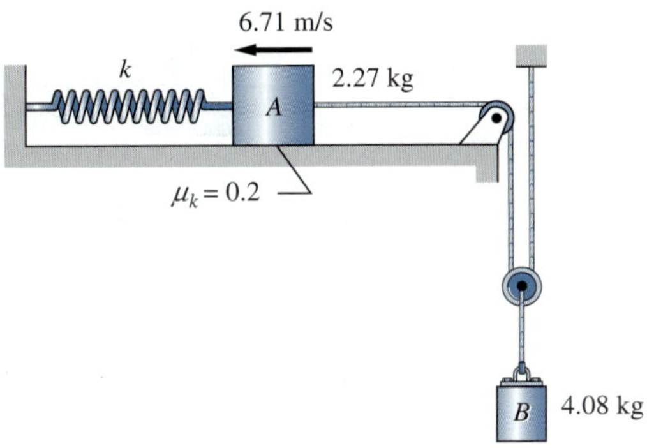

그림 P15.59

15.60 블록 A와 B가 도르래 C를 지나서 길이 6.5 m의 끈에 의해 연결되어 있다. x_A = 4 m일 때 이 계가 움직이기 시작한다면 B가 점선 위치까지 올 때 A의 속도를 구하라. 단, 마찰은 무시한다.

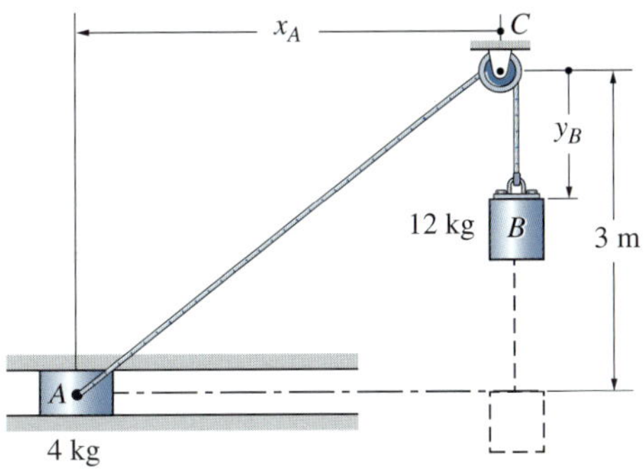

그림 P15.60

15.61 같은 질량 A와 B가 길이 L이고 질량을 무시할 수 있는 막대에 의해 연결되어 있다. 기계적 에너지보존의 원리를 이용하여 이 계의 운동방정식이 $\ddot{\theta} = (g/L)\sin\theta$임을 보여라.

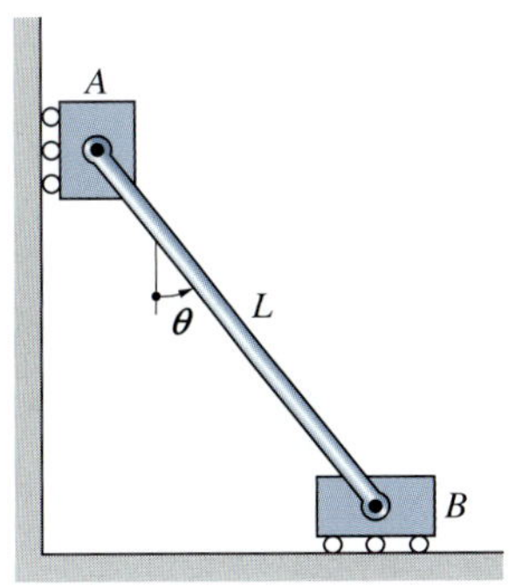

그림 P15.61

15.62 그림과 같이 체중이 40 kg인 소년이 60 kg의 보트에서 그림과 같은 속도를 가

그림 P15.62

지고 선창으로 뛰어오른다. 만약 소년이 뛰기 전에 보트가 정지해 있다면, 소년이 뛰는 순간 선창으로부터 이동하는 보트의 속도는 얼마인가?

15.63 그림과 같은 상태에서 물체 A가 마찰이 없는 경사로 B를 미끄러져 내린다. 경사로의 질량은 32 kg이며 수평방향으로 자유롭게 이동할 수 있다. 이때 물체 A가 경사로의 끝에 도달하였을 때 경사로의 위치를 구하라.

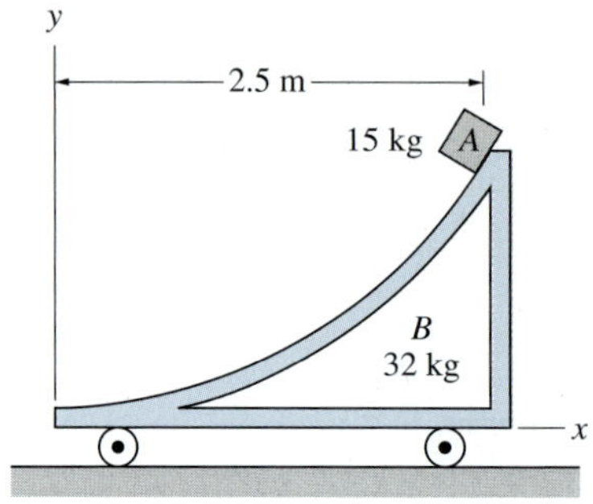

그림 P15.63

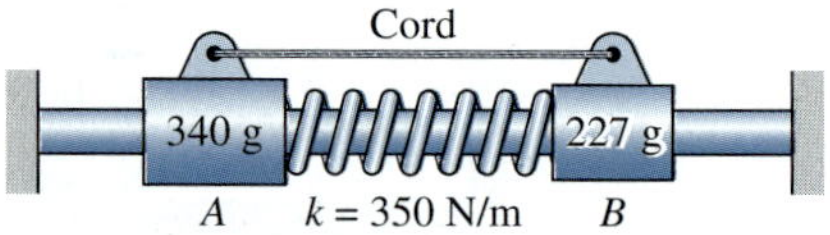

그림 P15.64

15.64 그림과 같이 계가 정지해 있을 때 스프링에 의해 끈이 816.5 g의 힘을 받고 있다. 끈이 끊어져 스프링의 힘이 0이 될 때 질량 A와 B의 속도를 구하라. 단, 마찰은 무시한다.

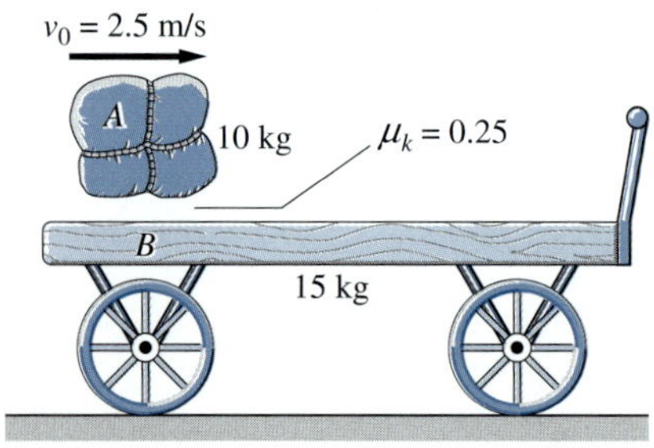

그림 P15.65

15.65 짐꾸러미 A가 정지해 있는 수레 B 위에 수평방향속도 $v_0 = 2.5$ m/s로 놓이고 있다. A와 B의 마찰계수가 0.25이고 B의 주행저항은 무시한다. (a) A가 B 위에서 상대적으로 정지하게 될 때 B의 절대 속도를 구하라. (b) A가 B에 대해 상대적으로 미끄러지는 거리를 구하라.

15.66 두 블록 A와 B가 무게가 없는 두 도르래를 통과하는 끈에 의해 연결되어 있다. 이 계가 그림과 같이 정지 상태에서 움직이기 시작한 후 A의 속도가 1.83 m/s에 도달하는 시간을 구하라. 마찰은 무시한다.

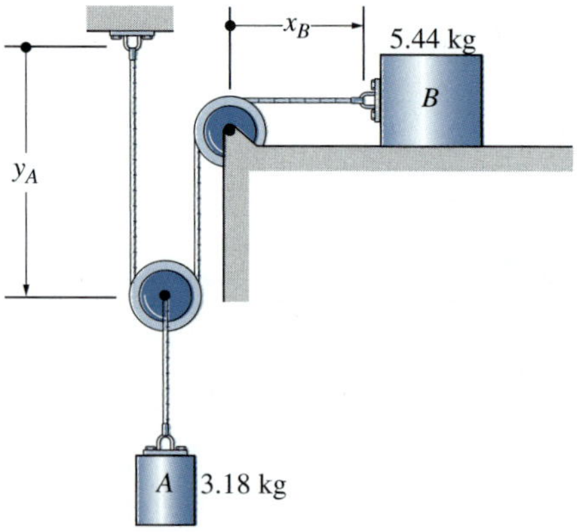

그림 P15.66

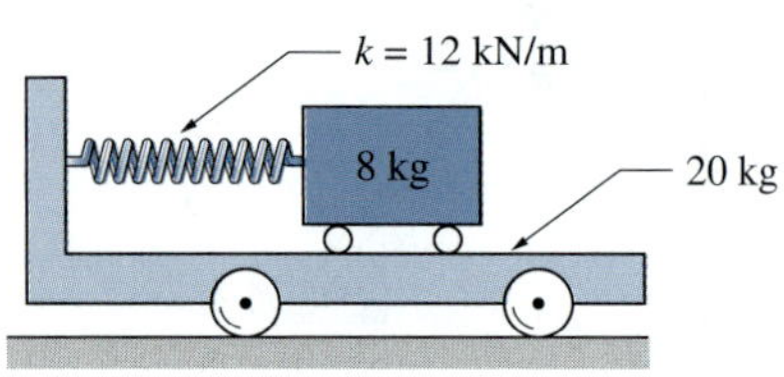

그림 P15.67

15.67 카트 위에 블록과 연결되어 있는 스프링을 100 mm가 될 때까지 당겼다가 놓았다. 스프링이 원래 길이로 복원되는 순간에 카트에 연결되어 있는 블록의 속도를 구하라.

15.68 두 풀리를 따라 움직이는 늘어나지 않는 케이블에 블록 A와 B가 달려 있다. 만약 시간 $t = 0$일 때 고정 장치를 푼다면 시간 $t = 7$ s인 순간의 속도를 구하라. 풀리의 무게는 무시한다.

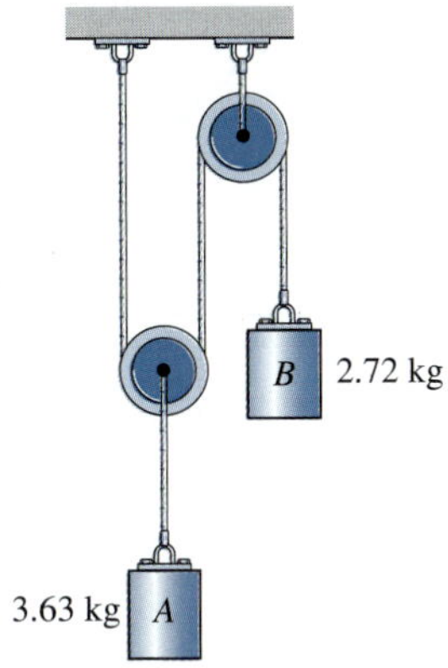

그림 P15.68

15.69 그림과 같은 장치가 정지 상태에서 움직이기 시작한다. 마찰을 무시할 때 A가 0의 속도로 튜브 C에 닿게 되도록 하는 B의 질량을 구하라. 튜브 내부 스프링의 스프링 상수는 200 N/m이다.

15.70 전기 윈치 C가 작동 중일 때 상자 A와 수레 B가 그림과 같은 상태에 놓여 있다. 윈치가 상자 A에 연결되어 있는 줄에 800 N의 장력을 주고 있다. 이때 상자가 수레 위에서 2.44 m를 이동하였을 때 카트의 속도를 구하라. 카트의 바퀴와 지면 사이의 마찰력은 무시한다.

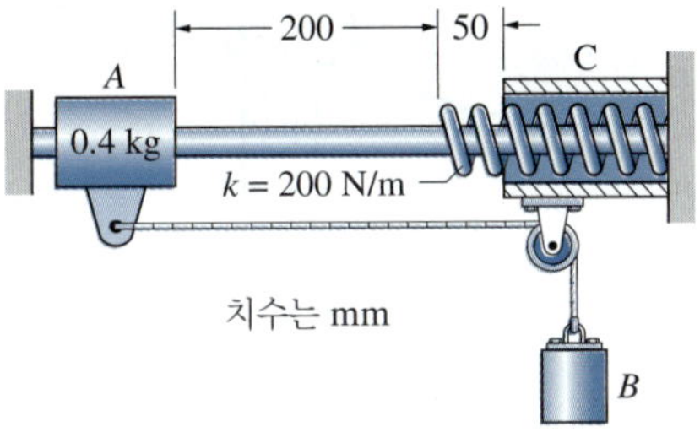

그림 P15.69

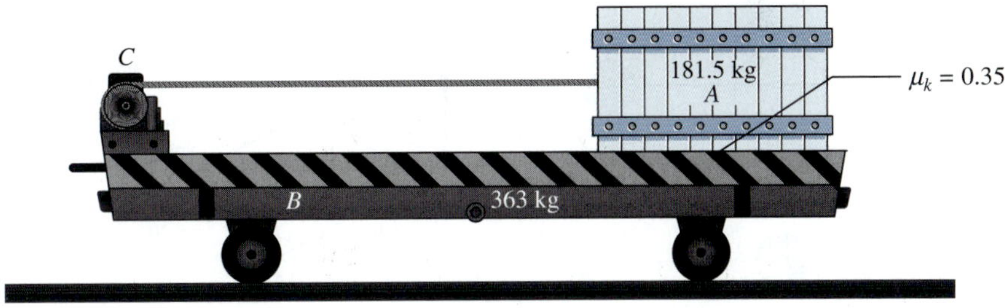

그림 P15.70

15.71 $\theta = 0$일 때 계가 움직이기 시작한다. $\theta = 60°$에서 이 계가 다시 정지하게 되도록 하는 m_A/m_B의 비율을 구하라. 마찰은 무시한다.

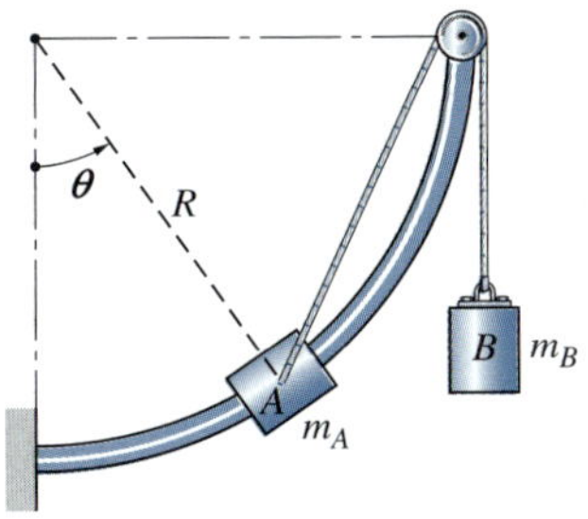

그림 P15.71

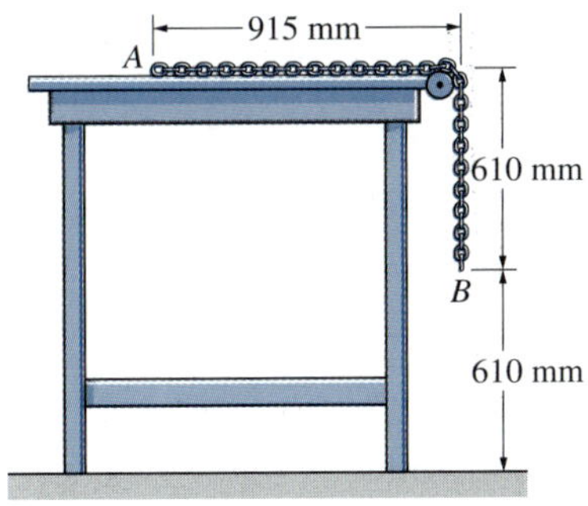

그림 P15.72

15.72 길이 1.52 m의 체인 AB의 무게가 6.8 kg이다. 그림의 위치에서 체인이 움직이기 시작할 때 체인의 끝 B가 지면을 치게 되는 속도를 구하라. 단, 마찰은 무시한다.

15.73 그림과 같이 계가 정지 상태에서 움직인다. A가 B와 부딪히기 직전에 멈출 수 있도록 L의 길이를 정하라(힌트: B가 지면에 부딪힐 때의 계의 속도를 먼저 계산해야 한다).

15.74 문제 15.55의 두 철도차량에 대해 충돌 시에 범퍼 사이의 최대 접촉력을 구하라. 주행저항을 무시한다(힌트: 최대접촉력은 두 차량의 속도가 같을 때 발생한다).

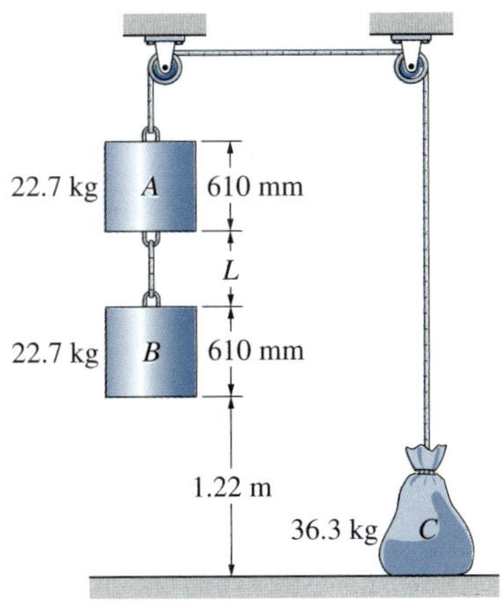

그림 P15.73

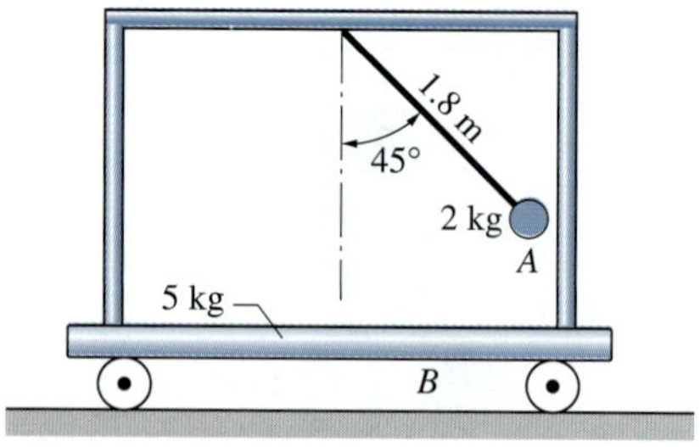

그림 P15.75

15.75 그림과 같이 단순추가 정지 상태에서 움직이기 시작한다. 추가 최초로 최저높이에 도달할 때에 (a) 추 A의 절대 속도와 (b) 수레 B의 절대 속도를 구하라. 단, 수레의 주행저항은 무시한다.

15.76 동일한 질량을 가진 3개의 물체들이 질량은 무시한 강체에 연결되어 있다. 회전체는 지점 O를 각속도 ω로 시계반대방향으로 회전하고 있다. 질량중심 G에 대하여 회전체의 각운동량을 계산하라.

15.77 계가 5 kg의 질량을 가진 세 질점을 가지고 있다. 어떤 순간에 질점들의 위치와 속도는 그림과 같다. 이때 (a) 지점 O, 그리고 (b) 지점 A의 각운동량을 계산하라.

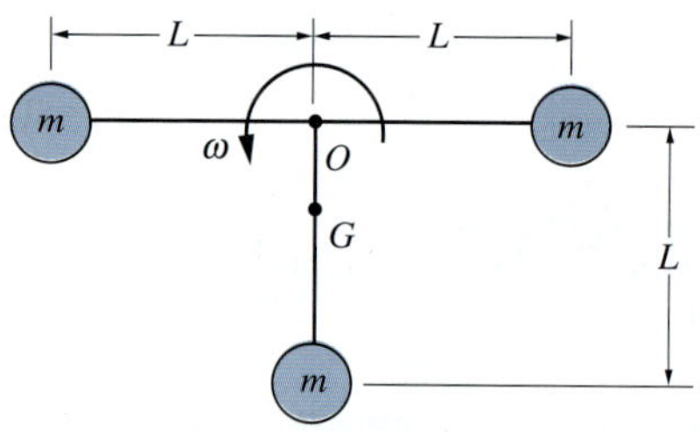

그림 P15.76

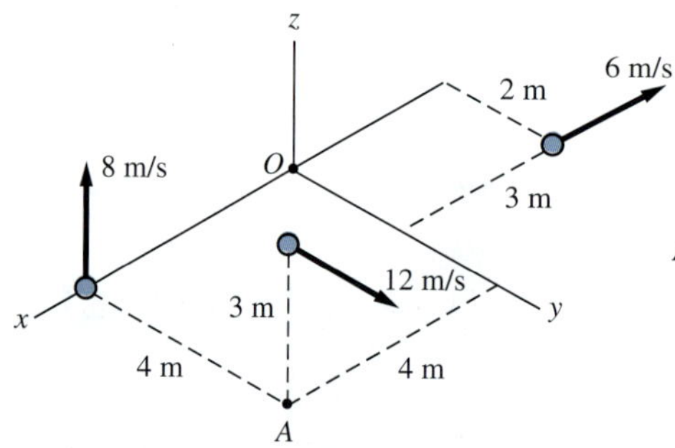

그림 P15.77

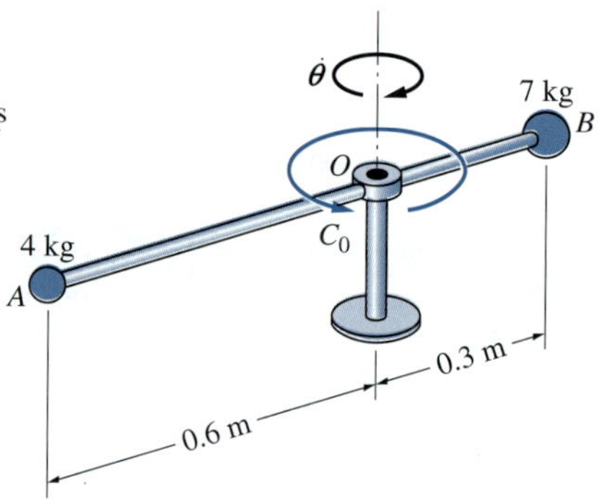

그림 P15.78

15.78 질량을 무시할 수 있는 막대에 부착된 두 질량으로 구성된 계가 O점에서 수직축을 중심으로 회전한다. 이 계가 초기에 각속도 $\dot{\theta}_0 = 140$ rad/s로 자유롭게 회전하다가 회전반대 방향으로 일정한 우력 $C_0 = 8\ \text{N}\cdot\text{m}$를 받게 되었다. (a) 이 계가 정지하는 데 걸리는 시간을 구하라. (b) 몇 회전 후 정지하게 되겠는가?

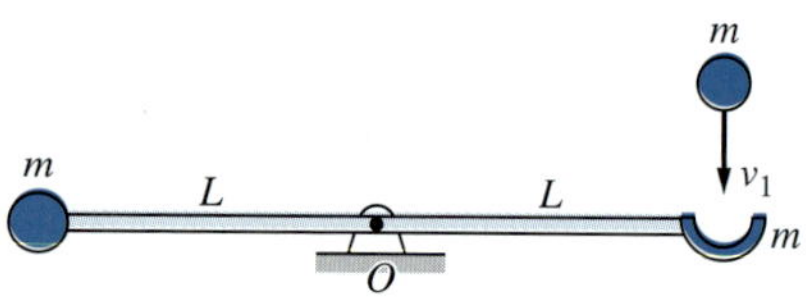

그림 P15.79

15.79 원점 O에 대해서 회전하고 양 끝에 질량이 m인 구와 컵이 달려 있는 막대가 있다. 막대가 그림과 같은 상태에 있을 때 질량이 m인 구형체가 v_1의 속도로 컵에 떨어진다고 하자. 구가 컵에 닿았을 때 튕겨나가지 않는다고 하면 (a) 충격 직후 막대의 각속도와 (b) 충격 이후 잃어버린 에너지의 비율을 구하라. 막대의 질량은 무시한다.

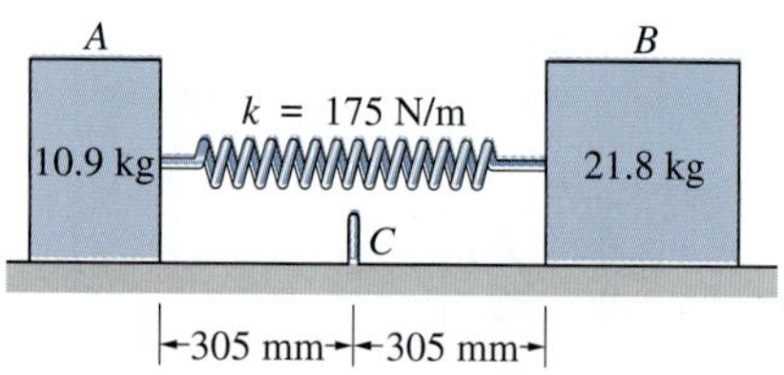

그림 P15.80

15.80 그림과 같이 두 블록이 정지 상태에서 움직인다. 블록을 연결하는 스프링의 자유길이는 152.5 mm이다. 어느 블록이 C의 멈춤쇠에 처음으로 부딪히게 되겠는가? 그리고 그 블록이 부딪히기 직전의 속도는 얼마인가? 마찰은 무시한다.

15.81 질량은 무시할 수 있는 막대로 연결된 두 질점 A와 B가 매끈한 평면 위에서 미끄러진다. 그림 (a)와 같이 가리키는 방향으로 회전하는 각 질점의 속도는 v_0이다. 막대가 그림 (b)처럼 90° 회전했을 때 A와 B의 속도를 구하라.

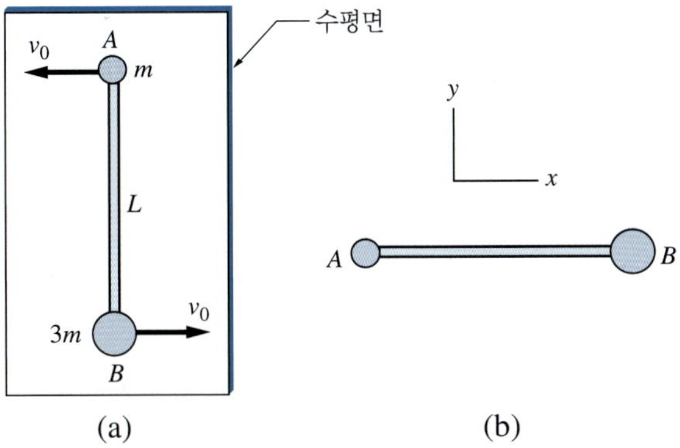

그림 P15.81

15.82 만약 장치가 $y_B = 0$인 위치에서 풀어진다면 $y_B = 400$ mm일 때, 추의 속도를 결정하라. 마찰력과 풀리의 질량은 무시한다.

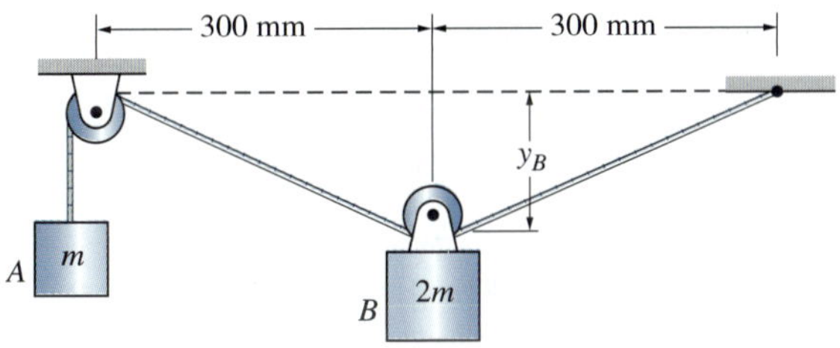

그림 P15.82

15.83 그림과 같이 전기 호이스트 A, 상자 B, 추 C, 그리고 도르래 D로 이루어진 계가 있다. 정지 상태에서 전기게양기 A가 작동하여 상자 B를 2 ft/s로 끌어 올릴 때 A, B, 그리고 C의 속도를 구하라.

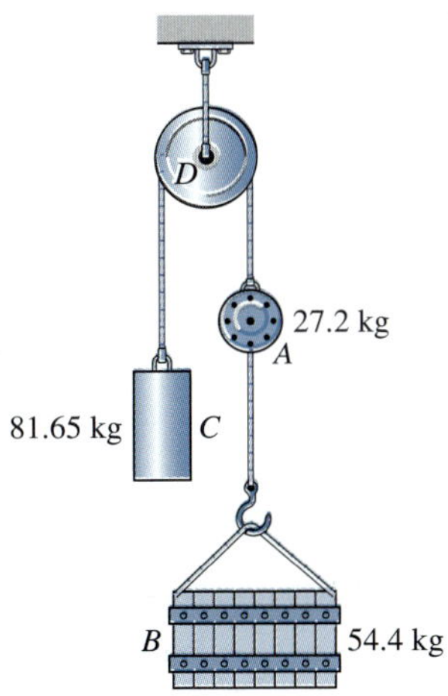

그림 P15.83

15.84 무게를 무시할 수 있는 바에 입자 A, B, C가 그림에 나타난 형태로 부착되어 있다. 어셈블리는 초기에 반시계방향 각속도 ω_0 B에 대해 수평면에서 회전하고 있다. 그림 (a)의 상태에서 바 BC가 갑자기 떨어져 나간다고 하면 그림 (b)의 상태일 때 입자 A와 B 벡터 속도를 구하라. 마찰은 무시한다.

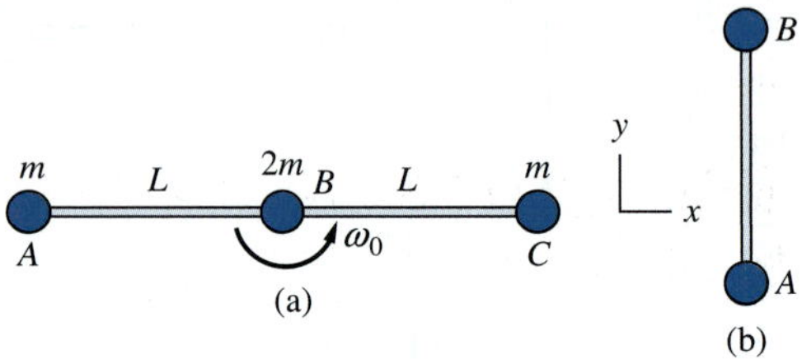

그림 P15.84

15.85 그림처럼 2개의 동일한 질량과 z-축을 중심으로 자유로이 회전하는 무게를 무시할 수 있는 프레임으로 구성된 계가 있다. 질량 A는 프레임에 고정되어 있으나 질량 B는 수평막대를 따라 자유로이 미끄러질 수 있다. A와 B 사이에 스프링 상수 k와 자유길이 R_0를 가지고 있는 이상적인 스프링으로 연결되어 있을 때 B가 프레임에 대해 상대적으로 정지해 있을 수 있도록 이 계의 R과 $\dot{\theta}$값을 구하라.

15.86 문제 15.85에서 질량 B가 $\dot{\theta} = \dot{\theta}_0$일 때 $R = R_0$ 위치에서 움직이기 시작한다면 (a) B가 O를 통과할 때 프레임에 대한 상대속도를 구하고 (b) B가 O에 오지 않도록 한다.

15.87 문제 15.85에서 질량 B가 $\dot{\theta} = \dot{\theta}_0$일 때 $R = R_0$ 위치에서 움직이기 시작한다. (a) 운동방정식이 아래와 같음을 유도하고 초기조건을 구하라.

$$\ddot{R} = R\left(\dot{\theta}^2 - \frac{k}{m}\right) \qquad \ddot{\theta} = -\frac{2R\dot{R}\dot{\theta}}{R_0^2 + R^2}$$

(b) 제시된 값을 가지고 수치해석을 이용하여 방정식을 풀고 그래프로 나타내라. (m = 0.25 kg, k = 300 N/m, R_0 = 0.4 m, 그리고 $\dot{\theta}_0$ = 30 rad/s) (c) 수치해석을 이용하여 R과 $\dot{\theta}$의 범위를 결정하라.

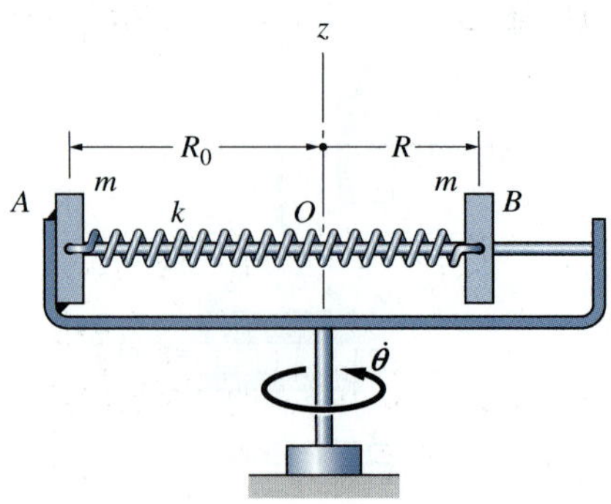

그림 P15.85–P15.87

15.8 소성충돌

동역학에서 보다 복잡한 문제 중의 하나가 물체 사이의 충격 또는 충돌이다. 충돌 간의 접촉력의 크기를 모르기 때문에 힘-질량-가속도 법을 사용할 수가 없다. 게다가 충돌 간에 기계적 에너지가 소리 또는 열에너지로 소모되므로 일과 에너지 법을 직접 적용할 수도 없다. 따라서 충격량과 운동량 법이 충돌문제 해석의 유일한 방법이다.

충돌현상을 블록 A와 B가 수평면에서 오른쪽으로 미끄러지고 있는 그림 15.12(a)를 사용하여 설명해보자. 두 블록이 충돌하기 전의 속도는 각각 $(v_A)_1$과 $(v_B)_1$이며 $(v_A)_1 > (v_B)_1$이다. 충돌 간 두 블록 사이에는 크기가 같고 방향이 반대인 힘이 작용한다. 이 접촉력 또는 충돌력은 충돌 전과 후에 0의 값을 가진다. 충돌해석의 중요한 목표의 하나가 초기 속도 $(v_A)_1$과 $(v_B)_1$을 알 때에 충돌 후 각 블록의 속도 $(v_A)_2$와 $(v_B)_2$를 구하는 것이다.

그림 15.12(b)는 충돌 간 각 블록의 자유물체 선도를 보여준다. 자중 W_A와 W_B 그리고 수직반력 N_A와 N_B(마찰무시)뿐만 아니라 각 블록은 크기가 같고 방향이 반대인 충격력 $\hat{P}$를 받는다. 충돌문제 해석을 위해서는 충돌 간 FBD를 그리는 것과 충격력을 찾아내는 것이 중요한 과정이다.

y방향으로의 힘을 모두 합하면 $N_A = W_A$와 $N_B = W_B$이 된다. 충격량-운동량 원리, 즉 $(L_{1-2})_x = \Delta p_x$를 블록 A에 대해 적용하여 그림 15.12 (a)와 (c)에 나타난 속도를 사용하면

$$\overset{+}{\rightarrow} \quad -\int_{t_1}^{t_2} \hat{P}\,dt = m_A(v_A)_2 - m_A(v_A)_1 \tag{15.38}$$

위 식에서 충격 동안에 $t = t_1$에서 t_2까지이다. 이와 유사하게 블록 B에 대하여

$$\overset{+}{\rightarrow} \quad \int_{t_1}^{t_2} \hat{P}\,dt = m_B(v_B)_2 - m_B(v_B)_1 \tag{15.39}$$

식 (15.38)과 (15.39)는 충격력 $\hat{P}$의 적분을 보여준다.

다른 방법으로서 그림 15.12(d)의 두 블록을 포함하는 계를 이용할 수도 있다. 충돌 간 계의 외부로부터의 충격량은 0이므로, 이 계의 운동량이 보존된다. x방향으로의 운동량은 $(p_1)_x = (p_2)_x$를 만족한다.

$$\overset{+}{\rightarrow} \quad m_A(v_A)_1 + m_B(v_B)_1 = m_A(v_A)_2 + m_B(v_B)_2 \tag{15.40}$$

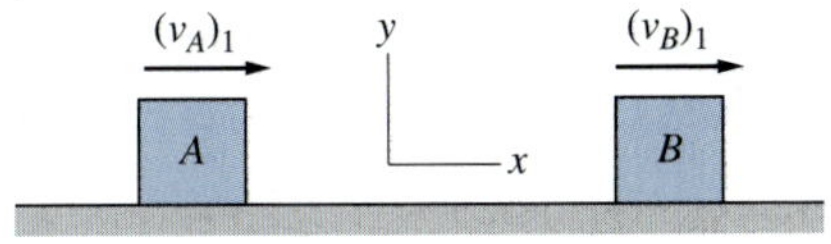

(a) 충돌 전 속도: $(v_A)_1 > (v_B)_1$

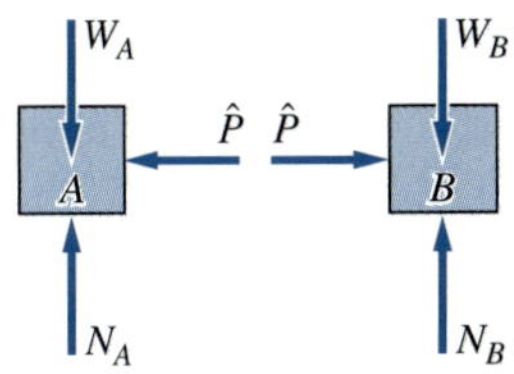

(b) 충돌 동안의 자유물체도

(c) 충돌 후의 속도

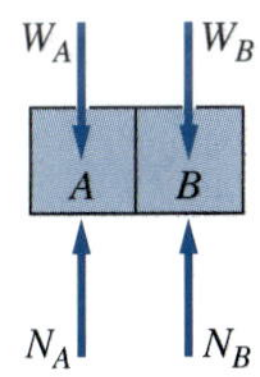

(d)

그림 15.12

즉, 식 (15.40)은 식 (15.38)과 (15.39)를 더하여 얻을 수도 있음을 주목하라.

초기속도를 알고 있으면 식 (15.40)은 속도 $(v_A)_2$와 $(v_B)_2$의 두 미지수를 포함한다. 완전한 해를 구하기 위하여 충돌하는 물체의 변형특성을 고려해야 한다.* 이 절에서는 충돌 직후 두 블록의 속도가 같게 되는 **소성충돌**(plastic impact)이라는 특별한 경우만을 고려한다.

따라서 소성충돌의 경우 다음과 같은 식이 추가로 성립한다.

$$(v_A)_2 = (v_B)_2 \tag{15.41}$$

위 식을 식 (15.40)과 연립하여 풀면 $(v_A)_2$와 $(v_B)_2$가 구해진다. 최종속도가 구해지면 식 (15.38) 또는 (15.39)에 의해 두 블록에 가해지는 충격력 $\hat{P}$가 구해진다.

소성충돌 과정을 해석하기 위해 그림 15.13과 같이 $\hat{P}$, v_A 그리고 v_B의 선도를 생각해보자. 충격력 $\hat{P}$의 크기는 충돌 동안, 즉 $\Delta t = t_2 - t_1$을 제외하고는 0이 된다. 초기속도 $(v_A)_1$과 $(v_B)_1$이 주어지고 소성충돌이므로 $(v_A)_2 = (v_B)_2$이다. 그림 15.13과 같이 충돌 간 $\hat{P}$와 속도는 모르기 때문에 점선으로 표시되었다. 그러나 $\hat{P}$-t 선도 아래의 면적(두 블록의 충격량)은 구해질 수 있다.

여기에서 취급하는 해석은 충돌 직전 및 충돌 직후의 속도와 충돌력이 만드는 충격량을 고려한다. 충돌 동안의 속도와 충격력의 변화는 고려할 수 없다.

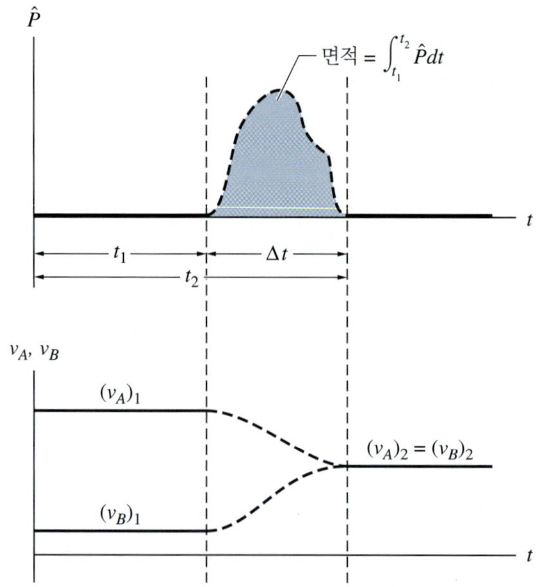

그림 15.13

* 이는 강체 모델을 폐기해야 하는 몇 안 되는 상황 중 하나라는 점에 유의하라. 두 개의 "강성" 물체의 충격에 대한 해석은 없다.

또한, 그림 15.13의 충돌시간 Δt는 해석 과정에서 취급하지 않았으므로 알 수 없다. 그러나 충돌시간이 아주 작다고 가정하여 풀 수 있는 충돌문제가 있다. 이것을 다음 절에서 설명한다.

15.9 충돌 운동

전 절에서 다룬 내용은 충돌시간 Δt가 아주 작으므로 충돌 동안에 물체의 변위를 무시하여 풀 수 있는 충돌문제가 많이 있다. 이런 조건을 만족하는 운동을 **충돌 운동**(impulsive motion)이라고 한다. 물론, 충돌 운동으로 가정하여 얻어지는 해는 근사적이다. 이 해는 $\Delta t \to 0$와 같이 이상적인 경우를 생각해보자. 그림 15.13의 충돌의 유한시간이 그림 15.14와 같이 표현될 수 있다.

$\Delta t \to 0$인 이상화된 시간을 갖고 그림 15.12에 묘사된 두 블록의 소성 충격을 다시 고려한다. 그림 15.13의 충돌시간 Δt가 그림 15.14에는 미세시간 dt로 교체되었음을 주목하라.

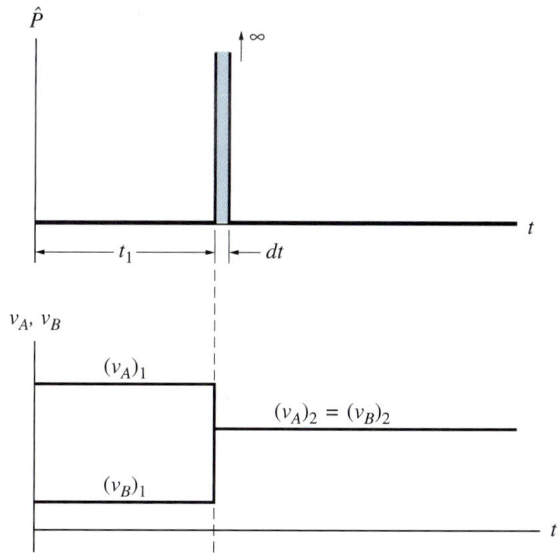

그림 15.14

그림 15.14를 관찰하면 다음과 같은 사실을 알 수 있다.

1. 충돌력의 크기는 무한하다. 충돌력 $\hat{P}$의 충격량은 식 (15.38)과 (15.39)의 충격량과 운동량에서 결정되므로 유한하다. 그러나 $\hat{P}$가 미세시간 dt 동안에 발생하므로 $\hat{P}$의 크기는 무한히 크게 되어야 한다. 이러한 미세한 시간에 가해지는 무한

대 크기의 힘을 충격력(impulsive force)* 이라고 한다.

2. 유한한 크기의 힘에 대한 충격량은 무시할 수 있다. 힘의 크기가 유한하다면 충돌 간의 충격량은 무시할 수 있다. 예를 들면, 질점의 무게 W는 유한한 크기의 비충격력이다. Δt의 시간 동안 W의 충격량, 즉 $W\Delta t$는 $\Delta t \to 0$가 될 때 0이 된다.

3. 블록의 가속도는 충돌 동안 무한대이다. 속도의 변화는 미세한 시간 동안 발생한다고 가정하므로, 그림 15.14에서 보는 바와 같이 불연속성을 보인다. $a = dv/dt$이므로 속도의 급작스러운 증가는 가속도가 무한대임을 나타낸다.

4. 블록은 충돌 전과 충돌 후에 같은 위치에 있다. $\Delta t \to 0$이므로 충돌 동안에 블록이 움직인 거리는 무한히 작다.

다음과 같이 충돌문제 해석을 위한 네 가지 단계를 제시한다. 이 절차는 충격운동 또는 비충돌 운동 모두의 경우에 적용된다.

1단계: 충돌하는 질점의 FBD를 그린다. 충돌력을 표시할 때는 Caret(^)을 사용해야 함을 기억하라.
2단계: 충돌 직전의 각 질점의 운동량선도를 그린다(질점의 운동량선도는 각 질점에 운동량벡터를 그리는 것이다).
3단계: 충돌 직후의 각 질점에 운동량선도를 그린다.
4단계: 1~3단계의 선도들을 이용하여 충격량과 운동량을 유도하고 이를 푼다.

* 충격력은 Dirac delta 함수 또는 스파이크의 예이다. 그림 (a)와 같이 폭 Δx, 높이 $1/\Delta x$인 직사각형을 생각해보라. 이 직사각형의 면적은 1이고 Δx의 값과는 무관하다. Δx가 미세한 dx로 되면 높이가 무한히 큰 값이 되지만 면적은 여전히 1이다. 이 과정은 그림 (b)와 같이 설명된다.

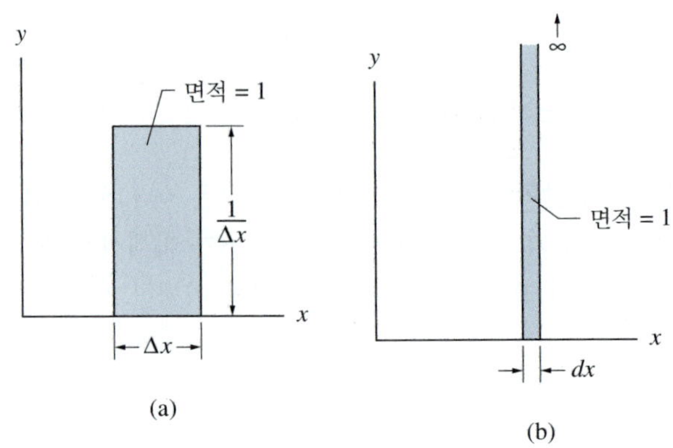

예제 15.12

그림 (a)와 같이 슬라이더 A와 플레이트 B가 마찰을 무시할 수 있는 수직안내 막대에서 미끄럼운동을 한다. 플레이트가 스프링 상수 $k = 438$ N/m인 스프링에 정지해 있을 때 슬라이더 A가 떨어진다. A와 B의 충돌이 소성적이고 충돌시간은 무시할 만하다. (1) 충돌 직후 A와 B의 속도를 구하라. (2) 충돌 동안에 소멸된 기계적 에너지의 백분율을 구하라. (3) 충돌 동안에 접촉력의 충격량을 구하라. (4) 충돌 후 B의 최대 변위를 구하라.

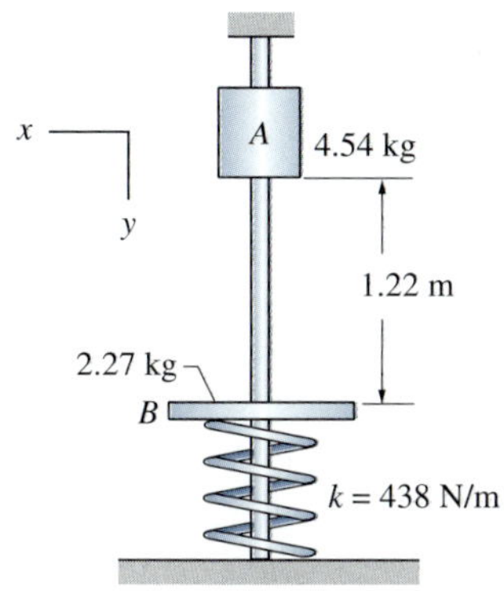

(a)

풀이

이 계에는 네 종류의 위치가 관계된다.

① 초기위치
② 충돌 직전의 위치
③ 충돌 직후의 위치
④ B의 최대 변위 위치이다.

충돌시간은 무시할 만하므로 위치 ②와 ③은 일치한다.

문항 1

①에서 ②로의 운동 충돌 전의 A의 속도는 위치 ①과 ② 사이에 일과 운동에너지 원리를 적용하면 얻어진다.

$$U_{1\text{-}2} = T_2 - T_1$$

$$W_A \Delta y_A = \frac{1}{2} m_A (v_A)_2^2 - 0$$

$$(4.54 \times 9.81)(1.22) = \frac{1}{2} 4.54 (v_A)_2^2$$

따라서 $(v_A)_2 = 4.89$ m/s이다.

②에서 ③으로의 운동 충돌 직후 A와 B의 속도는 위치 ②와 ③에 충격량-운동량 원리를 적용하면 얻어진다. 충돌시간은 무시할 수 있으므로 이 운동은 충돌 운동이라고 할 수 있다. 충돌 동안 A와 B에 작용하는 힘이 그림 (b)의 자유물체 선도에 나타나 있다. W_A, W_B 그리고 F는 유한한 크기의 힘이다. ($F = k\delta$이므로 스프링의 변형량 δ가 유한한 이상 F도 유한하다.) A와 B의 접촉력 $\hat{P}$는 크기가 무한대이므로 충격력이다.

충돌 운동의 해석에는 유한한 크기의 힘은 무시되므로, 그림 (c)와 같이 충격력에 대해서만 자유물체 선도를 그리는 것이 편리하다. 그림 (d)와 (e)에 위치 ②와 ③에 대한 운동량 그림이 있다. 소성충돌 후, 두 질량은 동일한 속도 $(v_A)_3 = (v_B)_3 = v_3$가 된다.

그림 (c)에서 A와 B로 구성된 계에 가해지는 충격량은 서로 상쇄되어 0이 된다.

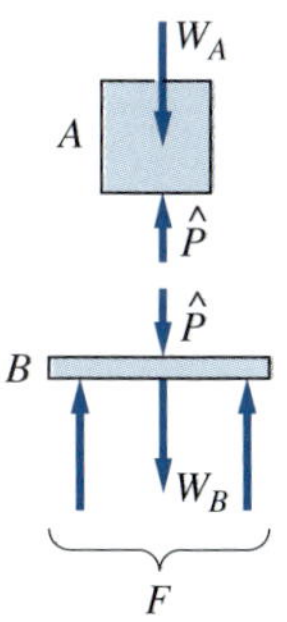

충돌 동안의 자유물체도

(b)

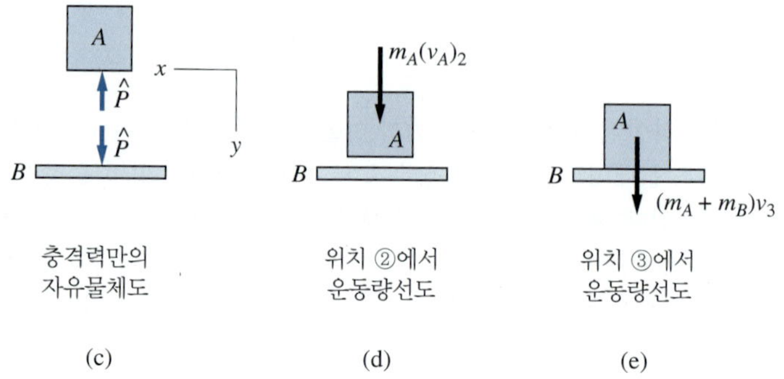

그러므로 계의 운동량은 y방향으로 보존된다.

$$(p_y)_2 = (p_y)_3$$
$$+\downarrow \quad m_A(v_A)_2 = (m_A + m_B)v_3$$
$$4.54(4.89) = 4.54 + 2.27v_3$$

따라서 충돌 직후 속도는

$$v_3 = 3.26 \text{ m/s}$$ **답**

문항 2

충돌 동안의 위치에너지의 변화는

$$\begin{aligned}\Delta T &= T_3 - T_2 \\ &= \frac{1}{2}(m_A + m_B)v_3^2 - \frac{1}{2}m_A(v_A)_2^2 \\ &= \frac{1}{2}(4.54 + 2.27)(3.26)^2 - \frac{1}{2}(4.54)(4.89)^2 \\ &= 36.19 - 54.28 = -18.1 \text{ N}\cdot\text{m}\end{aligned}$$

충돌 간 소모된 에너지 백분율은

$$\%\ \text{loss} = -\frac{\Delta T}{T_2} \times 100\% = \frac{18.1}{54.28} \times 100\% = 33.3\%$$ **답**

문항 3

충격력 $\hat{P}$는 A 또는 B에 충격량과 운동량을 적용하면 얻어진다. A에 대해 적용하면 그림 (c)~(e)로부터

$$(L_{2\text{-}3})_y = (p_y)_3 - (p_y)_2$$

$$+\!\downarrow \quad -\int_{t_2}^{t_3} \hat{P}dt = m_A[v_3 - (v_A)_2] = 4.54(3.26 - 4.89)$$

따라서

$$\int_{t_2}^{t_3} \hat{P}dt = 7.4\ \text{N}\cdot\text{s} \qquad \text{답}$$

물론 B에 대해 적용해도 같은 결과가 나온다. 지금까지 충돌 동안의 충격량 $\hat{P}$를 알아냈지만 $\hat{P}$ 자체는 알 수 없음을 주의하라.

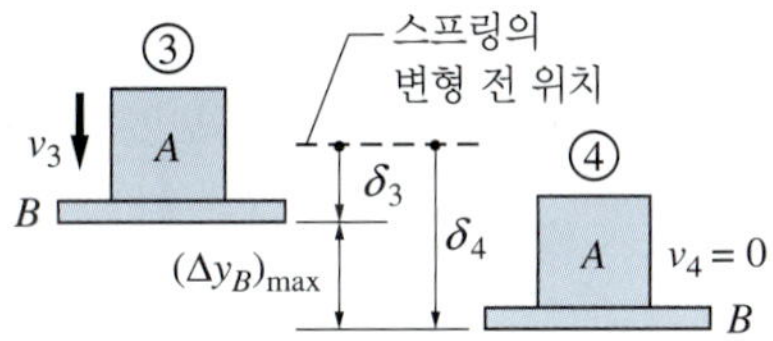

(f)

문항 4

③에서 ④로의 운동 그림 (f)에서 보는 바와 같이 플레이트 B의 최대변위는 $(\Delta y_B)_{max} = \delta_4 - \delta_3$와 δ_4는 각각 위치 ③과 ④에서 스프링의 변형량이다. 위치 ③에서 B가 초기 위치로부터 움직이지 않았음을 고려하면 δ_3는 B의 무게에 의한 스프링의 초기 변형량과 같다. 따라서 $\delta_3 = W_B/k = \dfrac{22.24}{438} = 50.8$ mm이다. 그림 (f)의 위치 ③과 ④에서 일과 에너지 원리로부터

$$U_{3-4} = T_4 - T_3$$

$$(W_A + W_B)(\delta_4 - \delta_3) - \frac{1}{2}k\left(\delta_4^2 - \delta_3^2\right) = 0 - \frac{1}{2}(m_A + m_B)v_3^2$$

$$(4.54 + 2.27)(9.81)\left(\delta_4 - (50.8 \times 10^{-3})\right) - \frac{1}{2}(438)\left[\delta_4^2 - \left(5.08 \times 10^{-2}\right)^2\right] = -\frac{1}{2}(4.54 + 2.27)(3.26)^2$$

위 식의 양의 값을 가지는 해는 $\delta_4 = 571$ mm이다. 따라서 플레이트 B의 최대 변형량은

$$(\Delta y_B)_{max} = \delta_4 - \delta_3 = 571 - 50.8 = 520.2\ \text{mm} \qquad \text{답}$$

주의 보통 범하기 쉬운 실수는 위치 ①과 ④ 사이에 일과 에너지 원리(또는 기계적 에너지보존의 법칙)는 충돌 동안의 운동에너지 손실을 고려하지 않기 때문에, 이 원리는 충돌이 포함되지 않는 위치에서만 사용될 수 있다.

예제 15.13

그림 (a)에서 10 kg의 쐐기 B에 멈춤쇠 C에 의해 정지해 있다가 날아오는 50 g의 총알 A가 박혔다. 수평으로 날아오는 총알 A의 속도는 $(v_A)_1 = 900$ m/s이다. 충돌시간은 무시한다. 모든 충돌이 소성적이며 마찰을 무시할 때 (1) 쐐기가 경사면을 따라 밀려 올라가는 속도를 구하라. (2) 각 충격력의 충격량을 구하라.

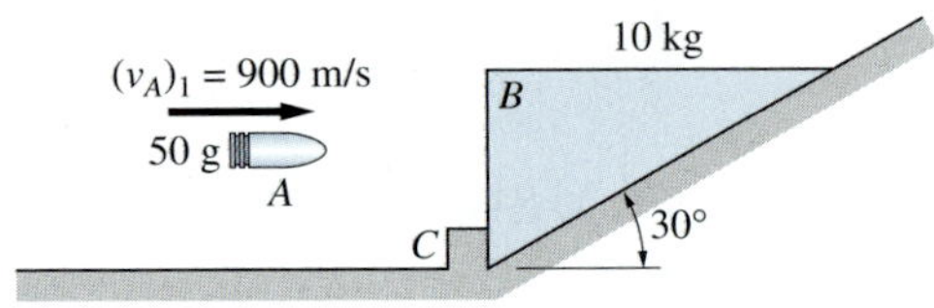

(a)

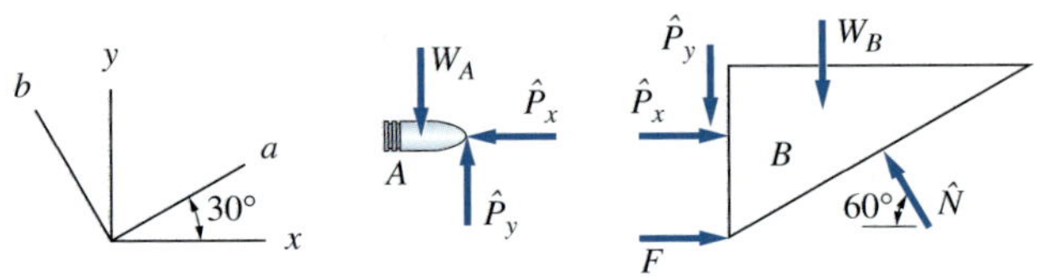

(b) 충돌하는 동안 자유물체도

풀이

기초 해설

문제가 되는 두 위치는 충돌 직전의 위치 ①과 충돌 직후의 위치 ②이다. 충돌시간은 무시하므로 운동은 충격적이며 총알과 쐐기는 충돌 전과 후에 동일한 위치에 있다. 이 문제에는 두 가지의 충돌이 있음을 관찰하라. 즉, A와 B의 충돌과 B와 경사면의 충돌이다. 이 소성충돌의 경우, (a) 총알이 쐐기 B에 박혔고, (b) 쐐기 B는 경사면과 접촉을 유지하고 있다.

그림 (b)는 충돌 간 A와 B의 자유물체도를 보여준다. xy축과 ab축을 사용하였다. 이 FBD에서 A와 B의 무게인 W_A와 W_B, B가 경사면에서 내려오지 못하게 하는 힘 F 또한 A와 B 사이에 작용하는 $\hat{P}_x$와 $\hat{P}_y$ 그리고 경사면이 B에 대해 작용하는 법선충돌력 $\hat{N}$이 나타나 있다. 이 경우 $\hat{\mathbf{P}}$와 $\hat{N}$만이 충격력으로 간주된다. 그림 (c)에는 충격력만 고

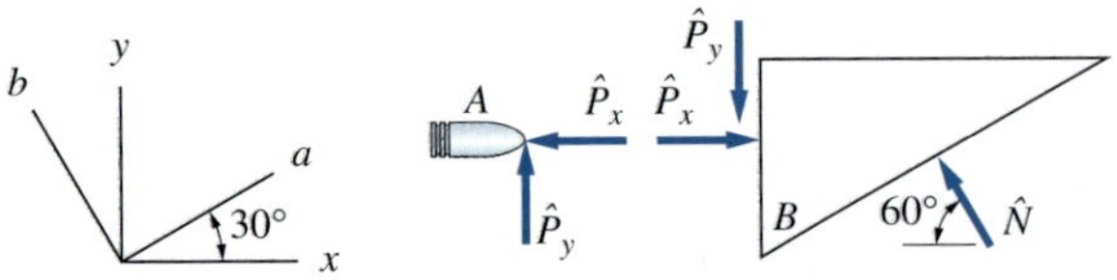

(c) 자유물체 선도
(충격력만 포함)

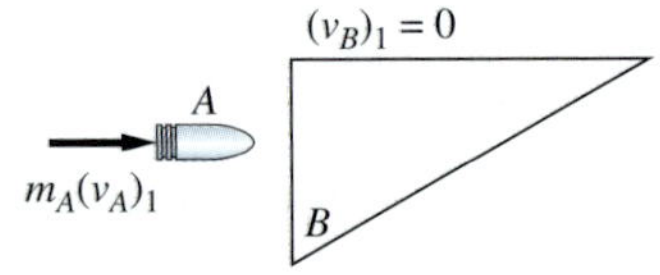

(d) 충돌 전 운동량

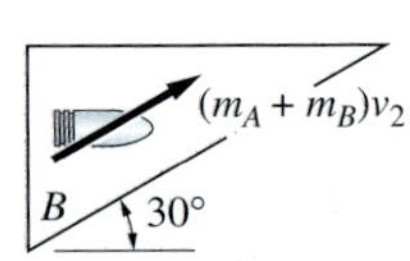

(e) 충돌 후 운동량

려한 FBD를 보여준다. 그림 (d)와 (e)에는 충돌 직전 및 직후의 운동량을 보인다. 그림 (e)에는 충돌 후 A와 B의 공통속도인 v_2의 방향이 경사 위로 향함을 보여준다.

그림 (c)~(e)를 관찰하면 충격량 $\hat{P}_x$, $\hat{P}_y$, $\hat{N}$ 그리고 최종속도 v_2의 네 가지 미지수가 나타난다. A와 B의 운동량벡터의 변화와 충격량벡터를 같다고 놓으면 네 가지 미지수를 풀기 위한 4개의 스칼라 식이 얻어진다. 그러나 처음부터 A와 B를 모두 포함하는 계를 사용하면 더 효과적인 해가 나온다.

문항 1

그림 (c)의 FBD에서 $\hat{N}$과 A와 B를 포함한 계에 대해 외부 충격량을 형성하는 유일한 충격력임을 알 수 있다($\hat{\mathbf{P}}$는 내력이다). $\hat{N}$이 b방향으로 작용하므로 계의 운동량은 a방향으로는 보존적이다. 그림 (d)와 (e)를 참고하면,

$$(p_a)_1 = (p_a)_2$$

$$\overset{+}{\nearrow} \quad m_A(v_A)_1 \cos 30° = (m_A + m_B)v_2$$

$$0.050(900) \cos 30° = (0.050 + 10)v_2$$

따라서 충돌 직후 A와 B의 공통속도는

$$v_2 = 3.88 \text{ m/s}$$ 답

문항 2

$\hat{N}$에 의한 충격량은 계의 b방향 운동량의 변화를 고려하면 얻어진다. 충돌 전 b방향의 계의 운동량은 $m_A(\mathbf{v}_A)_1$의 b방향 성분이고, 충돌 후에 계의 b방향 운동량성분은 없다. 따라서 벡터 식 $\mathbf{L}_{1-2} = \Delta\mathbf{p}$의 b방향 성분은

$$\overset{+}{\nwarrow} \quad \int_{t_1}^{t_2} \hat{N}\, dt = (p_b)_2 - (p_b)_1$$

$$= 0 - [-m_A(v_A)_1 \sin 30°] = 0.050(900) \sin 30°$$

$$= 22.5 \text{ N} \cdot \text{s}$$ 답

$\hat{P}_x$와 $\hat{P}_y$에 의한 충격량은 총알 A의 스칼라 형태의 충격량과 운동량에 대한 두 식을 풀면 된다. 그림 (c)~(e)를 고려하면 A의 충격량과 운동량식의 x-성분은

$$(L_{1-2})_x = (p_x)_2 - (p_x)_1$$

$$\overset{+}{\rightarrow} \quad -\int_{t_1}^{t_2} \hat{P}_x\, dt = m_A v_2 \cos 30° - m_A(v_A)_1$$

$$= 0.050(3.88) \cos 30° - 0.050(900)$$

따라서

$$\int_{t_1}^{t_2} \hat{P}_x\, dt = 44.8 \text{ N} \cdot \text{s} \qquad \text{답}$$

마찬가지로 총알 A의 충격량과 운동량식의 y-성분을

$$(L_{1-2})_y = (p_y)_2 - (p_y)_1$$

$$+\!\uparrow \quad \int_{t_1}^{t_2} \hat{P}_y\, dt = m_A v_2 \sin 30° - 0$$

$$= 0.050(3.88) \sin 30°$$

$$= 0.0970 \text{ N} \cdot \text{s} \qquad \text{답}$$

해를 검증하기 위하여 쐐기 B에 대한 충격량과 운동량식을 사용할 수 있다. 예를 들면, 그림 (d)와 (e)로부터 B의 b방향 운동량성분은 충돌 전과 후에 0임을 알 수 있다. 따라서 그림 (c)를 B에 작용하는 충격량의 b방향 성분을 구하면

$$(L_{1-2})_b = (p_b)_2 - (p_b)_1 = 0 - 0$$

$$\overset{+}{\nwarrow} \quad \int_{t_1}^{t_2} \hat{N}\, dt - \int_{t_1}^{t_2} \hat{P}_x\, dt \sin 30° - \int_{t_1}^{t_2} \hat{P}_y\, dt \cos 30° = 0$$

이렇게 하여 이미 구해진 해를 위 식에 의하여 검증하였다.

연습문제

15.88 3개의 동일한 1.134 kg 무게의 블록이 마찰이 있는 수평면 위를 미끄러지고 있다. 초기에는 A의 2.74 m/s 속도로 오른쪽으로 움직이고 B와 C는 정지해 있다. 모든 충돌이 소성적이라고 할 때, (a) 첫 번째 충돌 후 각 블록의 속도, (b) 두 번째 충돌 후 각 블록의 속도를 구하라.

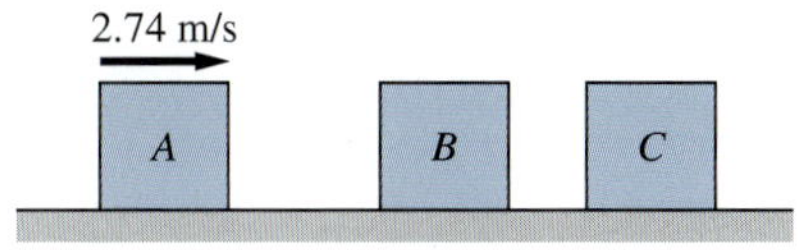

그림 P15.88

15.89 1차 세계대전 때 파리스 건이라고 불린 125 Mg의 자체 질량과 106 kg의 탄두 질량을 가졌고 1640 m/s의 머즐 속도를 가지고 있는 열차 거치형 대포가 있다. 그림에 보여진 상태에서 발사 직후에 반동 속도를 구하라.

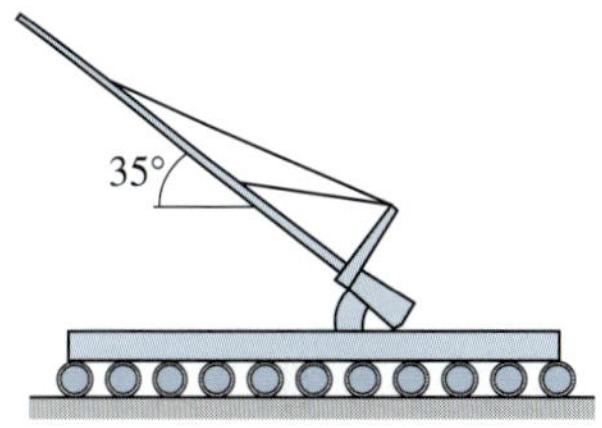

그림 P15.89

15.90 두 차량 A와 B가 그림에 있는 속도로 운행하고 있다. 차량 A가 차량 B에 충돌한 후 두 차량은 연결되었다. 두 차량의 최종 속도와 연결되는 동안 손실된 운동에너지의 백분율을 구하라.

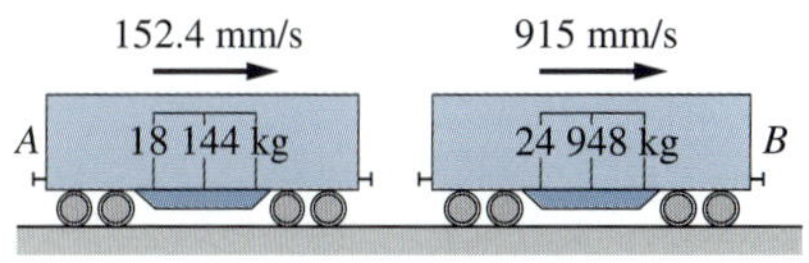

그림 P15.90

15.91 질량 1.6 kg의 블록이 수평면 위에 정지해 있다. 8 g의 총알이 블록에 박힌 후 스프링의 변위는 52 mm이다. 총알의 속도 v_A를 구하라. 총알은 블록에 박혀 있다고 가정하라.

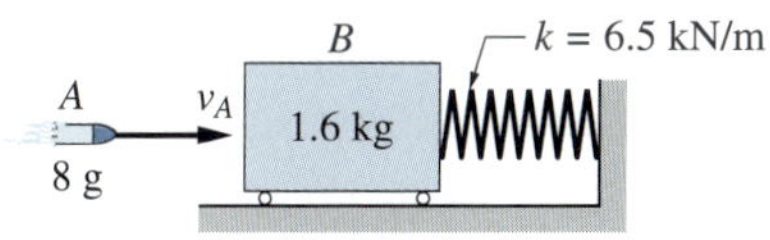

그림 P15.91

15.92 3.63 kg의 상자 A가 그림과 같이 정지 상태에서 활강면을 따라 미끄러져 8.165 kg의 운동대 위에 얹힌 후 상자와 운반대가 지면을 거리 d만큼 미끄러져 정지한다. 운반대와 지면 사이의 운동마찰계수가 0.2일 때 거리 d를 구하라.

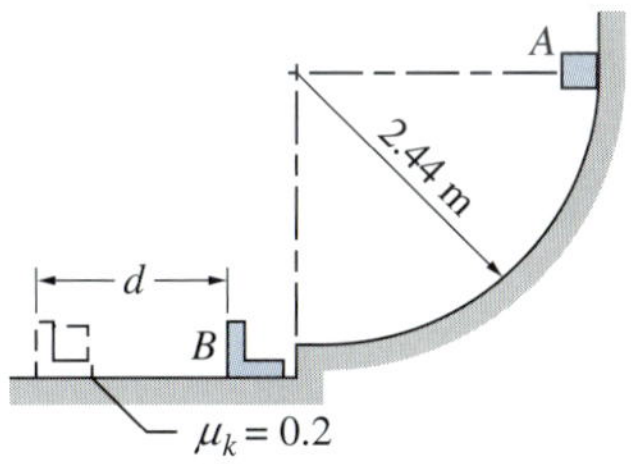

그림 P15.92

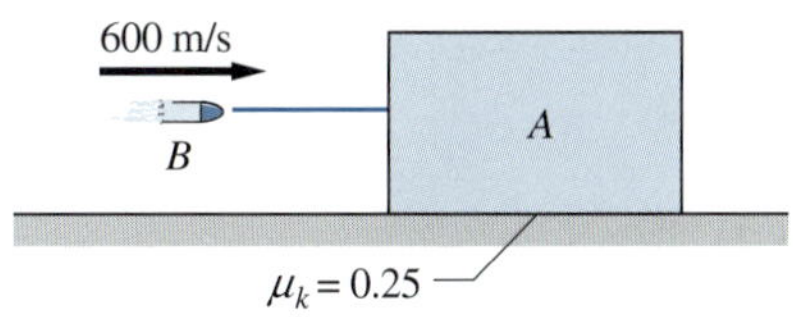

그림 P15.93

15.93 20 g의 총알 B가 600 m/s의 속도로 날아와 정지해 있는 10 kg의 블록 A에 박힌다. 블록과 수평면과의 운동마찰계수가 0.25이다. (a) 충돌 후 블록이 움직인 거리를 구하라. (b) 충돌로 인해 소모된 기계적 에너지의 백분율을 구하라. 총알은 블록에 박힌 것으로 가정한다.

15.94 27.2 kg의 자루가 비탈면을 따라 미끄러져 2.44 m/s의 속도로 질량이 99.8 kg인 정지해 있는 수레 A에 얹히게 된다. 수레의 주행저항을 무시할 때 (a) 가방이 수레에 얹혀 정지할 때 수레의 속도를 구하라. (b) 충돌 간에 소모된 기계적 에너지의 백분율을 구하라.

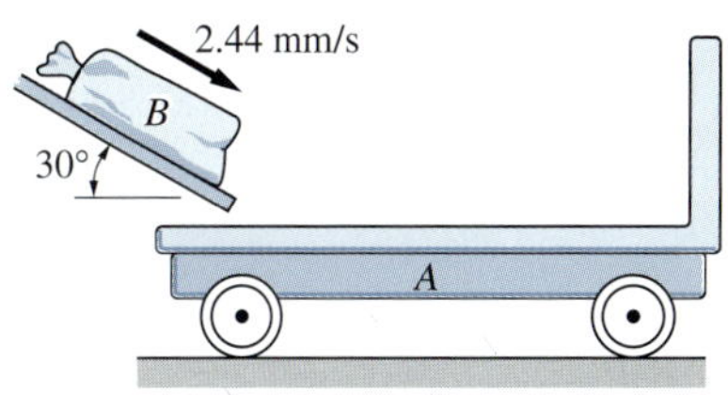

그림 P15.94

15.95 질량 2268 kg인 자동차 A에 의해 후미를 받힌 1633 kg인 자동차 B가 브레이크 장치로 주차되어 있었다. 충돌 후 두 차량은 정지하기 전까지 함께 6.71 m를 밀려갔다. 도로와 자동차 B의 타이어와의 운동마찰계수는 0.8이다. 충돌 직전까지 밀려간 자동차들의 속도는 얼마인가? 브레이크 장치는 적용시키지 않는다.

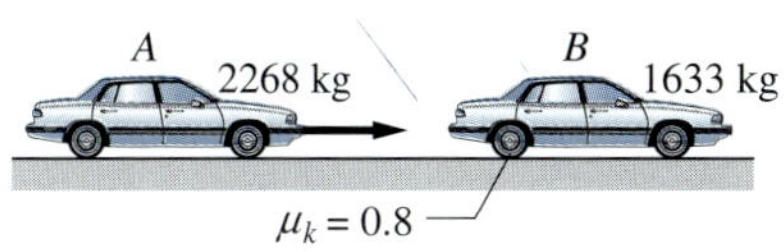

그림 P15.95

15.96 못이 박힌 질량 8 kg 진자가 위치 ①에서 내려온다. 진자가 위치 ②에 오면 못이 질량 3 kg의 조각을 관통한 채 바로 멈추기 전까지 위치 ③까지 같이 움직인다. 위치 ③에서의 각도 θ를 구하라.

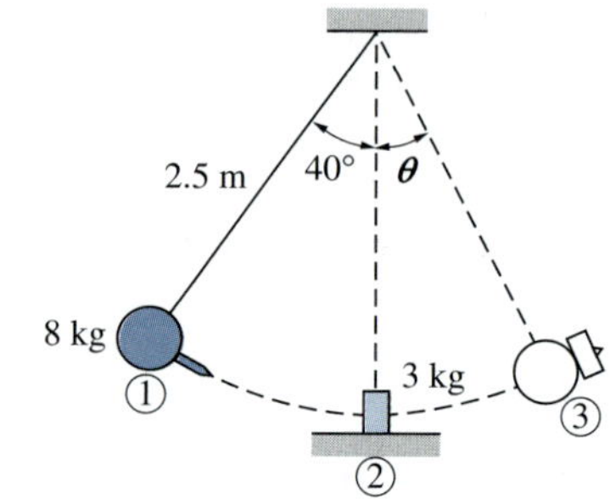

그림 P15.96

15.97 동일한 쇼핑카트 A와 B의 각 중량이 22.7 kg이다. 중량이 15.88 kg인 상품이 카트 A 안에서 앞으로 미끄러진다. 만약 카트 A가 4.57 m/s의 속도로 카트 B를 민다면 (a) 초기 충돌 직후의 두 카트의 속도를 구하라. (b) 두 카트의 최종 속도를 구하라. 마찰력은 무시하고 충돌이 소성적이라고 가정한다.

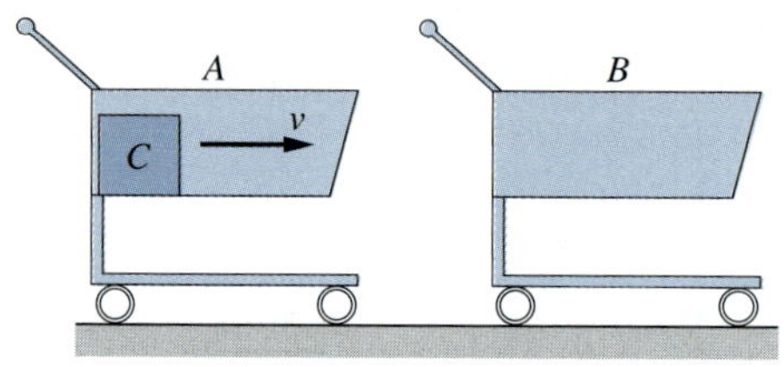

그림 P15.97

15.98 자동차 A와 B가 그림과 같이 v_A와 v_B의 속도로 충돌한다. (a) 두 차량이 붙어 있다고 가정할 때 충돌 직후 차량의 벡터속도를 구하라. (b) 충격에 의해 흡수된 에너지는 무엇인가?

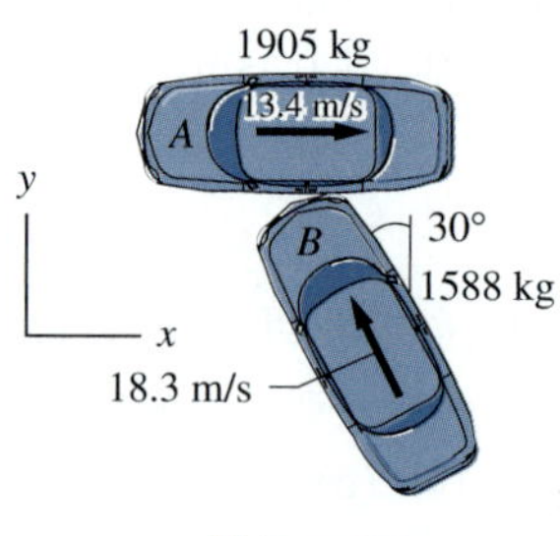

그림 P15.98

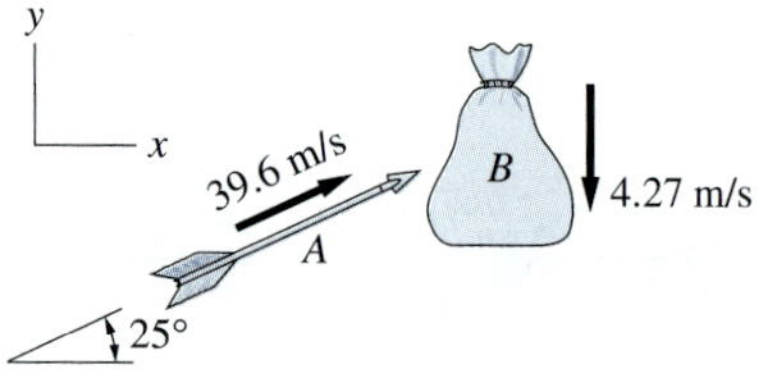

그림 P15.99

15.99 8 lb의 모래주머니 B가 떨어질 때 2.8 oz의 화살 A가 39.6 m/s의 속도로 날아와 박혔다. 충돌 시에 모래주머니의 속도는 4.27 m/s였다. 충돌 직후 모래주머니의 속도를 구하라. 화살은 모래주머니에 박혀 있는 것으로 가정한다.

15.100 27.2 kg의 자루 A가 높이 h = 1.22 m에서 21.8 kg의 스프링저울에 떨어졌다. 결합되어 있는 스프링 상수는 17.5 kN/m이다. 저울의 최대 눈금을 결정하라.

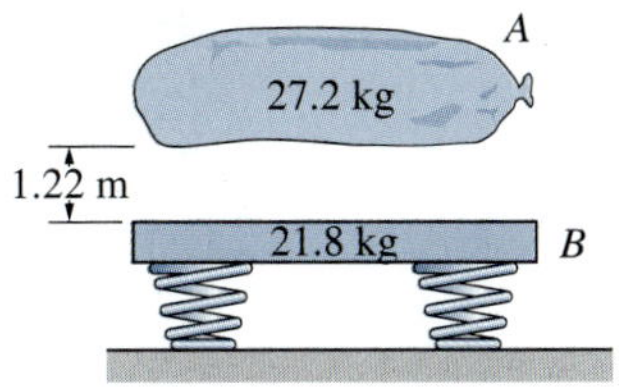

그림 P15.100

15.101 25 g의 총알 C가 600 m/s의 속도로 발사되어 짚더미 A를 통과한 후 짚더미 B에 박혔다. 충돌 직후 두 짚더미의 속도는 같았다. 두 짚더미 사이에서의 총알의 속도를 구하라. 마찰은 무시한다.

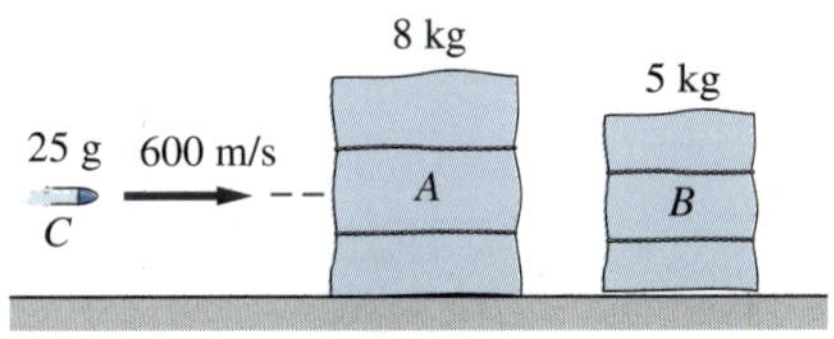

그림 P15.101

15.102 마찰은 무시할 만한 가는 와이어를 따라 칼라 A가 수직으로 내려와 B와 함께 미끄러진 후 정지한다. 칼라 A에 체결되어 있는 스프링 상수 k = 146 N/m이고 변형 전의 스프링의 길이는 244 mm이다. 그림처럼 두 칼라가 충돌한 후 바로 정지하기 전까지 함께 거리 d만큼 미끄러진다. 거리 d를 구하라.

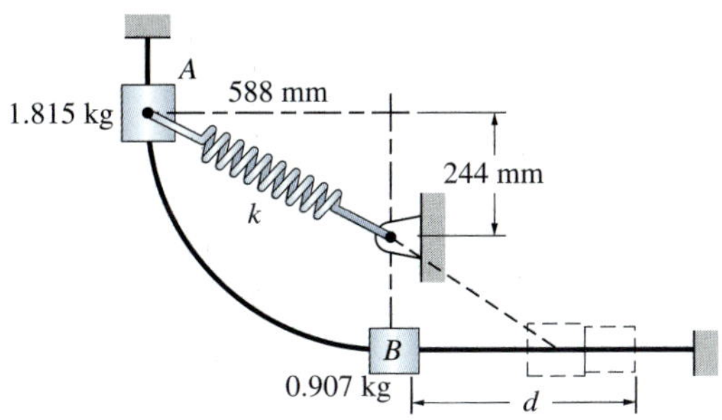

그림 P15.102

15.103 12 kg의 파이프 B를 싣고 있는 60 kg의 운반대가 8 m/s의 속도로 움직이다가 벽에 부딪혔다. 충돌이 소성적이라고 가정할 때 충돌 직후 파이프의 속도를 구하라. 마찰은 무시한다.

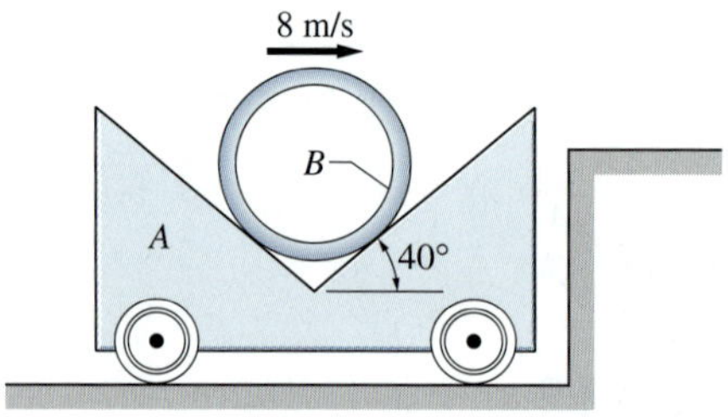

그림 P15.103

그림 P15.104

15.104 썰매가 미끄러져 언덕이 끝나는 모서리를 통과할 때의 속도가 v이다. 썰매가 모서리에 부딪힐 때 평지로부터 충격을 받아 속도가 u로 변하였다. 썰매와 사람의 합한 질량이 m, 경사면의 각도가 α일 때 (a) 썰매의 속도 u를 구하고 (b) 충돌로 인한 에너지 손실을 구하라.

15.105 12 kg의 진자가 그림과 같이 정지해 있을 때 20 g의 총알이 $\alpha = 0$인 수평으로 날아와 박혔다. 충돌 후 총알이 박힌 진자가 $\theta = 36°$의 각도로 흔들렸을 때 총알의 초기속도를 계산하라.

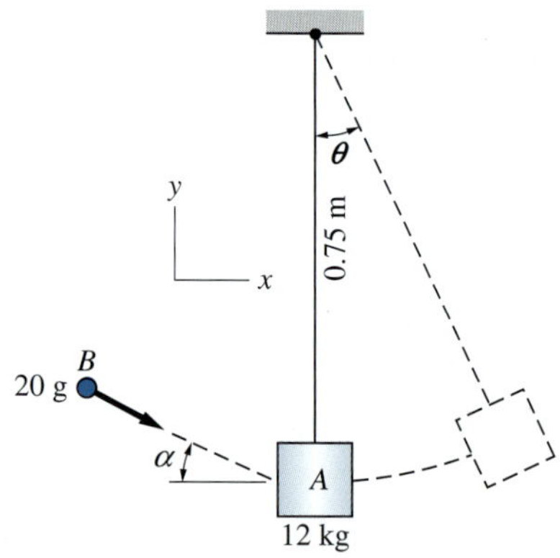

그림 P15.105, P15.106

15.106 20 g의 총알 B가 980 m/s의 속도로 $\alpha = 20°$의 각도로 날아와서 질량 12 kg의 $\theta = 0$으로 정지해 있는 추에 박혔다. 충돌 후 A의 속도를 다음 각 경우에 대하여 구하라. (a) 추가 강체막대에 매달린 경우, (b) 추가 탄성을 가진 로프에 매달린 경우.

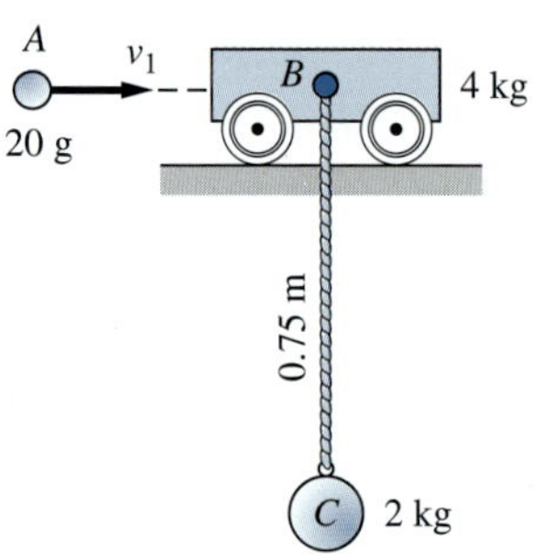

그림 P15.107

***15.107** 추 C가 수평면을 자유로이 움직이는 수레 B에 매달려 있다. 이 계가 정지해 있을 때 총알 A가 $v_1 = 300$ m/s의 속도로 날아와 박혔다. 충돌 후의 최대 변위각 θ를 구하고 그때의 수레의 속도를 구하라.

15.10 탄성충돌

대부분의 물체는 변형 후 원래 모양으로 돌아가려 하는 탄성이 있다. 따라서 **탄성**(elasticity)적인 물체의 충돌은 두 단계를 거친다. 최초에 충돌력에 의해 압축변형단계가 있고, 그 후 변형 전의 모양으로 돌아가는 회복단계가 있다. 두 탄성물체가 충돌할 때 회복단계에서 충돌 후 두 물체가 튕기게 된다. 두 물체가 완전히 탄성적일 때는 충돌 동안의 에너지 소모 없이 원래 모양으로 돌아간다. 보통의 경우에는 충돌되는 물체가 부분적으로 변형이 회복되지 못하므로 초기 운동에너지의 소모를 가져온다. 운동에너지는 또한 충돌 동안에 열과 소리의 형태로 소모된다. 두 탄성물체의 충돌을 공부하기 전에 직선충돌과 경사충돌에 대해 알아보자.

그림 15.15는 두 원반 A와 B가 마찰이 없는 평면을 미끄러지다가 충돌하는 경우이다. 두 물체의 접촉 법선을 **충돌선**(line of impact)이라고 부른다. 충돌 전의 두 물체의 속도를 $(v_A)_1$과 $(v_B)_1$로 표시한다. 그림 15.15(a)와 같이 두 물체의 초기속도의 방향이 충돌선과 일치할 때 **직선충돌**(direct impact)이라고 부른다. 그렇지 않는 경우를 **경사충돌**(oblique impact)이라고 한다. 따라서 직선충돌은 정면충돌을 말하고, 경사충돌은 비스듬하게 충돌되는 경우이다. 이 계에 작용하는 선형충격량은 그림 15.15에 보는 바와 같이 외력이 없으므로 0이 된다.

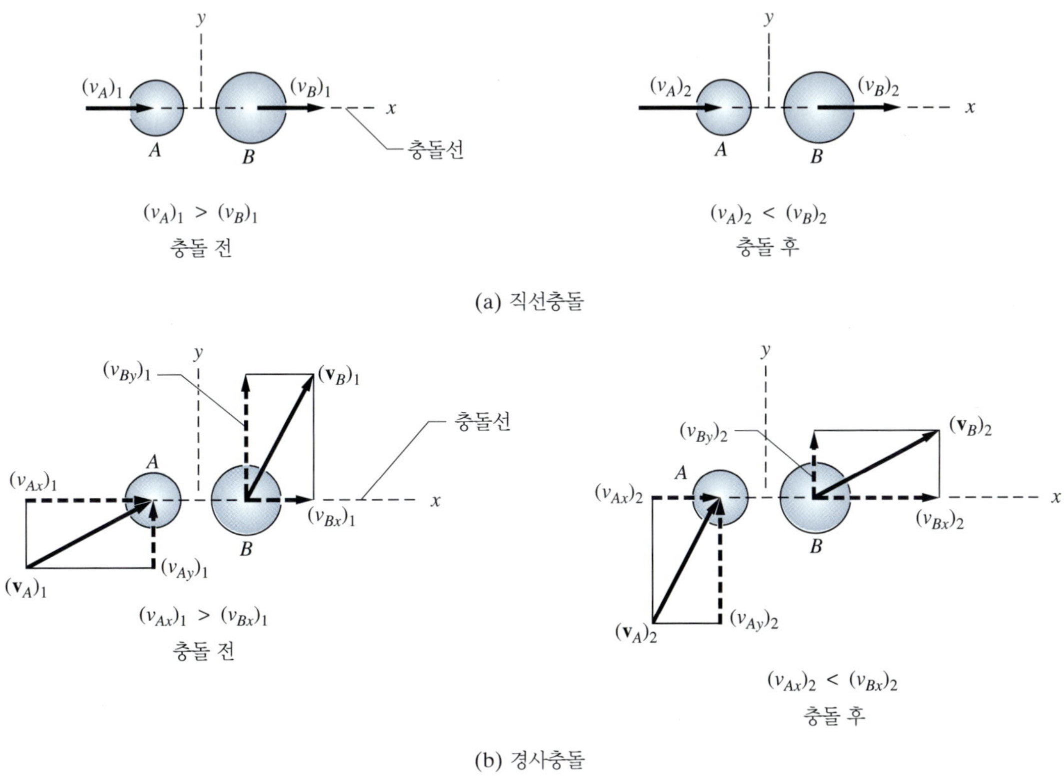

그림 15.15

그림 15.15(a)의 직선충돌의 경우, x방향의 운동량 평형에 의해

$$\xrightarrow{+} \quad m_A(v_A)_1 + m_B(v_B)_1 = m_A(v_A)_2 + m_B(v_B)_2 \tag{15.42}$$

위 식에서 $(v_A)_2$와 $(v_B)_2$는 충돌 후의 속도이다.

반발계수(coefficient of restitution) e는 충돌하는 물체의 탄성을 나타내는 실험적 상수이다. 직선충돌의 경우, 반발계수는 다음과 같이 표현된다.

$$e = \frac{v_{sep}}{v_{app}} \tag{15.43}$$

이 식에서

$v_{sep} = (v_B)_2 - (v_A)_2$는 **분리속도**(velocity of separation)(충돌 후 두 물체 사이의 거리가 멀어지는 속도)

$v_{app} = (v_A)_1 - (v_B)_1$는 **접근속도**(velocity of approach)(충돌 전 두 물체 사이의 거리가 가까워지는 속도)이다.

그림 15.15(a)의 충돌의 경우 $v_{app} > 0$이어야 한다. 만약, 두 물체가 충돌 후 분리된다면(A가 B를 관통하는 경우는 제외) $v_{sep} > 0$이다. 따라서 e는 음수가 아니다.

식 (15.43)에서 $e = 0(v_{sep} = 0)$는 소성충돌에 해당됨을 알 수 있다. $e = 1$인 경우에 이 충돌을 완전 탄성적이라고 하며, 충돌 동안에 에너지소모가 없는 경우이다(연습문제 15.108 참조). 대부분의 충돌의 경우 반발계수 e는 0에서 1 사이의 숫자이다(반발계수가 음의 값을 가질 경우는 총알의 경우처럼 한 물체가 다른 물체를 관통했을 경우이다).

경사충돌은 e가 직선충돌의 경우와 같은 값이라고 가정하고 해석한다. 그러나 e에 관한 식에서 충돌선 방향의 속도 성분을 사용한다. 그림 15.15(b)에서 보는 바와 같이 충돌선이 x방향과 일치할 경우에

$$\begin{aligned} v_{sep} &= (v_{Bx})_2 - (v_{Ax})_2 \\ v_{app} &= (v_{Ax})_1 - (v_{Bx})_1 \end{aligned} \tag{15.44}$$

만약 마찰을 무시한다면, 각 물체에 대한 충돌력은 x축방향이며 y방향의 성분은 없다. 이 경우 A와 B에 대한 y방향의 속도 성분의 변화는 없다.

e값은 물체의 재료에 따라 주어진 일정한 값이라고 취급한다. 그러나 실험에 의하면 반발계수는 두 물체의 접근속도와 충돌 면의 상태 등 여러 가지 조건에 따라 달라질 수 있다.

예제 15.14

그림 (a)와 같이 1.8 kg의 블록 A가 오른쪽으로 $(v_A)_1 = 1.2$ m/s의 속도로 미끄러져 왼쪽으로 $(v_B)_1 = 2.0$ m/s의 속도로 미끄러지는 블록 B에 부딪힌다. 이 충돌로 인해 A가 정지하게 된다. 반발계수가 0.5일 때, (1) 충돌 후 B의 속도를 구하고, (2) 질량 B를 구하라. 단, 마찰은 무시한다.

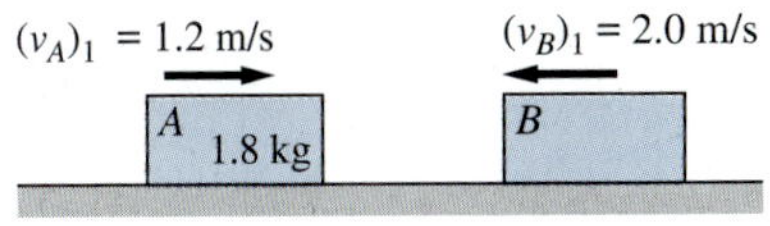

(a)

풀이

문항 1

충돌 후 B의 속도 $(v_B)_2$는 반발계수의 정의인 $e = v_{sep}/v_{app}$에 의해 구해진다. 그림 (a)에서 접근속도가 $v_{app} = 1.2 + 2.0 = 3.2$ m/s이다. 블록 A가 충돌 후 정지한다는 사실에 의해 분리속도 $v_{sep} = (v_B)_2$이다. 그러므로

$$0.5 = \frac{(v_B)_2}{3.2}$$

따라서

$$(v_B)_2 = 1.6 \text{ m/s}$$ **답**

문항 2

충돌 동안 블록 A와 B의 자유물체 선도가 그림 (b)에 보인다. 이 그림에는 물체의 무게 W_A와 W_B, 접촉력 N_A와 N_B 그리고 충돌력 $\hat{P}$가 나타난다. $\hat{P}$는 이 계에 대해 외부적이므로, 이 계에 가해지는 x방향의 순충격량은 0이 된다.

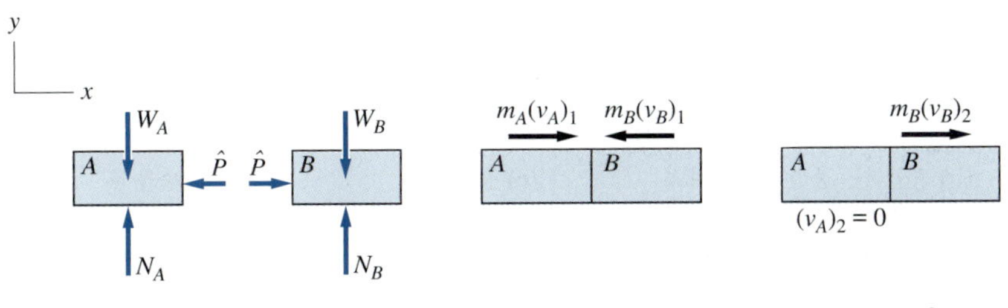

(b) 충돌하는 동안 자유물체도

(c) 충돌 전 운동량선도

(d) 충돌 후 운동량선도

그림 (c)와 (d)를 관찰하면, 이 계의 x방향의 선운동량보존의 원리에 의해

$$(p_x)_1 = (p_x)_2$$

$$\overset{+}{\rightarrow} \quad m_A(v_A)_1 - m_B(v_B)_1 = m_B(v_B)_2$$

이 식에 수치들을 대입하면

$$1.8(1.2) - m_B(2.0) = m_B(1.6)$$

따라서

$$m_B = 0.6 \text{ kg}$$ 답

예제 15.15

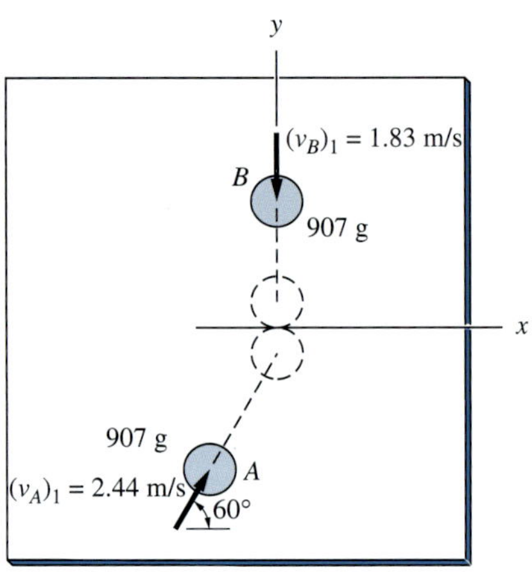

(a)

무게가 907 g인 두 개의 동일한 원반 A와 B가 그림 (a)와 같이 수평테이블상에서 미끄러지다가 $(v_A)_1 = 2.44$ m/s와 $(v_B)_1 = 1.83$ m/s의 초기속도로 충돌한다. 반발계수가 $e = 0.8$일 때, 충돌 직후의 속도인 $(v_A)_1$와 $(v_B)_1$를 계산하라. 마찰은 무시한다.

풀이

그림 (b)의 자유물체 선도와 같이 충돌 동안 xy 평면에서 작용하는 힘은 A와 B에 서로 반대인 충격력 $\hat{P}$뿐이다. (원반과 테이블 사이의 무게와 수직반력은 xy 평면에는 수직이다.) 마찰이 없는 경우, $\hat{P}$는 충돌선인 y축방향이 된다. 충돌시간을 무시할 수 있다고 하면, 운동은 충격적이며 원반들은 충돌 전과 후에 좌표의 원점에 위치하게 된다.

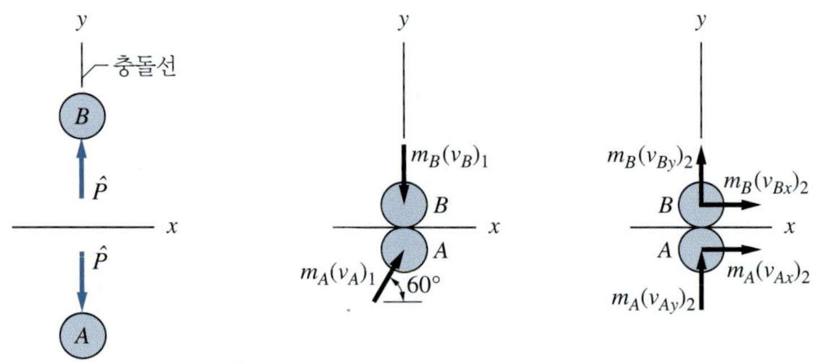

(b) 충돌하는 동안 자유물체도 (힘은 오직 xy 평면에만 작용)

(c) 충돌 전 운동량선도

(d) 충돌 후 운동량선도

그림 (c)와 (d)에는 충돌 직전 및 직후의 운동량벡터 A와 B가 보인다. 그림 (d)에는 최종속도의 모든 성분들을 양의 방향으로 가정하였다.

그림 (b)~(d)에서 5개의 미지수, 즉 $\int \hat{P}\,dt$(충돌력의 충격량), $(v_{Ax})_2$, $(v_{Ay})_2$, $(v_{Bx})_2$ 그리고 $(v_{By})_2$가 있음을 알 수 있다. 또한 5개의 독립방정식, 즉 각 원반에 대한 충격량-운동량 벡터 식 $\mathbf{L}_{1-2} = \Delta\mathbf{p}$의 두 스칼라 성분식(도합 4개의 방정식)과 식 (15.43)에 의한 반발계수식이 있음을 알 수 있다. 이 5개의 식은 5개의 미지수에 대해 풀 수 있다. 그러나 $\int \hat{P}\,dt$는 푸는 것이 요구되지 않았으므로 두 원반을 포함한 계를 해석함으로써 효과적으로 해를 구할 수 있다. 다음과 같이 4단계로 해석한다.

1단계: $(L_{1-2})_x = \Delta p_x$를 원반 A에 적용한다.
그림 (b)로부터 A에는 x방향으로의 충격량이 없음을 알 수 있다. 그러므로 A의 운동량의 x성분은 보존적이다. 그림 (c)와 (d)의 운동량선도에서

$$(p_x)_1 = (p_x)_2$$
$$\overset{+}{\rightarrow} \quad m_A(v_A)_1 \cos 60° = m_A(v_{Ax})_2$$

이 식에서 m_A를 소거하고 $(v_A)_1 = 2.44$ m/s를 대입하면

$$(v_{Ax})_2 = (v_A)_1 \cos 60° = 2.44 \cos 60° = 1.22 \text{ m/s} \tag{a}$$

2단계: $(L_{1-2})_x = \Delta p_x$를 원반 B에 적용한다.
1단계에서 원반 A에 대해 적용한 경우와 마찬가지로

$$(v_{Bx})_2 = (v_{Bx})_1 = 0 \tag{b}$$

($\hat{P}$가 y축 방향이므로 A와 B의 속도의 x성분 모두 변화가 없음을 관찰하라.)

3단계: $(L_{1-2})_y = \Delta p_y$를 2개의 원반을 포함하는 계에 적용한다.
그림 (b)에서 우리는 충돌 동안 계에 작용하는 외부 힘이 없으며, 따라서 외부 충격력이 없다는 것을 안다($\hat{P}$는 내부 힘이다). 따라서, 그 계의 운동량은 보존된다. 그림 (c) 및 (d)를 참조하여 계에 대한 y성분의 모멘텀을 보존 원리를 이용하면

$$(p_y)_1 = (p_y)_2$$
$$+\!\uparrow \quad m_A(v_A)_1 \sin 60° - m_B(v_B)_1 = m_A(v_{Ay})_2 + m_B(v_{By})_2$$
$$0.907(2.44) \sin 60° - 0.907(1.83) = 0.907(v_{Ay})_2 + 0.907(v_{By})_2$$

따라서

$$(v_{Ay})_2 + (v_{By})_2 = 0.283 \tag{c}$$

4단계: 반발계수의 식을 이용한다.
충돌선은 y축이므로 접근속도(그림 (a) 참조)는 $v_{app} = 2.44 \sin 60° + 1.83 = 3.94$ m/s이다. 그림 (d)를 참조하면, 분리속도는 $v_{sep} = (v_{By})_2 - (v_{Ay})_2$이다. 따라서 $e = v_{sep}/v_{app}$는

$$0.8 = \frac{(v_{By})_2 - (v_{Ay})_2}{3.94}$$

간략화하면

$$(v_{By})_2 - (v_{Ay})_2 = 3.154 \tag{d}$$

식 (c)와 (d)를 연립하여 풀면

$$(v_{Ay})_2 = -1.44 \text{ m/s} \quad \text{and} \quad (v_{By})_2 = 1.72 \text{ m/s} \tag{e}$$

식 (a), (b)와 (e)의 값들로부터 원반 A와 B의 충돌 후 속도는 다음과 같다.

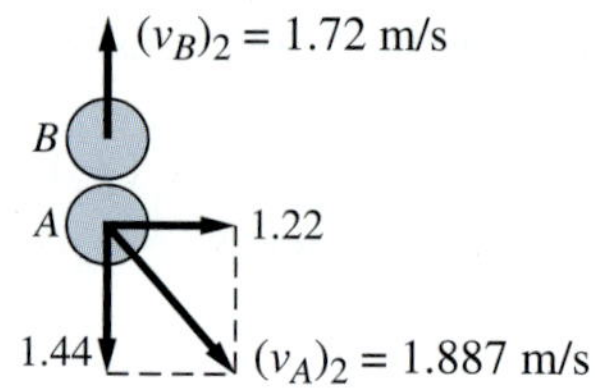

답

만약 필요하다면 $(L_{1-2})_y = \Delta p_y$를 원반 A와 B에 적용하면 충돌력의 충격량 $\int \hat{P}\,dt$를 얻을 수 있다.

예제 15.16

그림 (a)와 같이 질량 $m = 0.2$ kg의 공 A가 $\theta = 30°$의 단단한 경사면에 떨어진다. 반발계수가 0.8이고 경사면과 공의 마찰력을 무시할 때, (1) 반발속도 v_2와 반발각도 α를 구하고, (2) 충돌 동안 소모된 운동에너지의 백분율을 구하라.

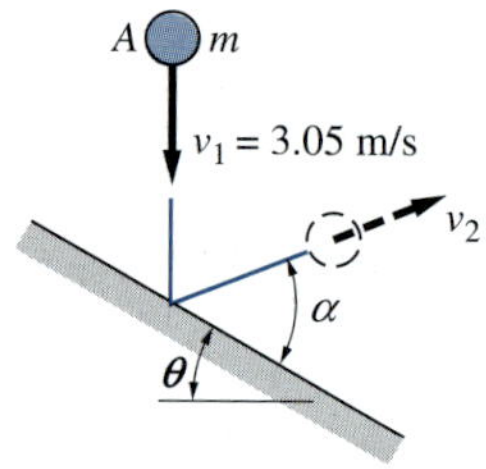

(a)

풀이

문항 1

그림 (b)의 자유물체 선도와 같이 충돌 동안 공에 가해지는 힘은 무게 $\hat{N}$와 경사면에 수직인 충격력 $\hat{N}$이다. 경사면에 수직인 y축은 충돌선이 된다. 운동은 충격적이므로 충돌 시간은 무시한다. W는 유한한 힘이므로 W의 충격량은 무시하고 공의 위치는 충돌 전과 후에 동일한 위치이다.

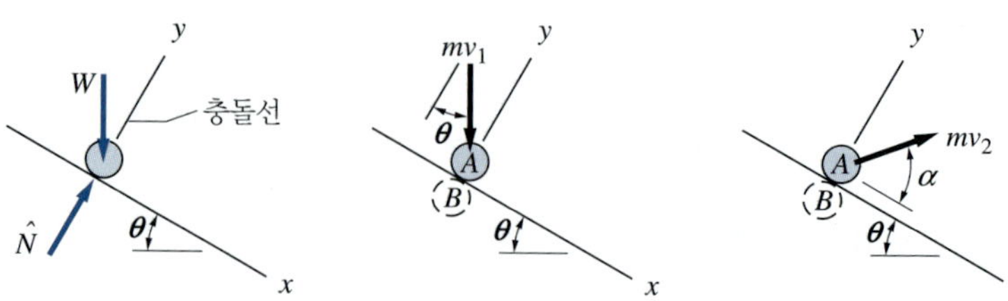

(b) 충돌 간 FBD (c) 충돌 전 운동량 (d) 충돌 후 운동량

충돌은 두 물체를 필요로 하므로 두 번째 물체 B는 그림 (c) 및 (d)와 같이 경사면에 속해 있다고 생각한다. B의 속도는 항상 0이므로, 충돌 전과 후의 운동량은 공 A의 운동량만을 포함한다.

그림 (b)로부터 충돌 동안 x방향으로는 공에 충격량이 없다(W에 의한 충격량은 무시하였음을 기억하라). 따라서 A의 운동량의 x방향 성분은 보존적이다. 그림 (c)와 (d)의 운동량선도를 참조하면

$$(p_x)_1 = (p_x)_2$$

$$\overset{+}{\searrow} \quad mv_1 \sin\theta = mv_2 \cos\alpha$$

따라서

$$v_2 \cos\alpha = v_1 \sin\theta = 3.05 \sin 30° = 1.524 \text{ m/s} \tag{a}$$

그림 (c)와 (d)로부터 접근속도와 분리속도는 각각 $v_{\text{app}} = v_1 \cos\theta$와 $v_{\text{sep}} = v_2 \cos\alpha$이다. 따라서 반발계수의 정의 $v_{\text{sep}} = ev_{\text{app}}$로부터

$$v_2 \sin\alpha = ev_1 \cos\theta = (0.8)(3.05)\cos 30° = 2.112 \text{ m/s} \tag{b}$$

식 (a)와 (b)를 풀면

$$v_2 = 2.604 \text{ m/s} \quad \text{and} \quad \alpha = 54.18° \qquad \text{답}$$

문항 2

충돌 동안 공의 운동에너지의 변화는

$$\Delta T = T_2 - T_1 = \frac{1}{2}m(v_2^2 - v_1^2) = \frac{1}{2}(0.2)[(2.604)^2 - (3.05)^2]$$
$$= 9.9 - 13.56 = -3.66 \text{ N} \cdot \text{m}$$

소모된 운동에너지의 백분율은

$$\% \text{ loss} = -\frac{\Delta T}{T_1} = \frac{3.66}{13.56} \times 100\% = 27.0\% \qquad \text{답}$$

연습문제

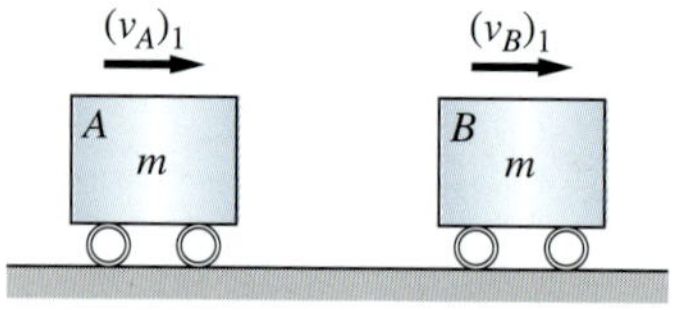

그림 P15.109

15.108 $e = 1$일 경우 두 물체의 직선충돌 시 소모된 에너지가 없음을 증명하라.

15.109 2개의 동일한 블록이 $(v_A)_1 > (v_B)_1$로 매끄러운 평면 위를 미끄러지고 있다. 충돌 후 두 블록의 속도가 아래와 같음을 보여라.

$$(v_A)_2 = \frac{(v_A)_1(1-e) + (v_B)_1(1+e)}{2}$$
$$(v_B)_2 = \frac{(v_A)_1(1+e) + (v_B)_1(1-e)}{2}$$

15.110 평면 위에 3개의 동일한 블록들이 있을 때 블록 A가 v_0의 초기 속도로 이동한다. 블록들이 서로 충돌한 후 각 블록의 속도를 결정하라. 각 블록의 충돌반발계수는 0.5이다. 문제 15.109에 주어진 공식들을 이용하라. 마찰은 무시한다.

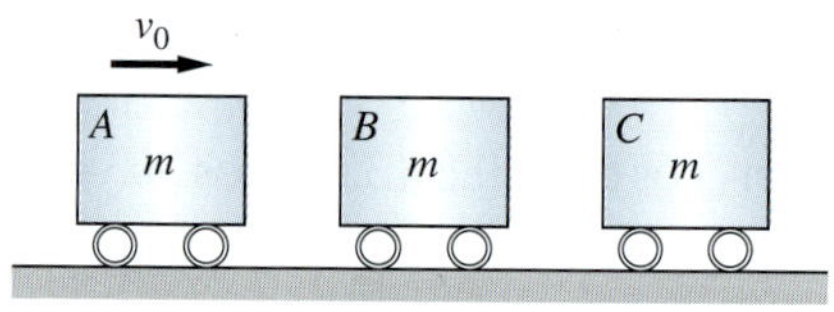

그림 P15.110

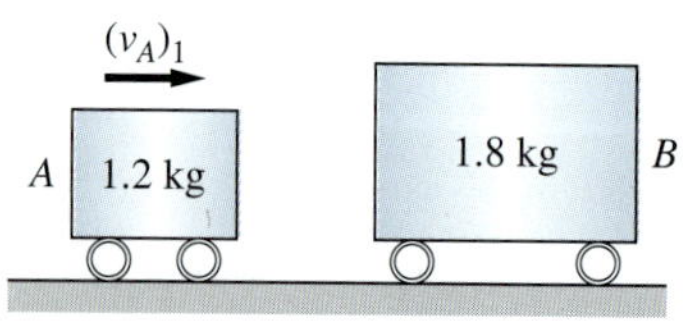

그림 P15.111

15.111 블록 B는 블록 A에 맞았을 때 정지 상태에 있다. 충돌 후 블록 A가 정지한다고 가정하고 충격에 대한 반발계수를 결정하라.

15.112 질량 m인 3개의 동일한 추가 그림과 같이 서로 닿아 있다. 추 A가 점선의 위치에서 떨어져 추 B를 v_0의 속도로 쳤다면 충돌 직후 추 C의 속도를 구하라. 모든 충돌은 완전탄성충돌($e = 1$)이라고 가정하라.

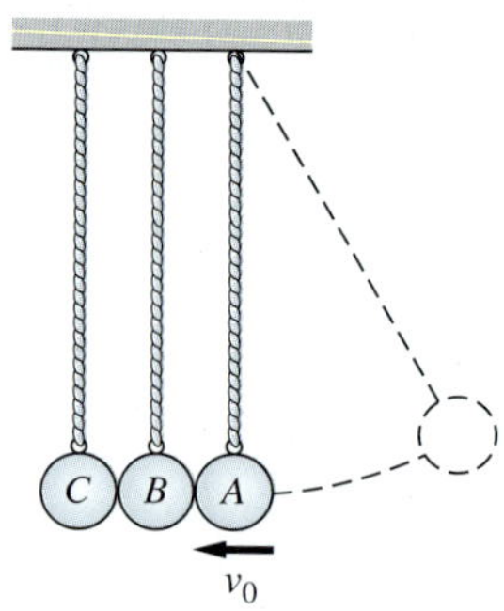

그림 P15.112

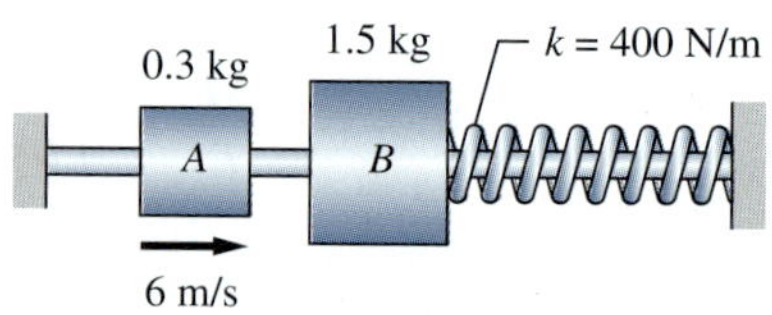

그림 P15.113

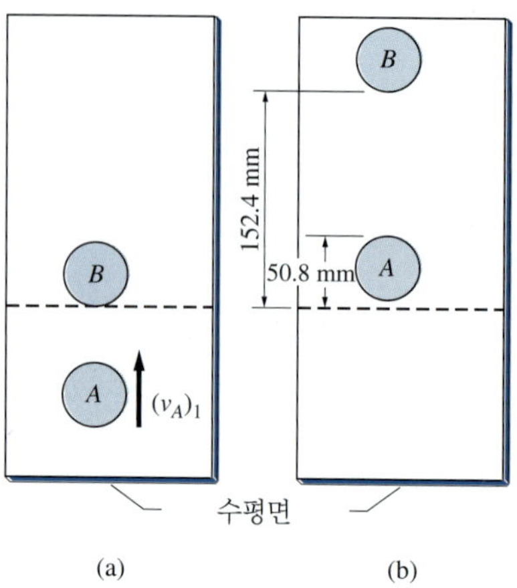

그림 P15.114

15.113 칼라 A가 6 m/s의 속도로 정지해 있는 칼라 B와 부딪쳐서 왼쪽으로 2.5 m/s의 속도로 반발한다. 이 충돌의 반발계수를 구하라.

15.114 2개의 동일한 동전이 그림 (a)와 같이 거친 수평면에 놓여 있다. 동전 A가 정지해 있는 동전 B에 초기속도 $(v_A)_1$으로 부딪쳐서 그림 (b)와 같은 위치에서 정지하였

다. 두 동전 사이의 충돌에 대한 반발계수를 구하라.

15.115 탄성체인 공이 강체인 평면에 부딪혀서 튀고 있다. 입사각 θ_1과 반사각 θ_2의 관계식이 $\tan\theta_2 = e\tan\theta_1$임을 보여라. e는 반발계수이고 마찰은 무시한다.

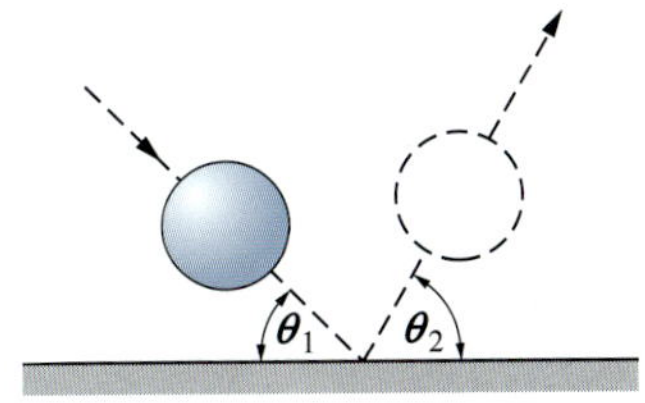

그림 P15.115

15.116 당구공이 그림과 같이 쿠션에 부딪혀 튕겨 나왔다. 마찰을 무시할 때 볼과 쿠션 사이의 반발계수 값에 상관없이 $\theta_3 = \theta_1$임을 증명하라. 문제 15.115의 식을 참고하라.

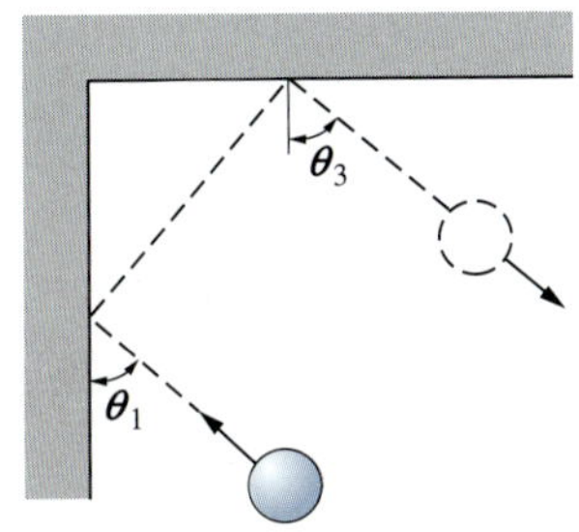

그림 P15.116

15.117 2개의 원반 A와 B가 평면상에 있다. 원반 A가 정지해 있는 원반 B에 그림과 같은 속도로 충돌하였다. $e = 0.85$라면 충돌 후 각 원반의 속도를 구하라. 마찰은 무시한다.

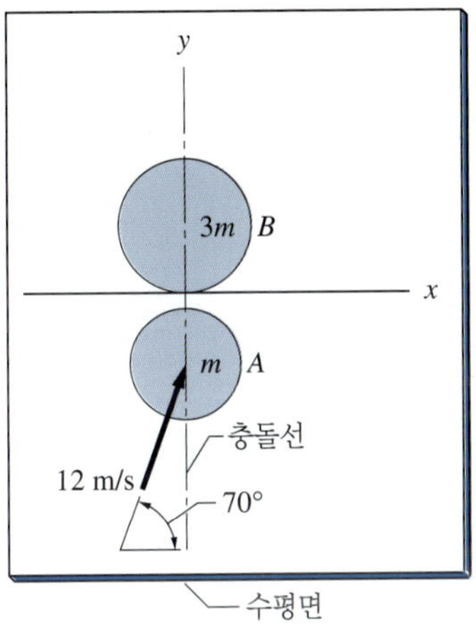

그림 P15.117

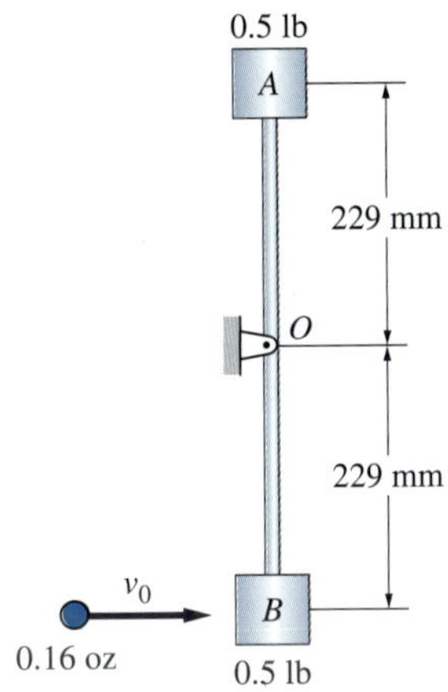

그림 P15.118

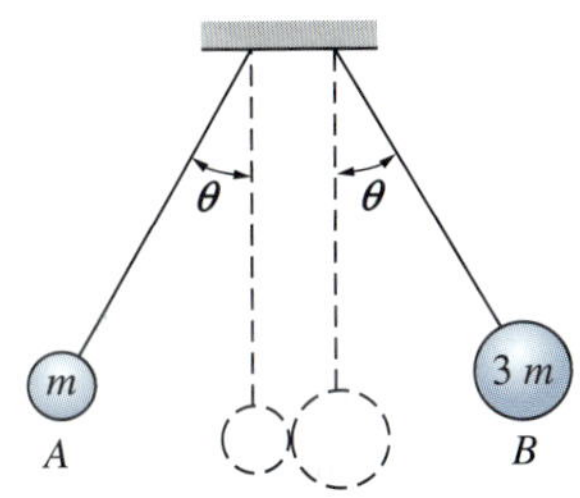

그림 P15.119

15.118 질량이 227 g인 블록 A와 B가 중량이 무시될 만한 가는 막대에 달려 있다. 막대가 중심 O를 중심으로 자유롭게 움직일 수 있다. 질량이 4.54 g인 총알이 $v_0 = 91.5$ m/s의 속도로 정지해 있는 블록 B에 그림과 같은 속도로 날아간다면 충돌 직후 막대의 각속도를 구하라. 반발계수는 0.75이다.

15.119 두 진자가 그림처럼 각자의 위치에서 동시에 내려온다. 두 진자가 부딪힌 후 진자 A는 처음 위치방향으로 되돌아간다. 충돌에 대한 반발계수를 계산하라.

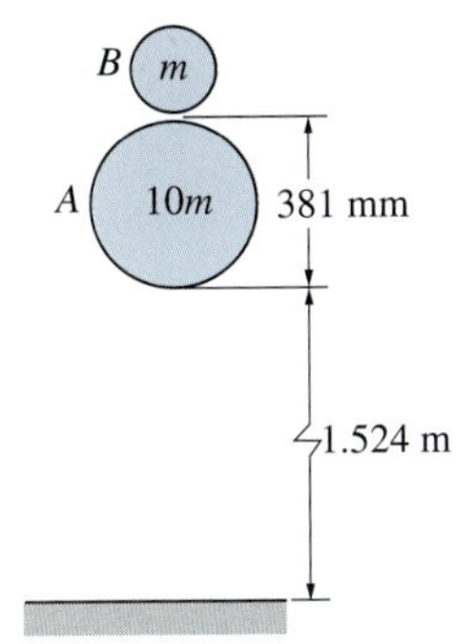

그림 P15.120

15.120 두 공 A와 B가 약간의 틈이 있는 상태로 그림과 같은 높이에서 동시에 떨어졌다. 두 공 A와 B가 바닥에 충돌한 후 튀어 오른 공 B의 최대 높이를 구하라. 모든 충돌체의 반발계수는 0.85이다. 공 A의 질량은 공 B의 10배인 점을 고려하라.

***15.121** 공이 h_0의 높이에서 강체인 마루에 떨어졌다. 반발계수 $e = 0.985$일 때 공이 튀어서 $h_0/2$의 높이가 될 때까지의 튄 횟수를 구하라.

15.122 두 원반이 평행한 경로를 따라 움직이다가 충돌한다. 원반 A의 반지름은 60 mm이고 질량은 0.5 kg이다. 원반 B의 반지름은 120 mm이고 질량은 0.6 kg이다. 반발계수가 0.6일 때 각 원반의 충돌 직후 속도를 구하라. 마찰은 무시한다.

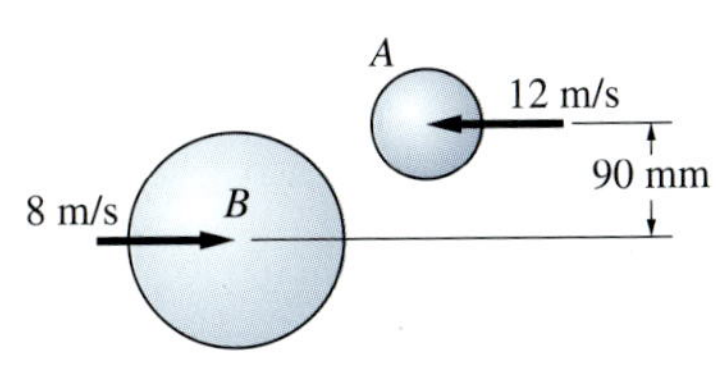

그림 P15.122

*15.11 질량흐름

15.11a 제어체적

지금까지 우리는 같은 질점들을 포함하고 있는 계에 대해 알아보았다. 바꾸어 말하면 질점이 계에 들어오거나 나가지 않는 폐쇄된 계를 고려하였다. 이 절에서는 어떤 공간, 즉 **제어체적**(control volume) 공간을 통해 계속적으로 움직이는 **질량흐름**(mass flow)에 관하여 충격량-운동량 원리를 적용한다.

그림 15.16(a)와 같이 파이프의 단면을 통한 물의 흐름을 예로 들어보자. 여기에서 제어체적 V는 파이프의 내부가 된다. 물은 $\mathbf{v}_{in}$의 속도로 제어체적에 들어와서 $\mathbf{v}_{out}$의 속도로 빠져나간다. 파이프 내의 물의 운동량은 변화하므로, 이 운동량의 변화율과 같은 힘이 제어체적의 표면과 흐르는 물 사이에 존재한다.

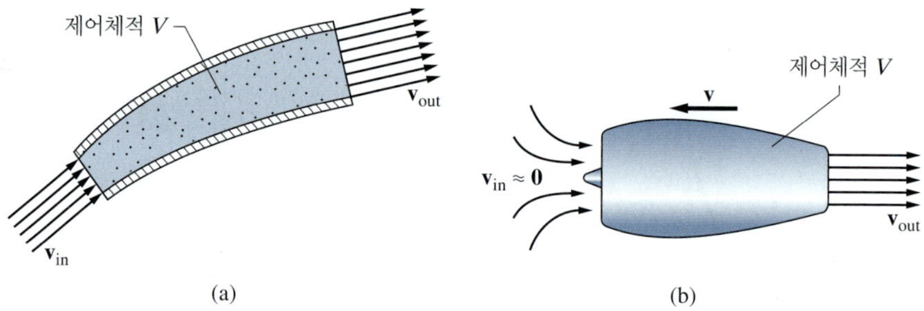

그림 15.16

두 번째 예는 그림 15.16(b)와 같이 비행기의 제트엔진의 질량흐름이다. 엔진은 $\mathbf{v}_{in} \approx 0$의 속도인 공기를 흡입하여 연료와 혼합하여 점화시킨다. 폭발된 가스는 $\mathbf{v}_{out}$의 속도로 빠져나간다. 제어체적 V는 엔진의 내부이며 $\mathbf{v}$의 속도로 움직이고 있다. 이 경우 제어체적 내부에 두 가지의 변화가 발생한다. 즉, 공기의 속도가 0에서 $\mathbf{v}_{out}$로 증가하여 폭발된 연료의 속도가 $\mathbf{v}$에서 $\mathbf{v}_{out}$로 변화한다. 이때 해당하는 운동량의 변화가 엔진과 흐르는 질량 사이의 **추진력**(thrust)을 일으킨다.

단적으로 말하면, 질량흐름은 이 교과서의 범위 밖인 **유체역학**(fluid mechanics)에 속한다. 우리는 이 문제에 대하여 유체역학의 지식을 요구하지 않는 문제에 국한시키고자 한다. 특히 흡입속도 $\mathbf{v}_{in}$와 배출속도 $\mathbf{v}_{out}$를 제어체적의 입구와 출구를 통해 일정하다고 가정한다.

15.11b 충격량-운동량 원리

충격량-운동량 원리를 제어체적 개념에 기초를 두고 다루고자 한다.

그림 15.17(a)는 파이프 같은 용기의 내부영역을 보여준다. 일반적으로 어떤 공간영역도 문제에 따라 적당하게 제어체적으로 선택할 수 있다. 그림 15.17(a)와 같이 제어체적의 형상이 용기에 의해 유지될 때 용기도 이 계의 일부로 포함될 수 있다. 그러나 제어체적은 방정식을 결정하기 때문에 해석 초기에 명백하게 결정되어야 한다.

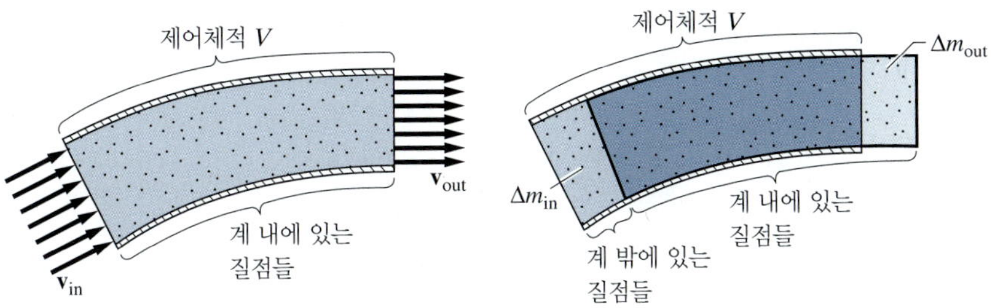

(a) 시간 t (b) 시간 $t + \Delta t$

그림 15.17

그림 15.17(a)와 같이 시간 t일 때 제어체적 V의 내부에 있는 모든 질점으로 구성된 계의 운동량을 생각해보라. 제어체적과 달라서 이 계는 항상 같은 질점들을 포함하고 있다. 즉, 이 계의 질량은 일정하다. 시간 t일 때 이 계의 운동량을 $\mathbf{p}$라고 하고 제어체적 내부의 질량에 대한 운동량을 $\mathbf{p}_V$라고 하자. 시간 t에서 이 계는 V의 내부에 있으므로 $\mathbf{p} = \mathbf{p}_V$이다.

다음에 시간 $t + \Delta t$일 때 계의 운동량을 고려해보자. 여기서 Δt는 작은 시간 간격이다. 그림 15.17(b)에서와 같이 이 계의 어떤 질량들은 제어체적 V를 나오고 있고, 이 계에 속하지 않은 어떤 질량들은 V에 들어오고 있다. 이 질량들은 각각 Δm_{out}과 Δm_{in}으로 표시된다. 출구 및 입구의 속도는 항상 같으므로 나가는 질점과 들어오는 질점의 운동량은 각각

$$\Delta \mathbf{p}_{out} = \Delta m_{out} \mathbf{v}_{out} \tag{a}$$

$$\Delta \mathbf{p}_{in} = \Delta m_{in} \mathbf{v}_{in} \tag{b}$$

이 계의 운동량은 $\mathbf{p}$에서 $\mathbf{p} + \Delta\mathbf{p}$로 변화하였다. 그리고 V 내부에 들어 있는 질점들의 운동량은 $\mathbf{p}_V + \Delta\mathbf{p}_V$가 되었다. V를 나가는 질점들의 운동량은 V에 들어오는 질점들의 운동량과 같지 않을 수도 있으므로 $\Delta\mathbf{p}$가 항상 $\Delta\mathbf{p}_V$와 같지는 않다. 그림 15.17(b)에서 이 계의 운동량은 V 내부의 질점의 운동량과 V를 나가는 질점(계에 포함됨)의 운동량을 합한 것에 V에 들어오는 질점(계에 포함되지 않음)의 운동량을 뺀 것이다. 다시 말하면,

$$\mathbf{p} + \Delta\mathbf{p} = \mathbf{p}_V + \Delta\mathbf{p}_V + \Delta\mathbf{p}_{out} - \Delta\mathbf{p}_{in} \tag{c}$$

식 (a)와 (b)를 대입하고 $\mathbf{p} = \mathbf{p}_V$를 이용하면

$$\Delta\mathbf{p} = \Delta\mathbf{p}_V + \Delta m_{out}\mathbf{v}_{out} - \Delta m_{in}\mathbf{v}_{in} \tag{d}$$

시간 t에서 계의 운동량 변화는

$$\dot{\mathbf{p}} = \lim_{\Delta t \to 0} \frac{\Delta\mathbf{p}}{\Delta t}$$

따라서 식 (d)와 연립하면

$$\dot{\mathbf{p}} = \dot{\mathbf{p}}_V + \dot{m}_{\text{out}}\mathbf{v}_{\text{out}} - \dot{m}_{\text{in}}\mathbf{v}_{\text{in}} \tag{15.45}$$

위 식에서

$$\dot{m}_{\text{out}} = \lim_{\Delta t \to 0} \frac{\Delta m_{\text{out}}}{\Delta t} \quad \text{and} \quad \dot{m}_{\text{in}} = \lim_{\Delta t \to 0} \frac{\Delta m_{\text{in}}}{\Delta t}$$

는 각각 제어체적을 나가고 들어오는 질량 그릇이다. (질량흐름률의 단위는 단위 시간당 질량이다. 즉, kg/s이다.)

식 (15.45)는 레이놀즈 운반이론(Reynolds' transport theorem)의 형태이다.

> 즉, 계의 운동량 변화율은 제어체적 내의 운동량 변화율과 제어체적 밖으로 나가는 운동량 변화율의 합이다.

$\Sigma\mathbf{F}$가 시간 t(모든 계가 제어체적 내에 있을 때)에서 계에 작용하는 힘의 합력이라고 할 때, 충격량–운동량 원리는 $\Sigma\mathbf{F} = \dot{\mathbf{p}}$이며 식 (15.45)를 이용하면 다음 식과 같이 된다.

$$\Sigma\mathbf{F} = \dot{\mathbf{p}}_V + \dot{m}_{\text{out}}\mathbf{v}_{\text{out}} - \dot{m}_{\text{in}}\mathbf{v}_{\text{in}} \tag{15.46}$$

질량흐름에 관한 다음 두 가지 예는 식 (15.46)의 응용으로서 실제 문제에서 중요하게 응용되고 있다.

15.11c 정상적 유체흐름이 휘는 경우

그림 15.18과 같이 정상적 유체흐름이 휘는 경우를 생각해보자. 제어체적 V가 공간영역을 차지하고 있고 유체의 흐름이 그 제어체적을 $\mathbf{v}_{\text{in}}$의 속도로 들어와서 $\mathbf{v}_{\text{out}}$의 속도로 나가고 있다. $\Sigma\mathbf{F}$는 제어체적 내에서 유체에 작용하는 힘의 합력이다.

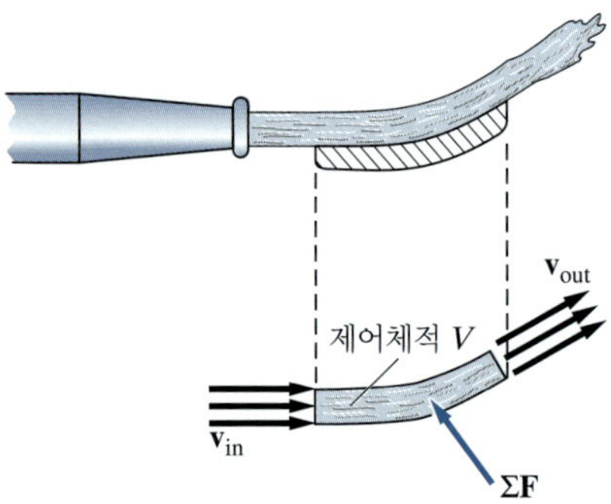

그림 15.18

정상적 흐름의 경우 V 내에서 질량의 축적이 없으므로 $\dot{m}_{\text{in}} = \dot{m}_{\text{out}} = \dot{m}$(상수)이다. 또한 제어체적 내의 유체의 운동량은 일정하므로 $\dot{\mathbf{p}}_V = 0$이다. 이것을 식 (15.46)에 대입하면

$$\Sigma\mathbf{F} = \dot{m}(\mathbf{v}_{\text{out}} - \mathbf{v}_{\text{in}}) \tag{15.47}$$

유체에 작용하는 합력 $\Sigma\mathbf{F}$는 정상적 흐름의 경우 일정하다.

15.11d 로켓추진

그림 15.19(a)는 로켓이 수직 비행하는 것을 보여준다. 로켓의 총질량은 $M(t)$이며, 속도는 $\mathbf{v}(t) = v(t)\mathbf{j}$이고, t는 시간이다. 이 로켓은 로켓에 대해 일정한 상대노즐속도 $\mathbf{u} = -u\mathbf{j}$와 $\dot{m}$의 연료소모율로서 가스를 분사하고 있다.

로켓과 내부를 제어체적 V라고 하자. 로켓은 운반하고 있는 연료만을 소모하므로 질량흐름의 변화율은

$$\dot{m}_{\text{out}} = \dot{m} \quad \text{and} \quad \dot{m}_{\text{in}} = 0 \tag{e}$$

제어체적 내의 질량의 운동량은 $\mathbf{p}_V = Mv\mathbf{j}$이며, 이것을 시간에 대해 미분하면

$$\dot{\mathbf{p}}_V = \dot{M}v\mathbf{j} + M\dot{v}\mathbf{j} = -\dot{m}v\mathbf{j} + M\dot{v}\mathbf{j} \tag{f}$$

위 식에서 $\dot{M} = -\dot{m}$(연료소모율)을 사용하였다. 분사가스의 속도는

$$\mathbf{v}_{\text{out}} = (v - u)\mathbf{j} \tag{g}$$

로켓과 내부물질의 자유물체 선도가 그림 15.19(b)에 보여진다. 로켓에 작용하는 외력은 전체하중뿐이다(노즐로부터 가스가 나올 때의 공기 저항과 압력은 무시한다). $\Sigma\mathbf{F} = -Mg\mathbf{j}$와 식 (e)~(g)를 식 (15.46)에 대입하면

$$-Mg\mathbf{j} = -\dot{m}v\mathbf{j} + M\dot{v}\mathbf{j} + \dot{m}(v - u)\mathbf{j}$$

따라서

$$\dot{m}u - Mg = M\dot{v} \tag{15.48}$$

$\dot{v} = a$(a는 로켓의 가속도)를 대입하고, 다음과 같이 두면

$$T = \dot{m}u \tag{15.49}$$

식 (15.48)은

$$T - Mg = Ma \tag{15.50}$$

식 (15.50)에서 T는 힘, 즉 로켓을 앞으로 미는 추진력이다.

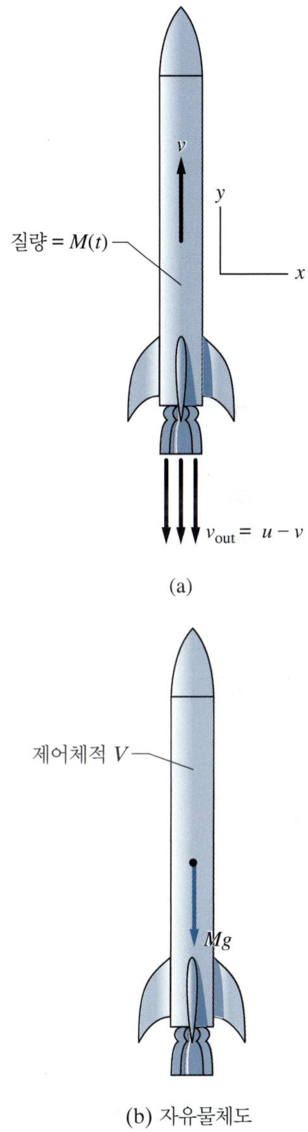

그림 15.19

예제 15.17

그림 (a)는 물이 60° 휘어진 파이프에 $v_{in} = 6.1$ m/s의 속도로 들어오는 것을 보인다. 물이 파이프의 굴곡부를 통과할 때, 압력이 $p_{in} = 41.4$ kPa에서 $p_{out} = 27.6$ kPa으로 강하한다. 파이프의 직경이 $d_{in} = 203$ mm에서 $d_{out} = 254$ mm로 커지고 있다. 물에 의해 파이프의 굴곡부에 가해지는 힘을 구하라. (물의 비중은 1000 kg/m^{3}이다.)

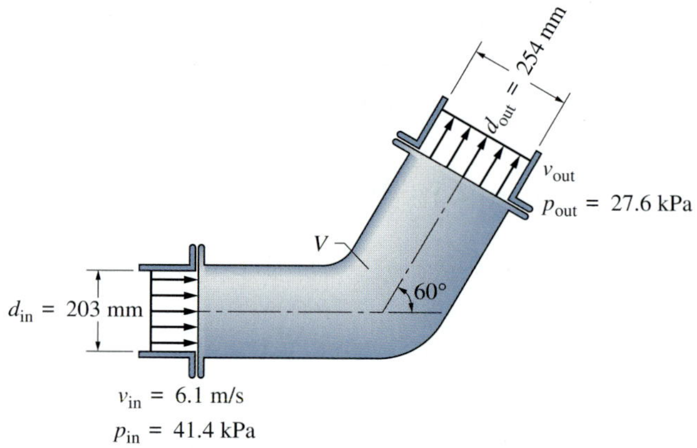

(a)

풀이

이 문제는 정상적 흐름이므로, 식 (15.47)을 사용하여 풀면 된다.

$$\Sigma \mathbf{F} = \dot{m}(\mathbf{v}_{out} - \mathbf{v}_{in}) \tag{a}$$

그림 (a)에서와 같이 굴곡부 내부를 제어체적 V라고 한다. 제어체적 내의 물에 대한 자유물체 선도는 그림 (b)와 같으며 P_{in}과 P_{out}은 입구와 출구의 압력으로 인한 힘이며, $\mathbf{R}$은 굴곡부 벽면에 의해 물에 가해지는 힘이다(굴곡부의 면이 평면에 있지 않을 경우 물의 무게도 포함이 되어야 한다). 식 (a)의 힘 $\Sigma \mathbf{F}$는 FBD에 나타나는 힘의 합력이다. 각 단면에 대해 압력분포가 일정하다고 가정하면

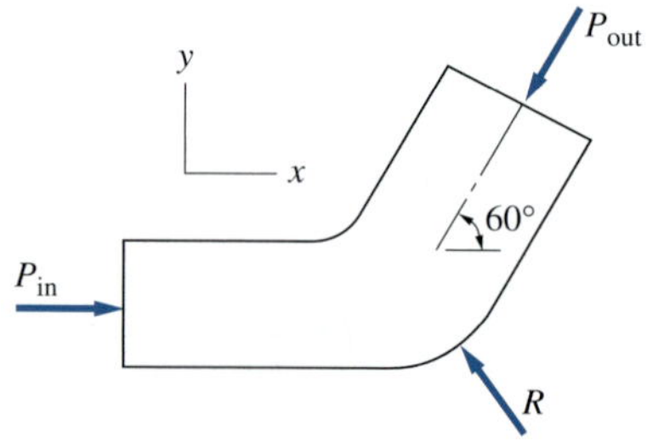

(b) 자유물체도

$$P_{in} = p_{in}A_{in} = (41.4 \times 10^3)\left[\frac{\pi(0.203)^2}{4}\right] = 1342 \text{ N}$$

$$P_{out} = p_{out}A_{out} = (27.6 \times 10^3)\left[\frac{\pi(0.254)^2}{4}\right] = 1398 \text{ N}$$

위 식에서 A는 파이프의 단면적을 말한다.

유체흐름이 정상적, 즉 V 내에 물의 축적이 없으므로 $A_{in}v_{in} = A_{out}v_{out}$이다. 따라서 제어체적을 떠나는 물의 속도는

$$v_{out} = v_{in}\frac{A_{in}}{A_{out}} = v_{in}\left(\frac{d_{in}}{d_{out}}\right)^2 = 6.1\left(\frac{0.203}{0.254}\right)^2 = 3.9 \text{ m/s}$$

파이프를 통과하는 질량흐름률은 $\dot{m} = \rho A v$이며, ρ는 물의 밀도 그리고 v는 물의 속도이다. 굴곡부의 입구(또는 출구)에서의 질량흐름률은 다음과 같다.

$$\dot{m} = \rho A_{in}v_{in} = (1000)\left[\frac{\pi}{4}(0.203)^2\right](6.1) = 197.4 \text{ kg/s}$$

그림 (b)를 참조하면 식 (a)의 좌변은

$$\begin{aligned}\Sigma\mathbf{F} &= P_{in}\mathbf{i} - P_{out}(\cos 60°\mathbf{i} + \sin 60°\mathbf{j}) + \mathbf{R} \\ &= 1342\mathbf{i} - 1398(\cos 60°\mathbf{i} + \sin 60°\mathbf{j}) + \mathbf{R} = 642.8\mathbf{i} - 1211\mathbf{j} + \mathbf{R}\text{ N} \qquad \text{(b)}\end{aligned}$$

식 (a)의 우변은

$$\dot{m}(\mathbf{v}_{out} - \mathbf{v}_{in}) = 197.4[3.9(\cos 60°\mathbf{i} + \sin 60°\mathbf{j}) - 6.1\mathbf{i}] = -818.5\mathbf{i} + 667\mathbf{j}\text{ N} \quad \text{(c)}$$

식 (b)와 (c)를 같다고 놓으면

$$642.8\mathbf{i} - 1211\mathbf{j} + \mathbf{R} = -818.5\mathbf{i} + 667\mathbf{j}$$

위 식에서

$$\mathbf{R} = -1461\mathbf{i} + 1878\mathbf{j}\text{ N}$$

따라서 굴곡부에 대해 물이 가하는 힘은

$$-\mathbf{R} = 1461\mathbf{i} - 1878\mathbf{j}\text{ N}$$ **답**

예제 15.18

수직비행을 하는 로켓이 발사 시의 총질량이 M_0이고 산화제를 포함한 연료소모율이 $\dot{m}$이다. 로켓에 대한 분사가스의 속도 u는 일정하다. 로켓속도를 시간 t에 대한 함수로 표현하라. 여기서 t는 이륙 시점부터 측정한다.

풀이

식 (15.48)에 의하면 로켓의 운동방정식은

$$\dot{m}u - Mg = M\dot{v} \tag{a}$$

발사 후 시간 t일 때 로켓의 질량은 $M = M_0 - \dot{m}t$이다. 이것을 식 (a)에 대입하면

$$\dot{m}u - (M_0 - \dot{m}t)g = (M_0 - \dot{m}t)\dot{v}$$

이 식을 $\dot{v}$에 대해 풀면

$$\dot{v} = \frac{\dot{m}u}{M_0 - \dot{m}t} - g$$

위 식을 시간에 대해 적분하면

$$v = \int \dot{v}\,dt = -u\ln(M_0 - \dot{m}t) - gt + C \tag{b}$$

이때 C는 적분상수이다. 초기조건 $t = 0$일 때 $v = 0$을 식 (b)에 대입하면

$$0 = -u\ln M_0 + C$$

따라서

$$C = u\ln M_0$$

그리고 식 (b)는 다음과 같이 된다.

$$v = u\ln\left(\frac{M_0}{M_0 - \dot{m}t}\right) - gt$$ 답

연습문제

15.123 2500 kg의 로켓이 지구 대기권상공을 수직비행하고 있다. 지구 중력가속도는 9.5 m/s^{2}이다. 엔진이 98 kg/s의 연료소모율로 로켓에 대해 500 m/s의 속도로 가스를 분출한다. (a) 엔진의 추진력과 (b) 로켓의 가속도를 구하라.

15.124 Saturn V로켓은 발사 시 무게가 2.81 × 10^6 kg이다. 1단계에서 150초간 2 × 10^6 kg의 연료를 태워 33.4 × 10^6 N의 추진력을 얻었다. (a) 로켓에 대한 연소가스의 속도를 구하라. (b) 연료를 다 태운 후의 로켓의 속도를 구하라. 수직비행을 하며 공기 저항을 무시하며 고도에 따른 중력 변화는 없다고 가정하라. (힌트: 예제 15.18을 참조하라.)

15.125 2차 세계대전 당시 유명했던 V-2로켓은 발사 시 8618 kg의 연료(알코올과 산소)를 실은 상태에서 12,700 kg이었다. 65초간 추진비행을 했으며 최대 5760 km/h의 속도로 수직비행을 했다. 로켓엔진의 추진력을 구하라. (힌트: 예제 15.18을 참조하라.)

15.126 제트팩을 멘 남자가 물 위를 부유하고 있다. 물에 반발하는 제트팩의 두 수직 젯의 속력 u는 335 m/s이다. 만약 남자와 제트팩의 무게합이 1112 N일 때, 제트팩에 의해 소모되는 힘 P을 구하라. 물이 흡수하는 힘은 무시한다. 힘은 물에 가하는 동역학적 힘과 동일하며 이는 $P = \dot{m}u^2/2$로 나타낼 수 있다.

그림 P15.126

15.127 소방호스가 평면벽을 향해 물을 분출하고 있다. 분출구의 직경 d = 40 mm이고 물의 속도가 50 m/s이다. 다음의 각 경우에 대해 벽면에 가해지는 물의 힘을 계산하라. (a) 벽면이 정지해 있을 경우, (b) 벽면이 4 m/s의 속도로 오른쪽으로 움직일 경우. (물의 밀도는 1000 kg/m^{3}이다.)

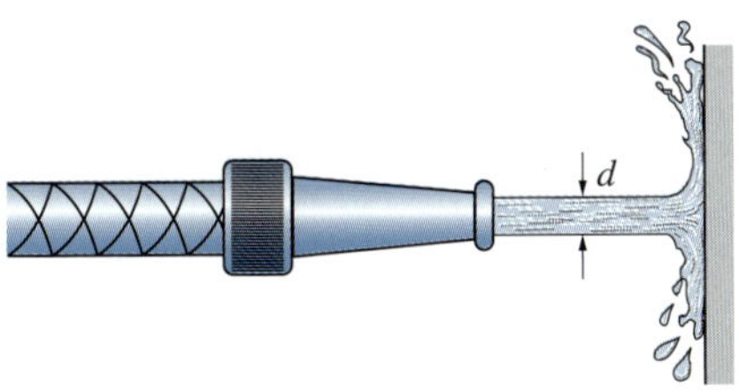

그림 P15.127

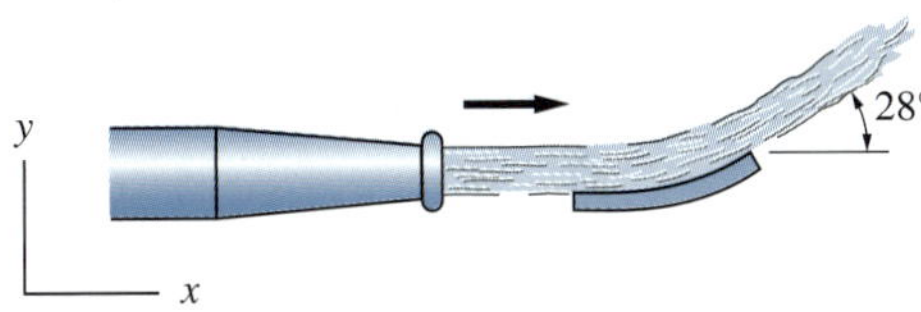

그림 P15.128

15.128 그림과 같이 노즐에서 분출되는 물이 정지해 있는 날개에 의해 28° 위로 휜다. 유량이 0.0114 m^3/s이고 물살의 속도는 13.7m/s이다. 물살이 날개에 가한 힘을 구하라. (물의 비중은 1000 kg/m^{3}이다.)

15.129 0.15 kg의 공이 수직 물살에 의해 떠 있다. 노즐에서 물의 속도가 6 m/s이고 노즐의 직경은 d = 12 mm이다. (a) 물살이 공을 치는 힘을 구하고 (b) 공의 높이 h를 구하라. (물의 밀도는 1000 kg/m^{3}이다.)

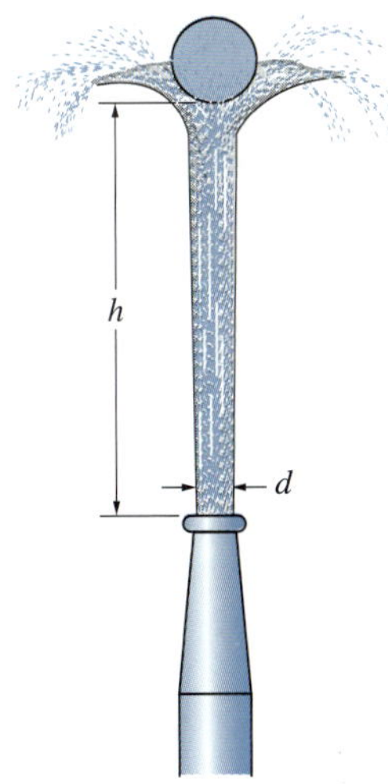

그림 P15.129

15.130 에어보트는 보트의 후방에 있는 팬에 의해 추진된다. 팬에 의해 생성되는 슬립스트림은 d = 1.95 m이고 u = 15.25 m/s를 가진다. 만약 보트가 v = 6.1 m/s로 이동 중일 때 팬에 의해 생성되는 추진력 T를 구하라. 팬에 들어가는 유체는 공기로 가정하라. 공기의 밀도 ρ = 1.20 kg/m^{3}이다.

그림 P15.130

15.131 물이 좁아지는 관에 3.05 m/s의 속도와 34.5 kPa의 압력으로 들어온다. 출구에서 압력이 15.65 kPa이라면 좁아지는 벽면에 물이 가하는 힘을 구하라. (물의 비중은 1000 kg/m^{3}이다.)

15.132 물이 파이프의 굴곡부에 4.2m/s의 속도로 들어온다. 입구와 출구의 압력은 각각 12 kPa과 18 kPa이다. 물에 의해 파이프 굴곡부에 가해지는 힘은 얼마인가? (물의 비중은 1000 kg/m^{3}이다.)

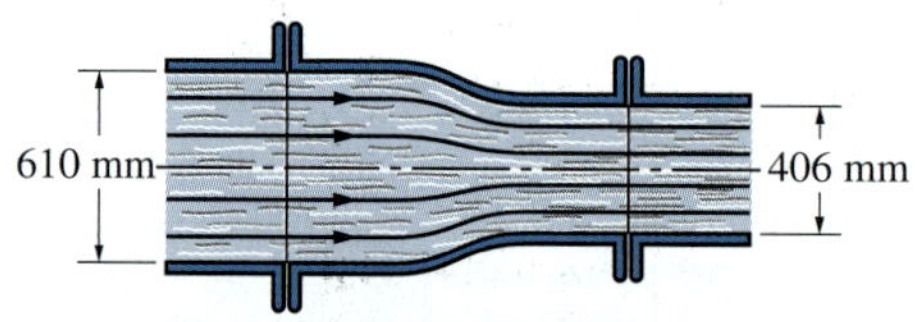

그림 P15.131

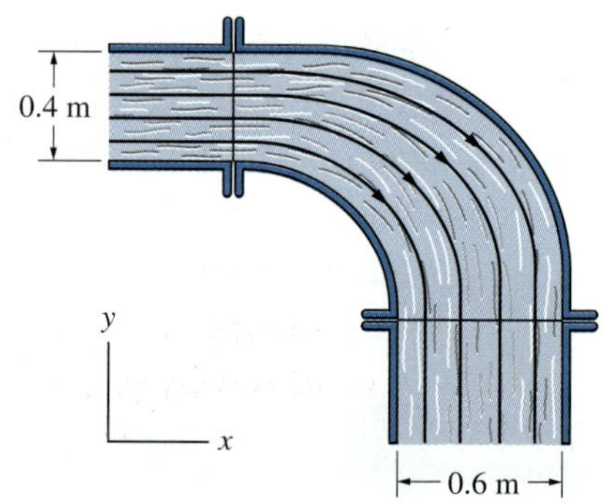

그림 P15.132

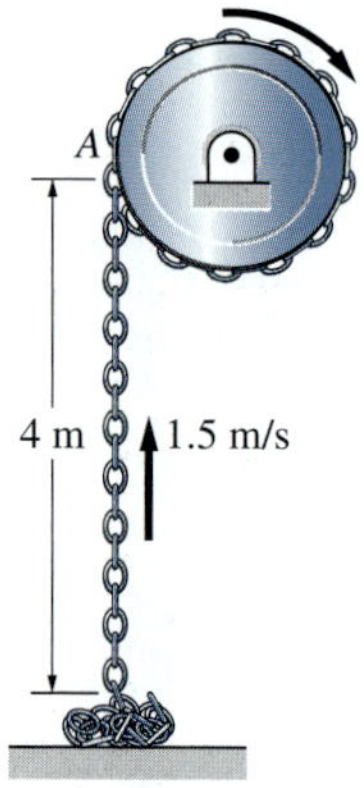

그림 P15.133

15.133 미터당 3.2 kg의 체인이 1.5 m/s의 일정 속도로 끌려 올려가고 있다. A에서 체인의 장력을 구하라.

15.134 분사식 제설기가 915 mm/s의 속도로 움직이며 9.07 kg/s의 비율로 눈을 제거하고 있다. 제설기로부터의 분사속도는 그림에 나타난 방향으로 9.15 m/s이다. 제설기를 앞으로 미는 데 필요한 수평력을 구하라. 구름저항은 무시한다.

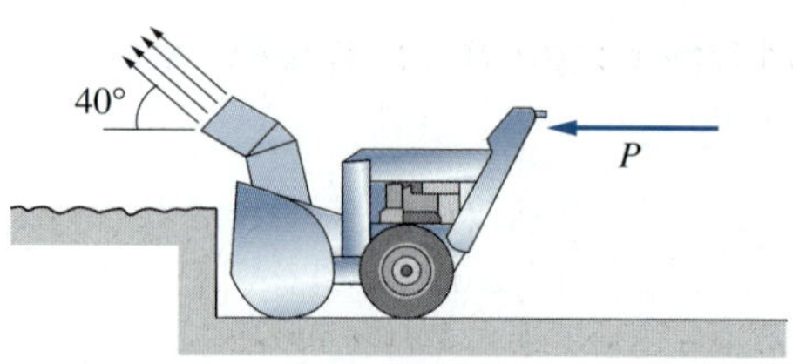

그림 P15.134

15.135 물탱크에 있는 오목한 오리피스의 직경은 127 mm이다. $a-a$ 구간에서 수압은 29.9 kPa^{2}이고 물의 속도는 무시한다. 만약 출구의 분출속도가 7.74 m/s이라면 분출되는 물의 직경 d를 구하라. (물의 비중은 1000 kg/m^{3}이다.)

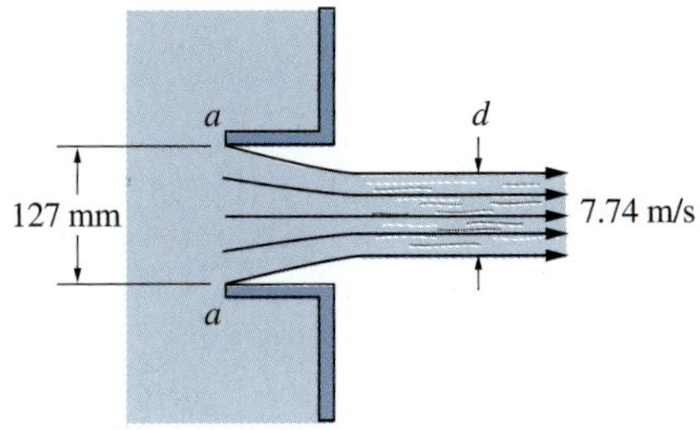

그림 P15.135

15.136 비행기가 착륙 시 제트엔진에 부착된 편향기가 작동된다. 그림처럼 제트엔진은 80 kg/s의 공기흡입률과 1.6 kg/s의 연료소모율을 가지고 있다. 공기-연료 혼합기는 660 m/s의 속도로 방출된다. 만약 이러한 제트엔진이 질량이 8000 kg인 비행기에 2개가 장착된다면 즉시 착륙시킬 수 있는 편향기의 최소 각도 θ는 얼마인가? 착륙 시에 상응하는 추진 가속도는 얼마인가?

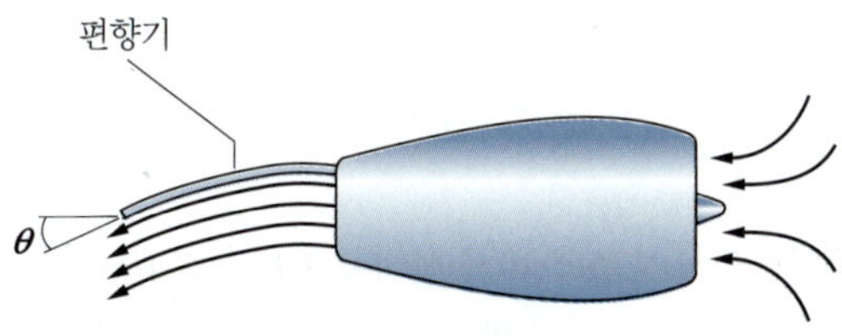

그림 P15.136

15.137 질량이 2268 kg인 로켓이 g = 8.78 m/s^{2}의 중력가속도가 작용하는 고도를 비행하고 있다. 엔진의 연료소모율은 113.4 kg/s이고 방출가스의 속도는 457 m/s이다. 로켓의 수평 가속도에 대한 각도 θ를 계산하라.

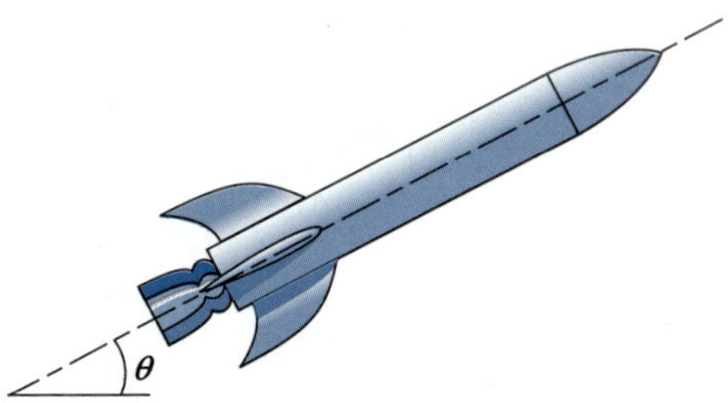

그림 P15.137

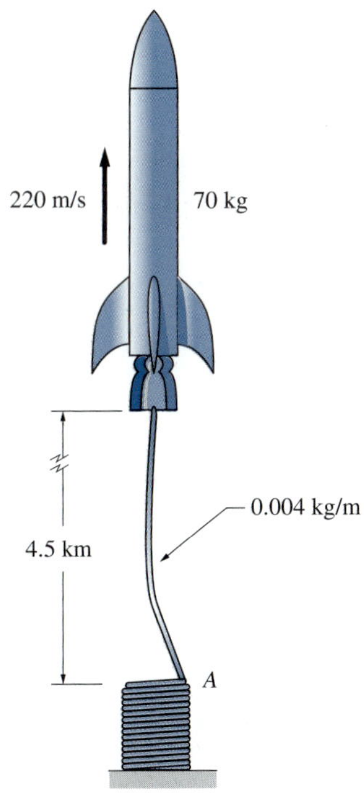

그림 P15.138

15.138 질량이 70 kg인 로켓이 바닥에 고정시켜 상승할 때 풀어지는 연결 와이어에 의해 연결되어 있다. 와이어의 질량은 0.004 kg/m이고 18 N의 장력이 A 지점에서 일정하게 유지되고 있다. 그림과 같은 순간에 로켓은 4.5 km를 올라가면 추진력은 사라지고 220 m/s의 속도로 비행한다. 그림과 같은 순간의 로켓의 가속도를 구하라.

15.139 로켓이 수직 방향으로 비행하고 있다. 로켓의 첫 추진 시 질량은 M_0이며 75%가 연료의 무게다. 노즐의 속력은 연료 소모에 무관하게 u = 1300 m/s의 속력을 유지하였지만 등가가속도 a = 34.4 m/s^{2}를 유지하기 위해 연료소모는 조정되었다. 발사 이후와 연료가 소모되기까지 걸린 시간을 구하라.

15.140 질량이 9.07 kg인 공기부양차가 v_{in} = 24.4 m/s의 속도로 공기를 흡입하고 하단부로 수평방향으로 압축공기를 분출시킨다. 하단부의 평균 공기 압력을 계산하라. (공기의 밀도는 1.2 kg/m^{3}으로 사용하라.)

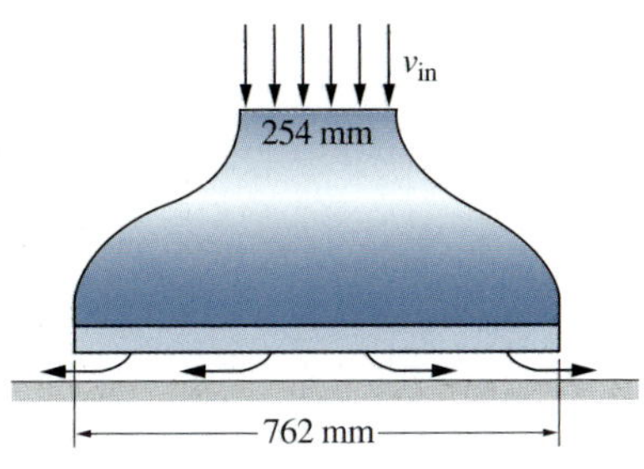

그림 P15.140

15.141 수직 활송장치가 컨베이어에 60 kg/s의 비율로 석탄을 쏟아내고 있다. 컨베이어 벨트가 3 m/s의 일정한 속도로 움직인다면 컨베이어를 구동하는 데 필요한 동력은 얼마인가? 마찰은 무시한다.

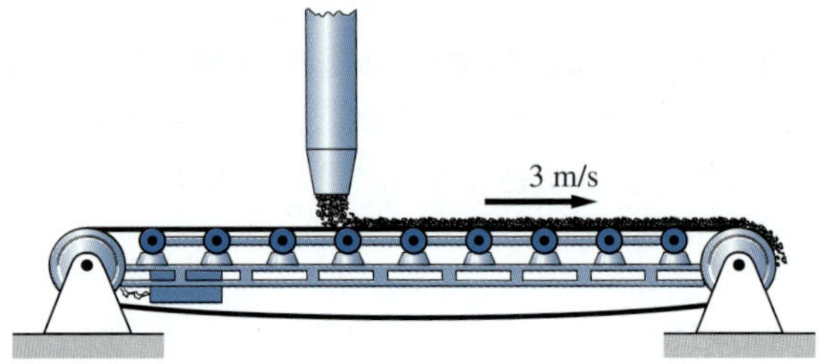

그림 P15.141

15.142 터빈의 각 노즐이 노즐에 대한 상대속도 u = 5.4 m/s와 363 g/s의 유량으로 물을 뿜어내고 있다. (a) 터빈에 의해 발생되는 동력을 일정노즐속도 v로 나타내라. (b) 최대 동력과 그때의 속도 v를 구하라. 노즐에 들어가는 물의 속도는 무시한다.

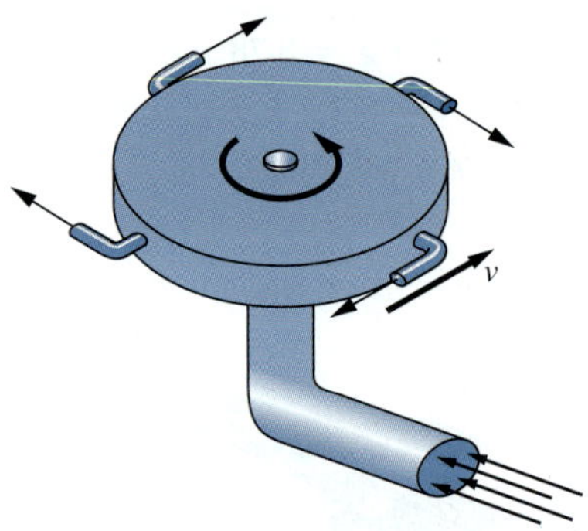

그림 P15.142

REVIEW OF EQUATIONS

Relative motion between two particles

$$\mathbf{r}_B = \mathbf{r}_A + \mathbf{r}_{B/A} \qquad \mathbf{v}_B = \mathbf{v}_A + \mathbf{v}_{B/A} \qquad \mathbf{a}_B = \mathbf{a}_A + \mathbf{a}_{B/A}$$

Motion of the mass center of a particle system

$$\bar{\mathbf{v}} = \frac{d\bar{\mathbf{r}}}{dt} = \frac{1}{m}\sum_{i=1}^{n} m_i \mathbf{v}_i \qquad \bar{\mathbf{a}} = \frac{d\bar{\mathbf{v}}}{dt} = \frac{d^2\bar{\mathbf{r}}}{dt^2} = \frac{1}{m}\sum_{i=1}^{n} m_i \mathbf{a}_i$$

Equation of motion of the mass center

$$\Sigma \mathbf{F} = m\bar{\mathbf{a}}$$

Principle of work and kinetic energy

$$(U_{1\text{-}2})_{\text{ext}} + (U_{1\text{-}2})_{\text{int}} = T_2 - T_1$$

Conservation of mechanical energy

$$V_1 + T_1 = V_2 + T_2$$

Force-momentum & moment-angular momentum relationships

$$\Sigma \mathbf{F} = \dot{\mathbf{p}} \qquad \Sigma \mathbf{M}_A = \dot{\mathbf{h}}_A$$

$\mathbf{p} = m\bar{\mathbf{v}}$ = linear momentum of the system

$\mathbf{h}_A$ = angular momentum of the system about A

Impulse-momentum equations

$$\mathbf{L}_{1-2} = \mathbf{p}_2 - \mathbf{p}_1$$

$$(\mathbf{A}_A)_{1-2} = (\mathbf{h}_A)_2 - (\mathbf{h}_A)_1 \quad (A \text{ is a fixed point or mass center})$$

$\mathbf{L}$ = linear impulse of external forces

$\mathbf{A}_A$ = angular impulse of external forces about A

Coefficient of restitution for elastic impact

$$e = \frac{\text{velocity of separation}}{\text{velocity of approach}}$$

REVIEW PROBLEMS

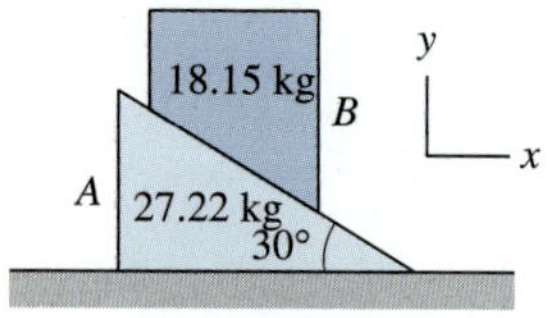

Figure P15.143

15.143 The blocks A and B are released from rest in the position shown. Neglecting friction, determine the acceleration vector of each block.

15.144 The projectiles A and B are launched simultaneously at $t = 0$ with the velocities shown. Assuming both trajectories lie in the same vertical plane, determine (a) the relative position vector $\mathbf{r}_{B/A}$ as a function of t; and (b) the smallest distance between the projectiles. Neglect air resistance.

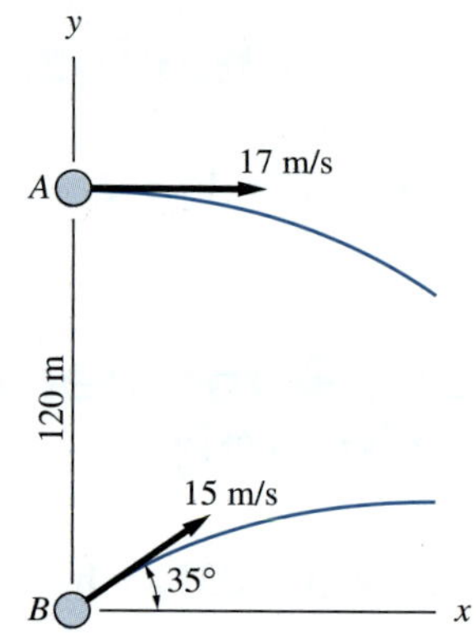

Figure P15.144

15.145 The 1815-kg car drives onto the stationary 14 515-kg flatbed railroad car at 40 km/h and brakes to a stop relative to the flatbed car. Determine the final velocity of the cars.

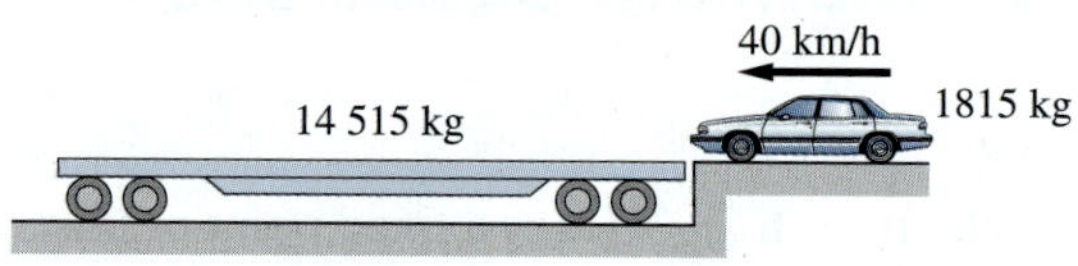

Figure P15.145

15.146 The coal cars A and B collide with the velocities shown without becoming coupled together. Knowing that the velocity of B after the collision is 8.3 km/h, find the velocity of A.

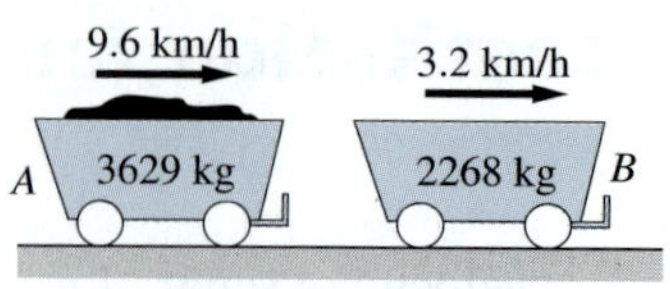

Figure P15.146

15.147 Blocks A and B are connected by a cable that runs around the five pulleys. Find the velocity of B if A is moving downward at 2 m/s.

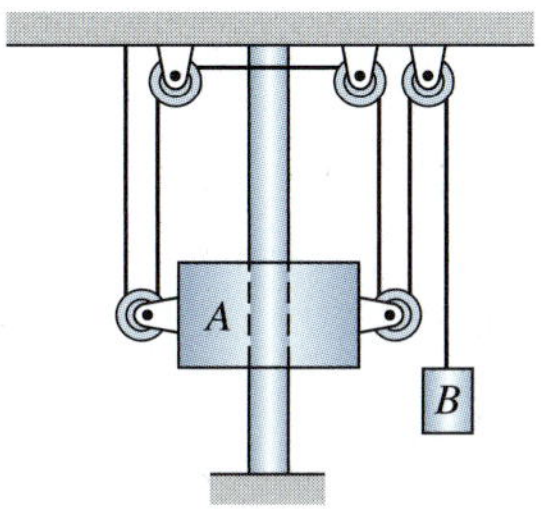

Figure P15.147

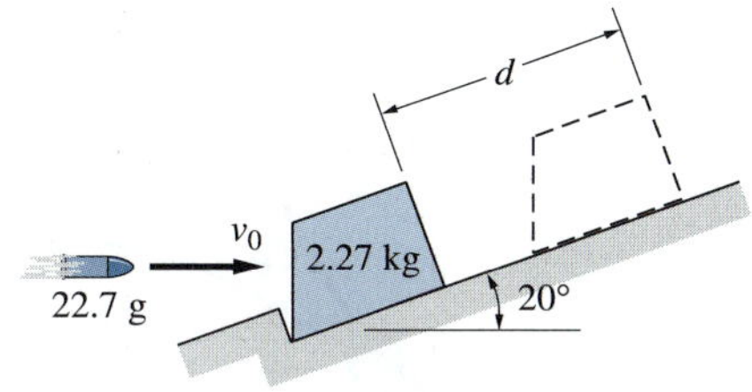

Figure P15.148

15.148 The 22.7-g bullet strikes the stationary 2.27-kg block with the horizontal velocity v_0 and becomes embedded. If the maximum displacement of the block after the impact is $d = 488$ mm, determine v_0. Neglect friction and assume that the block does not leave the inclined surface.

15.149 The airspeed of the helicopter in level flight is 200 km/h, directed east. If the ground speed is 256 km/h in the direction 25° north of east, determine the magnitude and direction of the wind velocity.

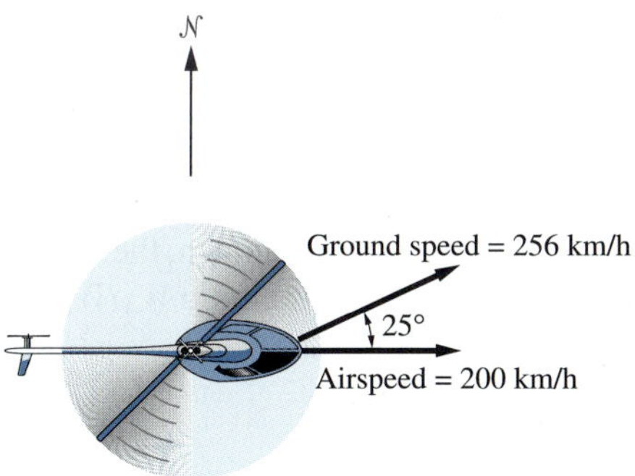

Figure P15.149

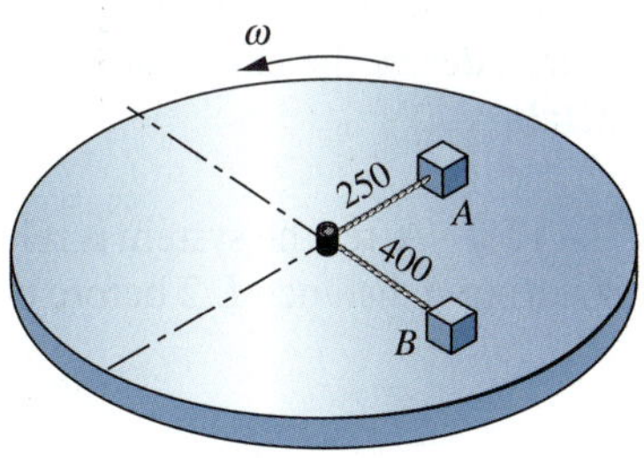

Dimensions in mm

Figure P15.150

15.150 The disk, which has a small peg mounted at its center, is rotating at the angular speed ω. The blocks A and B, each of mass 2 kg, are connected with a rope that passes around the peg. Initially, the blocks are at rest relative to the disk. If the angular speed of the disk is gradually increased, determine the value of ω at which the blocks start sliding on the disk. The coefficient of static friction under each block is 0.25, and friction at the peg is negligible.

15.151 The three masses are suspended from the cable-and-pulley system shown. Determine the acceleration of each mass in terms of the gravitational acceleration g. Neglect the masses of the pulleys.

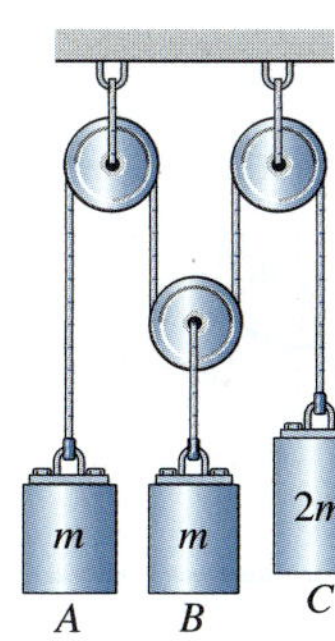

Figure P15.151

15.152 The 281-kg rocket A is in unpowered flight near the surface of the earth when it breaks into two pieces—the 83.92-kg nose cone B and the 197.3-kg thruster C. The figure shows the velocities of the two parts 60 s after the breakup (note that A, B, and C are in the same vertical plane). Determine the velocity (magnitude and direction) of the rocket just before the breakup.

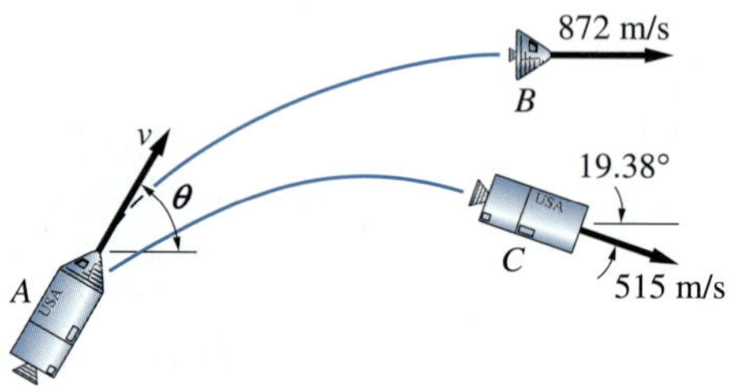

Figure P15.152

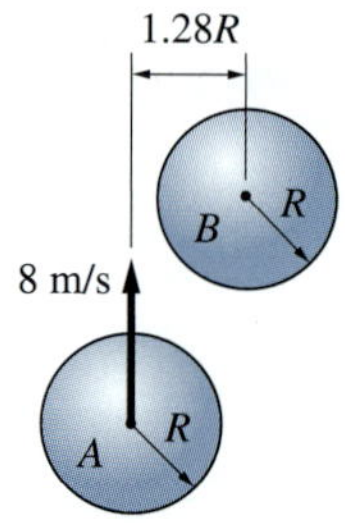

Figure P15.153

15.153 Two identical billiard balls of radius R are on a horizontal table. After ball A hits stationary ball B with the velocity of 8 m/s, the speed of B is 5.52 m/s. Determine (a) the coefficient of restitution between the balls; and (b) the speed of ball A after the impact. Neglect friction.

15.154 A small piece of red-hot iron is placed on the anvil and struck with the hammer moving at the velocity v_0. The masses of the hammer and the anvil are m_h and m_a, respectively, and the coefficient of restitution between the hammer and hot iron is e. If the anvil sits on an elastic base (as indicated by the springs in the figure), derive the expression for the impulse delivered by the hammer to the hot metal.

15.155 After the system is released from rest in the position shown, the weight W_A drops a distance $L/2$ before coming to a stop. Determine the ratio W_A/W_B.

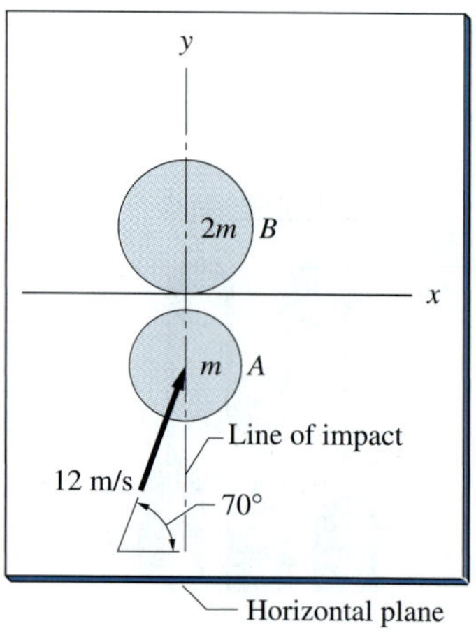

Figure P15.156

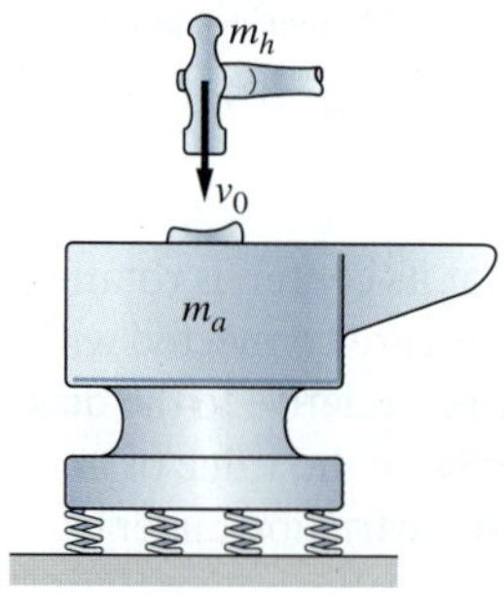

Figure P15.154

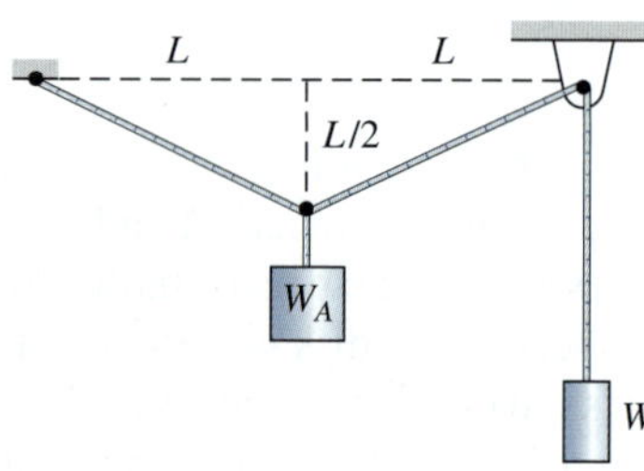

Figure P15.155

15.156 The two disks A and B lie on a horizontal surface. Disk A is propelled into B, which is initially stationary, with the velocity shown. If $e = 0.75$, calculate the velocity of each disk after the impact. Neglect friction.

15.157 The collars A and B can slide without friction on the horizontal rod. The spring attached to collar A has a stiffness $k = 300$ N/m, and its free length is 0.6 m. Collar A is kept in the position shown by a restraining cord. If the cord is cut, determine the velocity of collar B after it is hit by collar A. The coefficient of restitution for the impact is 0.8.

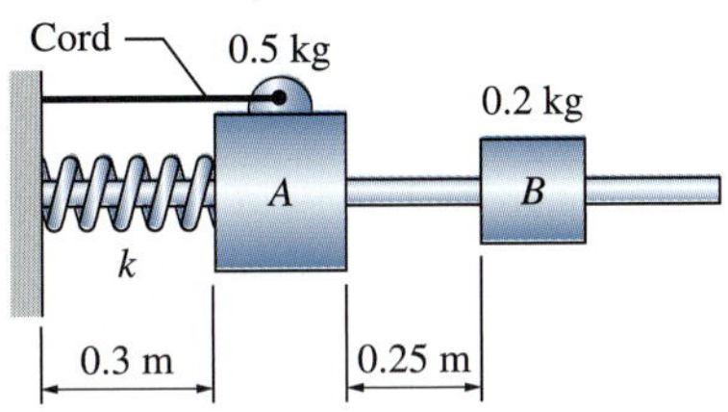

Figure P15.157

15.158 The 10.89-kg artillery shell A is fired from the gun with the muzzle velocity of 549 m/s. The recoil of the 295-kg barrel B in its mount C is limited by the spring of stiffness 379 kN/m. Determine the maximum deformation of the spring after the shell has been fired. Neglect friction.

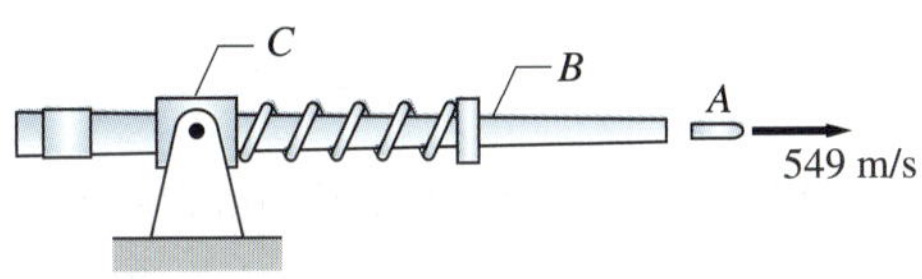

Figure P15.158

15.159 Determine the largest force P that can be applied to the 2.72-kg block B without causing the 1.36-kg block A to slide up relative to B. The static and kinetic coefficients of friction between the contact surfaces are shown in the figure.

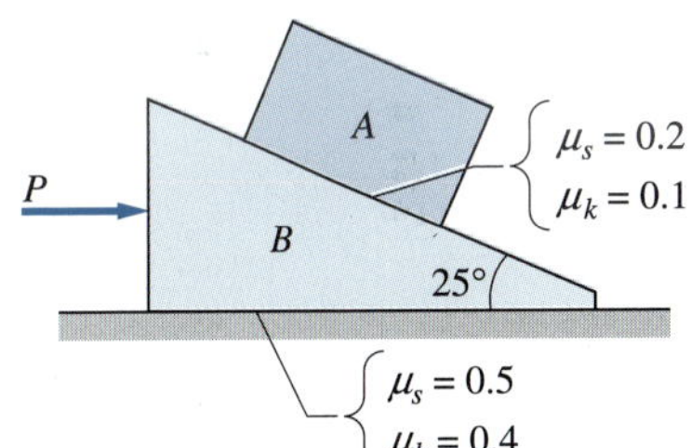

Figure P15.159

15.160 The cars A and B are traveling with the velocities shown when they collide. Assuming the impact is plastic, determine (a) the common velocity of the cars just after the impact; and (b) the percentage of mechanical energy absorbed by the impact.

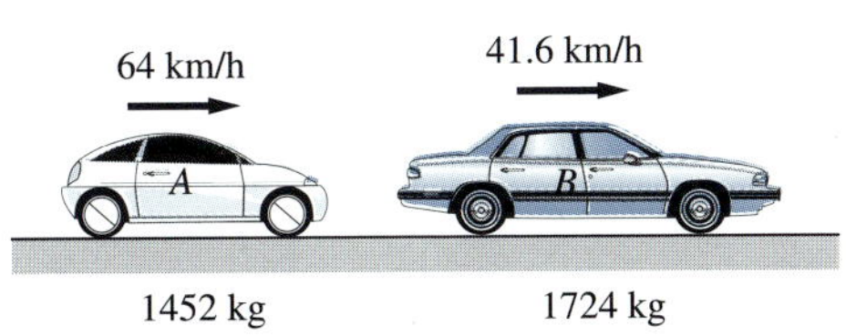

Figure P15.160

15.161 The billiard ball A is to be banked off the rail at B so that it will enter the pocket C. The coefficient of restitution for the impact between the ball and the rail is 0.85. Neglecting friction, determine distance x that determines the location of B.

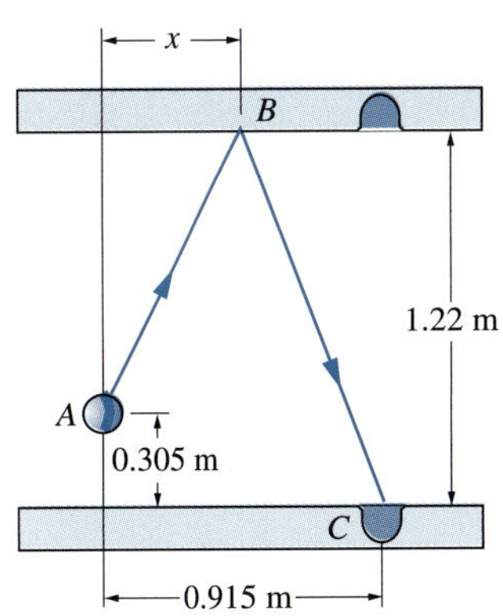

Figure P15.161

강체의 평면운동학

Planar Kinematics of Rigid Bodies

16

16.1 서론

한 물체가 물체 내의 임의의 두 점 사이의 거리가 일정하게 유지되면 *강체*(rigid)라고 한다. 즉, 강체는 변형되지 않는다. 물론 힘을 받는 물체는 어느 정도까지는 변형되기 때문에 강체는 이상화된 개념이다. 하지만 그 변형이 충분히 작다면("작다"는 것은 대개 물체의 크기에 비해 변형의 크기가 무시할 만한 것을 의미한다), 강체로 가정할 수 있다.

이 장에서는 오직 강체의 *평면운동*(plane motion)만을 다룬다. 물체가 운동할 때 고정된 기준평면에서 물체 내의 모든 지점이 일정한 거리를 유지하면, 이러한 운동을 물체의 평면운동이라 한다. 다시 말해, 물체 내의 모든 지점들이 평면운동에서는 특정한 기준평면과 평행하게 움직인다. 평면운동에는 세 가지 범주가 있다:

© Spe/Dreamstime.com

미끄러짐이 없는 회전운동은 흔히 만나는 운동학 문제이다. 이 장에서는 예제 16.4, 연습문제 16.20과 16.23과 같은 몇 가지 문제에서 회전운동 해석을 다룬다.

- *병진운동*(translation)은 물체가 회전 없이 이동하는 특수한 경우이다; 즉, 그림 16.1(a)* 에서와 같이, 물체 내의 두 점을 연결하는 어떠한 선도 처음 위치에 대해 평행하게 유지된다. 물체에 있는 모든 지점의 변위가 동일하므로, 한 점의 운동은 물체 전체의 운동을 결정한다.

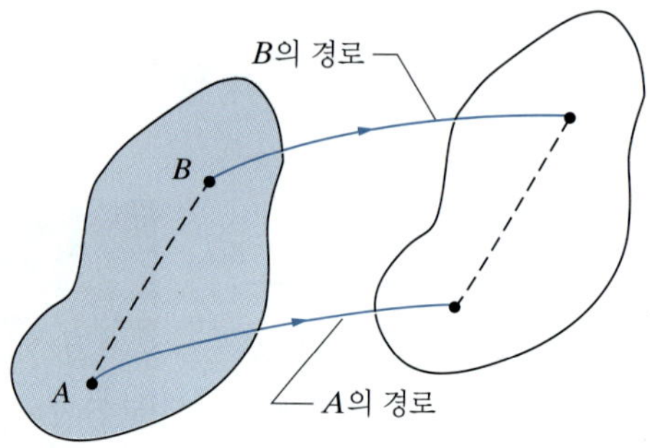

병진운동

그림 16.1(a)

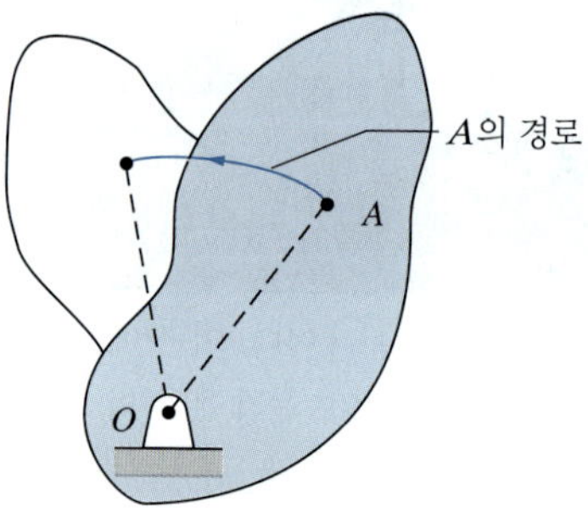

고정축 중심의 회전운동

그림 16.1(b)

- *고정축 중심의 회전운동*(rotation about a fixed axis)은 *회전축*(axis of rotation)이라 불리는 물체 내의 선이 공간상에 고정되어 있는 특수한 경우이다. 결과적으로, 그림 16.1(b)에서처럼 회전축상에 있지 않은 각 점은 회전축을 중심으로 원을 그리며 회전한다. (*O*점에서의 회전축은 그림 평면에 수직이다.)
- *일반 평면운동*(general plane motion)은 병진운동 및 회전운동의 중첩이다. 그림 16.1(c)의 구르는 원반은 이러한 운동의 예이다: 원반은 병진과 동시에 회전한다.

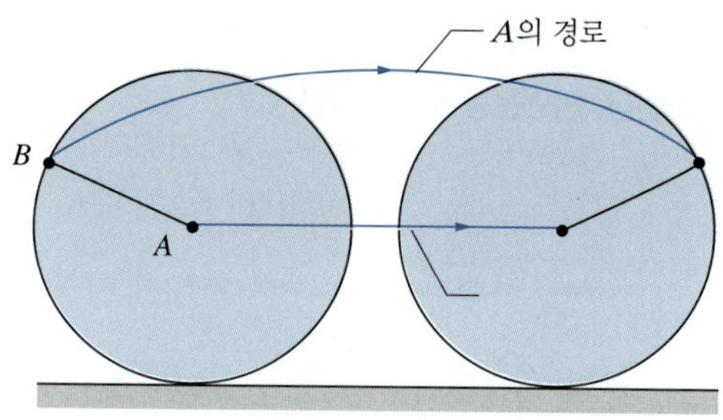

일반 평면운동

그림 16.1(c)

* 평면운동을 설명할 때, 종종 운동 평면에 평행한 물체의 대표 단면을 보여주는 것이 편리하다.

16.2 평면 각운동

이 절에서는 평면운동에서의 강체 또는 선의 각변위, 각속도 및 각가속도를 소개한다.

각위치 xy 평면에서 움직이는 그림 16.2의 강체 $\mathcal{B}$를 고려해보자. 선분 AB를 운동 평면 내에 있으면서 $\mathcal{B}$ 내부에 존재하는 선이라고 하자.* 선 AB가 고정된 기준선(예를 들어 x축)과 이루는 각도 $\theta(t)$를 선 AB의 각위치 좌표(angular position coordinate of line AB)라고 한다.

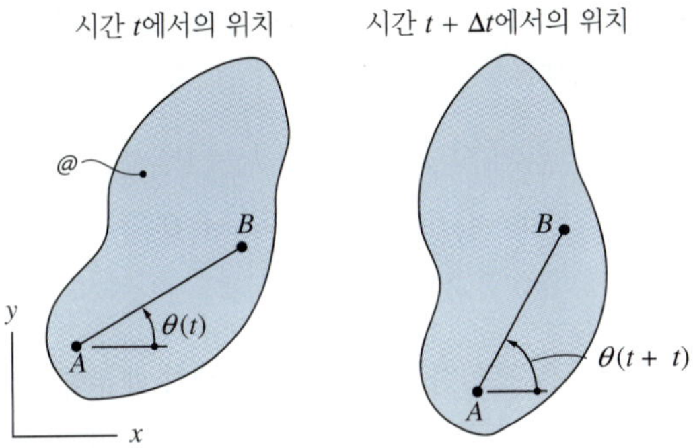

그림 16.2

각변위 AB의 각위치 좌표는 그림 16.2에서와 같이 Δt 동안 $\theta(t)$에서 $\theta(t + \Delta t)$까지 변화한다. 이때 선 AB의 각변위는 다음과 같이 정의된다.

$$\Delta\theta = \theta(t + \Delta t) - \theta(t) \tag{16.1}$$

평면운동 면상에 놓여진 물체 $\mathcal{B}$ 내의 모든 선들은 동일한 각변위를 가진다.

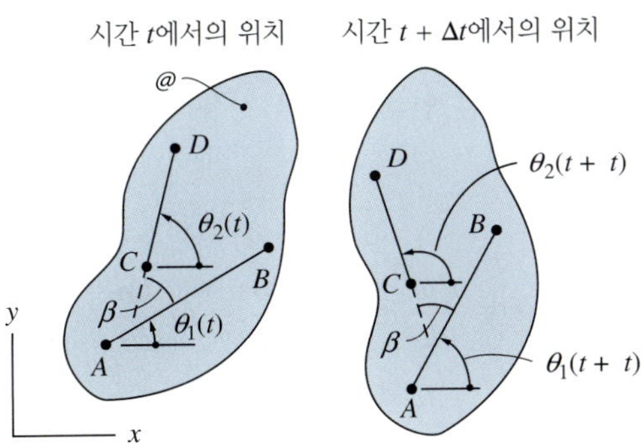

그림 16.3

* 여기서, 그리고 이후에 "운동 평면"이라는 용어는 운동 평면에 평행한 모든 평면에도 적용된다.

그림 16.3은 그러한 선들 중 각각 각위치 좌표 $\theta_1(t)$와 $\theta_2(t)$를 갖는 2개의 선 AB와 CD를 보여준다. 물체는 강체이므로 그림에 표시된 두 각위치에 대하여 두 선 사이의 각도 β는 변하지 않는다; 즉, $\beta = \theta_2(t) - \theta_1(t) = \theta_2(t + \Delta t) - \theta_1(t + \Delta t)$. 따라서 $\theta_1(t + \Delta t) - \theta_1(t) = \theta_2(t + \Delta t) - \theta_2(t)$, 또는

$$\Delta\theta_1 = \Delta\theta_2$$

AB와 CD는 운동 평면 내의 임의의 선들이므로 운동 평면 내의 모든 선은 동일한 각변위를 갖는다고 할 수 있다. 따라서 $\Delta\theta$는 곧 **물체 $\mathcal{B}$의 각변위(angular displacement of body $\mathcal{B}$)**이다.

각속도 선 AB의 각속도 ω(angular velocity ω of line AB)는 그 각위치 좌표 θ의 시간 도함수로 정의된다:

$$\omega = \lim_{\Delta t \to 0} \frac{\Delta\theta}{\Delta t} = \frac{d\theta}{dt} = \dot{\theta} \tag{16.2}$$

운동 평면 내의 모든 선들은 동일한 각변위 $\Delta\theta$를 갖기 때문에 동일한 각속도를 갖는다. 따라서 ω는 곧 **물체 $\mathcal{B}$의 각속도(angular velocity of body $\mathcal{B}$)**이며 일반적인 단위는 rad/s와 rev/min이다.

각가속도 선 AB의 각가속도 α(angular acceleration α of line AB)는 각속도의 시간 도함수로 정의된다:

$$\alpha = \frac{d\omega}{dt} = \dot{\omega} \quad \text{or} \quad \alpha = \frac{d^2\theta}{dt^2} = \ddot{\theta} \tag{16.3}$$

각속도 ω는 운동 평면 내의 모든 선에 대해 동일하므로, α는 곧 **물체 $\mathcal{B}$의 각가속도(angular acceleration of body $\mathcal{B}$)**이다. 각가속도의 단위로는 보통 rad/s^2가 사용된다.

식 (16.3)의 시간 t는 미분 연쇄 법칙을 사용하여 명시적인 변수로서 제거될 수 있다:

$$\alpha = \frac{d\omega}{dt} = \frac{d\omega}{d\theta}\frac{d\theta}{dt} = \omega\frac{d\omega}{d\theta} \tag{16.4}$$

- 각속도 및 각가속도의 양의 방향이 가정한 θ의 양의 방향과 같다는 점을 유의한다.
- 식 (16.2)~(16.4)는 질점의 직선운동에 관한 식 (12.9) 및 식 (12.10)과 유

사하다: $v = \dot{x}$, $a = \dot{v} = \ddot{x}$, 그리고 $\alpha = v(dv/dx)$. 따라서 12.4절에 제시된 수학적 방법은 평면 각운동을 분석하는 데에도 사용될 수 있다.

각운동의 벡터 표현 $\Delta\theta$, ω와 α는 크기와 방향을 갖고 있으므로 종종 오른손 법칙을 사용하여 벡터로 표현하는 것이 편리하며, 오른손 좌표 시스템을 사용할 때(그림 16.2에서 양의 z축은 종이 밖으로 나오는 방향을 가리키게 된다) 아래와 같이 표현된다.

$$\boldsymbol{\Delta\theta} = \Delta\theta\mathbf{k} \qquad \boldsymbol{\omega} = \omega\mathbf{k} = \dot{\theta}\mathbf{k} \qquad \boldsymbol{\alpha} = \alpha\mathbf{k} = \dot{\omega}\mathbf{k} = \ddot{\theta}\mathbf{k} \tag{16.5}$$

삼차원 운동에 관한 코멘트 평면운동에서 각변위는 크기($\Delta\theta$)와 방향(운동 평면에 수직)을 가지므로 벡터량이며, 벡터의 합은 평행사변형법칙에 따라 구한다. (동일한 방향을 갖는 두 벡터를 합하는 것은 평행사변형법칙에 따른 벡터 합의 특별한 경우이다.) 각속도 및 각가속도 또한 벡터이지만, 삼차원적인 운동의 경우에는 각변위의 합이 평행사변형법칙에 따르지 않는다. 따라서 각변위는 일반적으로 벡터가 아니다.

각변위를 벡터로 볼 수 없는 사례로서, 최초의 위치가 그림 16.4(a)와 같은

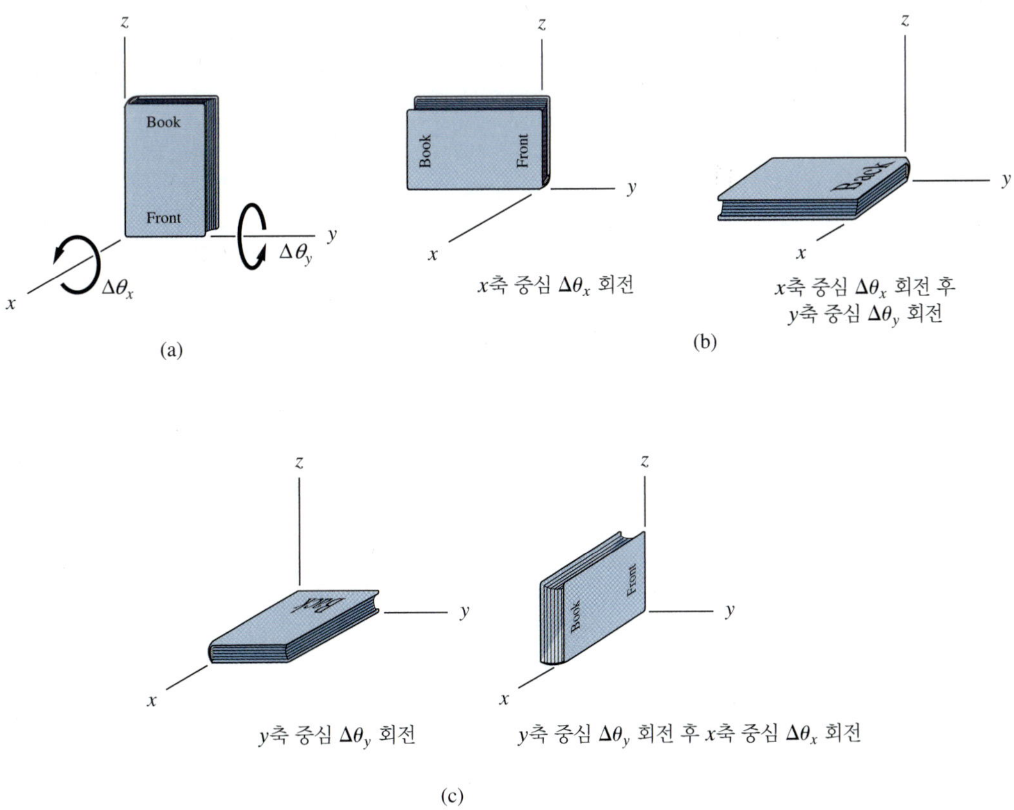

그림 16.4

책의 회전운동을 고려한다. 그림 16.4(b)는 책이 회전각도 $\Delta\theta_x = 90°$(x축 중심의 회전)로 회전하고 난 후 $\Delta\theta_y = 90°$(y축 중심의 회전)로 회전운동한 후의 최종 위치를 나타낸다. 그림 16.4(c)는 $\Delta\theta_y$ 다음 $\Delta\theta_x$순으로 회전운동한 후의 결과이다. 그림을 통해 책의 최종 방향은 회전이 진행되는 순서에 의존한다는 것을 알 수 있다. 벡터의 덧셈에서 교환 법칙이 성립하지 않기 때문에 일반적으로 각변위를 벡터라고 볼 수는 없지만, 각변위의 미분은 삼차원 운동이더라도 벡터로 볼 수 있다.* 따라서 각속도와 각가속도는 항상 벡터량이다.

16.3 고정축 중심의 회전운동

고정축 중심의 회전은 **회전축**(axis of rotation)이라는 물체 내의 어떤 선이 공간상에 고정되어 있는 특별한 경우이다. 그림 16.5는 축을 중심으로 회전하는 강체를 나타낸다. 점 B가 물체의 축으로부터 거리 R만큼 떨어진 물체 내의 점이라 하자. B는 강체이므로 B의 경로는 회전축에 수직인 평면 내에 있는 반경이 R인 원이다. 원의 중심 O는 축상에 위치하며 반지름 선 OB의 각위치 좌표는 θ로 표기한다. OB는 운동 평면 내에 놓여 있으므로, 물체의 각속도와 각가속도는 식 (16.2)와 식 (16.3)에 따르면,

$$\omega = \dot{\theta} \qquad \alpha = \dot{\omega} = \ddot{\theta} \tag{16.6}$$

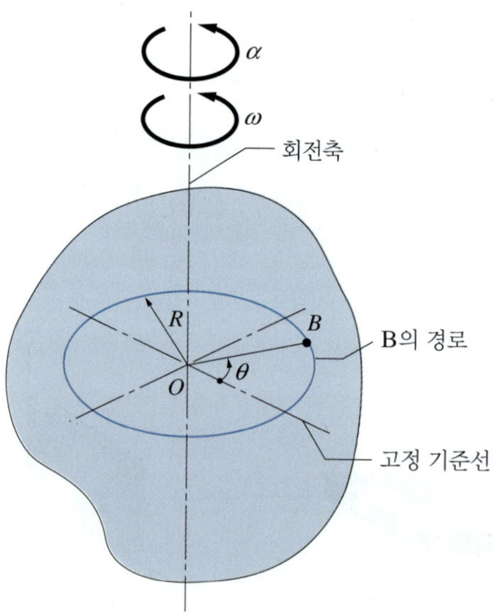

그림 16.5

* *Principles of Dynamics*, 2e, Donald T. Greenwood, Prentice Hall, 1988, p. 350 참조.

물체 내의 점의 운동학 반경 R의 원형 경로를 따르는 질점의 운동은 경로좌표를 사용하여 13.2절에서 논의했다. 질점까지의 반경 방향 선의 각위치를 θ라 할 때, 질점의 속도(v)와 법선(a_n) 및 접선(a_t) 가속도 성분들은 다음과 같다.

$$v = R\dot{\theta} \qquad \text{(13.10, 다시 씀)}$$

$$a_n = R\dot{\theta}^2 \qquad a_t = R\ddot{\theta} \qquad \text{(13.11, 다시 씀)}$$

위 식에 식 (16.6)으로부터 $\dot{\theta}$, $\ddot{\theta}$을 대입하면, 점 B의 속도와 가속도 성분은

$$\begin{aligned} v &= R\omega \\ a_n &= R\omega^2 = \frac{v^2}{R} = v\omega \\ a_t &= R\alpha \end{aligned} \qquad \text{(16.7a)}$$

점 B의 속도와 가속도벡터는 그림 16.6(a)에 나타낸 바와 같이 운동 평면(원의 평면) 내에 있다. 속도 v와 가속도의 접선 성분 a_t는 원에 접하며 θ가 증가하는 방향을 가리킨다. 가속도의 법선 성분 a_n은 원형 경로의 중심 방향을 향한다.

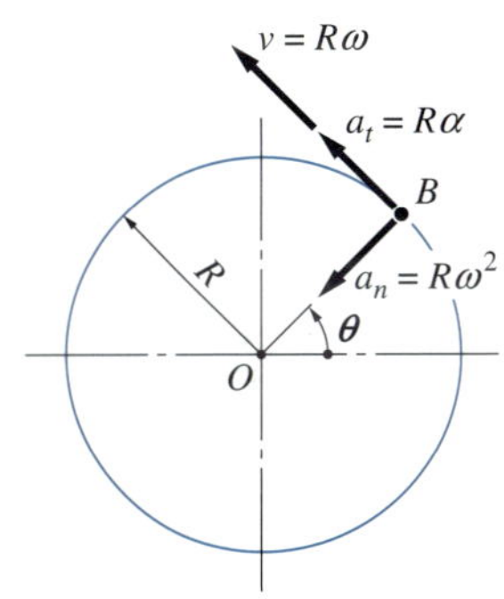

(a)

운동학의 벡터 표현 종종 벡터 대수학을 이용해 점의 속도 및 가속도를 계산하는 것이 편리하다.

그림 16.6(b)에서, $\mathbf{r}$은 회전축상의 임의의 점 A에 대한 점 B의 위치벡터이며 $\mathbf{r}$과 축이 이루는 각을 β라고 할 때, 다음의 벡터 방정식들은 점 B의 속도와 각속도의 크기와 방향을 나타내고 있다:

$$\begin{aligned} \mathbf{v} &= \boldsymbol{\omega} \times \mathbf{r} \\ \mathbf{a}_n &= \boldsymbol{\omega} \times \mathbf{v} = \boldsymbol{\omega} \times (\boldsymbol{\omega} \times \mathbf{r}) \\ \mathbf{a}_t &= \boldsymbol{\alpha} \times \mathbf{r} \end{aligned} \qquad \text{(16.7b)}$$

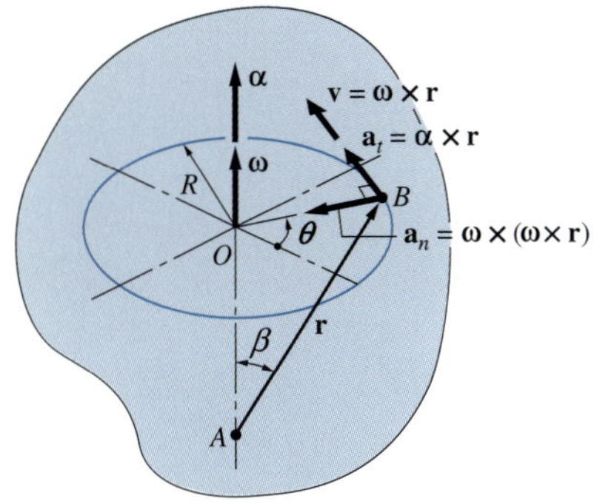

(b)

그림 16.6

외적의 속성을 사용하면, 식 (16.7b)에서 정의된 벡터들의 크기는 아래와 같다.

$$\begin{aligned} v &= |\boldsymbol{\omega} \times \mathbf{r}| = \omega r \sin \beta = R\omega \\ a_n &= |\boldsymbol{\omega} \times \mathbf{v}| = \omega v \sin 90^\circ = \omega v = R\omega^2 \\ a_t &= |\boldsymbol{\alpha} \times \mathbf{r}| = \alpha r \sin \beta = R\alpha \end{aligned}$$

이러한 결과는 식 (16.7a)와 일치한다. 벡터외적에서의 오른손법칙을 사용하면, 식 (16.7b)에서의 벡터들의 방향은 그림 16.6(a)에 나타낸 것과 같다는 것을 어렵지 않게 알 수 있다.

예제 16.1

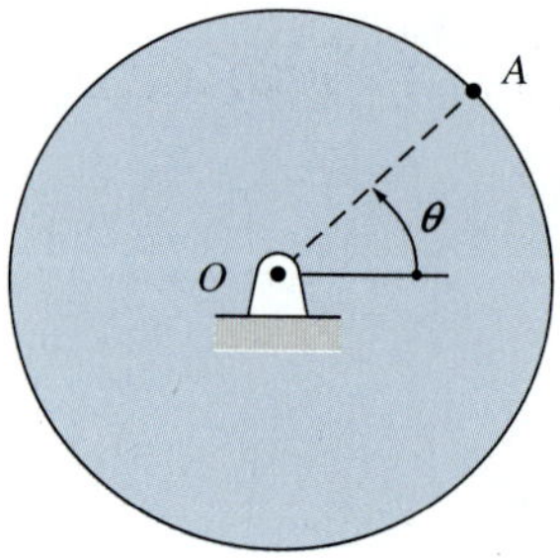

원반이 O점의 고정축을 중심으로 회전한다. $t = 0$에서 $t = 4$ s까지, 원반의 선 OA의 각위치는 $\theta(t) = t^3 - 12t + 6$ rad으로 변하고 t는 초이다. (1) $t = 4$ s에서의 원반의 각속도와 각가속도, (2) 주어진 시간 동안의 원반의 각변위, (3) 주어진 시간을 통해 원반이 회전한 전체 각도를 구하라.

풀이

문항 1

원반의 각속도와 각가속도는

$$\omega = \dot{\theta} = 3t^2 - 12 \text{ rad/s} \qquad \alpha = \dot{\omega} = 6t \text{ rad/s}^2$$

$t = 4$ s일 때 다음을 얻는다.

$$\omega = 3(4)^2 - 12 = 36 \text{ rad/s (CCW)}$$ 답

$$\alpha = 6(4) = 24 \text{ rad/s}^2 \text{ (CCW)}$$ 답

문항 2

시간 구간의 시작과 마지막에서 선 OA의 각위치는

$$\theta|_{t=0} = 6 \text{ rad}$$
$$\theta|_{t=4\text{ s}} = 4^3 - 12(4) + 6 = 22 \text{ rad}$$

따라서 $t = 0$에서 $t = 4$ s까지의 원반의 각변위는

$$\Delta\theta = \theta|_{t=4\text{ s}} - \theta|_{t=0} = 22 - 6 = 16 \text{ rad (CCW)}$$ 답

문항 3

$\omega = 0$일 때 원반의 회전방향이 변화하는 것에 유의하라. 즉,

$$3t^2 - 12 = 0 \qquad t = 2 \text{ s}$$

그때 OA의 각위치는

$$\theta|_{t=2\text{ s}} = 2^3 - 12(2) + 6 = -10 \text{ rad}$$

$t = 0$에서 $t = 2$ s 사이에 원반이 시계방향($\omega < 0$)으로 회전한다고 할 수 있고, 각변위는

$$\Delta\theta_1 = \theta|_{t=2\,\text{s}} - \theta|_{t=0} = -10 - 6 = -16 \text{ rad}$$

$t = 2$ s와 $t = 4$ s 사이에는 반시계방향($\omega > 0$)으로 회전한다; 이때의 각변위는

$$\Delta\theta_2 = \theta|_{t=4\,\text{s}} - \theta|_{t=2\,\text{s}} = 22 - (-10) = 32 \text{ rad}$$

따라서 $t = 0$에서 $t = 4$ s까지 원반이 회전한 총각도는

$$|\Delta\theta_1| + |\Delta\theta_2| = 16 + 32 = 48 \text{ rad}$$ 답

예제 16.2

풀리 B는 $\omega_A = 20$ rad/s로 회전하는 모터 풀리 A에 의해 구동되고 있다. $t = 0$일 때 모터의 전류가 끊기고 풀리가 관성에 의해 움직이다가 베어링의 마찰로 인해 점차 감속되다가 멈춘다. 감속 시의 각가속도는 $\alpha_A = -2.5t$ rad/s^2, t는 초이다. 구동 벨트가 풀리에서 미끄러지지 않을 때 다음을 구하라. (1) 시간함수로의 B의 각속도, (2) 운행하는 동안의 B의 각변위, (3) 시간의 함수로서 벨트 직선부 위의 점 C의 가속도

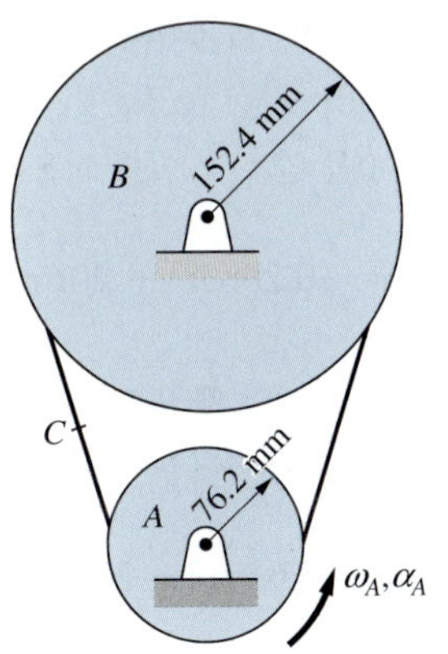

풀이

문항 1

벨트는 미끄러지지 않기 때문에, 벨트의 모든 접촉점은 맞닿은 풀리의 접촉점과 동일한 속도를 갖는다. 따라서 벨트 위의 임의의 지점에서의 속도는

$$v = R_A\omega_A = R_B\omega_B \tag{a}$$

따라서

$$\omega_B = \frac{R_A}{R_B}\omega_A = \frac{3}{6}\omega_A = 0.5\omega_A$$

시간에 대하여 미분하면 풀리 B의 각가속도를 얻을 수 있다.

$$\alpha_B = 0.5\alpha_A = 0.5(-2.5t) = -1.25t \text{ rad/s}^2$$

$\alpha_B = d\omega_B/dt$이므로 $d\omega_B = \alpha_B\,dt$이다. 또는

$$\omega_B = \int \alpha_B\,dt = \int -1.25t\,dt = -0.625t^2 + C_1$$

초기조건이, $t = 0$일 때, $\omega_B = 20$ rad/s이므로, $C_1 = 20$ rad/s이 된다. 따라서 풀리 B의 각속도 식은 다음과 같다.

$$\omega_B = -0.625t^2 + 20 \text{ rad/s}$$ 답

문항 2

θ_B를 B 내의 임의의 선의 고정된 기준선에 대한 각위치라고 하자. $\omega_B = d\theta_B/dt$로부터 $d\theta_B = \omega_B\,dt$이므로, 이를 적분하면 다음을 얻는다.

$$\theta_B = \int \omega_B\,dt = \int(-0.625t^2 + 20)dt = -0.2083t^3 + 20t + C_2$$

$t = 0$일 때 $\theta_B = 0$이므로, $C_2 = 0$을 얻는다. 이를 이용하여 다음 식을 얻는다.

$$\theta_B = -0.2083t^3 + 20t \text{ rad}$$

풀리는 $\omega_B = -0.625t^2 + 20 = 0$일 때 멈추게 되고, 이로부터 $t = 5.657$ s를 얻는다. 이때 B 내의 선의 각위치는

$$\theta_B|_{t=5.657\text{ s}} = -0.2083(5.657)^3 + 20(5.657) = 112.0 \text{ rad}$$

따라서 완전히 정지하는 시점에서의 풀리 B의 각변위는

$$\Delta\theta_B = \theta_B|_{t=5.657\text{ s}} - \theta_B|_{t=0} = 112.0 - 0 = 112.0 \text{ rad}$$ 답

회전 방향은 변하지 않으므로, 감속하는 동안 풀리 B가 회전한 총각도 또한 112.0 rad 이다.

문항 3

$R_B = 6$ in.와 $\omega_B = -0.625t^2 + 20$ rad/s를 식 (a)에 대입하면, 점 C의 속도는(벨트상의 모든 점에서 동일)

$$v_C = 0.1524(-0.625t^2 + 20) = -0.0953t^2 + 3.05 \text{ m/s} \qquad \text{답 (b)}$$

벨트상의 점 C의 경로는 직선이므로, C의 가속도는

$$a_C = \dot{v}_C = -0.19t \text{ m/s}^2 \qquad \text{답}$$

풀리 B의 가장자리 점의 가속도의 접선 성분이 a_C와 같다는 것을 이용하여 동일한 결과를 얻을 수 있다. (풀리 A 또한 사용될 수 있다.) 즉 $a_C = R_B\alpha_B = 0.1524(-1.25t) = -0.19\text{t m/s}^2$.

식 (b)의 v_C는 전체 감속하는 구간 ($0 \le t \le 5.657$ s) 내에서 유효하지만 a_C에 대한 답은 C점이 어떤 풀리와도 접촉하지 않는 때에만 적용할 수 있다. 벨트 위의 점들은 풀리와 접촉하는 동안은 원형 경로를 따른다.

예제 16.3

y축에 대해 회전하는 강체가 있다. 그림 (a)에 도시된 위치에서, 물체의 각속도와 각가속도는 그림과 같이 정해졌다. 이 위치를 사용해 점 A의 각속도와 각가속도벡터를 구하라. (1) 벡터 방정식, (2) 스칼라 방정식

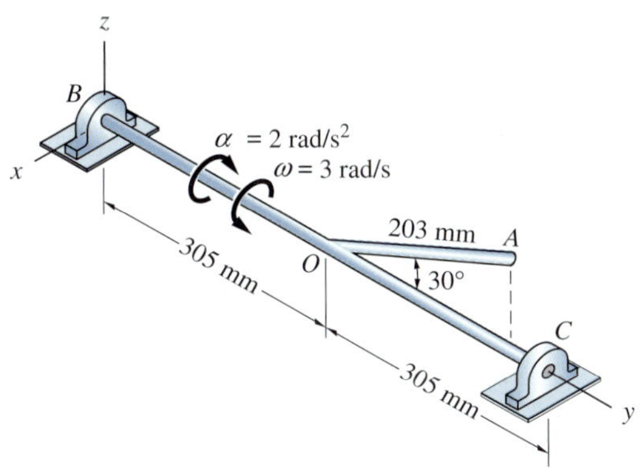

(a)

풀이

문항 1

오른손법칙을 사용하면, 물체의 각속도와 각가속도벡터는

$$\boldsymbol{\omega} = 3\mathbf{j} \text{ rad/s} \qquad \boldsymbol{\alpha} = -2\mathbf{j} \text{ rad/s}^2$$

회전축상의 점 O에 대한 점 A의 위치벡터는

$$\mathbf{r} = 203 \cos 30°\mathbf{j} + 203 \sin 30°\mathbf{k} = 176\mathbf{j} + 101.6\mathbf{k} \text{ mm}$$

이제 점 A의 속도와 가속도벡터는 식 (16.7b)에 의해 계산될 수 있다.

$$\mathbf{v}_A = \boldsymbol{\omega} \times \mathbf{r} = 3\mathbf{j} \times (176\mathbf{j} + 101.6\mathbf{k}) = 305\mathbf{i} \text{ mm/s}$$ 답

$$\mathbf{a}_A = \boldsymbol{\omega} \times \mathbf{v} + \boldsymbol{\alpha} \times \mathbf{r} = 3\mathbf{j} \times 305\mathbf{i} + (-2\mathbf{j}) \times (176\mathbf{j} + 101.6\mathbf{k})$$
$$= -915\mathbf{k} - 203\mathbf{i} \text{ mm/s}^2$$ 답

문항 2

그림 (b)는 점 A의 운동 평면을 보여준다(C에서 B를 바라보는). 점 A의 경로는 원형으로 반경은 $R = 203 \sin 30° = 101.6$ mm이다. 점 A의 속도와 가속도 성분의 크기를 식 (16.7a)를 사용하여 구하면

$$v_A = R\omega = 101.6(3) = 305 \text{ mm/s}$$

$$(a_A)_n = R\omega^2 = 101.6(3)^2 = 915 \text{ mm/s}^2$$

$$(a_A)_t = R\alpha = 101.6(2) = 203 \text{ mm/s}^2$$

그림 (b)에 이들 성분들이 나타나 있다. 그들의 방향은 다음과 같이 결정되었다:

- $\mathbf{v}_A$는 경로에 접한다: 그 지향점은 ω의 반시계방향과 일치한다.
- $(\mathbf{a}_A)_n$는 경로의 중심 방향을 향한다.
- $(\mathbf{a}_A)_t$는 경로에 접한다; 그 지향점은 α의 시계방향과 일치한다.

따라서 점 A의 속도와 가속도벡터는

$$\mathbf{v}_A = 305\mathbf{i} \text{ mm/s}$$ 답

$$\mathbf{a}_A = -915\mathbf{k} - 203\mathbf{i} \text{ mm/s}^2$$ 답

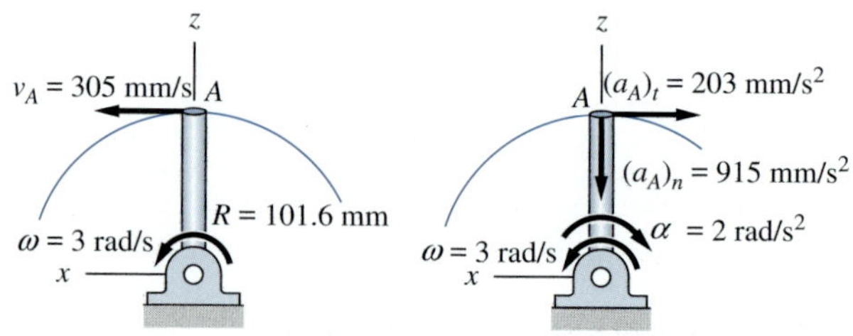

(b)

연습문제

16.1 각 기구의 A와 B의 운동이 다음 어느 것에 해당하는지 보여라. (1) 병진운동, (2) 고정축 중심 회전운동, (3) 일반 평면운동.

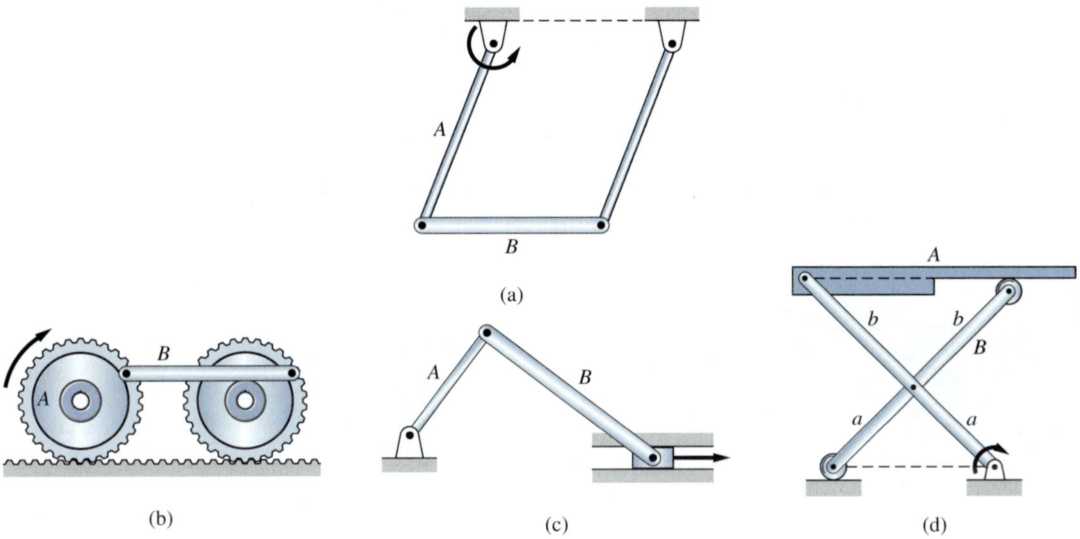

그림 P16.1

16.2 $t = 0$에서 전기모터가 작동되면, 각가속도는 $\alpha = 10e^{-0.5t}$ rad/s^2, t는 초이다. 모터의 최종 각속도는 무엇인가? 모터의 최종 각속도의 절반에 도달하려면 몇 회전 해야 하는가?

16.3 로타리 엔진이 6000 rev/min의 속도로 회전하는 중에 연료가 소진되어 엔진의 속도가 일정한 비율로 감속되고 있다. 엔진이 3600번 회전한 후의 각속도가 1200 rev/min일 때, 엔진이 정지하는 데 걸리는 시간을 구하라.

16.4 봉 OA의 각 위치가 시간에 따라 $\theta = -4t^2 + 24t - 10$로 변할 때 다음을 구하라. θ는 라디안이고 t는 초이다. (a) $t = 4$ s에서 봉의 각속도 및 각가속도, (b) $t = 0$에서 $t = 4$ s까지 봉이 회전한 총각도를 구하라.

16.5 봉 OA의 각가속도는 $\ddot{\theta} = 4 + 6t$ rad/s^2, t는 초이다. $t = 0$에서 봉은 정지해 있다고 가정하고, $t = 0$에서 각속도가 24 rad/s에 도달하는 시간 사이의 각변위를 구하라.

16.6 k는 상수이고 t는 초일 때 봉 OA의 각속도는 $\omega = 3t^2 - kt$ rad/s이다. $t = 0$일 때, $\theta = 8$ rad이고, 시계방향이다; 그리고 $t = 4$ s일 때, $\theta = 16$ rad이고, 시계방향이다. (a) 상수 k 그리고 (b) $t = 0$에서 $t = 4$ s까지 OA가 회전한 총각도를 구하라.

16.7 θ는 라디안이고 k는 상수일 때 봉 OA의 각가속도 α가 주어졌다. $\alpha = k\theta^2$ rad/s^2, $\theta = 0$일 때 $\omega = 2$ rad/s이고 $\theta = 3$일 때 $\omega = 7$ rad/s이다. (a) 상수 k, (b) $\theta = 2$ rad일 때 ω를 구하라.

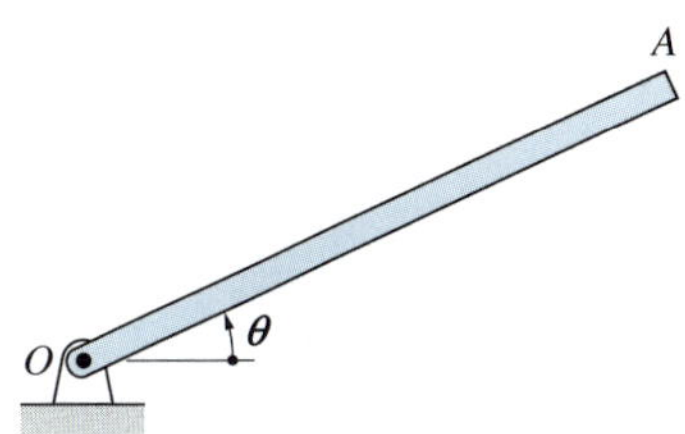

그림 P16.4–P16.7

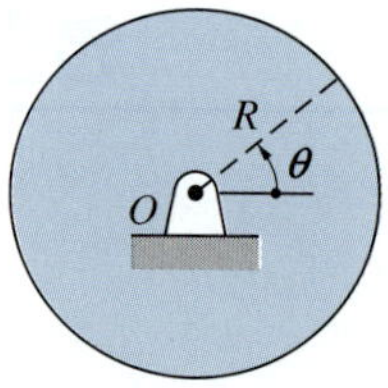

그림 P16.8–P16.10

16.8 원반의 일정한 각가속도는 $\alpha = 12\ \text{rad/s}^2$이다. $t = 0$에서 원반의 각속도는 24 rad/s이며 시계방향이다. $t = 0$에서 $t = 4$ s까지 원반이 회전한 총각도를 구하라.

16.9 t는 초일 때 원반의 각속도는 $\omega = 4\sqrt{t}$이다. $t = 0$에서 $t = 6$ s까지의 원반의 각변위를 구하라.

16.10 반경이 R인 원반의 각변위가 $\theta = \sin \beta t$, β는 상수로 주어질 때 디스크 가장자리에 위치한 점의 최대 가속도를 구하라.

16.11 모터 A와 풀리 B를 연결하는 벨트의 속도와 가속도는 각각 $v = 12.2$ m/s와 $a = -8.53\ \text{m/s}^2$이다. 풀리 B와 C의 각속도와 각가속도를 구하라.

16.12 도시된 순간에 2개의 풀리를 연결하는 벨트의 속도는 3.66 m/s이고 점 A에서 가속도의 크기는 $182.9\ \text{m/s}^2$이다. 이 순간 점 B의 가속도의 크기는?

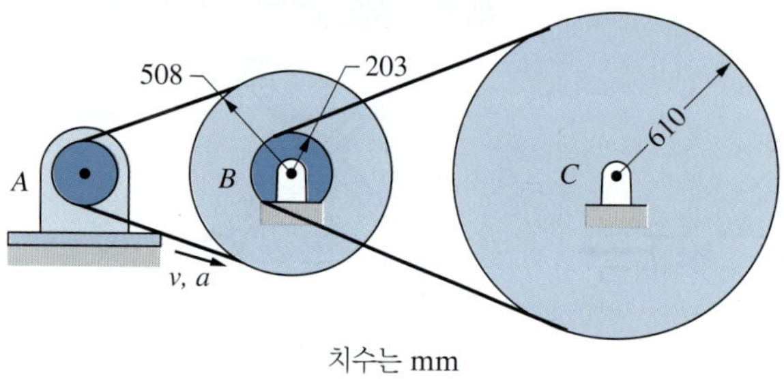

그림 P16.11

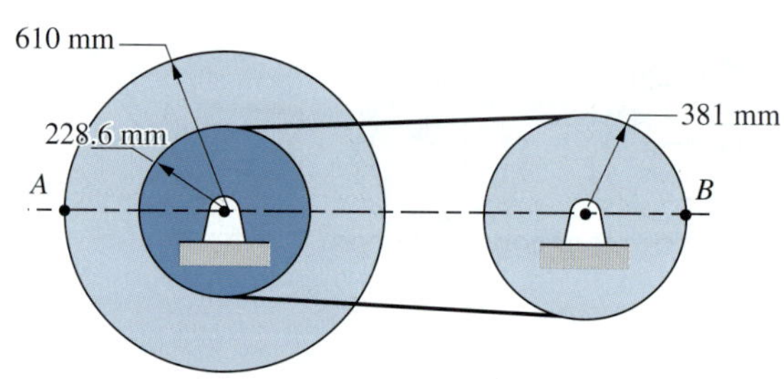

그림 P16.12

16.13 기어 A가 320 rad/s로 회전하고 있을 때 기어 D의 각속도를 구하라.

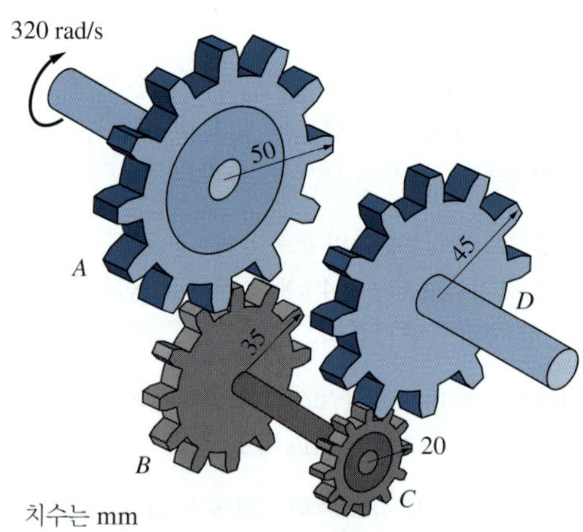

그림 P16.13

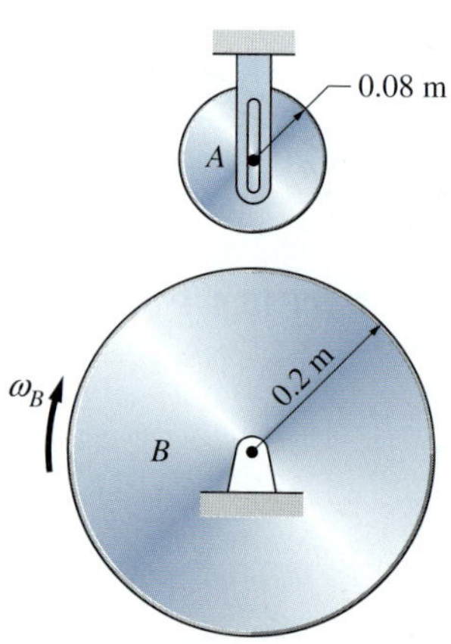

그림 P16.14

16.14 두 마찰차가 접촉하기 직전에, B는 18 rad/s로 시계방향으로 회전하고 있고, A는 정지해 있다. 접촉이 시작된 이후 최초 6초간 마찰차 간에 미끄러짐이 발생하며 이때 각 마찰차의 각속도는 일정하게 변한다. B의 최종 각속도가 12 rad/s일 때 다음을 구하라. (a) 미끄러지는 동안의 A의 각가속도, (b) A가 최종 속도에 도달하기 전의 회전수.

16.15 도시된 위치에서 봉 $OABC$는 y축을 중심으로 회전하며 각속도는 $\omega = 2.4$ rad/s, 각가속도는 $\alpha = 7.2$ rad/s^{2}이다. 이 위치에서, 점 C의 속도와 가속도벡터를 구하라. (a) 벡터 방정식, (b) 스칼라 방정식.

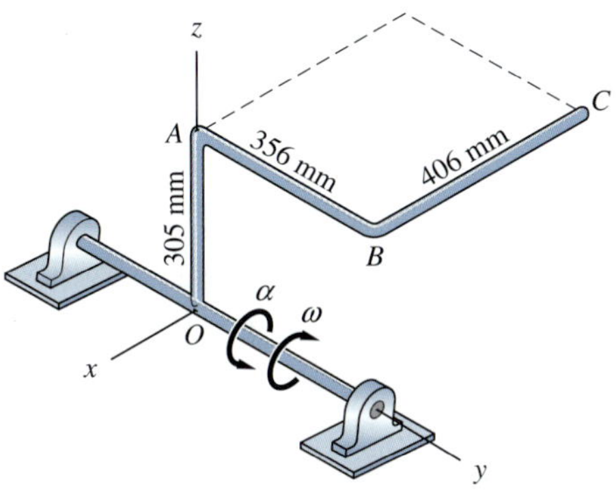

그림 P16.15

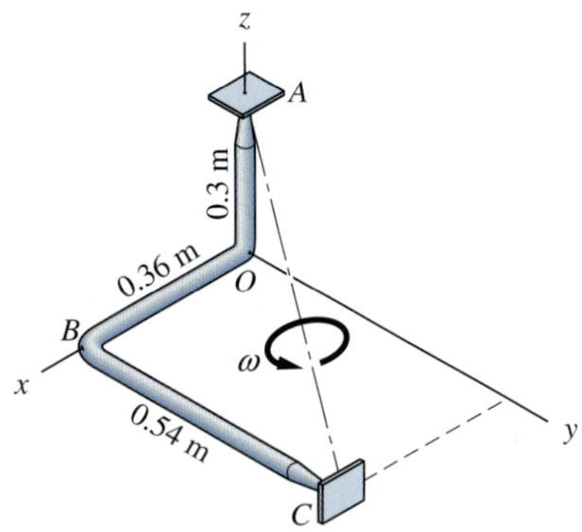

그림 P16.16

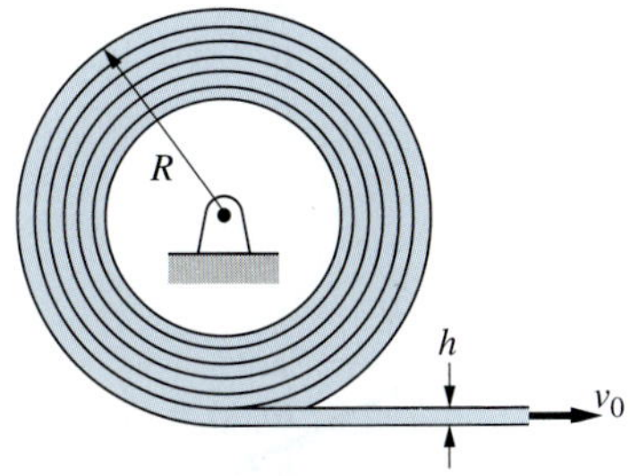

그림 P16.17

16.16 굽어 있는 봉이 축 AC를 중심으로 회전하고 있다. 도시된 위치에서 봉의 각속도는 $\omega = 4$ rad/s이고 6 rad/s^{2}의 속도로 증가하고 있다. 이 위치에서 점 B의 속도와 가속도를 구하라.

***16.17** 두께가 h이고 폭이 w인 테이프가 감겨 있는 릴로부터 일정한 속도 v_0로 풀릴 때 각가속도 α와 릴의 직경 R의 관계를 구하라. 테이프의 두께에 비해 릴의 반경이 매우 크다($h \ll R$)고 가정하라.

16.18 굽어진 봉 ABC가 축 AC를 중심으로 일정한 속도 $\omega = 25$ rad/s로 회전한다. 도시된 위치에서 점 B의 속도와 가속도벡터를 구하라.

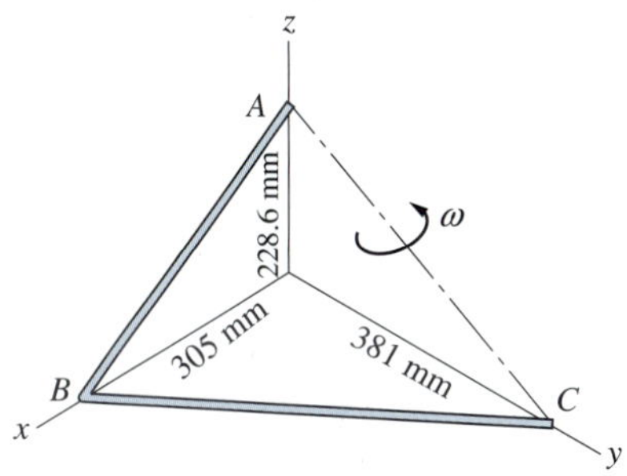

그림 P16.18

16.4 강체 내의 두 점의 상대운동

질점(점)의 상대운동에 관한 운동학은 15.2절에서 다루었다. 점 A와 B 사이의 상대운동의 정의는 다음과 같은 관계에서 얻을 수 있다.

$$\mathbf{v}_B = \mathbf{v}_A + \mathbf{v}_{B/A} \qquad \text{(15.3, 다시 씀)}$$

$$\mathbf{a}_B = \mathbf{a}_A + \mathbf{a}_{B/A} \qquad \text{(15.4, 다시 씀)}$$

아래첨자 B/A는 A에 대한 B의 상대적인 움직임을 나타낸다. $\mathbf{v}_{B/A}$와 $\mathbf{a}_{B/A}$는 점 A에 부착되어 있으면서 회전하지 않는 관찰자가 본 B의 속도와 가속도를 나타낸다.

병진 운동하는(즉, 비회전) 강체 내의 두 점 A와 B 사이의 상대위치벡터 $\mathbf{r}_{B/A}$는 변하지 않으며, 따라서 상대적인 운동은 없다($\mathbf{v}_{B/A} = \mathbf{a}_{B/A} = \mathbf{0}$). 따라서 병진

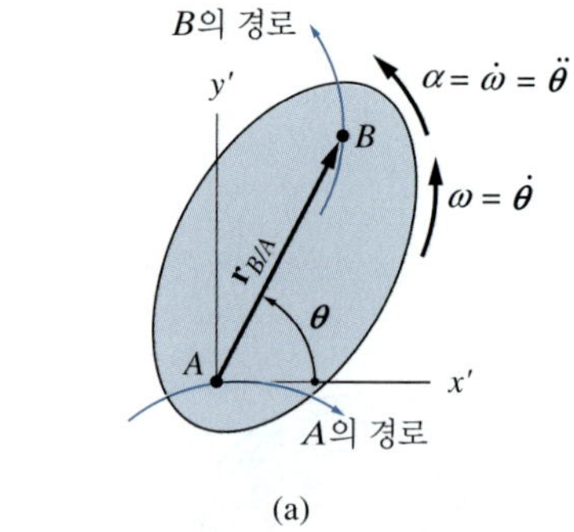

(a)

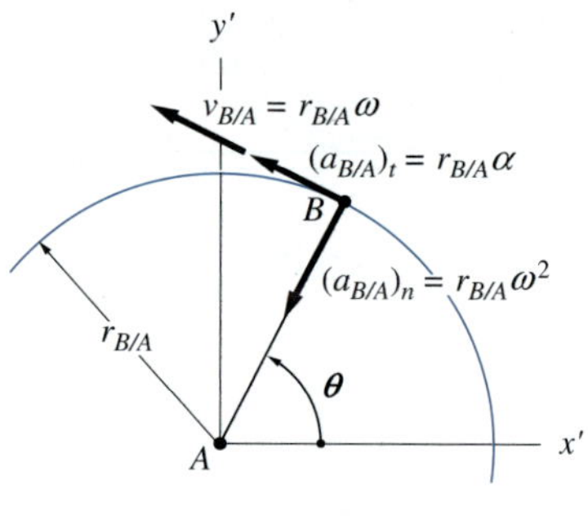

(b)

그림 16.7

운동하는 물체 내의 모든 지점은 동일한 속도와 가속도를 가진다.

일반적인 평면운동(병진운동과 회전운동이 동시에 일어나는)을 하고 있는 그림 16.7(a)에 나타낸 물체를 고려해보자. 비회전 $x'y'$ 좌표축이 점 A에 부착되어 있다. θ가 x'축과 $\mathbf{r}_{B/A}$ 사이의 각일 때 물체의 각속도는 $\omega = \dot{\theta}$, 그리고 각가속도는 $\alpha = \dot{\omega} = \ddot{\theta}$이다. 물체의 움직임에 따라 $\mathbf{r}_{B/A}$의 방향은 바뀌지만 $\mathbf{r}_{B/A}$의 크기(A와 B 사이의 거리)는 일정하다. 그림 16.7(b)에서 보이는 것처럼 병진운동 중인 $x'y'$ 좌표 시스템에서 점 B의 경로는 운동 평면 내의 반경 $r_{B/A}$인 원이다. 즉, 점 A에 대한 점 B의 상대운동은 오직 점 A를 통과하는 축을 중심으로 한 회전에 의해서만 나타난다. 따라서 강체 내 두 점 간의 상대속도와 상대가속도는 이전 절에서 제시한 고정축 중심의 회전운동에 관한 방정식을 사용하여 계산할 수 있다. 식 (16.7a)의 표기법을 적절하게 변경하면 아래와 같다.

$$
\begin{aligned}
v_{B/A} &= r_{B/A}\,\omega \\
(a_{B/A})_n &= r_{B/A}\,\omega^2 = \frac{v_{B/A}^2}{R} = v_{B/A}\,\omega \\
(a_{B/A})_t &= r_{B/A}\,\alpha
\end{aligned}
\tag{16.8a}
$$

그림 16.7(b)는 식 (16.8a)에 있는 모든 항들을 나타낸 것으로, 표기가 달라진 것을 제외하면 고정축 중심의 회전운동에 관한 그림 16.6(a)와 동일하다. 절대각속도 ($\omega = \dot{\theta}$)와 절대각가속도($\alpha = \dot{\omega} = \ddot{\theta}$)가 계산에 사용되고 있음을 이해하는 것이 중요하다. 각도 θ는 고정된 x'방향에 대하여 측정되므로 각에 관한 측정치들은 모두 절대량이다.

식 (16.8a)의 벡터 형태는 아래와 같다.

$$
\begin{aligned}
\mathbf{v}_{B/A} &= \boldsymbol{\omega} \times \mathbf{r}_{B/A} \\
(\mathbf{a}_{B/A})_n &= \boldsymbol{\omega} \times \mathbf{v}_{B/A} = \boldsymbol{\omega} \times (\boldsymbol{\omega} \times \mathbf{r}_{B/A}) \\
(\mathbf{a}_{B/A})_t &= \boldsymbol{\alpha} \times \mathbf{r}_{B/A}
\end{aligned}
\tag{16.8b}
$$

16.5 상대속도 해석법

평면운동 중인 강체의 속도를 해석하는 방법에는 두 가지가 있다. 이 절에서는 동일한 강체 내의 두 점에 관한 식 $\mathbf{v}_B = \mathbf{v}_A + \mathbf{v}_{B/A}$를 이용하여 해석하는 상대속도 해석법에 대하여 설명한다. 다른 한 가지 방법은 속도에 대한 순간중심에 기초한 것으로 다음 절에서 설명한다.

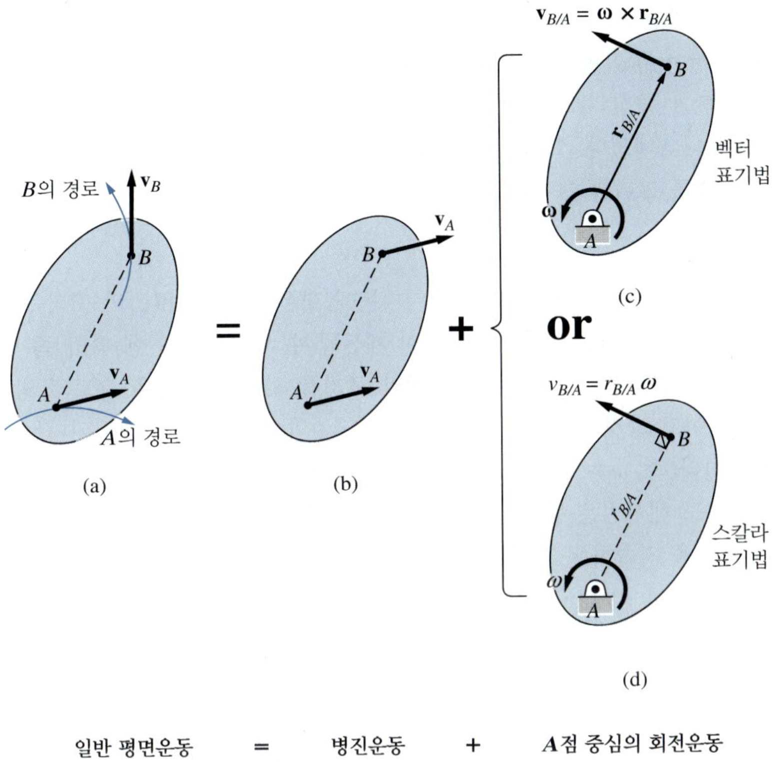

그림 16.8

그림 16.8(a)는 일반 평면운동을 하는 강체를 보여준다. A와 B가 물체 내의 점이라면, 식 (16.8)에 따라, A에 대한 B의 상대속도는 아래와 같다.

$$\mathbf{v}_{B/A} = \boldsymbol{\omega} \times \mathbf{r}_{B/A} \qquad (v_{B/A} = r_{B/A}\,\omega) \tag{16.9}$$

여기서 ω는 물체의 각속도이다. 식 (16.9)를 $\mathbf{v}_B = \mathbf{v}_A + \mathbf{v}_{B/A}$에 대입하면 다음을 얻는다.

$$\mathbf{v}_B = \mathbf{v}_A + \boldsymbol{\omega} \times \mathbf{r}_{B/A} \tag{16.10}$$

식 (16.10)의 물리적인 해석은 그림 16.8에 설명되어 있다. 그림은 일반적인 평면운동이 두 가지의 간단한 운동의 중첩에 해당함을 보여준다.*

* 이러한 일반 평면운동 표현 방식은 "가장 일반적인 강체 변위는 강체 내의 어느 한 점의 병진운동과 그 점을 관통하는 축을 중심으로 하는 회전운동의 중첩과 같다"는 Chasle의 정리의 2차원적 형태이다. 이 정리의 증명은 *Principle of Dynamics*, 2e, Donald T. Greenwood, Prentice Hall, 1988. p. 339를 참조하라.

1. 강체의 병진운동, 그림 16.8(b)에 나타낸 바와 같이 각 점의 속도는 기준점 $A(\mathbf{v}_B = \mathbf{v}_A)$의 속도와 같다.
2. 고정축 A 중심의 강체의 회전운동($\mathbf{v}_{B/A} = \omega \times \mathbf{r}_{B/A}$)으로 그림 16.8(c)나 (d)에 나타내었다. 그림에서 A 지점을 핀 지지형태로 나타낸 것은 회전운동의 효과를 고려할 때에는 A점은 고정된 것으로 간주한다는 개념을 부각시킨 것이다.

물체의 회전운동이 B의 속도에 미치는 영향은 그림 16.8(c)의 벡터 표기나 그림 16.8(d)의 스칼라 표기를 사용하여 계산될 수 있으며 개인에 따라 좀 더 편리한 표기 방식을 선택하면 된다. 스칼라 표기를 사용하는 경우 속도의 방향이 AB에 수직이고 그것의 부호는 물체의 각속도 ω의 방향에 의해 결정된다는 것을 주의해야 한다(즉, ω는 물체의 속성이며 기준점의 선택과는 무관하다).

상대속도 해석법은 동일한 강체 내의 두 점을 대상으로 식 (16.10), $\mathbf{v}_B = \mathbf{v}_A + \omega \times \mathbf{r}_{B/A}$을 기술하는 과정과, 미지수에 관해 이 식을 푸는 과정으로 이루어진다. 평면운동에서 식 (16.10)은 2개의 스칼라 방정식에 해당한다(예를 들면, 벡터 방정식 양변의 수평 및 수직 성분을 동일하게 함으로써 얻어지는 방정식). 식 (16.10)에 나오는 변수는 5개이다($\mathbf{r}_{B/A}$는 알고 있는 것으로 가정할 경우):

$\mathbf{v}_B$: 변수 2개(크기와 방향, 또는 수평 및 수직 성분)
$\mathbf{v}_A$: 변수 2개(크기와 방향, 또는 수평 및 수직 성분)
ω: 변수 1개(각속도의 크기 ω). 벡터 ω의 방향은 항상 운동 평면에 대하여 수직이므로 알고 있다.

앞의 변수 5개 중 3개를 미리 구하지 못하면 식 (16.10)을 풀 수 없다는 것은 분명하다. 따라서 A 또는 B점의 선택은 그 점에서의 속도 미지수가 2개 미만인 점으로 제한되며 이러한 점들을 속도에 관한 운동학적으로 중요한 점들이라고 한다.* 운동학적으로 중요한 점의 흔한 예는 고정된 점; 즉, 핀으로 고정된 점이다. 고정된 점의 속도는 영이므로 미지수를 포함하지 않는다. 두 번째 예는 지정된 경로를 따라 이동하는 점이다. 속도의 방향은 경로에 접하는 것을 알고 있으므로 이 점의 속도는 크기 하나만을 미지수로 포함한다.

상대속도 해석법의 응용 절차는 다음과 같다.

1단계: 동일한 강체 위에서 운동학적으로 중요한 두 점들, 즉 A와 B를 지정한다.
2단계: 식 $\mathbf{v}_B = \mathbf{v}_A + \omega \times \mathbf{r}_{B/A}$를 쓰고, 미지수들을 지정한다(벡터 또는 스칼라 표기법 모두 사용 가능하다).
3단계: 미지수가 2개이면 방정식을 푼다.

* 우리는 속도를 논하고 있으므로, 여기서는 이러한 점들을 단지 "운동학적으로 중요한 점들"이라고 표현한다.

미지수가 2개보다 많으면 다른 운동학적으로 중요한 점의 운동을 고려함으로써 문제를 풀 수 있다.

미끄러짐이 없는 회전 그림 16.9(a)는 각속도 ω와 각가속도 α로 수평면을 시계방향으로 구르는 반경 R인 원반을 나타낸다. 중심 O의 경로는 표면에 평행한 직선이 된다. 원반이 미끄러지지 않고 구르는 것은 접점 C의 속도가 0인, 즉, 원반이 표면을 따라 미끄러지지 않는, 경우에 가능하다. 이러한 경우는 많은 공학적인 응용 분야에서 나타나므로 특별한 관심을 기울여야 한다.

점 O와 점 C의 속도에 관련한 식은 다음과 같다.

$$\mathbf{v}_O = \mathbf{v}_C + \omega \times \mathbf{r}_{O/C}$$

$\mathbf{v}_C = 0$, $\omega = -\omega\mathbf{k}$ 그리고 $\mathbf{r}_{O/C} = R\mathbf{j}$를 대입하면 다음과 같다.

$$\mathbf{v}_O = -\omega\mathbf{k} \times R\mathbf{j} = R\omega\mathbf{i} \tag{16.11a}$$

예상대로, 이 결과는 중심 O의 속도가 원반이 구르는 표면에 평행함을 보여주며, 속도의 크기는 다음과 같다.

$$v_O = R\omega \tag{16.11b}$$

점 O의 가속도에 관한 식은 16.7절까지는 사용되지 않지만 여기서 유도하는 것이 편리하다. 점 O의 가속도는 식 (16.11a)를 미분하여 얻을 수 있으며, R과 $\mathbf{i}$는 상수이므로 식은 다음과 같다.

$$\mathbf{a}_O = \dot{\mathbf{v}}_O = R\alpha\mathbf{i} \tag{16.12a}$$

여기서 $\alpha = \dot{\omega}$는 원반의 각가속도이다. 따라서 점 O의 가속도는 수평면에 평행하며,

$$a_O = R\alpha \tag{16.12b}$$

그 크기는 그림 16.9(c)에서 볼 수 있듯이 다음과 같다.

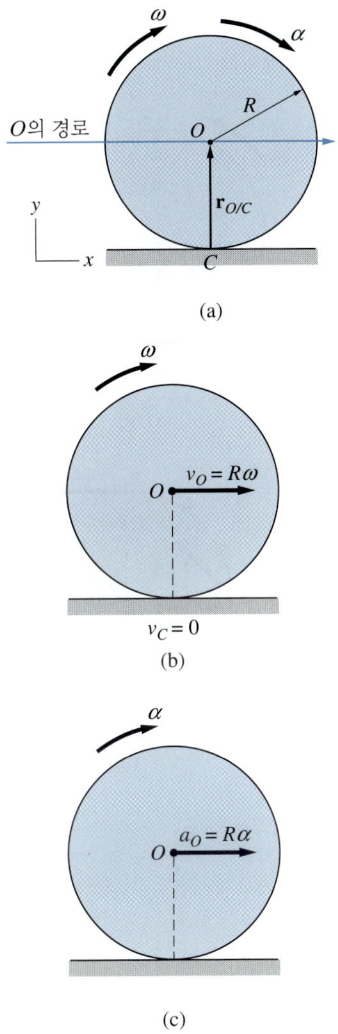

그림 16.9

예제 16.4

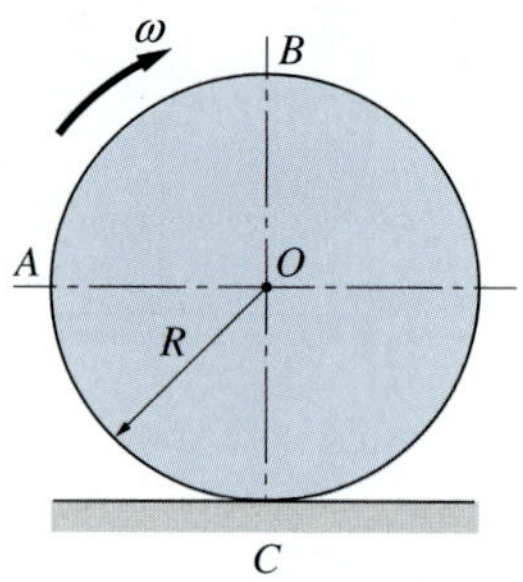

(a)

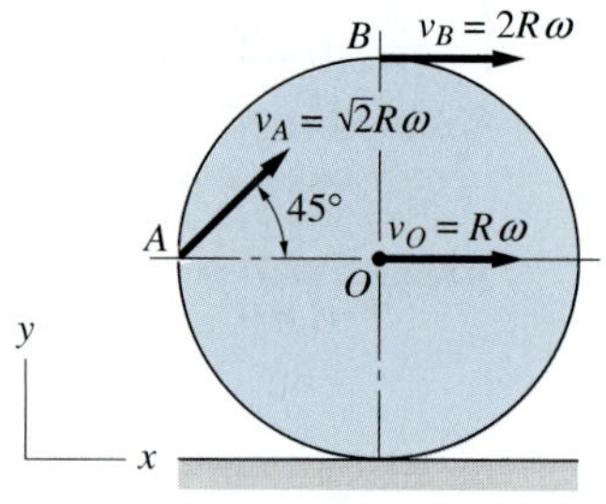

(b)

그림 (a)는 시계방향으로 각속도가 ω이며 미끄러지지 않고 구르는 반경 R인 바퀴를 보여준다. 도시된 위치에 대하여, 다음 점들에서의 속도벡터를 구하라. (1) 점 A; 그리고 (2) 점 B

풀이

기초 해설

이 문제는 스칼라와 벡터 표기법을 모두 사용하여 풀게 된다. (물론 결과는 사용된 표기법의 종류와 상관없이 동일하다.) 우리는 기준점으로 점 O(바퀴의 중심)를 선택한다. 그 이유는 그림 (b)에 나와 있듯이, 식 (16.11)로부터 점 O의 속도가 $\mathbf{v}_O = R\omega\mathbf{i}$이라는 것을 알고 있기 때문이다. 기준점으로 접촉점 $C(\mathbf{v}_C = \mathbf{0})$를 사용해서 풀이해보는 것도 이해에 도움이 된다.

풀이 I (스칼라 표기법 사용)

문항 1

A와 O의 속도 관계를 나타내기 위해 스칼라 표기법을 사용할 때는 점 O가 고정되었다고 가정하여 $\mathbf{v}_{A/O}$를 계산한다. 그러므로 상대속도 방정식은 다음과 같이 된다.

$$\mathbf{v}_A = \mathbf{v}_O + \mathbf{v}_{A/O}$$

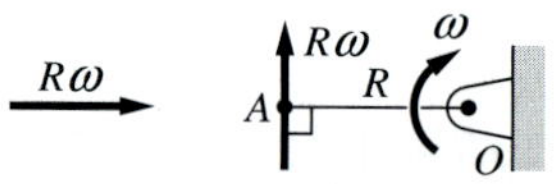

A의 속도는 그림 (b)에서 보이는 것처럼 다음과 같이 된다.

$$\mathbf{v}_A = \sqrt{2}R\omega \quad \angle 45^\circ$$

답

문항 2

스칼라 표기법을 사용하면, 점 B와 O의 속도는 다음과 같은 관계를 가진다.

$$\mathbf{v}_B = \mathbf{v}_O + \mathbf{v}_{B/O}$$

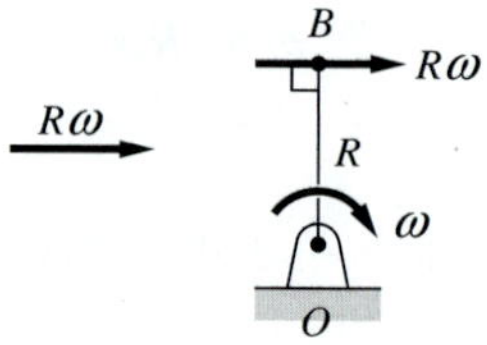

계산하면 다음과 같이 된다.

$$\mathbf{v}_B = 2R\omega \rightarrow \qquad \text{답}$$

그림 (b)에 B의 속도 또한 나타나 있다.

풀이 II (벡터 표기법 사용)

문항 1

벡터 표기법에서, A와 O의 속도 사이의 관계는 다음과 같다.

$$\mathbf{v}_A = \mathbf{v}_O + \boldsymbol{\omega} \times \mathbf{r}_{A/O}$$

$\mathbf{v}_O = R\omega\mathbf{i}$, $\omega = -\omega\mathbf{k}$ 그리고 $\mathbf{r}_{A/O} = R\mathbf{i}$를 대입하면[그림 (c) 참조] 다음과 같이 된다.

$$\mathbf{v}_A = R\omega\mathbf{i} + (-\omega\mathbf{k}) \times (-R\mathbf{i}) = R\omega\mathbf{i} + R\omega\mathbf{j} \qquad \text{답}$$

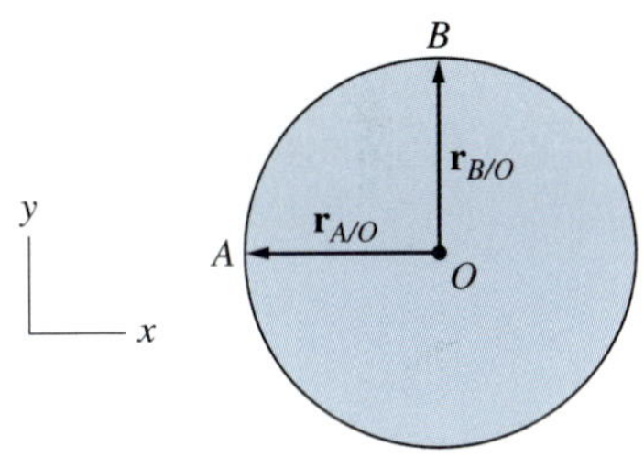

(c)

문항 2

B와 O의 속도 관계는 다음과 같다.

$$\mathbf{v}_B = \mathbf{v}_O + \boldsymbol{\omega} \times \mathbf{r}_{B/O}$$

$\mathbf{v}_O = R\omega\mathbf{i}$, $\omega = -\omega\mathbf{k}$ 그리고 $\mathbf{r}_{B/O} = R\mathbf{j}$를 대입하면[그림 (c) 참조] 다음과 같이 된다.

$$\mathbf{v}_B = R\omega\mathbf{i} + (-\omega\mathbf{k}) \times (R\mathbf{j}) = 2R\omega\mathbf{i} \qquad \text{답}$$

예제 16.5

그림 (a)에서 봉 AB의 각속도는 시계방향으로 3 rad/s이다. 이 위치에서 봉 BC의 각속도와 슬라이더 C의 속도를 구하라.

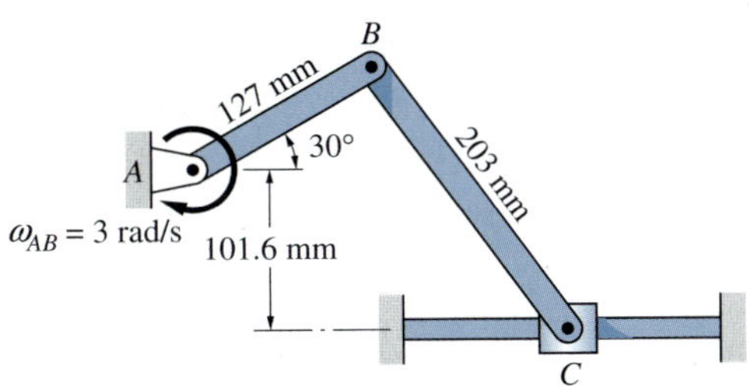

(a)

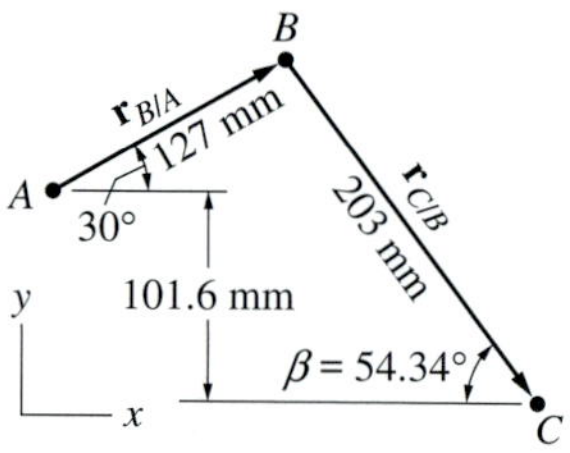

(b)

풀이

기초 해설

그림 (b)의 형상에서 다음을 확인할 수 있다. $127 \sin 30° + 101.6 = 203 \sin \beta$, 이때 $\beta = 54.34°$가 된다.

다음은 운동학적으로 중요한 점들이다:

A: 고정된 점이다.

C: 경로는 수평한 직선이다.

B: 경로는 A점을 중심으로 하는 원이다; 또한 봉 AB와 봉 BC를 연결한다.

B와 C는 모두 동일한 강체 봉 BC 내의 점들이므로, 방정식 $\mathbf{v}_C = \mathbf{v}_B + \mathbf{v}_{C/B}$(등가인 방정식 $\mathbf{v}_B = \mathbf{v}_C + \mathbf{v}_{B/C}$가 사용될 수도 있다)을 사용하는 것이 합리적이다.

두 가지의 풀이가 아래에 제시된다. 하나는 스칼라 표기법을, 다른 하나는 벡터 표기법을 사용한 것이다. 풀이에 사용된 상대위치벡터도 그림 (b)에 나타나 있다.

풀이 I (스칼라 표기법 사용)

스칼라 표기법을 사용하면, B와 C의 속도는 다음과 같은 관계를 가진다.

$$\mathbf{v}_C \quad = \quad \mathbf{v}_B \quad + \quad \mathbf{v}_{C/B}$$

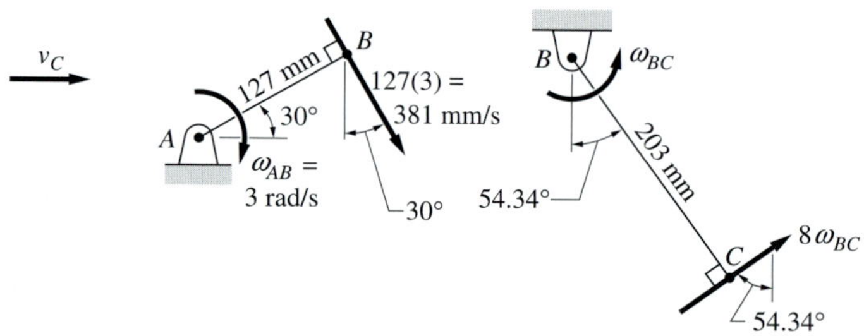

(a)

식 (a)에 대한 해설:

1. $\mathbf{v}_C$는 오른쪽을 향하는 것으로 가정.
2. $\mathbf{v}_B$는 B의 경로가 A를 중심으로 하는 원임을 고려하여 찾을 수 있다. 따라서 그 크기는 $v_B = r_{B/A}\,\omega_{AB} = 127(3) = 381$ mm/s이고 AB에 직각 방향이다. $\mathbf{v}_B$의 지향점은 ω_{AB}의 시계방향에 의해 결정된다.
3. $\mathbf{v}_{C/B}$는 B를 이 순간의 고정점으로 가정하여 구할 수 있으며 식은 다음과 같다. $v_{C/B} = r_{C/B}\,\omega_{BC} = 8\omega_{BC}$. 벡터의 방향은 BC에 수직이고, 지향점은 ω_{BC}의 반시계방향(가정)에 의해 결정된다.

총 2개의 미지수만이 있으므로(v_C와 ω_{BC}), 식 (a)는 풀 수 있다. x와 y의 성분에 관한 각각의 등식은 다음과 같이 된다.

$$\overset{+}{\rightarrow} \quad v_C = 381 \sin 30° + 203\omega_{BC} \sin 54.34° \qquad \text{(b)}$$

$$+\!\uparrow \quad 0 = -381 \cos 30° + 203\omega_{BC} \cos 54.34° \tag{c}$$

위 식들을 풀면

$$v_C = 650 \text{ mm/s} \quad \text{그리고} \quad \omega_{BC} = 2.785 \text{ rad/s}$$ 답

양의 부호는 가정한 v_C와 ω_{BC}의 방향이 옳다는 것을 의미한다.

풀이 II (벡터 표기법 사용)

점 B와 C의 속도에 관련된 벡터 방정식은 다음과 같이 된다.

$$\mathbf{v}_C = \mathbf{v}_B + \mathbf{v}_{C/B} = \boldsymbol{\omega}_{AB} \times \mathbf{r}_{B/A} + \boldsymbol{\omega}_{BC} \times \mathbf{r}_{C/B} \tag{d}$$

그림 (b)에 나타낸 정보와 그림에 대한 관찰을 통해 다음과 같은 결과를 얻을 수 있다.

$\mathbf{v}_C = v_C\mathbf{i}$ (C의 속도는 오른쪽으로 향한다고 가정)

$\omega_{AB} = -3\mathbf{k}$ rad/s

$\mathbf{r}_{B/A} = 127 \cos 30°\mathbf{i} + 127 \sin 30°\mathbf{j} = 110\mathbf{i} + 63.5\mathbf{j}$ mm

$\omega_{BC} = \omega_{BC}\mathbf{k}$ (ω_{BC}의 방향은 반시계방향이라고 가정)

$\mathbf{r}_{C/B} = 203 \cos 54.34°\mathbf{i} - 203 \sin 54.34°\mathbf{j} = 118.5\mathbf{i} - 165\mathbf{j}$ mm

위의 식들을 검토해보면 미지수가 2개뿐이라는 것을 알 수 있다: v_C와 ω_{BC}. 따라서 식 (d)는 2개의 스칼라 방정식이기 때문에 풀 수 있다.

위의 식들을 식 (d)에 대입하면 다음과 같이 된다.

$$\begin{aligned} v_C\mathbf{i} &= (-3\mathbf{k}) \times (110\mathbf{i} + 63.5\mathbf{j}) + (\omega_{BC}\mathbf{k}) \times (118.5\mathbf{i} - 165\mathbf{j}) \\ &= -330\mathbf{j} + 190.5\mathbf{i} + 118.5\omega_{BC}\mathbf{j} + 165\omega_{BC}\mathbf{i} \end{aligned}$$

i와 **j** 각각의 계수들에 대한 등식으로부터 다음을 얻는다.

$$\begin{aligned} v_C &= 190.5 + 165\omega_{BC} \\ 0 &= -330 + 118.5\omega_{BC} \end{aligned}$$

2개의 방정식을 풀면, 다음을 얻는다.

$$v_C = 650 \text{ mm/s} \quad \text{and} \quad \omega_{BC} = 2.785 \text{ rad/s}$$ 답

양의 부호는 가정한 $\mathbf{v}_C$와 ω_{BC}의 방향이 옳다는 것을 의미한다.

예제 16.6

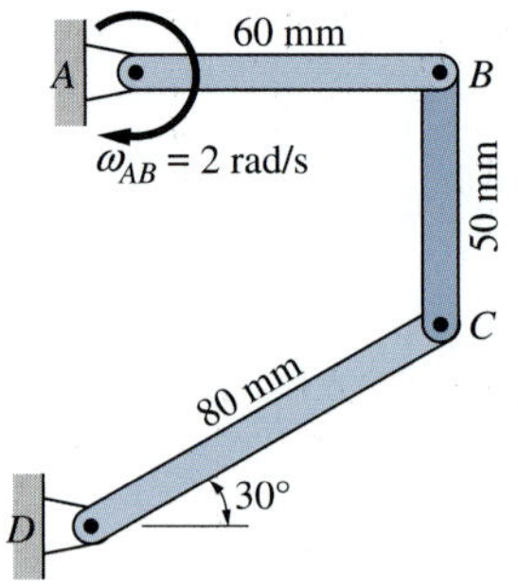

(a)

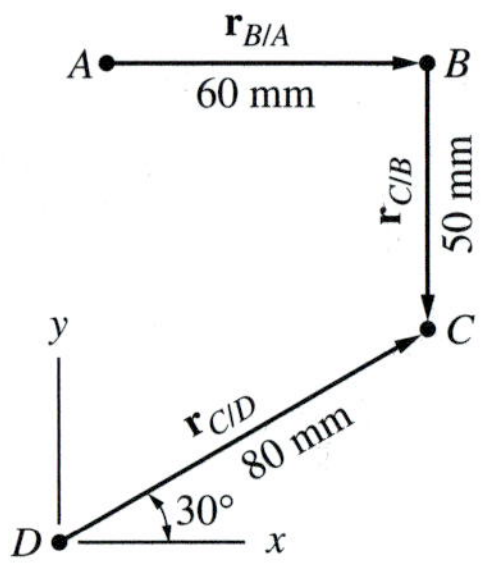

(b)

그림 (a)에서 봉 AB의 각속도는 시계방향으로 2 rad/s이다. 이 위치에 대한 봉 BC와 CD의 각속도를 계산하라.

풀이

기초 해설

그림 (a)와 같은 형식의 메커니즘을 **4절링크**(four-bar linkage)라고 한다. (A와 D를 연결하는 지면이 네 번째 봉으로 간주된다.)

그림 (a)로부터 우리는 다음에 나타낸 점들이 운동학적으로 중요한 점임을 알 수 있다.

A: 고정된 점이다.
B: 경로는 A를 중심으로 하는 원이다; 또한 봉 AB와 봉 BC를 연결한다.
D: 고정된 점이다.
C: 경로는 D를 중심으로 하는 원이다; 또한 봉 BC와 봉 CD를 연결한다.

B와 C는 동일한 강체 위의 점이므로 다음 방정식을 고려한다. $\mathbf{v}_C = \mathbf{v}_B + \mathbf{v}_{C/B}$(등가인 방정식 $\mathbf{v}_B = \mathbf{v}_C + \mathbf{v}_{B/C}$가 사용될 수도 있다). 두 가지의 풀이가 제시된다. 하나는 스칼라 표기법을 사용한 것이고 다른 하나는 벡터 표기법을 사용한 것이다. 풀이에 사용된 상대위치벡터가 그림 (b)에 나타나 있다.

풀이 I (스칼라 표기법 사용)

B와 C의 속도에 관련된 방정식은 다음과 같이 된다.

$$\mathbf{v}_C \quad = \quad \mathbf{v}_B \quad + \quad \mathbf{v}_{C/B} \qquad \text{(a)}$$

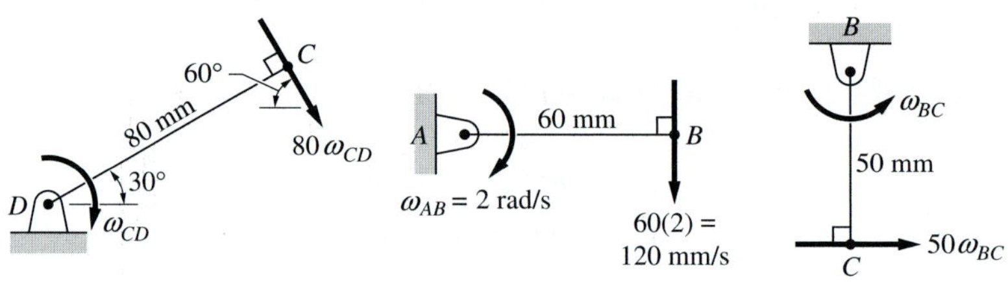

식 (a)에 대한 해설:

1. $\mathbf{v}_C$는 C의 경로가 D를 중심으로 하는 원임을 인식하여 얻는다. 따라서 그 크기는 $v_C = r_{C/D}\omega_{CD} = 80\omega_{CD}$이고, 방향은 CD에 수직이다. $\mathbf{v}_C$의 지향점은 ω_{CD}의 가정된 방향(시계)에 의해 결정된다.
2. $\mathbf{v}_B$는 B의 경로가 A를 중심으로 하는 원임을 인식하여 얻는다. 그 크기는 $v_B = r_{B/A}\omega_{AB} = 60(2) = 120$ mm/s. $\mathbf{v}_B$의 방향은 AB에 수직이고, 지향점은 주어진 ω_{AB}

의 시계방향에 의해 결정된다.

3. $\mathbf{v}_{C/B}$는 B를 이 순간의 고정점으로 고려하여 결정할 수 있고 $v_{C/B} = r_{C/B}\omega_{BC} = 50\omega_{BC}$로 주어진다. $\mathbf{v}_{C/B}$의 방향은 BC에 수직이다. 그리고 그 지향점은 가정된 ω_{BC}의 방향(반시계)으로부터 결정된다.

식 (a)는 총 2개의 미지수, ω_{CD}와 ω_{BC}를 포함하며 2개의 스칼라 방정식을 풀어서 구할 수 있다. 식 (a)의 x, y성분을 각각 등식화하면 다음을 얻는다.

$$\overset{+}{\rightarrow} \quad 80\omega_{CD}\cos 60° = 0 + 50\omega_{BC} \tag{b}$$

$$+\!\uparrow \quad -80\omega_{CD}\sin 60° = -120 + 0 \tag{c}$$

이들 방정식을 풀면 다음을 얻는다.

$$\omega_{CD} = 1.732 \text{ rad/s} \quad \text{and} \quad \omega_{BC} = 1.386 \text{ rad/s}$$ 답

양의 부호는 가정한 ω_{CD}와 ω_{BC}의 방향이 옳다는 것을 의미한다.

풀이 II (벡터 표기법 사용)

점 B와 C의 속도에 관련된 벡터 방정식은 다음과 같이 된다.

$$\begin{gathered}\mathbf{v}_C = \mathbf{v}_B + \mathbf{v}_{C/B} \\ \boldsymbol{\omega}_{CD} \times \mathbf{r}_{C/D} = \boldsymbol{\omega}_{AB} \times \mathbf{r}_{B/A} + \boldsymbol{\omega}_{BC} \times \mathbf{r}_{C/B}\end{gathered} \tag{d}$$

그림 (b)에 주어진 정보와 벡터를 이용하면 다음을 얻는다.

$\boldsymbol{\omega}_{CD} = -\omega_{CD}\mathbf{k}$ (ω_{CD}의 방향은 시계방향이라고 가정)

$\mathbf{r}_{C/D} = 80\cos 30°\mathbf{i} + 80\sin 30°\mathbf{j} = 69.28\mathbf{i} + 40.00\mathbf{j}$ mm

$\boldsymbol{\omega}_{AB} = -2\mathbf{k}$ rad/s

$\mathbf{r}_{B/A} = 60\mathbf{i}$ mm

$\boldsymbol{\omega}_{BC} = \omega_{BC}\mathbf{k}$ (ω_{BC}의 방향은 반시계방향이라고 가정)

$\mathbf{r}_{C/B} = -50\mathbf{j}$ mm

위 표현들은 단지 2개의 미지수만을 포함한다: ω_{CD}와 ω_{BC}. 따라서 스칼라 방정식 2개에 해당하는 식 (d)를 이용하여 미지수를 구할 수 있다.

식 (d)에 위의 식들을 대입하면 다음과 같이 된다.

$$(-\omega_{CD}\mathbf{k}) \times (69.28\mathbf{i} + 40.00\mathbf{j}) = (-2\mathbf{k}) \times (60\mathbf{i}) + (\omega_{BC}\mathbf{k}) \times (-50\mathbf{j})$$

이는 다음과 같이 된다.

$$-69.28\omega_{CD}\mathbf{j} + 40.00\omega_{CD}\mathbf{i} = -120\mathbf{j} + 50\omega_{BC}\mathbf{i}$$

i와 **j**의 계수를 등식화하면

$$40.00\omega_{CD} = 50\omega_{BC}$$
$$-69.28\omega_{CD} = -120$$

이러한 두 방정식의 해답은

$$\omega_{CD} = 1.732 \text{ rad/s} \quad \text{and} \quad \omega_{BC} = 1.386 \text{ rad/s}$$ 답

답이 양수인 것은 가정한 ω_{CD}와 ω_{BC}의 방향이 옳다는 것을 보여준다.

연습문제

16.19 도시된 순간에 봉 AB의 끝 A의 속도는 도시된 방향으로 2.44 m/s이다. 끝 B의 속도 크기가 6 ft/s인 것을 알고 있을 때 봉 AB의 각속도를 구하라.

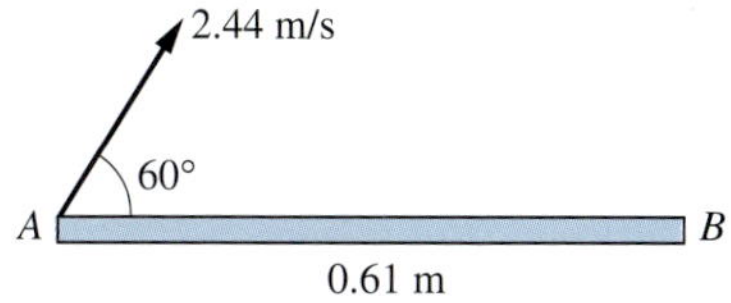

그림 P16.19

16.20 바퀴가 미끄러지지 않고 구르고 있다. 도시된 위치에서 점 B의 속도의 수직 성분은 2.44 m/s로 위로 향한다. 이 위치에서, 바퀴의 각속도와 중심 C의 속도를 구하라.

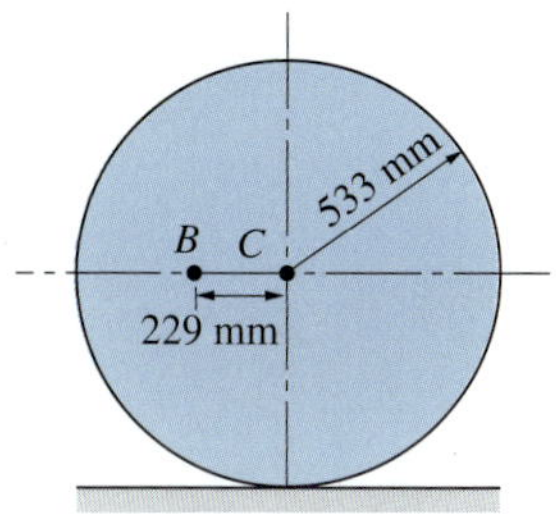

그림 P16.20

16.21 원반이 일정한 각속도 ω로 미끄러지지 않고 구르고 있다. 도시된 위치에서 링크 AB의 각속도와 슬라이더 A의 속도를 구하라.

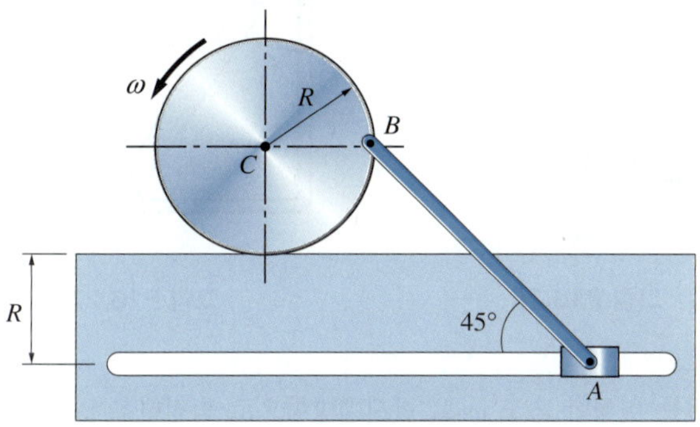

그림 P16.21

16.22 바퀴가 컨베이어 벨트 위에서 미끄러지지 않고 구르고 있다. 벨트는 오른쪽으로 1.22 m/s로 움직이며, 바퀴 중심의 속도는 왼쪽으로 1.83 m/s일 때 바퀴의 각속도를 구하라.

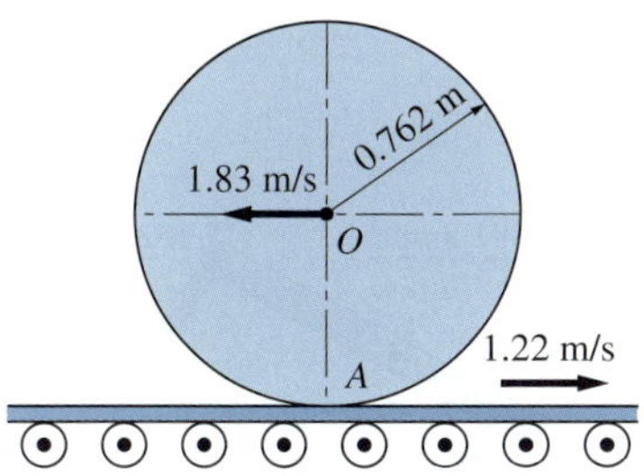

그림 P16.22

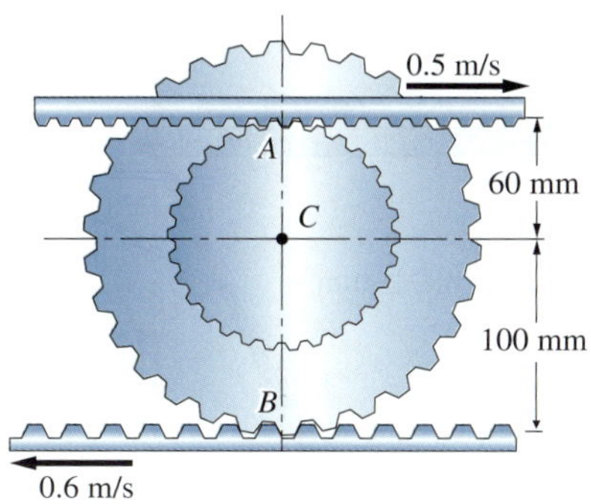

그림 P16.23

16.23 피니언 기어가 2개의 랙에 맞물려 있다. 랙이 도시된 속도로 움직이는 경우, 기어의 각속도와 그 중심 C의 속도를 구하라.

16.24 2개의 마찰차를 연결하고 있는 암(arm)이 일정한 각속도 ω_0로 회전하고 있다. 마찰차 A는 정지 상태이며 마찰차 사이에 미끄러짐이 없다고 가정할 때, 마찰차 B의 각속도를 구하라.

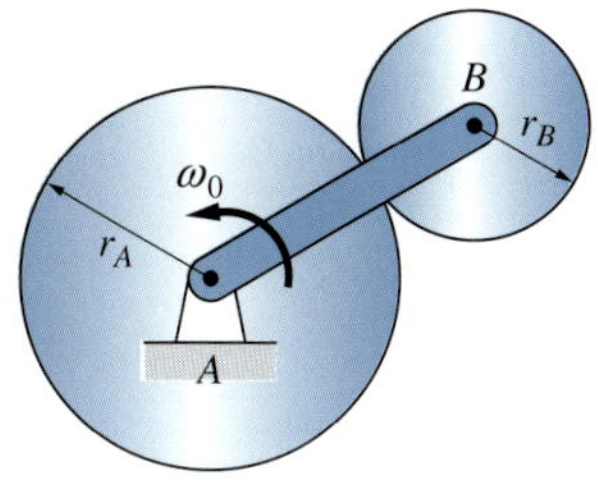

그림 P16.24, P16.25

16.25 문제 16.24를 각속도가 $\omega_A = 2\omega_0$이고 시계방향으로 회전하는 경우로 가정하여 해를 구하라.

16.26 마찰이 없는 수평면에 지지되어 있는 원반 위의 점 B가 고정된 슬롯과 맞물려 있다. 도시된 위치에서 B점이 위쪽으로 305 mm/s의 속도로 움직이고 있을 때 원반 가장자리의 점 A의 속도를 구하라.

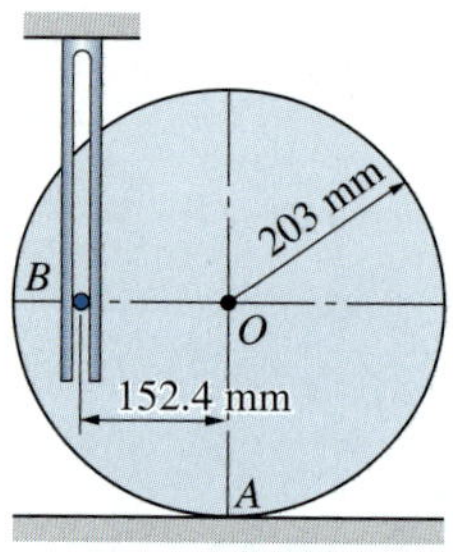

그림 P16.26

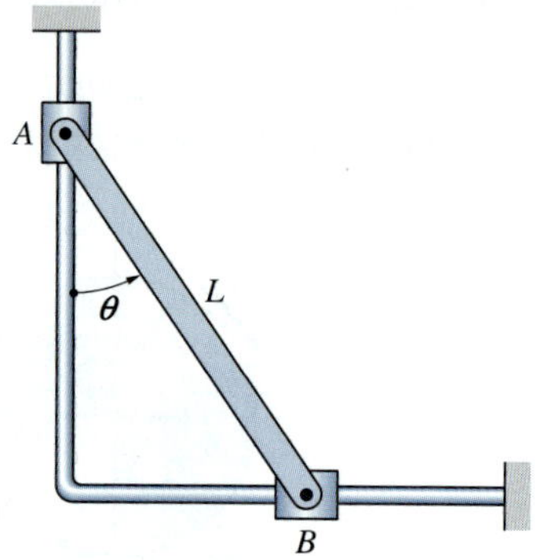

그림 P16.27

16.27 봉 AB는 일정한 속도 ω_0로 반시계방향으로 회전하고 있다. (a) 봉의 끝 A와 B의 속도를 θ의 함수로 구하라. (b) θ의 함수로 A와 B의 가속도를 구하기 위해 문항 (a)의 결과를 미분하라.

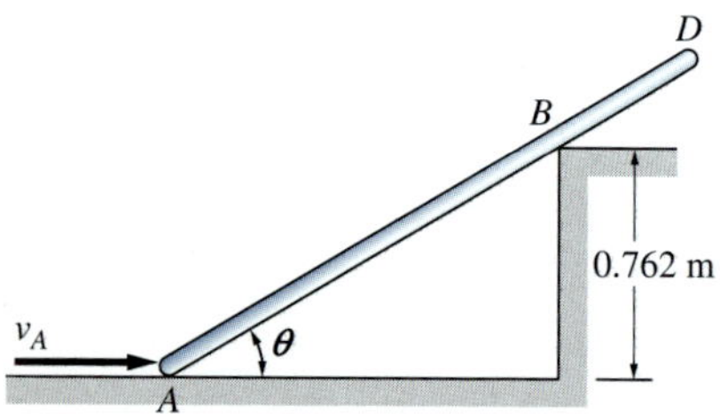

그림 P16.28

16.28 봉 AD의 끝 A를 일정한 속도 $v_A = 0.61$ m/s로 오른쪽으로 밀 때, AD의 각속도를 θ의 함수로 구하라.

16.29 나타낸 위치에서 링크 AB의 각속도는 시계방향으로 2.8 rad/s이다. 이 위치에서 링크 BC와 CD의 각속도를 계산하라.

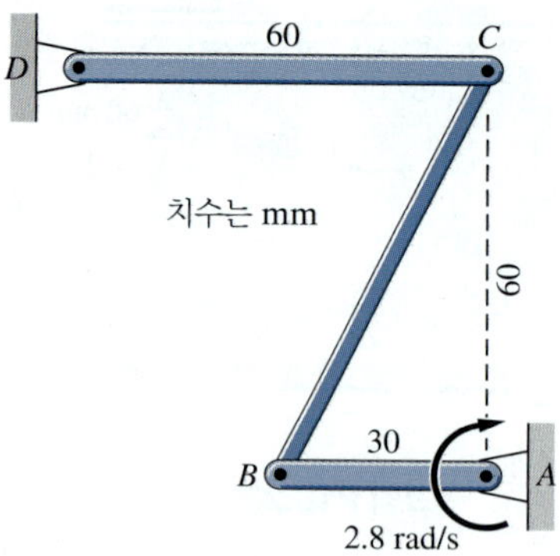

그림 P16.29

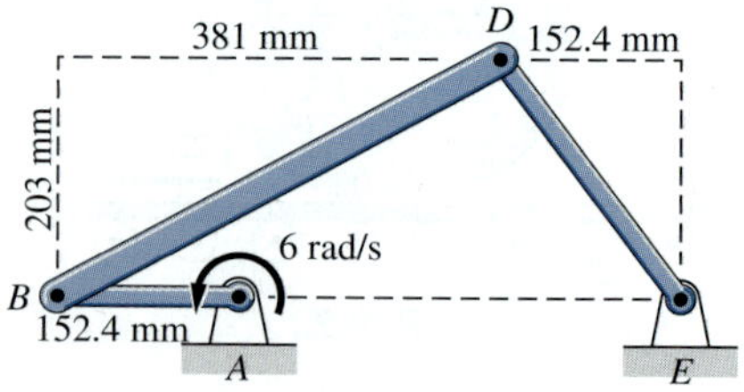

그림 P16.30

16.30 기구의 링크 AB는 일정한 각속도 6 rad/s로 반시계방향으로 회전한다. 도시된 위치에서 링크 BD와 DE의 각속도를 계산하라.

16.31 기구가 도시된 위치에 있을 때, 슬라이더 D의 속도는 $v_D = 1.25$ m/s이다. 이 순간 봉 AB와 BD의 각속도를 구하라.

16.32 링크 기구의 봉 AB는 20 rad/s의 속도로 반시계방향으로 회전한다. 도시된 위치에서 미끄럼 칼라 C의 속도를 구하라.

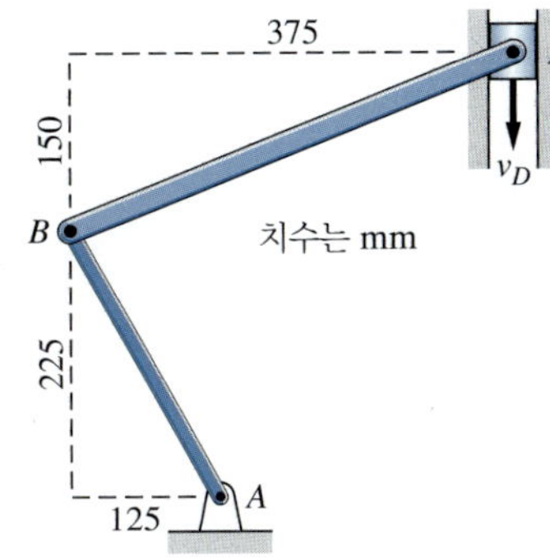

그림 P16.31

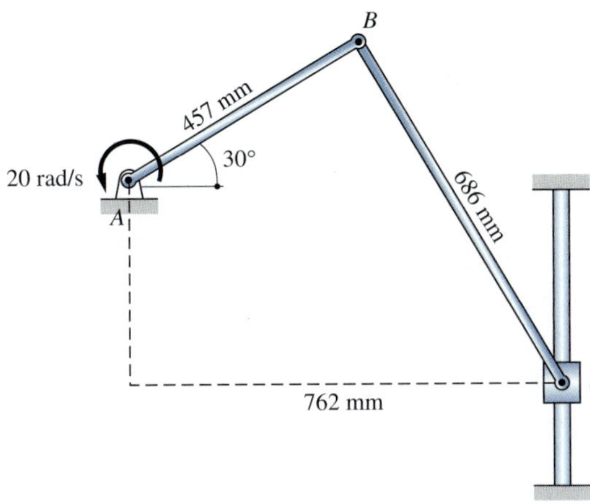

그림 P16.32

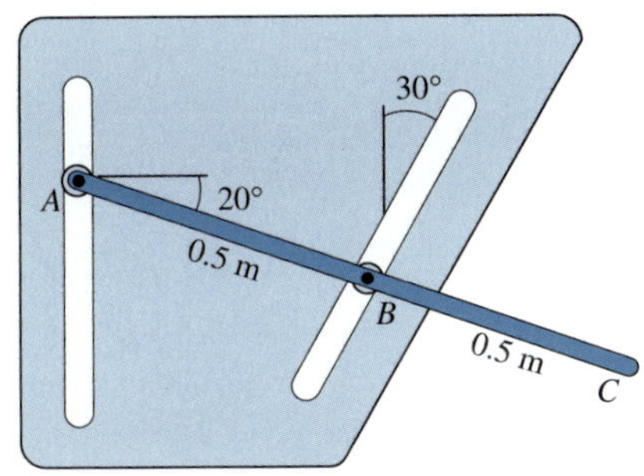

그림 P16.33

16.33 도시된 순간, 봉 ABC의 끝 A는 아래쪽 방향의 속도 2 m/s를 갖는다. 이 순간, 봉의 각속도와 끝 C의 속도를 구하라.

16.34 봉 AB가 A점을 중심으로 2.5 rad/s의 각속도로 회전한다. 도시된 위치에서 슬라이더 C의 속도를 구하라.

16.35 바퀴가 미끄럼 없이 구르고 그 중심은 왼쪽으로 0.6 m/s의 일정한 속도를 갖는다. $\theta = 0$일 때, 봉 BD의 각속도와 끝 D의 속도를 구하라.

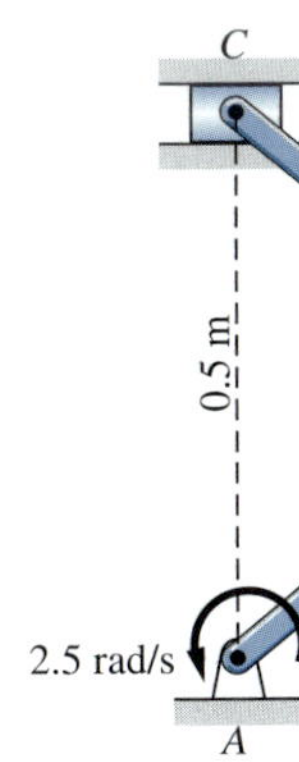

그림 P16.34

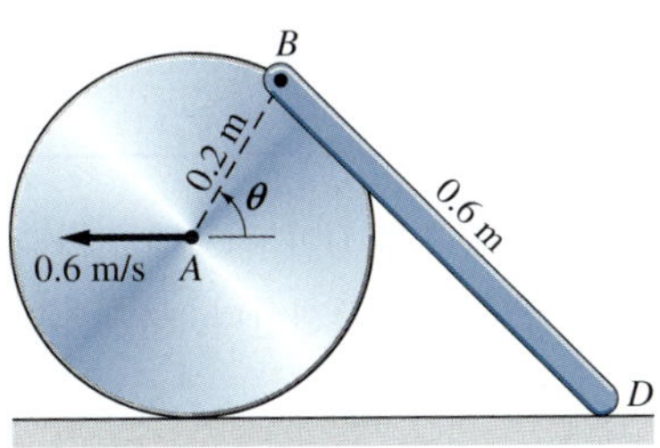

그림 P16.35

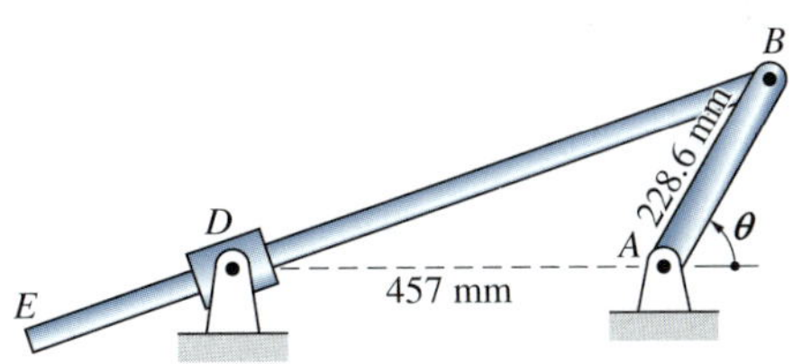

그림 P16.36

16.36 크랭크 AB는 반시계방향으로 일정한 각속도 16 rad/s로 회전한다. $\theta = 60°$일 때 봉 BE의 각속도를 구하라.

16.37 유압 실린더는 핀 B를 일정한 속도 30 mm/s로 올린다. 도시된 순간에 봉 AD의 끝 D의 속도를 구하라.

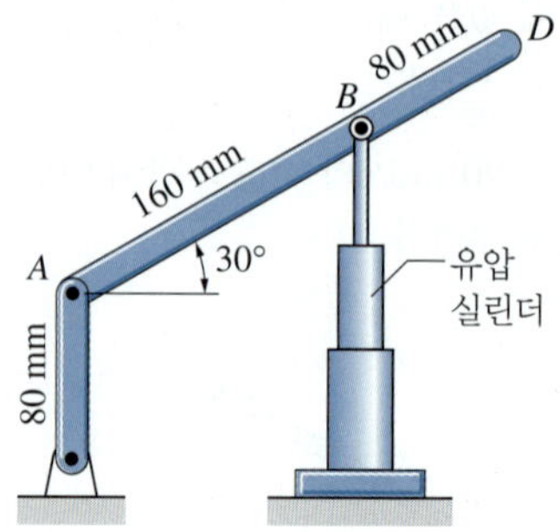

그림 P16.37

16.38 도시된 위치에서, 삼각형판의 모서리 A와 B의 속도는 그림에 나타낸 방향으로 $v_A = 3$ m/s와 $v_B = 2.4$ m/s이다. (a) 각도 α와 (b) 모서리 D의 속도를 구하라.

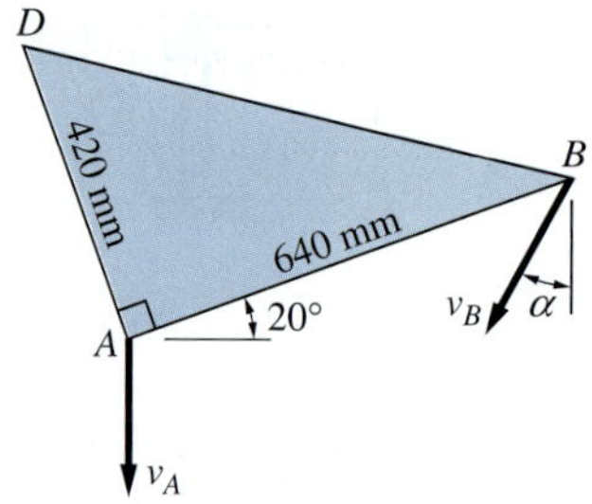

그림 P16.38

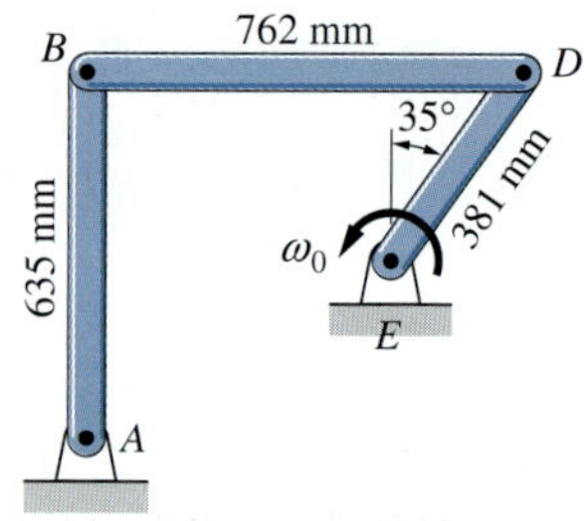

그림 P16.39

16.39 봉 DE는 반시계방향으로 일정한 각속도 $\omega_0 = 5$ rad/s로 회전한다. 도시된 위치에서 봉 AB와 BD의 각속도를 구하라.

16.6 속도의 순간중심

평면운동 중인 물체의 속도의 순간중심은 그 순간의 속도가 0인 점으로 정의된다.* 이 점은 물체의 내부 또는 외부에 ("늘어난 물체" 내에) 존재한다. 물체 내의 점들의 속도를 계산할 때 물체의 순간중심을 사용하면 편리하다.

그림 16.10(a)는 평면운동 중인 강체를 보여준다. 이때 점 A와 B에 대한 속도벡터는 서로 평행하지 않고, 물체의 각속도 ω는 반시계방향이라고 한다. 속도의 순간중심의 위치를 결정하기 위해 $\mathbf{v}_A$에 수직이면서 A를 지나는 선을 긋고, $\mathbf{v}_B$와 수직이면서 B를 지나는 선을 긋는다. 이 두 선은 그림에서 O라고 표기된 점에서

* 3개의 "중심들"이 평면운동의 운동학적 해석에 종종 사용된다: 가상운동에 대한 회전운동의 순간중심(10.5절을 보라), 속도의 순간중심, 그리고 가속도의 순간중심이다. 이 각각의 점들이 문맥상 어떤 중심인지 분명할 때는 단순히 순간중심이라고 부른다. 이 절에 제시된 속도의 순간중심에 대한 내용은 10.6절에서의 가상운동에 관한 회전운동의 순간중심에 대한 내용과 유사하다.

교차할 것이다. 만약 점 O가 물체 내에 없는 경우에는 물체가 그 교차점을 포함하도록 확장시킬 수 있으며 이렇게 확장된 물체를 **늘어난 물체**(body extended)라 부른다.

이제 점 O가 순간중심이 되는 것을 보이고자 한다. 즉, O의 속도가 0이 됨을 확인하고자 한다. A, B 및 O는 동일한 강체 (또는 연장된 물체) 내의 점이므로, 다음과 같은 상대속도 방정식을 사용할 수 있다.

$$\mathbf{v}_O = \mathbf{v}_A - \boldsymbol{\omega} \times \mathbf{r}_{A/O} \qquad \text{(a)}$$

$$\mathbf{v}_O = \mathbf{v}_B - \boldsymbol{\omega} \times \mathbf{r}_{B/O} \qquad \text{(b)}$$

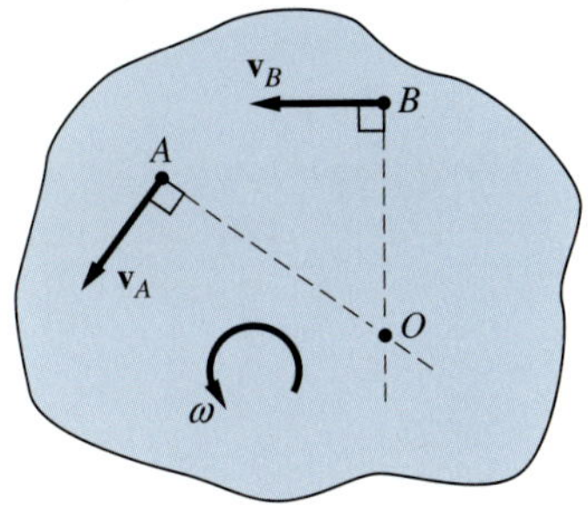

(a)

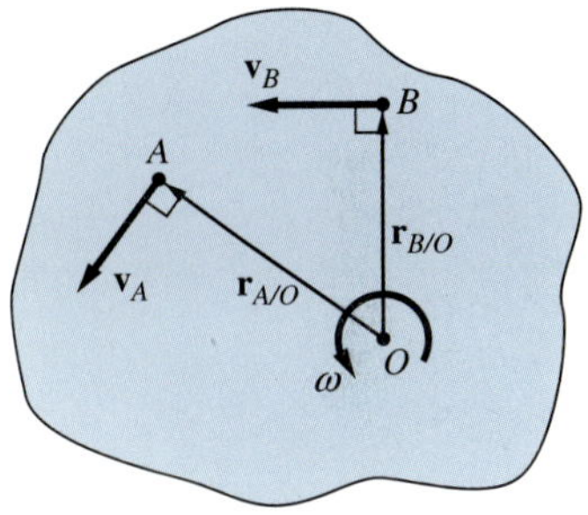

(b)

그림 16.10

여기서 $\mathbf{r}_{A/O}$와 $\mathbf{r}_{B/O}$는 상대위치벡터로 그림 16.10(b)에 나타내었다. ω와 $\mathbf{r}_{A/O}$는 $\mathbf{v}_A$에 수직이므로 식 (a)의 $\omega \times \mathbf{r}_{A/O}$는 $\mathbf{v}_A$에 평행하다. 이는 $\mathbf{v}_O$가 $\mathbf{v}_A$에 평행함을 의미한다. 유사하게, 식 (b)를 통해 $\mathbf{v}_O$는 $\mathbf{v}_B$에 평행함을 알 수 있다. 0이 아닌 벡터가 동시에 2개의 다른 방향과 평행할 수는 없으므로 $\mathbf{v}_O = \mathbf{0}$이라고 할 수 있다. 따라서 점 O는 실제로 속도의 순간중심이다.

일반적으로 속도에 대한 순간중심은 고정점이 아니다. 따라서 속도의 순간중심의 가속도는 반드시 0은 아니다. 하지만 물체의 한 점이 고정되어 있는 경우, 그 점은 분명히 속도와 가속도 모두의 순간중심이다.

O가 순간중심이면, 식 (a)는 다음과 같이 줄어든다.

$$\mathbf{v}_A = \boldsymbol{\omega} \times \mathbf{r}_{A/O} \qquad (v_A = r_{A/O}\,\omega) \qquad (16.13)$$

이 방정식은 O를 통과하는 고정축 중심의 회전운동에 대한 식 (16.8)의 첫 번째와 같은 형태를 갖는다. 그러나 일반적인 평면운동의 순간중심은 고정점이 아니라는 사실을 반복해서 유의해야 한다. 따라서 고정축 중심의 회전운동과의 유사성은 오직 주어진 순간의 속도에 대해서만 유효하다(그래서 "**순간중심**(instant center)"이라 부른다).

이러한 유사성은 가속도에는 적용되지 않는다. 순간중심이 사용되는 경우, 식 (16.13)으로부터 다음과 같은 규칙들이 적용된다.

1. 물체 내 임의의 점의 속도는 그 점으로부터 순간중심까지 그은 선에 수직한다.
2. 물체 내 임의의 점의 속도의 크기는 순간중심으로부터 그 점까지의 거리에 비례한다.
3. 임의의 점의 속도벡터의 지향점은 물체의 각속도 방향의 지향점과 일치해야 한다.

순간중심의 위치를 결정하기 위해 그림 16.10(a)에 도시된 방법은 $\mathbf{v}_A$와 $\mathbf{v}_B$가 평행하지 않을 때만 유효하다. 그림 16.11은 $\mathbf{v}_A$와 $\mathbf{v}_B$가 평행일 때 순간중심을 찾는 방법을 보여준다.

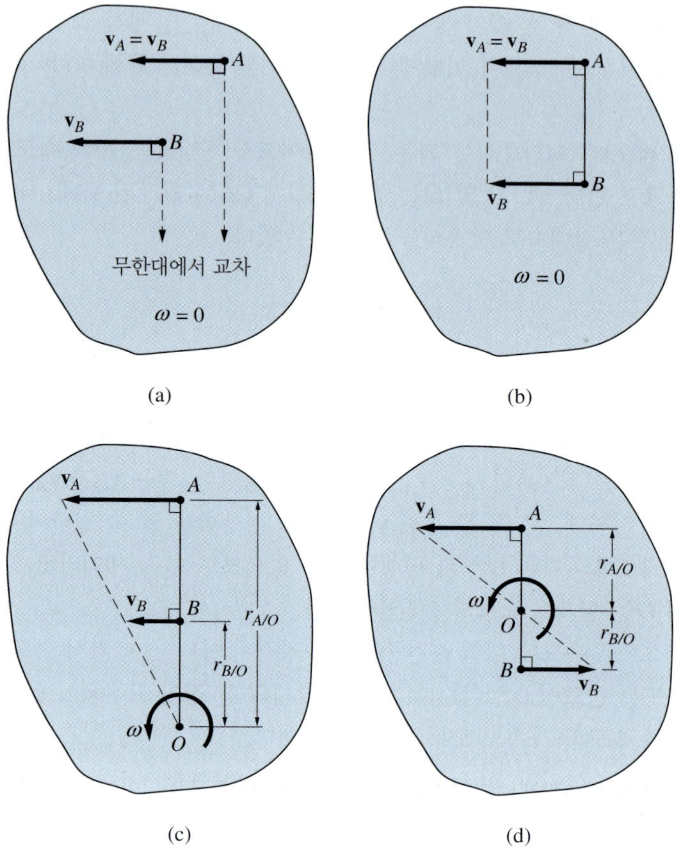

그림 16.11

그림 16.11(a)에서, 속도벡터들에 수직한 선들은 평행하며 이것은 순간중심이 A와 B에서 무한한 거리만큼 떨어져 있음을 의미한다. 따라서 $\omega = 0$이라고 볼 수 있으므로 물체는 $\mathbf{v}_A = \mathbf{v}_B$인 속도로 병진운동을 한다.

그림 16.11의 (b)~(d)의 경우, A와 B를 연결하는 선은 속도벡터들과 수직하므로 일반적인 방법으로는 순간중심을 찾을 수 없다. $\mathbf{v}_A = \mathbf{v}_B$일 경우, 그림 16.11(b)에서와 같이, 순간중심은 무한대가 되어 $\omega = 0$이다(즉, 물체는 병진운동한다). 만약 속도의 크기가 동일하지 않다면, 순간중심은 바로 이전에 언급한 규칙 1~3을 단순히 적용하여 그림 16.11의 (c)와 (d)에서와 같은 방식으로 구할 수 있다.

순간중심을 기초로 한 속도 해석의 단순화가 최초에 순간중심을 찾는 작업에 필요한 수고를 정당화할 수 있는지 의문이 발생할 수 있다. 대략적인 판단 방법은 물체의 스케치에 순간중심을 표시해보는 것부터 시작하는 것이다. 만약 물체(또는 연장된 물체) 위의 운동학적으로 중요한 점들과 순간중심 간의 거리가 쉽게 계산될 수 있다면 순간중심을 이용하여 해석하는 것이 적절하다. 하지만 순간중심의 위치를 계산하기 위해 상당한 양의 삼각법이 요구되는 경우에는 앞 절에서의 상대속도법이 더 바람직한 해법이 될 것이다. 물론, 두 가지 방법이 동일한 정도의 수고를 요하는 문제들도 많으며 그 경우 개인이 선호하는 방법을 사용하게 될 것이다.

예제 16.7

그림 (a)에 도시된 위치에 있는 기구에서 봉 AB의 각속도가 $\omega_{AB} = 3$ rad/s이고 시계 방향이다. 속도의 순간중심을 이용하여, 이 위치에서의 봉 BC의 각속도와 슬라이더 C의 속도를 구하라. (이 문제는 앞에서 상대속도법을 사용하여 예제 16.5에서 풀었다.)

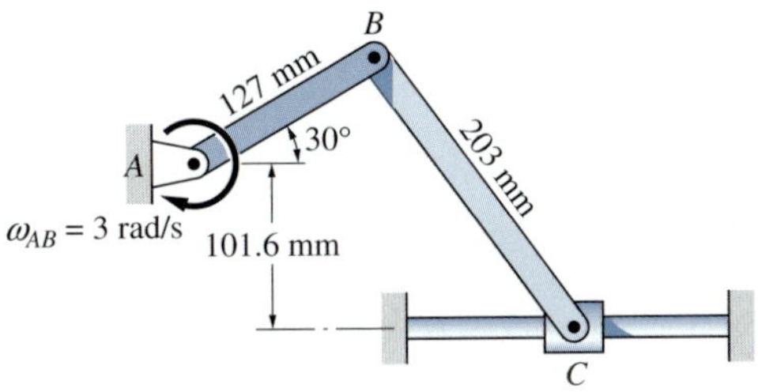

(a)

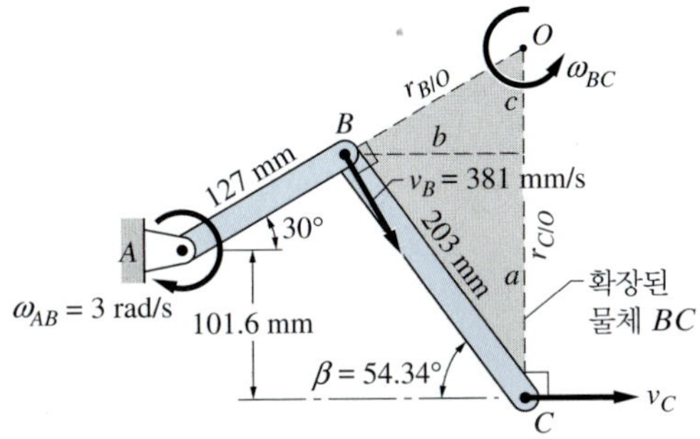

(b)

풀이

먼저 두 강체들 AB와 BC의 순간중심을 찾아야 한다. A는 고정점이므로 봉 AB의 순간중심이 분명하다. BC의 순간중심은 그림 (b)에서 O로 표기되어 있으며 B와 C의 속도 벡터에 수직한 선의 교차점에 위치한다. $\mathbf{v}_B$는 AB에 수직이고 $\mathbf{v}_C$는 수평인 것을 유의하라. 따라서 O는 선 AB와 C를 지나는 수직선의 교차점에 위치한다.

그림 (b)의 형상으로부터 $127 \sin 30° + 101.6 = 203 \sin \beta$이며 그로부터 $\beta = 54.34°$인 것을 찾을 수 있다. 따라서 거리 a, b, c는 아래와 같다.

$$a = 203 \sin 54.34° = 165 \text{ mm}$$
$$b = 203 \cos 54.34° = 118.5 \text{ mm}$$
$$c = b \tan 30° = 118.5 \tan 30° = 68.4 \text{ mm}$$

O에서 B와 C까지의 거리는 아래와 같다.

$$r_{B/O} = c/\sin 30° = 68.4/\sin 30° = 136.8 \text{ mm}$$
$$r_{C/O} = a + c = 165 + 68.4 = 233.4 \text{ mm}$$

이제 각 봉의 순간중심을 찾았으므로 필요한 속도를 계산할 수 있다.

AB(순간중심은 A)의 움직임을 고려하면 $v_B = r_{B/A}\omega_{AB} = 127(3) = 381$ mm/s이며 그 방향은 그림 (b)에 나타나 있다. BC(순간중심은 O)의 움직임을 분석하면 다음을 얻는다.

$$\omega_{BC} = \frac{v_B}{r_{B/O}} = \frac{381}{136.8} = 2.785 \text{ rad/s}$$

$$\boldsymbol{\omega}_{BC} = 2.79 \text{ rad/s} \circlearrowleft \qquad \text{답}$$

그리고

$$v_C = r_{C/O}\,\omega_{BC} = 233.4(2.785) = 650 \text{ mm/s}$$

$$\mathbf{v}_C = 650 \text{ mm/s} \rightarrow \qquad \text{답}$$

예제 16.8

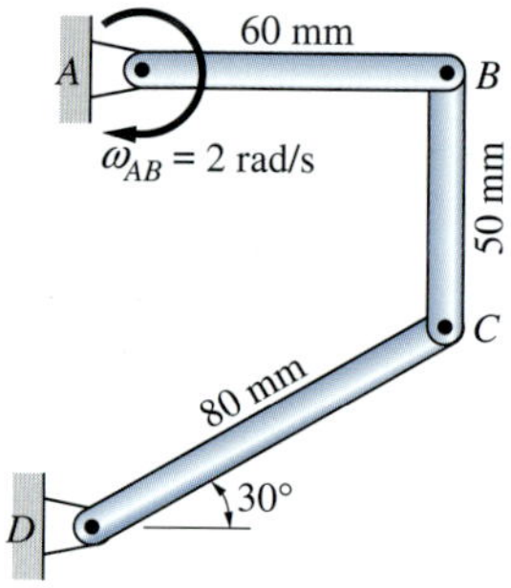

(a)

그림 (a)에서와 같이 링크가 연결되어 있고 도시된 위치에서 봉 AB의 각속도는 시계방향으로 ω_{AB} = 2 rad/s이다. 이 위치에서, 속도의 순간중심을 사용하여 봉 BC와 CD의 각속도와 C의 속도를 구하라. (이 문제는 앞에서 상대속도의 방법을 사용하여 예제 16.6에서 풀었다.)

풀이

A와 B는 고정점들이고 그들은 각각 봉 AB와 CD의 순간중심이다. 그림 (b)의 O는 BC의 순간중심이고, B와 C의 속도벡터에 수직한 선의 교차점에 위치한다. $\mathbf{v}_B$와 $\mathbf{v}_C$는 각각 AB와 CD에 수직하므로 순간중심은 두 선의 교차점이다. 이때 물체 BC는 점 O를 포함하도록 "연장"되어야 함을 유의한다.

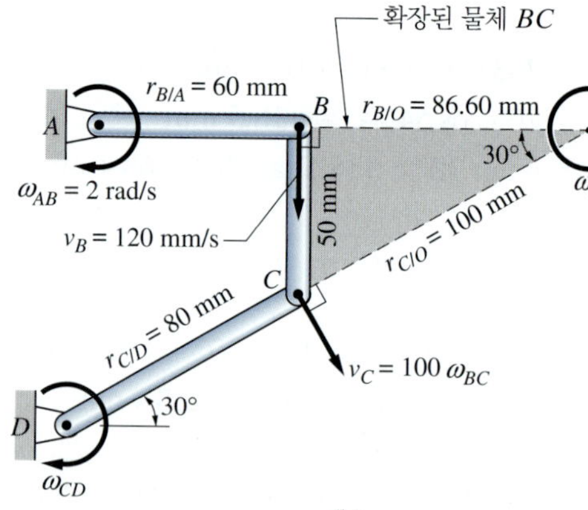

(b)

삼각형 OBC를 이용하여 O에서 B와 C까지의 거리를 구하면 아래와 같다.

$$r_{B/O} = 50/\tan 30° = 86.60 \text{ mm}$$

$$r_{C/O} = 50/\sin 30° = 100 \text{ mm}$$

이제 필요한 각속도를 순간중심 A, O, D를 이용하여 그림 (b)로부터 바로 구할 수 있다.

AB(순간중심은 A)의 움직임을 고려하면, $v_B = r_{B/A}\omega_{AB} = 60(2) = 120$ mm/s 이며 그 방향은 그림 (b)에 나타나 있다. BC(순간중심은 O)의 움직임을 분석하면 다음을 얻을 수 있다.

$$\omega_{BC} = \frac{v_B}{r_{B/O}} = \frac{120}{86.60} = 1.386 \text{ rad/s}$$

$$\boldsymbol{\omega}_{BC} = 1.386 \text{ rad/s} \circlearrowright$$ 답

그리고

$$v_C = r_{C/O}\omega_{BC} = 100(1.386) = 138.6 \text{ mm/s}$$

$$\mathbf{v}_C = 138.6 \text{ mm/s} \; \measuredangle 30^\circ$$ 답

C도 봉 CD(순간중심은 D) 위의 점이기 때문에, 봉 CD의 각속도는 다음과 같이 된다.

$$\omega_{CD} = \frac{v_C}{r_{C/D}} = \frac{138.6}{80} = 1.733 \text{ rad/s}$$ 답

$$\boldsymbol{\omega}_{CD} = 1.733 \text{ rad/s} \circlearrowright$$

예제 16.9

그림 (a)의 바퀴가 시계방향으로 일정한 각속도 $\omega_0 = 1.6$ rad/s로 미끄러지지 않고 구르고 있다. 속도의 순간중심을 이용하여 도시된 위치에 있는 기구의 봉 AB의 각속도와 슬라이더 B의 속도를 구하라.

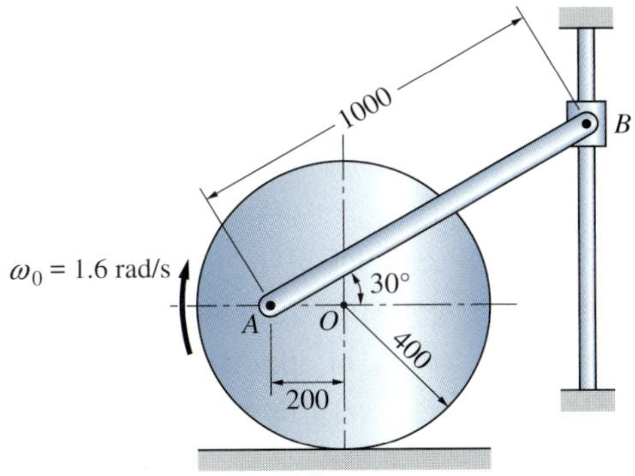

(a)

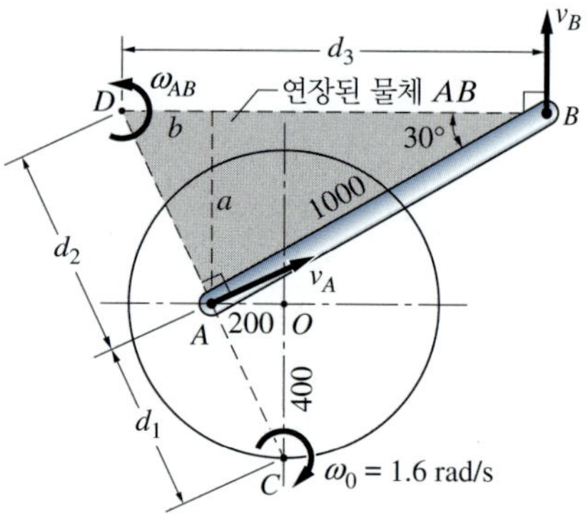

(b)

풀이

이 문제를 풀기 위해 필요한 속도벡터, 거리 그리고 점들이 그림 (b)에 나타나 있다.

미끄러짐이 없이 구르기 때문에, 순간중심은 접촉점 C이다. 따라서 $\mathbf{v}_A$는 선 AC에 수직이다. AC의 기울기가 $\overline{OC}/\overline{AO} = 400/200 = 2$와 같다는 것에 유의한다.

그림 (b)에서 봉 AB의 순간중심 D는 $\mathbf{v}_A$와 $\mathbf{v}_B$에 수직한 선의 교차점에 위치한다. $\mathbf{v}_A$는 AC에 수직이기 때문에 D 또한 AC 위에 있다. $\mathbf{v}_B$에 수직하게 그려지는 선 BD는, $\mathbf{v}_B$가 수직이기 때문에 수평이다(이 문제에서는 $\mathbf{v}_B$가 상향인 것을 몰라도 된다).

그림 (b)를 참조하여 구하고자 하는 거리들을 계산하면 아래와 같다.

$$d_1 = \sqrt{\overline{AO}^2 + \overline{OC}^2} = \sqrt{200^2 + 400^2} = 447.2 \text{ mm}$$
$$a = 1000 \sin 30° = 500 \text{ mm}$$
$$b = a/2 = 250 \text{ mm} \quad (\text{선 } AC\text{의 기울기는 2이다.})$$
$$d_2 = \sqrt{a^2 + b^2} = \sqrt{500^2 + 250^2} = 559.0 \text{ mm}$$
$$d_3 = 1000 \cos 30° + b = 1000 \cos 30° + 250 = 1116 \text{ mm}$$

거리 d_1, d_2, d_3와 $\omega_0 = 1.6$ rad/s를 이용하면 다음을 얻을 수 있다.

$$v_A = d_1\omega_0 = 447.2(1.6) = 715.5 \text{ mm/s}$$

$$\mathbf{v}_A = 716 \text{ mm/s} \quad (\text{기울기 } 1/2)$$ 답

$$\omega_{AB} = \frac{v_A}{d_2} = \frac{715.5}{559.0} = 1.280 \text{ rad/s}$$

$$\boldsymbol{\omega}_{AB} = 1.280 \text{ rad/s} \circlearrowleft$$ 답

$$v_B = d_3\omega_{AB} = 1116(1.280) = 1428 \text{ mm/s}$$

$$\mathbf{v}_B = 1428 \text{ mm/s} \uparrow$$ 답

$\mathbf{v}_A$의 방향은 바퀴의 각속도가 시계방향이고 순간중심이 C라는 것을 고려하여 찾을 수 있다. ω_{AB}의 방향이 반시계방향임은 $\mathbf{v}_A$의 방향과 순간중심 D의 위치에 의해 유추할 수 있다. ω_{AB}의 방향 및 D에 대한 B의 상대위치를 통해 $\mathbf{v}_B$의 방향이 상향임을 결정할 수 있다.

그림 (b)에서와 같이 동일한 스케치에 하나 이상의 물체들의 순간중심들을 나타내면 종종 편리하다. 하지만 어느 특정한 점의 속도를 구할 때에는 적절한 순간중심을 사용하기 위해 주의를 기울여야 한다. 예를 들어, 일반적으로 그림 (b)를 참조하여 $v_C = (d_1 + d_2)\omega_{AB}$라고 하는 것은 옳지 않다. 왜냐하면 D는 봉 AB의 순간중심으로, AB에는 C점이 포함되지 않기 때문이다.

연습문제

주의: 다음의 문제들은 속도의 순간중심을 이용하여 푼다.

16.40 디스크가 떨어지면서 감겨 있던 줄이 풀린다. 디스크의 중심 O점이 아래쪽으로 508 mm/s의 속도로 움직일 때 디스크 가장자리의 점 A의 속력을 구하라.

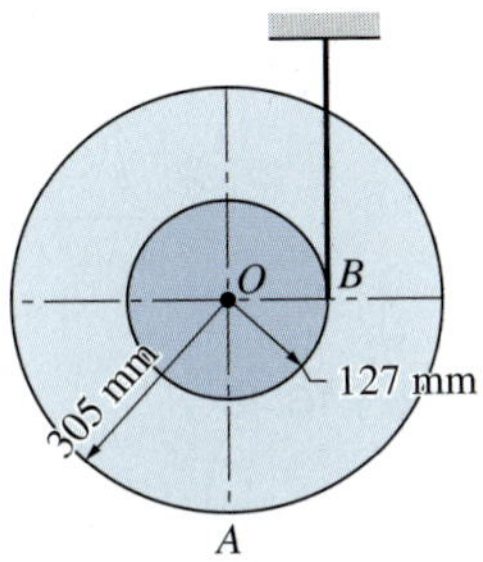

그림 P16.40

16.41 마찰이 없는 수평면에 지지되어 있는 디스크 위의 점 B가 고정된 슬롯과 맞물려 있다. B점이 위쪽으로 305 mm/s의 속도로 움직이고 있을 때 디스크 가장자리의 점 A의 속도를 구하라. (이 문제는 앞서 상대속도 방법을 사용하여 문제 16.26에서 풀었다.)

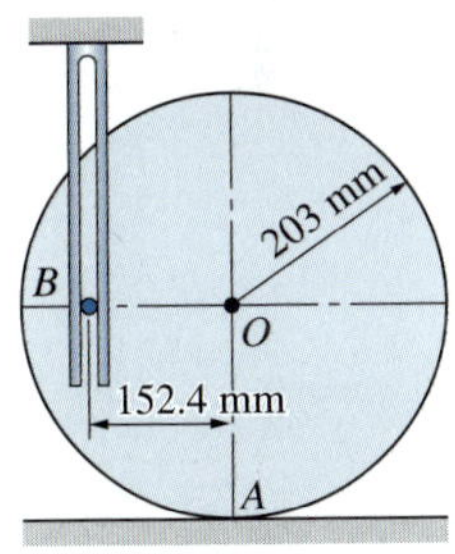

그림 P16.41

16.42 수평면을 따라 불균형 바퀴가 미끄러져 구르고 있다. 도시된 순간에, 바퀴의 각속도는 ω, 중심의 속도는 v_O로 표시된다. 이 순간에 G의 속도의 크기와 방향을 구하라.

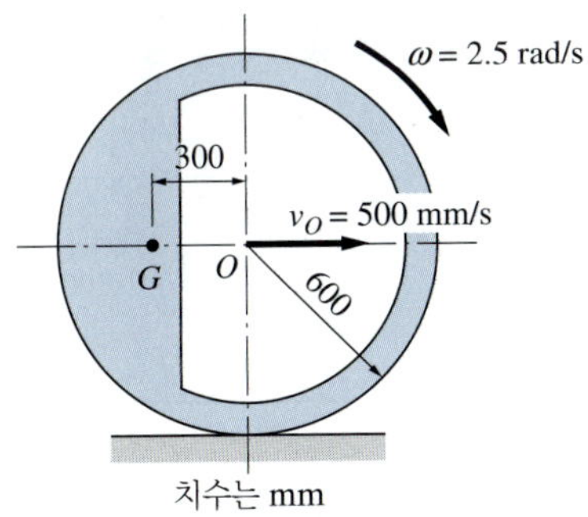

그림 P16.42

16.43 직경 500 mm의 바퀴가 수평면을 미끄러져 구르고 있다. 바퀴의 각속도는 $\omega = 12$ rad/s(반시계), 바퀴 중심에서의 속도는 좌측으로 1.8 m/s이다. (a) 바퀴의 속도에 대한 순간중심을 구하라. (b) 평면과 바퀴가 접촉하는 점의 속도를 구하라.

16.44 (a)와 (b)의 봉 AB의 속도의 순간중심의 좌표를 구하라.

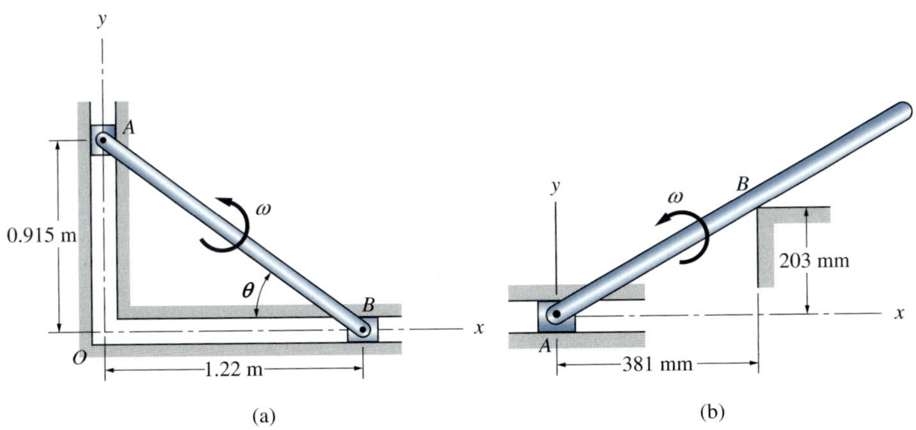

그림 P16.44

16.45 (a)와 (b)의 봉 AB의 속도의 순간중심의 좌표를 구하라.

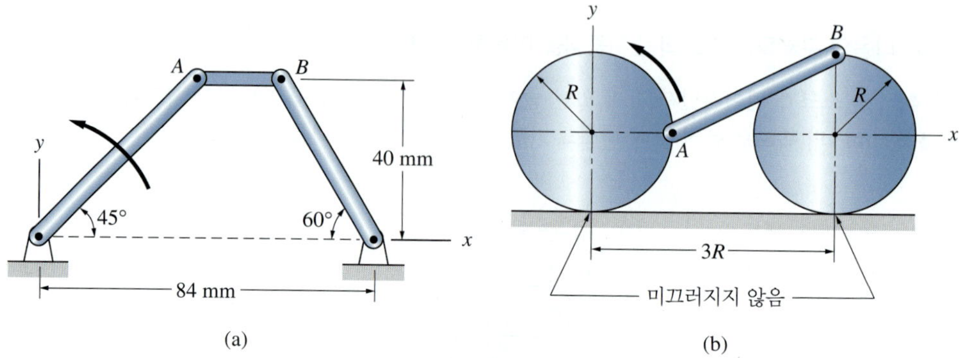

그림 P16.45

16.46 기어 A와 B의 중심을 연결하고 있는 암이 4.8 rad/s의 각속도로 반시계반향으로 회전하고 있다. 같은 시각, A는 24 rad/s로 회전하고 또한 반시계방향이다. B의 각속도를 구하라.

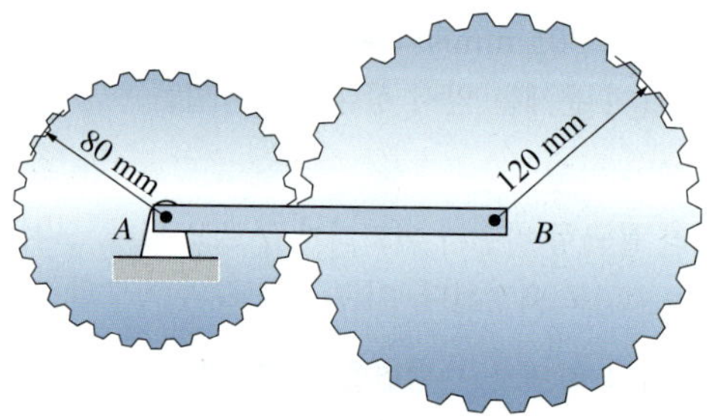

그림 P16.46

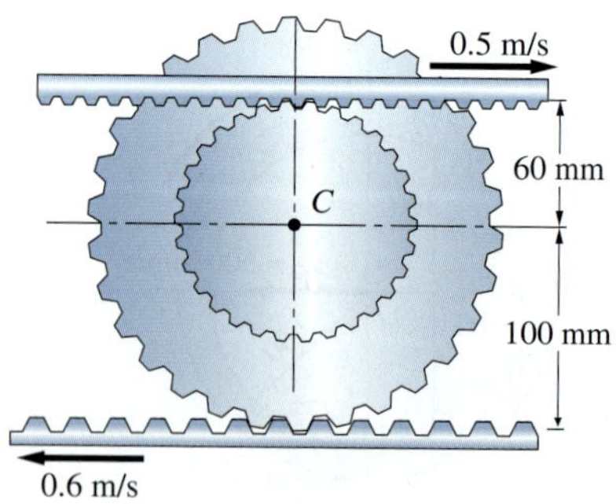

그림 P16.47

16.47 2개의 랙에 맞물려 있는 피니언 기어에 관하여 도시된 속도로 랙이 움직이는 경우, 기어의 각속도와 중심 C의 속도를 구하라. (힌트: 이 문제는 문제 16.23에서 상대속도 방법으로 풀었다.)

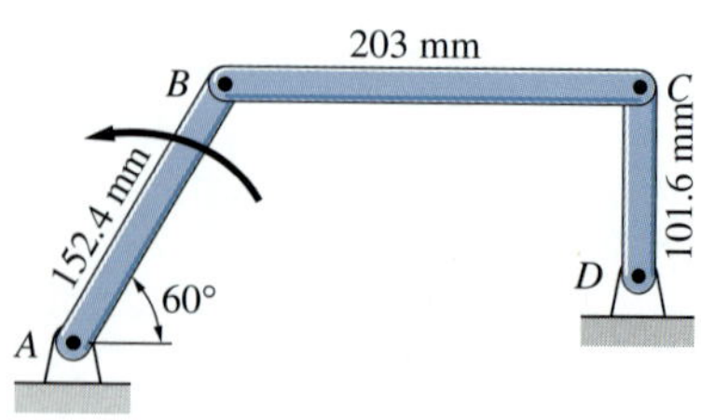

그림 P16.48

16.48 봉 AB가 일정한 각속도 6 rad/s로 반시계방향으로 회전하고 있다. 도시된 위치에서 봉 CD의 각속도를 구하라.

16.49 그림 P16.44(a)의 봉 AB의 θ가 0°에서 90°까지 변할 때 봉 AB의 순간중심의 궤적을 그려라. (이 곡선을 공간 도심(space centrode)이라 한다.)

16.50 수직면에서 2.44 m의 나무판자가 굴러떨어지고 있다. 판자가 수평한 위치가 되었을 때, 그 끝 A와 B의 속도가 그림에 표시되어 있다. 이 위치에서, 속도의 순간중심, 판자의 각속도 및 중심점 G의 속도를 구하라.

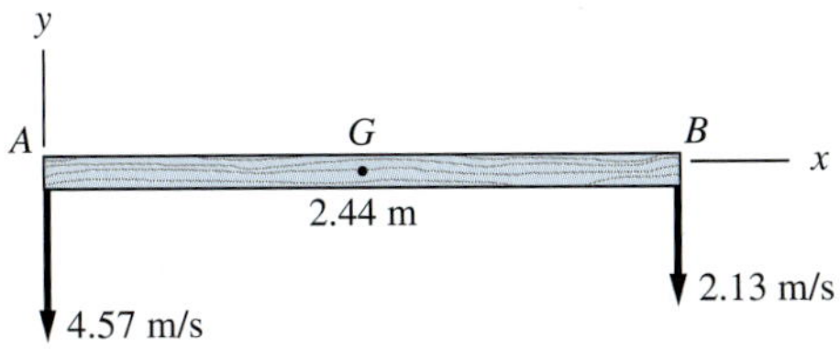

그림 P16.50

16.51 평면운동 중인 삼각형판에 대하여 $\mathbf{v}_A$와 $\mathbf{v}_B$의 방향은 알고 있다. 판의 각속도와 모서리 B와 C의 속도를 구하라.

16.52 도시된 순간에, 미끄러지지 않고 구르는 실린더의 각속도는 2 rad/s이고 반시계방향이다. 실린더에 A에서 핀으로 연결된 봉의 끝 B의 속도를 구하라.

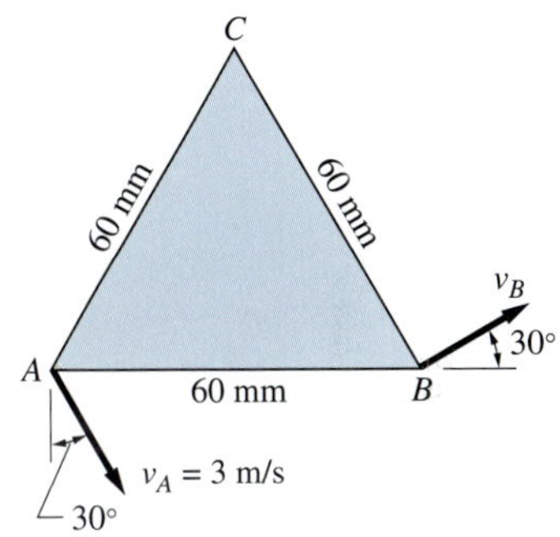

그림 P16.51

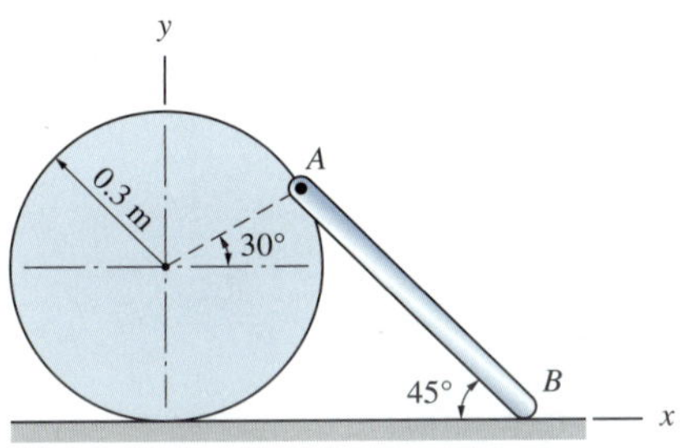

그림 P16.52

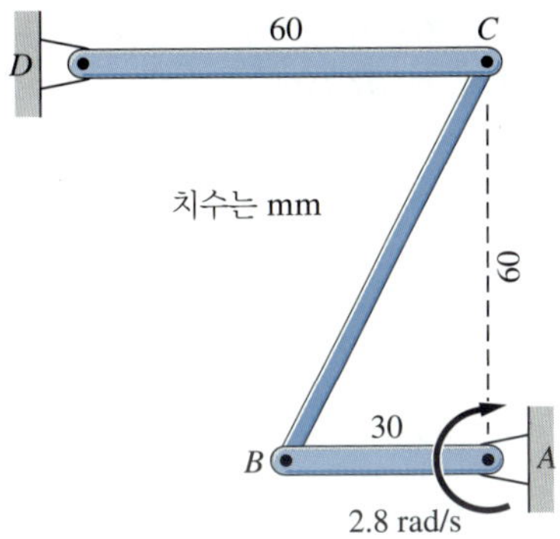

그림 P16.53

16.53 도시된 위치에서 봉 AB는 2.8 rad/s로 시계방향으로 회전한다. 봉 BC와 CD의 각속도를 구하라. (이 문제는 앞서 상대속도 방법을 사용하여 문제 16.29에서 풀었다.)

16.54 슬라이더 C가 762 mm/s의 일정한 속도로 내려올 때 도시된 위치에서 크랭크 AB의 각속도를 구하라.

16.55 링크 기구의 봉 BC는 고리 D에서 미끄러지며 시계방향으로 일정한 각속도 12 rad/s로 회전한다. 도시된 수평 위치에서의 BC의 각속도를 구하라.

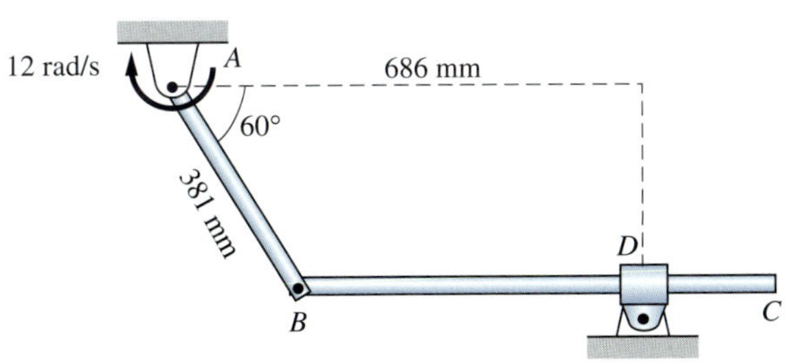

그림 P16.55

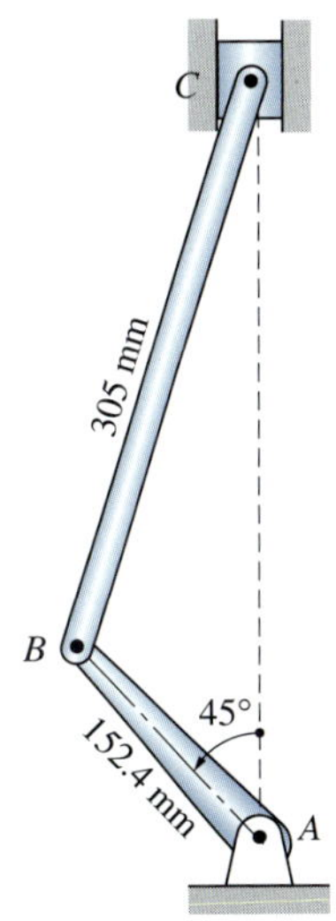

그림 P16.54

16.56 링크 기구의 봉 BC는 고리 D에서 미끄러진다. 봉 AB는 시계방향으로 일정한 각속도 12 rad/s로 회전한다. 도시된 위치에서 BC의 각속도를 구하라.

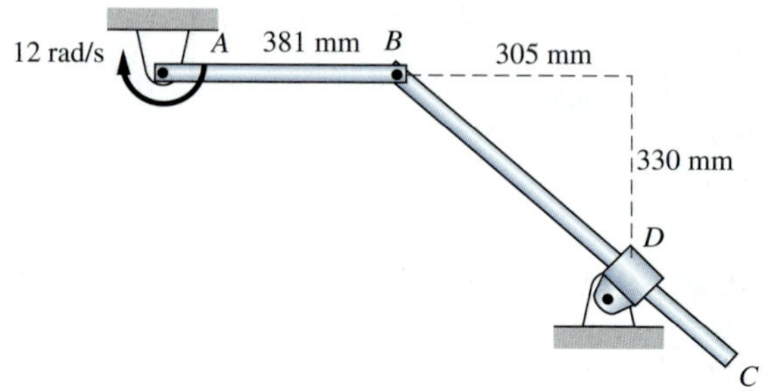

그림 P16.56

16.57 기구가 도시된 위치일 때 봉 AB의 각속도는 48 rad/s이고 시계방향이다. 이 위치에서, 판 BCD의 각속도와 모서리 D의 속도를 구하라.

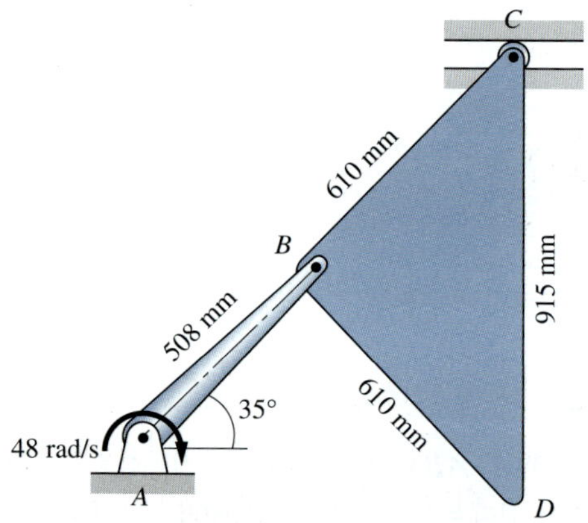

그림 P16.57

16.58 도시된 위치에서, 핀으로 연결되어 있는 슬라이더 A가 좌측으로 381 mm/s의 속력으로 움직일 때 봉의 끝 점 D의 속력을 구하라.

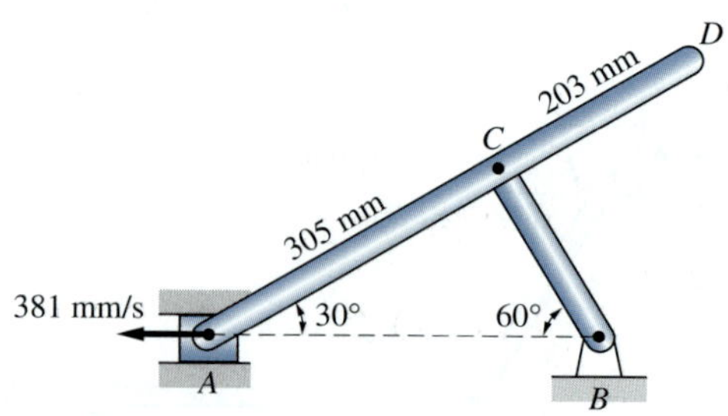

그림 P16.58

16.59 기구의 봉 AB는 시계방향으로 각속도 ω_0로 회전한다. 도시된 위치에서 봉 BC와 DE의 각속도를 계산하라.

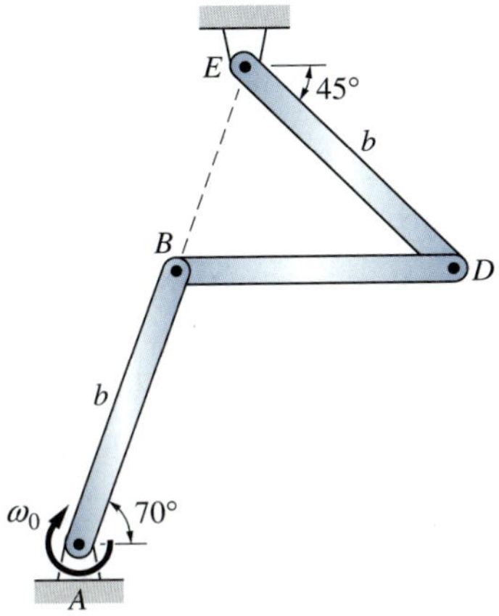

그림 P16.59

16.60 기구가 그림의 위치에 있을 때, 디스크의 중심 O의 속도는 오른쪽으로 406 mm/s이다. 디스크가 미끄러지지 않고 구를 때 이 위치에서 컬러 B의 속도를 계산하라.

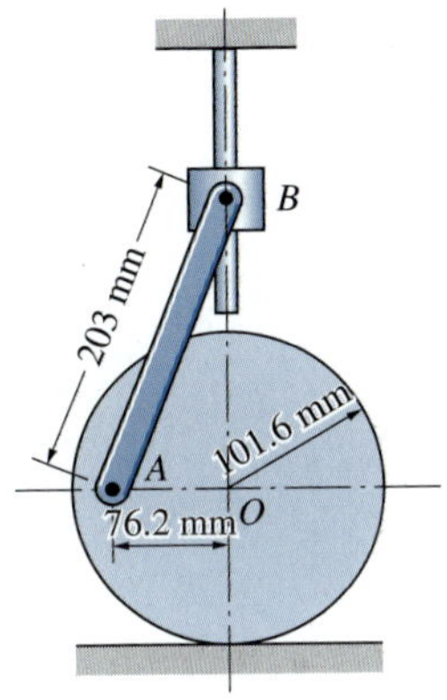

그림 P16.60

16.7 상대가속도 방법

16.5절과 16.6절에서 평면운동을 하는 강체의 점들의 속도를 분석하는 두 가지 방법으로 상대속도 방법과 속도에 대한 순간중심 방법이 제시되었다. 이 절에서는 **상대가속도 방법**(method of relative acceleration)을 소개하는데 이 방법은 강체의 두 점에 대하여 방정식 $\mathbf{a}_B = \mathbf{a}_A + \mathbf{a}_{B/A}$을 사용한다.

그림 16.12(a)는 일반적인 평면운동을 하는 강체를 보여준다. 각속도벡터와 각가속도벡터는 각각 ω와 α이다. A와 B를 강체 위의 두 점이라 할 때, A에 대한 B의 상대가속도는 식 (16.8)에 따라 다음 식과 같이 된다.

$$\mathbf{a}_{B/A} = (\mathbf{a}_{B/A})_n + (\mathbf{a}_{B/A})_t \tag{16.14a}$$

위 식에서 상대가속도의 법선과 접선 성분은 아래와 같다.

$$(\mathbf{a}_{B/A})_n = \boldsymbol{\omega} \times (\boldsymbol{\omega} \times \mathbf{r}_{B/A}) \qquad [(a_{B/A})_n = r_{B/A}\omega^2] \tag{16.14b}$$

$$(\mathbf{a}_{B/A})_t = \boldsymbol{\alpha} \times \mathbf{r}_{B/A} \qquad [(a_{B/A})_t = r_{B/A}\alpha] \tag{16.14c}$$

식 (16.14)를 $\mathbf{a}_B = \mathbf{a}_A + \mathbf{a}_{B/A}$에 대입하면 다음과 같이 된다.

$$\mathbf{a}_B = \mathbf{a}_A + \boldsymbol{\omega} \times (\boldsymbol{\omega} \times \mathbf{r}_{B/A}) + \boldsymbol{\alpha} \times \mathbf{r}_{B/A} \tag{16.15}$$

식 (16.15)의 물리적 해석은 그림 16.12에 나타나 있다. 이 그림은 일반적인 평면운동이 두 가지의 더욱 간단한 운동들을 합친 것과 같음을 보여준다. (이러한 등가성은 또한 상대속도 분석의 기본 개념을 형성한다):

1. 강체의 병진운동, 이 운동에서는 그림 16.12(b)에서 보이는 바와 같이 기준점 $A(\mathbf{a}_B = \mathbf{a}_A)$의 가속도와 각 지점의 가속도가 같다고 본다.
2. A점$[\mathbf{a}_{B/A} = (\mathbf{a}_{B/A})_n + (\mathbf{a}_{B/A})_t]$을 지나는 고정축 중심의 회전운동은 그림 16.12(c), (d)에 나타나 있다. A 지점을 핀 지지형태로 표현한 것은 운동을 해석하는 그 순간에 A 지점은 고정된 것이라는 개념을 강조하고 있다.

강체의 회전이 B의 가속도에 미치는 영향은 그림 16.12(c)의 벡터 표기법이나 그림 16.12(d)의 스칼라 표기법을 사용하여 계산될 수 있으며, 표기법은 각자의 선호도에 따라 선택하면 된다. 스칼라 표기법을 사용할 때에는, (1) $(\mathbf{a}_{B/A})_n$

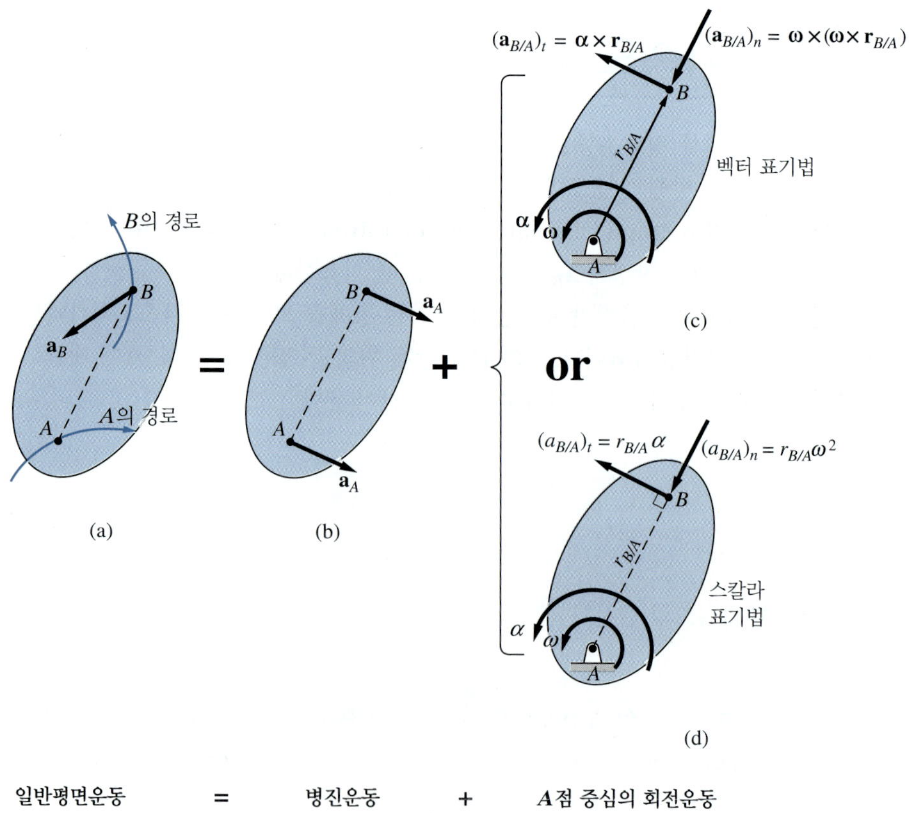

그림 16.12

은 항상 기준점 A를 향하며, (2) $(\mathbf{a}_{B/A})_t$는 AB에 수직하고 그 지향점은 각가속도 α의 방향에 의해 결정된다는 것을 기억해야 한다. (α는 물체의 특성으로 기준점의 선택과 무관하다.)

상대가속도 방법은 같은 강체 내의 두 점에 대하여 식 $\mathbf{a}_B = \mathbf{a}_A + \omega \times (\omega \times \mathbf{r}_{B/A}) + \alpha \times \mathbf{r}_{B/A}$를 기술하고, 이후 미지수에 대해 식을 푸는 것으로 구성된다. 평면운동에 대해서는, 식 (16.15)는 2개의 스칼라 방정식(즉, 벡터 방정식 양쪽 항에 대하여 수평성분과 수직성분들은 서로 같다고 할 때 얻어지는 방정식들)에 해당한다. 식 (16.15)에서 변수는 6개이다($\mathbf{r}_{B/A}$를 알고 있을 때).

$\mathbf{a}_B$: 2개의 변수(크기와 방향, 또는 수평과 수직 성분들)
$\mathbf{a}_A$: 2개의 변수(크기와 방향, 또는 수평과 수직 성분들)
$\boldsymbol{\omega}$: 하나의 변수(각속도의 크기 ω)
$\boldsymbol{\alpha}$: 하나의 변수(각가속도의 크기 α)

식 (16.15)는 앞의 6개의 변수 중 4개를 미리 알고 있을 때에만 풀 수 있다. 각속도 ω는 대개 이전 절에서 설명한 속도 분석을 통해 찾을 수 있다. 따라서 나머지 3개의 변수들을 알아야 한다(이는 우리가 상대속도 분석에서 부딪혔던 상황과 유사하다). 따라서 A 그리고/또는 B점을 결정할 때는 반드시 가속도의 미지수가 2개 이하인 점들로 선택해야 하며, 그 점들을 가속도에 대한 운동학적으로 중요한 점들이라 부른다.

상대가속도 방법의 적용 단계는 다음과 같다.

1단계: 각속도 ω가 미지수일 때는 이전 절에서 설명한 상대속도 분석을 통해 구한다.
2단계: 동일한 강체 내에서 2개의 운동학적으로 중요한 점들(A와 B)을 인지한다.
3단계: 미지수를 구별하면서 식 $\mathbf{a}_B = \mathbf{a}_A + \boldsymbol{\omega} \times (\boldsymbol{\omega} \times \mathbf{r}_{B/A}) + \boldsymbol{\alpha} \times \mathbf{r}_{B/A}$을 기술한다. (벡터 표기법 또는 스칼라 표기법 모두 사용 가능하다.)
4단계: 미지수의 개수가 2개라면 방정식을 푼다.

미지수의 개수가 2개보다 많은 경우에는 다른 운동학적으로 중요한 점들의 운동을 고려함으로써 문제를 해결할 수 있다.

물체 내에 가속도가 0인 점을 가속도에 대한 순간중심이라 부른다. 일반적으로, 속도에 대한 순간중심과 가속도에 대한 순간중심은 같은 점이 아니다. 물체의 각속도가 0이거나 고정축 중심의 회전운동을 하는 경우에만 두 중심이 일치함을 알 수 있다. 원칙적으로 가속도에 대한 순간중심은 평면운동을 하는 어떤 물체에서도 찾을 수 있다. 하지만 순간중심을 이용하는 이점보다 그 점을 찾는 데 드는 어려움이 더욱 크다. 따라서 본 교재에서는 가속도에 대한 순간중심을 사용하지 않는다.

예제 16.10

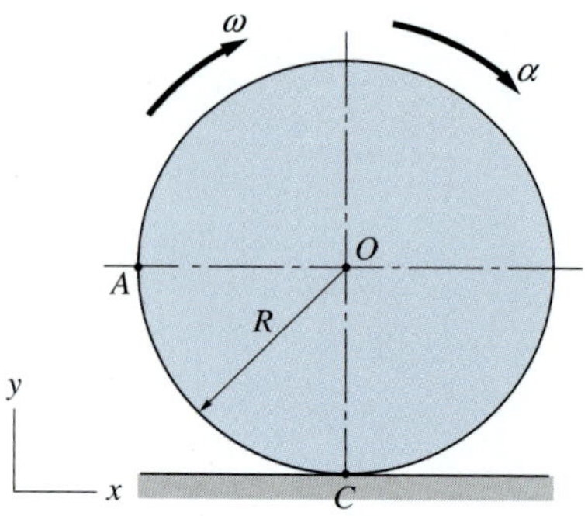

(a)

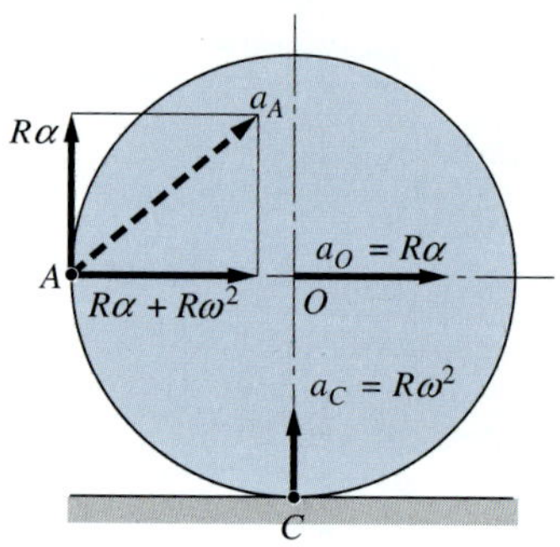

(b)

그림 (a)에서 반경 R인 바퀴가 미끄러지지 않고 구르고 있다. 도시된 순간 각속도와 각가속도는 각각 ω와 α로 모두 시계방향이다. (1) 바퀴의 접촉점인 점 C와 (2) 점 A의 가속도벡터를 결정하라.

풀이

기초 해설

이 문제는 스칼라 표기법과 벡터 표기법을 사용하여 풀 것이다. 기준점은 점 O(바퀴의 중심)를 선택한다. 그 이유는 식 (16.12a)로부터 O점의 가속도가 그림 (b)와 같이 $\mathbf{a}_O = R\alpha\mathbf{i}$가 됨을 알기 때문이다.

풀이 I (스칼라 표기법 사용)

문항 1

스칼라 표기법을 사용하여 C점과 O점의 가속도를 연관시킬 때 $\mathbf{a}_{C/O}$는 점 O가 고정된 것으로 가정하여 계산된다. 그러므로

$$\mathbf{a}_C = \mathbf{a}_O + \mathbf{a}_{C/O}$$

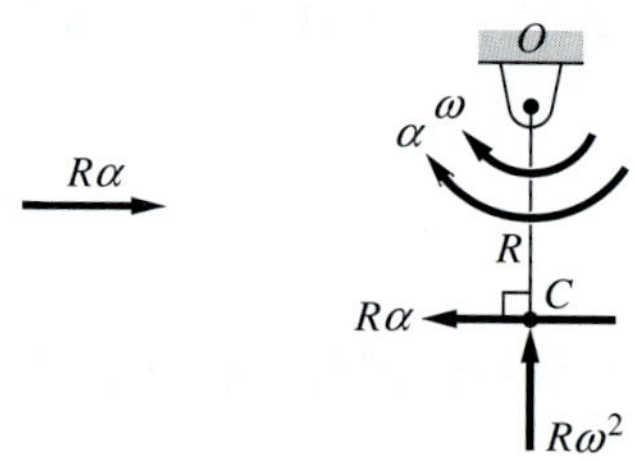

따라서 다음을 얻는다.

$$\mathbf{a}_C = R\omega^2 \uparrow \qquad \text{답}$$

이 결과는 그림 (b)에 나타나 있다. C는 속도의 순간중심이지만 가속도는 0이 아닌 것에 유의하라. 이것은 C점이 지면과의 접촉점을 지나갈 때 속도의 방향이 아래에서 위로 변화하기 때문이다. 따라서 접촉이 일어나는 순간 C의 가속도는 0이 아니며 위를 향하게 된다.

문항 2

A의 가속도와 O의 가속도의 관계는 다음과 같다.

$\mathbf{a}_A \quad = \quad \mathbf{a}_O \quad + \quad \mathbf{a}_{A/O}$

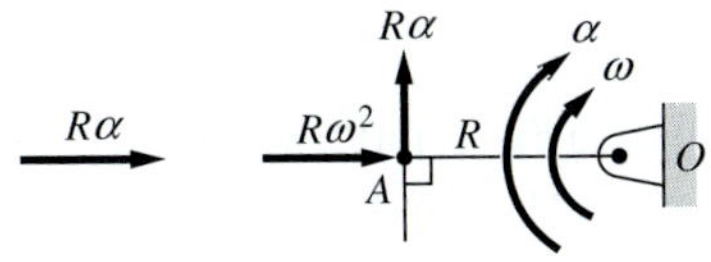

위로부터 다음을 얻을 수 있다.

$\mathbf{a}_A =$ 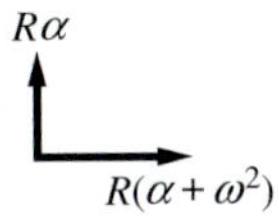

답

A의 가속도벡터는 그림 (b)에도 나타나 있다.

풀이 II (벡터 표기법 사용)

문항 1

벡터 표기법을 사용하면 C의 가속도와 O의 가속도의 관계는 다음과 같다.

$$\mathbf{a}_C = \mathbf{a}_O + \boldsymbol{\alpha} \times \mathbf{r}_{C/O} + \boldsymbol{\omega} \times (\boldsymbol{\omega} \times \mathbf{r}_{C/O})$$

$\mathbf{r}_{C/O} = -R\mathbf{j}$[그림 (c)를 보라], $\omega = -\omega\mathbf{k}$, $\boldsymbol{\alpha} = -\alpha\mathbf{k}$를 대입하면 다음과 같이 된다.

$$\begin{aligned}\mathbf{a}_C &= R\alpha\mathbf{i} + (-\alpha\mathbf{k}) \times (-R\mathbf{j}) + (-\omega\mathbf{k}) \times [(-\omega\mathbf{k}) \times (-R\mathbf{j})] \\ &= R\alpha\mathbf{i} - R\alpha\mathbf{i} + (-\omega\mathbf{k}) \times (-R\omega\mathbf{i}) \\ &= R\omega^2\mathbf{j}\end{aligned}$$

답

문항 2

A의 가속도와 O의 가속도 사이의 관계에 $\mathbf{r}_{A/O} = -R\mathbf{i}$를 대입하면 다음과 같이 된다[그림 (c) 참조].

$$\begin{aligned}\mathbf{a}_A &= \mathbf{a}_O + \boldsymbol{\alpha} \times \mathbf{r}_{A/O} + \boldsymbol{\omega} \times (\boldsymbol{\omega} \times \mathbf{r}_{A/O}) \\ &= R\alpha\mathbf{i} + (-\alpha\mathbf{k}) \times (-R\mathbf{i}) + (-\omega\mathbf{k}) \times [(-\omega\mathbf{k}) \times (-R\mathbf{i})] \\ &= R\alpha\mathbf{i} + R\alpha\mathbf{j} + (-\omega\mathbf{k}) \times (R\omega\mathbf{j}) = R\alpha\mathbf{i} + R\alpha\mathbf{j} + R\omega^2\mathbf{i} \\ &= R(\alpha + \omega^2)\mathbf{i} + R\alpha\mathbf{j}\end{aligned}$$

답

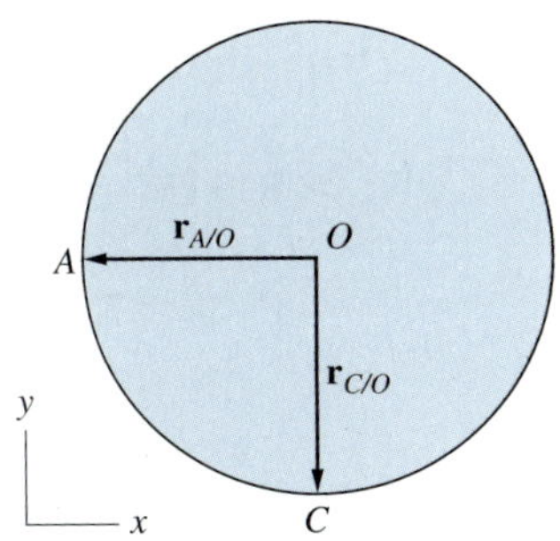

(c)

예제 16.11

그림 (a)에 보이는 기구의 봉 AB는 3 rad/s의 각속도로 시계방향으로 회전하고 있다. 그림과 같이 봉 AB가 수평과 30°를 이룰 때, 봉 BC의 각가속도와 슬라이더 C의 가속도를 결정하라.

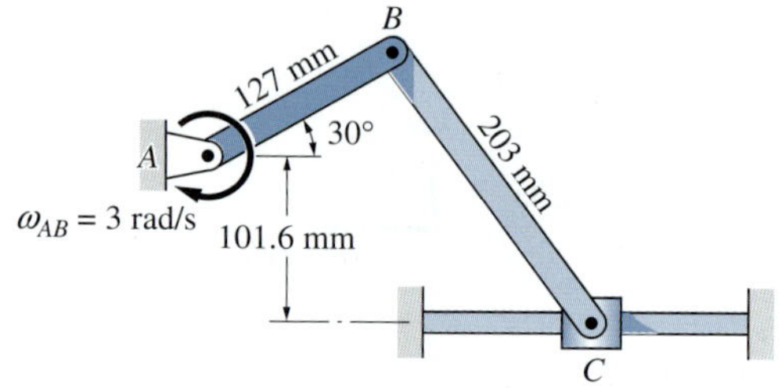

(a)

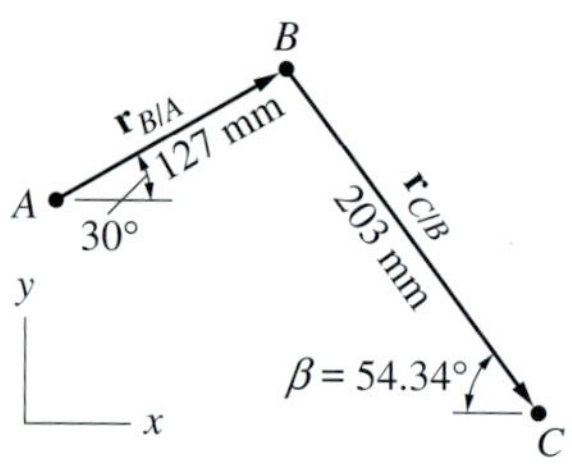

(b)

풀이

기초 해설

스칼라 표기법(풀이 I)과 벡터 표기법(풀이 II)을 사용하여 문제를 풀 것이다. 봉 BC의 각속도가 주어지지 않았기 때문에 가속도를 계산하기 전에 먼저 구해야 한다. 이 계산은 이미 되어 있고 그 결과가 $\omega_{BC} = 2.785$ rad/s로 반시계방향이라고 가정한다.* 또한, 그림 (b)에서 각 β의 값도 삼각법에 의해 계산되었다고 가정한다.

B와 C는 분명히 봉 BC에서 운동학적으로 중요한 점들이다: B의 가속도는 이전에 기술된 봉 AB의 운동으로부터 계산될 수 있고, 점 C의 경로는 알고 있다. 따라서 B점과 C점의 가속도를 연계시키면 문제를 풀 수 있다.

C의 가속도는 오른쪽으로 향하고 BC의 각가속도는 반시계방향이라고 가정한다. AB의 각가속도는 0으로 주어진다.

풀이 I (스칼라 표기법 사용)

C의 가속도는 B의 가속도와 식 (a)와 같은 관계에 있다.

$$\mathbf{a}_C \quad = \quad \mathbf{a}_B \quad + \quad \mathbf{a}_{C/B} \qquad \text{(a)}$$

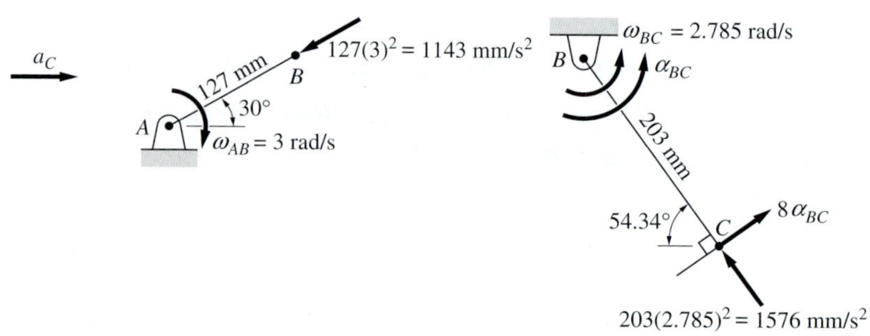

* 예제 16.5(상대속도의 방법) 또는 예제 16.7(순간중심)의 풀이를 참조하라.

식 (a)에는 2개의 미지수가 포함되어 있다: a_C와 α_{BC}이다. 수평 성분과 수직 성분들을 등식화하면 다음과 같은 2개의 스칼라 방정식을 얻는다.

$$\overset{+}{\rightarrow} \quad a_C = -1143\cos 30° + 203\alpha_{BC}\sin 54.34° - 1576\cos 54.34° \tag{b}$$

$$+\uparrow \quad 0 = -1143\sin 30° + 203\alpha_{BC}\cos 54.34° + 1576\sin 54.34° \tag{c}$$

식 (b), 식 (c)를 풀면 다음을 얻는다. $a_C = -2896$ mm/s^2 그리고 $\alpha_{BC} = -5.99$ rad/s^2. 그러므로

$$\mathbf{a}_C = 2896 \text{ mm/s}^2 \leftarrow \qquad \boldsymbol{\alpha}_{BC} = 5.99 \text{ rad/s}^2 \circlearrowright$$ **답**

ω_{BC}가 사전에 결정되지 않은 경우에는 식 (b)와 (c)에서 ω_{BC}가 세 번째 미지수가 되어 식을 풀 수 없다.

풀이 II (벡터 표기법 사용)

그림 (b)에서 상대위치벡터는 식 (d)와 같다.

$$\begin{aligned}\mathbf{r}_{B/A} &= 127\cos 30°\mathbf{i} + 127\sin 30°\mathbf{j} \\ &= 110\mathbf{i} + 63.5\mathbf{j} \text{ mm}\end{aligned} \tag{d}$$

그리고

$$\begin{aligned}\mathbf{r}_{C/B} &= 203\cos 54.34°\mathbf{i} - 203\sin 54.34°\mathbf{j} \\ &= 118.5\mathbf{i} - 165\mathbf{j} \text{ mm}\end{aligned} \tag{e}$$

문제를 푸는 데 필요한 가속도 방정식은 식 (f)이다.

$$\mathbf{a}_C = \mathbf{a}_B + \mathbf{a}_{C/B} \tag{f}$$

$\mathbf{a}_C$의 방향은 수평이므로 다음과 같이 쓸 수 있다.

$$\mathbf{a}_C = a_C\mathbf{i} \tag{g}$$

식 (f)에서 B의 가속도는 B가 A를 중심으로 한 원형 경로를 따라 움직인다는 것으로부터 구할 수 있다. 즉,

$$\mathbf{a}_B = \boldsymbol{\alpha}_{AB} \times \mathbf{r}_{B/A} + \boldsymbol{\omega}_{AB} \times (\boldsymbol{\omega}_{AB} \times \mathbf{r}_{B/A})$$

$\boldsymbol{\alpha}_{AB} = 0$, $\boldsymbol{\omega}_{AB} = -3\mathbf{k}$ rad/s, 그리고 식 (d)로부터 $\mathbf{r}_{B/A}$를 대입하면 식 (h)를 얻는다.

$$\begin{aligned}\mathbf{a}_B &= \mathbf{0} + (-3\mathbf{k}) \times [(-3\mathbf{k}) \times (110\mathbf{i} + 63.5\mathbf{j})] \\ &= (-3\mathbf{k}) \times (-330\mathbf{j} + 190.5\mathbf{i}) \\ &= -990\mathbf{i} - 572\mathbf{j} \text{ mm/s}^2 \end{aligned} \tag{h}$$

식 (16.15)에 따르면 B에 대한 C의 상대가속도는

$$\mathbf{a}_{C/B} = \boldsymbol{\alpha}_{BC} \times \mathbf{r}_{C/B} + \boldsymbol{\omega}_{BC} \times (\boldsymbol{\omega}_{BC} \times \mathbf{r}_{C/B})$$

$\boldsymbol{\alpha}_{BC} = \alpha_{BC}\mathbf{k}$, $\omega_{BC} = 2.785\mathbf{k}$ rad/s, 그리고 식 (e)로부터 $\mathbf{r}_{C/B}$를 대입하면 식 (i)를 얻는다.

$$\begin{aligned}\mathbf{a}_{C/B} &= (\alpha_{BC}\mathbf{k}) \times (118.5\mathbf{i} - 165\mathbf{j}) \\ &\quad + (2.785\mathbf{k}) \times [(2.785\mathbf{k}) \times (118.5\mathbf{i} - 165\mathbf{j})] \\ &= 118.5\alpha_{BC}\mathbf{j} + 165\alpha_{BC}\mathbf{i} \\ &\quad + (2.785\mathbf{k}) \times (330\mathbf{j} + 460\mathbf{i}) \\ &= 118.5\alpha_{BC}\mathbf{j} + 165\alpha_{BC}\mathbf{i} - 919\mathbf{i} + 1280\mathbf{j} \text{ mm/s}^2 \end{aligned} \tag{i}$$

식 (f)에 식 (g), (h)와 (i)를 대입하고 **i**와 **j**의 계수에 대해 각각 등식을 세우면, 다음 2개의 스칼라 방정식을 얻는다.

$$a_C = -990 + 165\alpha_{BC} - 919 \tag{j}$$

$$0 = -572 + 118.5\alpha_{BC} + 1280 \tag{k}$$

식 (j)와 (k)를 연립하여 풀면 다음을 얻는다. $a_C = -2896$ mm/s^2, $\alpha_{BC} = -5.99$ rad/s^2. 그러므로,

$$\mathbf{a}_C = -2896\mathbf{i} \text{ mm/s}^2 \quad \text{그리고} \quad \boldsymbol{\alpha}_{BC} = -5.99\mathbf{k} \text{ rad/s}^2$$ **답**

예제 16.12

링크의 위치가 그림 (a)와 같을 때, 봉 AB가 각속도 $\omega_{AB} = 2.4$ rad/s, 각가속도 $\alpha_{AB} = 1.5$ rad/s^{2}로 모두 반시계방향으로 회전하고 있다. 이 위치에서 봉 BC와 CD의 각가속도를 구하라.

풀이

예비 계산

스칼라 표기법(풀이 I)과 벡터 표기법(풀이 II)을 사용하여 풀 것이다.

그림 (a)에서 링크를 검토해보면 A, B, C, D가 운동학적으로 중요한 점들임을 알 수 있다: A와 D는 고정점이고 B와 C(동일한 강체 봉 BC 위의 점들)의 경로는 각각 A와 D를 중심으로 한 원이다. 그림 (c)는 이 운동학적으로 중요한 점들 사이의 상대위치벡터를 보여준다. BC와 수평 사이의 각은 $\theta = \sin^{-1}(40/95) = 24.90°$가 된다.

각가속도를 구하기 전에 봉 BC와 CD의 각속도를 반드시 알아야 한다. 이 속도들은 상대속도 방법이나 속도에 대한 순간중심을 사용하여 구할 수 있는데, 이 문제에서는 후자가 더욱 편리하다.

그림 (b)에서 $\mathbf{v}_B$와 $\mathbf{v}_C$는 둘 다 수평이므로 봉 BC의 순간중심은 무한대에 위치한다. 그러므로 BC는 이 순간 병진운동을 하고 있다. 즉, $\omega_{BC} = 0$이다.

$\mathbf{v}_B$의 크기는 $v_B = r_{B/A}\,\omega_{AB} = 80(2.4) = 192.0$ mm/s이고, ω_{AB}가 반시계방향이기 때문에 오른쪽으로 향한다. 봉 BC가 병진운동을 하므로 $v_C = v_B = 192.0$ mm/s이며(병진운동을 하는 물체의 모든 점들의 속도는 같다), 또한 오른쪽을 향한다. 그러므로 그림 (b)와 같이 $\omega_{CD} = v_C/r_{C/D} = 192.0/1.6$ rad/s이고 반시계방향이다. 이러한 결과들을 벡터 표기법으로 정리하면 다음과 같다.

$$\boldsymbol{\omega}_{AB} = 2.4\mathbf{k}\ \text{rad/s} \qquad \boldsymbol{\omega}_{BC} = \mathbf{0} \qquad \boldsymbol{\omega}_{CD} = 1.6\mathbf{k}\ \text{rad/s} \tag{a}$$

α_{BC}와 α_{CD}를 모두 반시계방향으로 가정하면 봉의 각가속도들은 다음과 같다.

$$\boldsymbol{\alpha}_{AB} = 1.5\mathbf{k}\ \text{rad/s}^2 \qquad \boldsymbol{\alpha}_{BC} = \alpha_{BC}\mathbf{k}\ \text{rad/s}^2 \qquad \boldsymbol{\alpha}_{CD} = \alpha_{CD}\mathbf{k}\ \text{rad/s}^2 \tag{b}$$

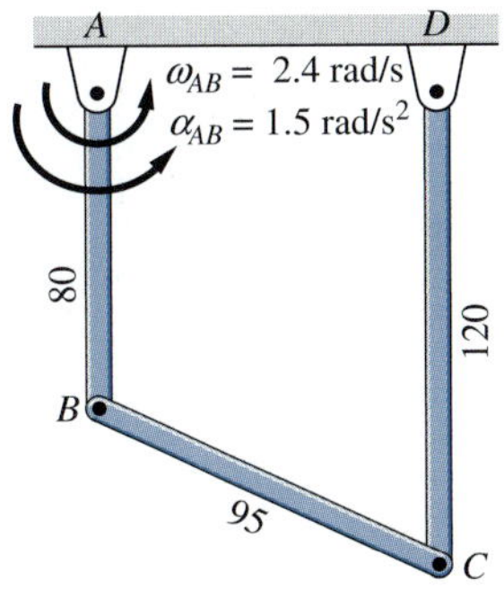

치수는 mm

(a)

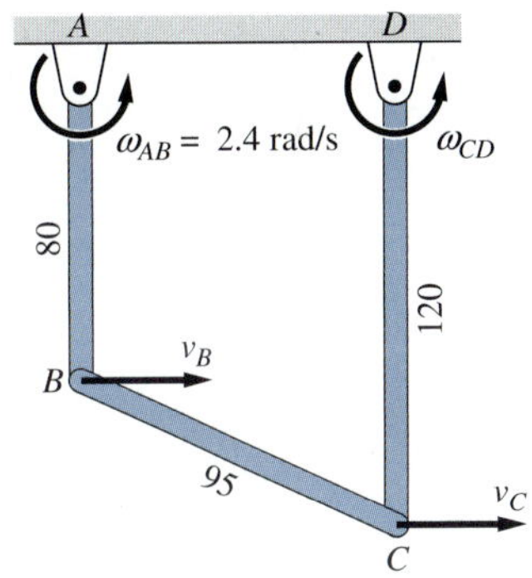

(b)

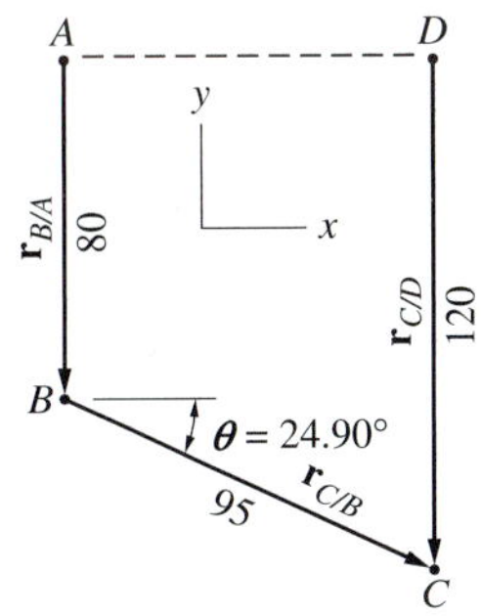

(c)

풀이 I (스칼라 표기법 사용)

점 B의 가속도와 점 C의 가속도의 관계는 $\mathbf{a}_C = \mathbf{a}_B + \mathbf{a}_{C/B}$이다. 상대가속도 $\mathbf{a}_{C/B}$에 대한 식은 그 순간 B가 고정되어 있다고 가정함으로써 얻어진다. 가속도 $\mathbf{a}_B$와 $\mathbf{a}_C$는 봉 AB와 CD가 각각 고정점 A와 D에 대해서 회전한다는 사실로부터 유도된다. 따라서 가속도들 사이의 관계는 다음과 같다.

$$\mathbf{a}_C \quad = \quad \mathbf{a}_B \quad + \quad \mathbf{a}_{C/B} \tag{c}$$

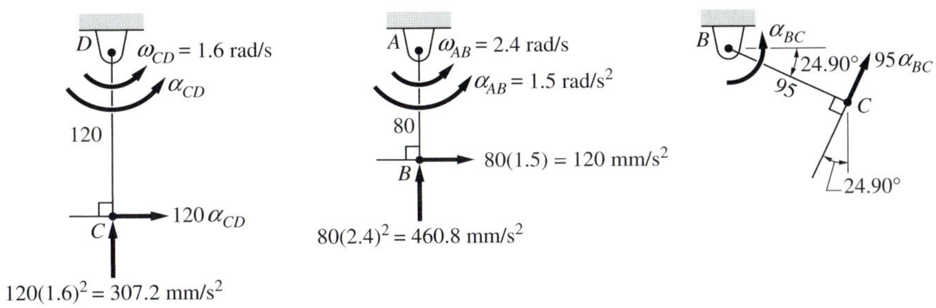

식 (c)에는 2개의 미지수가 포함되어 있다: α_{BC}와 α_{CD}이다. 이것은 식 (c)에서 수평과 수직 성분들을 아래와 같이 등식화하면 알 수 있다.

$$\overset{+}{\rightarrow} \quad 120\alpha_{CD} = 120 + 95\alpha_{BC} \sin 24.90° \tag{d}$$

$$+\!\uparrow \quad 307.2 = 460.8 + 95\alpha_{BC} \cos 24.90° \tag{e}$$

식 (d)와 (e)를 풀면 $\alpha_{BC} = -1.783$ rad/s^2, $\alpha_{CD} = 0.406$ rad/s^{2}의 값을 얻는다. 즉,

$$\boldsymbol{\alpha}_{BC} = 1.783 \text{ rad/s}^2 \circlearrowleft \qquad \boldsymbol{\alpha}_{CD} = 0.406 \text{ rad/s}^2 \circlearrowleft$$ **답**

풀이 II (벡터 표기법 사용)

그림 (c)의 상대위치벡터들은 벡터 형태로 다음과 같이 쓸 수 있다.

$$\left.\begin{aligned} \mathbf{r}_{B/A} &= -80\mathbf{j} \text{ mm} \\ \mathbf{r}_{C/B} &= 95 \cos 24.90°\mathbf{i} - 95 \sin 24.90°\mathbf{j} \\ &= 86.17\mathbf{i} - 40.00\mathbf{j} \text{ mm} \\ \mathbf{r}_{C/D} &= -120\mathbf{j} \text{ mm} \end{aligned}\right\} \tag{f}$$

C와 B의 가속도 사이의 관계는 식 (g)와 같다.

$$\mathbf{a}_C = \mathbf{a}_B + \mathbf{a}_{C/B} \tag{g}$$

C의 경로가 D를 중심으로 한 원이므로 식 (h)로 나타낼 수 있다.

$$\mathbf{a}_C = \boldsymbol{\alpha}_{CD} \times \mathbf{r}_{C/D} + \boldsymbol{\omega}_{CD} \times (\boldsymbol{\omega}_{CD} \times \mathbf{r}_{C/D}) \tag{h}$$

식 (a), (b), (f)에서의 벡터들을 위 식에 대입하면 식 (i)를 얻는다.

$$\begin{aligned} \mathbf{a}_C &= (\alpha_{CD}\mathbf{k}) \times (-120\mathbf{j}) + (1.6\mathbf{k}) \times [(1.6\mathbf{k}) \times (-120\mathbf{j})] \\ &= 120\alpha_{CD}\mathbf{i} + (1.6\mathbf{k}) \times (192.0\mathbf{i}) \\ &= 120\alpha_{CD}\mathbf{i} + 307.2\mathbf{j} \text{ mm/s}^2 \end{aligned} \tag{i}$$

B가 A를 중심으로 하는 원형 경로를 따라 움직이므로 식 (j)를 얻는다.

$$\begin{aligned} \mathbf{a}_B &= \boldsymbol{\alpha}_{AB} \times \mathbf{r}_{B/A} + \boldsymbol{\omega}_{AB} \times (\boldsymbol{\omega}_{AB} \times \mathbf{r}_{B/A}) \\ &= (1.5\mathbf{k}) \times (-80\mathbf{j}) + (2.4\mathbf{k}) \times [(2.4\mathbf{k}) \times (-80\mathbf{j})] \\ &= 120\mathbf{i} + (2.4\mathbf{k}) \times (192.0\mathbf{i}) \\ &= 120\mathbf{i} + 460.8\mathbf{j} \text{ mm/s}^2 \end{aligned} \tag{j}$$

식 (16.13)으로부터 식 (k)를 얻는다.

$$\begin{aligned}\mathbf{a}_{C/B} &= \boldsymbol{\alpha}_{BC} \times \mathbf{r}_{C/B} + \boldsymbol{\omega}_{BC} \times (\boldsymbol{\omega}_{BC} \times \mathbf{r}_{C/B}) \\ &= (\alpha_{BC}\mathbf{k}) \times (86.17\mathbf{i} - 40.00\mathbf{j}) + \mathbf{0} \\ &= 86.17\alpha_{BC}\mathbf{j} + 40.00\alpha_{BC}\mathbf{i} \text{ mm/s}^2 \end{aligned} \tag{k}$$

식 (i)~(k)를 식 (g)로 대입하고 **i**와 **j**의 계수들을 등식화하면 다음과 같은 2개의 스칼라 방정식을 얻을 수 있다.

$$120\alpha_{CD} = 120 + 40.00\alpha_{BC} \tag{l}$$

$$307.2 = 460.8 + 86.17\alpha_{BC} \tag{m}$$

식 (l)과 (m)을 풀면 $\alpha_{BC} = -1.783$ rad/s^2, $\alpha_{CD} = 0.406$ rad/s^{2}이다. 벡터 형식으로 쓰면,

$$\boldsymbol{\alpha}_{BC} = -1.783\mathbf{k} \text{ rad/s}^2 \quad \text{그리고} \quad \boldsymbol{\alpha}_{CD} = 0.406\mathbf{k} \text{ rad/s}^2$$ 답

연습문제

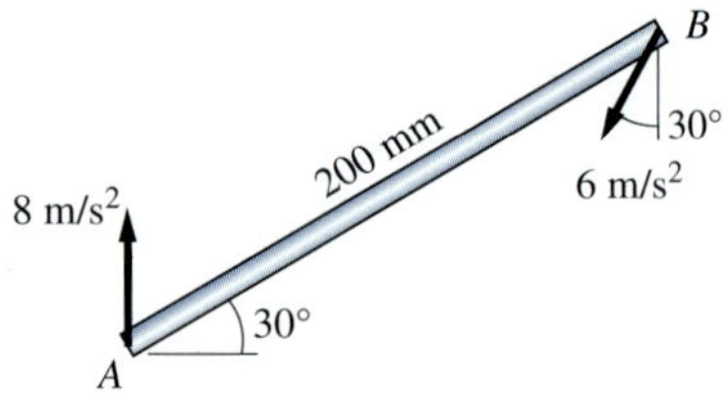

그림 P16.61

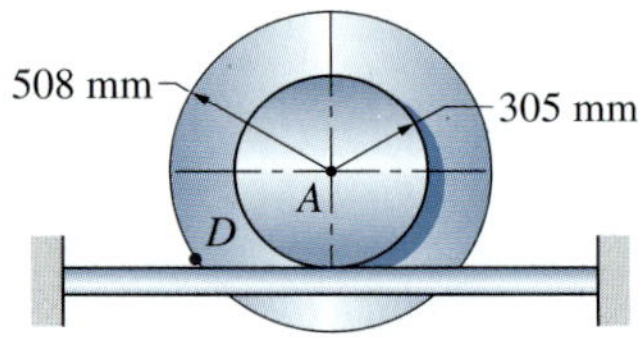

그림 P16.62

16.61 주어진 순간에, 봉 AB의 끝 점들의 가속도는 그림과 같다. 이 순간에서의 봉의 각속도와 각가속도를 결정하라.

16.62 바퀴가 반경 305 mm의 허브(hub)를 통해 미끄러지지 않고 구른다. 바퀴의 각속도는 3 rad/s이다. 바퀴의 가속도가 (a) 시계방향 6.75 rad/s^2, (b) 반시계방향 6.75 rad/s^{2}인 경우에 바퀴의 가장자리 점 D의 속도를 구하라.

16.63 줄이 스풀(spool)의 허브에 감겨 있다. 줄의 끝을 잡아당기면 스풀이 미끄러지지 않고 구른다. 특정한 순간에 스풀의 각속도와 각가속도는 그림과 같이 된다. 이 순간에 대해 (a) 스풀에서 점 D의 가속도, (b) 점 B의 가속도, (c) 줄 끝의 가속도 a_0를 구하라.

16.64 줄이 스풀의 허브에 감겨 있다. 줄의 끝을 잡아당기면 스풀이 미끄러지지 않고 구른다. 특정한 순간에 스풀의 각속도와 각가속도는 그림과 같다. 이 순간, 스풀의 각속도와 각가속도는 그림과 같고 줄 끝의 속도와 가속도는 각각 v_0 = 203 mm/s, a_0 = 406 mm/s^{2}이다. 이 순간 스풀 위의 점 D, A 및 B의 가속도를 구하라.

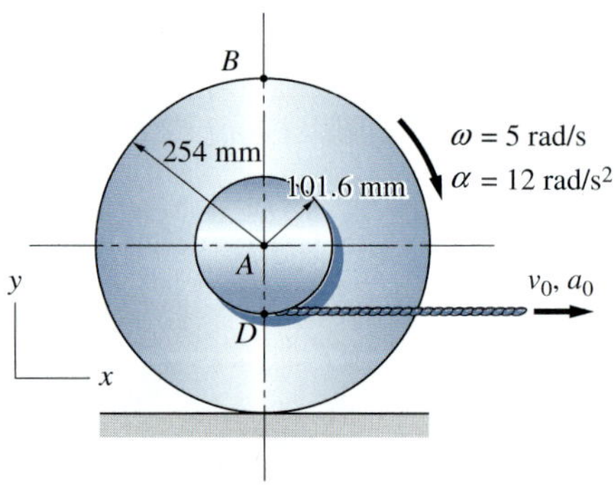

그림 P16.63, P16.64

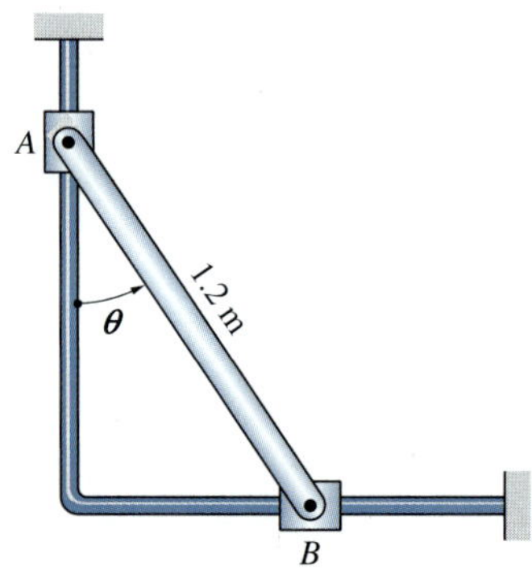

그림 P16.65

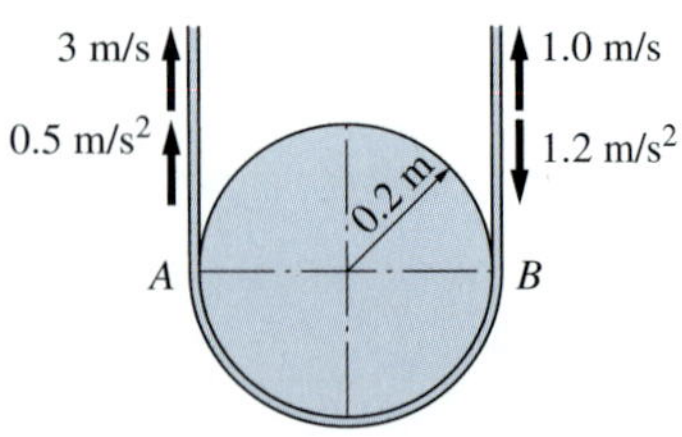

그림 P16.66

16.65 θ = 30°일 때 봉의 각속도는 반시계방향으로 2 rad/s이고, 슬라이더 B의 가속도가 8 m/s^{2}이며 오른쪽으로 향한다. 이 순간에서 슬라이더 A의 가속도를 계산하라.

16.66 디스크가 벨트에 의해 지지되어 있다. 벨트의 속도와 가속도는 그림에 나타낸 것과 같다. 벨트와 디스크의 마찰을 무시할 때 디스크의 각속도와 각가속도를 구하라.

16.67 크랭크 AB는 시계방향으로 15 rad/s의 각속도로 계속해서 회전하고 있다. θ = 90°일 때, 피스톤 C의 가속도를 결정하라.

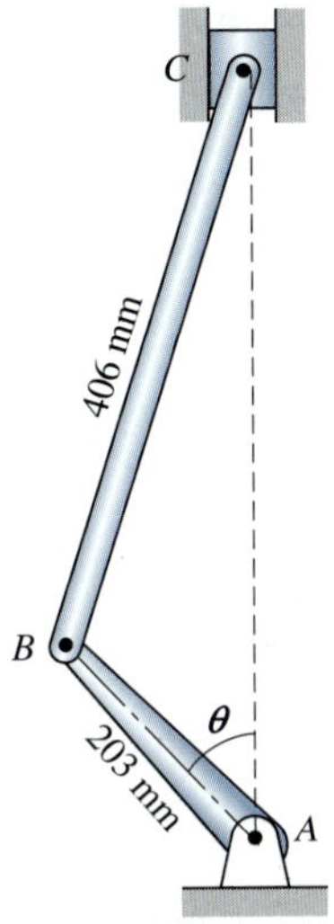

그림 P16.67

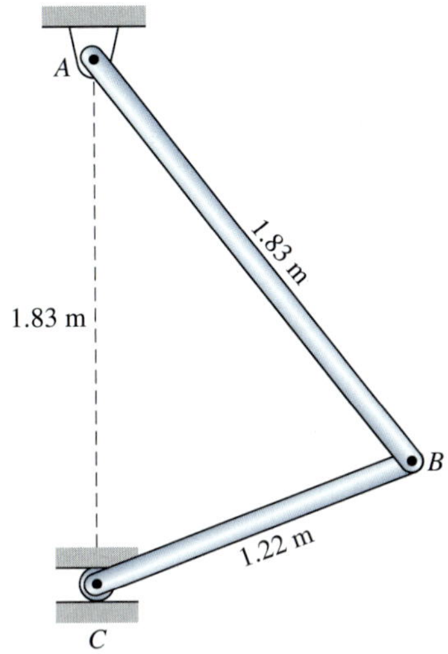

그림 P16.68

16.68 도시된 위치에서 봉 AB의 각속도와 각가속도는 $\omega_{AB} = 3$ rad/s CW, $\alpha_{AB} = 12$ rad/s^2 CCW이다. 이 위치에서 롤러 C의 가속도를 계산하라.

16.69 도시된 위치에서 봉 AB는 반시계방향으로 각속도 ω, 각가속도 α로 회전하고 있다. 이 위치에서 롤러 C의 가속도와 봉 BC의 각가속도를 결정하라.

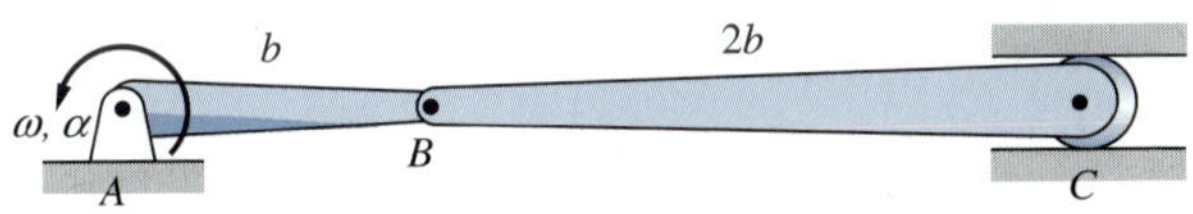

그림 P16.69

16.70 기구의 봉 AB는 오른쪽으로 4 m/s로 등속으로 미끄러지고 있다. 도시된 위치에서 롤러 C의 가속도를 결정하라.

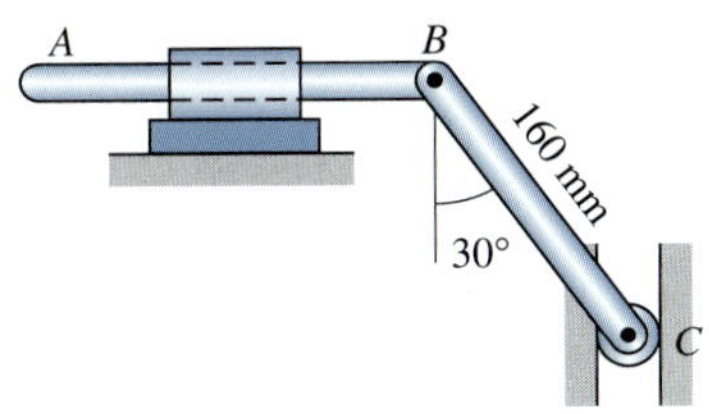

그림 P16.70

16.71 기구가 도시된 위치에 있을 때, 미끄럼 칼라의 속도는 $v_A = 2$ m/s이고 1.2 m/s^{2}의 비율로 증가하고 있다. 이 위치에서 봉 AB와 BC의 각가속도를 계산하라.

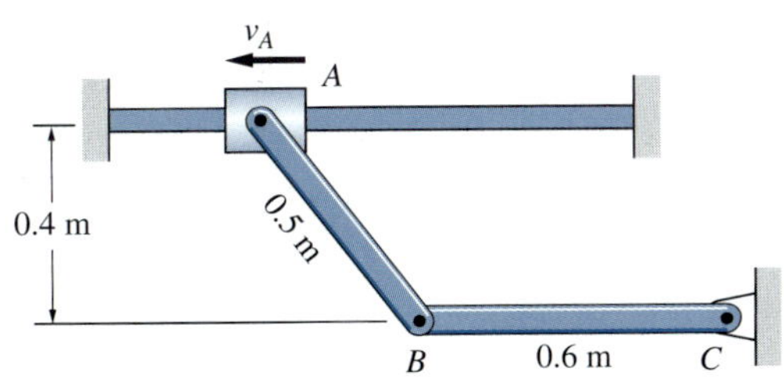

그림 P16.71

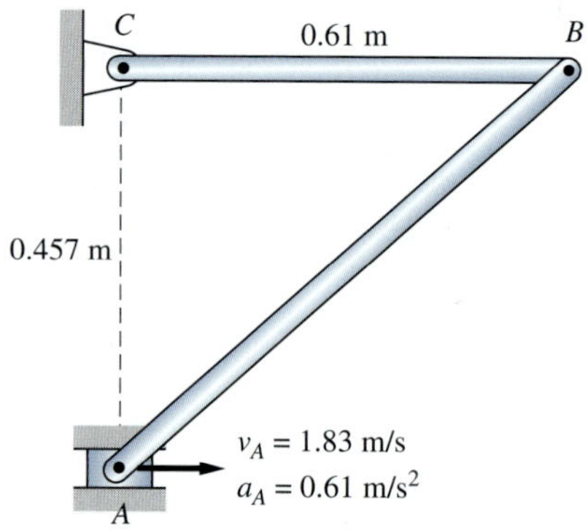

그림 P16.72

16.72 도시된 위치에서, 슬라이더 A가 오른쪽으로 1.83 m/s의 속도와 0.61 m/s^{2}의 가속도로 움직인다. 이 위치에서 봉 AB와 BC의 각가속도를 구하라.

16.73 봉 AB가 10 rad/s의 일정한 각속도로 시계방향으로 회전하고 있다. 도시된 위치에서 봉 BD와 DE의 각가속도를 결정하라.

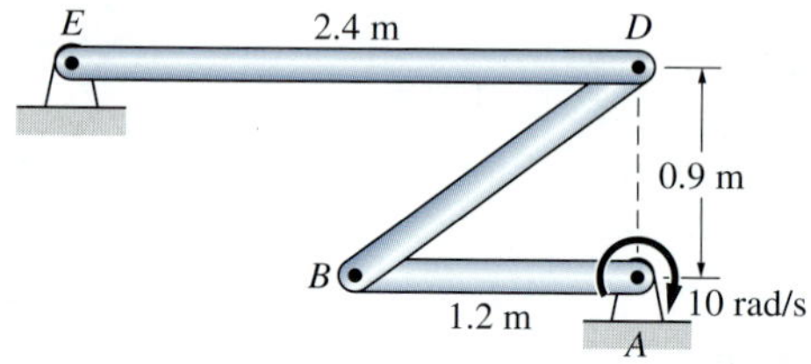

그림 P16.73

16.74 바퀴는 시계방향으로 일정한 각가속도 0.8 rad/s로 미끄러짐 없이 구르고, 봉 AB의 끝 B는 지상에서 미끄러진다. 도시된 위치에서 B의 가속도를 계산하라.

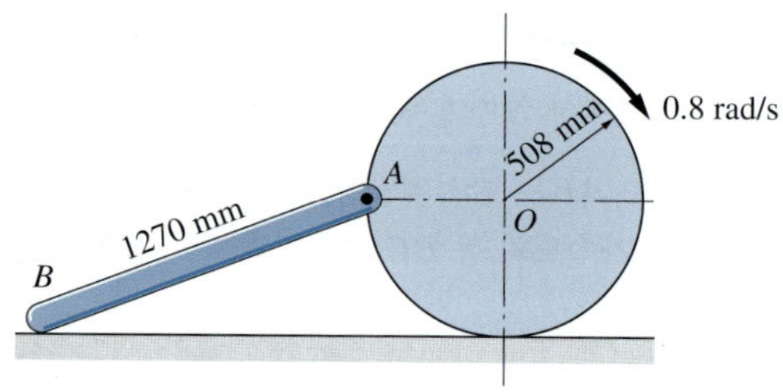

그림 P16.74

16.75 기구의 봉 CD는 반시계방향으로 일정한 각속도 8 rad/s로 회전한다. 도시된 위치에서 봉 AB와 BC의 각가속도를 결정하라.

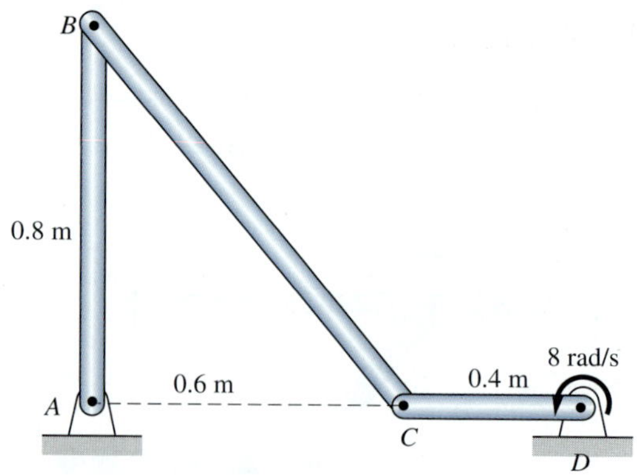

그림 P16.75

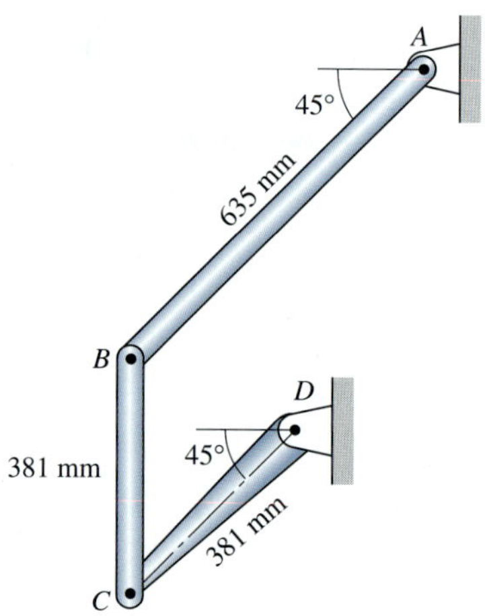

그림 P16.76

16.76 도시된 위치에서 봉 CD의 각속도와 각가속도는 각각 반시계방향으로 6 rad/s, 20 rad/s^{2}이다. 이 위치에서 봉 AB와 BC의 각가속도를 계산하라.

16.77 기구의 봉 AB는 반시계방향으로 일정한 각속도 3 rad/s로 회전한다. 도시된 위치에서 봉 BD와 DE의 각가속도를 결정하라.

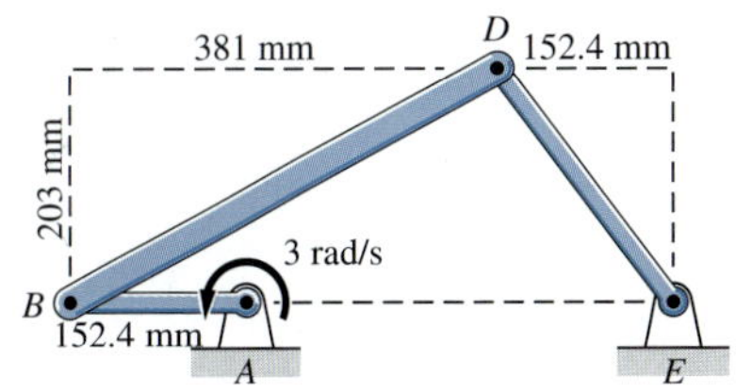

그림 P16.77

16.78 바퀴가 수평면에서 미끄러짐 없이 구른다. 도시된 위치에서 바퀴의 각속도는 반시계방향으로 4 rad/s이고 각가속도는 시계방향으로 5 rad/s^{2}이다. 이 위치에서 슬라이더 B의 가속도와 봉 AB의 각가속도를 구하라.

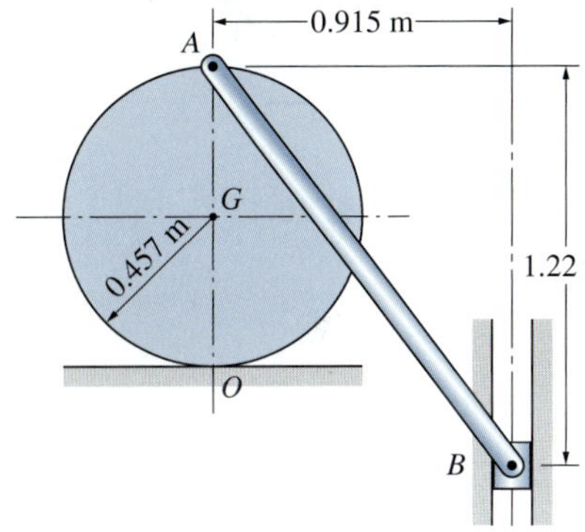

그림 P16.78

16.79 디스크는 반시계방향으로 일정한 각속도 2 rad/s로 회전하고 있다. 도시된 위치에서 봉 AB와 BD의 각가속도를 구하라.

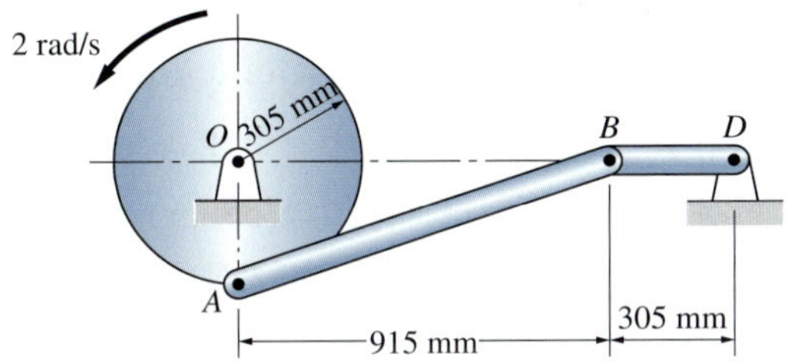

그림 P16.79

16.80 마찰차 A와 B를 연결하고 있는 암(arm)이 반시계방향으로 각속도 $\omega = 5$ rad/s, 각가속도 $\alpha = 12.5$ rad/s^{2}로 회전하고 있다. A는 움직이지 않고 미끄러짐이 없다고 가정할 때 A와 접촉하는 B의 가장자리 점의 가속도의 크기를 결정하라.

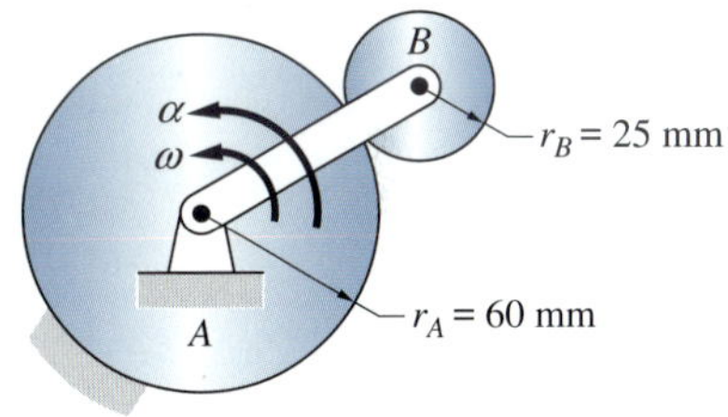

그림 P16.80

16.81 도시된 위치에서 기어의 각속도는 시계방향으로 2 rad/s이고, 각가속도는 반시계방향으로 4 rad/s^{2}이다. 이 위치에서의 봉 AB와 BD의 각가속도를 결정하라.

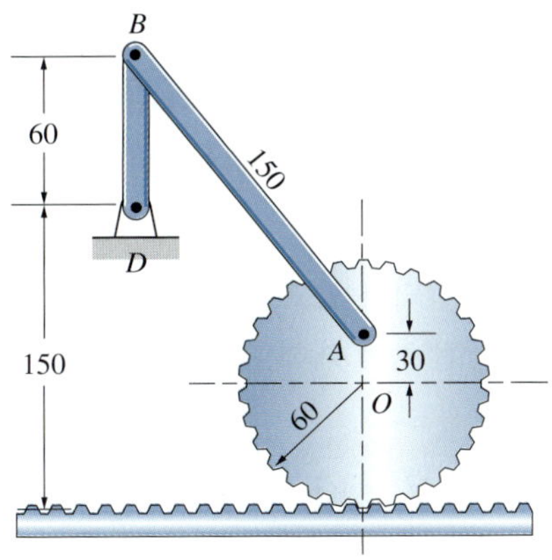

치수는 mm

그림 P16.81

16.82 기구의 봉 AB가 시계방향으로 일정한 각속도 1.2 rad/s로 회전한다. 이 위치에서, (a) 다른 2개의 봉의 각속도가 각각 반시계방향으로 ω_{BD} = 1.358 rad/s와 시계방향으로 ω_{DE} = 1.131 rad/s가 됨을 증명하고, (b) 점 D의 가속도벡터를 결정하라.

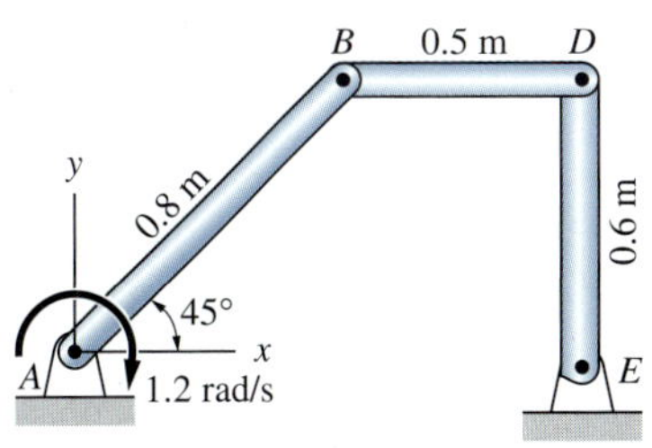

그림 P16.82

16.8 벡터의 절대 및 상대 도함수

16.8a 개요

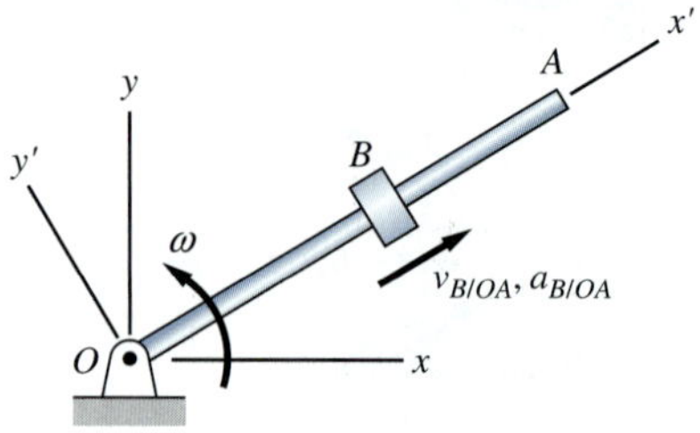

그림 16.13

지금까지는 강체의 운동학적 분석에 동일한 물체 내 점들 간 상대 운동에 대한 공식들을 사용했다. 사용된 좌표계는 병진은 허용되었지만 회전은 허용되지 않았다. 하지만, 미끄럼 접촉과 관련된 어떤 유형의 문제들에서는, 관심의 대상이 되는 점이 물체 내에 있지는 않지만 그 물체에 대한 상대적 경로는 알려져 있는 경우가 있다. 이러한 유형의 문제들은 물체 내에 고정된 기준좌표계에 대하여 그 점의 운동을 기술하는 것이 편리하다. 이러한 좌표계는 병진뿐 아니라 회전도 가능하다.

회전 좌표계의 유용성은 다음의 예에서 살펴볼 수 있다. 그림 16.13과 같이 회전하는 봉 OA와 봉을 따라 미끄러지는 칼라(collar) B의 운동을 고려해보자. 2개의 좌표계를 도입한다: 하나는 고정된 xy축(기본벡터 $\mathbf{i}$와 $\mathbf{j}$)이고 다른 하나는 봉에 고정된 채로 회전하는 $x'y'$축(기본벡터 $\mathbf{i}'$와 $\mathbf{j}'$)이다. B의 절대경로(xy축을 기준으로 측정한)는 일반적으로 복잡할 것이다. 하지만, B의 상대경로—즉 $x'y'$ 좌표계상에서의 경로—는 알려져 있다: 이 경로는 x'축을 따라 직선이다. $v_{B/OA}$와 $a_{B/OA}$를 각각 봉에 대한 칼라 B의 속력과 가속도의 크기라고 할 때, 상대속도와 상대가속도벡터들은 단순히 $\mathbf{v}_{B/OA} = v_{B/OA}\mathbf{i}'$와 $\mathbf{a}_{B/OA} = a_{B/OA}\mathbf{i}'$가 된다.

이 예는 경우에 따라 회전좌표계를 사용하면 운동이 매우 간단히 기술될 수 있음을 보여준다. 16.9절에서는 회전하는 좌표계상에서의 상대적인 운동을 알고 있는 점의 절대 운동을 결정하는 방법을 보여준다. 이 절에서는 이러한 계산에 필요한 공식들을 도출한다.

12.18b 벡터의 절대 및 상대 시간 도함수

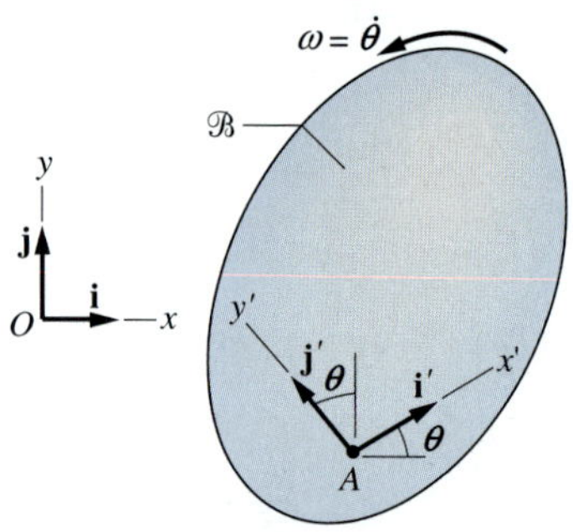

그림 16.14

xy 평면에서 움직이는 그림 16.14의 강체 ℬ를 고려하자. 그림에 2개의 기준좌표계가 나타나 있다.

› 기준좌표계 xyz는 고정되어 있고 각 축에 대한 단위벡터는 $\mathbf{i}$, $\mathbf{j}$와 $\mathbf{k}$로 표시된다. 벡터 $\mathbf{V}$는 고정된 축에 대해 다음과 같이 표현할 수 있다.

$$\mathbf{V} = V_x\mathbf{i} + V_y\mathbf{j} + V_z\mathbf{k} \tag{16.16}$$

절대 도함수(absolute derivative)로 알려진 이 벡터의 시간 도함수는 식 (16.17)과 같다.

$$\dot{\mathbf{V}} = \frac{d\mathbf{V}}{dt} = \dot{V}_x\mathbf{i} + \dot{V}_y\mathbf{j} + \dot{V}_z\mathbf{k} \tag{16.17}$$

› $x'y'z'$축은 물체 내부에 고정되며, 단위벡터는 $\mathbf{i}'$, $\mathbf{j}'$와 $\mathbf{k}' = \mathbf{k}$가 된다. 물체에 고정된 좌표계에 대한 벡터 $\mathbf{V}$는 식 (16.18)과 같이 표현된다.

$$\mathbf{V} = V_{x'}\mathbf{i}' + V_{y'}\mathbf{j}' + V_{z'}\mathbf{k}' \tag{16.18}$$

$\mathbf{V}$의 상대 도함수(relative derivative)(강체 $\mathcal{B}$에 대하여)는 식 (16.19)와 같이 정의된다.

$$\left(\frac{d\mathbf{V}}{dt}\right)_{/\mathcal{B}} = \dot{V}_{x'}\mathbf{i}' + \dot{V}_{y'}\mathbf{j}' + \dot{V}_{z'}\mathbf{k}' \tag{16.19}$$

식 (16.19)는 $x'y'z'$ 기준좌표계에 대한 $\mathbf{V}$의 변화율을 나타낸다; 즉, 강체 $\mathcal{B}$에 고정된 관찰자가 본 $\mathbf{V}$의 변화율이다. 식 (16.18)에 나타나 있는 벡터의 절대 도함수는 식 (16.20)과 같이 나타낼 수 있다.

$$\begin{aligned}\frac{d\mathbf{V}}{dt} &= \dot{V}_{x'}\mathbf{i}' + \dot{V}_{y'}\mathbf{j}' + \dot{V}_{z'}\mathbf{k}' + V_{x'}\frac{d\mathbf{i}'}{dt} + V_{y'}\frac{d\mathbf{j}'}{dt} + V_{z'}\frac{d\mathbf{k}'}{dt} \\ &= \left(\frac{d\mathbf{V}}{dt}\right)_{/\mathcal{B}} + V_{x'}\frac{d\mathbf{i}'}{dt} + V_{y'}\frac{d\mathbf{j}'}{dt} + V_{z'}\frac{d\mathbf{k}'}{dt}\end{aligned} \tag{16.20}$$

$x'y'z'$축은 물체와 함께 회전하기 때문에, 기본벡터 $\mathbf{i}'$와 $\mathbf{j}'$의 시간 도함수는 일반적으로 0이 아니다($\mathcal{B}$의 병진운동은 도함수에 영향을 미치지 않는다). 그러나 평면운동의 경우에는 $d\mathbf{k}'/dt = \mathbf{0}$이다.

16.18c 물체에 고정된 단위벡터의 도함수

이제 $\mathbf{i}'$와 $\mathbf{j}'$의 절대 도함수에 대한 표현을 유도한다. 그림 (16.14)를 참고하면 다음과 같이 쓸 수 있다.

$$\mathbf{i}' = \cos\theta\,\mathbf{i} + \sin\theta\,\mathbf{j} \qquad \mathbf{j}' = -\sin\theta\,\mathbf{i} + \cos\theta\,\mathbf{j}$$

그러므로 물체에 고정된 단위벡터에 대한 절대 도함수는 식 (16.21)과 같다.

$$\frac{d\mathbf{i}'}{dt} = (-\sin\theta\mathbf{i} + \cos\theta\,\mathbf{j})\dot{\theta} = \omega\mathbf{j}' \quad \frac{d\mathbf{j}'}{dt} = (-\cos\theta\,\mathbf{i} - \sin\theta\,\mathbf{j})\dot{\theta} = -\omega\mathbf{i}' \tag{16.21}$$

여기서 $\omega = \dot{\theta}$는 $\mathcal{B}$의 각속도이다. 각속도벡터 $\boldsymbol{\omega} = \omega\mathbf{k}$를 도입하면 절대 도함수는 또한 식 (6.22)와 같이 쓸 수 있다.

$$\frac{d\mathbf{i}'}{dt} = \boldsymbol{\omega} \times \mathbf{i}' \qquad \frac{d\mathbf{j}'}{dt} = \boldsymbol{\omega} \times \mathbf{j}' \qquad \frac{d\mathbf{k}'}{dt} = \mathbf{0} \tag{16.22}$$

16.18d 절대 도함수와 상대 도함수 사이의 관계

식 (16.22)를 식 (16.20)에 대입하면 식 (16.23)을 얻는다.

$$\frac{d\mathbf{V}}{dt} = \left(\frac{d\mathbf{V}}{dt}\right)_{/\mathcal{B}} + V_{x'}(\boldsymbol{\omega} \times \mathbf{i}') + V_{y'}(\boldsymbol{\omega} \times \mathbf{j}') \tag{16.23}$$

위 식이 다음 식 (16.24)와 같다는 것은 즉시 확인할 수 있다.

$$\frac{d\mathbf{V}}{dt} = \left(\frac{d\mathbf{V}}{dt}\right)_{/\mathcal{B}} + \boldsymbol{\omega} \times \mathbf{V} \tag{16.24}$$

식 (16.24)는 상대 도함수를 알 때 벡터의 절대 도함수를 계산하는 데 편리하다.

V의 2차 절대 도함수에 대한 표현은 식 (16.24)를 미분함으로써 얻을 수 있다:

$$\begin{aligned}\frac{d^2\mathbf{V}}{dt^2} &= \frac{d}{dt}\left(\frac{d\mathbf{V}}{dt}\right) = \frac{d}{dt}\left[\left(\frac{d\mathbf{V}}{dt}\right)_{/\mathcal{B}} + \boldsymbol{\omega} \times \mathbf{V}\right] \\ &= \left(\frac{d^2\mathbf{V}}{dt^2}\right)_{/\mathcal{B}} + \boldsymbol{\omega} \times \left(\frac{d\mathbf{V}}{dt}\right)_{/\mathcal{B}} + \dot{\boldsymbol{\omega}} \times \mathbf{V} + \boldsymbol{\omega} \times \left[\left(\frac{d\mathbf{V}}{dt}\right)_{/\mathcal{B}} + \boldsymbol{\omega} \times \mathbf{V}\right]\end{aligned}$$

위 식을 간단히 하면 식 (16.25)를 얻게 된다.

$$\frac{d^2\mathbf{V}}{dt^2} = \left(\frac{d^2\mathbf{V}}{dt^2}\right)_{/\mathcal{B}} + \dot{\boldsymbol{\omega}} \times \mathbf{V} + \boldsymbol{\omega} \times (\boldsymbol{\omega} \times \mathbf{V}) + 2\boldsymbol{\omega} \times \left(\frac{d\mathbf{V}}{dt}\right)_{/\mathcal{B}} \tag{16.25}$$

16.18e 특별한 경우: 회전 좌표계에 고정된 벡터

만일 벡터 **V**가 물체에 고정된다면 이 벡터들의 성분 $V_{x'}$, $V_{y'}$, $V_{z'}$는 일정하게 유지된다. 그래서 $(d\mathbf{V}/dt)_{/\mathcal{B}} = \mathbf{0}$이다. 결과적으로, 식 (16.24)와 식 (16.25)는 식 (16.26)과 식 (16.27)이 된다.

$$\frac{d\mathbf{V}}{dt} = \boldsymbol{\omega} \times \mathbf{V} \tag{16.26}$$

$$\frac{d^2\mathbf{V}}{dt^2} = \boldsymbol{\omega} \times \mathbf{V} + \boldsymbol{\omega} \times (\boldsymbol{\omega} \times \mathbf{V}) \tag{16.27}$$

16.18f 일반적인 운동에 대한 주의사항

지금까지는 운동이 평면운동이라고 가정했다. 만약 평면운동이 아니라면 식 (16.28)과 같이 됨을 알 수 있다.*

$$\frac{d\mathbf{i}'}{dt} = \boldsymbol{\omega} \times \mathbf{i}' \quad \frac{d\mathbf{j}'}{dt} = \boldsymbol{\omega} \times \mathbf{j}' \quad \frac{d\mathbf{k}'}{dt} = \boldsymbol{\omega} \times \mathbf{k}' \tag{16.28}$$

위에서 처음 2개의 방정식은 식 (16.22)의 식들과 동일함을 알 수 있다. 결과적으로 식 (16.20)에서 **V**의 절대 도함수는 다음과 같이 된다.

$$\frac{d\mathbf{V}}{dt} = \left(\frac{d\mathbf{V}}{dt}\right)_{/\mathcal{B}} + V_{x'}(\boldsymbol{\omega} \times \mathbf{i}') + V_{y'}(\boldsymbol{\omega} \times \mathbf{j}') + V_{z'}(\boldsymbol{\omega} \times \mathbf{k}')$$

위 식은 식 (16.24)와 완전히 동일한 형태로 다음과 같이 쓸 수 있다:

$$\frac{d\mathbf{V}}{dt} = \left(\frac{d\mathbf{V}}{dt}\right)_{/\mathcal{B}} + \boldsymbol{\omega} \times \mathbf{V}$$

그러므로 식 (16.24)~(16.27)은 평면운동에 국한되지 않는다는 결론을 얻을 수 있다.

16.9 회전 기준좌표계에 대한 상대운동

이전 절에서 유도한 임의의 벡터 **V**의 절대 도함수와 상대 도함수를 연계시키는 공식들을 이 절에서는 한 점의 속도와 가속도벡터들에 적용한다. 그림 16.15에서 보이듯이 $\mathcal{B}$는 xyz 좌표계가 고정되어 있을 때 xy 평면에서 평면운동을 하고 있는 강체로 간주한다. $x'y'z'$ 좌표축은 물체 내에 고정되어 있고 따라서 물체의 각속도 $\omega = \omega\mathbf{k}$로 회전한다. 앞으로 다룰 논의에 다음 세 가지 관점이 포함된다:

- A는 고정된 $x'y'z'$ 좌표계의 원점이다.
- P는 $\mathcal{B}$에 대하여 독립적으로 움직이는 점이거나 질점이다.
- P'(보이지 않음)는 $\mathcal{B}$에 고정된 점으로 이 순간 P와 일치한다.

* *Principles of Dynamics*, 2e, Donald T Greenwood, Prentice Hall, 1988, p. 33 참조.

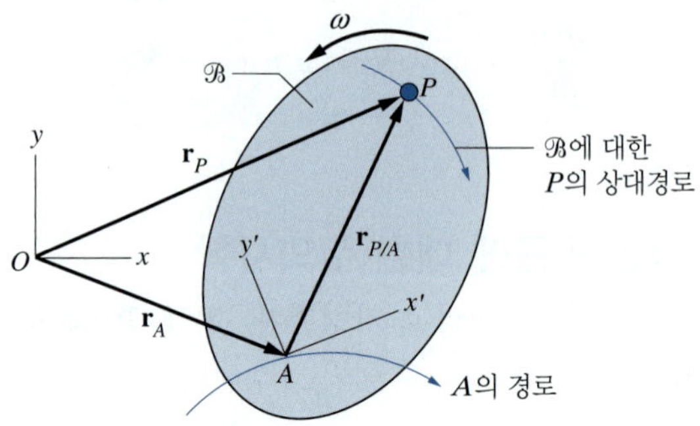

그림 16.15

그림 16.15로부터 $\mathbf{r}_P = \mathbf{r}_A + \mathbf{r}_{P/A}$이고, 이 식을 시간에 대하여 미분하면 식 (16.29)와 같이 된다.

$$\mathbf{v}_P = \mathbf{v}_A + \mathbf{v}_{P/A} \tag{16.29}$$

여기서

$$\mathbf{v}_{P/A} = \frac{d\mathbf{r}_{P/A}}{dt} \tag{16.30}$$

식 (16.30)에서 속도는 고정된 xyz 좌표계에 대하여 상대적으로 측정된다. 그러나 많은 경우에 움직이는 물체 $\mathcal{B}$에 대하여 상대적으로 P의 속도를 표현하는 것이 더 쉽다. 이러한 두 속도 간의 관계는 이전 절의 식 (16.24)에서 $\mathbf{V}$를 $\mathbf{r}_{P/A}$로 대체함으로써 찾을 수 있고 식 (16.31)과 같이 된다.

$$\frac{d\mathbf{r}_{P/A}}{dt} = \left(\frac{d\mathbf{r}_{P/A}}{dt}\right)_{/\mathcal{B}} + \boldsymbol{\omega} \times \mathbf{r}_{P/A} \tag{16.31}$$

위에서 아래첨자 "$/\mathcal{B}$"은 물체 $\mathcal{B}$에 대하여 상대적으로 측정된 물리량을 나타낸다.

$$\mathbf{v}_{P/\mathcal{B}} = \left(\frac{d\mathbf{r}_{P/A}}{dt}\right)_{/\mathcal{B}} \tag{16.32}$$

$\mathcal{B}$에 대한 P의 상대속도에 대한 표기법으로서 식 (16.32)를 도입한다. 식 (16.31)을 식 (16.29)에 대입하면 식 (16.33)을 얻는다.

$$\mathbf{v}_P = \mathbf{v}_A + \boldsymbol{\omega} \times \mathbf{r}_{P/A} + \mathbf{v}_{P/\mathcal{B}} \tag{16.33}$$

P'와 A는 물체 $\mathcal{B}$에 고정되므로 A에 대한 P'의 상대속도는 식 (16.34)와 같이 된다.

$$\mathbf{v}_{P'/A} = \boldsymbol{\omega} \times \mathbf{r}_{P/A} \tag{16.34}$$

그러므로 식 (16.33)은 다음과 같이 식 (16.35)의 형식으로 쓸 수 있다.

$$\mathbf{v}_P = \mathbf{v}_A + \mathbf{v}_{P'/A} + \mathbf{v}_{P/\mathcal{B}} \tag{16.35}$$

$\mathbf{v}_P$	$\mathbf{v}_A$	$\mathbf{v}_{P'/A}$	$\mathbf{v}_{P/\mathcal{B}}$
P의 속도	물체 $\mathcal{B}$에 고정된 $x'y'z'$축의 원점의 속도	A에 대한 P'의 상대속도 (P'은 물체 $\mathcal{B}$에 고정되어 있고 이 순간에 P와 일치함)	물체 $\mathcal{B}$에 대한 P의 상대속도

그림 16.16은 식 (16.35)에서 나타나는 항들을 보여준다(각속도 ω는 반시계 방향으로 가정된다). 운동이 물체의 병진운동과 회전운동에 물체에 대한 P의 상대속도를 더한 것으로 표현됨을 주목하라. 속도 $\mathbf{v}_P$는 P의 절대경로에 접한다. 반면에 $\mathbf{v}_{P/\mathcal{B}}$은 상대경로에 접한다. 그림 16.16에서 보이는 회전에 관한 항은 벡터의 외적 $\boldsymbol{\omega} \times \mathbf{r}_{P/A}$으로 나타나 있지만, 이것은 그림 16.8(d)에서와 같이 스칼라 표기법으로 나타낼 수도 있다.

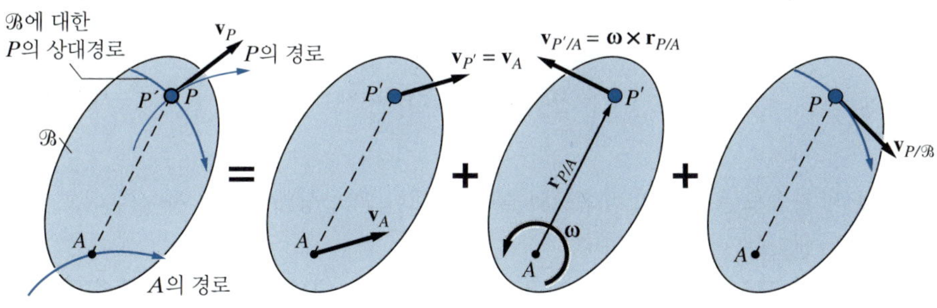

그림 16.16

P의 가속도는 식 (16.29)를 미분함으로써 얻을 수 있다.

$$\mathbf{a}_P = \mathbf{a}_A + \mathbf{a}_{P/A} \tag{16.36}$$

여기서 상대가속도는 식 (16.37)과 같이 된다.

$$\mathbf{a}_{P/A} = \frac{d\mathbf{v}_{P/A}}{dt} = \frac{d^2\mathbf{r}_{P/A}}{dt^2} \tag{16.37}$$

식 (16.25)에서 $\mathbf{V}$에 $\mathbf{r}_{P/A}$을 대입하면 식 (16.37)은 식 (16.38)과 같이 쓸 수 있다.

$$\mathbf{a}_{P/A} = \left(\frac{d^2\mathbf{r}_{P/A}}{dt^2}\right)_{/\mathscr{B}} + \dot{\boldsymbol{\omega}} \times \mathbf{r}_{P/A} + \boldsymbol{\omega} \times (\boldsymbol{\omega} \times \mathbf{r}_{P/A}) + 2\boldsymbol{\omega} \times \mathbf{v}_{P/\mathscr{B}} \tag{16.38}$$

식 (16.38)의 첫 번째 항은 물체 $\mathscr{B}$에 대한 P의 상대가속도이다:

$$\mathbf{a}_{P/\mathscr{B}} = \left(\frac{d^2\mathbf{r}_{P/A}}{dt^2}\right)_{/\mathscr{B}} \tag{16.39}$$

식 (16.38)의 다음 두 항은 A에 대한 P'의 상대가속도이다. 즉, 식 (16.40)과 같이 쓸 수 있다.

$$\mathbf{a}_{P'/A} = \dot{\boldsymbol{\omega}} \times \mathrm{r}_{P/A} + \boldsymbol{\omega} \times (\boldsymbol{\omega} \times \mathbf{r}_{P/A}) \tag{16.40}$$

식 (16.38)의 마지막 항은 **코리올리 가속도**(Coriolis acceleration)(프랑스 수학자 G. G. Coriolis의 이름을 따서 명명)라고 하며 식 (16.41)로 나타낸다.

$$\mathbf{a}_C = 2\boldsymbol{\omega} \times \mathbf{v}_{P/\mathscr{B}} \tag{16.41}$$

코리올리 가속도는 물체의 각속도와 물체에 대한 P의 상대속도와 사이의 상호 작용을 나타낸다는 점에 유의하라.

식 (16.38)에서 식 (16.41)을 식 (16.36)에 대입하면 P의 가속도는 식 (16.42)가 된다.

$$\mathbf{a}_P = \mathbf{a}_A + \left[\dot{\boldsymbol{\omega}} \times \mathbf{r}_{P/A} + \boldsymbol{\omega} \times (\boldsymbol{\omega} \times \mathbf{r}_{P/A})\right] + \mathbf{a}_{P/\mathscr{B}} + 2\boldsymbol{\omega} \times \mathbf{v}_{P/\mathscr{B}} \tag{16.42}$$

이 방정식에 대해 물리적으로 좀 더 의미 있는 형태는 식 (16.43)이다.

$\mathbf{a}_P$	=	$\mathbf{a}_A$	+	$\mathbf{a}_{P'/A}$	+	$\mathbf{a}_{P/\mathscr{B}}$	+	$\mathbf{a}_C$
P의 가속도		물체 $\mathscr{B}$에 고정된 $x'y'z'$축의 원점의 가속도		A에 대한 P'의 상대속도 (P'은 물체 $\mathscr{B}$에 고정되어 있고 이 순간에 P와 일치함)		물체 $\mathscr{B}$에 대한 P의 상대가속도		코리올리 가속도

(16.43)

그림 16.17은 식 (16.43)에서 나타나는 항들을 설명해주고 있다(각속도 ω와 각가속도 $\dot{\omega}$는 반시계방향으로 가정한다). 운동은 물체의 병진운동과 회전운동에 물체에 대한 P의 상대가속도와 코리올리 가속도를 더한 것으로 표현되고 있음을 주목하라. 그림 16.17에서 회전에 관한 항은 벡터 표현, $\dot{\omega} \times (\mathbf{r}_{P/A})$와 $\omega \times (\omega \times \mathbf{r}_{P/A})$을 사용해 나타나 있다; 그림 16.12(d)에 나타난 바와 같이 스칼라 표기법으로 나타낼 수 있다. 그림 16.17에서 보듯이 코리올리 가속도 $\mathbf{a}_C$는 $\mathbf{v}_{P/\mathscr{B}}$와 ω 모두에 대해 수직이다. 스칼라 표현이 사용되는 경우 $\mathbf{a}_C$의 크기는 $2\omega v_{P/\mathscr{B}}$이고, 그 방향은 $\mathbf{v}_{P/\mathscr{B}}$의 꼬리를 고정한 상태에서 이 벡터를 ω의 방향으로 90° 회전시킴으로써 결정할 수 있다.

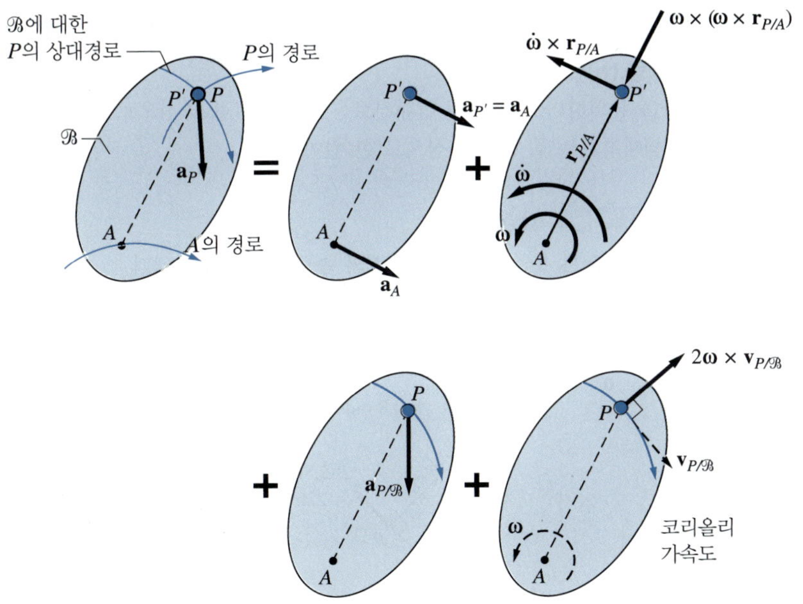

그림 16.17

예제 16.13

그림 (a)에서 보이듯 칼라 P는 반경 200 mm인 반원형의 봉 AB를 따라 A에서 B쪽으로 미끄러진다. 봉이 핀 A를 중심으로 회전하고, 봉에 대한 P의 상대속력이 120 mm/s로 일정하다. 시스템이 도시된 위치에 있을 때, 봉의 각속도와 각가속도는 반시계방향으로 $\omega_{AB} = 0.8$ rad/s, 시계방향으로 $\alpha_{AB} = 0.5$ rad/s^{2}이다. 이 위치에서 P의 속도와 가속도벡터를 결정하라.

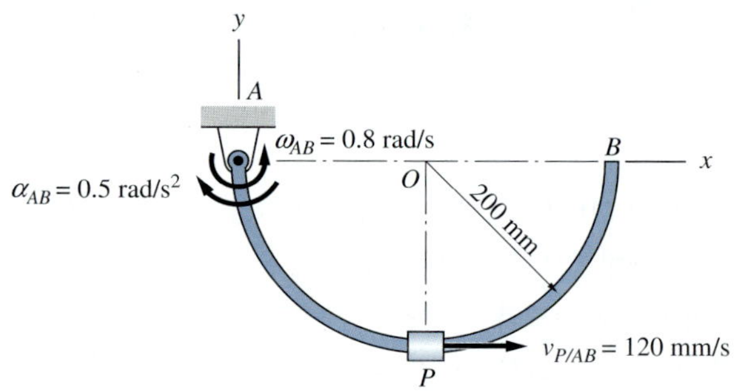

(a)

풀이

기초 해설

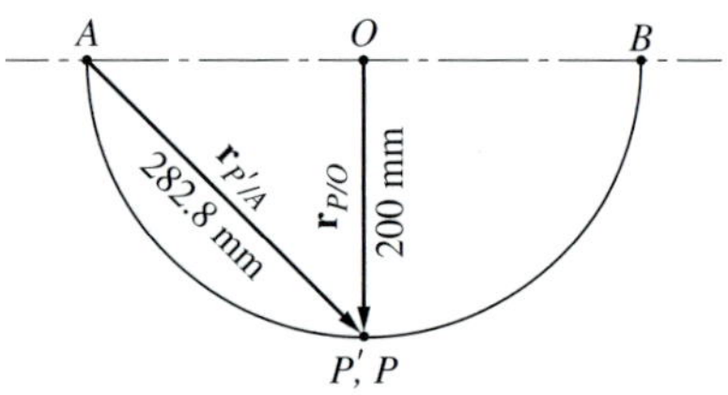

(b)

스칼라 표기법(풀이 I)과 벡터 표기법(풀이 II)을 사용해서 푼다. 모든 풀이에서 점 P'를 사용하는데, 점 P'는 이 순간 P와 일치하는 AB 위의 점으로 간주한다. 풀이에 필요한 상대위치벡터를 그림 (b)에 나타내었다.

아래의 사항을 유의하라. (1) P'의 절대경로는 고정점 A를 중심으로 한 원이다. (2) AB에 대한 P의 상대경로는 점 O를 중심으로 한 원이다.

풀이 I (스칼라 표기법 사용)

식 (16.35)에서의 물체 $\mathscr{B}$를 봉 AB라고 하면 P의 속도는 식 (a)가 된다.

$$\mathbf{v}_P = \mathbf{v}_A + \mathbf{v}_{P'/A} + \mathbf{v}_{P/AB} \qquad \text{(a)}$$

$\mathbf{0}$

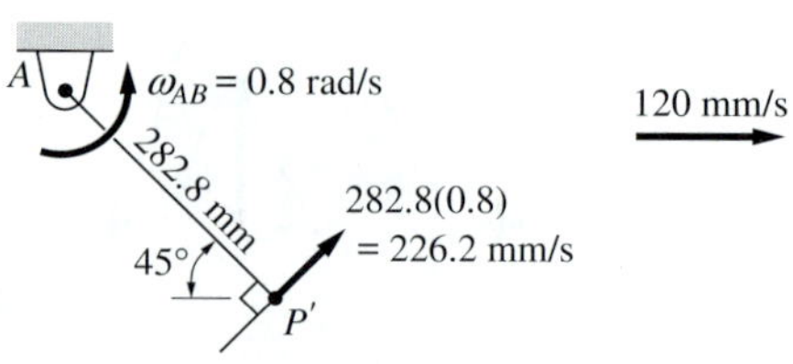

식 (a)로부터 다음을 얻는다.

$$(v_P)_x = 226.2 \sin 45° + 120 = 280 \text{ mm/s}$$
$$(v_P)_y = 226.2 \cos 45° = 160 \text{ mm/s}$$

벡터로 도시하면

$\mathbf{v}_P$ =

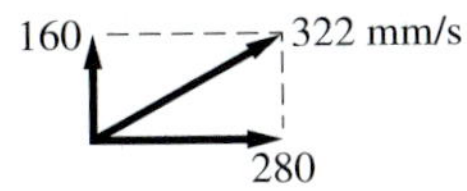

답

식 (16.43)을 사용하면 P의 가속도는 식 (b)와 같이 된다.

$$\mathbf{a}_P = \mathbf{a}_A + \mathbf{a}_{P'/A} + \mathbf{a}_{P/AB} + \mathbf{a}_C \qquad \text{(b)}$$

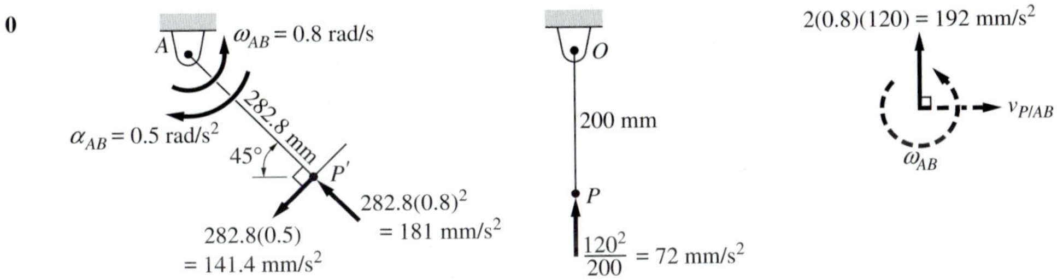

식 (b)에서 코리올리 가속도 $\mathbf{a}_C$의 방향은 $\mathbf{v}_{P/AB}$의 꼬리를 고정하고 이 벡터를 ω_{AB}의 방향으로 90° 회전시킴으로써 얻는다. 더욱이 $\mathbf{v}_{P/AB}$의 크기가 일정하므로 $\mathbf{a}_{P/AB}$는 법선 성분 $v_{P/A}^2/r_{P/O}$만을 포함한다. 식 (b)의 성분들을 계산하면 아래와 같다.

$$(a_P)_x = -181 \cos 45° - 141.4 \sin 45° = -228 \text{ mm/s}^2$$
$$(a_P)_y = 181 \sin 45° - 141.4 \cos 45° + 72 + 192 = 292 \text{ mm/s}^2$$

벡터로 도시하면

$\mathbf{a}_P$ =

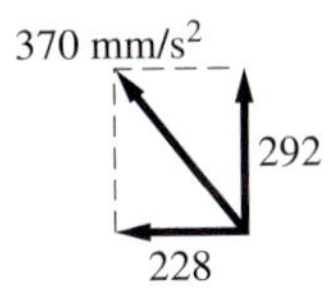

답

풀이 II (벡터 표기법 사용)

식 (16.35)로부터 P의 속도는 식 (c)와 같다.

$$\mathbf{v}_P = \mathbf{v}_A + \mathbf{v}_{P'/A} + \mathbf{v}_{P/AB} \qquad \text{(c)}$$

A는 고정된 점이므로, 식 (d)를 얻는다.

$$\mathbf{v}_A = \mathbf{0} \tag{d}$$

P'가 봉 AB에 고정되고 A를 중심으로 한 원형 경로를 따라 움직이는 점임을 유의하면, 다음 식을 얻을 수 있다.

$$\mathbf{v}_{P'/A} = \boldsymbol{\omega}_{AB} \times \mathbf{r}_{P'/A} = (0.8\mathbf{k}) \times (200\mathbf{i} - 200\mathbf{j}) = 160\mathbf{j} + 160\mathbf{i}\ \text{mm/s} \tag{e}$$

봉 AB에 관한 P의 상대속도는 식 (f)로 주어진다.

$$\mathbf{v}_{P/AB} = 120\mathbf{i}\ \text{mm/s} \tag{f}$$

식 (d)부터 식 (f)까지를 식 (c)에 대입하면 P의 속도는 다음과 같이 된다.

$$\begin{aligned}\mathbf{v}_P &= \mathbf{0} + (160\mathbf{j} + 160\mathbf{i}) + (120\mathbf{i})\\ &= 280\mathbf{i} + 160\mathbf{j}\ \text{mm/s}\end{aligned}$$ 답

식 (16.43)에 따르면 P의 가속도는 식 (g)가 된다.

$$\mathbf{a}_P = \mathbf{a}_A + \mathbf{a}_{P'/A} + \mathbf{a}_{P/AB} + \mathbf{a}_C \tag{g}$$

A는 고정된 점이므로 식 (h)를 얻는다.

$$\mathbf{a}_A = \mathbf{0} \tag{h}$$

P'의 경로가 A를 중심으로 하는 원이라는 점을 유의하면, A에 대한 P'의 상대가속도는 (A가 고정점이라는 것을 고려하면 또한 P'의 절대가속도이기도 하다) 식 (i)와 같다.

$$\begin{aligned}\mathbf{a}_{P'/A} &= \boldsymbol{\alpha}_{AB} \times \mathbf{r}_{P'/A} + \boldsymbol{\omega}_{AB} \times (\boldsymbol{\omega}_{AB} \times \mathbf{r}_{P'/A})\\ &= (-0.5\mathbf{k}) \times (200\mathbf{i} - 200\mathbf{j}) + (0.8\mathbf{k}) \times (160\mathbf{i} + 160\mathbf{j})\\ &= (-100\mathbf{j} - 100\mathbf{i}) + (128\mathbf{j} - 128\mathbf{i})\\ &= -228\mathbf{i} + 28\mathbf{j}\ \text{mm/s}^2\end{aligned} \tag{i}$$

AB에 관한 P의 상대가속도는 $v_{P/AB}$가 일정하기 때문에 오직 법선 성분만을 가진다. 상대가속도의 법선 성분이 상대경로의 곡률중심을 향하고 있기 때문에 (즉, 점 O를 향하므로) 식 (j)를 얻을 수 있다.

$$\mathbf{a}_{P/AB} = (\mathbf{a}_{P/AB})_n = \frac{v_{P/AB}^2}{r_{P/O}}\mathbf{j} = \frac{(120)^2}{200}\mathbf{j} = 72\mathbf{j}\ \text{mm/s}^2 \tag{j}$$

식 (16.41)로부터 코리올리 가속도는 식 (k)와 같이 된다.

$$\mathbf{a}_C = 2\boldsymbol{\omega}_{AB} \times \mathbf{v}_{P/AB} = 2(0.8\mathbf{k}) \times (120\mathbf{i}) = 192\mathbf{j}\ \text{mm/s}^2 \tag{k}$$

식 (h)~(k)를 식 (g)에 대입하면 다음과 같은 답을 얻는다.

$$\mathbf{a}_P = \mathbf{0} + (-228\mathbf{i} + 28\mathbf{j}) + 72\mathbf{j} + 192\mathbf{j}$$
$$= -228\mathbf{i} + 292\mathbf{j} \text{ mm/s}^2$$ 답

예제 16.14

그림 (a)에서 보이는 급속귀환기구의 크랭크 AB는 반시계방향으로 일정한 각속도 $\omega_{AB} = 6$ rad/s로 회전한다. 기계가 그림의 위치에 있을 때, 암 DE에 관한 슬라이더 B의 상대속도와 상대가속도 및 암 DE의 각속도와 가속도를 계산하라.

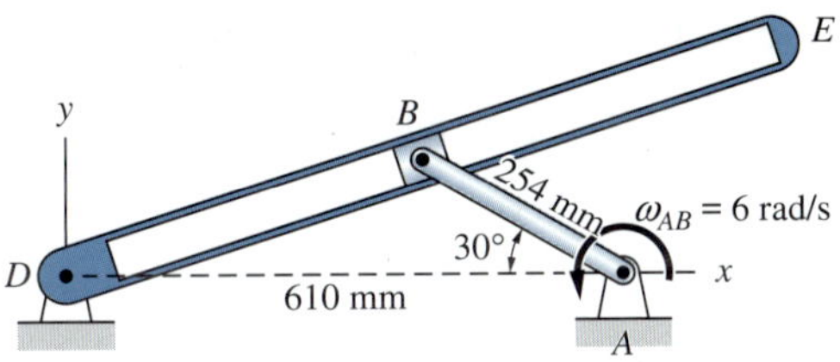

(a)

풀이

기초 해설

암 DE에 관한 슬라이더 B의 상대적 경로는 암에 나 있는 홈이라는 것에 유의하라. 이 상대경로가 직선이므로 $\mathbf{v}_{B/DE}$와 $\mathbf{a}_{B/DE}$(암 DE에 관한 슬라이더 B의 상대속도와 상대가속도) 모두 방향이 홈의 방향과 같다.

이 순간 B와 일치하는 DE상의 점을 B'라 하자. 식 (16.35)와 (16.43)으로부터 B의 속도와 가속도는 각각 $\mathbf{v}_B = \mathbf{v}_D + \mathbf{v}_{B'/D} + \mathbf{v}_{B/DE}$와 $\mathbf{a}_B = \mathbf{a}_D + \mathbf{a}_{B'/D} + \mathbf{a}_{B/DE} + \mathbf{a}_C$이고, 여기서 $\mathbf{a}_C$는 코리올리 가속도이다. D는 고정된 점임에 유의하면($\mathbf{v}_D = 0$ 그리고 $\mathbf{a}_D = \mathbf{0}$), 속도와 가속도 방정식은 식 (a), (b)가 된다.

$$\mathbf{v}_B = \mathbf{v}_{B'/D} + \mathbf{v}_{B/DE} \tag{a}$$

그리고

$$\mathbf{a}_B = \mathbf{a}_{B'/D} + \mathbf{a}_{B/DE} + \mathbf{a}_C \tag{b}$$

이러한 방정식들은 스칼라 표기법(풀이 I)과 벡터 표기법(풀이 II)을 사용하여 풀 것이다.

해석하는 동안 B와 B'의 경로는 각각 A와 D를 중심으로 하는 원임을 잊지 말아야

한다. ω_{DE}와 α_{DE}는 반시계방향으로, $\mathbf{v}_{B/DE}$와 $\mathbf{a}_{B/DE}$는 모두 그림 (b)에 나타낸 것과 같이 D를 향한다고 가정한다. 그림 (c)는 해석에 필요한 상대위치벡터들을 보여준다. 거리 $\overline{DB}$와 x축과 DE가 이루는 각은 삼각법에 의해 결정된다.

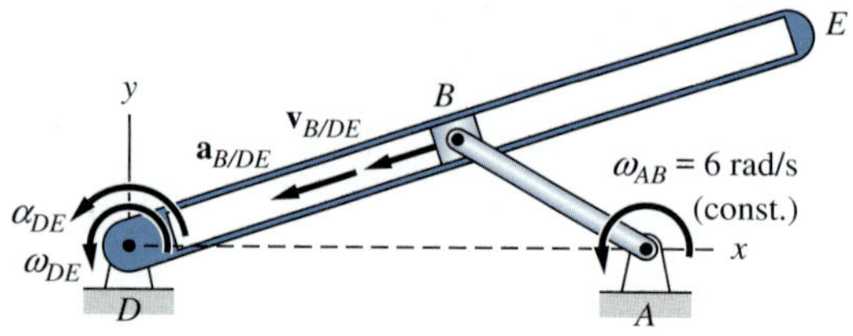

(b)

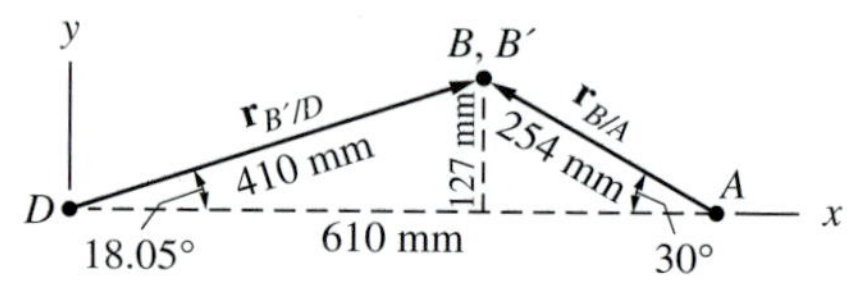

(c)

식 (a)와 (b)에 다음과 같은 벡터들이 포함된다:

$$\mathbf{r}_{B/A} = 254(-\cos 30°\mathbf{i} + \sin 30°\mathbf{j}) = -220\mathbf{i} + 127\mathbf{j}\text{ mm} \tag{c}$$

$$\mathbf{r}_{B'/D} = 410(\cos 18.05°\mathbf{i} + \sin 18.05°\mathbf{j}) = 309.6\mathbf{i} + 127\mathbf{j}\text{ mm} \tag{d}$$

$$\boldsymbol{\omega}_{AB} = 6\mathbf{k}\text{ rad/s} \qquad \boldsymbol{\alpha}_{AB} = \mathbf{0} \tag{e}$$

$$\boldsymbol{\omega}_{DE} = \omega_{DE}\mathbf{k}\text{ rad/s} \qquad \boldsymbol{\alpha}_{DE} = \alpha_{DE}\mathbf{k}\text{ rad/s}^2 \tag{f}$$

$\mathbf{v}_{B/DE} = v_{B/DE}$  18.05°

$$= v_{B/DE}(-\cos 18.05°\mathbf{i} - \sin 18.05°\mathbf{j})\text{ mm/s} \tag{g}$$

$\mathbf{a}_{B/DE} = a_{B/DE}$  18.05°

$$= a_{B/DE}(-\cos 18.05°\mathbf{i} - \sin 18.05°\mathbf{j})\text{ mm/s}^2 \tag{h}$$

풀이 I (스칼라 표기법 사용)

속도

방정식 (a)는 식 (i)와 같이 쓸 수 있다.

$$\mathbf{v}_B \quad = \quad \mathbf{v}_{B'/D} \quad + \quad \mathbf{v}_{B/DE} \tag{i}$$

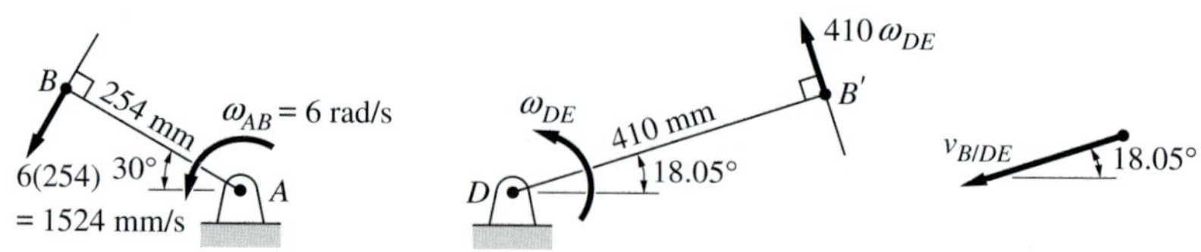

식 (i)를 검토해보면 2개의 미지수 ω_{DE}와 $v_{B/DE}$가 있다는 것을 알 수 있고 2개의 스칼라 방정식을 풀어서 구할 수 있다.

식 (i)의 양변의 수평 및 수직 성분을 등식화하여 풀면 식 (i), (k)를 얻는다.

$$\overset{+}{\rightarrow} \quad -1524 \sin 30° = -410\omega_{DE} \sin 18.05° - v_{B/DE} \cos 18.05° \qquad \text{(j)}$$

$$+\uparrow \quad -1524 \cos 30° = 410\omega_{DE} \cos 18.05° - v_{B/DE} \sin 18.05° \qquad \text{(k)}$$

식 (j)와 (k)를 풀면 $\omega_{DE} = -2.486$ rad/s와 $\omega_{B/DE} = 1134$ mm/s임을 알 수 있고 그로부터 다음을 구한다.

$$\boldsymbol{\omega}_{DE} = 2.486 \text{ rad/s} \circlearrowleft \quad \mathbf{v}_{B/DE} = 1134 \text{ mm/s} \;\angle 18.05°$$ 답 (l)

가속도

방정식 (b)로부터 식 (m)을 얻는다.

$$\mathbf{a}_B = \mathbf{a}_{B'/D} + \mathbf{a}_{B/DE} + \mathbf{a}_C \qquad \text{(m)}$$

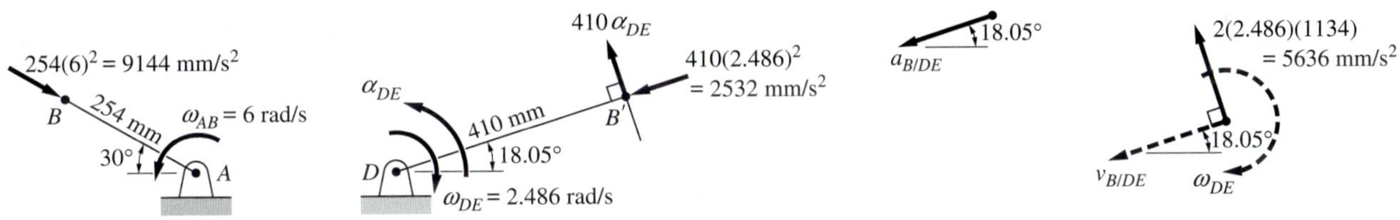

식 (m)에서 코리올리 가속도의 크기는 $a_C = 2\omega_{DE}v_{B/DE}$이고, 방향은 $\mathbf{v}_{B/DE}$의 꼬리를 고정하고 이 벡터를 ω_{DE}의 방향으로 90° 회전함으로써 얻는다. 식 (m)에서 미지수는 α_{DE}와 $a_{B/DE}$이고, 수평 및 수직 성분들을 등식화하여 구할 수 있다.

$$\begin{aligned} \overset{+}{\rightarrow} \quad 9144 \cos 30° = &-410\alpha_{DE} \sin 18.05° \\ &- 2532 \cos 18.05° - a_{B/DE} \cos 18.05° \\ &- 5636 \sin 18.05° \end{aligned} \qquad \text{(n)}$$

$$\begin{aligned} +\uparrow \quad -9144 \sin 30° = &\; 410\alpha_{DE} \cos 18.05° \\ &- 2532 \sin 18.05° - a_{B/DE} \sin 18.05° \\ &+ 5636 \cos 18.05° \end{aligned} \qquad \text{(o)}$$

식 (n)과 (o)를 연립하여 풀면 $\alpha_{DE} = -30.35$ rad/s²과 $a_{B/DE} = -8644$ mm/s²을 얻는다. 그러므로 결과는 아래와 같다.

$$\boldsymbol{\alpha}_{DE} = 30.35 \text{ rad/s}^2 \circlearrowright \quad \text{그리고} \quad \mathbf{a}_{B/DE} = 8644 \text{ mm/s}^2 \;\angle 18.05°$$ 답

풀이 II (벡터 표기법 사용)

속도

식 (a)에서 나타나는 3개의 항을 먼저 계산한다.

B는 AB 위의 점이므로 식 (p)를 얻는다.

$$\begin{aligned} \mathbf{v}_B &= \boldsymbol{\omega}_{AB} \times \mathbf{r}_{B/A} \\ &= (6\mathbf{k}) \times (-220\mathbf{i} + 127\mathbf{j}) \\ &= -1320\mathbf{j} - 762\mathbf{i} \text{ mm/s} \end{aligned} \tag{p}$$

B'는 DE 위의 점이라는 사실을 이용해 식 (q)를 얻는다.

$$\begin{aligned} \mathbf{v}_{B'/D} &= \boldsymbol{\omega}_{DE} \times \mathbf{r}_{B'/D} \\ &= (\omega_{DE}\mathbf{k}) \times (309.6\mathbf{i} + 127\mathbf{j}) \\ &= 309.6\omega_{DE}\mathbf{j} - 127\omega_{DE}\mathbf{i} \text{ mm/s} \end{aligned} \tag{q}$$

상대속도벡터 $\mathbf{v}_{B/DE}$는 이전의 식 (g)에서 다음과 같이 구하였다:

$$\mathbf{v}_{B/DE} = v_{B/DE}(-\cos 18.05°\mathbf{i} - \sin 18.05°\mathbf{j}) \text{ mm/s} \tag{r}$$

식 (p)~(r)을 식 (a)에 대입하고 $\mathbf{i}$와 $\mathbf{j}$의 계수에 대하여 등식을 세우면 식 (s)와 (t)를 얻는다.

$$-762 = -127\omega_{DE} - v_{B/DE}\cos 18.05° \tag{s}$$

$$-1320 = 309.6\omega_{DE} - v_{B/DE}\sin 18.05° \tag{t}$$

식 (s)와 (t)를 연립하여 풀면 $\omega_{DE} = -2.486$ rad/s와 $v_{B/DE} = 1134$ mm/s를 얻는다. 답은 아래와 같다.

$$\boldsymbol{\omega}_{DE} = -2.486\mathbf{k} \text{ rad/s}$$ 답

그리고

$$\begin{aligned} \mathbf{v}_{B/DE} &= 1134(-\cos 18.05°\mathbf{i} - \sin 18.05°\mathbf{j}) \\ &= -1078\mathbf{i} - 351.3\mathbf{j} \text{ mm/s} \end{aligned}$$ 답

가속도

다음으로 식 (b)의 항들을 계산한다.

B는 AB 위의 점이므로 B의 가속도는 식 (u)가 된다.

$$\begin{aligned} \mathbf{a}_B &= \boldsymbol{\omega}_{AB} \times (\boldsymbol{\omega}_{AB} \times \mathbf{r}_{B/A}) \\ &= (6\mathbf{k}) \times (-1320\mathbf{j} - 762\mathbf{i}) \\ &= 7920\mathbf{i} - 4572\mathbf{j} \text{ mm/s}^2 \end{aligned} \tag{u}$$

B'가 암 DE 위의 점이므로 식 (v)를 얻는다.

$$\begin{aligned}\mathbf{a}_{B'/D} &= \boldsymbol{\alpha}_{DE} \times \mathbf{r}_{B'/D} + \boldsymbol{\omega}_{DE} \times (\boldsymbol{\omega}_{DE} \times \mathbf{r}_{B'/D}) \\ &= (\alpha_{DE}\mathbf{k}) \times (309.6\mathbf{i} + 127\mathbf{j}) \\ &\quad + (-2.486\mathbf{k}) \times [(-2.486\mathbf{k}) \times (309.6\mathbf{i} + 127\mathbf{j})] \\ &= 309.6\alpha_{DE}\mathbf{j} - 127\alpha_{DE}\mathbf{i} \\ &\quad + (-2.486\mathbf{k}) \times (-968.7\mathbf{j} + 315.7\mathbf{i}) \\ &= 309.6\alpha_{DE}\mathbf{j} - 127\alpha_{DE}\mathbf{i} - 2408.5\mathbf{i} - 785\mathbf{j}\ \text{mm/s}^2 \qquad \text{(v)}\end{aligned}$$

암 DE에 관한 B의 상대가속도벡터는 식 (h)에 주어져 있고 식 (w)와 같이 된다.

$$\mathbf{a}_{B/DE} = a_{B/DE}(-\cos 18.05°\mathbf{i} - \sin 18.05°\mathbf{j})\ \text{in./s}^2 \qquad \text{(w)}$$

식 (16.41)로부터 코리올리 가속도는 식 (x)가 된다.

$$\begin{aligned}\mathbf{a}_C &= 2\boldsymbol{\omega}_{DE} \times \mathbf{v}_{B/DE} \\ &= 2(-2.486\mathbf{k}) \times (-1078\mathbf{i} - 351.3\mathbf{j}) \\ &= 5359\mathbf{j} - 1747\mathbf{i}\ \text{mm/s}^2 \qquad \text{(x)}\end{aligned}$$

식 (u)~(x)를 식 (b)에 대입하고 **i**와 **j**의 계수들에 관하여 등식을 세우면 각각 식 (y)와 (z)를 얻는다.

$$7920 = -127\alpha_{DE} - 2408.5 - a_{B/DE}\cos 18.05° - 1747 \qquad \text{(y)}$$

$$-4572 = 309.6\alpha_{DE} - 785 - a_{B/DE}\sin 18.05° + 5359 \qquad \text{(z)}$$

식 (y)와 (z)를 연립하여 풀면 $\alpha_{DE} = -30.35$ rad/s²과 $a_{B/DE} = -8644$ mm/s²을 얻는다. 그러므로 벡터 표기법에 따라 결과를 표현하면

$$\boldsymbol{\alpha}_{DE} = -30.35\mathbf{k}\ \text{rad/s}^2$$ 답

그리고

$$\begin{aligned}\mathbf{a}_{B/DE} &= 8644(\cos 18.05°\mathbf{i} + \sin 18.05°\mathbf{j}) \\ &= 8219\mathbf{i} + 2677\mathbf{j}\ \text{mm/s}^2\end{aligned}$$ 답

연습문제

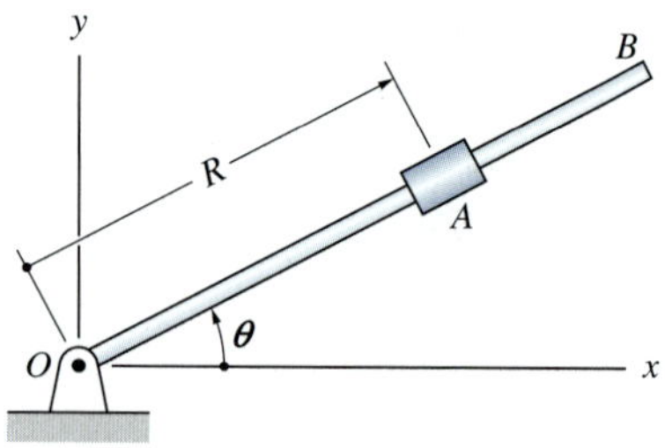

그림 P16.83

16.83 봉 OB는 반시계방향으로 일정한 각속도 30 rev/min으로 회전한다. 동시에 칼라 A는 봉에 대해서 915 mm/s 속도로 B를 향하여 미끄러지고 있다. OB에 고정된 회전 기준좌표계를 사용하여, R = 183 mm이고 θ = 0일 때, 칼라의 가속도를 계산하라. (이 문제는 극좌표를 사용해 풀 수도 있다—문제 13.33 참조.)

16.84 그림 (a)와 (b)에서 삼각 프레임 $\mathscr{B}$는 2 rad/s의 일정한 각속도로 A를 중심으로 회전한다. 동시에, 슬라이더 P는 프레임에 대하여 0.2 m/s의 일정한 속도로 오른쪽으로 움직이고 있다. 도시된 위치에서 P의 가속도를 결정하라.

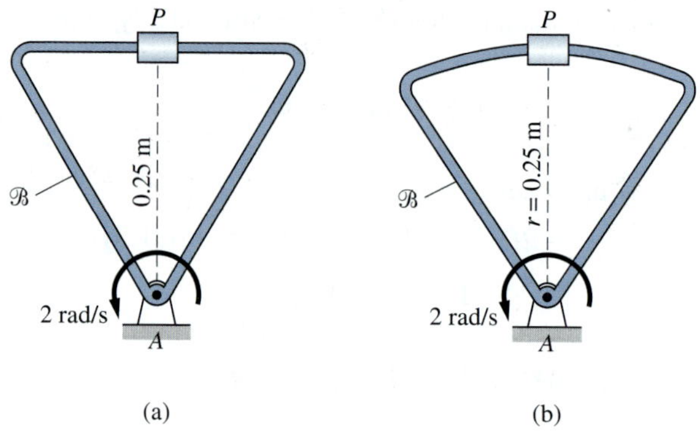

그림 P16.84

16.85 봉 BC가 봉 AP와 핀으로 연결된 칼라 P에서 미끄러지고 있다. 도시된 위치에서 봉 AP의 각속도는 반시계방향으로 ω = 5 rad/s일 때, 이 순간 봉 BC의 각속도를 결정하라.

16.86 도시된 위치에서 홈이 나 있는 판 $\mathscr{B}$가 핀 A에 대해 각속도 ω = 3 rad/s CCW와 각가속도 α = 6 rad/s^2 CW로 회전하고 있다. 슬라이더 P는 표시된 방향으로 판에 대해 915 mm/s의 일정한 속도로 홈을 따라 움직인다. 이 순간 P의 속도와 가속도 벡터를 계산하라.

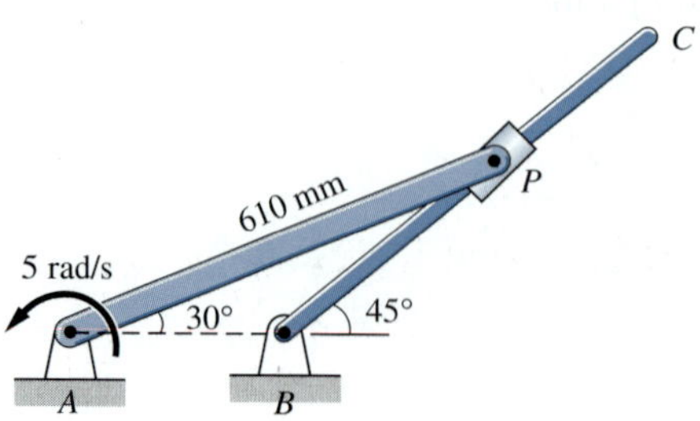

그림 P16.85

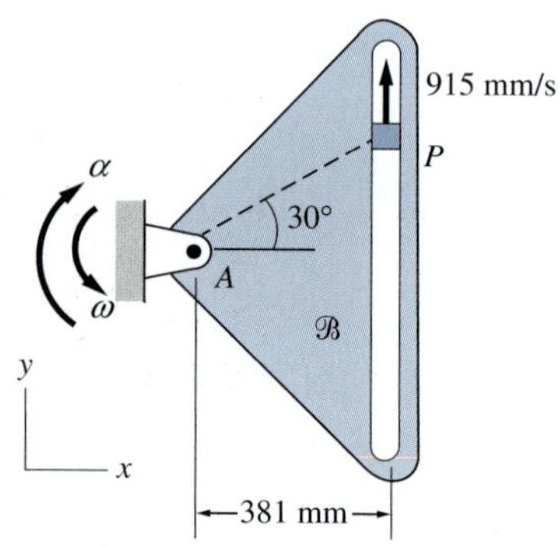

그림 P16.86

16.87 원형 슬롯을 가지는 원반이 A점을 중심으로 일정한 각속도 $\omega = 1.2$ rad/s로 회전하고 있다. 이 순간 슬라이더 P는 디스크에 대해 203 mm/s의 일정한 속력으로 A점에서 C점을 향해 움직이고 있다. 슬라이더 P가 A와 일치하는 순간에 슬라이더의 가속도를 결정하라.

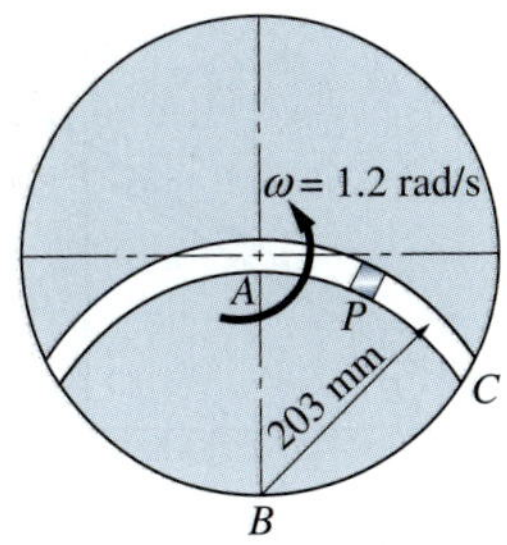

그림 P16.87

16.88 칼라(collar) P가 반원형 가이드 막대를 따라 미끄러지고 있다. 칼라는 회전하는 막대 내의 홈과 핀으로 연결되어 있다. $\theta = 45°$일 때, AB의 각속도와 각가속도가 각각 반시계방향으로 $\omega = 4$ rad/s, $\alpha = 12$ rad/s^{2}이다. 이 순간에 칼라 P의 속력과 가속도벡터를 구하라.

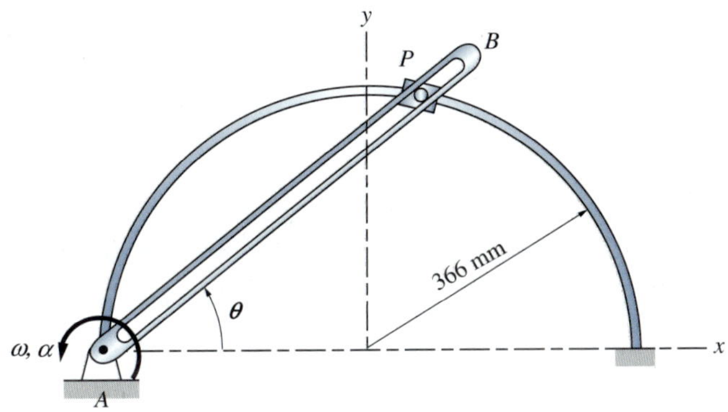

그림 P16.88

16.89 미끄럼 봉 PD가 핀 P를 통해 회전하는 암 AB의 홈과 연결되어 있다. 봉 PD는 1.2 m/s의 일정한 속도로 왼쪽으로 미끄러지고 있다. $\theta = 60°$일 때, AB의 각속도와 각가속도를 결정하라.

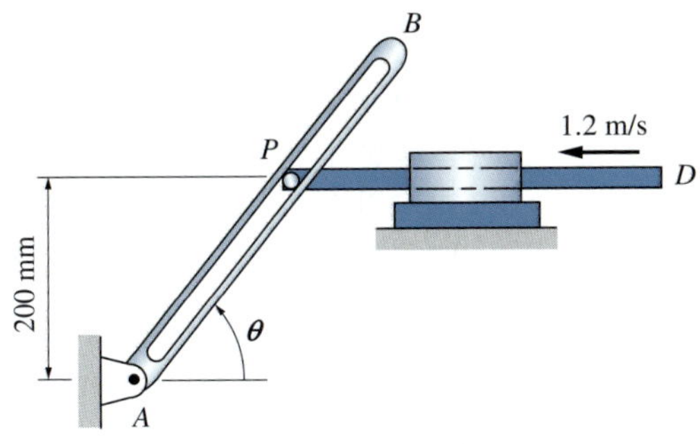

그림 P16.89

16.90 홈이 나 있는 디스크가 미끄러지지 않고 구른다. 도시된 위치에서 디스크의 각속도는 시계방향으로 5 rad/s이고, 각가속도는 반시계방향으로 2 rad/s^{2}이다. 동일한 위치에서 바퀴에 대한 슬라이더 P의 상대속도와 상대가속도는 아래 방향으로 각각 1.83 m/s와 8.53 m/s^{2}이다. 이 위치에서 P의 가속도를 구하라.

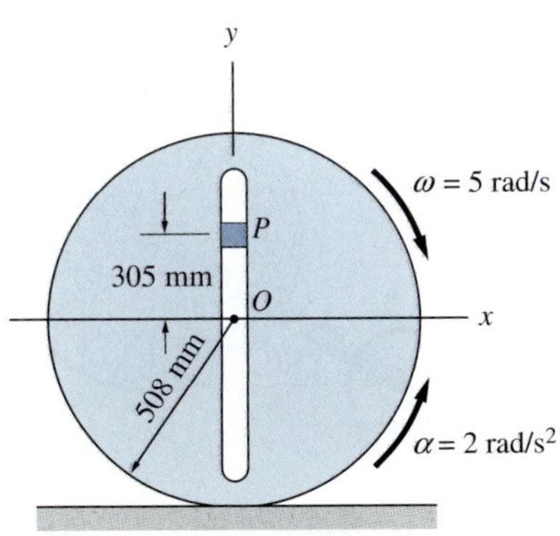

그림 P16.90

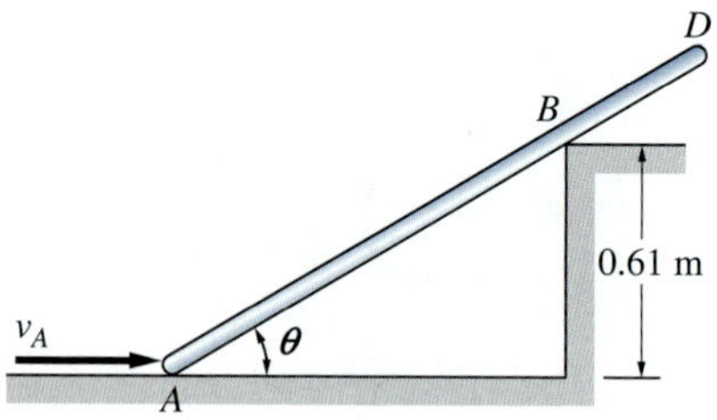

그림 P16.91

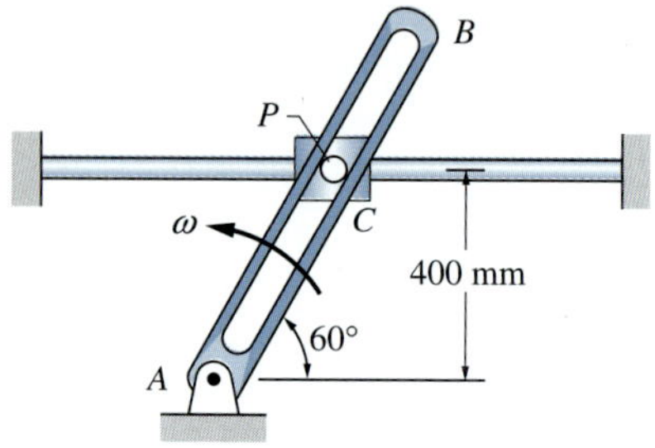

그림 P16.92

***16.91** 봉 ABD의 끝 A는 일정한 속도 $v_A = 0.61$ m/s로 오른쪽으로 밀리고 있다. $\theta = 30°$일 때, (a) 봉의 각속도, (b) 점 B의 가속도벡터의 봉과 평행인 성분 및 봉에 수직인 성분을 결정하라.

16.92 칼라 C가 홈이 난 암(arm) AB에서 미끄러지는 핀 P에 의하여 수평봉을 따라 밀리고 있다. 암은 반시계방향으로 일정한 각속도 $\omega = 5$ rad/s로 회전하고 있다. 이 위치에서 (a) AB에 대한 P의 상대속도, (b) AB에 대한 P의 상대가속도를 결정하라.

16.93 도시된 위치에서 봉 PC가 C점을 중심으로 각속도 $\omega = 5$ rad/s와 각가속도 $\alpha = 3$ rad/s^{2}로 회전하고 있다. 이때 봉 AB의 각속도와 각가속도를 결정하라.

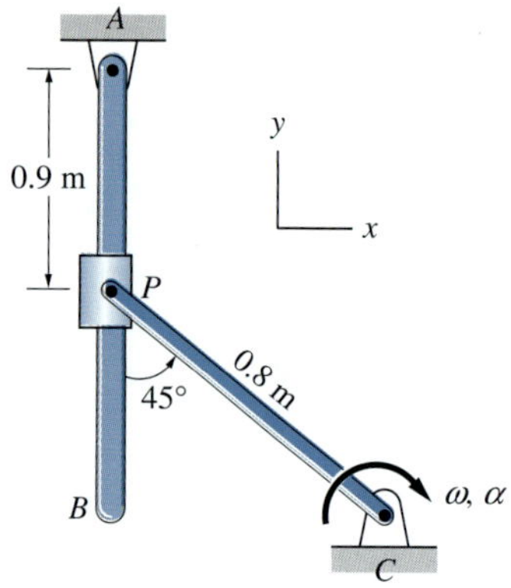

그림 P16.93

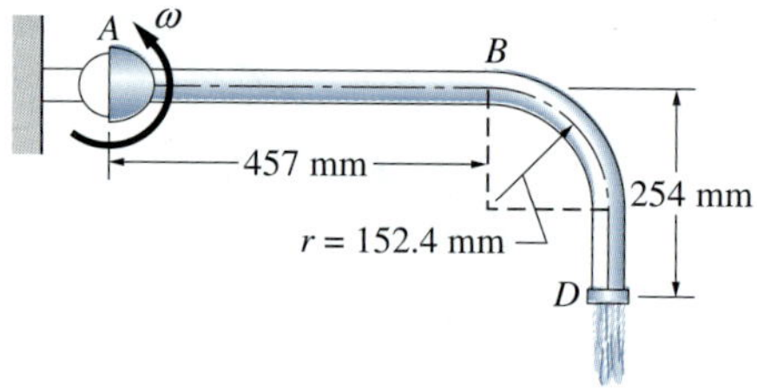

그림 P16.94

16.94 A점을 통해 곡선 파이프에 들어간 물이 D에서 배출된다. 파이프는 A에 대해 일정한 각속도 $\omega = 10$ rad/s로 회전하고, 물은 파이프에 대해 일정한 상대속도 3.66 m/s를 가진다. 다음의 경우에 물의 가속도를 결정하라. (a) 물이 B에서 곡선부에 진입한 직후, (b) D에서 배출되기 직전.

16.95 그림은 제네바스톱(Geneva stop)이라 불리는 기구를 보여준다. 기구는 디스크 $\mathscr{A}$의 일정한 각속도를 홈이 난 디스크 $\mathscr{B}$의 간헐적 운동으로 변환시켜준다. 도시된 위치에서 $\mathscr{A}$에 부착된 핀 P가 막 디스크 $\mathscr{B}$의 홈으로 들어가고 있다. 이 위치에서 $\mathscr{B}$의 각가속도를 계산하라. (이 순간 $\mathscr{B}$의 각속도는 0임을 유의하라.)

16.96 암 AB는 일정한 각속도 4 rad/s로 반시계방향으로 회전하고 있다. 같은 시간에 디스크는 AB에 대하여 상대적으로 각속도 8 rad/s로 시계방향으로 회전하고 있다. 디스크의 가장자리에 위치한 점 P의 가속도를 다음의 두 방법으로 결정하라. (a) AB를 회전 기준좌표계로 고려하라. (b) 16.7절의 상대가속도 방법을 사용하라.

16.97 디스크는 반시계방향으로 일정한 각속도 2 rad/s로 수평면을 미끄러짐 없이 구르고 있다. 디스크의 가장자리에 부착된 핀 P는 회전 막대 AB에서 홈에 맞물린다. 시스템이 도시된 위치에 있을 때, AB의 각속도와 각가속도를 계산하라.

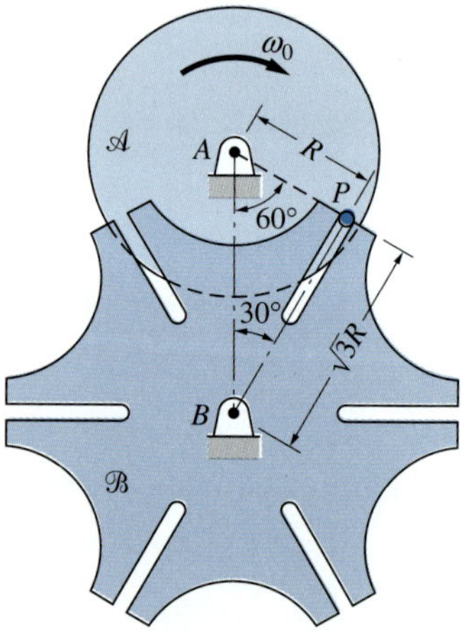

그림 P16.95

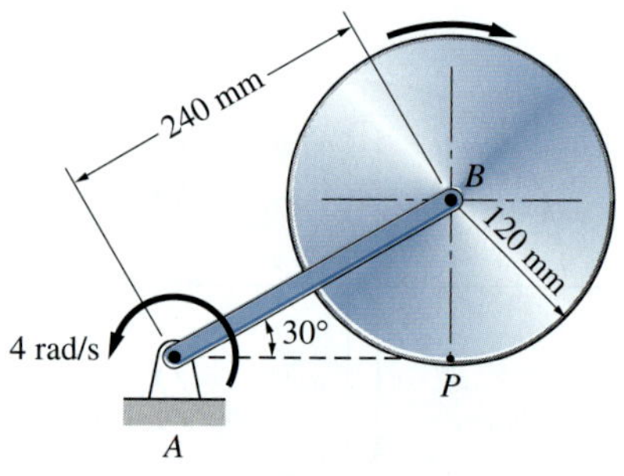

그림 P16.96

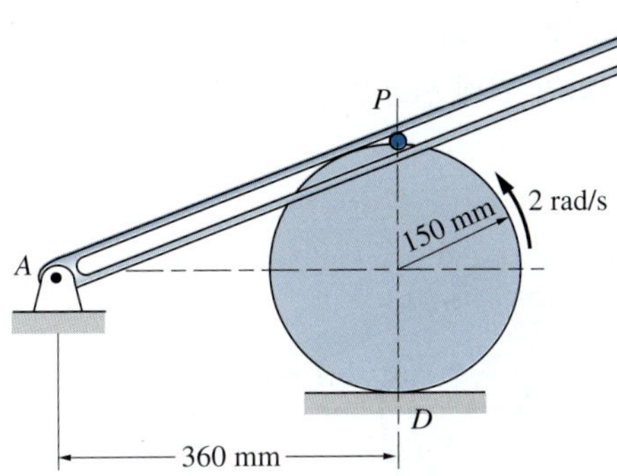

그림 P16.97

16.98 기계의 봉 AB가 시계방향으로 일정한 각속도 8 rad/s로 회전한다. 도시된 위치에서 봉 BE의 각속도를 계산하라.

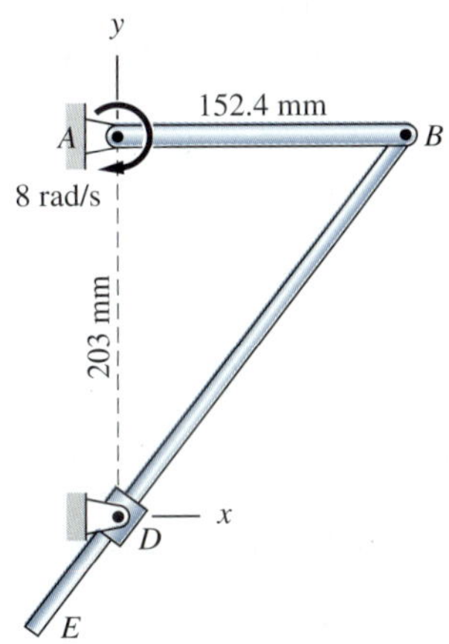

그림 P16.98

*16.10 구속조건의 방법

15.3절에서는 구속조건식과 이들에 대한 시간 미분이 질점의 운동학 문제를 해결하는 데에 어떻게 활용되는지 다루었다. 이 기법은 강체의 운동학에도 동일하게 적용될 수 있다. 먼저 15.3절에서 소개한 용어를 강체에 맞게 확장하는 것부터 시작한다:

- 운동학적 구속조건(kinematic constraints): 물체 내에서 점들의 운동에 대해 부과된 기하학적인 구속.
- 구속조건식(equation of constraint): 위치 좌표에 대하여 운동학적 구속조건을 수학적으로 표현한 식.
- 운동학적 독립좌표(kinematically independent coordinates): 운동학적 구속조건이 적용되지 않는 위치 좌표.

› 자유도의 수(number of degrees of freedom): 물체 또는 물체 계의 형상을 완전하게 표현하기 위해 필요한 운동학적 독립좌표의 수.

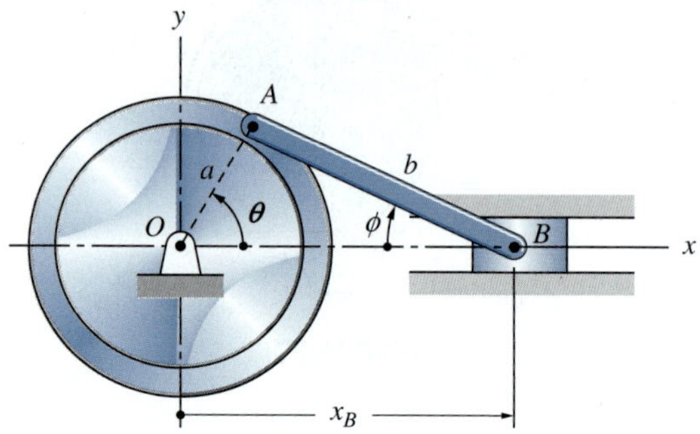

그림 16.18

"위치 좌표"라는 용어는 점의 좌표나 선의 각위치 좌표를 의미한다. 예를 들어 그림 16.18에서 보이는 시스템을 고려할 때 그림은 3개의 위치 좌표를 보여준다:

1. 각 θ는 디스크상의 선 OA의 각위치 좌표이다.
2. 각 ϕ는 연결봉 AB의 각위치 좌표이다.
3. 거리 x_B는 슬라이더 B의 직선 위치 좌표이다.

점 A는 디스크와 연결봉에 모두 해당되므로 디스크에서 A의 x, y 좌표는 연결봉에서 A의 x, y 좌표와 일치한다. 그러므로 다음 식을 얻는다.

$$a\cos\theta = x_B - b\cos\phi \tag{a}$$

$$a\sin\theta = b\sin\phi \tag{b}$$

방정식 (a)와 (b)는 위 시스템에 대한 구속조건식이다. A에서 연결되어 있기 때문에 이 시스템은 오직 하나의 자유도를 가지고 있다는 점을 유의하라; 즉, 좌표들(θ, ϕ, 또는 x_B) 중에서 단 하나만이 운동학적으로 독립적이다. 예를 들어, 만일 θ가 주어진다면 구속조건식을 이용하여 ϕ와 x_B를 결정할 수 있다.

속도들 사이의 관계는 구속조건식을 시간에 대하여 미분함으로써 얻는다:

$$-a\sin\theta\cdot\dot{\theta} = \dot{x}_B + b\sin\phi\cdot\dot{\phi} \tag{c}$$

$$a\cos\theta\cdot\dot{\theta} = b\cos\phi\cdot\dot{\phi} \tag{d}$$

여기서 $\dot{\theta}$와 $\dot{\phi}$는 각각 디스크와 연결봉의 각속도이고 $\dot{x}_B$는 점 B의 속력이다. 만약 가속도가 필요하다면, 식 (c)와 (d)를 시간에 대해 한 번 더 미분하여 구한다.

예제 16.15

봉 AB의 각위치는 미끄러지는 봉 CD에 의해 결정된다. CD의 일정한 속도가 도시된 방향으로 v_0일 때, AB의 각속도와 각가속도를 각 θ의 함수로 구하라.

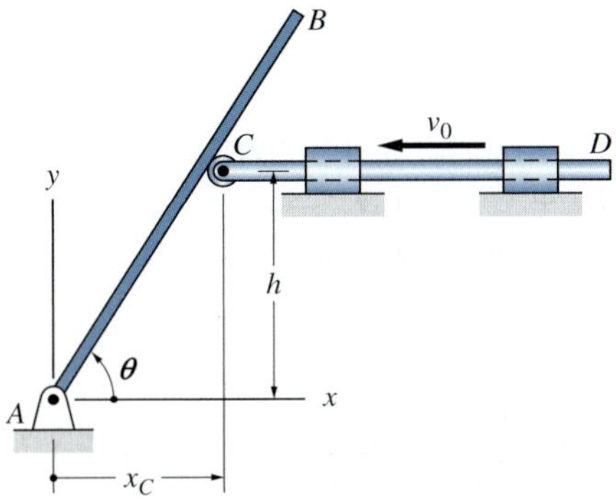

풀이

그림은 2개의 위치 좌표, 즉 봉 AB의 각위치 좌표 θ와 미끄럼 봉의 점 C의 좌표 x_C를 보여준다. 하지만, C는 항상 봉 AB(그림에서와 같이)와 접촉하기 때문에 2개의 좌표 간에는 다음과 같은 구속조건이 적용된다.

$$x_C = h \cot\theta \tag{a}$$

따라서 이 시스템은 오직 하나의 자유도를 가진다.

식 (a)를 시간에 관해 미분하면 다음을 얻는다.

$$\dot{x}_C = -h\dot{\theta}\,\mathrm{cosec}^2\theta$$

$\dot{x}_C = -v_0$를 대입하고 $\dot{\theta}$에 관해 풀면 봉 AB의 각속도는 다음과 같다.

$$\omega = \dot{\theta} = \frac{v_0}{h}\sin^2\theta \qquad \text{답}$$

봉 AB의 각가속도는 각속도를 미분하여 얻는다:

$$\alpha = \ddot{\theta} = \frac{v_0}{h}(2\sin\theta\cos\theta)\dot{\theta}$$

$\dot{\theta}$에 관한 식을 대입하면 다음과 같이 된다.

$$\alpha = \frac{v_0}{h}(2\sin\theta\cos\theta)\left(\frac{v_0}{h}\sin^2\theta\right) = \frac{2v_0^2}{h^2}\sin^3\theta\cos\theta$$ 답

예제 16.16

봉 AB는 반시계방향으로 3 rad/s의 일정한 각속도로 회전하고 있다. $\theta = 30°$일 때, 다음을 결정하라. (1) 봉 BC의 각속도와 각가속도, (2) 미끄럼 칼라 C의 속도와 가속도 (참고: 이 문제는 이전의 예제 16.5, 16.7, 16.11에서 다루었다.)

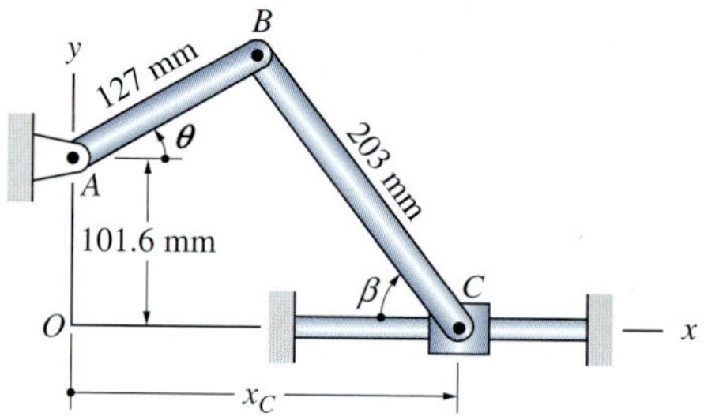

풀이

예비 계산

그림에서 보이는 것과 같이 봉 AB와 BC의 위치는 3개의 좌표(θ, β 그리고 x_C)로 정의되어 있다. 하지만, 기구는 B점에서 핀으로 연결되어 있기 때문에 2개의 구속조건 방정식이 존재하므로 하나의 자유도를 가진다. 봉 AB와 BC에서의 점 B의 좌표를 등식화하면 식 (a)와 (b)를 얻는다.

$$127\cos\theta = x_C - 203\cos\beta \quad \text{(a)}$$

$$101.6 + 127\sin\theta = 203\sin\beta \quad \text{(b)}$$

$\theta = 30°$일 때, 식 (b)는 다음과 같이 된다.

$$\beta = \sin^{-1}\frac{101.6 + 127\sin 30°}{203} = 54.34°$$

문항 1

식 (b)를 시간에 대하여 미분하면 식 (c)를 얻는다.

$$127\cos\theta\cdot\dot{\theta} = 203\cos\beta\cdot\dot{\beta} \tag{c}$$

정리하면,

$$\dot{\beta} = \frac{127\cos\theta}{203\cos\beta}\dot{\theta}$$

위 식에 $\theta = 30°$, $\beta = 54.34°$, $\dot{\theta} = -3$ rad/s로 대입하면 (음의 부호는 θ와 $\dot{\theta}$의 방향이 서로 반대임을 가리킨다.) 다음과 같이 된다.

$$\dot{\beta} = \frac{127\cos 30°}{203\cos 54.34°}(-3) = -2.785 \text{ rad/s}$$

따라서 봉 BC의 각속도는 다음과 같다.

$$\omega_{BC} = 2.79 \text{ rad/s (CCW)}$$ **답**

식 (c)의 시간에 대한 미분은 다음과 같다.

$$127(\cos\theta\cdot\ddot{\theta} - \sin\theta\cdot\dot{\theta}^2) = 203(\cos\beta\cdot\ddot{\beta} - \sin\beta\cdot\dot{\beta}^2)$$

그러므로,

$$\ddot{\beta} = \frac{127(\cos\theta\cdot\ddot{\theta} - \sin\theta\cdot\dot{\theta}^2) + 203\sin\beta\cdot\dot{\beta}^2}{203\cos\beta}$$

$\theta = 30°$를 대입하면 다음과 같다.

$$\ddot{\beta} = \frac{127[0 - \sin 30°(-3)^2] + 203\sin 54.34°(-2.785)^2}{203\cos 54.34°} = 5.985 \text{ rad/s}^2$$

따라서 봉 BC의 각속도는 다음과 같다.

$$\alpha_{BC} = 5.99 \text{ rad/s}^2 \text{ (CW)}$$ **답**

문항 2

식 (a)를 시간에 대해 미분하면 다음과 같다.

$$-127\sin\theta\cdot\dot{\theta} = \dot{x}_C + 203\sin\beta\cdot\dot{\beta}$$

$\dot{x}_C$에 대해서 풀면 식 (d)를 얻는다.

$$\dot{x}_C = -(127\sin\theta \cdot \dot{\theta} + 203\sin\beta \cdot \dot{\beta}) \tag{d}$$

$\theta = 30°$에서 위 식은 다음과 같이 된다.

$$\dot{x}_C = -[(127\sin 30°)(-3) + (203\sin 54.34°)(-2.785)] = 650 \text{ mm/s}$$

그러므로 C의 속도는 다음과 같다.

$$v_C = 650 \text{ mm/s} \rightarrow$$ 답

C의 가속도는 식 (d)를 미분하여 얻는다:

$$\ddot{x}_C = -127(\sin\theta \cdot \ddot{\theta} + \cos\theta \cdot \dot{\theta}^2) - 203(\sin\beta \cdot \ddot{\beta} + \cos\beta \cdot \dot{\beta}^2)$$

$\theta = 30°$를 대입하면 다음과 같이 된다.

$$\begin{aligned}\ddot{x}_C &= -127[0 + \cos 30°(-3)^2] - 203[\sin 54.34°(5.985) + \cos 54.34°(-2.785)^2] \\ &= -2896 \text{ mm/s}^2\end{aligned}$$

그러므로 C의 가속도는 다음과 같이 된다.

$$a_C = 2896 \text{ mm/s}^2 \leftarrow$$ 답

연습문제

주의: 다음의 문제들은 구속조건 방정식을 미분하여 푼다.

16.99 $\theta = 40°$인 위치일 때, 스코치 요크(scotch yoke)의 크랭크 AB의 각속도와 각가속도는 모두 반시계방향으로 각각 8 rad/s와 140 rad/s^{2}이다. 이 위치에서 미끄러지는 봉 D의 속도와 가속도를 결정하라.

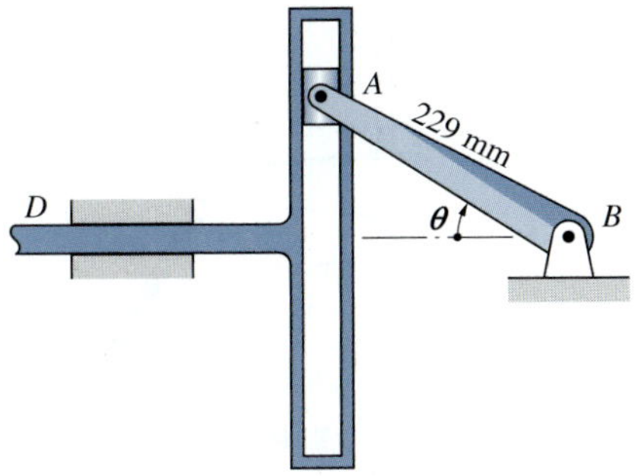

그림 P16.99

16.100 칼라 B는 오른쪽으로 일정한 속도 1.4 m/s로 미끄러지고 있다. 봉 AB가 $\theta = 20°$인 위치에 있을 때, (a) 칼라 A의 속도, (b) A의 가속도를 결정하라. 봉의 길이는 $L = 1.8$ m이다.

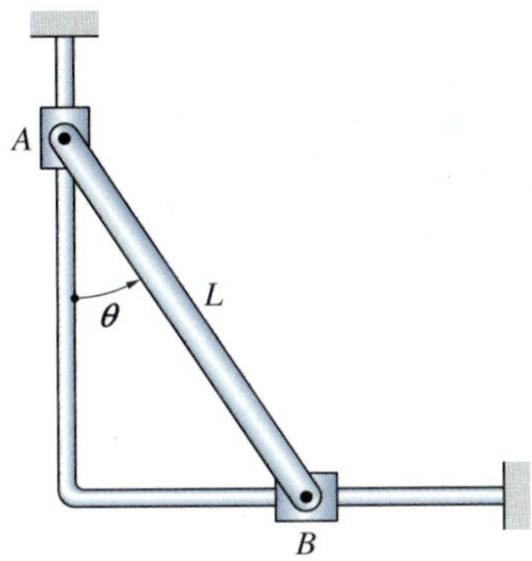

그림 P16.100

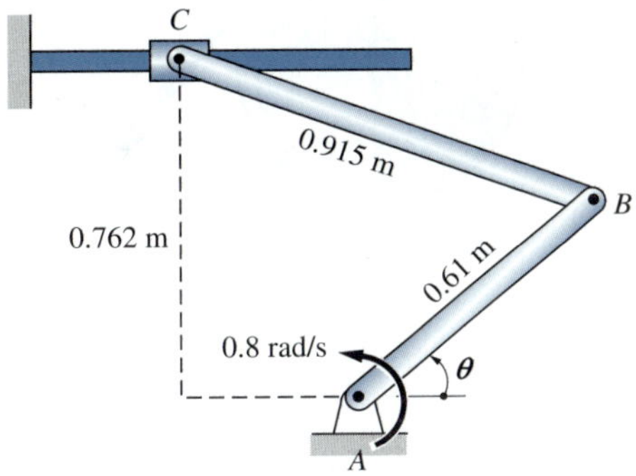

그림 P16.101

16.101 봉 AB가 0.8 rad/s CCW의 일정한 각속도로 A점을 중심으로 회전하고 있다. $\theta = 45°$일 때 봉 BC의 각속도와 각가속도를 결정하라.

16.102 $\theta = 60°$일 때, 기구의 봉 AB는 1.2 m/s의 속도로 왼쪽으로 미끄러지고 있다. 이 위치에서 봉 CD의 각속도를 구하라.

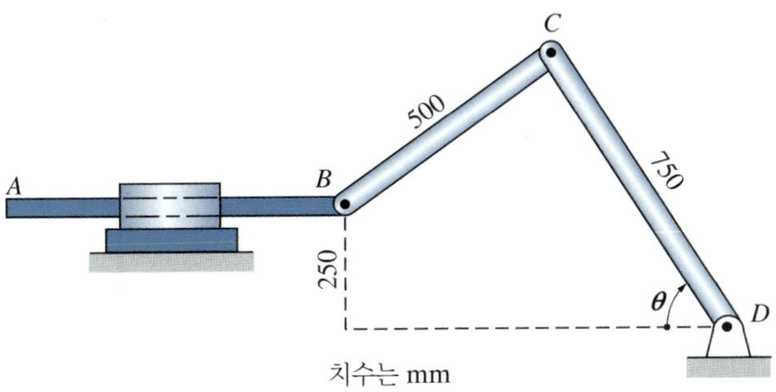

그림 P16.102

16.103 로봇 팔(arm)의 링크 OA는 시계방향으로 일정한 각속도 $\dot{\theta}_1 = 0.6$ rad/s로 회전하고 있다. 같은 시간에 암 AB의 끝단 B는 $x = 0.4$ m인 수직선을 따라 움직인다. $\theta_1 = 30°$일 때, 링크 AB의 각속도와 가속도를 결정하라. $\theta_2 < 90°$로 가정한다.

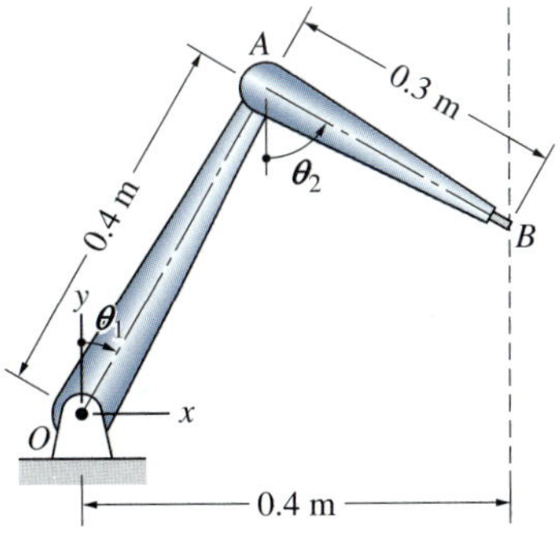

그림 P16.103

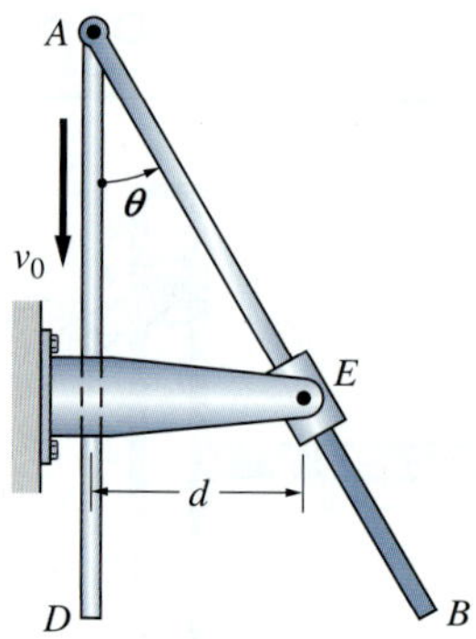

그림 P16.104

16.104 봉 AD가 일정한 속도 v_0로 고정된 칼라 E 안에서 미끄러지고 있다. (a) 봉 AB의 각속도, (b) 봉 AB의 각가속도를 각도 θ의 함수로 구하라.

16.105 봉 AD가 일정한 속도 v_0로 고정된 칼라 E 안에서 미끄러지고 있다. (a) 봉 AB의 각속도, (b) 봉 AB의 각가속도를 각도 θ의 함수로 구하라. 디스크의 축은 칼라 E에 고정되어 있다는 것을 유의하라.

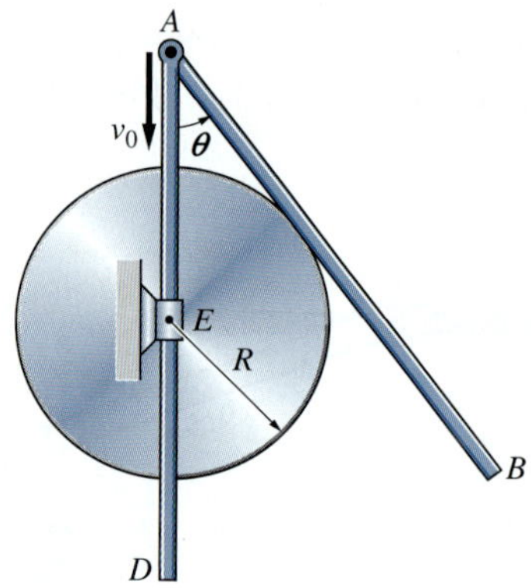

그림 P16.105

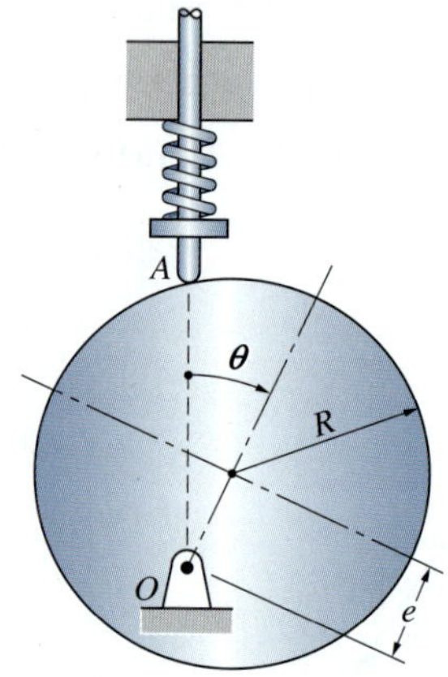

그림 P16.106, P16.107

16.106 원형 캠의 반경은 R이고 편심은 $e = R$이다. 팔로워(follower) 로드 A는 압축 스프링에 의해 항상 캠의 표면과 접촉상태를 유지한다. 캠이 $\theta = 0$의 정지 상태로부터 일정한 각가속도 $\ddot{\theta} = \alpha_0$로 운동을 시작한다고 가정한다. 로드의 가속도를 θ의 함수로 구하라.

16.107 원형 캠의 반경은 $R = 80$ mm이고, 편심은 $e = 40$ mm이다. 캠의 각속도가 800 rev/min인 경우, $\theta = 50°$일 때 로드 A의 속도를 계산하라.

***16.108** 봉 AB에 부착되어 있는 로프의 자유단이 0.61 m/s의 속도로 아래쪽으로 당겨진다. $\theta = 20°$일 때, AB의 각속도를 구하라.

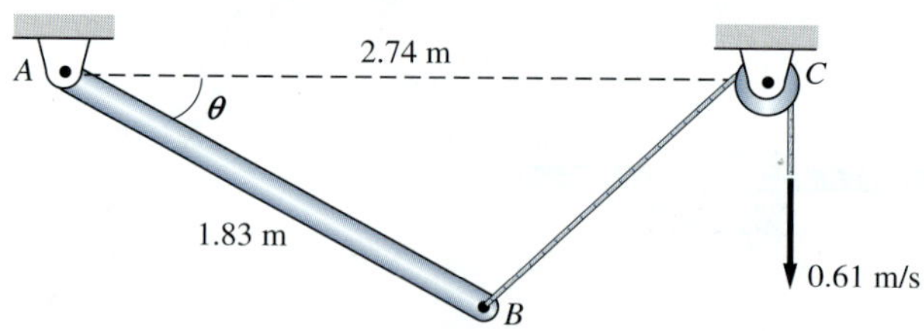

그림 P16.108

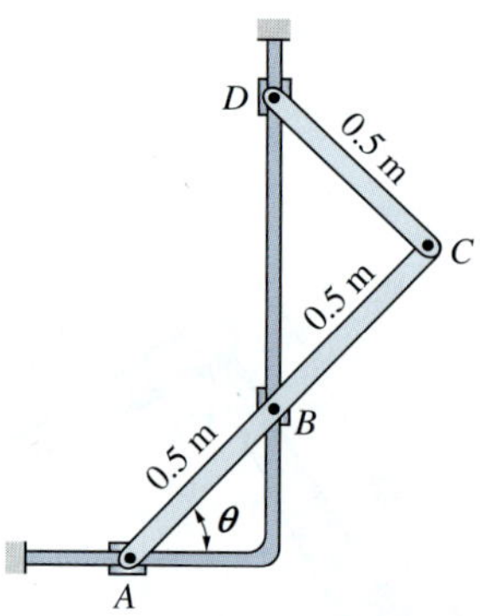

그림 P16.109

16.109 $\theta = 30°$일 때, 칼라 D는 3 m/s의 일정한 속도로 위로 미끄러지고 있다. 이 순간에 봉 ABC의 각속도와 각가속도를 결정하라.

16.110 봉 AB가 일정한 각속도 $\dot{\theta}_1 = 12$ rad/s로 회전함에 따라 봉 BC가 회전 가능한 슬리브(sleeve) D 안에서 미끄러진다. $\theta_2 = 30°$인 위치에서 봉 BC의 각속도를 계산하라.

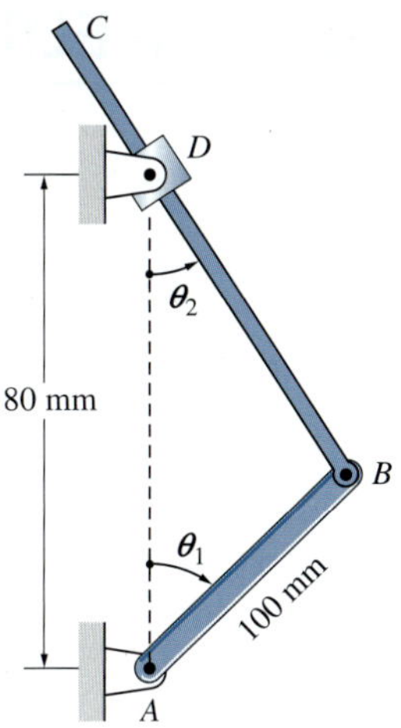

그림 P16.110

16.111 칼라 C는 일정한 속도 v_0로 수평 안내봉 위에서 미끄러진다. 봉 CD는 봉 AB에 부착되어 강체를 이루는 슬리브 B에서 자유롭게 미끄러진다. 봉 AB의 각속도와 각가속도를 v_0, b, θ의 항들로 나타내라. (힌트: $\omega_{AB} = \omega_{CD}$.)

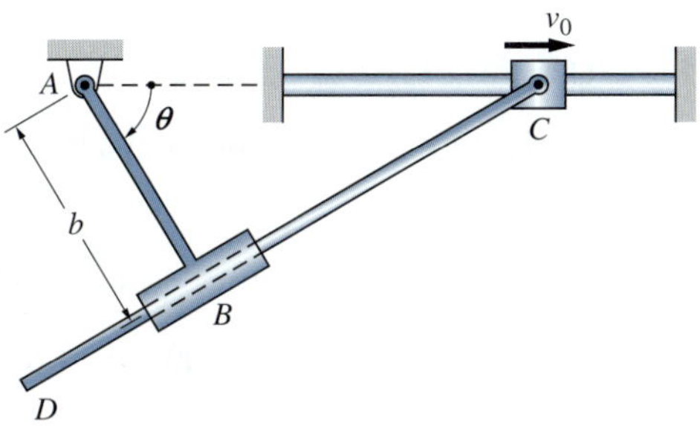

그림 P16.111

16.112 반경 R인 기어가 수평 랙 위에서 구른다. 핀 G는 기어의 중심에서 일정한 각속도 $\omega = \dot{\theta}$로 회전하는 암 AB의 홈에 맞물려서 미끄러진다. $\theta = 50°$일 때, 기어의 각가속도를 결정하라.

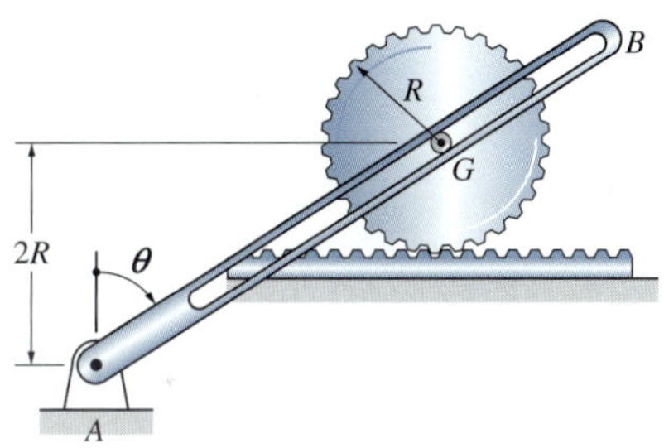

그림 P16.112

16.113 봉 ABD의 끝 점 A가 오른쪽으로 일정한 속력 $v_A = 0.61$ m/s로 밀리고 있다. $\theta = 30°$일 때, B점의 각속도 및 B점의 가속도벡터의 봉 ABD와 평행한 성분과 수직한 성분을 구하라. (참고: 이 문제는 회전 기준좌표계를 사용하여 앞서 문제 16.91에서 풀었다.)

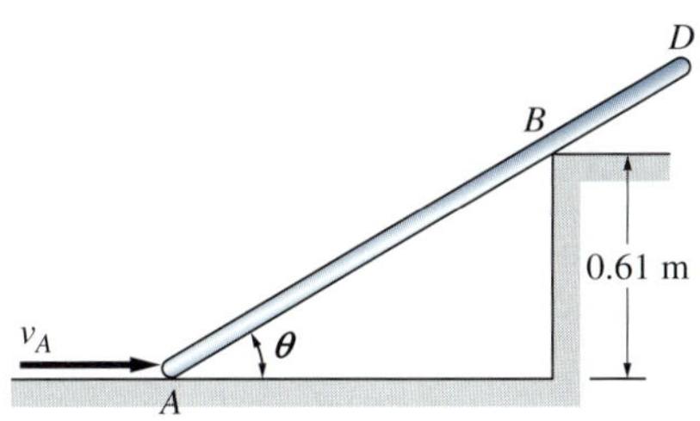

그림 P16.113

16.114 슬라이더 A의 속도가 일정할 때, (a) 슬라이더 B의 속도, (b) 슬라이더 B의 가속도를 각 θ로 표현하라.

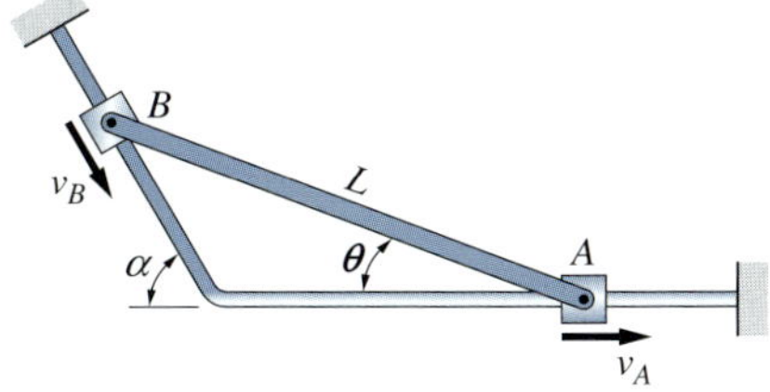

그림 P16.114

REVIEW OF EQUATIONS

Plane angular motion of a rigid body

$$\omega = \frac{d\theta}{dt} \qquad \alpha = \frac{d\omega}{dt} = \frac{d^2\theta}{dt^2} = \omega\frac{d\omega}{d\theta}$$

Rotation about a fixed axis

The velocity and acceleration components of a point in a body are:

$$v = R\omega \qquad a_n = R\omega^2 = \frac{v^2}{R} = v\omega \qquad a_t = R\alpha$$

$$\mathbf{v} = \boldsymbol{\omega} \times \mathbf{r} \quad \mathbf{a}_n = \boldsymbol{\omega} \times \mathbf{v} = \boldsymbol{\omega} \times (\boldsymbol{\omega} \times \mathbf{r}) \quad \mathbf{a}_t = \boldsymbol{\alpha} \times \mathbf{r}$$

R = radial distance from the axis
$\mathbf{r}$ = vector from any point on the axis to the point in the body

Relative motion

Points A and B are in the same rigid body. The relative velocity and acceleration are:

$$v_{B/A} = r_{B/A}\omega \qquad (a_{B/A})_n = r_{B/A}\omega^2 = \frac{v_{B/A}^2}{r_{B/A}} \qquad (a_{B/A})_t = r_{B/A}\alpha$$

$$\mathbf{v}_{B/A} = \boldsymbol{\omega} \times \mathbf{r}_{B/A} \qquad (\mathbf{a}_{B/A})_n = \boldsymbol{\omega} \times \mathbf{v}_{B/A} = \boldsymbol{\omega} \times (\boldsymbol{\omega} \times \mathbf{r}_{B/A})$$

$$(\mathbf{a}_{B/A})_t = \boldsymbol{\alpha} \times \mathbf{r}_{B/A}$$

Rolling without slipping

The velocity and acceleration of the center O of a disk are:

$$v_o = R\omega \qquad a_o = R\alpha$$

R = radius of the disk

Motion relative to a rotating reference frame

Reference frame is embedded in body $\mathcal{B}$ that rotates with angular velocity $\boldsymbol{\omega}$ and angular acceleration $\dot{\boldsymbol{\omega}}$. The velocity and acceleration of point P (not necessarily in the body) are

$$\mathbf{v}_P = \mathbf{v}_A + \boldsymbol{\omega} \times \mathbf{r}_{P/A} + \mathbf{v}_{P/\mathcal{B}}$$

$$\mathbf{a}_P = \mathbf{a}_A + \left[\dot{\boldsymbol{\omega}} \times \mathbf{r}_{P/A} + \boldsymbol{\omega} \times (\boldsymbol{\omega} \times \mathbf{r}_{P/A})\right] + \mathbf{a}_{P/\mathcal{B}} + 2\boldsymbol{\omega} \times \mathbf{v}_{P/\mathcal{B}}$$

REVIEW PROBLEMS

16.115 In the position shown, velocities of corners A and B of the plate are $\mathbf{v}_A = 2.9\mathbf{j} - 1.22\mathbf{k}$ m/s and $\mathbf{v}_B = u\mathbf{i} + 2.11\mathbf{k}$ m/s, where u is an unknown. Knowing that the plate is rotating at a constant angular velocity about an axis that passes through O, determine (a) the angular velocity of the plate; and (b) the acceleration of corner A.

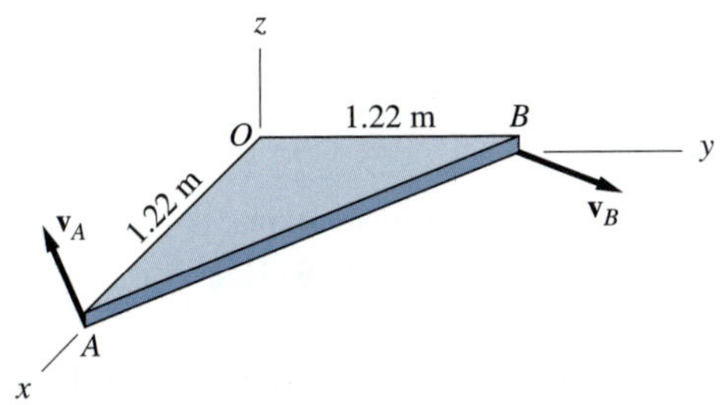

Figure P16.115

16.116 The angular acceleration of the body undergoing plane motion is $\alpha = 6t^2 + k$ rad/s², where t is in seconds and k is a constant. When $t = 0$, the angular position coordinate of the body is $\theta = -4$ rad, and its angular velocity is $\omega = 6$ rad/s. When $t = 2$ s, the angular position coordinate is $\theta = -8$ rad. Determine the angular acceleration of the body when $t = 3$ s.

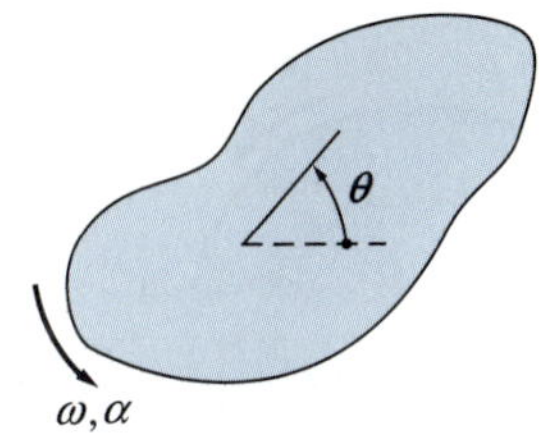

Figure P16.116

16.117 The disk rolls and slides on the horizontal surface. If the velocity of point A on the rim of the disk is as shown, determine the angular velocity of the disk and the speed of the center O of the disk.

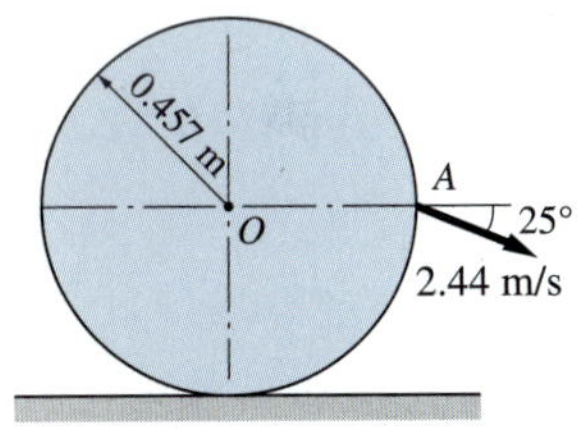

Figure P16.117

16.118 When $\theta = 30°$, the angular velocity and angular acceleration of the arm AB are $\dot{\theta} = 2$ rad/s and $\ddot{\theta} = -1.5$ rad/s². Compute the velocity and acceleration vectors of point C for this position.

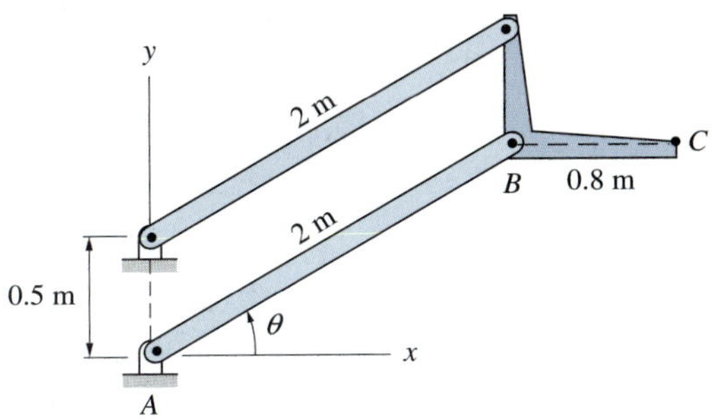

Figure P16.118

16.119 The roller C is moving up the slot with the constant speed of 152.4 mm/s. Find the angular velocities of bars AB and BC in the position shown.

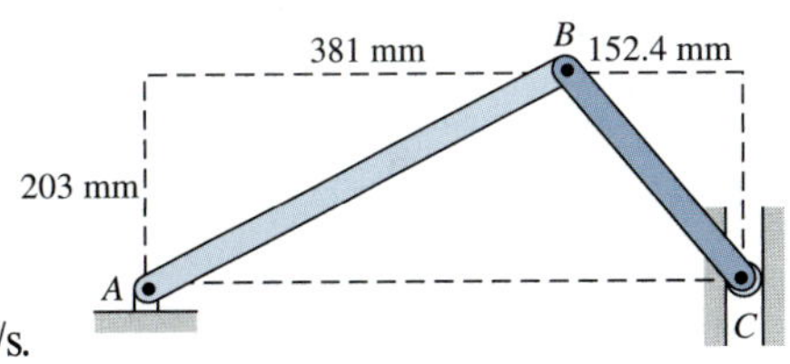

Figure P16.119

16.120 The bent rod ABC rotates about the axis AB. In the position shown, the angular velocity and acceleration of the rod are $\omega = 4$ rad/s and $\dot{\omega} = -20$ rad/s^2. Determine the velocity and acceleration of end C in this position.

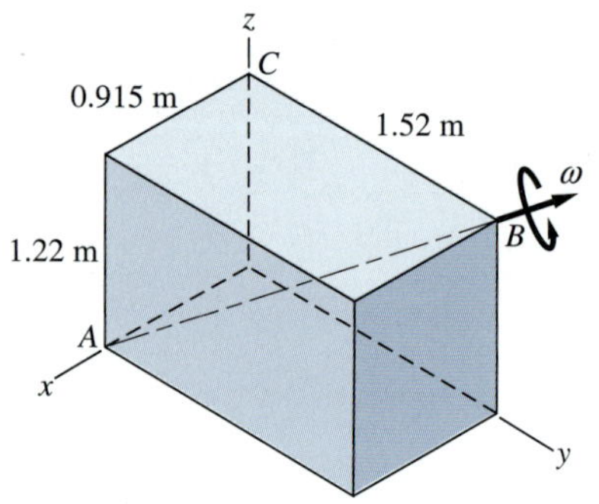

Figure P16.121

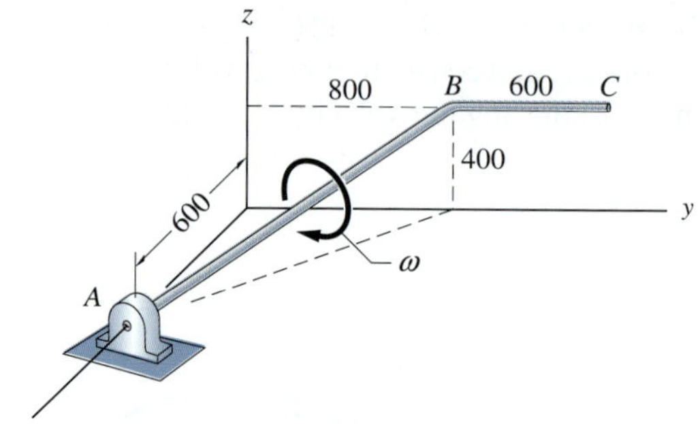

Dimensions in mm

Figure P16.120

16.121 The block is rotating about the diagonal AB with the constant angular velocity $\omega = 5$ rad/s. Determine the velocity and acceleration vectors of point C in the position shown.

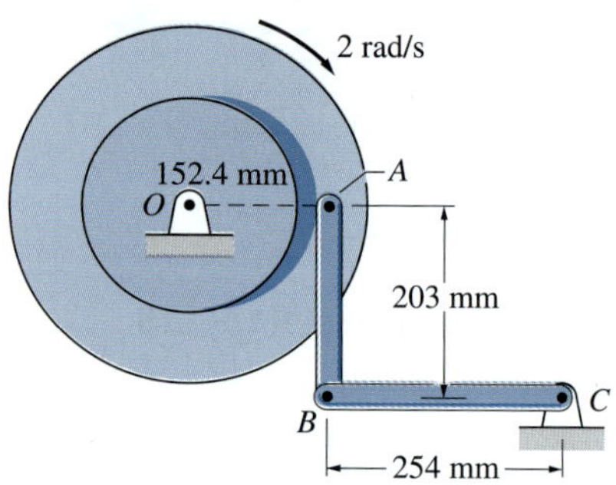

Figure P16.122

16.122 The disk is rotating clockwise with the constant angular velocity of 2 rad/s. Determine the angular accelerations of bars AB and BC in the position shown.

16.123 Bar AB of the mechanism rotates with constant angular velocity of 4.5 rad/s. Determine the angular acceleration of bar BC and the acceleration of slider C in the position shown.

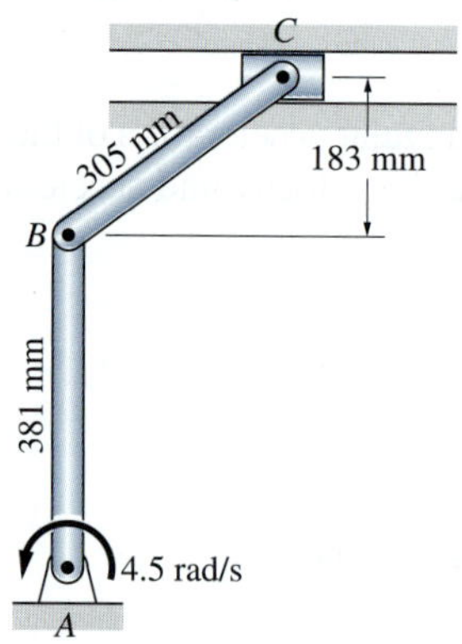

Figure P16.123

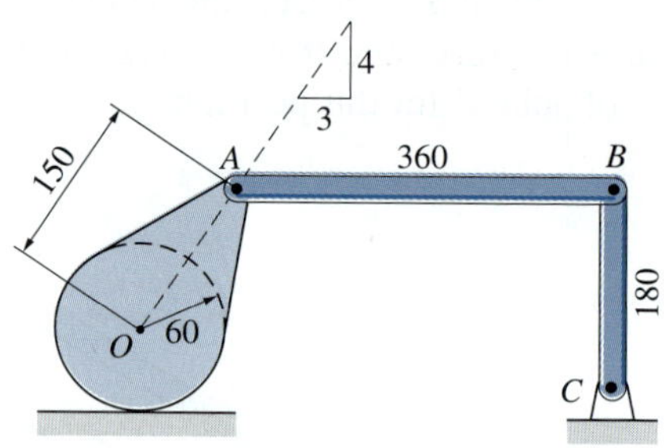

Dimensions in mm

Figure P16.124

16.124 The rocker OA rolls without slipping on the horizontal surface. In the position shown, the angular velocity of the rocker is 7 rad/s clockwise. Determine the angular velocity of link BC in this position.

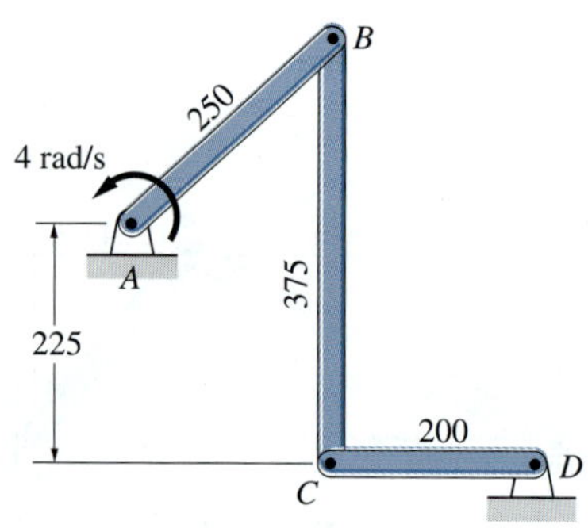

Dimensions in mm

Figure P16.125

16.125 Bar AB is rotating counterclockwise with a constant angular velocity of 4 rad/s. (a) Verify that in the position shown, the angular velocities of bars BC and CD are 1.6 rad/s (CCW) and 4 rad/s (CW), respectively. (b) Determine the angular accelerations of bars BC and CD in the same position.

16.126 Bar AB is rotating clockwise with the constant angular velocity of 72 rad/s. When the mechanism is the position shown, determine the angular velocity of the plate BCD and the magnitude of the velocity of corner D.

16.127 In the position shown, the bent rod AB is rotating about A with the angular velocity $\omega = 6$ rad/s and the angular acceleration $\dot{\omega} = 18$ rad/s^2. At the same time, collar D is sliding on the rod with the velocity $v = 0.915$ m/s and acceleration $\dot{v} = -1.22$ m/s^2 (measured relative to the rod). Determine the acceleration of collar D in this position.

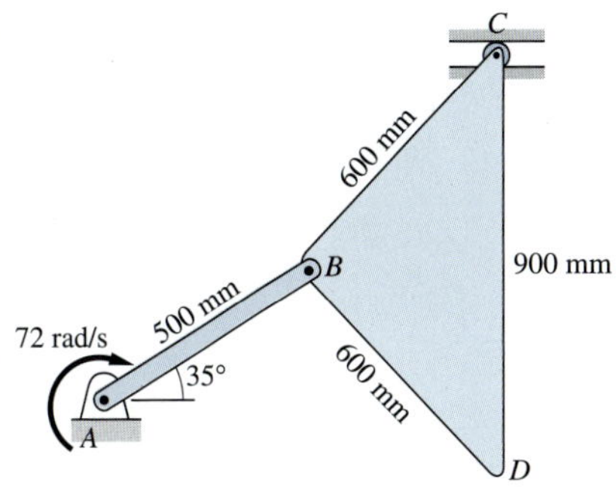

Figure P16.126

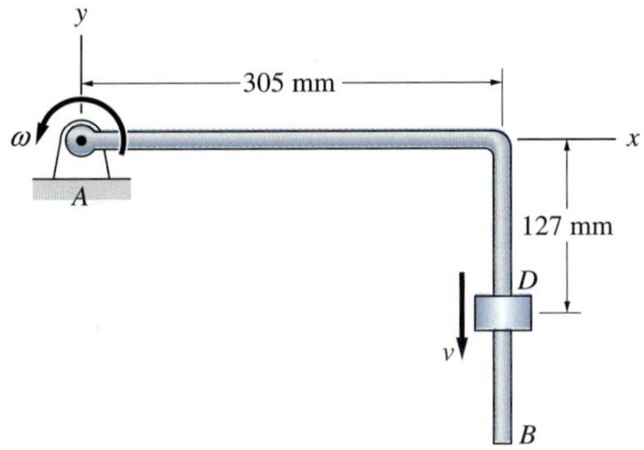

Figure P16.127

16.128 Bar AB of the linkage has a constant angular velocity of 1.5 rad/s, directed clockwise. Determine the velocity and acceleration of slider C in the position shown. Note that the angle between the bars is 90 degrees.

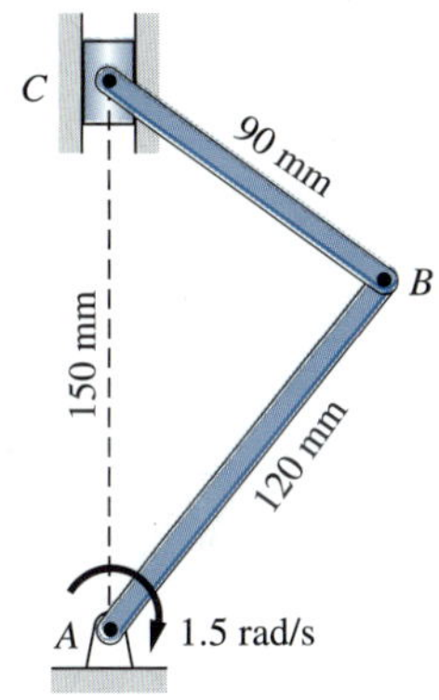

Figure P16.128

16.129 Bar AB of the linkage rotates with the constant angular velocity of 12 rad/s. For the position shown, determine (a) the angular velocities of bars BC and CD; and (b) the angular accelerations of bars BC and CD.

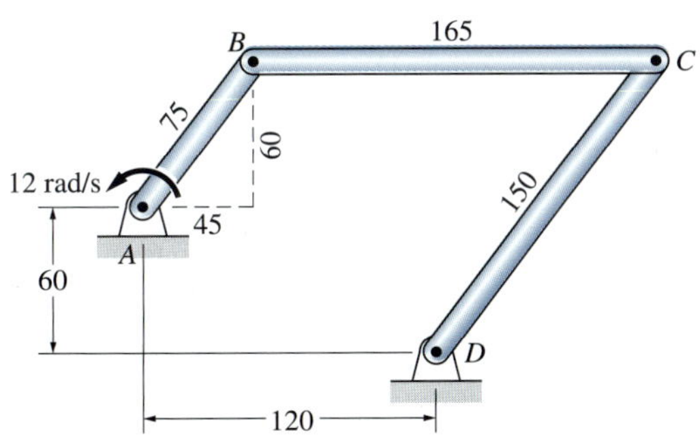

Dimensions in mm

Figure P16.129

16.130 In the position shown, the angular velocity and angular acceleration of the rod AB are 6 rad/s and 8 rad/s^2, respectively, both counterclockwise. For this position, calculate (a) the velocity of collar A; and (b) the acceleration of collar A.

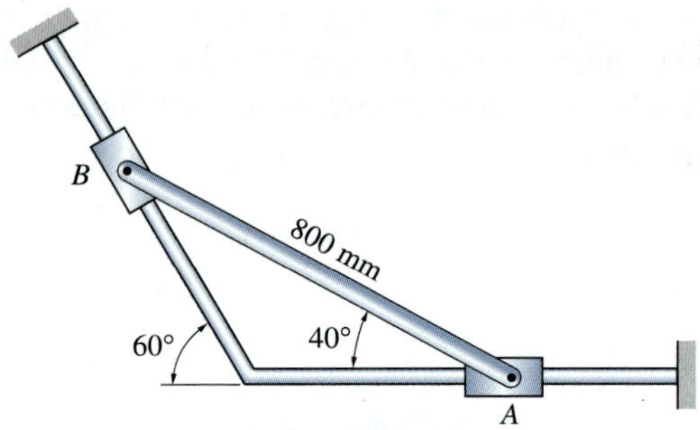

Figure P16.130

16.131 The curved, slender bar OC rotates about O. At the instant shown, the angular velocity of OC is 2 rad/s and its angular acceleration is zero. Find the angular acceleration of bar AB at this instant.

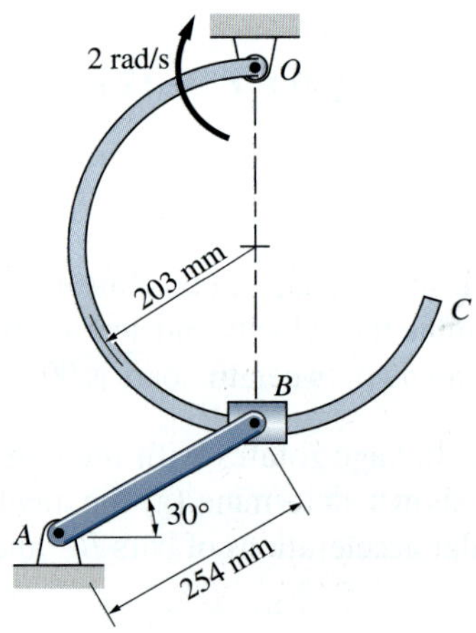

Figure P16.131

강체의 평면운동역학: 힘–질량–가속도 법 17

Planar Kinetics of Rigid Bodies: Force-Mass-Acceleration Method

17.1 서론

이 장에서는 평면운동을 하는 강체의 운동역학 해석에 관한 힘–질량–가속도 법(FMA법)을 소개한다. 이 방법의 기초가 되는 운동방정식들은 제15장에서 유도한 질점계의 운동을 지배하는 운동방정식으로부터 얻을 수 있다. 즉, 강체는 질점들의 집합으로 구성되어 있으며, 이 질점들 사이의 거리가 일정하다는 사실을 이용하여 질점계에 관한 공식으로부터 유도한다. 이와 같이 유도된 방정식들을 *오일러의 운동법칙*(Euler's laws of motion)이라고 한다. 이 방정식들 중에서 첫째 식은 강체의 무게중심 운동에 관한 것으로서 질점계 무게중심에 관한 운동방정식과 동일하다. 둘째 식은 물체의 회전운동에 관한 것으로서 질점계의 모멘트와 각운동량의 관계와 동일하다. 이 법칙을 강체에 적용하려면 *질량관성 모멘트*(mass moment of inertia)의 개념을 도입해야 하므로 그다음 절에서 이를 설명한다. 그다음 절에서는 강체의 각운동량을 설명하고, 이를 사용하여 운동방정식을 유도한다. 또한, 자유물체도(FBD)와 질량–가속도 선도(MAD)가 이 운동방정식에 어떻게 사용되는가를 논의한다. 이 장의 결론으로 운동방정식을 적분하여 운동 이력을 구하는 방법을 설명한다.

Gines Romero/Shutterstock.com

가속도가 충분히 크면, 오토바이 앞바퀴는 지면에서 들리게 되어 "윌리(wheelie)"가 된다. 이러한 문제는 문제 17.18에서 논의한다.

17.2 질량관성 모멘트: 복합물체

이 절에서는 어떤 강체의 한 축에 관한 질량관성 모멘트를 소개한다. 부록 F에서 질량관성 모멘트에 관하여 자세하게 설명하였으며, 이것을 적분하는 방법도 함께 논의하였다.

17.2a 질량관성 모멘트

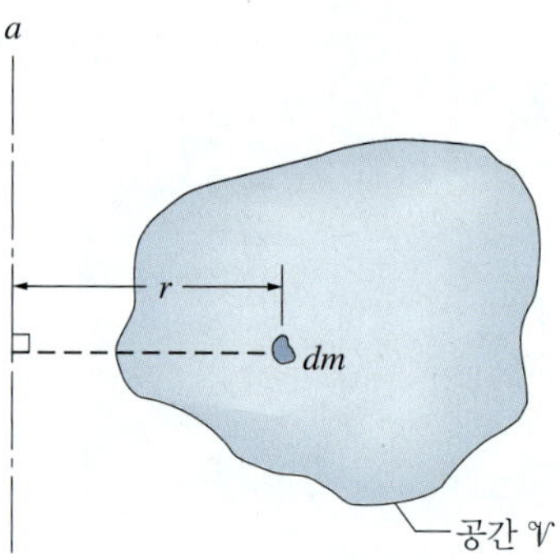

그림 17.1

그림 17.1에는 질량이 m이고 공간 $\mathcal{V}$를 차지하는 물체가 나타나 있다. r은 a축으로부터 미분질량 dm까지의 수직거리이다. 이 물체의 a축에 관한 질량관성 모멘트는 다음과 같이 정의된다.

$$I_a = \int_{\mathcal{V}} r^2\, dm \tag{17.1}$$

물체의 질량이 자체의 병진운동 변화에 저항하는 능력의 척도가 되는 것과 같이, 이 적분은 물체가 a축에 관한 자체의 각운동 변화에 저항하는 능력의 척도를 나타낸다는 것을 금방 알게 될 것이다.

이 정의에서 질량관성 모멘트는 차원이 $[ML^2]$인 양(+)의 물리량이라는 것을 알 수 있다. SI 단위계에서 I_a를 kg·m^{2}으로 나타낸다. 미 상용단위계에서는 I_a를 sulg·ft^2 또는 이와 등가인 lb·ft·s^{2}으로 나타낸다. (slug·in.^{2}은, 1 slug가 1 lb·s^2/ft에 상당하여 길이 단위에 일관성이 없어지게 되므로 지금까지 사용된 적이 없다.)

17.2b 회전반경

a축에 관한 이 강체의 회전반경 k_a는 다음과 같이 정의된다.

$$I_a = mk_a^2 \quad \text{or} \quad k_a = \sqrt{\frac{I_a}{m}} \tag{17.2}$$

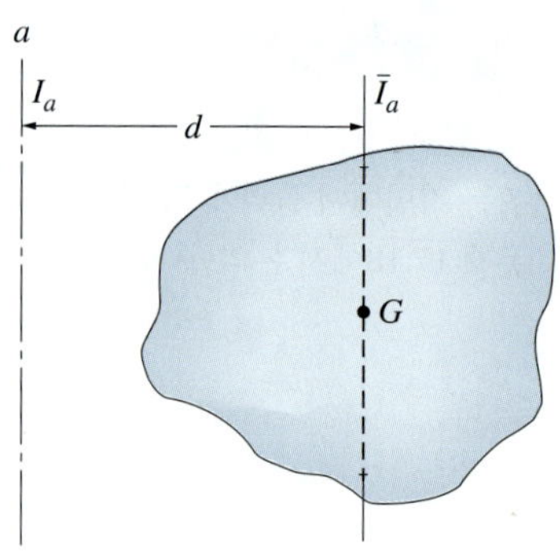

그림 17.2

비록 회전반경의 단위가 길이지만(예를 들면, ft, m), 이것은 물리적으로 측정될 수 있는 거리는 아니고, 식 (17.2)를 계산함으로써만 얻을 수 있다. 회전반경으로 질량이 동일한 물체들의 회전 저항을 비교할 수 있다.

17.2c 평행축정리

그림 17.2에 그려져 있는 평행한 두 축을 살펴보기로 하자. a축의 위치는 임의로 정한 것이다. 강체의 무게중심 G를 통과하는 다른 축은 a **중심축**(central a-axis)*이라고 하자.

두 축 사이의 거리가 d일 때 평행축정리를 이용하여 다음과 같이 나타낸다.

$$I_a = \bar{I}_a + md^2 \tag{17.3}$$

여기서, m은 이 물체의 질량, I_a는 a축에 관한 관성 모멘트 그리고 $\bar{I}_a$는 중심 a축에 관한 관성 모멘트이다. 중심축에 관한 관성 모멘트를 알고 있을 때, 이 평행축 정리를 이용하면 이 중심축에 평행한 임의의 축에 관한 관성 모멘트를 적분을 수행하지 않고 계산할 수 있다. 표 17.1은 몇 가지 균질 강체의 중심축에 관한 관성 모멘트를 나타낸다.

주의 평행축정리는 한 축이 중심축일 때만 적용될 수 있다.

증명

평행축정리를 증명하기 위하여, 그림 17.3의 $\mathcal{V}$ 영역에 위치한 질량이 m인 강체를 고려한다. xyz 좌표계의 원점 O는 임의로 정해진다. 그러나 x', y', z'축은 xyz축에 평행하고 중심축이다. 질량중심 G의 xyz축에 관한 좌표는 $\bar{x}$, $\bar{y}$, $\bar{z}$로 표현된다. dm은 이 물체의 미소질량요소이고 P점에 놓여 있다. z축에서부터 P점까지의 수직거리가 $r = (x^2 + y^2)^{1/2}$이므로, 이 강체의 z축에 관한 관성 모멘트는 다음과 같다.

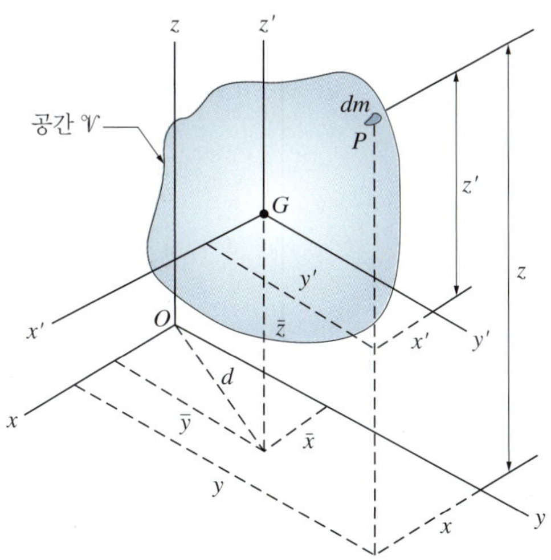

그림 17.3

* 무게중심을 통과하는 임의의 축을 **중심축**(central axis)이라고 하는 것이다. a **중심축**은 중심축이고, a축에 평행하다.

표 17.1 균질강체의 질량관성 모멘트(ρ = 질량밀도)

<table>
<tr>
<td>
가늘고 기다란 봉(A = 단면적)

$m = AL\rho$

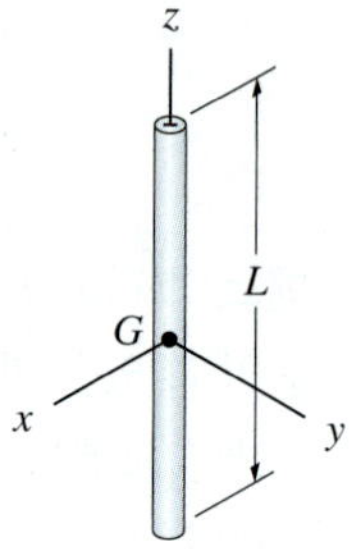

$\bar{I}_x = \bar{I}_y = \frac{1}{12}mL^2 \qquad \bar{I}_z \approx 0$
</td>
<td>
원기둥

$m = \pi R^2 h\rho$

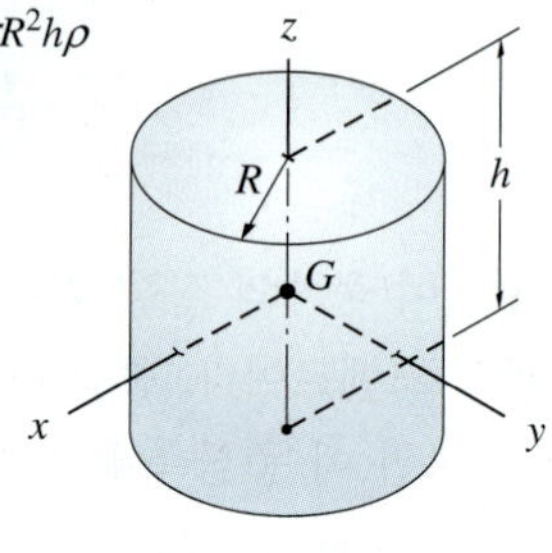

$\bar{I}_x = \bar{I}_y = \frac{1}{12}m(3R^2 + h^2) \qquad \bar{I}_z = \frac{1}{2}mR^2$
</td>
</tr>
<tr>
<td>
가느다란 링(A = 단면적)

$m = 2\pi AR\rho$

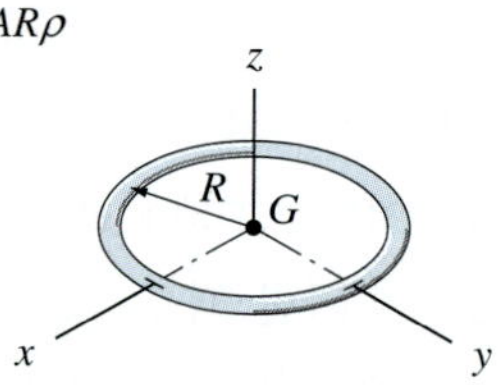

$\bar{I}_x = \bar{I}_y = \frac{1}{2}mR^2 \qquad \bar{I}_z = mR^2$
</td>
<td>
구

$m = \frac{4\pi}{3}R^3\rho$

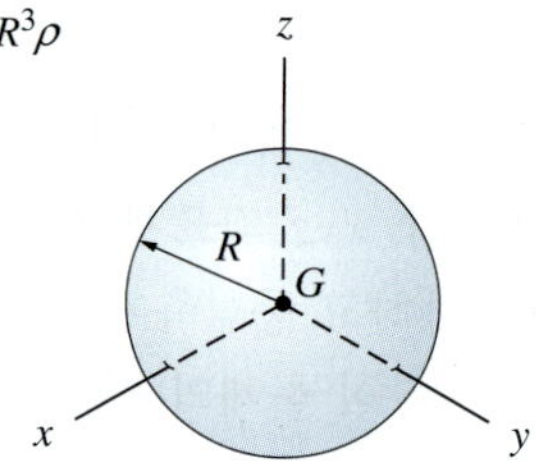

$\bar{I}_x = \bar{I}_y = \bar{I}_z = \frac{2}{5}mR^2$
</td>
</tr>
<tr>
<td>
사각기둥

$m = abc\rho$

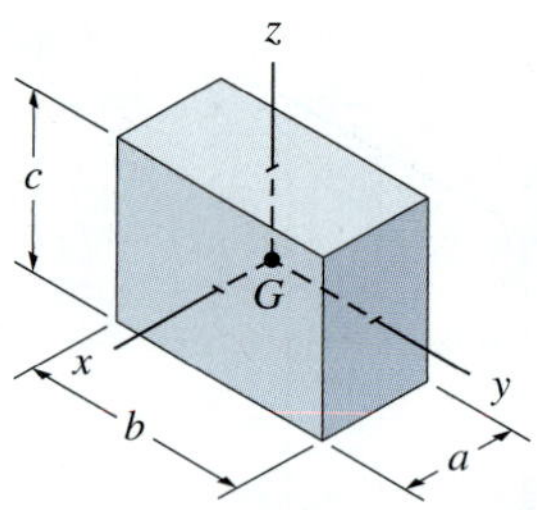

$\bar{I}_x = \frac{1}{12}m(b^2 + c^2)$
$\bar{I}_y = \frac{1}{12}m(c^2 + a^2)$
$\bar{I}_z = \frac{1}{12}m(a^2 + b^2)$
</td>
<td>
원뿔

$m = \frac{\pi}{3}R^2 h\rho$

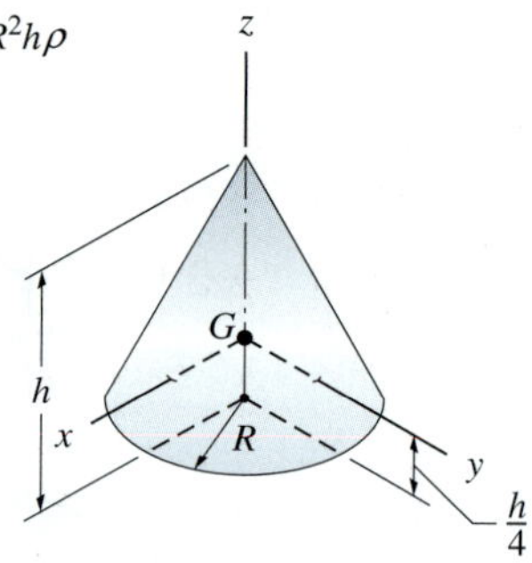

$\bar{I}_x = \bar{I}_y = \frac{3}{80}m(4R^2 + h^2)$
$\bar{I}_z = \frac{3}{10}mR^2$
</td>
</tr>
</table>

$$I_z = \int_{\mathcal{V}} r^2\,dm = \int_{\mathcal{V}} (x^2 + y^2)\,dm \tag{a}$$

$x = x' + \bar{x}$ 그리고 $y = y' + \bar{y}$를 대입하면,

$$I_z = \int_{\mathcal{V}} \left[(x' + \bar{x})^2 + (y' + \bar{y})^2\right] dm \tag{b}$$

이 식을 전개하고 같은 항끼리 다시 묶으면 다음과 같다.

$$I_z = \int_{\mathcal{V}} (x'^2 + y'^2)\,dm + \int_{\mathcal{V}} (\bar{x}^2 + \bar{y}^2)\,dm + 2\bar{x}\int_{\mathcal{V}} x'\,dm + 2\bar{y}\int_{\mathcal{V}} y'\,dm \tag{c}$$

이제, 이 식의 각각의 적분 항을 고려하자. 첫 번째 적분은 $I_{z'}$와 같고, 이것은 z' 축에 관한 관성 모멘트이다. z'는(질량중심 G를 통과하는) 중심축이므로, 이 항은 $\bar{I}_z$로 표현될 수 있다. $d = (\bar{x}^2 + \bar{y}^2)^{1/2}$로 놓으면 이것은 z와 z'축 사이의 거리이므로 식 (c)의 두 번째 적분은 md^2과 동일하다. 식 (c)에서 마지막 두 적분은 0이다. 왜냐하면 y'축 및 x'축이 중심축이라는 것을 고려하면 $\int_{\mathcal{V}} x'\,dm = 0$ 그리고 $\int_{\mathcal{V}} y'\,dm = 0$이기 때문이다. 따라서, 식 (c)는 다음과 같이 된다.

$$I_z = \bar{I}_z + md^2 \tag{d}$$

z축이 임의로 정해졌기 때문에 식 (17.3)과 식 (d)를 비교하면, 이 평행축정리가 증명되었다는 것을 알 수 있다.

17.2d 복합물체법

식 (17.1)로부터 질량관성 모멘트를 계산하기 위해서는 강체 전체에 대하여 적분을 수행하여야 한다. 이에 관한 여러가지 적분 기법을 부록 F에서 설명하였다. 이 절에서는 **복합물체법**(method of composite bodies)에 한정하여 논의한다. 이 복합물체법은 정적분의 성질로부터 직접 유도된다.

> 합의 적분은 적분의 합과 동일*

이 성질을 이용하면, 어떤 강체가 여러 부분으로 나누어질 때 그 강체의 어떤 주어진 축에 관한 관성 모멘트는 각 부분의 그 축에 관한 관성 모멘트의 합과 동일하다는 것을 알 수 있다. 다음의 예제가 이 복합물체법을 설명한다.

* 이 성질은 제8장에서 논의하게 될 복합형상법의 기초이기도 하다.

예제 17.1

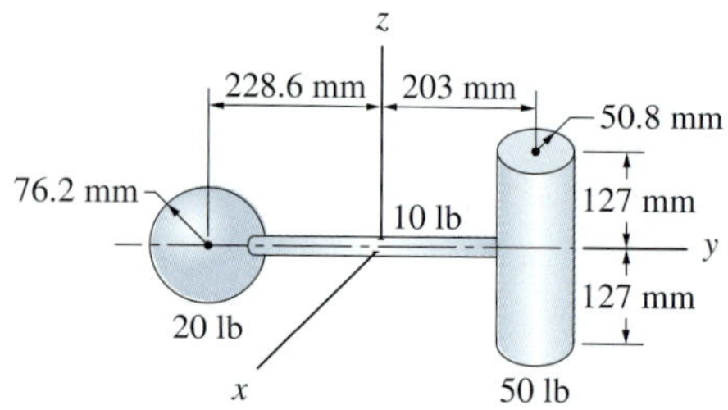

(a)

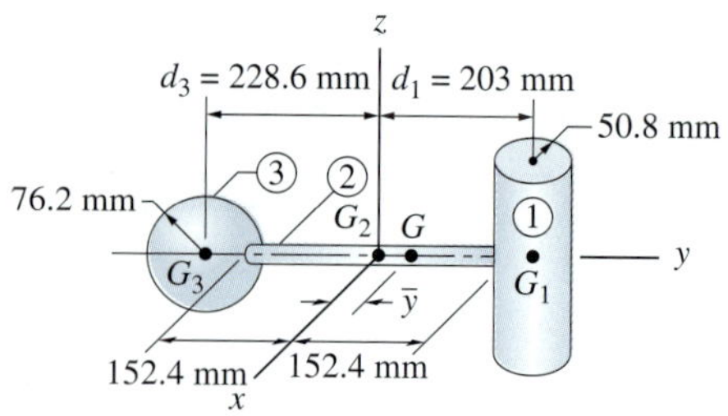

(b)

그림 (a)는 3개의 균질 강체, 즉 22.68 kg의 실린더, 4.54 kg의 가는 막대 그리고 9.07 kg의 구로 구성되어 있다. 이 조립품에 대하여, (1) x축에 관한 질량관성 모멘트 I_x를 계산하라. (2) 이 조립품의 중심 x축에 관한 질량관성 모멘트 $\bar{I}_x$ 및 회전반경 $\bar{k}_x$를 계산하라.

풀이

원통, 막대 및 구의 질량중심 G_1, G_2, G_3가 그림 (b)에 나와 있다. 대칭성으로 이 조립체의 질량중심 G는 y축상에 놓여 있게 되므로, 이 좌표 $\bar{y}$를 구한다.

다음 계산에서는, 단위를 일관되게 하고자 모든 길이의 단위를 mm에서 m로 변환시켰다. 그러므로 관성 모멘트의 단위는 kg·m^{2}이 된다.

문항 1

원통 표 17.1을 사용하여 원통 자체의 x 중심 축에 관한 관성 모멘트는 다음과 같다.

$$(\bar{I}_x)_1 = \frac{1}{12}m_1(3R^2 + h^2) = \frac{1}{12}22.68\left[3(0.0508)^2 + (0.254)^2\right]$$
$$= 0.1366 \text{ kg}\cdot\text{m}^2$$

평행축정리를 사용하면 원통의 x축에 관한 관성 모멘트는 다음과 같이 된다.

$$(I_x)_1 = (\bar{I}_x)_1 + m_1 d_1^2$$
$$= 0.1366 + 22.68(0.203)^2 = 1.0722 \text{ kg}\cdot\text{m}^2$$

가는 막대 G_2가 xyz축의 원점과 일치하기 때문에, 막대의 x축에 관한 관성 모멘트는 표 17.1에서 직접 구한다.

$$(I_x)_2 = (\bar{I}_x)_2 = \frac{1}{12}mL^2$$
$$= \frac{1}{12}4.54(0.3048)^2 = 0.0351 \text{ kg}\cdot\text{m}^2$$

구 표 17.1에서 구의 x 중심 축에 관한 관성 모멘트는 다음과 같다.

$$(\bar{I}_x)_3 = \frac{2}{5}mR^2 = \frac{2}{5}9.07(0.0762)^2 = 0.021 \text{ kg}\cdot\text{m}^2$$

평행축정리를 사용하면 x축에 관한 관성 모멘트는 다음과 같이 나온다.

$$(I_x)_3 = (\bar{I}_x)_3 + m_3 d_3^2$$
$$= 0.021 + 9.07(0.2286)^2 = 0.495 \text{ kg}\cdot\text{m}^2$$

조립체 조립체의 임의의 축에 관한 관성 모멘트는 각 부품들의 그 축에 관한 관성 모멘트를 합한 것과 같다. 그러므로 위에서 구한 값들을 합하면 다음과 같다.

$$
\begin{aligned}
I_x &= (I_x)_1 + (I_x)_2 + (I_x)_3 \\
&= 1.0722 + 0.0351 + 0.495 \\
&= 1.6 \text{ kg} \cdot \text{m}^2
\end{aligned}
$$

답

문항 2

그림 (b)를 참고하면 G의 y 좌표는

$$
\bar{y} = \frac{\Sigma_i m_i y_i}{\Sigma_i m_i} = \frac{\Sigma_i W_i \bar{y}_i}{\Sigma_i W_i} = \frac{22.68(0.203) + 4.54(0) - 9.07(0.2286)}{22.68 + 9.07 + 4.54}
$$

$$
= \frac{2.531}{36.29} = 0.0697 \text{ m, i.e., } 69.7 \text{ mm}
$$

$\bar{y}$는 x축과 조립체의 x 중심 축 사이의 거리이므로, 조립체의 x 중심 축에 관한 관성 모멘트는 평행축정리를 사용하면 다음과 같이 된다.

$$
\begin{aligned}
\bar{I}_x = I_x - m\bar{y}^2 &= 1.6 - 36.29(0.0697)^2 \\
&= 1.424 \text{ kg} \cdot \text{m}^2
\end{aligned}
$$

답

이때의 회전반경은 다음과 같다.

$$
\bar{k}_x = \sqrt{\frac{\bar{I}_x}{m}} = \sqrt{\frac{1.424}{36.29}} = 0.198 \text{ m}
$$

답

$\bar{I}_x$를 계산하는 다른 방법

앞의 풀이에서는 각 부품의 I_x값을 합하여 조립체의 I_x를 먼저 계산한 후 평행축정리를 사용하여 $\bar{I}_x$를 계산하였다. 조립체의 $\bar{I}_x$를 계산하는 다른 방법은 각 부품의 관성 모멘트를 조립체의 x 중심 축에 관하여 먼저 계산한 후, 이 값들을 합하는 것이다. 이 방법을 사용하면 다음과 같이 된다.

$$
\bar{I}_x = \left[(\bar{I}_x)_1 + m_1(d_1 - \bar{y})^2\right] + \left[(\bar{I}_x)_2 + m_2\bar{y}^2\right] + \left[(\bar{I}_x)_3 + m(d_3 + \bar{y})^2\right]
$$

이 식에서 $\bar{I}_x$는 전체 조립체 자체의 x 중심 축에 관한 관성 모멘트이다. 여기서, x 중심 축이란 G를 통과하는 축이다. 그 반면, $(\bar{I}_x)_1$, $(\bar{I}_x)_2$ 및 $(\bar{I}_x)_3$는 각 부품 자체의 중심축에 관한 관성 모멘트이다. 그림 (b)에서 알 수 있는 바와 같이 G와 각 부품의 질량중심 사이의 거리는 $(d_1 - \bar{y})$, $\bar{y}$ 및 $(d_3 + \bar{y})$이므로, 이 값들을 대입하면 다음과 같다.

$$I_x = \left[0.1366 + 22.68(0.203 - 0.0697)^2\right] + \left[0.0351 + 4.54(0.0697)^2\right] + \left[0.021 + 9.07\text{ kg}(0.2286 + 0.0697)^2\right]$$
$$= 0.5393 + 0.0572 + 0.8284 = 1.424\text{ kg}\cdot\text{m}^2$$

답

이는 앞에서 구한 결과와 일치한다.

예제 17.2

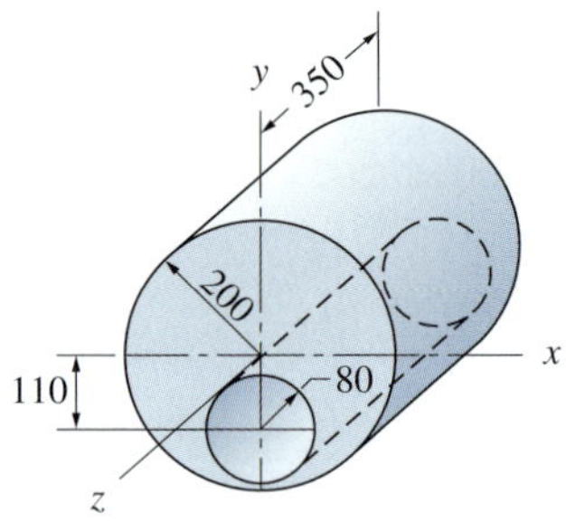

치수는 mm

(a)

그림 (a)와 같은 기계부품은 질량이 290 kg으로 직경 400 mm, 길이 350 mm인 균질 원통에 직경 160 mm인 편심 구멍을 뚫어서 제작되었다. (1) 이 부품의 z축에 관한 질량 관성 모멘트 I_z를 계산하라. (2) 이 부품의 z 중심 축에 관한 회전반경 $\bar{k}_z$를 계산하라.

풀이

그림 (a)의 기계부품은 그림 (b)의 균질 원통 A에서 그림 (c)의 균질 원통 B를 뺀 것으로 볼 수 있다. 다시 말하면, 균질 원통 A에서 균질 원통 B를 뺀 것이 그림 (a)의 기계부품이다.

이 기계부품의 질량밀도 ρ는

$$\rho = \frac{m}{\pi(R_A^2 - R_B^2)h} = \frac{290}{\pi(0.20^2 - 0.08^2)(0.35)} = 7849\text{ kg/m}^3$$

따라서 원통 A와 B의 질량은 각각

$$m_A = \rho\pi R_A^2 h = (7849)\pi(0.20)^2(0.35) = 345.2\text{ kg}$$
$$m_B = \rho\pi R_B^2 h = (7849)\pi(0.08)^2(0.35) = 55.2\text{ kg}$$

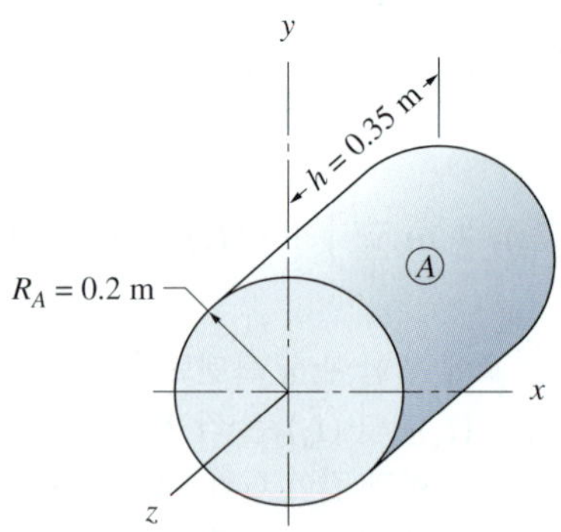

(b)

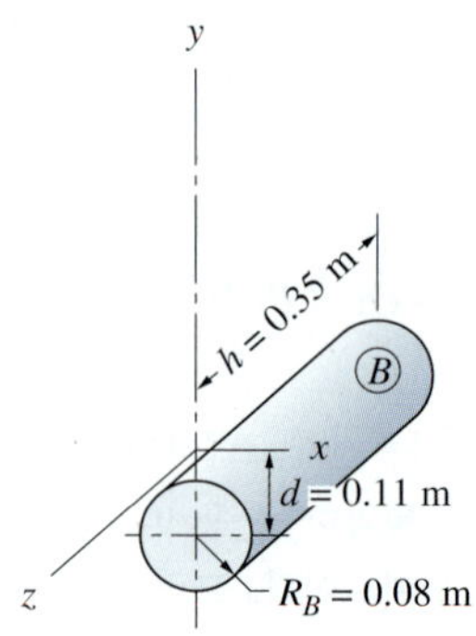

(c)

여기서, $m_A - m_B = m$이 되는 것을 확인할 수 있다.

문항 1

표 17.1로부터 원통 A의 z축에 관한 관성 모멘트는 다음과 같다. 여기서, z축은 그것의 중심 z축과 일치한다.

$$(I_z)_A = (\bar{I}_z)_A = \frac{1}{2}m_A R_A^2 = \frac{1}{2}(345.2)(0.20)^2 = 6.904\ \text{kg}\cdot\text{m}^2$$

원통 B의 중심 z축에 관한 관성 모멘트는

$$(\bar{I}_z)_B = \frac{1}{2}m_B R_B^2 = \frac{1}{2}(55.2)(0.080)^2 = 0.177\ \text{kg}\cdot\text{m}^2$$

z축과 B의 중심 z축 사이의 거리는 $d = 0.11$ m이므로, B의 z축에 관한 관성 모멘트는 평행축정리로부터

$$(I_z)_B = (\bar{I}_z)_B + m_B d^2 = 0.177 + (55.2)(0.11)^2 = 0.845\ \text{kg}\cdot\text{m}^2$$

그러므로 이 기계부품의 z축에 관한 관성 모멘트는

$$I_z = (I_z)_A - (I_z)_B = 6.904 - 0.845 = 6.059\ \text{kg}\cdot\text{m}^2$$ 답

문항 2

대칭성에 의하여 이 기계부품의 질량중심의 x 좌표와 z 좌표는 $\bar{x} = 0$, $\bar{z} = -0.175$ m이다. y 좌표는

$$\bar{y} = \frac{m_A\bar{y}_A - m_B\bar{y}_B}{m} = \frac{345.2(0) - 55.2(-0.11)}{290} = 0.02094\ \text{m}$$

이 기계부품의 자체 중심 z축에 관한 관성 모멘트는 평행축정리로부터

$$\bar{I}_z = I_z - m\bar{y}^2 = 6.059 - 290(0.02094)^2 = 5.932\ \text{kg}\cdot\text{m}^2$$

따라서, 회전반경은

$$\bar{k}_z = \sqrt{\frac{\bar{I}_z}{m}} = \sqrt{\frac{5.932}{290}} = 0.1430\ \text{m}$$ 답

연습문제

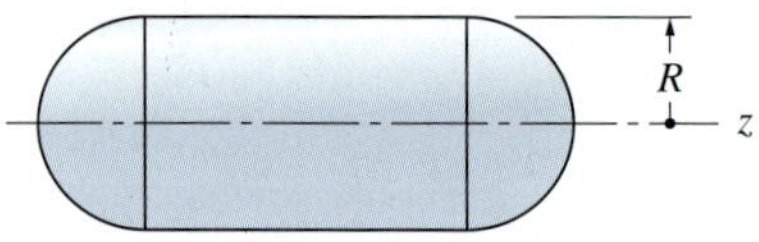

그림 P17.1

17.1 전체 질량이 m인 균질 물체가 양쪽 끝이 반구인 원통체로 되어 있다. 이 강체의 z축에 관한 관성 모멘트를 R과 m의 항으로 계산하라.

17.2 한 쪽이 원뿔 형상으로 들어간 원기둥체가 질량이 m이다. 이 물체의 관성 모멘트를 m과 R로 구하라.

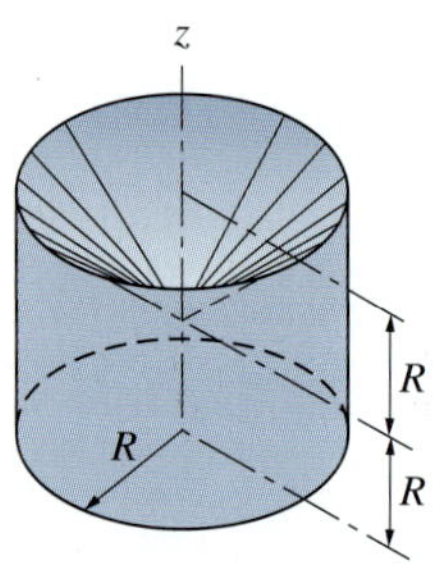

그림 P17.2

17.3 반지름 R_1, 길이 h인 원통의 중심에 반지름 R_2인 구멍이 나 있다. 이 물체의 z축에 관한 질량관성 모멘트가 $I_z = m(R_1^2 + R_2^2)/2$임을 보여라. 여기서 m은 이 물체의 질량이다.

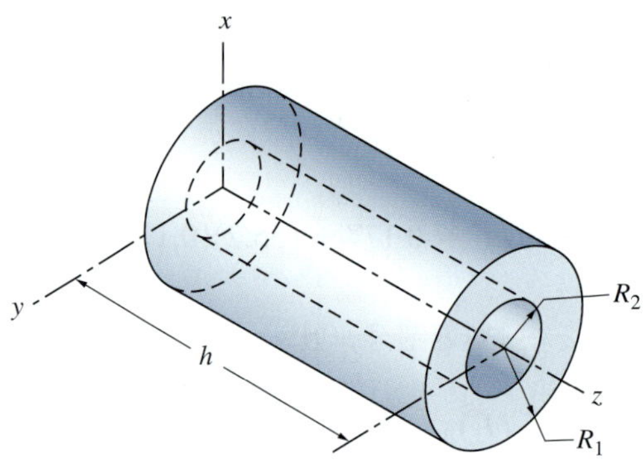

그림 P17.3

17.4 3단 로켓의 제원이 그림에 나와 있다. 제i단의 무게중심 G_i를 통과하고 x축에 평행인 축에 관한 회전반경이 $\bar{k}_i$일 때, 이 로켓의 $\bar{z}$와 $\bar{I}_z$를 계산하라.

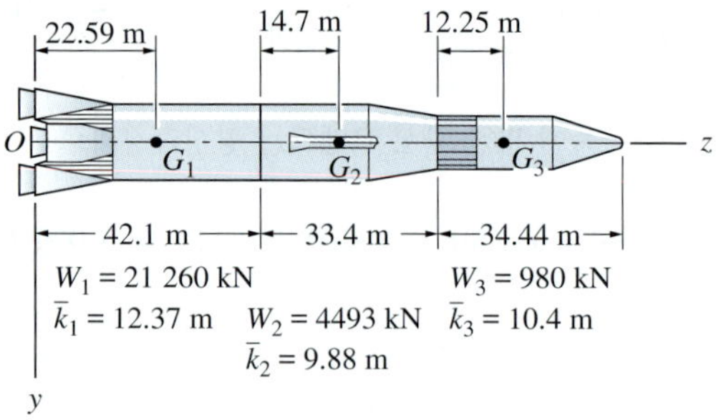

그림 P17.4

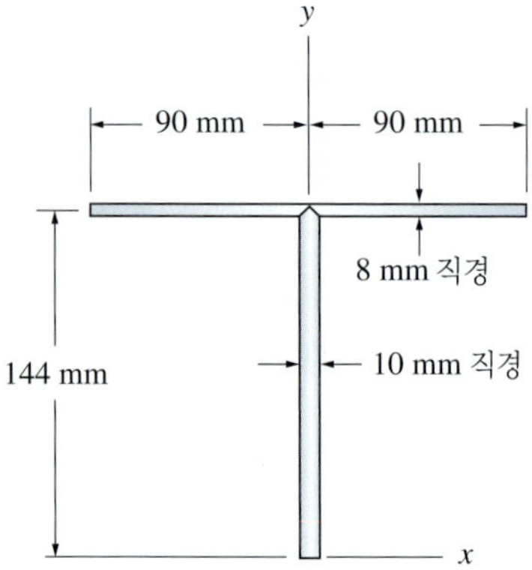

그림 P17.5

17.5 직경이 다른 2개의 강철 막대가 그림과 같이 용접되어 있다. 이 조립체의 질량중심의 위치를 구하고, $\bar{I}_z$를 계산하라. 강철은 질량밀도가 ρ = 7850 kg/m^{3}이다.

17.6 정삼각형이 가늘고 기다란 3개의 동일한 봉을 연결하여 형성되었다. 이 삼각형의 총질량이 m일 때, z축에 대한 질량관성 모멘트를 계산하라.

17.7 각각의 두께가 t인 3개의 박판이 그림과 같이 용접되어 있다. 조립체의 총질량이 m이라고 할 때, z축에 대한 질량관성 모멘트를 계산하라. $t \ll b$라고 가정한다.

17.8 주조 알루미늄 기계 부품의 I_x 및 I_z를 계산하라. 알루미늄의 질량밀도는 2650 kg/m^{3}이다.

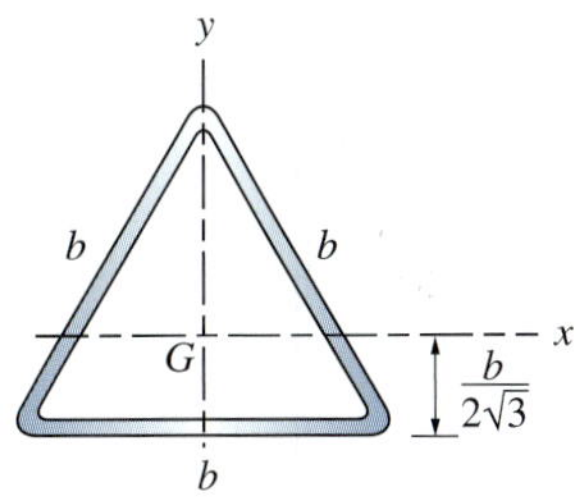

그림 P17.6

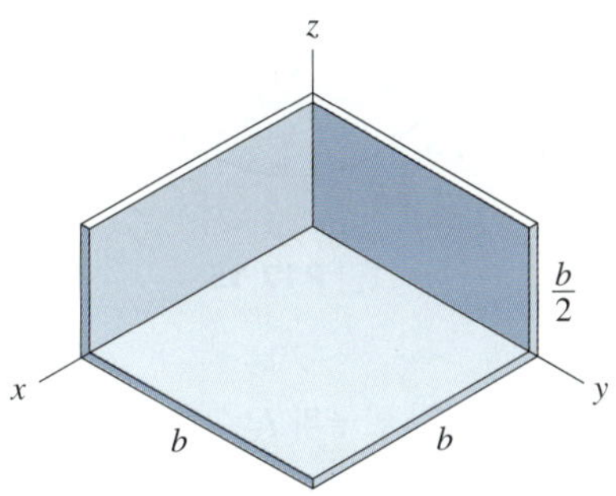

그림 P17.7

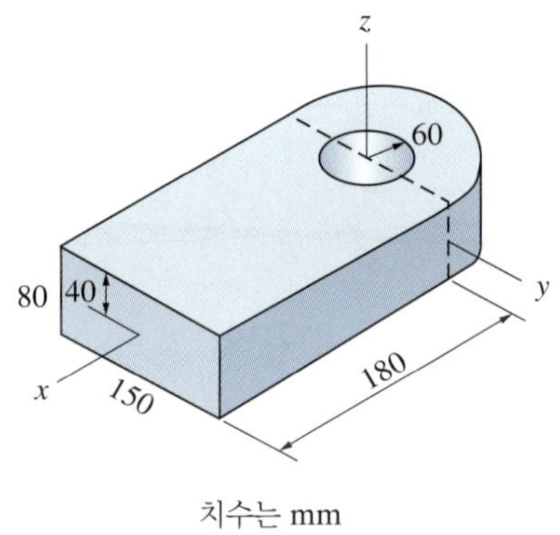

그림 P17.8

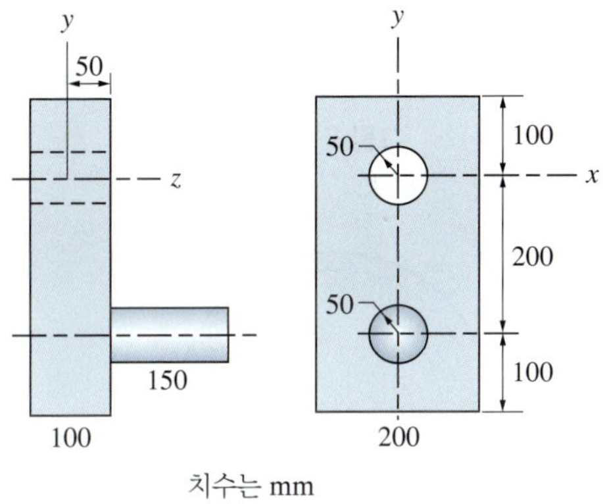

그림 P17.9

17.9 기계부품이 밀도가 $\rho = 7850$ kg/m^{3}인 강으로 되어 있다. z축에 대한 부품의 질량관성 모멘트 I_z를 계산하라.

17.10 질량이 544 g인 절곡된 가늘고 기다란 봉의 I_z와 $\bar{I}_z$를 계산하라.

17.11 그림과 같이, 강체가 강철 원통체와 구리 원뿔체로 구성되어 있다. 구리의 질량밀도는 강철의 질량밀도의 1.10배이다. 이 강체의 질량중심 위치를 구하고 $\bar{k}_x$를 계산하라.

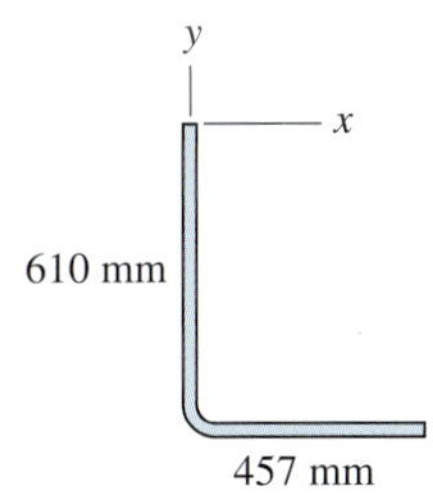

그림 P17.10

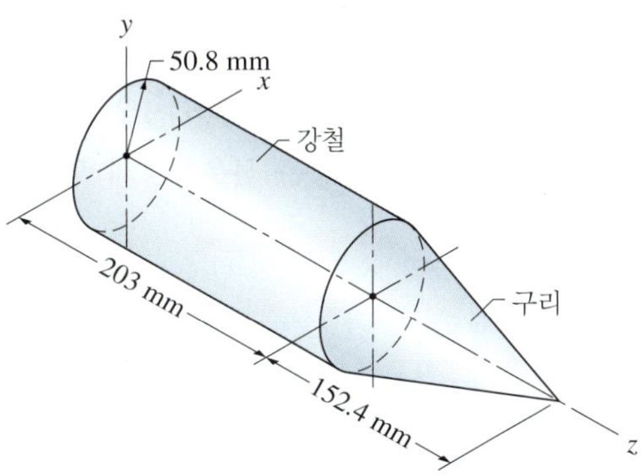

그림 P17.11

17.12 얇은 바퀴테가 중량이 3.63 kg이다. 바퀴살은 단면이 균일한 가늘고 기다란 봉으로 중량이 각각 227 g이다. 차축에 관한 바퀴의 관성 모멘트를 구하라. 바퀴통의 중량은 무시한다.

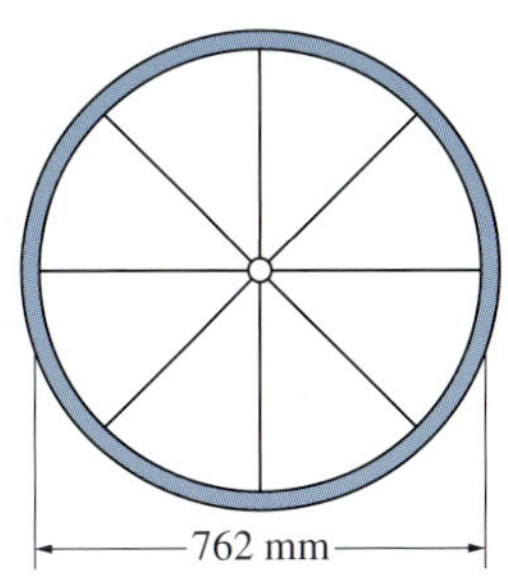

그림 P17.12

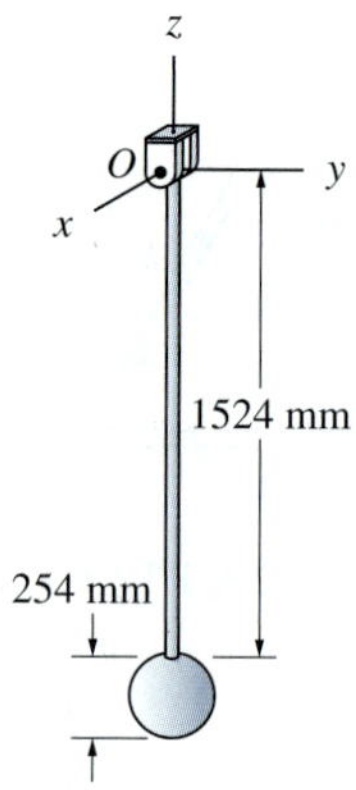

그림 P17.13

17.13 (a) 진자의 I_x를 계산하라. 이 진자는 59 kg인 구와 11.35 kg인 가는 막대로 구성되어 있다. (b) 만일 막대의 질량을 무시하고 구를 질점으로 근사화한다면, I_x의 상대 오차는 얼마인가?

17.14 질량 120 kg인 헬리콥터 날개의 O점과 C점을 통과하는 수직축에 관한 관성 모멘트가 실험에 의하여 각각 408.5 kg·m^2 및 145.5 kg·m^{2}이라고 알려져 있다. 질량중심 G의 위치를 계산하고 G를 통과하는 수직축에 관한 관성 모멘트를 계산하라.

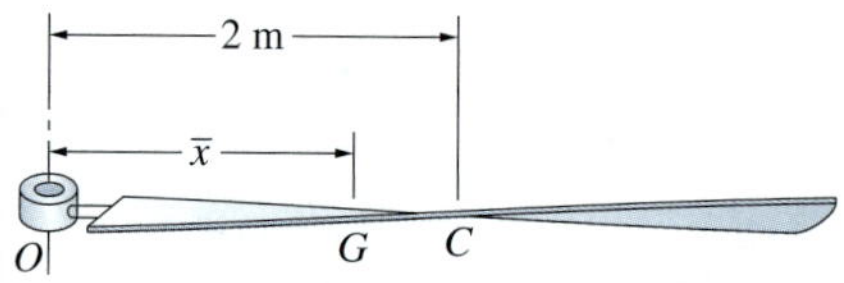

그림 P17.14

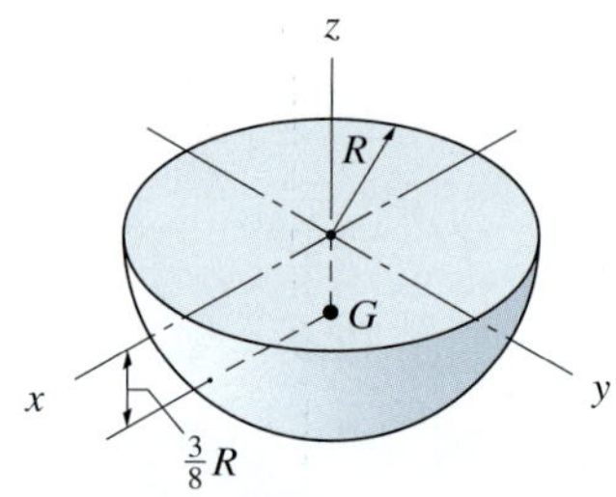

그림 P17.15

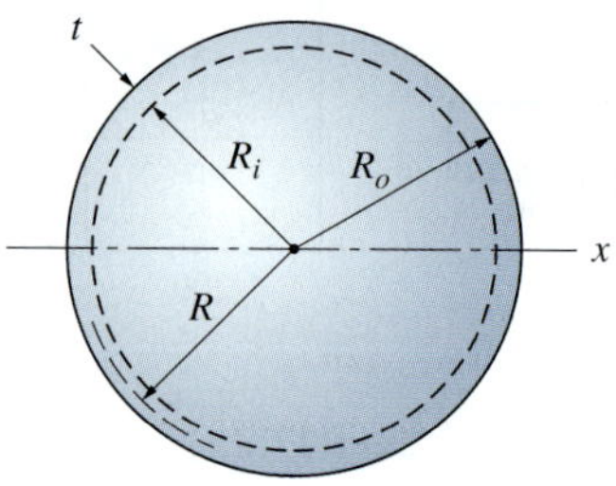

그림 P17.16

17.15 표 17.1에 있는 구의 성질을 이용하여 질량 m인 균질 반구의 $\bar{I}_x$ 식을 유도하라.

***17.16** 질량 m인 속이 빈 구의 두께 t가 충분히 작을 때 관성 모멘트는 $I_x = (2/3)mR^2$으로 근사화할 수 있다. 표 17.1에 있는 구의 성질을 이용하여 이 결과를 유도하라 (힌트: $t \ll R$일 때, 이항전개를 하면 다음 근사식이 나온다. 즉, $R_o^n - R_i^n \approx nR^{n-1}t$).

17.3 강체의 각운동량

한 강체의 각운동량은 다음 절에서 소개할 운동방정식에서 중요한 역할을 한다. 이 절에서는 3차원 운동에 관한 각운동량을 유도하고, 그 결과를 평면운동에 적용할 수 있는 식으로 변경하는 것이다.

그 유도 과정은 제14.7절에서 정의한 바 있는 질량 m인 질점의 A점에 관한 각운동량에서 출발한다. 질점의 각운동량은 선운동량의 모멘트로서 A점에 관한 다음과 같다.

$$\mathbf{h}_A = \mathbf{r} \times (m\mathbf{v}) \qquad \text{(14.45, 다시 씀)}$$

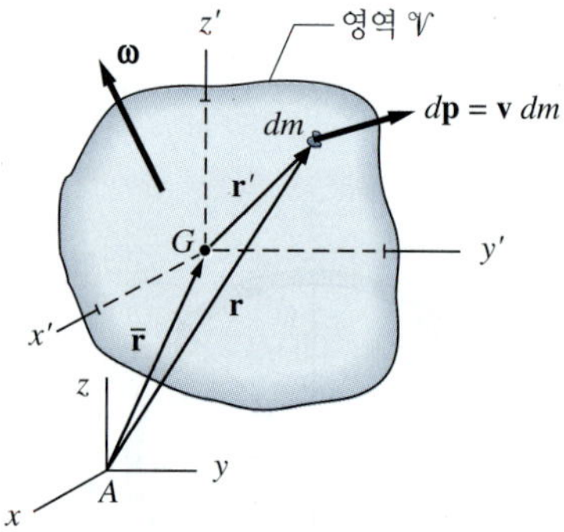

그림 17.4

여기서 $\mathbf{v}$는 그 질점의 속도이고, $\mathbf{r}$은 A점을 기준으로 한 위치벡터를 표시한다. 강체를 질점(미분요소)의 무한 집합으로 생각할 수 있으므로, 그 미분요소들의 각운동량을 합(적분)함으로써 그 강체의 각운동량을 계산할 수 있다.

17.3a 일반운동

질량중심에 관한 각운동량 그림 17.4와 같이 질량이 m이고 공간 $\mathscr{V}$를 차지하는 강체를 살펴보자. $x'y'z'$ 좌표계의 원점은 이 물체의 질량중심 G와 일치한다. 그림에 표시한 바와 같이 질량이 dm이고, 속도가 $\mathbf{v}$인 한 미분요소의 선운동량은 $d\mathbf{p} = \mathbf{v}\,dm$이다. 이 요소의 G에 관한 각운동량은

$$d\mathbf{h}_G = \mathbf{r}' \times (\mathbf{v}\,dm) \tag{a}$$

여기서 $\mathbf{r}' = x'\mathbf{i} + y'\mathbf{j} + z'\mathbf{k}$는 이 요소의 G에 관한 위치벡터이다. dm과 G는 동일한 강체의 내부에 존재하므로 이것들의 속도 사이에는 다음의 관계가 성립한다.

$$\mathbf{v} = \bar{\mathbf{v}} + \boldsymbol{\omega} \times \mathbf{r}' \tag{b}$$

여기서 $\bar{\mathbf{v}}$는 G의 속도이고 ω는 이 강체의 각속도이다. 식 (b)를 식 (a)에 대입하면 다음과 같이 된다.

$$d\mathbf{h}_G = \mathbf{r}' \times (\bar{\mathbf{v}} + \boldsymbol{\omega} \times \mathbf{r}')dm$$

따라서, 이 강체의 각운동량은 다음과 같다.

$$\mathbf{h}_G = \int_{\mathscr{V}} d\mathbf{h}_G = \int_{\mathscr{V}} \mathbf{r}' \times (\bar{\mathbf{v}} + \boldsymbol{\omega} \times \mathbf{r}')dm$$

$\int_{\mathscr{V}} \mathbf{r}' \times \bar{\mathbf{v}}\,dm = (\int_{\mathscr{V}} \mathbf{r}'\,dm) \times \bar{\mathbf{v}} = \mathbf{0}$임을 고려하면(질량중심의 정의에 의하여 적분이 0이 된다), 이 강체의 G에 관한 각운동량은 다음과 같다.

$$\mathbf{h}_G = \int_{\mathscr{V}} \mathbf{r}' \times (\boldsymbol{\omega} \times \mathbf{r}')dm \tag{17.4}$$

임의의 점에 관한 각운동량 한 물체의 임의의 점 A에 관한 각운동량은 다음과 같다.

$$\mathbf{h}_A = \int_{\mathscr{V}} \mathbf{r} \times (\mathbf{v}\,dm) \tag{c}$$

이 식에서, $\mathbf{r}$은 그림 17.4와 같이 A로부터 측정된 이 요소의 위치벡터이다. $\bar{\mathbf{r}}$를 A에 대한 G의 위치벡터라고 두면 $\mathbf{r} = \mathbf{r}' + \bar{\mathbf{r}}$가 되고, 이것을 식 (c)에 대입하면 다음과 같이 된다.

$$\mathbf{h}_A = \int_{\mathcal{V}} \mathbf{r}' \times (\mathbf{v}\,dm) + \bar{\mathbf{r}} \times \int_{\mathcal{V}} \mathbf{v}\,dm$$

첫 번째 적분이 $\mathbf{h}_G$이고 식 (b)를 두 번째 적분에 대입하면 다음과 같다.

$$\mathbf{h}_A = \mathbf{h}_G + \bar{\mathbf{r}} \times \int_{\mathcal{V}} (\bar{\mathbf{v}} + \boldsymbol{\omega} \times \mathbf{r}')dm = \mathbf{h}_G + \bar{\mathbf{r}} \times \bar{\mathbf{v}} \int_{\mathcal{V}} dm + \bar{\mathbf{r}} \times \left(\boldsymbol{\omega} \times \int_{\mathcal{V}} \mathbf{r}'dm\right)$$

$\int_{\mathcal{V}} dm = m$ 및 $\int_{\mathcal{V}} \mathbf{r}'dm = \mathbf{0}$이므로 다음의 식만 남는다.

$$\mathbf{h}_A = \mathbf{h}_G + \bar{\mathbf{r}} \times (m\bar{\mathbf{v}}) \tag{17.5}$$

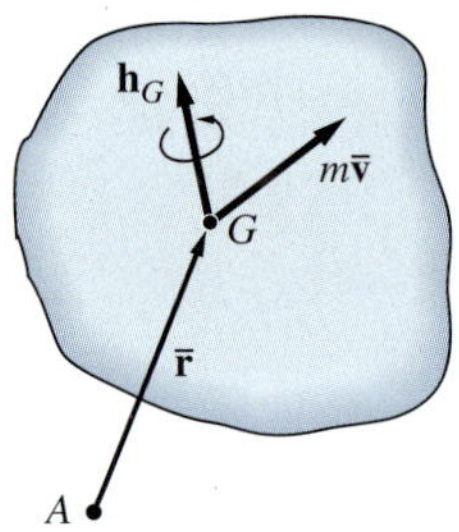

그림 17.5

식 (17.5)의 물리적인 의미가 그림 17.5에 설명되어 있다. 운동량선도(momentum diagram)라고 하는 이 그림은 다음을 나타낸다. (1) 질량중심 G에 작용하는 이 강체의 선운동량 벡터 $m\bar{\mathbf{v}}$, (2) 회전벡터로 표현되는 G에 관한 이 강체의 각운동량 $\mathbf{h}_G$. 식 (17.5)에 따라서 이 강체의 A에 관한 각운동량은 $m\bar{\mathbf{v}}$의 A에 관한 모멘트와 $\mathbf{h}_G$의 벡터합으로 정의한다. $m\bar{\mathbf{v}}$의 A에 관한 모멘트를 계산하는 것은 힘의 한 점에 관한 모멘트를 계산하는 것과 동일하다.

17.3b 평면운동

질량중심에 관한 각운동량 만일 운동평면이 xy 평면과 평행하다면 $\omega = \omega\mathbf{k}$이고, 따라서 $\omega \times \mathbf{r}' = \omega\mathbf{k} \times (x'\mathbf{i} + y'\mathbf{j} + z'\mathbf{k}) = \omega(-y'\mathbf{i} + x'\mathbf{j})$이므로

$$\mathbf{r}' \times (\boldsymbol{\omega} \times \mathbf{r}') = \omega \begin{vmatrix} \mathbf{i} & \mathbf{j} & \mathbf{k} \\ x' & y' & z' \\ -y' & x' & 0 \end{vmatrix} = \omega\left[-x'z'\mathbf{i} - y'z'\mathbf{j} + (x'^2 + y'^2)\mathbf{k}\right]$$

그러므로, G에 관한 각운동량인 식 (17.4)는 다음과 같이 된다.

$$\mathbf{h}_G = \omega\left[-\mathbf{i}\int_{\mathcal{V}} x'z'dm - \mathbf{j}\int_{\mathcal{V}} y'z'dm + \mathbf{k}\int_{\mathcal{V}} (x'^2 + y'^2)dm\right]$$

첫 2개의 적분은 관성적이라고 하며 19장에서 논의할 것이다. 이 장에서는 강체가 $x'y'$ 평면에 대하여 대칭이라고 가정하므로* 관성력은 0이 된다. 다시 말하면, (x', y', z')점에 놓여 있는 한 요소에 대해서 $(x', y', -z')$점에도 항상 대응되는

* 이러한 가정 이외에도 관성력이 0이 되는 경우가 있다. 즉, 제19장에서 설명하는 바와 같이 z'축이 물체의 관성주축일 때에도 관성력은 0이 된다.

요소가 있기 때문에, 이 요소들의 결합된 효과에 의하여 위 식의 첫 2개의 적분항은 0이 된다. 마지막 적분항은 식 (17.1)과 같이 강체의 z'축에 관한 관성 모멘트이고, 이를 $\bar{I}$라고 표시한다. 따라서, $x'y'$ 평면에 대하여 대칭인 물체의 질량중심에 관한 각운동량은 $\mathbf{h}_G = \bar{I}\omega\mathbf{k}$만 남는다. 즉,

$$h_G = \bar{I}\omega \qquad (17.6)$$

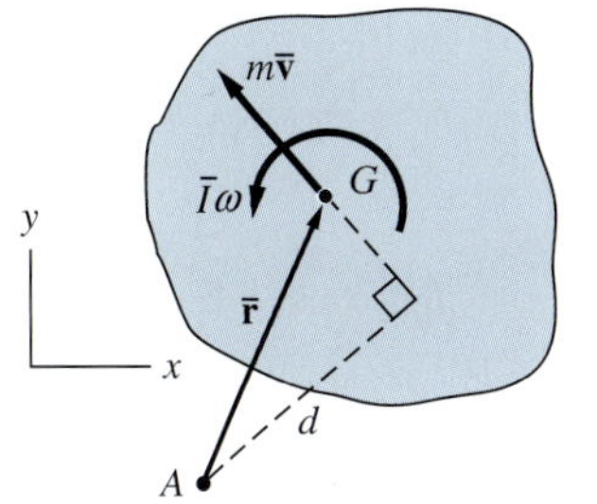

(a)

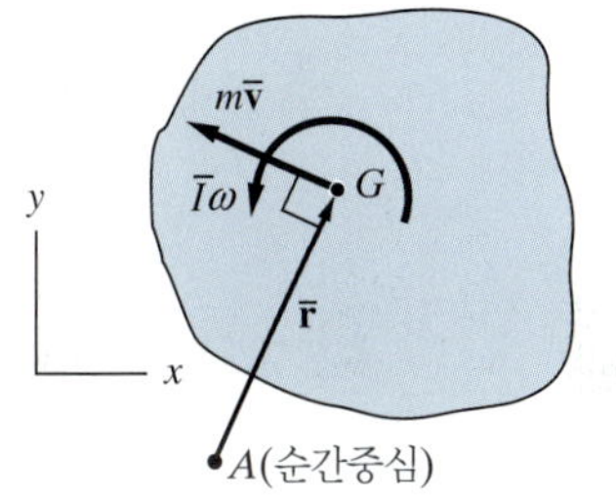

(b)

그림 17.6

임의의 점에 관한 각운동량 평면운동에서 운동량선도가 그림 17.6(a)에 나와 있다. 이 그림은 운동평면에 평행이고 질량중심 G를 통과하는 단면을 표시한다. A점이 이 단면에 놓여 있다고 가정하면, 운동량의 A에 관한 모멘트는 다음과 같다.

$$h_A = \bar{I}\omega + m\bar{v}d \quad (A\text{: 임의의 점}) \qquad (17.7)$$

이 식에서, d는 그림과 같이 A에 관한 선운동량의 "모멘트 팔"이다.

순간중심에 관한 각운동량 만일 A점이 속도에 관한 순간중심이라면(이런 경우는 이 물체가 고정된 점 A 주위로 회전하는 경우도 포함된다), 운동량선도는 그림 17.6(b)에 나와 있는 것과 같은 형태이다. 이런 경우, $\bar{v} = \bar{r}\omega$이고 $m\bar{\mathbf{v}}$는 $\bar{\mathbf{r}}$에 수직이다. 따라서, 운동량의 A에 관한 모멘트는 $h_A = \bar{I}\omega + m\bar{r}^2\omega$이다. 평행축정리에 의하여 $\bar{I} + m\bar{r}^2 = I_A$이므로 A점에 관한 각운동량은 다음과 같다.

$$h_A = I_A\omega \quad (A\text{: 순간중심}) \qquad (17.8)$$

17.4 평면운동방정식

17.4a 기초 해설

이 절에서는 그림 17.7에 나와 있는 한 강체의 운동방정식을 살펴본다. 강체는 질점들의 집합으로 구성되어 있다고 생각한다. 또한, 질점들 사이의 내력이 동일 직선상에 있으며 크기가 같고 방향이 반대라고 가정한다. 제15장에서 유도한 바 있는 다음과 같은 질점계의 운동방정식 이 강체에 대해서도 적용될 수 있을 것이라고 암시적으로 생각할 수 있다.*

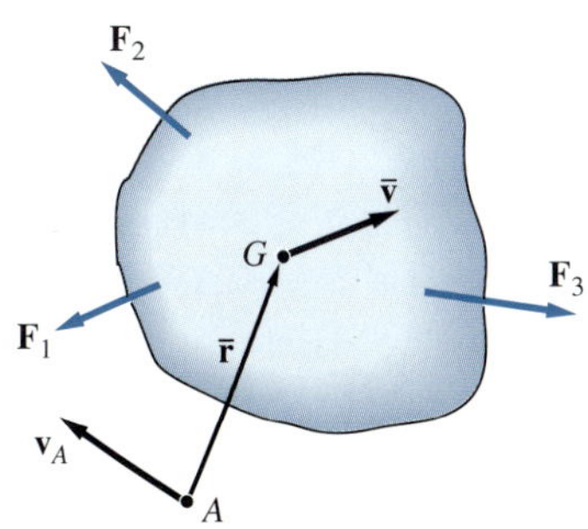

그림 17.7

* 질점모델이 강체에 딱 들어맞지는 않겠지만, 정확한 운동방정식을 유도할 수 있다. 한층 더 엄밀한 유도과정은 응력개념을 바탕으로 하는 것으로 이는 이 책의 범위를 넘어서는 내용이다. 역사적으로 보면, 강체의 운동방정식을 질점역학으로 유도하지 않았고, 또 그렇게 하는 것을 당연하다고 여겼다. 이는 질점계 해석에서 영감을 받았기 때문에 그랬는지도 모르겠다.

$$\Sigma \mathbf{F} = m\bar{\mathbf{a}} \tag{15.19, 다시 씀}$$

$$\Sigma \mathbf{M}_A = \dot{\mathbf{h}}_A + \mathbf{v}_A \times (m\bar{\mathbf{v}}) \tag{15.34, 다시 씀}$$

이들 방정식에서 m은 물체의 질량이고, $\Sigma\mathbf{F}$는 물체에 작용하는 외력이며, $\Sigma\mathbf{M}_A$는 외력의 A점에 관한 모멘트를 표시한다.

그림 17.7에 나타낸 바와 같이 기준점 A는 고정된 점이거나 이 물체 내부의 점일 필요는 없다. 그러므로 기준좌표계를 기준으로 하여 측정된 절대속도 및 절대가속도를 A를 기준으로 하여 측정된 속도 및 가속도와 혼동해서는 안 된다. 예를 들면 $\bar{\mathbf{v}}$는 질량중심 G의 절대속도인 반면, $\bar{\mathbf{r}}$는 A를 기준으로 한 G의 상대위치 벡터이다. 따라서 $d\bar{\mathbf{r}}/dt = \mathbf{v}_{G/A} = \bar{\mathbf{v}} - \mathbf{v}_A$가 된다.

17.4b 일반운동

첫째 번 운동방정식은 식 (15.19)로,

$$\Sigma \mathbf{F} = m\bar{\mathbf{a}} \tag{17.9}$$

이고, 이 식은 아무런 수정 없이 강체에 대해서도 적용할 수 있다. 그러나 둘째 번 운동방정식인 식 (15.34)는 앞 절에서 논의한 결과를 활용하면 강체에 적용할 수 있는 보다 편리한 식으로 바꿀 수 있고, 이 과정은 다음과 같다.

임의의 점 A에 관한 강체의 각운동량은 다음과 같이 알려져 있다.

$$\mathbf{h}_A = \mathbf{h}_G + \bar{\mathbf{r}} \times (m\bar{\mathbf{v}}) \tag{17.5, 다시 씀}$$

여기서, $\mathbf{h}_G$는 질량중심 G에 관한 각운동량이다. 시간에 대하여 미분하면

$$\dot{\mathbf{h}}_A = \dot{\mathbf{h}}_G + \frac{d\bar{\mathbf{r}}}{dt} \times (m\bar{\mathbf{v}}) + \bar{\mathbf{r}} \times (m\bar{\mathbf{a}}) \tag{a}$$

$d\bar{\mathbf{r}}/dt = \bar{\mathbf{v}} - \mathbf{v}_A$를 대입하면, 식 (a)의 우변의 두 번째 항은

$$\frac{d\bar{\mathbf{r}}}{dt} \times (m\bar{\mathbf{v}}) = (\bar{\mathbf{v}} - \mathbf{v}_A) \times (m\bar{\mathbf{v}}) = -\mathbf{v}_A \times (m\bar{\mathbf{v}})$$

따라서 식 (a)는

$$\dot{\mathbf{h}}_A = \dot{\mathbf{h}}_G - \mathbf{v}_A \times (m\bar{\mathbf{v}}) + \bar{\mathbf{r}} \times (m\bar{\mathbf{a}}) \tag{b}$$

이것을 식 (15.34)에 대입하면 둘째 번 운동방정식은 다음과 같이 된다.

$$\Sigma \mathbf{M}_A = \dot{\mathbf{h}}_G + \bar{\mathbf{r}} \times (m\bar{\mathbf{a}}) \tag{17.10}$$

식 (17.9)와 (17.10)으로 표현되는 운동방정식의 물리적인 의미가 그림 17.8에 나와 있다. 자유물체도는 이 물체에 작용하는 외력 $\mathbf{F}_1, \mathbf{F}_2, \ldots$을 나타낸다. 질량-가속도 선도는 **관성우력벡터**(inertia couple vector) $\dot{\mathbf{h}}_G$와 질량중심 G에 작용하는 **관성력벡터**(inertia vector) $m\bar{\mathbf{a}}$를 나타낸다. 이 두 선도 사이의 등식 부호는 자유물체도와 질량-가속도 선도에서의 힘계가 **동등**(equivalent)하다는 것을 의미한다. 다시 말하면, 이 두 힘계는 힘이 동등하고 임의의 점에 관한 모멘트가 동등하다는 의미이다. $(\Sigma\mathbf{F})_{\text{FBD}} = (\Sigma\mathbf{F})_{\text{MAD}}$와 $(\Sigma\mathbf{M}_A)_{\text{FBD}} = (\Sigma\mathbf{M}_A)_{\text{MAD}}$라는 두 등가 조건은 위에서 유도한 두 운동방정식과 의미가 같다는 것은 쉽게 증명된다.

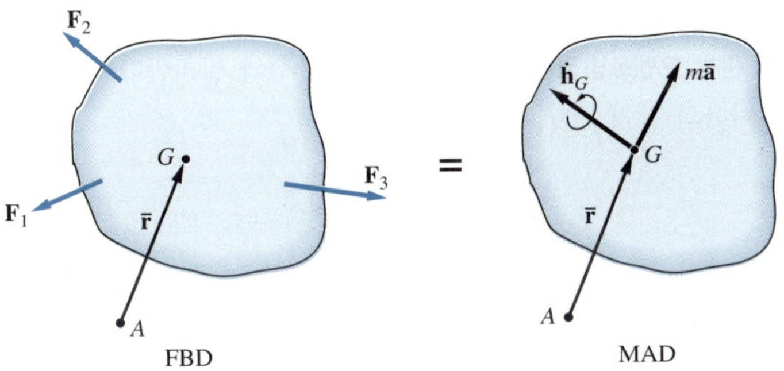

그림 17.8

17.4c 평면운동

xy 평면에서 평면운동을 하는 한 강체의 자유물체도와 질량-가속도 선도가 그림 17.9에 나와 있다. 이 그림들은 운동평면에 평행한, 이 물체가 질량중심 G를 통과

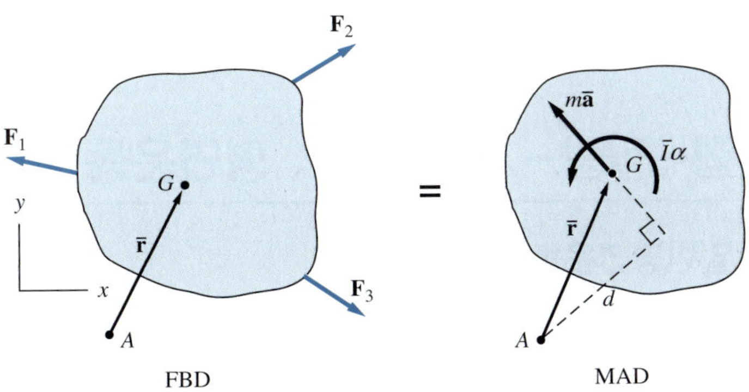

그림 17.9

하는 단면을 표시한다. 평면운동에 관한 2차원 공식을 유도하기 위하여, 모든 외력 $\mathbf{F}_1$, $\mathbf{F}_2$, . . .은 운동평면 내에 놓여 있으면 이 단면이 이 물체의 대칭평면이라고 가정한다.

평면운동에서 G에 관한 각운동량은 식 (17.6)과 같이 $h_G = \bar{I}\omega$이다. 여기서 ω는 이 강체의 각속도이고, $\bar{I}$는 G에 관한 관성 모멘트이다. 따라서 질량–가속도 선도에 나와 있는 관성우력은 $\dot{h}_G = \bar{I}\alpha$이고, 여기서 $\alpha = \dot{\omega}$는 이 강체의 각가속도이다. 그림 17.9의 두 선도상에 나와 있는 힘계가 등가라는 사실에서 다음과 같은 운동방정식이 나온다.

$$\Sigma\mathbf{F} = m\bar{\mathbf{a}} \tag{17.11}$$

$$\Sigma M_A = \bar{I}\alpha + m\bar{a}d \tag{17.12}$$

이 식에서, d는 그림과 같이 관성력벡터의 모멘트이다.

질량중심에 관한 모멘트방정식 만일 A가 질량중심과 일치한다면, $d = 0$이고, 식 (17.12)는 다음과 같이 된다.

$$\Sigma M_G = \bar{I}\alpha \tag{17.13}$$

고정점에 관한 모멘트방정식 만일 이 강체가 고정점 A 주위로 회전하고 있다면(즉, A는 물체에 고정되어 있을 뿐만 아니라 관성좌표계 내에서도 고정되어 있다), 식 (17.8), 즉 $h_A = I_A\omega$를 사용할 수 있다. 시간에 대하여 미분하면(A가 물체 내부에 고정된 점이므로 I_A는 일정하다), $\dot{h}_A = I_A\alpha$가 된다. 그러므로 식 (15.34)는 평면운동에서 다음과 같이 된다.

$$\Sigma M_A = I_A\alpha \quad (A\text{: 물체 및 공간에서 고정}) \tag{17.14}$$

17.5 힘–질량–가속도 법: 평면운동

17.5a 일반평면운동

운동역학 해석에서 힘–질량–가속도 법(force-mass-acceleration method: FMA 법)은 앞 절에서 유도한 강체의 운동방정식에 기초를 두고 있다. 이 절에서는 평면운동에 한정한다. 즉 3차원 문제는 제19장에서 소개할 것이다.

평면운동에서는 3개의 독립 스칼라 운동방정식이 존재한다. 이러한 3개의 독립 운동방정식의 한 보기는 $\Sigma F_x = m\bar{a}_x$, $\Sigma F_y = m\bar{a}_y$ 및 모멘트방정식 $\Sigma M_A = \bar{I}\alpha + m\bar{a}d$이다. 그러나 좌표계의 방향이나 모멘트의 중심을 임의로 선택할 수 있으므로 운동방정식의 수는 무한히 많을 수 있다(비록 이 방정식들이 서로 독립은 아니라 하더라도). 운동방정식들의 독립성을 보장하는 제한조건은 정역학의 공명평형에서 사용된 조건과 동일하다. 예를 들면, 3개의 모멘트 방정식을 사용할 때, 그 3개의 모멘트의 중심은 일직선상에 있지 않아야 한다는 것이다.

보통, 운동방정식을 자유물체도와 질량–가속도 선도에서 구하는 것이 편리할 때가 많다. 이것을 구하는 과정은 기본적으로 12.3절에서 질점계에 대하여 사용하던 것과 동일하다.

단계 1: 물체에 작용하는 모든 외력과 우력을 표시하는 자유물체도를 그린다.

단계 2: 만일 운동학적인 구속이 존재한다면, 운동학을 이용하여 $\bar{\mathbf{a}}$, ω 및 α 사이의 관계식을 결정한다.

단계 3: 단계 2의 결과를 이용하여 관성우력벡터 $\bar{I}\alpha$와 질량중심에 작용하는 관성력벡터 $m\bar{\mathbf{a}}$를 표시하는 질량–가속도 선도를 그린다.

단계 4: 자유물체도와 질량–가속도 선도의 등가성으로부터 3개의 독립인 운동방정식을 유도한다.

만일 자유물체도와 질량–가속도 선도에서 나타나는 미지수가 3개일 경우에는 3개의 운동방정식을 풀어서 이 미지수를 결정할 수 있다. 그러나 몇몇 문제에서 더 많은 정보가 운동 이력에서 구해야 할 때가 있다. 예를 들면, 만일 ω가 질량–가속도 선도에서 나타난다면 관심을 가지고 있는 순간에서의 이 값을 $\omega = \int \alpha dt$를 적분하여 구해야 할지도 모른다.

자유물체도, 질량–가속도 선도 기법에서 한 가지 장점은 자유물체도는 미지의 힘을, 그리고 질량–가속도 선도는 미지의 가속도를 나타낸다는 것이다. 따라서 이런 방법을 사용함으로써 미지수가 정확하게 정의되기 전에 운동방정식을 유도하고 이것을 풀려고 시도하는 어려움을 피할 수 있다.

17.5b 병진운동

그림 17.10은 병진운동을 하는 강체의 질량–가속도 선도를 나타낸다. $\alpha = 0$이기 때문에 질량–가속도 선도는 G를 통과하는 관성력벡터만 남는다. 이 그림에서 알 수 있는 바와 같이 관성력벡터의 작용선상에 있는 임의의 점에 관한 외력의 모멘트는 0이다. 다른 임의의 점에 관한 외력의 모멘트의 합은 관성력벡터의 그 점에 관한 모멘트와 동일하다.

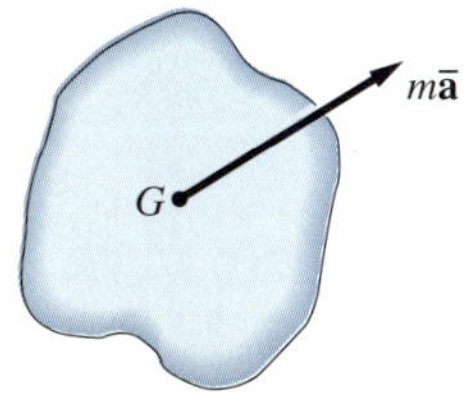

MAD

그림 17.10

17.5c 고정축 주위의 회전

먼저, 고정축 주위의 회전에 관한 두 가지 형태, 즉 중심회전과 편심회전*을 구별하고자 한다.

중심회전(central rotation)에서 고정축은 질량중심 G를 통과한다. $\bar{\mathbf{a}} = \mathbf{0}$이기 때문에 질량-가속도 선도는 그림 17.11(a)에서 보는 바와 같이 관성우력벡터만 남는다. 이런 경우에 관성력벡터는 0이므로, 임의의 점에 관한 외력의 모멘트는 $\bar{I}\alpha$와 동일하다.

편심회전(noncentral rotation)에서 회전의 축은 고정된 점 A를 통과하고 이 점은 질량중심이 아니다. 이런 경우의 질량-가속도 선도가 그림 17.11(b)이다. 여기서 G의 경로가 A에 중심을 둔 원호라는 사실에 의하여 $\bar{\mathbf{a}}$의 성분이 결정된다. A가 고정된 점이기 때문에 모멘트방정식의 특수한 경우인 $\Sigma M_A = I_A\alpha$가 직접 사용될 수도 있다. 그러나 자유물체도에서 A점에 관한 외력의 모멘트와 질량-가속도 선도에서 관성력의 모멘트를 같게 둠으로써 동일한 모멘트방정식이 얻어진다. 즉,

$$\circlearrowleft^{+} \quad \Sigma M_A = \bar{I}\alpha + (m\bar{r}\alpha)\bar{r} = (\bar{I} + m\bar{r}^2)\alpha = I_A\alpha$$

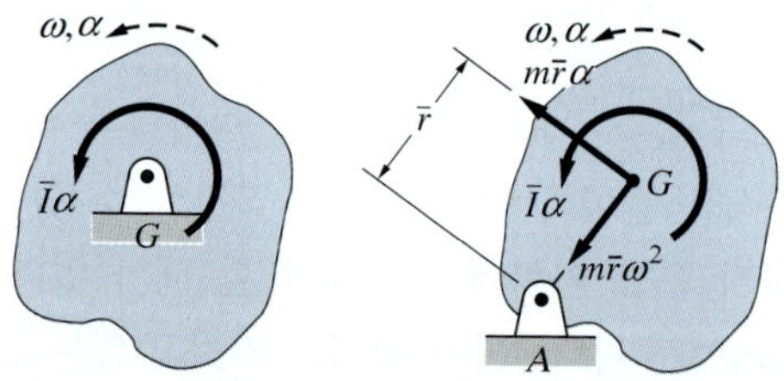

(a) 중심회전 (b) 편심회전

그림 17.11

17.5d 강체계

여러 강체들이 연결된 계의 운동을 해석하는 데 자유물체도와 질량-가속도 선도가 각각의 강체에 대하여 그려야 할지도 모른다. 왜냐하면 각각의 강체는 3개의 스칼라 운동방정식을 만족시켜야 하기 때문이다. 따라서 N개의 강체로 구성된 계는 $3N$개의 독립인 스칼라 운동방정식을 만족시켜야 한다.

전체 조립품의 자유물체도와 질량-가속도 선도를 사용하는 것이 편리할 때가 종종 있다. 왜냐하면 이렇게 할 경우 내력이 자유물체도에는 나타나지 않기 때

---

* 때때로 회전운동을 **도심회전**(centroidal)과 **비도심회전**(noncentroidal)으로 구별하기도 한다. 우리는 "도심(centroid)"이라는 용어를 사용하고 싶지 않다. 왜냐하면 도심과 질량중심이라는 용어가 혼동을 일으킬 수 있기 때문이다. 도심이란 기하학적인 형상의 성질인 반면 질량중심이란 질량과 관계되는 성질이다.

문이다. 이런 이유 때문에 해석의 초기 단계에서는 전체 계의 자유물체도와 질량-가속도 선도가 좋은 선택이 되는 경우가 종종 있다.

물체 계의 질량-가속도 선도를 결정할 때 기구학적인 구속에 특별한 주의를 요한다. 그림 17.12는 가는 막대 AB와 원반 C가 B에서 핀으로 연결되어 있는 강체 계의 질량-가속도 선도를 나타낸다(이 계의 질량-가속도 선도는 각각의 부품의 질량-가속도 선도들의 중첩이다). 이 그림에서 막대와 원반의 성질들(질량, 가속도, 관성 모멘트와 질량중심)은 각각 아래첨자 1과 2로 구분되어 있다. 여기서 α_1은 α_2와 같을 필요가 없다. 왜냐하면 두 강체가 B에서 핀으로 연결되어 있기 때문이다. 그러나 $\bar{\mathbf{a}}_1$, $\bar{\mathbf{a}}_2$, α_1및 α_2는 기구학적으로 관련되어 있고, 이때의 구속조건식은 $\mathbf{a}_B = \bar{\mathbf{a}}_1 + \mathbf{a}_{B/G_1} = \bar{\mathbf{a}}_2 + \mathbf{a}_{B/G_2}$이다. 이 방정식은 B가 두 부품에 공통으로 속해 있는 점이라는 사실을 표현한다.

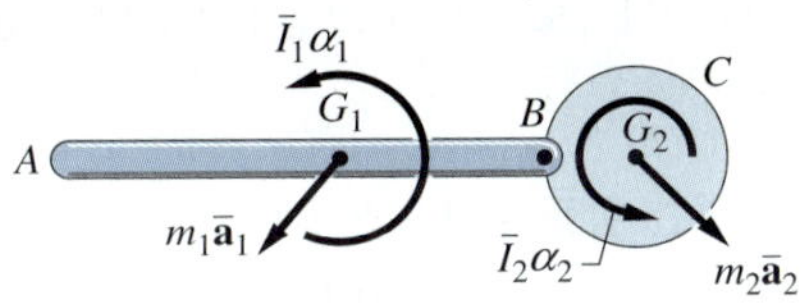

그림 17.12

그림 17.13(a)는 막대와 원반이 B에서 고정된 경우의 질량-가속도 선도를 표시한다. 이런 경우에 $\alpha_1 = \alpha_2 = \alpha$이고, G_1과 G_2가 동일한 강체상의 점이기 때문에 $\bar{\mathbf{a}}_1$과 $\bar{\mathbf{a}}_2$는 $\bar{\mathbf{a}}_2 = \bar{\mathbf{a}}_1 + \mathbf{a}_{G_2/G_1}$와 관련된다.

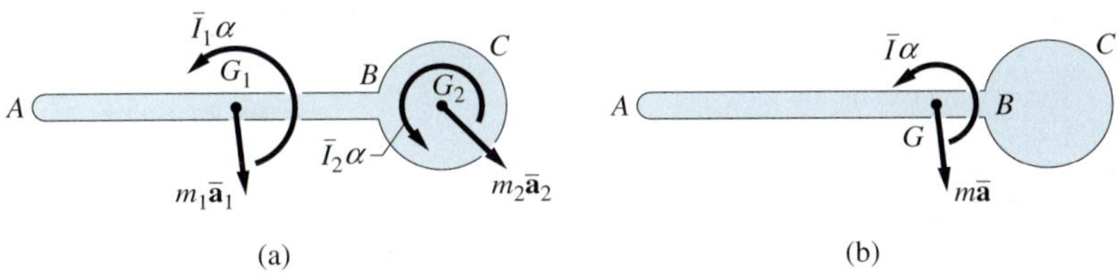

그림 17.13

그림 17.13(a)의 강체에 대하여 다른 형태의 질량-가속도 선도가 그림 17.13(b)에 나와 있다. 여기서 $m\bar{\mathbf{a}}$와 $\bar{I}\alpha$는 각각 물체 전체의 관성력벡터와 관성우력벡터이고, G는 물체 전체의 질량중심이다. 그림 17.13의 (a) 혹은 (b)의 질량-가속도 선도 중 어느 것을 사용하는가는 전적으로 개인적인 취향의 문제이다. 왜냐하면 이 두 그림 중 어느 것을 사용하더라도 계산량은 동일하기 때문이다.

예제 17.3

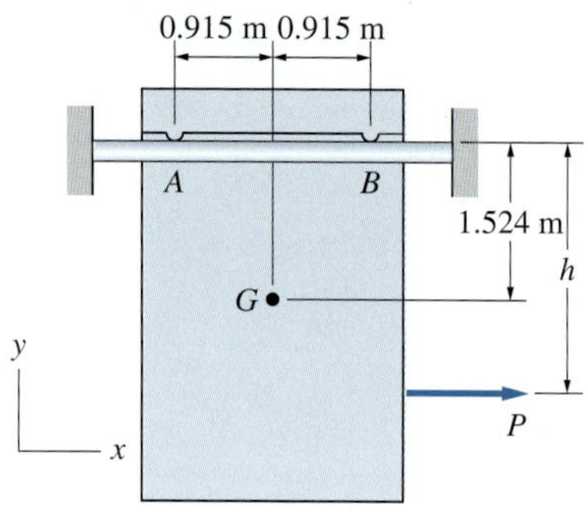

(a)

그림 (a)에 있는 181.5 kg인 미닫이문의 질량중심이 G이다. 이 문은 A와 B에서 슬라이더로 수평 레일에 지지되어 있다. 정마찰계수와 동마찰계수는, A에서 0.4이고 B에서는 0.3이다. 문이 정지 상태에 있을 때 수평 하중 $P = 890$ N이 작용한다. (1) 문이 기울어지지 않고 오른쪽으로 미끄러지기 위한 h의 최댓값을 구하고, 이때의 문의 가속도를 구하라. (2) 만약 $h = 1.524$ m일 때, 문에 가해지는 모든 힘을 구하고 이때의 가속도를 계산하라.

풀이

문항 1

문에 대한 자유물체도와 질량-가속도 선도가 그림 (b)에 나와 있고 자세한 설명은 다음과 같다.

자유물체도 자유물체도에 있는 힘들은 다음과 같다. G에 작용하는 중량 1780 N, 외력 P, 수직 반력 N_A 및 마찰력 $F_A = \mu_A N_A = 0.4\ N_A$이다. 문이 정지 상태에서 출발하기 때문에, 그 속도는 오른쪽으로 향할 것이다(즉, 가속도와 같은 방향). 이것은 F_A가 왼쪽으로 향한다는 것을 의미한다. B에는 수직 반력이 없고, 따라서 마찰력도 없다. 왜냐하면 문제에서 문이 A를 중심으로 기울어지기 직전의 상태로 오른쪽으로 미끄러진다고 하였기 때문이다.

질량-가속도 선도 질량-가속도 선도에는 G에 작용하는 관성력벡터만 존재하고 그 크기는 $m\bar{a}$이다. 이 문이 병진운동($\alpha = 0$)을 하기 때문에 관성우력벡터는 없다.

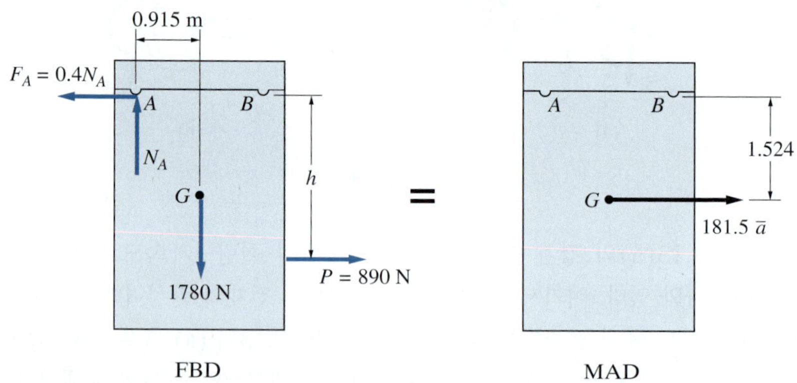

(b)

그림 (b)를 살펴보면 미지수는 자유물체도에서 N_A와 h이고 질량-가속도 선도에서 $\bar{a}$라는 것을 알 수 있다. 이 3개의 미지수를 구하기 위해서는 임의의 3개의 독립 스칼라 운동방정식을 유도하고 이 식들을 풀어야 한다. 자유물체도, 질량-가속도 선도 기법을 이용할 때, 아래와 같은 사항을 주의해야 한다. (1) 자유물체도에서 외력의 합은 질량-가속도 선도에서 관성력벡터 $m\bar{\mathbf{a}}$와 같게 놓을 수 있다. (2) 자유물체도에서 임의의 점에 관한 모멘트의 합은 질량-가속도 선도에서 같은 점에 관한 관성우력벡터의 합과 같게 놓을 수 있다.

자유물체도에서 외력의 x 및 y 성분과, 질량-가속도 선도에서 관성력벡터의 해당 성분을 같게 놓으면 다음과 같다.

$$\Sigma F_y = m\bar{a}_y \quad \overset{+}{\uparrow} \quad N_A - 1780\text{ N} = 0$$
$$N_A = 1780\text{ N}$$

및

$$\Sigma F_x = m\bar{a}_x \quad \overset{+}{\rightarrow} \quad 890 - 0.4(1780) = 181.5\,\bar{a}$$
$$890 - 0.4(1780) = 181.5\,\bar{a}$$

그러므로, 다음과 같이 된다.

$$\bar{a} = 0.981\text{ m/s}^2$$ 답

셋째 번 독립 운동방정식은 임의의 점에 관한 모멘트방정식이다. A를 모멘트의 중심으로 선택하면, 자유물체도에서 모멘트의 합은 질량-가속도 선도에서 관성우력벡터의 합과 같다. 그러므로,

$$(\Sigma M_A)_{\text{FBD}} = (\Sigma M_A)_{\text{MAD}} \quad \circlearrowleft + \quad 890h - 1780(0.915) = (181.5\,\bar{a})1.524$$

이므로 다음과 같이 나온다.

$$h = 2.134\text{ m}$$ 답

문항 2

h = 1.524 m일 때의 자유물체도와 질량-가속도 선도가 그림 (c)에 나와 있다. 이 선도들의 자세한 설명은 다음과 같다.

자유물체도 자유물체도에는 1780 N의 중량, G점을 통과하는 P = 890 N인 외력, 수직반력 N_A 및 N_B, 마찰력 F_A 및 F_B가 있다. 이 문이 A 및 B 두 점에서 접촉을 유지하면서 오른쪽으로 미끄러질 것이라고 가정한다. 마찰력은 운동마찰계수에 의해서 결정되고 왼쪽으로 향한다. 이것은 운동과 반대방향이다.

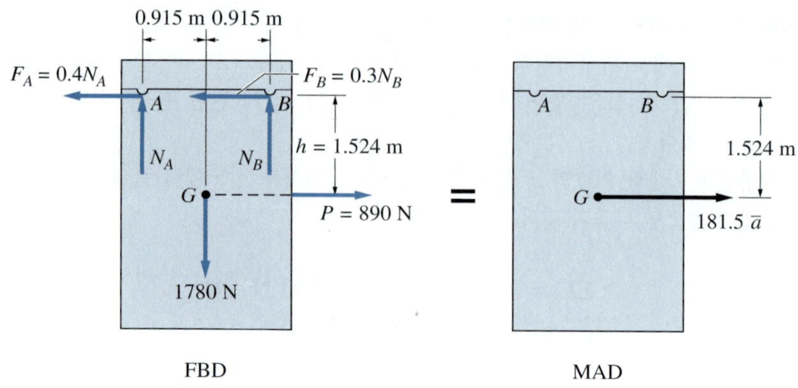

(c)

질량-가속도 선도 문이 기울어지지 않고 오른쪽으로 미끄러지므로 질량-가속도 선도에는 G점에 작용하는 관성력벡터만 존재한다.

자유물체도와 질량-가속도 선도에서 미지수는 3개, 즉 N_A, N_B 및 $\bar{a}$이고, 이것은 임의의 3개의 독립 스칼라 운동방정식으로 결정할 수 있다. 한 쌍의 운동방정식은 다음과 같다. 그림 (c)에 있는 자유물체도와 질량-가속도 선도를 참고하면, 이 식들이 맞다는 것을 알 수 있다.

$$\Sigma F_y = m\bar{a}_y \quad +\uparrow \quad N_A + N_B - 1780 = 0 \tag{a}$$

$$\Sigma M_G = 0 \quad \circlearrowleft + \quad N_B(0.915) + 0.3N_B(1.524) - N_A(0.915) + 0.4N_A(1.524) = 0 \tag{b}$$

$$\Sigma F_x = m\bar{a}_x \quad \xrightarrow{+} \quad 890 - 0.4N_A - 0.3N_B = 181.5\,\bar{a} \tag{c}$$

식 (a), (b), (c)를 풀면 답은 다음과 같다.

$$N_A = 1456 \text{ N} \qquad N_B = 324 \text{ N} \qquad \bar{a} = 1.16 \text{ m/s}^2$$ **답**

이 값들이 양수이므로 문이 기울어지지 않고 오른쪽으로 미끄러질 것이라는 처음의 가정이 옳다는 것을 확인할 수 있다.

예제 17.4

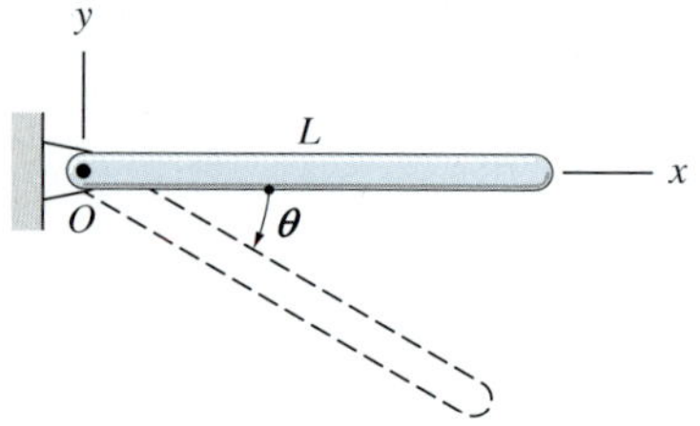

(a)

그림 (a)에 있는 균질 막대는 질량이 m이고 길이가 L이다. 이 막대는 O에 있는 핀을 중심으로 수직평면 내에서 자유롭게 회전할 수 있다. 이 막대가 각도 $\theta = 0$인 위치에서 정지 상태에서 놓여진다면, $\theta = 60°$일 때의 각가속도 α를 구하라.

풀이

그림 (b)는 $\theta = 60°$일 때 막대의 자유물체도와 질량-가속도 선도를 나타낸다. 자유물체도에는 질량중심 G에 작용하는 막대의 무게 W와 O점에 작용하는 핀 반력의 성분들이 나와 있다. 질량중심은 막대의 중점이다. α가 시계방향이라고 가정할 때, 관성우력벡터 $\bar{I}\alpha$가 질량-가속도 선도에 그려져 있고 표 17.1에서 $\bar{I} = mL^2/12$이다. G의 경로가 O에 중심을 둔 원호라는 사실로부터 관성력벡터 $m\bar{\mathbf{a}}$의 성분들이 계산된다. 따라서 $\bar{\mathbf{a}}$의 법선 및 접선성분은 $\bar{a}_n = (L/2)\omega^2$ 및 $\bar{a}_t = (L/2)\alpha$이다. $\bar{a}_n$의 방향은 ω의 방향에 관계없이 O를 향하고 $\bar{a}_t$의 방향은 α의 가정된 방향에 따른다.

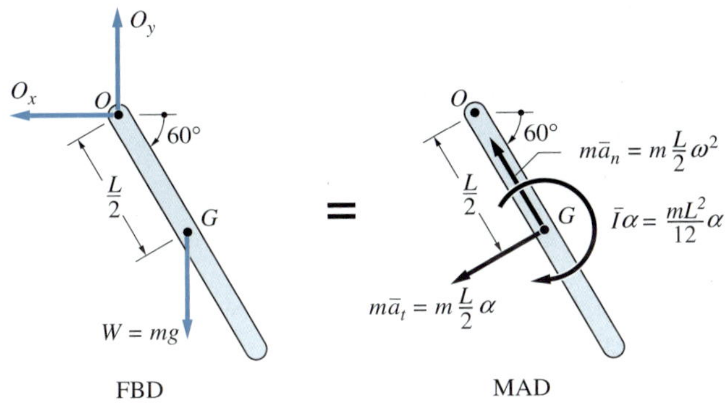

(b)

그림 (b)에서 전체 미지수는 O_x, O_y, α 및 ω라는 것을 알 수 있다. 3개의 독립 스칼라 방정식이 존재하므로 자유물체도와 질량-가속도 선도만을 이용해서는 모든 미지수를 결정할 수 없다. 왜냐하면 ω는 운동의 이력에 의존하기 때문이다. 즉 $\omega = \int \alpha\, dt + C$이다. 그러므로 막대의 어떤 순간적인 위치에서의 운동방정식은 그 위치에서의 각속도를 결정할 수 없다. 그러나 자유물체도와 질량-가속도 선도를 자세히 검토하면 각가속도 α를 결정할 수 있다는 것을 알 수 있다. 왜냐하면 O점을 모멘트의 중심으로 사용할 때 모멘트방정식에서 나타나는 유일한 미지수가 α이기 때문이다. 그림 (b)의 선도를 참조하면 이 모멘트방정식은 다음과 같다.

$$(\Sigma M_O)_{\text{FBD}} = (\Sigma M_O)_{\text{MAD}}$$

$$\circlearrowright+ \quad mg\frac{L}{2}\cos 60° = \frac{mL^2}{12}\alpha + \left(m\frac{L}{2}\alpha\right)\frac{L}{2} = \frac{mL^2}{3}\alpha \qquad \text{(a)}$$

이 식에서 답은 다음과 같이 나온다.

$$\alpha = \frac{3g}{2L}\cos 60° = 0.750\frac{g}{L} \qquad \text{답 (b)}$$

O의 가속도가 0이기 때문에 위의 모멘트방정식은 식 (17.14), 즉 $\Sigma M_O = I_O\alpha$를 이용하여 얻을 수도 있다. 여기에서 평행축정리를 사용하면 다음과 같이 된다.

$$I_O = \bar{I} + md^2 = \frac{mL^2}{12} + m\left(\frac{L}{2}\right)^2 = \frac{mL^2}{3} \qquad \text{(c)}$$

그러므로 $\Sigma M_O = I_O\alpha$를 이용해도 식 (a)와 동일한 방정식을 얻을 수 있다는 것을 알 수 있다.

예제 17.5

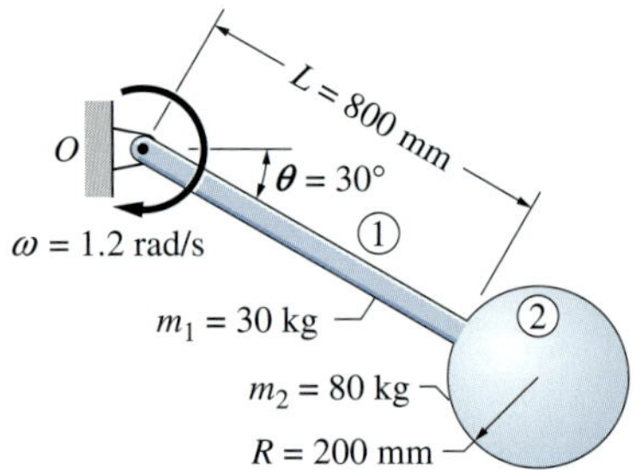

(a)

그림 (a)의 물체는 균질이고 가는 막대 ①과 균질인 구 ②가 붙어 있는 형상이다. 이 물체는 O에 있는 핀 주위로 수직평면 내에서 회전할 수 있다. 이 물체가 $\theta = 30°$인 위치에서 각속도는 시계방향으로 $\omega = 1.2$ rad/s이다. 이 순간의 각가속도 α를 구하고 O에서의 핀 반력의 절대치를 구하라.

풀이

$\theta = 30°$인 위치에서 이 물체의 자유물체도와 질량-가속도 선도가 그림 (b)에 나와 있다. 이 선도들에서 막대와 구는 다른 물체로 취급되고, 각각 자체의 관성우력벡터와 관성력벡터가 표시되어 있다(조립품 전체의 관성우력벡터와 관성력벡터를 표시함으로써 같은 의미를 가지는 질량-가속도 선도가 얻어질 수 있다. 그림 17.13을 참조하라). 이 선도들의 자세한 설명은 다음과 같다.

자유물체도 힘 O_n과 O_t는 핀 반력의 n과 t축 성분이다. W_1과 W_2는 막대와 구의 무게이고, 각각의 질량중심 G_1과 G_2에 작용한다. $\bar{r}_1 = 0.4$ m 및 $\bar{r}_2 = 1.0$ m는 O로부터 질량중심까지의 거리이고, 이 값들은 그림 (a)에 나와 있는 치수로 계산할 수 있다.

질량-가속도 선도 질량-가속도 선도에서 각가속도 α는 단위가 rad/s^{2}이고 시계방향이라고 가정한다. 이 물체가 고정점 O 주위로 회전한다는 사실을 사용하여 운동학 해석을 하면 G_1과 G_2의 가속도는 이 물체의 α와 ω의 항으로 표현할 수 있다. 따라서, 질량-가속도 선도에서 나타나는 관성력 항은 다음과 같이 계산된다.
막대:

$$\bar{I}_1\alpha = \frac{m_1L^2}{12}\alpha = \frac{30(0.8)^2}{12}\alpha = 1.600\alpha \text{ N}\cdot\text{m}$$
$$m_1\bar{r}_1\omega^2 = 30(0.4)(1.2)^2 = 17.28 \text{ N}$$
$$m_1\bar{r}_1\alpha = 30(0.4)\alpha = 12.00\alpha \text{ N}$$

구:

$$\bar{I}_2\alpha = \frac{2}{5}m_2R^2\alpha = \frac{2}{5}(80)(0.2)^2\alpha = 1.280\alpha \text{ N}\cdot\text{m}$$
$$m_2\bar{r}_2\omega^2 = 80(1.0)(1.2)^2 = 115.2 \text{ N}$$
$$m_2\bar{r}_2\alpha = 80(1.0)\alpha = 80.00\alpha \text{ N}$$

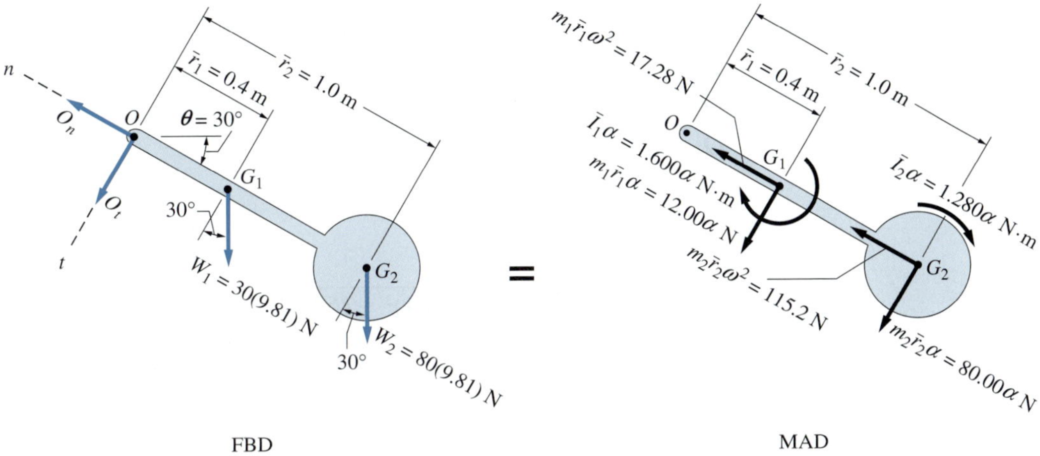

(b)

질량-가속도 선도에서 관성력벡터의 접선성분은 α를 포함하고 있으므로 그 방향은 α의 가정된 방향(시계방향)에 따른다. 관성력벡터의 법선성분은 ω^2을 포함하는데, ω의 방향에 관계없이 회전중심 O를 향한다.

그림 (b)를 보면 알 수 있는 바와 같이 자유물체도에는 2개의 미지수 O_n과 O_t가 있고 질량-가속도 선도에는 1개의 미지수 α가 있다. 따라서 이 미지수들을 포함하는 3개의 독립 운동방정식을 유도하고 이것을 푸는 문제만 남는다.

그림 (b)의 자유물체도와 질량-가속도 선도에서 O에 관한 모멘트를 같게 놓으면 다음과 같다.

$$(\Sigma M_O)_{\text{FBD}} = (\Sigma M_O)_{\text{MAD}}$$

$$\circlearrowright + \quad 30(9.81)(0.4)\cos 30° + 80(9.81)(1.0)\cos 30°$$
$$= 1.600\alpha + (12.00\alpha)(0.4) + 1.280\alpha + (80.00\alpha)(1.0)$$
$$= 87.68\alpha$$

그러므로 답은 다음과 같다.

$$\alpha = 8.914 \text{ rad/s}^2 \qquad \text{답}$$

O점의 가속도는 0이므로, 이 결과는 특수한 경우인 $\Sigma M_O = I_O\alpha$를 이용하여 유도할 수도 있다.

$\alpha = 8.914$ rad/s^{2}을 이용하고 그림 (b)를 참조하면, t 및 n방향의 힘방정식은 다음과 같다.

$$\Sigma F_t = m\bar{a}_t$$

$$\overset{+}{\swarrow} \quad O_t + 30(9.81)\cos 30° + 80(9.81)\cos 30° = 12.00(8.914) + 80.00(8.914)$$

$$O_t = -114.4 \text{ N}$$

그리고

$$\Sigma F_n = m\bar{a}_n$$

$$\nwarrow^{+} \quad O_n - 30(9.81)\sin 30° - 80(9.81)\sin 30° = 17.28 + 115.2$$

$$O_n = 672.0 \text{ N}$$

따라서 O에서의 핀 반력의 크기는 다음과 같다.

$$O = \sqrt{O_t^2 + O_n^2} = \sqrt{(-114.4)^2 + (672.0)^2} = 682 \text{ N}$$ 답

예제 17.6

그림 (a)에 나와 있는 바와 같이 밧줄의 끝에 추 B가 연결되어 있고, 이 밧줄은 원반 A의 주위에 단단하게 감겨 있다. 이 원반은 무게중심 G를 통과하는 축 주위로 자유롭게 회전할 수 있다. A와 B의 질량은 각각 60 kg 및 20 kg이고, 원반의 회전반경은 $\bar{k}$ = 400 mm이다. A의 각가속도 및 밧줄의 장력을 구하라.

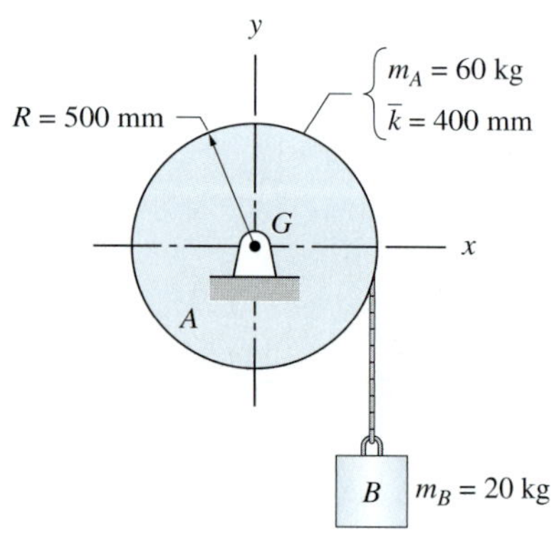

(a)

풀이

이 계의 자유물체도(FBD)와 질량-가속도 선도(MAD)는 그림 (b)에 그려져 있다. FBD에는 중량 W_A = 60(9.81) = 588.6 N과 W_B = 20(9.81) = 196.2 N이 G에 있는 핀의 미지 반력과 함께 포함되어 있다. 이 FBD에 내력인 밧줄장력은 나타나 있지 않다.

MAD에는 원반의 관성우력과 추의 관성력벡터가 나타나 있다. 원반의 관성력 벡터는 전혀 나타나 있지 않은데, 이는 질량중심 G가 고정되어 있기 때문이다. 원반의 각가속도 α는 시계방향이라고 가정한다. 이에 상응하는 원반의 관성우력벡터는 다음과 같은데,

$$\bar{I}\alpha = m\bar{k}^2\alpha = 60(0.4)^2\alpha = 9.600\alpha \text{ N}\cdot\text{m}$$

이 또한 시계방향이다. 밧줄은 원반에서 전혀 미끄러지지 않으므로 추의 가속도는 $a_B = R\alpha$이고 다음과 같은 관성력벡터가 된다.

$$m_B a_B = m_B(R\alpha) = 20(0.5\alpha) = 10\alpha \text{ N} \quad \downarrow$$

FBD와 MAD에는 3개의 미지수가 있는데, 이 미지수는 G에서의 핀 반력의 성분력 2개와 원반의 각가속도 α이다. FBD와 MAD에서 구할 수 있는 독립방정식의 갯수도 역시 3개이므로 모든 미지수를 계산할 수 있다.

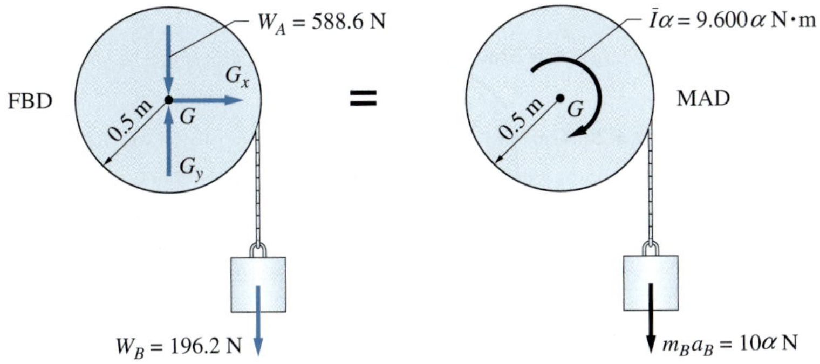

(b)

각가속도 α는 FBD와 MAD에서 구한 G에 관한 합 모멘트를 같게 놓음으로써 구할 수 있다.

$$(\Sigma M_G)_{\text{FBD}} = (\Sigma M_G)_{\text{MAD}} \quad \circlearrowright + \quad 196.2(0.5) = 9.600\alpha + 10\alpha(0.5)$$

$$\alpha = 6.719 \text{ rad/s}^2 \qquad \text{답}$$

밧줄의 장력을 구하려면 추에 대해서만 해석한다(원반만을 해석할 수도 있다). 추의 자유물체도와 질량-가속도 선도가 그림 (c)에 나와 있는데, 여기에서 T는 밧줄의 장력이다. y방향의 힘을 합하면 다음과 같이 된다.

$$\Sigma F_y = ma_y \quad +\downarrow \quad 196.2 - T = 10\alpha = 10(6.719)$$

$$T = 129.0 \text{ N} \qquad \text{답}$$

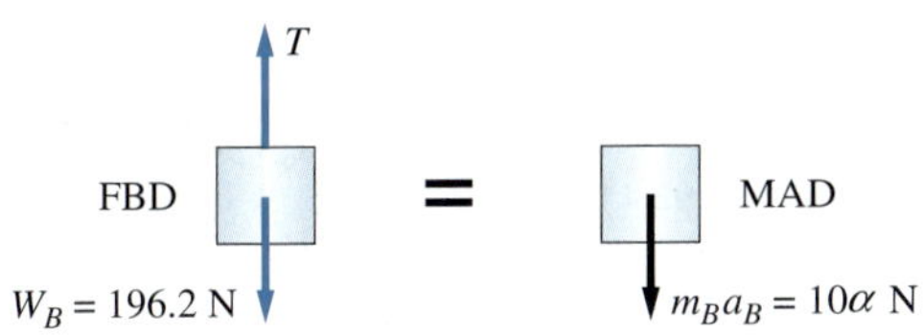

(c)

예제 17.7

그림 (a)와 같이 40 kg의 불균형 바퀴가 반시계방향의 우력 C_0 = 20 N·m의 작용을 받아서 미끄러짐 없이 구르고 있다. 그림의 위치에서 바퀴의 각속도는 ω = 2 rad/s이고 시계방향이다. 이 위치에서 각가속도 α와 거친 수평면에 의하여 바퀴상의 점 C에 가해지는 힘들을 계산하라. 여기에서 바퀴의 질량중심 G에 관한 회전반경은 $\bar{k}$ = 200 mm이다.

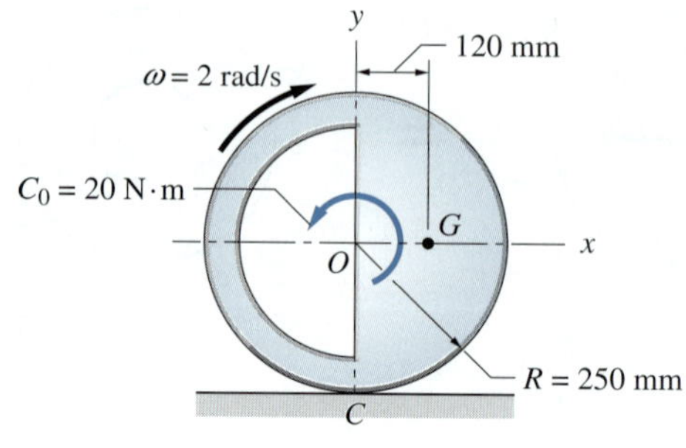

(a)

풀이

그림 (b)에는 바퀴의 자유물체도와 질량-가속도 선도가 나와 있고, 그 구체적인 설명은 다음과 같다.

자유물체도 자유물체도는 작용 우력 C_0, 중량 $W = 40(9.81) = 392.4$ N 및 접촉점 C에서 작용하는 수직반력과 마찰력, N_C 및 F_C로 구성되어 있다. F_C는 오른쪽 방향이라고 가정되어 있다.

질량-가속도 선도 그림 (b)의 질량-가속도 선도에서 각가속도 α는 단위가 rad/s^{2}이고, 시계방향이라고 가정되어 있다. 이 선도에서 관성우력벡터는,

$$\bar{I}\alpha = m\bar{k}^2\alpha = 40(0.200)^2\alpha = 1.600\alpha \text{ N}\cdot\text{m}$$

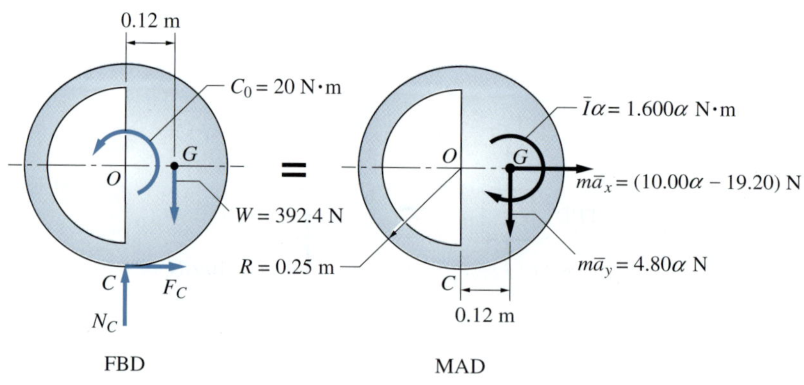

(b)

바퀴가 미끄러지지 않기 때문에 도심 O의 가속도는 $a_O = R\alpha = 0.250\alpha$ m/s^{2}이고 오른쪽으로 향한다. G와 O 사이의 상대가속도방정식을 적용하면 각각의 단위는 m/s^{2}이다.

$$\bar{\mathbf{a}} = \mathbf{a}_G = \mathbf{a}_O + \mathbf{a}_{G/O}$$

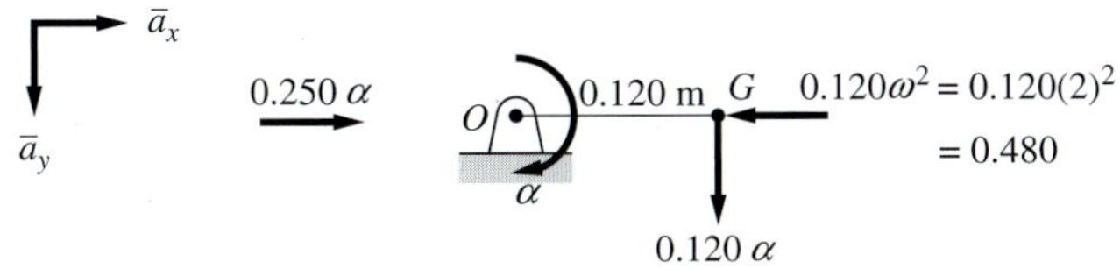

여기에서 $\bar{a}_x = 0.250\alpha - 0.480$ m/s^{2}및 $\bar{a}_y = 0.120\alpha$ m/s^{2}가 나온다. 이 결과에 $m = 40$ kg을 곱하면 관성력벡터의 성분들은 $m\bar{a}_x = (10.00\alpha - 19.20)$ N이 되고 오른쪽으로 향한다. 그리고 $m\bar{a}_y = 4.80\alpha$ N이고 아래 방향이다.

그림 (b)의 자유물체도와 질량-가속도 선도는 단지 3개의 미지수(N_C, F_C, α)가 포함되어 있으며, 임의의 3개의 독립 운동방정식을 이용하여 구한다.

N_C 및 F_C는 C점에서 운동하므로, 이에 상응하는 운동방정식은 모멘트 중심에서 그 질점을 이용하는 것이 편리하다.

$$(\Sigma M_C)_{\text{FBD}} = (\Sigma M_C)_{\text{MAD}}$$

$$\circlearrowright + \quad -20 + 392.4(0.120) = 1.600\alpha + 0.250(10.00\alpha - 19.20) + 0.120(4.80\alpha)$$

이 방정식의 해는 다음과 같다.

$$\alpha = 6.820 \text{ rad/s}^2$$ 답

α가 양수이므로 방향은 가정한 바와 같이 시계방향이다.

C에 작용하는 힘들은 힘방정식에서 다음과 같이 된다.

$$\Sigma F_x = m\bar{a}_x \quad \overset{+}{\rightarrow} \quad F_C = 10.00\alpha - 19.20 = 10.00(6.820) - 19.20$$

및

$$\Sigma F_y = m\bar{a}_y \quad +\downarrow \quad 392.4 - N_C = 4.80\alpha = 4.80(6.820)$$

따라서 답은, 다음과 같다.

$$F_C = 49.0 \text{ N} \qquad \text{및} \qquad N_C = 360 \text{ N}$$ 답

각각의 힘이 양수이므로 그 방향은 자유물체도에서 가정한 것과 같다.

예제 17.8

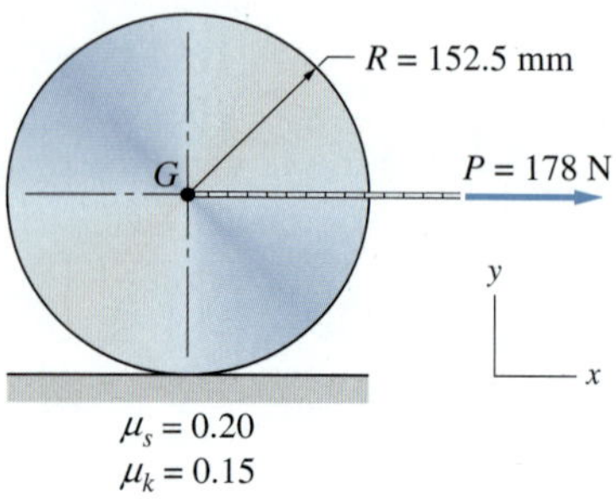

(a)

그림 (a)는 무게가 22.68 kg이고 반지름이 152.5 mm인 균질 원통을 나타낸다. 이 원통이 정지 상태에 있을 때 수평력 P = 178 N가 질량중심 G에 작용한다. 접촉면의 정지 및 운동마찰계수는 각각 0.20 및 0.15이다. 하중이 가해진 후의 원반의 각가속도와 G의 가속도를 구하라.

풀이

원반은 2가지 운동, 즉 미끄러지지 않는 구름운동과 미끄러지는 구름운동을 할 수가 있다. 이 예제에서는 원반이 미끄러지지 않고 구른다는 가정하에서 문제 풀이가 되어 있다. 그런 다음, 소요마찰력을 최대 정마찰력 값과 비교함으로써 이 가정을 확인하고자 한다.

미끄러지지 않는다고 가정할 때의 자유물체도와 질량–가속도 선도가 그림 (b)에 나와 있다. 자유물체도에는 222.5 N의 무게, 178 N의 작용 하중, 수직반력 N_A, 그리고 마찰력 F가 있고, 이 마찰력은 왼쪽으로 작용한다고 가정한다. 질량–가속도 선도에는 관성우력벡터와 관성력벡터가 나와 있고, 여기서 각가속도 α는 단위가 rad/s^{2}이고 시계방향이라고 가정한다. $\bar{I}\alpha$와 $m\bar{a}$는 다음과 같이 계산된다.

$$\bar{I}\alpha = \frac{mR^2}{2}\alpha = \frac{22.68(0.1525)^2}{(22.68)2}\alpha = 0.264\alpha \text{ N}\cdot\text{m}$$

$$m\bar{a} = mR\alpha = 22.68(0.1525)\alpha = 3.46\,\alpha \text{ N}$$

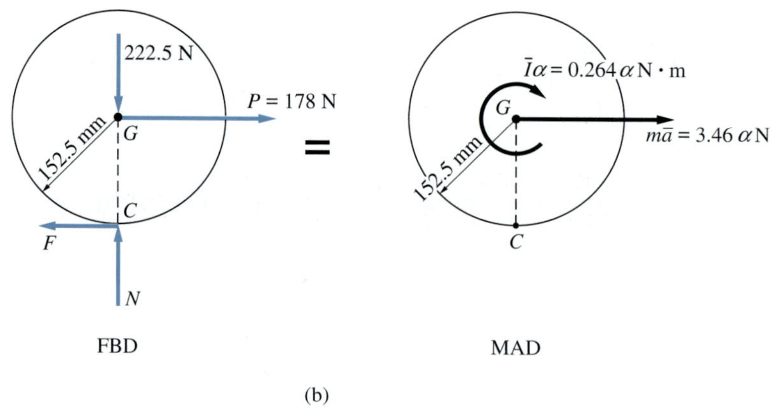

(b)

이 원반이 미끄러지지 않고 구른다고 가정했기 때문에 구속방정식 $\bar{a} = R\alpha$를 사용할 수 있다. 자유물체도와 질량–가속도 선도에는 3개의 미지수 F, N 및 α가 있고, 이것은 임의의 3개의 독립 운동방정식을 사용함으로써 계산될 수 있다.

첫째로 자유물체도와 질량-가속도 선도에서 C에 관한 모멘트의 합을 같다고 놓고, 그다음 힘방정식을 사용하면 편리하게 해를 구할 수 있다.

$$(\Sigma M_C)_{\text{FBD}} = (\Sigma M_C)_{\text{MAD}} \quad \circlearrowleft+ \quad 178(0.1525) = 0.264\alpha + 3.46\alpha(0.1525)$$
$$\alpha = 34.35 \text{ rad/s}^2$$
$$\Sigma F_x = m\bar{a}_x \quad \overset{+}{\rightarrow} \quad 178 - F = 3.46\alpha = 3.46(34.35)$$
$$F = 59.3 \text{ N}$$
$$\Sigma F_y = m\bar{a}_y \quad +\uparrow \quad N - 22.68 \times 9.81 = 0$$
$$N = 222.5 \text{ N}$$

여기서 α, F 및 N_A이 모두 양수이므로 방향은 그림 (b)에서 가정한 것과 같다.

그다음 접촉면에서 가할 수 있는 최대 정지 마찰력은 $F_{\max} = \mu_s N = 0.20(222.5) = 44.5$ N이다. 미끄러지지 않고 구르는 데 필요한 마찰력은, 앞에서의 풀이에 따르면 $F = 59.3$ N이다. $F > F_{\max}$이므로, 이 원반은 미끄러지지 않고 구른다는 처음의 가정대로 운동할 수 없다는 결론이 나온다. 그러므로 이 원반은 미끄러진다는 사실을 사용하여 문제의 식을 다시 세워야 한다.

이 원반이 미끄러지면서 동시에 구를 때의 자유물체도와 질량-가속도 선도가 그림 (c)에 나와 있다. 자유물체도에서 마찰력 F는 운동마찰력 $\mu_k N$으로 두어야 하고 미끄러짐을 방해하는 방향이어야 하므로 왼쪽 방향으로 놓아야 한다. 질량-가속도 선도에서 관성우력벡터 $\bar{I}\alpha$는 그림 (b)에서 사용한 것과 일치한다. 그러나 여기서 앞에서의 풀이와 중요한 차이점은 관성력벡터의 절대치가 $m\bar{a} = (22.68)\bar{a}$ kg이라는 것이다. 여기서 $\bar{a}$의 단위는 m/s²이다. 다시 말하면 원반이 미끄러지기 때문에 운동학적 구속조건인 $\bar{a} = R\alpha$는 적용할 수 없다. 미지수의 수는 앞에서와 마찬가지로 3개지만, 앞에서와 달리 그 미지수는 N, α 및 $\bar{a}$이다.

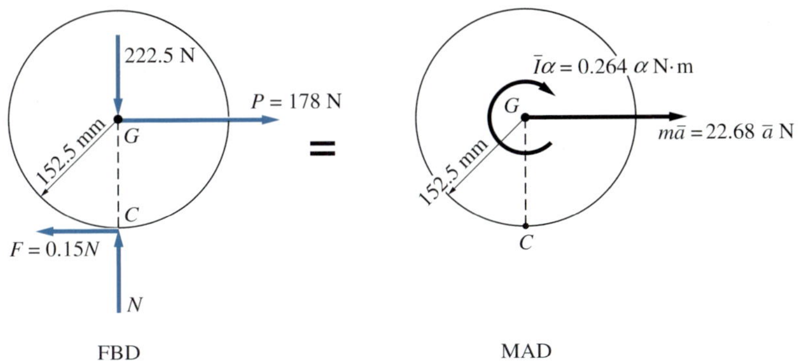

(c)

이 3개의 미지수는 다음과 같이 계산할 수 있다. 물론 어떤 다른 3개의 독립 운동방정식도 사용할 수 있다.

$$\Sigma F_y = m\bar{a}_y \quad +\uparrow \quad N - 222.5 = 0 \quad N = 222.5\text{ N} \tag{a}$$

$$\Sigma F_x = m\bar{a}_x \quad \xrightarrow{+} \quad 178 - 0.15N = 22.68\,\bar{a} \tag{b}$$

$$\Sigma M_G = \bar{I}\alpha \quad \circlearrowright + \quad 0.5(0.15N) = 0.264\alpha \tag{c}$$

식 (a)로부터 $N = 50$ lb를 식 (b)와 (c)에 대입하면 다음과 같다.

$$\bar{a} = 6.38\text{ m/s}^2 \qquad 및 \qquad \alpha = 19.32\text{ rad/s}^2$$ **답**

예제 17.9

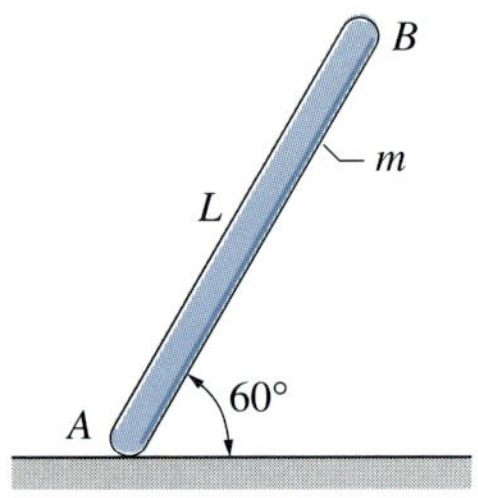

(a)

질량이 m이고 길이가 L인 가늘고 균질인 막대 AB가 그림 (a)와 같은 위치에서 정지 상태에서 놓여진다. 이 위치에서 끝점 A의 가속도와 A에서의 반력 및 막대의 각가속도를 구하라. 수평면은 마찰이 없다고 가정한다.

풀이

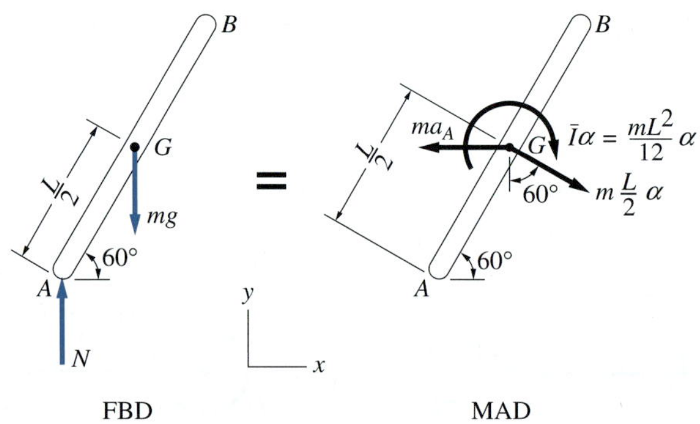

(b)

운동을 시작하는 순간의 자유물체도 및 질량-가속도 선도가 그림 (b)에 나와 있다. 자유물체도에는 막대의 무게 mg 및 수직반력 N이 있다. 질량-가속도 선도에는 관성우력벡터 $\bar{I}\alpha$와 관성력벡터 $m\bar{\mathbf{a}}$가 있다. 이 관성력벡터는 ma_A 및 $m(L/2)\alpha$로 구성되는데, 이것은 운동학을 사용하여 계산된다. A가 수평면을 따라서 움직이기 때문에 이 점은 운동학적으로 중요한 점이다. 질량중심 G의 가속도는 다음의 방정식에 의하여 $\mathbf{a}_A$및 a와 관련이 있다.

$$\bar{\mathbf{a}} = \mathbf{a}_G = \mathbf{a}_A + \mathbf{a}_{G/A} \qquad \text{(a)}$$

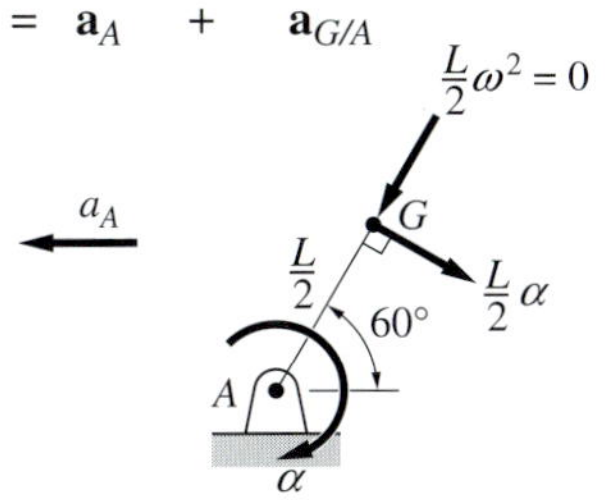

식 (a)에서 $\mathbf{a}_A$의 방향은 왼쪽, α의 방향은 시계방향이라고 가정되었다. 각속도 ω는 0이다. 식 (a)의 우변에 질량 m을 곱한 다음 그 결과를 G에 적용하게 되면, 그림 (b)의 MAD에 있는 관성력벡터의 성분들이 나온다.

그림 (b)를 고려하면 전체의 미지수는 N, a_A 및 α라는 것을 알 수 있다. 따라서 임의의 3개의 독립 운동방정식을 유도하고 그 해를 구함으로써 이 미지수들을 알아낼 수 있다.

그림 (b)의 자유물체도 및 질량-가속도 선도에서 A에 관한 모멘트를 같게 놓으면, 다음과 같다.

$$(\Sigma M_A)_{\text{FBD}} = (\Sigma M_A)_{\text{MAD}}$$

$$\circlearrowright\!+ \quad mg\left(\frac{L}{2}\cos 60^\circ\right) = \frac{mL^2}{12}\alpha + m\frac{L}{2}\alpha\left(\frac{L}{2}\right) - ma_A\left(\frac{L}{2}\sin 60^\circ\right)$$

이를 정리하면 다음과 같다.

$$a_A = 0.7698L\alpha - 0.5774g \qquad \text{(b)}$$

다시 그림 (b)를 참조하면, 수평방향의 힘방정식은 다음과 같다.

$$\Sigma F_x = m\bar{a}_x \quad \overset{+}{\rightarrow} \quad 0 = -ma_A + m\frac{L}{2}\alpha\sin 60^\circ$$

이를 정리하면 다음과 같다.

$$a_A = 0.4330L\alpha \qquad \text{(c)}$$

식 (b)와 (c)를 연립하여 풀면 다음과 같다.

$$a_A = 0.742g \quad \text{그리고} \quad \alpha = 1.714\frac{g}{L}$$ **답**

그림 (b)의 선도를 이용하여 수직방향의 힘방정식은 다음과 같다.

$$\Sigma F_y = m\bar{a}_y \quad +\uparrow \quad -mg + N = -m\frac{L}{2}\alpha\cos 60° \tag{d}$$

앞에서 구해진 α에 관한 표현을 대입하고 N에 관하여 풀면 다음과 같다.

$$N = 0.572\ mg$$ **답**

여기에서 구한 N, α 및 a_A의 값은 운동이 시작되는 순간에만 성립하는 값이라는 것을 강조할 필요가 있다. 다시 말하면, 이 변수들의 값은 운동이 진행됨에 따라서 변할 것이다. 그러나 접촉면의 마찰이 없기 때문에 이 막대에 작용하는 수평 방향의 힘이 없다는 것은 흥미로운 일이다. 따라서 질량중심 G의 경로는 수직선이 될 것이다.

연습문제

17.17 400 N의 수평력이 수레에 가해지고 있고 이 수레는 A와 B에서 마찰 없는 바퀴에 의해서 지지되고 있다. 수레의 질량은 180 kg이고 G는 질량중심이다. (a) 이 수레가 기울어지지 않는다고 가정할 때 이 수레의 가속도를 구하라. (b) A와 B에서 반력을 계산함으로써 이 수레가 기울어지지 않는다는 것을 증명하라.

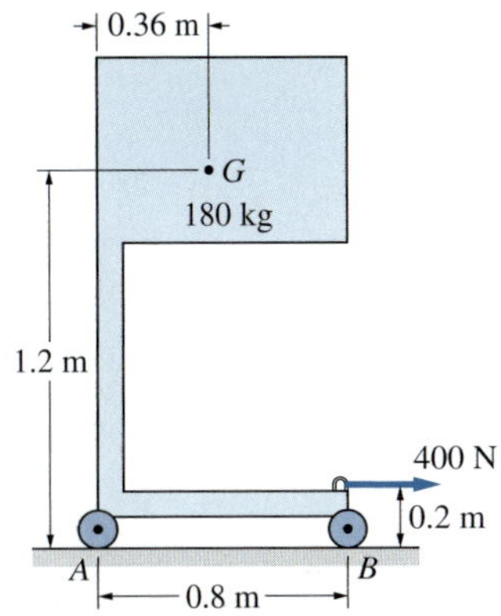

그림 P17.17

17.18 오토바이와 그 위에 탄 사람의 전체 질량중심은 G이다. (a) 오토바이에 탄 사람이 "앞바퀴를 들어 올려서" 지면으로부터 떨어지게 할 수 있는 가속도의 최솟값을 구하라. (b) 앞바퀴를 들어 올려서 지면과 떨어지게 하기 위해서 타이어와 지면 사이의 정지마찰계수의 최솟값은 얼마인가?

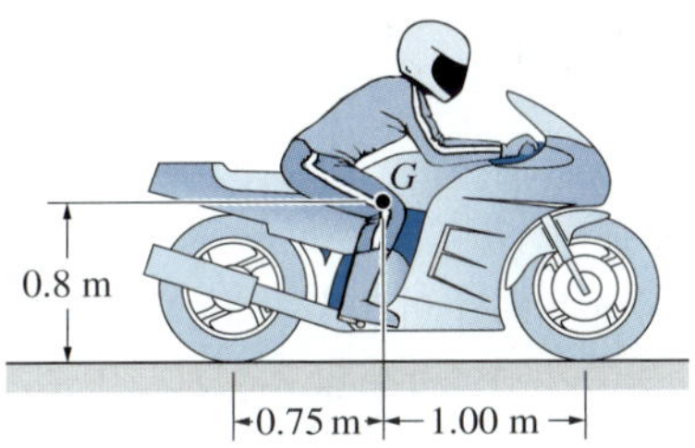

그림 P17.18

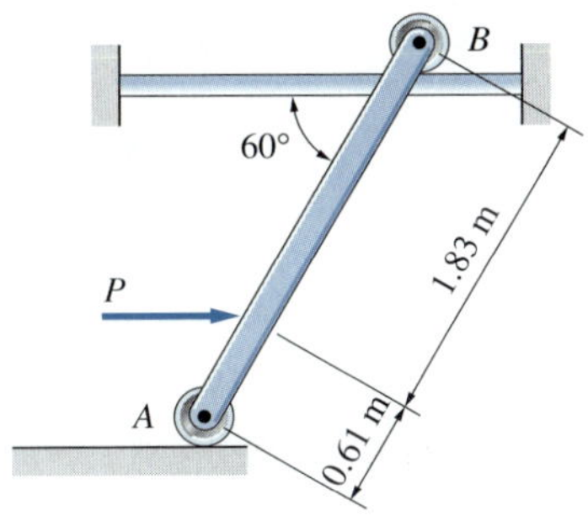

그림 P17.19

17.19 질량이 9.07 kg인 균일 봉 AB를 B에 있는 롤러가 안내 레일에서 들리지 않고 오른쪽으로 가속되게 하는 힘의 최댓값을 구하라. 단, 롤러의 질량은 무시한다.

17.20 질량이 m이고 반경이 R인 균질 원기둥체가 손수레 위에 놓여 수평줄로 구속되어 있다. 원기둥체와 손수레 간 정마찰계수는 μ_s이다. 원기둥체가 미끄러지지 않는 상태에서 손수레의 최대 가속도 a를 구하라.

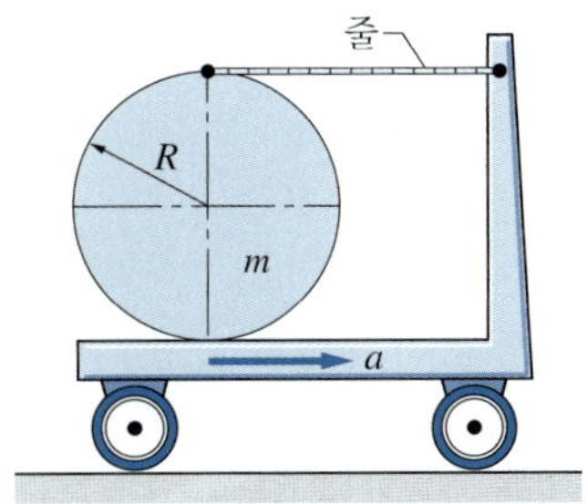

그림 P17.20

17.21 무게 381 kg인 트레일러의 질량중심이 G이다. 이 트레일러와 차는 C에서 구면접촉으로 연결되어 있다. (a) 이 트레일러가 연결고리 부분에서 위 방향으로 빠져나가지 않기 위한 가속도의 최댓값을 구하라. (b) 이때 연결고리 부분에 작용하는 수평 방향의 힘을 구하라.

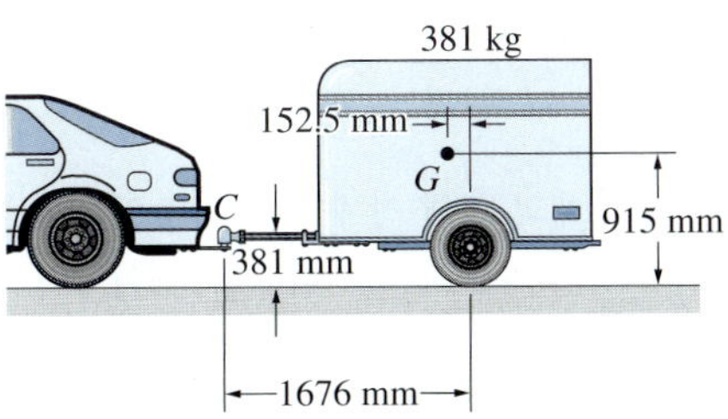

그림 P17.21

17.22 무게 24.95 kg인 균질 평판이 마찰이 없는 롤러 A와 핀으로 연결되어 있고, 가벼운 칼라 B와도 핀으로 연결되어 있으며, 89 N의 수평 방향의 힘이 작용하고 있다. 평판의 속도가 왼쪽으로 1.585 m/s일 때 평판의 가속도를 구하고 A에서 롤러의 반력을 구하라. 단, 마찰은 무시한다.

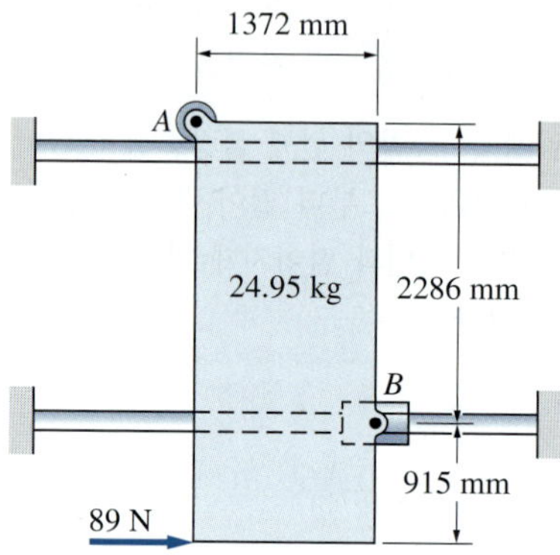

그림 P17.22

17.23 질량 m인 균질 원통이 경사각 β인 경사면 위에서 미끄러져 내려오고 있다. 원통과 경사면 사이의 운동마찰계수가 μ이다. 이 원통이 넘어지지 않고 미끄러질 수 있는 d/h의 최솟값에 관한 식을 유도하라.

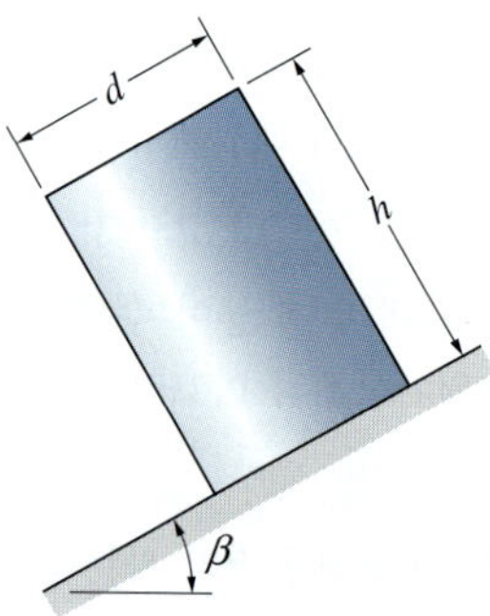

그림 P17.23

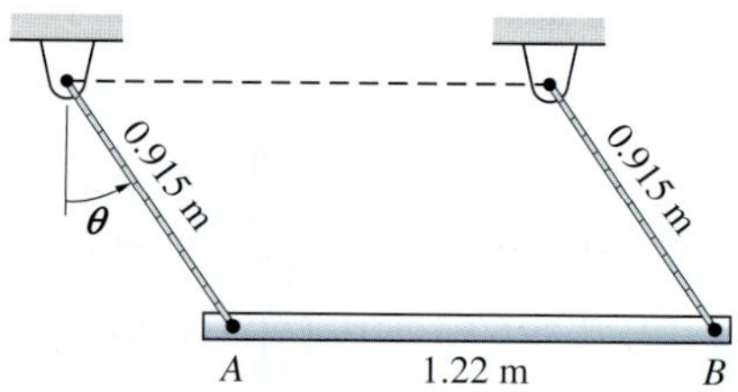

그림 P17.24

17.24 질량이 21.77 kg인 균일 봉 AB가 2개의 평행한 와이어에 매달려 있다. θ = 35°인 위치에서, 각각의 와이어는 각속도가 $\dot{\theta}$ = 3 rad/s이다. 이 위치에서 $\ddot{\theta}$를 구하고 와이어에 걸리는 장력을 구하라.

17.25 36.29 kg의 상자가 2개의 평행 암에 부착되어 있는 화물대에 놓여 있다. 암은 2 rad/s CCW의 일정한 각속도로 구동되고 있다. 시스템이 그림의 위치에 있을 때 화물대에 의해 상자에 가해지는 법선력과 마찰력을 구하라. 상자는 화물대에 대하여 미끄러지지 않는다고 가정한다.

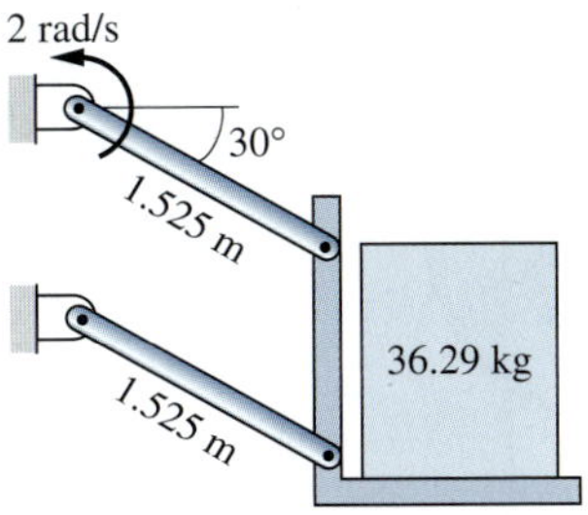

그림 P17.25

그림 P17.26

17.26 균일 봉 AB가 수평 위치에서 정지 상태에 있다가 풀리게 된다. 봉의 끝 B의 초기 가속도를 구하라.

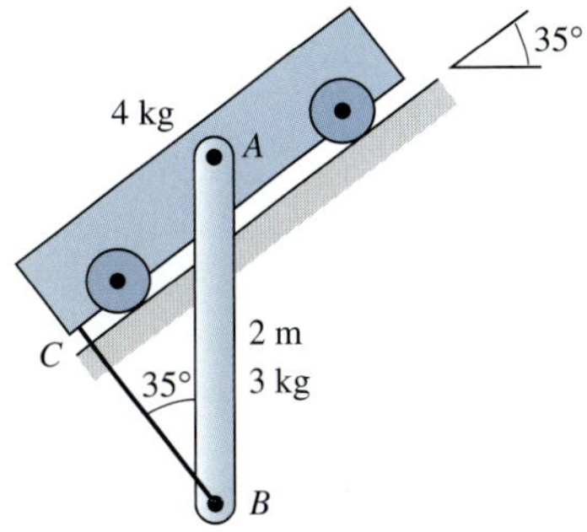

그림 P17.27

17.27 3 kg의 수직 봉 AB가 A의 핀과 코드 BC에 의해 4 kg 카트에 부착되어 있다. 조립체가 그림과 같은 위치에서 정지 상태에 있다가 풀리게 된 직후 코드에 걸리는 장력을 구하라.

17.28 각각의 질량이 m이고 길이가 L인 2개의 동일한 균일 봉 AC와 DE가 양 끝에서 코드로 연결되어 있다. 조립체는 수직면 내에서 B의 핀에 걸려 있다. 코드 AD가 잘려진 순간 코드 CE의 장력을 구하라.

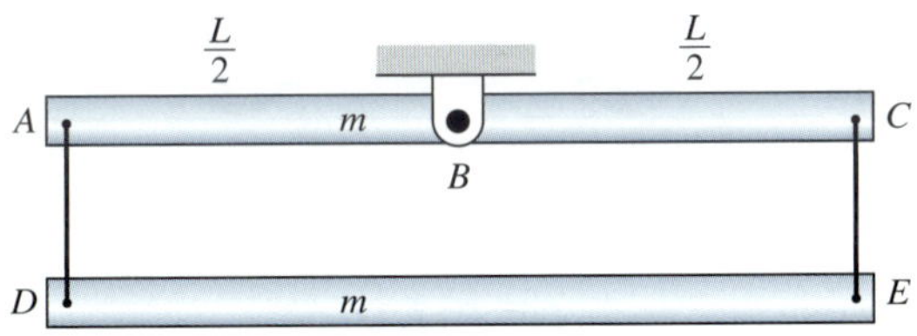

그림 P17.28

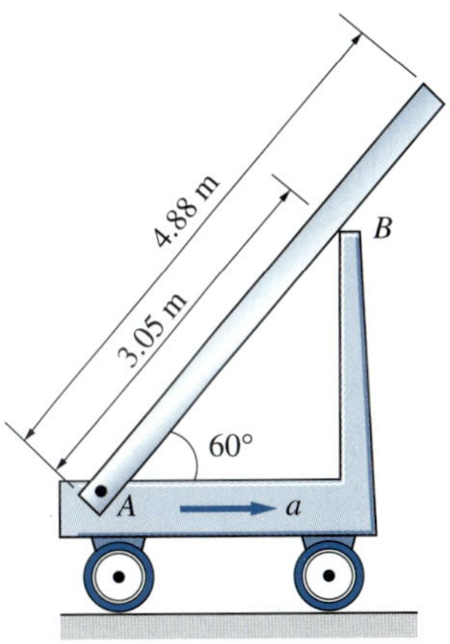

그림 P17.29

17.29 질량이 27.1 kg인 가늘고 기다란 봉이, A에서는 핀으로 결합되어 있고 B에서는 매끄러운 모서리에 비스듬히 걸쳐 있다. 손수레 가속도가 오른쪽으로 $a = g/2$일 때, A와 B에서 반력의 크기를 구하라.

17.30 질량 125 kg인 냉장고가 플랫폼 C에 의해서 바닥으로 내려지고 있다. 이 플랫폼은 그림에 나타난 평행운동기구에 의해서 제어되고 있다. 플랫폼 위에 있는 작은 난간은 A와 B에서 이 냉장고에 붙어 있는 작은 바퀴가 구르는 것을 방지하고 있다. $\theta = 0$, $\omega = 1.2$ rad/s 및 $\alpha = 1.6$ rad/s^{2}일 때 이 냉장고가 기울어지지 않는다는 것을 증명하라. (힌트: 이 냉장고가 기울어지지 않는다고 가정하고 A와 B에 작용하는 반력을 계산하면 된다.)

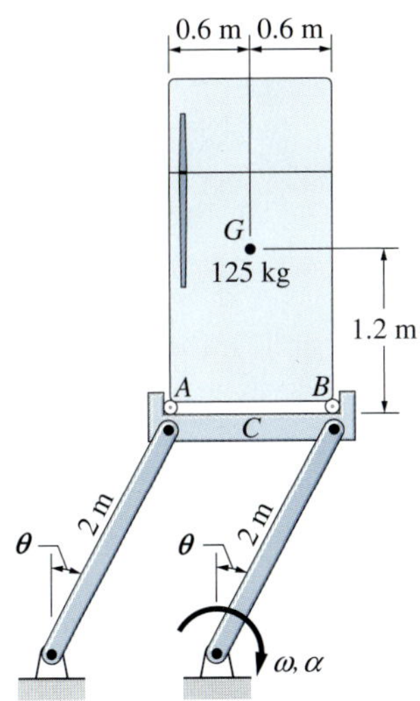

그림 P17.30

17.31 그림 (a)와 (b)에 도시된 균질 풀리의 각가속도를 구하라. 질량중심 G에 대한 각 풀리의 질량관성 모멘트는 5.42 kg·m^{2}이다.

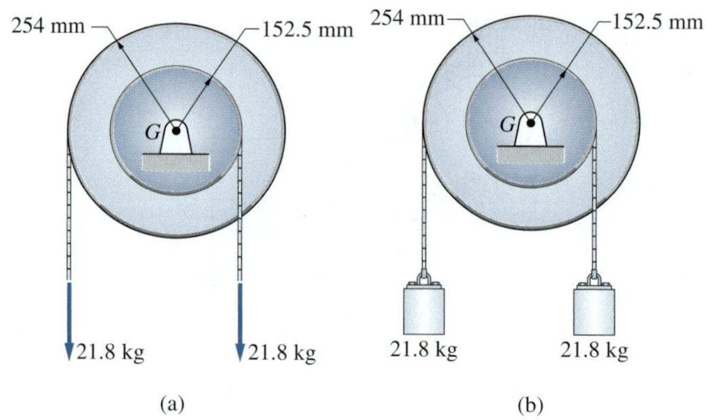

그림 P17.31

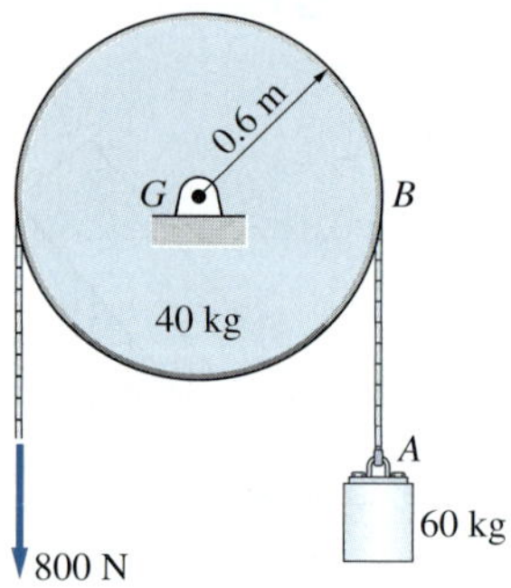

그림 P17.32

17.32 질량중심 G에 대한 40 kg의 풀리의 회전반경이 250 mm이다. 풀리의 각가속도와 코드 AB의 장력을 계산하라.

17.33 타이와 도로 간의 정마찰 계수가 0.8일 때 자동차의 최대 가능 가속도를 구하라. 자동차는 전륜구동이고 질량중심은 G에 위치한다.

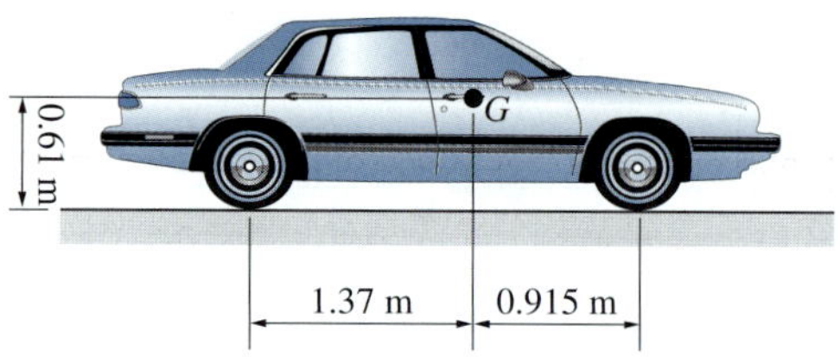

그림 P17.33

17.34 질량이 m이고 반경이 R인 반원형상의 가늘고 기다란 봉이 A에 있는 핀을 회전 중심으로 하여 수직면에서 자유 회전을 한다. 이 봉이 그림과 같은 위치에서 정지 상태에 있다가 풀리게 될 때, 그 직후에 봉의 각가속도와 핀에서 핀 반력 성분들을 각각 구하라.

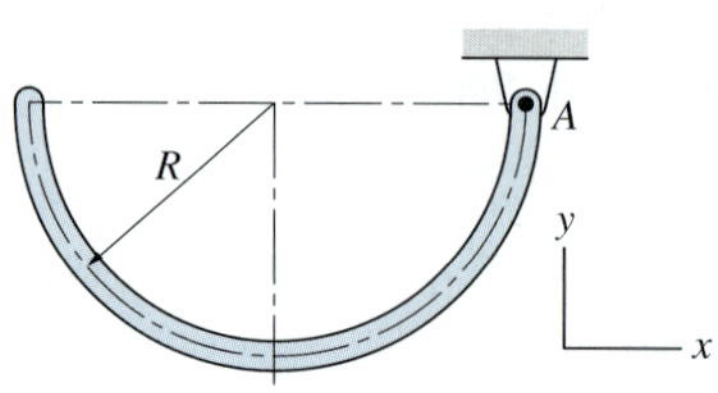

그림 P17.34

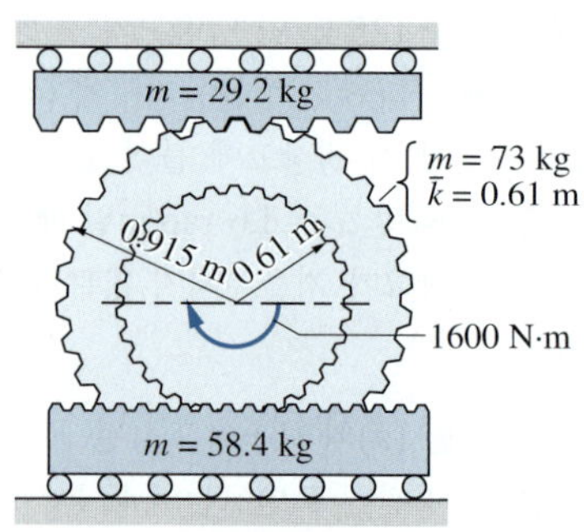

그림 P17.35

17.35 질량이 73 kg인 복합 기어가 2개의 미끄럼이동 래크(rack)에 맞물린다. 1600 N·m의 우력이 기어에 가해질 때, 기어중심의 가속도를 구하라.

17.36 22.68 kg의 균질봉 AB가 그림과 같은 위치에서 정지 상태에 있다가 풀리게 된다. 그 직후에 봉의 각가속도와 줄 BC의 장력을 계산하라.

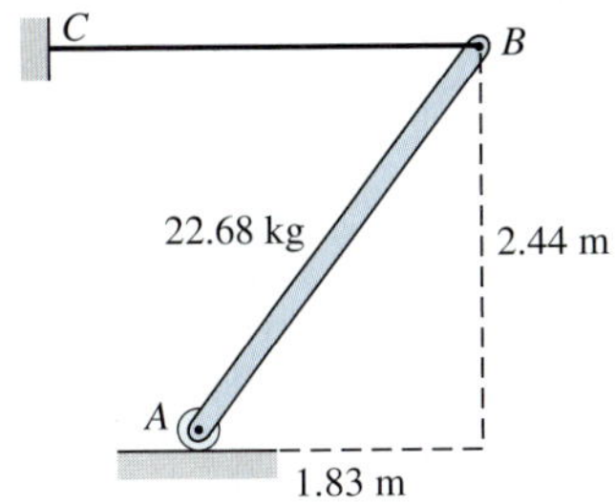

그림 P17.36

17.37 질량이 각각 4 kg 및 10 kg인 기어 A와 B가 자체의 질량중심에 관하여 회전하고 있다. 각각의 축에 관한 회전반경이 A는 100 mm, B는 300 mm이다. 일정한 우력 $C_0 = 0.75$ N·m가 기어 A에 작용한다. 마찰을 무시할 때 각각의 기어의 각가속도를 계산하고 두 기어 사이의 C에서 접선방향의 접촉력을 계산하라.

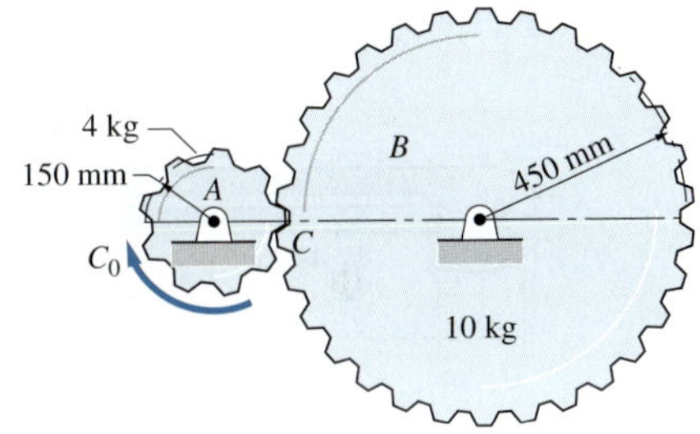

그림 P17.37

17.38 질량이 각각 2 kg과 4 kg인 균일 원반 A와 B가 자체의 질량중심에 관하여 회전할 수 있다. 원반 간의 운동마찰계수는 0.27이다. 원반 B가 반시계방향으로 500 rev/min로 자유 회전을 하고 있을 때, 정지 원반 A가 놓여서 접촉을 하게 된다. 두 원반 사이에 미끄럼이 발생하는 동안에 각각의 원반의 각가속도를 구하라. 여기서 막대 AD의 질량은 무시한다.

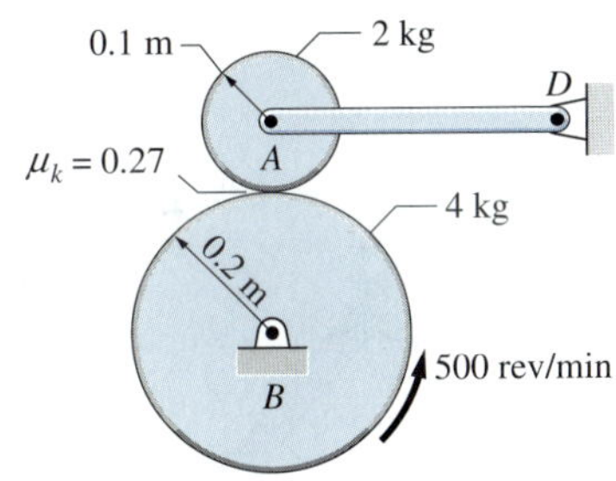

그림 P17.38

17.39 반지름 R이고, 질량 m인 균일 원통이 A에 있는 핀에 관하여 자유롭게 회전할 수 있다. $\theta = 90°$일 때 정지 상태에서 풀린 직후에 A에 작용하는 핀 반력의 크기를 계산하라.

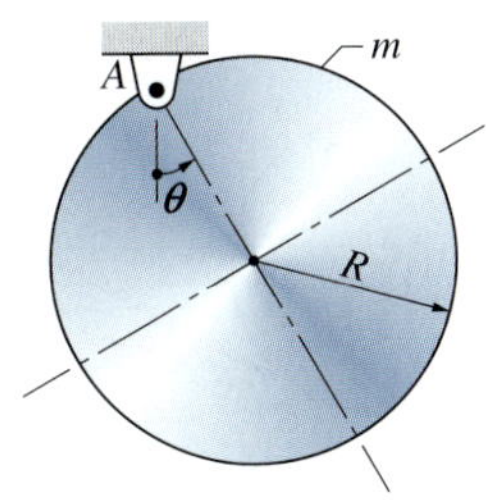

그림 P17.39

17.40 밀도가 7850 kg/m^{3}인 강철로 된 원뿔이 $\theta = 22°$일 때 정지 상태에서 풀리게 된다. A에서는 마찰이 충분하여 미끄럼이 일어나지 않는다고 가정한다. 원뿔이 정지 상태에서 풀린 직후에 원뿔의 각가속도와 A에서의 수직 반력 및 마찰력을 계산하라.

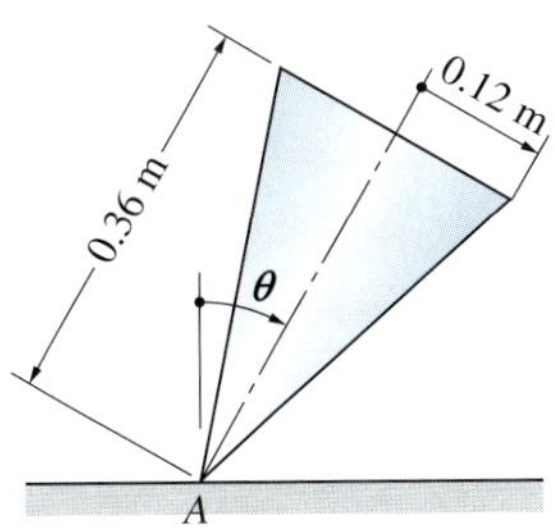

그림 P17.40

17.41 질량이 1.815 kg인 가늘고 기다란 균질 막대 AB가 C에서 수직인 축에 조립되어 있고 일정한 우력 2.03 N·m이 막대에 작용한다. 막대의 각속도가 4 rad/s인 순간에 이 막대의 각가속도와 C에서 수평방향의 반력의 크기를 계산하라.

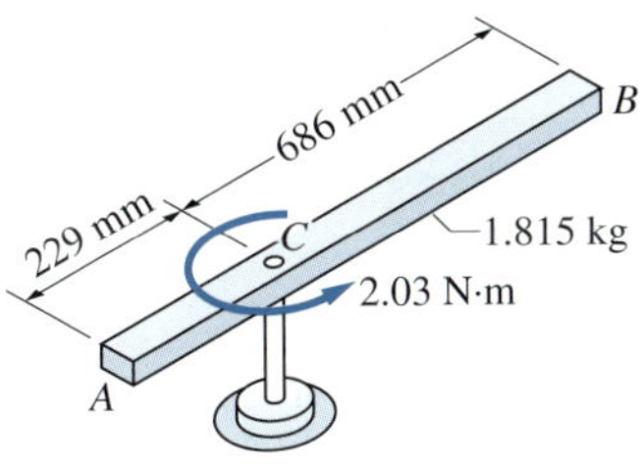

그림 P17.41

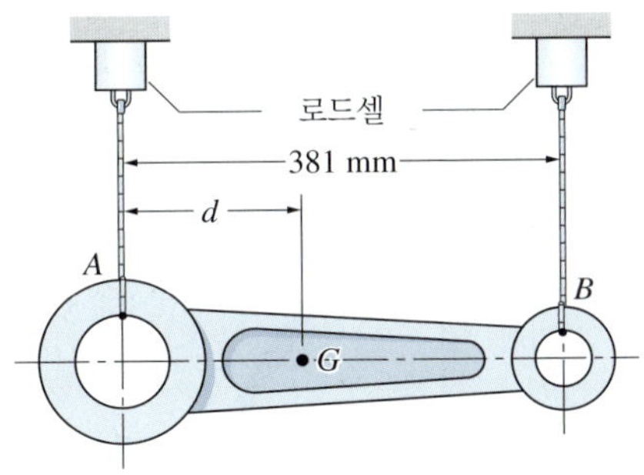

그림 P17.42

17.42 연결봉 AB의 관성 특성량을 구하고자 이 연결봉을 2개의 철사로 매단 후 그중 하나를 절단한다. 로드셀(load cell)을 사용하여 각각의 철사에 작용하는 장력을 측정한다. 연결봉이 그림과 같은 위치에 매달려 있을 때 각각의 철사에 작용하는 장력은 A에서 30.25 N이고 B에서 23.1 N으로 측정되었고 B에서 철사가 절단된 직후 A에서의 철사

의 장력은 16 N이 되었다. (a) 질량중심 G까지 거리 d를 계산하라. (b) G에 관한 회전 반경을 계산하라.

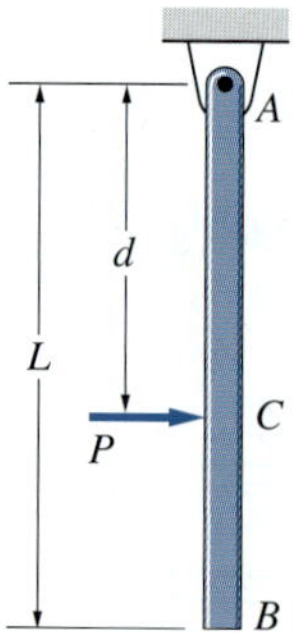

그림 P17.43

17.43 중량이 W인 균일 봉 AB가 그림과 같은 위치에서 정지 상태로 있을 때, 힘 P가 A의 핀에서 아래로 거리 d만큼 떨어진 지점에 갑자기 가해진다. P가 가해진 직후에 A에서 수평반력이 전혀 발생하지 않게 되는 거리 d를 구하라. (점 C는 **타격 중심**(center of percussion)이라고 함.)

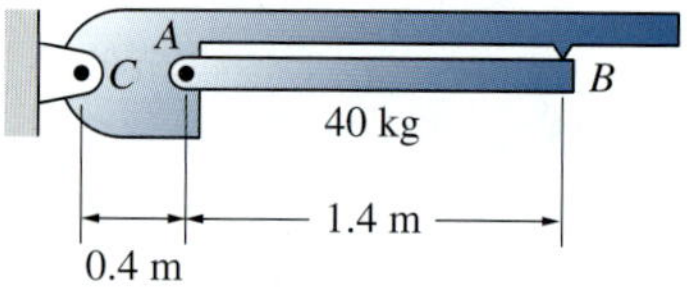

그림 P17.44

17.44 질량이 40 kg인 균일 막대 AB가 A에서는 핀으로 프레임에 부착되어 있는 반면 B에서는 프레임에 맞닿아 있다. 전체 조립체는 C에서 수직축에 관하여 회전한다. 그림과 같은 위치에서 조립체의 각속도와 각가속도는 시계방향으로 2 rad/s 및 6 rad/s^{2}이다. 이 순간에 A에서 핀 반력의 크기를 구하라.

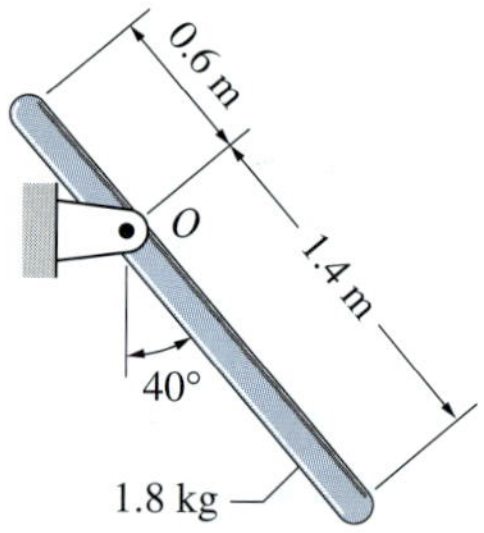

그림 P17.45

17.45 질량 1.8 kg인 균일 막대가 O에 있는 핀에 관하여 수직면 내에서 회전하고 있다. 그림과 같은 위치에서 막대의 각속도는 시계방향으로 4 rad/s이다. 이 위치에서 (a) 막대의 각가속도, (b) O에서 핀 반력의 크기를 구하라.

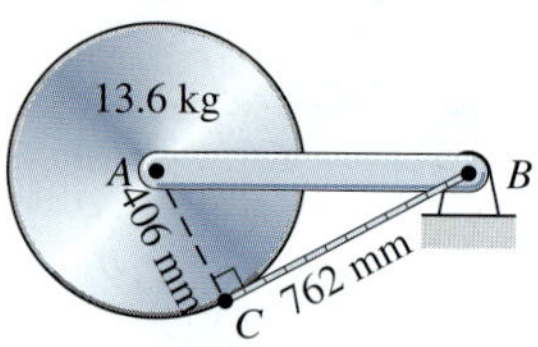

그림 P17.46

17.46 질량이 13.6 kg인 균질 원반이 막대 AB의 끝에 장착되어 B에 있는 핀에 관하여 수직면 내에서 자유 회전한다. 줄 BC는 원반을 막대에 대하여 고정 위치에 유지시킨다. 이 조립체가 그림과 같은 위치에서 정지 상태에 있다가 풀리는 직후에 실의 장력을 구하라. 여기서 막대 AB의 질량은 무시한다.

17.47 질량이 18.15 kg인 균일 봉 AB가 그 양쪽 끝이 각각 마찰을 무시할 수 있는 수평 표면과 수직 표면에서 미끄러지고 있다. $\theta = 30°$인 위치에서, 봉의 각속도는 반시계 방향으로 2 rad/s이다. 이 위치에서 봉의 각가속도와 A 및 B에서의 반력을 각각 구하라. (힌트: 봉의 질량중심 G가 점 O를 중심으로 하는 원을 따라 이동한다는 점을 주목하면 간단히 풀린다.)

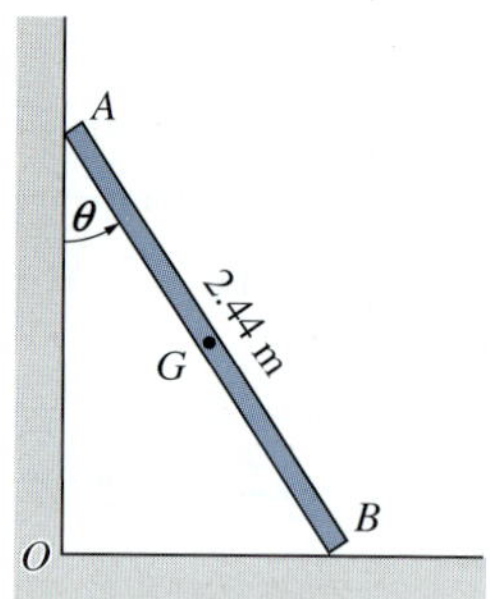

그림 P17.47

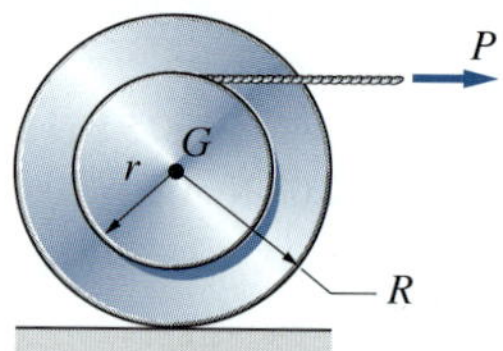

그림 P17.48

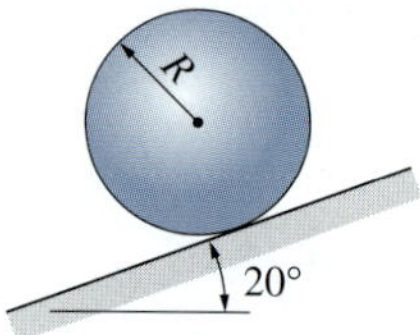

그림 P17.49

17.48 (a) 질량이 m이고 반지름이 R인 밧줄감개가 있다. 이 밧줄감개가 마찰이 없는 수평면 위에서 미끄러짐 없이 구를 수 있으려면 감개통의 반지름이 $r = \bar{I}/(mR)$이어야 한다는 것을 증명하라. 여기서 $\bar{I}$는 밧줄감개의 G에 관한 질량관성 모멘트이다. (b) 만일 수평면이 마찰이 있다면 (i) $r > \bar{I}/(mR)$일 때, 그리고 (ii) $r < \bar{I}/(mR)$일 때 밧줄감개에 작용하는 마찰력은 각각 어느 방향인가?

17.49 질량이 M이고 반지름이 R인 균질 구가 정지 상태에 있다가 풀려서 거칠고 경사진 평면을 굴러 내려온다. 만일 정마찰계수가 충분히 크지 않아서 미끄럼이 일어나게 될 때 구의 중심의 가속도를 계산하라. 동마찰계수는 0.075이다.

17.50 질량이 60 kg인 밧줄감개의 질량관성 모멘트는 $\bar{I} = 1.35\ \text{kg}\cdot\text{m}^2$이다. 밧줄감개와 지면 간 정마찰계수와 동마찰계수는 각각 0.30 및 0.27이다. 밧줄감개통 둘레에 감겨진 밧줄에 일정한 수평력 $P = 200$ N이 가해진다. 밧줄감개통 중심의 가속도를 구하라.

17.51 문제 17.50에서 수평력 $P = 450$ N일 때 밧줄감개통 중심의 가속도를 구하라.

17.52 얇은 바퀴 림이 질량이 3.63 kg이고 바큇살과 허브(hub)의 무게는 무시할 수 있다. 35.6 N의 힘이 수평선과 각도 β만큼 경사져서 바퀴 중심에 가해진다. 바퀴와 지면 간의 정마찰계수와 동마찰계수는 각각 0.30과 0.25이다. $\beta = 0$일 때, (a) 바퀴가 지면에서 미끄러짐을 증명하고, (b) 바퀴의 각가속도와 바퀴 중심의 가속도를 구하라.

17.53 문제 17.52의 바퀴에서 이 바퀴가 미끄러짐 없이 구르게 되는 β의 최솟값을 구하고 이때의 바퀴의 각가속도를 계산하라.

17.54 질량이 m이고 반지름이 R인 균질 반원통체가 그림과 같은 위치에서 정지 상태에 있다가 풀리게 된다. 미끄러지지 않고 구른다고 가정할 때, (a) 이 반원통체의 초기 각가속도를 구하라. (b) 미끄럼이 일어나지 않는 조건이 성립되는 정마찰계수의 최솟값을 구하라. (주: 반원통체의 질량중심은 $\bar{x} = 4R/3\pi$이고, $I_O = mR^2/2$이다.)

17.55 질량이 M인 편심 원반의 질량중심 G에 관한 회전반경이 0.4 m이다. 그림과 같은 위치에서 원반의 각가속도는 3.0 rad/s²이다. 미끄러지지 않고 구른다고 가정할 때 이 위치에서 원반의 각속도를 구하라.

17.56 질량이 9.07 kg인 균일 봉이 그림과 같은 위치에서 정지 상태에 있다가 풀어진다. 이 봉의 초기 각가속도를 구하라. 단, 마찰은 무시한다.

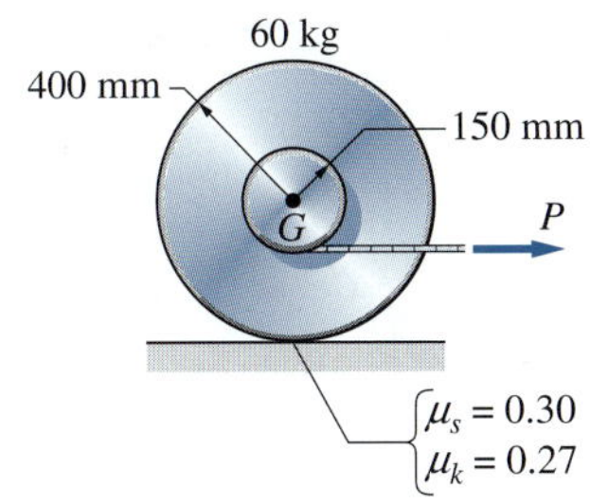

그림 P17.50, P17.51

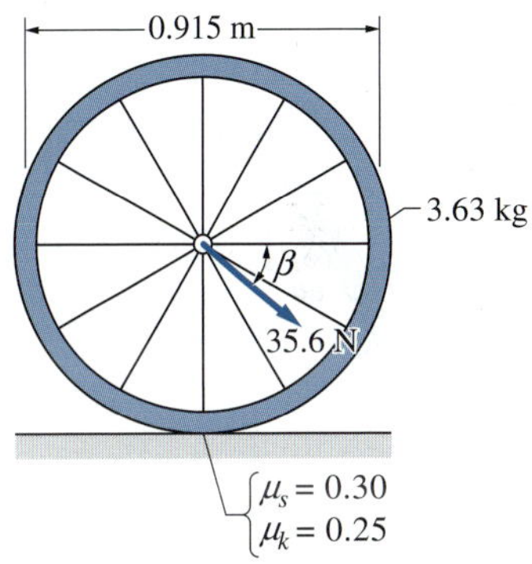

그림 P17.52, P17.53

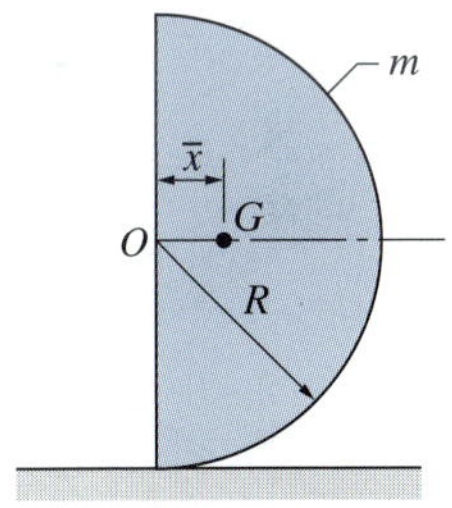

그림 P17.54

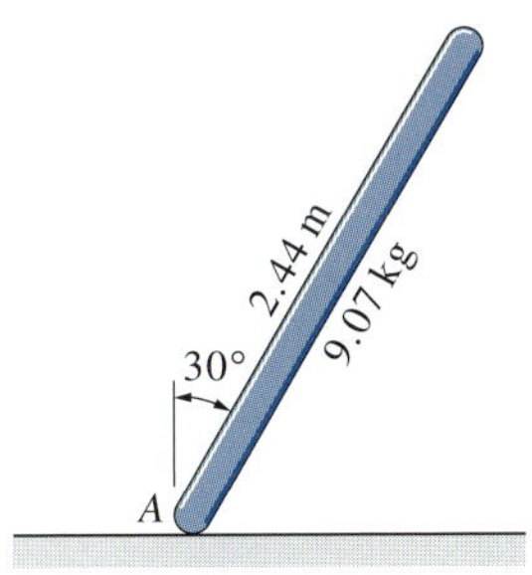

그림 P17.56

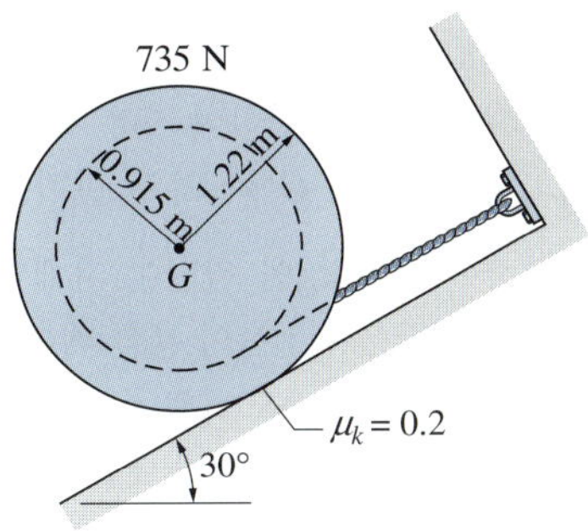

그림 P17.57

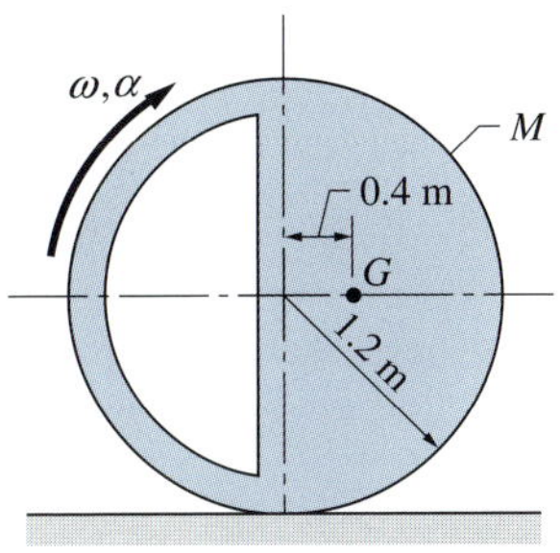

그림 P17.55

17.57 735 N의 밧줄감개의 질량중심 G에 관한 회전반경이 535 mm이다. 밧줄은 감개통 둘레에 단단하게 감겨 있고, 그 끝은 그림과 같이 강체 지지대에 부착되어 있다. 밧줄감개가 거친 평면을 굴러 내려갈 때, 이 밧줄감개의 각가속도와 밧줄의 장력을 구하라.

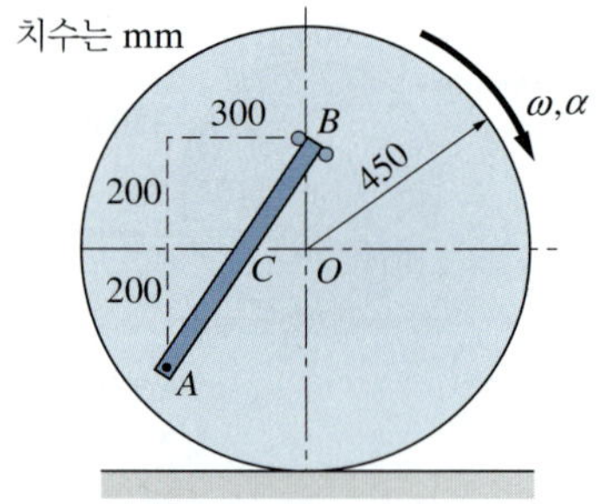

그림 P17.58

17.58 질량이 25 kg인 균일 봉 AB가 A에서는 원반과 핀 결합되어 있고 B에서는 2개의 매끄러운 핀으로 구속되어 있다. 원반은 수평 표면 위를 미끄러지지 않고 구른다. 그림과 같은 위치에서, 원반의 각속도와 각가속도는 시계방향으로 각각 $\omega = 5$ rad/s와 $\alpha = 12$ rad/s^{2}이다. 이 위치에서 B에서 봉에 가해지는 반력을 구하라.

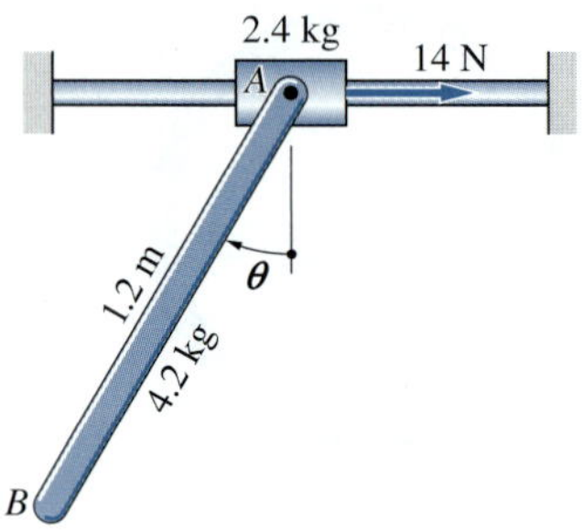

그림 P17.59

17.59 질량이 4.2 kg인 균질 막대 AB가 A에서 질량이 2.4 kg인 슬라이더와 핀으로 연결되어 있다. 이 기구가 $\theta = 0$인 위치에서 정지해 있을 때 14 N의 힘이 슬라이더에 작용한다. 마찰을 무시할 때, 14 N의 힘이 작용한 직후에 슬라이더의 가속도와 막대의 각가속도를 계산하라.

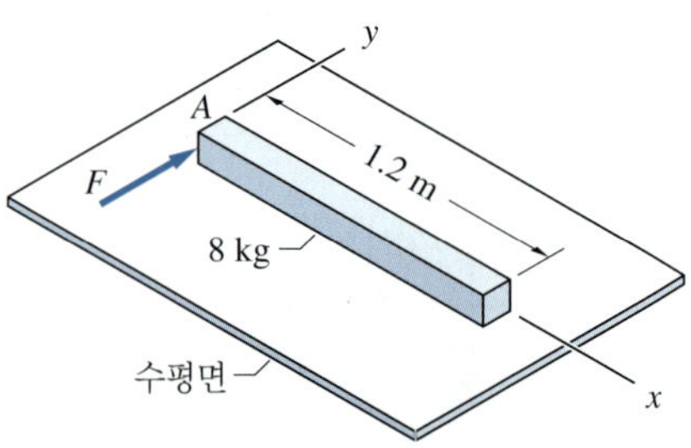

그림 P17.60

17.60 질량이 8 kg인 가늘고 기다란 균일 막대가 마찰이 없고 수평면 위에서 정지해 있을 때 16 N의 힘 F가 작용한다. 이 힘이 작용한 직후에 (a) 끝 A의 가속도, (b) 막대에서 가속도가 0이 되는 지점의 x좌표를 구하라.

17.61 질량이 m이고 길이가 L인 균일 막대 AB가 그림과 같은 위치에서 정지 상태에 있다가 풀어진다. 경사면이 마찰이 없을 때 끝 A의 초기 가속도를 계산하라.

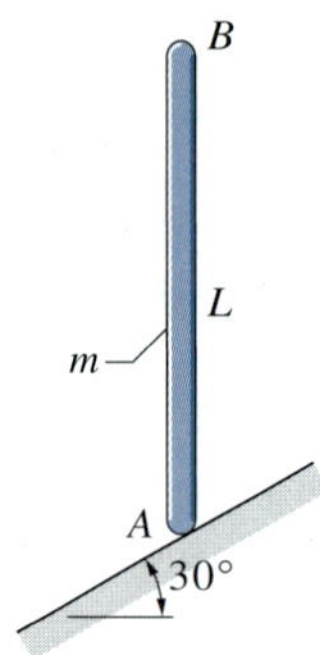

그림 P17.61

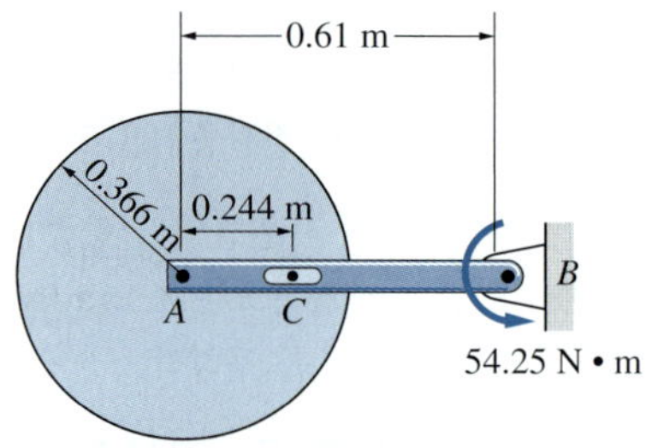

그림 P17.62

17.62 질량이 18.15 kg인 균일 원반이 막대 AB에 핀으로 결합되어 있다. C에서 원반에 부착되어 있는 매끄러운 핀은 막대에 형성되어 있는 긴 홈에 맞물려 있다. 이 조립체는 수직면 내에서 B에 관하여 자유 회전을 한다. 우력 54.25 N·m가 막대에 가해질 때, 조립체의 각가속도와 C에서의 핀 반력을 각각 구하라. 단, 마찰은 무시한다.

17.63 질량이 150 kg인 원반이 자체 질량중심 G에 관한 질량관성 모멘트가 24 kg·m^{2}이다. 이 원반은 회전축이 분할 베어링의 하반부로 지지되어 있다. 이 원반의 둘레에 감겨있는 밧줄은 일정 속도 v_0로 수평방향으로 잡아당겨진다. 이 원반의 회전축이 베어링에서 이탈하지 않게 되는 v_0의 최댓값을 구하라. 단, 마찰은 무시한다.

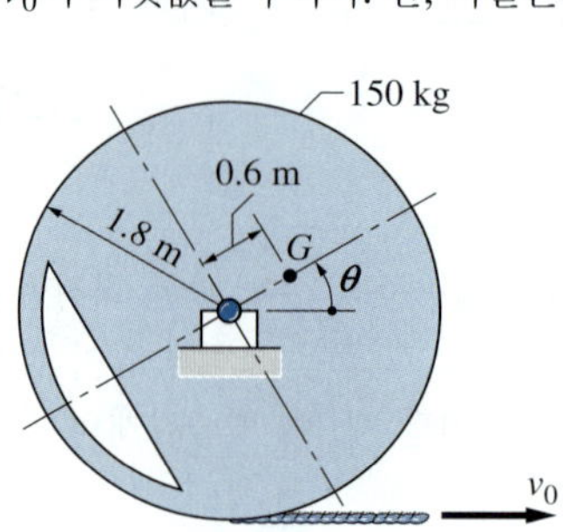

그림 P17.63

17.64 질량이 18 kg인 균질 막대 AB가 그림과 같은 위치에서 정지해 있을 때 줄 BD가 절단된다. (a) 막대의 각가속도 초기값과, (b) 끝 B의 가속도 초기값을 각각 구하라.

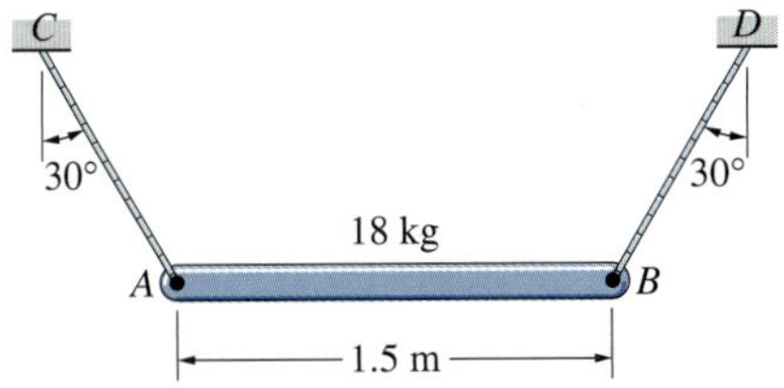

그림 P17.64

17.65 질량이 m이고 길이가 L인 균일 막대가 A와 B에서 롤러로 지지되어 있다. 이 막대가 그림과 같은 위치에서 정지 상태에 있다가 풀어진 직후에 롤러 B의 가속도를 구하라. 단, 롤러의 질량은 무시한다.

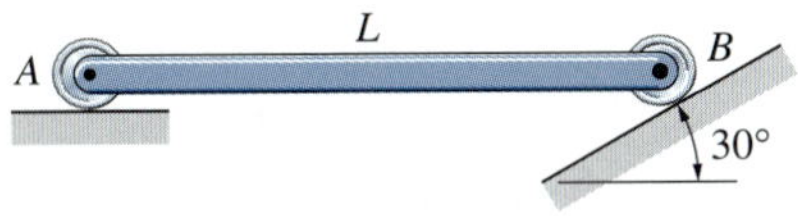

그림 P17.65

***17.66** 질량이 227 g인 균일 크랭크 AB의 끝에 붙어 있는 핀 B가 질량이 340 g인 링크 CD 안에 형성되어 있는 긴 수직 홈 안에서 미끄럼운동을 한다. 우력 C_A에 의해서 이 크랭크는 반시계방향의 일정한 각속도 2000 rev/min가 유지된다. C_A를 크랭크 각도의 함수 θ로 구하고 이 식을 사용하여 중력은 관성력에 비하여 무시할 수 있음을 증명하라. 단, 마찰은 무시한다.

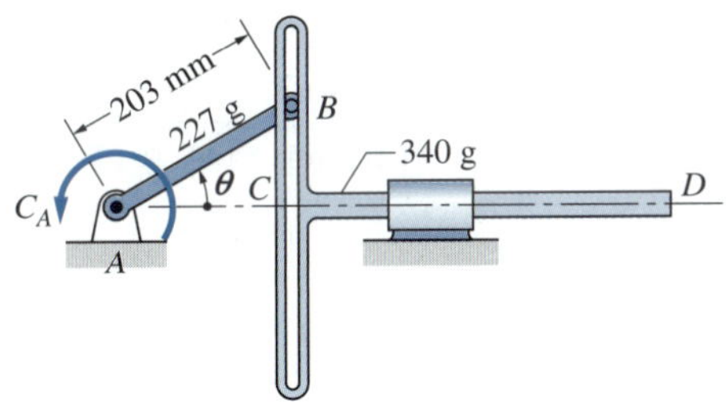

그림 P17.66

*17.6 운동 미분방정식

앞 절에서는 자유물체도, 질량-가속도 선도법(FBD-MAD법)을 사용하여 강체의 운동방정식 유도 과정을 설명하였다. 이와 연관된 문제들은 물체가 **특정 위치**(specified position)에 있는 순간에서 힘과 가속도를 계산하는 것으로 한정되었다. 이 절에서는 강체의 운동을 시간 혹은 위치의 함수로 결정하는 한층 더 실제적인 문제를 고려한다. 앞 장에서 지적한 바와 같이 운동을 결정하는 것은 두 가지 단계로 나뉜다. 첫째로 운동방정식을 유도하여야 하고 둘째로 이것을 적분하여야(풀어야) 한다.

한 물체의 **임의의 위치**(arbitrary position)에서 자유물체도, 질량-가속도 선도를 적용함으로써 운동방정식이 얻어진다. 이와 같은 운동방정식에서 나타나는 힘들은 두 가지로 구분된다. 즉 작용력과 구속력이다. 작용력은 일반적으로 시

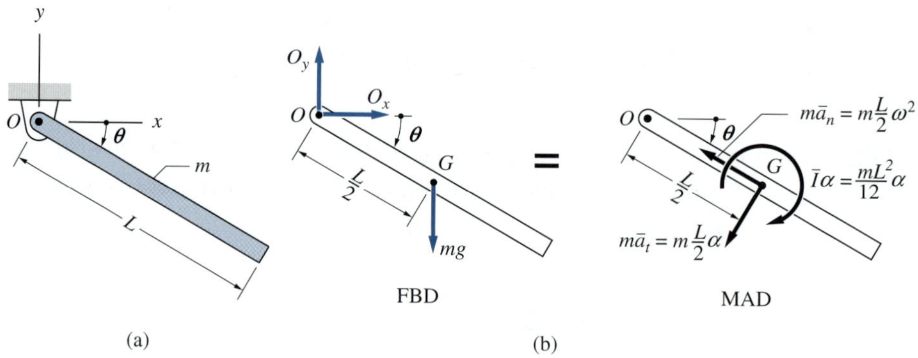

그림 17.14

간, 위치 혹은 속도의 함수로 주어진다. 그 반면 구속력은, 예를 들면 핀 반력 등으로, 보통 미지수이다. 운동방정식은 기구학적인 변수(일반화 좌표 및 그 도함수들)만을 미지수로 포함하고 있을 때 적분 가능하므로 구속력은 운동방정식에서 소거되어야 한다. 이 소거 과정을 거친 후에 남는 방정식을 **운동 미분방정식**(differential equations of motion)이라 부른다.

한 예로서, 그림 17.14(a)와 같은 질량이 m이고 길이가 L인 균질 막대를 살펴보기로 한다. 그리고 이 막대가 $\theta = 0$인 위치에서 정지 상태로부터 놓여졌을 때, 그 후에 나타나는 운동을 결정하고자 한다. 임의의 θ값에서 이 막대의 자유물체도와 질량–가속도 선도가 그림 17.14(b)에 나와 있다. 이들 선도에서 다음과 같은 3개의 독립 운동방정식이 나온다.

$$\Sigma F_x = m\bar{a}_x \quad \overset{+}{\rightarrow} \quad O_x = -\frac{mL}{2}\omega^2\cos\theta - \frac{mL}{2}\alpha\sin\theta \tag{a}$$

$$\Sigma F_y = m\bar{a}_y \quad +\uparrow \quad O_y - mg = \frac{mL}{2}\omega^2\sin\theta - \frac{mL}{2}\alpha\cos\theta \tag{b}$$

$$\Sigma M_G = \bar{I}\alpha \quad \circlearrowright + \quad O_x\frac{L}{2}\sin\theta + O_y\frac{L}{2}\cos\theta = \frac{mL^2}{12}\alpha \tag{c}$$

이 운동방정식들은 기구학적 변수들인 θ, ω 및 α뿐만 아니라 미지수인 O점에서의 핀 반력의 성분들을 포함하고 있다. 식 (a)와 (b)로부터 얻어진 O_x와 O_y에 관한 표현을 식 (c)에 대입하면, 다음과 같은 운동 미분방정식이 나온다.

$$\alpha = \ddot{\theta} = (3g/2L)\cos\theta \tag{d}$$

식 (d)는 모멘트방정식의 특수한 경우인 $\Sigma M_O = I_O\alpha$에서 직접 구할 수도 있다.

지금까지의 논의에서 다음과 같은 결론이 나온다.

1. 만일 어떤 문제가 잘 설정되어 있다면—즉 풀이가 가능한 문제라면—독립 운

동방정식의 수는 자유도의 수(DOFs)와 미지수인 힘의 수를 합한 것과 같다. 앞에서 논의한 보기에 독립인 운동방정식의 수는 3이고 이 물체의 자유도는 1이며(θ가 일반화 좌표이다), O점에서의 핀 반력은 미지수 성분이 2개이다.

2. 하나의 미지의 구속력을 소거하기 위하여 하나의 운동방정식이 사용되기 때문에 운동 미분방정식의 수는 자유도의 수와 일치한다. 앞의 예에서 2개의 방정식, 식 (a) 및 (b)는 O_x와 O_y를 소거하기 위하여 사용되었고, 따라서 1개의 운동 미분방정식, 식 (d)만 남는다.

해석적인 방법으로 운동 미분방정식을 풀 수 있는 경우가 많지 않기 때문에 수치적분이 해를 구하는 주요한 방법이 된다. 그러나 이 절에서는 해석적인 방법과 수치적인 해법을 모두 고려하고자 한다. 운동 미분방정식은 2계 미분방정식이므로, 해를 구하기 위해서는 하나의 자유도에 대하여 2개의 **초기조건**(initial condition)이 필요하다. 즉 어떤 순간에(보통 $t = 0$) 일반화 좌표와 일반화 속도의 값이 필요하다.

운동 미분방정식의 해의 일부가 닫힌 형태로 얻어지는 경우도 있지만, 완전한 해는 수치적분을 필요로 할 때가 많다. 예를 들면 그림 17.14와 같은 막대에 대하여 ω를 θ의 함수로 얻기 위해서는 다음과 같은 과정이 필요하다. 즉, 식 (d)로부터 α를 $\alpha\,d\theta = \omega\,d\omega$에 대입하면, 다음과 같이 된다.

$$\omega\,d\omega = (3g/2L)\cos\theta\,d\theta \tag{e}$$

이 식의 양변을 적분하고 초기조건 $\theta = 0$일 때 $\omega = 0$를 적용하면, ω와 θ 사이의 관계식은 다음과 같이 된다.

$$\omega = \sqrt{(3g/2L)\sin\theta} \tag{f}$$

그러나 운동학적 변수와 시간 사이의 관계식은 이처럼 쉽게 결정되지 않는다. 예를 들어 θ를 시간의 함수로 구하기 위하여 식 (f)에서 ω를 $\omega = d\theta/dt$에 대입하고 dt에 대하여 정리하면 다음과 같이 된다.

$$dt = d\theta\Big/\sqrt{(3g/2L)\sin\theta} \tag{g}$$

식 (g)의 우변은 해석적인 방법으로는 적분이 불가능하다. 따라서 비교적 간단해 보이는 문제이지만 완전한 운동을 결정하기 위해서는 수치적분이 필요하다는 것을 알 수 있다.

ω와 α의 값이 θ의 함수로 얻어진 후에는, 식 (a)와 (b)를 사용하여 O_x와 O_y를, 역시 θ의 함수로 구할 수 있다는 것을 지적하고 싶다. 유사한 방법으로 만일 θ, ω 및 α가 시간의 함수로 얻어졌을 때 식 (a)와 (b)를 이용하면 O_x와 O_y를 시간의 함수로 결정할 수 있을 것이다.

예제 17.10

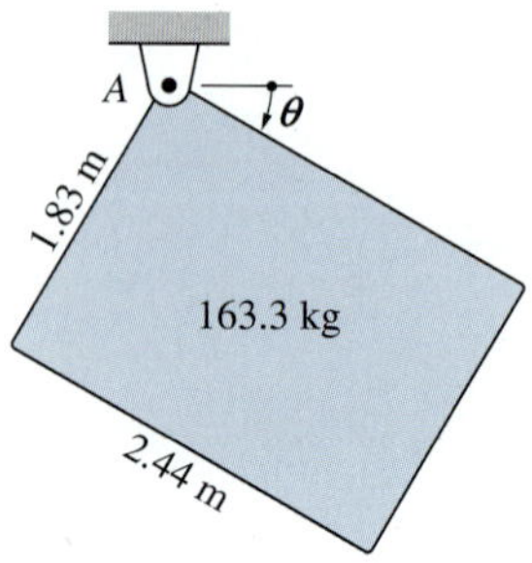

(a)

그림 (a)와 같이, 질량이 163.3 kg인 균일 평판이 A에 있는 핀의 주위로 수직평면 내에서 회전한다. 이 평판은 $\theta = 0$에서 정지 상태에 있다가 풀린다. (1) 이 평판의 운동 미분 방정식이 $\alpha = 0.9660(4\cos\theta - 3\sin\theta)$ rad/s^{2}이라는 것을 보여라. (2) 이 운동 미분방정식을 해석적으로 적분하여 이 평판의 각속도를 θ의 함수로 구하라. (3) θ의 최댓값을 구하라.

풀이

문항 1

이 평판의 질량은 $m = 163.3$ kg이고, 질량중심 G에 관한 관성 모멘트는(표 17.1 참조)

$$\bar{I} = \frac{1}{12}m(b^2 + c^2) = \frac{1}{12}(163.3)(2.44^2 + 1.83^2) = 126.6 \text{ kg} \cdot \text{m}^2$$

그림 (b)는 이 평판의 임의의 위치에서 자유물체도와 질량–가속도 선도를 나타낸다. 자유물체도는 A에서의 핀 반력의 미지의 성분인 A_n과 A_t 그리고 G에 작용하는 중량 1601 N를 포함한다. 질량–가속도 선도는 관성우력 $\bar{I}\alpha$와 G에 작용하는 관성력벡터 $m\bar{\mathbf{a}}$의 성분으로 구성되어 있다. G의 경로는 A를 중심으로 하는 반지름이 $r = 1.524$ m인 원이므로 $\bar{\mathbf{a}}$의 법선성분은 $\bar{a}_n = r\omega^2 = 1.524\omega^2$ m/s^{2}이고, 접선성분은 $\bar{a}_t = r\alpha = 1.524\alpha$ m/s^{2}이다. 질량–가속도 선도에서 각가속도 α는 시계방향으로 가정되어 있다. ω와 α의 단위는 각각 rad/s 및 rad/s^{2}이다.

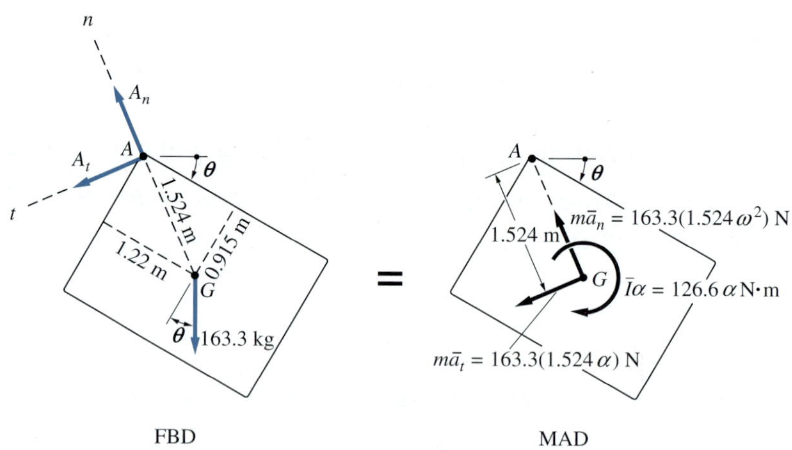

(b)

각도 θ가 이 평판의 위치를 완전히 결정하므로 이 평판의 자유도는 1이다. 따라서 운동 미분방정식은 1개만 존재한다. 이 방정식을 유도하는 가장 편리한 방법은 자유물체도와 질량–가속도 선도에서 A에 관한 모멘트를 같게 두는 것이다. 따라서,

$(\Sigma M_A)_{\text{FBD}} = (\Sigma M_A)_{\text{MAD}}$

$$\circlearrowleft + \quad (1601\cos\theta)(1.22) - (1601\sin\theta)(0.915) = 126.6\alpha + 163.3(1.524\alpha)1.524$$

이 식을 간략히 하면

$$\alpha = 0.9660(4\cos\theta - 3\sin\theta)\ \text{rad/s}^2 \qquad \text{답 (a)}$$

모멘트 방정식의 특별한 경우인 $\Sigma M_A = I_A\alpha$를 사용하여도 동일한 결과를 얻을 수 있다.

문항 2

각속도를 θ의 함수로 구하기 위하여 식 (a)의 α를 $\omega\, d\omega = \alpha\, d\theta$에 대입하면 다음과 같다.

$$\omega\, d\omega = 0.9660(4\cos\theta - 3\sin\theta)\, d\theta$$

이 식을 적분하면 다음과 같다.

$$\frac{\omega^2}{2} = 0.9660(4\sin\theta + 3\cos\theta) + C$$

적분상수 C는 $\theta = 0$일 때, $\omega = 0$라는 초기조건을 적용하여 얻을 수 있으므로 $C = -3(0.9660)\ \text{rad}^2/\text{s}^2$이다. 따라서 위의 방정식은 다음과 같이 된다.

$$\frac{\omega^2}{2} = 0.9660(4\sin\theta + 3\cos\theta - 3)$$

이 식으로부터 각속도는 다음과 같다.

$$\omega = \pm 1.390\sqrt{4\sin\theta + 3\cos\theta - 3}\ \text{rad/s} \qquad \text{답 (b)}$$

문항 3

θ의 최댓값은 $\omega = 0$일 때 나타난다. 식 (b)에 따라서 이 값은 방정식 $4\sin\theta + 3\cos\theta - 3 = 0$의 0이 아닌 다른 근이다. 수치적인 방법으로 이 방정식의 해를 구하면 다음과 같이 나온다.

$$\theta_{\text{max}} = 106.3° \qquad \text{답}$$

단지 1개의 운동방정식만이 이 평판의 운동을 결정하기 위해서 사용되었다. 나머지 2개의 독립 운동방정식, 예를 들면 $\Sigma F_n = m\bar{a}_n$ 및 $\Sigma F_t = m\bar{a}_t$은 핀 반력의 성분인 A_n과 A_t를 θ, ω 및 α의 항으로 구하고자 할 때 사용하면 된다. 식 (a)의 α 그리고 식 (b)의 ω를 대입함으로써 A_n과 A_t를 θ만의 함수로 구할 수 있다.

예제 17.11

예제 17.10에서 다룬 평판에 대하여 (1) 운동을 시작하는 순간부터 θ가 첫 번째로 최댓값에 도달하는 시간까지 운동 미분방정식을 수치적으로 풀어라. (2) 수치해를 이용하여 θ의 최댓값과 이 값이 최초로 발생하는 시간을 결정하라.

풀이

문항 1

예제 17.10에서 주어진 운동 미분방정식은 $\alpha = 0.9660(4\ \cos\theta - 3\ \sin\theta)$ rad/s^{2}이다. 등가 1계 방정식은

$$\dot{\theta} = \omega \qquad \dot{\omega} = 0.9660(4\cos\theta - 3\sin\theta)\ \text{rad/s}^2 \tag{a}$$

초기조건은 $t = 0$(정지 상태에서 풀어지는 시점)일 때 $\theta = \omega = 0$이다. 즉,

$$x_1 = \theta \qquad x_2 = \omega$$

식 (a)의 미분방정식 해를 다음 MATLAB 프로그램으로 구한다.

```
function example17 _ 11
x0 =[0 0];
time =[0:0.05:1.6];
[t,x] = ode45 (@f,time,x0);
axes('fontsize',14)
plot(t,x(:,1),'linewidth',1.5)
grid on
xlabel('t (s)'); ylabel('theta (rad)')
printSol(t,x)
    function dxdt = f(t,x)
    dxdt = [x(2)
            0.9660*(4*cos(x(1))-3*sin(x(1)))];
    end
end
```

적분구간은 $t = 0$에서부터 θ가 최초로 최댓값에 도달($\omega = 0$)하는 시간까지이다($\omega = 0$). 이 시간은 시행오차법으로 대략 1.5초로 나왔다. 시간에 대한 θ의 그래프는 다음과 같다.

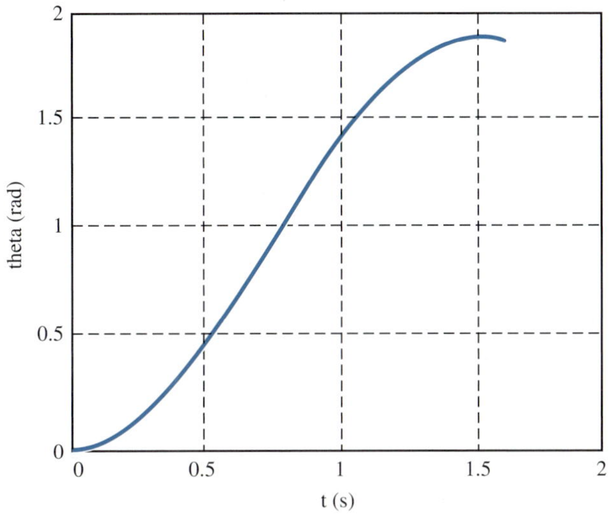

문항 2

θ가 최댓값에 도달하는 시간을 결정하려면, ω의 부호가 바뀌는 구간에서 출력 수치를 조사해야 한다. 프린트 출력물에서 $\omega = 0$인 두 행을 옮기면 다음과 같다.

```
       t                x1               x2
1.5000e+000      1.8544e+000      3.9827e-002
1.5500e+000      1.8515e+000     -1.5325e-001
```

$\omega = 0$일 때의 시간을 t_1라고 하면, 선형 보간법으로 다음과 같이 된다.

$$\frac{-0.15325 - 0.0039827}{1.55 - 1.50} = \frac{0 - 0.0039827}{t_1 - 1.50}$$

해는 다음과 같다.

$$t_1 = 1.501 \text{ s}$$ **답**

프린트 출력물을 판독한 결과, 다음을 도출하였다.

$$\theta_{max} = 1.854 \text{ rad} = 106.2°$$ **답**

연습문제

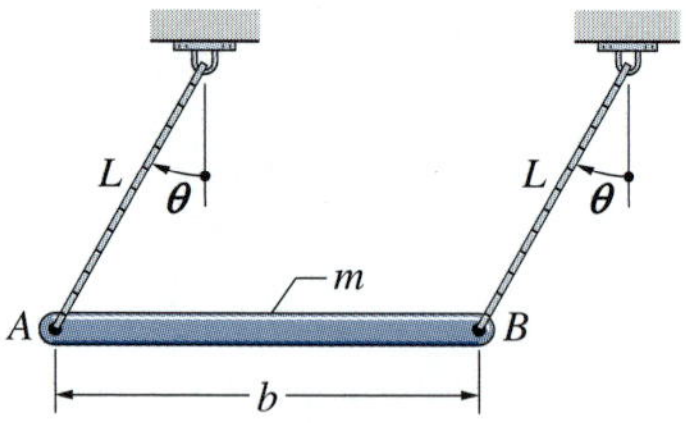

그림 P17.67

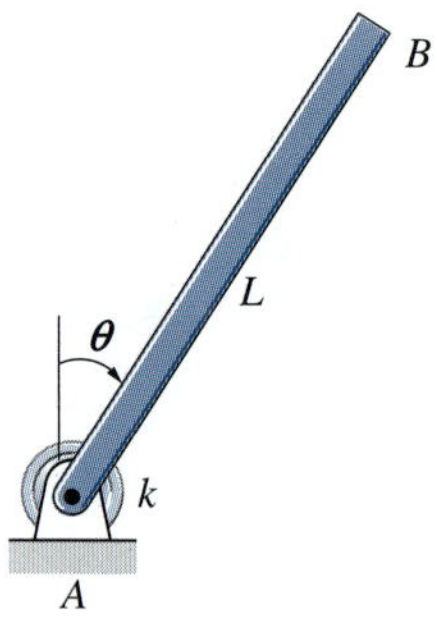

그림 P17.68

17.67 질량이 m인 균일 막대 AB가 2개의 철사로 지지되어 있다. 이 막대는 $\theta = \theta_0$일 때 정지 상태에서 풀린다. (a) 운동 미분방정식이 $\alpha = -(g/L)\sin\theta$임을 보여라. (b) 이 미분방정식을 해석적으로 적분하여 ω를 θ의 함수로 구하라. (c) 각각의 철사에 걸리는 힘을 θ의 함수로 구하라.

17.68 질량이 m이고 길이가 L인 균질봉이 수평면 내에서 A에 관하여 회전한다. A에 있는 나선형 스프링은 봉에 우력 $C_A = -k\theta$를 가한다. (a) 봉의 운동 미분방정식을 유도하라. (b) 봉이 $\theta = \theta_0$에서 정지 상태에 있다가 풀리게 된다고 가정하고 운동방정식을 적분하여 각속도 ω를 θ의 함수로 구하라. (c) ω의 최댓값을 구하라.

17.69 질량이 60 kg인 균질 상자는 치수가 h = 1.2 m 및 b = 0.9 m이다. 이 상자가 윤활제가 발라져서 매끄러운 수평면에 정지 상태로 놓여 있을 때 일정한 힘 P = 360 N이 시간 t = 0일 때부터 작용한다. 후속 운동 중에 윤활제의 점성 저항력은 F_D = 30v N이고, 이 식에서 v는 상자의 속도로, 단위는 m/s이다. (a) 이 상자의 운동 미분방정식이 a = 6.0 − 0.5v m/s^{2}임을 보여라. (b) 이 상자가 기울어지는 순간의 시점을 구하라.

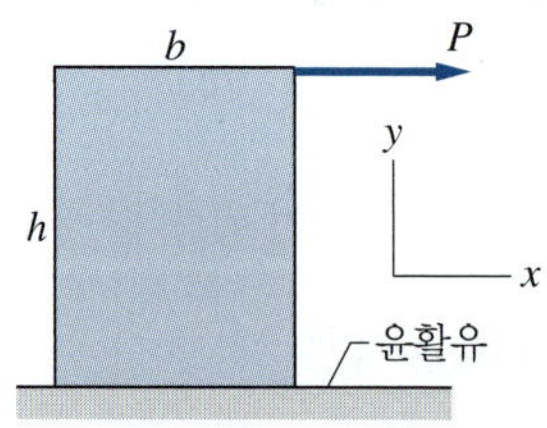

그림 P17.69

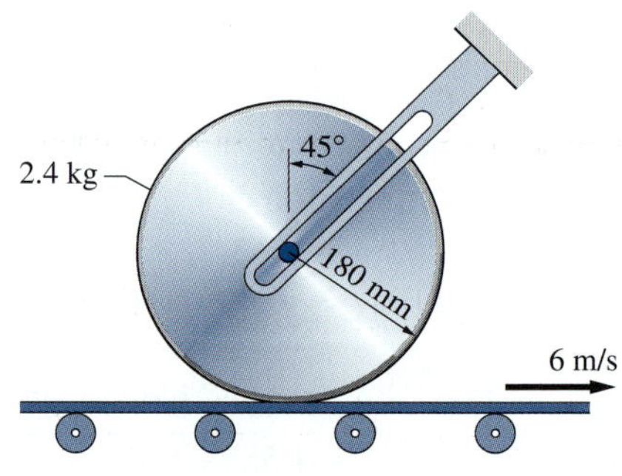

그림 P17.70

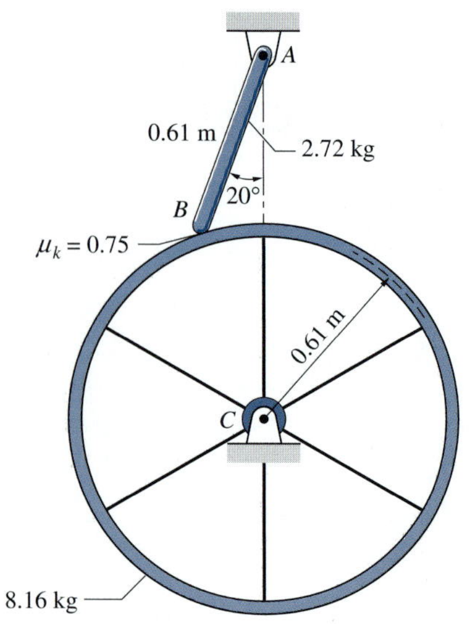

그림 P17.71, 17.72

17.70 2.4 kg의 균질 원반의 회전축이 경사진 긴 홈 안에 끼워져 있다. 이 원반은 초기에 정지 상태에 있다가 6 m/s의 일정한 속도로 움직이는 컨베이어 벨트 위에 놓이게 된다. 원반과 벨트 사이의 동마찰계수는 0.15이다. (a) 이 원반이 벨트 위에서 미끄러지고 있는 동안의 이 원반의 각가속도를 계산하라. (b) 최종 각속도에 도달할 때까지 원반의 회전수를 계산하라.

17.71 바퀴의 얇은 림은 질량이 8.16 kg이고, 바큇살과 허브는 중량을 무시할 수 있다. 이 바퀴가 시계방향으로 400 rev/min의 속도로 자유롭게 회전하고 있을 때 질량이 2.72 kg인 균질 막대 AB가 그림과 같은 위치로 놓이게 된다. B에서의 동마찰계수가 0.75일 때 (a) 바퀴의 각가속도를 구하라. (b) 이 바퀴가 멈출 때까지 걸리는 시간을 구하라.

17.72 문제 17.71에서 바퀴가 초기에 반시계방향으로 400 rev/min의 속도로 회전할 때 문제를 다시 풀어라.

17.73 질량이 8.16 kg인 균일 원반 A의 축은 기다란 수직 홈 안에서 미끄러질 수 있지만, 질량이 13.61 kg인 균일 원반 B의 축은 고정되어 있다. 두 원반 간 동마찰계수는 0.3이다. 원반 A는 시계방향으로 180 rev/min으로 회전하면서 원반 B 위에 놓이게 된다. (a) 원반 사이에 미끄럼이 발생하고 있는 동안의 각각의 원반의 각가속도를 구하라. (b) 각각의 원반의 최종 각속도를 구하라.

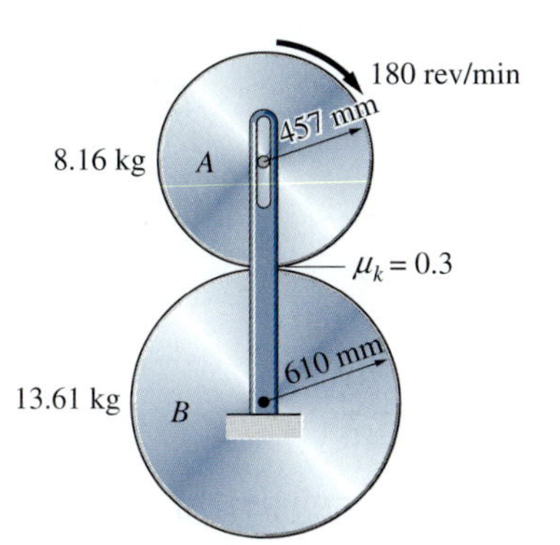

그림 P17.73

***17.74** 반경이 r인 균일 원반이 반경이 $R + r$인 원동체 내부 표면을 미끄러지지 않고 구른다. 원반이 $\theta = 60°$에서 정지 상태에 있다가 풀리게 될 때, 다음을 각각 구하라. (a) $\ddot{\theta}$을 θ로 나타낸 식, (b) $\dot{\theta}$를 θ로 나타낸 식.

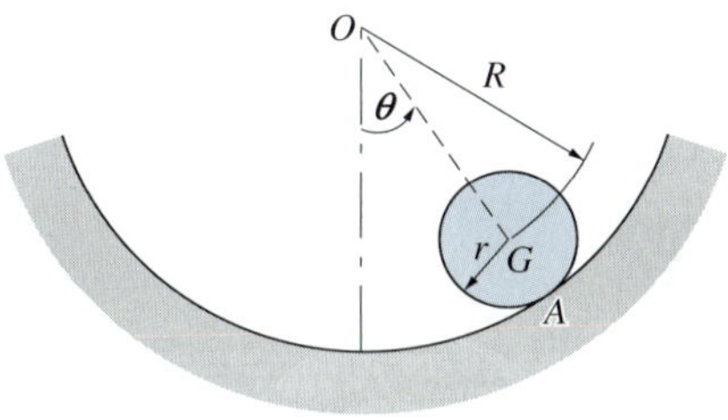

그림 P17.74

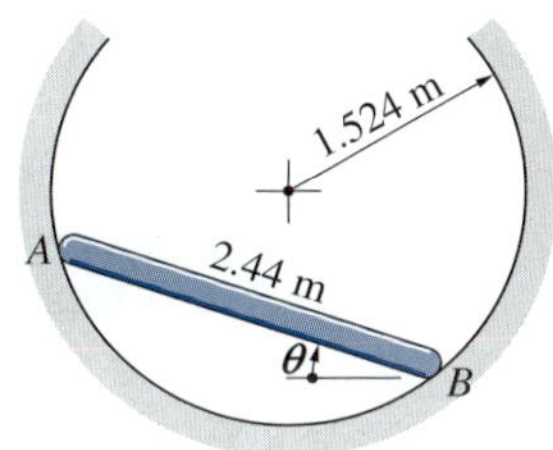

그림 P17.75

17.75 질량이 10.89 kg인 균일 막대 AB가 $\theta = 35°$일 때 정지 상태에서 풀리게 된 후에 마찰이 없는 원통 내부 표면에서 미끄러진다. (a) 운동 미분방정식이 $\alpha = -6.740 \sin\theta \text{ rad/s}^2$임을 보여라. (b) 이 미분방정식을 해석적으로 적분하여 ω를 θ의 항으로 구하라. (c) A에서의 수직반력을 θ의 함수로 구하라.

17.76 질량이 9.07 kg인 풀리가 자체 질량중심 G에 관한 회전반경이 12 in이다. 질량이 1.134 kg인 추가 이 풀리 둘레를 감고 있는 줄 끝에 매달려 있다. (a) 풀리의 운동 미분방정식을 유도하라. (b) $\theta = 0$에서 초기 각속도가 반시계 방향으로 10 rad/s로 주어질 때, 이 기구가 정지하게 되는 θ를 구하라.

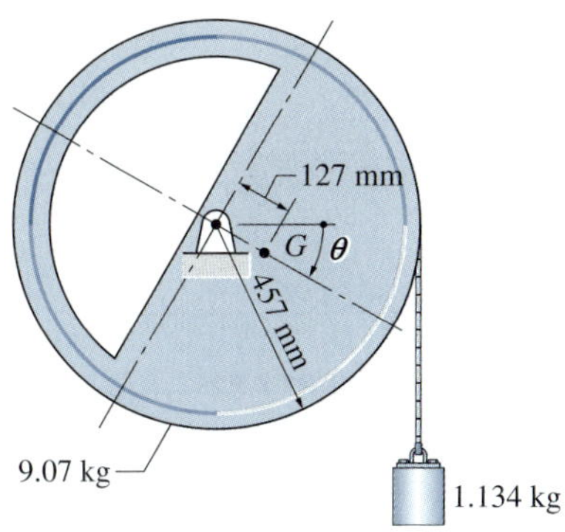

그림 P17.76

17.77 L자 모양의 막대가 $\theta = 0$일 때 정지 상태에서 풀리게 된다. (a) 운동 미분방정식 이 $\alpha = 8.017\cos\theta + 2.088\sin\theta \text{ rad/s}^2$임을 보여라. (b) 이 운동방정식을 해석적으로 적분하여 ω를 θ의 항으로 나타내라. (c) ω의 최댓값을 구하고 그때의 θ값을 구하라. (d) θ의 최댓값을 계산하라.

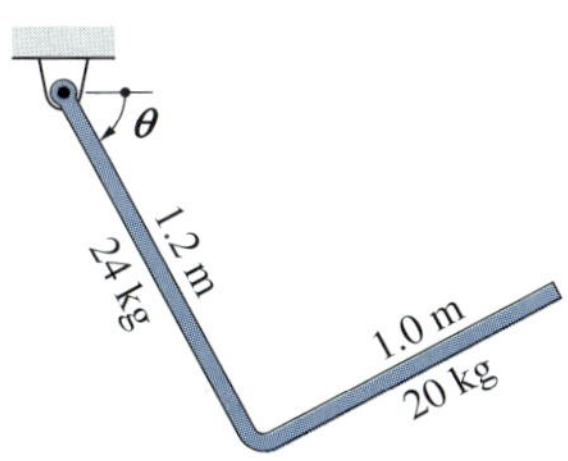

그림 P17.77

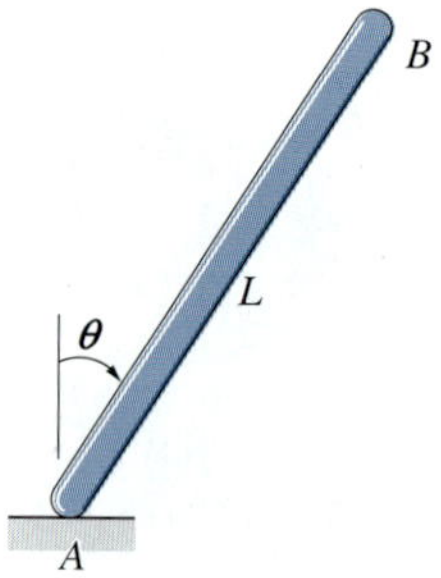

그림 P17.78

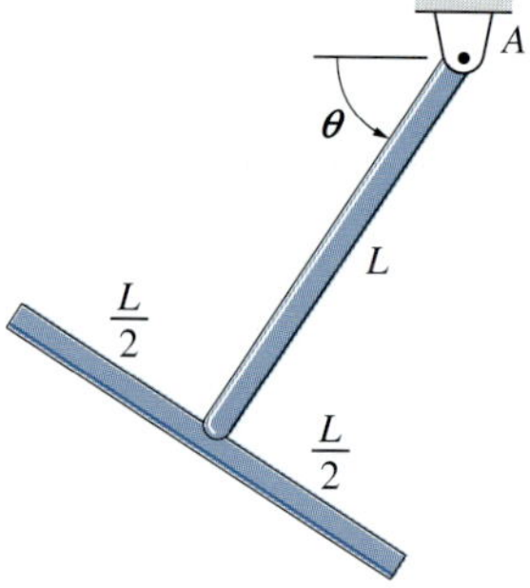

그림 P17.79

17.78 질량이 m이고 길이가 L인 균일 봉 A가 $\theta = 30°$인 위치에서 정지 상태에 있다가 풀리게 된다. 이 순간에 A에서 미끄러짐이 일어나지 않게 되는 최소 정마찰계수를 구하라.

17.79 총질량이 m인 T형 조립체가 길이가 각각 L인 2개의 동일한 봉을 서로 용접하여 형성되어 있다. 조립체가 $\theta = 0$에서 정지 상태에서 풀리게 될 때, 조립체의 각속도 ω와 각가속도 α를 θ의 함수로 구하라.

17.80 질량이 45.4 kg의 균질 블록이 무게를 무시할 수 있는 평행링크 AB와 CD에 핀으로 연결되어 있다. 조립체는 초기에 $\theta = 0$ 위치에서 정지 상태에 있을 때 1017 N·m의 일정한 우력이 AB에 가해진다. (a) 운동 미분방정식이 $\alpha = 6.708 - 5.367 \cos\theta$ rad/s^{2}임을 증명하라. (b) 운동 미분방정식을 해석적으로 적분하여 ω를 θ의 함수로 구하라.

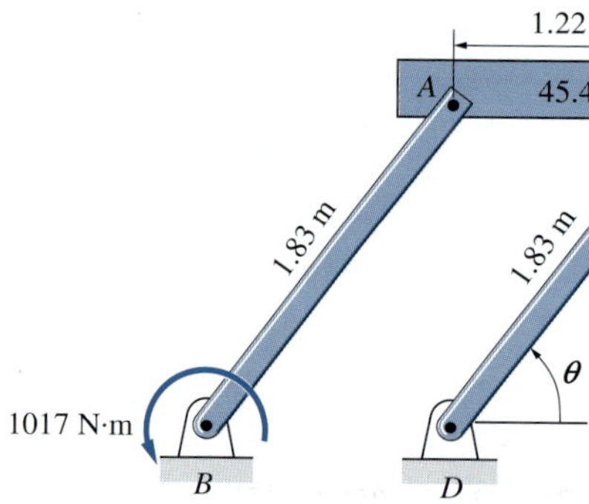

그림 P17.80

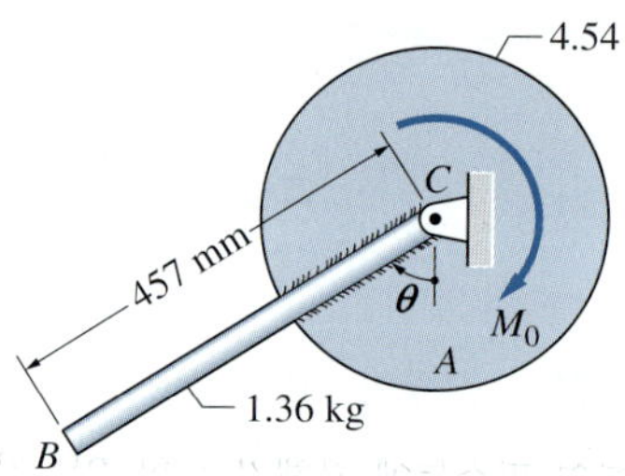

그림 P17.81

17.81 질량이 1.36 kg인 균일 봉 BC가 질량이 4.54 kg인 원통에 용접되어 있다. 이 원통의 질량중심 C에 관한 회전반경은 101.6 mm이다. 이 기구가 $\theta = 0$에서 정지 상태에 있을 때 일정한 우력 M_0 N·m가 가해진다. (a) 이 계의 운동 미분방정식이 $\alpha = 9.580M_0 - 21.56 \sin\theta$ rad/s^{2}임을 보여라. (b) 봉이 각속도와 각가속도가 모두 0이 되는 위치에 도달하게 되는 M_0값을 구하라. 그 위치의 θ를 계산하라.

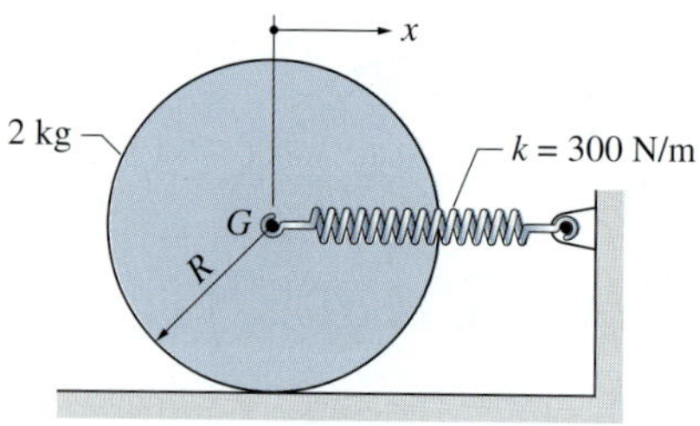

그림 P17.82

17.82 반지름이 R이고 질량이 2 kg인 균일 원반이 거친 수평 표면 위에서 미끄러지지 않고 구른다. 원반의 중심 G에 연결된 스프링의 탄성계수는 300 N/m이다. 스프링이 75 mm만큼 늘어나 있는 그림과 같은 위치에서 이 원반은 정지 상태에서 풀어지게 된다. (a) G의 가속도와 속도를 자체 좌표 x로 구하라. (b) G의 최대속도를 계산하고 해당하는 x값을 결정하라. (c) 미끄러짐이 일어나지 않게 되는 최소 정마찰계수를 구하라.

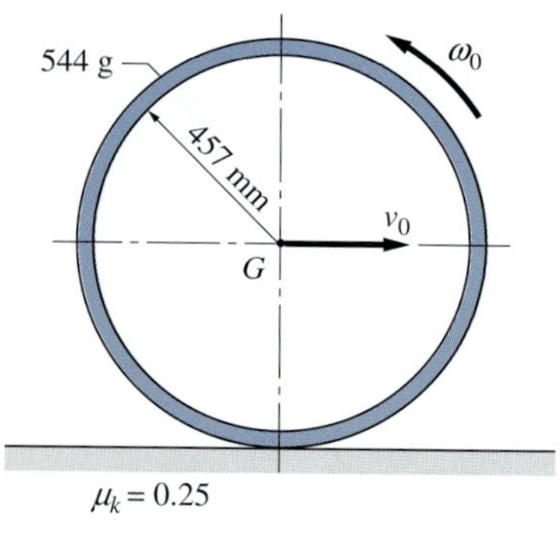

그림 P17.83

17.83 질량이 544 g인 가는 굴렁쇠가 그림과 같이 속도 $v_0 = 3.05$ m/s 및 각속도 $\omega_0 = 12$ rad/s로 수평 표면에 놓이게 된다. 굴렁쇠와 표면 사이의 동마찰계수는 0.25이다. (a) 미끄러짐이 발생하는 동안의 굴렁쇠의 각가속도와 질량중심 G의 가속도를 계산하라. (b) 미끄러짐이 사라질 때까지 걸리는 시간을 계산하라. (c) G의 최종 속도를 계산하라.

***17.84** 길이가 $L = 3$ m이고, 질량이 $M = 25$ kg인 균일 사다리 AB가 $\theta = 30°$일 때 정지 상태에서 풀어지게 된다. 사다리와 지면 사이의 마찰은 무시할 수 있다. (a) 끝 A가 수직 벽과 접촉을 유지한다고 가정할 때 사다리의 각속도와 각가속도에 대한 식을

유도하라. (b) A에서의 접촉력 식을 θ의 함수로 구하라. (c) θ가 몇 도일 때 끝 A가 벽과의 접촉이 떨어지겠는가?

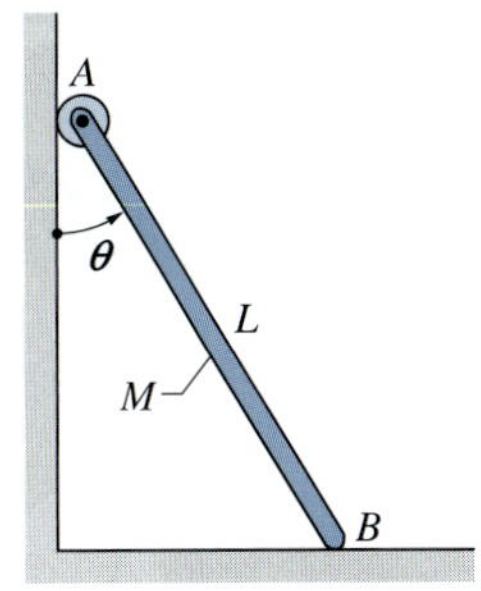

그림 P17.84

17.85 질량이 m_1이고 길이가 L인 막대 AB가 질량이 m_2이고 미끄럼 이동이 가능한 칼라에 핀으로 연결되어 있다. 이 기구가 $\theta = 0$인 상태로 정지해 있을 때 일정한 수평방향의 힘 P_0가 칼라에 가해진다. (a) 마찰을 무시할 수 있다고 가정할 때 막대 AB의 운동 미분방정식이 다음과 같음을 증명하라.

$$\alpha = \frac{2P_0\cos\theta - 2g(m_1 + m_2)\sin\theta - m_1 L\omega^2 \sin\theta\cos\theta}{(4L/3)(m_1 + m_2) + m_1 L\cos^2\theta}$$

(b) 수치적분을 사용하여 운동을 시작한 후 2초 동안의 θ의 최댓값을 구하라. 단, 다음의 수치값을 사용하라. 즉 $m_1 = 3.6$ kg, $m_2 = 2.0$ kg, $L = 0.8$ m 및 $P_0 = 12$ N (c) θ를 적분구간에서 시간에 대한 그래프로 작성하라.

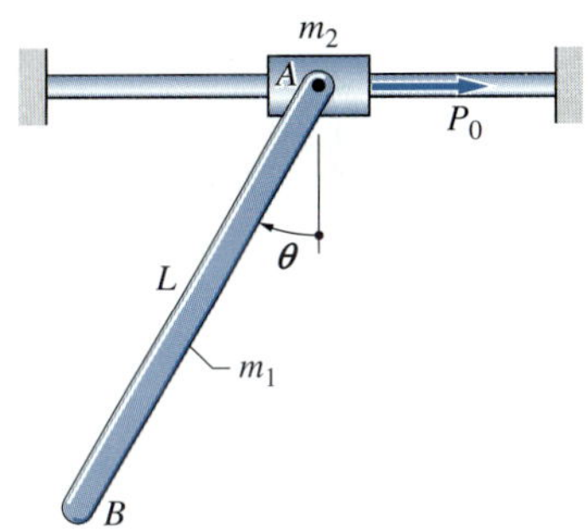

그림 P17.85, P17.86

17.86 물체의 각위치 θ가 충분히 작을 때에는 운동방정식을 $\sin\theta \approx \theta$ 및 $\cos\theta \approx 1$이라는 근사 조건으로 단순화할 수 있다. 이 근사 조건을 문제 17.85에 있는 운동 미분방정식에 적용하여 문항 (b)와 (c)를 다시 풀어라. θ가 24.6°일 때의 최대값을, 미소각 근사조건을 사용되지 않을 때 구한 값과 비교하라.

17.87 증기 기관이 평형 플라이휠 C와 이에 핀으로 연결되어 있는 연결봉 AB로 구성되어 있다. 또한, 연결봉의 복동 피스톤 A와 핀으로 연결되어 있다. 증기압을 조정하여 피스톤에 가해지는 힘 P는 각도 θ에 대하여 $P = P_0 \sin\theta$로 변화하게 된다. 이 식에서 P_0는 상수이다. 플라이휠은 중량이 W이고 질량중심에 관한 회전반경은 $\bar{k}$이다. 피스톤과 연결봉의 중량 W는 무시할 수 있다. (a) 플라이휠은 운동 미분방정식이 다음과 같음을 보여라.

$$\alpha = \frac{gP_0 R\sin\theta}{W\bar{k}^2}\left(\sin\theta + \frac{\cos\theta}{\sqrt{(L/R)^2 - \sin^2\theta}}\right)$$

(b) 플라이휠이 $\theta = 90°$인 정지 상태에서 운동을 시작할 때, 각속도가 10 rad/s에 도달하는 데 필요한 시간을 수치적분으로 구하라. 다음의 데이터를 사용하라. $W = 81.65$ kg, $\bar{k} = 183$ mm, $R = 229$ mm, $L = 457$ mm, $P_0 = 106.8$ N. (c) 각속도를 적분구간에서 시간에 대한 그래프로 작성하라.

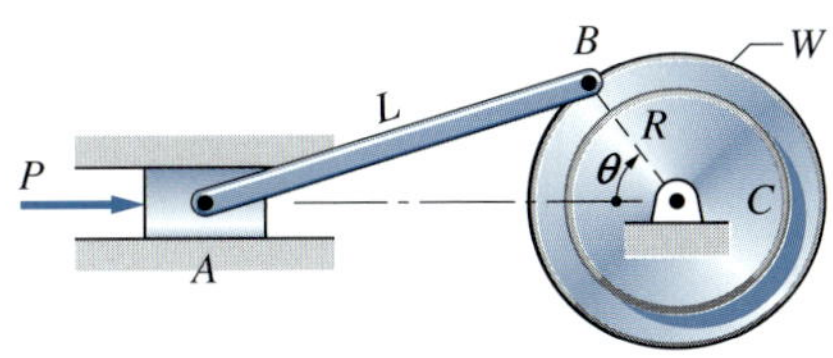

그림 P17.87

17.88 균일한 막대 AB가 그 끝 A가 마찰 없는 경사 표면과 접촉하고 있는 상태에서 $\theta = 0$일 때 정지 상태에서 풀리게 된다. (a) 끝 A가 경사 표면과 접촉상태를 계속 유지한다고 가정하고, 막대의 각운동을 지배하는 미분방정식이 다음과 같음을 증명하라.

$$\alpha = \frac{(2g/L)(\cos\theta - \sin\beta\sin\phi) - \omega^2\sin\phi\cos\phi}{(4/3) - \sin^2\phi}\ \text{rad/s}^2$$

이 식에서, $\phi = \beta - \theta$이다. (b) 문항 (a)의 운동 미분방정식을, 정지 상태가 풀리게 될 때부터 끝 B가 경사 표면과 접촉하게 될 때까지 수치적으로 풀어라. 이 해를 사용하여 접촉 시의 ω를 구하라. $L = 8$ ft, $W = 30$ lb, $\beta = 60°$라는 데이터를 사용하라.

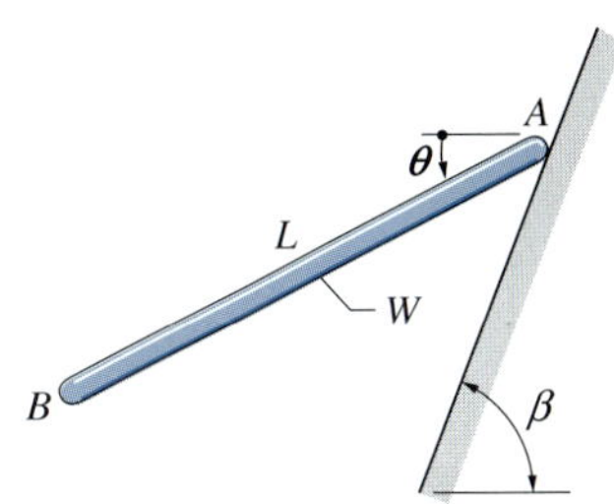

그림 P17.88

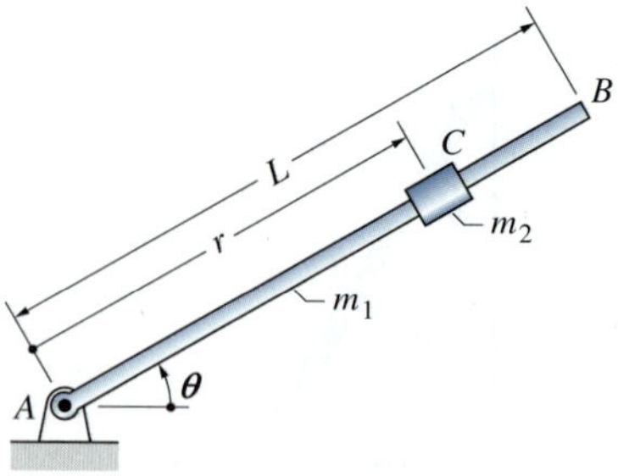

그림 P17.89

17.89 질량이 m_2인 작은 칼라 C가 질량이 m_1이고 길이가 L인 막대 AB 위에서 마찰 없이 미끄러진다. 이 기구는 $\theta = \theta_0$이고 $r = L$일 때 정지 상태에서 풀리게 된다. (a) 이 기구는 운동 미분방정식이 다음과 같이 됨을 증명하라.

$$\ddot{r} = -g\sin\theta + r\dot{\theta}^2$$

$$\ddot{\theta} = -\frac{3}{2}\,\frac{g\cos\theta[L(m_1/m_2) + 2r] + 4r\dot{r}\dot{\theta}}{L^2(m_1/m_2) + 3r^2}$$

(b) 정지 상태가 풀리게 되는 순간에서부터 칼라가 B에서 막대를 떠나게 될 때까지 이 방정식을 수치적으로 적분하고 r을 θ에 대한 그래프로 작도하라. $\theta_0 = 60°$, $m_1/m_2 = 2$, $L = 457$ mm, $g = 9.81$ m/s^{2}을 사용하라.

17.90 질량이 m인 작은 칼라 D가 막대 AB 위에서 미끄러진다. 탄성계수가 k인 경량 스프링이 칼라와 막대의 끝 A 사이에 끼어 있다. 칼라가 $r = r_0$인 위치에 있을 때 스프링은 본래의 길이이다. 막대와 프레임 ACB는 수직축 OC에 관하여 자유 회전을 하게 되며 이 축에 관한 복합 관성 모멘트는 I이다. 가진장치(도시되어 있지 않음) 받침대 E를 흔들어서 E의 위치가 $y(t) = a\sin pt$가 되게 한다. 이 식에서, a와 p는 상수이다. (a) 이 기구의 운동 미분방정식이 다음과 같이 됨을 증명하라.

$$\ddot{r} = -\frac{k}{m}(r - r_0) + r\dot{\theta}^2 + ap^2\sin pt\sin\theta$$

$$\ddot{\theta} = \frac{r}{(I/m) + r^2}(ap^2\sin pt\cos\theta - 2\dot{r}\dot{\theta})$$

(b) $t = 0$에서 3초까지 이 운동 미분방정식을 수치적으로 풀어서 θ를 t에 관한 그래프로 작도하라. 이 기구는 $\theta = 0$ 및 $r = r_0$인 위치에서 정지 상태에 있을 때 $t = 0$으로 하여 운동을 시작한다고 가정한다. 수치해를 검토하여, (위에서 내려다봤을 때) 회전 방향을 구하라. 단, 다음 데이터를 사용한다. $m = 0.125$ kg, $k = 3.125$ N/m, $r_0 = 50$ mm, $I = 312.5 \times 10^{-6}$ kg·m^2, $a = 10$ mm 및 $p = 10$ rad/s.

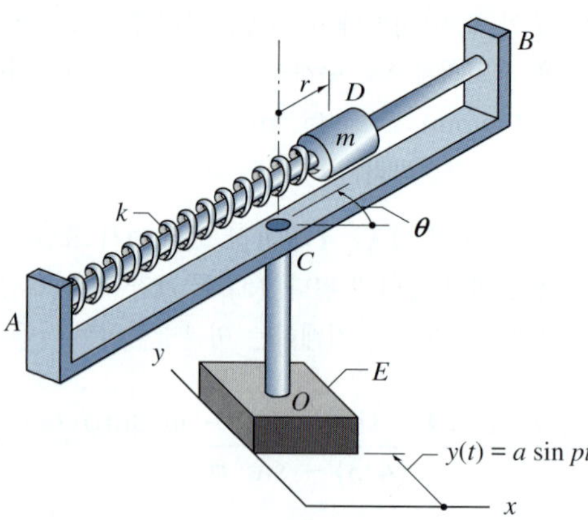

그림 P17.90

REVIEW OF EQUATIONS

Mass moment of inertia

The mass moment of inertia of a body about an axis (the a-axis) is

$$I_a = \int_{\mathcal{V}} r^2 dm = mk_a^2$$

r = perpendicular distance from the axis to the differential mass dm
$\mathcal{V}$ = volume occupied by the body of mass m
k_a = radius of gyration of the body about the a-axis

Parallel-axis theorem

$$I_a = \bar{I}_a + md^2$$

$\bar{I}_a$ = mass moment of inertia about the centroidal axis that is parallel to a-axis
d = distance between the centroidal axis and the a-axis

Angular momentum of a rigid body in plane motion

$h_G = \bar{I}\omega$ (about the mass center G)
$h_A = I_A\omega$ (about the instant center A for velocities)
$h_A = \bar{I}\omega + m\bar{v}d$ (about an arbitrary point A)

d = moment arm of the momentum vector $m\bar{\mathbf{v}}$ about A

Equations of plane motion

$\Sigma\mathbf{F} = m\bar{\mathbf{a}}$
$\Sigma M_G = \bar{I}\alpha$ (G is the mass center)
$\Sigma M_A = I_A\alpha$ (point A is fixed in the body and in space)
$\Sigma M_A = \bar{I}\alpha + m\bar{a}d$ (A is an arbitrary point)

d = moment arm of the inertia vector $m\bar{\mathbf{a}}$ about A

REVIEW PROBLEMS

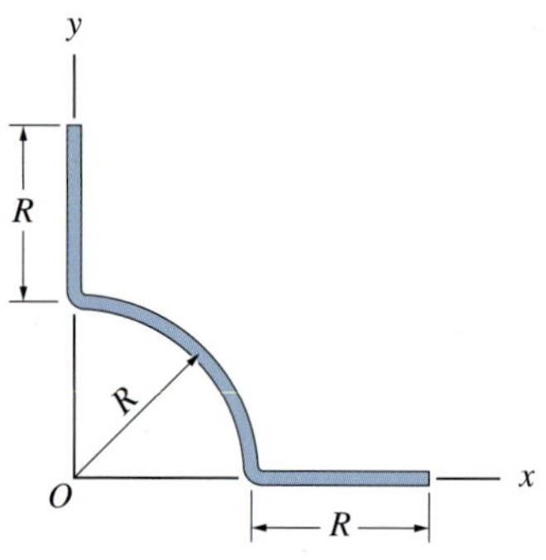

Figure P17.91

17.91 The figure shown is made of uniform, thin wire; its mass is m. Determine (a) the x-coordinate of the mass center; (b) the moment of inertia about the z-axis; and (c) the moment of inertia about the $\bar{z}$-axis.

17.92 Due to different thickesses, the masses of the two halves of the disk are m and $2m$, as indicated in the figure. (a) Determine the coordinate $\bar{x}$ of the mass center of the disk. (b) Compute the mass moment of inertia of the disk about the axis that is perpendicular to the disk and passes through the mass center G.

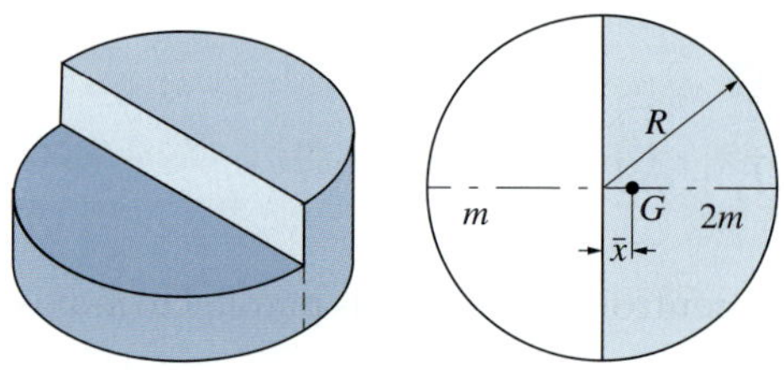

Figure P17.92

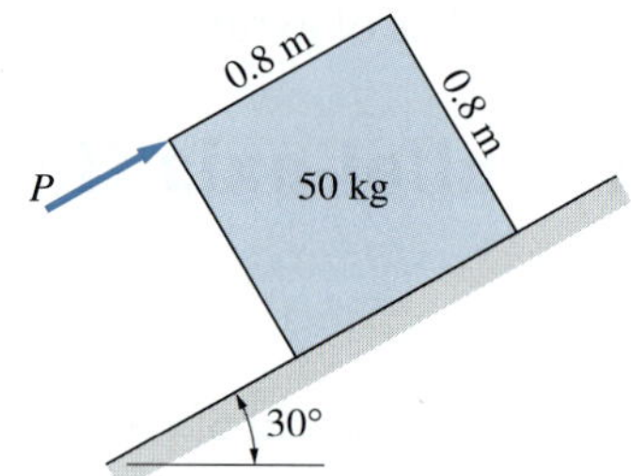

Figure P17.93

17.93 The homogeneous 50-kg block is pushed up the 30° incline by the constant force P. The coefficient of kinetic friction between the block and the incline is 0.2. Determine the largest force P that can be applied without tipping the block.

17.94 The 5.44-kg uniform bar AB is swinging freely from two rods of negligible weight. In the position $\theta = 30°$, the tension in rod AC is measured to be 17.8 N. Determine the magnitudes of the acceleration and velocity vectors of the mass center of the bar AB in this position.

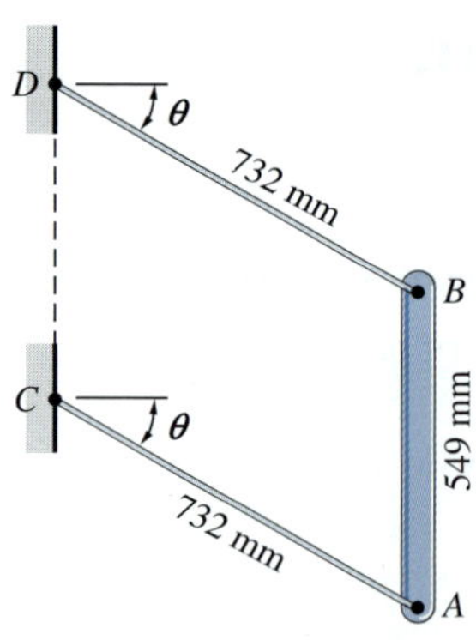

Figure P17.94

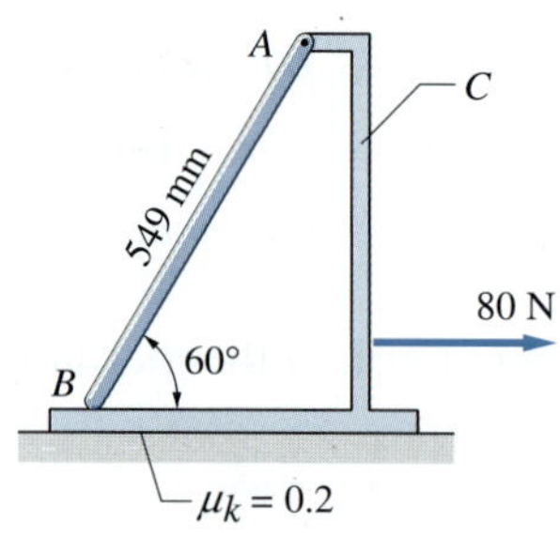

Figure P17.95

17.95 The uniform bar AB of weight W is attached to the 5.44-kg frame C with a pin at A. The kinetic coefficient of friction between the frame and the horizontal surface is 0.2. Determine the smallest value of W for which the bar remains in contact with the frame at B after the 18-lb force is applied to the frame. Assume that the frame does not tip.

17.96 The uniform beam AB of mass m and length L is suspended by two cables. Determine the tension in the cable BC immediately after cable AC breaks.

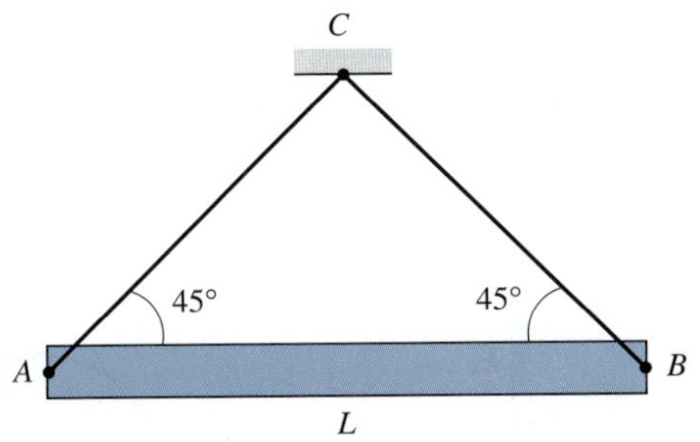

Figure P17.96

17.97 The homogeneous 6-kg bar AB is pinned to the disk at A. A rope connects end B of the bar to the center C of the disk. Calculate the tension in the rope when the disk is rotating in the horizontal plane with the constant angular velocity $\omega = 10$ rad/s.

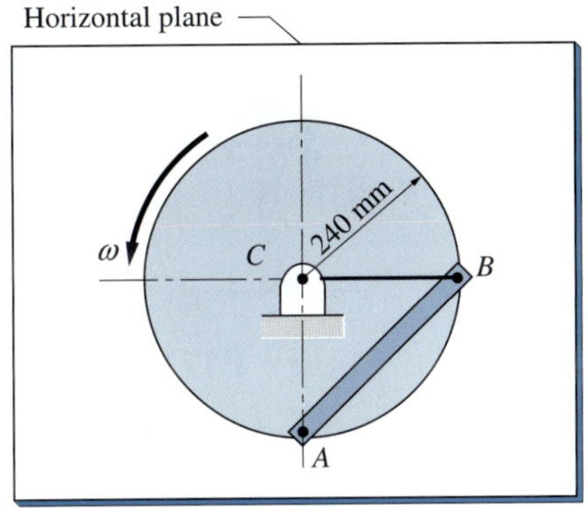

Figure P17.97

17.98 The uniform 907-kg beam is resting on a rough surface at A and a roller support at B before the 8-kN force is applied. Determine the angular acceleration of the beam and the acceleration of end A immediately after the force is applied. Assume that end A slides on the rough surface. The kinetic coefficient of friction at A is 0.8.

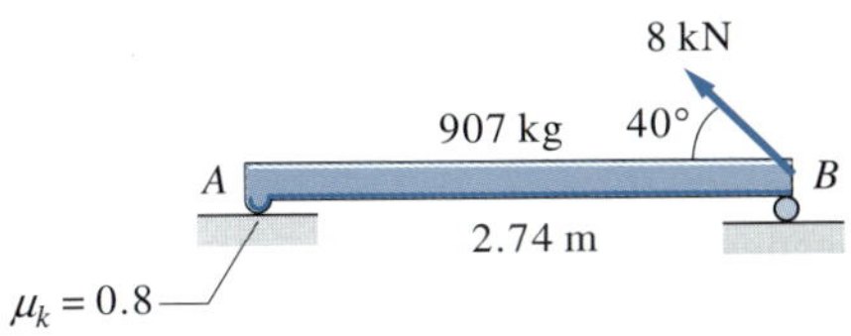

Figure P17.98

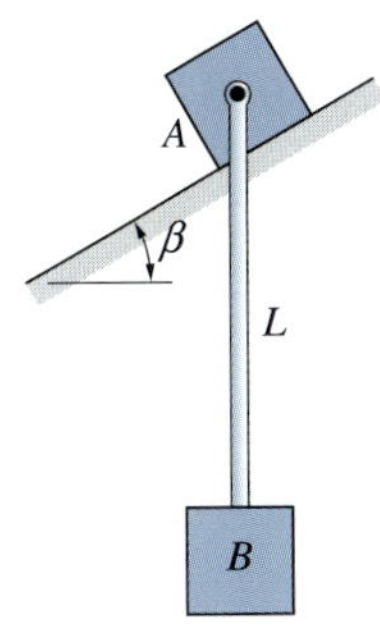

Figure P17.99

17.99 The identical blocks A and B, each of mass m, are connected by a rod of length L and negligible mass. Block A is free to slide on the frictionless, inclined surface. If the system is released from rest in the position shown, determine expressions for the acceleration of block A and the axial force in the rod immediately after the release.

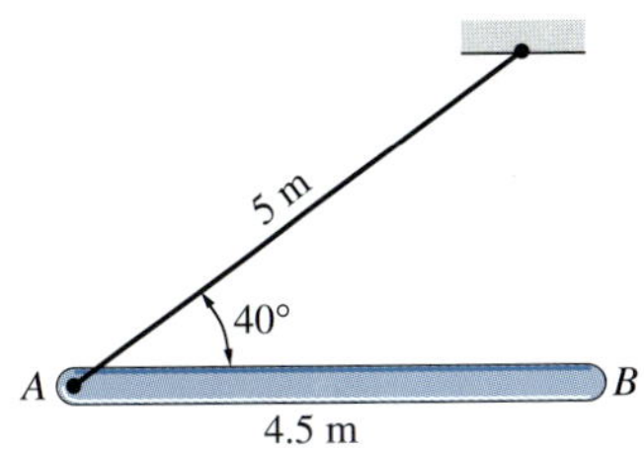

Figure P17.100

17.100 The uniform 80-kg bar AB is supported by a cable at A. Determine the angular acceleration of the bar and the tension in the cable immediately after the bar is released from rest in the position shown.

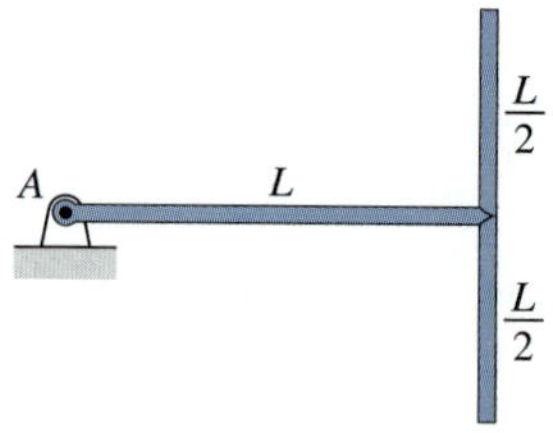

Figure P17.101

17.101 The T-bar consists of two identical rods, each of mass m and length L. Determine the pin reaction at A immediately after the bar is released from rest in the position shown.

17.102 The uniform 54.4-kg pole is at rest in the vertical position when the 267-N horizontal force is suddenly applied at B. Determine the smallest distance b for which there is no sliding at A immediately after the force is applied. The static coefficient of friction at A is 0.3.

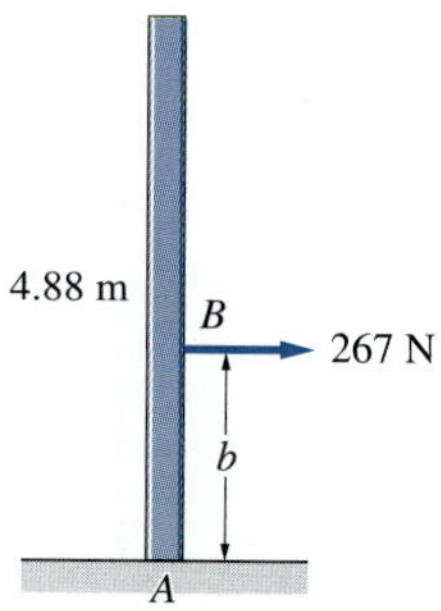

Figure P17.102

17.103 The homogeneous box of mass m is released from rest in the position shown. Determine the initial acceleration of the small roller at A.

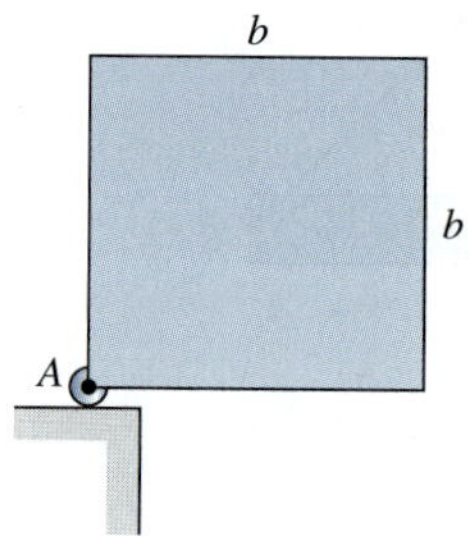

Figure P17.103

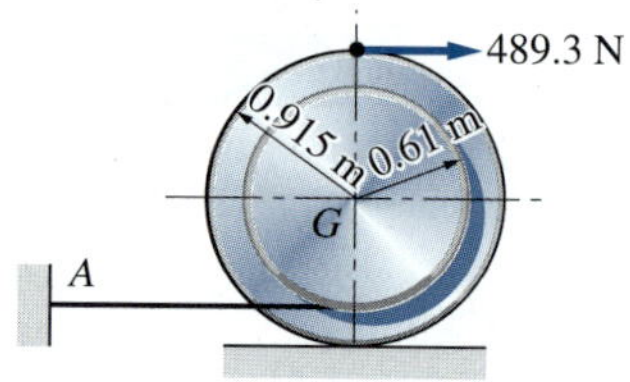

Figure P17.104

17.104 The spool weighs 90.7 kg, and its radius of gyration with respect to its mass center G is 549 mm. A cable is wound tightly around the hub of the spool with one end attached to the wall at A. The 489.3-N force causes the spool to slip at its point of contact with the horizontal plane. Determine the acceleration of G and the tension in the cable. The coefficient of kinetic friction between the spool and the plane is 0.3.

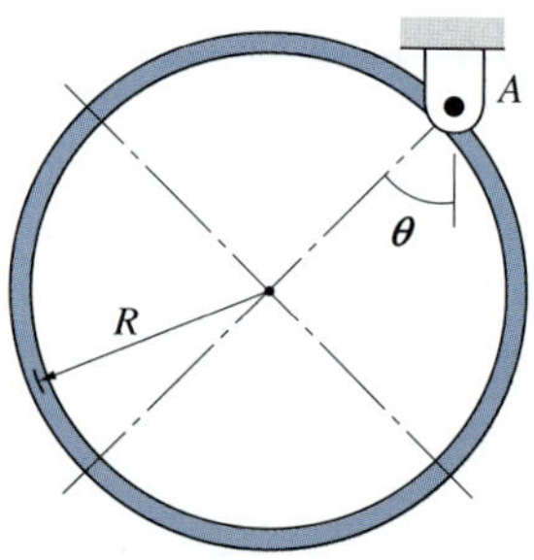

Figure P17.105

17.105 The uniform thin ring of mass m and radius R is released from rest when $\theta = 90°$. (a) Show that the differential equation of motion is $\alpha = (-g/2R)\sin\theta$. (b) Integrate the expression for α analytically to obtain the relationship between the angular velocity ω and θ. (c) Derive the expression for the magnitude of the pin reaction at A as a function of θ.

17.106 The homogeneous slender 20-kg bar is moving in the vertical plane. The ends of the bar are pinned to sliders A and B of negligible weight. Determine the largest horizontal force P that will slide the bar to the right without lifting slider B from the surface. Neglect friction.

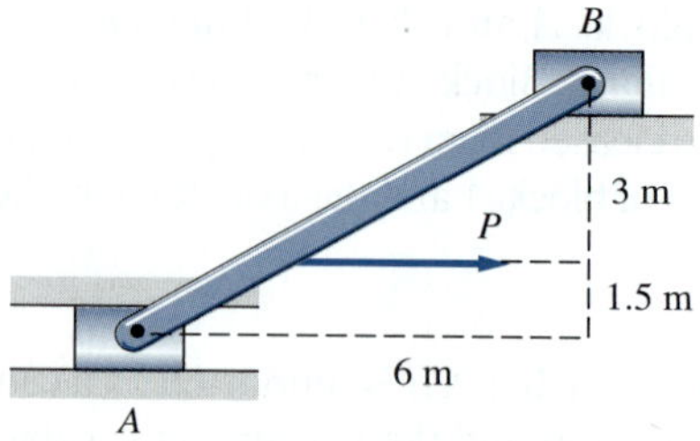

Figure P17.106

17.107 The uniform 18.15-kg bar is released from rest in the position $\theta = 0$. Assuming no sliding at the support C, determine the following as functions of θ: (a) the angular acceleration of the bar; (b) the angular velocity of the bar; and (c) the normal and tangential components of the support reaction. (d) If the coefficient of static friction between the bar and the support is 0.6, what is the value of θ when sliding impends?

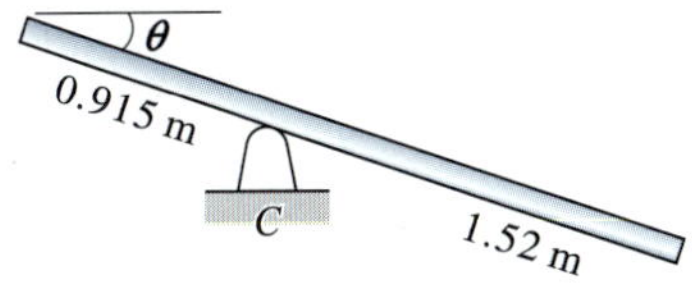

Figure P17.107

17.108 The uniform bar AB of mass m and length L is at rest in the position $\theta = 0$ when the constant vertical force P is applied at A. Assuming $P > mg/2$, determine the following as functions of θ: (a) the angular acceleration and angular velocity of the bar; and (b) the horizontal component of the pin reaction at B.

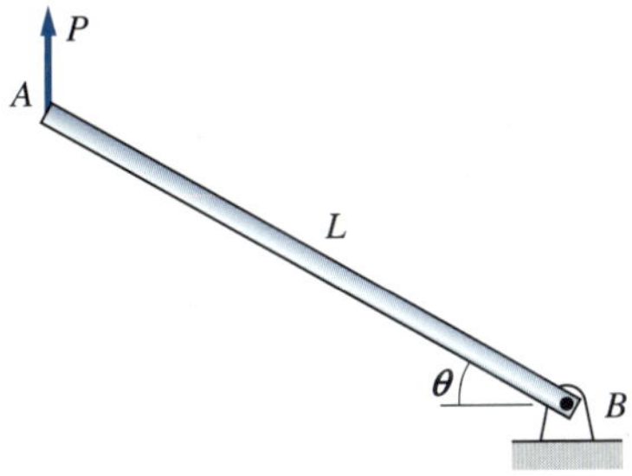

Figure P17.108

17.109 The homogeneous disk of mass m is stationary when it is lowered onto a conveyor belt that is moving at the constant speed of 5 m/s. If the kinetic coefficient of friction between the disk and the belt is 0.25, determine the time when the disk reaches its final angular speed?

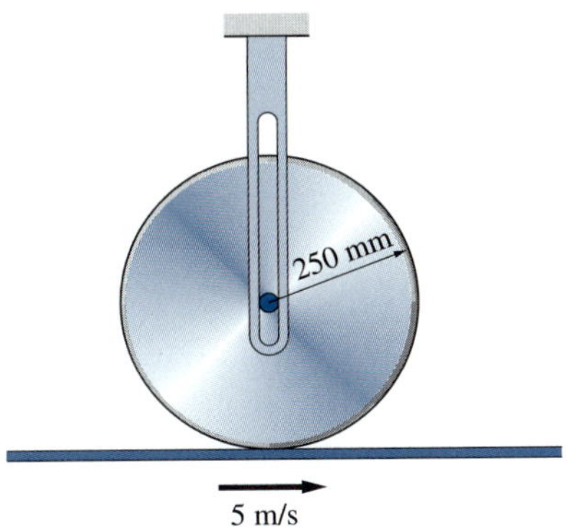

Figure P17.109

강체의 평면운동역학: 일-에너지 법과 충격량-운동량 법

18

Planar Kinetics of Rigid Bodies: Work-Energy and Impulse-Momentum Methods

18.1 서론

이 장은 앞 장에 이어서 강체의 평면운동에 관한 운동역학 해석을 계속한다.

제1부에서는 질점계에 대한 일-에너지 법(15장을 참조)을 강체에 대하여 확대 적용한다. 일-에너지 법이 강체의 운동에 응용되면, 이 방법은 작용력 및 작용우력이 하는 일과 강체의 운동에너지의 변화를 연결하게 된다. 따라서 이 방법에 대한 설명은 우력이 하는 일 및 강체의 운동에너지에 관한 논의에서 시작된다. 질점운동의 경우와 마찬가지로 일-에너지 법은 어떤 물체가 임의의 두 위치 사이를 움직일 때 그 물체의 속력의 변화를 알아내는 데 편리하다.

제2부에서 질점계에 대한 충격량-운동량 법(15장을 참조)을 강체에 대하여 확대 적용한다. 이 방법은 작용력과 작용우력의 선 및 각충격량과 그 물체의 선 및 각운동량의 변화를 연결한다. 각운동량을 계산하기 위해서 앞 장에서 도입한 운동량선도를 확대 적용한다.

제15장에서 논의한 바와 같이 선운동량 및 각운동량 보존은 동역학에서 매우 유용한 개념들 중의 하나이다. 이것은 강체의 충돌 해석에서 매우 중요하므로 역시 제2부에 포함된다. 앞에서 언급한 바와 같이 충돌 문제는 충격량-운동량 법에 의해서만 해석될

Dmitrij Skorobogatov/Shutterstock.com

쥐덫은 역학적 에너지 보존의 원리로 작동한다. 위치에너지는 덫이 설치될 때 스프링에 저장된다. 덫이 튀어오르면 위치에너지는 누름부재(wire jaw)의 운동에너지로 변환된다. 누름부재가 닫힐 때의 속도는 문제 18.29에서 논의한다.

수 있다. 왜냐하면 충격력은 일반적으로 미지수이고 충돌하는 동안 에너지는 보존되지 않기 때문이다.

제1부 일–에너지 법

18.2 우력의 일과 동력

18.2a 일

일–에너지 법을 강체의 운동에 적용함에 있어서 우력이 하는 일을 계산하는 것이 필요하다. 우력이 하는 이 책에서 이미 논의한 2개의 도구인 힘이 하는 일의 정의와 강체운동학에 관한 지식에 의하여 유도될 수 있다.

그림 18.1은 한 강체에 가해지는 우력을 나타낸다. 이 우력은 서로 평행하고 방향이 반대이며 크기가 F이고, 각각 A와 B점에서 작용하는 2개의 힘에 의해서 표현된다. 이 우력벡터는,

$$\mathbf{C} = \mathbf{r}_{B/A} \times \mathbf{F} \tag{a}$$

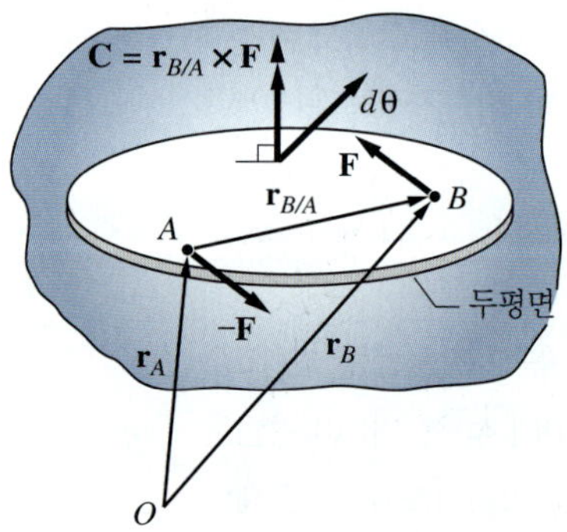

그림 18.1

이 우력이 하는 일은 이 2개의 힘이 하는 일을 더함으로써 계산된다. 따라서 이 물체에 미소변위가 있을 때, 이 우력이 하는 일은

$$dU = -\mathbf{F} \cdot d\mathbf{r}_A + \mathbf{F} \cdot d\mathbf{r}_B = \mathbf{F} \cdot (d\mathbf{r}_B - d\mathbf{r}_A) = \mathbf{F} \cdot d\mathbf{r}_{B/A} \tag{b}$$

여기서 $d\mathbf{r}_A$및 $d\mathbf{r}_B$는 각각 A점과 B점의 미소변위이다. 강체운동학에 의해서 A와 B 사이의 상대속도벡터는

$$\mathbf{v}_{B/A} = \boldsymbol{\omega} \times \mathbf{r}_{B/A} \quad \text{또는} \quad \frac{d\mathbf{r}_{B/A}}{dt} = \frac{d\boldsymbol{\theta}}{dt} \times \mathbf{r}_{B/A}$$

여기서 ω는 각속도벡터이고 $d\theta$는 이 물체의 미소회전을 의미한다. 두 번째 식의 양변에 dt를 곱하면

$$d\mathbf{r}_{B/A} = d\boldsymbol{\theta} \times \mathbf{r}_{B/A}$$

이것을 식 (b)에 대입하면

$$dU = \mathbf{F} \cdot (d\boldsymbol{\theta} \times \mathbf{r}_{B/A}) = (\mathbf{r}_{B/A} \times \mathbf{F}) \cdot d\boldsymbol{\theta}$$

식 (a)를 이용하면 최종적으로

$$dU = \mathbf{C} \cdot d\boldsymbol{\theta} \tag{18.1}$$

식 (18.1)로부터 알 수 있는 바와 같이 어떤 우력이 하는 일은 그 물체의 회전운동에 의존하고 병진운동에는 독립이다. 강체가 병진운동을 할 때의 $\mathbf{F}$에 의한 일은 $-\mathbf{F}$에 의한 일 때문에 소거된다. 왜냐하면 병진운동에서 A와 B의 변위는 동일하기 때문이다.

평면운동(plane motion)이라는 특별한 경우에 $\mathbf{C}$와 $d\boldsymbol{\theta}$는 평행이고 둘 다 운동평면에 수직이다. 따라서 $dU = C\, d\theta$이고 이 물체에 유한한 변위가 있는 동안의 일은

$$U_{1-2} = \int_{\theta_1}^{\theta_2} C\, d\theta \tag{18.2}$$

여기서 θ_1및 θ_2는 어떤 편리한 기준선에서부터 측정된 이 물체의 초기 및 최종 각위치이다. 만일 우력의 크기가 평면운동을 하는 동안에 일정하게 유지된다면 이 우력이 하는 일은 다음과 같이 된다.

$$U_{1-2} = C(\theta_2 - \theta_1) = C\,\Delta\theta \qquad C\text{: 불변수} \tag{18.3}$$

여기서 $\Delta\theta = \theta_2 - \theta_1$이고 이것은 이 물체의 각변위이다. 식 (18.2)와 (18.3)은 평면운동에서만 성립한다는 것을 기억해야 한다.

이 일의 정확한 부호를 결정하기 위하여 C와 회전의 방향을 비교해야 한다. 만일 C와 회전이 같은 방향이라면 일은 양수이고 반대 방향이라면 일은 음수이다.

식 (18.1)~(18.3)이 성립하기 위해서는 각변위는 라디안(radian) 단위로 측정되어야 한다.

18.2b 동력

제14.5절에서 동력 P는 수행된 일의 시간변화율(일률)이라고 정의했다.

$$P = \frac{dU}{dt} \qquad (14.30, 다시 씀)$$

힘 **F**에 의한 동력은 다음과 같이 표현될 수 있다는 것을 설명하였다.

$$P = \mathbf{F} \cdot \mathbf{v} \qquad (14.31, 다시 씀)$$

여기서 **v**는 힘 **F**가 작용하는 점의 속도벡터이다.

어떤 우력 **C**가 한 강체에 가해질 때, 이 우력의 동력은 식 (18.1)에 따라서

$$P = \frac{dU}{dt} = \frac{\mathbf{C} \cdot d\boldsymbol{\theta}}{dt} = \mathbf{C} \cdot \boldsymbol{\omega} \qquad (18.4)$$

여기서 $\omega = d\theta/dt$는 물체의 각속도이다.

평면운동에서는 **C**와 ω가 평행이므로 우력의 동력은 다음과 같다.

$$P = C\omega \qquad (18.5)$$

식 (18.5)에서 만일 C와 ω가 같은 방향이라면, 동력은 양수가 될 것이고 반대방향이라면 음수가 될 것이다. 동력의 단위는, SI 단위로는 W(와트, 1W = 1 J/s = 1 N·m/s)이고, 미 상용단위로는 lb·in./s, lb·ft/s, 또는 마력(1 hp = 550 lb·ft/s)이다.

또한 기계 효율 η는 14.5절에서 다음과 같이 정의되었다.

$$\eta = 출력\ 동력\ /\ 입력\ 동력 \times 100\% \qquad (14.32, 다시 씀)$$

18.3 강체의 운동에너지

18.3a 일반운동

한 물체의 운동에너지는 이 물체를 구성하는 질점들의 운동에너지를 모두 더함으로써 얻을 수 있다. 따라서 그림 18.2에서 나타낸 바와 같이 어떤 영역 $\mathscr{V}$를 차지하는 한 물체의 운동에너지는

$$T = \int_{\mathscr{V}} \frac{1}{2} v^2\, dm = \int_{\mathscr{V}} \frac{1}{2} \mathbf{v} \cdot \mathbf{v}\, dm \tag{a}$$

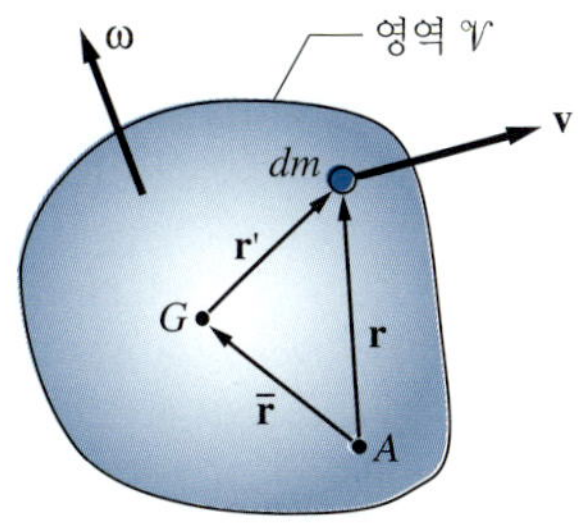

그림 18.2

여기서 $\mathbf{v}$는 질량이 dm인 미분요소(질점)의 속도이다. 만일 이 물체가 강체라면 미분요소들의 속도는 서로 독립이 아니고 어떤 기준점 A(이 물체 내부의 한 점)의 속도와 이 물체의 각속도 ω에 의하여 결정된다.

$$\mathbf{v} = \mathbf{v}_A + \boldsymbol{\omega} \times \mathbf{r} \tag{b}$$

여기서 $\mathbf{r}$은 dm의 A에 관한 위치벡터이다. 기준점을 선택하는 편리한 방법은 두 가지이다. 즉 이 물체의 질량중심 G 혹은 속도에 관한 순간중심을 선택하는 것이다.

기준점: 질량중심 질량중심 G를 기준점으로 사용하면, 식 (b)는 다음과 같다.

$$\mathbf{v} = \bar{\mathbf{v}} + \boldsymbol{\omega} \times \mathbf{r}'$$

여기서 $\mathbf{r}'$는 dm의 G에 관한 위치벡터이고, $\bar{\mathbf{v}} = d\bar{\mathbf{r}}/dt$는 G의 속도이다. 위 식을 식 (a)에 대입하고 내적을 전개하면

$$T = \frac{1}{2}\int_{\mathscr{V}} [\bar{\mathbf{v}} \cdot \bar{\mathbf{v}} + 2\bar{\mathbf{v}} \cdot (\boldsymbol{\omega} \times \mathbf{r}') + (\boldsymbol{\omega} \times \mathbf{r}') \cdot (\boldsymbol{\omega} \times \mathbf{r}')]\, dm \tag{c}$$

등식 $\mathbf{A} \cdot (\mathbf{B} \times \mathbf{C}) = \mathbf{B} \cdot (\mathbf{C} \times \mathbf{A})$을 대괄호 속의 마지막 항에 적용하면 식 $(\omega \times \mathbf{r}') \cdot (\omega \times \mathbf{r}') = \omega \cdot [\mathbf{r}' \times (\omega \times \mathbf{r}')]$을 얻는다. 따라서 식 (c)는 다음과 같이 표현할 수 있다.

$$T = \frac{1}{2}\bar{v}^2 \int_{\mathscr{V}} dm + \bar{\mathbf{v}} \cdot \left[\boldsymbol{\omega} \times \int_{\mathscr{V}} \mathbf{r}'\, dm\right] + \frac{1}{2}\boldsymbol{\omega} \cdot \int_{\mathscr{V}} \mathbf{r}' \times (\boldsymbol{\omega} \times \mathbf{r}')\, dm$$

$\int_{\mathcal{V}} dm = m$은 그 물체의 질량이고, $\int_{\mathcal{V}} \mathbf{r}'\, dm = \mathbf{0}$은 질량중심의 정의에 의해서 0이 된다. 또한 식 (17.4)에 따라서 식 $\int_{\mathcal{V}} \mathbf{r}' \times (\boldsymbol{\omega} \times \mathbf{r}')\, dm = \mathbf{h}_G$은 이 물체의 G에 관한 각운동량이다. 그러므로 강체의 운동에너지는 다음과 같은 형태를 가진다.

$$T = \frac{1}{2} m\bar{v}^2 + \frac{1}{2}\boldsymbol{\omega} \cdot \mathbf{h}_G \tag{18.6a}$$

기준점: 순간중심 만일 A가 속도에 관한 순간중심이라면, $\mathbf{v}_A = 0$이고, 식 (b)는 $\mathbf{v} = \omega \times \mathbf{r}$이 된다. 따라서 식 (a)는 다음과 같이 표현될 수 있다.

$$T = \frac{1}{2}\int_{\mathcal{V}} \mathbf{v} \cdot (\boldsymbol{\omega} \times \mathbf{r})\, dm$$

등식 $\mathbf{A} \cdot (\mathbf{B} \times \mathbf{C}) = \mathbf{B} \cdot (\mathbf{C} \times \mathbf{A})$을 적분기호 내부의 식에 적용하면 $\mathbf{v} \cdot (\boldsymbol{\omega} \times \mathbf{r}) = \boldsymbol{\omega} \cdot (\mathbf{r} \times \mathbf{v})$을 얻는다. 따라서 운동에너지는 다음과 같이 된다.

$$T = \frac{1}{2}\boldsymbol{\omega} \cdot \left(\int_{\mathcal{V}} \mathbf{r} \times \mathbf{v}\, dm \right)$$

정의에 의하면 이 적분은 이 물체의 A에 관한 각운동량 $\mathbf{h}_A$이므로, 다음의 식이 성립한다.

$$T = \frac{1}{2}\boldsymbol{\omega} \cdot \mathbf{h}_A \quad (A\text{: 순간중심}) \tag{18.6b}$$

18.3b 평면운동

기준점: 질량중심 만일 운동이 평면 내에서 일어난다면 ω와 $\mathbf{h}_G$는 모두 운동평면에 수직이다. 더구나 G에 관한 각운동량의 크기는 식 (17.6)에 주어진 바와 같이 $h_G = \bar{I}\omega$이다. 여기서 $\bar{I}$는 이 물체의 G에 관한(정확하게 표현하면, G를 통과하고 운동평면에 수직인 축에 관한) 관성 모멘트이다. 따라서 식 (18.6a)는 다음과 같이 나타낸다.

$$T = \frac{1}{2}m\bar{v}^2 + \frac{1}{2}\bar{I}\omega^2 \tag{18.7a}$$

우변의 첫 번째 항은 **병진운동에너지**(kinetic energy of translation)라 불리고 두 번째 항은 **회전운동에너지**(kinetic energy of rotation)라고 알려져 있다.

기준점: 순간중심 만일 점 A가 속도에 관한 순간중심이라면, A점에 관한 각운동량의 절대치는 $h_A = I_A\omega$이다[식 (17.8)을 참조]. 따라서 식 (18.6b)는 다음과 같은 형태가 된다.

$$T = \frac{1}{2}I_A\omega^2 \qquad (A\text{: 순간중심}) \tag{18.7b}$$

이 식은 보통 A점에 고정된 축 주위로 회전하는 물체의 운동에너지를 계산하기 위하여 사용된다. 그러나 A점이 고정된 점일 필요는 없고, 그 순간에 속도가 0이기만 하면 된다.

예제 18.1

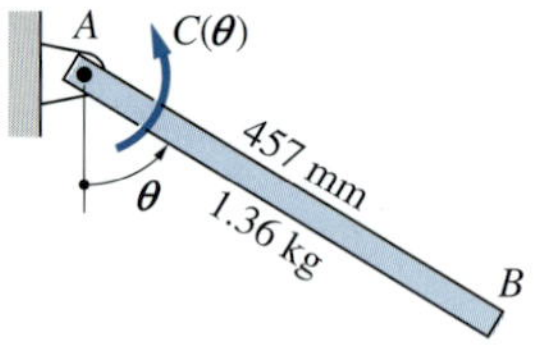

(a)

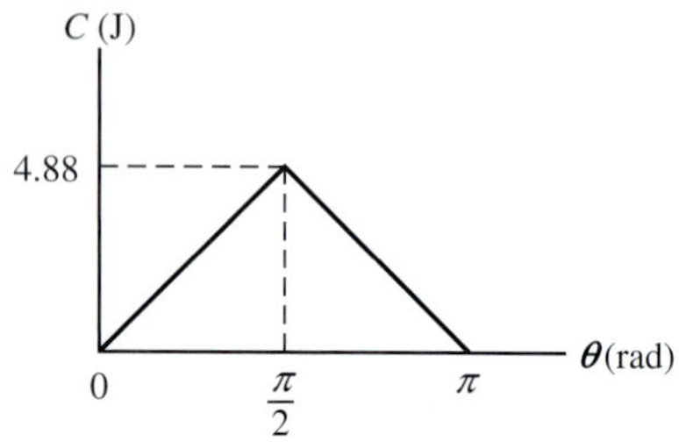

(b)

그림 (a)는 1.36 kg인 균일 막대 AB에 반시계방향의 우력 $C(\theta)$가 작용하는 것을 나타낸다. 이 막대가 수직평면 내에서 A점 주위로 $\theta = 0$에서부터 $\theta = 180°$까지 회전할 때, 이 막대에 가해지는 전체 일을 계산하라. (1) $C(\theta) = 4.88 \sin\theta$ J일 때, (2) $C(\theta)$가 그림 (b)와 같이 변할 때.

풀이

이 막대에 가해지는 전체 일은 무게 W에 의한 일과 우력 $C(\theta)$에 의한 일의 합이다. W에 의한 일은$(U_{1-2})_W = -W\Delta h$로부터 계산될 수 있다. 여기서 Δh는 막대가 $\theta = 0$(위치 1)에서 $\theta = 180°$(위치 2)까지 회전할 때 막대의 무게중심이 움직인 수직상의 방향에 대한 거리이다. 막대가 균질이므로 무게중심은 도심이 되고 따라서, $\Delta h = 0.457$ m이다. 위의 식으로부터$(U_{1-2})_W = -1.36 \times 9.81(0.457) = -6.1$ J이다. 우력 C가 하는 일을 계산하는 것은 다소 복잡하다. 왜냐하면 이 우력은 절대치가 일정하지 않기 때문이다.

문항 1

막대가 $\theta = 0$에서 $\theta = 180°(\pi$ rad)까지 회전할 때, 우력 $C(\theta)$가 하는 일은 식 (18.2)를 사용하면 다음과 같다.

$$(U_{1\text{-}2})_C = \int_0^{\pi} C(\theta)\, d\theta = \int_0^{\pi} 4.88 \sin\theta\, d\theta = [-4.88 \cos\theta]_0^{\pi} = 9.76 \text{ J}$$

따라서 이 막대에 가해진 전체 일은

$$U_{1\text{-}2} = (U_{1\text{-}2})_C + (U_{1\text{-}2})_W = 9.76 - 6.1 = 3.66 \text{ J}$$ **답**

문항 2

우력이 하는 일은 그림 (b)에서 C-θ 선도 아래쪽의 면적과 같으므로

$$(U_{1\text{-}2})_C = \frac{1}{2}(4.88)(\pi) = 7.67 \text{ J}$$

따라서 막대에 가해진 전체 일은

$$U_{1\text{-}2} = (U_{1\text{-}2})_C + (U_{1\text{-}2})_W = 7.67 - 6.1 = 1.57 \text{ J}$$ **답**

예제 18.2

그림에는 나와 있지 않지만 어떤 우력이 그림 (a)에 있는 질량 M인 불균형 원반에 작용하여 이 원반이 일정한 각속도 ω로 미끄러짐 없이 구른다. 이 원반의 질량중심 G에 관한 회전반경은 $\bar{k}$이다. 이 원반의 운동에너지의 최댓값과 최솟값을 결정하고 각각의 경우에 각 θ(OG와 수직선 사이의 각도)값을 계산하라. 여기서 다음의 값을 사용하라: $M = 40$ kg, $R = 240$ mm, $e = 50$ mm, $\bar{k} = 160$ mm 및 $\omega = 10$ rad/s.

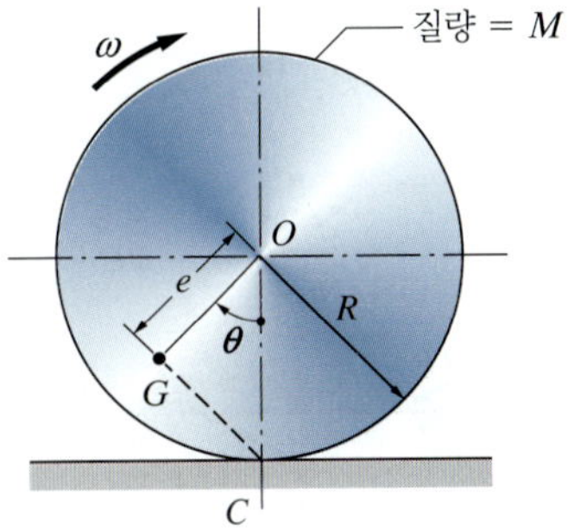

(a)

풀이

이 원반이 미끄러짐 없이 구르므로 접촉점 C는 속도에 관한 순간중심이다. 따라서 이 원반의 운동에너지는 식 (18.7b)인 $T = I_C\omega^2/2$로부터 계산될 수 있다. 평행축정리와 $\bar{I} = M\bar{k}^2$을 이용하여

$$T = \frac{1}{2}(\bar{I} + M\overline{CG}^2)\omega^2 = \frac{1}{2}M(\bar{k}^2 + \overline{CG}^2)\omega^2$$

T_{max}은 거리 $\overline{CG}$가 최댓값일 때 나타난다는 것으로 정의한다. 즉, 원반이 그림 (b)와 같은 위치에 있을 때이다. 반대로 T_{min}의 위치는 그림 (c)에 나와 있고 $\overline{CG}$가 최솟값일 때이다. 따라서 이 원반의 운동에너지의 최댓값과 최솟값은

$$T_{max} = \frac{1}{2}(40)[(0.16)^2 + (0.29)^2](10)^2 = 219.4 \text{ J} \quad \text{at } \theta = 180°$$ 답

$$T_{min} = \frac{1}{2}(40)[(0.16)^2 + (0.19)^2](10)^2 = 123.4 \text{ J} \quad \text{at } \theta = 0$$ 답

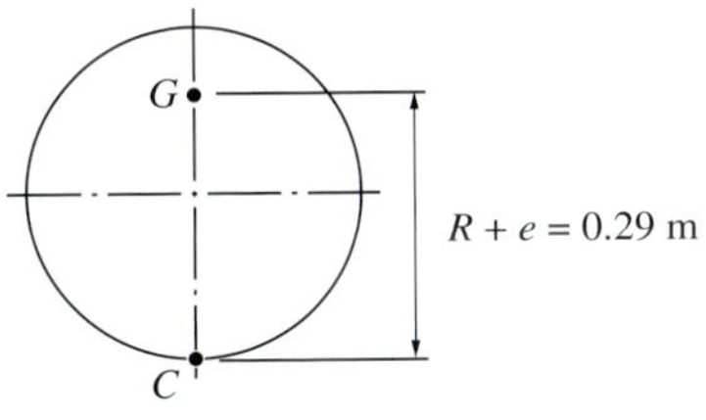

(b)

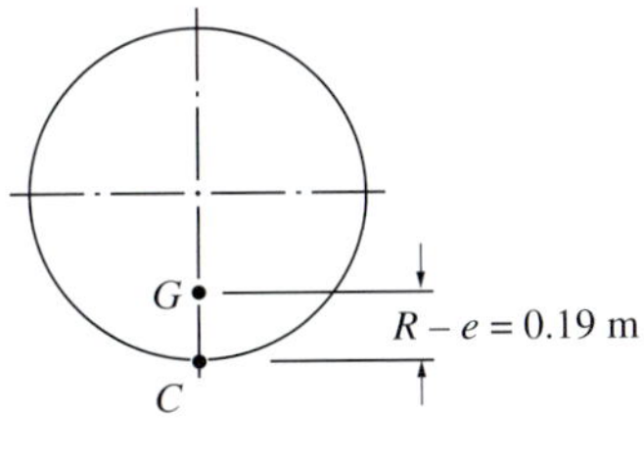

(c)

예제 18.3

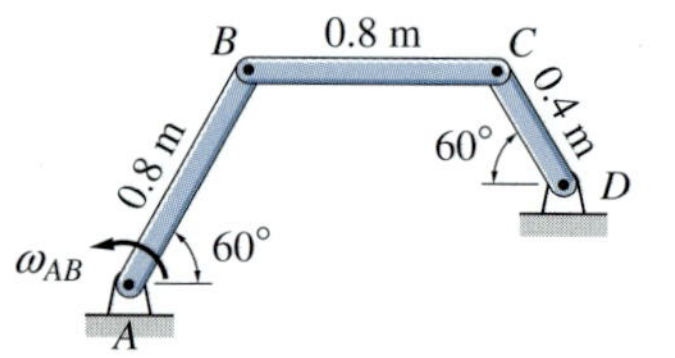

(a)

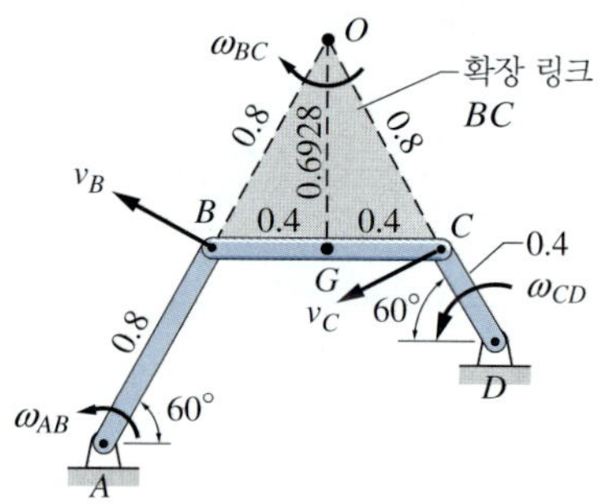

치수는 m

(b)

그림 (a)에 있는 기구의 링크 AB는 반시계방향의 일정한 각속도 ω_{AB} = 2.5 rad/s로 회전하고 있다. 그림과 같은 위치에서 이 기구의 전체 운동에너지를 계산하라. 각각의 막대의 단위길이당 질량은 2 kg/m이다.

풀이

각각 막대의 운동에너지를 속도에 관한 순간중심을 이용하여 계산한다. 이 계산을 수행하기 전에 우리는 링크 BC와 CD의 각속도를 기구학을 이용하여 결정해야 한다. 그리고 각각의 막대의 순간중심에 관한 관성 모멘트를 계산해야 한다.

기구학 해석

A와 D가 고정된 점이므로, 이 점들은 각각 링크 AB와 CD의 속도에 관한 순간중심이다. BC의 순간중심은 그림 (b)에서 O라고 표시되어 있는데, 이것은 B와 C의 속도벡터에 수직인 직선들의 교점이다. $\mathbf{v}_B$와 $\mathbf{v}_C$는 각각 AB와 CD에 수직이므로 점 O는 직선 AB와 CD의 교점이기도 하다. 링크 BC의 질량중심을 G라고 놓으면 삼각형 OBC에서 다음의 치수들을 계산할 수 있다.

$$\overline{BO} = \overline{CO} = \frac{\overline{BG}}{\cos 60^\circ} = \frac{0.4}{\cos 60^\circ} = 0.8 \text{ m}$$
$$\overline{GO} = \overline{BG}\tan 60^\circ = 0.4\tan 60^\circ = 0.6928 \text{ m}$$

링크 BC와 링크 CD의 각속도는 다음의 일련의 계산에 의해서 얻어질 수 있다.

1. 링크 AB의 운동으로부터(순간중심은 A):

$$v_B = \overline{AB}\,\omega_{AB} = 0.8(2.5) = 2.0 \text{ m/s}$$

2. 링크 BC의 운동으로부터(순간중심은 O):

$$\omega_{BC} = v_B/\overline{BO} = \frac{2.0}{0.8} = 2.50 \text{ rad/s}$$
$$v_C = \overline{OC}\,\omega_{BC} = 0.8(2.5) = 2.0 \text{ m/s}$$

3. 링크 CD의 운동으로부터(순간중심은 D):

$$\omega_{CD} = v_C/\overline{CD} = \frac{2.0}{0.4} = 5.0 \text{ rad/s}$$

관성 상태량

링크들의 질량은 $m_{AB} = m_{BC} = 2(0.8) = 1.6$ kg 및 $m_{CD} = 2(0.4) = 0.8$ kg이다. 링크들의 각각의 순간중심에 관한 관성 모멘트는

$$(I_A)_{AB} = \frac{m_{AB}L_{AB}^2}{3} = \frac{1.6(0.8)^2}{3} = 0.3413 \text{ kg} \cdot \text{m}^2$$

$$(I_O)_{BC} = (\bar{I})_{BC} + m_{BC}\overline{GO}^2 = \frac{m_{BC}L_{BC}^2}{12} + m_{BC}\overline{GO}^2$$

$$= \frac{1.6(0.8)^2}{12} + 1.6(0.6928)^2 = 0.8533 \text{ kg} \cdot \text{m}^2$$

$$(I_D)_{CD} = \frac{m_{CD}L_{CD}^2}{3} = \frac{0.8(0.4)^2}{3} = 0.04267 \text{ kg} \cdot \text{m}^2$$

운동에너지

이 기구의 운동에너지 T는 세 링크들의 운동에너지를 더함으로써 계산된다. 식 (18.7b)를 이용하면

$$T = (T)_{AB} + (T)_{BC} + (T)_{CD}$$

$$= \frac{1}{2}(I_A)_{AB}\omega_{AB}^2 + \frac{1}{2}(I_O)_{BC}\omega_{BC}^2 + \frac{1}{2}(I_D)_{CD}\omega_{CD}^2$$

$$= \frac{1}{2}(0.3413)(2.50)^2 + \frac{1}{2}(0.8533)(2.50)^2 + \frac{1}{2}(0.04267)(5.0)^2$$

$$= 1.067 + 2.667 + 0.533 = 4.27 \text{ J}$$ 답

연습문제

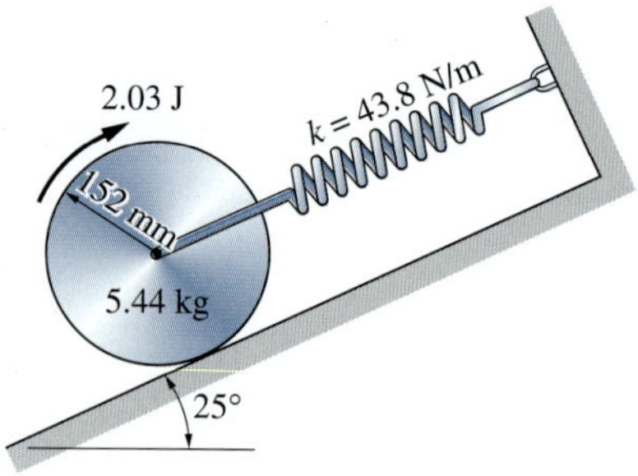

그림 P18.1

18.1 2.03 J인 일정한 우력이 경사면을 따라서 아래쪽으로 미끄러짐 없이 구르는 원반에 가해진다. 스프링이 본래의 길이일 때의 위치에서부터 원반의 변위를 측정하여 원반에 가해지는 전체 일이 0이 될 때까지의 원반의 변위를 결정하라.

18.2 스프링이 반시계방향의 우력 $C(\theta) = -10.85\,\theta$ J을 A점에서 막대에 가한다. 각 θ(rad)는 스프링이 변형되지 않은 위치인 위치 ①로부터 반시계방향으로 측정된다. 막대가 위치 ②로부터 위치 ③까지 회전하는 동안에 스프링에 의해서 가해지는 일을 계산하라.

18.3 181.4 kg의 상자를 운반하는 플랫폼이 2개의 평행링크에 의해서 지지되고 있다. 우력 $C(\theta) = C_0(1 - 2\theta/\pi)$이 하나의 링크에 가해진다. 여기서 θ는 링크들과 수평선 사이의 각(rad)이다. 이 계가 $\theta = 0$에서 $\theta = 90°$까지 움직이는 동안에 가해진 전체 일이 0이 되기 위한 C_0값을 결정하라. 단, 플랫폼과 링크들의 무게는 무시한다.

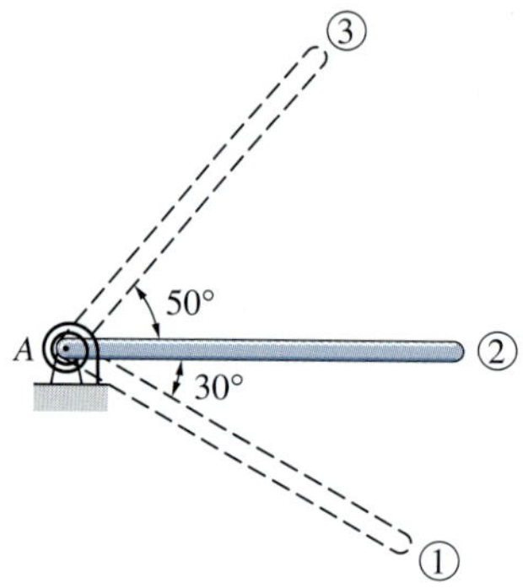

그림 P18.2

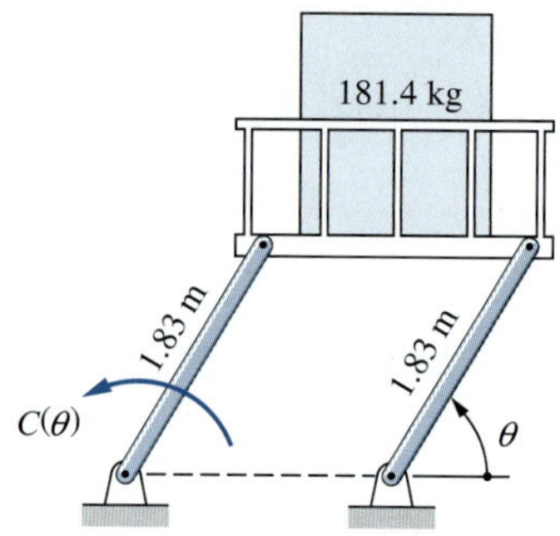

그림 P18.3

18.4 수직평면에 놓여 있는 기구가 4.54 kg의 균질봉 AB와 BC 그리고 스프링 AC로 구성되어 있다. 스프링의 자유길이는 762 mm이고 그 강성은 175 N/m이다. 일정한 54.23 J의 우력이 봉 AB에 작용한다. θ가 0에서 35°까지 변화할 때 봉들에 행해지는 일을 구하라.

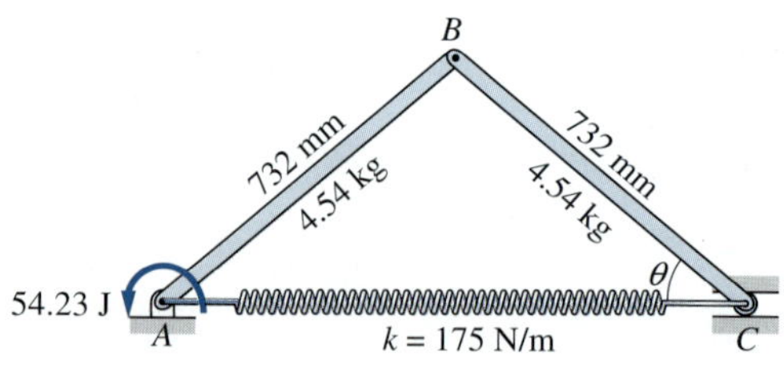

그림 P18.4

18.5 기구가 질량이 12 kg인 균일 봉 AB와 질량이 8 kg인 블록으로 구성되어 있다. 봉과 블록은 로프로 연결되어 있으며, 로프는 그 중간에 있는 매끄러운 로프걸이 C에 감겨 있다. 봉에는 시계방향으로 일정한 우력 40 N·m가 작용한다. 봉이 위치 1에서 위치 2로 이동할 때, 기구에 행해지는 일을 구하라.

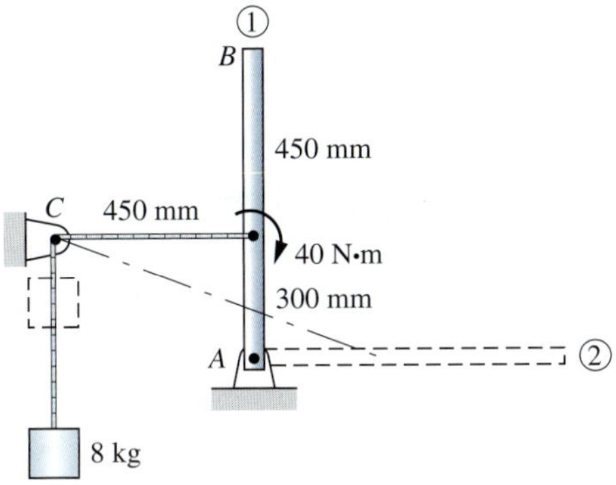

그림 P18.5

18.6 그림 (a)와 (b)에 있는 밧줄감개들은 수평레일을 따라 미끄러지지 않고 구르고 있다. 각각의 경우에 일정한 200 N의 힘이 밧줄감개통의 외경 둘레에 감겨 있는 밧줄에 작용한다. 각각의 밧줄감개는 각속도가 시계방향으로 6 rad/s이다. 각각의 경우에서 200 N 힘의 동력을 각각 구하라.

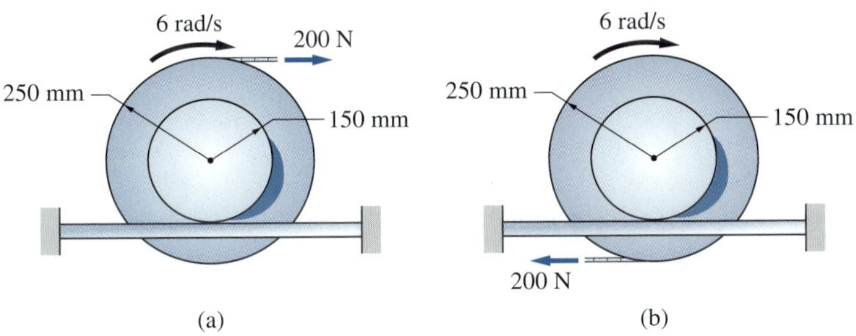

그림 P18.6

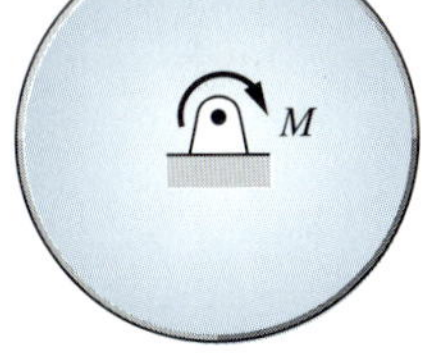

그림 P18.8

18.7 78%의 효율을 가지고 있는 전기모터가 12 kW의 전력을 소모한다. 모터의 속력이 (a) 1800 rev/min일 때, (b) 3600 rev/min일 때 출력축에 의하여 전달되는 우력은 얼마인가?

18.8 균질 플라이휠이 자체 중심에 관한 관성 모멘트가 $\bar{I}$이다. 이 플라이휠은 동력이 P로 일정한 우력 M으로 구동된다. 플라이휠의 각속도 ω의 식을 시간의 함수로 구하라. 단, $t = 0$에서 $\omega = 0$이다.

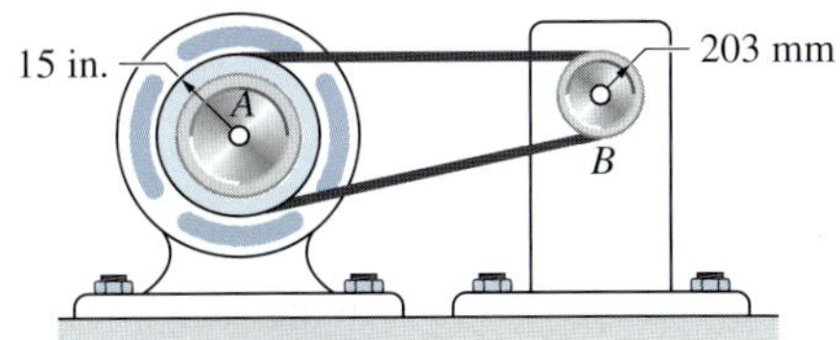

그림 P18.9, P18.10

18.9 효율이 85%인 전기모터 A가 기계 B를 벨트전동장치로 구동한다. 모터가 25 rad/s로 회전할 때 벨트의 긴장측의 장력이 이완측의 장력보다 89 N 더 크다. 이 모터가 소모하는 동력을 마력(hp) 단위로 결정하라.

18.10 문제 18.9에서 설명한 모터가 40 rad/s로 회전할 때 이 모터가 소모하는 동력이 1.79 kW이다. (a) 모터 A의 출력축에서, (b) 기계 B의 입력축에서 우력을 각각 계산하라.

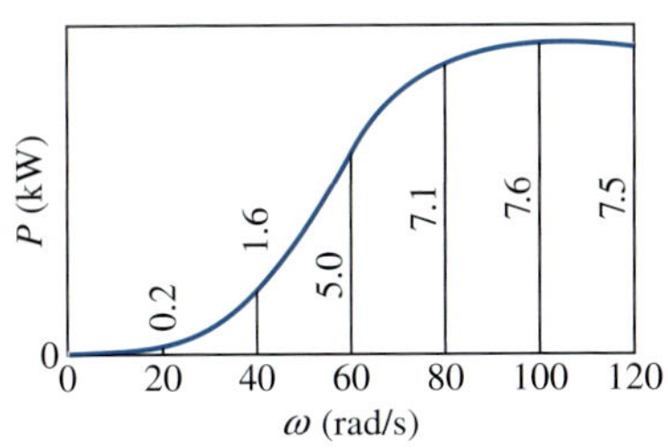

그림 P18.11

18.11 그림은 엔진의 출력동력 P의 회전축의 속도 ω에 대한 그래프이다. (a) 이 엔진에 의해서 발생하는 우력을 ω에 대하여 그래프로 그려라. (b) 부분 (a)의 그래프로부터 최대 우력과 그때의 각속도를 추정하라.

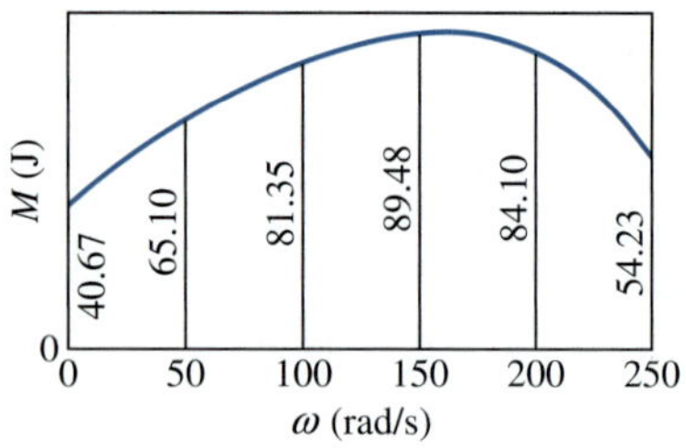

그림 P18.12

18.12 터빈에 의하여 발생되는 우력 M이 각속도 ω의 함수로서 그림에 나와 있다. (a) 이 터빈의 마력을 ω에 대하여 그래프로 그려라. (b) 부분 (a)의 그래프를 이용하여 최대 동력과 그때의 각속도를 추정하라.

18.13 각각의 가는 균질 막대 AB는 질량이 m이고 길이가 L이다. 그림의 (a)에 있는 막대는 G와 B에 있는 핀에 의해서 안내되고, 이 핀들은 홈 안에서 미끄럼운동을 한다. 그림의 (b)에 있는 막대는 C점에 있는 핀 주위로 회전한다. 각각의 막대의 운동에너지를 각속도 ω, m 및 L의 항으로 유도하라.

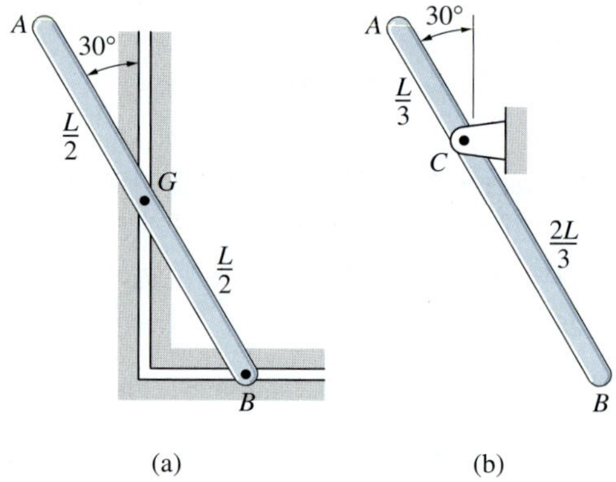

그림 P18.13

18.14 각각의 물체는 질량이 m이고 O점에 있는 핀 주위로 회전한다. 이 그림의 (a)에 있는 물체는 균일한 막대로 만들어졌고, (b)에 있는 물체는 균질의 직사각형 평판이다. 각각의 물체의 운동에너지를 각속도 ω, m 및 L의 항으로 나타내라.

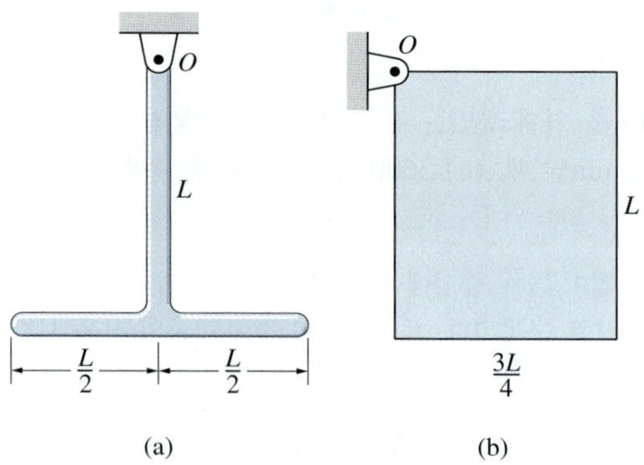

그림 P18.14

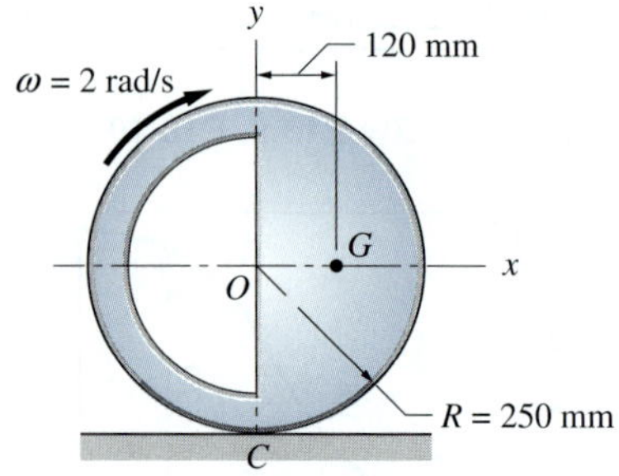

그림 P18.15

18.15 60 kg인 불균형 바퀴가 수평면 위에서 미끄러짐 없이 구른다. 이 바퀴의 질량중심 G에 관한 회전반경은 240 mm이다. 그림의 위치에서 이 바퀴의 운동에너지를 계산하라. 여기서 각속도는 ω = 2 rad/s이다.

18.16 10.9 kg인 균일 막대 AB가 그림과 같은 위치에 있을 때 끝 A의 속도는 왼쪽으로 3.66 m/s이다. 이 위치에서 막대의 운동에너지를 결정하라.

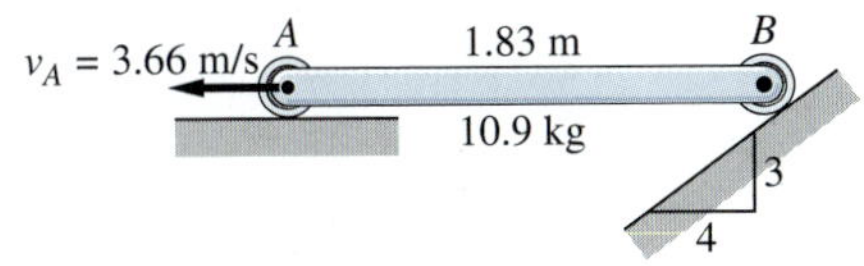

그림 P18.16

18.17 9.07 kg인 균일한 막대의 끝 A점는 그림과 같은 위치에서 $v_A = 0.55$ m/s의 속도로 왼쪽으로 움직이고 있다. 동시에 막대의 각속도는 $\omega = 0.3$ rad/s이고 시계방향이다. 이 위치에서 막대의 운동에너지를 계산하라.

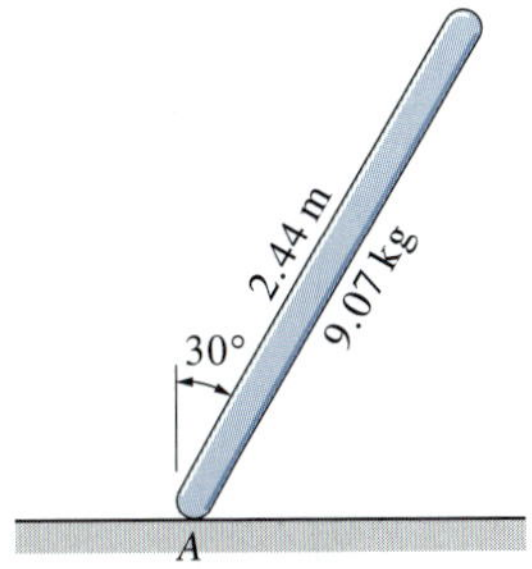

그림 P18.17

18.18 균일 봉 AB의 끝 A는 균질 원반에 핀으로 연결되어 있고 끝 B는 0.907 kg의 슬라이더에 연결되어 있다. 그림의 위치에서, 원반은 4 rad/s의 각속도로 반시계방향으로 회전하고 있다. 이 위치에서 계의 운동에너지를 계산하라.

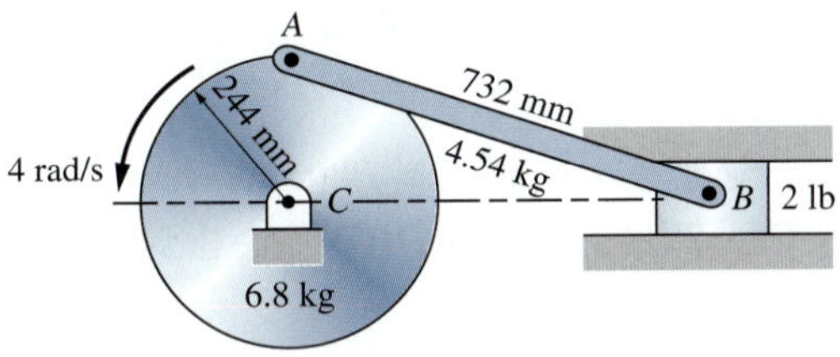

그림 P18.18

18.19 기구가 균일 봉 AB와 BC로 구성되어 있다. 그림과 같은 위치에서, 롤러 C는 속도 $v_C = 1.5$ m/s로 오른쪽으로 이동하고 있다. 이 위치에서 기구의 운동에너지를 구하라.

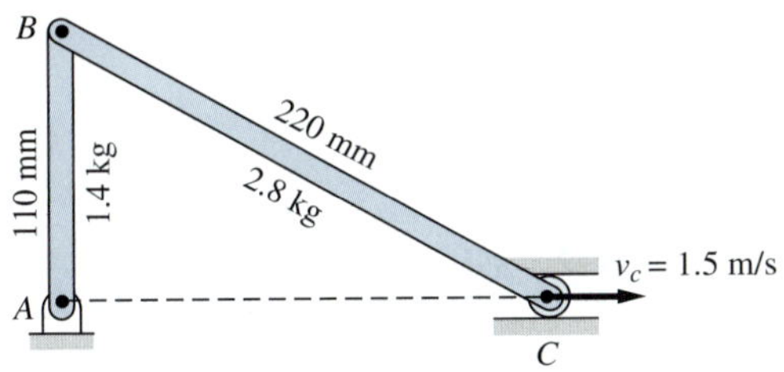

그림 P18.19

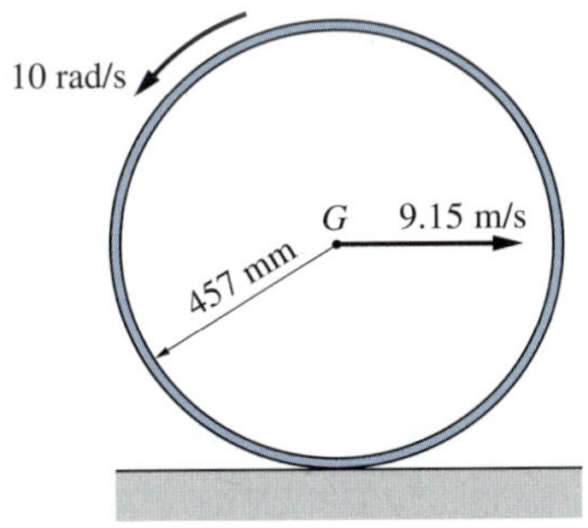

그림 P18.20

18.20 2.27 kg의 가느다란 균일 후프(hoop)가 9.15 m/s의 속도와 10 rad/s의 역회전으로 오른쪽으로 던져졌다. 던져지는 순간에 후프의 운동에너지를 계산하라.

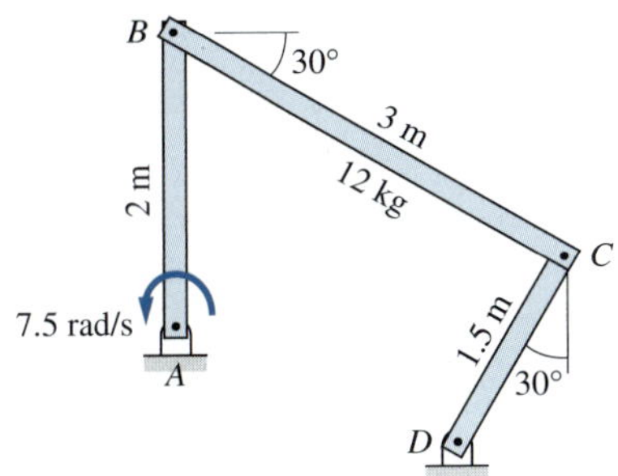

그림 P18.21

18.21 그림과 같은 순간에, 기구의 봉 AB가 7.5 rad/s로 반시계방향으로 회전하고 있다. 이 순간에 12 kg의 균질봉 BC의 운동에너지를 구하라.

18.22 질량이 18 kg인 균일 막대 AB가 평면운동 상태에 있다. 어떤 순간에 막대는 양 끝 지점에서 속도가 그림과 같게 된다. 이 순간에서 막대의 운동에너지를 구하라.

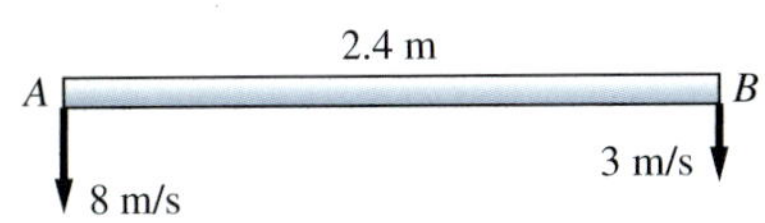

그림 P18.22

18.23 이 기구의 링크 AB는 일정한 각속도 12 rad/s로 시계방향으로 회전한다. 그림과 같은 위치에서 기구의 전체 운동에너지를 결정하라. 세 링크의 단위 길이당 질량은 모두 2 kg/m이다.

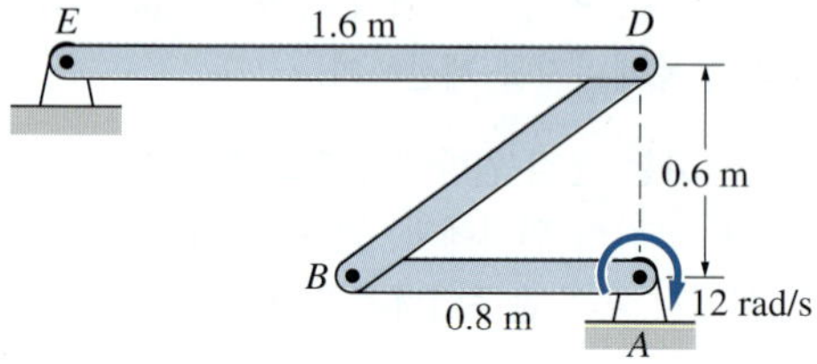

그림 P18.23

18.24 기구가 2개의 균질 봉과 1개의 균질 원반으로 구성되어 있다. 그림과 같은 순간에, 원반 중심의 속도는 오른쪽으로 5 m/s이다. 이 순간에서, 기구의 운동에너지를 구하라. 단, 원반은 미끄러지지 않는다고 가정한다.

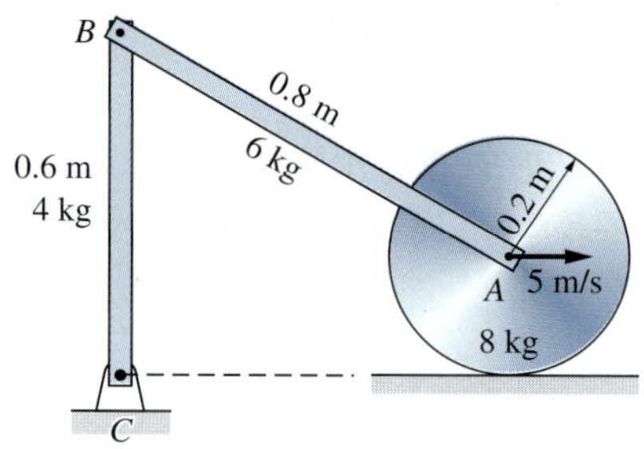

그림 P18.24

18.4 일–에너지 원리 및 역학적 에너지의 보존

제15.5절에서 유도한 질점계에 대한 일–에너지 원리는

$$(U_{1\text{-}2})_{\text{ext}} + (U_{1\text{-}2})_{\text{int}} = \Delta T \qquad \text{(15.24, 다시 씀)}$$

여기서 아래첨자 1 및 2는 각각 이 계의 초기 및 최종위치를 표시하고 $(U_{1-2})_{\text{ext}}$는 질점들의 무게를 포함하는 외력에 의하여 수행된 일이며, $(U_{1-2})_{\text{int}}$는 내력에 의하여 수행된 일이다. 또한 $\Delta T = T_2 - T_1$은 이 계의 운동에너지의 변화이다.

강체는 질점들로 구성된다는 것을 고려하면, 식 (15.24)는 강체 혹은 강체들로 연결된 계의 운동에 직접 적용할 수 있고, 그 설명은 다음과 같다.

단일 강체 한 강체 내부의 힘들은 그 강체를 하나로 묶어주는 역할을 한다. 다시 말하면, 이 힘들은 이 물체가 강체로서의 물리적 성질을 유지하게 하는 구속력이다. 이와 같은 내력들은 서로 크기가 같고 방향이 반대인 동시에 동일 직선상에서 짝힘으로 존재한다. 이 물체가 강체이므로 질점들 사이의 거리는 변하지 않는다. 이것은 바꾸어 말하면, 내력이 작용하는 점들 사이의 거리가 일정하다는 의미이다. 결론적으로 내력은 강체에 대해서 일을 하지 않는다. 따라서 단일 강체의 운동을 지배하는 일-에너지 원리는 다음과 같다.

$$(U_{1\text{-}2})_{\text{ext}} = \Delta T \tag{18.8}$$

강체들로 연결된 계 위에서 설명한 바와 같이 한 강체 내부의 힘은 일을 하지 않는다. 그러나 강체들 사이의 내부적인 연결장치는 일을 하지 않을 수도 있고 일을 할 수 있는 능력이 있을 수도 있다. 늘어날 수 없는 줄이나 핀 같은 것은 일을 할 수 없는 내부적인 연결장치의 예다. 그 반면 스프링이나 마찰은 일을 할 수 있는 내력을 발생시킨다(일을 할 수 없는 내력과 일을 할 수 있는 내력은 15.5절에서 논의했다). 따라서 강체로 연결된 계의 운동에 관한 일-에너지 원리는 다음과 같은 일반적인 형태로 나타낸다.

$$(U_{1\text{-}2})_{\text{ext}} + (U_{1\text{-}2})_{\text{int}} = \Delta T \tag{18.9}$$

이 방정식에서 T는 이 계의 운동에너지이고, 이것은 각 부분들의 운동에너지의 합과 같다.

15.5절에서 설명한 질점계에 관한 역학적 에너지 보존의 원리는 강체(혹은, 강체들로 연결된 계)에도 역시 적용할 수 있다. 내력과 외력을 포함하는 모든 힘이 보존력이라면, 강체(혹은, 강체들로 연결된 계)의 역학적 에너지는 보존된다. 이 원리는 다음과 같이 표현될 수 있다.

$$V_1 + T_1 = V_2 + T_2 \tag{18.10}$$

여기서 V_1 및 V_2는 초기 및 최종 위치에너지이고, T_1과 T_2는 초기 및 최종 운동에너지이다.

예제 18.4

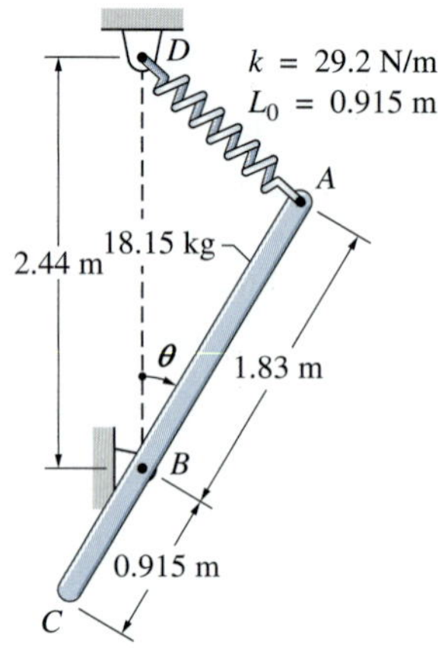

(a)

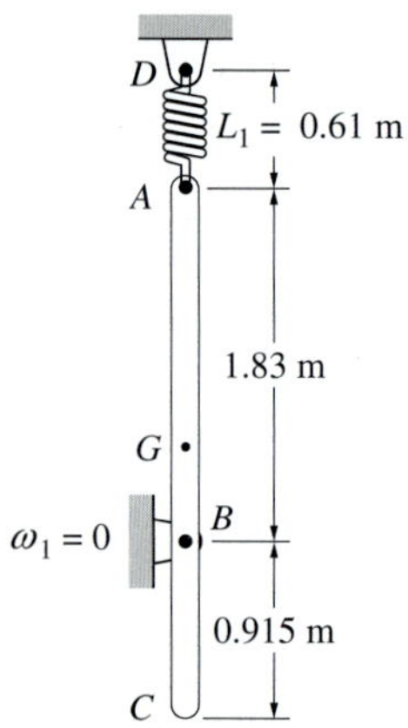

위치 ①

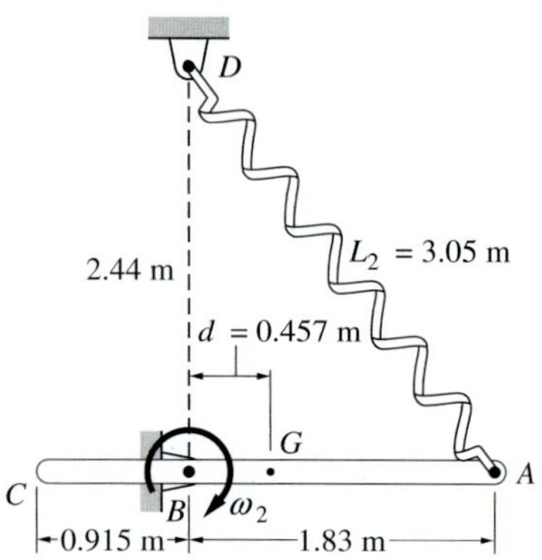

위치 ②

(b)

그림 (a)와 같이, 질량이 18.15 kg인 가느다란 균일 AC가 B점에 있는 핀 주위로 수직평면 내에서 회전한다. 이상적인 스프링 AD는 스프링상수가 $k = 29.2$ N/m이고, 본래의 길이는 $L_0 = 915$ mm이다. 이 막대가 $\theta = 0$인 위치에서 정지해 있을 때, 약간의 각 변위가 주어져서 운동을 시작한다. 이 막대가 수평인 위치에 도달할 때의 이 막대의 각속도를 구하라.

풀이

이 문제는 일-에너지 법에 의하여 해를 구하기 적당하도록 설정되어 있다. 왜냐하면, 위치가 변하는 동안에 발생하는 속도의 변화가 주된 관심사이기 때문이다. 이 계가 보존계이므로 일-에너지 원리 혹은 역학적 에너지 보존의 원리 중 하나에 의하여 해석될 수 있다. 우리는 첫 번째 방법을 사용한다. 여러분은 두 번째 방법을 사용하여 연습해보기 바란다.

그림 (b)는 이 막대의 초기 및 최종위치를 나타내고 각각 ① 및 ②로 구별되어 있다. 이 막대에는 자체의 무게와 선형스프링에 의하여 일이 가해진다. 막대가 위치 ①에서 위치 ②로 이동할 때 질량중심 G는 457 mm만큼 아래쪽으로 움직인다는 것을 생각하면 무게에 의한 일은

$$U_{1\text{-}2} = (9.81 \times 18.15)(0.457) = 81.35 \text{ J} \qquad \text{(a)}$$

그림 (b)에서, 스프링의 길이는 초기위치에서 $L_1 = 0.61$ m이고 최종위치에서 $L_2 = \sqrt{1.83^2 + 2.44^2} = 3.05$라는 것을 알 수 있다. 스프링의 본래 길이가 $L_0 = 0.915$ m이므로, 이 스프링의 초기 및 최종 변위는 $\delta_1 = L_1 - L_0 = 0.61 - 0.915 = -0.305$ m 및 $\delta_2 = L_2 - L_0 = 3.05 - 0.915 = 2.135$ m이다(이 부호들은 초기위치에서 스프링은 압축되어 있고, 최종위치에서 인장되어 있다는 것을 의미한다). 따라서 스프링이 막대에 해준 일은

$$U_{1\text{-}2} = -\frac{1}{2}k(\delta_2^2 - \delta_1^2) = -\frac{1}{2}(29.2)[2.135^2 - (-0.305)^2] = -65.1 \text{ J} \qquad \text{(b)}$$

점 B는 고정되어 있으므로 이 막대의 운동에너지는 $T = (1/2)I_B\omega^2$으로부터 계산될 수 있다. 평행축정리를 이용하면

$$I_B = \bar{I} + md^2 = m\left(\frac{L^2}{12} + d^2\right) = 18.15\left(\frac{2.74^2}{12} + 0.457^2\right) = 15.15 \text{ kg} \cdot \text{m}^2$$

식 (a) 및 (b)를 이용하고 막대가 정지 상태($T_1 = 0$)에서 놓여지므로 일-에너지 원리는 다음과 같이 된다.

$$U_{1-2} = T_2 - T_1 = \frac{1}{2} I_B \omega_2^2 - 0$$

$$81.35 - 65.1 = \frac{1}{2}(15.15)\omega_2^2$$

그러므로 다음과 같이 나온다.

$$\omega_2 = 1.465 \text{ rad/s} \qquad \text{답}$$

예제 18.5

그림 (a)는 질량이 m이고 길이가 L인 균질이고 가는 막대 AB를 나타낸다. 이 막대가 $\theta = 0$인 위치에서 정지 상태에 있을 때 약간의 변위가 주어져서 운동을 시작한다. 이 막대의 각속도와 각가속도를 θ의 함수로 결정하라. 마찰을 무시하고 끝 A는 수직면과 접촉이 떨어지지 않는다고 가정하라.

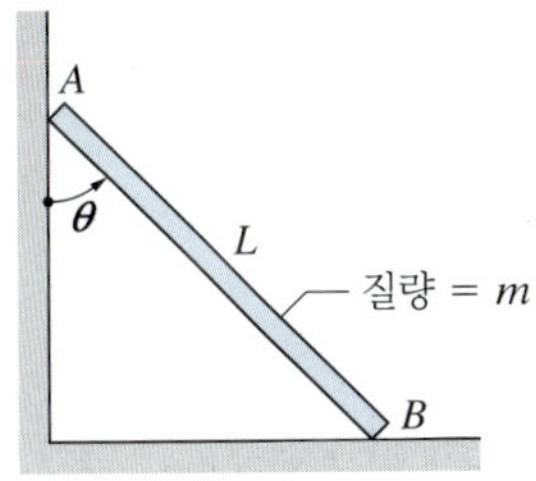

(a)

풀이

우리는 역학적 에너지가 보존된다는 사실을 이용할 것이다(막대의 무게가 이 막대가 넘어질 때 일을 하는 유일한 힘이다). 일-에너지 원리를 이용하여도 결과는 동일할 것이다.

그림 (b)는 이 막대가 놓여지는 위치 ① ($\theta = 0$)과 각 θ에 의해서 정의되는 임의의 위치 ②를 보여준다. 수평면을 위치에너지의 기준으로 사용하여 이 두 위치에서의 봉의 위치에너지는

$$V_1 = mg\frac{L}{2} \quad \text{및} \quad V_2 = mg\frac{L}{2}\cos\theta \tag{a}$$

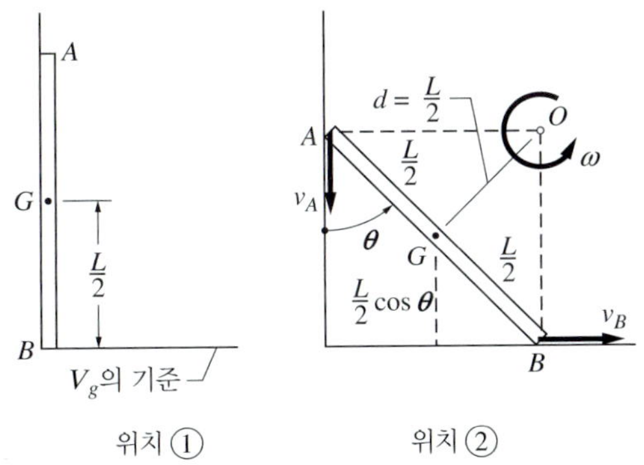

(b)

이 막대가 정지 상태에서 놓였기 때문에 초기 운동에너지는 $T_1 = 0$이다. 위치 ②에서의 운동에너지는 그림 (b)에 있는 점 O가 이 막대의 순간중심이라는 것을 관찰함으로 쉽게 계산할 수 있다(점 O는 끝 A와 B의 속도벡터에 수직인 직선이 만나는 점이다). 평행축정리를 이용하면, 이 막대의 O에 관한 관성 모멘트는 $I_O = \bar{I} + md^2 = (mL^2/12) + m(L/2)^2 = mL^2/3$이다. 따라서 이 두 위치에서의 운동에너지는

$$T_1 = 0 \quad \text{그리고} \quad T_2 = \frac{1}{2}I_O\omega^2 = \frac{1}{2}\frac{mL^2}{3}\omega^2 \tag{b}$$

여기서 ω는 이 막대의 위치 ②에서의 각속도이다.

역학적 에너지가 보존되므로

$$V_1 + T_1 = V_2 + T_2$$

식 (a)와 (b)를 위 식에 대입하면

$$mg\frac{L}{2} + 0 = mg\frac{L}{2}\cos\theta + \frac{1}{2}\frac{mL^2}{3}\omega^2$$

이것으로부터 위치 ②에서의 각속도는

$$\omega = \left[\frac{3g}{L}(1 - \cos\theta)\right]^{1/2}$$ **답**

각가속도 α는 ω를 시간에 대하여 미분함으로써 얻어질 수 있다. 따라서

$$\alpha = \frac{d\omega}{dt} = \frac{1}{2}\left[\frac{3g}{L}(1 - \cos\theta)\right]^{-(1/2)}\frac{3g}{L}\dot{\theta}\sin\theta$$

앞에서 구해진 $\dot{\theta} = \omega$에 관한 표현을 대입하면 각가속도는 간단히 다음과 같이 된다.

$$\alpha = \frac{3g}{2L}\sin\theta$$ **답**

예제 18.6

그림 (a)에는 시계방향으로 일정한 우력모멘트 $M = 0.565\ \mathrm{N \cdot m}$로 구동되고 있는 슬라이더–크랭크 기구가 나타나 있다. 모든 구성 부품은 균질이고 무게와 치수는 그림에 표시한 바와 같다. 기구가 그림 (a)와 같은 위치에 있을 때, 크랭크의 각속도는 $\omega_1 = 12$ rad/s이고 시계방향이다. 크랭크가 90° 회전한 후의 크랭크의 각속도를 결정하라. 마찰을 무시하고 운동은 수직평면 내에서 일어난다고 가정하라.

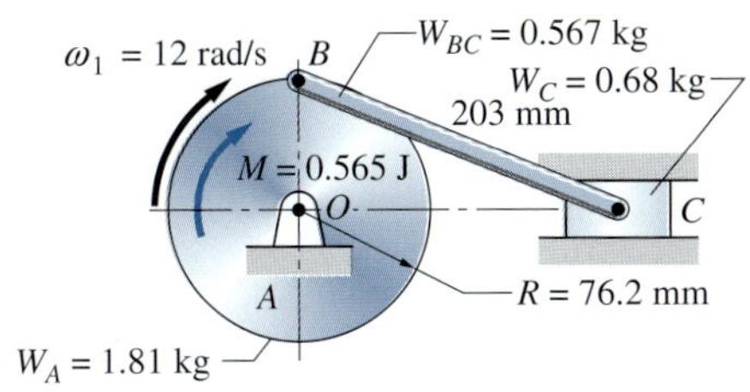

(a)

풀이

이 문제의 풀이는 그것 자체로 일과 에너지 해석으로 유도한다. 왜냐하면 2개의 위치 사이에서 속도의 변화가 관심의 대상이기 때문이다. 이 문제는 일–에너지 원리 혹은 역학적 에너지 보존의 원리 중 하나를 이용하여 풀 수 있다(우리는 후자의 방법을 이용할 것이다). 어떤 방법을 사용하든 기구 전체를 해석하는 것이 편리하다. 왜냐하면 연결점(핀 B와 C)에서 가해지는 일을 고려할 필요가 없기 때문이다. 이 기구의 초기 및 최종위치는 각각 ① 및 ②로 표시되고, 그림 (b)에 나와 있다.

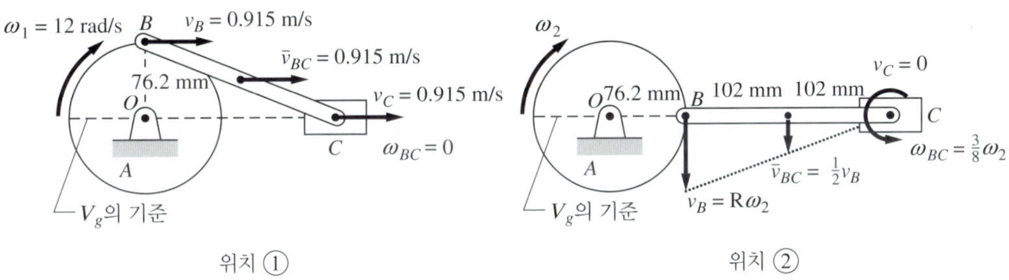

(b)

기구학 해석

그림 (b)에 나와 있는 속도들을 구하기 위한 기구학 해석의 단계는

위치 1

1. O가 고정점이므로 $v_B = R\omega_1 = (0.0762)12 = 0.915$ m/s이다.
2. $\mathbf{v}_B$와 $\mathbf{v}_C$가 모두 수평방향이므로 $\omega_{BC} = 0$이고, 따라서 링크 BC는 이 위치에서 병진운동을 한다.
3. 링크 BC가 병진운동을 하므로 이 링크상의 모든 점의 속도는 동일하다. 즉, BC의 질량중심의 속도는 $\bar{v}_{BC} = 0.915$ m/s이다.

위치 2

1. O가 고정점이므로 $v_B = R\omega_2 = (0.0762)\omega_2$ m/s 아래 방향이다. ω_2는 시계방향이라고 가정하였다.
2. $\mathbf{v}_B$가 수직방향이고 C의 경로가 수평선이므로 C는 링크 BC의 순간중심이다. 즉, $v_C = 0$이다.
3. $v_C = 0$이므로 우리는 $\omega_{BC} = v_B/L_{BC} = (0.0762\omega_2)/(0.204) = 0.375\omega_2$ rad/s (반시계방향)이고, 또한 BC의 질량중심의 속도는 $\bar{v}_{BC} = v_B/2 = 0.0381\omega_2$ m/s이다.

위치에너지

이 계는 각 부품들의 무게에 의한 중력위치에너지를 가지고 있다. 또한 일정한 우력에 의한 위치에너지도 있다.

그림 (b)와 같이 OC를 통과하는 수평면을 중력위치에너지 V_g의 기준으로 선택한다. 위치 ①에서 A와 C의 질량중심은 이 기준면에 놓여 있는 반면 링크 BC의 질량중심은 이 평면보다 38.1 mm 높은 위치에 있다. 그러므로 $(V_g)_1 = W_{BC}h = (0.567 \times 9.81)(0.0381) = 0.212$ J이다. 위치 ②에서 중력위치에너지는 없다. 왜냐하면 각 부품들의 질량중심이 기준면에 놓여 있기 때문이다. 즉, $(V_g)_2 = 0$.

일정한 우력 M은 보존력이다. 왜냐하면, 이것이 하는 일 $U_{1-2} = M\Delta\theta$는 우력의 크기 M 및 크랭크 A의 초기 및 최종 각 위치에만 의존하기 때문이다. 이 우력이 하는 일은 $U_{1-2} = -[(V_M)_2 - (V_M)_1]$로 표현할 수 있고, 여기서 V_M은 이 우력의 위치에너지이다. 위치 ①을 기준으로 잡으면 $(V_M)_2 = (V_M)_1 - U_{1-2} = 0 - (0.565)(\pi/2) = -0.888$ J이 된다.

정리하면, 초기 및 최종 위치에너지는 다음과 같이 된다.

$$V_1 = (V_g)_1 + (V_M)_1 = 0.212 + 0 = 0.212 \text{ J} \tag{a}$$

$$V_2 = (V_g)_2 + (V_M)_2 = 0 + (-0.888) = -0.888 \text{ J} \tag{b}$$

운동에너지

전체 기구의 운동에너지는 3부품의 운동에너지의 합이다.

$$T = \left(\frac{1}{2}\bar{I}\omega^2\right)_A + \left(\frac{1}{2}\bar{I}\omega^2 + \frac{1}{2}m\bar{v}^2\right)_{BC} + \left(\frac{1}{2}mv^2\right)_C \tag{c}$$

크랭크 A와 링크 BC의 중심관성 모멘트는

$$\bar{I}_A = \left(\frac{mR^2}{2}\right)_A = \frac{1}{2}(1.81)(0.0762)^2 = 5.263 \times 10^{-3} \text{ kg}\cdot\text{m}^2$$
$$\bar{I}_{BC} = \left(\frac{mL^2}{12}\right)_{BC} = \frac{1}{12}(0.567)(0.203)^2 = 1.95 \times 10^{-3} \text{ kg}\cdot\text{m}^2$$

위치 1 $\bar{I}_A$, $\bar{I}_{BC}$, $\omega_A = \omega_1 = 12$ rad/s, $\bar{v}_{BC} = 0$ 및 $\omega_{BC} = v_C = 0.915$ m/s의 값들을 식 (c)에 대입하면

$$T_1 = \left[\frac{1}{2}(5.263 \times 10^{-3})(12)^2\right] + \left[0 + \frac{1}{2}(0.567)(0.915)^2\right] + \left[\frac{1}{2}(0.68)(0.915)^2\right]$$

이것으로부터

$$T_1 = 0.3789 + 0.2369 + 0.2842 = 0.9 \text{ J} \tag{d}$$

위치 2 $\bar{I}_A$, $\bar{I}_{BC}$, $\omega_A = \omega_2$ rad/s, $\omega_{BC} = 3\omega_2/8$ rad/s, $\bar{v}_{BC} = 0.0381\,\omega_2$ m/s 및 $v_C = 0$의 값들을 식 (c)에 대입하면

$$T_2 = \left[\frac{1}{2}(5.263 \times 10^{-3})\omega_2^2\right] + \left[\frac{1}{2}(1.95 \times 10^{-3})\left(\frac{3}{8}\omega_2\right)^2 + \frac{1}{2}(0.567)(0.0381)^2\right] + 0$$

이것을 간단히 하면

$$T_2 = (3.18 \times 10^{-3})\,\omega_2^2 \tag{e}$$

위치 ②에서 링크 BC의 운동에너지는 $v_C = 0$이므로, $(1/2)I_C\omega^2$으로부터 계산될 수도 있다.

역학적 에너지의 보존

식 (a), (b), (d) 및 (e)의 결과를 이용하여 역학적 에너지 보존의 원리는 다음과 같이 된다.

$$V_1 + T_1 = V_2 + T_2$$
$$0.212 + 0.9 = -0.888 + (3.18 \times 10^{-3})\omega_2^2$$

이것으로부터 최종위치에서 각속도는 다음과 같다.

$$\omega_2 = 25.1 \text{ rad/s}$$ **답**

연습문제

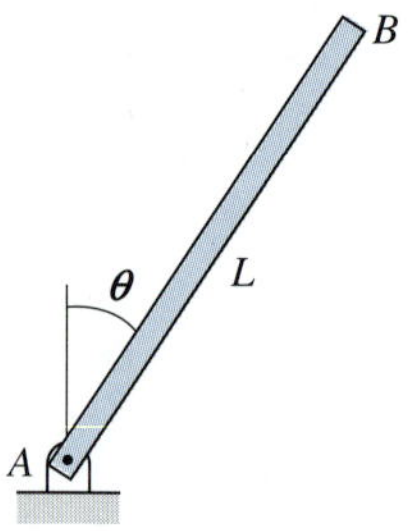

그림 P18.25

18.25 질량이 m인 가늘고 기다란 균일 봉 AB가 위치 $\theta = 0$에서 작은 각 변위가 부여된 다음 이완되었다. 봉의 각속도를 θ의 함수로 구하라.

18.26 2개의 블록과 복합 풀리로 구성된 기구가 정지 상태에서 풀리게 된다. 풀리가 90°만큼 회전환 후 풀리의 각속도를 구하라.

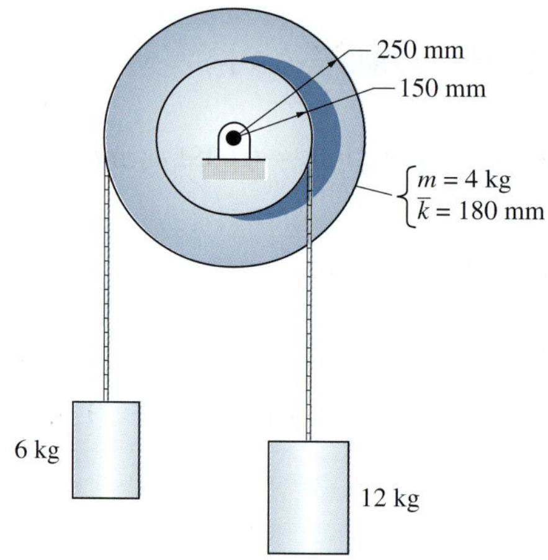

그림 P18.26

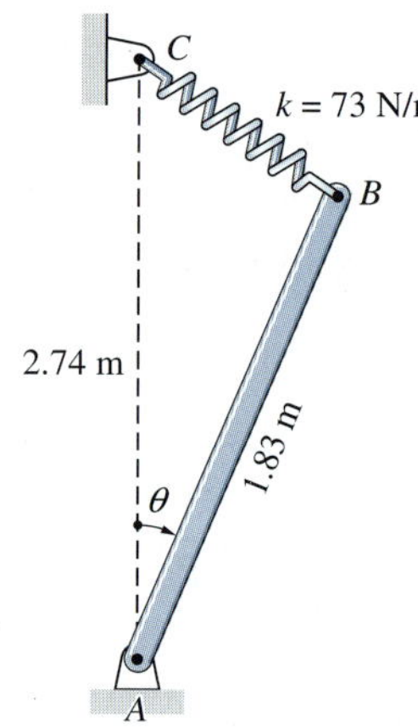

그림 P18.27

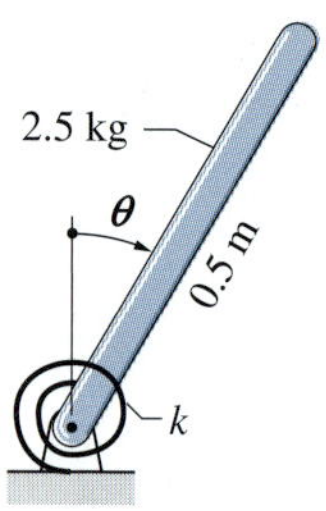

그림 P18.28

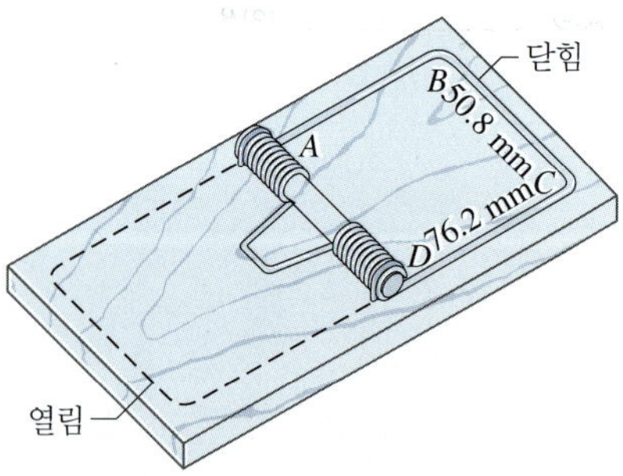

그림 P18.29

18.27 질량이 9.07 kg인 균질 봉 AB가 $\theta = 0$인 위치에 있을 때 각속도는 시계방향으로 $\omega_0 = 5$ rad/s이다. 이 봉이 $\theta = 90°$인 위치에 도달했을 때 각속도를 구하라. 스프링 BC는 자유 길이가 0.915 m이다.

18.28 토션 스프링이 우력 $C = -k\theta$를 2.5 kg의 균일 봉에 가한다. 봉의 각위치 θ (rad)는 수직선을 기준으로 측정되며 스프링의 강성은 k (N·m/rad)이다. 봉이 위치 $\theta =$ 30°만큼 회전된 후 이완될 때 봉이 수직위치로 복귀하게 되는 k의 최솟값을 구하라.

18.29 쥐덫의 누름부재(jaw) $ABCD$는 질량이 39.65 kg/m인 균일 강재 와이어로 되어 있다. 누름부재의 토션스프링에 의해 가해지는 토크는 닫힘 위치에서는 0.68 N·m이고 열림 위치에서는 1.19 N·m이다. 누름부재가 열림 위치에서 이완되어 닫힘위치에 도달할 때 선분 BC의 속력을 구하라. 스프링의 토크–각변위 관계는 선형이다.

***18.30** 질량이 m이고 반경이 R인 균질원반이 그림과 같은 위치에서 정지 상태에서 이완된다. (a) CG가 수직일 때 원반의 각속도 식을 유도하라. (b) 문항 (a)에서 구한 각속도가 최소가 되는 거리 e를 구하라. (c) 최대 각속도를 구하라.

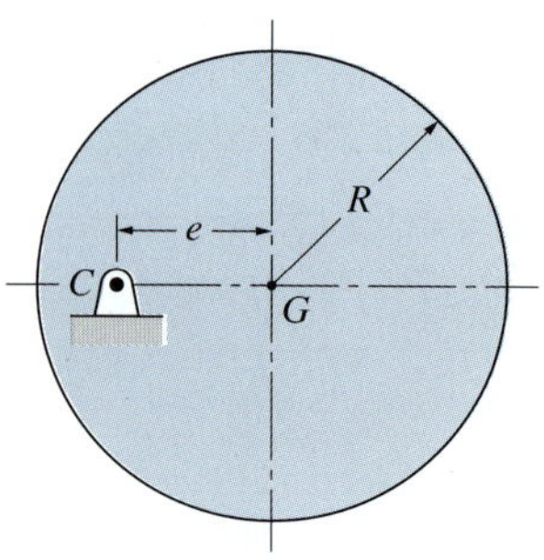

그림 P18.30

18.31 1.36 kg의 균일 봉 BC가 드럼 A에 용접되어 있는데, 그 질량은 4.54 kg이고 C에 대한 회전반경은 102 mm이다. 계가 초기에 위치 $\theta = 0$에서 정지 상태에 있을 때 일정 $M_0 = 2.03\ \mathrm{N \cdot m}$가 가해진다. (a) 계의 각속도(rad/s)와 각가속도(rad/s^2)를 θ의 함수로 유도하라. (b) 최대 각속도가 발생할 때 최대 각속도와 θ의 값을 구하라.

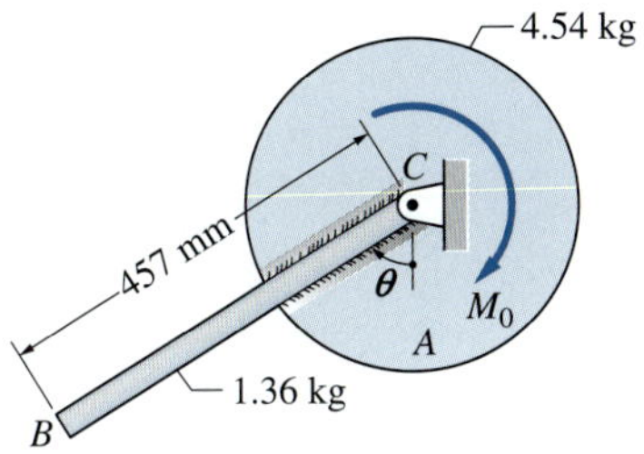

그림 P18.31

18.32 길이가 1.83 m이고 중량이 7.3 N/m인 자전거 체인이 그림과 같은 스프로킷(sprocket)에 걸려 있다. 스프로킷은 질량이 2.9 kg이고 중심 회전반경은 188.5 mm이다. 스프로킷이 그림의 위치에서 작은 시계방향 각변위가 부여되어 회전하게 될 때, 전체 체인이 스프로킷에서 벗어난 후의 각속도를 계산하라.

18.33 문제 18.32의 계에서, 체인의 끝 A가 점 C에 도달했을 때 스프로킷의 각속도는 얼마인가?

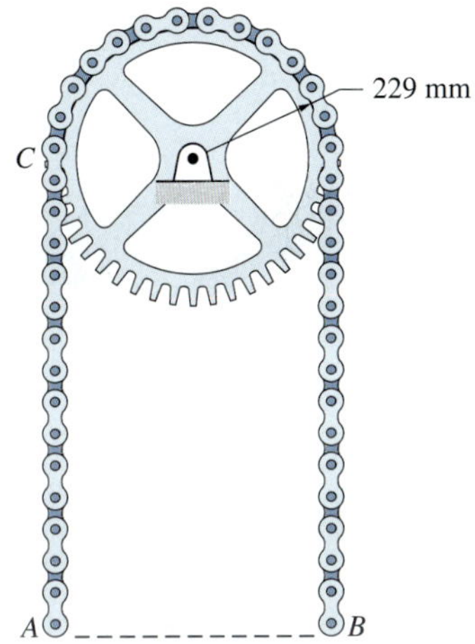

그림 P18.32, P18.33

18.34 밧줄감개 A는 경사표면을 미끄러지지 않고 굴러서 올라가게 되어 있다. 밧줄감개 중심통 둘레에 감겨 있는 밧줄은 매끄러운 밧줄걸이 C를 경유하여 블록 B에 연결되어 있다. 이 기구가 정지 상태에서 풀리게 되어 블록이 1.83 m를 낙하한 후에 블록의 속도를 구하라.

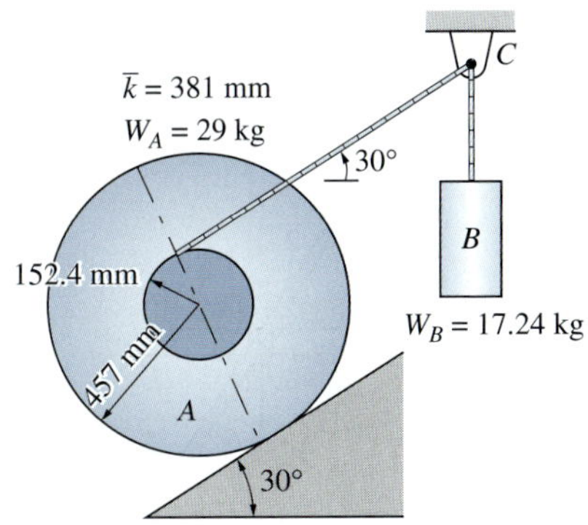

그림 P18.34

18.35 질량중심 G에 대한 40 kg 스풀(spool)의 질량관성 모멘트가 1.6 kg·m^{2}이다. 스풀이 거친 표면 위에 정지 상태로 있을 때 허브에 감겨 있는 케이블에 일정한 힘 P가 가해진다. 스풀이 한 바퀴 회전한 후에 그 각속도가 6 rad/s가 되어야 할 때 P를 구하라. 미끄러지지 않고 구른다고 가정한다.

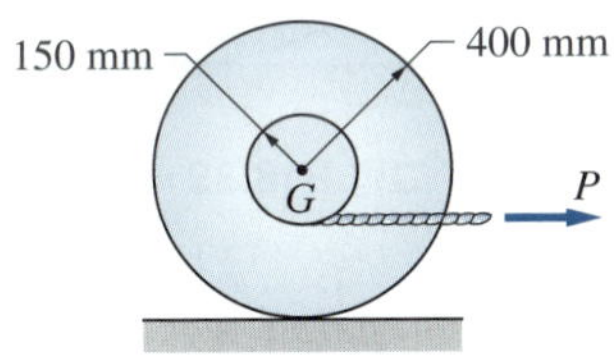

그림 P18.35

18.36 스풀의 허브에 감겨 있는 줄의 끝이 고정 지지부에 부착되어 있다. 스풀은 질량이 2.72 kg이고 G에 대한 회전반경이 95.3 mm이다. (a) 스풀이 정지 상태에서 이완될 때, 1.83 m 낙하한 후에 G의 속도를 구하라. (b) 줄이 없는 상태에서 스풀이 정지 상태에서 1.83 m 낙하할 때 G의 속도는 얼마인가?

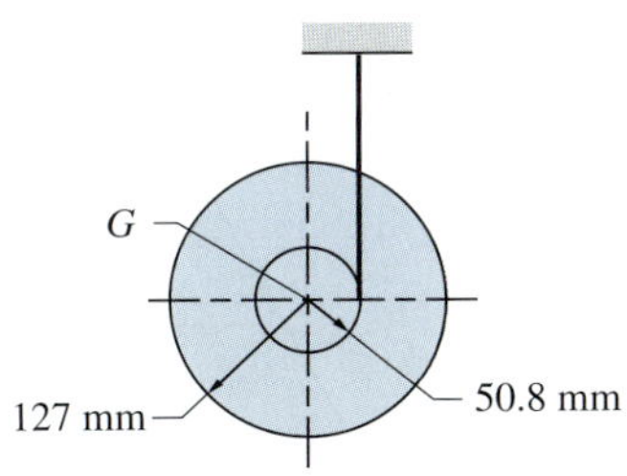

그림 P18.36

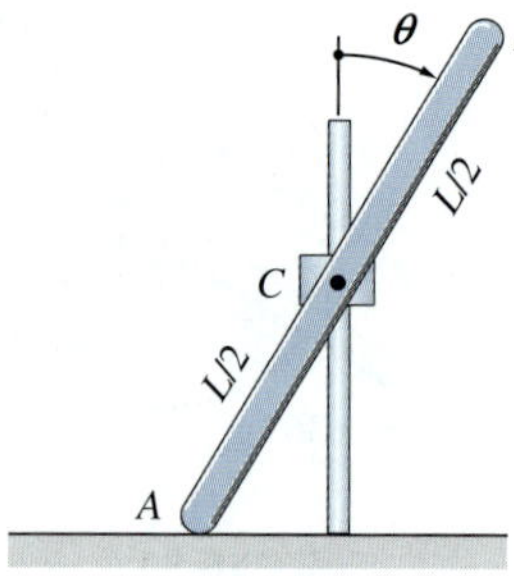

그림 P18.37

18.37 질량이 m인 균일 봉 AB가 그 중간에서 미끄럼 칼라 C에 핀으로 연결되어 있다. 봉이 정지 상태에서 이완되어 $\theta = \theta_0$가 될 때 각속도를 θ의 함수로 구하라. 마찰과 칼라의 질량은 무시한다.

18.38 질량이 3.2 kg인 균일 봉 AB가 작은 미끄럼 칼라 A를 질량이 4.8 kg인 균질 원반에 연결하고 있다. 계가 그림의 위치에서 정지 상태에서 이완될 때, 칼라는 수직 봉을 미끄럼 하강하고 원반은 미끄러지지 않고 수평 표면 위를 구른다. (a) 칼라가 스프링과 막 충돌하려고 할 때 칼라의 속도, (b) 충돌 후 스프링의 최대 변형량을 구하라. 칼라 A의 질량은 무시한다.

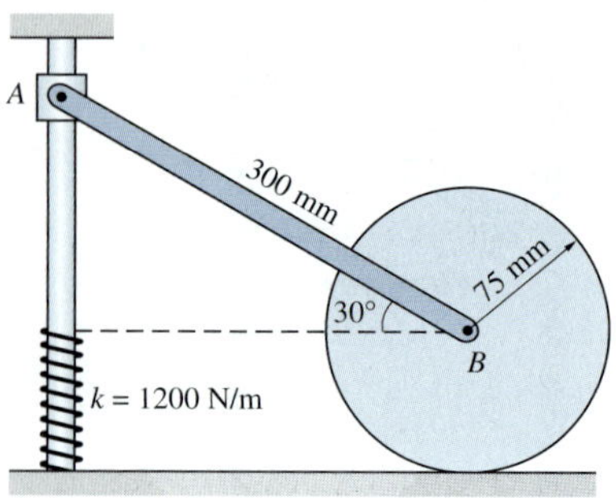

그림 P18.38

18.39 7.26 kg의 비균형 바퀴의 질량중심이 G에 위치한다. 도심 O에 대한 바퀴의 질량 관성 모멘트는 $I_O = 0.32\ \text{kg}\cdot\text{m}^2$이다. 그림의 위치에서, 바퀴의 각속도는 시계방향으로 3 rad/s이고 수평 스프링은 변형되지 않은 상태이다. 바퀴가 이 위치에서 180°만큼 시계방향으로 구른 후 바퀴의 각속도를 구하라.

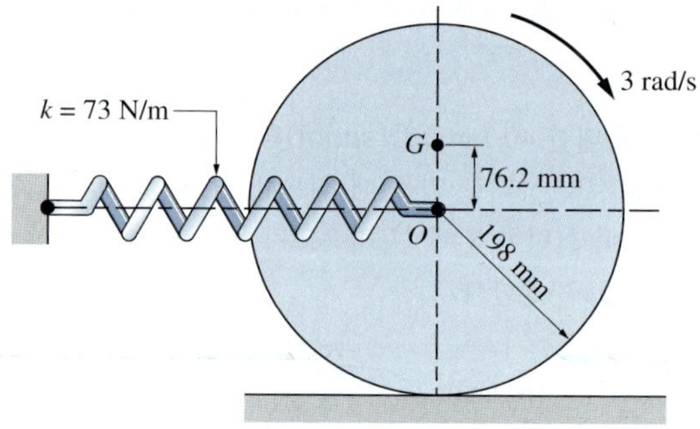

그림 P18.39

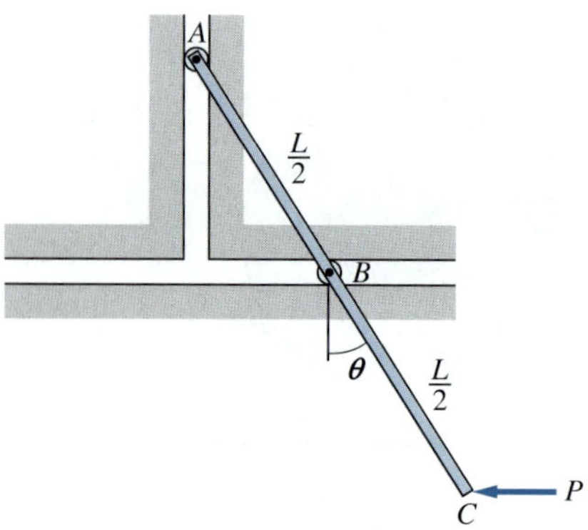

그림 P18.40

18.40 질량이 m인 균일 봉 ABC의 운동이 A와 B의 롤러에 의해 제어된다. 봉이 위치 $\theta = 30°$에서 정지 상태에 있을 때 일정한 힘 P가 C에 가해진다. ($\theta = 0$) 위치를 통과할 때 봉의 각속도를 구하라.

18.41 질량이 $M = 320$ kg이고 반경이 $R = 1.4$ m인 편심 바퀴가 미끄러지지 않고 구른다. 질량중심 G에 대한 바퀴의 회전반경은 $\bar{k} = 0.4$ m이고 그 이심률은 $e = 0.3$ m이다. $\theta = 0$일 때 바퀴의 각속도는 $\omega = 2.8$ rad/s(시계방향)임을 알고, (a) 최대 각속도, (b) 최소 각속도를 계산하라.

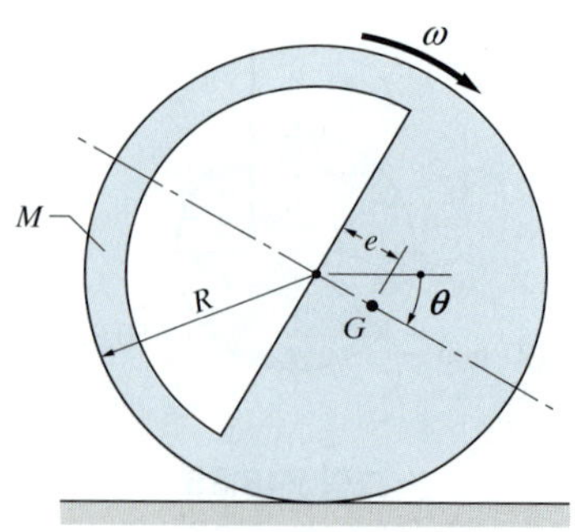

그림 P18.41

18.42 질량이 m인 타원형 균질 원반이 수평 표면을 미끄러지지 않고 구른다. 이 원반은 그림과 같은 위치에서 약간만 구르게 되면 정지 상태에서 풀리게 된다. 장축이 수평이 될 때, 원반의 각속도를 구하라. 장축과 단축은 길이가 각각 a = 305 mm이고 b = 229 mm이다.

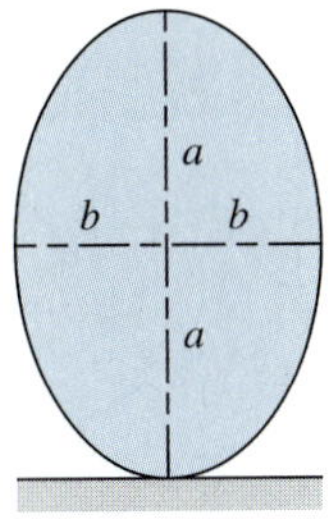

그림 P18.42

18.43 질량을 무시할 수 있는 봉이 113 g의 균일 원반의 중심에 핀 연결되어 있다. 봉과 원반 사이에 연결된 토션 스프링은 강성이 407 × 10^{-6} N·m/rad이다. 스프링은 봉을 원반에 대하여 시계방향으로 세 바퀴만큼 회전시킴으로써 예부하된다. 그런 다음, 계는 수평표면에 놓여 그림 위치에서 정지 상태에서 이완된다. 원반 중심의 최대 속력을 구하라. 원반은 미끄러지지 않고 구른다고 가정한다.

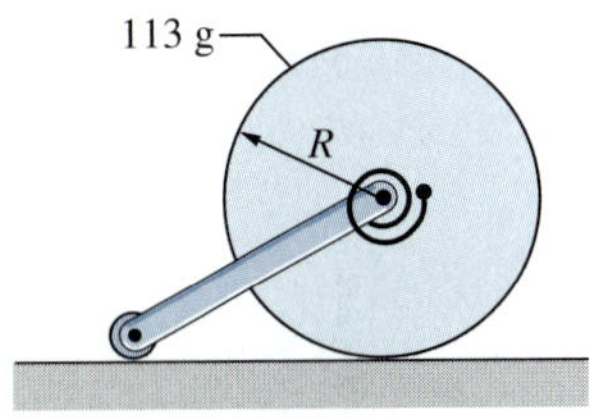

그림 P18.43

18.44 90.7 kg의 균일 봉 AB가 A의 핀으로 272 kg의 균질 원반에 부착되어 있다. 원반은 수평면을 따라 미끄러지지 않고 구른다. 그림 위치에서, 계의 운동에너지는 2440 N·m이다. 원반이 시계방향으로 180° 구른 후, (a) 계의 운동에너지, (b) 원반의 각속도를 계산하라.

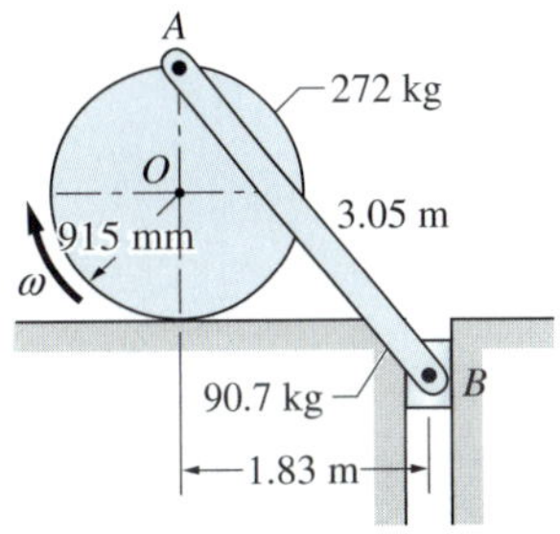

그림 P18.44

18.45 그림과 같은 링크기구가 각각이 길이가 L이고 질량이 m인 2개의 동일 봉으로 구성되어 있다. 링크기구가 θ = 0에서 정지 상태에서 풀리게 될 때, θ = 90°에서 각 링크의 각속도를 구하라. 마찰은 무시한다.

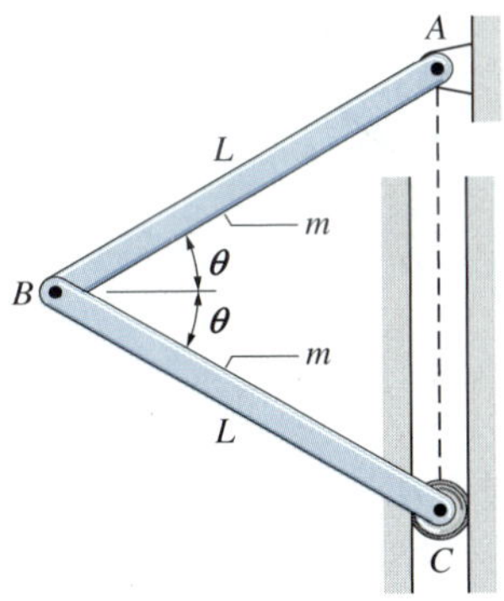

그림 P18.45

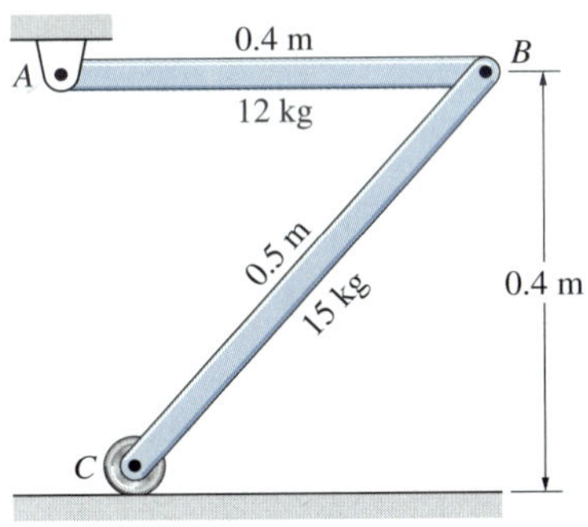

그림 P18.46

18.46 2개의 균일 봉으로 구성된 기구가 그림의 위치에서 정지 상태에서 이완된다. 마찰을 무시하고, AB가 수직위치에 도달할 때 롤러 C의 속도를 구하라.

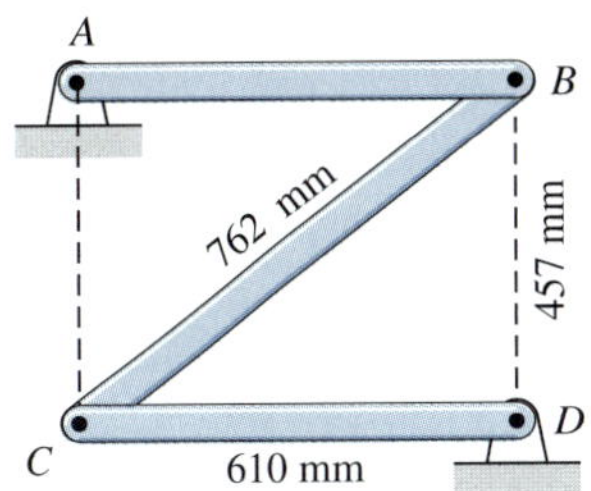

그림 P18.47

18.47 기구를 구성하고 있는 3개의 링크가 질량이 w_0 N/m이다. 기구가 그림의 위치에서 정지상테에서 이완되어, 링크 AB가 수직위치에 도달할 때 링크의 각속도를 구하라.

18.48 질량이 5.44 kg인 균질 봉 AB가 질량이 6.8 kg인 균질 원반에 점 B에서 핀으로 연결되어 있다. 이 기구가 θ = 0일 때 정지상태에서 풀리게 될 때, θ = 45°에서 점 B의 속도를 구하라. 원반은 미끄러지지 않고 구르며 수직 표면 A는 매끄럽다고 가정한다.

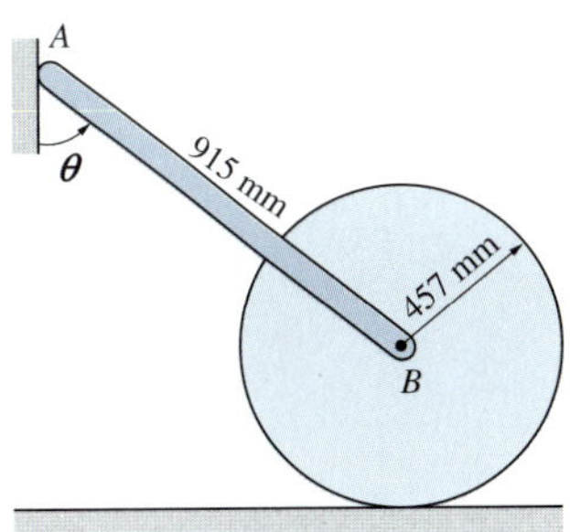

그림 P18.48

18.49 다음 링크기구의 세 개의 링크는 균일하고 무게가 모두 같다. 이 링크기구가 그림과 같은 위치에서 정지 상태에서 이완되어 링크가 수평 위치에 도달할 때 이 링크 AB의 각속도를 결정하라.

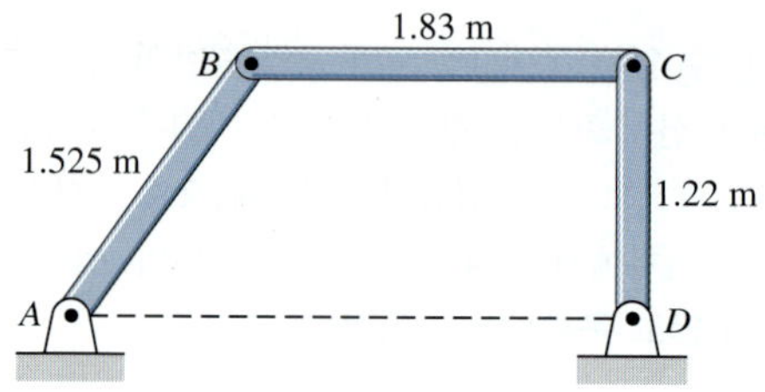

그림 P18.49

18.50 질량이 27.2 kg인 균질 봉 AC가 무게를 무시할 수 있는 평행 링크 AB에 핀으로 연결되어 있다. 조립체는 324 N·m의 일정 우력이 AB에 가해질 때 위치 $\theta = 60°$에서 정지 상태에 있다. $\theta = 90°$일 때 봉 AC의 속력을 구하라.

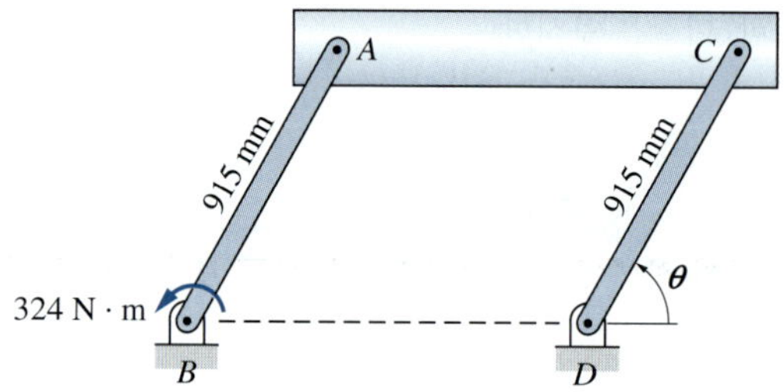

그림 P18.50

18.51 질량이 80 kg인 균질 원반 A가 80 kg의 블록 B에 케이블로 연결되어 있다. 블록과 경사 표면 간의 동마찰계수는 0.4이다. 계가 $x = 0$일 때 정지 상태에서 풀리게 되어 블록 속력이 5 m/s일 때 x를 구하라. 원반은 미끄러지지 않고 구른다고 가정한다.

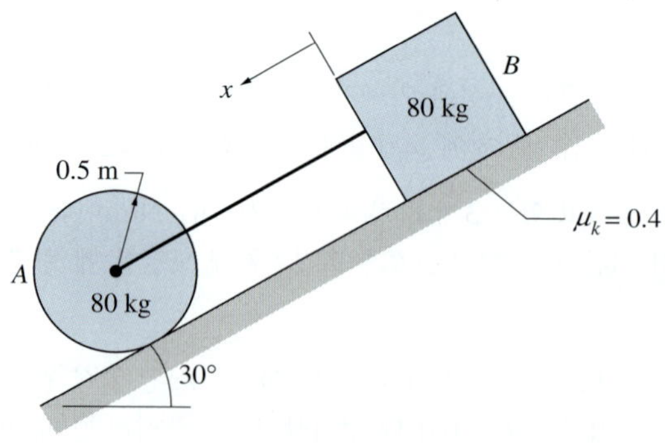

그림 P18.51

18.52 질량이 3 kg의 균일 봉 AB의 끝 B가 가늘고 기다란 수평홈 안을 이동하는 작은 롤러에 연결되어 있다. 봉의 다른 끝은 수직표면상에서 미끄러지지 않고 구르는 2 kg의 균질 원반에 핀으로 연결되어 있다. A에 부착된 스프링은 자유길이가 0.1 m이고 강성은 72 N/m이다. 계가 그림 위치에서 정지 상태에서 풀리게 된 후, AB가 수평이 될 때 A의 속도는 2 m/s이다. B에서 봉에 작용하는 힘 P의 크기를 구하라.

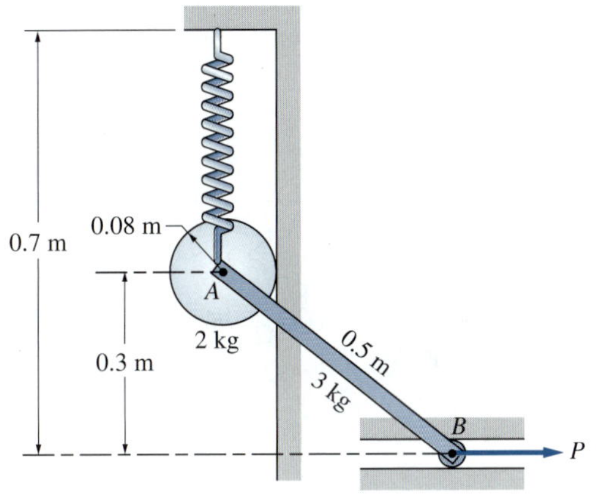

그림 P18.52

18.53 블록 B는 균질 원통 A 둘레에 감겨 있는 케이블에 매달려 있다. 이 기구가 그림과 같은 위치에서 정지 상태에서 풀리게 될 때, 블록 B가 지면에 닿기 직전의 속도를 구하라.

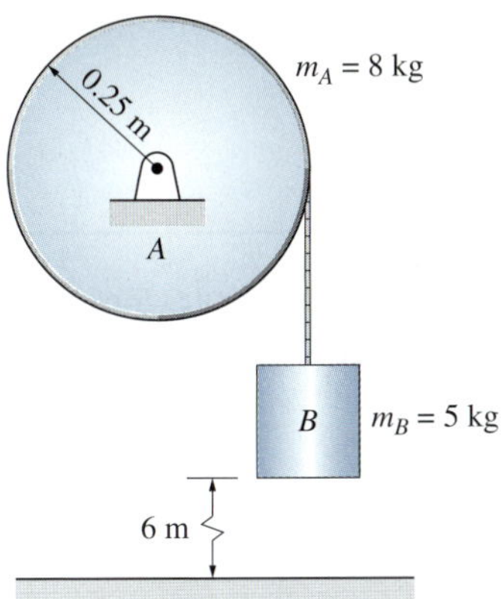

그림 P18.53

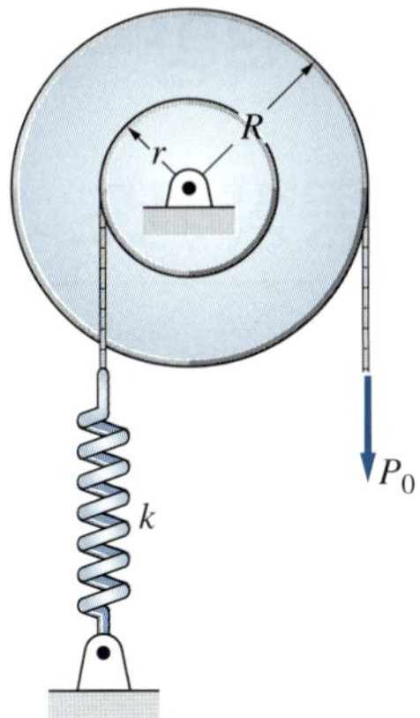

그림 P18.54

***18.54** 중심에 대한 복합 풀리의 관성 모멘트가 $\bar{I}$이다. 반경이 r인 내부 풀리에 감겨 있는 로프는 강성이 k인 내부 풀리에 감겨 있는 로프는 강성이 k인 스프링에 부착되어 있다. 일정한 힘 P_0가 반경이 R인 외부 풀리에 감겨 있는 로프에 작용한다. 풀리가 P_0가 가해져도 스프링이 변형되지 않아 정지 상태에 있을 때 풀리의 최대 각속도 식을 유도하라.

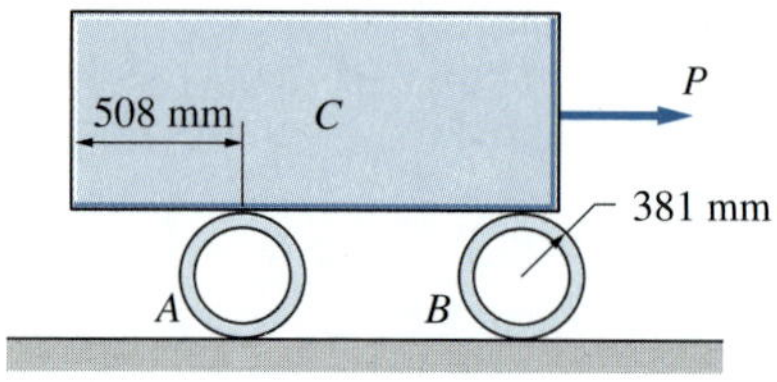

그림 P18.55

18.55 680 kg인 네모진 석판 C가 무게가 각각 113.5 kg인 2개의 얇은 강철 원통 AB에 의하여 지지되고 있다. 이 계가 그림과 같은 위치에서 정지해 있을 때 일정한 힘 P = 800 N이 작용한다. 원통 A가 이 석판의 왼쪽 모서리에 도달할 때의 돌상자 C의 속도를 결정하라.

18.56 질량이 4 kg이고 중심회전반경이 90 mm인 유성기어 A가 고정된 태양기어 B 위에서 구동한다. 일정한 우력 M_0가 무게를 무시할 수 있는 암 CD에 작용한다. 암 CD가 6회전하는 동안에 그것의 각속도는 반시계방향으로 200에서 320 rev/min로 증가하였다면 이 우력의 크기는 얼마인가?

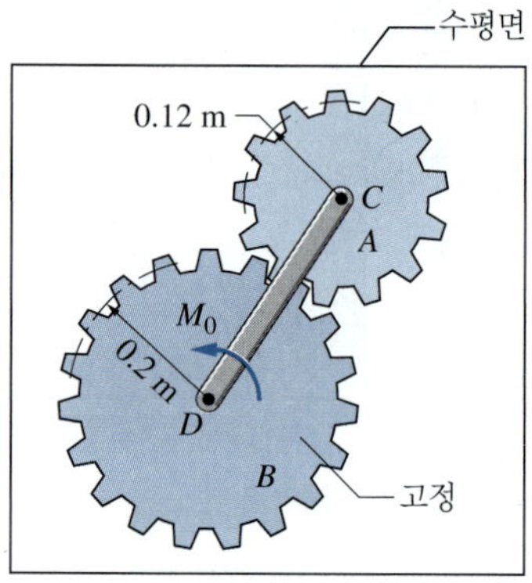

그림 P18.56

제2부 충격량–운동량 법

18.5 운동량선도

제17.3절에서는 강체의 각운동량에 대하여 논의하였다. 평면운동에서 한 물체의 질량중심 G에 관한 각운동량은 다음의 식과 같이 알려져 있다.

$$h_G = \bar{I}\omega \tag{18.11}$$

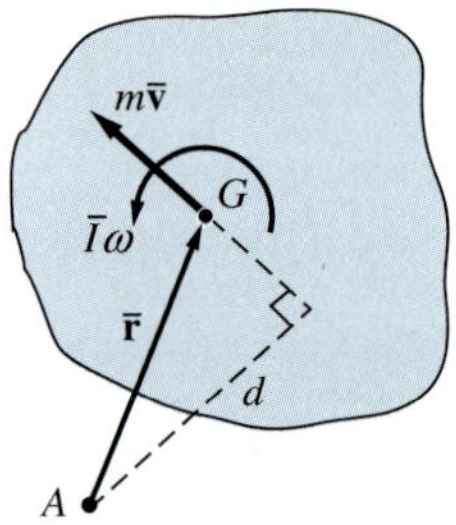

그림 18.3

여기서 $\bar{I}$는 이 물체의 G에 관한 질량관성 모멘트이고, ω는 각속도이다.

임의의 점 A에 관한 각운동량도 그림 18.3과 같이 이 물체의 운동량선도로부터 구할 수 있다는 것을 의미한다. 이 운동량선도는 다음과 같은 운동량을 표시하는 이 물체의 스케치를 나타낸다.

- G에 작용하는 이 물체의 선운동량벡터 $\mathbf{p} = m\bar{\mathbf{v}}$, 여기서 m은 이 물체의 질량이고 $\bar{\mathbf{v}}$는 G의 속도이다.

› 회전벡터로 표시되는 이 물체의 각운동량 $h_G = \bar{I}\omega$.

이 운동량들의 A에 관한 모멘트의 합이 이 물체의 A에 관한 각운동량이다. 예를 들면 그림 18.3에 나와 있는 바와 같이 d를 선운동량의 "모멘트 암(moment arm)"이라고 놓으면, A에 관한 각운동량은 다음과 같이 된다.

$$h_A = \bar{I}\omega + m\bar{v}d \qquad (A\text{: 임의의 점}) \tag{18.12}$$

A가 이 물체(혹은 확장된 물체) 내부의 한 점이고 속도가 0일 때 중요하고 특별한 경우이다. 이런 경우 식 (18.12)는 17.3절에서 보인 바와 같이 다음과 같은 간단한 형태가 된다.

$$h_A = I_A\omega \qquad (A\text{: 순간중심}) \tag{18.13}$$

여기서 I_A는 이 물체의 A에 관한 관성 모멘트이다.

운동량선도는 한 강체의 운동량들을 계산할 필요가 있을 때마다 사용하도록 권장하고 있다. 운동량선도는 한 물체의 선 및 각운동량들을 편리하게 그림으로 표현할 뿐만 아니라 식 (18.12)와 같은 공식을 기억하는 데도 도움이 된다.

운동량선도의 사용방법을 예로 들기 위하여 그림 18.4(a)와 같은 질량이 m이고 길이가 L인 가늘고 균질인 막대를 고려하자. 이 막대는 그림과 같은 순간에 반시계방향의 각속도 ω로 고정점 A 주위로 회전하고 있다. 그림 18.4(b)와 같이, 이 막대의 운동량선도는 선운동량 $m\bar{v} = m(L/2)\omega$와 회전벡터 $\bar{I}\omega = (mL^2/12)\omega$로 구성되어 있다. A에 관한 각운동량(운동량의 모멘트의 합)은

$$\circlearrowleft + \quad h_A = \frac{mL^2}{12}\omega + \left(m\frac{L}{2}\omega\right)\frac{L}{2} = \frac{mL^2}{3}\omega$$

$I_A = mL^2/3$이라는 것을 고려하면 $h_A = I_A\omega$라는 것을 알 수 있고 이것은 A의 속도가 0이기 때문에 이미 예상되었던 결과이다.

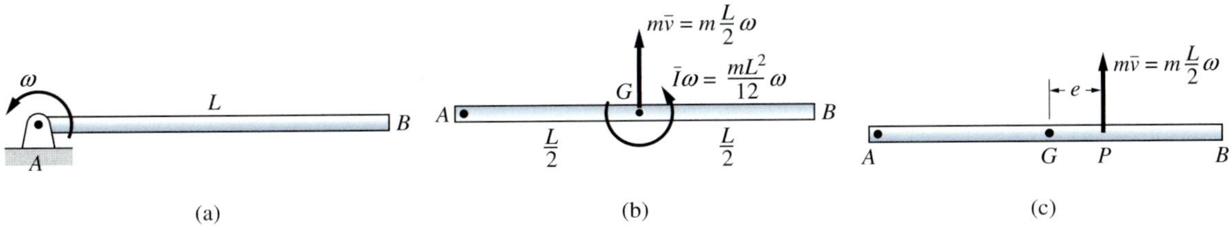

그림 18.4

다시 그림 18.4(b)를 고려하면 B에 관한 각운동량은

$$\circlearrowleft + \quad h_B = \frac{mL^2}{12}\omega - \left(m\frac{L}{2}\omega\right)\frac{L}{2} = -\frac{mL^2}{6}\omega$$

단, 이 막대의 각속도가 반시계방향임에도 불구하고 B에 관한 각운동량이 음수(시계방향)라는 것을 주의하라. 더구나 h_B는 $I_B\omega = (mL^2/3)\omega$와 같지 않다. 왜냐하면 B의 속도가 0이 아니기 때문에 식 (18.13)을 적용할 수 없기 때문이다.

이 운동량선도와 등가인 형태를 그림 18.4(c)에 나타낸다. 여기서 그림 (b)의 운동량들은 점 P에 작용하는 등가인 1개의 운동량벡터 $m\bar{\mathbf{v}}$로 단순화하였다. P의 위치를 지정하는 거리 e는 $h_P = 0$, 즉 $m\bar{v}e - \bar{I}\omega = 0$이라는 조건으로부터 얻어진다. $\bar{v} = (L/2)\omega$ 및 $\bar{I} = mL^2/12$을 대입하면 $e = L/6$이 된다. 한 물체가 고정된 축 주위로 회전할 때 그 물체의 각운동량이 0이 되는 점, 예를 들면, 그림 18.4(c)에서 P를 **충격중심**(center of percussion)이라고 부른다.

18.6 충격량-운동량 원리

18.6a 충격량-운동량 관계

하나의 강체가 여러 개의 질점들로 구성되어 있다고 가정하면, 질점계의 충격량 및 운동량에 관한 앞에서의 논의는 강체의 운동에 적용할 수 있다. 이 절에서 나오는 방정식들은 3차원 운동에서도 성립한다. 그러나 (한 가지 중요한 예외가 있기는 하지만) 이에 대한 응용은 평면운동에만 국한시킨다.

14.6절의 질점계에서 얻어진 결과를 다시 사용하면, 강체의 운동에 관한 선충격량과 운동량 방정식은

$$\mathbf{L}_{1-2} = \mathbf{p}_2 - \mathbf{p}_1 = \Delta\mathbf{p} \tag{18.14}$$

여기서 $\mathbf{L}_{1-2}$은 시간 t_1에서 t_2 동안에 한 물체에 작용하는 외력의 선충격량이고 $\Delta\mathbf{p}$는 같은 시간 동안의 이 물체의 선운동량의 변화량이다. 한 물체의 선운동량은 다음과 같다.

$$\mathbf{p} = m\bar{\mathbf{v}} \tag{18.15}$$

여기서 m은 물체의 질량이고, $\bar{\mathbf{v}}$는 질량중심의 속도이다.

질점계의 운동에서 성립하는 각운동량과 각충격량 방정식(15.7절)을 강체의 운동에 적용하면 다음을 얻는다.

$$(\mathbf{A}_A)_{1-2} = (\mathbf{h}_A)_2 - (\mathbf{h}_A)_1 = \Delta\mathbf{h}_A \quad (A\text{: 고정점* 혹은 질량중심}) \tag{18.16}$$

여기서 $(\mathbf{A}_A)_{1-2}$는 시간 t_1에서 t_2 동안의 외력의 점 A에 관한 각충격량이고, $\Delta\mathbf{h}_A$는 같은 시간 동안 강체의 A에 관한 각운동량의 변화량이다.

다음과 같은 3개의 조건이 만족된다면 앞의 결과는 강체들의 계에 대해서도 적용될 수 있다. (1) 충격량들은 이 계의 외부에서 가해지는 힘에 의해서만 계산되어야 한다. (2) 운동량들은 이 계를 구성하는 물체들의 운동량을 합한 것으로 해석되어야 한다. (3) 식 (18.16)에서의 질량중심은 이 계의 질량중심이어야 한다.

18.6b 운동량 보존

질점계의 경우와 마찬가지로 강체(혹은 강체들의 계)의 선운동량은 외력에 의한 선충격량이 0일 때 보존된다. 마찬가지로 강체(혹은 강체들의 계)의 한 점에 관한 각운동량은 외력의 그 점에 관한 각충격량이 0일 때 보존된다. 이 기준점은 공간에서 고정된 점이거나 질량중심이어야 한다. 왜냐하면 식 (18.16)은 A가 이러한 점이라는 조건이 있을 때에만 성립하기 때문이다. 물론 선충격량이나 한 점에 관한 각충격량이 0인지의 여부를 결정하는 가장 좋은 방법은, 그 물체 혹은 물체들의 계의 자유물체도를 그리고, 이를 검토하는 것이다.

* 점 A는 공간에서 고정된 점이다. 그러나 물체 내부의 점일 필요는 없다.

예제 18.7

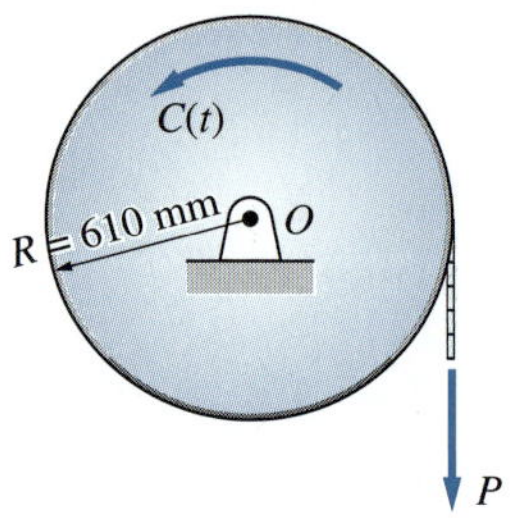

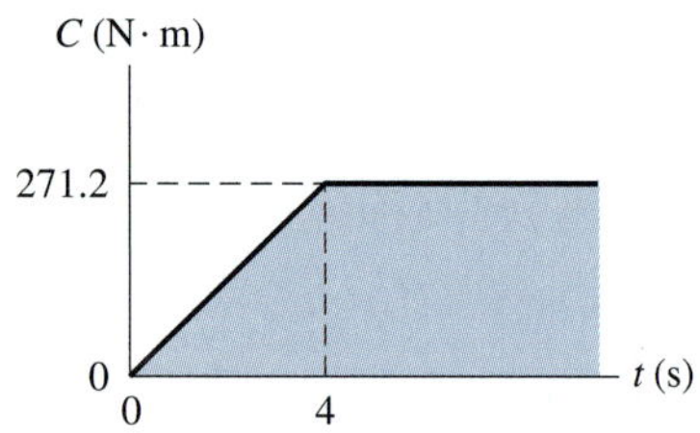

질량이 136.1 kg인 균질 원반이 O점에 고정된 축 주위로 회전할 수 있다. 이 원반에는 밧줄이 감겨 있고 밧줄의 끝에 일정한 힘 $P = 311.4$ N이 작용한다. 또한 반시계방향의 우력 $C(t)$이 작용하고 이 우력의 크기는 그림과 같이 시간에 따라 변한다. 만일 시간 $t = 0$일 때 이 원반이 정지해 있었다면, (1) $t = 4$초일 때, 이 원반의 각속도, (2) 각속도가 방향을 바꾸는 시간을 구하라.

풀이

O점에 관한 각충격량은 이 원반에 작용하는 모든 힘의 각충격량을 더하여 구한다. 지지 반력과 원반의 무게는 O를 통과하므로, 이 점에 관한 각충격량에 영향을 미치지 않는다. 그러므로 힘 P와 우력 $C(t)$의 각충격량만 고려하면 된다.

P는 일정하므로 시간 구간 $\Delta t = t_2 - t_1$ 동안 이 힘에 의한 O에 관한 각충격량은 시계방향으로 $(A_O)_{1-2} = P\,R\Delta t$이다. 그러나 $C(t)$는 시간에 따라 변하므로 이것의 각충격량은 적분으로 구해야 한다. 즉 $(A_O)_{1-2} = \int_{t_1}^{t_2} C(t)\,dt$이고 반시계방향이다. 이 적분값은 t_1과 t_2 사이에서 C-t **선도 아래쪽의 면적**(area under the C-t diagram)이다.

문항 1

이 원반의 O에 관한 관성 모멘트는

$$\bar{I} = \frac{1}{2}mR^2 = \frac{1}{2}(136.1)(0.61)^2 = 25.26 \text{ kg} \cdot \text{m}^2$$

$t_1 = 0$ 및 $t_2 = 4$초이므로, O에 관한 각충격량의 합은

$$\circlearrowright+ \quad (A_O)_{1-2} = PR\,\Delta t - \int_{t_1}^{t_2} C(t)\,dt = (311.4)(0.61)(4) - \frac{1}{2}(271.2)(4) = 217 \text{ J} \cdot \text{s}$$

각충격량과 운동량 방정식을 이 원반에 적용하면

$$(A_O)_{1-2} = \Delta h_O = \bar{I}(\omega_2 - \omega_1)$$

$$\circlearrowright+ \quad 217 = 25.26(\omega_2 - 0)$$

이것으로부터

$$\omega_2 = 8.59 \text{ rad/s (CW)}$$ **답**

문항 2

원반의 각속도가 0이 되는 시간을 t_3라고 하자. 초기의 각속도가 역시 0이었으므로 t_1과

t_3 사이에서 각운동량의 변화량이 0이라는 결론이 나온다. 따라서 각충격량의 합은 0이어야 한다. 즉

$$(A_O)_{1-3} = PR\,\Delta t - \int_{t_1}^{t_3} C(t)\,dt = 0 \qquad \text{(a)}$$

이 식의 적분(C-t 선도 아래쪽 면적)을 계산하기 위하여 t_3가 4초보다 큰지를 알아야 한다. $t = 0$일 때 $C = 0$이므로, 이 원반은 시계방향으로 회전하기 시작할 것이다. 왜냐하면 이것은 P의 각충격량의 방향이기 때문이다. $t = 4$초일 때 이 원반이 여전히 시계방향으로 돌고 있으므로(문항 1의 풀이를 보라) t_3가 4초보다 크다는 결론을 얻을 수 있다. 그러므로 식 (a)는

$$\circlearrowright + \quad (311.4)(0.61)t_3 - \left[\frac{1}{2}(271.2)(4) + 271.2(t_3 - 4)\right] = 0$$

따라서 답은

$$t_3 = 6.67\text{ s}$$ **답**

예제 18.8

그림 (a)와 같이 질량이 4 kg인 균일 원반이 정지해 있을 때, 30 N의 힘이 원반의 중심에 1.5초 동안 작용한 후, 이 힘이 0으로 감소한다. 이 1.5초 동안에도 이 원반이 미끄러지지 않을 만큼 마찰이 크지 않다. 미끄러짐이 없어지는 시간을 결정하고 그때의 원반의 각속도를 계산하라. 여기서 이 원반과 수평면 사이의 운동마찰계수는 0.2이다.

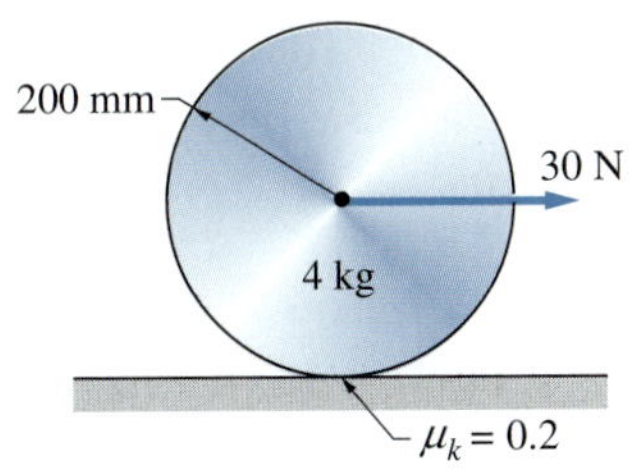

(a)

풀이

자유물체도(FBD)

그림 (b)는 미끄러지는 동안의 임의의 시간 t에서 이 원반의 자유물체도이다. y방향으로는 가속도가 없기 때문에 접촉점 C에서 수직방향의 힘은 $\Sigma F_y = 0$에서 얻어졌고, 따라서 $N_C = mg$이다. 이 원반이 미끄러지고 있기 때문에 마찰력은 $F_C = \mu_k mg$이다.

최종 운동량선도

미끄러짐이 없어지는 순간($t = t_2$)에서 이 원반의 운동량선도가 역시 그림 (b)에 나와 있다. 이 그림에는 질량중심 G에 관한 각운동량 $\bar{I}\omega_2 = (mR^2/2)\omega_2$ 및 이 원반의 선운동량 $m\bar{v}_2 = m(R\omega_2)$가 나와 있다. 여기서 $\bar{v}_2 = R\omega_2$는 미끄러짐 없이 구르기 위한 운동학적 조건이다.

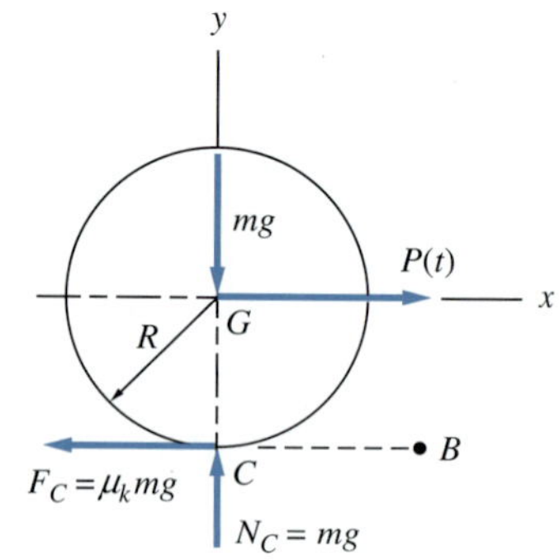

FBD(미끄럼 시간)

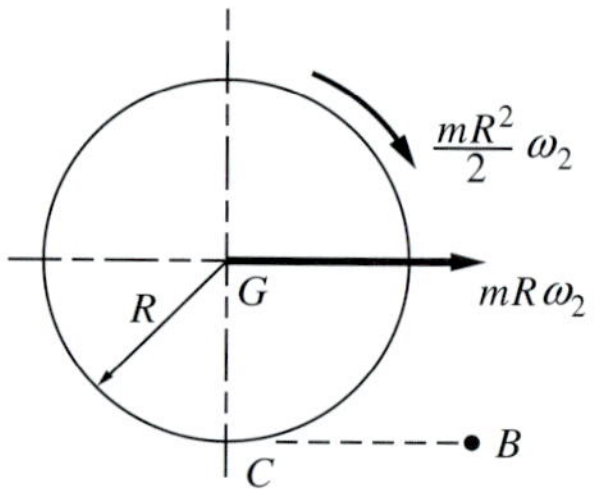

최종 운동량선도

(b)

충격량 · 운동량 해석

$t_1 = 0$(30 N의 힘이 작용하기 시작하는 시간)에서 t_2까지 시간구간 동안 이 원반의 질량 중심 G에 관한 각충격량과 운동량 방정식을 적용하는 것에서부터 시작한다.

$$(A_G)_{1-2} = (h_G)_2 - (h_G)_1$$

$$\circlearrowleft + \quad \int_0^{t_2} (\mu_k mg) R\, dt = \frac{mR^2}{2}\omega_2 - 0$$

$$\mu_k g t_2 = \frac{R}{2}\omega_2$$

그러므로

$$\omega_2 = \frac{2\mu_k g}{R} t_2 = \frac{2(0.2)(9.81)}{0.2} t_2 = 19.62 t_2 \qquad \text{(a)}$$

x방향의 선충격량과 운동량 방정식은

$$(L_x)_{1-2} = (p_x)_2 - (p_x)_1$$

$$\overset{+}{\rightarrow} \quad \int_0^{t_2} P(t)\, dt - \mu_k mg\, t_2 = mR\omega_2 - 0 \qquad \text{(b)}$$

$0 < t < 1.5$초 동안에 $P(t) = 30$ N이고, 그 이외의 시간에는 0이므로 $\int_0^{t_2} P(t)\, dt = (30)(1.5) = 45$ N·s이다. 그러므로 식 (b)는 다음과 같이 된다.

$$45 - (0.2)(4)(9.81) t_2 = (4)(0.2)\omega_2$$

$$\omega_2 = 56.25 - 9.81 t_2 \qquad \text{(c)}$$

식 (a)와 (c)의 해는

$$t_2 = 1.911 \text{ s} \quad \omega_2 = 37.5 \text{ rad/s}$$ **답**

다른 풀이

각충격량과 운동량 방정식은 그림 (b)에 나와 있는 B와 같은 수평면상에서 고정된 점에 관하여 적용할 수도 있다. 따라서

$$(A_B)_{1-2} = (h_B)_2 - (h_B)_1$$

$$\circlearrowleft + \quad \int_0^{t_2} RP(t)\, dt = \left[\frac{mR^2}{2}\omega_2 + (mR\omega_2)R\right] - 0$$

$$\int_0^{t_2} P(t)\, dt = \frac{3}{2} mR\omega_2$$

이 식으로부터

$$\omega_2 = \frac{2}{3mR}\int_0^{t_2} P(t)\,dt = \frac{2}{3(4)(0.2)}(45) = 37.5 \text{ rad/s}$$

이것은 위의 결과와 일치한다. 미끄러짐이 없어지는 시간 t_2는 식 (a) 혹은 식 (c) 중에서 하나를 이용하여 계산한다.

예제 18.9

그림 (a)에는 D와 E에서 핀으로 지지되어 있는 두 기어 A와 B가 나타나 있다. 이 기어들은 처음에 정지해 있다가 $t = 0$인 시간에서 반시계방향의 일정한 우력 C_0가 작용한다. $t = 5$초일 때 기어 A가 50 rad/s의 각속도를 가지기 위해서는 C_0의 값이 얼마여야 하는가? 그리고 그때의 두 기어 사이의 접선방향의 접촉력을 계산하라.

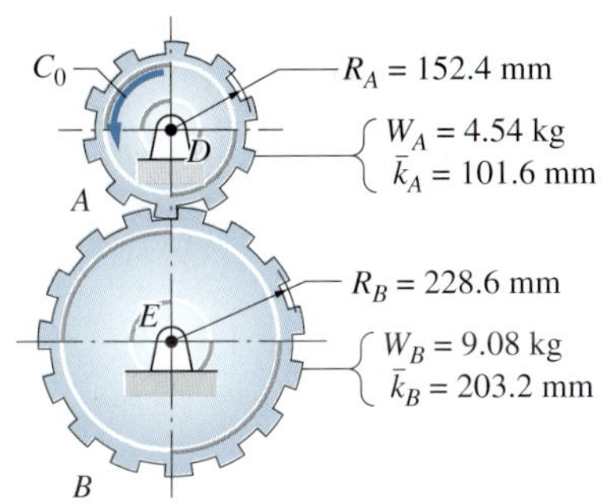

(a)

풀이

그림 (b)는 각각의 기어에 대하여 $t = 0$ 및 $t = 5$초일 때의 자유물체도들과 운동량선도들을 보여준다. 자유물체도들은 기어들의 무게, 작용 우력 C_0, 접선방향의 접촉력 F, 지지반력들을 포함한다(C_0가 일정하기 때문에 F도 역시 일정하다). 각각의 운동량선도는 단지 각운동량 $\bar{I}\omega$만을 포함하고 있다. 왜냐하면 각각의 기어는 자체의 질량중심 주위로 회전하기 때문이다. 즉 $m\bar{\mathbf{v}} = \mathbf{0}$이다.

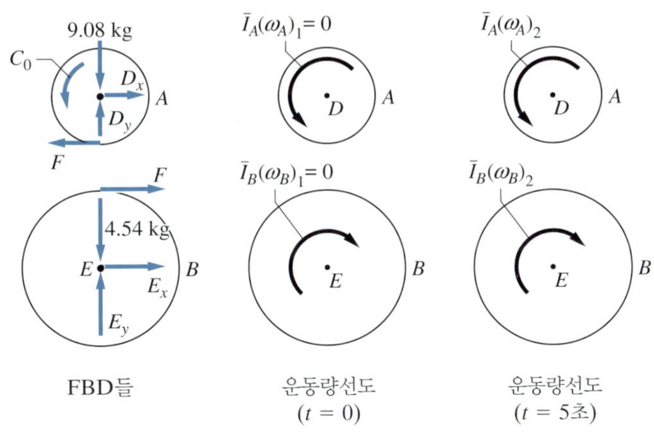

(b)

17장에서 설명한 힘-질량-가속도 법(FMA법)이나 충격량-운동량 법 중에서 어떤 것을 사용해도 이 문제를 풀 수 있다. 힘들이 일정하고, 따라서 가속도들도 일정하기 때문에 힘-질량-가속도 법으로 풀어도 된다. 여기에서는 충격량-운동량 법을 적용하고자 한다. 왜냐하면 어떤 주어진 시간구간 동안의 속도의 변화를 계산하여야 하기 때문이다.

기어들의 관성 모멘트들은 $\overline{I}_A = m_A\overline{k}_A^2 = (4.54)(0.1016)^2 = 0.0468\ \text{kg}\cdot\text{m}^2$ 및 $\overline{I}_B = m_B\overline{k}_B^2 = (9.08)(0.2032)^2 = 0.374\ \text{kg}\cdot\text{m}^2$이다. 그림 (b)를 이용하면 기어 A의 D점에 관한 각충격량과 각운동량 방정식은

$$(A_D)_{1-2} = \Delta h_D$$

$$\circlearrowleft + \quad C_O(\Delta t) - FR_A\Delta t = \overline{I}_A[(\omega_A)_2 - (\omega_A)_1]$$

$$C_O(5) - F(0.1524)(5) = 0.0468(50 - 0) \qquad \text{(a)}$$

C_0와 F가 일정하기 때문에 각충격량은 쉽게 계산된다.

각각의 기어의 접촉점은 속도가 같으므로 $6\omega_A = 9\omega_B$이고, 따라서$(\omega_B)_2 = (2/3)(\omega_A)_2 = (2/3)(50) = 33.33$ rad/s이다. 그러므로 그림 (b)로부터 기어 B의 E에 관한 각충격량과 각운동량 방정식은

$$(A_E)_{1-2} = \Delta h_E$$

$$\circlearrowleft + \quad FR_B\Delta t = \overline{I}_B[(\omega_B)_2 - (\omega_B)_1]$$

$$F(0.2286)(5) = 0.374(33.33 - 0) \qquad \text{(b)}$$

식 (b)로부터 접촉력은 다음과 같다.

$$F = 10.9\ \text{N}$$ **답**

이 값을 식 (a)에 대입하면 다음을 얻는다.

$$C_0 = 2.13\ \text{N}\cdot\text{m}$$ **답**

예제 18.10

그림 (a)는 질량 m_A인 관 A 안에 있는 질량 m_B인 막대 B를 나타낸다. 두 물체는 모두 가늘고 균질이며 길이가 L이다. 처음에 A의 끝을 막고 있는 가벼운 뚜껑(그림에는 나와 있지 않다)에 의해서 B는 A의 내부에 있었고($a = 0$), 그때 이 조립체는 z축 주위로 각속도 ω_1으로 자유롭게 회전하고 있었다. 뚜껑이 갑자기 떨어져서 막대가 관으로부터 미끄러져 나온다. 이 막대가 관으로부터 완전히 다 빠져나왔을 때($a = L$), 이 조립체의 각속도 ω_2를 결정하라. 단, 마찰은 무시한다.

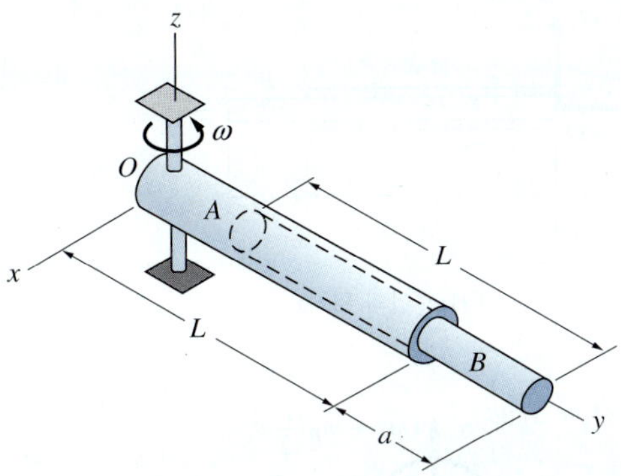

(a)

풀이

자유물체도(FBD)

그림 (b)는 막대 B가 관 A의 끝으로부터 임의의 거리 a만큼 빠져나왔을 때의 이 조립체의 FBD를 나타낸다. 이 FBD에는 xy평면 내부에서 작용하는 힘들만 나타낸다. 완전한 FBD는 이 물체들의 무게, 반력 O_z 및 O에서 작용하는 반발 우력 C_x를 포함해야 할 것이다. 그러나 이것들은 xy 평면 내에서의 운동에 영향을 미치지 않으므로 생략하였다. 관과 막대 사이의 접촉력들은 이 FBD에는 나타나지 않는다. 왜냐하면 이것들은 이 계에서 내력이기 때문이다. 각각의 물체를 별개로 고려하지 않고 전체 계의 운동을 해석하는 것의 장점은, 이와 같이 내력을 생략할 수 있는 것이다.

초기 운동량선도

그림 (b)에는 또한 초기 운동량선도도 나타나 있다. 여기서 막대 B는 뚜껑이 떨어지기 전이므로 관 A 내부에 완전히 들어가 있다. 이 선도에는 A와 B의 각 및 선운동량벡터들이 나와 있다. 두 물체의 각속도는 모두 ω_1이므로, 이것들의 질량중심의 속도는 둘 다 $(L/2)\omega_1$이다.

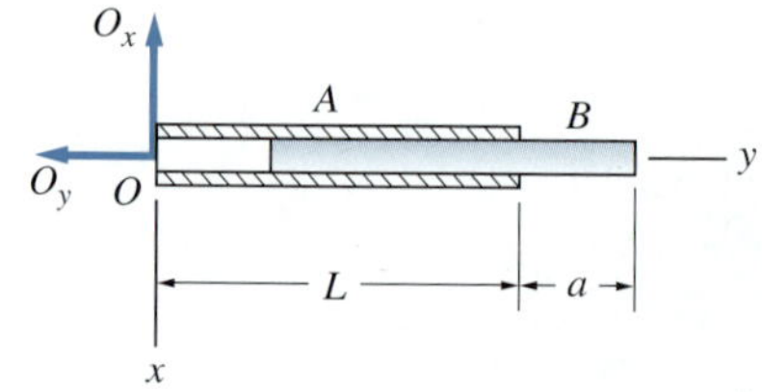

FBD(임의 위치)

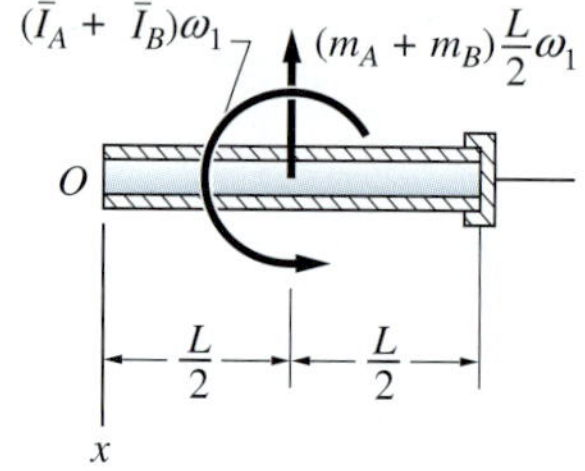

초기 운동량선도

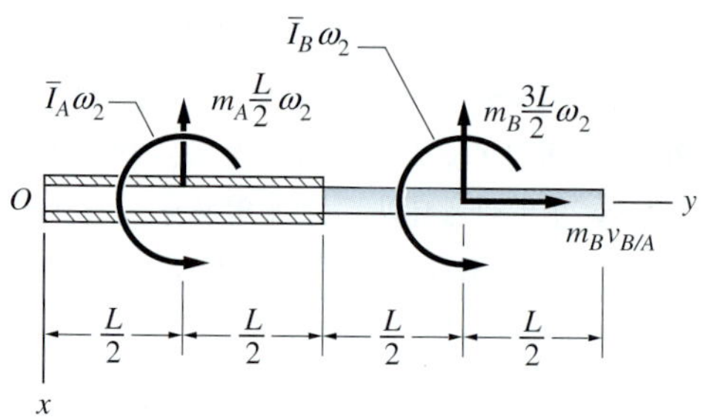

최종 운동량선도

(b)

최종 운동량선도

그림 (b)에 나타낸, 최종 운동량선도에서 막대 B는 상대속도 $v_{B/A}$의 속도로 관 A로부터 떨어져 나가기 직전의 위치에 있다. 두 물체의 각속도는 모두 ω_2이고, 따라서 각운동량들은 그림과 같다. A의 선운동량벡터는 A의 질량중심의 속도가 $(L/2)\omega_2$라는 사실로부터 나온다. B의 선운동량벡터의 두 성분은 B의 질량중심의 속도의 극좌표 성분과 대응된다. 즉 $v_R = v_{A/B}$ 및 $v_\theta = (3L/2)\omega_2$이다.

충격량-운동량 해석

이제 남은 것은 그림 (b)에 나와 있는 3개의 선도를 이용하여 충격량과 운동량을 유도하고 방정식을 푸는 것이다. 우리는 단지 ω_2에만 관심을 가지고 있으므로, 기준점으로써 O를 사용하여 각충격량과 각운동량 방정식을 사용하면 가장 편리하게 해를 구할 수 있다. 이렇게 함으로써 미지의 반력 O_x와 O_y가 소거될 수 있다. 그림 (b)의 FBD로부터 $(A_O)_{1-2} = 0$임을 알 수 있다(O_x와 O_y는 O에 관한 각충격량에 영향을 미치지 않는다). O가 고정된 점이므로 우리는 각충격량과 각운동량 방정식 $(A_O)_{1-2} = \Delta h_O$를 이용할 수 있고, 이 경우에는 $\Delta h_O = 0$으로 감소된다. 다시 말하면 O에 관한 이 계의 각운동량은 보존된다.

그림 (b)에 주어진 두 운동량선도에서 O에 관한 운동량들의 모멘트를 같게 놓으면

$$(h_O)_1 = (h_O)_2$$

$$\circlearrowleft + \quad (\bar{I}_A + \bar{I}_B)\omega_1 + (m_A + m_B)\frac{L}{2}\omega_1\left(\frac{L}{2}\right)$$
$$= \left[\bar{I}_A\omega_2 + \left(m_A\frac{L}{2}\omega_2\right)\left(\frac{L}{2}\right)\right] + \left[\bar{I}_B\omega_2 + \left(m_B\frac{3L}{2}\omega_2\right)\left(\frac{3L}{2}\right)\right]$$

각각의 막대에 대하여 $\bar{I} = mL^2/12$를 대입하고 ω_2에 관하여 풀면

$$\omega_2 = \frac{m_A + m_B}{m_A + 7m_B}\omega_1$$ 답

이 풀이는 막대와 관 사이에 마찰이 있는 경우에도 성립할 것이다. 물론 마찰계수가 이것들 사이의 상대운동을 허용할 수 있을 만큼 충분히 적어야 한다는 조건은 필요하다.

예제 18.11

그림 (a)와 같이, 조립체가 암 AOC와 여기에 핀으로 연결되어 있는 2개의 가늘고 균질인 막대 AB와 CD로 구성되어 있다. 이 조립체는 O에 있는 마찰이 없는 베어링 안에서 z축 주위로 회전할 수 있다. 그림에서 보이지는 않지만 내부적인 기구에 의해서 두 막대는 임의의 각도 θ인 자세로 고정될 수 있다. 암 AOC의 z축에 관한 관성 모멘트는 1.085 kg·m^{2}이고, 막대 AB와 CD는 각각 무게가 1.36 kg이다. 초기에 이 조립체는 $\theta = 90°$인 상태에서 $\omega_1 = 10$ rad/s의 각속도로 z축 주위로 자유롭게 회전하고 있었다. 이 봉들이 $\theta = 180°$인 자세로 세워졌을 때, 이 조립체의 각속도를 계산하라.

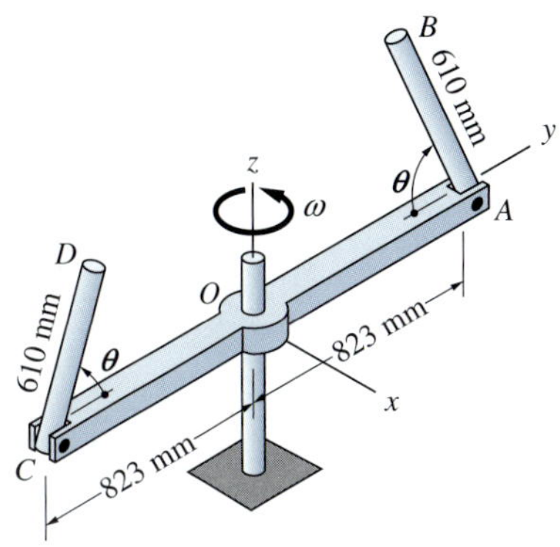

(a)

풀이

그림 (b)에는 이 조립체의 FBD가 나와 있고 여기에는 xy 평면에서 작용하는 유일한 힘인 O점에서의 베어링 반력의 두 성분인 O_x와 O_y가 있다. 이 FBD는 이 조립체가 운동하는 동안 변하지 않는다. 또한 그림 (b)에는 이 조립체의 초기($\theta = 90°$) 및 최종 ($\theta = 180°$) 운동량선도가 나와 있다. 이들 운동량선도에 나와 있는 수치값들은 아래에 설명하는 바와 같이 계산한다.

초기 운동량선도

암 AOC:

$$\bar{I}_z\omega_1 = 1.085(10) = 10.85\ \mathrm{J \cdot s}$$

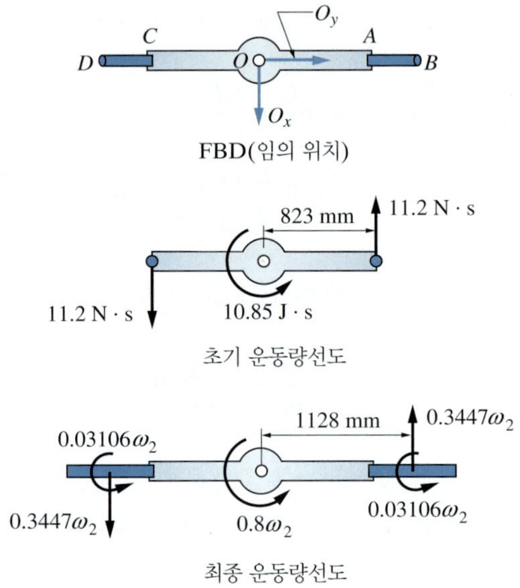

(b)

막대 AB 혹은 CD(두 막대는 모두 xy 평면에 놓여 있다):

$$m\bar{v}_1 = mr_1\omega_1 = 1.36(0.823)(10) = 11.2\ \mathrm{N \cdot s}$$

최종 운동량선도

암 AOC:

$$\bar{I}_z\omega_2 = 0.8\omega_2$$

막대 AB 혹은 BC(두 막대 모두 xy 평면에 수직이다):

$$m\bar{v}_2 = mr_2\omega_2 = 1.36(1.128)\omega_2 = 1.534\omega_2$$

$$\bar{I}_z\omega_2 = \frac{1}{12}mL^2\omega_2 = \frac{1}{12}1.36(0.61)^2\omega_2 = 0.1382\omega_2$$

각운동량 보존

그림 (b)의 FBD로부터 알 수 있는 바와 같이 운동 전체를 통하여 z축에 관한 각충격량은 없다. 그러므로 z축에 관한 각운동량은 보존된다. 그림 (b)의 운동량선도들을 참조하면 다음과 같다.

$$(h_z)_1 = (h_z)_2$$

$$\circlearrowleft+ \quad 10.85 + 2[0.823(11.2)] = 0.8\omega_2 + 2(0.1382\,\omega_2) + 2[1.128(1.534\omega_2)]$$

그러므로 다음과 같이 나온다.

$$\omega_2 = 6.32 \text{ rad/s}$$ 답

연습문제

18.57 균일 봉 AB와 균질 원반 D는 B에서 고착되어 있다. 그림과 같은 위치에서, 조립체는 핀 A에 관하여 5 rad/s로 회전하고 있다. 이 위치에서, 조립체의 각운동량을 다음에 관하여 각각 구하라. (a) 질량중심 및 (b) 핀 A.

18.58 질량이 m인 균일 평판이 모서리 O를 중심으로 각속도 ω로 회전하고 있다. 이 평판의 각운동량을 다음에 관하여 각각 계산하라. (a) 질량중심, (b) 모서리, O (c) 모서리 A.

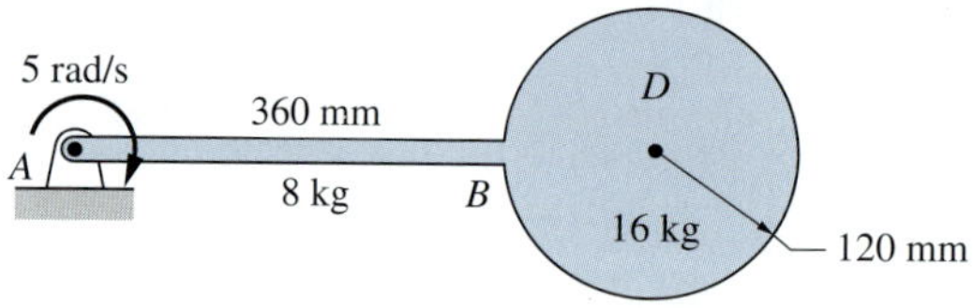

그림 P18.57

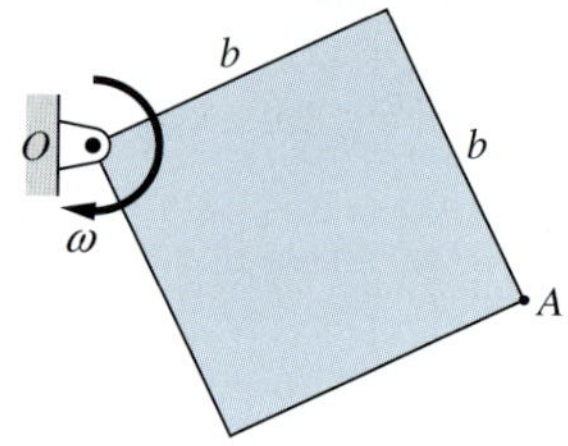

그림 P18.58

18.59 가늘고 기다란 균일 봉 AB와 BC가 서로 고착연결되어 있다. 조립체가 A에서 핀에 대하여 자유롭게 회전할 수 있을 때, 충돌중심이 위치하는 거리 d를 구하라.

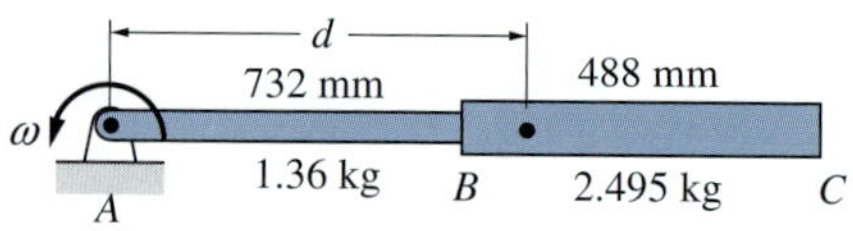

그림 P18.59

18.60 질량이 m이고 반지름이 R인 균일한 원반이 중심으로부터 거리 d만큼 떨어진 C에 있는 핀 주위로 회전하고 있다. 충격중심(그 점에 관한 각운동량이 0이 되는 점)이 원반의 가장자리인 A가 되기 위한 거리 d를 계산하라.

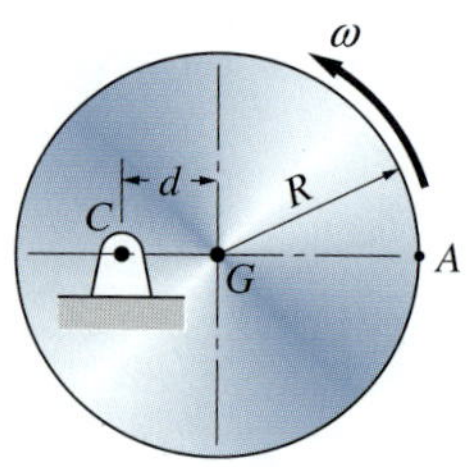

그림 P18.60

18.61 그림 (a)에 있는 질량이 20 kg인 풀리의 O에 관한 회전반경이 0.16 m이다. 풀리 주위로 감겨진 줄의 끝이 힘 $P(t)$에 의하여 잡아당겨지고, 이 힘은 부분 (b)와 같이 시간에 따라 변한다. 이 풀리가 $t = 0$일 때 정지 상태에서 출발한다면 $t = 12$초일 때의 각속도를 계산하라.

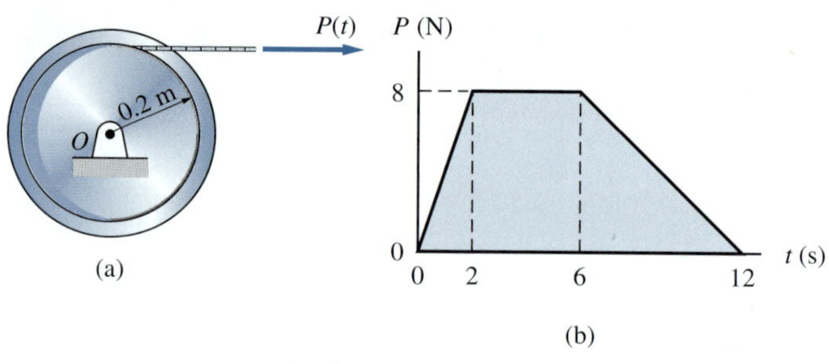

그림 P18.61

그림 P18.62

18.62 O에 대하여 회전하는 질량이 18.15 kg인 플라이휠의 회전반경이 $\bar{k} = 229$ mm이다. 플라이휠에 작용하는 우력은 $C(t) = 16.27(1-e^{-2t})$ lb·ft인데, 여기에서 t는 초 단위의 시간이다. 플라이휠이 $t = 0$에서 정지 상태에 있을 때 $t = 60$ s에서 각속도를 구하라.

18.63 블록 B가 균질 풀리 A 둘레에 감겨 있는 케이블에 매달려 있다. 시간 $t = 0$에서 풀리의 각속도가 시계방향으로 12 rad/s일 때, 이 기구가 순간적으로 정지 상태에 놓이게 되는 시각을 구하라.

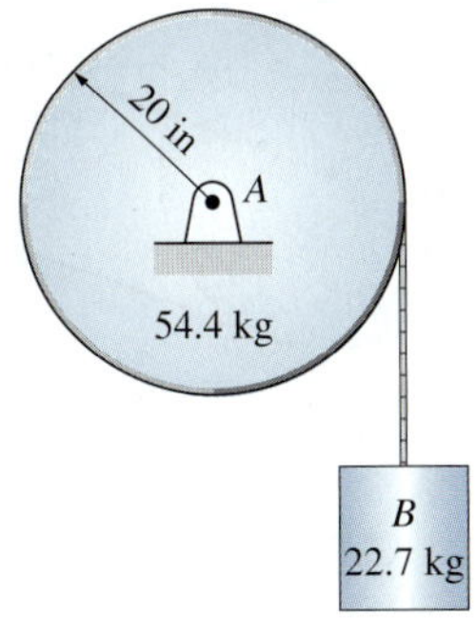

그림 P18.63

18.64 발전기의 입력축에 작용하는 토크 M은 $M(t) = M_0 \exp(-t/t_0)$와 같이 t에 따라 변화하는데, 여기에서 $M_0 = 4.6\ \text{N}\cdot\text{m}$이고 $t_0 = 3.8$ s이다. 발전기가 $t = 0$에서 정지 상태에 있을 때, 종단(terminal) 각속도를 계산하라. 발전기는 저항없이 회전한다고 가정하며, 회전자의 관성 모멘트는 $\bar{I} = 0.72\ \text{kg}\cdot\text{m}^2$을 사용하라.

18.65 질량이 m이고 반경이 R인 균일 원반이 초기에 마찰이 없는 수평표면 위에서 정지 상태에 있다. 크기가 P로 일정한 힘이 시각 $t = 0$에서 원반에 감겨진 코드에 가해진다. 임의의 시간 t에서, B(코드가 원반에서 풀리는 가장자리상의 점)의 속도식을 구하라.

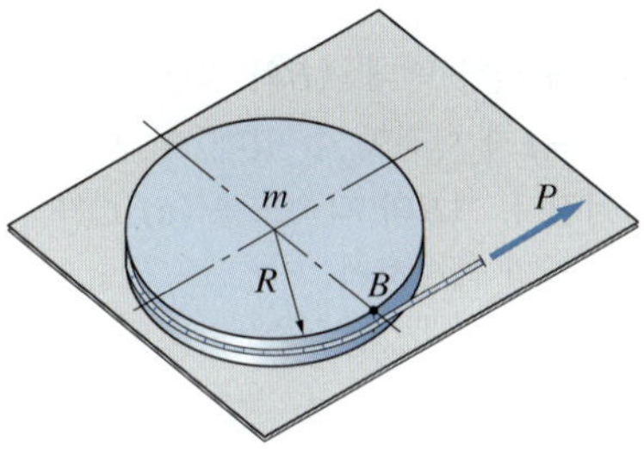

그림 P18.65

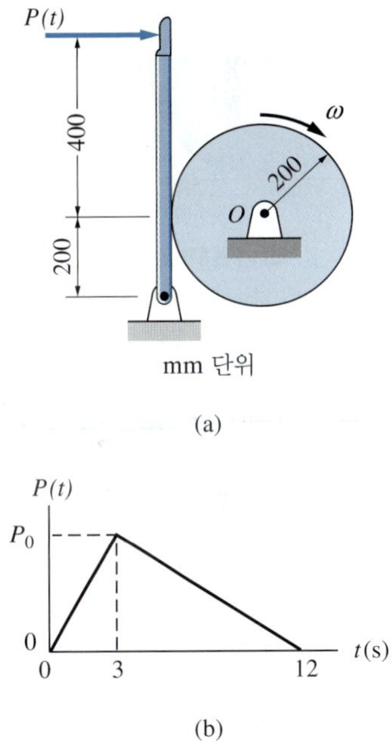

그림 P18.66

18.66 그림 (a)의 원반은 질량이 20 kg이고 O에 대한 회전반경이 160 mm이다. 원반이 $\omega = 400$ rev/min으로 자유롭게 회전하고 있을 때 힘 $P(t)$가 $t = 0$에서 브레이크 핸들에 가해진다. P-t 관계가 그림 (b)에 도시되어 있다. 원반이 $t = 12$ s에서 정지 상태에 이르게 되는 힘의 피크치 P_0를 구하라. 원반과 브레이크 간의 동마찰계수는 0.3이다.

18.67 질량이 19.96 kg인 균질 원반 A가 그 축이 수직인 B의 베어링에 의해 질량이 8.165 kg인 균일 봉 BC에 부착되어 있다. 봉은 C의 수직축에 대하여 자유롭게 회전한다. 계가 정지 상태에 있을 때 일정 우력 $M_0 = 8.135\ \text{N}\cdot\text{m}$가 봉에 가해진다. B의 베어링이 각각 다음과 같은 상태라고 가정하고 3 s 후 봉 BC의 각속도를 구하라. (a) 자유롭게 회전 가능, (b) 잠김.

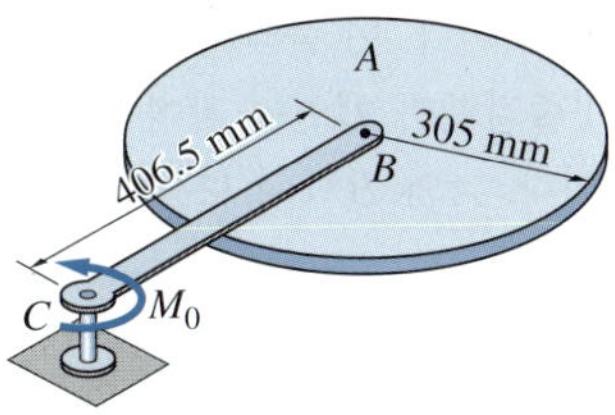

그림 P18.67

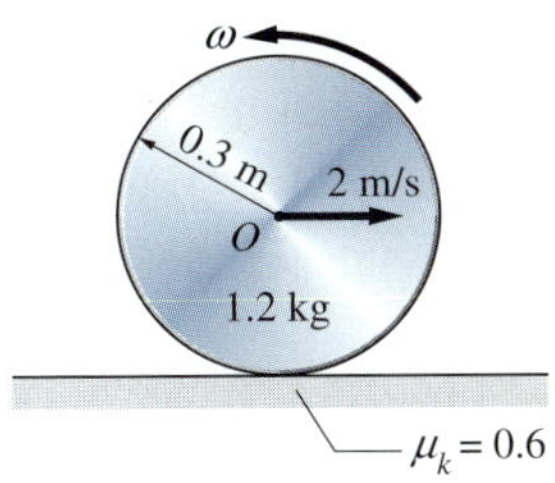

그림 P18.68

18.68 질량이 1.2 kg인 균질 원통이 전진속도 2 m/s와 역회전 ω rad/s으로 수평표면 위에서 던져진다. 원통을 완전히 멈추게 할 때 필요한 ω값을 구하라. 원통과 표면 간의 동마찰계수는 0.6이다.

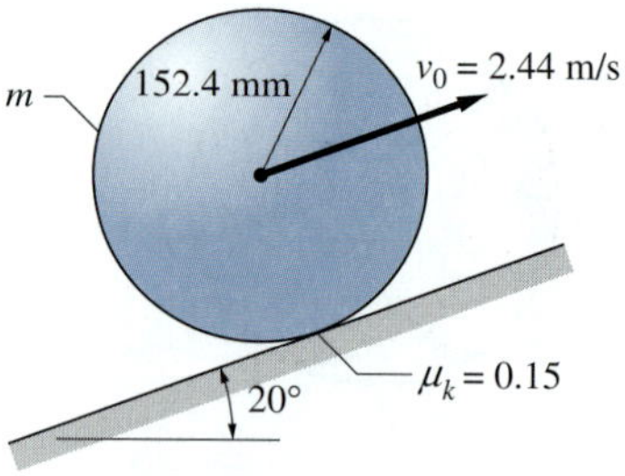

그림 P18.69

18.69 질량이 m인 균질 고체구가 t = 0에서 전진속도 2.44 m/s와 무회전으로 경사면 위에서 던져진다. 구와 면 간의 동마찰계수는 0.15이다. 구가 경사면 위에서 미끄러지는 것을 멈추는 시각과 그 시각에서 구의 각속도를 계산하라.

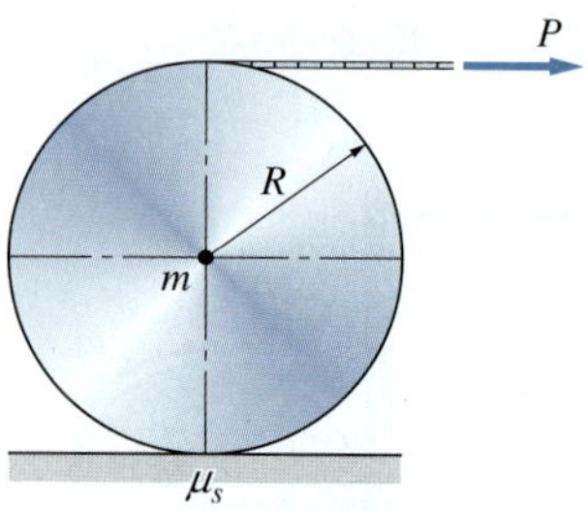

그림 P18.70

18.70 반경이 R = 0.4 m이고 질량이 m = 60 kg인 균일 원반이 정지 상태에 있을 때, 일정한 힘 P = 200 N이 원반 둘레에 감겨 있는 줄에 가해진다. (a) 원반이 미끄러지지 않는다고 가정하고 원반의 가속도가 10 rad/s에 도달할 때까지 걸리는 시간을 구하라. (b) 미끄럼이 발생하지 않게 되는 최소 정마찰계수를 구하라.

18.71 질량이 2.72 kg인 균질 원반 A가 질량이 1.815 kg인 균일 암 B에 핀으로 연결되어 있다. 조립체는 O의 수직축에 대하여 자유롭게 회전할 수 있다. 암은 초기에 원반이 16 rad/s의 각속도로 회전하는 상태에서 정지 상태에 있다. 내부 브레이크(도시되어 있지 않음)가 원반과 암을 함께 잠글 때, 조립체의 최종 각속도는 얼마인가?

18.72 질량이 0.907 kg인 균일한 막대 AB와 질량이 136 g인 작은 슬라이더 C가 점 A에 있는 수직축 주위를 자유롭게 회전할 수 있다. 이 기구의 각속도가 4 rad/s일 때 C를 고정하고 있는 줄이 끊어진다. AB의 각속도를 (a) C가 막대로부터 떠나기 직전에, (b) C가 막대를 떠난 직후에 각각 계산하라.

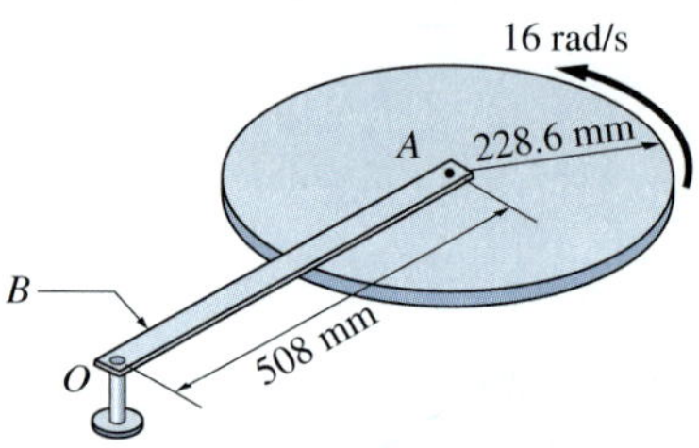

그림 P18.71

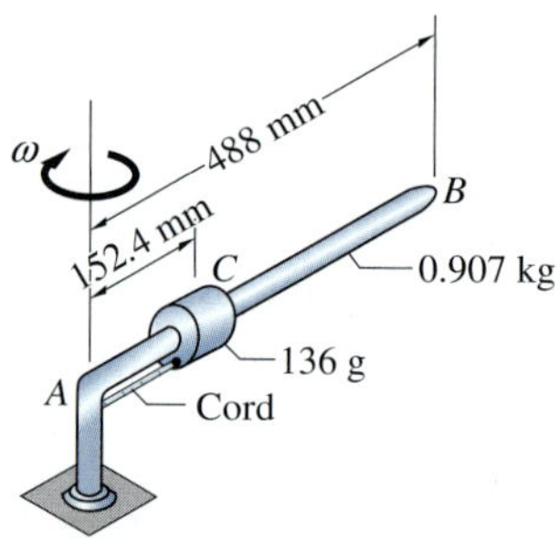

그림 P18.72

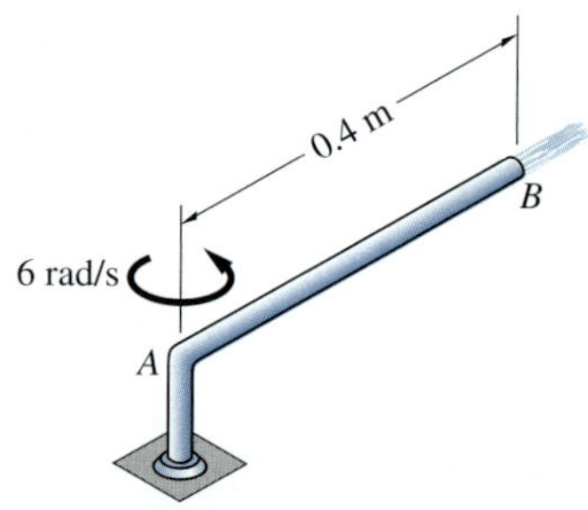

그림 P18.73

***18.73** 내경이 10 mm인 관 AB가 점 A에 있는 수직축 주위로 마찰 없이 회전할 수 있다. 물이 관 내부에서 관에 대하여 1.8 m/s의 일정한 상대속도로 흐르고 있다. 이 관이 6 rad/s의 각속도를 유지하기 위하여 이 관에 가해져야 할 우력은 얼마인가?

18.74 풀리 C 위에 걸쳐져 있는 체인이 추 A와 내부에 모터가 장치되어 있는 밧줄감개 B를 매달고 있고 추와 밧줄감개의 질량은 각각 m이다. 이 풀리는 질량이 2 m인 균일한 원반이다. 이 계가 정지 상태에 있을 때 이 밧줄감개가 체인을 감아들이기 시작하고, 이때의 체인의 밧줄감개에 대한 상대속도가 v_0이다. A와 B의 속도를 v_0항으로 각각 구하라.

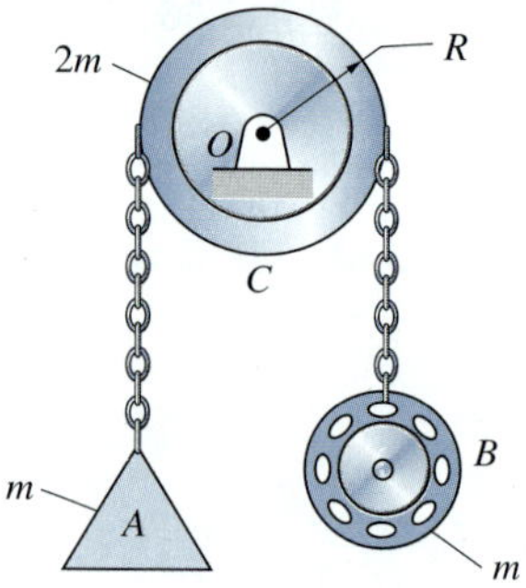

그림 P18.74

18.75 질량이 6.80 kg인 정지 원반 B가 질량이 4.54 kg이고 3000 rev/min의 속도로 자유롭게 회전하고 있는 원반 A위에 놓여진다. 두 원반이 모두 균질이라고 가정할 때 이것들의 최종 각속도를 계산하라.

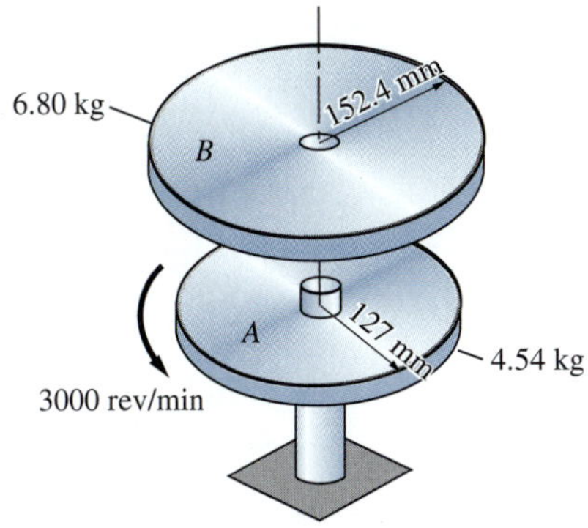

그림 P18.75

18.76 그림의 부분 (a)에 있는 진자는 질량이 0.8 kg인 가는 막대와 3.2 kg의 균질 원통으로 구성되어 있다. 이 진자가 정지해 있을 때 힘 $F(t)$에 의하여 짧은 시간 동안 충격량을 받는다. 그리고 이 힘은 부분 (b)와 같이 시간에 따라 변한다. 이 충격이 가해진 직후의 진자의 각속도를 계산하라. 단, 충격이 가해지는 동안 진자의 미소 각변위는 무시하라.

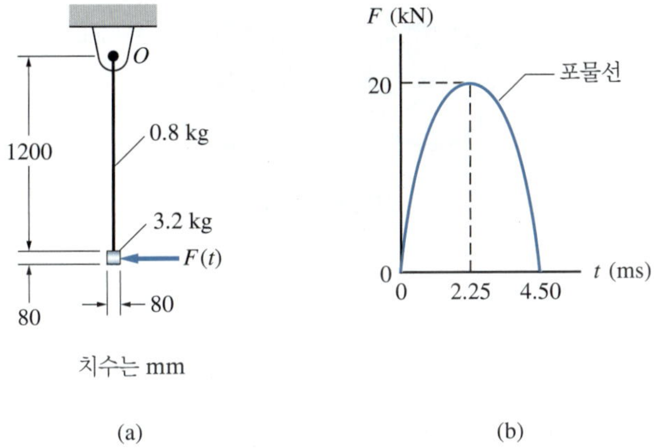

그림 P18.76

18.77 질량이 18 kg인 가늘고 기다란 균일 봉 AB가 O의 매끄러운 칼라에 끼워져 있다. 핀은 조립체가 O의 수직축에 대하여 16 rad/s로 자유롭게 회전할 때 봉을 정위치에 유지시킨다. 핀이 제거되어 봉이 칼라 내에서 미끄럼이 이동하게 될 때 조립체의 최종 각속도를 구하라. 미끄럼 이동은 봉의 양 끝에 있는 작은 칼라로 제한된다는 점을 주목하여야 한다.

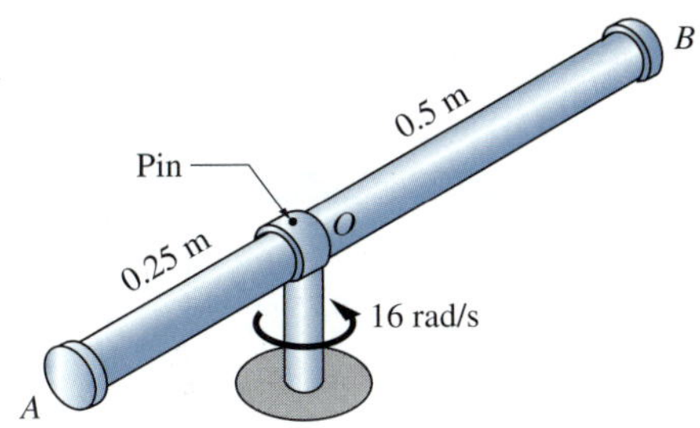

그림 P18.77

18.78 질량이 각각 8.165 kg인 균일 막대 R이 기초부 B에 핀으로 부착되어 있다. 이 균일 기초부는 질량이 10.89 kg이고 z축에 관한 회전반경은 229 mm이다. 막대가 그림과 같은 위치에 있을 때, 조립체는 z축에 관하여 ω = 40 rad/s의 각속도로 자유 회전을 하고 있다. 내부 기구가 막대를 수평 위치가 되게 회전시킨 후의 ω를 구하라.

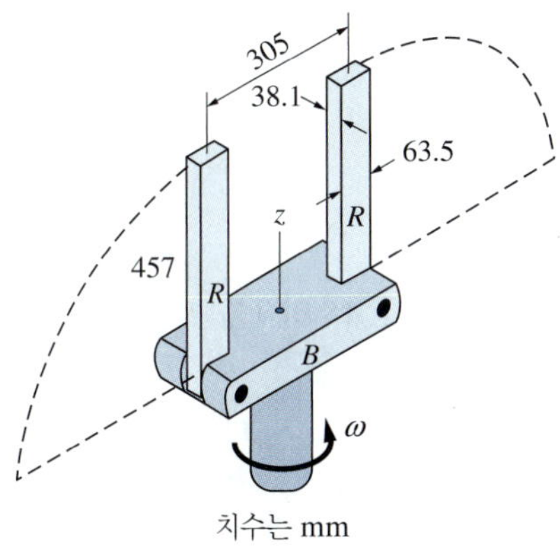

그림 P18.78

***18.79** 바퀴를 제외하고 자전거와 사람을 합한 질량이 78 kg이다. 각각의 바퀴질량은 2.27 kg인데, 이는 주로 림과 타이어의 무게에 기인한다. 체인은 뒷바퀴에 20.3 N·m의 일정한 우력을 제공하고 바퀴는 지면에서 미끄러지지 않는다고 가정하고, 자전거가 정지 상태에서 출발할 때 10 s 후의 속력을 구하라.

그림 P18.79

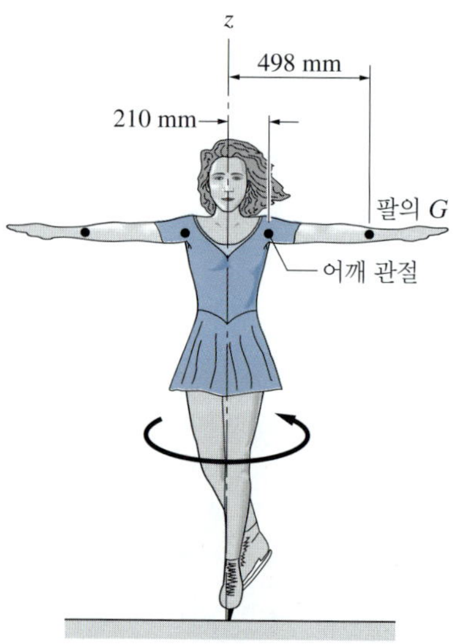

그림 P18.80

18.80 스케이트 타는 사람이 그림과 같이 양팔을 편 상태에서 z축에 대하여 회전하고 있다. 마찰을 무시하고, 양팔을 양 옆구리로 내린 후에 이 사람의 각속도의 % 증가율을 구하라. 팔은 어깨에 힌지연결된 가늘고 기다란 균일 봉으로 모델링할 수 있다. 몸통과 각 팔의 질량은 각각 45.4 kg과 2.77 kg이다. 그림의 수평 위치에서 몸통은 $\bar{k}_z$ = 118.4 m이고 각 팔은 $\bar{k}_z$ = 208.3 mm이다.

18.81 무게를 무시할 수 있는 막대 AB가 질량이 각각 10 kg인 얇고 균일한 두 개의 원반을 운반한다. 각각의 원반과 막대 사이의 각 ϕ는 내부적인 기구(그림에 보이지는 않는다)에 의하여 서서히 변화될 수 있다. 이 전체 조립체는 z-축 주위로 자유롭게 회전할 수 있다. ϕ = 0일 때 이 전체 조립체의 z-축에 관한 각속도가 ω_0일 때 이 전체 조립품의 각속도가 $\omega_0/2$가 되는 각 ϕ를 결정하라.

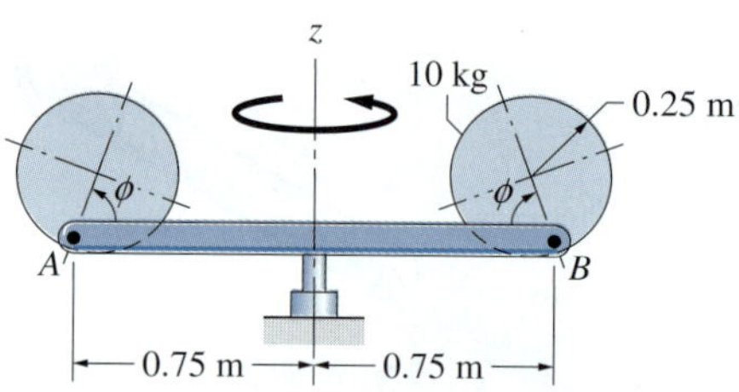

그림 P18.81

18.82 질량이 각각 5.44 kg인 2개의 사각형 박판이 3.63 kg의 균일 봉 AB의 양 끝에 부착되어 있다. 내부 기구는 박판을 봉 AB의 축에 대하여 동시에 회전시킬 수 있다. θ = 0일 때, 조립체는 O의 수직축에 대하여 각속도 ω = 12 rsd/s로 자유롭게 회전하고 있다. 박판이 위치 θ = 90°로 회전한 후의 각속도를 구하라.

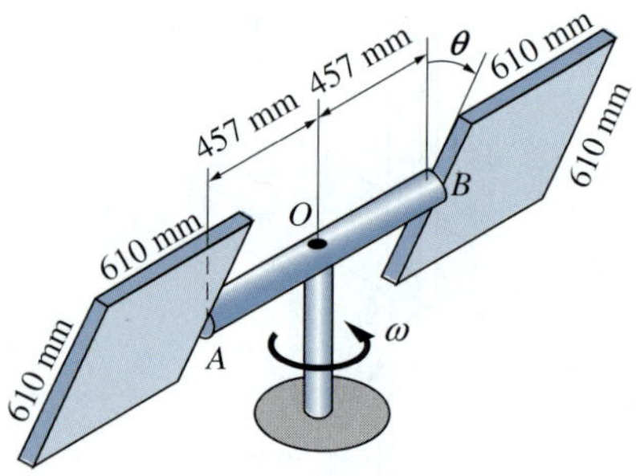

그림 P18.82

18.7 강체의 충돌

질점계의 충돌 문제는 제15.8~15.10절에서 논의하였다. 그 설명 과정에서는 탄성충돌의 문제를 단순화하여 해석하였고, 실험적으로 측정되는 상수인 반발계수를 사용하였다. 강체의 충돌은 이것보다 더 복잡한 문제로서 충돌하는 물체들의 기하학적 형상과 표면의 특성뿐만 아니라, 충돌하는 물체들의 상대속도의 영향도 받는다. 질점계의 충돌 문제에서 도입된 반발계수의 개념을 강체의 충돌 문제에 직접 적용하려고 하는 시도는 실제 문제를 지나치게 단순화하기 때문에 그 결과가 실험 결과와 달라질 가능성이 많다. 따라서 반발계수와 같은 실험적인 상수를 사용해야 하는 강체의 충돌 문제는 고려하지 않을 것이다.

그 반면 충돌하는 시간이 무시할 수 있을 만큼 짧을 때, 다시 말하면, 충돌하는 동안의 운동이 충격적이라고 가정할 수 있을 때, 강체의 충돌에 관한 해석에서 어떤 단순화된 모델이 실제적인 문제를 해결할 수 있는 경우가 있다(15.9절 참조). 이전에 언급한 바와 같이 "각충격량이 각운동량의 변화와 같다"는 표현은 일반적으로 질량중심이나 고정된 점에 대해서만 성립한다. 그러나 그 운동이 충격적인 경우에는 "각충격량이 각운동량의 변화와 같다"는 표현이 모든 점에 대해서도 성립한다. 이 단순화가 성립하는 이유는 충격이 가해지는 시간이 극히 짧다는 가정 때문이다. 이런 경우 충격이 가해지는 동안의 모든 변위는 무시된다. 따라서 모든 점이 충격이 가해지는 짧은 시간 동안 고정되어 있다고 생각하는 것이다. 이러한 선언의 증명은 다음과 같다.

강체의 충돌 문제를 해석할 때의 일반적인 단계는 15.9절에서 언급한 질점 충돌의 경우와 동일하다. 즉,

단계 1: 충돌하는 물체들 혹은 충돌하는 물체들의 계에 대하여 FBD를 그린다. 꺽쇠(^)와 같은 특수한 부호를 사용하여 충격력을 다른 힘과 구별한다(충격력만을 표시하는 FBD를 다시 그리는 것도 한 방법이다).

단계 2: 충돌 직전의 순간에서 물체들의 운동량선도를 그린다.

단계 3: 충돌 직후의 순간에서 물체들의 운동량선도를 그린다.

단계 4: 단계 1~3에서 그려진 선도들을 이용하여 각각의 물체들 혹은 물체들의 계에 대하여 적당한 충격량과 운동량 방정식을 유도하고 그 해를 구한다.

예제 18.12

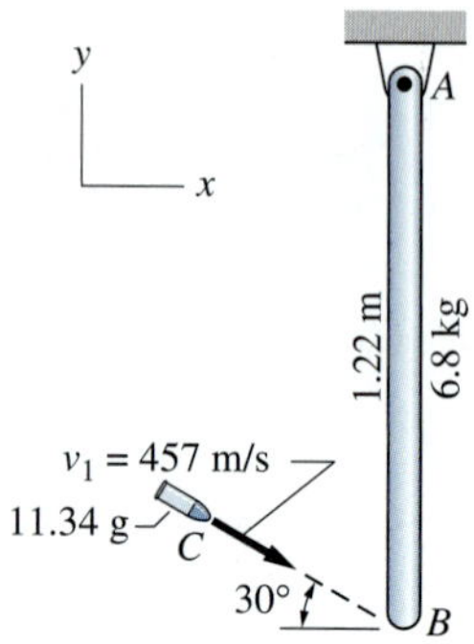

(a)

그림 (a)에는 질량이 11.34 g인 탄환 C가 6.8 kg이고, 가는 균질 막대 AB의 끝 B로 날아오는 것을 나타낸다. 이 막대는 처음에 정지 상태에 있었으며 탄환의 초기속도는 그림과 같은 방향으로 $v_1 = 457$ m/s이다. 이 탄환이 막대에 파묻힌다고 가정할 때, (1) 충돌 직후 막대의 각속도 ω_2, (2) 충돌하는 동안 A에서 막대에 가해지는 충격량, (3) 충돌에 의하여 손실되는 에너지를 백분율로 계산하라. 충돌이 일어나는 시간은 극히 짧다고 가정하라.

풀이

기초 해설

충돌하는 동안의 시간을 무시할 수 있으므로, 이 운동은 충돌 운동이다. 따라서 이 봉과 탄환은 충돌 직전과 충돌하는 동안, 그리고 충돌 직후에 본질적으로 동일한 위치를 차지한다.

충돌 순간의 탄환과 막대의 FBD들이 그림 (b)에 나와 있다. 이 그림은 충격력(꺽쇠로 표시한)만 나타내고 있다. C와 AB의 무게는 유한한 힘이므로 이것들은 충돌해석에 포함되지 않을 것이고, 따라서 FBD에도 나와 있지 않다. 이 FBD에는 B에서 충격력으로 작용하는 접촉력의 성분들인 $\hat{B}_x$와 $\hat{B}_y$가 나와 있고, 또한 A에서 충격력으로 작용하는 핀 반력의 성분들인 $\hat{A}_x$와 $\hat{A}_y$가 나와 있다.

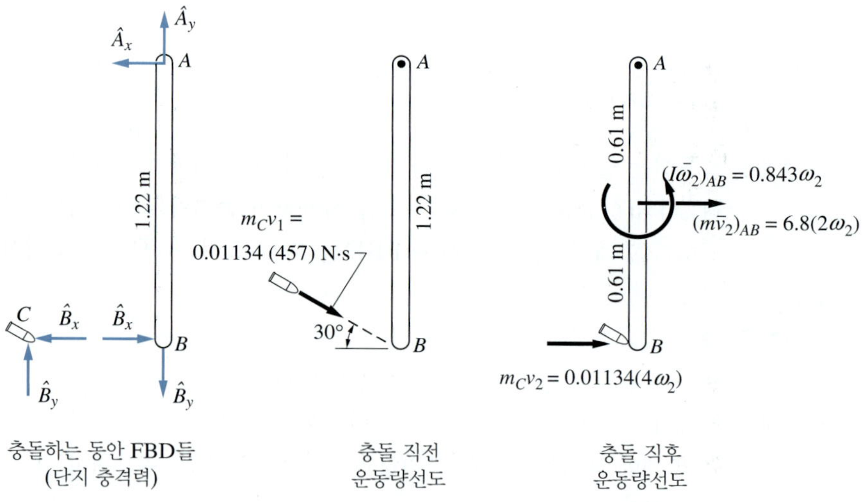

(b)

또한, 그림 (b)에는 충돌 직전과 직후의 운동량선도들도 나와 있다. 충돌 직전의 운동량선도에는 탄환 C의 최초의 선운동량만 나와 있다.

충돌 직후의 운동량선도는 탄환의 최종 운동량과 막대 AB의 선 및 각운동량을 모두 포함한다. (각속도 ω_2는 rad/s로 측정된다.) 이 선도에서 사용된 운동학적 관계식, v_2

$= 1.22\omega_2$ 및 $(\bar{v}_2)_{AB} = 0.61\omega_2$는 A가 고정된 점이라는 사실로부터 나온다. 또한 AB의 중심관성 모멘트는 $\bar{I}_{AB} = mL^2/12 = (1/12)(6.8)(1.22)^2 = 0.843\ \text{kg}\cdot\text{m}^2$이고, 이것으로부터 선도에 표시한 바와 같이 $(\bar{I}\omega_2)_{AB} = (0.843)\omega_2\ \text{N}\cdot\text{m}\cdot\text{s}$이다.

그림 (b)를 살펴보면 모두 5개의 미지수가 있다는 것을 알 수 있고, 이 미지수는 충격력인 $\hat{A}_x$, $\hat{A}_y$, $\hat{B}_x$ 및 $\hat{B}_y$와 각속도 ω_2이다. 그리고 역시 모두 5개의 독립인 충격량과 운동량 방정식이 유도될 수 있다. 즉 이들 중 2개는 탄환 C에 대한 것이고, 나머지 3개는 막대 AB에 관한 것이다. 따라서 5개의 미지수 모두 5개의 독립인 방정식으로부터 결정될 수 있다. 그러나 우리는 미지수 중 3개만(ω_2 및 충격력 $\hat{A}_x$와 $\hat{A}_y$)을 구하면 되기 때문에 이 모든 방정식을 유도할 필요는 없다.

문항 1

ω_2를 계산하는 가장 효율적인 방법은 탄환과 막대를 별개로 생각하지 않고 이들로 구성되는 계를 고려하는 것이다. 이 계에서 $\hat{B}_x$와 $\hat{B}_y$는 내력이다. 따라서 $\hat{A}_x$와 $\hat{A}_y$가 유일한 외력이다. 이 계에 작용하는 A에 관한 각충격량은 따라서 0이고, 이것으로부터 A에 관한 각운동량은 보존된다는 결론을 얻을 수 있다. 그림 (b)의 운동량선도를 참조하면 이 계에 대하여 다음을 얻는다.

$$(h_A)_1 = (h_A)_2$$

$$\circlearrowleft{+}\quad 0.01134(457\cos 30°)(1.22)$$

$$= \left[0.843\omega_2 + 6.8(0.61\omega_2)(0.61)\right] + \left[0.01134(1.22\omega_2)(1.22)\right]$$

ω_2에 대하여 풀면

$$\omega_2 = 1.616\ \text{rad/s} \qquad \textbf{답}$$

문항 2

앞에서 언급한 바와 같이 $\hat{A}_x$와 $\hat{A}_y$는 충돌하는 동안, 이 계에 작용하는 유일한 외력이다. 왜냐하면 $\hat{B}_x$와 $\hat{B}_y$는 내력이기 때문이다. 그림 (b)를 참조하면 이 계에 대한 선충격량과 운동량 방정식의 x성분은

$$(L_x)_{1-2} = (p_x)_2 - (p_x)_1$$

$$\overset{+}{\rightarrow}\quad -\int \hat{A}_x\, dt = \left[6.8(0.61\omega_2) + 0.01134(1.22\omega_2)\right] - \left[0.01134(457\cos 30°)\right]$$

(문항 1)에 있는 답으로부터 $\omega_2 = 1.616$ rad/s를 대입하면

$$\int \hat{A}_x\, dt = -2.23\ \text{N}\cdot\text{s} \qquad \text{(a)}$$

음의 부호는 물론 충격력 $\hat{A}_x$의 방향이 FBD에서 가정된 $\hat{A}_x$의 방향과 반대라는 것을 의미한다.

이 계에 대한 선충격량과 운동량 방정식의 y성분은

$$(L_y)_{1-2} = (p_y)_2 - (p_y)_1$$

$$+\uparrow \quad \int \hat{A}_y\,dt = 0 - [-0.01134(457 \sin 30°)]$$

즉,

$$\int \hat{A}_y\,dt = 2.59 \text{ N} \cdot \text{s} \qquad \text{(b)}$$

식 (a)와 (b)를 이용하면 A에서 이 막대에 가해지는 충격량의 합은

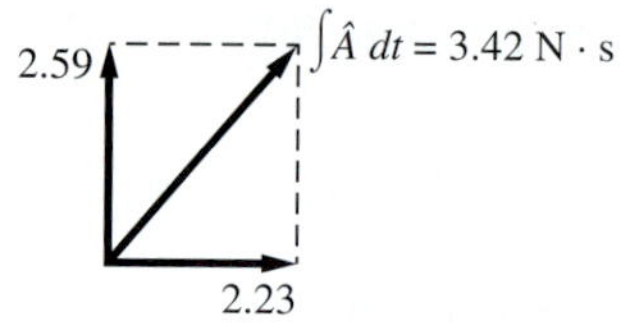

답

문항 3

충돌 직전의 이 계의 운동에너지는 다음과 같다.

$$T_1 = \frac{1}{2} m_C v_1^2 = \frac{1}{2}(0.01134)(457)^2 = 1184.2 \text{ N} \cdot \text{m}$$

충돌 직후의 이 계의 운동에너지는 다음과 같다.

$$T_2 = \frac{1}{2} m_C v_2^2 + \left[\frac{1}{2}\bar{I}\omega_2^2 + \frac{1}{2}m\bar{v}_2^2\right]_{AB}$$

여기에 수치적인 값을 대입하면 다음과 같이 나온다.

$$\begin{aligned} T_2 &= \frac{1}{2}(0.01134)(1.22 \times 1.616)^2 \\ &\quad + \left[\frac{1}{2}(0.843)(1.616)^2 \right. \\ &\quad \left. + \frac{1}{2}(6.8)(0.61 \times 1.616)^2\right] \\ &= 4.42 \text{ N} \cdot \text{m} \end{aligned}$$

따라서 충돌하는 동안 손실되는 에너지의 백분율은 다음과 같다.

$$\frac{T_1 - T_2}{T_1} \times 100\% = \frac{1184.2 - 4.42}{1184.2} \times 100\% = 99.6\% \qquad \text{답}$$

$\int \hat{A}_x dt$를 계산하는 다른 방법

반력 $\hat{A}_x$의 충격량은 각충격량과 각운동량 방정식으로부터 계산될 수도 있다. 그림 (b)를 참조하고, 전체 계 혹은 단지 막대 AB만을 고려하면 다음과 같이 된다.

$$(A_B)_{1-2} = (h_B)_2 - (h_B)_1$$

$$\circlearrowleft + \quad 1.22 \int \hat{A}_x\, dt = \left[0.843\omega_2 - 6.8(0.61\omega_2)(0.61)\right] - 0$$

그러므로 다음과 같이 된다.

$$\int \hat{A}_x\, dt = 2.23\ \text{N} \cdot \text{s} \qquad \text{답}$$

이것은 식 (a)에서 얻어진 결과와 일치한다. 비록 B는 고정된 점도 아니고 질량중심도 아니지만, 이 점을 기준점으로 사용하여도 무방하다. 왜냐하면 제18.7절에서 증명한 바와 같이 충격적인 운동에서는 기준점의 위치에 대해서 아무런 제한이 없기 때문이다. 즉, 모든 점은 극히 짧은 충돌 중에는 "고정된" 것으로 생각할 수 있다.

예제 18.13

그림 (a)와 같이, 질량이 20 kg인 가늘고 기다란 균일 막대가 마찰이 없는 롤러 A와 B에 의해서 속도 v_1으로 오른쪽으로 움직이다가 B에 있는 롤러가 작은 장애물 C에 부딪힌 후 반발되지 않는다. 부딪힌 후, 이 막대가 수직인 위치까지 도달하기 위한 v_1의 최솟값을 계산하라.

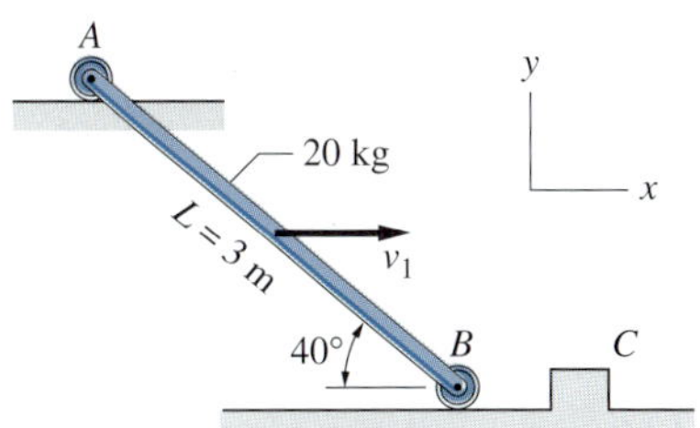

(a)

풀이

그림 (b)에는 이 막대가 충돌하는 동안의 FBD 그리고 충돌 직전과 직후의(각각 ① 및 ②가 붙어 있다) 운동량선도가 나타나 있다. 또한 이 그림에서 수직인 최종위치 ③도 나와 있고 이것은 정지된 위치이다. 우리는 충돌하는 시간을 무시할 것이다. 그러므로 이 운동은 충돌 운동이다. 따라서 이 막대는 충돌하는 동안에 동일한 공간상의 위치를 차지한다.

그러므로 충격량–운동량 방법을 사용하여 위치 ①과 ② 사이에서 발생하는 충돌을 해석하여야 한다. 그리고 위치 ②와 ③ 사이의 운동을 해석할 때에는 역학적 에너지 보존의 원리를 적용할 것이다.

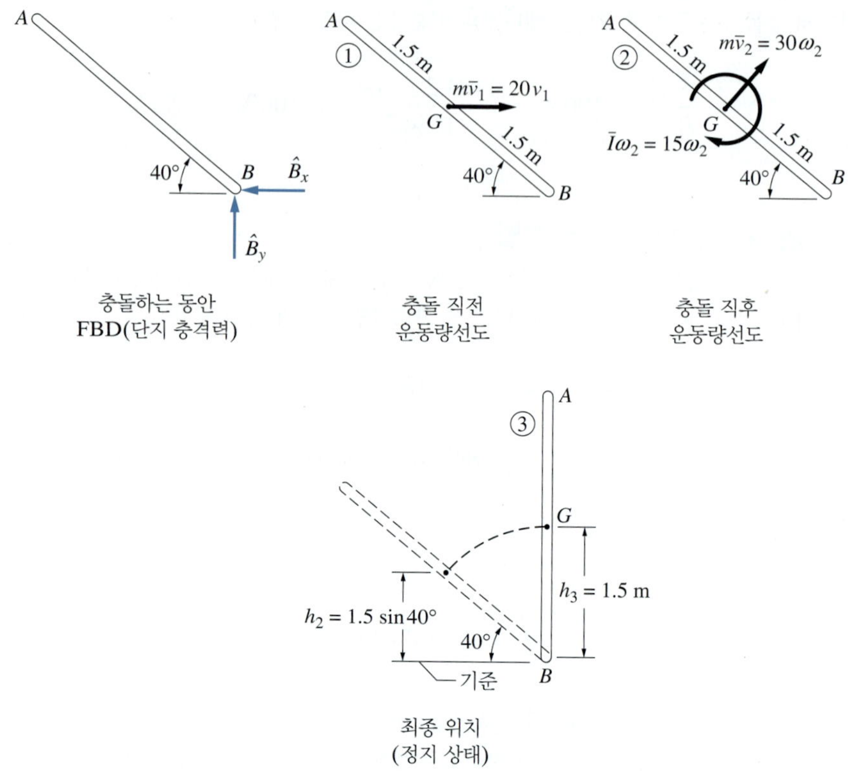

(b)

그림 (b)의 FBD는 반력 $\hat{B}_x$와 $\hat{B}_y$를 보여주고 이것들은 충돌하는 동안 봉에 작용하는 유일한 충격력이다. 막대의 무게는 이 FBD에 나와 있지 않다. 왜냐하면 이것은 유한한 힘이기 때문에 이것의 충격량은 충격이 이루어지는 시간이 아주 짧기 때문에 무시할 수 있다. A에서의 롤러의 반력도 동일한 이유로 FBD에는 나타나지 않는다(이 롤러는 충돌하는 동안 접촉면에서부터 들어 올려지려고 하기 때문에 이 반력은 충격력이 아니다).

그림 (b)에 나와 있는 바와 같이 위치 ①에서의 운동량선도는 선운동량벡터만으로 구성되는데, 그 크기는 $mv_1 = 20v_1$ N·s이다. 여기서 v_1은 m/s로 측정된다. 위치 ②에서의 운동량선도는 선 및 각운동량 모두를 포함한다. $\bar{I} = mL^2/12 = 20(3)^2/12 = 15$ N·m^{2}이므로 각운동량은 $\bar{I}\omega_2 = 15\omega_2$ N·m·s이고 여기서 ω_2는 rad/s로 측정된다. 이 막대는 충돌 후에 끝 B 주위로 회전하기 때문에 $\bar{v}_2 = 1.5\omega_2$ m/s이고, 따라서 선운동량 벡터의 절대치는 $m\bar{v}_2 = 20(1.5)\omega_2 = 30\omega_2$ N·s이다.

그림 (b)의 FBD로부터 B에 관한 각충격량은 0이라는 것을 알 수 있다. 왜냐하면 $\hat{B}_x$와 $\hat{B}_y$는 모두 B를 통과하기 때문이다. 각충격량은 충돌하는 동안에는 임의의 점에 관한 각충격량은 그 점에 관한 각운동량의 변화량과 같기 때문에 위치 ①과 ② 사이에서 B에 관한 각운동량이 보존된다는 결론을 얻을 수 있다. 그림 (b)의 운동량선도를 참조하면 다음을 얻는다.

$$(h_B)_1 = (h_B)_2$$

$$\circlearrowleft + \quad 20v_1(1.5\sin 40°) = 15\omega_2 + 30\omega_2(1.5)$$

이것으로부터 v_1과 ω_2 사이의 관계식은 다음과 같다.

$$v_1 = 3.111\omega_2 \qquad \text{(a)}$$

충돌 후에 이 막대에 작용하는 모든 힘들이 보존력이기 때문에 ω_2값은 위치 ②와 ③ 사이에서 역학적 에너지 보존의 원리를 적용하여 계산한다(이 막대는 수직인 위치에서 정지한다는 것을 기억하라).

그림 (b)에 나와 있는 바와 같이 중력에 의한 위치에너지의 기준으로 B를 통과하는 수평선을 선택한다. 그러므로 위치 ②와 ③에서 위치에너지는 다음과 같다.

$$V_2 = Wh_2 = 20(9.81)(1.5\sin 40°) = 189.2 \text{ J} \qquad \text{(b)}$$

$$V_3 = Wh_3 = 20(9.81)(1.5) = 294.3 \text{ J} \qquad \text{(c)}$$

이 두 위치에서 운동에너지는 다음과 같다.

$$\begin{aligned} T_2 &= \frac{1}{2}\bar{I}\omega_2^2 + \frac{1}{2}m\bar{v}_2^2 \\ &= \frac{1}{2}(15)\omega_2^2 + \frac{1}{2}(20)(1.5\omega_2)^2 \\ &= 30.0\omega_2^2 \text{ J} \end{aligned} \qquad \text{(d)}$$

그리고

$$T_3 = 0 \qquad \text{(e)}$$

식 (b)~(e)를 이용하여 역학적 에너지 보존의 원리를 적용하면, 다음과 같다.

$$V_2 + T_2 = V_3 + T_3$$

$$189.2 + 30.0\omega_2^2 = 294.3 + 0$$

그러므로

$$\omega_2 = 1.872 \text{ rad/s}$$

이 값을 식 (a)에 대입하면, 이 막대가 수직인 위치까지 도달하기 위한 초기속도의 최솟값을 결정할 수 있다.

$$v_1 = 3.111\omega_2 = 3.111(1.872) = 5.82 \text{ m/s}$$ 답

연습문제

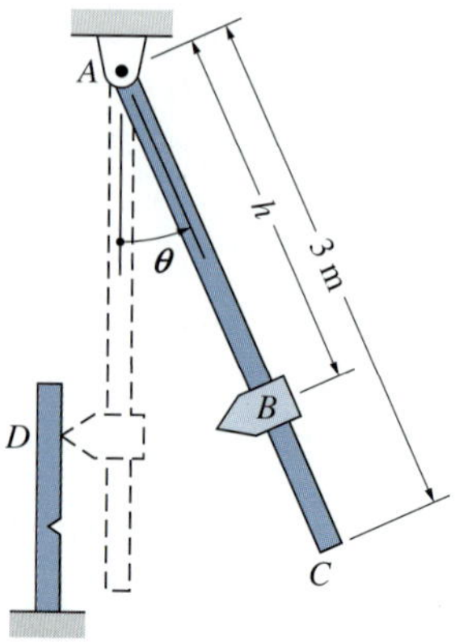

그림 P18.83

18.83 충격시험기가 질량이 20 kg인 균일하고 가는 막대 AC와 여기에 붙어 있는 16 kg의 타격체 B로 구성되어 있다. 이 시험기는 경사진 위치에 놓여서 시편 D를 부러뜨린다. 이 시편과 충돌하는 동안에 점 A에서의 핀 반력의 수평성분이 0이 되기 위한 거리 h를 계산하라.

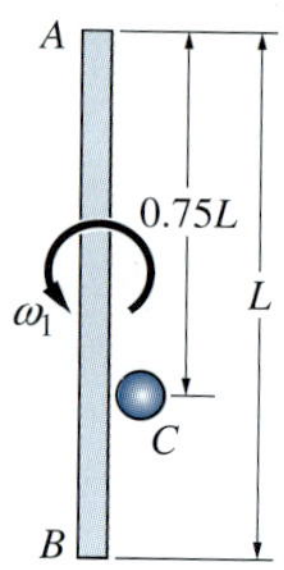

그림 P18.84

18.84 질량이 m이고 길이가 L인 균일 봉 AB가 자체의 중간 점에 관하여 각속도 $\omega_1 = 25$ rad/s로 회전하면서 고정핀 C를 때리고 있다. 봉이 튀어나가지 않는다고 가정하고, 충돌이 일어난 직후에 봉의 각속도를 구하라.

18.85 질량 m인 균질 정사각형 평판이 A에 있는 핀에 매달려 있다. 이 평판이 정지 상태에 있을 때 질량 $0.2m$인 투사체가 v_0의 속도로 수직방향으로 날아와 부딪힌다. 이 투사체가 평판에 파묻힌다고 가정하고, 충돌 직후의 평판의 각속도를 구하라.

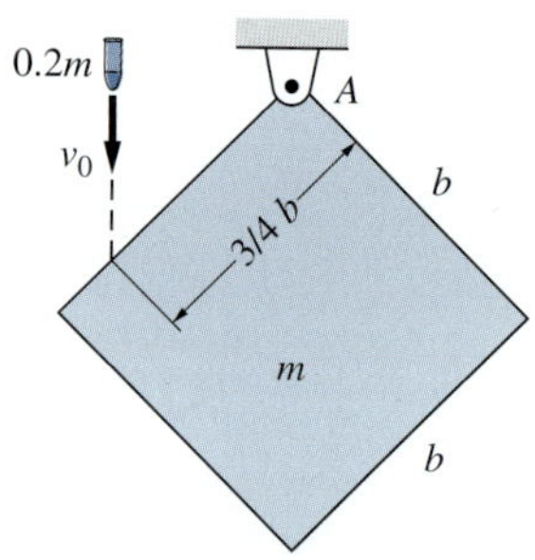

그림 P18.85

18.86 질량이 10.9 kg인 균일한 막대 AB가 수직인 위치에서 정지해 있을 때 질량이 54.4 g인 탄환 D가 수평방향으로 487.7 m/s의 속도로 날아와서 이 막대에 묻힌다. (a) 파묻힌 직후의 AB의 각속도, (b) 묻힌 후 AB의 최대 각 변위를 계산하라.

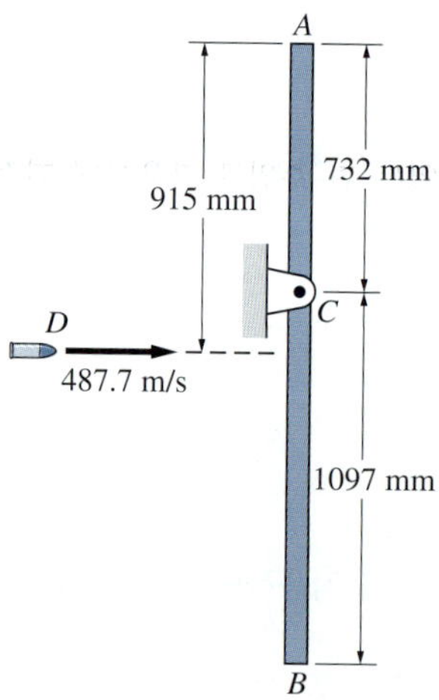

그림 P18.86

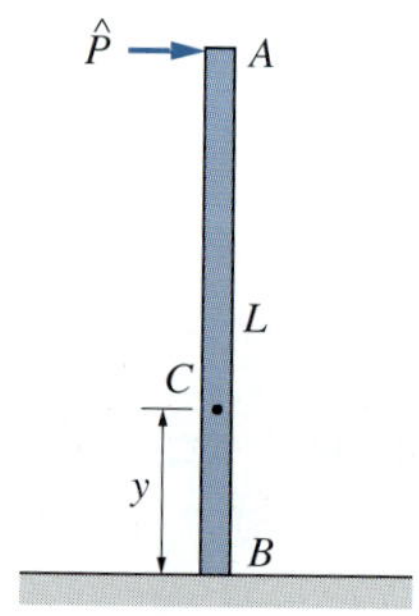

그림 P18.87

18.87 질량이 m이고 길이가 L인 균질 봉 AB가 매끄러운 수평표면 위에서 균형을 이루고 있다가 A에서 수평타격을 받았다. 충격 직후 속도가 0인 점 C의 y좌표를 구하라.

18.88 질량이 m인 균질 상자가 그 모서리 A가 속력 v_1으로 수평표면 위를 미끄럼 이동하다가 모서리가 작은 장애턱에 걸렸다. 상자는 튕겨 나오지 않는다고 가정하고, (a) 충돌 직후 상자의 각속도를 v_1으로, (b) 충돌 직후 상자가 넘어지지 않게 되는 v_1의 최대 속도를 각각 구하라.

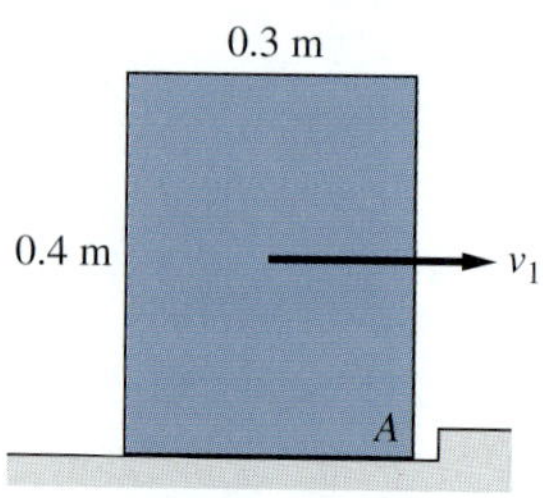

그림 P18.88

18.89 질량이 m인 가늘고 기다란 균질 봉이 $v_1 = 5.5$ m/s의 속도로 왼쪽으로 병진 운동하다가 A의 작은 롤러가 가늘고 기다란 홈의 끝에 부딪혔다. 튕겨 나오지 않는다고 가정하고 (a) 충돌 직후와, (b) B가 A의 직상방에 있을 때 봉의 각속도를 계산하라.

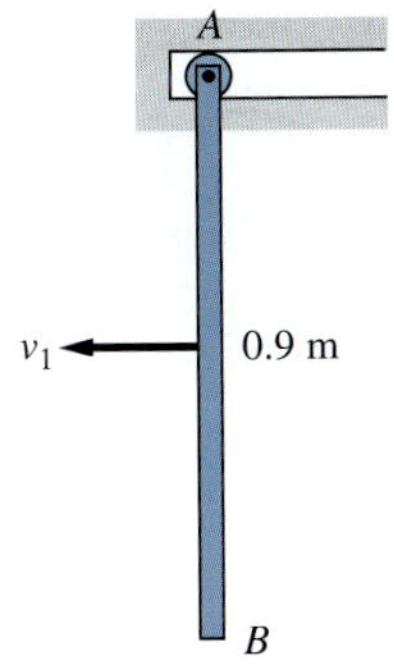

그림 P18.89

18.90 질량이 m인 균일 원통이 미끄러짐이 없이 수평표면을 구르다가 경사면에 부딪혔다. 충돌전 원통의 각속도가 4 rad/s이면 충돌 직후 원통의 각속도는 얼마인가? 원통은 경사면에서 튕겨 나오거나 미끄러지지 않는다고 가정한다.

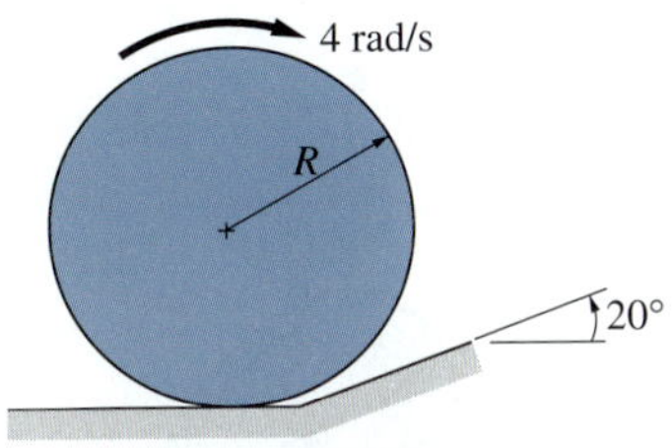

그림 P18.90

18.91 질량이 m이고 길이가 L인 균일한 막대 AB가 그 끝 A가 모퉁이에 놓여진 상태로 정지해 있다가 중력에 의하여 운동한다. 이 막대는 시계방향으로 ω_1의 각속도로 장애물을 C점에서 충돌하고 반발되지 않는다. 이 막대의 각속도가 충돌 후에도 시계방향을 계속 유지할 수 있는 거리 d의 최댓값을 결정하라. 단 마찰은 무시한다.

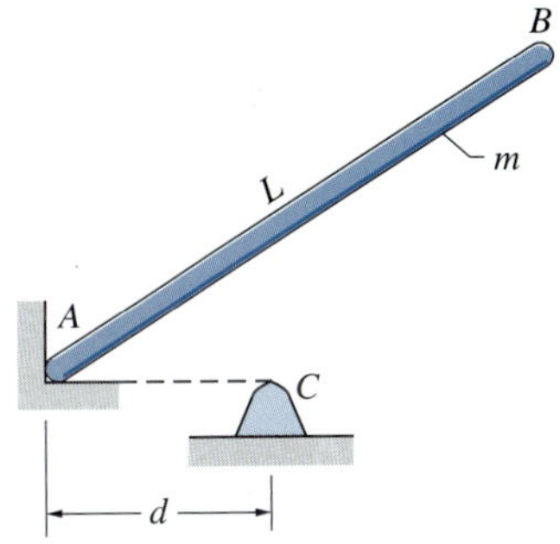

그림 P18.91

18.92 질량이 $3m$인 균질 막대 AB가 C점에 있는 핀 주위로 자유롭게 회전할 수 있다. 이 막대가 정지되어 있을 때 질량이 m인 작은 구 D가 이 막대의 끝 A를 v_1의 속도로 수직방향으로 내려와 부딪친다. 충돌 직후의 D의 속도가 0일 때 (a) 충돌 직후의 A의 속도, (b) 충돌하는 동안 운동에너지가 손실되는 비율을 백분율로 계산하라.

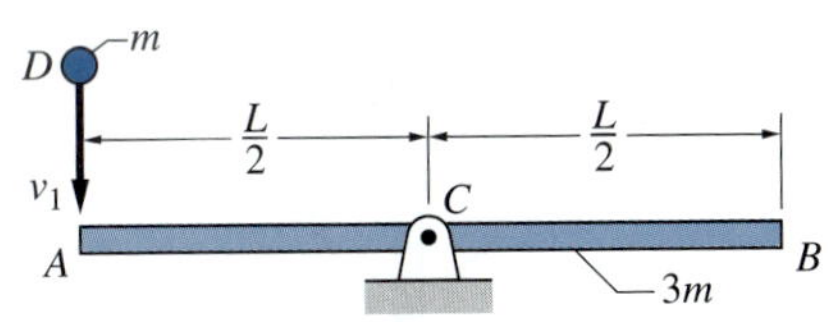

그림 P18.92

18.93 질량이 m인 균질 상자가 수평 표면을 속도 v_1으로 미끄러지고 있을 때, A에 있는 작은 장애물에 부딪히게 된다. 상자가 충돌한 후에 A에 관하여 90°로 "기울어지게" 되는 최고속도 v_1을 구하라. 단 A에서는 반동이 전혀 일어나지 않는다고 가정한다.

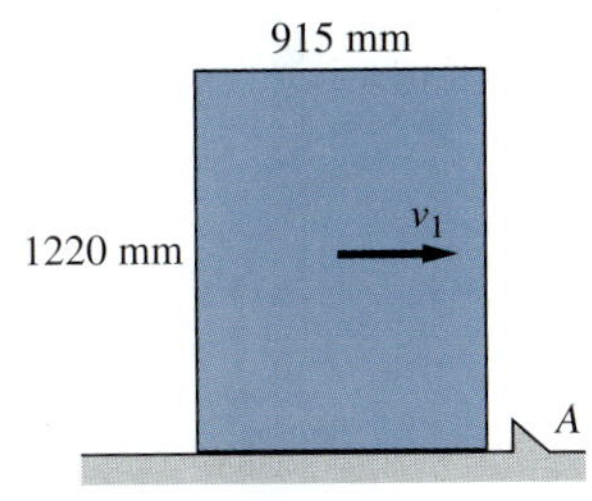

그림 P18.93

18.94 질량이 1.135 kg인 균일 원반이 각속도 ω으로 미끄러지지 않고 굴러서 높이 25.4 mm인 돌출부와 부딪힌다. 이 원반과 돌출부 사이에 미끄러짐이 없고 또한 반발되지도 않는다고 가정할 때 이 원반이 돌출부를 올라갈 수 있는 ω_1의 최솟값을 계산하라.

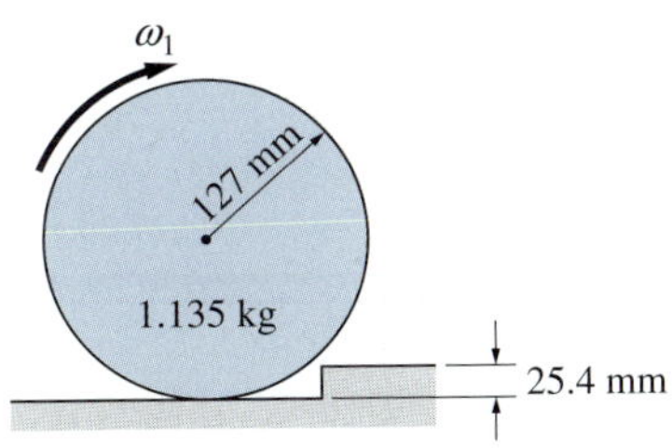

그림 P18.94

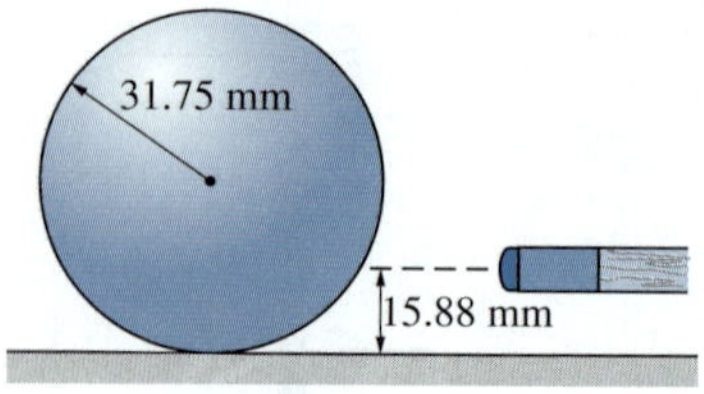

그림 P18.95

18.95 질량 m인 당구공이 당구대 위에서 정지해 있을 때 큐대에 의해서 수평방향으로 충격이 가해진다. 충격이 가해진 직후 당구공의 중심의 속도는 $v = 0.85$ m/s이다. (a) 충격이 가해진 직후의 당구공의 각속도를 계산하라. (b) 이 공이 당구대 위에서 미끄러짐이 없어진 후의 이 공의 각속도를 계산하라.

18.96 질량이 9 g인 탄환 B가 정지 과녁 A를 $v_1 = 850$ m/s로 들어가서 $v_2 = 310$ m/s로 나온다. 이 과녁은 질량이 12 kg인 균질 원반으로서 z축에 관하여 자유 회전을 한다. 충돌 직후의 과녁의 각속도를 구하라.

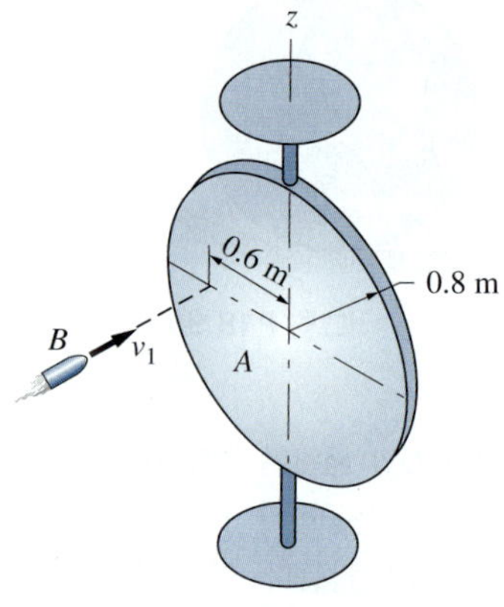

그림 P18.96

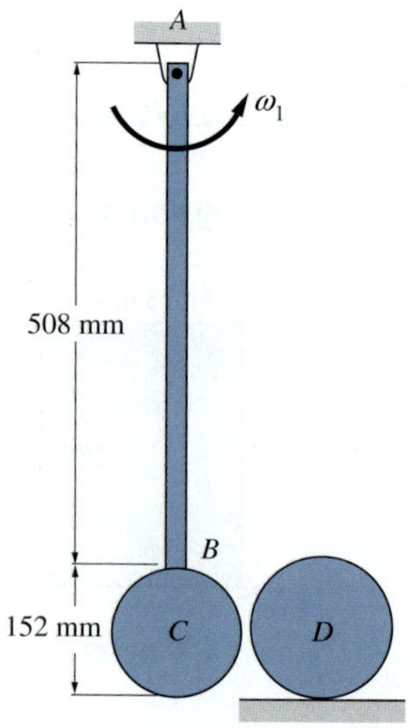

그림 P18.97

18.97 질량이 0.907 kg인 가늘고 기다란 봉 AB와 질량이 2.27 kg의 구 C로 구성되어 있는 진자가 질량이 W인 정지구 D를 각속도 ω_1으로 부딪힌다. 모든 물체는 균질이다. 진자가 충돌 후에 완전히 멈추게 될 때 W을 구하라. 마찰을 무시하고 충돌 시에 에너지 손실은 전혀 없다고 가정한다.

18.98 질량이 27.2 kg인 균일한 막대 AB는 B에서 핀에 의하여 지지되고 A에서 탄성계수 $k = 3500$ N/m인 스프링에 의하여 지지된다. 이 막대가 수평인 위치에 정지해 있을 때, 막대의 길이에 비하여 비교적 작은 질량이 12.7 kg인 모래주머니 C가 그림에 주어진 초기속도로 이 막대 위에 날아온다. 이 모래주머니가 반발되지 않는다고 가정할 때 (a) 충돌 직후의 AB의 각속도, (b) 충돌 후 AB의 최대 각 변위를 각각 계산하라. 단, 이 각 변위는 충분히 작다고 가정한다.

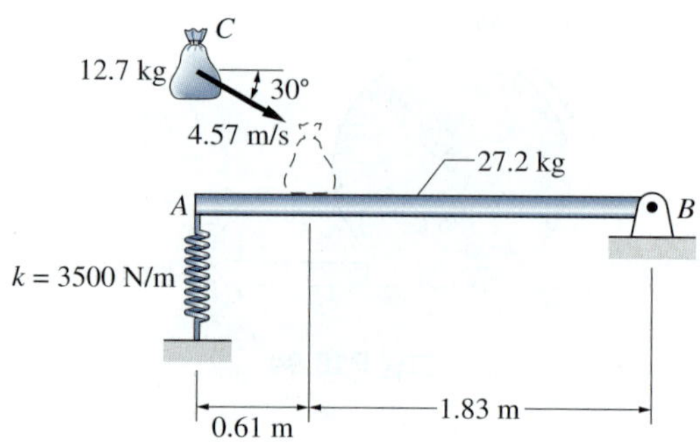

그림 P18.98

REVIEW OF EQUATIONS

Work of a couple (plane motion)

The work of the couple C is

$$U_{1-2} = \int_{\theta_1}^{\theta_2} C\,d\theta$$

$$U_{1-2} = C(\theta_2 - \theta_1) \qquad \text{(constant } C\text{)}$$

Power of a couple (plane motion)

The power of couple C acting on a rigid body rotating with the angular velocity ω is

$$P = C\omega$$

Kinetic energy of a rigid body in plane motion

$$T = \frac{1}{2}m\bar{v}^2 + \frac{1}{2}\bar{I}\omega^2$$

$$T = \frac{1}{2}I_A\omega^2 \text{ (}A\text{ is the instant center for velocities)}$$

Principle of work and kinetic energy

$$(U_{1-2})_{\text{ext}} = T_2 - T_1 \qquad \text{(single body)}$$

$$(U_{1-2})_{\text{ext}} + (U_{1-2})_{\text{int}} = T_2 - T_1 \qquad \text{(connected bodies)}$$

Conservation of mechanical energy

$$V_1 + T_1 = V_2 + T_2$$

Impulse-momentum equations

$$\mathbf{L}_{1-2} = \mathbf{p}_2 - \mathbf{p}_1$$

$$(\mathbf{A}_A)_{1-2} = (\mathbf{h}_A)_2 - (\mathbf{h}_A)_1 \quad (A \text{ is a fixed point or mass center})$$

$\mathbf{L}$ = linear impulse of external forces

$\mathbf{p} = m\bar{\mathbf{v}}$ = linear momentum of the body

$\mathbf{A}_A$ = angular impulse of external forces about A

REVIEW PROBLEMS

18.99 The uniform disk of mass m and radius R is attached to a spring of stiffness k. If the disk is released from rest with the spring undeformed, determine the expression for the maximum angular velocity of the disk. Assume that the disk rolls without slipping on the inclined surface.

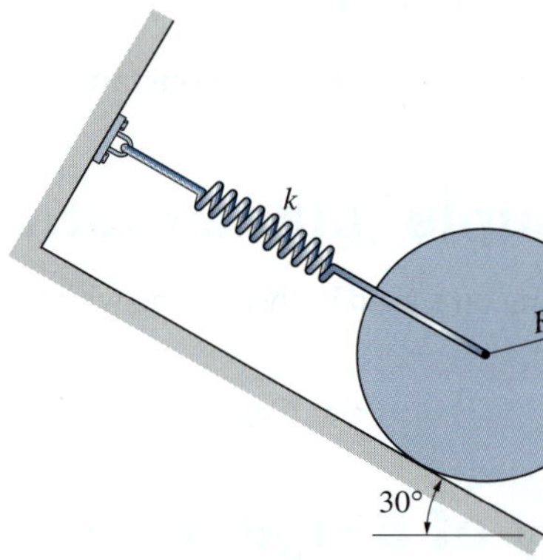

Figure P18.99

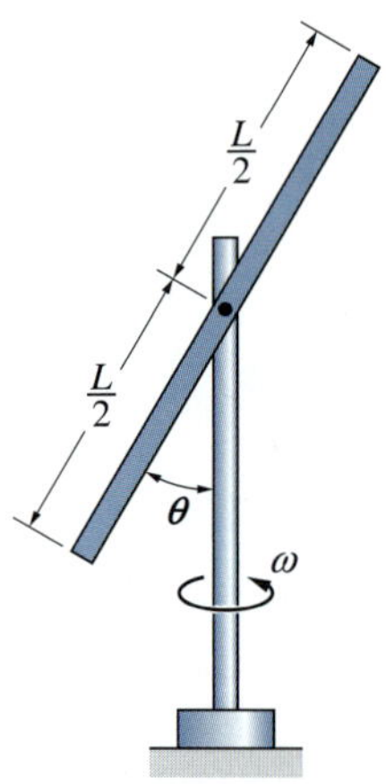

Figure P18.100

18.100 The uniform bar of mass m and length L is attached to a vertical shaft of negligible mass. The angle θ between the bar and the shaft can be changed by an internal mechanism (not shown). If the assembly is rotating freely with the angular velocity ω when $\theta = 90°$, determine the angular velocity of the assembly when θ is changed to 45°.

18.101 The 8.165-kg uniform bar AB is suspended from a roller at B, which travels on a horizontal rail. The bar is at rest in the vertical position when it is hit at end A by the 18.1-g bullet moving horizontally at 853.5 m/s. Assuming that the bullet becomes embedded in the bar, determine (a) the angular velocity of the bar immediately after the impact; and (b) the maximum angular displacement of the bar after the impact. Neglect the mass of the bullet after impact.

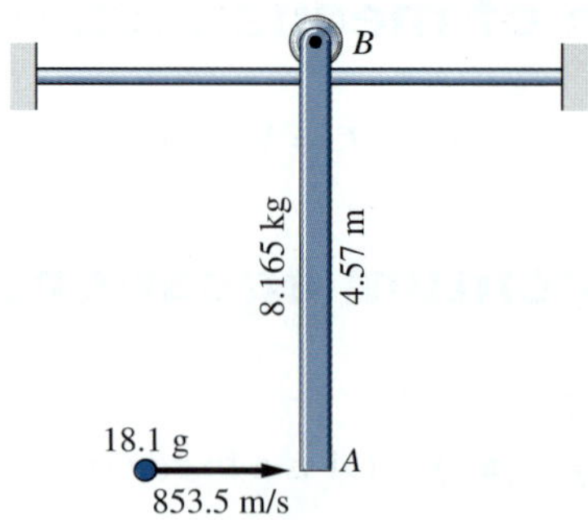

Figure P18.101

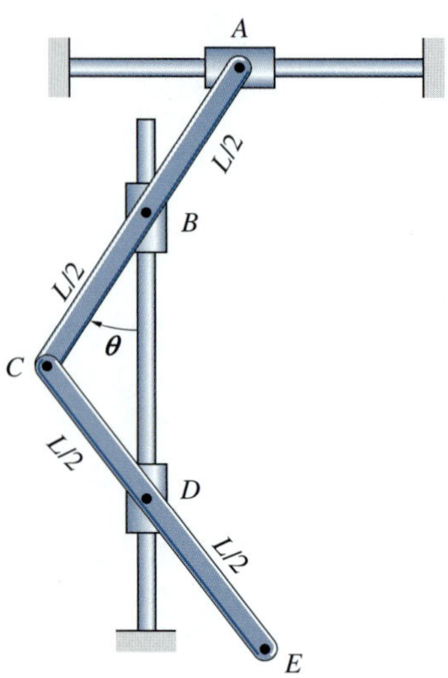

Figure P18.102

18.102 The two identical bars AC and CE, each of mass m, are joined by a pin at C. The midpoints of the bars are pinned to collars that slide on the vertical guide rod, whereas the collar at A moves along the horizontal rod. If the system is released from rest in the position $\theta = 90°$, determine the velocity of collar A in the position $\theta = 0$.

18.103 The mechanism is released from rest in the position shown. Determine the velocity of slider C when bar BC has become horizontal. Neglect friction.

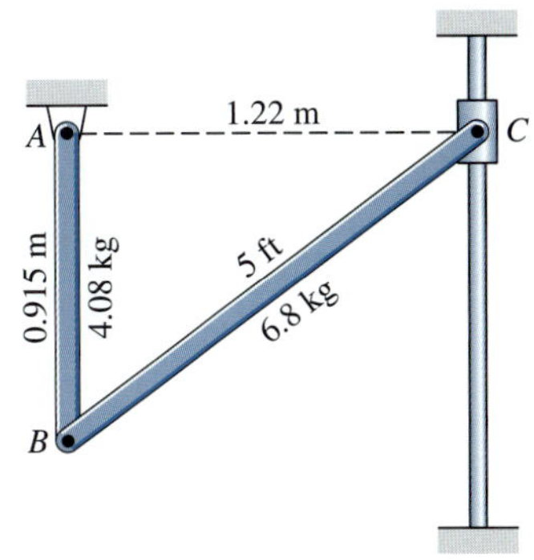

Figure P18.103

18.104 The 15-kg uniform bar AB is in the position shown and moving with velocity $\bar{v} = 16$ m/s and angular velocity $\omega = 120$ rad/s when end A strikes a rigid obstruction. Determine the velocity of end B just after the impact, assuming that the bar does not rebound.

18.105 The homogeneous cylinder of mass m and radius R is gently placed on the conveyor belt that is moving at the constant velocity v_0. The coefficient of kinetic friction between the belt and the cylinder is μ_k. Initially the cylinder will slide on the belt, but eventually the sliding stops. Determine (a) the time when the sliding stops; and (b) the final angular velocity of the cylinder and the final velocity of the center of the cylinder.

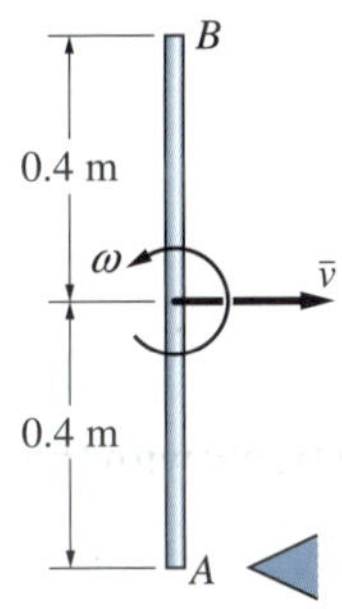

Figure P18.104

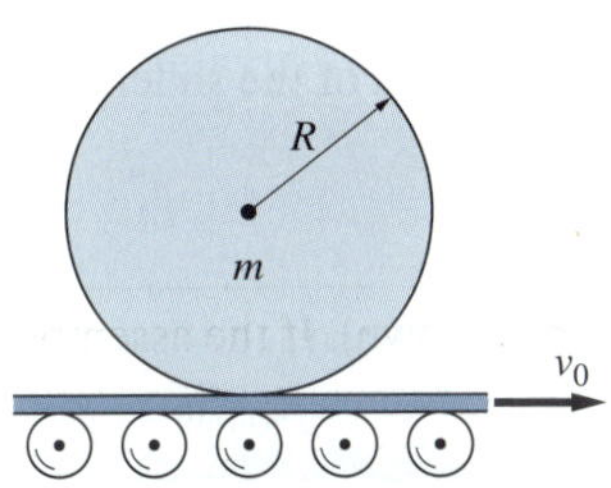

Figure P18.105

18.106 Disk B is rotating at 60 rad/s when the identical, stationary disk A is lowered into contact with it. If the coefficient of kinetic friction between the disks is 0.25, determine the time when the slipping between the disks stops and the final angular velocities of the disks.

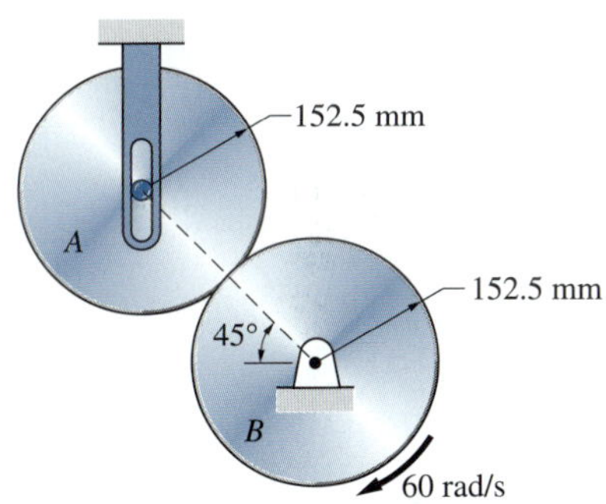

Figure P18.106

18.107 The 9.07-kg uniform disk is launched along the horizontal surface with the velocity 4.57 m/s and the backspin 45 rad/s. The coefficient of kinetic friction between the disk and the surface is 0.45. Determine (a) the final speed of the disk; and (b) the time required to reach the final speed.

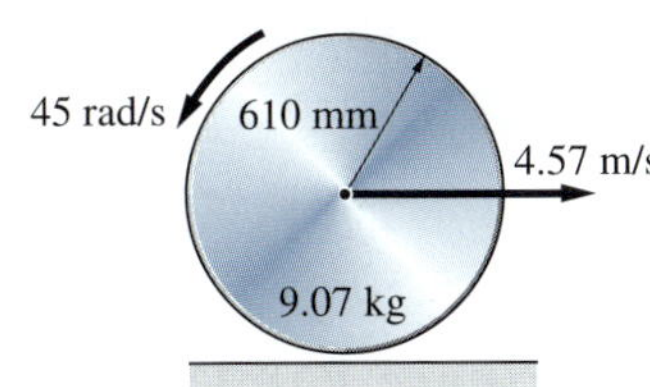

Figure P18.107

18.108 The uniform bar AB of weight W is connected by a cable to the block C, also of weight W. If the system is released from rest in the position shown, determine the velocity of C when AB has rotated 90°.

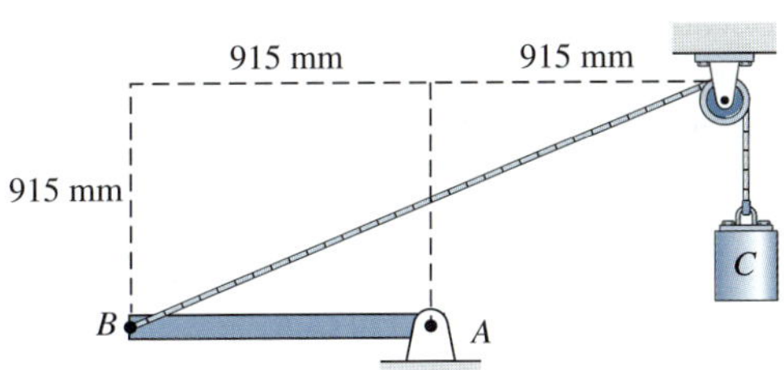

Figure P18.108

18.109 The 15-kg homogeneous plank supported by cables at A and B is at rest when the 5-kg sandbag lands on it without rebounding. If the impact velocity of the sandbag is 6 m/s, determine the angular velocity of the plank immediately after the impact.

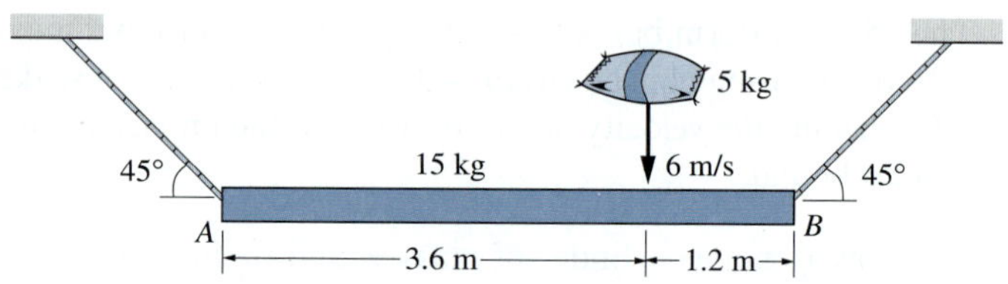

Figure P18.109

18.110 The mechanism consisting of two uniform rods moves in the horizontal plane. The spring connected between the slider A and the pin C has a stiffness of 200 N/m, and its free length is 150 mm. If the mechanism is released from rest in the position shown, determine the angular speed of rod BC when A is closest to C. Neglect friction and the mass of the slider.

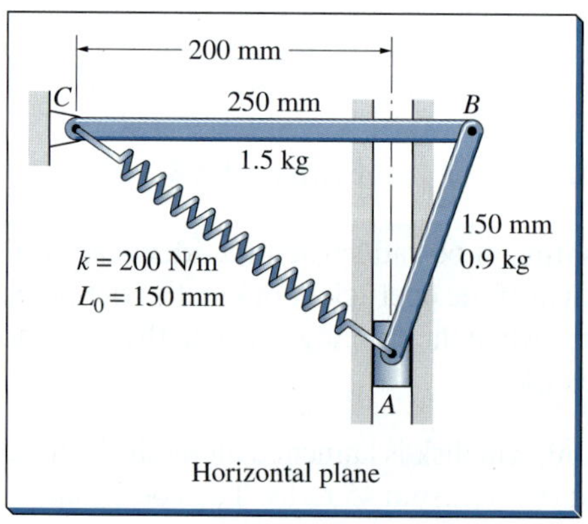

Figure P18.110

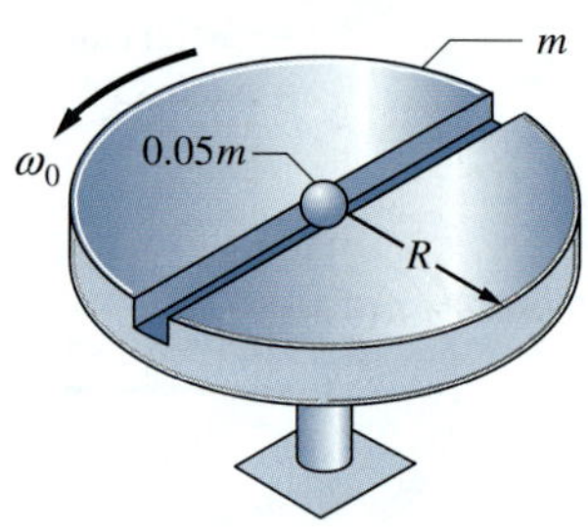

Figure P18.111

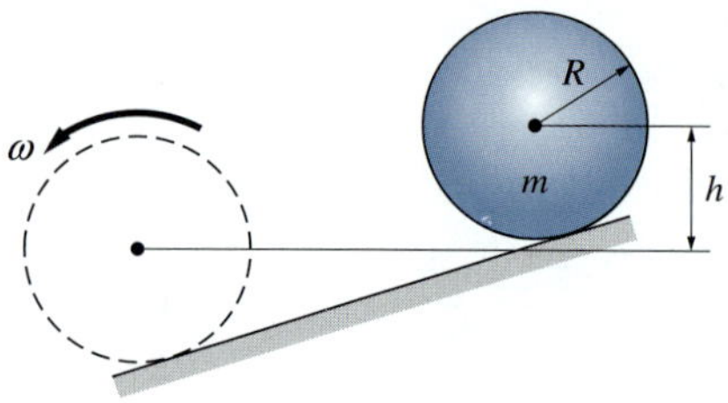

Figure P18.112

18.111 The slotted, homogeneous disk of mass m rotates freely about the vertical axis with the angular velocity ω_0. A small marble of mass $0.05m$ is placed near the center of the disk. Because of centrifugal force, the marble travels outward along the slot. Determine the angular velocity of the disk after the marble has left the slot. Neglect the effect of the slot on the moment of inertia of the disk.

18.112 The homogeneous sphere of mass m and radius R is released from rest on the inclined surface. Assuming rolling without sliding, determine the angular velocity of the sphere after the vertical descent of h.

18.113 The two disks can rotate freely on the horizontal shaft. The torsional stiffness of the spring connecting the disks is $k = 27.12$ J/rad. Initially, disk A is held stationary while disk B is rotated through two revolutions. Both disks are then released simultaneously. Determine the angular velocity of each disk at the instant when the spring has returned to its undeformed state. The moments of inertia of the disks about the shaft are $\bar{I}_A = 3.25\ \text{kg} \cdot \text{m}^2$ and $\bar{I}_B = 9.76\ \text{kg} \cdot \text{m}^2$.

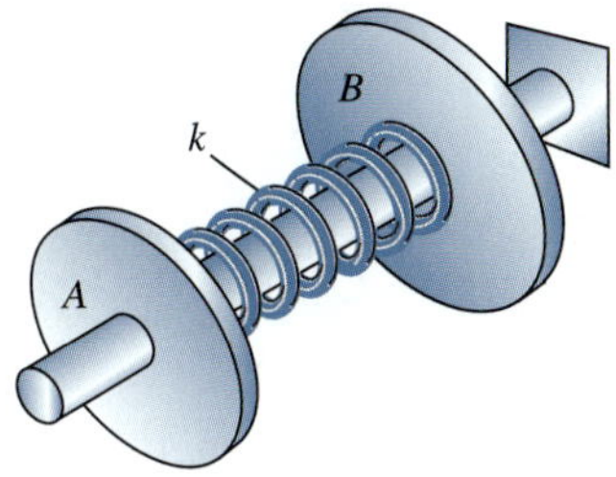

Figure P18.113

18.114 The uniform 13.61-kg bar is suspended from the pin at O. The bar is at rest when the 142-g bullet B is fired at end A with the velocity of 548.5 m/s. The bullet passes through the bar, emerging with the velocity of 426.7 m/s. Find the maximum angular displacement of the bar.

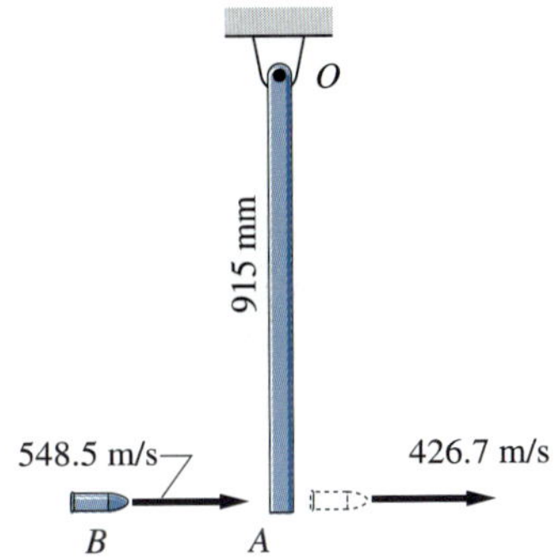

Figure P18.114

18.115 The uniform bars A and B are free to rotate about pins at their midpoints. Initially, the angular velocity of bar A is 5 rad/s CW and bar B is at rest. Determine the angular velocity of each bar immediately after the end of bar A strikes the end of bar B. Assume that the impact is plastic.

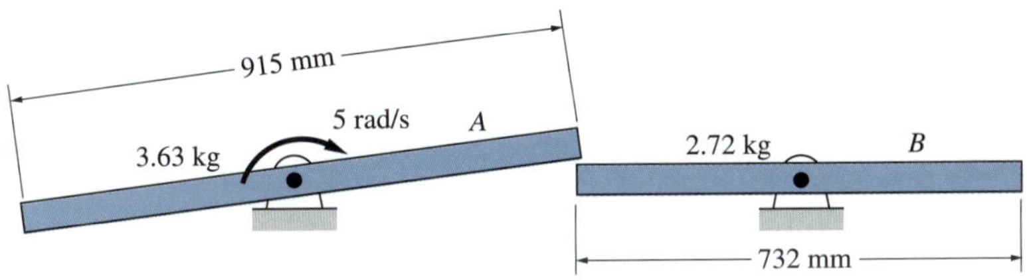

Figure P18.115

18.116 The 12-kg homogeneous sphere is at rest in the corner when the constant couple $C = 5\ \text{N} \cdot \text{m}$ is applied at $t = 0$. The coefficient of kinetic friction between the sphere and each of the contact surfaces is 0.4. Calculate the angular velocity of the sphere when $t = 3$ s.

18.117 As the homogenous cylinder of mass m enters the cylindrical surface, the velocity of its center is 1.5 m/s. Determine the angle θ at which the cylinder will come to a momentary stop. Assume that the cylinder rolls without slipping.

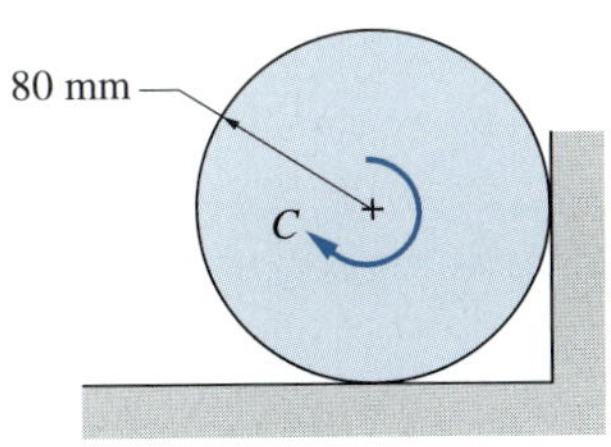

Figure P18.116

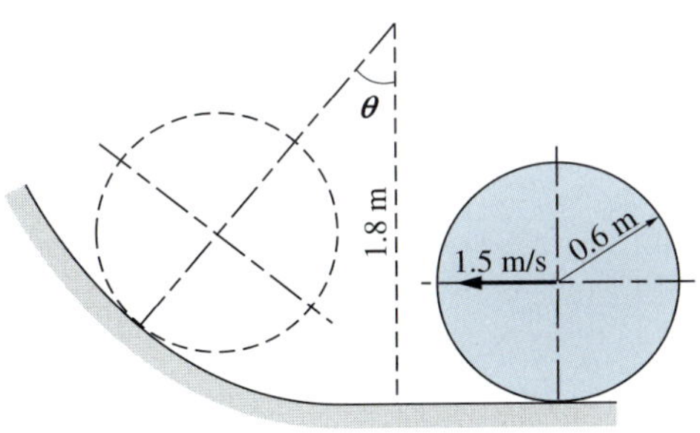

Figure P18.117

18.118 The arm A, which is free to rotate about the vertical axis at O, supports a disk and an electric motor. The disk and the armature of the motor, labeled B in the figure, have a combined weight of 9.07 kg and a central radius of gyration of $\bar{k}_B = 254$ mm. The motor housing C, which is attached to the arm A, weighs 5.44 kg, and its central radius of gyration is $\bar{k}_C = 76.2$ mm. The weight of arm A can be neglected. The system is at rest when the motor is turned on, which causes B to spin at 25 rad/s relative to the arm A. Determine the resulting angular speed of the arm A.

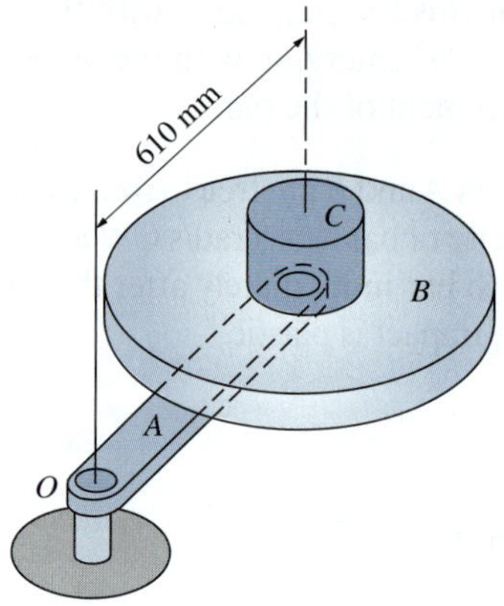

Figure P18.118

3차원 강체 동역학 19

Rigid-Body Dynamics in Three Dimensions

19.1 서론

평면운동에 대한 운동학은 물체의 모든 점이 평면 내에서 운동한다는 가정에 기초를 두고 있다. 따라서 질량중심을 포함하는 운동평면만을 고려하므로 평면운동의 운동학은 2차원으로 단순화되었다. 평면운동의 운동역학에 있어서는 물체가 운동평면에 대하여 대칭이 되어야 하는 구속조건이 부가되었다.

만약 물체의 운동이 평면운동으로 제한되지 않는다면 두 가지의 복잡한 문제가 발생한다. 첫째, 운동학이 3차원 문제를 다루어야 하므로 스칼라적 산술이 아닌 벡터해석 능력이 필요하다.

둘째는 운동역학에서의 복잡성이다. 즉, 평면운동의 운동역학은 물체의 두 관성특성인 질량 m과 질량중심에 대한 관성 모멘트 $\bar{I}$에 대한 특성만 포함하지만, 3차원 물체에서는 세 축에 대한 각각의 관성 모멘트와 3개의 관성적 등 6개의 관성 모멘트가 기술되어야 한다.*

강체의 3차원 운동에 대한 포괄적인 설명은 심화과정에 해당한다. 이 장에서는 불평형 회전기계, 회전체의 비행, 자이로스코프 효과와 같은 몇 가지 문제의 해석을 통해 3차원 강체 동역학을 소개한다. 3차

© iStockphoto.com Melissa Rodgers

항법장치에 일반적으로 사용되는 자이로스코프는 축의 방향을 일정하게 유지한다. 그러나 짐벌에 힘이 가해지는 경우, 자이로스코프는 힘과 평행인 축에 대해 회전하게 된다. 이러한 운동을 세차운동이라고 하며 연습문제 19.80과 19.81에서 다룬다.

* 물체가 운동평면에 대하여 대칭이 아니면 2차원 문제에서도 이러한 복잡성이 발생한다.

원 운동에 대한 운동학을 시작으로 하여, 이전 장에서 설명한 일과 에너지, 충격량과 운동량, 힘–질량–가속도 등의 운동역학 해석 기법을 3차원 동역학으로 확대 적용하여 설명한다. 끝으로 선대칭물체와 같은 특수한 경우를 다룬다.

19.2 운동학

19.2a 강체 내의 두 점의 상대운동

그림 19.1은 3차원 운동을 하고 있는 강체로 A와 B는 강체 내에 고정된 점이고 ω는 강체의 순간 각속도를 나타낸다. A에 대한 B 위치의 상대속도 $\mathbf{v}_{B/A}$는 물체의 회전에 기인하는 것으로 평면운동과 같이 고려될 수 있다. 점 A에 있는 회전하지 않는 관찰자에게 점 B는 C가 중심인 원주상을 이동하는 것으로 보인다. 이와 같은 운동은 평면운동에서와 같은 상태이므로 상대속도는 결국 다음과 같이 정리된다.

$$\mathbf{v}_{B/A} = \boldsymbol{\omega} \times \mathbf{r}_{B/A} \tag{19.1a}$$

여기서, $\mathbf{r}_{B/A}$는 A에 대한 B의 상대위치벡터이다. 이 식의 세부적인 유도 과정은 부록 D에 있다.

A에 대한 B의 상대가속도 $\mathbf{a}_{B/A}$는 식 (19.1a)를 시간에 대하여 미분하면 $\omega \times \dot{\mathbf{r}}_{B/A} + \dot{\omega} \times \mathbf{r}_{B/A}$가 된다. 여기에 $\dot{\mathbf{r}}_{B/A} = \mathbf{v}_{B/A} = \omega \times \mathbf{r}_{B/A}$를 대입하고 물체의 각가속도 α, 즉 $\dot{\omega} = \alpha$를 반영하면 상대가속도는 다음과 같다.

$$\mathbf{a}_{B/A} = \boldsymbol{\omega} \times (\boldsymbol{\omega} \times \mathbf{r}_{B/A}) + \boldsymbol{\alpha} \times \mathbf{r}_{B/A} \tag{19.1b}$$

식 (19.1b)에서의 상대가속도의 두 가지 성분은 그림 19.2와 같이 구분하여 나타

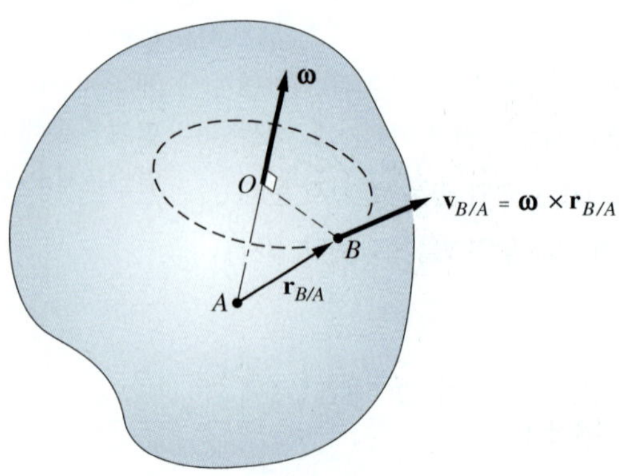

그림 19.1

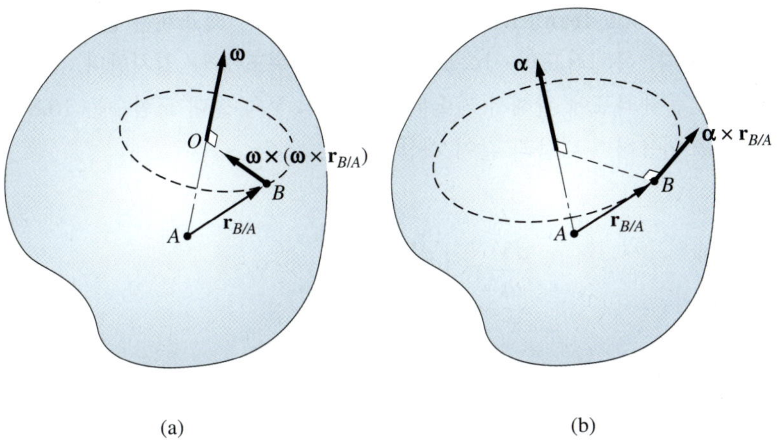

그림 19.2

낼 수 있다. 그림 19.2(a)와 같은 첫 번째 상대가속도 성분 $\omega \times (\omega \times \mathbf{r}_{B/A})$는 중심 O를 향하며 순간 각속도 ω에 수직이다. 그림 19.2(b)에서의 두 번째 상대가속도 성분 $\alpha \times \mathbf{r}_{B/A}$는 각가속도 α와 상대위치 $\mathbf{r}_{B/A}$에 각각 수직이다.

3차원 운동의 상대속도와 상대가속도를 나타내는 식 (19.1)은 평면운동과 동일한 식으로 표현되지만 중요한 의미의 차이가 있다. 평면운동에서 순간 각속도 ω는 방향이 바뀌지 않으므로, 각가속도 α는 각속도 ω와 같은 방향이며 그 크기는 $\dot{\omega}$이 된다. 그러나 3차원 운동에서 ω는 연속적으로 변하고, α는 ω에 따라 크기와 방향이 변한다. 즉, ω와 α의 방향은 다르게 되며, $\alpha = \dot{\omega}$는 성립되지 않는다. 이러한 이유로 그림 19.2에서 $\mathbf{a}_{A/B}$의 두 성분은 서로 수직의 관계가 성립되지 않아 가속도의 "법선성분"과 "접선성분"이라고 하지 않는다.

상대운동의 정의와 식 (19.1)로부터 B의 절대속도와 절대가속도는 다음과 같이 표현된다.

$$\mathbf{v}_B = \mathbf{v}_A + \mathbf{v}_{B/A} = \mathbf{v}_A + \boldsymbol{\omega} \times \mathbf{r}_{B/A} \tag{19.2a}$$

$$\mathbf{a}_B = \mathbf{a}_A + \mathbf{a}_{B/A} = \mathbf{a}_A + \boldsymbol{\omega} \times (\boldsymbol{\omega} \times \mathbf{r}_{B/A}) + \boldsymbol{\alpha} \times \mathbf{r}_{B/A} \tag{19.2b}$$

19.2b 회전좌표계에서의 벡터 미분

16.8절에서 설명한 바와 같이 식 (19.1)의 상대운동을 기술할 때 공간상의 고정 좌표계를 사용하기보다는 오히려 병진과 회전을 하는 기준좌표를 이용하는 것이 때로는 더 편리하다. 그림 19.3에서 xyz 좌표계는 공간에 고정되었고, $x'y'z'$ 좌표계는 그 원점이 점 A에 고정되어 있다. 만약 $x'y'z'$축이 물체 $\mathcal{B}$에 고정되어 있다면(즉 축의 원점은 A와 함께 이동하고 좌표계는 물체와 함께 회전) 이 좌표

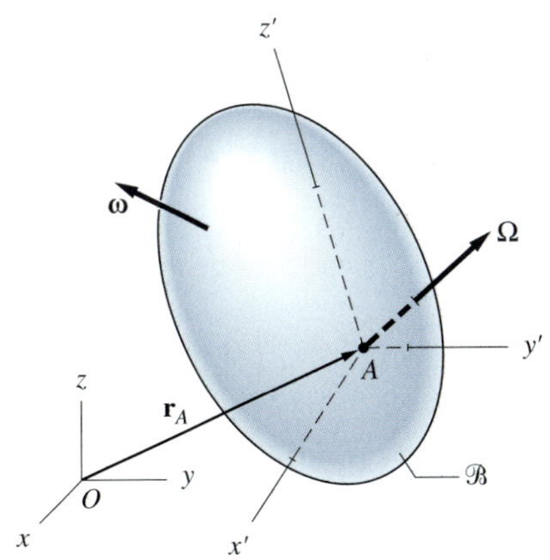

그림 19.3

계는 **몸체좌표**(body frame)가 되고, 고정된 xyz축의 좌표계는 **공간좌표**(space frame)가 된다. 몸체좌표의 각속도는 물체의 각속도 ω와 일치한다. 만약 벡터 $\mathbf{V}$의 성분이 몸체좌표에 관해서 기술된다면, 벡터 $\mathbf{V}$의 절대 도함수는 16.8절에서 유도된 식을 이용하여 다음과 같이 계산된다.

$$\frac{d\mathbf{V}}{dt} = \left(\frac{d\mathbf{V}}{dt}\right)_{/\mathscr{B}} + \boldsymbol{\omega} \times \mathbf{V} \tag{19.3}$$

여기서, $/\mathscr{B}$ 표기는 몸체좌표에 관한 것으로, 물체 $\mathscr{B}$와 함께 병진과 회전을 하는 관찰자의 관점에서 유도되는 것을 나타낸다.

만약 $x'y'z'$ 좌표계가 물체의 각속도 ω와 같을 필요가 없는 가속도 Ω로 회전한다면, 식 (19.3)은 다음과 같이 수정되어야 한다.

$$\frac{d\mathbf{V}}{dt} = \left(\frac{d\mathbf{V}}{dt}\right)_{/x'y'z'} + \mathbf{\Omega} \times \mathbf{V} \tag{19.4}$$

몸체좌표가 아닌 "$/x'y'z'$" 표기를 이용한 좌표계에서 상대 미분을 나타낸 것을 주의해야 한다.

19.2c 순간 회전축

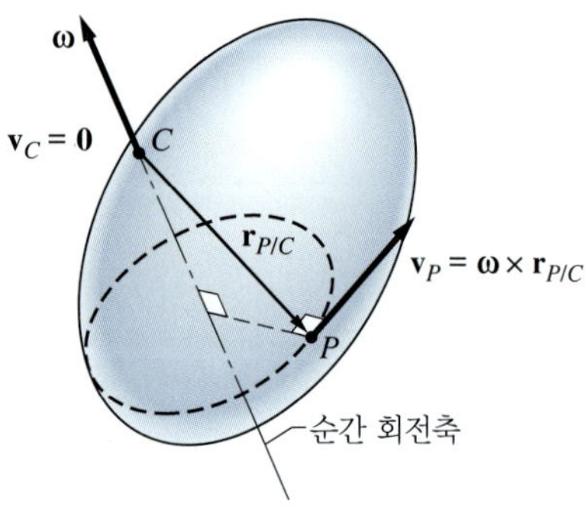

그림 19.4

그림 19.4와 같이 강체(또는 일반적인 물체)에서 특정 순간 속도가 영이 되는 점(평면운동에서 이 점은 순간중심이라 불린다)을 C라 정의하면, 이 물체의 각속도 ω와 나란한 C점을 통과하는 선을 **순간 회전축**(instant axis of rotation) 또는 단순히 **순간축**(instant axis)이라 한다.* $\mathbf{v}_C = \mathbf{0}$인 것을 이용하여, 물체 내 점 P에서의 속도 $\mathbf{v}_P$는 $\mathbf{v}_{P/C} = \boldsymbol{\omega} \times \mathbf{r}_{P/C}$가 된다. 이것은 모든 점이 마치 물체가 순간축을 중심으로 회전하고 있는 것처럼 움직이며, 순간 축상의 점에서 속도는 영이 된다. 평면운동이나 고정점에 대해 회전하는 물체에는 속도가 영인 점이 항상 존재한다. 그러나 모든 운동에서 이러한 점이 존재할 필요는 없다.**

순간 회전축의 위치를 알 수 있는 경우, 이와 같은 순간 회전축을 이용하여 속도를 해석하는 것이 편리하다. 예를 들어 그림 19.5(a)는 수평면상의 원주를 따라 미끄러짐이 없이 구르고 있는 반경 R인 바퀴를 나타낸다. 길이가 L인 수평축 OA는 고정된 수직축에 회전하는 칼라에 부착되어 있다. 바퀴의 전체 각속도벡터 ω는, OA축에 대한 상대 각속도인 **자전속도**(spin velocity) ω_1와 칼라 축의 각속

* 2차원 운동에서 ω는 운동평면에 수직이다. 그러므로 순간 회전축은 운동평면에 수직이고 속도에 대한 순간중심을 통과한다.

** *Advanced Engineering Dynamics*, J. H. Ginsberg, Harper & Row, 1988, p. 115 참고.

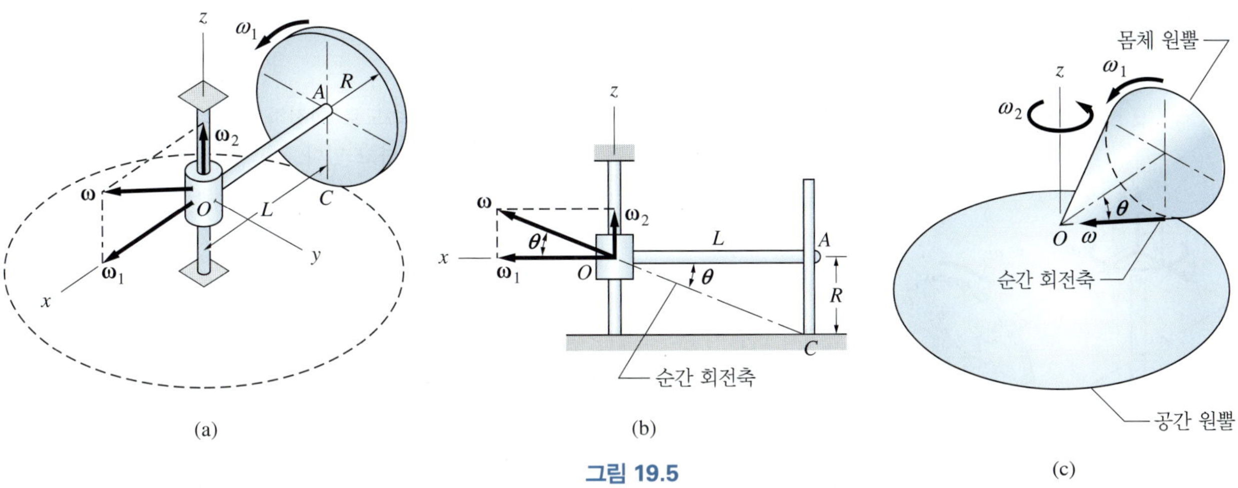

그림 19.5

도 ω_2에 의해, $\omega_1 + \omega_2$가 된다.

그림 19.5(b)는 바퀴의 순간 축 관점에서 표현한 것이다. OA축까지 바퀴로 확장하여 생각할 경우, 점 O와 C는 모두 바퀴라는 물체 위의 점이고 속도가 영이므로, 순간 회전축은 점 O와 C를 통과한다. 그림 19.5(b)에서, 각 θ는 길이 L과 반경 R에 의해 구해지므로, 자전속도 ω_1가 주어지면 칼라 축의 각속도 ω_2와 바퀴의 전체 각속도 ω는 결정될 수 있음을 의미한다. (각속도를 계산하는 또 다른 방법으로 예제 19.3과 같이 점 O와 C로부터 상대속도 방정식을 이용하는 것이 있다.)

바퀴가 구르는 동안 순간 회전축은 공간에서 3차원 면을 그리게 된다. 바퀴는 고정된 점 O에 대하여 회전하므로 이 면은 **공간 원뿔**(space cone)이라는 원뿔 모양이 된다. 축 OA를 포함하여 확장된 바퀴에 있어, 순간 회전축 또한 원뿔 면을 이루게 되고 이를 **몸체 원뿔**(body cone)이라 한다. 이러한 두 원뿔의 모양은 그림 19.5(c)와 같다. 몸체 원뿔이 회전속도 ω_1로 공간 원뿔 위를 미끄러짐 없이 굴러간다면, 바퀴와 몸체 원뿔의 운동학이 정의될 수 있다. 몸체 원뿔–공간 원뿔의 표현은 물체의 운동을 시각적으로 이해하는 데 도움을 준다.

예제 19.1

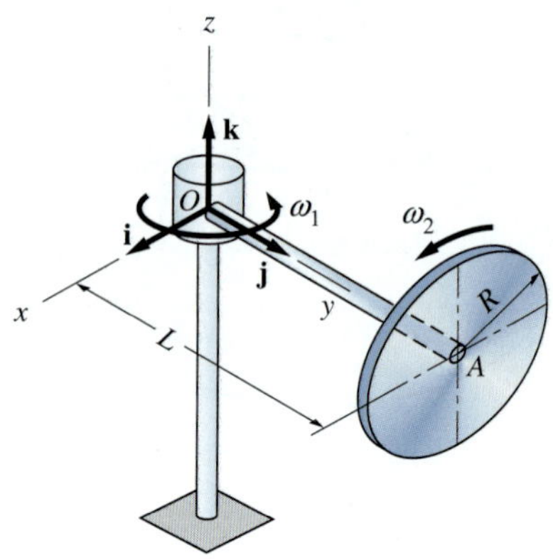

그림과 같이 팔 OA가 수직축에 대해 ω_1의 각속도로 회전하고 있다. 동시에 A에 있는 얇은 원형판이 각속도 ω_2로 OA에 관해서 회전하고 있다. 이러한 원형판의 각속도 ω와 각가속도 α를 구하라. 단, ω_1과 ω_2는 일정하지 않은 것으로 가정하라.

풀이

그림에서 xyz 기준좌표계는 원점 O에 부착되어 있고 좌표축은 팔 OA에 놓여 있다. 따라서 이 좌표의 각 운동은 OA의 각운동과 일치한다. 회전하는 좌표계의 단위벡터는 **i**, **j**, **k**로 표현한다.

벡터 표현으로, 두 각속도는 다음과 같다.

$$\boldsymbol{\omega}_1 = \omega_1\mathbf{k} \qquad \text{(팔 } OA\text{의 각속도)}$$
$$\boldsymbol{\omega}_2 = \omega_2\mathbf{j} \qquad (OA\text{에 대한 원형판의 각속도)}$$

따라서 원형판 전체의 각속도벡터는 다음과 같다.

$$\boldsymbol{\omega} = \boldsymbol{\omega}_1 + \boldsymbol{\omega}_2 \tag{a}$$

또는

$$\boldsymbol{\omega} = \omega_1\mathbf{k} + \omega_2\mathbf{j} \qquad \text{(모든 시간에 유효)} \qquad \text{답} \tag{b}$$

xyz 기준좌표계는 팔 OA와 함께 회전하므로 y축과 z축은 항상 OA와 수직축의 방향을 나타내므로 식 (b)는 모든 시간에서 항상 만족한다. 모든 시간에 유효한 것은 특정 순간에만 성립하는 식으로부터 미분 식을 도출하는 오류를 피할 수 있다.

원형판의 각가속도는 식 (b)의 ω를 미분하여 구할 수 있다. 식 (19.4)를 이용하면 각가속도는 다음과 같다.

$$\boldsymbol{\alpha} = \dot{\boldsymbol{\omega}} = (\dot{\boldsymbol{\omega}})_{/xyz} + \boldsymbol{\Omega} \times \boldsymbol{\omega} \tag{c}$$

여기서, $(\dot{\omega})_{/xyz}$는 xyz 좌표계에 대한 원형판의 각가속도이며 Ω는 각속도이다. 식 (b)로부터 단위벡터 **k**와 **j**는 xyz 좌표계에 고정되어 있기 때문에, xyz 좌표계에 대한 단위벡터의 도함수는 영이다. 또한 $\Omega = \omega_1$이므로 $\Omega \times \omega = \omega_1\mathbf{k} \times (\omega_1\mathbf{k} + \omega_2\mathbf{j}) = -\omega_1\omega_2\mathbf{i}$가 되며 이를 식 (c)에 대입하면, 각가속도는 다음과 같다.

$$\boldsymbol{\alpha} = -\omega_1\omega_2\mathbf{i} + \dot{\omega}_2\mathbf{j} + \dot{\omega}_1\mathbf{k} \qquad \text{(모든 시간에 유효)} \qquad \text{답}$$

예제 19.2

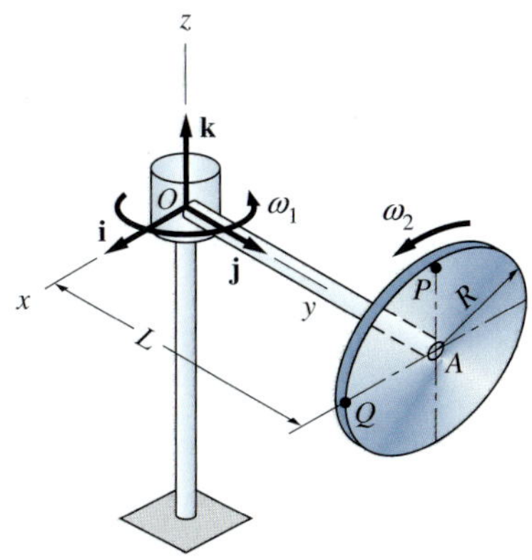

그림은 예제 19.1에서 기술한 시스템을 반복한다. 그림과 같이 원형판 위의 점 P에 대한 속도와 가속도를 계산하라.

풀이

그림에서 xyz 기준좌표계는 점 O를 원점으로 그리고 팔 OA에 고정되어 있다고 가정한다. 예제 19.1에서 원형판의 각속도와 각가속도가 다음과 같이 정리되었다.

$$\boldsymbol{\omega} = \omega_1\mathbf{k} + \omega_2\mathbf{j} \tag{a}$$

그리고

$$\boldsymbol{\alpha} = \dot{\boldsymbol{\omega}} = \dot{\omega}_1\mathbf{k} + \dot{\omega}_2\mathbf{j} - \omega_1\omega_2\mathbf{i} \tag{b}$$

위 식은 전 시간에 유효하므로 점 P의 위치를 나타낼 때 사용할 수 있다.

점 P의 운동은 점 A와의 관계로부터 해석될 수 있다. 그림에서, 고정점 O로부터 점 A까지의 위치벡터는 $\mathbf{r}_{A/O} = L\mathbf{j}$이다. 팔 OA의 각속도 ω_1과 각가속도 $\dot{\omega}_1$로부터 점 A의 속도 및 가속도는 다음과 같다.

$$\mathbf{v}_A = \boldsymbol{\omega}_1 \times \mathbf{r}_{A/O} = \omega_1\mathbf{k} \times L\mathbf{j} = -L\omega_1\mathbf{i} \tag{c}$$

그리고

$$\begin{aligned}\mathbf{a}_A &= \dot{\boldsymbol{\omega}}_1 \times \mathbf{r}_{A/O} + \boldsymbol{\omega}_1 \times (\boldsymbol{\omega}_1 \times \mathbf{r}_{A/O}) \\ &= \dot{\omega}_1\mathbf{k} \times L\mathbf{j} + \omega_1\mathbf{k} \times (-L\omega_1\mathbf{i}) \\ &= -L\dot{\omega}_1\mathbf{i} - L\omega_1^2\mathbf{j}\end{aligned} \tag{d}$$

점 A에 대한 점 P의 위치벡터는 $\mathbf{r}_{P/A} = R\mathbf{k}$이고 두 점은 모두 원형판에 속한 점으로, 이들의 상대속도와 가속도벡터는 다음과 같이 된다.

$$\mathbf{v}_{P/A} = \boldsymbol{\omega} \times \mathbf{r}_{P/A} = (\omega_1\mathbf{k} + \omega_2\mathbf{j}) \times R\mathbf{k} = R\omega_2\mathbf{i} \tag{e}$$

그리고

$$\begin{aligned}\mathbf{a}_{P/A} &= \boldsymbol{\alpha} \times \mathbf{r}_{P/A} + \boldsymbol{\omega} \times (\boldsymbol{\omega} \times \mathbf{r}_{P/A}) \\ &= (\dot{\omega}_1\mathbf{k} + \dot{\omega}_2\mathbf{j} - \omega_1\omega_2\mathbf{i}) \times R\mathbf{k} + (\omega_1\mathbf{k} + \omega_2\mathbf{j}) \times R\omega_2\mathbf{i} \\ &= (R\dot{\omega}_2\mathbf{i} + R\omega_1\omega_2\mathbf{j}) + (R\omega_1\omega_2\mathbf{j} - R\omega_2^2\mathbf{k})\end{aligned} \tag{f}$$

식 (c)와 식 (e)를 식 $\mathbf{v}_P = \mathbf{v}_A + \mathbf{v}_{P/A}$에 대입하여 결국 점 P의 속도를 구한다.

$$\mathbf{v}_P = (-L\omega_1 + R\omega_2)\mathbf{i} \qquad \text{답 (g)}$$

마찬가지로 식 (d)와 식 (f)를 $\mathbf{a}_P = \mathbf{a}_A + \mathbf{a}_{P/A}$에 대입하여 정리하면, 점 P의 가속도벡터는 다음과 같다.

$$\mathbf{a}_P = (-L\dot{\omega}_1 + R\dot{\omega}_2)\mathbf{i} + (-L\omega_1^2 + 2R\omega_1\omega_2)\mathbf{j} - R\omega_2^2\mathbf{k} \qquad \text{답 (h)}$$

점 P의 속도와 가속도 또한 원형판이 고정점 O 둘레를 회전한다는 점을 인식함으로써 계산될 수 있다. (점 O를 원형판상의 어떤 점과 연결하는 선분의 길이는 항상 일정함에 유의하라.) 이 경우에 원형판이 점 O를 포함하도록 확대된다고 생각하는 것이 편리할 것이다. 이 개념을 활용하면 점 P의 속도와 가속도는 $\mathbf{v}_P = \omega \times \mathbf{r}_{P/O}$와 $\mathbf{a}_P = \alpha \times \mathbf{r}_{P/O} + \omega \times (\omega \times \mathbf{r}_{P/O})$를 이용함으로써 계산될 수 있다. 이 경우에 ω와 α는 각각 식 (a)와 식 (b)에 주어진 것과 같고, O에 대한 P의 위치벡터는 그림으로부터 $\mathbf{r}_{P/O} = L\mathbf{j} + R\mathbf{k}$임을 알 수 있다. 이 결과들은 식 (g)와 식 (h)에 주어진 것들과 일치함을 증명해줄 것이다.

예제 19.3

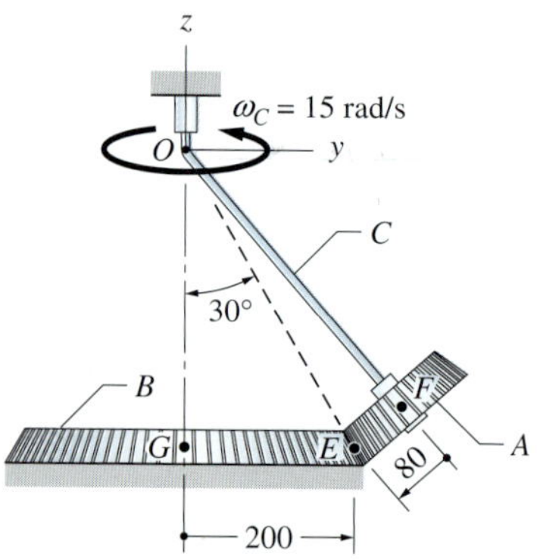

치수는 mm

(a)

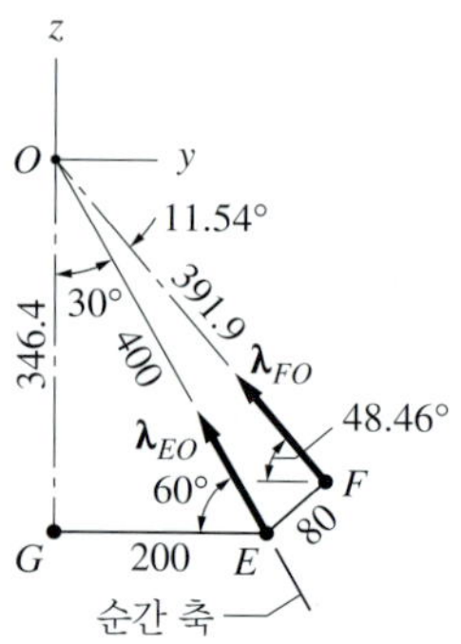

(b)

그림 (a)에 보인 기어 A는 팔 C에 대해서 회전하면서 고정된 기어 B 둘레를 구르고 있다. 만일 팔이 일정한 각속도 $\omega_C = 15$ rad/s로 수직축에 대해서 회전하고 있다면, (1) 기어 A의 각속도와 (2) 기어 A의 각가속도를 계산하라.

풀이

그림 (a)에 보인 기준좌표가 팔 C에 부착되었다. 계의 결합구조는 그림 (b)에 나타내었다. 여기서 거리와 각은 그림 (a)로부터 직접적으로 얻어지거나 혹은 삼각법을 사용해서 계산된다.

문항 1

그림 (a)로부터 기어 A는 고정점 O의 둘레를 회전하고 있음을 알 수 있다. (O에서 기어 A상의 어느 점을 잇는 선분은 그 길이가 변하지 않음에 유의하라.) 접점 E의 속도는 없기 때문에 결과적으로 기어 A의 순간회전축이 그림 (b)에서 가리키는 대로 OE가 된다.

기어 A의 각속도는 다음과 같다.

$$\boldsymbol{\omega}_A = \boldsymbol{\omega}_C + \boldsymbol{\omega}_{A/C} \qquad \text{(a)}$$

여기서, ω_C는 팔 C의 각속도이고, $\omega_{A/C}$는 기어 A의 회전속도로 팔 C에 대한 기어 A의 각속도를 나타낸다.

그림 (a)를 참고하면 팔 C의 각속도는 다음과 같다.

$$\boldsymbol{\omega}_C = \omega_C\mathbf{k} = 15\mathbf{k} \text{ rad/s} \qquad \text{(전 시간에 대하여 유효)} \qquad \text{(b)}$$

기어 A의 회전속도 방향이 그림 (b)에 보인 단위벡터 λ_{FO}와 일치하므로, 다음과 같이 쓰인다.

$$\boldsymbol{\omega}_{A/C} = \omega_{A/C}\boldsymbol{\lambda}_{FO} \quad \text{(전 시간에 대하여 유효)} \qquad \text{(c)}$$

식 (b)와 (c)를 식 (a)에 대입하면, 기어 A의 각속도는 다음과 같이 된다.

$$\boldsymbol{\omega}_A = 15\mathbf{k} + \omega_{A/C}\boldsymbol{\lambda}_{FO} \quad \text{(전 시간에 대하여 유효)} \qquad \text{(d)}$$

식 (d)를 나타내는 벡터선도가 그림 (c)에 보인다. ω_A가 순간 회전축을 따라 놓여 있고 $\omega_{A/C}$는 팔 C의 축인 FO를 따라 향하고 있다. 그림 (c)에서 각 α, β 그리고 γ는 그림 (b)에 보인 각들로부터 계산된다.

그림 (c)는 단지 2개의 미지변수 ω_A와 $\omega_{A/C}$만을 포함하며, 이 둘은 다음과 같은 사인법칙으로 계산된다.

$$\frac{15}{\sin 11.54°} = \frac{\omega_{A/C}}{\sin 30°} = \frac{\omega_A}{\sin 138.46°}$$

$$\omega_{A/C} = 37.49 \text{ rad/s} \quad \text{그리고} \quad \omega_A = 49.72 \text{ rad/s} \qquad \text{(e)}$$

$\alpha = 60 - 48.46 = 11.54°$
$\beta = 30°$
$\gamma = 90 + 48.46 = 138.46°$

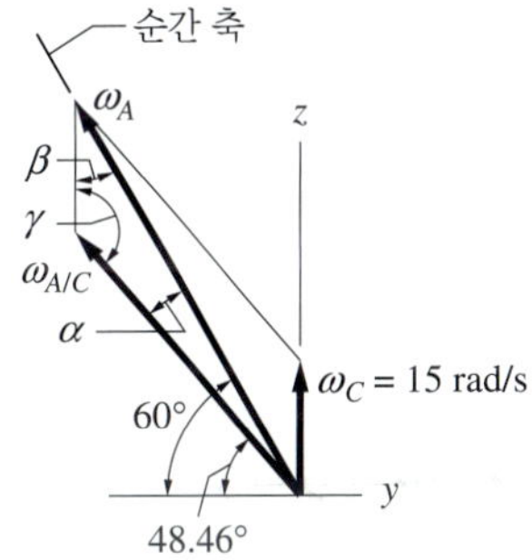

(c)

기어 A의 각속도벡터가 그림 (b)의 단위벡터 λ_{EO}에 일치함을 이용하면, 다음과 같이 정리된다.

$$\boldsymbol{\omega}_A = 49.72\boldsymbol{\lambda}_{EO} = 49.72(-\sin 30°\mathbf{j} + \cos 30°\mathbf{k})$$

또는

$$\boldsymbol{\omega}_A = -24.9\mathbf{j} + 43.1\mathbf{k} \text{ rad/s} \quad \text{(전 시간에 대하여 유효)} \qquad \text{답 (f)}$$

A의 각속도와 회전속도를 계산하는 한 가지 다른 방법은 벡터 식 $\mathbf{v}_E = \omega_A \times \mathbf{r}_{E/O} = \mathbf{0}$을 푸는 것이다. 여기서 ω_A는 식 (d)에 주어졌고, $\mathbf{r}_{E/O} = 200\mathbf{j} - 346.4\mathbf{k}$ mm이다.

문항 2

기어 A의 각가속도는 그 각속도를 미분함으로써 계산된다. 즉

$$\boldsymbol{\alpha}_A = \dot{\boldsymbol{\omega}}_A = (\dot{\boldsymbol{\omega}}_A)_{/xyz} + \boldsymbol{\Omega} \times \boldsymbol{\omega}_A \qquad \text{(g)}$$

여기서 $(\dot{\boldsymbol{\omega}}_A)_{/xyz}$는 xyz 기준좌표계에 대한 A의 각가속도이고, Ω는 좌표계의 각속도이다.

(전 시간에 대하여 유효하여서 미분 가능한) 식 (f)인 $\boldsymbol{\omega}_A = -24.9\mathbf{j} + 43.1\mathbf{k}$ rad/s를 사용하면, $(\dot{\boldsymbol{\omega}}_A)_{/xyz} = \mathbf{0}$를 얻는다. 또한 $\boldsymbol{\Omega} = \omega_C$를 적용하면 식 (g)는 다음과 같이 된다.

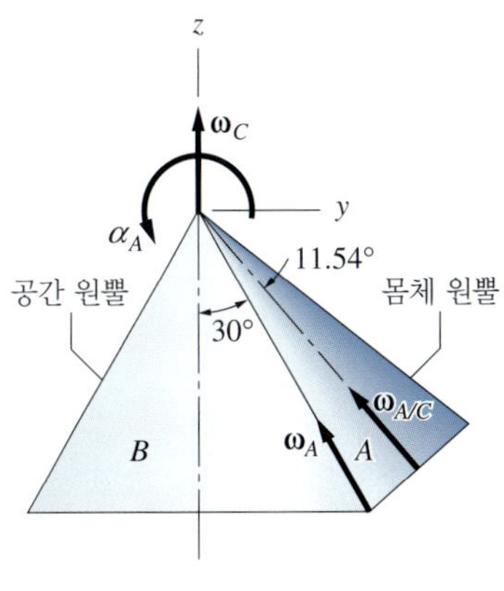

(d)

$$\boldsymbol{\alpha}_A = \dot{\boldsymbol{\omega}}_A = \boldsymbol{\omega}_C \times \boldsymbol{\omega}_A = 15\mathbf{k} \times (-24.9\mathbf{j} + 43.1\mathbf{k})$$

따라서

$$\boldsymbol{\alpha}_A = 374\mathbf{i} \text{ rad/s}^2$$ 답

그림 (d)에 나타낸 바와 같이 기어 A의 운동은 (고정기어 B를 나타내는) 공간 원뿔의 표면을 미끄러짐 없이 구르는 (기어 A를 나타내는) 몸체 원뿔로 만들어질 수 있다. 그림은 또한 각속도 $\boldsymbol{\omega}_A$를 보여주며, 그 성분은 $\boldsymbol{\omega}_C$와 $\boldsymbol{\omega}_{A/C}$, 그리고 각가속도 $\boldsymbol{\alpha}_A$이다. $\boldsymbol{\alpha}_A$는 항상 $\boldsymbol{\omega}_A$에 수직함을 유의하라.

예제 19.4

그림 (a)에 보인 기구는 축 PQ에 대해서 회전하는 크랭크 PQ와 크랭크와 미끄럼 칼라 C를 연결하는 제어 봉 B로 구성되어 있다. (1) Q와 C에서의 연결이 볼·소켓 조인트이고 $\theta = 30°$와 $\dot{\theta} = 3.6$ rad/s 일 때, 칼라 C의 속도와 봉 B의 각속도를 계산하라. (2) 그림 (b)에 보인 바와 같이 C에서의 연결이 U형 링크로 되어 있다고 가정하고 (1)을 다시 풀어라.

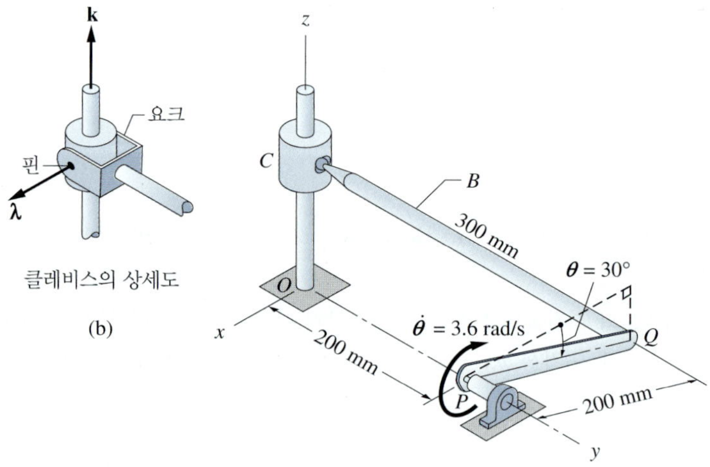

(a)

풀이

문항 1

점 C와 Q(둘 다 봉 B상의 점들임) 사이의 상대속도는 다음과 같다.

$$\mathbf{v}_C = \mathbf{v}_Q + \mathbf{v}_{C/Q} = \boldsymbol{\omega}_{PQ} \times \mathbf{r}_{Q/P} + \boldsymbol{\omega}_B \times \mathbf{r}_{C/Q} \tag{a}$$

여기서 $\omega_{P/Q}$와 ω_B는 각각 크랭크와 제어 봉의 각속도이고, 위치벡터 $\mathbf{r}_{Q/P}$와 $\mathbf{r}_{C/Q}$는 그림 (c)에서 정의된다.

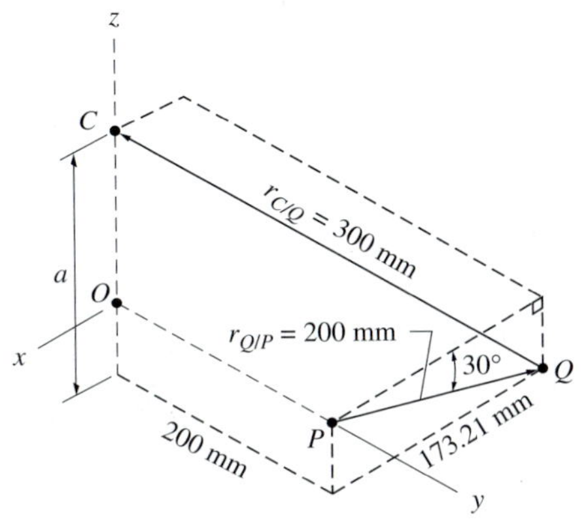

(c)

칼라의 속도가 위로 향한다고 가정하면 C의 속도는

$$\mathbf{v}_C = v_C\mathbf{k} \tag{b}$$

이고, $\mathbf{r}_{Q/P} = -173.21\mathbf{i} - 100.0\mathbf{k}$ mm, $\omega_{PQ} = -3.6\mathbf{j}$ rad/s이면 Q의 속도는 다음과 같다.

$$\begin{aligned}\mathbf{v}_Q = \boldsymbol{\omega}_{PQ} \times \mathbf{r}_{Q/P} &= -3.6\mathbf{j} \times (-173.21\mathbf{i} - 100.0\mathbf{k}) \\ &= 360.0\mathbf{i} - 623.6\mathbf{k} \text{ mm/s}\end{aligned} \tag{c}$$

$\mathbf{r}_{C/Q}$를 구하기 전에 그림 (c)에 보인 거리 a를 계산할 필요가 있다. 그 그림의 결합구조로부터 $a = [(300)^2 - (173.21)^2 - (200)^2]^{1/2} = 141.42$ mm가 되고, $\mathbf{r}_{C/Q}$는 다음과 같다.

$$\mathbf{r}_{C/Q} = 173.21\mathbf{i} - 200.0\mathbf{j} + 141.42\mathbf{k} \text{ mm} \tag{d}$$

식 (b)~식 (d)를 식 (a)에 대입하고, 행렬식의 형태로 나타내면 다음과 같다.

$$v_C\mathbf{k} = (360.0\mathbf{i} - 623.6\mathbf{k}) + \begin{vmatrix} \mathbf{i} & \mathbf{j} & \mathbf{k} \\ \omega_x & \omega_y & \omega_z \\ 173.21 & -200.0 & 141.42 \end{vmatrix}$$

여기서 $\omega_B = \omega_x\mathbf{i} + \omega_y\mathbf{j} + \omega_z\mathbf{k}$는 봉 B의 각속도이다. 행렬식을 전개하고 각 성분 값으로부터 다음 3개의 스칼라 식을 얻는다.

$$\begin{aligned} 0 &= 360.0 & & +141.42\omega_y & +200.0\omega_z \\ 0 &= & -141.42\omega_x & & +173.21\omega_z \\ v_C &= -623.6 & -200.0\omega_x & -173.21\omega_y & \end{aligned} \tag{e}$$

이 식들은 4개의 미지변수 v_C, ω_x, ω_y, ω_z를 포함하여, 부가적인 정보 없이 완전해를 도출할 수 없다. 해를 구할 수 없는 물리적인 이유는 봉 B가 v_C와 관계없이 축을 따라 자유롭게 회전할 수 있도록 하는 볼·소켓 조인트로 연결되어 있기 때문이다. 따라서 식 (a)와 같은 상대속도 식으로는 봉 B의 회전속도(봉의 축 기준의 각속도 ω_B)를 결정할 수 없다. B의 회전속도를 정할 수 있는 방법은 또 다른 방정식을 추가하는 것이다. 회전속도는 ω_B에 영향을 주나 v_C에는 아무런 영향을 주지 않는다.

봉 B의 그 축에 대한 회전속도가 영(즉, $\omega_B \cdot \mathbf{r}_{C/Q} = 0$)이라고 가정함으로써 해를 완성할 수 있다.

$$(\omega_x\mathbf{i} + \omega_y\mathbf{j} + \omega_z\mathbf{k}) \cdot (173.21\mathbf{i} - 200.0\mathbf{j} + 141.42\mathbf{k}) = 0$$

$$173.21\omega_x - 200.0\omega_y + 141.42\omega_z = 0 \tag{f}$$

식 (e)와 (f)는 4개의 미지수로 된 4개의 스칼라 식을 내고, 그 해는 $v_C = -182.7$ mm/s, $\omega_x = -0.980$ rad/s, $\omega_y = -1.414$ rad/s, 그리고 $\omega_z = -0.800$ rad/s이다. 벡터 형태로 나타내면 다음과 같다.

$$\mathbf{v}_C = -182.7\mathbf{k} \text{ mm/s}$$
$$\boldsymbol{\omega}_B = -0.980\mathbf{i} - 1.414\mathbf{j} - 0.800\mathbf{k} \text{ rad/s}$$

답

문항 2

그림 (b)에서 슬라이더 C에 대한 봉 B의 상대적인 회전은 U형 링크의 핀을 중심으로 발생한다. 또한 슬라이더는 z축을 중심으로 회전한다. 따라서 봉의 각속도 ω_B는 핀의 방향 벡터 λ(단위벡터일 필요는 없음)와 벡터 $\mathbf{k}$의 방향 성분만 존재한다. 즉 ω_B는 두 벡터 λ, $\mathbf{k}$ 모두 수직이다.

$$\boldsymbol{\omega}_B \cdot (\boldsymbol{\lambda} \times \mathbf{k}) = 0 \tag{g}$$

식 (g)는 (문항 1)에서 $\omega_B \cdot \mathbf{r}_{C/Q}$를 영 회전 조건을 대체하고 식 (e)에는 변화가 없다.

U형 링크의 핀은 z축에 대하여 수직이므로, 핀 방향 벡터는 $\lambda = \lambda_x\mathbf{i} + \lambda_y\mathbf{j}$가 된다. 핀은 또한 봉 B에 대하여도 수직이므로 $\lambda \cdot \mathbf{r}_{C/Q} = 0$이 된다. 따라서 식 (d)의 $\mathbf{r}_{C/Q}$를 반영하면 $173.21\lambda_x - 200.0\lambda_x = 0$가 되고, λ_x의 값으로 1을 선정하면 $\lambda_y = 173.21/200.0 = 0.8661$이 된다. 결국 식 (g)는 다음과 같이 정리된다.

$$\begin{vmatrix} \omega_x & \omega_y & \omega_z \\ 1 & 0.8661 & 0 \\ 0 & 0 & 1 \end{vmatrix} = 0$$

위 식을 정리하면 다음과 같다.

$$0.8661\omega_x - 1.0\omega_y = 0 \tag{h}$$

식 (e)와 (h)를 연립하여 풀면, $v = -182.7$ mm/s, $\omega_x = -1.260$ rad/s, $\omega_y = -1.091$ rad/s, $\omega_z = -1.029$ rad/s가 된다. 이를 벡터 형태로 정리한 해는 다음과 같다.

$$\mathbf{v}_C = 182.7\mathbf{k} \text{ mm/s}$$ 답

$$\boldsymbol{\omega}_B = -1.260\mathbf{i} - 1.091\mathbf{j} - 1.029\mathbf{k} \text{ rad/s}$$ 답

(문항 1)의 해와 비교하면, 슬라이더 C의 속도는 같으나 봉 B의 각속도는 다른 결과를 나타낸다.

연습문제

19.1 예제 19.2를 참조하여, 그림에 보인 위치에서 판에 있는 점 Q의 속도와 가속도를 구하라.

19.2 예제 19.4의 (1)에 미끄럼 칼라 C의 가속도를 구하라.

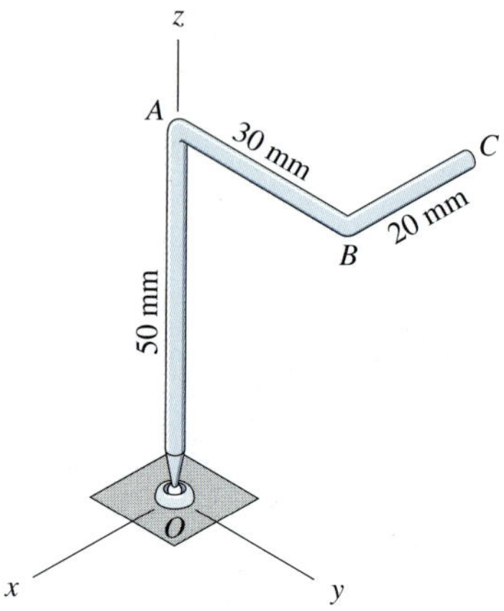

그림 P19.3–P19.5

19.3 막대 $OABC$는 O에서 볼·소켓 조인트 둘레를 회전한다. 그림에 보인 위치에서 막대의 각속도와 각가속도는 각각 $\omega = 2\mathbf{i} + 4\mathbf{j} - 3\mathbf{k}$ rad/s와 $\alpha = 20\mathbf{i} - 30\mathbf{j}$ rad/s^{2}이다. 점 C의 속도와 가속도벡터를 구하라.

19.4 막대 $OABC$는 C에서 볼·소켓 조인트 둘레를 회전한다. 그림에 보인 위치에서 막대의 각속도벡터 ω가 OC에 나란하다. 점 B의 속력이 이 위치에서 160 mm/s이면 각속도벡터 ω의 크기를 구하라.

19.5 막대 $OABC$는 C에서 볼·소켓 조인트 둘레를 회전한다. 그림에 보인 위치에서 막대의 각속도벡터가 선분 OC에 수직하고, 점 C의 속도는 $\mathbf{v}_C = 3\mathbf{i} - 2\mathbf{j} + v_z\mathbf{k}$ m/s이다. 이 위치에서 v_2와 그 각속도벡터를 구하라.

19.6 원뿔이 미끄러짐 없이 xy 평면을 구른다. 회전속도 $\omega_1 = 2.4$ rad/s는 상수이다. 그림에 나타낸 위치에서 (a) 원뿔의 각속도를 구하라. (b) 원뿔의 각가속도를 구하라. (c) 점 P의 속도와 가속도를 구하라.

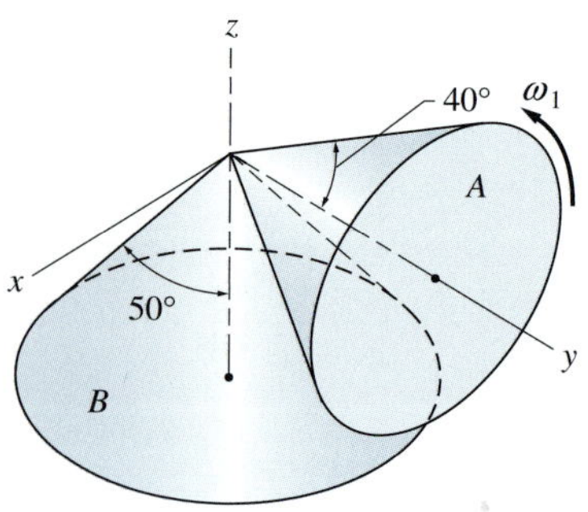

그림 P19.7

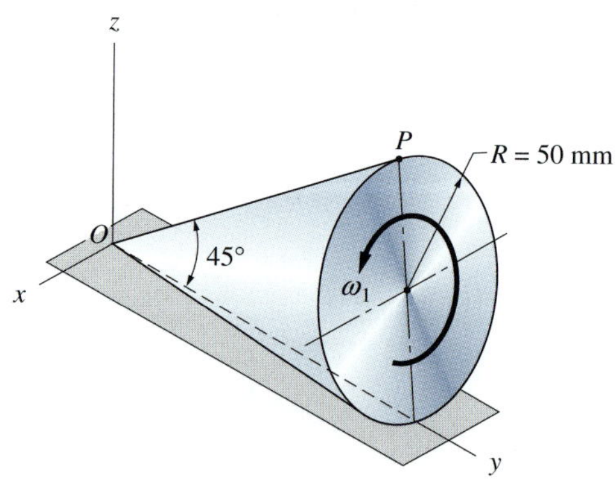

그림 P19.6

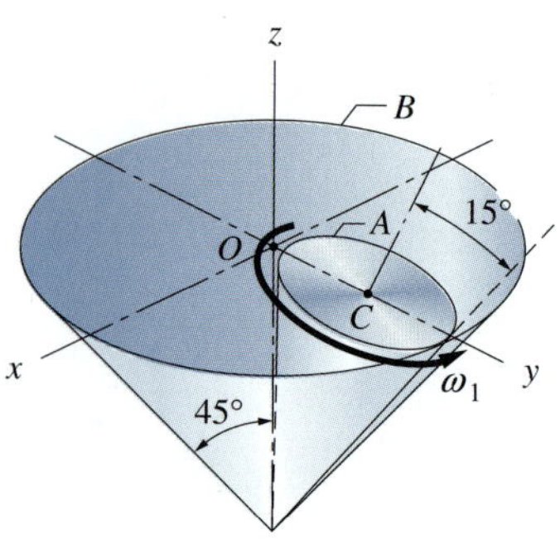

그림 P19.8

19.7 원뿔 A가 회전속도 ω_1으로 정지되어 있는 원뿔 B의 표면 위를 미끄러짐 없이 구른다. 그림에 보인 위치에서 $\omega_1 = 2$ rad/s, $\dot{\omega}_1 = -7$ rad/s^{2}이다. 이 위치에 대해서 (a) 원뿔 A의 각속도를 구하라. (b) 원뿔 A의 각가속도를 구하라.

19.8 원뿔 A가 일정한 회전속도 $\omega_1 = 3.6$ rad/s로 정지된 원뿔 B의 내면을 미끄러짐 없이 구른다. (a) 원뿔 A의 각속도와 (b) 원뿔 A의 각가속도를 계산하라.

19.9 판 A는 구부러진 축 B에 대해서 자유롭게 회전한다. 구부러진 축은 일정한 각속도 ω_0로 z축에 대해서 회전하고 있다. 판이 미끄러짐 없이 수평면상을 회전한다고 가정하고 그림의 위치에 대해서 (a) 판의 각속도, (b) 판의 각가속도, 그리고 (c) 판상의 점 P의 속도와 가속도를 구하라.

19.10 자이로스코프의 판 A는 xy 평면에 대해서 23.2° 기울어져 있는 그 축에 대해서 일정한 각속력 $\omega_1 = 36$ rad/s로 회전한다. 동시에 프레임 B는 가변 각속도 ω_2로 z축에 대해서 회전한다. $\omega_2 = 14$ rad/s와 $\dot{\omega} = 320$ rad/s^{2}인 순간에 (a) 판 A의 각속도와 (b) 판 A의 각가속도를 계산하라.

19.11 팔 C에 부착된 2개의 베벨기어가 고정된 기어 B 위를 구른다. 그 팔은 일정한 각속도 25 rad/s에서 z축에 대해서 회전한다. (a) 기어 B의 각속도와 (b) 기어 B의 각가속도를 계산하라.

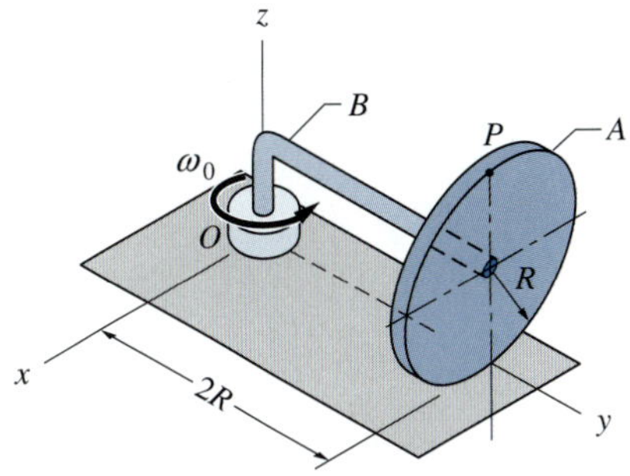

그림 P19.9

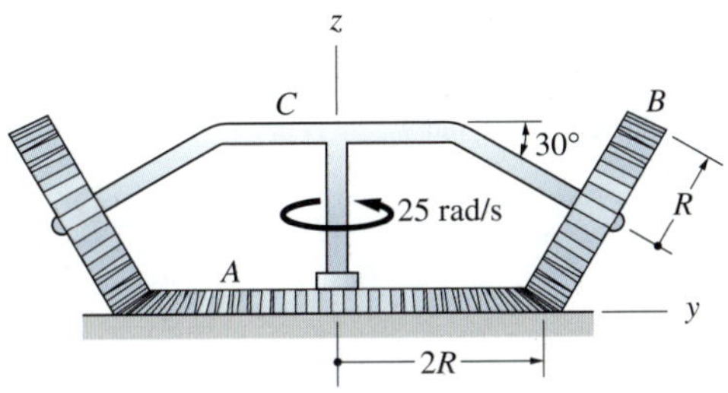

그림 P19.11

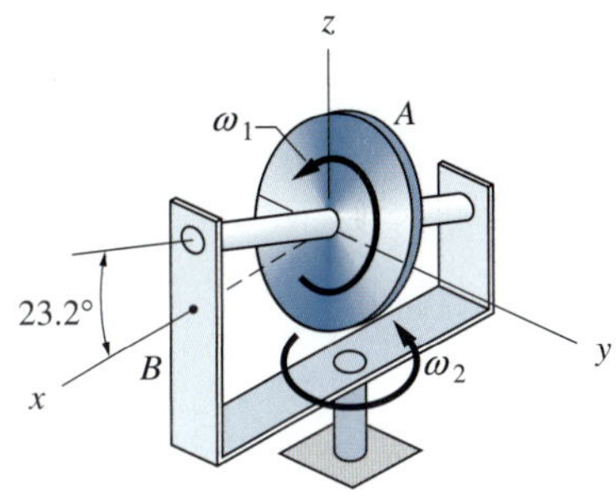

그림 P19.10

19.12 기어 A와 B는 구부러진 축 D상에서 자유롭게 회전하는 한편 기어 C는 고정되어 있다. 축 D는 일정한 각속도 ω_0으로 y축에 대해서 회전한다. 그림에 보인 위치에 대해서 (a) 기어 A의 각속도와 (b) 기어 B의 각속도를 계산하라.

19.13 봉 AB가 볼·소켓 조인트에 의해 미끄러짐 칼라 A와 B에 연결되어 있다. 그림과 같이, 칼라 B는 2 m/s의 속도로 위로 이동한다. 이때 칼라 B의 속도와 봉 AB의 각속도벡터를 구하라.

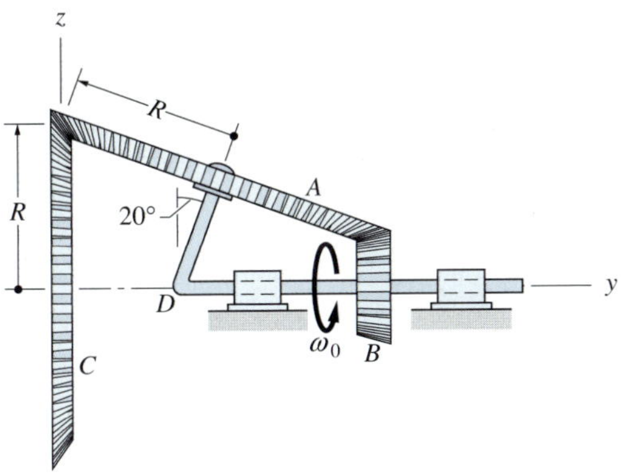

그림 P19.12

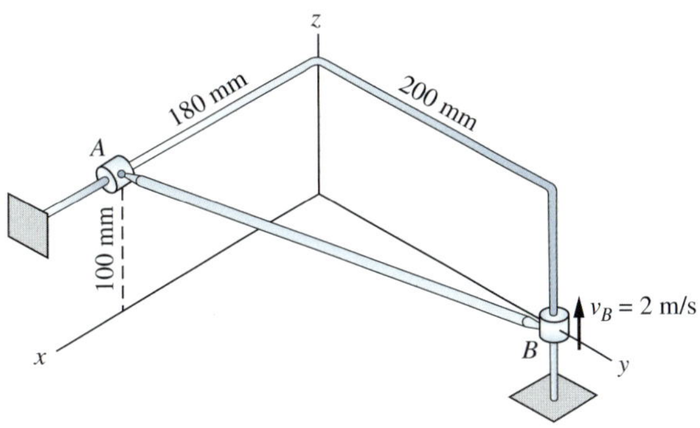

그림 P19.13

19.14 원형판 D는 팔 AB에 대해 일정한 각속도 ω_1으로 회전하고 있다. 이와 동시에 팔 AB는 일정한 속도 ω_2로 세워지며 전체 조립부품은 Z축에 대해 일정한 각속도 ω_3로 회전하고 있다. 이와 같은 순간에 원형판의 (a) 각속도와 (b) 각가속도를 구하라.

19.15 막대 PQ가 일정한 각속도 $\omega_1 = 25$ rad/s로 축 OA에 대해서 회전한다. 동시에 OA는 일정한 각속도 $\omega_2 = 12$ rad/s로 z축에 대해서 회전한다. 그림에 보인 위치에서 (a) 끝 단 P의 속도와 (b) 끝단 P의 가속도를 구하라.

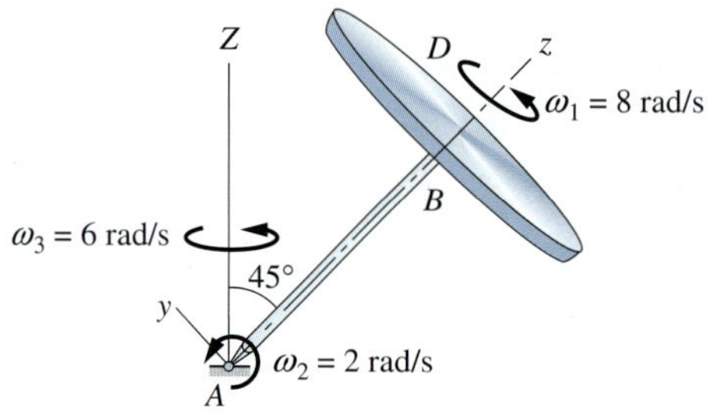

그림 P19.14

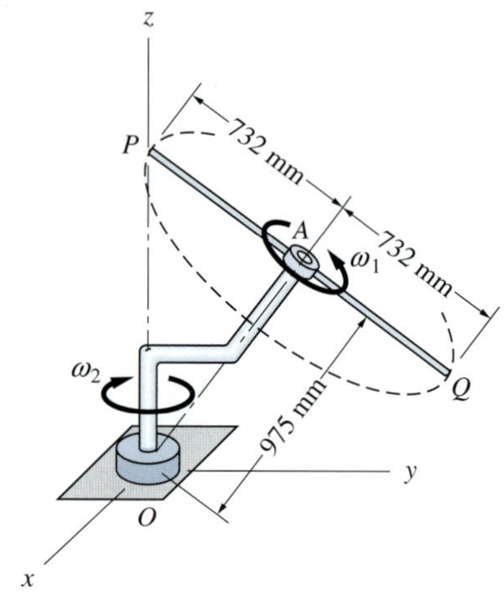

그림 P19.15

19.16 크랭크 AB와 CD는 y축에 대해서 회전한다. 막대 BD는 볼·소켓 이음매로 크랭크에 부착되어 있다. 만일 AB의 각속도가 $\omega_0 = 12$ rad/s로 일정하면, 그림에 나타낸 위치에서 (a) CD와 BD의 각속도와 (b) CD의 각가속도는 얼마인가? 막대 BD는 그 축에 대해서 회전하지 않는다고 가정한다. 즉 BD의 각속도벡터가 BD에 수직하다고 가정하라.

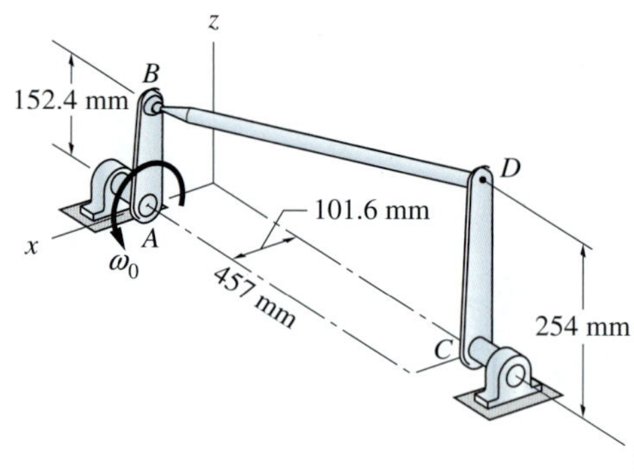

그림 P19.16

19.17 봉 AB가 원형판 C의 림에 연결되어 있고 미끄러짐 칼라 B는 볼·소켓 조인트로 연결되어 있다. 원형판이 원점 C에 수직인 축을 중심으로 일정한 각속도 7 rad/s로 회전한다. 그림과 같은 위치에서 칼라 B의 속도를 구하라.

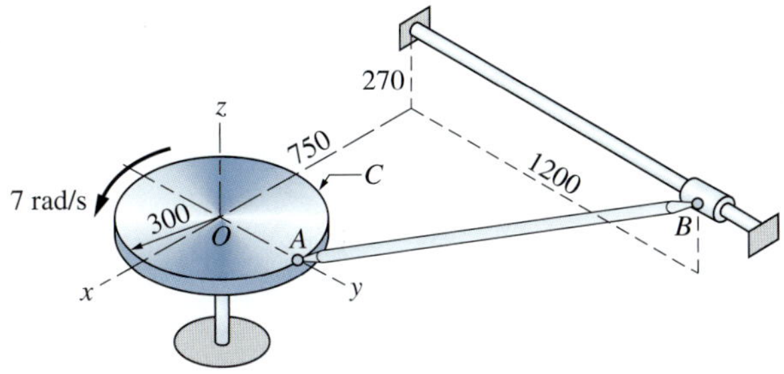

그림 P19.17

19.18 봉 AB의 끝에 볼·소켓 조인트로 연결된 칼라가 부착되어 있다. 프레임은 z축을 중심으로 $\omega_1 = 1.5$ rad/s의 일정한 각속도로 회전하고, 칼라 B가 프레임에 상대속도 $v_B = 0.2$ m/s로 이동한다. 여기서 $\theta = 30°$일 때, 봉 AB의 각가속도를 구하라.

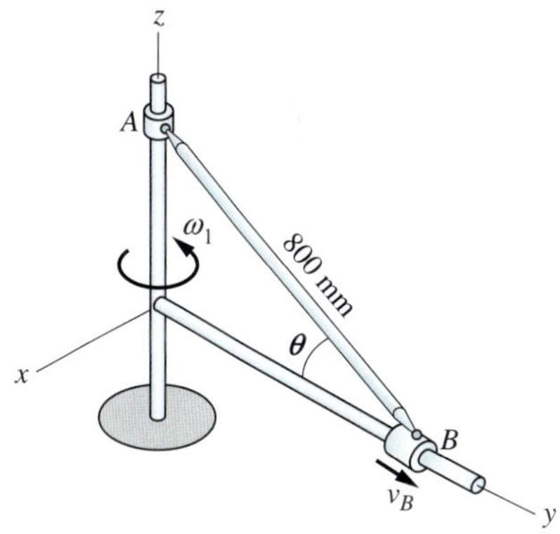

그림 P19.18

19.19 막대 C는 U형 링크에 의하여 칼라 A에 연결되고, 볼·소켓 이음매에 의하여 칼라 B에 연결되었다. 그림에 보인 위치에서 칼라 A가 속력 $v_A = 381$ mm/s로 오른쪽으로 움직이고 있다. 이 위치에 대하여 칼라 B의 속력을 구하라. (힌트: 막대 C의 각속도를 계산할 필요는 없다.)

19.20 문제 19.19에 기술된 기구에 대하여, 그림에 보인 위치에서 칼라 A와 막대 C의 각속도를 구하라.

19.21 문제 19.19에 기술된 막대에 대한 연결이 서로 바뀌었다고 가정하라(즉, 볼·소켓이 A에 있고, U형 링크가 B에 있다). 그림에 보인 위치에 대하여 막대 C의 각속도와 칼라 B의 속도를 구하라.

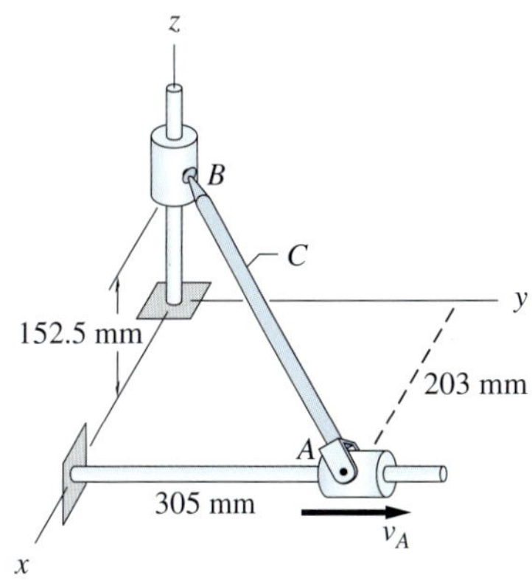

그림 P19.19–P19.21

19.22 팔 AB가 z축을 중심으로 일정한 각속도 $\omega_1 = 3$ rad/s로 회전하고, 원형판은 팔에 대해 일정 각속도 $\omega_2 = 10$ rad/s로 회전한다. 그림과 같은 위치에서 (a) 원형판의 각가속도와 (b) 원형판상의 점 Q의 가속도를 구하라.

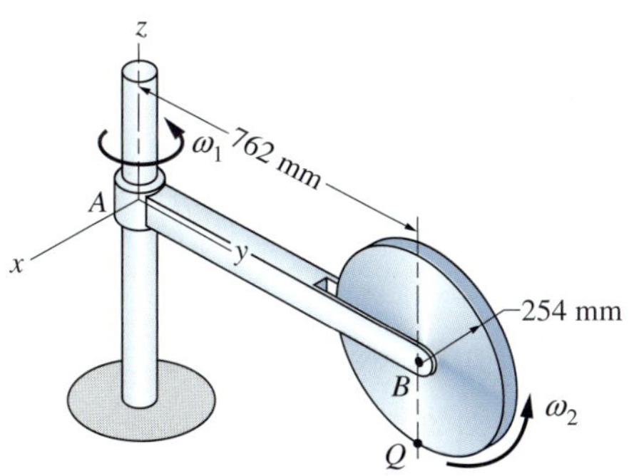

그림 P19.22

19.23 원형판이 팔 OA에 대해 일정한 각속도 $\omega_2 = 5$ rad/s로 회전하고 있다. 그림과 같은 위치에서 팔 OA는 z축을 중심으로 각속도 $\omega_1 = 3$ rad/s, 각가속도 $\dot{\omega}_1 = -12$

rad/s^{2}로 회전하고 있을 때, (a) 원형판의 각가속도와 (b) 원형판의 최고점 P의 속도를 구하라.

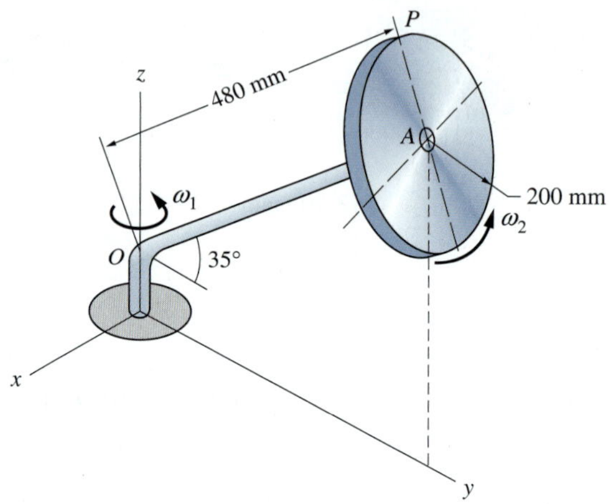

그림 P19.23

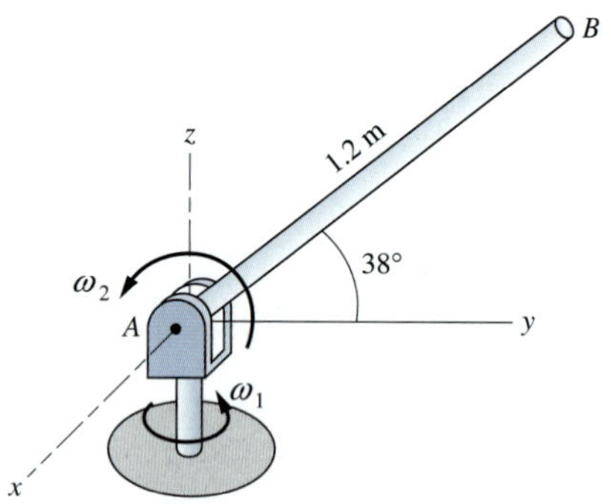

그림 P19.24

19.24 봉 AB가 수직축에 대해 U형 링크로 연결되어 있다. 축은 z축에 대하여 ω_1 = 12 rad/s의 일정 각속도로 회전하고, 봉은 링크에 대하여 ω_2 = 9 rad/s로 일정한 각속도로 회전한다. 그림과 같은 위치에서, (a) 봉의 각가속도와 (b) 봉의 끝단 B의 가속도를 구하라.

19.3 충격량과 운동량 방법

19.3a 각운동량

17장에서 한 점에 대한 강체의 각운동량을 소개했다. 한 점 A에서 각운동량 $\mathbf{h}_A$은 물체를 구성하는 미분 요소에 대한 각운동량들의 합으로 얻어진다.

$$\mathbf{h}_A = \int_{\mathcal{V}} \mathbf{r} \times (\mathbf{v}\, dm) \tag{19.5}$$

그림 19.6에서, $\mathbf{v}\,dm$은 속도가 $\mathbf{v}$, 질량이 dm인 미분 요소의 선운동량을 나타내고 $\mathbf{r}$은 점 A에 대한 미소요소의 위치벡터를 나타낸다. 따라서 식 (19.5)의 피적분 함수는 점 A 요소의 각운동량(즉, 선운동량의 모멘트)이다. 이러한 적분은 물체가 차지하는 영역 $\mathcal{V}$에 대해서 행해진다.

17.3절에서와 같이, 점 A 대신 물체의 질량중심 G에서 각운동량은 다음과 같이 정리된다.

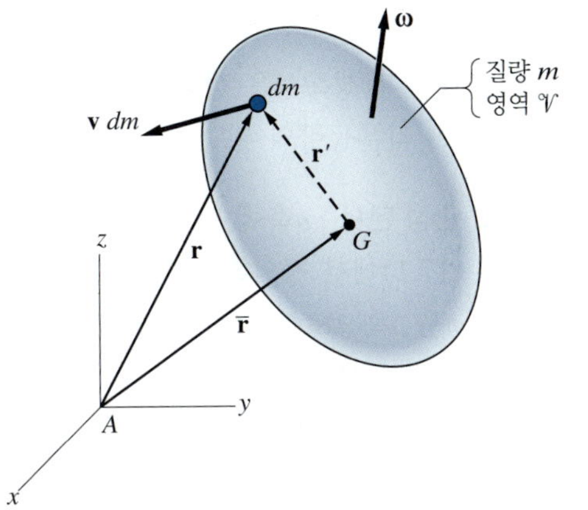

그림 19.6

$$\mathbf{h}_G = \int_{\mathcal{V}} \mathbf{r}' \times (\boldsymbol{\omega} \times \mathbf{r}')\, dm \quad (G\text{: 질량중심}) \tag{19.6}$$

여기서 ω는 물체의 각속도이며, $\mathbf{r}'$는 그림 19.6과 같이 질량중심 G에 대한 dm의 위치벡터를 나타낸다.

임의의 점 A에 대한 질량이 m인 물체의 각운동량은 다음과 같이 표현될 수 있다.

$$\mathbf{h}_A = \mathbf{h}_G + \bar{\mathbf{r}} \times (m\bar{\mathbf{v}}) \quad (A\text{: 임의의 점}) \tag{19.7}$$

식 (19.7)에서 $\bar{\mathbf{r}}$은 A에 대한 G의 위치벡터이고, $m\bar{\mathbf{v}}$은 물체의 선운동량을 나타낸다. $\mathbf{h}_A$를 계산하는 편리한 방법으로 그림 19.7과 같은 물체의 운동량선도가 있다. 그림에서 $\mathbf{h}_A$는 $\mathbf{h}_G$ 벡터 합과 A에 관한 $m\bar{\mathbf{v}}$(G에 작용함) 모멘트로 구성된다.

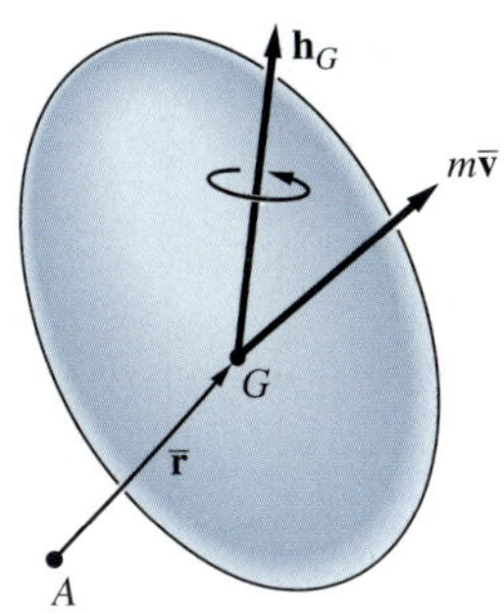

그림 19.7

특히, 고정점 A에 관해서 회전하는 물체의 각운동량의 경우, 그림 19.6과 같이 미분 요소의 속도는 $\mathbf{v} = \omega \times \mathbf{r}$이고, 이것을 식 (19.5)에 대입하면 다음과 같이 정리된다.

$$\mathbf{h}_A = \int_{\mathcal{V}} \mathbf{r} \times (\boldsymbol{\omega} \times \mathbf{r})\, dm \quad (A\text{: 공간과 물체에 고정된 점}) \tag{19.8}$$

19.3b 관성특성

이제 강체의 3차원 운동에 대한 관성특성을 살펴보자(이 주제는 부록 F에서 더 상세히 다룬다). 이러한 특성은 각운동량의 유도 과정에서 확인할 수 있다.

관성 모멘트와 관성적 그리고 관성 텐서 a축에 관한 강체의 질량 관성 모멘트(mass moment of inertia)는 식 (17.1)에서 정의한 바와 같이 $I_a = \int_{\mathcal{V}} r^2$이다. 여기서 $\mathcal{V}$는 물체가 차지하는 영역, r은 a축으로부터 미분 질량 dm에 이르는 수직거리이다. 그림 19.8과 같이, x, y, z축으로부터 dm에 이르는 수직거리는 다음과 같다.

$$(y^2 + z^2)^{1/2} \qquad (z^2 + x^2)^{1/2} \quad \text{그리고} \quad (x^2 + y^2)^{1/2}$$

따라서 세 좌표축에 대한 물체의 질량 관성 모멘트는 다음과 같다.

$$\begin{aligned} I_x &= \int_{\mathcal{V}} (y^2 + z^2)\, dm \\ I_y &= \int_{\mathcal{V}} (z^2 + x^2)\, dm \\ I_z &= \int_{\mathcal{V}} (x^2 + y^2)\, dm \end{aligned} \tag{19.9}$$

그림 19.8에 보인 직교좌표축에 관한 물체의 관성 곱(product of inertia)은 다음과 같이 정의된다.

$$\begin{aligned} I_{xy} = I_{yx} &= \int_{\mathcal{V}} xy\, dm \\ I_{yz} = I_{zy} &= \int_{\mathcal{V}} yz\, dm \\ I_{zx} = I_{xz} &= \int_{\mathcal{V}} zx\, dm \end{aligned} \tag{19.10}$$

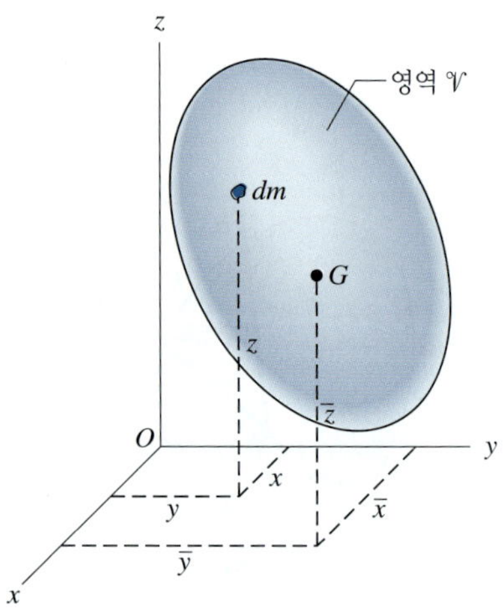

그림 19.8

식 (19.9)와 (19.10)에서 정의된 관성특성의 차원은 $[ML^2]$이고, 단위는 $\text{kg} \cdot \text{m}^2$ 또는 $\text{slug} \cdot \text{ft}^2$ $(\text{lb} \cdot \text{ft} \cdot \text{s}^2)$이다. 비록 관성 모멘트는 항상 양이지만, 관성적은 양, 음 또는 영이 되기도 한다.

다음과 같이, 점 O(좌표축의 원점)에서 관성에 대한 행렬을 관성 텐서(inertia tensor)라고 한다.

$$\mathbf{I} = \begin{bmatrix} I_x & -I_{xy} & -I_{xz} \\ -I_{yx} & I_y & -I_{yz} \\ -I_{zx} & -I_{zy} & I_z \end{bmatrix} \tag{19.11}$$

대각선 요소 외의 관성적은 음이 됨에 주의하자(관성 텐서에 음의 부호가 붙는 것은 텐서에 대한 대수학을 만족시키기 위한 것으로 본 교재에서는 별도로 설명하지 않는다).

관성 모멘트에 대한 평행축 정리 관성 모멘트에 대한 평행축 정리(parallel-axis theorem)가 17장에서 유도되어 $I_a = \bar{I}_a + md^2$이고, 여기서 I_a는 a축에 관한 관성 모멘트, $\bar{I}_a$는 중심축(물체의 질량중심을 통과하고 a축에 평행한 축)에 관한 관성 모멘트, m은 강체의 질량, 그리고 d는 두 축 사이의 거리를 나타낸다. 그림 19.9를 참고하면 x, y, z축과 그 해당되는 중심축 사이의 거리는 각각 $(\bar{y}^2 + \bar{y}^2)^{1/2}$, $(\bar{z}^2 + \bar{x}^2)^{1/2}$, $(\bar{x}^2 + \bar{y}^2)^{1/2}$이다. $\bar{I}_x$, $\bar{I}_y$, $\bar{I}_z$가 중심축에 관한 관성 모멘트를 표기한다면, 관성 모멘트에 대한 평행축 정리는 다음과 같이 된다.

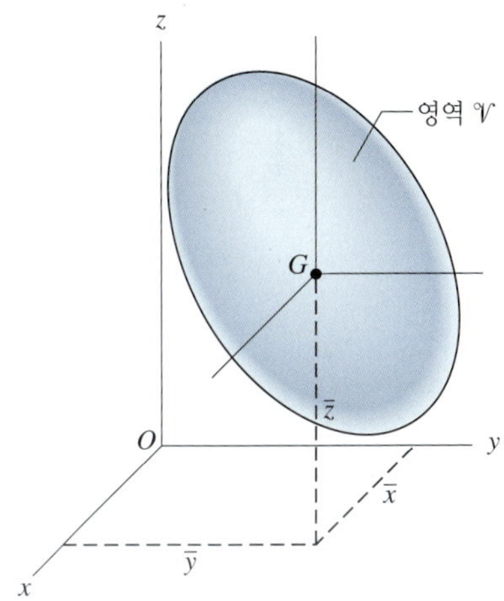

그림 19.9

$$\begin{aligned} I_x &= \bar{I}_x + m(\bar{y}^2 + \bar{z}^2) \\ I_y &= \bar{I}_y + m(\bar{z}^2 + \bar{x}^2) \\ I_z &= \bar{I}_z + m(\bar{x}^2 + \bar{y}^2) \end{aligned} \tag{19.12}$$

관성적에 대한 평행평면 이론 그림 19.9를 다시 참고하면, 한 쌍의 두 축에 관한 관성적은 다음 식에 의해서 관련지어짐을 알 수 있다.

$$\begin{aligned} I_{xy} &= \bar{I}_{xy} + m\bar{x}\,\bar{y} \\ I_{yz} &= \bar{I}_{yz} + m\bar{y}\,\bar{z} \\ I_{zx} &= \bar{I}_{zx} + m\bar{z}\,\bar{x} \end{aligned} \tag{19.13}$$

여기서 $\bar{I}_{xy}$, $\bar{I}_{yz}$ 그리고 $\bar{I}_{zx}$는 중심축에 관한 관성적을 나타낸다. **평행평면 정리(parallel-plane theorem)**로 알려져 있는 이 정리는 부록 F에서 증명된다.

주 관성 모멘트 임의의 점에 대하여 관성적이 영이 되는 세 수직축은 항상 존재한다. 이 축들은 **점 O에서의 주축(principal axes at point O)**이라 하고, 그에 해당되는 관성 모멘트는 I_1, I_2, I_3로 표기하며 점 O에서 물체의 **주 관성 모멘트(principal moments of inertia)**라고 한다. 따라서 주축에 관한 관성 텐서는 다음과 같이 대각선 행렬의 형태를 취한다.

$$\mathbf{I} = \begin{bmatrix} I_1 & 0 & 0 \\ 0 & I_2 & 0 \\ 0 & 0 & I_3 \end{bmatrix} \tag{19.14}$$

주축의 결정과 주 관성 모멘트의 계산은 부록 F에 설명되어 있다.

대칭 평면을 갖는 물체 한 평면(xy 평면)에 대해서 대칭이 되는 균질의 물체를 고려하자. 대칭 평면에 놓여 있는 물체의 질량중심을 xyz 좌표의 원점으로 한다. 대칭인 물체는 좌표(x, y, z)를 갖는 미분질량 dm에 대하여, 좌표 $(x, y, -z)$를 갖는 다른 dm이 존재한다. $z < 0$은 전 영역에 걸친 적분은 $z > 0$인 전 영역에 걸친 적분을 상쇄하므로, $\bar{I}_{yz} = \int_{\mathcal{V}} yz\, dm = 0$과 $\bar{I}_{zx} = \int_{\mathcal{V}} zx\, dm = 0$가 된다. xy축의 방향에 관계없이 $\bar{I}_{yz} = \bar{I}_{xz} = 0$이므로 z축은 관성주축이 되어야 한다. 이러한 경우, 관성적에 대한 평행평면 정리인 식 (19.13)은 다음과 같이 된다.

$$I_{xy} = \bar{I}_{xy} + m\bar{x}\,\bar{y} \qquad I_{yz} = m\bar{y}\,\bar{z} \qquad I_{zx} = m\bar{z}\,\bar{x} \tag{19.15}$$

일반적으로 대칭평면에 수직이고 물체의 질량중심 G를 통과하는 축이 점 G에서 물체의 주축이 된다.

19.3c 각운동량의 직각성분

한 물체의 각운동량은 그 물체의 각속도와 관성 텐서의 항으로 표현될 수 있어, 식 (19.6)과 (19.8)과 같은 형태로 정리된다.

$$\mathbf{h} = \int_{\mathcal{V}} \mathbf{r} \times (\boldsymbol{\omega} \times \mathbf{r})\, dm \tag{19.16}$$

$\mathbf{r}$은 dm의 기준점(강체 내의 고정된 한 점이거나 질량중심)에 대한 위치벡터를 나타낸다.

식 (19.16)을 직교좌표계로 표현하면 다음과 같다.

$$\begin{aligned} \mathbf{h} &= h_x\mathbf{i} + h_y\mathbf{j} + h_z\mathbf{k} \\ \boldsymbol{\omega} &= \omega_x\mathbf{i} + \omega_y\mathbf{j} + \omega_z\mathbf{k} \\ \mathbf{r} &= x\mathbf{i} + y\mathbf{j} + z\mathbf{k} \end{aligned}$$

각운동량에서 각속도 ω와 위치벡터 $\mathbf{r}$의 외적은

$$\boldsymbol{\omega} \times \mathbf{r} = \mathbf{i}(\omega_y z - \omega_z y) + \mathbf{j}(\omega_z x - \omega_x z) + \mathbf{k}(\omega_x y - \omega_y x)$$

이다. 따라서 식 (19.16)의 피적분 함수는

$$\mathbf{r} \times (\boldsymbol{\omega} \times \mathbf{r}) = \begin{vmatrix} \mathbf{i} & \mathbf{j} & \mathbf{k} \\ x & y & z \\ \omega_y z - \omega_z y & \omega_z x - \omega_x z & \omega_x y - \omega_y x \end{vmatrix} \tag{a}$$

가 되고, 행렬식을 전개하면 다음과 같다.

$$\begin{aligned} \mathbf{r} \times (\boldsymbol{\omega} \times \mathbf{r}) = \mathbf{i}[(y^2 + z^2)\omega_x - xy\,\omega_y - xz\,\omega_z] \\ + \mathbf{j}[-xy\,\omega_x + (z^2 + x^2)\,\omega_y - yz\,\omega_z] \\ + \mathbf{k}[-zx\,\omega_x - zy\,\omega_y + (x^2 + y^2)\,\omega_z] \end{aligned} \tag{b}$$

식 (b)를 식 (19.16)에 대입하면 각운동량은 다음과 같이 직교좌표계 각각의 성분으로 정리된다.

$$\begin{aligned} h_x &= \omega_x \int_{\mathcal{V}} (y^2 + z^2)\,dm - \omega_y \int_{\mathcal{V}} xy\,dm - \omega_z \int_{\mathcal{V}} xz\,dm \\ h_y &= -\omega_x \int_{\mathcal{V}} xy\,dm + \omega_y \int_{\mathcal{V}} (z^2 + x^2)\,dm - \omega_z \int_{\mathcal{V}} yz\,dm \\ h_z &= -\omega_x \int_{\mathcal{V}} xz\,dm - \omega_y \int_{\mathcal{V}} yz\,dm + \omega_z \int_{\mathcal{V}} (x^2 + y^2)\,dm \end{aligned} \tag{c}$$

식 (c)에서 적분은 기준 점에서 관성 텐서의 성분을 나타내므로(식 (19.9)와 (19.10) 참조), 각운동량은 다음과 같이 관성항에 관한 식으로 표현된다.

$$\begin{aligned} h_x &= I_x\omega_x - I_{xy}\omega_y - I_{xz}\omega_z \\ h_y &= -I_{yx}\omega_x + I_y\omega_y - I_{yz}\omega_z \\ h_z &= -I_{zx}\omega_x - I_{zy}\omega_y + I_z\omega_z \end{aligned} \tag{19.17a}$$

위 식을 행렬로 정리하면 다음과 같다.

$$\mathbf{h}_A = \mathbf{I}_A\boldsymbol{\omega} \quad (A\text{: 공간 또는 강체에 고정된 점 또는 질량중심}) \tag{19.17b}$$

여기서, $\mathbf{I}_A$는 식 (19.11)의 행렬로 점 A를 지나는 축에 대한 관성항으로 구성된다. 만약 xyz축이 기준점의 관성주축인 경우, 관성적은 영이 되므로 다음과 같이 간략히 표현된다.

$$h_x = I_x\omega_x \quad h_y = I_y\omega_y \quad h_z = I_z\omega_z \tag{19.18}$$

일반적으로 각운동량 벡터 **h**는 각속도벡터 ω와 동일한 방향에 있지는 않다. 예를 들어 xyz축이 관성주축이라면

$$\begin{aligned}\mathbf{h} &= I_x\omega_x\mathbf{i} + I_y\omega_y\mathbf{j} + I_z\omega_z\mathbf{k}\\ \boldsymbol{\omega} &= \omega_x\mathbf{i} + \omega_y\mathbf{j} + \omega_z\mathbf{k}\end{aligned} \tag{19.19}$$

이 되고, 이 식에서 **h**와 ω의 방향은 단지 다음과 같은 특별한 경우에 대해서 일치한다.

1. 주 관성 모멘트가 같아(예를 들면 질량중심에 좌표계의 원점이 놓여 있는 균질의 구) $I_x = I_y = I_z = I$이면, 식 (19.19)의 첫 식은 $\mathbf{h} = I\omega$가 된다.
2. ω의 방향이 관성주축의 하나와 평행하다.
   만일 ω가 주축(z축)에 평행하면 식 (19.19)는 $\mathbf{h} = I_z\omega_z\mathbf{k}$와 $\omega = \omega_z\mathbf{k}$가 된다. 이 경우는 강체가 평면운동을 하는 것을 나타낸다. 이것은 또한 운동평면에 수직한 좌표축이 관성주축일 때만 평면운동이 존재함을 보여준다.

고정점 또는 질량중심점에 관한 각운동량의 직각성분들은 식 (19.17)로부터 계산할 수 있다. 만일 어떤 다른 점 A에 관한 각운동량이 찾고자 하는 경우, 식 (19.17)로부터 먼저 $\mathbf{h}_G$를 계산하고, 그리고 식 (19.7)을 응용하여 $\mathbf{h}_A = \mathbf{h}_G + \bar{\mathbf{r}} \times (m\bar{\mathbf{v}})$와 같이 구할 수 있다. 식 (19.17)은 임의의 기준점에 대하여 직접적으로 응용될 수 없음을 주의하자.

19.3d 충격량과 운동량 원리

18.6절에서 논의된 평면운동에 대한 충격량과 운동량 원리가 3차원 운동에서도 적용될 수 있다. 여기서는 18.6절에서 주어진 유도과정을 반복하지 않고 이 원리만을 다시 언급한다.

강체에 대한 선충격량과 선운동량의 식은 다음과 같다.

$$\mathbf{L}_{1\text{-}2} = \mathbf{p}_2 - \mathbf{p}_1 = \Delta\mathbf{p} \tag{19.20}$$

여기서 $\mathbf{L}_{1-2}$는 시간 구간 $t_1 \sim t_2$ 동안 물체에 작용한 외력의 선충격량이고, $\Delta\mathbf{p}$는 이 시간 구간에서 물체의 선운동량의 변화이다. 질량 m, 질량중심의 속도가 $\bar{\mathbf{v}}$인

물체의 선운동량은 $\mathbf{p} = m\bar{\mathbf{v}}$이다.

강체에 대한 각충격량과 선운동량의 식은 다음과 같다.

$$(\mathbf{A}_A)_{1\text{-}2} = (\mathbf{h}_A)_2 - (\mathbf{h}_A)_1 = \Delta\mathbf{h}_A \qquad (A\text{: 고정점* 또는 질량중심}) \tag{19.21}$$

여기서 $(\mathbf{A}_A)_{1-2}$는 시간 구간 $t_1 \sim t_2$ 동안 점 A에 관한 외력의 각충격량이고, $\Delta\mathbf{h}_A$는 이 시간 구간 동안 A에 관한 각운동량의 변화이다. 각운동량은 식 (19.17) 혹은 식 (19.18)로부터 계산 가능하다.

18.6절에서 언급한 바와 같이, 만일 (1) 충격량이 단지 계에 작용하는 외력에 의한 것이며, (2) 운동량이 계의 운동량(계를 구성하는 물체들의 운동량을 합함으로써 얻어지는)으로 해석되며, (3) 식 (19.21)에서 언급한 질량중심이 계의 질량중심이 되면 충격량과 운동량의 식이 강체계에도 적용될 수 있다.

식 (19.20)에서 만일 선충격량이 영이면 선운동량은 보존된다. 마찬가지로, 한 고정점이나 질량중심에 관한 각충격량이 영이면 그 점에 관한 각운동량도 보존된다.

만일 운동이 충돌과 같이 충격(무한히 작은 시간 동안에 작용하는 무한대의 힘)적이면, 식 (19.21)은 어느 기준점에 대해서도 유효하다. (이것의 증명은 18.7절에 설명했다.). 충돌은 그 기간이 대단히 작다고 가정되므로, 단지 충격력은 고려할 필요가 있지만 유한한 힘의 충격은 무시된다.

*19.4 일과 에너지 법

19.4a 운동에너지

일반적인 경우 18장에서 강체의 운동에너지는 다음 식과 같았다.

$$T = \frac{1}{2}m\bar{v}^2 + \frac{1}{2}\boldsymbol{\omega}\cdot\mathbf{h}_G \qquad \text{(18.6a, 다시 씀)}$$

여기서 m은 물체의 질량, $\bar{v}$는 질량중심 G의 속력, ω는 물체의 각속도, $\mathbf{h}_G$는 G에 대한 물체의 각운동량이다. 식 (18.6a)의 우변 첫 항은 병진운동의 운동에너지를 나타내고, 둘째 항은 회전운동의 운동에너지이다.

운동에너지는 ω와 식 (19.17)에서 $\mathbf{h}_G$를 적용하여 다음과 같이 직교좌표계

---

* 점 A는 공간상에 고정된 점으로 물체에 고정될 필요는 없다.

로 표현된다.*

$$T = \frac{1}{2}m\bar{v}^2 + \frac{1}{2}(\omega_x\mathbf{i} + \omega_y\mathbf{j} + \omega_z\mathbf{k})\cdot\big[(\bar{I}_x\omega_x - \bar{I}_{xy}\omega_y - \bar{I}_{xz}\omega_z)\mathbf{i}$$
$$+ (-\bar{I}_{yx}\omega_x + \bar{I}_y\omega_y - \bar{I}_{yz}\omega_z)\mathbf{j} + (-\bar{I}_{zx}\omega_x - \bar{I}_{zy}\omega_y + \bar{I}_z\omega_z)\mathbf{k}\big]$$

위 식에서 내적과 $\bar{I}_{yx} = \bar{I}_{xy}$인 관계를 적용하면 운동에너지는 다음과 같다.

$$T = \frac{1}{2}m\bar{v}^2 + \frac{1}{2}(\bar{I}_x\omega_x^2 + \bar{I}_y\omega_y^2 + \bar{I}_z\omega_z^2 - 2\bar{I}_{xy}\omega_x\omega_y - 2\bar{I}_{yz}\omega_y\omega_z - 2\bar{I}_{zx}\omega_z\omega_x) \tag{19.22}$$

관성 텐서의 성분은 중심축을 기준으로 계산되는 것에 주의하라.

축에 나란한 각속도 만약 ω가 좌표축의 하나인 z축에 나란하면, $\omega_x = \omega_y = 0$이고 $\omega_z = \omega$가 되므로 이를 식 (19.22)에 적용하여 운동에너지는 다음과 같이 간략화된다.

$$T = \frac{1}{2}m\bar{v}^2 + \frac{1}{2}\bar{I}_z\omega^2 \quad (\boldsymbol{\omega} = \omega\mathbf{k}) \tag{19.23}$$

이 식은 평면운동에서 사용된 식 (18.7a)에 유사하다. 평면운동에서 ω는 항상 z축에 나란해야 하지만, 3차원 운동을 기술하는 식 (19.23)에서는 ω가 관심 순간에만 z방향에 존재하면 된다.

영속도 점에 관한 회전 18.3절에서 A가 영 속도를 갖는 강체 내의 한 점(고정점 또는 순간 회전축상의 어느 점)이라면, 물체의 운동에너지는 다음 형태로 쓰일 수 있었다.

$$T = \frac{1}{2}\boldsymbol{\omega}\cdot\mathbf{h}_A \tag{18.6b, 다시 씀}$$

여기서 $\mathbf{h}_A$는 A에 관한 물체의 각운동량이다. ω와 $\mathbf{h}_A$를 직교좌표 성분으로 표현하여, 식 (19.22)의 유도 과정과 같이 정리하면 운동에너지는 다음과 같다.

* I 위의 짧은 막대(bar)는 관성특성을 물체의 질량중심에서 계산해야 함을 상기시켜준다.

$$T = \frac{1}{2}(I_x\omega_x^2 + I_y\omega_y^2 + I_z\omega_z^2 - 2I_{xy}\omega_x\omega_y - 2I_{yz}\omega_y\omega_z - 2I_{zx}\omega_z\omega_x) \quad \text{(속도가 영(zero)인 점을 지나는 축)} \tag{19.24}$$

식 (19.24)에서 관성특성은 기준점 A, 즉 영 속도를 갖는 점을 통과하는 축에 관하여 계산되어야 한다는 데 주의하자.

한 축에 관한 회전 z축이 순간 회전축이 되도록 좌표계가 선택되면 $\omega_x = \omega_y = 0$, $\omega_z = \omega$이다. 그러므로 식 (19.24)는 다음과 같이 된다.

$$T = \frac{1}{2}I_z\omega^2 \quad \text{(}z\text{축이 순간 회전축임)} \tag{19.25}$$

이 식은 평면운동에 사용된 식 (18.7b)와 동일하다.

19.4b 일과 에너지 원리와 기계적 에너지의 보존

18.4절에 주어진 평면운동에 대한 일과 에너지 그리고 기계적 에너지보존 법칙이 3차원 운동에도 역시 적용될 수 있다. 그러므로 다음의 설명은 18.4절에서 다룬 기본 식들의 복습에 해당한다.

아래첨자 1과 2가 강체의 초기와 마지막 위치를 가리킨다면 일과 에너지 원리는 다음과 같다.

$$(U_{1\text{-}2})_{\text{ext}} = \Delta T \tag{19.26}$$

여기서 $(U_{1-2})_{\text{ext}}$는 외력과 외부 우력에 의하여 이루어진 일이고, ΔT는 운동에너지의 변화이다. 일은 14.2절과 18.2절에서 기술한 방법을 사용해서 계산할 수 있고, 식 (19.22)~(19.25)는 운동에너지를 계산하는 데 사용될 수 있다.

연결된 강체 계에 대해서 일과 에너지 원리는 다음과 같다.

$$(U_{1\text{-}2})_{\text{ext}} + (U_{1\text{-}2})_{\text{int}} = \Delta T \tag{19.27}$$

여기서 $(U_{1-2})_{\text{ext}}$와 $(U_{1-2})_{\text{int}}$는 각각 외력과 내력에 의하여 계에 일어난 일을 나타낸다.

만약 강체나 연결된 강체 계에 작용한 모든 힘이 보존적이라면 기계적 에너지는 보존된다. 그래서 다음과 같은 기계적 에너지의 보존 원리는 일과 에너지 원리를 대신하여 사용될 수 있다.

$$V_1 + T_1 = V_2 + T_2 \tag{19.28}$$

식 (19.28)에서 V_1과 V_2는 초기와 최종의 위치에너지이고, T_1과 T_2는 초기와 최종의 운동에너지이다.

예제 19.5

①, ② 그리고 ③으로 표기된 균일한 가는 막대가 서로 용접되어 그림 (a)에 보인 물체를 형성한다. A와 B에서 베어링 지지된 물체는 일정한 각속도 $\omega = 30$ rad/s로 구동되고 있다. 물체의 위치가 그림과 같을 때, 다음을 계산하라. (1) 점 C에 관한 각운동량, (2) 점 A에 관한 운동에너지. 각 막대의 단위길이당 질량은 $\rho = 600$ g/m이다.

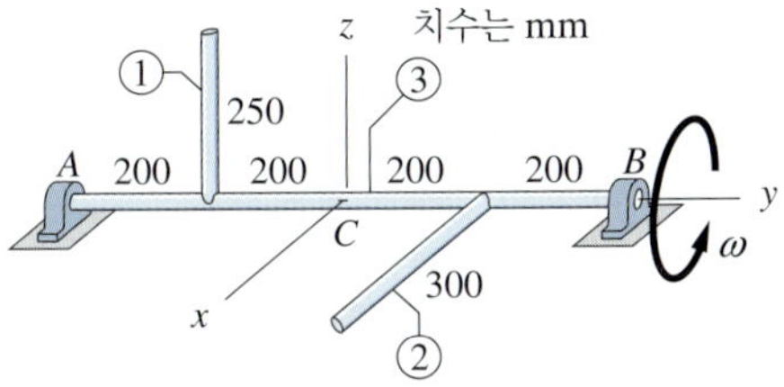

(a)

풀이

예비 단계

각속도벡터의 유일하게 영이 아닌 성분은 $\omega_y = \omega$이므로, 식 (19.17a)로부터 C 혹은 A에 관한 각운동량 벡터의 성분들은 다음 형태로 간략화된다.

$$h_x = -I_{xy}\omega \qquad h_y = I_y\omega \qquad h_z = -I_{zy}\omega \tag{a}$$

물체가 고정된 y축에 관하여 회전하므로, 그 운동에너지는 식 (19.25)로부터 다음과 같다.

$$T = \frac{1}{2}I_y\omega^2 \tag{b}$$

식 (a)와 (b)에서 요구되는 관성 모멘트와 관성적의 계산은 다음 표와 같이 정리된다. 이와 같은 운동에서 막대 ③의 관성항은 영이 되므로, 강체에 대한 결과들은 막대 ①과 ②의 특성만을 합하여 얻어진다.

문항 1

C점에 대한 관성 모멘트와 관성적 그리고 $\omega = 30$ rad/s를 식 (a)에 대입하면 C에 관한 각운동량의 벡터 성분들은 다음과 같이 된다.

$$h_x = -I_{xy}\omega = -(54.00 \times 10^{-4})(30) = -16.20 \times 10^{-2}\ \text{N}\cdot\text{m}\cdot\text{s}$$
$$h_y = I_y\omega = (85.25 \times 10^{-4})(30) = 25.58 \times 10^{-2}\ \text{N}\cdot\text{m}\cdot\text{s}$$
$$h_z = -I_{zy}\omega = -(-37.5 \times 10^{-4})(30) = 11.25 \times 10^{-2}\ \text{N}\cdot\text{m}\cdot\text{s}$$

그러므로 C에 관한 각운동량의 크기는 다음과 같고

$$h_C = (10^{-2})\sqrt{(-16.20)^2 + (25.58)^2 + (11.25)^2}$$
$$= 32.3 \times 10^{-2}\ \mathrm{N \cdot m \cdot s}$$ 답

	Rod 1	Rod 2	Totals
L	0.25 m	0.3 m	
$m = \rho L$	0.6(0.25) = 0.15 kg	0.6(0.3) = 0.18 kg	
$\bar{x}$	0	0.15 m	
$\bar{y}$	−0.2 m	0.2 m	
$\bar{z}$	0.125 m	0	
$I_y = \frac{1}{3}mL^2$	$\frac{1}{3}(0.15)(0.25)^2$ $= 0.003\,125\ \mathrm{kg \cdot m^2}$	$\frac{1}{3}(0.18)(0.3)^2$ $= 0.005\,40\ \mathrm{kg \cdot m^2}$	$0.008\,525\ \mathrm{kg \cdot m^2}$
$I_{xy} = m\bar{x}\bar{y}$	$0.15(0)(-0.2)$ $= 0$	$0.18(0.15)(0.2)$ $= 0.005\,40\ \mathrm{kg \cdot m^2}$	$0.005\,40\ \mathrm{kg \cdot m^2}$
$I_{zy} = m\bar{z}\bar{y}$	$0.15(0.125)(-0.2)$ $= -0.003\,75\ \mathrm{kg \cdot m^2}$	$0.18(0)(0.2)$ $= 0$	$-0.003\,75\ \mathrm{kg \cdot m^2}$

C점에서 관성 계산

벡터 $\mathbf{h}_C$의 직교 성분들은 그림 (b)와 같다.

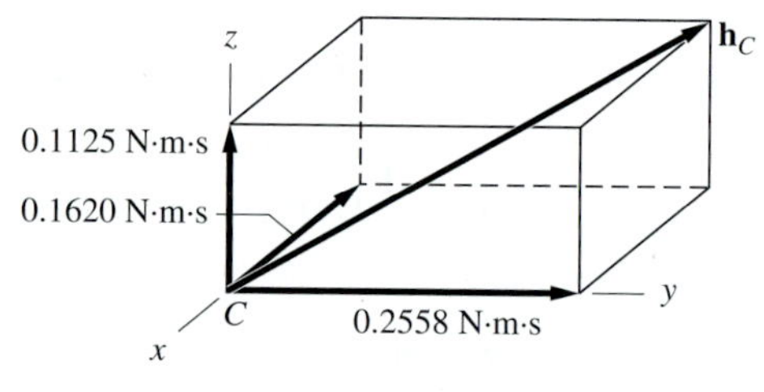

(b)

문항 2

물체의 운동에너지는 I_y(점 C 또는 A가 물론 상용될 수 있다)와 ω = 30 rad/s를 식 (b)에 대입하여 다음과 같이 구해진다.

$$T = \frac{1}{2}I_y\omega^2 = \frac{1}{2}(85.25 \times 10^{-4})(30)^2 = 3.84\ \mathrm{J}$$ 답

예제 19.6

그림 (a)에 보인 균일한 가는 막대 AB는 무게 W가 7.26 kg와 길이 L이 732 mm이다. 막대가 볼·소켓 조인트로 미끄럼 칼라 A와 B에 연결되어 있으며 각 칼라의 무게는 무시한다. 마찰을 무시하고 칼라 A가 $\theta = 0$ 위치로부터 운동을 시작하여 $\theta = 60°$가 될 때 점 A의 속도를 구하라.

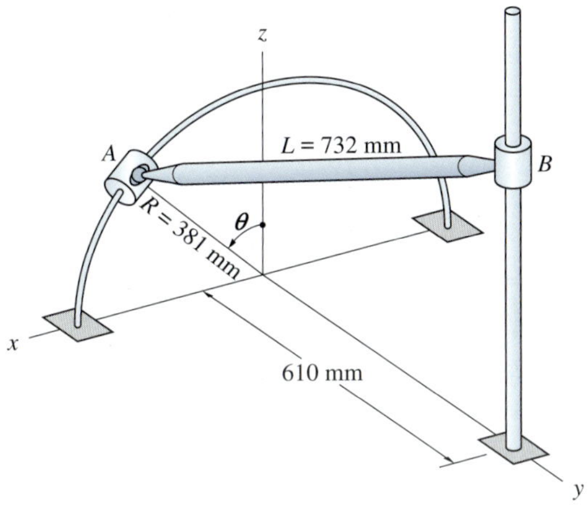

(a)

풀이

이 문제는 두 위치 사이 속력의 변화에 관련되므로, 일과 에너지 해석 방법을 적용하는 것이 적합하다. 보존력에 해당하는 막대 무게가 계에 한 일이 유일한 힘으로 기계적 에너지가 보존된다. 즉, 기계적 에너지의 보존 원리 $T_1 + V_1 = T_2 + V_2$가 적용될 수 있다. 여기서 T_1과 T_2는 초기와 최종 에너지이고, V_1과 V_2는 중력에 의한 초기와 최종 위치에너지이다. 그림 (b)는 위치에너지 V를 정의하기 위한 기준 평면을 보여준다.

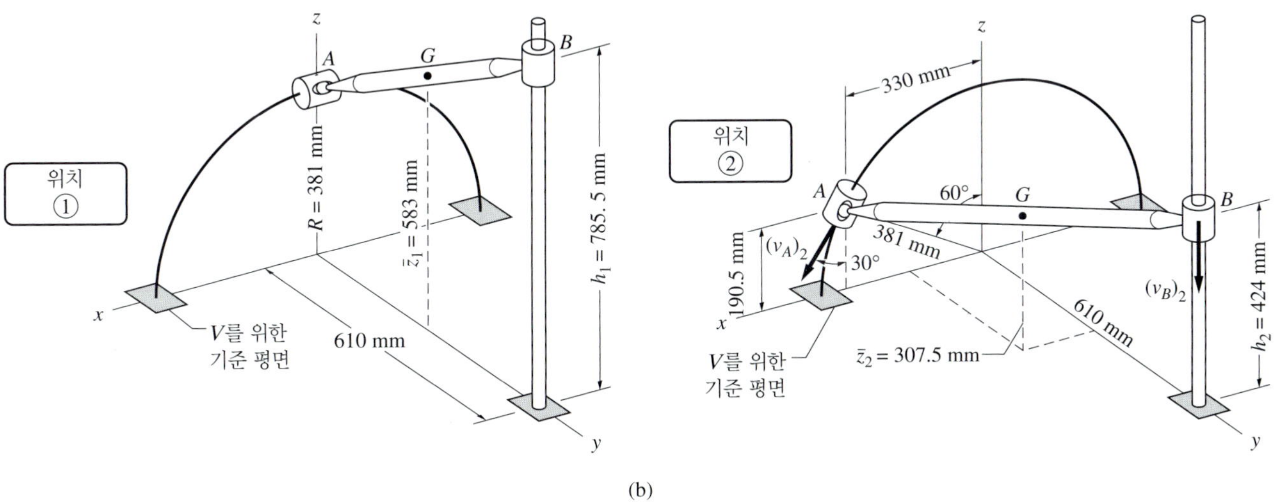

(b)

위치 ①

위치에너지 그림 (b)의 위치 ①에 관련해서 기준 평면 위의 칼라 B의 높이 h_1은 기하학적 관계 $(h_1 - 0.381)^2 + (0.61)^2 = (0.732)^2$을 만족해야 하므로, $h_1 = 785.5$ mm가 된다. 따라서 질량중심 G의 높이는 $\bar{z}_1 = (381 + 785.5)/2 = 583$ mm이고, 초기 위치에너지는 다음과 같다.

$$V_1 = 71.2\,\bar{z}_1 = 16(0.583) = 41.5\ \text{N}\cdot\text{m} \tag{a}$$

운동학 해석 칼라와 막대는 정지된 상태에서 출발하므로 초기 운동에너지 T_1는 영이 된다.

위치 ②

위치에너지 계가 그림 (b)와 같이 위치 ②에 있을 때, 칼라 A의 좌표는 $x = 381 \sin 60° = 330$ mm, $y = 0$, 그리고 $z = 381 \cos 60° = 190.5$ mm가 된다. 이 값들을 이용하면 기준평면 위의 B의 높이 h_2가 기하학적 관계 $(0.33)^2 + (0.61)^2 + (h_2 - 0.1905)^2 = (0.732)^2$으로부터 얻어지고, 그 값은 424 mm이다. 따라서 기준평면 위 질량중심 G의 높이는 $\bar{z}_2 = (190.5 + 424)/2 = 307.5$ mm이다. 따라서 막대의 중력에 대한 위치에너지는 다음과 같다.

$$V_2 = W\bar{z}_2 = 71.2(0.3075) = 21.88\ \text{N}\cdot\text{m} \tag{b}$$

운동학 해석 운동 해석학은 막대의 각속도 ω_2와 질량중심의 속도 $\bar{\mathbf{v}}_2$를 칼라 A의 속도 $(\mathbf{v}_A)_2$의 관계를 정리하는 것이 목적이다. A와 B 사이 상대속도 식을 고려하자.

$$(\mathbf{v}_B)_2 = (\mathbf{v}_A)_2 + \boldsymbol{\omega}_2 \times (\mathbf{r}_{B/A})_2 \tag{c}$$

여기서 $(\mathbf{v}_B)_2$는 B의 속도를 나타낸다. 그림 (b)의 ②의 위치에서 A에 대한 B의 위치벡터는 $(\mathbf{r}_{B/A})_2 = -0.33\mathbf{i} + 0.61\mathbf{j} + (0.424 - 0.1905)\mathbf{k} = -0.33\mathbf{i} + 0.61\mathbf{j} + 0.2335\mathbf{k}$ m이다. 다시 그림 (b)에서 $(\mathbf{v}_A)_2 = (v_A)_2 \sin 30°\mathbf{i} - (v_A)_2 \cos 30°\mathbf{k}$가 된다. 각속도벡터를 $\omega_2 = (\omega_x)_2\mathbf{i} + (\omega_y)_2\mathbf{j} + (\omega_z)_2\mathbf{k}$로 정의하면 식 (c)는 다음과 같이 정리된다.

$$-(v_B)_2\mathbf{k} = (v_A)_2 \sin 30°\mathbf{i} - (v_A)_2 \cos 30°\mathbf{k} + \begin{vmatrix} \mathbf{i} & \mathbf{j} & \mathbf{k} \\ (\omega_x)_2 & (\omega_y)_2 & (\omega_z)_2 \\ -0.33 & 0.61 & 0.2335 \end{vmatrix} \tag{d}$$

식 (d)에서 행렬식을 전개하고 각 축에 관하여 정리하면 다음과 같은 방정식이 도출된다.

$$
\begin{aligned}
0 &= (v_A)_2 \sin 30° + 0.2335(\omega_y)_2 - 0.61(\omega_z)_2 \\
0 &= -0.2335(\omega_x)_2 - 0.33(\omega_z)_2 \\
-(v_B)_2 &= -(v_A)_2 \cos 30° + 0.61(\omega_x)_2 + 0.33(\omega_y)_2
\end{aligned} \tag{e}
$$

미지수를 풀기 위한 네 번째 방정식은 막대의 회전 속도는 영인 것을 이용한다. 즉 $\omega_2 \cdot (\mathbf{r}_{B/A})_2 = 0$ 또는 $[(\omega_x)_2\mathbf{i} + (\omega_y)_2\mathbf{j} + (\omega_z)_2\mathbf{k}] \cdot (-0.33\mathbf{i} + 0.61\mathbf{j} + 0.2335\mathbf{k}) = 0$ 을 정리하면 다음과 같다.

$$
-0.33(\omega_x)_2 + 0.61(\omega_y)_2 + 0.2335(\omega_z)_2 = 0 \tag{f}
$$

식 (e)와 (f)에서 각각의 속도 성분은 $(v_A)_2$에 관한 식으로 다음과 같이 정리된다.

$$
\left.\begin{aligned}
(\omega_x)_2 &= -0.804(v_A)_2 \\
(\omega_y)_2 &= -0.654(v_A)_2 \\
(\omega_z)_2 &= 0.57(v_A)_2
\end{aligned}\right\} \; \omega_2 = 1.183(v_A)_2 \tag{g}
$$

그리고

$$
(v_B)_2 = 1.572(v_A)_2 \tag{h}
$$

$\bar{\mathbf{v}}_2$와 $(\mathbf{v}_A)_2$의 관계는 상대속도 식 $\bar{\mathbf{v}} = (\mathbf{v}_A)_2 + \omega_2 \times (\mathbf{r}_{G/A})_2$과 식 (g)로부터 정리될 수 있으나, G가 막대 AB의 중심인 것을 이용하면 다음과 같이 간단히 나타낼 수 있다.

$$
\begin{aligned}
\bar{\mathbf{v}}_2 &= \frac{1}{2}[(\mathbf{v}_A)_2 + (\mathbf{v}_B)_2] \\
&= \frac{1}{2}[(v_A)_2(\sin 30°\mathbf{i} - \cos 30°\mathbf{k}) - 1.572(v_A)_2\mathbf{k}] \\
&= (v_A)_2(0.250\mathbf{i} - 1.219\mathbf{j})
\end{aligned}
$$

위 식으로부터

$$
\bar{v}_2^2 = 1.549(v_A)_2^2 \tag{i}
$$

운동에너지 ω_2가 AB에 수직이므로, 막대의 운동에너지는 식 (19.23)으로부터 다음과 같이 구해진다.

$$
T = \frac{1}{2}m\bar{v}_2^2 + \frac{1}{2}\bar{I}\omega_2^2
$$

여기서 $\bar{I} = mL^2/12$는 G에서 막대에 수직이며 ω_2와 나란한 축에 대한 막대의 관성 모멘트를 나타낸다. 위의 운동에너지 관계식에 수치를 대입하면 다음과 같다.

$$T_2 = \frac{1}{2}(7.26)(1.549)(v_A)_2^2 + \frac{1}{2}\left(7.26\frac{(0.732)^2}{12}\right)[1.183(v_A)_2]^2$$
$$= (5.62 + 0.227)(v_A)_2^2 = 5.847(v_A)_2^2 \qquad \text{(j)}$$

기계적 에너지의 보존

식 (a), (b), (j)를 보존식

$$T_1 + V_1 = T_2 + V_2$$

에 대입하면,

$$0 + 41.5 = 5.847(v_A)_2^2 + 21.88$$

이 된다. 따라서 위치 ②인 경우 A의 속도는 다음과 같다.

$$(v_A)_2 = 1.83 \text{ m/s}$$ **답**

예제 19.7

그림 (a)는 O에 볼·소켓 조인트로 연결된 2 kg의 균질 정사각 평판을 나타내고 있다. 정지된 상태의 평판에 해머로 A점을 타격할 때, 해머에 의해서 주어지는 힘 $\hat{\mathbf{P}}$는 임펄스 형태로 그 충격량은 $\int \hat{\mathbf{P}}\, dt = 1.20\mathbf{i}$ N·s이다. 충격 직후 판의 각속도와 운동에너지를 결정하라. x축은 평판에 수직이고 y축과 z축은 평판의 끝을 따라 놓여 있다.

풀이

이 문제는 작용력이 임펄스 형태이므로 충격량과 운동량 방법에 의하여 해석한다.

그림 (b)는 충격을 받는 동안 평판의 자유물체도(FBD)를 나타내고 있다. 충격을 받는 기간은 무시되므로 평판은 충격 전, 충격 동안, 충격 후에도 원래대로 똑같은 공간적인 위치를 차지한다. FBD는 작용력 $\hat{\mathbf{P}}$와 O에서 충격 반력의 성분들을 포함한다. 평판의 무게는 충격력이 아니기 때문에 생략된다.

충돌 운동에 대해서 어느 점에 관한 각 충격량은 같은 점에 대한 강체의 각운동량의 변화와 같음을 상기하자. 이 문제에서 충격반력이 점 O를 통과하므로, 점 O를 기준점으로 선택하는 것이 편리하다. 아래첨자 1과 2가 각각 충격 직전과 직후의 순간을 나타내면, 각충격량과 운동량 원리는 다음과 같다.

$$(\mathbf{A}_O)_{1-2} = (\mathbf{h}_O)_2 - (\mathbf{h}_O)_1 = (\mathbf{h}_O)_2 \qquad \text{(a)}$$

판은 충격 직전에는 가만히 놓여 있었으므로 $(\mathbf{h}_O)_1 = \mathbf{0}$이다.

FBD로부터 O에 관한 각충격량(즉, 선충격량의 모멘트)은 다음과 같다.

$$(\mathbf{A}_O)_{1-2} = \mathbf{r}_{A/O} \times \int \hat{\mathbf{P}}\, dt = -0.3\mathbf{k} \times 1.2\mathbf{i} = -0.36\mathbf{j}\ \mathrm{N \cdot m \cdot s} \qquad \text{(b)}$$

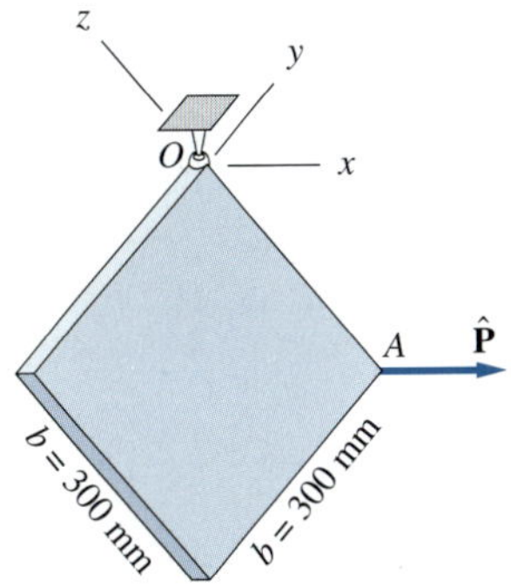

(a)

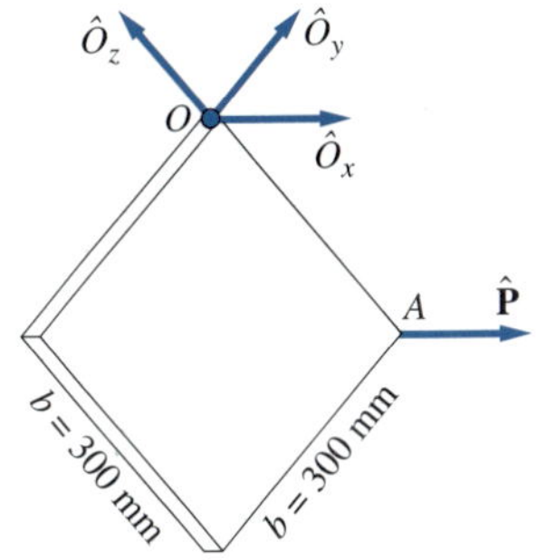

(b) FBD

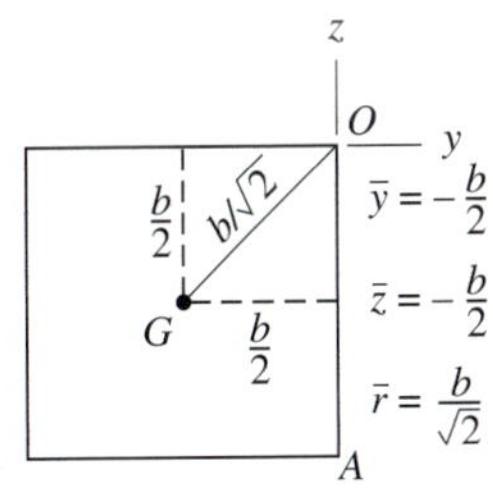

(c)

점 O에 관한 평판의 각운동량을 결정하기 위하여, 그 점에서 평판의 관성특성을 먼저 계산하여야 한다. 중심의 관성 모멘트는 표 17.1로부터 얻을 수 있다. (평판이 얇으므로 $a = 0$로 놓는다.) 즉, $\bar{I}_x = (1/2)m(2b^2) = mb^2/6$ 그리고 $\bar{I}_y = \bar{I}_z = mb^2/12$이다. 또한 대칭이므로 $\bar{I}_{xy} = \bar{I}_{yz} = \bar{I}_{zx} = 0$이다. O에 관한 관성 모멘트와 관성적이 이제 평행축 정리와 그림 (c)로부터 다음과 같이 계산될 수 있다.

$$I_x = \bar{I}_x + m\bar{r}^2 = \frac{mb^2}{6} + m\left(\frac{b}{\sqrt{2}}\right)^2 = \frac{2mb^2}{3}$$

$$I_y = \bar{I}_y + m\bar{z}^2 = \frac{mb^2}{12} + m\left(-\frac{b}{2}\right)^2 = \frac{mb^2}{3}$$

$$I_z = \bar{I}_z + m\bar{y}^2 = \frac{mb^2}{12} + m\left(-\frac{b}{2}\right)^2 = \frac{mb^2}{3}$$

$$I_{xy} = \bar{I}_{xy} + m\bar{x}\,\bar{y} = 0 + m(0)\left(-\frac{b}{2}\right) = 0$$

$$I_{yz} = \bar{I}_{yz} + m\bar{y}\,\bar{z} = 0 + m\left(-\frac{b}{2}\right)\left(-\frac{b}{2}\right) = \frac{mb^2}{4}$$

$$I_{zx} = \bar{I}_{zx} + m\bar{z}\,\bar{x} = 0 + m\left(-\frac{b}{2}\right)^2(0) = 0$$

$m = 2.0$ kg과 $b = 0.300$ m을 대입하면 다음과 같다.

$$I_x = \frac{2}{3}(2.0)(0.300)^2 = 0.1200\ \mathrm{kg \cdot m^2}$$

$$I_y = I_z = \frac{2.0(0.300)^2}{3} = 0.0600\ \mathrm{kg \cdot m^2}$$

$$I_{xy} = I_{zx} = 0$$

$$I_{yz} = \frac{2.0(0.300)^2}{4} = 0.0450\ \mathrm{kg \cdot m^2}$$

O에 관한 각운동량의 성분은 이제 식 (19.17a)로부터 얻을 수 있고, 그 결과는 다음과 같다.

$$(\mathbf{h}_O)_2 = 0.12\omega_x\mathbf{i} + (0.06\omega_y - 0.045\omega_z)\mathbf{j} + (-0.045\omega_y + 0.06\omega_z)\mathbf{k} \qquad \text{(c)}$$

식 (b)와 (c)를 식 (a)에 대입하고 대응하는 성분들을 같게 놓으면 다음과 같다.

$$\begin{aligned} 0 &= 0.12\omega_x \\ -0.36 &= 0.06\omega_y - 0.045\omega_z \\ 0 &= -0.045\omega_y + 0.06\omega_z \end{aligned} \tag{d}$$

식 (d)의 해는 다음과 같다.

$$\boldsymbol{\omega} = -13.71\mathbf{j} - 10.29\mathbf{k} \text{ rad/s}$$ 답

O가 고정점이므로, 충격 후의 운동에너지 T_2는 식 (18.6b)를 사용하면 계산할 수 있다.

$$T_2 = \frac{1}{2}\boldsymbol{\omega} \cdot \mathbf{h}_O = \frac{1}{2}(-13.71\mathbf{j} - 10.29\mathbf{k}) \cdot (-0.36\mathbf{j}) = 2.47 \text{ J}$$ 답

만일 원한다면 O에서 충격반력의 성분들이 이제 선충격량과 선운동량의 식을 사용하여 계산할 수 있다.

연습문제

19.25 그림과 같이, 질량이 m, 길이가 L이고 수평에 대해 일정한 각 β로 기울어진 막대가 중점 O에서 수직축에 대하여 각속도 ω로 회전하고 있다. (a) O에 대한 막대의 각운동량과 (b) 막대의 운동에너지를 구하라.

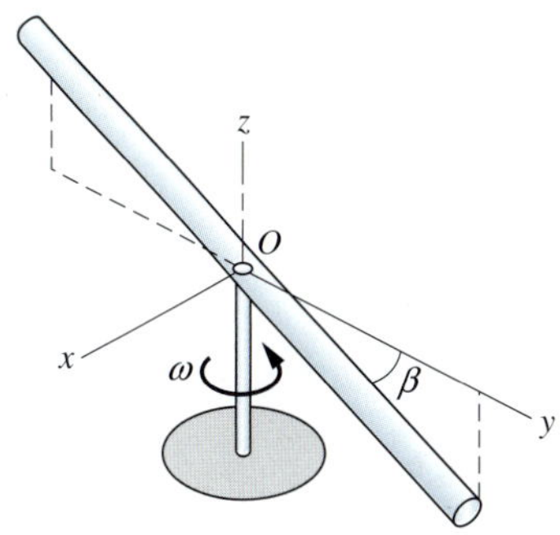

그림 P19.25

19.26 예제 19.7에서 평판에 작용하는 충격량이 평판의 중심에 작용하는 $\int \hat{\mathbf{P}}\,dt = 2.2\mathbf{i} + 1.4\mathbf{j} - 1.8\mathbf{k}$ N·s으로 바뀌었다고 가정할 때, 충격 직후에 평판의 각속도와 운동에너지를 계산하라.

19.27 균일한 막대로 만들어진 16 kg의 크랭크가 그림과 같이 각속도 ω = 18 rad/s로 y축에 대해 회전한다. (a) 그림에 보인 위치에서 점 O에 관한 크랭크의 각운동량을 구하라. (b) 크랭크의 운동에너지를 구하라.

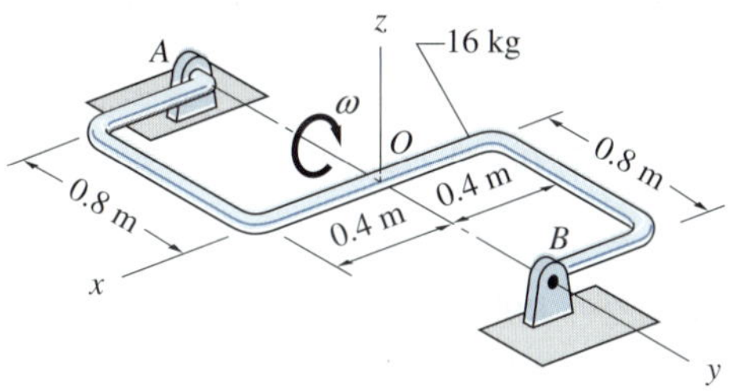

그림 P19.27

19.28 12 kg인 균질한 원형판이 y축에 대하여 각속도 ω_1 = 60 rad/s로 회전하고 있으며, 동시에 전체적으로 점 A에서 수직축에 대하여 각속도 ω_2 = 20 rad/s로 회전한다. (a) 점 O에 대한 원형판의 각운동량과 (b) 원형판의 운동에너지를 구하라.

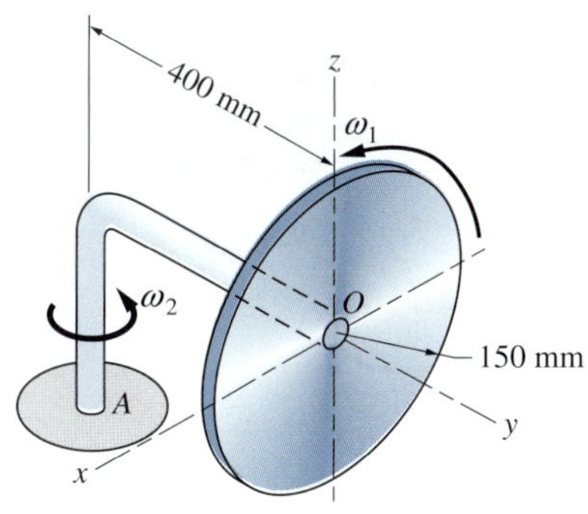

그림 P19.28

19.29 구부러진 균일한 막대의 전체 질량은 $4m$이다. 막대가 z축에 대해 각속도 ω로 회전할 때, 점 O에 대한 각운동량과 운동에너지를 구하라.

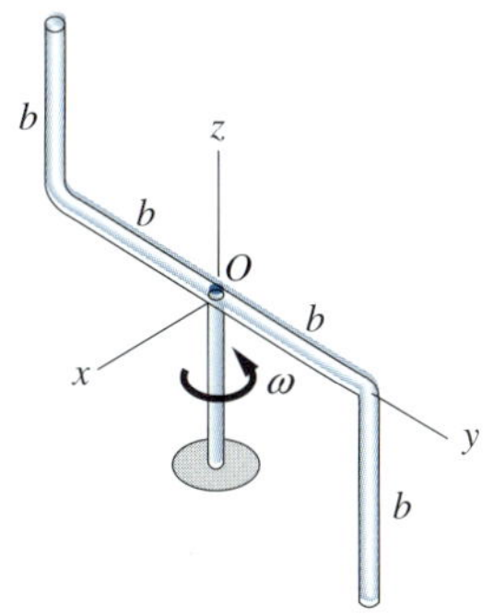

그림 P19.29

19.30 질량이 2 kg인 얇은 막대가 6 kg인 원형판과 점 A와 미끄럼 칼라 B에 볼·소켓 조인트로 각각 연결되어 있다. 칼라는 강성이 2 kN/m인 질량을 무시할 수 있는 스프링이 부착되어 있다. 이러한 조립부품은 스프링이 100 mm 늘어난 상태로 그림과 같이 가만히 놓아둔다. 원형판이 180도 회전한 시점에서 원형판의 각속도를 계산하라.

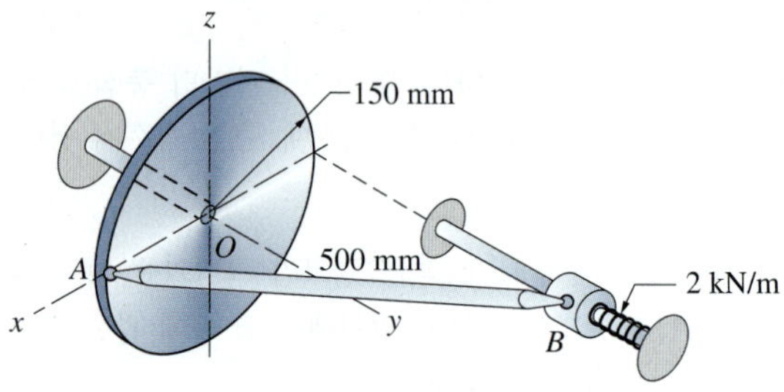

그림 P19.30

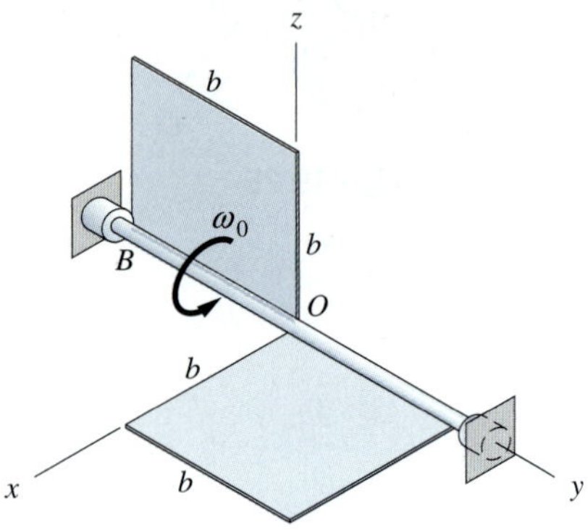

그림 P19.31

19.31 질량 m인 2개의 균일한 얇은 평판이 각각 각속도 ω_0로 회전하는 질량을 무시할 수 있는 축에 용접되어 있다. (a) 점 O와 (b) 점 B에 관한이 조립부품의 각운동량을 계산하라.

19.32 질량이 m이고 반경이 R인 얇은 균일 판이 각속도 ω_2로 구부러진 축 OG에 관해서 회전한다. 동시에 그 축은 각속도 ω_1으로 z축에 관해서 회전한다. 만일 축의 구부러진 부분과 z축 사이의 각이 $\beta = 35°$라면 질량중심 G에 관한 판의 각운동량이 z축에 나란하기 위한 비 ω_2/ω_1은 얼마인가?

19.33 만약 $\omega_1 = \omega_2$ 그리고 $\beta = 35°$이면, 문제 19.32에서 기술한 판의 운동에너지는 얼마인가?

19.34 균일한 2.72 kg의 얇은 판이 미끄러짐 없이 수평면 위를 구르면서 축 OG에 관하여 회전한다. 축의 끝 O는 일정한 각속도 4 rad/s로 고정된 수직 봉에 관해서 회전하는 미끄럼 칼라에 용접되어 있다. 점 O에 관한 판의 각운동량을 계산하라.

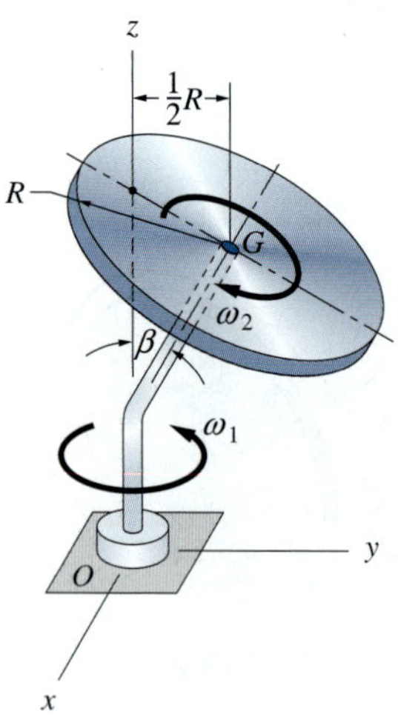

그림 P19.32, P19.33

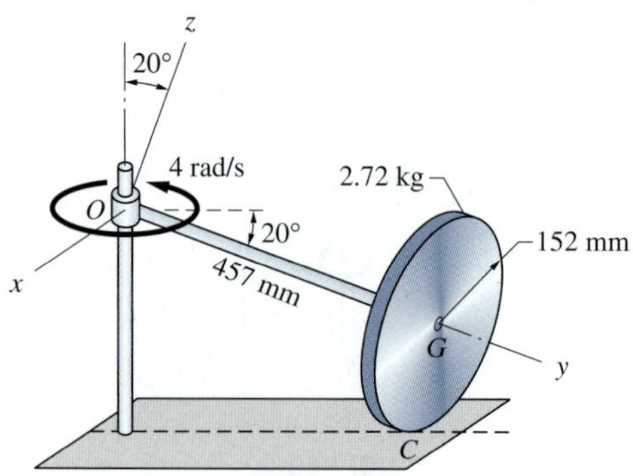

그림 P19.34

19.35 12 kg의 균일한 가는 봉 AB가 볼·소켓 이음매로 A와 B에서 미끄럼 칼라에

연결되어 있다. 그림에 보인 위치에서 칼라 A의 속도는 v_A = 1.4 m/s이다. 이 위치에 대하여 (a) 질량중심에 대한 봉의 각운동량과 (b) 봉의 운동에너지를 계산하라.

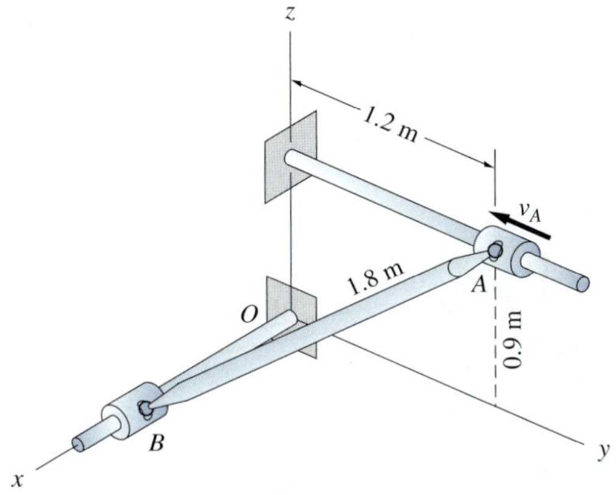

그림 P19.35

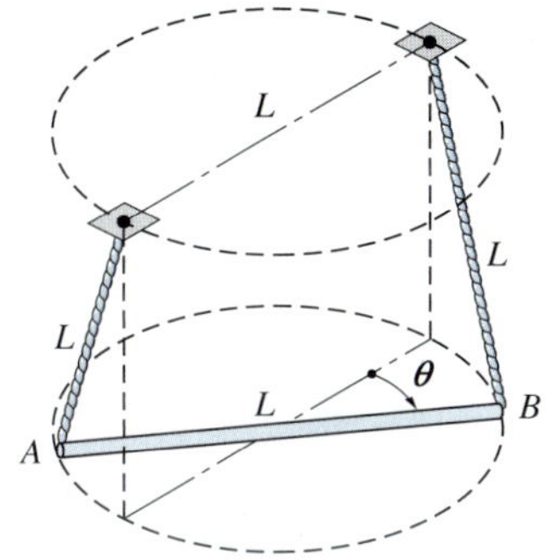

그림 P19.36

19.36 길이 L과 질량 m의 가는 봉 AB가 각각의 길이가 L인 두 줄에 의하여 매달려 있다. 봉이 θ = 90°에서 조용히 놓일 때, 봉의 최대 각속도를 구하라.

19.37 반경 R = 152 mm와 무게 6.35 kg의 균일한 얇은 판이 무게를 무시할 수 있는 구부러진 축 OAB에 부착되어 있다. 그 축이 O에서 U자형 연결기로 수직축에 연결되어 있다. 일정한 우력 $\mathbf{C}_0$ = 0.475**k** N·m이 그 축에 작용될 때 계는 정지되어 있었다. 판이 미끄러짐 없이 구른다고 가정하고, 축이 2회전한 후 그 각속도 ω_1을 구하라. O와 B점에서 베어링의 마찰은 무시한다.

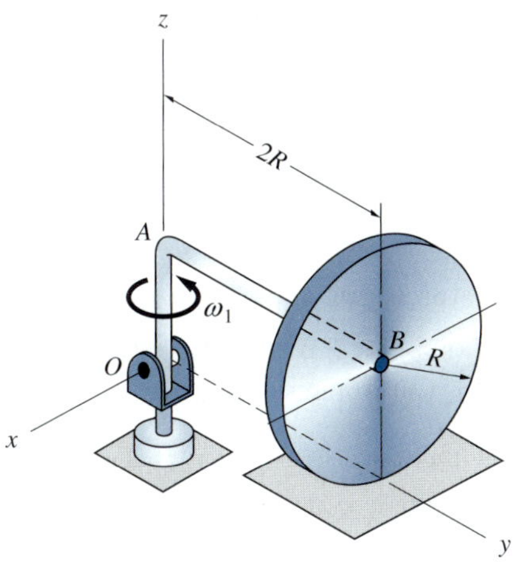

그림 P19.37

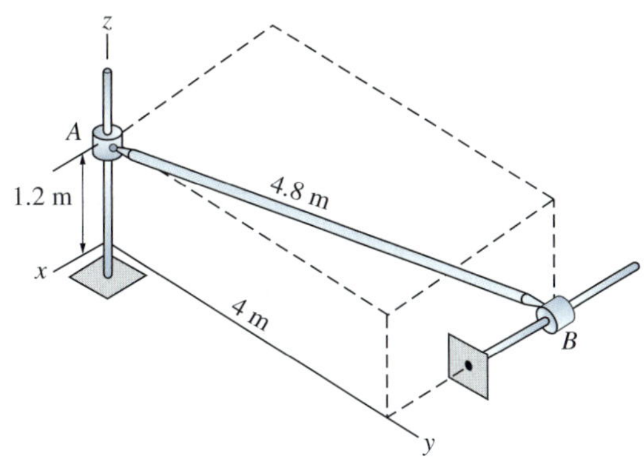

그림 P19.38

19.38 질량이 m인 봉이 볼·소켓 이음매로 미끄럼 칼라 A와 B에 연결되어 있다. 그림과 같이 정지된 상태에서 놓았을 때, 미끄럼 칼라 A가 1.2 m 낙하한 후(칼라 A와 B가 수평이 될 때) 칼라 A의 속도를 구하라. 단, 칼라의 질량은 무시한다.

19.39 플라이휠 C의 얇은 림(rim)의 무게가 6.8 kg이다. 여기서 스포크와 허브(hub)의 무게는 무시한다. 플라이휠이 1.36 kg의 연결 간 AB로 2.27 kg의 슬라이더 B에 이어져 있다. A와 B에서 이음매는 볼·소켓이다. 일정한 힘 P = 267 N이 그림에서 보이는 바와 같이 슬라이더 B에 작용한다. 만일 플라이휠이 그림에 보인 위치에서 각속도 ω = 20 rad/s를 갖는다면 이음매 A가 A' 위치에 도달할 때 그 각속도는 얼마인가? 마찰은 무시하라.

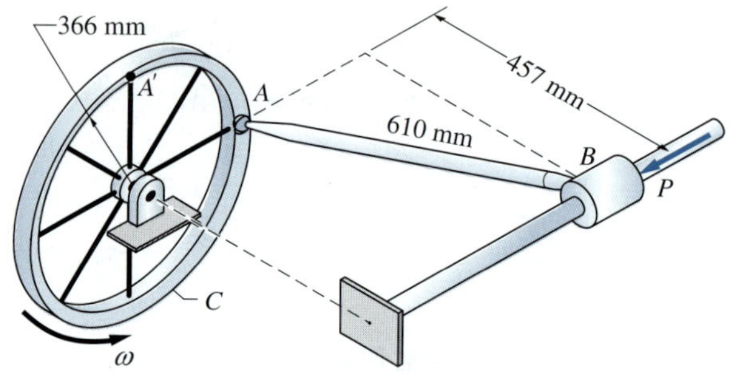

그림 P19.39

19.40 C 지점으로부터 케이블로 매달려 있는 무게가 136 kg인 얇고 균일한 판이 A 지점에서 $-\mathbf{k}\int \hat{P}\,dt = -89\mathbf{k}$ N·s의 충격을 받는다. 충격 직후 판의 각속도벡터를 구하라.

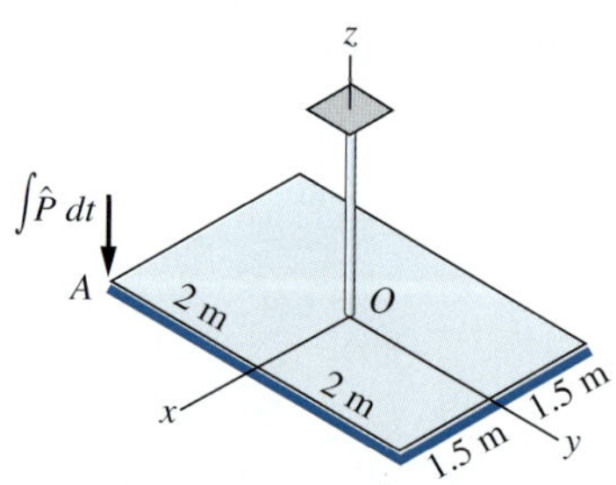

그림 P19.40

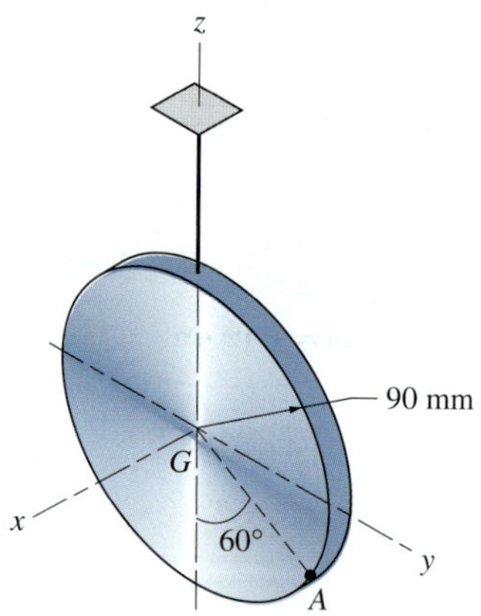

그림 P19.41

19.41 2 kg의 균일한 얇은 평판이 한 줄에 의하여 매달려 있고, 처음부터 그림에 보인 위치에 정지되어 있다. 모서리 A가 $-0.18\mathbf{i}$ N·s의 충격량을 받은 직후의 다음을 구하라. (a) 질량중심 G의 속도, (b) 평판의 각속도, (c) 평판의 운동에너지.

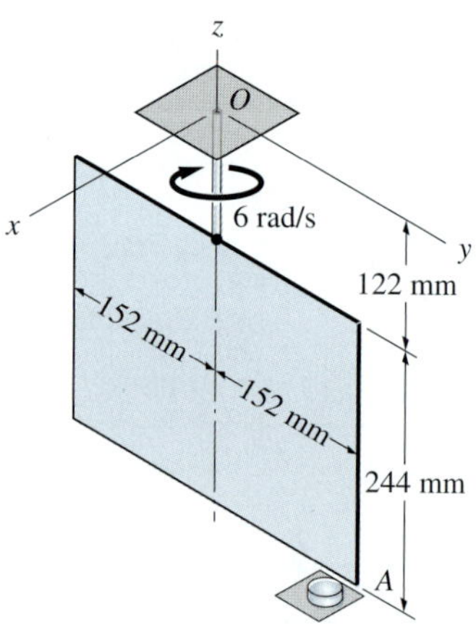

그림 P19.42

19.42 질량을 무시할 수 있는 122 mm의 봉이 1.45 kg의 얇은 균일 평판에 용접되어 볼 · 소켓 이음매로 O에 걸려 있다. 이 조립부품은 평판의 모서리 A가 단단한 장애물을 칠 때 각속도 6 rad/s로 z축에 관해서 회전하고 있다. A가 되튀지 않는다고 가정하고 충격 직후 조립부품의 각속도를 구하라.

19.43 질량 m의 균일한 상자가 2.44 m/s의 속력으로 떨어지고 있으며 모서리 O가 단단한 장애물을 칠 때 각속도는 없다. 소성충격(즉, 되튐이 없는)이라고 가정하고, (a) 충격 직후 상자의 각속도를 구하라. (b) 충격 기간에 잃는 운동에너지의 백분율을 구하라.

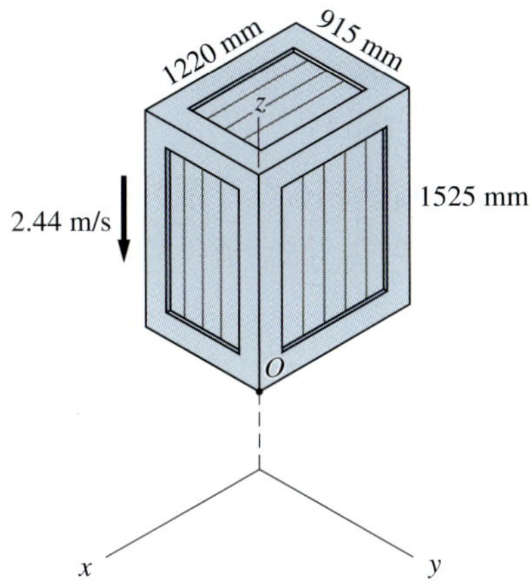

그림 P19.43

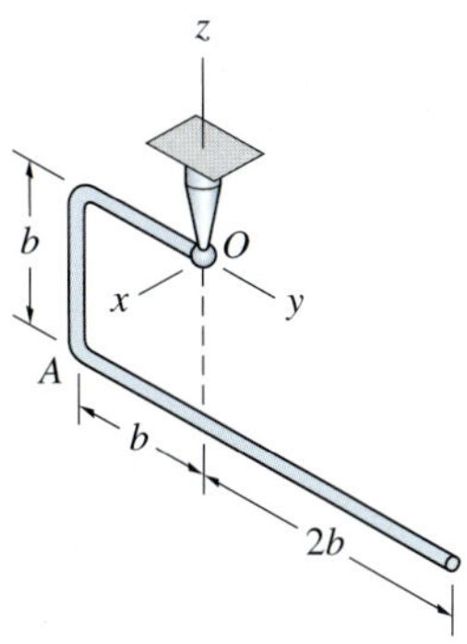

그림 P19.44

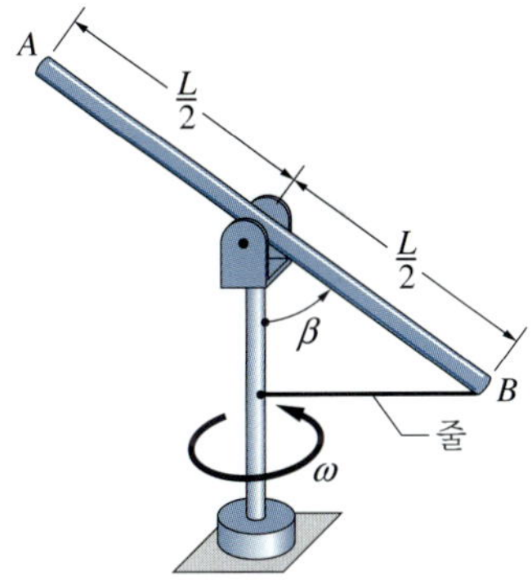

그림 P19.45

19.44 전체 질량이 m인 균일한 구부러진 철사가 O에 볼 · 소켓 이음매로 걸려 있다. 이 철사는 충격량이 x방향으로 모서리 A에 작용할 때 정지되어 있다. 충격량을 받은 직후 순간 회전축의 방향에 있는 단위벡터를 구하라.

19.45 질량 m 그리고 길이 L의 가는 봉 AB가 U형 링크로 수직축에 부착되어 있다. 봉과 축 사이 각 $\beta = \beta_1$을 유지하는 줄이 떨어질 때 축은 각속도 ω로 자유롭게 회전하고 있다. 봉이 $\beta = 90°$의 위치에 도달할 때 ω와 $d\beta/dt$에 대한 식을 구하라.

*19.5 질량 · 가속도 방법

19.5a 운동방정식

강체의 3차원 운동은 15장의 질점계에 대하여 사용한 것과 동일한 기본 방정식에 의하여 지배된다. 따라서 다음과 같은 힘의 방정식은 물체의 질량중심의 운동을 결정짓는다.

$$\Sigma \mathbf{F} = m\bar{\mathbf{a}} \qquad \text{(15.19, 다시 씀)}$$

여기서 $\Sigma \mathbf{F}$는 물체에 작용하는 외력의 합이고, m은 물체의 질량(일정하다고 가정된)이며, $\bar{\mathbf{a}}$는 질량중심의 가속도이다. 물체의 회전운동은 다음의 모멘트 방정식에 의하여 결정된다.

$$\Sigma \mathbf{M}_A = \dot{\mathbf{h}}_A \qquad (A\text{: 고정된 점 또는 질량중심}) \qquad \text{(15.35, 다시 씀)}$$

여기서 $\Sigma \mathbf{F}_A$는 강체에 작용하는 외력의 모멘트 합이고, $\mathbf{h}_A$는 점 A에 관한 강체의 각운동량이다. 점 A는 공간에 고정되었거나 강체의 질량중심으로 강체 내의 한 점이 되어야 한다(A의 선택에 대한 이 제한은 반드시 염두에 두어야 한다. 간략히 하기 위하여 이 점을 계속 언급하지는 않을 것이다).

식 (15.35)를 사용할 때 각운동량 벡터 $\mathbf{h}_A$를 기술하기 위하여 어떤 편리한 기준좌표를 사용할 수 있다. 예를 들어 Ω가 그러한 기준좌표의 각속도라면, 운동의 모멘트 식은 다음과 같이 쓰인다.

$$\Sigma \mathbf{M}_A = \frac{d\mathbf{h}_A}{dt} = \left(\frac{d\mathbf{h}_A}{dt}\right)_{/xyz} + \mathbf{\Omega} \times \mathbf{h}_A \tag{19.29}$$

여기서 기호 $/xyz$는 $\mathbf{h}_A$의 도함수가 xyz 기준좌표에 대하여 구하여짐을 가리킨다.

기준좌표의 선택은 $(d\mathbf{h}_A/dt)_{/xyz}$를 쉽게 구할 수 있는 그러한 것이라야 한다. 특히, 관성 모멘트와 관성적의 시간 도함수를 구하는 일을 피하고자 한다. 이런 복잡성은 xyz축을 **몸체좌표**(body frame), 즉 물체에 박힌 기준좌표(강체와 똑같은 각속도를 갖는)로 두면 피할 수 있다. 만일 ω가 물체의 각속도이면 몸체좌표에 대해서 $\Omega = \omega$이다. 따라서 모멘트 방정식 (19.29)는 다음과 같이 된다.

$$\Sigma \mathbf{M}_A = \frac{d\mathbf{h}_A}{dt} = \left(\frac{d\mathbf{h}_A}{dt}\right)_{/xyz} + \boldsymbol{\omega} \times \mathbf{h}_A \tag{19.30}$$

식 (19.17a)에 의하면, 고정점 혹은 질량중심에 관한 각운동량의 성분들은 다음과 같다.

$$\begin{aligned} h_x &= I_x \omega_x - I_{xy} \omega_y - I_{xz} \omega_z \\ h_y &= -I_{yx} \omega_x + I_y \omega_y - I_{yz} \omega_z \\ h_z &= -I_{zx} \omega_x - I_{zy} \omega_y + I_z \omega_z \end{aligned} \tag{19.31}$$

만일 xyz축이 몸체좌표를 구성하면 관성 모멘트와 관성적은 시간과 함께 변하지 않는다면, 식 (19.30)은 다음과 같다.

$$\begin{aligned} \Sigma \mathbf{M}_A = &(I_x \dot{\omega}_x - I_{xy} \dot{\omega}_y - I_{xz} \dot{\omega}_z)\mathbf{i} \\ &+ (-I_{yx} \dot{\omega}_x + I_y \dot{\omega}_y - I_{yz} \dot{\omega}_z)\mathbf{j} \\ &+ (-I_{zx} \dot{\omega}_x - I_{zy} \dot{\omega}_y + I_z \dot{\omega}_z)\mathbf{k} \\ &+ \begin{vmatrix} \mathbf{i} & \mathbf{j} & \mathbf{k} \\ \omega_x & \omega_y & \omega_z \\ h_x & h_y & h_z \end{vmatrix} \end{aligned}$$

식 (19.31)로부터 각운동량의 성분들에 대하여 대입하고 행렬식을 전개하면(또한 $I_{xy} = I_{yx}$, $I_{yz} = I_{zy}$ 그리고 $I_{xz} = I_{zx}$를 상기하면) 모멘트 식의 스칼라 성분들은 다음과 같다.

$$\begin{aligned}
\Sigma M_x &= I_x\dot{\omega}_x + \omega_y\omega_z(I_z - I_y) + I_{xy}(\omega_z\omega_x - \dot{\omega}_y) \\
&\quad - I_{xz}(\dot{\omega}_z + \omega_x\omega_y) - I_{yz}(\omega_y^2 - \omega_z^2) \\
\Sigma M_y &= I_y\dot{\omega}_y + \omega_z\omega_x(I_x - I_z) + I_{yz}(\omega_x\omega_y - \dot{\omega}_z) \\
&\quad - I_{xy}(\dot{\omega}_x + \omega_z\omega_y) - I_{xz}(\omega_z^2 - \omega_x^2) \\
\Sigma M_z &= I_z\dot{\omega}_z + \omega_x\omega_y(I_y - I_x) + I_{xz}(\omega_y\omega_z - \dot{\omega}_x) \\
&\quad - I_{yz}(\dot{\omega}_y + \omega_x\omega_z) - I_{xy}(\omega_x^2 - \omega_y^2)
\end{aligned} \tag{19.32}$$

식 (19.32)는 1계 비선형 미분방정식이고 몇몇 특별한 경우를 제외하고는 결과적으로 풀기가 매우 어렵다.

19.5b 오일러 방정식

xyz축을 기준점에서 **관성주축**(principal axes of inertia)이 되도록 선택하면 모멘트 방정식이 어느 정도 간단히 된다. 그러면 관성적이 영이 되고 식 (19.32)는 다음과 같이 줄어든다.

$$\begin{aligned}
\Sigma M_x &= I_x\dot{\omega}_x + \omega_y\omega_z(I_z - I_y) \\
\Sigma M_y &= I_y\dot{\omega}_y + \omega_z\omega_x(I_x - I_z) \\
\Sigma M_z &= I_z\dot{\omega}_z + \omega_x\omega_y(I_y - I_x)
\end{aligned} \tag{19.33}$$

오일러 방정식(Euler's equation)으로 알려져 있는 이 식들은 강체 동역학에서 매우 유용한 식들 중의 하나이다. 식 (19.33)을 사용할 때 xyz축이 몸체좌표이고 기준점(고정점 혹은 질량중심)에서 관성주축과 일치함을 기억해야 한다.

물체의 각속도와 그 시간 도함수가 알려지면 그 강체에 작용하는 외부 모멘트의 합은 식 (19.33)으로부터 직접적인 방법으로 계산될 수 있다. 그러나 합 모멘트가 알려지면 대부분의 문제에서 수치적으로 수행해야 할 과제인 각속도를 구하기 위하여 그 식을 적분해야 한다. 한 예외는 각속도 ω가 일정한 특별한 경우이다. 이때 식 (19.33)은 미분방정식보다는 오히려 대수식의 형태를 갖는다.

19.5c 수정된 오일러 방정식

동역학에서 한 중요한 문제는 회전하는 팽이 혹은 자이로스코프와 같은 **선대칭**(axisymmetric) 강체의 운동이다. 회전대칭축을 갖는 물체를 고려하자. 그리고 좌표축의 하나를 대칭축에 항상 일치할 수 있도록 허용한다. 좌표축의 하나만 강

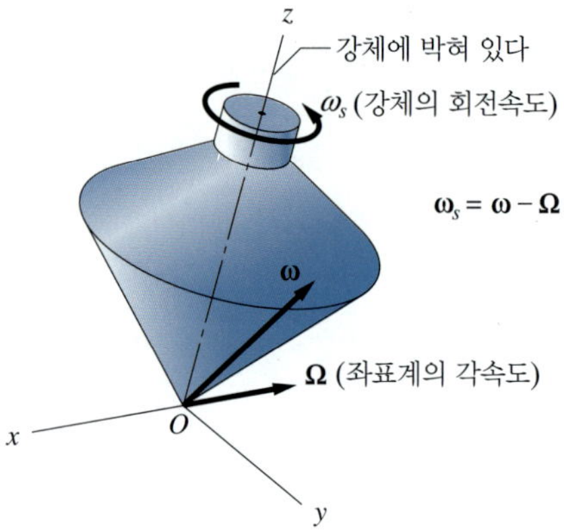

그림 19.10

체에 박혀 있으므로, 좌표는 몸체좌표가 아니다. 그러나 강체의 대칭 때문에 각 좌표축은 항상 관성주축이 된다.

한 예로 그림 19.10의 선대칭 팽이를 고려하자. 여기서 z축이 대칭축으로 선택되었다. z축이 강체에 박혀 있는 한 좌표계가 어떻게 회전하더라도 xyz축은 점 O에서 항상 관성주축이 됨을 알 수 있다.

앞에서와 같이 $\Omega = \Omega_x\mathbf{i} + \Omega_y\mathbf{j} + \Omega_z\mathbf{k}$를 xyz 기준좌표의 각속도라 하고, $\omega = \omega_x\mathbf{i} + \omega_y\mathbf{j} + \omega_z\mathbf{k}$를 물체의 각속도라고 한다. 이 각속도들은 **회전속도**(spin velocity)라고 하는 xyz 좌표에 대한 물체의 각속도와는 다르게 된다. 회전속도 벡터는 물체에 박혀 있는 축, 즉 대칭축에 평행해질 것이다. 예를 들어 만일 그림 19.10에서와 같이 z가 물체의 대칭축이라면, 회전속도는 $\omega_s = \omega_s\mathbf{k}$이다. 따라서 $\omega_x = \Omega_x$, $\omega_y = \Omega_y$ 그리고 $\omega_z = \Omega_z + \omega_s$가 된다.

식 (19.29)에 주어진 모멘트 운동방정식은 다음과 같다.

$$\Sigma\mathbf{M}_A = \left(\frac{d\mathbf{h}_A}{dt}\right)_{/xyz} + \boldsymbol{\Omega} \times \mathbf{h}_A \qquad \text{(19.29, 다시 씀)}$$

xyz축이 주축이므로, 기준점 A(고정점 또는 질량중심)에 대한 물체의 각운동량의 성분들은 다음과 같다.

$$h_x = I_x\omega_x \qquad h_y = I_y\omega_y \qquad h_z = I_z\omega_z \qquad \text{(a)}$$

그래서 식 (19.29)의 벡터 곱은 다음과 같이 된다.

$$\boldsymbol{\Omega} \times \mathbf{h}_A = \begin{vmatrix} \mathbf{i} & \mathbf{j} & \mathbf{k} \\ \Omega_x & \Omega_y & \Omega_z \\ I_x\omega_x & I_y\omega_y & I_z\omega_z \end{vmatrix} \qquad \text{(b)}$$

식 (a)와 (b) 그리고 관성 모멘트가 시간에 독립적이라는 사실을 이용하면. 식 (19.29)의 스칼라 성분은 다음과 같다.

$$\begin{aligned} \Sigma M_x &= I_x\dot{\omega}_x + I_z\Omega_y\omega_z - I_y\Omega_z\omega_y \\ \Sigma M_y &= I_y\dot{\omega}_y - I_z\Omega_x\omega_z + I_x\Omega_z\omega_x \\ \Sigma M_z &= I_z\dot{\omega}_z + I_y\Omega_x\omega_y - I_x\Omega_y\omega_x \end{aligned} \qquad \text{(19.34)}$$

이 식들이 **수정된 오일러 방정식**(modified Euler's equations)이라고 불린다. 모멘트 ΣM_x, ΣM_y 그리고 ΣM_z는 몸체좌표를 나타내지 않는 xyz축에 관련되어 있음을 주의해야 한다.

19.5d 각가속도에 대한 주의

각종 모멘트 방정식에 나타나는 $\dot{\omega}_x$, $\dot{\omega}_y$ 그리고 $\dot{\omega}_z$ 항들이 반드시 물체의 각가속도 벡터의 성분이 되는 것은 아니다. 이 말을 명확히 하기 위하여 먼저 xyz축이 몸체 좌표가 되는 경우를 생각하자. 그리고 강체가 xyz 틀에 대해서 회전하는 상태를 면밀히 조사하자.

1. **xyz축이 몸체좌표를 형성한다. 즉 $\Omega = \omega$(오일러 방정식).** 벡터 $\mathbf{V}$의 절대 미분은 $(d\mathbf{V}/dt) = (d\mathbf{V}/dt)_{/xyz} + \omega \times \mathbf{V}$임을 상기하자. 여기서 ω는 xyz 좌표의 각속도이다. 그러므로 물체의 각속도벡터 ω의 절대미분(즉, 각가속도)은 다음과 같이 된다.

$$\frac{d\boldsymbol{\omega}}{dt} = \left(\frac{d\boldsymbol{\omega}}{dt}\right)_{/xyz} + \boldsymbol{\omega} \times \boldsymbol{\omega} = \left(\frac{d\boldsymbol{\omega}}{dt}\right)_{/xyz}$$

이 결과는 각속도벡터의 절대미분은 몸체좌표에 대한 그 미분에 일치함을 의미한다. 만일 $\omega = \omega_x\mathbf{i} + \omega_y\mathbf{j} + \omega_z\mathbf{k}$이면

$$\dot{\boldsymbol{\omega}} = \dot{\omega}_x\mathbf{i} + \dot{\omega}_y\mathbf{j} + \dot{\omega}_z\mathbf{k}$$

이고, 다음 식이 성립한다.

$$(\dot{\boldsymbol{\omega}})_x = \dot{\omega}_x \quad (\dot{\boldsymbol{\omega}})_y = \dot{\omega}_y \quad (\dot{\boldsymbol{\omega}})_z = \dot{\omega}_z \tag{19.35}$$

그러므로 $\dot{\omega}_x$, $\dot{\omega}_y$ 그리고 $\dot{\omega}_z$는 물체의 각가속도 $\dot{\omega}$의 성분이고 오일러의 방정식을 응용할 때 대단히 유용해질 수 있는 결론이다.

2. **물체는 xyz축에 대하여 자전한다. 즉 $\Omega \neq \omega$ (수정된 오일러 방정식).** 이 경우에 강체의 각가속도벡터는 $d\omega/dt = (d\omega/dt)_{/xyz} + \Omega \times \omega$가 되고, 다음과 같이 쓸 수 있다.

$$\dot{\boldsymbol{\omega}} = \dot{\omega}_x\mathbf{i} + \dot{\omega}_y\mathbf{j} + \dot{\omega}_z\mathbf{k} + \begin{vmatrix} \mathbf{i} & \mathbf{j} & \mathbf{k} \\ \Omega_x & \Omega_y & \Omega_z \\ \omega_x & \omega_y & \omega_z \end{vmatrix}$$

위의 행렬식을 전개하고 같은 종류의 성분끼리 등식화하면 다음과 같다.

$$\begin{aligned} (\dot{\boldsymbol{\omega}})_x &= \dot{\omega}_x + (\Omega_y\omega_z - \Omega_z\omega_y) \\ (\dot{\boldsymbol{\omega}})_y &= \dot{\omega}_y - (\Omega_x\omega_z - \Omega_z\omega_x) \\ (\dot{\boldsymbol{\omega}})_z &= \dot{\omega}_z + (\Omega_x\omega_y - \Omega_y\omega_x) \end{aligned} \tag{19.36}$$

여기서 각가속도벡터 $\dot{\omega}$의 성분들이 ω_x, ω_y 그리고 ω_z의 시간 도함수와 같지 않음을 알 수 있다.

19.5e 평면운동

xyz축을 고정 평면에 항상 수직한 z축을 가진 몸체틀이 되도록 하자. 이 경우에 $\omega = \omega_x\mathbf{k}$, $\omega_x = \omega_y = 0$가 되고, 식 (19.32)의 모멘트 방정식은 다음과 같이 된다.

$$\begin{aligned} \Sigma M_x &= -I_{xz}\dot{\omega}_z + I_{yz}\omega_z^2 \\ \Sigma M_y &= -I_{yz}\dot{\omega}_z - I_{xz}\omega_z^2 \\ \Sigma M_z &= I_z\dot{\omega}_z \end{aligned} \tag{19.37}$$

부가적으로 만약 z축이 강체의 관성주축이면, 이 식들은 다음과 같이 더 간단히 된다.

$$\Sigma M_x = 0 \qquad \Sigma M_y = 0 \qquad \Sigma M_z = I_z\dot{\omega}_z \tag{19.38}$$

이 식들은 17장에서 논의한 평면운동에 대한 모멘트 방정식에 일치한다.

19.5f 고정축에 관한 회전

물론 식 (19.37)이나 (19.38)은 강체가 공간에 고정된 축에 관해서 회전하는 특별한 경우에 대해서도 유효하다. 양단이 베어링으로 지지된 축에 물체가 놓인 경우를 고려하는 것이 설명하는 데 유익하다. 축을 공간에 고정됐다고 가정하는 z축에 일치시키고, 물체는 일정한 각속도 ω_z로 회전시키자. 만일 xyz 몸체 축이 주축이 아니라고 하면, 식 (19.37)은 다음과 같이 된다. 식 (19.37)에서 $\dot{\omega}_z = 0$이다.

$$\Sigma M_x = I_{yz}\omega_z^2 \qquad \Sigma M_y = -I_{xz}\omega_z^2 \qquad \Sigma M_z = 0 \tag{19.39}$$

이 경우에 두 베어링에서의 반력은 모멘트 ΣM_x와 ΣM_y를 제공해야 함을 알 수 있다. xyz 기준좌표와 함께(즉, 물체와 함께) 회전하는 이 베어링 반력들을 **동적 베어링 반력**(dynamic bearing reaction)이라 하고, 그 강체는 **동적 불평형**(dynamically unbalanced)되었다고 말한다. 동적 베어링 반력은 각속도의 제곱에 비례하므로 큰 값에 이를 수 있고 강체의 진동을 심하게 일으킬 수 있다. 물체를 동적으로 평형시키기 위하여 식 (19.39)에서 관성적이 영이 되도록 하여야 한다. 이것은 물체의 질량을 재분포시키거나 물체에 부가적 질량을 적절한 위치에 부가함으로써 이루어질 수 있다. 후자의 방법의 일반적인 예는 자동차 바퀴가 회전 균형된 자전을 하고 있을 때 그 가장자리에 작은 추를 부가한 것이다.

예제 19.8

그림 (a)에서 균일한 가는 막대 AB의 무게는 9.07 kg(89 N)이다. 이것은 A에서 볼·소켓 이음매로 수직축 OC에 연결된다. AB가 수직축과 40° 경사지게 하는 일정한 각속도 ω로 조립부품이 OC에 관해서 회전한다. ω와 A에서의 반력의 크기를 구하라.

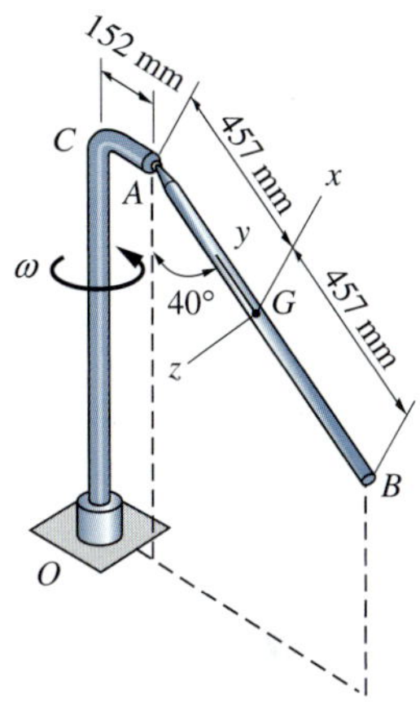

(a)

풀이

그림 (a)에 보인 xyz 좌표계를 사용한다. 이 기준좌표는 막대의 질량중심에 그 원점을 두고 막대 AB에 박혀 있다. x와 z축은 막대에 수직하고(x축이 평면 CAB 내에 놓여 있다) 한편 y축은 막대의 방향이다. 그러므로 좌표축이 G에서 막대의 주축이다.

xy 평면에 작용하는 힘만을 표시하는 막대의 자유물체 선도가 그림 (b)에서 보인다. 막대에 작용하는 힘은 그 무게 9.07 kg와 A에서의 볼·소켓 조인트의 반력뿐이다(성분 A_z는 종이에 수직하다).

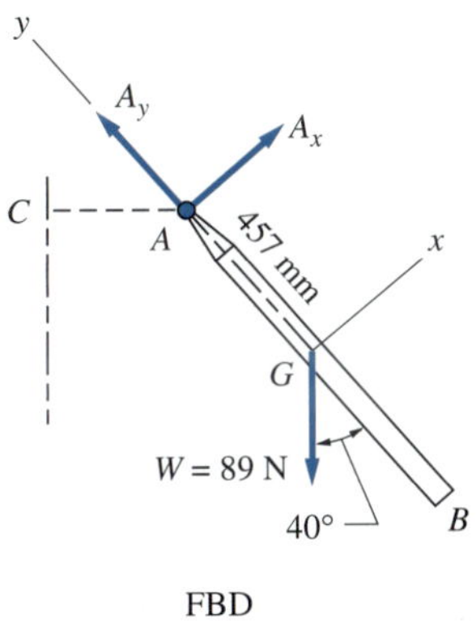

(b)

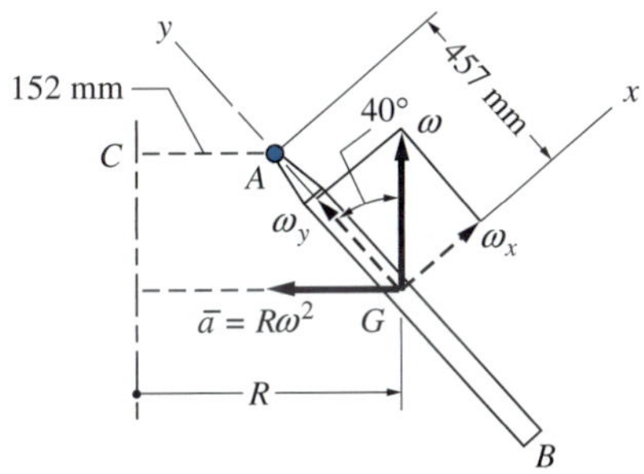

(c)

막대의 운동학은 그림 (c)에서 설명된다. 막대의 각속도벡터의 성분은 다음과 같다.

$$\omega_x = \omega \sin 40° = 0.6428\omega \qquad \omega_y = \omega \cos 40° = 0.7660\omega \qquad \omega_z = 0$$

또한 G의 궤적은 반경 $R = 0.152 + 0.457 \sin 40° = 446.3$ mm인 수평 원임을 관찰할 수 있다. 그러므로 G의 가속도는 그림 (c)에 직접 나타낸 바와 같이 $\bar{a} = R\omega^2 = 446.3\omega^2$이다.

그림 (b)와 (c)를 참고하면, 힘 운동방정식은 다음과 같다.

$$\Sigma F_x = m\bar{a}_x \quad \overset{+}{\nearrow} \quad A_x - W \sin 40° = -mR\omega^2 \cos 40°$$

$$A_x - 89 \sin 40° = -9.07(0.4463)\omega^2 \cos 40°$$

$$A_x = 57.2 - 3.1\omega^2 \text{ N} \qquad \text{(a)}$$

$$\Sigma F_y = m\bar{a}_y \quad \overset{+}{\nwarrow} \quad A_y - W\cos 40° = mR\omega^2 \sin 40°$$

$$A_y - 89\cos 40° = 9.07(0.4463)\omega^2 \sin 40°$$

$$A_y = 68.15 + 2.6\omega^2 \text{ N} \tag{b}$$

$$\Sigma F_z = m\bar{a}_z \qquad A_z = 0 \tag{c}$$

모멘트 운동방정식을 위해서 식 (19.33)에 오일러 방정식을 사용한다. G에서 주관성 모멘트는 다음과 같다.

$$I_x = I_z = \frac{mL^2}{12} = 9.07\frac{(0.915)^2}{(12)} = 0.6315 \text{ kg}\cdot\text{m}^2 \qquad I_y \approx 0$$

$\dot{\omega}_x = \dot{\omega}_y = \dot{\omega}_z = \omega_z = 0$ 그리고 x 혹은 y축에 작용하는 모멘트가 없으므로 처음 두 오일러 방정식

$$\Sigma M_x = I_x\dot{\omega}_x + \omega_y\omega_z(I_z - I_y)$$

$$\Sigma M_y = I_y\dot{\omega}_y + \omega_z\omega_x(I_x - I_z)$$

가 무의미하게 만족된다(각각 $0 = 0$). 세 번째 오일러 방정식은 다음과 같다.

$$\Sigma M_z = I_z\dot{\omega}_z + \omega_x\omega_y(I_y - I_x)$$

$$-0.457A_x = 0 + (0.6428\omega)(0.7660\omega)(0 - 0.6315)$$

$$A_x = 0.68\omega^2 \tag{d}$$

식 (a)와 (d)의 해는 $A_x = 10.28$ N과

$$\omega = 3.89 \text{ rad/s}$$ **답**

이 값을 식 (b)에 대입하고 A_y에 대해서 풀면 $A_y = 107.5$ N이다. 그러므로 A에서 반력의 크기는 다음과 같다.

$$A = \sqrt{A_x^2 + A_y^2 + A_z^2} = \sqrt{(10.28)^2 + (107.5)^2 + 0} = 108.1 \text{ N}$$ **답**

예제 19.9

그림 (a)는 ①, ②, ③으로 표기되고 그림에 나타낸 각 질량을 갖는 세 균일 봉이 서로 용접되어서 이루어진 물체를 보인다(이 물체는 또한 예제 19.5에서도 나타났다). 이 물체는 A와 B에서 마찰이 없는 베어링에 의하여 지지되고, A의 베어링은 추력을 줄 수 있다. A에서 작은 전동기(보이지 않음)가 일정한 각속도 ω_0 rad/s로 물체를 구동한다. 그림 (a)에 보인 위치에 대하여 베어링의 반력과 전동기의 출력 토크(우력) T를 구하라. 또한

동적 베어링 반력, 즉 물체의 회전에 의하여 발생되는 베어링 반력을 구하라.

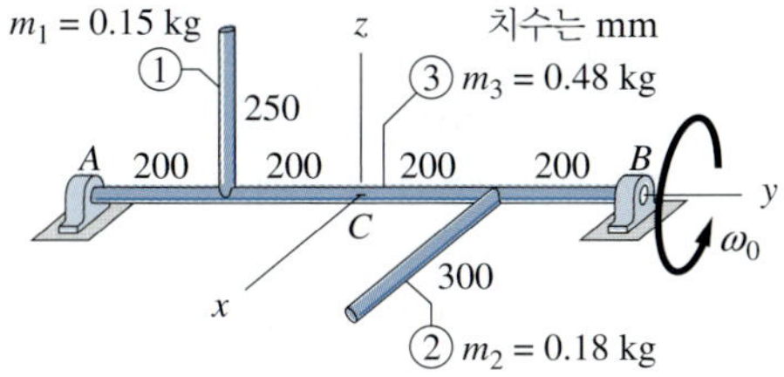

(a)

풀이

문항 1

그림 (b)에 보인 물체의 자유물체 선도는 (1) A와 B에서 베어링 반력, (2) 각 봉의 무게 $W_1 = 0.15(9.81) = 1.472$ N, $W_2 = 0.18(9.81) = 1.76$ N, $W_3 = 0.48(9.81) = 4.709$ N, (3) 일정한 각속도로 물체를 구동시키기 위한 전동기의 출력 토크 T를 나타내 보인다. 물체와 함께 회전한다고 가정되는 xyz 기준좌표의 원점이 봉 ③의 중점 C에 놓여 있다.

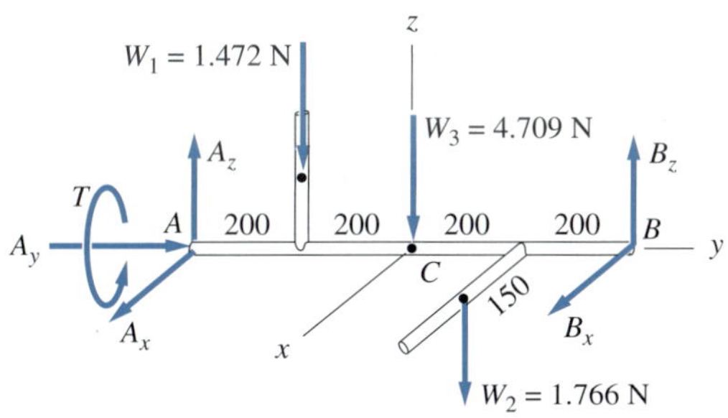

(b) FBD

회전이 고정축에 관해서 일어나므로, 식 (19.39)를 사용할 수 있다. 그러나 먼저 식 (19.39)를 그들의 미분에서 가정한 z축에 관한 회전으로부터 y축에 관한 회전으로 바꾸어야 한다. 이 전환은 다음 그림의 도움으로 수행할 수 있다.

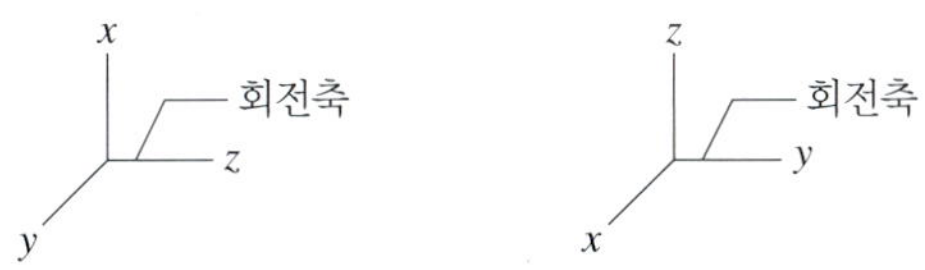

이 그림으로부터 식 (19.39)가 x를 z로, y를 x로, 그리고 z를 y로 바꾸어놓음으로써 변환되어야 함을 알 수 있다. 그 결과는 다음과 같다.

$$\Sigma M_x = -I_{yz}\omega_y^2 \qquad \Sigma M_y = 0 \qquad \Sigma M_z = I_{xy}\omega_y^2$$

점 C에 관한 관성적은 예제 19.5에서 $I_{xy} = 0.005\,40\ \text{kg}\cdot\text{m}^2$과 $I_{yz} = -0.003\,75\ \text{kg}\cdot\text{m}^2$으로 계산되었다. 따라서 그림 (b)의 자유물체 선도(FBD)를 참고하고 $\omega_y = \omega_0$을 이용하면 운동의 모멘트 방정식은 다음과 같게 된다.

$$\Sigma M_x = -I_{yz}\omega_0^2 \qquad -A_z(0.400) + B_z(0.400) + 1.472(0.200) - 1.766(0.200) = -(-0.003\,75\omega_0^2) \tag{a}$$

$$\Sigma M_y = 0 \qquad T + 1.766(0.150) = 0 \tag{b}$$

$$\Sigma M_z = I_{xy}\omega_0^2 \qquad A_x(0.400) - B_x(0.400) = 0.005\,40\omega_0^2 \tag{c}$$

식 (b)로부터 그림에 보인 위치에 대하여 전동기의 출력 토크는 다음과 같다.

$$T = -0.2649\ \text{N}\cdot\text{m}$$ **답**

물체의 위치가 바뀌기 때문에 이 토크의 크기도 변함을 주의하라.

문항 2

다음으로 운동의 힘 방정식 $\Sigma\mathbf{F} = m\bar{\mathbf{a}}$를 강체에 적용한다. 여기서 m은 강체의 질량이고, $\bar{\mathbf{a}}$는 그 질량중심의 가속도이다. 물체에 대한 관성벡터는 봉 개개의 관성벡터의 합이다. 봉 ①의 질량중심은 y축에 중심을 둔 원주상에서 일정한 속도로 운동하므로, 그 질량중심의 가속도는 법선가속도 $\bar{a}_n = r\omega_0^2$ 즉, $\bar{\mathbf{a}}_1 = -0.125\omega_0^2\mathbf{k}$로 구성된다. 마찬가지고 봉 ②에 대해서도 $\bar{\mathbf{a}}_2 = -0.150\omega_0^2\mathbf{i}$를 얻는다. 봉 ③의 질량중심은 정지해 있다. 그러므로 물체에 대한 관성벡터는 다음과 같이 된다.

$$\begin{aligned} m\bar{\mathbf{a}} &= m_1\bar{\mathbf{a}}_1 + m_2\bar{\mathbf{a}}_2 \\ &= 0.15(-0.125\omega_0^2)\mathbf{k} + 0.18(-0.150\omega_0^2)\mathbf{i} \\ &= (-0.018\,75\omega_0^2)\mathbf{k} - (0.027\,00\omega_0^2)\mathbf{i} \end{aligned} \tag{d}$$

이 결과들과 그림 (b)의 자유물체 선도를 이용하면, 운동의 힘 방정식은 다음과 같이 된다.

$$\Sigma F_x = m\bar{a}_x \qquad A_x + B_x = -0.027\,00\omega_0^2 \tag{e}$$

$$\Sigma F_y = m\bar{a}_y \qquad A_y = 0 \tag{f}$$ **답**

$$\Sigma F_z = m\bar{a}_z \qquad A_z + B_z - 1.472 - 1.766 - 4.709 = -0.018\,75\omega_0^2 \tag{g}$$

식 (a)와 (g), 그리고 식 (c)와 (e)를 풀면, 그림 (b)에서 베어링 반력의 x와 z성분은 다음과 같이 구해진다.

$$A_x = -0.006\ 75\omega_0^2 \text{ N}$$
$$B_x = -0.020\ 25\omega_0^2 \text{ N}$$
$$A_z = -0.014\ 06\omega_0^2 + 3.900 \text{ N}$$
$$B_z = -0.004\ 688\omega_0^2 + 4.047 \text{ N}$$

답

문항 3

이러한 베어링 반력의 성분들은 물체가 그림에 보인 위치에 있을 때에만 작용한다. 그러나 ω_0^2을 가진 항은 물체의 모든 위치에 대해서 유효하다. 동적 베어링 반력으로 불리는 이 항들은 물체의 회전에 기인한다. 그림 (c)는 막대 ①과 ②에 대하여 관성벡터와 함께 동적 베어링 반력을 보여준다. 그림 (c)에 보인 각 벡터는 xyz축과 함께 즉, 강체와 함께 회전한다.

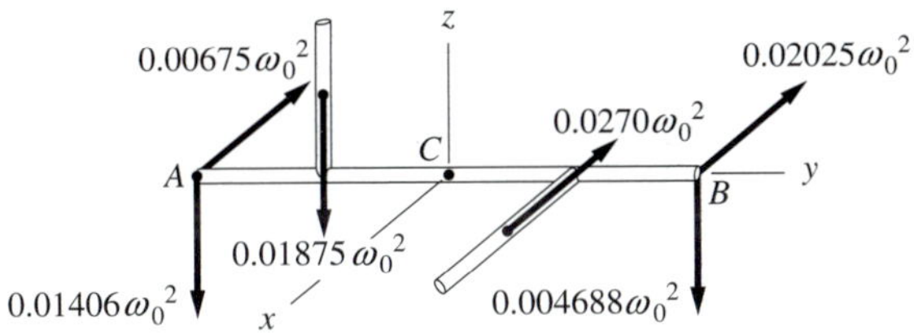

(c)

ω_0에 독립된 항인 소위 **정적 베어링 반력**(static bearing reactions)은 강체의 무게를 지지하며 좌표계와 함께 회전하지는 않는다. 그러나 그들의 크기는 물체의 위치 변화에 따라서 변한다. 베어링에 작용하는 전체 반력은 정적 베어링 반력과 동적 베어링 반력의 합으로 구해진다.

예제 19.10

플랫폼 A가 수직 고정축에 관해서 각속도 ω_2와 각가속도 $\dot{\omega}_2$로 회전하고 있다. 동시에 내부전동기(보이지 않음)는 플랫폼에 단단하게 탑재된 회전축에 관해서 균일한 판 B를 각속도 ω_1과 각가속도 $\dot{\omega}_1$으로 자전시킨다. 그 회전축에 의해서 판 B에 작용되는 우력의 성분을 구하라.

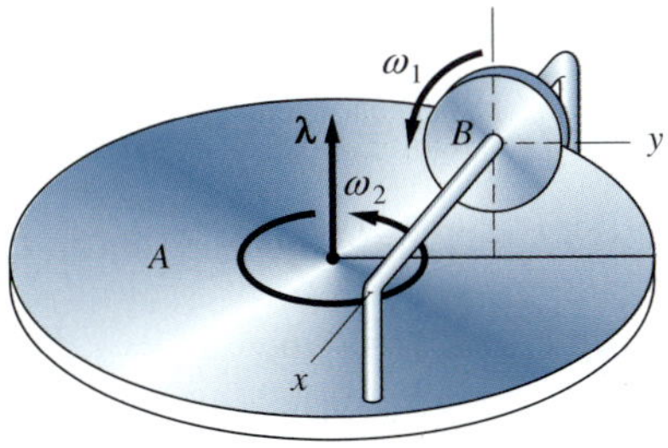

풀이

2개의 다른 기준좌표를 사용해서 이 문제를 푼다. 먼저 xyz축이 판 B에 박혀 있다(오일러 방정식), 그리고 다음은 xyz축이 그 회전축, 즉 확대된 플랫폼에 박혀 있다(오일러 방정식).

방법 I : 판과 함께 회전하는 *xyz*

그림에 보인 xyz축은 판 B의 질량중심에서 주축이다. 만일 이 축들이 판과 함께 회전한다고 가정하면 그들은 몸체좌표를 구성하고, 이것은 오일러 방정식을 사용할 수 있음을 의미한다.

판 B의 각속도 ω를 다음과 같이 쓰는 것이 편리하다.

$$\boldsymbol{\omega} = \omega_1\mathbf{i} + \omega_2\boldsymbol{\lambda} \qquad \text{(전 시간에 대하여 유효)} \tag{a}$$

여기서 λ는 플랫폼에 수직한 단위벡터이다. 식 (a)가 전 시간에 대하여 유효하므로 미분될 수 있고 판 B의 각가속도는 다음과 같다.

$$\dot{\boldsymbol{\omega}} = \dot{\omega}_1\mathbf{i} + \omega_1\dot{\mathbf{i}} + \dot{\omega}_2\boldsymbol{\lambda} + \omega_2\dot{\boldsymbol{\lambda}} \tag{b}$$

$\dot{\lambda} = \mathbf{0}$임에 유의하고, 나아가서 그림에 보인 순간에 $\lambda = \mathbf{k}$, 그리고 $\dot{\mathbf{i}} = \omega \times \mathbf{i} = (\omega_1\mathbf{i} + \omega_2\mathbf{k}) \times \mathbf{i} = \omega_2\mathbf{j}$이므로, 식 (b)는 다음과 같다.

$$\dot{\boldsymbol{\omega}} = \dot{\omega}_1\mathbf{i} + \dot{\omega}_2\mathbf{k} + \omega_1\omega_2\mathbf{j} \qquad \text{(이 순간)} \tag{c}$$

xyz축이 몸체 틀을 구성하므로 식 (19.35)에 따라 $\dot{\omega}_x = (\dot{\omega})_x$, $\dot{\omega}_y = (\dot{\omega})_y$, 그리고 $\dot{\omega}_z = (\dot{\omega})_z$이다. 식 (a)와 (c)로부터 오일러 방정식에 대입되어야 할 ω와 $\dot{\omega}$의 성분들은 다음과 같다.

$$\begin{aligned} \omega_x &= \omega_1 & \dot{\omega}_x &= \dot{\omega}_1 \\ \omega_y &= 0 & \dot{\omega}_y &= \omega_1\omega_2 \\ \omega_z &= \omega_2 & \dot{\omega}_z &= \dot{\omega}_2 \end{aligned} \tag{d}$$

식 (d)를 식 (19.33)에 대입하고 판 B에 대하여 $I_y = I_z$임을 인식하면, 판에 작용하는 그 질량중심(좌표계의 원점)에 관한 모멘트를 얻는다.

$$\Sigma M_x = I_x\dot{\omega}_x + \omega_y\omega_z(I_z - I_y) = I_x\dot{\omega}_1$$

$$\Sigma M_y = I_y\dot{\omega}_y + \omega_z\omega_x(I_x - I_z) = I_y\omega_1\omega_2 + \omega_1\omega_2(I_x - I_z) = I_x\omega_1\omega_2 \qquad \text{답}$$

$$\Sigma M_z = I_z\dot{\omega}_z + \omega_x\omega_y(I_y - I_x) = I_z\dot{\omega}_2$$

판 B에 대한 유일한 지지는 그 회전축에 의하여 제공되므로, 이 모멘트들은 회전축에 의하여 판에 주어지는 우력의 성분들이다. x축에 관한 모멘트는 전동기에 의해서 주어져야 하고, 한편 y와 x축에 관한 모멘트는 판을 지지하는 베어링에 의해서 제공된다. 좌표축은 판과 함께 회전하므로 모멘트에 대한 위의 표현식은 그림에 보인 위치에서만 유효하다.

방법 II: 플랫폼과 함께 회전하는 *xyz*

판 B가 그 대칭축(x축)에 관해서 회전하고 있으므로, 수정된 오일러 방정식이 적용될 수 있다. 그림에서 xyz축이 플랫폼과 함께 회전한다고 가정하면 기준좌표의 각속도는

$$\mathbf{\Omega} = \omega_2\mathbf{k} \qquad \text{(전 시간에 대해서 유효)} \tag{e}$$

이고, 판 B의 각속도는 다음과 같다.

$$\boldsymbol{\omega} = \omega_1\mathbf{i} + \omega_2\mathbf{k} \qquad \text{(전 시간에 대하여 유효)} \tag{f}$$

식 (f)가 전 시간에 대하여 유효하므로 ω의 성분들, 말하자면 $\omega_x = \omega_1$, $\omega_y = 0$ 그리고 $\omega_z = \omega_2$는 미분 가능하다. 그러므로 수정된 오일러 방정식 (19.34)에 대입되어야 할 ω, $\dot{\omega}$ 그리고 Ω의 성분들은 다음과 같다.

$$\begin{aligned} \omega_x &= \omega_1 & \dot{\omega}_x &= \dot{\omega}_1 & \Omega_x &= 0 \\ \omega_y &= 0 & \dot{\omega}_y &= 0 & \Omega_y &= 0 \\ \omega_z &= \omega_2 & \dot{\omega}_z &= \dot{\omega}_2 & \Omega_z &= \omega_2 \end{aligned} \tag{g}$$

대입을 완료하면 식 (19.34)는 다음과 같이 된다.

$$\Sigma M_x = I_x\dot{\omega}_x + I_z\Omega_y\omega_z - I_y\Omega_z\omega_y = I_x\dot{\omega}_1$$

$$\Sigma M_y = I_y\dot{\omega}_y - I_z\Omega_x\omega_z + I_x\Omega_z\omega_x = I_x\omega_1\omega_2 \qquad \text{답}$$

$$\Sigma M_z = I_z\dot{\omega}_z + I_y\Omega_x\omega_y - I_x\Omega_y\omega_x = I_z\dot{\omega}_2$$

물론 이 모멘트들은 방법 I에 의해서 먼저 구해진 값들에 일치한다. 차이는 이 표현식들이 그림에 나타난 위치에서뿐만 아니라 전 시간에 대해서 유효하다는 점이다.

연습문제

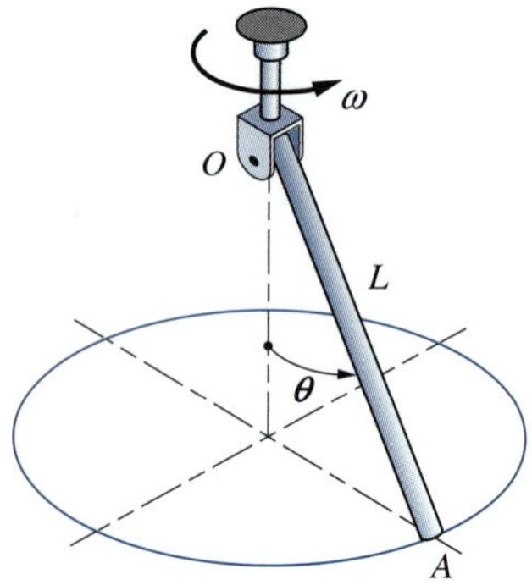

그림 P19.46

19.46 질량 m, 길이 L의 균일한 가는 막대 OA가 수직축에 U자형 연결기로 부착되어 있다. 이 조립부품은 일정한 각속도 ω로 수직축에 관해서 회전하고 있다. OA와 수직축 사이의 각 θ를 구하라.

19.47 무게 6.35 kg의 균일한 가는 봉 AB가 가는 축 CD의 중점에 60°의 각도로 용접되어 있다. 이 조립부품이 일정한 각속도 $\omega = 5$ rad/s로 회전할 때, C와 D에서 동적 베어링 반력의 크기를 구하라.

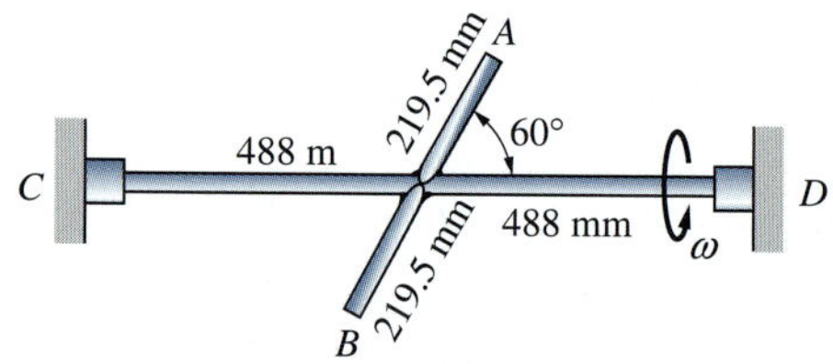

그림 P19.47

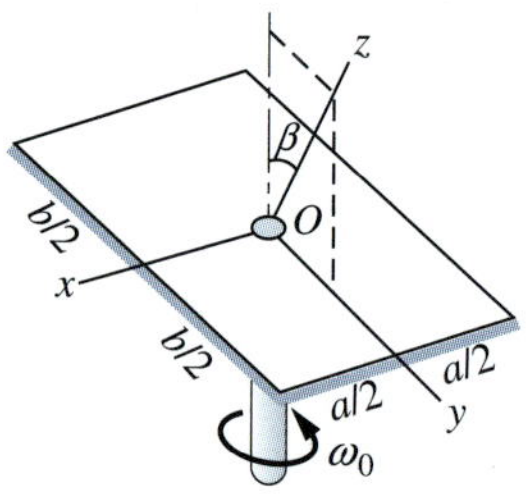

그림 P19.48

19.48 질량 m, 반경 R의 얇은 균일한 판이 수직축의 끝 O에 놓여 있다. 판의 평면은 수평축에 각 β로 기울어져 있다. 판이 일정한 각속도 ω_0로 z축에 관해서 회전하고 있을 때 판에 작용하는 동적 반력을 구하라.

19.49 작은 질량 $m_A = m/12$이 판의 가장자리 A에 붙어 있다고 가정하고 문제 19.48을 다시 풀어라.

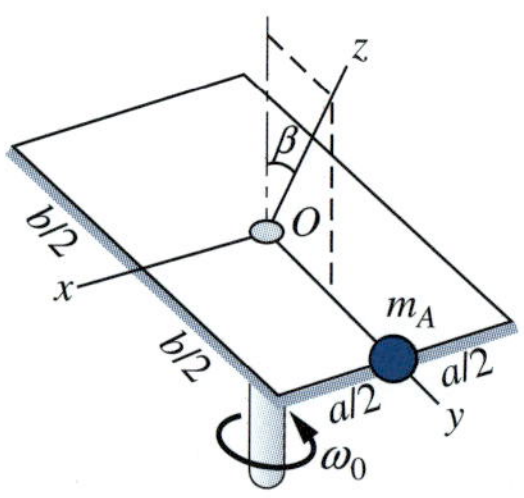

그림 P19.49

19.50 질량이 m인 균일한 봉 AB가 팔 OA에 고정되어 있다. 이러한 조립부품이 O에 수직축에 대하여 각속도 ω로 회전할 때, 팔 OA에 의해 봉 AB의 점 A에 작용하는 우력의 크기를 구하라.

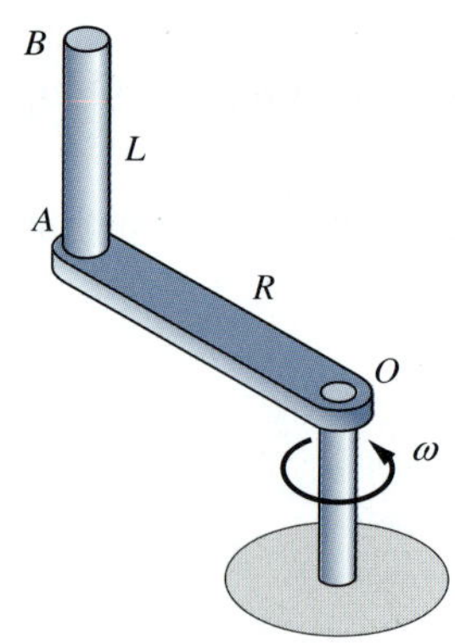

그림 P19.50

19.51 질량이 20 kg인 균일한 원형판이 12 mm 편심된 축 AB에 의해 지지되고 있다. 원형판이 18 rad/s의 각속도로 회전할 때, A와 B에서 동적 베어링 반력의 크기를 구하라.

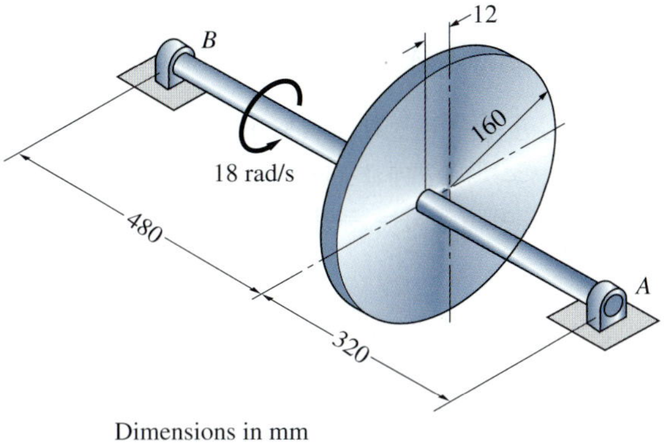

그림 P19.51

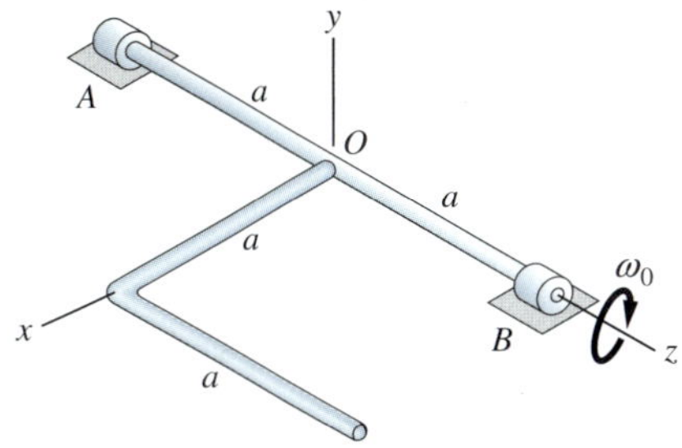

그림 P19.52

19.52 각각의 길이가 a, 질량이 m인 4개의 균일한 봉으로 구성된 물체가 z축에 대해 각속도 ω_0의 속도로 회전할 때, A와 B에서 동적 베어링 반력의 크기를 구하라.

19.53 질량이 1.8 kg인 굽혀진 박판이 AB축을 기준으로 자유 회전이 가능하다. 그림과 같은 위치에서 멈추어진 판에 $\mathbf{C} = -0.8\mathbf{k}$ N·m의 우력이 작용할 때, 우력 작용 직후 판의 각가속도와 A와 B에서의 베어링 반력을 구하라.

19.54 문제 19.53과 같은 구조에서, 박판이 AB축을 기준으로 일정한 각속도 $\omega = 10\mathbf{k}$ rad/s로 회전할 때, A와 B에서 동적 베어링 반력을 구하라.

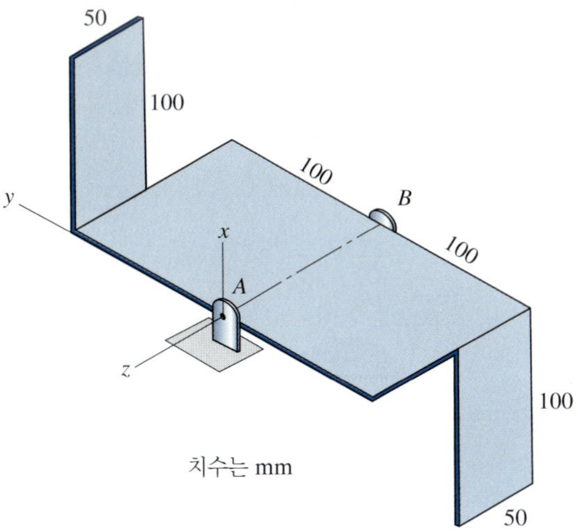

그림 P19.53, P19.54

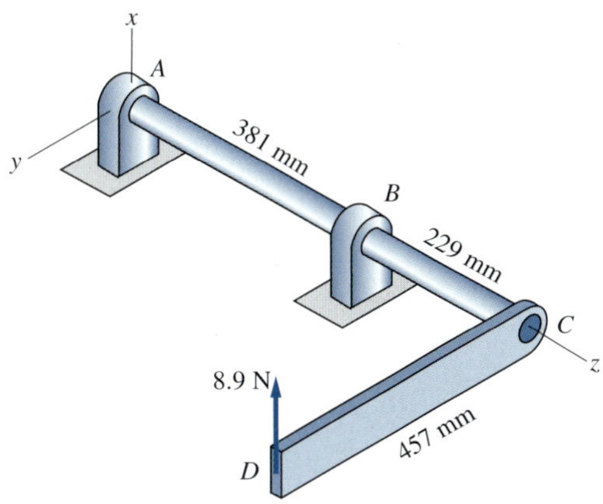

그림 P19.55

19.55 질량이 1.36 kg인 얇은 막대 CD가 축 ABC에 고정되어 있다. 이러한 조립부품이 그림과 같은 위치에서 멈추어진 상태에서 8.9 N의 수직력이 점 D에 작용할 때, A와 B에서 베어링 반력과 축의 각가속도를 구하라. 단 축의 무게는 무시하라.

19.56 0.15 kg인 휠의 질량이 처음에 평균 반경 R = 80 mm의 얇고 균일한 테두리(rim)에 집중되어 있다. 휠은 일정한 각속도 ω_1 = 180 rad/s로 O에 있는 회전축에 관하

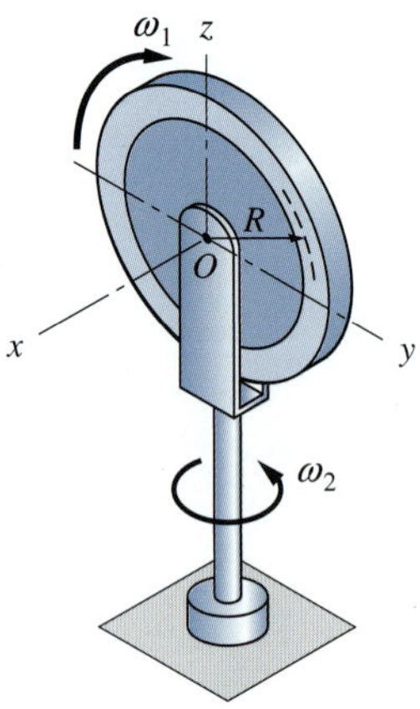

그림 P19.56

여 회전한다. 동시에 휠을 탑재한 포크가 일정한 각속도 ω_2 = 40 rad/s로 z축에 관해서 회전하고 있다. 회전축에 의해서 휠에 주어지는 우력을 계산하라.

19.57 11.35 kg의 균일한 판이 일정한 각속도 30 rad/s로 회전축 AG에 관해서 회전한다. 회전축이 A에서 볼·소켓 이음매로 지지되어 있고, 일정한 각속도 ω_1으로 수직축에 관해서 회전한다. 회전축이 운동하는 동안 수평을 유지하기 위한 ω_1의 값을 구하라. 회전축의 무게는 무시하라.

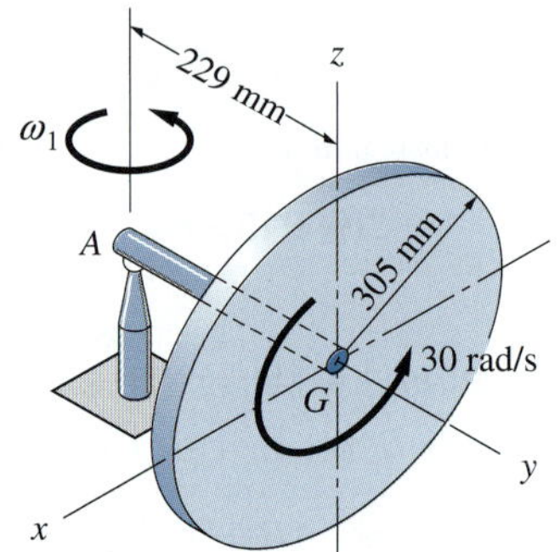

그림 P19.57

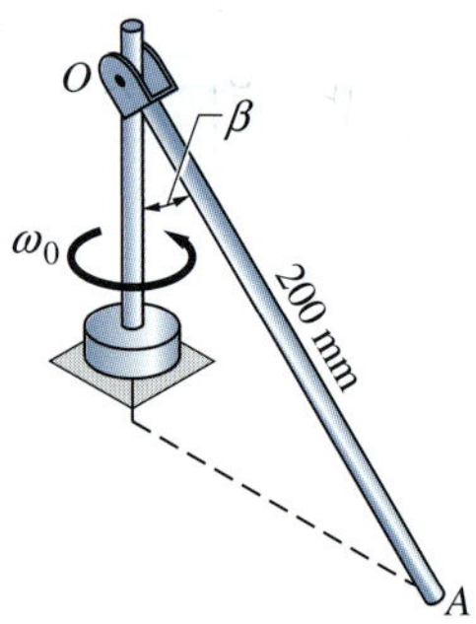

그림 P19.58

19.58 질량 m의 균일한 가는 봉 OA가 U형 조인트로 수직축에 부착되어 있다. 봉이 수직축과 일정한 각 β = 25°를 유지하기 위한 축의 일정한 각속도 ω_0을 구하라.

19.59 1.2 kg의 균일한 가는 봉 OA의 위치가 2개의 작은 전동기에 의해서 제어된다. B에 있는 전동기가 일정한 각속도 1.8 rad/s로 수직축을 회전하고, O에 있는 전동기는 일정한 각속도 $d\beta/dt$ = 1.5 rad/s로 OA와 수직축의 사이 각 β를 증가시킨다. 봉이 β = 30°의 위치에 있을 때 각 전동기의 출력 토크를 계산하라.

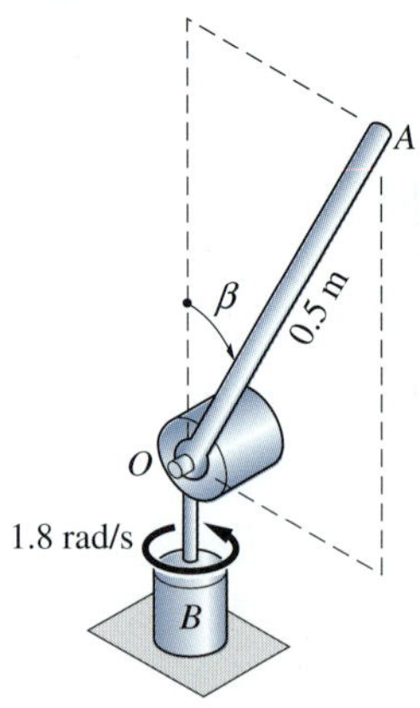

그림 P19.59

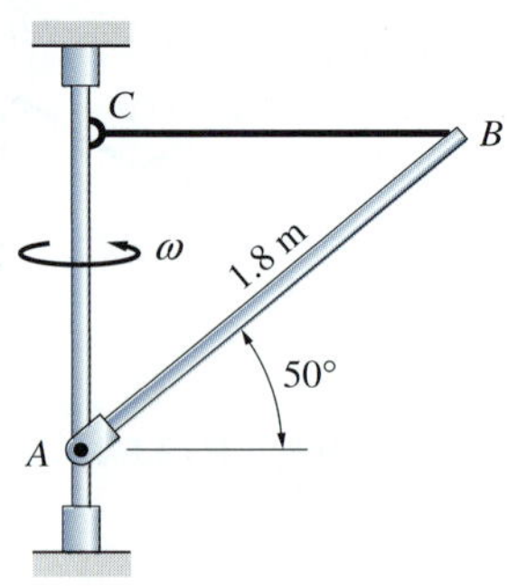

그림 P19.60

19.60 질량 20 kg인 균질의 가는 봉 AB가 A에서 U형 조인트 그리고 수평한 케이블 BC로 수직축에 연결되어 있다. 조립부품이 일정한 각속도 ω = 6 rad/s로 회전할 때 케이블에 걸리는 장력을 구하라.

19.61 L형 팔에 질량이 m, 길이 L이 0.61 m인 균일한 막대 AB가 점 A에서 U형 링크로 연결되어 있다. 막대 AB가 수직축에 대하여 45도 각을 유지하며 회전할 수 있는, 팔의 수직축에 대한 각속도 ω를 구하라.

19.62 질량 m으로 균일한 원형판이 출력 토크형 팔에 축에 대한 상대 각속도 $\omega_1 = 2\omega_0$로 회전한다. 또한 축은 점 A에서 수직축에 대하여 $\omega_2 = \omega_0$의 각속도로 회전한다. 이때, 점 A에서 작용하는 동적 베어링 반력으로 힘–우력 시스템을 구하라. 단 축의 질량은 무시한다.

19.63 질량이 16 kg인 봉 PQ가 일정한 각속도 $\dot{\theta} = 12$ rad/s로 회전하는 축 BD을 기준으로 회전한다. 이와 동시에 브래킷 AB가 수직축 AD를 기준으로 4 rad/s의 일정한 속도로 회전한다. 이와 같은 운동이 A와 D에 있는 (그림에 나타나지 않으나) 작은 전동모터에 의해 유지될 때, 각 θ에 관한 함수로 각각의 모터에 걸리는 토크를 유도하라. 단 브래킷과 모터의 질량은 무시한다.

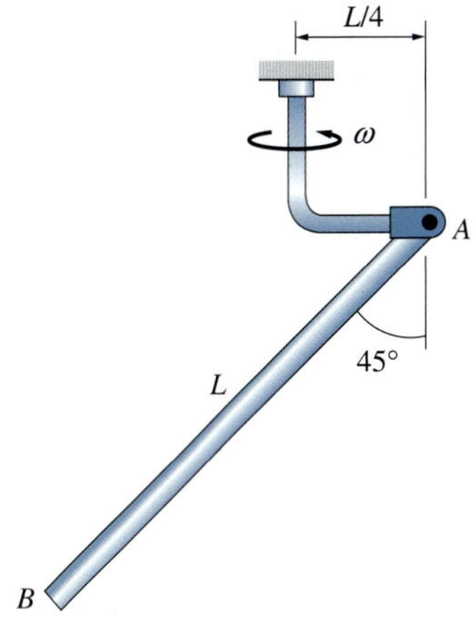

그림 P19.61

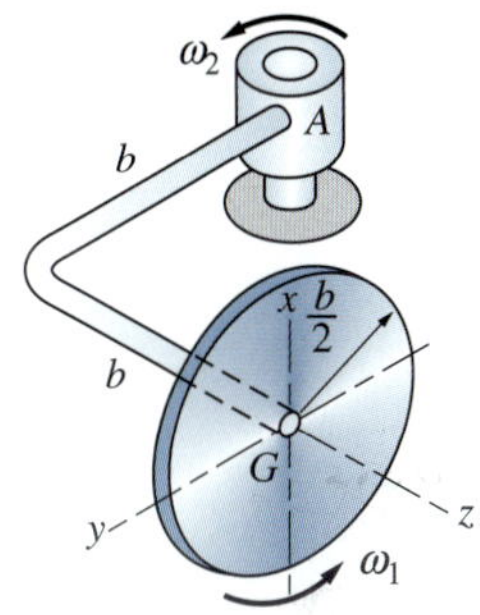

그림 P19.62

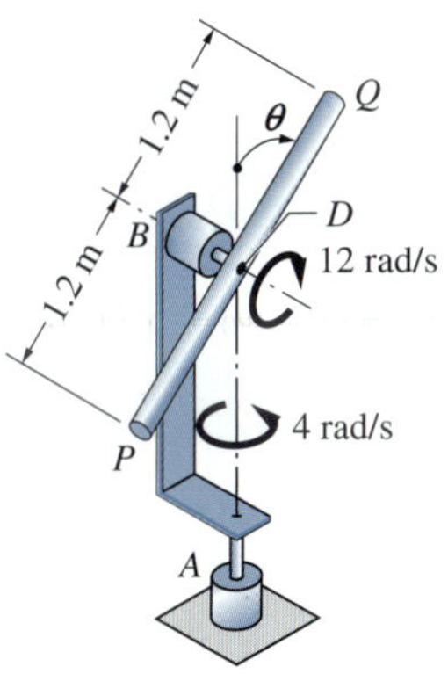

그림 P19.63

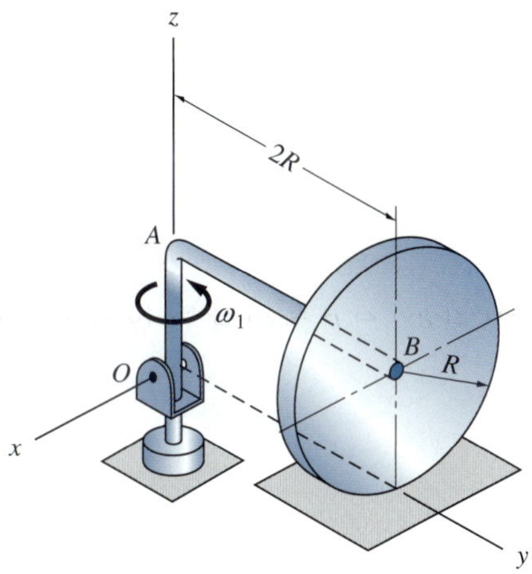

그림 P19.64

19.64 반경 $R = 152.4$ mm, 무게 m = 5.44 kg인 균일한 판이 무게를 무시할 수 있는 구부러진 축 OAB에 부착되었다. 회전축이 U형 조인트로 O에서 수직축에 연결되어 있다. 회전축이 일정한 각속도 $\omega_1 = 6$ rad/s로 z축에 관해서 자유롭게 회전하고, 판이 미끄러짐 없이 구른다고 가정하면, 수평면으로부터 바퀴에 주어지는 수직력은 얼마인가?

*19.6 선대칭물체의 운동

이 절에서는 자이로스코프, 인공위성 그리고 발사체와 같은 여러 가지 중요한 응용성을 포함하는 선대칭물체의 운동을 논의한다. 여기서 사용되는 운동방정식은 수정된 오일러 방정식이지만, 이 식들은 오일러 각이라고 알려진 새로운 운동학적 변수를 도입해서 다시 정식화될 것이다.

19.6a 오일러의 각과 각속도

수정된 오일러 방정식에서 물체의 회전은 두 성분을 갖는다. 즉 (1) xyz 기준좌표에 대한 물체의 회전과, (2) 고정된 XYZ 좌표계에 대한 xyz축의 회전이다. 만일 물체가 선대칭이라면, xyz축이 아래에 기술되고 그림 19.11(a)에서 설명되는 바와 같이 어떤 특별한 방향을 향하도록 하는 것이 편리하다.

- z축이 물체의 대칭축으로 선택된다. Z축(그 방향은 임의로 선택될 수 있다)은 **불변선**(invariable line)으로 알려져 있다. Z축과 z축의 사이 각 θ는 **장동각**(nutation angle)이라고 불린다.
- **절선**(nodal line)이라고 불리는 x축은 항상 XY 평면에 놓여지는 방향을 말한다. X축과 x축의 사이 각 ϕ는 **세차각**(precession angle)으로 알려져 있다.

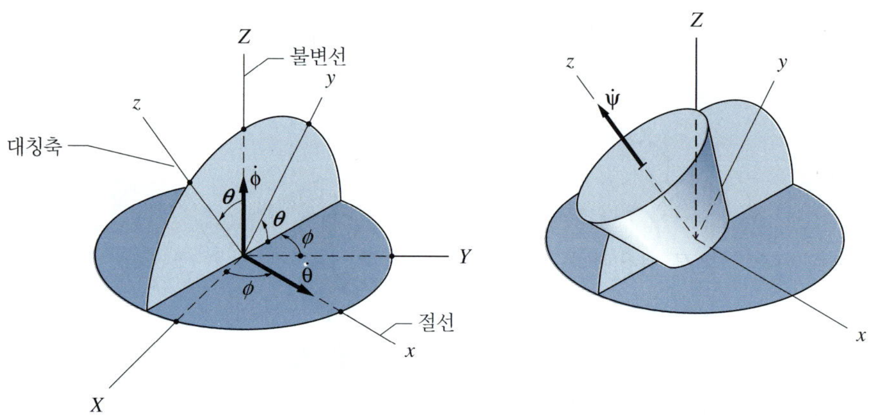

(a) xyz 기준좌표의 방향 $\dot{\phi}$와 $\dot{\theta}$의 방향은 양이다.

(b) xyz 기준좌표의 관련된 물체의 회전 $\dot{\psi}$의 방향은 양이다

그림 19.11

그림 19.11(a)에 보인 각속도벡터 $\dot{\theta}$와 $\dot{\phi}$는 각각 장동과 세차의 변화율이라고 불린다.

z축이 물체에 박혀 있으므로 xyz 좌표에 대한 물체의 회전은 z축에 관한 회전 혹은 자전에 국한된다. 자전율이라 하며 $\dot{\psi}$로 표기되는 이 회전율이 그림 19.11(b)에서 보인다. **자전각**(spin angle, 보이지 않음) ψ는 어느 편리한 기준으로부터 측정될 수 있다. 오일러 각이라고 불리는 각 ϕ, θ 그리고 ψ는 선대칭물체의 운동을 기술하는 데 유용한 운동학적 변수이다.

더 나아가기 전에, 물체가 z축에 관해서 회전이 허용되므로 그림 19.11에 보인 xyz축은 몸체좌표가 아님을 한 번 더 반복한다. 그림 19.11(a)로부터 xyz 기준좌표의 각속도가 다음과 같다.

$$\Omega = \dot{\phi} + \dot{\theta} \tag{19.40}$$

물체가 xyz 좌표에 대해서 각속도 $\dot{\psi}$로 회전하므로, 그 각속도는 $\omega = \Omega + \dot{\psi}$ 혹은

$$\omega = \dot{\phi} + \dot{\theta} + \dot{\psi} \tag{19.41}$$

그림 19.11을 활용하면 xyz축에 대한 Ω와 ω의 성분이 다음과 같음을 추론할 수 있다.

$$\begin{aligned} \Omega_x &= \dot{\theta} & \omega_x &= \dot{\theta} \\ \Omega_y &= \dot{\phi}\sin\theta & \omega_y &= \dot{\phi}\sin\theta \\ \Omega_z &= \dot{\phi}\cos\theta & \omega_z &= \dot{\phi}\cos\theta + \dot{\psi} \end{aligned} \tag{19.42}$$

19.6b 운동의 모멘트 방정식

z축이 물체에 대한 대칭축이므로, $I_{xy} = I_{yz} = I_{zx} = 0$ 그리고 $I_x = I_y$이다. 지금부터 다음 기호를 사용한다.

$$I_x = I_y = I \tag{19.43}$$

식 (19.42)와 (19.43)을 수정된 오일러 방정식 (19.34)에 대입하면 다음 식을 얻는다.

$$\begin{aligned} \Sigma M_x &= I\ddot{\theta} + (I_z - I)\dot{\phi}^2 \sin\theta\cos\theta + I_z\dot{\phi}\dot{\psi}\sin\theta \\ \Sigma M_y &= I\ddot{\phi}\sin\theta + 2I\dot{\theta}\dot{\phi}\cos\theta - I_z\dot{\theta}(\dot{\psi} + \dot{\phi}\cos\theta) \\ \Sigma M_z &= I_z(\ddot{\psi} + \ddot{\phi}\cos\theta - \dot{\phi}\dot{\theta}\sin\theta) \\ &= I_z\frac{d}{dt}(\dot{\psi} + \dot{\phi}\cos\theta) \end{aligned} \tag{19.44}$$

때로는 식 (19.42)로부터 $\omega_z = \dot{\phi}\cos\theta + \dot{\psi}$를 식 (19.44)에 대입하여 얻는 다음 식을 사용하는 것이 편리하다.

$$\begin{aligned}\Sigma M_x &= I\ddot{\theta} + I_z\omega_z\dot{\phi}\sin\theta - I\dot{\phi}^2\sin\theta\cos\theta \\ \Sigma M_y &= I\ddot{\phi}\sin\theta + 2I\dot{\theta}\dot{\phi}\cos\theta - I_z\dot{\theta}\omega_z \\ \Sigma M_z &= I_z\dot{\omega}_z\end{aligned} \quad (19.45)$$

식 (19.44) 혹은 (19.45)를 사용할 때, 수정된 오일러 방정식은 xyz축의 원점이 물체의 **질량중심**(mass center) 혹은 한 **고정점**(fixed point)(물체와 공간에 고정된)에 놓일 경우에만 유효하다는 것을 19.5절로부터 상기하라.

19.6c 정상세차

$\dot{\psi}$, $\dot{\phi}$ 그리고 θ가 일정할 때 일어나는 특별한 운동이 **정상세차**(steady precession)로 알려져 있다. 이 경우에 식 (19.44)는 상당히 간단하게 된다. 즉,

$$\Sigma M_x = (I_z - I)\dot{\phi}^2\sin\theta\cos\theta + I_z\dot{\phi}\dot{\psi}\sin\theta \qquad \Sigma M_y = 0 \qquad \Sigma M_z = 0 \quad (19.46)$$

한편, 식 (19.45)에 상당하는 식은 다음과 같이 줄여진다.

$$\Sigma M_x = I_z\omega_z\dot{\phi}\sin\theta - I\dot{\phi}^2\sin\theta\cos\theta \qquad \Sigma M_y = 0 \qquad \Sigma M_z = 0 \quad (19.47)$$

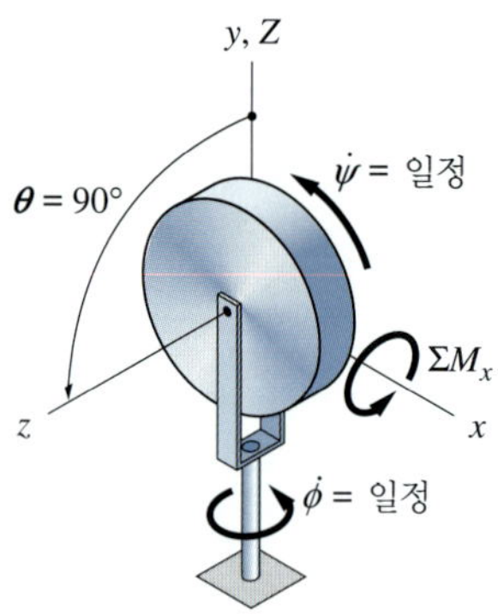

그림 19.12

식 (19.46) 혹은 (19.47)로부터 정상세차를 하고 있는 물체에 대해서는 다른 두 축에 대한 모멘트 없이 x축(절선)에 관해서 일정한 모멘트를 제공하는 힘이 반드시 주어져야 한다. 그러므로 모멘트 벡터의 방향은 세차축(Z)와 회전축(z) 모두에 수직이어야 한다.

그림 19.12에 묘사한 바와 같이 세차축(Z)가 회전축(z)에 수직일 때 정상세차의 한 흥미 있는 특별한 경우가 생긴다. 식 (19.46)의 첫 식에서 $\theta = 90°$로 놓으면 정상세차를 유지하기 위하여 요구되는 모멘트는 다음 식과 같다.

$$\Sigma M_x = I_z\dot{\phi}\dot{\psi} \quad (19.48)$$

19.6d 토크 · 자유 운동

질량중심에 대한 외력의 모멘트 합이 영이면 물체는 토크·자유 운동을 한다고 말한다. 그래서 **토크 · 자유 운동**(torque-free motion)은 $\Sigma \mathbf{M}_G = d\mathbf{h}_G/dt = \mathbf{0}$에 의하여 특성 지어진다. 이것으로부터 질량중심 G에 관한 물체의 각운동량의 크기와 방향이 일정하게 유지됨을 알 수 있다. 토크·자유 운동의 예는 무동력 비

행을 하고 있는 발사체(공기 저항이 무시된)와 우주비행체이다.

그림 19.13은 자유롭게 날고 있는 발사체를 보여준다. 수학적 편의를 위하여 고정된 Z축을 $\mathbf{h}_G$의 방향에 놓이도록 선택하는 것이 관례다. xyz 좌표계를 G에 부착시키고, z를 물체의 대칭축이 되도록 한다. 그림 19.11에 따라 x축이 Z와 z축에 의하여 만들어진 평면에 수직한다. z축이 물체에 박혀 있지만 xyz축이 몸체 좌표를 구성하지 못함을 상기하는 것이 중요하다. 왜냐하면 물체가 xyz 좌표에 대한 z축에 관해서 회전할 수 있기 때문이다.

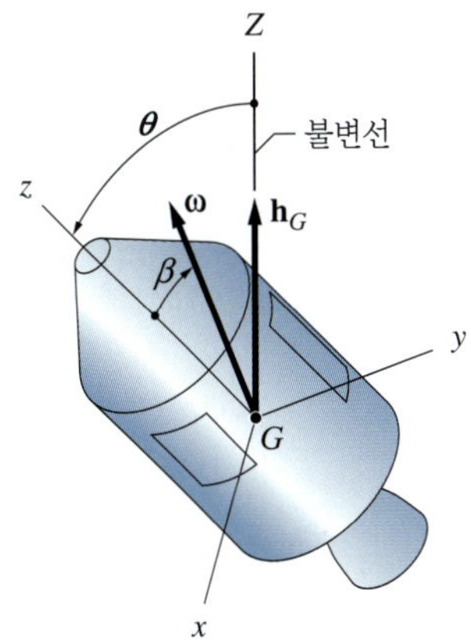

그림 19.13

그림 19.13에 보인 바와 같이, β를 물체의 각속도벡터 ω와 z축의 사이 각으로 놓는다. Z와 z축의 사이 각 θ가 그림 19.11에서 정의된 오일러 각이다. 그래서 xyz축에 대한 $\mathbf{h}_G$의 성분은 다음과 같다.

$$h_x = 0 \qquad h_y = h_G \sin\theta \qquad h_z = h_G \cos\theta \tag{19.49}$$

대칭이기 때문에 xyz축이 G에서 발사체의 관성주축이다. 기호 $\bar{I}_x = \bar{I}_y = \bar{I}$를 사용하면 $\mathbf{h}_G$의 성분은 다음 형태를 갖는다[식 (19.18)을 보라].

$$h_x = \bar{I}\omega_x \qquad h_y = \bar{I}\omega_y \qquad h_z = \bar{I}_z\omega_z \tag{19.50}$$

식 (19.49)와 (19.50)을 비교하면 다음 결과를 얻는다.

$$\omega_x = 0 \qquad \omega_y = \frac{h_G \sin\theta}{\bar{I}} \qquad \omega_z = \frac{h_G \cos\theta}{\bar{I}_z} \tag{19.51}$$

식 (19.42)에 의하여 $\omega_x = \dot{\theta}$이므로 θ는 상수이고, 이것은 운동이 Z축에 관해서 정상세차임을 가리킨다.

각 θ와 β 사이의 유용한 관계는 $\tan\beta = \omega_y/\omega z$임(그림 9.13을 보라)을 주목함으로써 유도할 수 있다. 식 (19.51)을 이용하면 다음을 얻는다.

$$\tan\beta = \frac{\omega_y}{\omega_z} = \frac{h_G \sin\theta/\bar{I}}{h_G \cos\theta/\bar{I}_z} = \frac{\bar{I}_z}{\bar{I}}\tan\theta$$

또는

$$\tan\theta = \frac{1}{\lambda}\tan\beta \qquad \text{where } \lambda = \frac{\bar{I}_z}{\bar{I}} \tag{19.52}$$

식 (19.52)를 사용하면 각속도와 자전 및 세차율 사이의 다음 관계를 얻을 수 있다(유도를 위하여 예제 19.11을 보라).

$$\dot{\psi} = \omega(1 - \lambda)\cos\beta \tag{19.53a}$$

$$\dot{\phi} = \omega\cos\beta\sqrt{\lambda^2 + \tan^2\beta} \tag{19.53b}$$

$$\lambda\dot{\psi} = (1 - \lambda)\dot{\phi}\cos\theta \tag{19.53c}$$

식 (19.52)의 λ가 1보다 큰가 또는 작은가에 따라서 정상세차의 여러 경우를 구분하는 것이 관례이다.

경우 1: 정향(정규)세차: $\lambda < 1$. $\lambda < 1$에 대하여 식 (19.52)에 따라서 $\bar{I} > \bar{I}_z$이다. 이것은 그림 19.14에 보인 로켓과 같은 긴 물체에 대한 경우이다. 식 (19.52)로부터 $\theta > \beta$임을 또한 알 수 있다. 이것은 그림 19.14(a)에 나타낸 바와 같이 가속도벡터 ω가 양의 Z와 x축에 의하여 만들어지는 각 내에 놓임을 가리킨다. $\dot{\psi}$의 $\dot{\phi}$에 대한 투영이 $\dot{\phi}$와 같은 방향에 있고, 이것이 정향세차운동의 특성임을 유의하라. 그림 19.14(a)에 나타낸 벡터 계가 Z축에 관해서 일정한 율 $\dot{\phi}$로 세차운동을 하는 한편 각속도 ω는 원뿔의 축이 Z인 원뿔의 표면을 쓸게 된다.

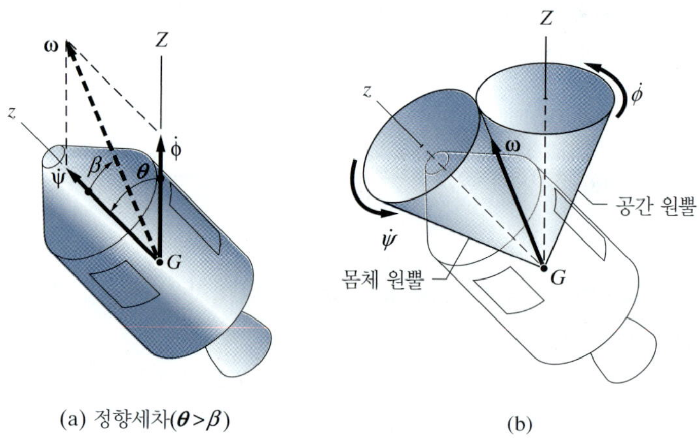

그림 19.14

이 운동이 그림 19.14(b)에 나타낸 기하학적 모델에 의하여 표현할 수 있다. 이것은 2개의 정원뿔로 구성된다. 몸체 원뿔(body cone)은 물체에 고정되고, 그 축은 물체의 대칭 축(z축)이 된다. 공간 원뿔은 Z를 축으로 하며 움직이지 않는다. 각속도 ω는 두 원뿔 사이의 접촉선을 따라 놓여 있다. 순간 회전축은 영 속도를 갖는 점들의 궤적이므로 몸체 원뿔은 공간 원뿔의 표면을 미끄러짐 없이 구름을 알 수 있다. 그러므로 z축과 각속도벡터 ω는 율 $\dot{\phi}$로 Z축에 관해서 세차운동을 한다. 그리고 몸체 원뿔은 율 $\dot{\psi}$로 z축에 관해서 자전한다. 그림 19.14의 (a)와 (b)를 직접 비교함으로써 결론적으로 몸체 원뿔과 물리적인 물체(즉, 로켓)의 운동은 일치한다.

경우 2: 역행세차: $\lambda > 1$. 만일 $\lambda > 1$이면 식 (19.52)로부터 $\bar{I} < \bar{I}_z$이다. 이것은 그림 19.15의 궤도 우주선과 같은 평평한 물체에 대한 경우이다. $\lambda > 1$은 $\theta < \beta$임을 의미하므로 각속도벡터 ω는 그림 19.15(a)에 보인 바와 같이 양의 Z와 z축에 의하여 형성되는 각 밖에 놓인다. 또한 $\dot{\psi}$상의 $\dot{\phi}$의 투영의 방향은 $\dot{\phi}$의 방향과 반대이다. 그림 19.15(b)의 역행세차에 대한 원뿔모델은 공간 원뿔이 몸체 원추의 내부에 있음을 보여준다.

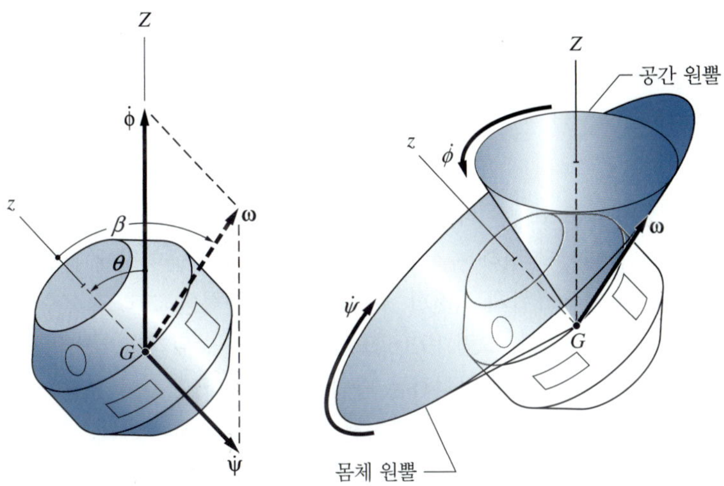

(a) 역행세차($\theta < \beta$) (b)

그림 19.15

3개의 주관성 모멘트가 모두 $\bar{I}$인 즉, $\lambda = 1$인 물체에 대하여(균일한 공에 대한 경우), 식 (19.18)로부터 $\mathbf{h}_G = \bar{I}\omega$임을 알 수 있다. 그러므로 주어진 축에 관해서 초기 회전으로 일단 발사되면 그 물체는 단순히 일정한 각속도를 그 축에 관해서 회전을 계속한다.

19.6e 자이로스코프

자이로스코프(gyroscope)는 회전체(rotor)가 그 대칭축에 관해서 자유스럽게 회전할 수 있는 방법으로 탑재된 선대칭 회전자 혹은 판으로 구성된다. 그림 19.16은 관성 안내장치, 자이로스태빌라이저 등의 설계에 널리 사용되는 소위 Cardan 현가장치로 탑재된 자이로스코프를 보여준다.

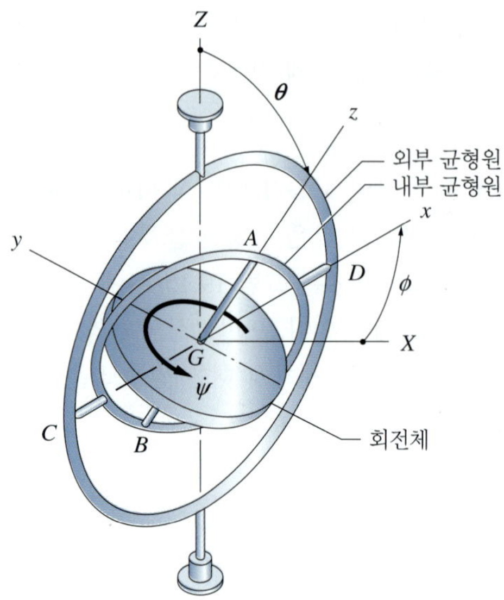

그림 19.16

이 현가장치의 요소들은 다음과 같다. 즉 내부 균형원(gimbal) 또는 링에 고정된 축 AB에 관해서 회전하는 질량 m의 회전자, 바깥 균형원에 관련되어 있는 축 CD에 관해서 자유스럽게 회전할 수 있는 내부 균형원, 그리고 Z축에 관해서 회전하는 외부 균형원이다. 그림 19.16 또한 균형원의 방위가 오일러의 각 ϕ와 θ, 그리고 회전자의 자전율 $\dot{\psi}$에 일치하는 방법을 보여준다. Z축이 공간에서 고정된 방위를 갖는다고 가정하면 회전자는 3회전 자유도를 갖는다. 그러므로 가능한 모든 각 위치를 가정할 수 있다. 세 회전축이 회전자의 질량중심에서 교차하는 사실은 특별한 관심거리이다. 따라서 모든 베어링은 무시할 수 있는 마찰을 가졌고, 균형원에는 외력이 작용하지 않는다고 가정하면, 회전자의 운동은 토크·자유가 된다.

만약 정지된 자이로스코프 내의 회전자가 z축에 관해서 회전을 시작하면, 그 초기 각운동량 $\mathbf{h}_G$ 또한 z축 방향을 따를 것이다. 운동이 토크·자유이므로 그 축의 방향은 고정될 것이다($\Sigma\mathbf{M}_G = d\mathbf{h}_G/dt = 0$). 고정된 방향을 지탱하게 하는 자이로스코프 회전자의 능력은 많은 항법 도구의 작동원리로 사용된다.

균형원의 하나에 작용한 힘은 회전자의 질량중심에 대한 모멘트가 될 수 있다. 이 경우에 적당한 초기조건이 주어지면, 회전자는 정상적인 세차를 행하게 된다. 세차의 방향은 $\Sigma\mathbf{M}_G = d\mathbf{h}_G/dt$로부터 추론될 수 있고, 여기서 $\Sigma\mathbf{M}_G$는 작용된 힘의 질량중심 G에 관한 모멘트이다.

예제 19.11

그림 (a)는 토크·자유 운동 상태에 있는 선대칭 강체(z축이 대칭축이다)를 보여준다. 고정된 z축이 질량중심에 관한 각운동량 $\mathbf{h}_G$와 일치되도록 선택되었다. 각속도벡터 ω는 z축으로부터 각 β만큼 기울어져 있다.

(1) $\lambda = \bar{I}_z/\bar{I}$라 놓고, 식 (19.53a~c)를 유도하라. 즉,

$$\dot{\psi} = \omega(1 - \lambda)\cos\beta \tag{a}$$

$$\dot{\phi} = \omega\cos\beta\sqrt{\lambda^2 + \tan^2\beta} \tag{b}$$

$$\lambda\dot{\psi} = (1 - \lambda)\dot{\phi}\cos\theta \tag{c}$$

여기서 $\dot{\psi}$와 $\dot{\phi}$는 각각 자전율과 세차율이고, θ는 그림 (a)에 나타낸 오일러 각이다.

(2) 몸체 원뿔과 공간 원뿔을 그려라. 그리고 $\lambda = 1.8$, $\omega = 1.2$ rad/s 그리고 $\beta = 25°$가 주어진 인공위성에 대한 자전율과 세차율을 계산하라. $\lambda = 0.2$, $\omega = 0.8$ rad/s 그리고 $\beta = 15°$에 대하여 로켓에 대한 과정을 반복하라.

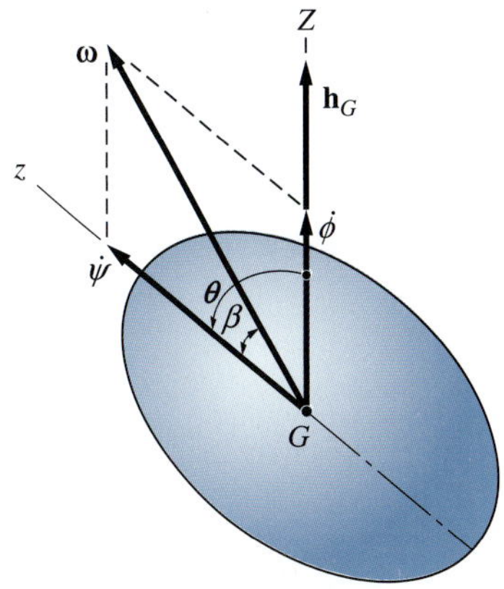

(a)

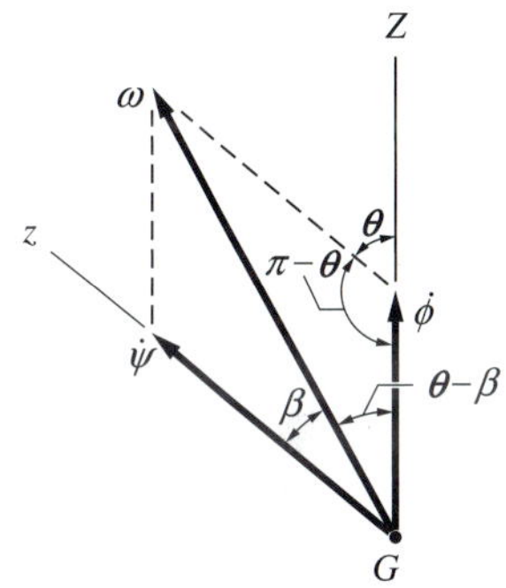

(b)

풀이

문항 1

그림 (b)에 나타낸 속도 선도에 정현법칙을 적용하면

$$\frac{\dot{\psi}}{\sin(\theta - \beta)} = \frac{\omega}{\sin(\pi - \theta)}$$

다음을 얻는다.

$$\dot{\psi} = \omega\frac{\sin\theta\cos\beta - \cos\theta\sin\beta}{\sin\theta} = \omega\left(\cos\beta - \frac{\sin\beta}{\tan\theta}\right)$$

이것으로부터 $\tan\theta = (1/\lambda)\tan\beta$[식 (19.52)를 보라]를 대입하면

$$\dot{\psi} = \omega\left(\cos\beta - \frac{\sin\beta}{(1/\lambda)\tan\beta}\right) = \omega(1 - \lambda)\cos\beta$$

가 되어 식 (a)와 일치한다.

그림 (b)에 사인법칙을 적용하면 다음과 같다.

$$\frac{\dot{\phi}}{\sin\beta} = \frac{\omega}{\sin(\pi - \theta)}$$

혹은

$$\dot{\phi} = \omega \frac{\sin\beta}{\sin\theta} \tag{d}$$

앞에서와 같이 관계식 $\tan\theta = (1/\lambda)\tan\beta$를 활용하면 $\sin\theta$는 다음과 같이 쓸 수 있다.

$$\sin\theta = \frac{\tan\theta}{\sqrt{1 + \tan^2\theta}} = \frac{(1/\lambda)\tan\beta}{\sqrt{1 + [(1/\lambda)\tan\beta]^2}} = \frac{\tan\beta}{\sqrt{\lambda^2 + \tan^2\beta}} \tag{e}$$

식 (e)를 식 (d)에 대입하면

$$\dot{\phi} = \omega \sin\beta \frac{\sqrt{\lambda^2 + \tan^2\beta}}{\tan\beta} = \omega\cos\beta\sqrt{\lambda^2 + \tan^2\beta}$$

가 되어 식 (b)와 일치한다.

식 (a)를 식 (b)로 나누면 다음과 같다.

$$\begin{aligned}\frac{\dot{\psi}}{\dot{\phi}} &= \frac{\omega(1-\lambda)\cos\beta}{\omega\cos\beta\sqrt{\lambda^2 + \tan^2\beta}} = \frac{1-\lambda}{\sqrt{\lambda^2 + \lambda^2\tan^2\theta}} \\ &= \frac{1-\lambda}{\lambda\sec\theta} = \frac{(1-\lambda)\cos\theta}{\lambda}\end{aligned}$$

혹은

$$\lambda\dot{\psi} = (1-\lambda)\dot{\phi}\cos\theta$$

가 되고, 식 (c)와 일치한다.

문항 2

고정된 Z축과 대칭축 사이의 오일러 각 θ는 식 (19.52)와 (19.53)을 사용해서 구할 수 있다. 식 (a)와 (b)는 자전율 $\dot{\psi}$와 세차율 $\dot{\phi}$를 계산하는 데 사용될 수 있다. 인공위성과 로켓에 대한 주어진 매개변수를 이 식들에 대입하면 그 결과는 다음과 같다.

인공위성에 대하여

$$\begin{aligned}\theta &= \tan^{-1}[(1/\lambda)\tan\beta] = \tan^{-1}[(1/1.8)\tan 25°] = 14.52° \\ \dot{\psi} &= \omega(1-\lambda)\cos\beta = 1.2(1-1.8)\cos 25° = -0.870 \text{ rad/s} \\ \dot{\phi} &= \omega\cos\beta\sqrt{\lambda^2 + \tan^2\beta} \\ &= 1.2\cos 25°\sqrt{(1.8)^2 + \tan^2 25°} = 2.022 \text{ rad/s}\end{aligned}$$

로켓에 대하여

$$\theta = \tan^{-1}[(1/\lambda)\tan\beta] = \tan^{-1}[(1/0.2)\tan 15°] = 53.26°$$
$$\dot{\psi} = \omega(1-\lambda)\cos\beta = 0.8(1-0.2)\cos 15° = 0.618 \text{ rad/s}$$
$$\dot{\phi} = \omega\cos\beta\sqrt{\lambda^2 + \tan^2\beta}$$
$$= 0.8\cos 15°\sqrt{(0.2)^2 + \tan^2 15°} = 0.258 \text{ rad/s}$$

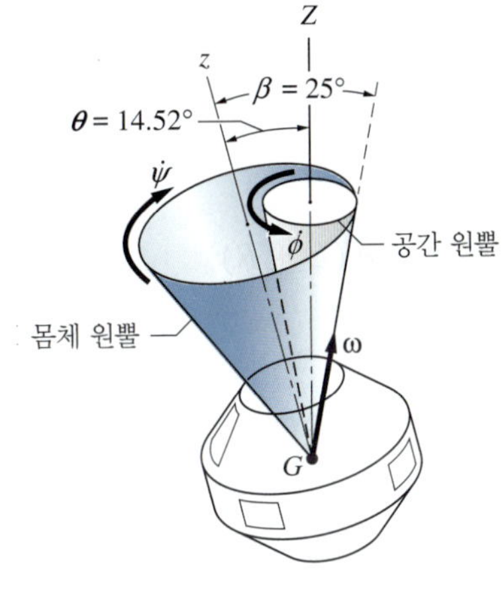

(c)

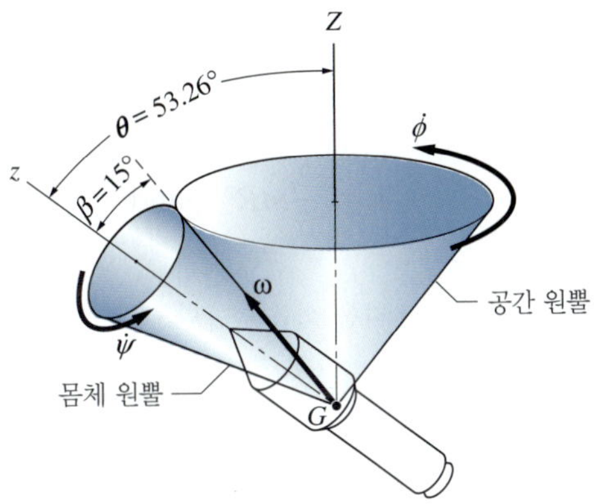

(d)

인공위성과 로켓에 대한 공간 원뿔과 몸체 원뿔이 각각 그림 (c)와 (d)에 보인다. 인공위성은 역향 세차운동($\dot{\psi}$가 음)을 받는 한편 로켓의 세차운동은 정향이다($\dot{\psi}$가 양).

예제 19.12

길이 L의 봉 AB(AB의 질량은 무시된다)에 용접된 반경 R과 질량 m의 균일한 공을 그림 (a)에 보여준다. B에서 U형 조인트가 봉을 수직축 BC에 연결한다. 조립부품은 초기에 각속도 ω로 수직축에 관하여 회전하고 있다. 이때 공은 축에 놓여 있는 상태이다. ω가 점차로 증가한다고 가정하고, 공과 축의 접촉이 없어지는 임계 각속도 ω_{cr}을 구하라.

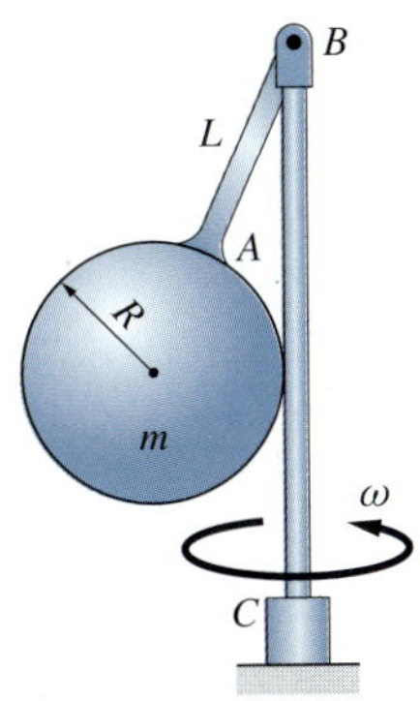

(a)

풀이

조립부품이 $\omega = \omega_{cr}$에서 회전하는 순간에 그려진 공과 봉의 자유물체 선도가 그림 (b)에 나타내어졌다. xyz축이 B에 그 원점을 두고 봉 AB에 부착되어 있다. (x축은 종이 밖에 있다.) 공의 무게 mg에 부가해서 자유물체 선도는 또한 B에서 U형 조인트에 의해서 주어지는 반력, 즉 핀 힘 **B**와 두 모멘트 M_y와 M_z(U자형 연결기의 핀은 마찰이 없으므로$M_x = 0$)를 포함한다. 만약 각속도가 임계 각속도보다 작다면, 자유물체 선도는 또한

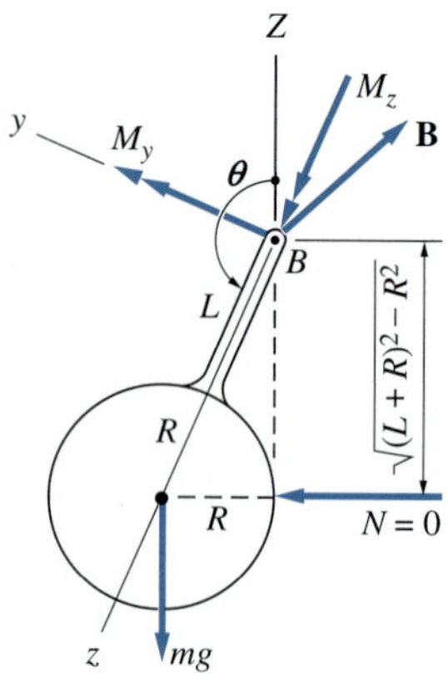

(FBD) x축은 지면에 수직

(b)

수직축에 의하여 공에 주어지는 법선력 N을 포함할 것이다. 그러나 $\omega = \omega_{cr}$일 때 $N = 0$이다.

그림 (b)에 보인 바와 같이 Z축을 수직축에 일치하도록 선택하는 것이 편리하다. Z와 z축의 사이 각으로 정의된 오일러 각 θ 역시 그림에 나타내었다. 공이 수직축과의 접촉을 잃을 즈음해서 운동은 ω_{cr}로 Z축에 관한 회전으로 이루어진다. 공이 봉 AB에 대해서 회전하지 않으므로 회전율이 영이다. 그러므로 공의 운동이 자전이 없는 정상세차운동, 바꾸어 말하면 $\dot{\phi} = \omega_{cr}$, $\dot{\psi} = \dot{\theta} = 0$로 기술될 수 있다. 결과적으로 정상세차운동 방정식 (19.46)은 다음과 같이 된다.

$$\Sigma M_x = (I_z - I)\omega_{cr}^2 \sin\theta\cos\theta \tag{a}$$

공의 점 B에 관한 관성특성은 다음과 같다.

$$I_z = \frac{2}{5}mR^2 \quad \text{and} \quad I = I_y = \frac{2}{5}mR^2 + m(L + R)^2$$

이 식으로부터 다음 식을 얻는다.

$$I_z - I = -m(L + R)^2 \tag{b}$$

그림 (b)를 참고하면, x축에 관한 외력(무게)의 모멘트가 다음 식과 같다.

$$\Sigma M_x = mgR \tag{c}$$

또한 같은 그림으로부터 다음 식을 추론할 수 있다.

$$\sin\theta = \sin(\pi - \theta) = \frac{R}{L + R} \tag{d}$$

그리고

$$\cos\theta = -\cos(\pi - \theta) = -\frac{\sqrt{(L + R)^2 - R^2}}{L + R} \tag{e}$$

식 (b)~(e)를 식 (a)에 대입하고 임계 각속도를 구하면 다음과 같다.

$$\omega_{cr} = \frac{\sqrt{g}}{\sqrt[4]{(L + R)^2 - R^2}}$$ **답**

예제 19.13

그림 (a)는 예제 19.12에서 기술한 조립부품과 일치한다. 조립부품은 초기에 공이 축 BC에 놓여 있는 상태로 정지되어 있다. 그런데 C에 있는 전동기가 기동되어 일정한 각속도 α로 축을 구동시킨다(축의 각속도는 $\omega = \alpha t$이다). 공이 축과 분리되는 시간을 t_0라고 놓고 (1) $t \geq t_0$ 기간에 대하여 각 β의 항으로 공에 대한 운동방정식을 유도하고 초기 조건을 말하라. (2) 시간 구간 $t = t_0$에서 $t = t_0 + 2$ s까지에 대하여 수치적으로 운동방정식을 풀어라. (3) (2)에서 주어진 시간 구간에 대하여 β의 최댓값을 구하기 위하여 수치해석을 사용하라. $m = 7$ kg, $L = R = 60$ mm 그리고 $\alpha = 5.5$ rad/s^{2}를 사용하라.

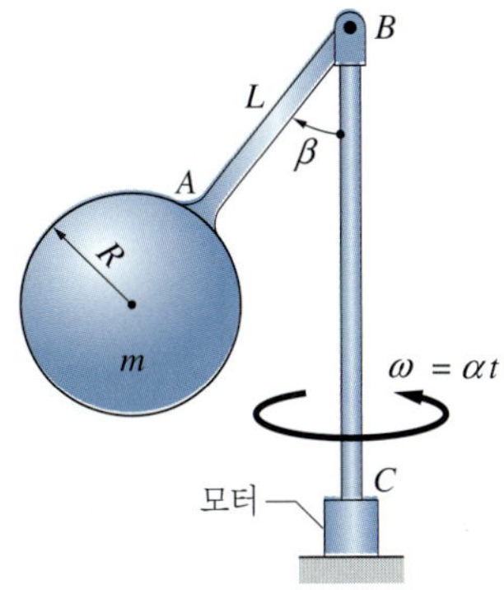

(a)

풀이

문항 1

공과 봉 AB를 포함하는 단단한 한 덩어리의 자유물체 선도를 그림 (b)에 나타내었다. xyz축은 B에 원점을 두고 봉 AB 부착되어 있는 것으로 가정한다(x축은 지면 밖에 있다). 이 자유물체 선도는 공의 무게와 B에서의 반력들, 즉 핀의 힘 $\mathbf{B}$와 모멘트 성분 M_y와 M_z(U자형 연결기의 핀은 x축에 관한 모멘트 성분을 제공하지 않는다)를 나타내 보인다. 고정된 Z축이 그림 (b)에 보인 바와 같이 수직축을 따라 향하고 있다고 가정된다. 여기서 θ는 Z와 z축 사이의 오일러 각이다. 공과 봉 AB가 단단한 한 덩어리가 되어 회전하므로 회전율 $\dot{\psi}$는 영이다. 나아가서 그림 (a)와 (b)를 그림 19.11과 비교하면 세차율은 $\dot{\phi} = \omega = \alpha t$가 됨을 알 수 있다.

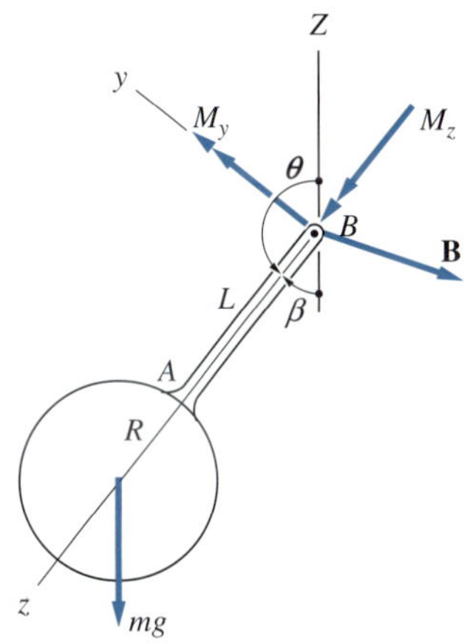

(b) (FBD) x축은 지면에 수직

β를 지배하는 수정된 오일러 방정식은 식 (19.44)의 첫 식이다(남은 두 식은 M_y와 M_z를 구하기 위해 사용된다).

$$\Sigma M_x = I\ddot{\theta} + (I_z - I)\dot{\phi}^2 \sin\theta\cos\theta + I_z\dot{\phi}\dot{\psi}\sin\theta \qquad \text{(a)}$$

$L = R$과 $\theta = \pi - \beta$를 사용하면, 식 (a)의 여러 항은 다음과 같다.

$$\Sigma M_x = 2mgR\sin\beta \qquad (FBD\text{로부터})$$

$$I_z = \frac{2}{5}mR^2$$

$$I = I_y = \frac{2}{5}mR^2 + m(R+R)^2 = \frac{22}{5}mR^2$$

$$\ddot{\theta} = -\ddot{\beta} \qquad \dot{\phi} = \alpha t \qquad \dot{\psi} = 0$$

식 (a)에 이 표현식들을 대입하면 다음 식을 얻는다.

$$2mgR\sin\beta = \frac{22}{5}mR^2(-\ddot{\beta}) + (-4mR^2)(\alpha t)^2\sin\beta(-\cos\beta) + 0$$

질량 m을 소거하고 항을 재배치하면 다음과 같이 줄어든다.

$$\ddot{\beta} = \frac{10}{11}\alpha^2 t^2 \sin\beta\cos\beta - \frac{10g}{22R}\sin\beta \tag{b}$$

수치값 $\alpha = 5.5$ rad/s^2, $g = 9.81$ m/s^2 그리고 $R = 0.060$ m가 식 (b)에 대입될 때, 운동방정식은 다음과 같이 된다.

$$\ddot{\beta} = 27.50t^2 \sin\beta\cos\beta - 74.32\sin\beta \quad (t \geq t_0\text{인 경우}) \qquad \textbf{답 (c)}$$

예제 19.12에 대한 해로부터 공과 수직축 사이의 접촉이 끝나는 임계 각속도 ω_{er}이 다음과 같게 됨을 알 수 있다.

$$\omega_{cr} = \frac{\sqrt{g}}{\sqrt[4]{(L+R)^2 - R^2}} = \frac{\sqrt{9.81}}{\sqrt[4]{(0.120)^2 - (0.060)^2}}$$
$$= 9.716 \text{ rad/s}$$

따라서 접촉이 끝나는 시간은 $t_0 = \omega_{cr}/\alpha = 9.716/5.5 = 1.7665$초이다. β의 초깃값(공이 수직축에 닿아 있을 때의 값)은 $\beta_0 = \tan^{-1}[R/(L+R)] = \tan^{-1}(R/2R) = \tan^{-1}(1/2) = 30° = 0.5236$ rad이다. 그러므로 초기조건은 다음과 같다.

$$t_0 = 1.7665 \text{ s} \qquad \beta_0 = 0.5236 \text{ rad} \qquad \dot{\beta}_0 = 0 \qquad \textbf{답 (d)}$$

문항 2

초기조건 $x_1 = \beta$와 $x_2 = \dot{\beta}$에 대하여 등가의 1차 미분방정식은 다음과 같다.

$$\dot{x}_1 = x_2 \qquad x_1(1.7665) = 0.5236$$
$$\dot{x}_2 = 27.50t^2\sin\beta\cos\beta - 74.32\sin\beta \qquad x_2(1.7665) = 0$$

그림 (c)를 그리는 MATLAB 프로그램은 다음과 같다.

```
function example19_13
[t,x] = ode45(@f,[1.7665:0.01:3.7665],[0.5236 0]);
axes('fontsize',14)
plot(t,x(:,1)*180/pi,'linewidth',1.5)
grid on
xlabel('time (s)'); ylabel('beta (deg)')
    function dxdt = f(t,x)
    s = sin(x(1)); c = cos(x(1));
    dxdt =[x(2); 27.5*t^2*s*c - 74.32*s];
    end
end
```

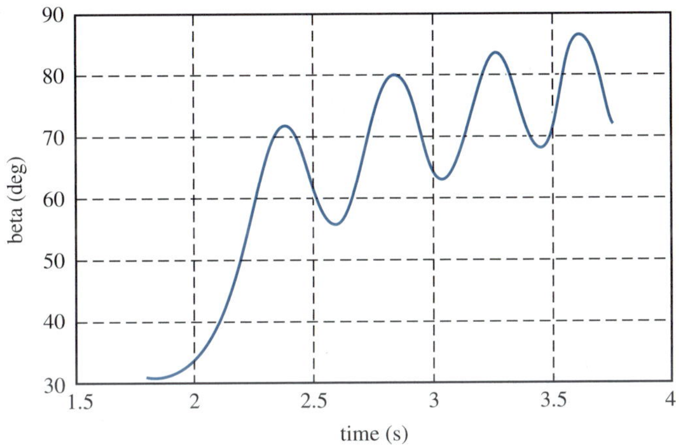

(c)

그림 (c)를 참고하면 β는 두 부분으로 만들어짐을 알 수 있다. 즉, 시간과 함께 증가하는 평균값과 평균값에 대한 진동이다. 축의 각속도 ω가 증가함에 따라서 β의 평균값은 90°에 접근할 것이고 진폭은 (구에 작용하는 원심력의 증가로) 감소할 것으로 기대한다. 이 두 경향을 그림 (c)에서 관찰할 수 있다.

연습문제

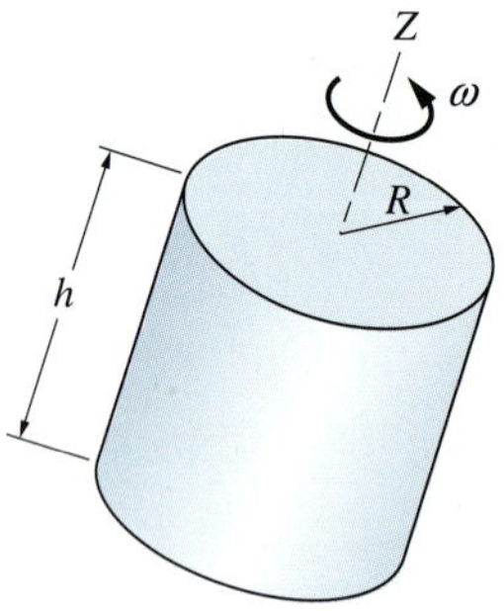

그림 P19.65

19.65 균질 원통이 자전속도 ω로 우주공간에서 회전하고 있다. 어떠한 세차운동이 일어나지 않을 비율 h/R을 구하라.

19.66 1.81 kg인 균일한 원형판이 U형 링크로 수직축에 부착된 축 OA를 기준으로 회전하고 있다. 이 원형판이 수평면과 미끄럼 없이 각속도 16 rad/s로 구르고 있다. 여기서, 원형판은 O점을 중심으로 1.83 m 반경인 원형 경로를 따라 이동하고 봉 OA의 무게는 무시한다.

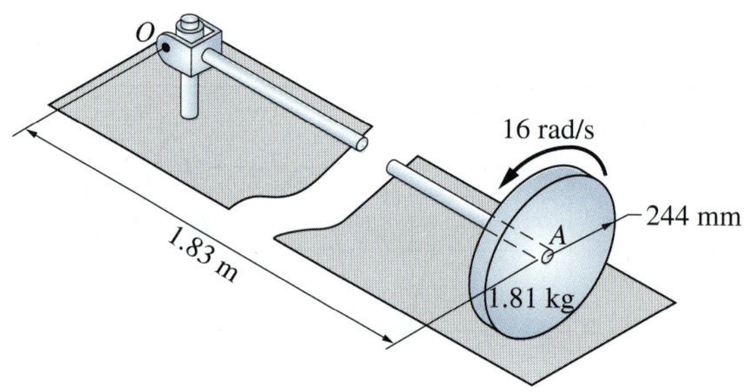

그림 P19.66

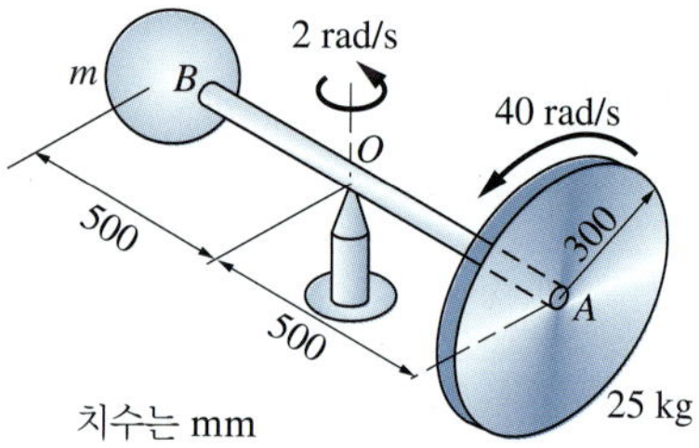

그림 P19.67

19.67 질량이 25 kg인 균일한 원형판이 축 AB를 기준으로 40 rad/s로 자전하고 있으며 축은 O점을 지나는 수직축에 대하여 2 rad/s로 회전하고 있다. 이때, 수평을 유지하기 위한 점 B에 있는 평형추의 질량 m을 구하라. 단 축의 질량은 무시한다.

19.68 얇은 원형 고리의 세차율이 $\dot{\phi} = 10$ rad/s, Z축으로부터 세차각이 5°일 때, 원형 고리의 각속도벡터와 자전 속도벡터를 구하라.

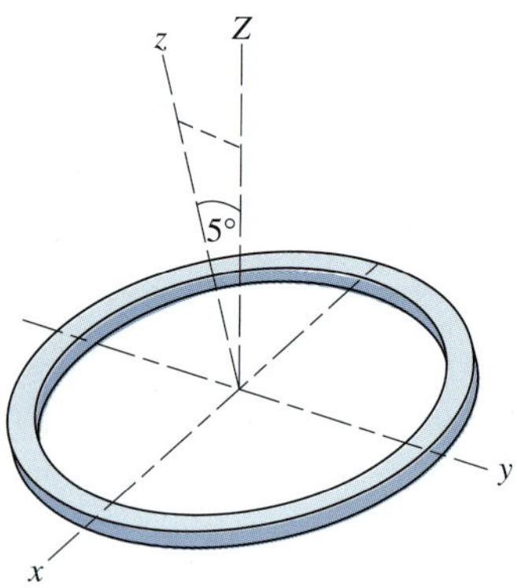

그림 P19.68

19.69 제트기가 960 km/h의 속도로 반경 3.2 km인 원형 경로를 비행 중이다. 제트 엔진의 로터는 무게가 227 kg이며 무게중심 반경이 366 mm이다. 로터가 비행체 속도와 수평인 방향으로 15×10^3 rev/min의 각속도로 회전하고 있을 때, 로터에 작용하는 회전운동의 모멘트를 계산하라.

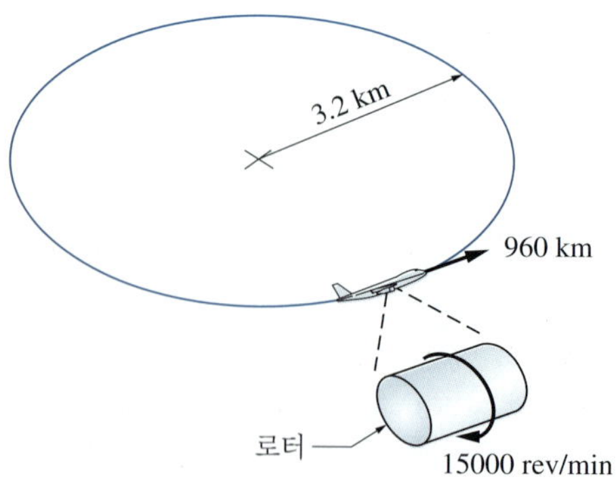

그림 P19.69

19.70 질량 m, 반경 R인 2개의 얇고 균일한 원형판이 질량을 무시할 수 있고 길이가 L인 축에 연결되어 있다. 이러한 조립부품이 각속도 $\dot{\psi} = 3$ rad/s로 회전하는 슬리브에 대하여 점 O에서 자전이 가능할 때, 수직축에 대한 세차각은 $\theta = 32°$, 세차율은 $\dot{\phi} = 2$ rad/s이다. 비율 L/R을 구하라.

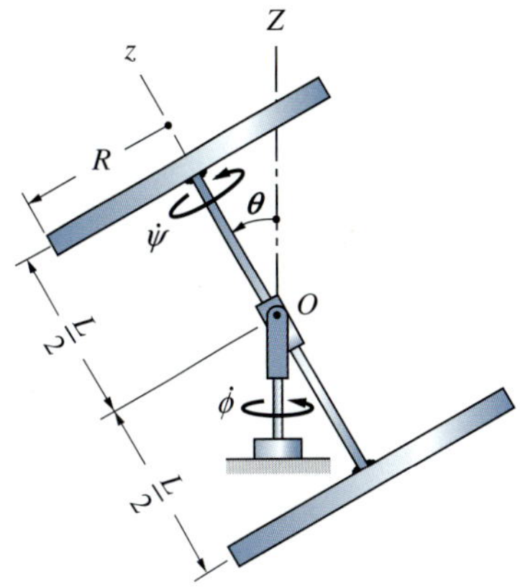

그림 P19.70

19.71 질량 m, 길이 R인 균일한 원통이 수직에 θ만큼 기울어진 축에 대하여 각속도 ω_1로 자전하고 있다. 축은 베어링 O에서 각속도 ω_2로 회전한다. 축에 의해 원통에 작용하는 모멘트가 없을 ω_1/ω_2의 비를 구하라. 원통의 질량중심 G는 O 바로 위에 존재하고 θ와 ω_2는 영이 아닌 것으로 가정하라.

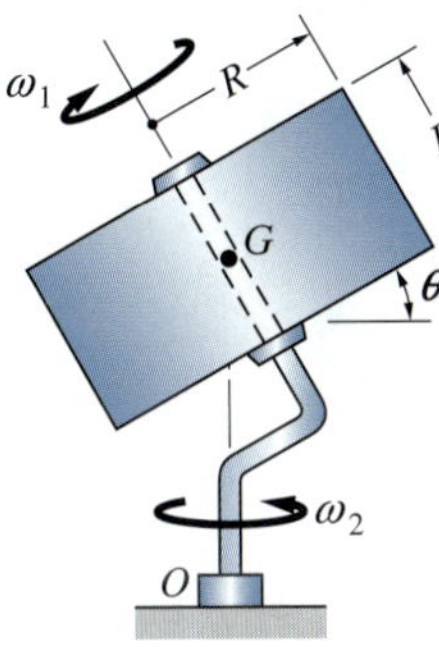

그림 P19.71

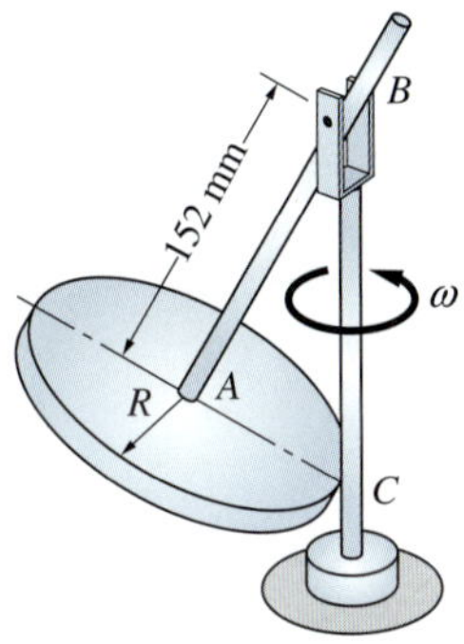

그림 P19.72

19.72 얇은 원형판은 중량이 2.72 kg, 반경은 $R = 76$ mm이다. 가벼운 봉 AB는 원형판과 점 A에서 고정되고 수직축 BC와 U형 링크로 연결되어 있다. 전체 조립부품은 수직축에 대하여 $\omega = 3$ rad/s의 일정한 각속도로 회전한다. 이때, 원형판과 축의 점 C에 작용하는 법선방향의 힘을 구하라.

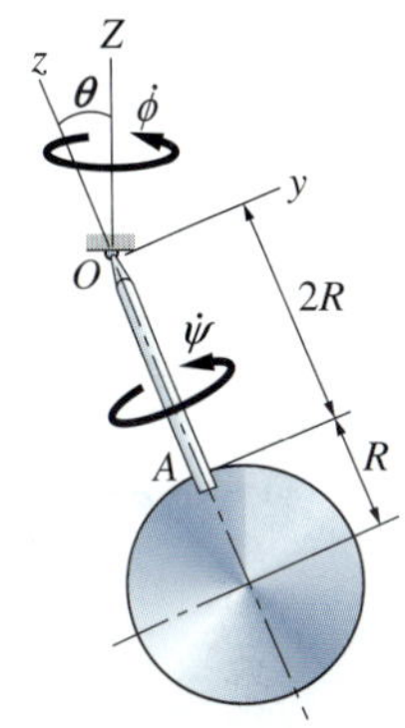

그림 P19.73

19.73 반경 R이 80 mm, 질량이 m인 균일한 구가 봉 OA에 고정되어 있고 봉 OA는 볼·소켓 칼라로 O에 연결되어, z축을 기준으로 각속도 $\dot{\psi} = 960$ rad/s로 회전하고 Z축으로 $\dot{\phi} = 60$ rad/s로 세차운동을 한다. 수칙과 z축 사이 각 θ를 구하라. 단 봉 OA의 질량은 무시한다.

19.74 질량이 m, 길이가 L인 얇은 봉 AB가 수직축에 부착된 포크의 O점에서 자전한다. 포크와 축의 질량은 무시하며, 끈이 봉 AB가 수직에 대하여 각 $\theta = 30°$를 유지하도록 잡아준다. 축이 각속도 $\dot{\phi} = 200$ rad/s로 회전하다 끈이 갑자기 끊어진다. (a) 끊어진 후 봉의 운동 지배방정식이 다음과 같음을 보이고 그 초기도 기술하라.

$$\ddot{\theta} = \dot{\phi}^2 \sin\theta\cos\theta \quad \text{그리고} \quad \ddot{\phi} = -2\dot{\theta}\dot{\phi}\cot\theta$$

(b) 봉이 핀에 대하여 양쪽으로 완전히 대칭되는 시간에 대하여 운동방정식을 수치적으로 적분하라. 수치 해로부터 봉의 진동 주기와 $\dot{\theta}$와 $\dot{\phi}$의 값의 범위를 구하라. (c) 적분 주기 시간 동안 θ와 $\dot{\phi}$를 그려라.

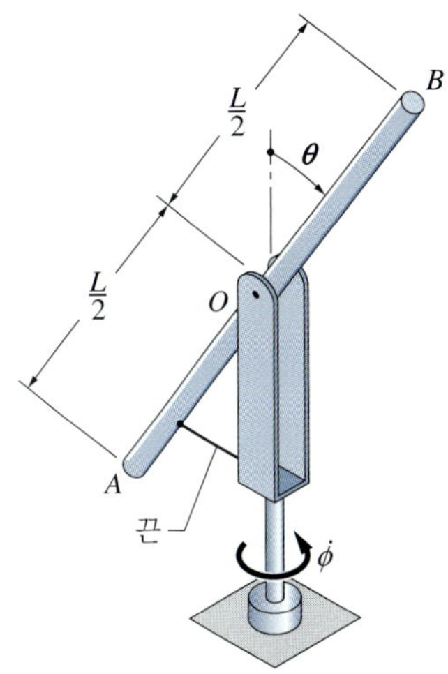

그림 P19.74

19.75 질량 172.4 kg인 균일한 원통이 축 AB를 기준으로 일정한 각속도 160 rad/s로 자전하고 있다. 동시에 고정된 테이블은 Z축에 대하여 1.2 rad/s의 일정한 비율로 회전하고 있다. A와 B에서의 베어링 반력을 구하라.

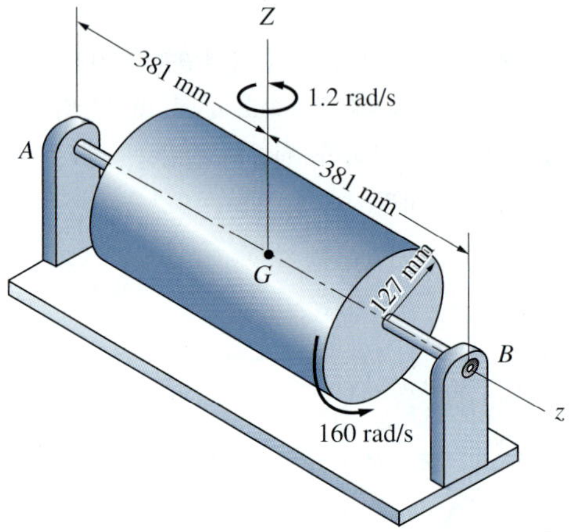

그림 P19.75

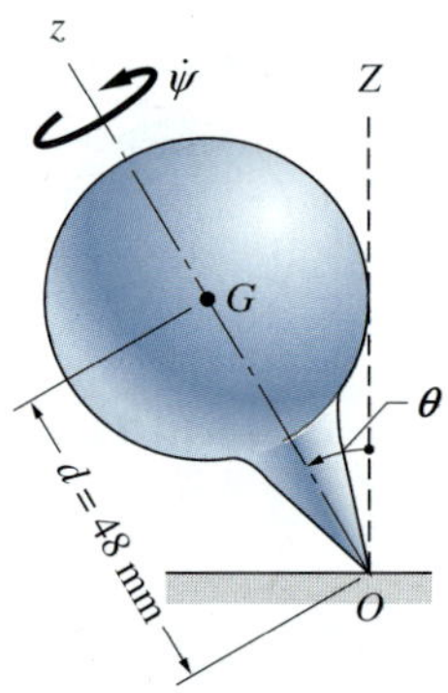

그림 P19.76–P19.78

19.76 O를 통과하는 축에 관한 팽이의 관성 모멘트는 I_z와 I이다. 팽이의 무게는 W이고, d는 질량중심 G와 O 사이의 거리이다. $\omega_z \geq (\omega_z)_{cr}$일 때만 팽이는 주어진 각 $\theta \neq 0$에서 정상세차운동을 가질 수 있음을 보여라. 여기서 $(\omega_z)_{cr} = d(2/I_z)\sqrt{IWd\cos\theta}$이다. [힌트: 만약 $\omega_z \geq (\omega_z)_{cr}$이면 팽이는 자전–안정화(spin-stabilized)된 것으로 말해진다.]

19.77 점 O를 통과하는 축에 0.5 kg인 물체의 관성 모멘트가 $I_z = 5 \times 10^{-4}$ kg·m^2, $I = 20 \times 10^{-4}$ kg·m^{2}이다. 이 물체가 $\theta = 30$도, 일정한 각속도 $\dot{\psi} = 120$ rad/s로 회전할 때, 세차속도 $\dot{\phi}$를 구하라. (단, 답은 2개임)

19.78 문제 19.77에서 공기 저항을 $M_2 = -\mu\omega_z$로 가정할 때, (a) $t = 0$에서 $\omega_z = (\omega_z)_0$이면, ω_z를 시간에 함수로 유도하라. (b) 만약 $\mu = 1.25 \times 10^4$ kg·m^2/s인 경우, $(\omega_z)_0$으로부터 $0.5(\omega_z)_0$로 변하는 데 걸리는 시간은 얼마인가?

19.79 발사체의 회전축이 그 속도벡터와 일직선에 있지 않으므로 공기역학적 힘의 합력은 질량중심 G로부터 거리 d에 있는 점 C를 통과한다. 그 발사체가 자전–안정화되기 위한 ω_z의 최소치에 대한 표현식을 구하라. (힌트: 문제 19.76에 언급된 결과를 참고하라.)

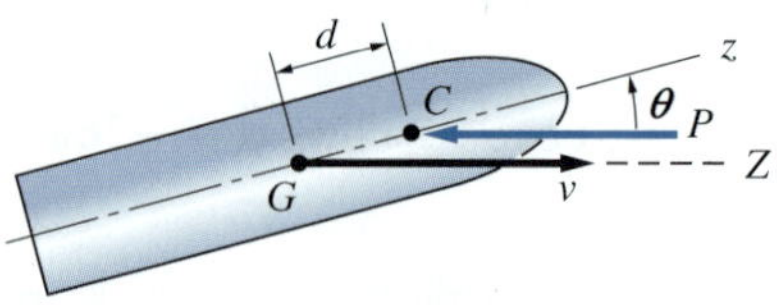

그림 P19.79

19.80 자이로스코프는 질량을 무시할 수 있는 두 균형원(gimbal)에 의해서 지지되는 반경 R과 질량 m의 얇은 판으로 구성된다. 일정한 수직력 F가 내부 균형원에 작용된다.

$\theta = 90°$에서 정상세차운동을 가정하고, $\dot{\psi}$의 항으로 된 $\dot{\phi}$의 식을 유도하라.

19.81 자이로스코프의 얇은 균질 판의 무게는 2.72 kg이고, 그 반경은 $R = 114.3$ mm이다. 두 균형원의 무게는 무시된다. 일정한 수직력 $F = 80$ N이 $b = 102$ mm의 내부 균형원에 작용되기 전에 판은 세차운동 없이 그 수평축($\theta = 90°$)에서 (a) 운동의 미분방정식을 유도하라. 그리고 초기조건을 언급하라. (b) $t = 0$(F가 작용될 때의 시간)에서 $t = 0.12$초까지 운동방정식을 적분하라. 이 결과로부터 θ, $\dot{\phi}$ 그리고 $\dot{\psi}$값의 범위를 구하라. (c) θ에 대한 $\dot{\phi}$와 t에 대한 $\dot{\psi}$의 선도를 그려라.

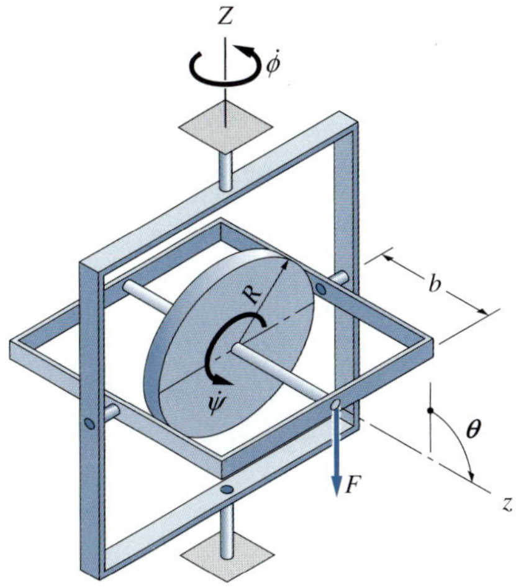

그림 P19.80, P19.81

19.82 미식 축구공이 z축과 각 $\beta = 5.2°$를 이루는 각속도 $\omega = 12$ rad/s로 던져졌다. z축은 수평축과 $\gamma = 15°$의 초기 각을 이룬다. (a) $\bar{I}_z = \bar{I}/4$임을 가정하고, 그리고 공기저항을 무시하고 세차축이 놓이는 각 θ를 구하고 세차율과 자전율을 계산하라. (b) 몸체 원뿔과 공간 원뿔의 개략도를 이용하여, 비행하는 동안 γ의 범위를 구하라.

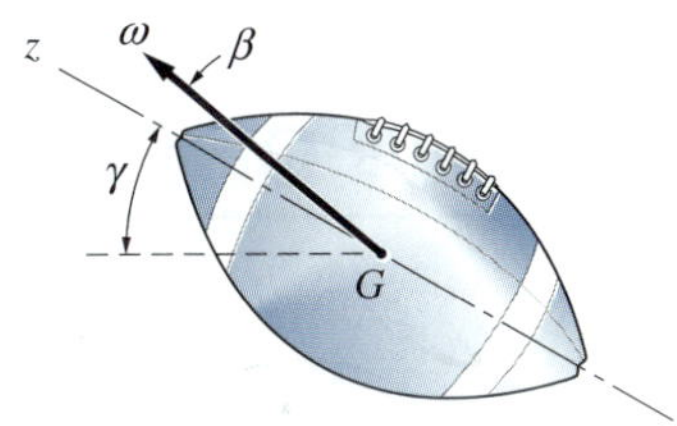

그림 P19.82

19.83 선대칭 인공위성이 z축으로부터 $\beta = 30°$ 방향의 각속도 $\omega = 0.6$ rad/s로 회전하고 있다. $\bar{I}_z = 2\bar{I}$가 주어졌을 때 (a) 세차축이 놓이는 각 θ를 구하고, 자전율과 세차율을 계산하라. (b) 공간 원뿔과 몸체 원뿔의 개략도를 그려라.

19.84 선대칭 인공위성이 각속도벡터 ω로 회전하고 있다. 여기서 ω와 z축 사이의 각 β는 대단히 작다. 인공위성의 세차율과 자전율이 각각 $\dot{\phi} = \omega\bar{I}_z/\bar{I}$와 $\dot{\psi} = \omega(1 - \bar{I}_z/\bar{I})$임을 보여라.

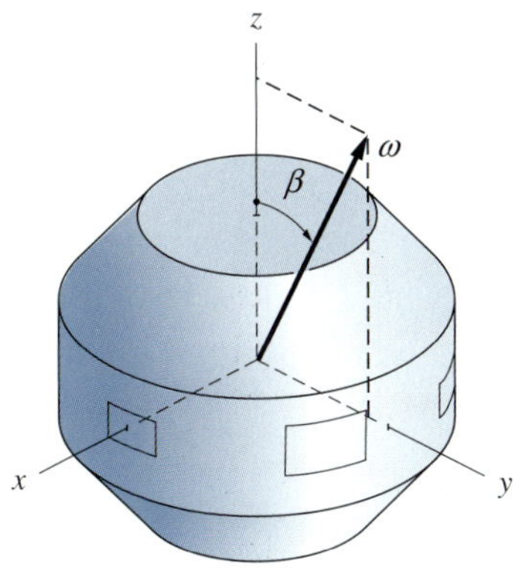

그림 P19.83, P19.84

19.85 판이 80 rad/s의 회전속도를 가지고 던져질 때, 판은 Z축을 중심으로 세차운동을 한다. 무게중심 G에서 축방향과 횡축방향의 관성 모멘트가 $\bar{I}_z/\bar{I} = 2.105$일 때, (a) 세차율과 (b) 판의 각속도를 구하라.

19.86 자유 비행하는 동안 로켓은 3분마다 1사이클의 율로 수평 Z축에 관해서 꾸준히 세차운동함이 관찰된다. 질량중심 G를 통과하는 축에 관한 관성 모멘트가 $\bar{I} = 8\bar{I}_z$의 관계를 가짐을 알고, 로켓의 각속도벡터의 크기와 방향을 계산하라.

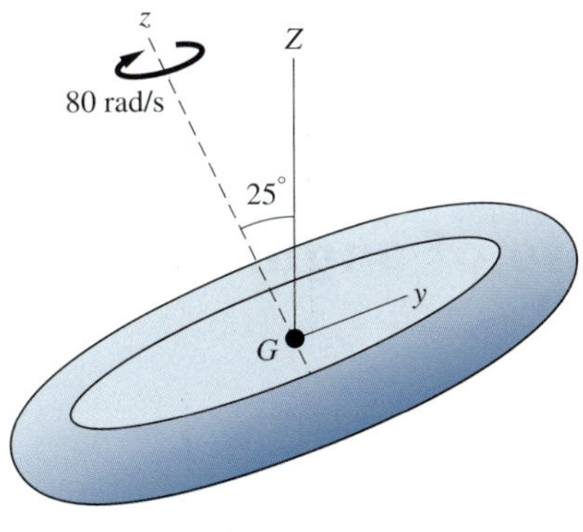

그림 P19.85

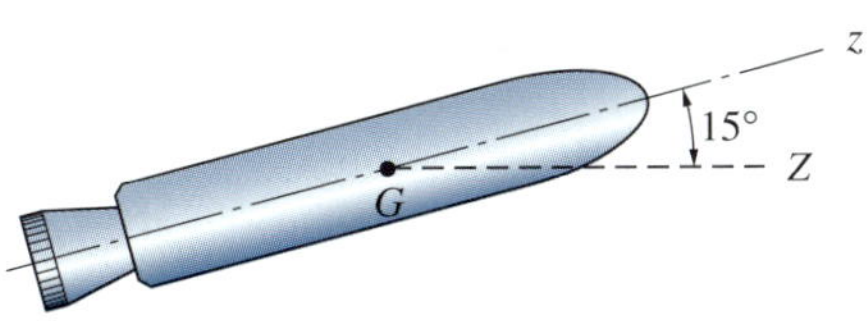

그림 P19.86

19.87 지구는 양극에서 약간 평평해지므로 z축(대칭축)에 관한 그 관성 모멘트 $\bar{I}_z$는 적도 직경에 관한 그 관성 모멘트 $\bar{I}$보다 약간 크다. 부가해서 지구가 매일 1회전의 율로

회전하는 지구의 극 축은 z축과 작은 각 β를 이룬다. 지구의 양극이 대략 430일마다 1사이클의 율로 z축에 관해서 세차운동함을 알고 $\bar{I}_z/\bar{I}$의 비를 계산하라. [힌트: 식 (19.53)을 사용할 때, z축에 관한 극의 세차율을 나타내는 변수를 정확히 확인할 것.]

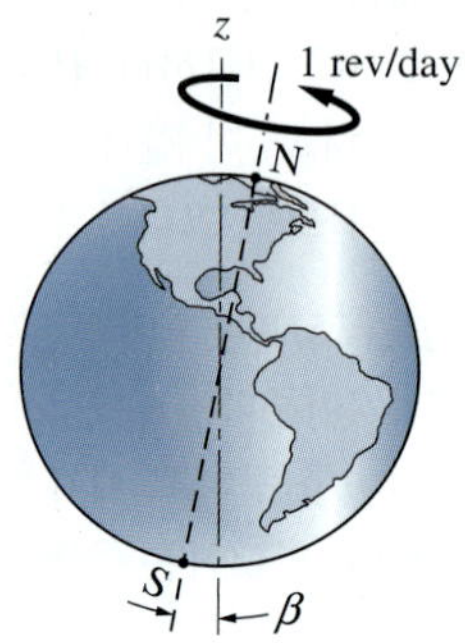

그림 P19.87

REVIEW OF EQUATIONS

Differentiation of a vector function in a rotating reference frame

$$\frac{d\mathbf{V}}{dt} = \left(\frac{d\mathbf{V}}{dt}\right)_{/\mathscr{B}} + \boldsymbol{\omega} \times \mathbf{V} \quad \text{(frame fixed in body } \mathscr{B}\text{)}$$

$$\frac{d\mathbf{V}}{dt} = \left(\frac{d\mathbf{V}}{dt}\right)_{/x'y'z'} + \boldsymbol{\Omega} \times \mathbf{V} \quad (x'y'z' \text{ rotating frame})$$

Rectangular components of angular momentum

$$\begin{aligned} h_x &= I_x\omega_x - I_{xy}\omega_y - I_{xz}\omega_z \\ h_y &= -I_{yx}\omega_x + I_y\omega_y - I_{yz}\omega_z \quad \text{(About fixed point or mass center)} \\ h_z &= -I_{zx}\omega_x - I_{zy}\omega_y + I_z\omega_z \end{aligned}$$

Kinetic energy of a rigid body

$$T = \frac{1}{2}m\bar{v}^2 + \frac{1}{2}(\bar{I}_x\omega_x^2 + \bar{I}_y\omega_y^2 + \bar{I}_z\omega_z^2 - 2\bar{I}_{xy}\omega_x\omega_y - 2\bar{I}_{yz}\omega_y\omega_z - 2\bar{I}_{zx}\omega_z\omega_x)$$

Euler's moment equations of motion

$$\begin{aligned}\Sigma M_x &= I_x\dot{\omega}_x + \omega_y\omega_z(I_z - I_y)\\ \Sigma M_y &= I_y\dot{\omega}_y + \omega_z\omega_x(I_x - I_z) \quad (xyz\text{-axes are principal axes})\\ \Sigma M_z &= I_z\dot{\omega}_z + \omega_x\omega_y(I_y - I_x)\end{aligned}$$

Modified Euler's equations

$$\begin{aligned}\Sigma M_x &= I_x\dot{\omega}_x + I_z\Omega_y\omega_z - I_y\Omega_z\omega_y\\ \Sigma M_y &= I_y\dot{\omega}_y - I_z\Omega_x\omega_z + I_x\Omega_z\omega_x \quad (z\text{-axis is axis of symmetry})\\ \Sigma M_z &= I_z\dot{\omega}_z + I_y\Omega_x\omega_y - I_x\Omega_y\omega_x\end{aligned}$$

Steady precession of an axisymmetric body

$$\Sigma M_x = (I_z - I)\dot{\phi}^2\sin\theta\cos\theta + I_z\dot{\phi}\dot{\psi}\sin\theta \quad \Sigma M_y = \Sigma M_z = 0$$

$$\Sigma M_x = I_z\omega_z\dot{\phi}\sin\theta - I\dot{\phi}^2\sin\theta\cos\theta \quad \Sigma M_y = \Sigma M_z = 0$$

θ = nutation angle
$\dot{\phi}$ = rate of precession
$\dot{\psi}$ = spin velocity

진동 20

Vibrations

20.1 서론

진동은 물체 혹은 기계시스템의 그 평형 위치에 관한 흔들림을 말한다. 시계의 움직임을 제어하는 진자의 흔들림이나 악기의 현의 진동과 같은 진동은 필요하다. 그러나 진동의 대부분은 괴로움(진동으로 인한 소음)에서 재해(비행기의 구조적 파괴)에 이르기까지 귀찮고 해로운 것으로 여겨진다. 기계나 구조물의 지나친 진동은 조인트와 연결을 느슨하게 하며, 마모를 촉진시키고 금속의 피로(주기적 하중에 의한 파손)를 가져올 수 있다.

Jimmy Yan/Shutterstock.com

자동차용 현가장치는 감쇠 질량–스프링계의 한 예로, 완충기가 감쇠를 제공한다. 감쇠 진동은 이 장에서 논의되는 주제 중의 하나이다. (© *Danger Jacobs/Close-up of a car 1/Thinkstock*)

진동의 연구는 교재 전체가 이 주제를 다루는 만큼 광범위하다. 여기서는 모든 공학도에 의해서 이해되어야 하고 또 심화된 연구의 기초가 될 진동의 기본을 소개하고자 한다. 가장 간단한 경우인 1자유도계의 진동, 즉 운동이 하나의 위치 좌표의 항으로 기술될 수 있는 문제만을 고려한다.

모든 진동계의 두 기본요소는 질량과 복원력이다. 흔히 스프링과 같은 탄성기구에 의하여 제공되는 복원력은 질량을 그 평형 위치로 되돌리려고 한다. 질량이 그 평형 위치로부터 변위되어서 놓아지면, 질량은 그 평형 위치를 넘어서서 일시적으로 멈추게 되고, 곧 이어서 방향을 바꾼 두 정지 위치 사이의 이 흔들림이 진동운동의 한 간단한 예이다. 만약 복원력이 선형이라면, 결과값 또한 선형일 것이다. 그리고 분석방법으로부터 해결책을 찾을 수 있다. 비선형의 복원력 결과값은 다를 것이다. 비선형은 수치해석을 통하여 풀 수 있다.

일반적인 용어로 진동은 강제 혹은 자유, 그리고 감쇠 혹은 비감쇠로 분류된다. 계의 진동이 외력에 의해서 지탱될 때 그 진동은 강제(forced)되었다고 말한다. 아무런 외력 없이 계가 구동되고 있으면 그 운동은 *자유진동*(free vibration)으로 여겨진다. *감쇠진동*(damped vibration)은 에너지가 마찰 혹은 점성 감쇠기(유체의 점성 항력에 의한 저항)에 의해서 제거되는 계를 말한다. 만약 감쇠가 없으면, 그 운동은 *비감쇠*(undamped)라고 불린다.

감쇠되지 않는 자유진동에서는 계에 공급되는 에너지도 없고 계로부터 빠져나가는 에너지도 없다. 따라서 적어도 이론적으로는 운동이 영원히 계속될 것이다. 실제에 있어서는 아무리 작더라도 결국에는 진동을 멈추게 하는 어떤 감쇠가 항상 존재한다. 강제진동에서는 감쇠가 존재하여도 진동은 계속될 수 있다. 왜냐하면 작용되는 힘이 감쇠에 의해서 제거되는 에너지를 보상할 수 있는 에너지를 계에 공급하기 때문이다.

이 장에서 입자의 감쇠 자유진동, 비감쇠 자유진동, 그리고 감쇠 강제진동, 비감쇠 강제진동에 대해서 논의를 시작할 것이다. 이 장에서는 강체 진동과 에너지 방법의 적용으로 결론지을 것이다.

20.2 질점의 자유진동

20.2a 비감쇠 자유진동

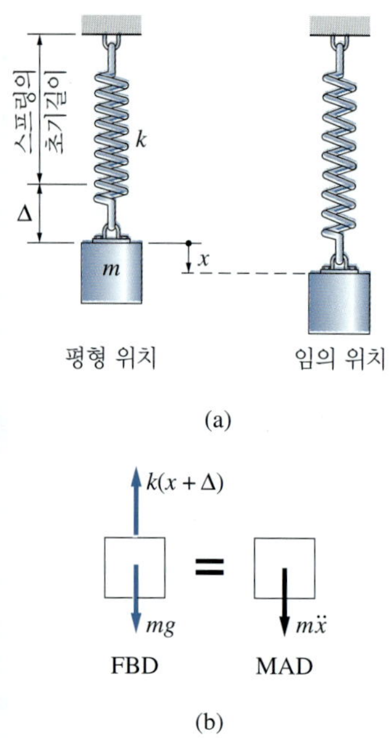

그림 20.1

그림 20.1(a)에 보인 바와 같이 질량-스프링 계의 수직의 운동을 생각해보자. 질량의 x좌표는 정적 평형상태로부터 아래로 측정된다. $x = 0$에서 스프링의 신장은

$$\Delta = mg/k \tag{a}$$

그림 20.1(b)는 임의의 위치에 있는 질량의 자유물체도(FBD)와 질량-가속도 선도(MAD)를 보여준다. 자유물체도의 힘은 질량의 무게 mg와 스프링 힘 $k(x + \Delta)$를 포함한다. MAD는 질량의 관성벡터 $m\ddot{x}$를 포함한다. 질량의 운동방정식은

$$\Sigma F_x = ma_x \quad +\!\downarrow \; mg - k(x + \Delta) = m\ddot{x}$$

식 (a)로부터 Δ에 대해 치환하면 운동방정식의 결과는

$$m\ddot{x} + kx = 0 \tag{20.1a}$$

힘 kx는 **복원력**(restoring force)으로 불린다. 왜냐하면 평형 위치로 질량이 되돌아오게 하는 경향이 있기 때문이다. 식 (20.1a)를 m으로 나누면, 우리는 다음을 얻을 수 있다.

$$\ddot{x} + p^2 x = 0 \tag{20.1b}$$

여기서

$$p = \sqrt{\frac{k}{m}} \tag{20.2}$$

식 (20.1b)는 선형이고, 2계 선형 미분방정식이다. 이 방정식의 해는

$$x = A\cos pt + B\sin pt \tag{20.3}$$

여기서 상수 A와 B는 적분상수로 초기조건으로부터 결정된다. 식 (20.3)을 미분하면

$$\dot{x} = p(-A\sin pt + B\cos pt) \tag{b}$$

$$\ddot{x} = -p^2(A\cos pt + B\sin pt) = -p^2 x \tag{c}$$

식 (c)를 식 (20.1b)에 대입하면, $-p^2x + p^2x = 0$을 얻을 수 있어서 해답을 입증할 수 있다.

해답의 다른 유효한 형태는 다음과 같이 가정하여 얻을 수 있다.

$$A = E\sin\alpha \qquad B = E\cos\alpha \tag{d}$$

식 (20.3)에 대입하면

$$x = E(\cos pt\sin\alpha + \sin pt\cos\alpha)$$

이것은 다음과 같이 쓸 수 있다.

$$x = E\sin(pt + \alpha) \tag{20.4}$$

초기조건 $t = 0$, $x(0) = x_0$, $\dot{x}(0) = v_0$라 주어졌을 때를 고려해보자. 식 (20.3)과 (b)에 대입하면

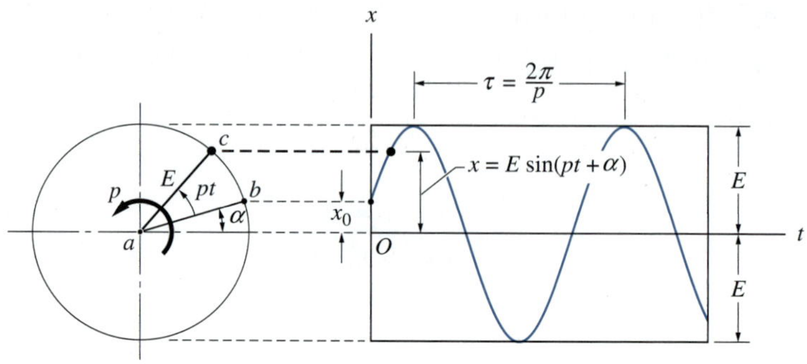

그림 20.2

$$A = x_0 \qquad B = v_0/p \tag{20.5}$$

식 (20.5)에 식 (d)를 대입하고 α와 E에 대해서 풀어주면

$$\tan\alpha = \frac{x_0 p}{v_0} \qquad E = \sqrt{x_0^2 + (v_0/p)^2} \tag{20.6}$$

식 (20.4)의 도식적 표현이 그림 20.2에 나타난다. 일정한 각속도 p를 갖는 반경선분 ac가 반경 E의 원주를 따라 이동하는 점 c의 운동을 고려해보자. 만일 시간 $t = 0$일 때 그 점이 b에서 출발한다면, 임의의 시간 t에서 그 수직위치는 $x = E\sin(pt + \alpha)$가 되어 식 (20.4)에 일치한다. $E\sin\alpha = x_0$는 $t = 0$일 때의 위치를 나타냄을 유의하라.

그림 20.2에서 t에 대한 x의 궤적은 질량이 그 평형 위치 $x = 0$에 관하여 진동하는 것을 보여준다. 왜냐하면 운동이 동일한 시간 간격으로 반복하고 있으며, 이것을 **주기 운동**(periodic motion)이라 부른다. 더욱이 원의 함수 sine과 cosine의 항으로 표현되는 운동은 **조화운동**(harmonic motion)으로 알려져 있다(모든 조화운동은 주기적이지만, 그러나 모든 주기운동이 조화적은 아니다). 매개변수 p는 **고유원진동수**(circular frequency), E는 **진폭**(amplitude), 그리고 α는 **위상각**(phase angle)으로 불린다. 그림 20.2에서 나타낸 바와 같이 τ는 운동의 **주기**(period), 즉 운동의 완전한 1회 회전을 하는 데 걸리는 시간이다. 그러므로 $p\tau = 2\pi$를 다시 표현하면

$$\tau = \frac{2\pi}{p} \tag{20.7}$$

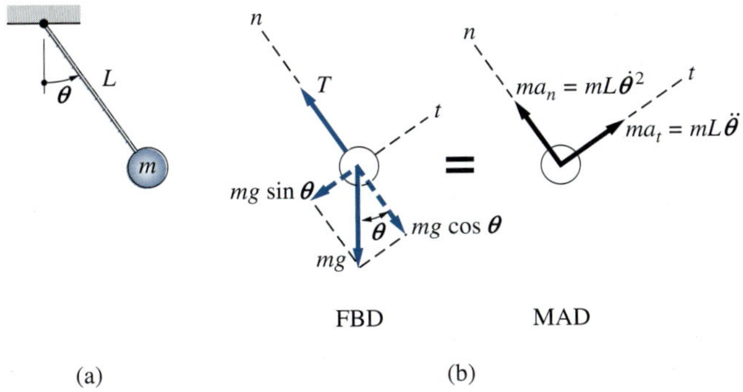

그림 20.3

이며, 운동의 **진동수**(frequency)는 단위시간당 완성되는 회전의 수이다. 즉

$$f = \frac{1}{\tau} = \frac{p}{2\pi} \tag{20.8}$$

스프링-질량계의 운동을 나타내는 미분방정식 식 (20.1a)는 선형적이다. 왜냐하면 복원력 kx가 변위 x의 선형함수이기 때문이다. 선형 미분방정식에 의하여 표현되는 진동은 **선형진동**(linear vibration)으로 불린다.

비선형 자유진동의 예 비선형 진동의 한 예로 그림 20.3(a)에 나타낸 길이가 L이고 질량을 무시할 수 있는 줄의 끝에 부착된 질량 m의 추로 구성되는 단진자를 고려하자. 수직으로부터 진자의 각변위는 각 θ에 의하여 측정된다. 그림 20.3(b)의 자유물체도는 추에 작용하는 힘이 장력 T와 그 무게 mg임을 보여준다. 이 관성벡터의 법선성분과 접선성분(n-t)이 그림 20.3(b)의 질량-가속도 선도에서 보여진다. 복원력, 즉 진자를 그 평형 위치로 되돌리려는 힘은 $mg\sin\theta$이고, 이것은 각변위 θ의 비선형함수이다. 접선방향의 힘의 합은

$$\Sigma F_t = ma_t \qquad \overset{+}{\nearrow} \quad -mg\sin\theta = ma_t = mL\ddot{\theta}$$

이고, 다음 식을 얻는다.

$$\ddot{\theta} + \frac{g}{L}\sin\theta = 0 \tag{20.9}$$

이 비선형 미분방정식의 해는 반드시 수치적으로 얻어진다. 비록 진자의 운동이 주기적이지만 조화적은 아니다. 즉 식 (20.9)의 해는 sine과 cosine의 항으로 표현될 수 없다. 진자의 운동은 단지 그 진폭이 작다고 가정되면 조화해에 의해서

근사될 수 있다. 대부분의 응용에서 $\theta < 6°$에 대하여 충분히 정확한 근삿값 $\sin\theta \approx \theta$를 이용하면, 식 (20.9)는

$$\ddot{\theta} + \frac{g}{L}\theta = 0 \tag{20.10}$$

이 되고, 이것은 식 (20.1a)와 동일한 형태이다. 그러므로, 단진자의 운동은 작은 흔들림에 대해서 조화적이며 원진동수 $p = \sqrt{g/L}$을 갖는다.

많은 진동 문제가 진폭이 크면 비선형이 되지만, 그 진폭이 충분히 작다고 가정되면 선형의 형태로 단순화된다. 그러나 모든 진동 문제가 다 이러한 방식으로 선형화될 수 있는 것이 아님을 주의하라. 선형 운동방정식이 작은 진폭에 대하여 유효한 근삿값이라는 것이 반드시 증명되어야 한다.

20.2b 감쇠 자유진동

에너지가 진동계로부터 빠져나갈 때, 그 운동은 **감쇠**되었다고 말한다. 감쇠의 일반적인 형태는 점성감쇠, 쿨롱(Coulomb)감쇠 그리고 고체감쇠이다. 점성감쇠는 속도에 비례하는 운동에 대한 저항을 의미한다(공기 저항과 같은 부수적인 감쇠가 가끔 점성으로 가정된다. 그러나, 속도의 제곱에 비례하는 감쇠력이 더 정확한 표현일 것이다). 쿨롱감쇠는 미끄럼 표면 사이의 건마찰로부터 발생한다. 고체감쇠는 물체 자체 내의 내부 마찰에 기인한다. 이 교재에서는 점성감쇠만을 고려한다.

점성감쇠에 있어서 감쇠력 F_d는 속도에 비례한다. 즉, $F_d = -cv$이고, 여기서 v는 속도 그리고 c는 **점성감쇠계수**(coefficient of viscous damping)라고 하는 비례상수이다. 음의 부호는 감쇠력이 항상 속도와 반대 방향임을 가리킨다. c의 차원은 $[FT/L]$이고 단위는 N·s/m 또는 lb·s/ft이다.

점성감쇠기[또한 **대시포트**(dashpot)로 알려진]의 일반적인 예는 자동차의 충격흡수기이다. 자동차가 돌출물과 부딪칠 때 충격흡수기가 충격하중의 대부분을 흡수하여 스프링이 "최소로 줄어드는 것"을 방지한다. 충격흡수기는 또한 이어지는 자동차의 상하진동을 감쇠시키는 작용을 한다. 자동차의 충격흡수기는 기름 속에 있는 피스톤으로 구성되어서 자동차의 바퀴와 좌표계 사이에 설치된다. 피스톤이 움직이면 기름은 구멍을 통해서 피스톤의 한쪽 면에서 다른쪽 면으로 흐르도록 힘을 받는다. 감쇠의 정도(기름의 점성 저항에 기인하는)는 사용된 오리피스의 크기에 거의 의존한다.

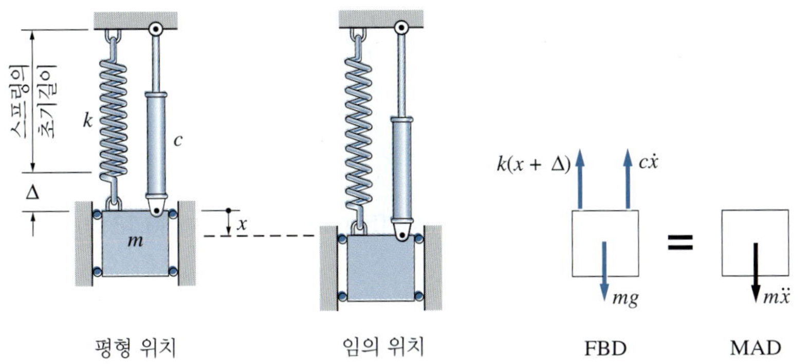

(a) (b)

그림 20.4

그림 20.4(a)는 스프링–질량계를 나타낸다. 감쇠계수가 c인 대시포트가 부가되어 있다. 평형 위치로부터 측정되는 질량의 아래 방향 운동으로 x를 선택한 것이 그림 20.4(b)에 보인 자유물체도에 나타나 있다. 여기서는 스프링의 정적 처짐이다. 그림 20.4(b)의 질량–가속도 선도에는 관성벡터가 있다. 운동의 미분 방정식은

$$\Sigma F_x = ma_x \quad \overset{+}{\downarrow} \quad mg - k(x + \Delta) - c\dot{x} = m\ddot{x}$$

평형방정식 $mg - k\Delta = 0$을 활용하면 다음 식을 얻는다.

$$m\ddot{x} + c\dot{x} + kx = 0 \tag{20.11}$$

상수계수를 갖는 선형 미분방정식은 식 (20.11)과 같이 다음 형태의 해를 허용한다.

$$x = Ae^{\lambda t}$$

여기서 A와 λ는 상수이다. 이것을 식 (20.11)에 대입하고, 각 항을 $Ae^{\lambda t}$로 나누면 결과적으로 다음의 **특성방정식**(characteristic equation)이 만들어진다.

$$m\lambda^2 + c\lambda + k = 0 \tag{20.12}$$

이 식의 해는 다음과 같다.

$$\left.\begin{matrix}\lambda_1\\ \lambda_2\end{matrix}\right\} = -\frac{c}{2m} \pm \sqrt{\left(\frac{c}{2m}\right)^2 - \frac{k}{m}} \tag{20.13}$$

임계감쇠계수(critical damping coefficient) c_{cr}은 식 (20.13)의 근호가 없는 c의 값으로 정의된다. 그러므로

$$c_{cr} = 2mp \tag{20.14}$$

여기서 $p = \sqrt{k/m}$로 계의 비감쇠 원진동수이다. 임계감쇠에 대한 실제 감쇠의 비로 정의되는 감쇠비(damping factor) ζ를 도입하는 것이 편리하다. 즉

$$\zeta = \frac{c}{c_{cr}} = \frac{c}{2mp} = \frac{c}{2\sqrt{km}} \tag{20.15}$$

이제 식 (20.13)은 다음과 같이 쓸 수 있다.

$$\left.\begin{matrix}\lambda_1\\ \lambda_2\end{matrix}\right\} = p\left(-\zeta \pm \sqrt{\zeta^2 - 1}\right) \tag{20.16}$$

식 (20.11)의 일반해는 λ_1과 λ_2에 해당되는 두 해의 어느 선형결합이다. 즉

$$x = A_1 e^{\lambda_1 t} + A_2 e^{\lambda_2 t}$$

여기서 A_1과 A_2는 임의의 상수이다. 식 (20.16)으로부터 λ의 값을 대입하면 다음과 같다.

$$x = A_1 e^{\left(-\zeta + \sqrt{\zeta^2 - 1}\right)pt} + A_2 e^{\left(-\zeta - \sqrt{\zeta^2 - 1}\right)pt} \tag{20.17}$$

감쇠비 ζ의 값에 의하여 결정되는 감쇠의 세 범주가 있다.*

1. **과도감쇠**: $\zeta > 1$ 식 (20.16)의 근 λ_1과 λ_2는 실수이고 서로 다르다. 따라서

* 해의 세 가지 형태는 여기서 증명 없이 논하였다. 보다 추가적인 논의를 위해 교재의 미분방정식을 참조하라.

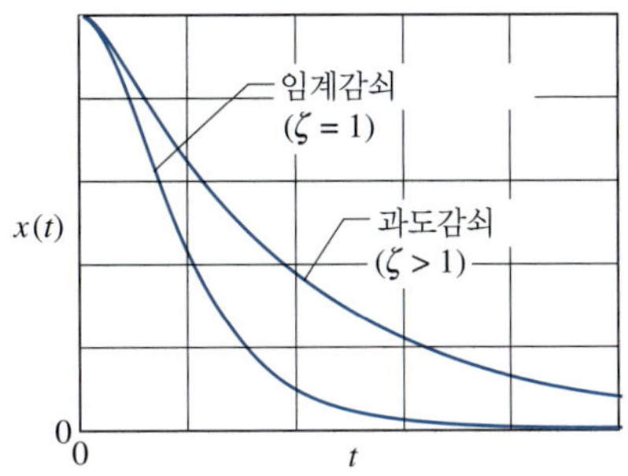

$\dot{x}_0 = 0$인 초기조건에서 그린 두 곡선

그림 20.5

그림 20.5에 보인 바와 같이 운동은 진동하지 않고 시간과 더불어 감소되어 없어진다. 이 형식의 운동은 **비주기 운동**(aperiodic motion) 또는 **흔들리지 않는 운동**(dead-beat motion)으로 불린다.

2. **임계감쇠:** $\zeta = 1$ 식 (20.16)에서 근 λ_1과 λ_2가 모두 $-p$이다. 그리고 식 (20.17)에서 해는 다음 형태를 갖는다.

$$x = (A_1 + A_2 t)e^{-pt} \tag{20.18}$$

여기서 A_1과 A_2는 임의의 상수이다. 운동은 그림 20.5에 보인 바와 같이 역시 비주기적이다.

3. **부족감쇠:** $\zeta < 1$ 식 (20.16)의 근 λ_1과 λ_2가 공액복소수이다. 식 (20.17)이 다음 형태로 쓰일 수 있음을 보여준다.

$$x = Ee^{-\zeta pt}\sin(\omega_d t + \alpha) \tag{20.19}$$

여기서 E와 α는 임의의 상수이고,

$$\omega_d = p\sqrt{1 - \zeta^2} \tag{20.20}$$

식 (20.19)에 의하여 표현되는 운동은 그림 20.6($\alpha = 0$에 대해서 그려진 선도)에 보인 바와 같이 진동하면서 진폭이 점차로 감소한다. 선도가 $x = \pm Ee^{-\zeta pt}$ 곡선에 접하고 있음을 관찰하라. 운동은 스스로 반복하지는 못하지만 ω_d는 **감쇠 원진동수**(damped circular frequency)라고 불리고, 해당되는 **감쇠주기**(damped period)는 다음 식으로 주어진다.

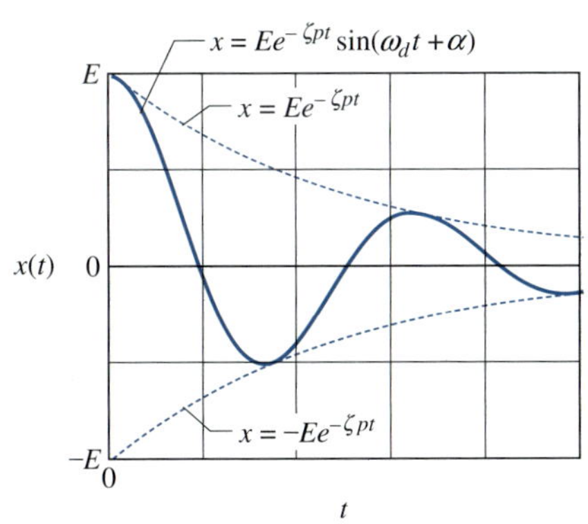

그림 20.6

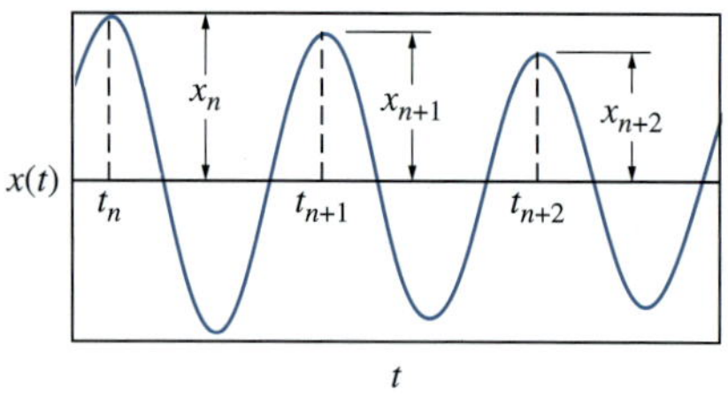

그림 20.7

$$\tau_d = \frac{2\pi}{\omega_d} \tag{20.21}$$

식 (20.20)에 따라 감쇠 원진동수 ω_d는 원진동수 p보다는 작다. 따라서 감쇠주기 τ_d는 비감쇠 자유진동의 주기보다는 크다.

그림 20.7에 보인 바와 같이 x_n, x_{n+1}, x_{n+2}, . . .를 경감쇠계의 최대변위(평형 위치로부터 측정된)라 하자. 두 연속된 최대변위의 비 x_{n+1}/x_n이 일정함이 증명된다. **대수감쇠율**(logarithmic decrement)로 불리는 이 비의 로그감쇠율은 다음 식과 같다(문제 20.16 참조).

$$\ln\left(\frac{x_{n+1}}{x_n}\right) = -\frac{2\pi\zeta}{\sqrt{1-\zeta^2}} \tag{20.22}$$

예제 20.1

세 개의 동일한 스프링이 각각 강성 k로 그림 (a)에 보인 바와 같이 질량 m인 블록을 지지하고 있다. 막대 AB의 변형은 무시된다. (1) 그림 (c)에 나타낸 한 개의 스프링 강성으로써 블록의 변위특성을 바꾸지 않고 원래의 스프링들을 대신할 수 있는 등가 스프링 강성 k_0를 구하라. (2) 만약 블록 질량이 227 g이고 $k = 876$ N/m일 때, 자유 진동의 원진동수, 진동수, 주기를 구하라.

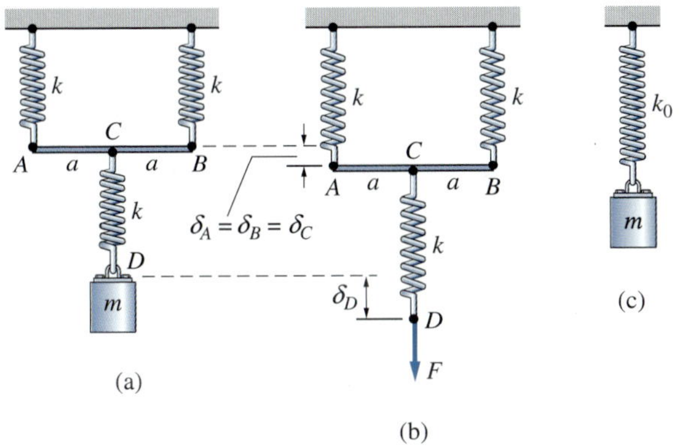

풀이

문항 1

그림 (b)는 등가 스프링 강성을 계산하는 방법을 보여준다. 먼저 정적 수직력 F가 점 D에 작용되고, 그리고 수직 이동 δ_D가 계산된다. 등가 스프링 강성 k_0는 $F = k_0\delta_D$을 이용해서 계산된다. 이 과정에 따라 그림 (c)의 질량은 그림 (a)의 질량과 같이 동일한 변위 특성을 가질 것이다.

그림 (b)의 평형해석으로부터 스프링 힘이 하부 스프링에 F, 상부 스프링에 각각는 $F/2$와 같음을 알 수 있다(C는 막대 AB의 중점이다). 그러므로 상부 두 스프링의 신장은 동일하며, 수직변위 δ_A, δ_B 그리고 δ_C는 각각$(F/2)/k$로 동일하다(막대 AB는 수평을 유지한다). 다음으로 D의 수직 이동이 C의 수직 이동에 하부 스프링의 신장을 더한 값, 즉 $\delta_D = \delta_C + (F/k)$임을 알 수 있다. 그래서 등가 스프링 강성은 다음과 같다.

$$k_0 = \frac{F}{\delta_D} = \frac{F}{\delta_C + (F/k)} = \frac{F}{(F/2k) + (F/k)}$$

$$= \frac{1}{(1/2k) + (1/k)} = \frac{2k}{3} \qquad \text{답}$$

문항 2

주어진 데이터와 그림 (c)에 보인 등가시스템을 이용하면 자유진동의 원진동수, 진동수 그리고 주기는 다음과 같다.

$$p = \sqrt{\frac{k_0}{m}} = \sqrt{\frac{2k/3}{m}} = \sqrt{\frac{2(876)/3}{0.227}} = 50.75 \text{ rad/s} \qquad \text{답}$$

$$f = \frac{p}{2\pi} = \frac{50.75}{2\pi} = 8.077 \text{ Hz} \qquad \text{답}$$

$$\tau = \frac{1}{f} = \frac{1}{8.077} = 0.1238 \text{ s} \qquad \text{답}$$

예제 20.2

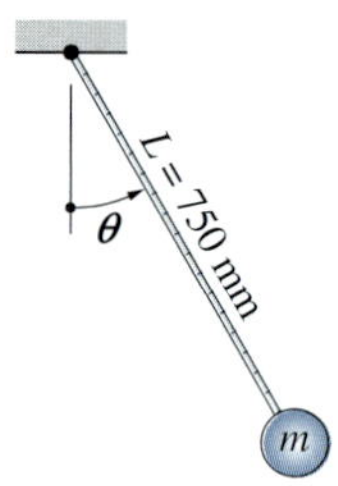

단진자는 줄의 끝에 부착된 질량 m의 작은 추로 구성되어 있다. 진자는 $\theta = 30°$일 때 정지상태에 놓여 있다. 운동 미분방정식의 수치적 적분을 사용하여 (1) 진동주기, (2) 최대 각속도를 계산하라. 최대 각속도를 일-에너지 법칙으로 얻은 정확한 값과 비교하라.

풀이

문항 1

진자는 보존계이므로 $\theta = \pm 30°$ 사이에서 진동한다. 운동은 주기적이지만 조화적이지는 않다. 왜냐하면 θ가 작은 각이 아니기 때문이다. 즉 6°보다 작지 않다. 진자의 주기는 진자가 초기위치($\theta = 30°$)로부터 수직위치($\theta = 0$)까지 움직이는 데 소요된 시간이 주기의 1/4과 같다는 것을 이용하여 계산된다.

식 (20.9)로부터 운동 미분방정식은 $\ddot{\theta} = -(g/L)\sin\theta = -(9.81/0.750)\sin\theta = -13.080\sin\theta$이다. 등가의 1차 방정식은

$$\dot{\theta} = \omega \qquad \dot{\omega} = -13.080\sin\theta$$

이며, $t = 0$(놓아지는 시간)에서 초기조건 $\theta = 30° = \pi/6$ rad와 $\omega = 0$을 갖는다. 적분구간은 $t = 0$에서 처음으로 $\theta = 0$이 되는 시간까지이다. 주기의 추정은 선형 미분방정식 (20.10): $\ddot{\theta} + (g/L)\theta = 0$으로부터 얻을 수 있다. 식 (20.7)로부터 $\tau = 2\pi/p = 2\pi/\sqrt{g/L} = 2\pi/\sqrt{9.81/0.75} = 1.737$초를 얻을 수 있다. 만일을 위해서 비선형 문제에 대한 적분 주기는 1.737/4보다 약간 더 커야 한다. 아래와 같이 MATLAB 안에서 0.45초를 사용한다.

```
function example20_3
[t,x] = ode45(@f,[0:0.01:0.45],[pi/6 0]);
printSol(t,x)
    function dxdt = f(t,x)
    dxdt = [x(2); -13.080*sin(x(1))];
    end
end
```

아래 두 줄의 결과(θ에 대응하는 $x1$)는,

```
     t              x1              x2
4.4000e-001   3.5331e-003    -1.8721e+000
4.5000e-001   -1.5186e-002   -1.8713e+000
```

$\theta = 0$일 때 t의 값은 선형 보간에 의해서 얻을 수 있다.

$$\frac{-0.015\,186 - 0.003\,533\,1}{0.45 - 0.44} = \frac{0 - 0.003\,533\,1}{t - 0.44}$$

1/4 주기에 대해 $t = 0.4419$초이다. 그러므로 주기는

$$\tau = 4(0.4419) = 1.768 \text{ s}$$ **답**

문항 2

$\theta = 0$일 때, 최대 각속도(출력된 x_2)가 일어난다. 검사를 통해 다음 값을 알 수 있다.

$$\left|\dot{\theta}\right|_{\max} = 1.872 \text{ rad/s}$$ **답**

일–에너지 법을 이용하여 $\dot{\theta}_{\max}$에 대한 정확한 값을 구하기 위하여 아래첨자 1과 2는 각각 위치 $\theta = \pi/6$와 $\theta = 0$을 표시한다고 하자. 상응하는 운동에너지는 $T_1 = 0$(진자가 1의 위치에서 정지한다)과 $T_2 = (1/2)m(L\dot{\theta}_{\max})^2$이고, 여기서 $L\dot{\theta}_{\max}$는 위치 2에서 진자의 속도이다. 추가 위치 1에서 위치 2까지 운동하면서 그 무게가 한 일은 $U_{1-2} = mg(L - L\cos\theta) = mg\,L[1 - \cos(\pi/6)]$이다. 왜냐하면 두 위치 사이의 수직 거리는 $L - L\cos\pi/6$이기 때문이다. 일–에너지 원리를 적용하면

$$U_{1\text{-}2} = T_2 - T_1$$

$$mgL\left(1 - \cos\frac{\pi}{6}\right) = \frac{1}{2}m(L\dot{\theta}_{\max})^2 - 0$$

이 되고, 이 식으로부터 $\dot{\theta}_{\max}$의 값은 다음과 같다.

$$\dot{\theta}_{max} = \sqrt{\frac{2g}{L}\left(1 - \cos\frac{\pi}{6}\right)} = \sqrt{\frac{2(9.81)}{0.750}\left(1 - \cos\frac{\pi}{6}\right)}$$
$$= 1.872 \text{ rad/s} \quad (시계방향)$$

수치적인 적분에 의해서 구해진 값은 수치적분의 정확성을 증명할 수 있는 4자리 내에서 위의 결과와 일치한다.

이것은 비록 어느 위치의 각속도가 해석적으로 구해질 수 있어도 두 지점 사이의 운동 시간은 수치적으로 계산되어야 함을 유의하도록 알려주는 것이다.

예제 20.3

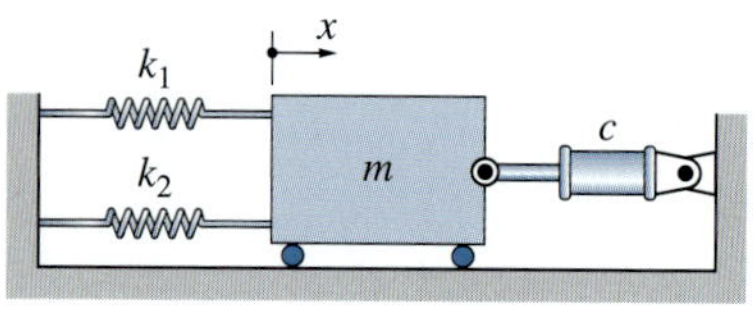

(a)

그림 (a)의 질량 m인 블록이 $x = 0$의 평형 위치에서 정지되어 있다. 초기속도 $\dot{x}(0) = v_0$의 결과로 충격을 받을 때 (1) 블록에 대한 운동의 미분방정식을 구하라. 계가 임계 감쇠라고 가정하고, (2) 임계계수 c를 결정하라. 그리고 (3) 블록의 최대 변위를 결정하라.

풀이

문항 1

임의 위치에 있는 블록의 자유물체도와 질량-가속도 선도가 그림 (b)와 같다. 질량에 작용하는 힘은 그 무게 mg, 법선반력 N, 두 스프링 힘 그리고 감쇠기에 의해서 주어지는 힘이다. x방향의 운동 미분방정식은 다음과 같다.

$$\Sigma F_x = ma_x \quad \xrightarrow{+} \quad -k_1 x - k_2 x - c\dot{x} = m\ddot{x}$$

또는

$$m\ddot{x} + c\dot{x} + (k_1 + k_2)x = 0 \qquad \textbf{답 (a)}$$

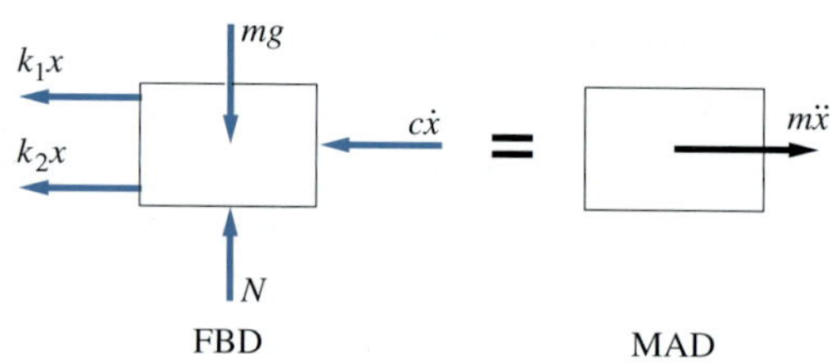

(b)

문항 2

식 (a)를 식 (20.11)과 비교하여 비감쇠 원진동수를 다음과 같이 유추할 수 있다.

$$p = \sqrt{\frac{k_1 + k_2}{m}} \tag{b}$$

그러므로, 임계감쇠계수—식 (20.14)—는 다음과 같다.

$$c = c_{cr} = 2mp = 2m\sqrt{\frac{k_1 + k_2}{m}} = 2\sqrt{m(k_1 + k_2)}$$ 답

문항 3

블록의 변위는 식 (20.18)에 의해서 주어진다.

$$x = (A_1 + A_2 t)e^{-pt} \tag{c}$$

그러므로, 속도는

$$\dot{x} = A_2 e^{-pt} - p(A_1 + A_2 t)e^{-pt} \tag{d}$$

$t = 0$에서 초기조건 $x = 0$, $\dot{x} = v_0$를 식 (c), (d)에 대입하여 $A_1 = 0$, $A_2 = v_0$을 얻는다. 결과적으로,

$$x = v_0 t e^{-pt} \qquad \dot{x} = v_0(1 - pt)e^{-pt}$$

최대변위는 $\dot{x} = 0$일 때 발생하고, $t = 1/p$에서 일어난다. 그러므로, 최대변위는

$$x_{\max} = \frac{v_0}{p}e^{-1} = 0.368 v_0 \sqrt{\frac{m}{k_1 + k_2}}$$ 답

예제 20.4

예제 20.3의 그림 (a)에서 계는 감쇠비 $\zeta = 0.25$로 부족감쇠이다. 만약 블록 운동의 초기조건이 $x = 0$, $\dot{x} = 4$ m/s이면, 시간 $t = 0.1$초에서 블록의 변위를 결정하라. $m = 0.2$ kg, $k_1 = 20$ N/m 그리고 $k_2 = 30$ N/m를 사용하라.

풀이

부족감쇠 계의 운동은 식 (20.19)에 의해서 표현된다.

$$x = Ee^{-\zeta pt}\sin(\omega_d t + \alpha)$$

여기서 E 그리고 α는 초기조건으로부터 결정된다. 예제 20.3의 식 (b)로부터

$$p = \sqrt{\frac{k_1 + k_2}{m}} = \sqrt{\frac{20 + 30}{0.2}} = 15.811 \text{ rad/s}$$

그러므로 $\zeta p = 0.25(15.811) = 3.953$ rad/s이다. 감쇠 원진동은 식 (20.20)으로부터 주어진다.

$$\omega_d = p\sqrt{1 - \zeta^2} = 15.811\sqrt{1 - 0.25^2} = 15.309 \text{ rad/s}$$

그러므로, 블록의 변위와 속도는

$$x = Ee^{-3.953t} \sin(15.309t + \alpha)$$
$$\dot{x} = Ee^{-3.953t}[15.309 \cos(15.309t + \alpha) - 3.953 \sin(15.309t + \alpha)]$$

초기조건을 적용하면

$$x(0) = E \sin \alpha = 0$$
$$\dot{x}(0) = E(15.309 \cos\alpha - 3.953 \sin \alpha) = 4 \text{ m/s}$$

답은 $\alpha = 0$, $E = 4/15.309 = 0.2613$ m이다. 결과적으로 변위는

$$x = 0.2613e^{-3.953t} \sin 15.309t \text{ m}$$

$t = 0.1$초를 대입하면 다음과 같은 결과를 얻는다.

$$x(0.1) = 0.2613e^{-0.3953} \sin 1.5309 = 0.1758 \text{ m}$$ 답

연습문제

20.1 질량 $m = 10$ kg이 강성 $k = 250$ N/m의 이상적인 스프링에 매달려 있다. 만약 질량이 초기조건으로 $t = 0$에서 $x_0 = 40$ mm와 $v_0 = -80$ mm/s로 움직이기 시작한다면, (a) 운동의 진폭, (b) 질량이 처음으로 정지하는 시간을 계산하라. x는 질량의 평형 위치로부터 측정된다고 가정한다.

20.2 질량 m이 강성 k의 이상적인 스프링에 매달려 있고, 초기조건 $x_0 = 7$ mm와 $v_0 = 1.5$ m/s로 움직이기 시작한다. x는 질량의 평형 위치로부터 측정된다고 가정한다. 만약 진폭이 12 mm라면 (a) 진동수와, (b) 시간의 함수로 x를 구하라.

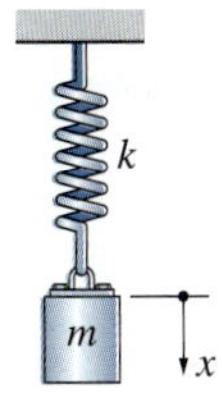

그림 P20.1, P20.2

20.3 질량 m이 강성 k_1과 k_2의 두 스프링에 매달려 있다. 만약 스프링이 (a)와 (b)에 나타낸 대로 정렬되어 있다면, 질량의 원진동수에 대한 표현식을 구하라.

20.4 질량 m의 블록이 그림과 같이 강성 k_1과 k_2를 갖는 세 스프링에 매달려 있다. 이 계의 진동수는 5 Hz이다. 중앙의 스프링이 제거된 후 진동수는 3.6 Hz로 떨어졌다. 비 k_2/k_1을 구하라.

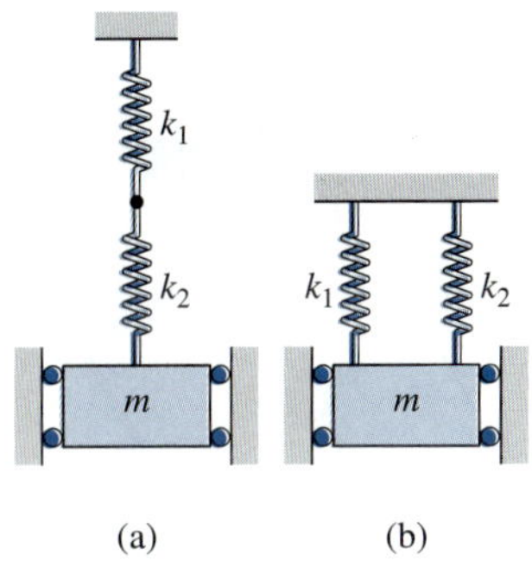

그림 P20.3

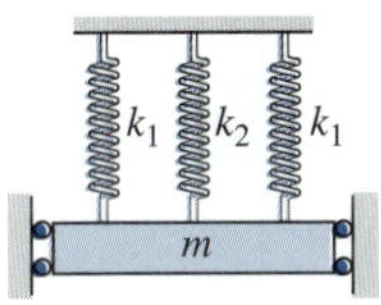

그림 P20.4

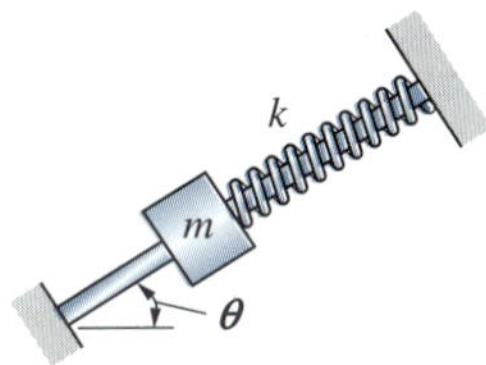

그림 P20.5

20.5 스프링-질량계의 질량 m이 마찰을 무시할 수 있는 경사진 봉 위를 미끄러진다. 질량에 대한 운동 미분방정식을 유도하여 진동수가 각 θ에 독립적임을 보여라.

20.6 질량 B만 이상적인 스프링에 부착되어 있을 때 계의 진동수는 3.90 Hz이다. 질량 C가 부가될 때 진동수는 2.55 Hz로 감소된다. 두 질량의 비 m_B/m_C를 구하라.

20.7 강성 $k = 1751$ N/m의 이상적인 스프링이 질량 C의 구멍을 관통해서 질량 B에 연결된다. B와 C의 무게는 각각 181 g과 363 g이다. C가 B와의 접촉을 잃게 되는 가장 작은 진폭을 구하라. 만약 B와 C의 무게가 서로 바뀐다면 그 결과가 바뀌겠는가?

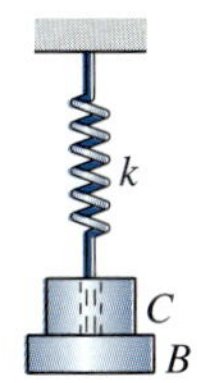

그림 P20.6, P20.7

20.8 단진자가 $\theta = \theta_0$에서 정지 상태로부터 놓아졌다. $\dot{\theta}$와 $\ddot{\theta}$의 최댓값에 대한 표현식을 구하라. 이때 (a) θ가 작다고 가정(단순조화운동), (b) 어떤 단순화 가정이 없는 경우, (c) (a)와 (b)에서 구한 식들을 $\theta_0 = 5°$, 10° 그리고 15°에 대하여 비교하라.

20.9 두 개의 작은 블록이 AB바에 부착되어 있다. 이상적인 스프링은 $k = 117$ N/m의 스프링 상수를 가지며 표시된 위치의 형식이 없다. 이 시스템은 핀 O를 중심으로 수직면에서 자유롭게 회전할 수 있다. 작은 각도로 막대를 회전시킨 다음 해제하는 경우, 결과 진동의 원형 주파수를 계산하라. 바 AB의 무게는 무시한다.

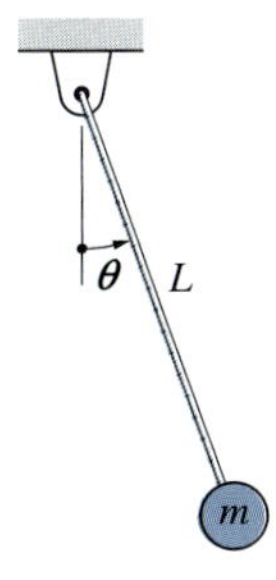

그림 P20.8

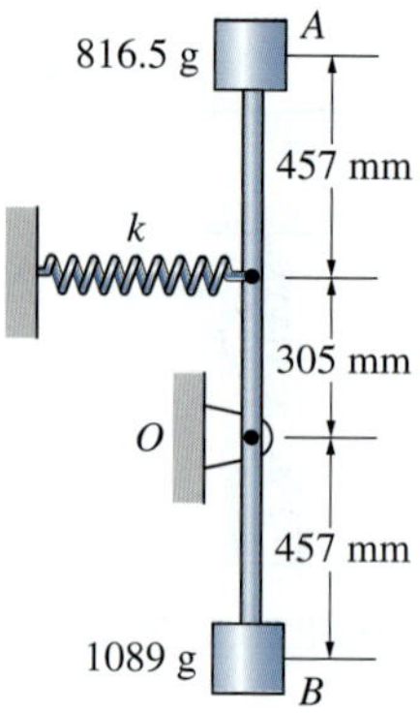

그림 P20.9

20.10 이 그림은 2개의 길이가 L인 전선을 보여주는데, 이것은 매끄러운 평면 위를 미끄러지는 질량 m인 작은 공에 연결되어 있다. 전선은 단단한 지지물 사이에 초기 장력 T가 작용한다. 공은 전선과 수직을 이루는 작은 변위인 $x = x_0$을 받고 나서 시간 $t = 0$ 정지 상태로부터 놓아둔다. 공의 운동방정식을 구하라. 또한 공의 운동이 단순조화임을 보여라.

20.11 메트로놈은 팔 OA에 부착된 0.3 kg의 작은 질량으로 구성되어 있다. 메트로놈의 진동 주기는 길이 L을 조정하여 조절된다. 주기가 작은 진폭을 위해 1.2초가 되는 L값을 결정하라. 메트로놈 팔 OA의 질량은 무시한다.

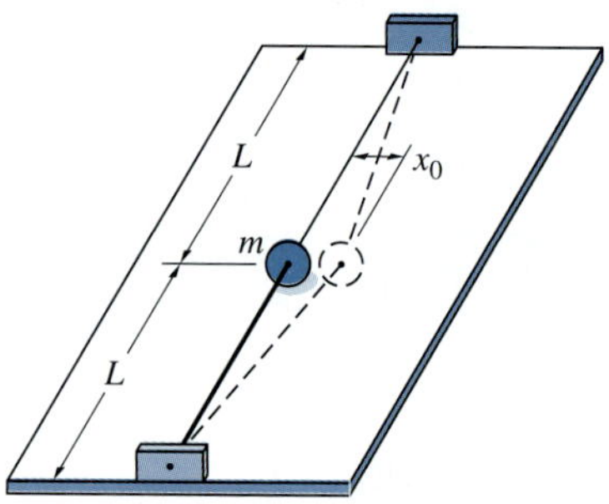

그림 P20.10

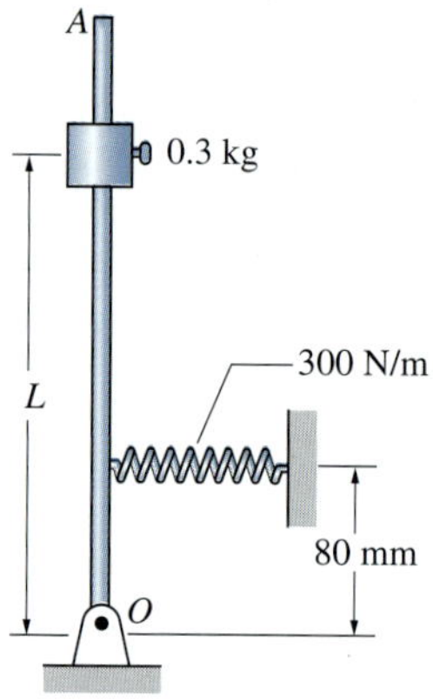

그림 P20.11

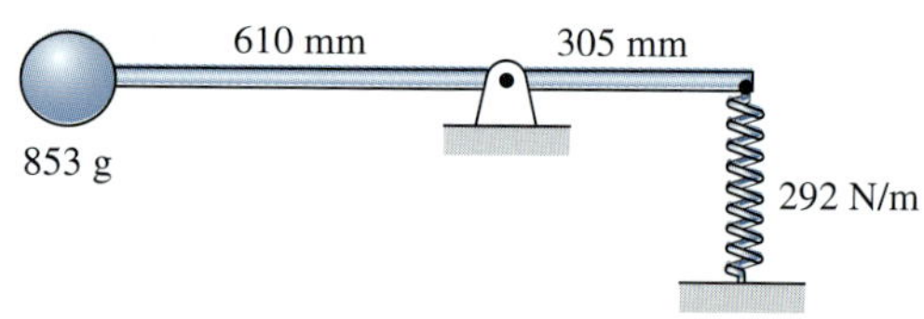

그림 P20.12

20.12 계가 그림과 같이 평형상태에 있다. 작은 진폭에 대해 진동 주기를 구하라. 853 g 질량의 크기와 막대의 질량은 무시한다.

20.13 자유길이가 L_0이고 강성이 k인 두 이상적 스프링이 무게 W의 칼라에 부착되어 있다. 칼라와 수평 봉 사이의 마찰은 무시된다. 작은 진폭을 가정하여 (a) 운동 미분방정식을 유도하고, (b) $W = 90.7$ g, $L_0 = 102$ mm, $b = 152$ mm 그리고 $k = 70$ N/m일 때의 진동수를 구하라.

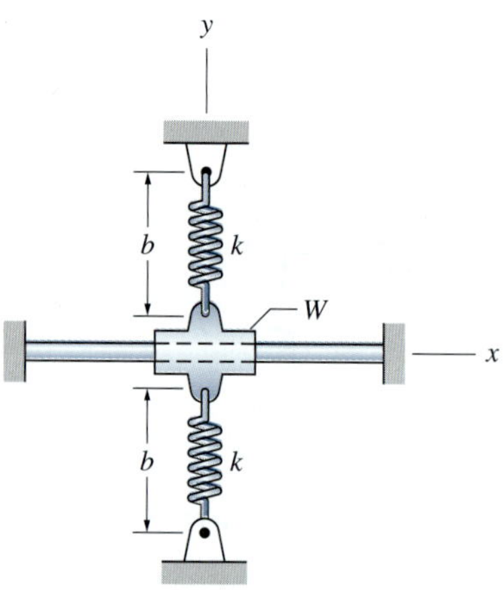

그림 P20.13, P20.14

20.14 문제 20.13에서 기술된 칼라에 대하여 (a) 큰 진폭에 대한 운동 미분방정식이

$$\ddot{x} = -\frac{2gk}{W}\left(1 - \frac{L_0}{\sqrt{b^2 + x^2}}\right)x$$

임을 보여라. (b) 문제 20.13에 주어진 데이터를 사용해서 진폭이 6 in.일 때 주기를 구하라.

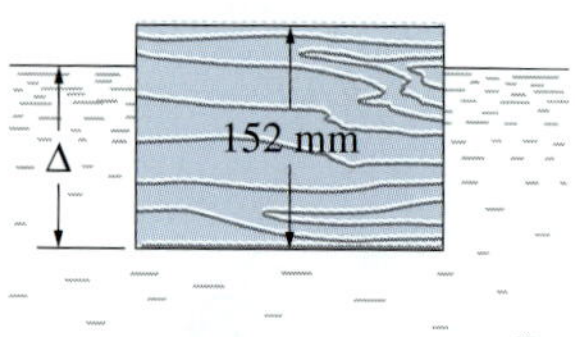

그림 P20.15

***20.15** 나무 블록이 그림과 같이 안정된 평형 위치에서 물에 떠 있다. 블록이 수직 방향으로 약간 위치가 변하고, 풀어주었다. 운동의 미분방정식을 유도하고 블록의 운동이 단순조화임을 보여라. 나무와 물의 밀도가 각각 611 kg/m^{3}과 1000 kg/m^{3}임을 알고 주기를 구하라.

20.16 식 (20.22): $\ln(x_{n+1}/x_n) = -2\pi\zeta/\sqrt{1-\zeta^2}$를 유도하라.

20.17 표시된 평형 위치를 기준으로 질량이 1.36 kg인 블록의 작은 진동 주파수를 결정하라. 바 ABC의 무게는 무시한다.

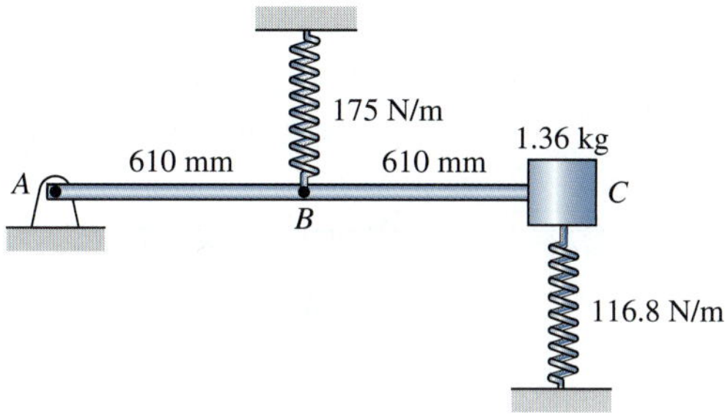

그림 P20.17

20.18 진동자는 스프링 강성 k = 2.45 kN/m에 연결된 5.9 kg의 질량과 감쇠계수 c = 87.6 N·s/m인 점성감쇠로 구성되어 있다. (a) 진동이 부족감쇠됨을 보여라. (b) 두 개의 연속된 정점변위 x_{n+1}/x_n의 비를 구하라.

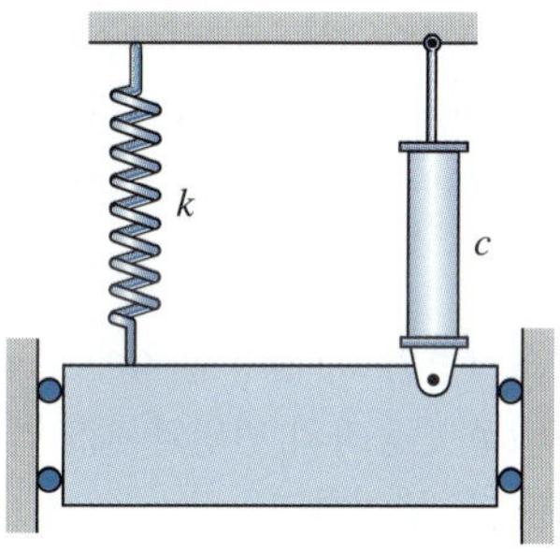

그림 P20.18, P20.19

20.19 그림에서 질량이 9.07 kg인 블록에 연결된 스프링의 강성 k = 2.80 kN/m이고 점성완충기의 감소계수가 c이다. 이 그림이 임계감쇠일 때 c의 값을 구하라.

20.20 그림과 같이 계가 임계감쇠라고 한다면, 감쇠계수 c를 계산하라.

20.21 계는 그림과 같이 감쇠주기 τ_d로 부족감쇠되고 있다. 완충기가 제거될 때 주기는 $0.5\tau_d$로 변한다. 감쇠계수 c를 구하라.

20.22 3 kg의 질량이 초기변위 $x(0)$ = 0.01 m, 초기속도 $\dot{x}(0)$ = −0.2 m/s이다. 계가 임계감쇠일 때 t = 0.1초에서 질량의 변위를 구하라.

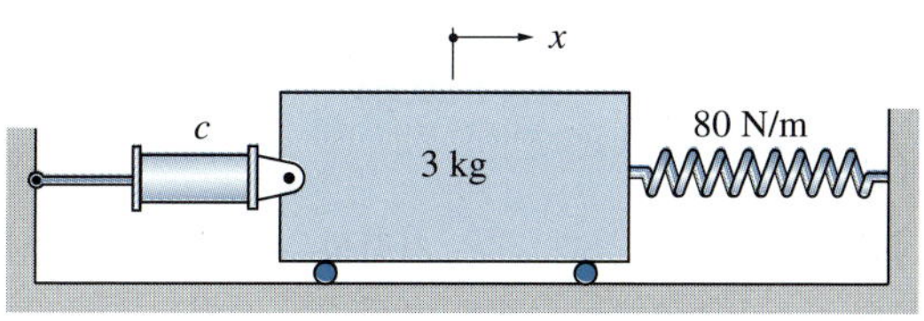

그림 P20.20–P20.22

20.23 계는 $x = 38.1$ mm인 정지 상태에서 벗어나고 있다. 이때 x의 위치는 스프링이 신장되지 않은 위치로부터 측정된다. (a) 계가 부족감쇠, 임계감쇠 또는 과도감쇠인지 결정하라. (b) $x(t)$를 표현하라.

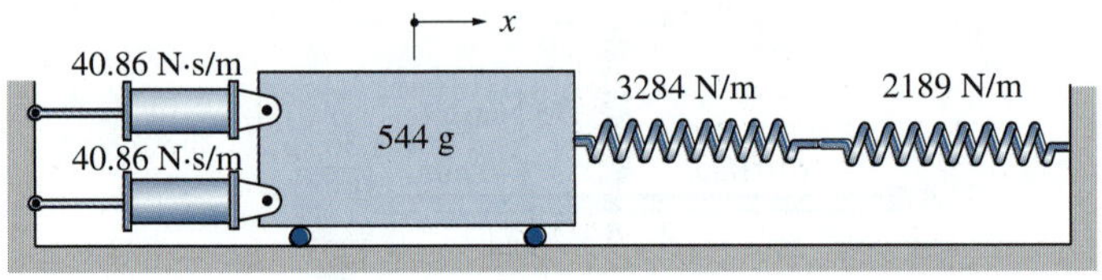

그림 P20.23

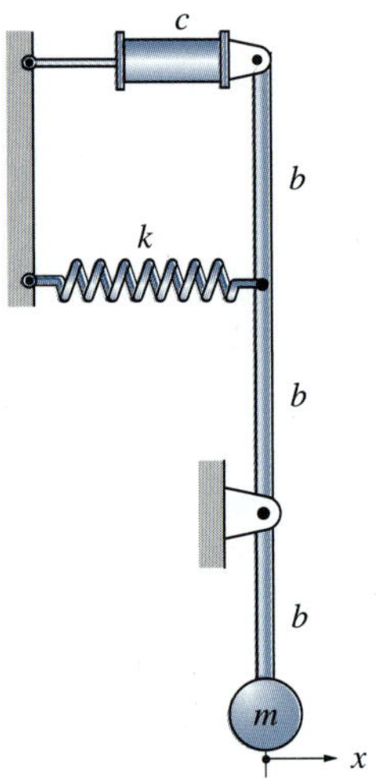

그림 P20.24

20.24 부족감쇠 계의 질량 m은 위치를 약간 바꾸면서 내버려두었다. 진동 결과의 감쇠 주기 τ_d를 결정하라. 봉의 질량을 무시하고, 다음 데이터를 이용하라. $b = 0.2$ m, $m = 3$ kg, $k = 1.8$ kN/m, $c = 30$ N·s/m.

20.25 계는 초기변위 $x_0 = 50$ mm이면서 $t = 0$의 정지 상태에서 내버려둔다. 두 개의 스프링은 $x = 0$에서 늘어나지 않은 상태이다. $x(t)$의 표현식을 결정하라.

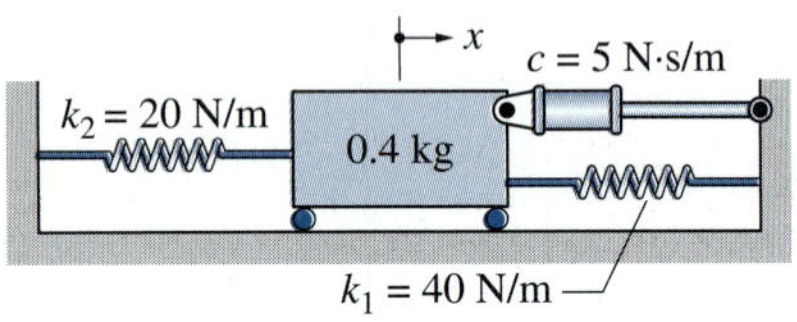

그림 P20.25

20.26 8.165×10^4 kg 철도 차량의 끝단에 두 개의 범퍼가 있는데 이들은 스프링 강성 $k = 175$ kN를 갖고, 점성 감쇠계수는 657 kN·s/m과 같다. 범퍼는 변형이 305 mm 초과되었을 때 "바닥에 닿을 것"이라고 가정하고, 차량이 안전하게 강체 벽에 부딪힐 수 있는 최고속도 v_0를 구하라.

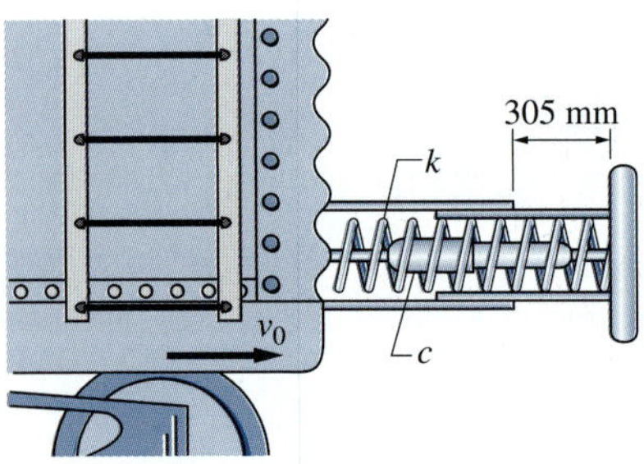

그림 P20.26

20.27 임계감쇠 진동자가 초기변위 x_0(평형 위치에서 측정된)의 정지 상태에서 움직이도록 한다. (a) x_0, p 그리고 t로 진동자의 변위와 속도의 표현식을 유도하라. (b) x_0와 p로 진동자의 최고속도의 표현식을 결정하라.

20.28 진자의 질량은 $m = 0.5$ kg이고 그 길이는 $L = 1.5$ m이다. 어떤 시간에 진자의 진폭은 5°로 측정되었고, 한 시간 후에 그것은 3°가 되었다. 진폭을 감소시키는 감쇠가 점성이라고 가정하고 감쇠계수를 계산하라.

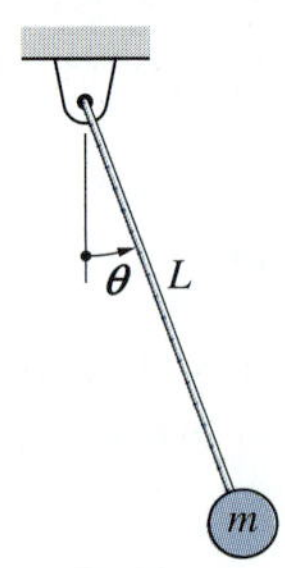

그림 P20.28

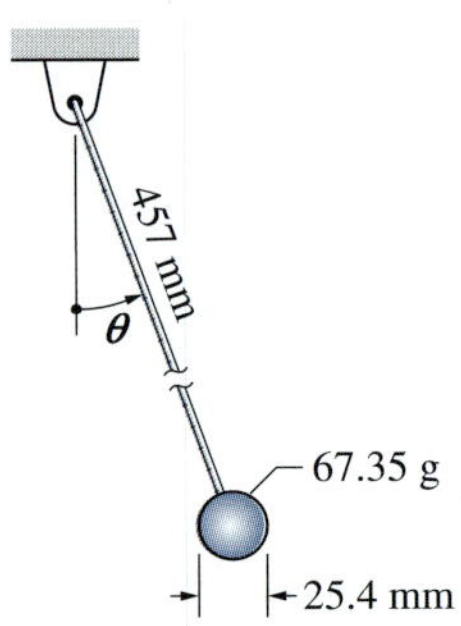

그림 P20.29, P20.30

20.29 점성감쇠는 공기나 물과 같은 저점성유체 속을 운동하고 있는 물체에 작용하는 저항의 정확한 표현은 아니다. 실험은 감쇠력이 실제로는 속도의 제곱에 비례: $F_d = cv^2$함을 알려준다. 공기 속을 운동하는 직경 25.4 mm 구에 대하여 감쇠계수의 근삿값은 $c = 1.25 \times 10^{-4}$ N·s²/m²이다. (a) 이러한 정보를 그림에 보인 진자(추는 강철로

만들어졌다)의 운동 미분방정식을 유도하기 위하여 사용하라. 줄의 감쇠효과는 무시하라. (b) 두 진동주기에 걸쳐서 운동방정식을 수치적으로 적분하라. 이때, 진자는 $\theta = 30°$인 정지 상태로부터 움직인다고 가정한다. (c) 적분 결과를 이용하여 처음 두 주기에 대한 진폭의 백분율 손실을 계산하라(주의: 진폭의 손실은 실제적인 것이며, 적분 과정에서 생기는 수치적 오류에 기인한 것이 아님을 증명하기 위해서 감쇠 없이 (b)와 (c)의 계산을 반복하라—이 경우 진폭의 손실은 없다).

20.30 진자의 추를 질량 204 mg의 직경 25.4 mm의 스티로폼 볼로 바꾸어 문제 20.29를 반복하라.

20.31 그림에 보인 계가 평형 위치로부터 측정된 초기변위 $x_0 = 0.1$ m의 정지 상태로부터 움직인다. (a) 완충기에 의한 감쇠력이 $F_d = c^2\dot{x}^2$, 여기서 $c_2 = 50\ \text{N}\cdot\text{s}^2/\text{m}^2$임을 가정하여, 비 x_1/x_0를 구하라. (b) 감쇠력이 $F_d = c_1\dot{x}$였다면, (a)에서와 같이 동일한 비 x_1/x_0를 주는 c_1의 값을 결정하라. (c) 감쇠의 두 경우에 대해서 t = 0~1.0초 사이의 t에 대한 x의 선도를 그려라. 두 감쇠 형식 사이의 진폭 감소에 있어 주요한 차이는 무엇인가?

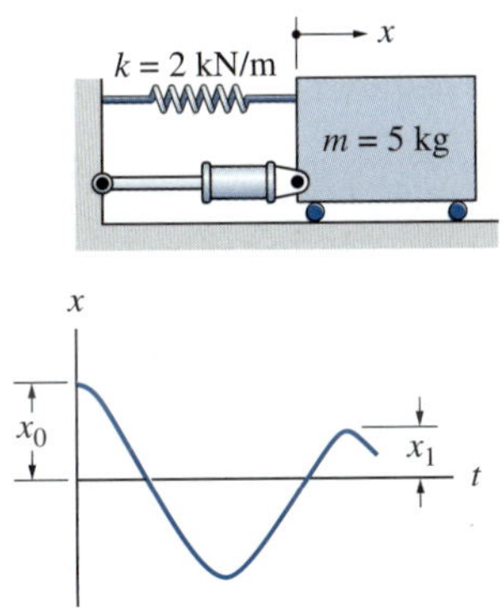

그림 P20.31

20.3 절점의 강제진동

자유진동에서 진동은 초기변위, 초기속도 또는 둘 다를 일으키는 교란에 의해서 시작된다. 어떠한 외력도 운동 상태를 유지하는 데 필요치 않다. 강제진동에서는 진동을 유지하기 위하여 지속적인 외부 에너지 공급이 요구된다. 강제진동의 일반적인 예는 엔진의 왕복운동이나 노면의 불규칙성에 기인되는 자동차의 "덜거덕거림"이다. 여기서 조화적(즉, 삼각 함수적으로 변하는)인 힘 함수 또는 조화적인 지지변위로부터 일어나는 강제진동을 고려한다. 그 자체의 중요성을 떠나서, 조화적인 입력은 또한 좀 더 일반적인 강제운동의 해석에 유용하다. 왜냐하면 어떠한 힘 함수라도 푸리에(Fourier) 급수로 표현되는 조화성분으로 분해될 수 있기 때문이다.

20.3a 조화 힘 함수

그림 20.8(a)는 시간 종속 힘 $P = P_0 \sin \omega t$를 받는 스프링–질량계를 보여준다. 여기서 P_0는 힘의 크기이고, ω는 힘의 원진동수이다. 힘 P는 **조화 힘 함수**(harmonic forcing function)라 하고, ω는 **강제 진동수**(forcing frequency)라고 불린다. 스프링의 정적 처짐은 Δ이고 그리고 x는 질량의 평형 위치로부터의 변위이다. 그림 20.8(b)에 보인 FBD와 MAD로부터 다음의 운동 미분방정식을 얻는다.

$$\Sigma F_x = ma_x \quad \overset{+}{\downarrow} \quad mg + P_0 \sin \omega t - k(x + \Delta) - c\dot{x} = m\ddot{x}$$

평형방정식 $mg = k\Delta$를 이용하면, 운동방정식이 다음과 같이 단순화된다.

$$m\ddot{x} + c\dot{x} + kx = P_0 \sin \omega t \tag{20.23}$$

식 (20.23)은 비제차(우변이 0이 아님)이고, 2계 선형 미분방정식이다. 이 방정식의 일반해는 **동차해** x_c와 **특이해** x_p의 합으로 표현된다. 즉,

$$x = x_c + x_p \tag{20.24}$$

식 (20.23)의 동차해는 동차방정식(우변을 0으로 둠으로써 얻어진)의 해이고, 그리고 특이해는 그 완전방정식의 임의해이다.

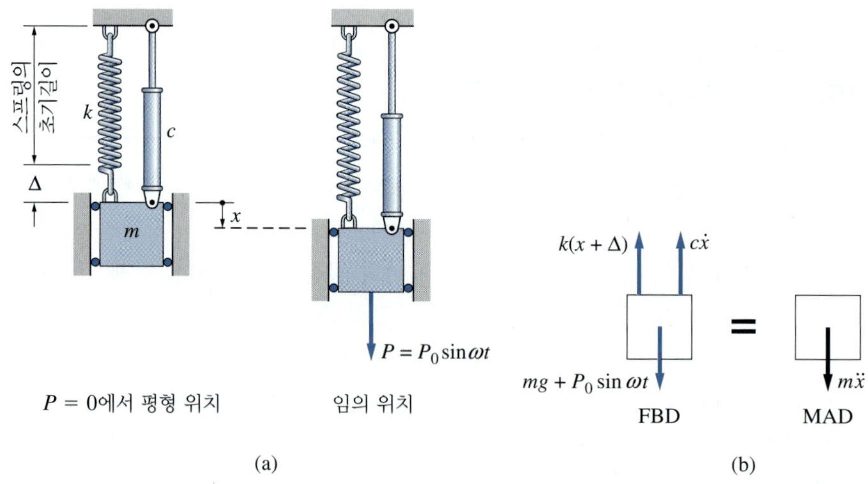

그림 20.8

동차방정식은 식 (20.11)에 일치한다. 그러므로 식 (20.23)의 동차해는 식 (20.17), (20.18) 혹은 감쇠비 ζ에 의존하는 (20.19)에 의해서 주어진다.

과도진동(transient vibration)이라 불리는 동차해는 시간과 함께 사라지기 때문에 실질적 관점에서 관심을 끌지 못한다. 여기서는 특이해에 관심을 갖는데, 이것은 **정상상태 진동**(steady-state vibration)을 나타낸다.

직접적으로 대입하여 식 (20.23)의 특이해는 다음과 같이 될 수 있다.

$$x_p = X \sin(\omega t - \phi) \tag{20.25}$$

여기서 진폭 X는

$$X = \frac{P_0/k}{\sqrt{[1-(\omega/p)^2]^2 + (2\zeta\omega/p)^2}} \tag{20.26}$$

이며, 그리고 위상각 ϕ(x_p가 P에 뒤따르게 하는 각)는 다음과 같다.

$$\phi = \tan^{-1}\left[\frac{2\zeta\omega/p}{1-(\omega/p)^2}\right] \tag{20.27}$$

여기서 $p = \sqrt{k/m}$은 비감쇠 원진동수이고 $\zeta = c/(2mp)$는 감쇠비이다. 식 (20.26)에서 분자 p_0/k는 **영 진동수 처짐**(zero-frequency deflection)이라 불린다. 그 처짐은 크기 P_0의 일정한 힘에 의해서 일어나는 처짐이다(정적 처짐인 $\Delta = mg/k$와 혼돈하지 말라). ω/p 항(비감쇠 고유진동수에 대한 강제진동수의 비)은 **진동수 비**(frequency ratio)로 불린다.

확대계수(magnification factor)는 정상상태 진폭을 영(zero) 진동수 처짐으로 나눈 비로 정의된다.

$$\text{확대계수} = \frac{X}{P_0/k} = \frac{1}{\sqrt{[1-(\omega/p)^2]^2 + (2\zeta\omega/p)^2}} \tag{20.28}$$

확대계수는 그림 20.9에서 진동수 비에 대해 선도로 그려진다. 추측하는 바와 같이, 만일 감쇠계수가 충분히 작으면 확대계수가 **공진**(resonance)($\omega = p$) 근처의 진동수에 대해서 가장 크다(확대계수는 감쇠가 없는 공진에서 무한대가 된다).

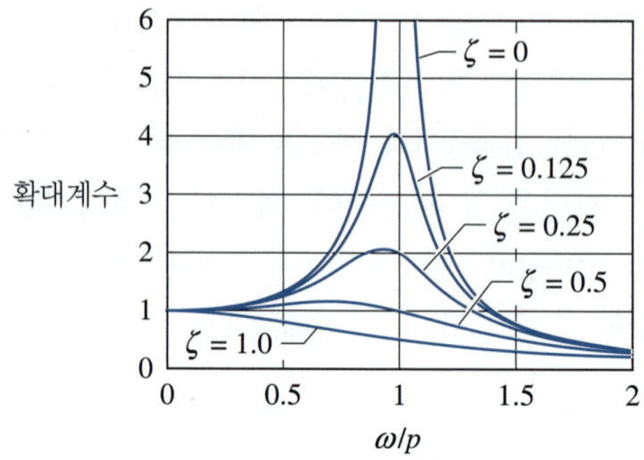

그림 20.9

그림 20.9의 선도에 관한 부가적인 정보는 식 (20.28)을 ω/p에 관해서 미분하고, 그 결과를 0으로 둠으로써 얻어질 수 있다. 이 과정은 다음 정보를 제공한다. (1) 그림 20.9의 모든 곡선은 $\omega/p = 0$과 $\omega/p \to \infty$에서 수평선에 접한다. (2) $\zeta > 0.707$이면 최대 확대계수는 1.0이고 $\omega/p = 0$에서 일어난다. (3) $\zeta < 0.707$이면 확대계수는 공진이 아닌 $\omega/p = \sqrt{1 - 2\zeta^2}$에서 그 최댓값에 도달한다.

20.3b 조화기반변위

그림 20.10(a)는 규정된 조화변위 $y = Y \sin \omega t$를 유발하는 점성감쇠 스프링-질량계를 나타낸다. 자유물체도와 질량-가속도 선도가 그림 20.10(b)에 보여진다. x는 질량의 평형 위치($y = 0$에서 정적 지지)로부터의 변위이고, Δ는 스프링의 정적 처짐임에 유의하라. 상대변위 $x-y$와 상대속도 $\dot{x}-\dot{y}$가 각각 스프링과 감쇠비를 결정함을 알 수 있다. FBD와 MAD에 뉴턴의 제2법칙을 적용하면 다음 식을 얻는다.

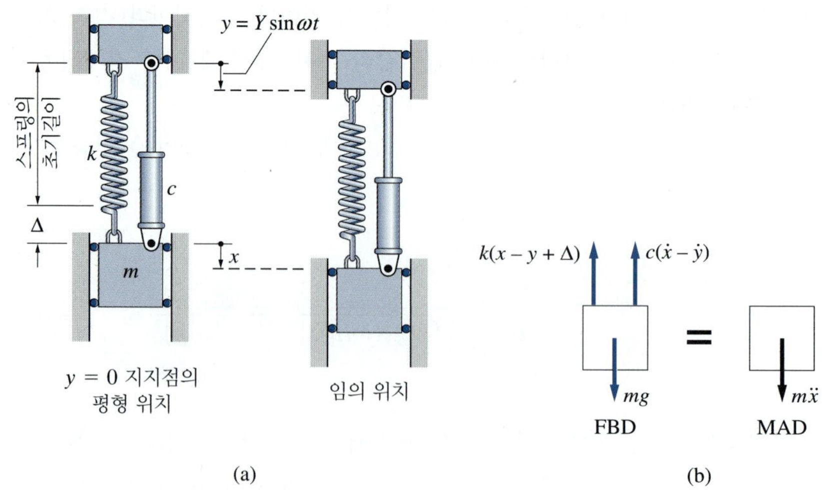

그림 20.10

$$\Sigma F_x = ma_x \quad \overset{+}{\downarrow} \quad mg - c(\dot{x} - \dot{y}) - k(x - y + \Delta) = m\ddot{x} \tag{a}$$

$mg = k\Delta$ (평형방정식)임에 유의하고, 상대위치 좌표 $z = x - y$를 도입하면, 식 (a)는 다음과 같이 단순화된다.

$$m\ddot{z} + c\dot{z} + kz = -m\ddot{y} \tag{b}$$

$y = Y\sin\omega t$를 식 (b)에 대입하면, 운동 미분방정식은 다음과 같이 된다.

$$m\ddot{z} + c\dot{z} + kz = mY\omega^2 \sin\omega t \tag{20.29}$$

식 (20.23)과 (20.29)를 비교하면, 조화력을 가진 앞에서의 분석은 P_0가 $mY\omega^2$과 x가 z에 의해서 각각 대치되면, 조화기반변위에 응용될 수 있음을 보여준다. 이들을 대입하면 정상상태진동을 나타내는 식 (20.25)~(20.27)은

$$z = Z\sin(\omega t - \phi) \tag{20.30}$$

여기서 진폭 Z와 위상각 ϕ(z가 y에 뒤따르게 하는 각)는 다음과 같이 주어진다.

$$\begin{aligned} Z &= \frac{mY\omega^2/k}{\sqrt{[1 - (\omega/p)^2]^2 + (2\zeta\omega/p)^2}} \\ &= Y\frac{(\omega/p)^2}{\sqrt{[1 - (\omega/p)^2]^2 + (2\zeta\omega/p)^2}} \end{aligned} \tag{20.31}$$

그리고, 이전과 같이

$$\phi = \tan^{-1}\left[\frac{2\zeta\omega/p}{1 - (\omega/p)^2}\right] \tag{20.32}$$

여기서 $p = \sqrt{k/m}$과 $\zeta = c/(2mp)$이다.

예제 20.5

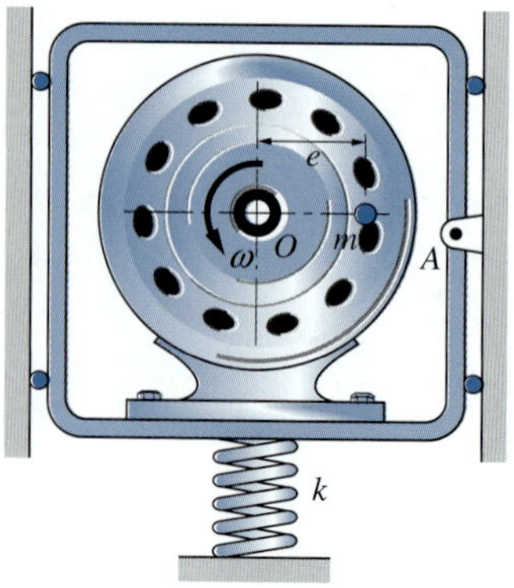

(a)

그림 (a)에 보인 전동기와 그 좌표계가 복합 질량 M을 갖는다. 회전자의 불평형이 축의 중심으로부터 거리 e에 있는 질량 m(M에 포함된)과 같다. 좌표계는 수직 가이드, 강성 k의 스프링, A에 있는 핀으로 지지되어 있다(A의 핀은 전동기가 정적 평형 위치에 놓여 있을 때 끼워졌다). 전동기는 일정한 각속력 ω로 회전하고 있다. 이때 핀이 순간적으로 빠져나오고 질량 m이 그림에 보인 위치에 있다. (1) 조립체의 운동 미분방정식을 유도하라. (2) 데이터 $M = 40$ kg, $m = 1.2$ kg, $e = 150$ mm, $k = 900$ N/m 그리고 $\omega = 8$ rad/s를 사용해서 시간에 대한 과도진동변위, 정상상태 진동변위 그리고 총변위를 그려라.

풀이

회전하고 있는 불평형은 시간에 따라 변하는 조립체의 질량중심 위치에 기인하며, 그것 때문에 수직방향에서 진동을 야기시킨다(수직 가이드가 좌표계의 횡방향 운동을 방지한다).

문항 1

(1) 조립체의 자유물체도가 그림 (b)에 보여진다. x가 정적 평형 위치로부터 O의 변위를 나타냄에 유의하라. FBD는 질량중심 G에 작용하는 조립체의 전체 무게 Mg, 스프링 힘 $k(x - \Delta)$, 여기서 Δ는 스프링의 정적 처짐, 그리고 수직 가이드에 의해서 가해지는 수평합력 N을 포함하고 있다. 그림 (b)의 질량-가속도 선도는 조립체의 수직운동과 관련된 관성벡터와 그리고 O에 관한 질량 m의 회전에 의한 반경 방향 관성벡터 $me\omega^2$을 나타낸다. FBD와 MAD상의 수직 합력을 계산하면 다음과 같다.

$$+\uparrow \quad -Mg - k(x - \Delta) = (M - m)\ddot{x} + m\ddot{x} - me\omega^2 \sin \omega t \qquad \text{(a)}$$

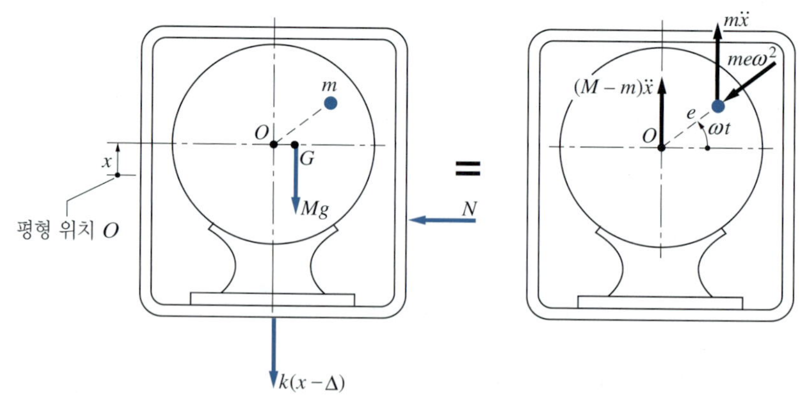

FBD MAD

(b)

평형방정식 $Mg - k\Delta = 0$을 활용하여 Δ를 소거하면 운동의 미분방정식은 다음과 같다.

$$M\ddot{x} + kx = me\omega^2 \sin \omega t \qquad \text{답 (b)}$$

식 (b)를 식 (20.23)과 비교해보자. 만약 $c = 0$이라 하고 힘 함수의 크기 P_0를 $me\omega^2$으로 대체하면 이 두 식이 동일하게 된다($me\omega^2$ 항은 가끔 불평형력 질량에 기인하는 원심력으로 간주된다).

문항 2

$P_0 = me\omega^2$과 $\zeta = 0$(감쇠 없음)으로 식 (20.26)과 (20.27)은,

$$X = \frac{me\omega^2/k}{1 - (\omega/p)^2} \quad \text{and} \quad \phi = 0$$

그래서 식 (b)의 특이해는 다음과 같다—식 (20.25)를 보자—

$$x_p = \frac{me\omega^2/k}{1 - (\omega/p)^2} \sin \omega t$$

계가 비감쇠이기 때문에 동차해는 식 (20.4)에 의해 주어진다: $x_c = E \sin(\omega t + \alpha)$. 그러므로 완전해는,

$$x = x_c + x_p = E \sin(\omega t + \alpha) + \frac{me\omega^2/k}{1 - (\omega/p)^2} \sin \omega t \qquad \text{(c)}$$

주어진 수치를 사용하면 다음을 얻는다.

$$p = \sqrt{k/M} = \sqrt{900/40} = 4.743 \text{ rad/s}$$

$$\frac{me\omega^2/k}{1 - (\omega/p)^2} = \frac{1.2(0.15)(8)^2/900}{1-(8/4.743)^2} = -0.006\ 938 \text{ m} = -6.938 \text{ mm}$$

이 값들을 식 (c)에 대입하면 다음과 같이 된다.

$$x(t) = E \sin(4.743t + \alpha) - 6.938 \sin 8t \text{ mm} \qquad \text{(d)}$$

시간 도함수를 취하면 속도식을 얻는다.

$$\dot{x}(t) = 4.743\, E \cos(4.743t + \alpha) - 55.50 \cos 8t \text{ mm/s} \qquad \text{(e)}$$

초기조건($t = 0$일 때 $x = 0$와 $\dot{x} = 0$)을 식 (d)와 (e)에 대입하면 $E \sin\alpha = 0$과 $4.743E \cos\alpha - 55.50 = 0$이 되어, $\alpha = 0$과 $E = 11.701$ mm를 얻는다. 그러므로 운동은 다음 식으로 기술된다.

$$x(t) = 11.70 \sin 4.74t - 6.94 \sin 8t \text{ mm} \qquad \text{답 (f)}$$

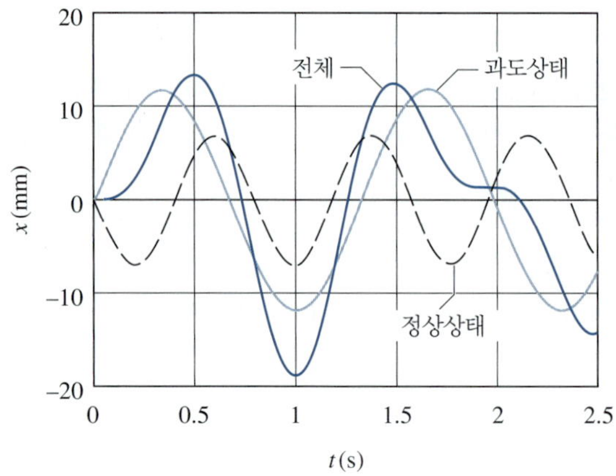

(c)

그림 (c)는 과도진동(주기 $\tau_1 = 2\pi/p = 2\pi/4.743 = 1.325$초), 정상상태진동($\tau_s = 2\pi/\omega = 2\pi/8 = 0.785$초), 그리고 이 둘의 중첩을 보여주고 있다. 식 (f)에서 sin8t의 계수가 음이므로, 정상상태진동은 불평형력 질량의 회전과 위상이 180° 어긋난다.

예제 20.6

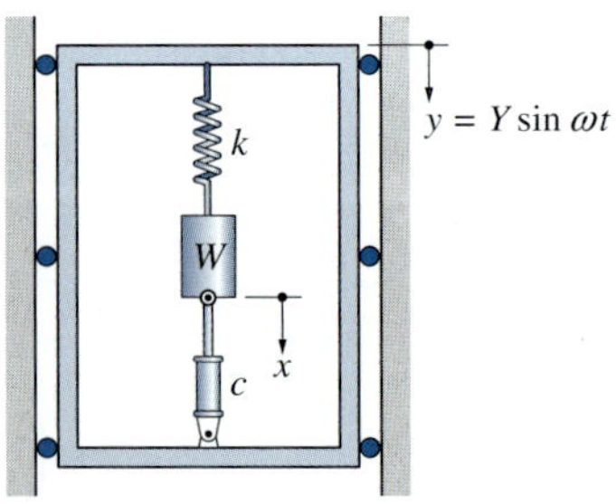

무게 W의 블록이 선형 스프링과 점성감쇠기 사이에서 강체 좌표계에 연결되어 있다. 좌표계는 시간 종속 수직변위 $y(t) = Y\sin\omega t$에 의해 지배되고 있다. 블록변위 x는 그 정적 평형 위치($y = 0$에서 정적 지지)로부터 측정된다. 정상상태의 해를 (1) 상대변위 $z = x - y$에 대하여 구하라. 그리고 (2) 절대변위 x에 대해서도 구하라. 여기서 $Y = 38.1$ mm, $\omega = 400$ rad/s, $M = 2.72$ kg, $k = 2.63$ kN/m 그리고 $c = 584$ N·s/m를 사용하라.

풀이

문항 1

주어진 계는 그림 20.10에 보인 것과 같으므로, 식 (20.30)~(20.32)가 상대변위 z를 결정하는 데 사용될 수 있다. 이 식들에 나타나는 매개변수들은 다음과 같다.

$$p = \sqrt{\frac{k}{m}} = \sqrt{\frac{263 \times 10^3}{2.72}} = 310.8 \text{ rad/s}$$

$$\zeta = \frac{c}{2mp} = \frac{584}{2(2.72)(310.8)} = 0.3453 \quad \text{(비감쇠)}$$

$$\frac{\omega}{p} = \frac{400}{310.8} = 1.287$$

정상상태 해의 상대적인 진폭은 이제 식 (20.31)로부터 얻어진다.

$$\begin{aligned} Z &= Y \frac{(\omega/p)^2}{\sqrt{[1-(\omega/p)^2]^2+(2\zeta\omega/p)^2}} \\ &= 38.1 \frac{(1.287)^2}{\sqrt{[1-(1.287)^2]^2+[2(0.3453)(1.287)]^2}} \\ &= 57.1 \text{ mm} \end{aligned}$$

그리고 위상각은 식 (20.32)로부터 계산된다.

$$\begin{aligned} \phi &= \tan^{-1}\left[\frac{2\zeta\omega/p}{1-(\omega/p)^2}\right] = \tan^{-1}\left[\frac{2(0.3453)(1.287)}{1-(1.287)^2}\right] \\ &= -0.9347 \text{ rad} \end{aligned}$$

그래서 상대변위는 다음과 같이 된다.

$$z(t) = 57.1 \sin(400t + 0.9347) \text{ m}$$ **답**

$z(t)$는 0.9347 rad (53.6°)만큼 $y(t)$에 앞섬에 유의하라.

문항 2

삼각법 식 $\sin(a+b) = \sin a \cos b + \cos a \sin b$를 이용하면, 문항 1의 $z(t)$에 대한 표현은 다음과 같이 쓰일 수 있다.

$$\begin{aligned} z(t) &= 57.1(\cos 0.9347 \sin 400t + \sin 0.9347 \cos 400t) \\ &= 33.93 \sin 400t + 45.95 \cos 400t \text{ mm} \end{aligned}$$

그러므로, 질량의 절대변위에 대한 표현은 다음과 같다.

$$\begin{aligned} x &= z + y \\ &= (33.93 \sin 400t + 45.95 \cos 400t) + 38.1 \sin 400t \\ &= 72.03 \sin 400t + 45.95 \cos 400t \text{ mm} \end{aligned}$$ **답**

연습문제

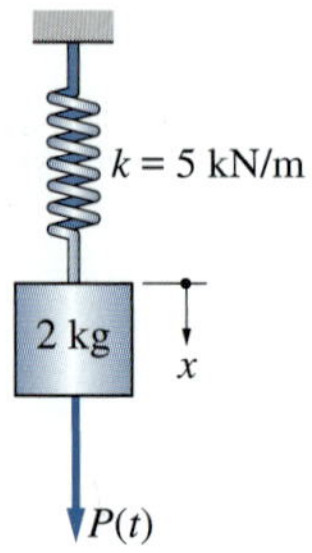

그림 P20.32, P20.33

20.32 스프링-질량계는 평형 위치 $x = 0$에서 정지되어 있다. 이때, 조화력 $P(t) = P_0 \sin \omega t$가 $t = 0$에서 작용하며, 여기서 $P_0 = 100$ N이고, $\omega = 25$ rad/s이다. (a) 변위 $x(t)$에 대한 표현식(과도해와 정상상태 해를 포함하는)을 구하라. (b) 확대계수를 구하라. (c) $x(t)$의 최댓값을 구하라.

20.33 질량이 달린 스프링은 힘 $P(t) = P_0 \sin \omega t$에 의해서 움직인다. 여기서 $P_0 = 100$ N이다. 정상상태 진동의 진폭이 50 mm가 되기 위한 ω의 두 값을 계산하라.

20.34 272.2 g의 질량이 단단한 좌표계에 매달려 있다. 팔 OA의 끝단에 있는 핀 A가 좌표계의 홈에 물려서, 팔이 회전할 때 좌표계가 수직방향으로 진동하게 한다. OA의 각속도가 $\omega = 40$ rad/s일 때 좌표계에 상대적인 질량의 정상상태 진동에 대한 진폭을 구하라.

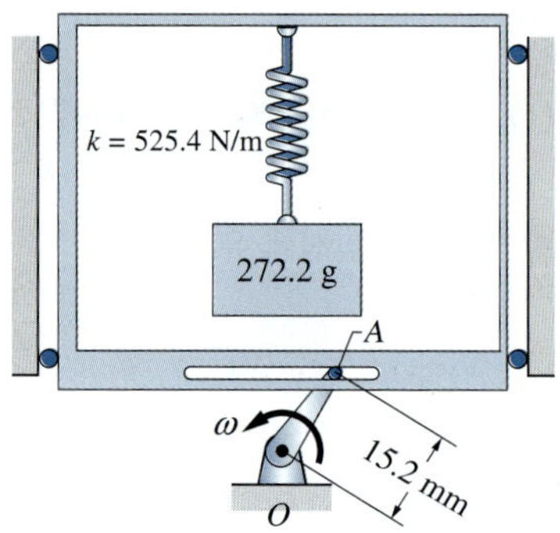

그림 P20.34

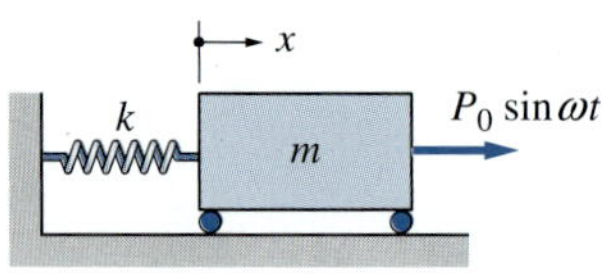

그림 P20.35–P20.37

20.35 질량 4 kg인 블록이 강성이 k인 스프링에 연결되어 있다. 조화력 $P_0 \sin \omega t$가 블록에 가해지는데, 여기서 $P_0 = 0.25$ lb과 $\omega = 6$ rad/s, 정상 상태 진폭 7.5 mm이다. 두 개의 가능한 k값을 구하라.

20.36 스프링 질량계는 조화력 $P_0 \sin \omega t$에 의해 움직인다. $\omega = 5$ rad/s일 때 정상상태의 진폭이 20 mm이다. 진동수가 P_0의 변함 없이 $\omega = 10$ rad/s로 증가하고 진폭은 4 mm가 된다. (a) 계의 고유진동수 p, 그리고 (b) 무진동 처짐 P_0/k를 결정하라.

20.37 그림에 보인 계는 질량 $m = 6$ kg과 비선형 스프링으로 구성되어 있다. 스프링의 힘-신장 관계는 $F = kx[1 + (x/b)^2]$이고, 여기서 x는 미터로 측정되고, $k = 1200$ N/m, 그리고 $b = 0.25$ m이다. 구동력의 크기와 진동수는 각각 $P_0 = 60$ N과 $\omega = 14.142$ rad/s이다. 후자는 작은 진폭에 대해 계의 고유진동수에 일치한다(만약 $x \ll b$이면, $F \approx kx$, $p = \sqrt{k/m} = \sqrt{1200/6} = 14.142$ rad/s임을 유의하라). 계는 $t = 0$인 평형 위치 $x = 0$에서 정지 상태로부터 출발한다. (a) 운동의 미분방정식이 다음과 같음을 보여라.

$$\ddot{x} = -200x(1 + 16x^2) + 10 \sin 14.142t \text{ m/s}^2$$

(b) 운동방정식을 $t = 0$~2초까지 수치적으로 적분하고, 그리고 t에 대한 x의 선도를 그려라.

20.38 질량 $W = 1.09$ kg인 블록이 강성 $k = 2.1$ kN/m인 스프링에 의해서 세이커 테이블에 연결되어 있다. 스프링이 늘어나지 않았을 때 블록과 테이블에 부착되어 있는 멈추개 사이의 거리는 $b = 25.4$ mm이다. 만약 테이블이 $y = 6.35 \sin \omega t$ mm에서 구동된다면, 블록이 그 멈추개를 치지 않기 위한 ω의 범위를 구하라. 정상상태 진동만을 고려하라.

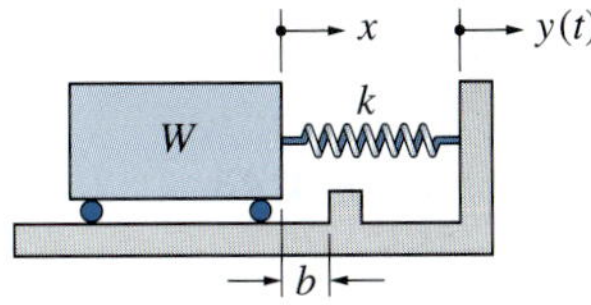

그림 P20.38

20.39 이 밀폐된 계가 수직변위 $y(t) = Y \sin \omega t$를 받고 있다. $Z = 5Y$라고 하고, Z은 지지점에 관련하여 질량 m의 정상상태 진폭이다. 강제 진동수 ω를 결정하라.

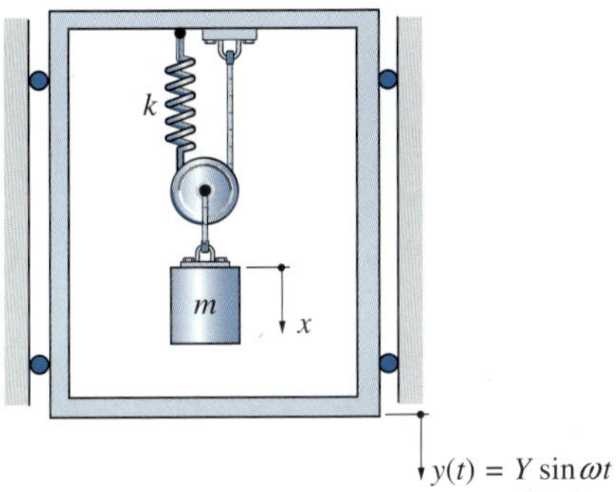

그림 P20.39

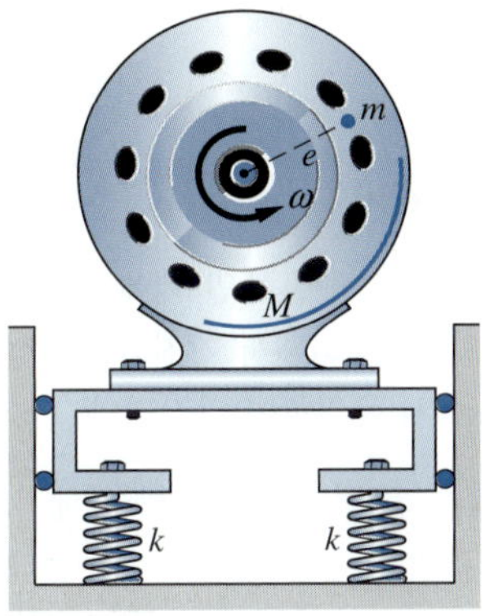

그림 P20.40

20.40 전동기와 그 기반이 $M = 12$ kg의 합성질량을 가지며, 각 스프링 강성 $k = 480$ kN/m인 네 개의 이상적인 스프링에 의해 지지되고 있다. 회전자의 불평형은 축으로부터 $e = 90$ mm의 거리에 있는 질량 $m = 0.005$ kg에 상당한다. (a) 공진을 유발하는 모터의 각속도를 계산하라. (b) 각속도가 공진속도의 99%일 때 전동기의 최대 정상상태 변위를 계산하라.

20.41 길이가 L이고 질량 m의 진자가 미끄러짐 칼라에 매달려 있다. 만약 수평변위 $y(t) = Y \sin \omega t$가 칼라에 적용되면, 충분히 작은 θ에 대해 진자의 정상 상태의 진폭이

$$\theta_{\max} = \frac{\omega^2 L}{|g - \omega^2 L|} \frac{Y}{L}$$

임을 보여라.

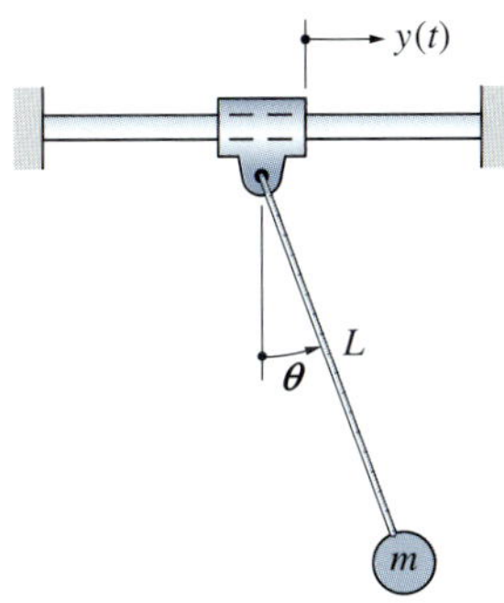

그림 P20.41, P20.42

20.42 길이 $L = 1.09$ m의 진자가 미끄러짐 칼라에 매달려 있으며, 칼라의 변위는 $y(t) = 0.545 \sin 5t$ m로 주어지고, t는 초이다. 시간 $t = 0$에서 $\theta = 30°$ 그리고 $\dot{\theta} = 0$으로 알려졌다. (a) θ를 독립좌표로 선택하여 진자에 대한 운동 미분방정식을 유도하라(θ를 작은 각으로 제한하지 말라). (b) $t = 0$~10초까지 운동방정식을 수치적으로 적분하고 그 적분구간 동안 t에 대한 θ의 선도를 그려라. (c) 이 주기 동안 진자의 운동을 기술하라.

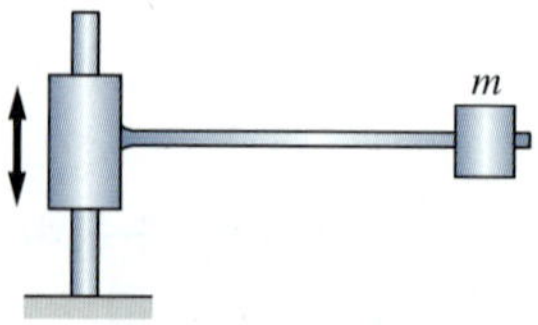

그림 P20.43

20.43 질량 m이 가벼운 탄성 막대의 끝에 붙어 있을 때, 정적 처짐은 20.3 mm이다. 막대를 지지하는 미끄러짐 칼라는 18 rad/s의 원진동수에서 5.08 mm의 수직 조화 변위가 주어져 있다. 칼라와 관련된 질량의 정상상태 진폭을 결정하라.

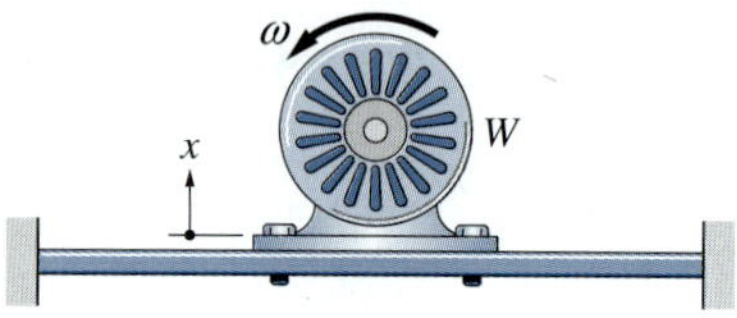

그림 P20.44

20.44 질량 W의 약간 불평형의 모터는 가벼운 탄성 보의 중앙에 붙어 있다. 이 불평형은 모터의 축으로부터 거리 e = 203 mm에 위치한 질량 W/400과 동등하다. 모터가 ω = 1280 rev/min로 회전할 때, 공진 속도보다 더 작은 것으로 알고 있고, 그것의 정상 상태 진폭은 $x_{\max}$ = 1.02 mm이다. 공진이 발생하는 모터의 각속도를 찾아라.

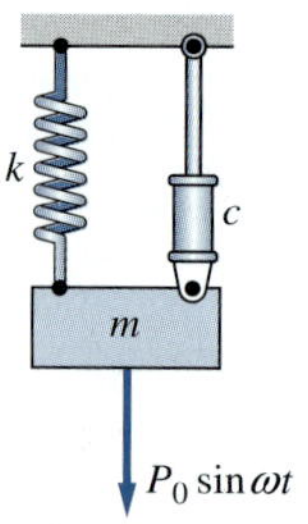

그림 P20.45–P20.48

20.45 그림에 보인 감쇠계에 대해서, 최대 정상상태 진폭이 주어진 감쇠비 ζ로 $\zeta^2 \leq 1/2$에서 진동수 비 $\omega/p = \sqrt{1-2\zeta^2}$일 때 일어남을 증명하라. 또한 그에 상응하는 최대 진폭이

$$x_{\max} = \frac{P_0/k}{2\zeta\sqrt{1-\zeta^2}}$$

임을 보여라.

20.46 그림에 보인 계에 대해서, m = 0.2 kg과 k = 2880 N/m이다. 계가 진폭 P_0의 조화력에 의해서 기진될 때, 정상상태 진동의 진폭이 ω = 96.0 rad/s와 ω = 126.4 rad/s에서 동일함이 관찰된다. 감쇠계수 c를 계산하라.

20.47 그림에 보인 계에 대해서, mg = 133.5 N, k = 876 N/m 그리고 c = 117 N·s/m이다. 가해진 힘의 진동수 ω는 공진 진동수의 절반이다. 만약 정상상태 진동의 진 폭이 76.2 mm이라면 가해진 힘의 진폭 p_0를 결정하라.

20.48 질량 m = 7.3 kg이 비선형 스프링과 감쇠계수가 c = 271.5 N·s/m인 점성 감쇠기에 매달려 있다. 스프링의 힘–변위 관계가 $F = kx[1 + (x/b)^2]$ lb이고, 여기서 k = 1751 N/m, b = 50.8 mm 그리고 x는 스프링의 변형되지 않은 위치로부터 mm로 측정된다. 가해진 힘의 진폭이 P_0 = 44.8 N 그리고 원진동수는 ω = 12 rad/s이다. (a) 질량의 운동 미분방정식이 다음과 같음을 보여라.

$$\ddot{x} = -73.15x(1 + 36x^2) - 11.34\dot{x} + 9.81 + 6.1\sin 12t \text{ m/s}^2$$

여기서 x는 스프링의 변형되지 않은 위치(평형 위치가 아님)로부터 미터로 측정된 변위이고 t는 초 단위의 시간이다. (b) 정상상태운동의 x에 대한 최대와 최솟값을 구하기 위하여 수치적인 적분을 사용하라(힌트: 계는 평형 위치의 정지 상태에서 출발하고, 과도항이 없어질 때까지 적분하라). 그 운동이 평형 위치에 대해서 대칭인가?

20.49 (a) 그림에 보인 계의 운동 미분방정식을 유도하라. (b) m = 2.72 kg, k = 7.3 kN/m, c = 263 N·s/m, Y = 38.1 mm 그리고 ω = 20 rad/s일 때, 정상상태 진동 의 진폭과 위상각을 계산하라.

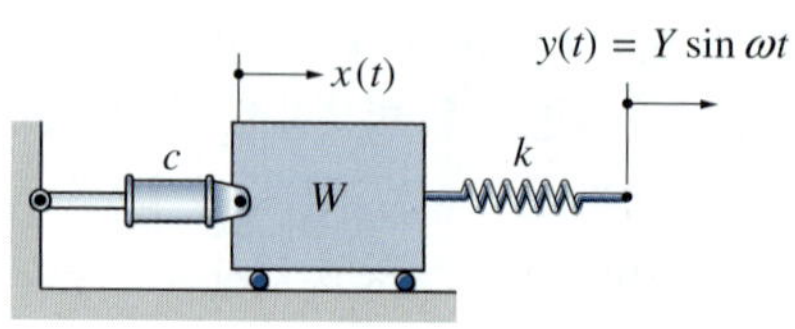

그림 P20.49

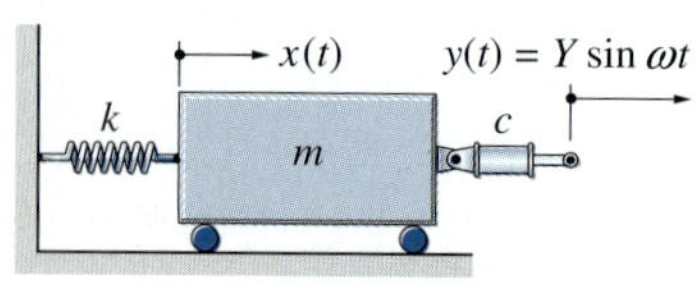

그림 P20.50

20.50 (a) 그림에 보인 계에 대한 운동 미분방정식을 유도하라. (b) $m = 6$ kg, $k = 8$ kN/m, $c = 40$ N·s/m, $Y = 80$ mm 그리고 $\omega = 30$ rad/s일 때, 정상상태 진동의 진폭과 x가 y에 뒤지는 각을 구하라.

20.51 $P_0 = 0.363$ kg과 $\omega = 50$ rad/s일 때, 블록의 정상상태 변위 $x(t)$에 대한 표현식을 구하라. $x(t)$가 작용력에 앞서는가, 아니면 뒤처지는가?

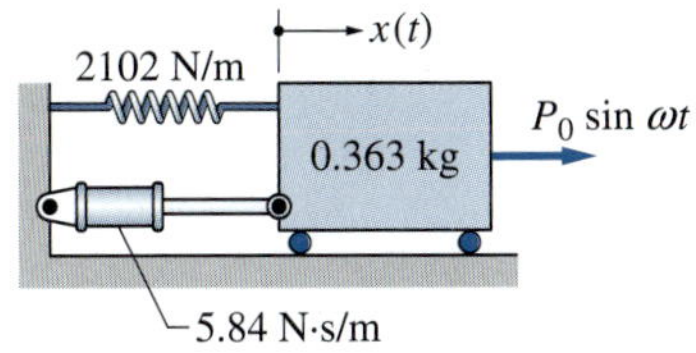

그림 P20.51

20.52 $Y = 12$ mm와 $\omega = 900$ rad/s일 때, 블록의 정상상태 응답 $x(t)$에 대한 표현식을 구하라. $x(t)$는 부과된 변위 $y(t)$에 앞서는가, 아니면 뒤처지는가?

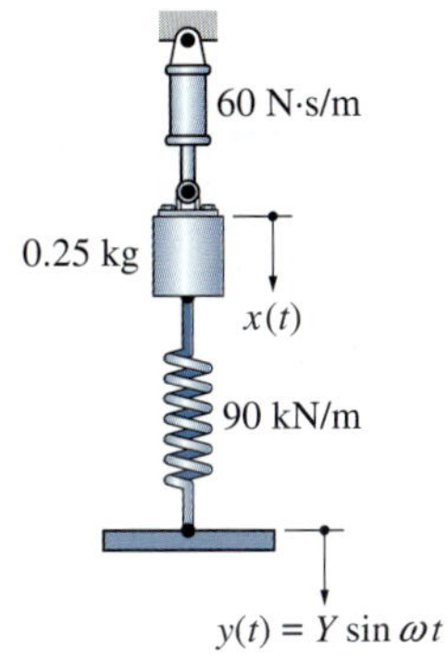

그림 P20.52

20.53 블록 A가 스프링과 감쇠기로 가진기 테이블 B에 연결된다. 수평변위 $y(t) = Y \sin \omega t$가 그 테이블에 가해질 때, 그 테이블에 상대적인 블록의 결과적인 정상상태 변위는 $z(t) = Z \sin(\omega t - \phi)$이다. 감쇠비가 $\zeta \geq 1/\sqrt{2}$이면, Z가 ω값에 관계없이 결코 Y를 넘어설 수 없음을 보여라.

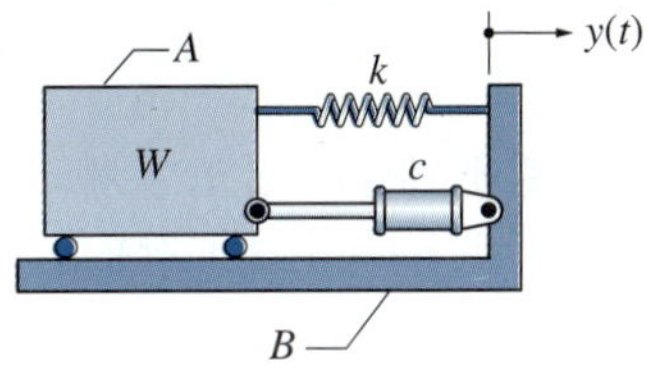

그림 P20.53–P20.55

20.54 문제 20.53에 서술된 계에 대해서, $\zeta = 1/2$일 때, Z의 가능한 가장 큰 값과 그에 대응되는 진동수 비 ω/p를 구하라.

20.55 그림에 보인 계에 대해서 $W = 5.44$ kg, $k = 2335$ N/m, 그리고 $c = 36.5$ N·s/m이다. 가진기 테이블 B에 부과되는 수평변위는 $y(t) = 25.4 \sin 18t$ mm이고, 여기서 시간 t는 초 단위로 측정된다. 블록의 정상상태 진폭을 구하라.

20.56 전동기와 그 기반이 $M = 12$ kg의 합성질량을 갖는다. 기반에 부착된 4개 스프링은 각각 $k = 480$ kN/m와 점성감쇠계수 c를 갖는다. 전동기의 불평형력은 축의 중심으로부터 $e = 90$ mm의 거리에 있는 질량 $m = 0.005$ kg에 상응한다. 전동기가 $\omega = 400$ rad/s로 회전하고 있을 때 그 정상상태 진폭은 1.8 mm이다. (a) 각 스프링의 감쇠계수를 구하라. (b) 전동기의 변위와 ωt 사이의 위상각을 구하라.

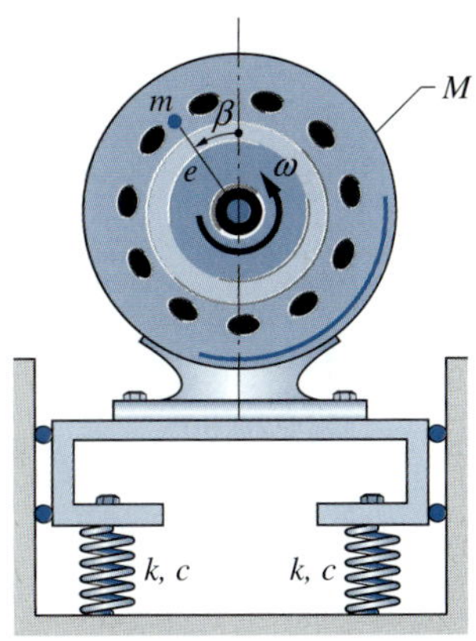

그림 P20.56

20.57 1.815 kg 블록이 수평 막대 끝에 부착된다. 구조물은 핀 O를 중심으로 자유롭게 회전한다. 표시된 평형 위치에 대한 정상 상태 진동 시 블록의 최대 변위를 결정하라. 수평막대의 무게는 무시한다.

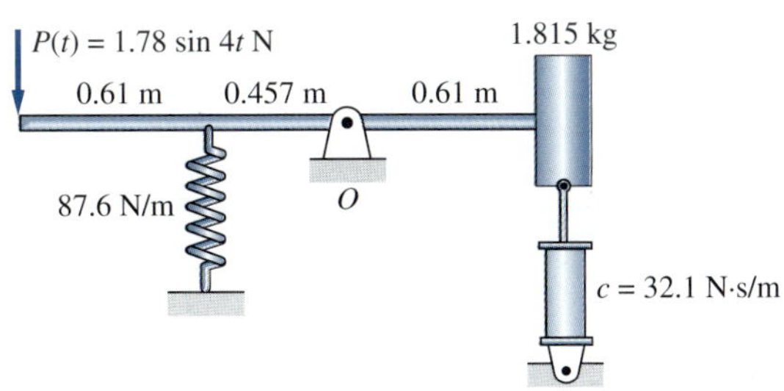

그림 P20.57

20.58 (a) 12 kg 블록의 운동 미분방정식을 절대변위 $x(t)$로 유도하라. (b) 만약 가해진 진동수가 계의 고유진동수 p와 동일하다면 정상상태 응답의 표현식을 구하라.

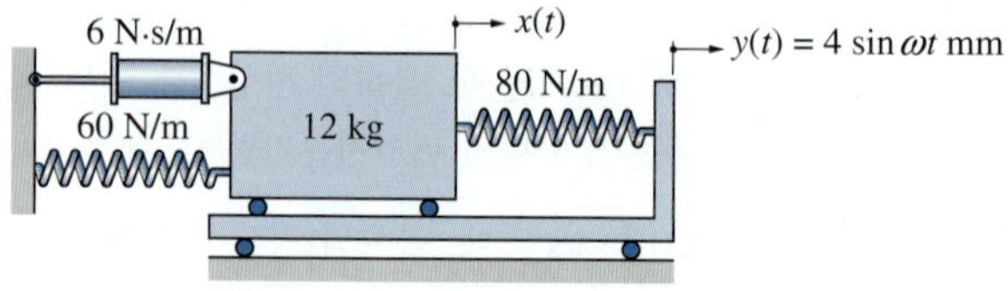

그림 P20.58

20.59 질량 m이 질량을 무시할 수 있는 봉 AOB에 연결되어 있다. 이들은 핀 O에 대해 수직한 평면으로 자유롭게 회전 가능하다. 주어진 하중 $P_0 \sin \omega t$는 그림과 같이 평형 위치에서 봉에 대해 진동을 유발하고 있다. (b) $m = 0.4$ kg, $k = 30$ N/m, $c = 3$ N·s/m, $b = 0.4$ m, $P_0 = 1.5$ N, $\omega = 6$ rad/s 일 때, 정상상태 진동의 진폭 Θ와 위상각 ϕ를 계산하라.

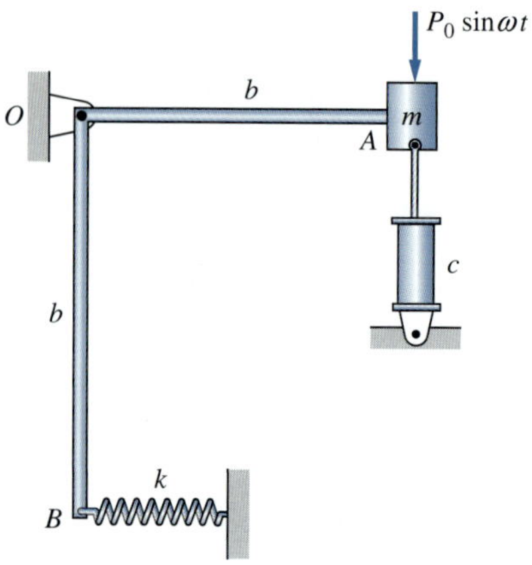

그림 P20.59

20.60 금속 원통이 스프링에 매달려 있고, 유체로 채워진 용기 속에 있다. 용기 바닥의 전자석이 힘 $P(t) = P_0 \sin \omega t$로 원통에 작용한다, 여기서 $P_0 = 1.0$ kN이고 $\omega = 500$ rad/s이다. 유체에 의해서 원통에 작용하는 감쇠력은 $F_d = c\dot{x}^2$이고, $c = 250$ N·s²/m²이다. (a) 원통의 운동 미분방정식을 유도하라. (b) 운동의 방정식을 수치적적분에 의해서 원통의 정상상태 진폭을 추정하라[힌트: 초기조건 $x(0) = \dot{x}(0) = 0$에서 시작하고, 과도운동이 사라질 때까지 적분하라].

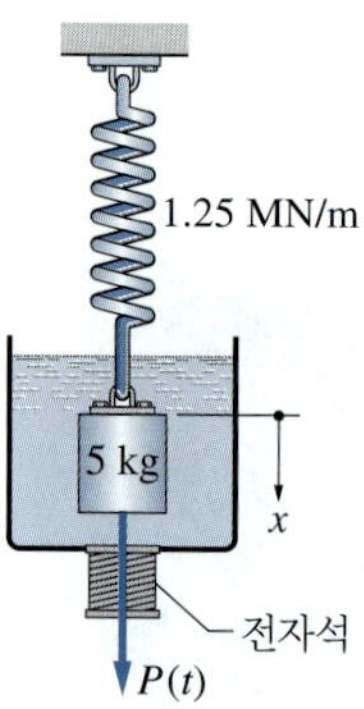

그림 P20.60

20.61 227 g의 질량이 그림에 보인 바와 같이 강체 좌표계에 매달려 있다. 회전팔 OA의 끝단의 핀 A가 좌표계의 안내 홈에 맞물려서 좌표계를 수직방향으로 진동하게 한다. 팔은 $t = 0$와 $\theta = 0$의 정지 상태로부터 $\dot{\omega} = 100$ rad/s²으로 일정하게 가속된다. (a) 상대변위 $z = x - y$의 항으로 된 질량의 운동 미분방정식이 다음과 같음을 보여라.

$$\ddot{z} = -471.2z - 2.356\dot{z} - 1.27(\cos 50t^2 - 100t^2 \sin 50t^2) \text{ m/s}^2$$

여기서 z, t는 각각 미터와 초 단위로 측정된다. (b) $t = 0$~1.0초까지 t에 대한 z의 선 도를 얻기 위하여 수치적분을 사용하라. (c) z의 최댓값을 구하기 위하여 (b)의 수치 결과를 사용하라.

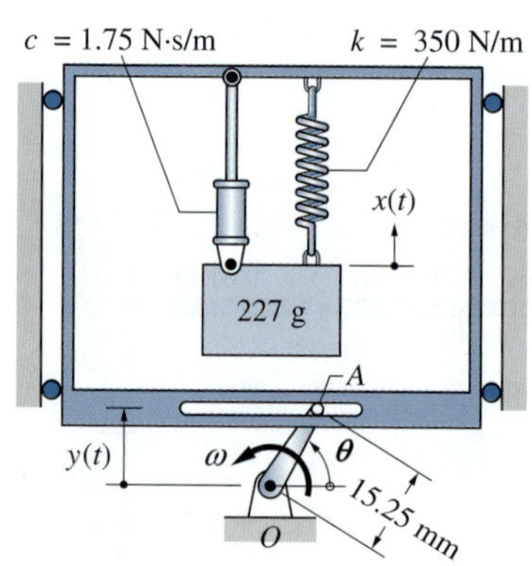

그림 P20.61

20.4 강체진동

강체진동의 해석은 진동하는 질점의 해석과 근본적으로 다르지 않다. 먼저 물체의 자유물체도와 질량-가속도 선도를 활용하여 운동방정식을 유도한 후에 이 방정식의 해를 찾는다. 만일 계가 선형이면, 운동방정식은 상수계수를 갖는 2계 선형 미분방정식이 될 것이다. 1자유도를 갖는 조화적으로 구동되는 계에 대하여 이 방정식은 다음과 같이 일반적인 형태를 갖는다.

$$M\ddot{q} + C\dot{q} + Kq = F_0 \sin \omega t \tag{20.33}$$

여기서 q는 물체의 위치(선형 혹은 각 위치 좌표)를 정의하는 변수이다. 식 (20.33)은 질점의 운동방정식 $m\ddot{x} + c\dot{x} + kx = P_0 \sin \omega t$와 동일한 형태를 가지므로, 이것의 해를 유추해서 쓸 수 있다. 예를 들어 강제 정상상태운동의 해는

$$q = Q\sin(\omega t - \phi) \tag{20.34a}$$

여기서

$$Q = \frac{F_0/K}{\sqrt{[1 - (\omega/p)^2]^2 + (2\zeta\,\omega/p)^2}} \tag{20.34b}$$

그리고

$$\phi = \tan^{-1}\left[\frac{2\zeta\,\omega/p}{1 - (\omega/p)^2}\right] \tag{20.34c}$$

Q와 ϕ에 대한 위의 식에 나타나는 매개변수는 다음과 같다.

$$\left.\begin{array}{ll} \text{비감쇠 원진동수} & p = \sqrt{\dfrac{K}{M}} \\ \text{임계감쇠} & C_{cr} = 2Mp \\ \text{상수 감쇠비} & \zeta = \dfrac{C}{C_{cr}} = \dfrac{C}{2Mp} \end{array}\right\} \tag{20.34d}$$

과도진동에 대한 표현식도 동일한 방법으로 쓰일 수 있다(그 형태는 운동이 과감쇠, 경감쇠 혹은 임계감쇠인가에 달려 있다).

한 예로, 그림 20.11(a)에 나타낸 반경 R과 질량 m인 비균질 판을 고려해보자. 판의 질량중심 G는 핀 O로부터 거리 e에 있고, O에 관한 그 관성 모멘트는 I_O이다. 선형 스프링과 점성 감쇠기가 각각 A와 B에서 판의 외연에 부착되어 있다. 시계방향 우력 $M_0 \sin \omega t$도 판에 작용한다. 스프링의 장력은 판이 그 정적 평형 위치를 차지할 때 선분 OG가 수평이 되도록 조정되었다고 가정한다. 그러므로, 평형에서 스프링의 정적 처짐 Δ는 식 $mge = kR\Delta$를 만족한다.

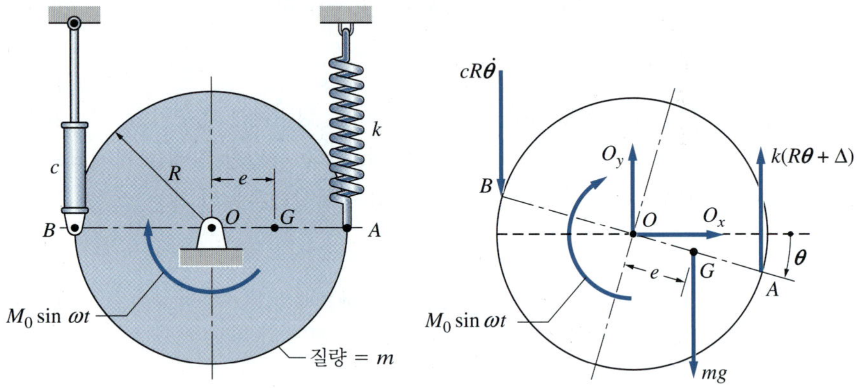

(a) 평형 위치 (b) FBD

그림 20.11

판의 회전 운동방정식을 유도하기 위하여 그림 20.11(b)에 보인 FBD를 그린다. 판의 각 위치는 시계방향 회전이 양으로 가정되는 각 θ로 표시된다. 해석 시 θ는 작다고 가정한다. 그래서 $\sin \theta \approx \theta$와 $\cos \theta \approx 1$을 사용할 수 있다. 이 근삿값으로, 점 A의 변위는 $R\theta$(아래 방향)이고, 점 B의 속도는 $R\dot{\theta}$(위 방향)이다. 이것이 FBD에 나타낸 스프링 힘과 감쇠력을 제공한다. 판의 질량-가속도 선도를 그릴 필요 없이, 운동방정식을 구하기 위하여 O에 관한 모멘트를 더한다.

$$\Sigma M_O = I_O \ddot{\theta} \quad \circlearrowright{+} \quad M_0 \sin \omega t - k(R\theta + \Delta)R - (cR\dot{\theta})R + mge = I_O \ddot{\theta}$$

평형방정식 $mge = kR\Delta$를 사용하고, 항들을 재배열하면 다음 식을 얻는다.

$$I_O \ddot{\theta} + cR^2 \dot{\theta} + kR^2 \theta = M_0 \sin \omega t \tag{a}$$

식 (a)를 식 (20.33)과 비교하면, 그 둘이 동일한 형태임을 알고, 식 (20.33)의 계수들은 다음과 같다.

$$M = I_O \qquad C = cR^2 \qquad K = kR^2 \qquad F_0 = M_0 \tag{b}$$

그러므로, 판의 정상상태 진동은 작은 진동에 대하여 조화적이고, 운동은 식 (20.34)로부터 직접 결정할 수 있다고 결론지을 수 있다. 예를 들면, 비감쇠 원진동수는

$$p = \sqrt{\frac{K}{M}} = \sqrt{\frac{kR^2}{I_O}}$$

이고, 임계감쇠계수는 $C_{cr} = 2Mp$로부터 얻을 수 있다. 식 (b)의 값을 대입하면

$$(cR^2)_{cr} = 2I_O p$$

가 되고, 이 식으로부터

$$c_{cr} = \frac{2I_O p}{R^2}$$

가 된다.

예제 20.7

그림 (a)의 질량 m과 길이 L의 균질인 가는 봉이 O에 핀으로 지지되어 있다. 또한 봉은 점 A와 B에서 각각 이상적인 스프링과 점성 감쇠기에 연결되어 있다. 봉은 초기에 그림에 보인 위치에서 변형이 없는 스프링으로 평형상태에 있다. (1) 봉의 작은 각변위에 대한 운동 미분방정식을 유도하라. (2) 봉이 과감쇠인지 저감쇠인지 결정하라. 이때 $m = 12$ kg, $L = 800$ mm, $a = 400$ mm, $k = 80$ N/m 그리고 $c = 20$ N·s/m이다.

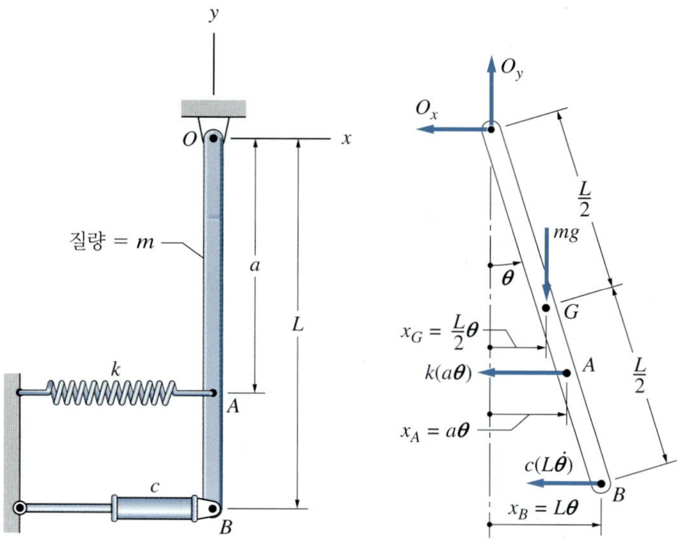

(a) (b) FBD

풀이

문항 1

그림 (b)는 봉의 자유물체도로 수직축으로부터 작은 반시계방향 각 θ로 변위를 나타낸다. 그림에 나타낸 수평변위 x_G(G는 질량중심), x_A 그리고 x_B는 작은 각 근사치 $\sin\theta \approx \theta$로부터 얻어진다. 봉에 작용하는 힘들은 그 무게 mg, 스프링 힘 $k(a\theta)$ ($x_A = 0$일 때 스프링은 변형이 없음을 상기하라), 그리고 대시포트에 기인하는 감쇠력 $c(L\dot{\theta})$이다.

운동 미분방정식은 점 O에 관한 모멘트를 합하여 유도되며, 핀 합력은 소거된다. O는 고정점이므로 운동의 유효방정식은 $\Sigma M_O = I_O\ddot{\theta}$이다. 그림 (b)의 FBD와 근삿값 $\cos\theta \approx 1$로부터

$$\Sigma M_O = I_O\ddot{\theta} \quad \circlearrowleft + \quad -mg\frac{L}{2}\theta - (ka\theta)a - (cL\dot{\theta})L = I_O\ddot{\theta}$$

를 얻으며, 이 식의 항을 재배열하면 다음과 같이 된다.

$$I_O\ddot{\theta} + cL^2\dot{\theta} + \left(ka^2 + \frac{mgL}{2}\right)\theta = 0 \qquad \text{답 (a)}$$

문항 2

식 (a)를 식 (20.33)과 비교하면

$$M = I_O \quad C = cL^2 \quad K = ka^2 + \frac{mgL}{2}$$

이 되므로, 비감쇠 원진동수는 다음과 같다[식 (20.34d) 참조].

$$p = \sqrt{\frac{K}{M}} = \sqrt{\frac{ka^2 + (mgL/2)}{I_O}}$$

$I_O = mL^2/3 = 12(0.8)^2/3 = 2.560\ \text{kg}\cdot\text{m}^2$을 대입하면

$$p = \sqrt{\frac{80(0.4)^2 + [12(9.81)(0.8)/2]}{2.560}} = 4.837\ \text{rad/s}$$

가 된다. 식 (20.34d)로부터 또한 $C_{cr} = 2Mp$를 얻는데, 이 문제에서는 $c_{cr}L^2 = 2I_Op$가 되고

$$c_{cr} = \frac{2I_Op}{L^2} = \frac{2(2.560)(4.837)}{(0.8)^2} = 38.70\ \text{N}\cdot\text{s/m}$$

주어진 감쇠상수 $c = 20\ \text{N}\cdot\text{s/m}$가 c_{cr}보다 작으므로, 결국 봉은 **저감쇠**(underdamped)라는 결론을 얻는다.

연습문제

20.62 8 kg의 균질인 원반은 진폭 $x_0 = 0.15$ m로 진동한다. 원반과 수평면 사이의 정적 마찰계수는 0.2이다. 원반이 미끄러지지 않고 롤링할 최대 스프링 강성 k를 결정하라.

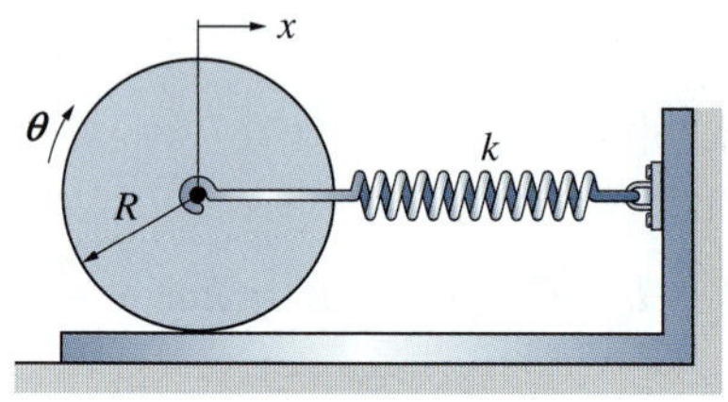

그림 P20.62

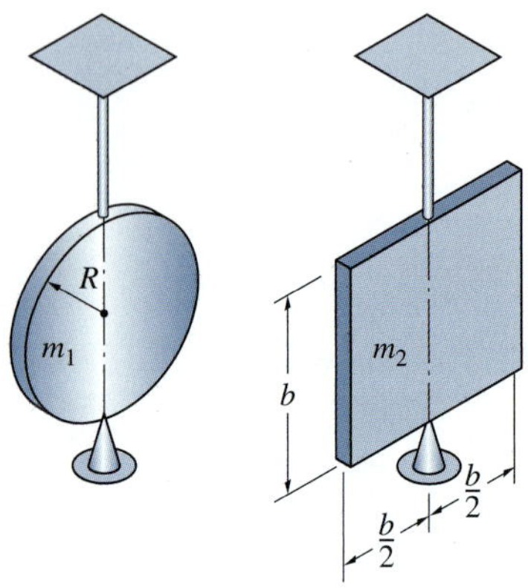

그림 P20.63

20.63 2개의 얇은 균질 평판이 각각 선형 비틀림 스프링(즉, 복원 토크가 각변위에 비례한다)으로 작용하는 이상적인 탄성 봉에 매달려 있다. 만일 질량 m_1의 원형 평판의 비틀림 진동수가 f_1이면, 질량 m_2의 사각 평판의 진동수 f_2는 얼마인가?

20.64 핀 A에 걸려 있는 강체가 그 평형 위치로부터 약간 움직일 수 있게 놓았다. (a) 그 결과적인 진동의 원진동수가

$$p = \sqrt{\frac{gy}{\bar{k}^2 + y^2}}$$

가 됨을 보여라. 여기서 y는 A에서 질량중심 G에 이르는 거리이고, $\bar{k}$는 G에 관한 물체의 회전반경이다. (b) 가능한 가장 큰 원진동수와 그에 대응하는 y값을 구하라.

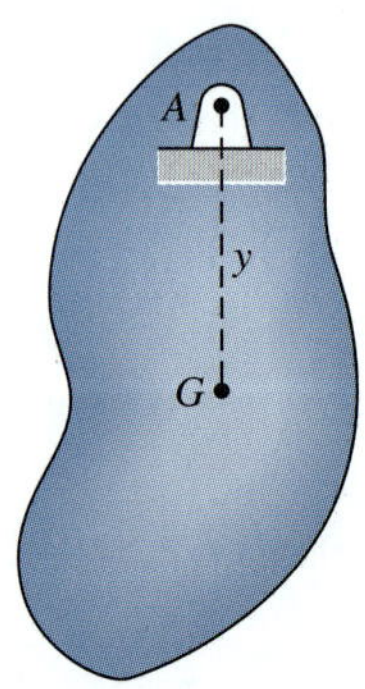

그림 P20.64

20.65 그림에 보인 진자의 질량중심은 G에 있다. 진자가 핀 A에 매달려 있을 때, 미소 진동의 주기는 2.0초이다. 만약 핀이 B로 옮겨지는 경우 주기를 구하라(힌트: 문제 20.64 참조).

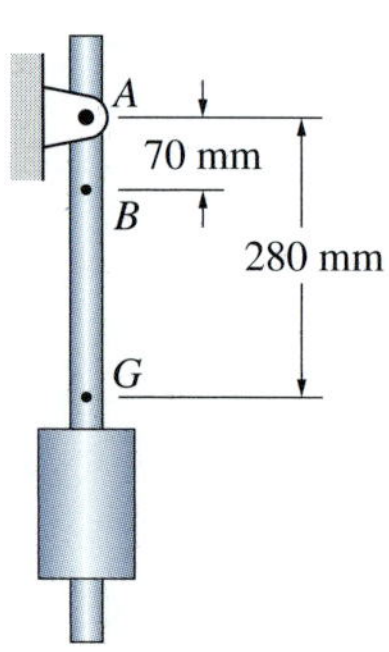

그림 P20.65

20.66 질량 m의 균일 봉이 수평 위치에서 평형상태에 있다. (a) 봉의 미소 진동에 대한 운동 미분방정식을 유도하라. (b) $m = 20$ kg, $c_1 = 25$ N·s/m, $c_2 = 16$ N·s/m 그리고 $k = 80$ N/m가 주어진 경우 감쇠비를 구하라.

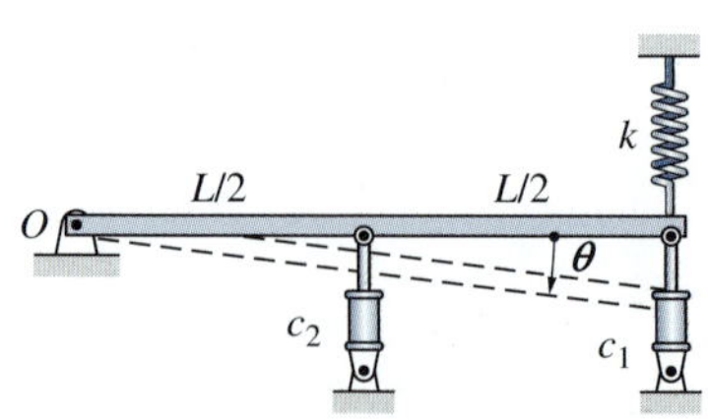

그림 P20.66

20.67 질량이 m인 균일한 얇은 봉이 질량 $3m$인 균일 원반에 강체적으로 매달려 있다. 이 구조물이 O점의 핀에 대하여 자유롭게 회전할 수 있다. 평형상태에서의 미소 진

동에 의한 진동수 f를 구하라.

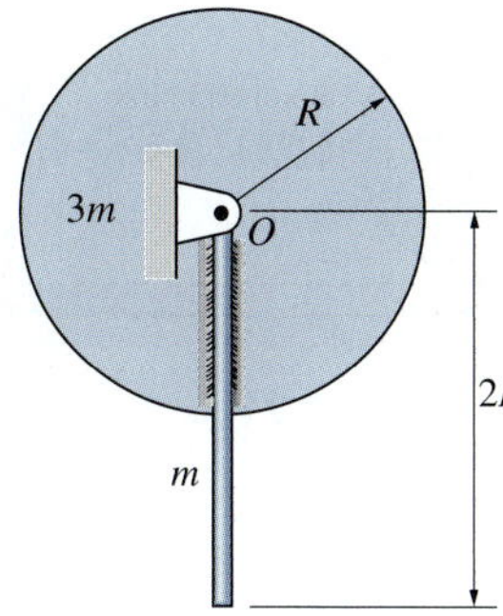

그림 P20.67

20.68 O점 핀에 의해 지지되고 있는 8 kg의 균일 판이 평형상태에 있다. 이 상태에서 미소 진동의 진동수 f를 구하라.

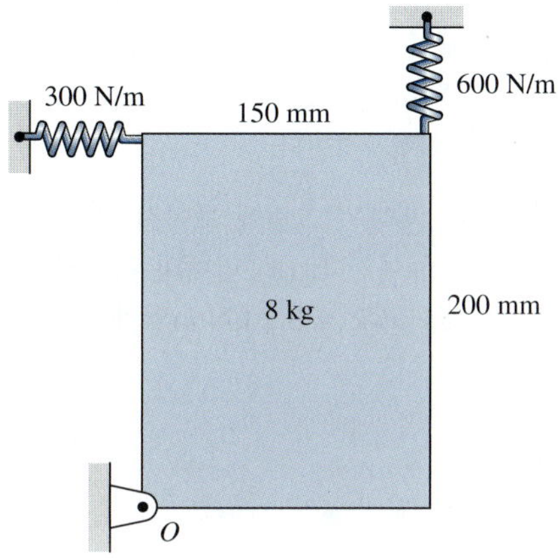

그림 P20.68

20.69 길이 L = 1.83 m의 균일한 5.44 kg 바는 핀 B를 중심으로 수직면에서 자유롭게 회전할 수 있다. 각 강성 k = 2189 N/m의 2개의 스프링은 바의 끝에 부착되어 있다. 수평 변위 $x_0 \sin \omega t$는 하부 스프링 끝에 가해진다. 여기서 ω = 8 rad/s 및 x_0 = 50.8 mm이다. 끝점 A의 정상 상태 진동 진폭을 결정하라.

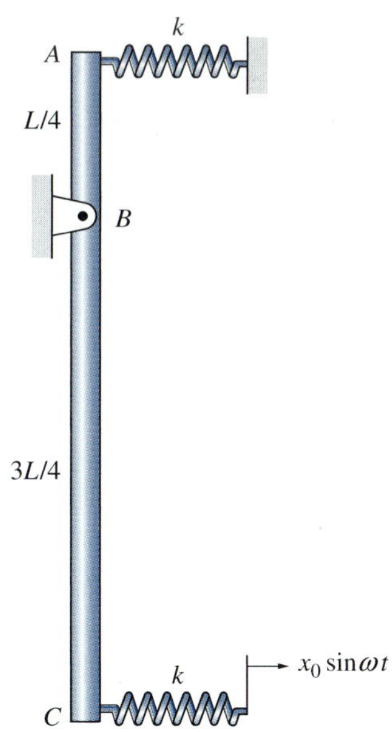

그림 P20.69

20.70 길이 0.75 m의 균일 봉이 반경 0.5 m의 마찰이 없는 원형통 안에 놓여 있다. 봉이 평형 위치로부터 미분변위를 받으며 놓여 있는 경우, 그 결과로 일어나는 진동의 고유진동수를 계산하라.

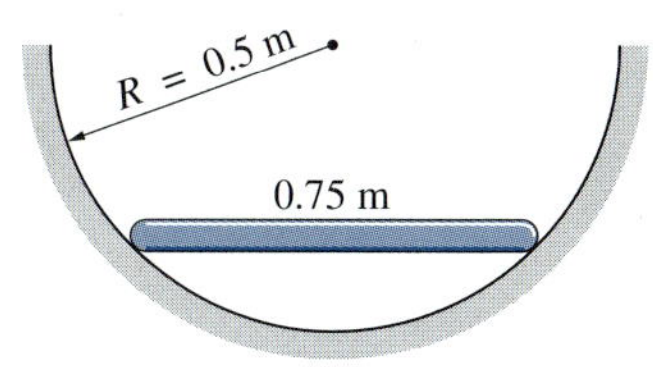

그림 P20.70

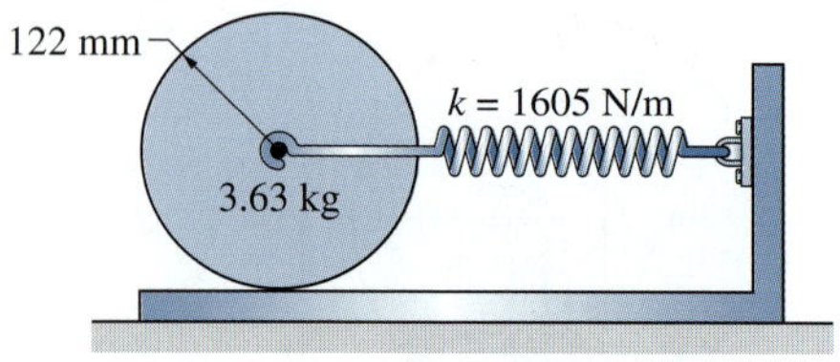

그림 P20.71

20.71 3.63 kg의 균일 판의 평형이 교란될 때, 이것이 미끄러짐 없이 단단한 기반 위에서 앞뒤로 구른다. 만약 평형 위치로부터 판 중심의 최대변위가 30.5 mm라면, (a) 그 진동의 원진동수를 구하라. (b) 판과 기반 사이의 최소 마찰계수를 구하라.

20.72 0.816 kg인 균일한 봉이 각각의 길이 $L = 0.457$ m로 T자 형태로 서로 용접되어 있다. 이들은 핀 O에 대해 수직한 평면으로 자유롭게 회전 가능하다. 스프링 상수와 감쇄계수가 각각 $k = 29.2$ N/m이고, $\zeta = 0.5$라고 가정할 때, 이들의 감쇄 원진동수를 구하라. 여기서는 진폭이 작다고 가정한다.

20.73 질량 m인 균일의 얇은 막대가 그림에 보여진 정적 평행상태에 초기적으로 있다. 이 막대가 약간 회전하면서 놓여진다. (a) 막대의 각변위 θ로 운동의 미분방정식을 유도하라. (b) 만약 $m = 5.5$ kg이고 $k = 3.2$ kN/m일 때, 감쇠계수 C가 임계적으로 감쇠진동이 되는 c값을 구하라.

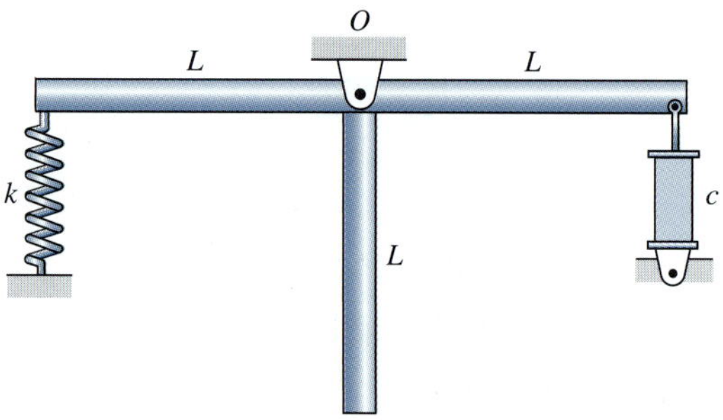

그림 P20.72

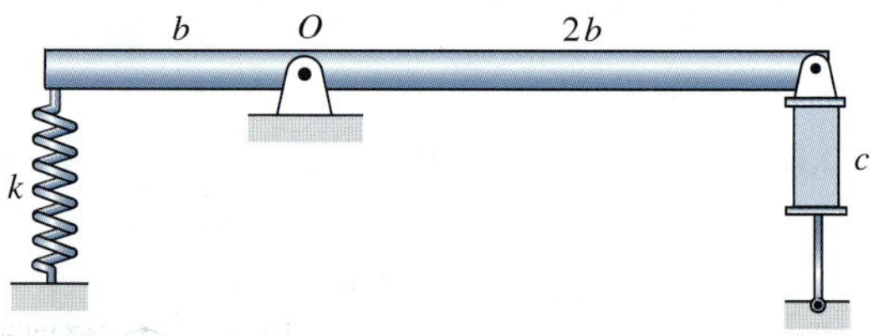

그림 P20.73

20.74 플랫폼이 B에서 핀으로, 그리고 C에서 스프링으로 지지되어 그림과 같이 평형상태에 있다. A의 점성 감쇠가 연결되지 않을 때, 미소 진폭에 대한 계의 진동수가 2.22 Hz이다. 계를 임계적으로 감쇠시키는 감쇠계수 c를 구하라.

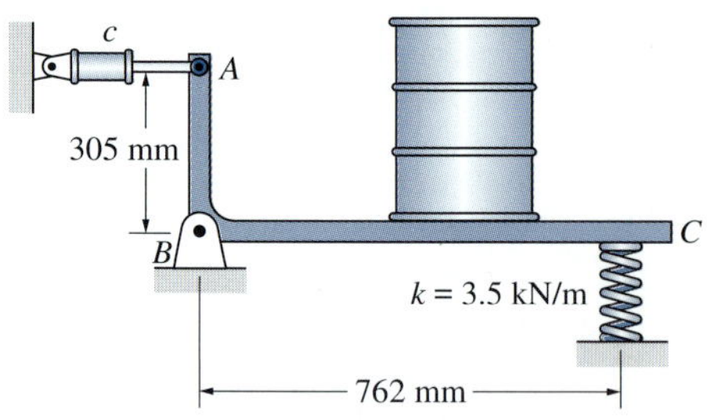

그림 P20.74

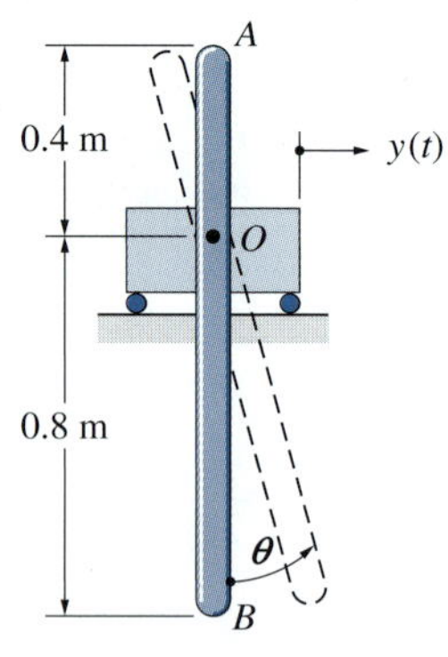

그림 P20.75, P20.76

20.75 12 kg의 균일 봉 AOB가 O에서 운반대에 핀으로 연결되어 있다. 운반대가 조화변위 $y(t) = Y \sin \omega t$를 받고 있으며, 여기서 $Y = 10$ mm이고 $\omega = 2$ rad/s이다. 미소 진폭에 대한 봉의 정상상태에 대한 각진폭을 계산하라.

20.76 12 kg의 균일 봉 AOB가 O에서 운반대에 핀으로 연결되어 있다. 봉은 $t = 0$에서 수직 위치에 정지해 있으며, 이때 조화변위 $y(t) = Y \sin pt$가 운반대에 부과되어 있다. 여기서 p는 작은 진폭에 대한 공진진동수이고 $Y = 10$ mm이다. (a) 봉에 대한 운동 미분방정식이

$$\ddot{\theta} = -12.263 \sin\theta + 0.153\,31 \cos\theta \sin 3.502t \text{ rad/s}^2$$

임을 보여라. (b) $t = 0$~50초까지 운동방정식을 수치적분하고, t에 대한 θ선도를 그려라. (c) 선도를 검토하여 θ의 최댓값을 추정하라.

20.77 60 kg의 균일판의 반경이 $R = 500$ mm이다. 80 kg 질량과 수직 안내홈 사이의 공간은 윤활되어 감쇠비 $\zeta = 0.15$의 점성 감쇠를 제공한다. 만일 우력 $M(t) = M_0 \sin \omega t$가 판에 작용하고, 여기서 $M_0 = 40$ N·m, $\omega = 5$ rad/s이라면, 판의 정상상태 각변위 $\theta(t)$를 결정하라. 케이블은 계속 팽팽하고 판에서 미끄러지지 않는다고 가정한다.

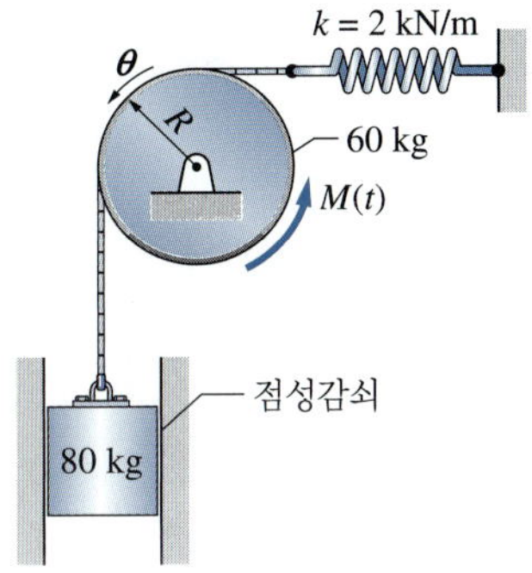

그림 P20.77

20.78 2.72 kg의 균일 판이 A에서 핀에 대해 회전하고 있다. 핀은 점도가 높은 기름으로 윤활되었고, 이것은 점성감쇠 우력 $M_d = -c\dot{\theta}$(여기서 c는 상수)에 상응하는 회전 저항을 발생시킨다. 만약 회전 주기가 1.468초로 측정되었다면, (a) 감쇠비, (b) 상수 c를 계산하라.

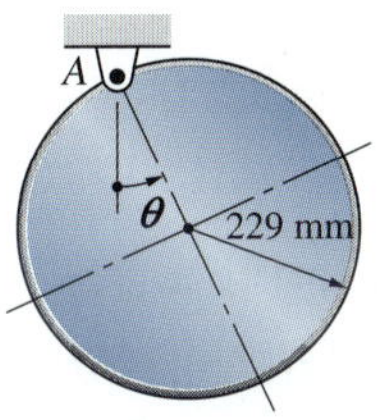

그림 P20.78

***20.79** 일정한 외력의 비감쇠계에 대한 운동 미분방정식은 식 (20.45)로부터 $M\ddot{q} + Kq = F$이고, 여기서 F는 일정한 일반력이다. q에 대한 $\dot{q}/p$선도가 그림과 같이 원임을 증명하라. 여기서 p는 계의 고유 원진동수이다[주의: 이 원이 계의 **위상평면**(phase plane)선도로 불린다. 이 형식의 선도는 복소수 1자유도계의 동특성을 기술하는 데 큰 도움이 될 수 있다. 예를 들어 문제 20.80을 참조하라].

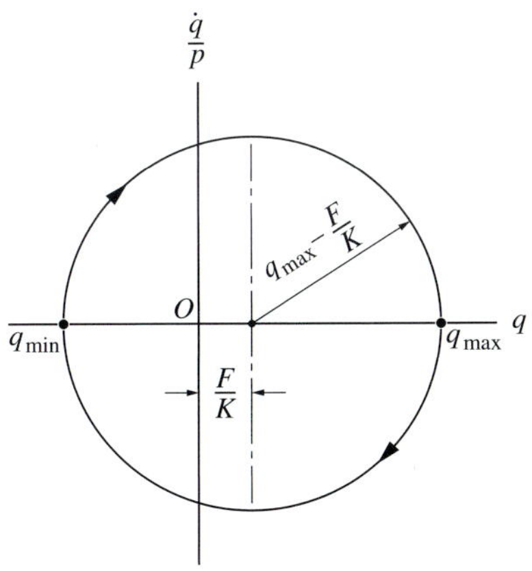

그림 P20.79

***20.80** 계에 대한 운동 미분방정식은 일정한 크기의 쿨롱감쇠(건마찰)에 의해 지배된다. 이것은

$$M\ddot{q} + Kq = \begin{cases} -F & \text{if } \dot{q} > 0 \\ F & \text{if } \dot{q} < 0 \end{cases}$$

이다, 여기서 F는 일반화된 일정한 마찰력이다. 계를 $q = q_0$의 정지 상태로부터 내버려 둔다고 가정하고, $F = 0.15\ Kq_0$라고 놓자. (a) 계에 대한 위상평면 선도를 그려라(힌트: 문제 20.79 참조). (b) 이 위상평면 선도로부터 진동의 매 회전에서 진폭의 감소와 계가 정지되는 점을 구하라.

20.5 에너지보존 방법

여기서 1자유도의 비감쇠 자유진동을 해석하는 데 편리한 두 방법, 즉 에너지 법과 레일리의 원리를 다룬다. 두 기법이 모두 기계적인 에너지보존의 원리에 기초를 두고 있다.

20.5a 에너지 법

현재까지, 우리는 운동의 미분방정식의 도출을 시작으로 진동계의 분석을 하였는데, 자유물체도와 뉴턴의 제2법칙을 사용하였다. 계가 보존될 때(감쇠가 없거나 무시된다), 운동방정식을 제외하고, 기계적인 에너지보존의 원리로부터 직접 고유 진동수를 얻을 수 있다.

만약 기계적인 계에 작용하는 모든 힘을 보존할 때, 그 계의 모든 기계적인 에너지는 보존된다. 즉

$$T + V = \text{상수} \tag{20.35}$$

여기서 T는 계의 운동에너지이고 V는 계에 작용하는 위치에너지를 나타낸다. 계가 선형적(작용 힘에 비례적으로 반응)이라고 가정하고 일반화된 위치 좌표계 q의 1자유도라고 가정하자. 이 계의 운동에너지는 다음의 형태를 갖는다.

$$T = \frac{1}{2}M\dot{q}^2 \tag{20.36}$$

여기서 상수 M은 계의 일반화된 질량이다.

선형 계의 위치에너지는 q에 대해서 항상 2차 형태로 나타낸다.

$$V = V_0 + F_0 q + \frac{1}{2}Kq^2 \tag{20.37}$$

여기서 V_0, F_0 그리고 K는 상수들이다. 다음과 같이 유도하기 위하여, 계의 정적 평형 위치로 $q = 0$이라고 가정한다. 식 (20.37)로부터 V_0는 평형 위치에서의 계의 위치에너지임을 알 수 있다. 게다가 정적 평형상태에서 $dV/dq|_{q=0} = 0$이므로 결국 $F_0 = 0$이 되고, 그래서 위치에너지는 다음과 같게 된다.

$$V = V_0 + \frac{1}{2}Kq^2 \tag{20.38}$$

식 (20.36)과 (20.38)을 식 (20.35)에 대입하고, 시간에 대해서 미분하면 다음과 같이 된다.

$$\frac{d}{dt}\left(\frac{1}{2}M\dot{q}^2 + V_0 + \frac{1}{2}Kq^2\right) = 0$$

여기서 $(M\ddot{q} + Kq)\dot{q} = 0$이 된다. 무의미한 해 $\dot{q} = 0$를 제외하면, 다음의 운동 방정식을 얻는다.

$$\ddot{q} + p^2 q = 0 \tag{20.39}$$

여기서

$$p = \sqrt{\frac{K}{M}} \tag{20.40}$$

식 (20.39)는 식 (20.1b)와 동일한 형태이기 때문에 p를 계의 원진동수라고 할 수 있다.

요약하면, 에너지보존을 이용하여 비감쇠 계의 원진동수를 계산하는 절차는

- 위치 좌표 q를 선택하고, $q = 0$에서 정적평형이다.
- 임의 위치에서 위치에너지 V에 대한 표현을 유도한다($\sin q \approx q$와 $\cos q \approx 1 - q^2/2$와 같이 작은 변위를 근삿값으로 만들 때, q의 선형항뿐만 아니라 제곱항도 반드시 유지되어야 한다). 식 (20.37)의 V에 관한 표현과 비교하여 상수 K를 확인한다.
- 임의 위치에서 운동에너지 T에 대한 표현을 유도한다. 그리고 식 (20.36)의 표현과 비교하여 M을 확인한다.
- $p = \sqrt{K/M}$으로부터 원진동수를 계산한다.

20.5b 레일리 원리

어떤 경우에, 기하학적 복잡성이 임의 위치의 운동에너지를 계산하기 어렵게 하기도 한다. 이러한 경우에는 에너지보존의 원리의 변형인 레일리 원리를 사용하여 가장 잘 분석할 수 있다. 레일리 원리는 계의 특정 위치에서 운동에너지를 요구하는데, 이때 기하학적으로 단순화한다. 이 방법은 운동이 전적으로 조화적이지 않는 계의 대략적인 분석으로도 사용된다.

앞서와 같이 계는 선형이고, 1자유도라 가정한다. q를 일반화된 위치 좌표라고 할 때, 여기서 $q = 0$은 정적 평형 상태이다. 식 (20.35)의 기계적인 에너지 보전으로부터 다음과 같은 결론을 얻는다.

- 최대 운동에너지 위치는 위치에너지가 최소가 되는 위치에서 일어난다. 식 (20.38)에 의하면, $q = 0$에서 $V_{min} = V_0$이다. 그러므로 결국 T_{max}도 $q = 0$에서 일어난다.
- 최대 위치에너지 위치는 운동에너지가 최소가 되는 위치에서 일어난다. $\dot{q} = 0$ 위치에서 $T_{min} = 0$인 것을 유의하자.

기계적 에너지의 보존은 $T_{max} + V_{min} = T_{min} + V_{max}$을 요구한다. $T_{min} = 0$과 $V_{min} = V_0$이므로, 에너지 균형은,

$$T_{max} = V_{max} - V_0 \tag{20.41}$$

이것이 레일리 원리로 알려져 있다. 만약 위치에너지의 기준이 $V_0 = 0$으로 선택되었다면, 이 원리는 더 편리한 형태인 $T_{max} = V_{max}$라고 가정된다. 식 (20.41)에서

$$V_{max} = V_0 + \frac{1}{2}Kq_{max}^2 \quad T_{max} = \frac{1}{2}M\dot{q}_{max}^2 \tag{a}$$

레일리 원리를 따를 때, 운동은 단순 조화: $q = A\sin(pt + \alpha)$로 가정해야 한다. 그러므로 $q_{max} = A$와 $\dot{q}_{max} = Ap$ 또는

$$\dot{q}_{max} = pq_{max} \tag{20.42}$$

식 (a)를 식 (20.42)와 함께 식 (20.41)에 대입하면, 이전과 같이 $p = \sqrt{K/M}$으로부터 다음을 얻을 수 있다.

$$\frac{1}{2}p^2Mq_{max}^2 = V_0 + \frac{1}{2}Kq_{max}^2 - V_0$$

레일리 방법을 적용하는 절차는 다음과 같다.

- 일반화된 위치 좌표 q를 선택한다. 이때 q는 정적 평형 위치에서 0이 된다.
- $q = q_{max}$ 위치에서 위치에너지 V에 대한 표현을 유도한다. 그래서 q_{max}의 함수로 V_{max}를 얻는다. (작은 변위로 근사화할 때, q_{max}에서 선형항뿐만 아니라 제곱항도 반드시 유지되어야 한다.)
- $q = 0$ 정적 평형 위치에서 운동에너지 T에 대한 표현을 유도한다. 결과는 $\dot{q}_{max}$의 함수인 T_{max}이다.
- $\dot{q}_{max} = pq_{max}$를 T_{max}에 대한 표현으로 대입하면, q_{max}의 함수로 T_{max}를 얻을 수 있다.
- T_{max}와 V_{max}에 대한 표현을 식 (20.41)에 대입하고 p에 대해서 푼다. (q_{max}는 반드시 상쇄될 것이다.)

예제 20.8

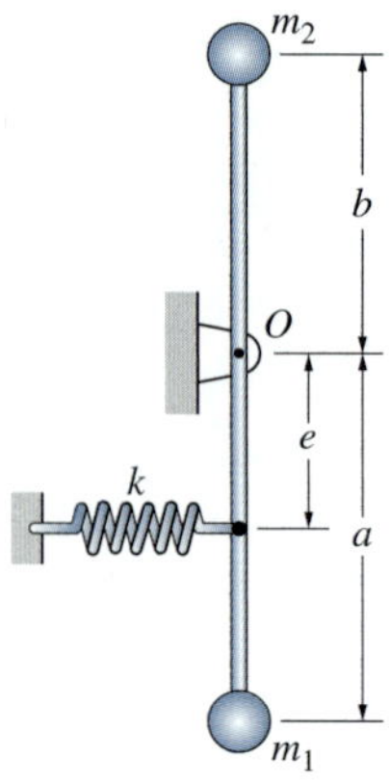

(a)

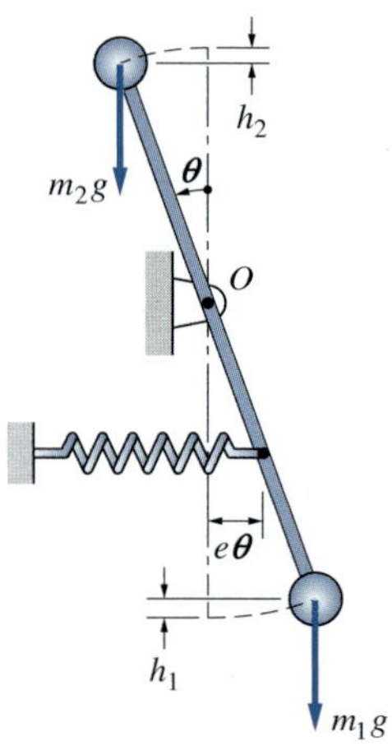

(b)

그림 (a)의 강체는 작은 질량 m_1과 m_2로 구성되어 있고, 이들은 O에서 핀에 대해 회전할 수 있는 가벼운 봉의 양 끝단에 연결되어 있다. 이상적인 스프링은 봉이 수직일 때 변형되지 않는다. 적은 진동의 원진동수를 구하라.

풀이

계의 운동에너지는 쉽게 계산되기 때문에 이 문제는 에너지보존을 이용한 해결이 적절하다. 그림 (b)에 있는 각 θ를 위치 좌표로 선택한다. 정적 평형 위치에서 $\theta = 0$인데, 에너지 방법에서 필요하다. 위치에너지에 대해 평형 위치와 그림 (b)를 참고하면 다음과 같은 식을 얻을 수 있다.

$$V = m_1 g h_1 - m_2 g h_2 + \frac{1}{2}k(e\theta)^2$$

여기서 $h_1 = a(1 - \cos\theta)$, $h_2 = b(1 - \cos\theta)$이다. 근사적으로 $\cos\theta \approx 1 - \theta^2/2$이므로, $h_1 \approx a\theta^2/2$이고 $h_2 \approx b\theta^2/2$를 얻을 수 있다. 그러므로 그 위치에너지는

$$V = \frac{1}{2}\left(m_1 g a - m_2 g b + k e^2\right)\theta^2$$

식 (20.37)과 비교해보면

$$K = m_1 g a - m_2 g b + k e^2$$

O는 고정점이기 때문에, 계의 운동에너지는

$$T = \frac{1}{2} I_O \dot{\theta}^2 = \frac{1}{2}\left(m_1 a^2 + m_2 b^2\right)\dot{\theta}^2$$

위 식을 식 (20.36)과 비교해보면, 다음과 같은 결과를 얻는다.

$$M = m_1 a^2 + m_2 b^2$$

그러므로, 계의 원진동수는

$$P = \sqrt{\frac{K}{M}} = \sqrt{\frac{m_1 g a - m_2 g b + k e^2}{m_1 a^2 + m_2 b^2}}$$ **답**

예제 20.9

그림 (a)는 수평면상에서 미끄러짐 없이 전후로 흔들리는 균질의 반원통을 나타낸다. 반원통의 각위치가 각 θ로 정의된다. 운동이 단순조화라고 가정하고, 작은 진폭에 대한 진동의 고유원진동수를 구하라. 질량중심 G는 점 O로부터 거리 $4R/3\pi = 0.4244R$에 놓여 있다.

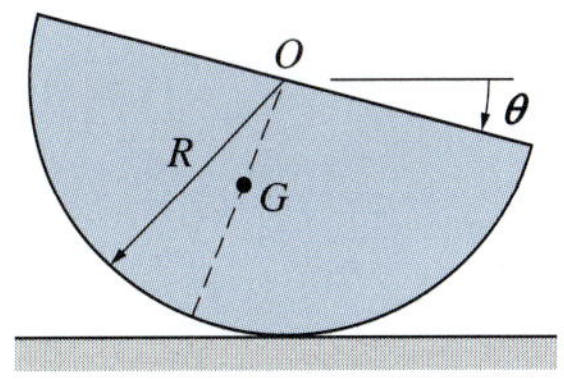

(a)

풀이

이 문제는 에너지보존을 사용하여 답을 찾는 데 적합하지 않다. 왜냐하면 운동에너지는 임의 위치에서 쉽게 계산되지 않기 때문이다. 어려움의 원인은 반원통과 수평면 사이의 접촉점의 변위로, 이것이 기하학적 복잡성을 야기시키기 때문이다. 이러한 문제는 레일리 원리에 의해 해결될 수 있다.

최대 위치에너지의 위치는 그림 (b)에서 보여진다. 기준으로 수평면을 선택하면, 위치에너지는

$$V_{\max} = mg(R - 0.4244R\cos\theta_{\max}) \approx mg\left[R - 0.4244R\left(1 - \frac{\theta_{\max}^2}{2}\right)\right]$$
$$= 0.5756mgR + 0.2122mgR\theta_{\max}^2$$

$V_0 = 0.5756mg\,R$는 평형($\theta = 0$) 위치에서의 위치에너지임을 유의하자.

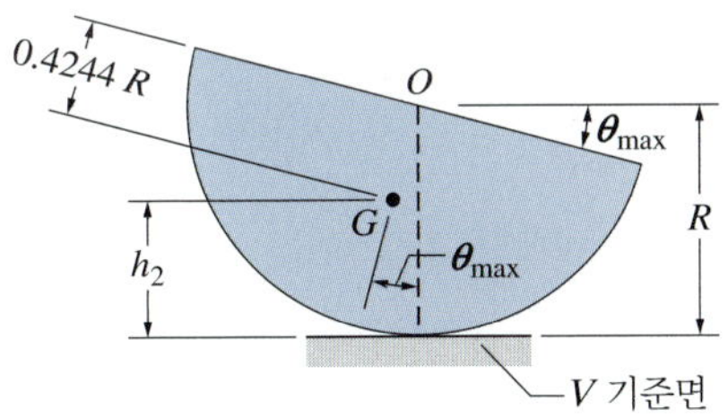

(b) 최대 변위 위치 ($V = V_{\max}$, $T = 0$)

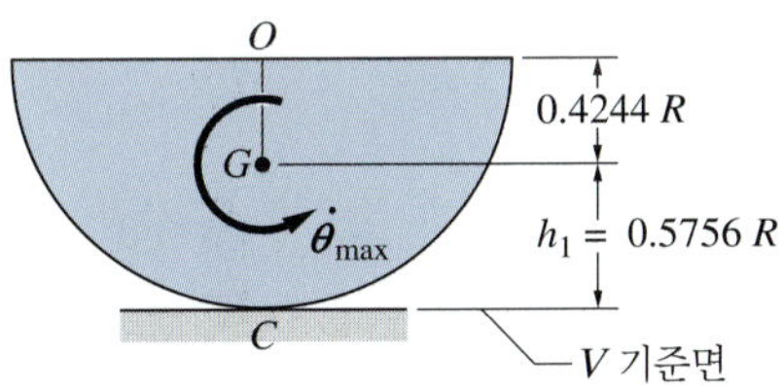

(c) 평형 위치 통과 시 ($V = V_0$, $T = T_{\max}$)

반원통의 최대 운동에너지는 $\theta = 0$ 위치에서 발생하고, 그림 (c)에서 보여진다. 접촉점 C는 속도의 순간중심이기 때문에, 운동에너지는 $T_{\max} = (1/2)I_C\dot{\theta}_{\max}^2$이다. 평행축 이론으로부터

$$\bar{I} = I_O - m(\overline{OG})^2 = 0.5mR^2 - m(0.4244R)^2 = 0.3199mR^2$$
$$I_C = \bar{I} + m(\overline{GC})^2 = 0.3199mR^2 + m(0.5756R)^2 = 0.6512mR^2$$

그래서

$$T_{\max} = \frac{1}{2}(0.6512mR^2)\dot{\theta}_{\max}^2 = 0.3256mR^2\dot{\theta}_{\max}^2$$
$$= 0.3256mR^2p^2\theta_{\max}^2$$

마지막 단계로, $\dot{\theta}_{\max}^2 = p^2\theta_{\max}^2$를 대입하고, 운동이 조화적이라고 가정한다.

레일리의 원리 $T_{\max} = V_{\max} - V_0$는,

$$0.3256mR^2p^2\theta_{\max}^2 = 0.2122mgR\theta_{\max}^2$$

원진동수에 대해서 다음 값을 얻는다.

$$p = 0.807\sqrt{\frac{g}{R}}$$ 답

연습문제

20.81 무게 W인 불평형 판의 질량중심이 G에 놓여 있다. 그림에 보인 평형 위치에서 두 스프링은 판의 가장자리에 부착되어 변형이 없는 상태에 있다. 에너지 법에 의하여 미소 진동에 대한 판의 고유원진동수를 구하라. 다음 데이터를 사용하라: $W = 196$ N, $R = 0.732$ m, $\bar{k} = 0.549$ m(G에 관한 회전반경), $k_1 = 365$ N/m 그리고 $k_2 = 511$ N/m.

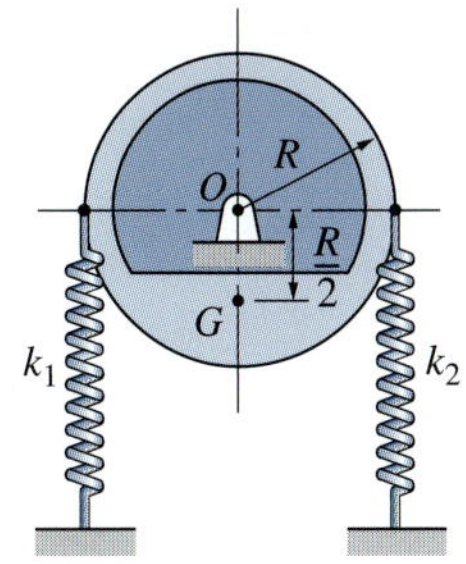

그림 P20.81

20.82 균일 봉 AB와 BC가 각각 길이가 L이고 질량 m으로 B점에서 핀으로 고정되어 있다. 봉 BC의 끝단 C는 롤러에 지지되고 있다. 이 계는 그림과 같은 위치로 평형을 유지하고 있다. 이 위치에서의 미소 진동에 대한 주기를 계산하라.

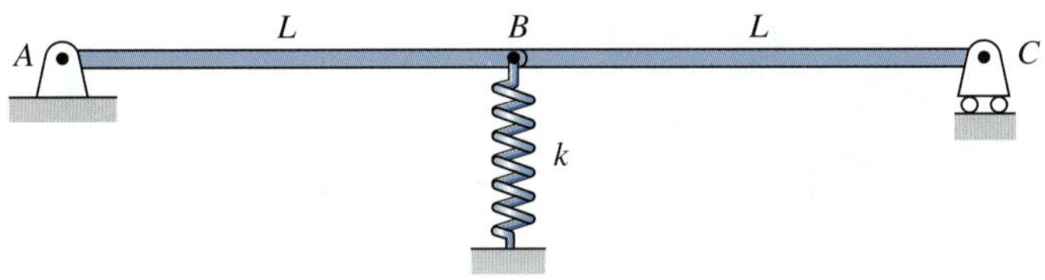

그림 P20.82

20.83 L형 팔의 끝단에 질량 m인 블록이 결합되어 있고, 반대쪽 끝단에 선형 스프링이 부착되어 있다. 팔의 무게는 무시할 수 있다. (a) 그림에 보여진 평형 위치에 대해 미소 진동에 대한 고유 원진동수를 구하라. (b) 진동이 안정될 수 있는 스프링 상수 k의 범위는 얼마인가?

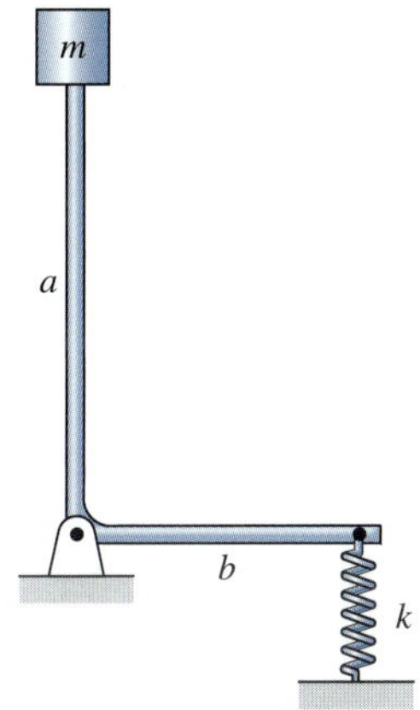

그림 P20.83

20.84 길이 L과 질량 m의 균질의 막대는 반지름 R의 원통형 표면에서 미끄러지지 않고 앞뒤로 흔들린다. 작은 진폭에 대한 진동의 원형 주파수를 결정하라. 단순 조화 운동임을 가정하라.

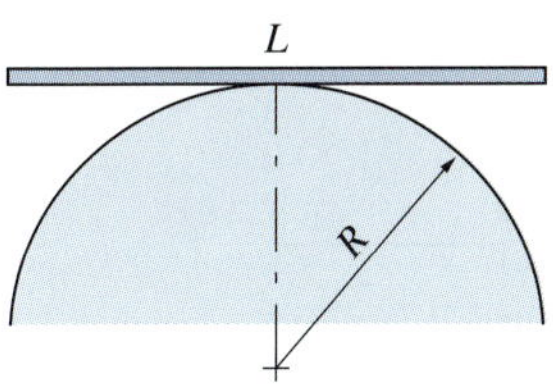

그림 P20.84

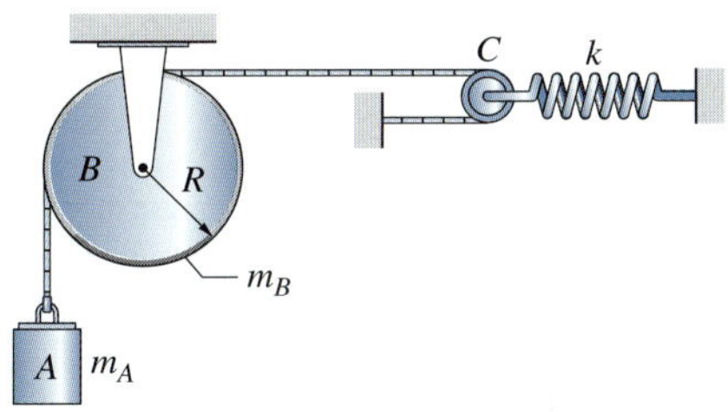

그림 P20.85

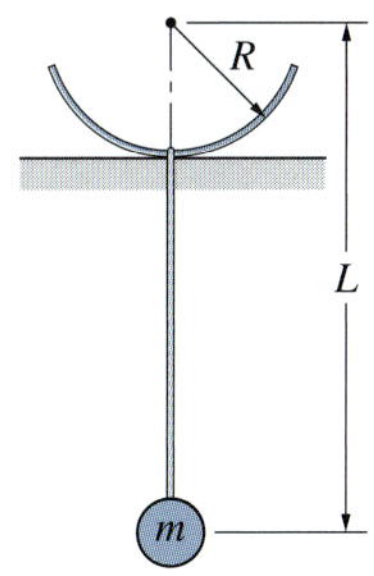

그림 P20.86

20.85 풀리 B는 균일한 판으로 가정하고, 풀리 C의 질량은 무시된다. 이 계의 고유진동수에 대한 표현식을 구하라.

20.86 진자가 단단하게 부착된 고리가 수평 표면상에서 미끄러짐 없이 구르고 있다. 고리와 봉의 질량을 무시하고, 그림에 보인 평형 위치에 관해서 미소 진동에 대한 주기를 계산하라. 단순 조화운동으로 가정하라.

20.87 질량 m과 길이 R의 균일 봉이 반경 R의 질량을 무시할 수 있는 둥근 기반에 부착되어 있다. 계가 θ가 작은 각인 그림에 보인 위치의 정지 상태로부터 놓여 있다. 진

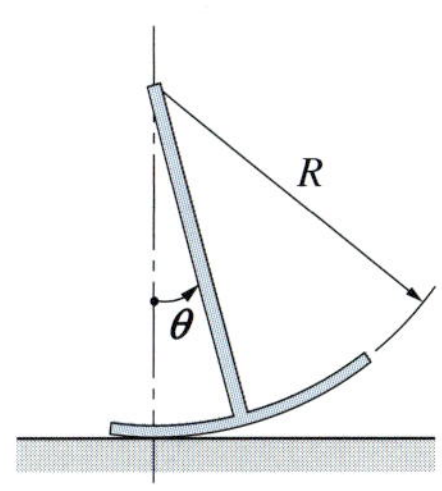

그림 P20.87

동을 일으키는 원진동수를 결정하라. 이때 운동이 조화적이고 기반은 수평표면상에서 미끄러지지 않는다고 가정한다.

20.88 추가 균일한 원반과 무게를 무시해도 되는 막대로 구성되어 있다. 진자의 주기가 미소 진동에 의해 1.2초가 되는 두 개의 거리 L을 구하라.

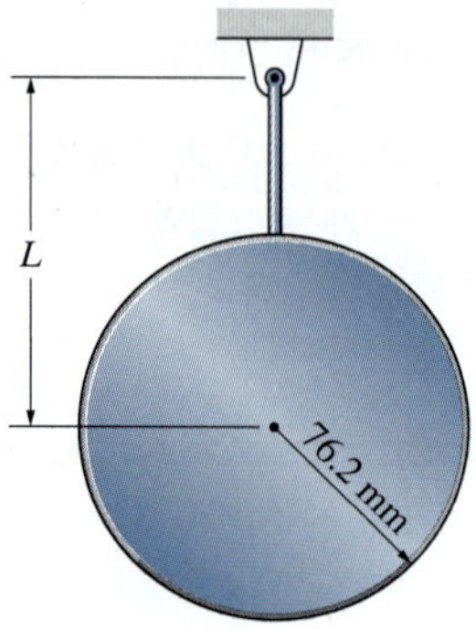

그림 P20.88

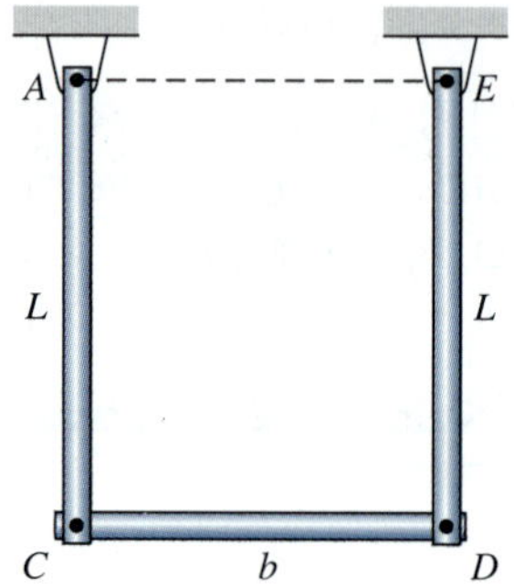

그림 P20.89

20.89 핀 접합 기구는 수직면에 놓여 있다. 기구에 작은 변위가 주어졌다가 해제된 경우 평형 위치에 대한 결과 진동의 원형 주파수를 결정하라. 구성원의 중량은 $m_{AC} = m_{DE} = m$, $m_{CD} = 3m$이다.

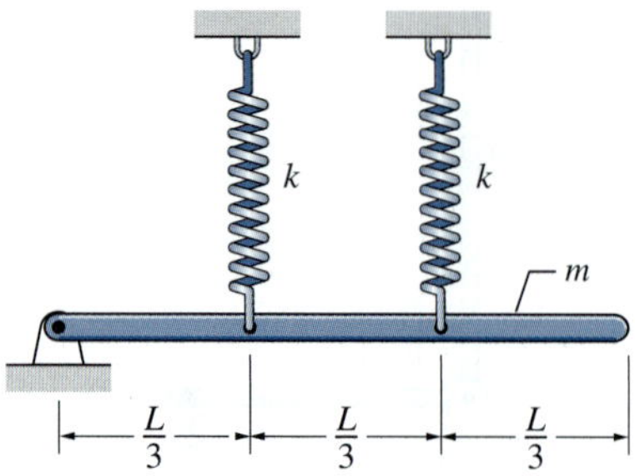

그림 P20.90

20.90 만일 균일의 얇은 봉이 그림에 보인 위치에서 평형상태에 있다면, 미소 진폭에 대한 진동 주기를 계산하라.

20.91 질량이 m이고 반지름이 R인 균일 원반이 경사면에서 미끄러움이 없이 구른다. 평형 위치에서 원반의 미소 진동에 대한 진동수를 구하라.

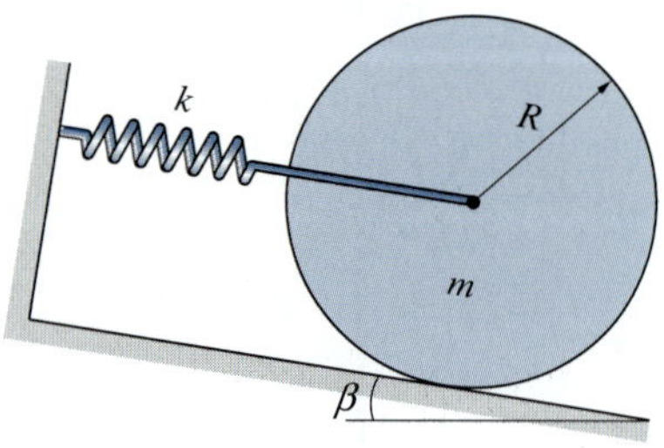

그림 P20.91

20.92 균일한 나무 블록이 물 위에 떠서 상하방향으로 약간 움직이며 놓여 있다. 진동 결과의 주기를 찾아라. 다음의 비중을 사용하라: $\rho_{\text{water}} = 1000\ \text{kg/m}^3$, $\rho_{\text{wood}} = 611\ \text{kg/m}^3$.

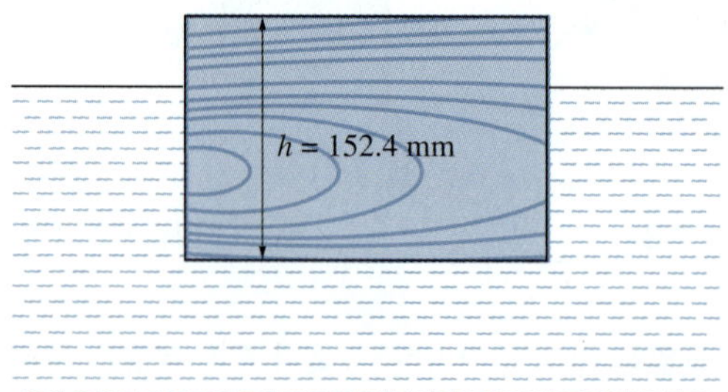

그림 P20.92

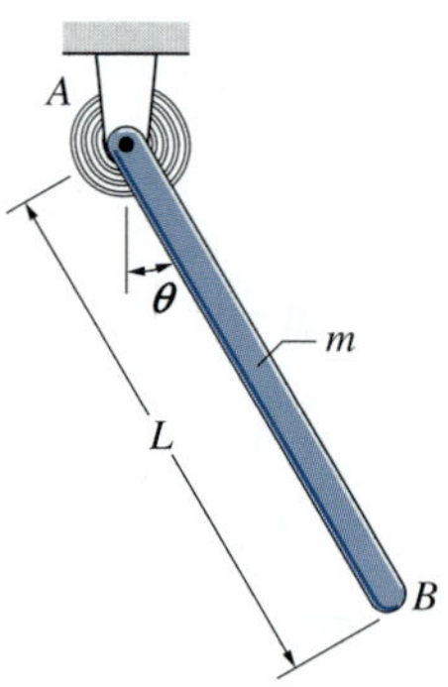

그림 P20.93

20.93 균일의 얇은 봉의 끝단 A에 있는 비틀림 스프링이 $\theta = \theta_0$의 위치에서 봉이 평형이 되도록 조정되어 있다. 여기서 θ_0가 반드시 작은 것은 아니다. 만일 스프링의 회전 강성이 k(torque/rad)라고 하면, 평형 위치에 관해서 미소 진동에 대한 봉의 고유 진동수를 나타내는 표현식을 결정하라. 그림의 평면이 (a) 수직하고, (b) 수평하다고 가정하라.

20.94 A와 G에 있는 롤러는 균일한 봉 AB에 핀으로 결합되어 있고, 고정된 안내 홈 속에서 자유롭게 움직인다. A의 스프링은 초기에는 늘어나지 않은 상태이고, 봉은 $\theta = 0$일 때 정지해 있다. (a) 각 θ가 작다고 가정하고, 봉에 대한 운동 미분방정식을 유도하라. (b) $m = 15$ kg, $L = 1.2$ m 그리고 $k = 490.5$ N/m이면, 진동주기를 계산하라. (c) (b)에서 주어진 L과 k값을 이용하여 각 θ가 미소각으로 유지될 때 m의 최댓값을 구하라.

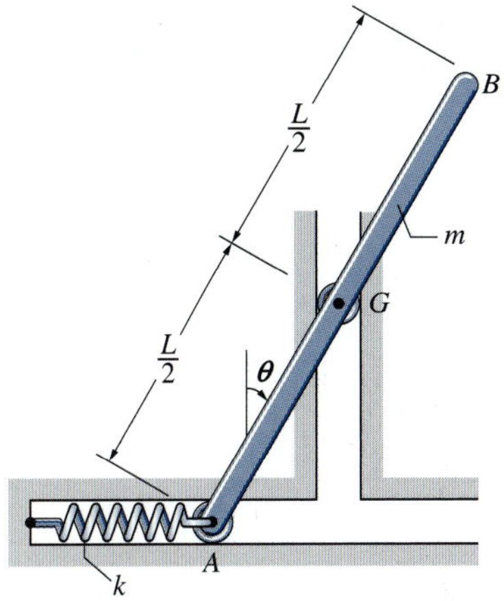

그림 P20.94–P20.95

20.95 (a) 문제 20.94에서 기술된 봉의 운동 미분방정식이 다음과 같음을 보여라.

$$\ddot{\theta} = -\left[\left(\dot{\theta}^2 + \frac{k}{m}\right)\cos\theta - \frac{2g}{L}\right]\frac{3\sin\theta}{1 + 3\sin^2\theta}$$

(b) $m = 15$ kg, $L = 1.2$ m 그리고 $k = 490.5$ N/m일 때, 수치적분을 이용하여 진폭이 (i) 작고, (ii) 30°일 경우에 진동주기를 계산하라.

20.96 질량 m과 반지름 r인 균일한 구가 반지름 R인 원통표면 위에서 미끄럼 없이 구른다. 그림에 보여진 평형 위치에서 작은 진동에 대한 진동수를 계산하라.

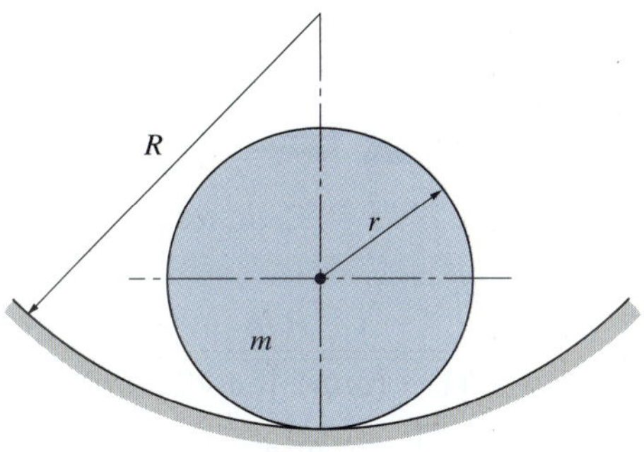

그림 P20.96

20.97 반지름 R과 질량 m인 얇은 링이 반지름 r인 고정핀에 고정되어 있다. 만약 링이 고정핀에서 미끄러지지 않는다면, 그림에 보여진 평형 위치에 대하여 미소 진동에 대한 원진동수를 결정하라. 단순 조화운동으로 가정하라.

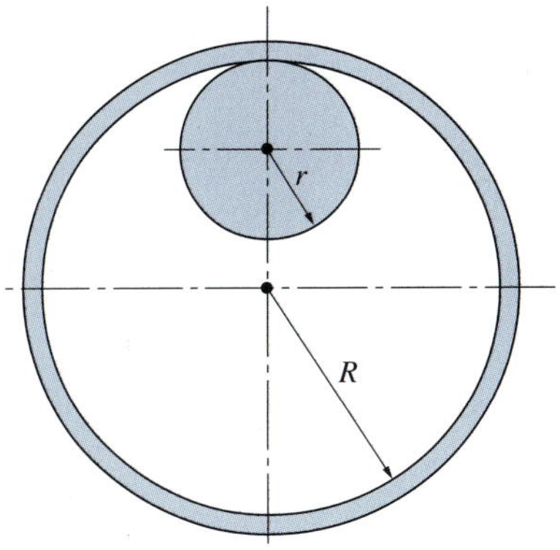

그림 P20.97

REVIEW OF EQUATIONS

Undamped free vibration

Equation of motion: $m\ddot{x} + kx = 0$

General solution: $x = A\cos pt + B\sin pt = E\sin(pt + \alpha)$

Circular frequency: $p = \sqrt{k/m}$

Damped free vibration

Equation of motion: $m\ddot{x} + c\dot{x} + kx = 0$

General solution: $x = A_1 e^{\left(-\zeta + \sqrt{\zeta^2 - 1}\right)pt} + A_2 e^{\left(-\zeta - \sqrt{\zeta^2 - 1}\right)pt}$

Damping factor: $\zeta = \dfrac{c}{c_{\mathrm{cr}}}$ $\quad c_{\mathrm{cr}} = 2mp$

Damped circular frequency: $\omega_d = p\sqrt{1 - \zeta^2}$

Forced vibration

Equation of motion: $m\ddot{x} + c\dot{x} + kx = P_0 \sin\omega t$

Particular solution: $X\sin(\omega t - \phi)$

Amplitude: $X = \dfrac{P_0/k}{\sqrt{[1 - (\omega/p)^2]^2 + (2\zeta\omega/p)^2}}$

Phase angle: $\phi = \tan^{-1}\left[\dfrac{2\zeta\omega/p}{1 - (\omega/p)^2}\right]$

Harmonic support displacement

$y = Y\sin\omega t$

Equation of motion: $m\ddot{z} + c\dot{z} + kz = mY\omega^2 \sin\omega t$

$z = x - y =$ position coordinate of mass relative to support

Energy method

$$V = V_0 + F_0 q + \frac{1}{2}Kq^2 \qquad T = \frac{1}{2}M\dot{q}^2 \qquad p = \sqrt{K/M}$$

Rayleigh's principle

$T_{\max} = V_{\max} - V_0$

REVIEW PROBLEMS

20.98 The 6-kg mass is set into motion at time $t = 0$ with the initial conditions $x = 25$ mm and $\dot{x} = -120$ mm/s, where x is measured from the position where the springs are undeformed. (a) Derive the differential equation of motion for the mass. (b) Compute the frequency of vibration. (c) Determine the expression for $x(t)$.

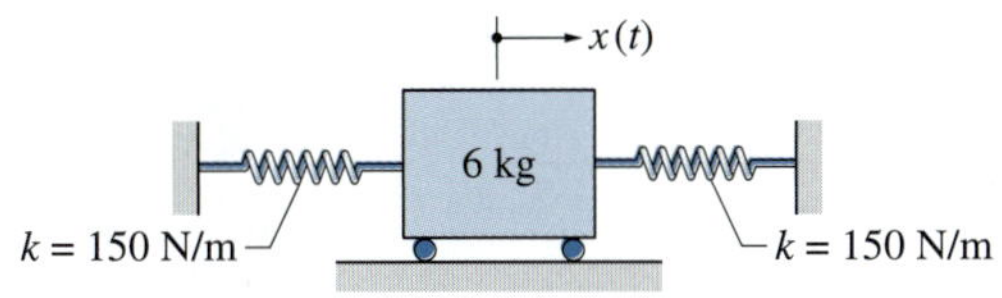

Figure P20.98

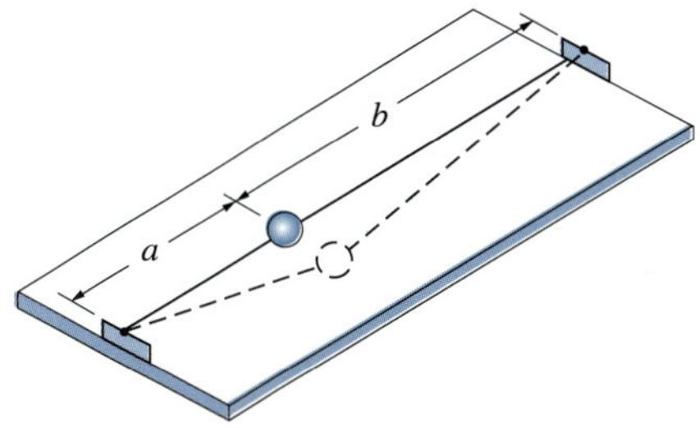

Figure P20.99

20.99 The two elastic cords are connected to the ball of mass m and stretched to initial tension T. If the ball is given a small lateral displacement and released, determine the frequency of the ensuing vibration.

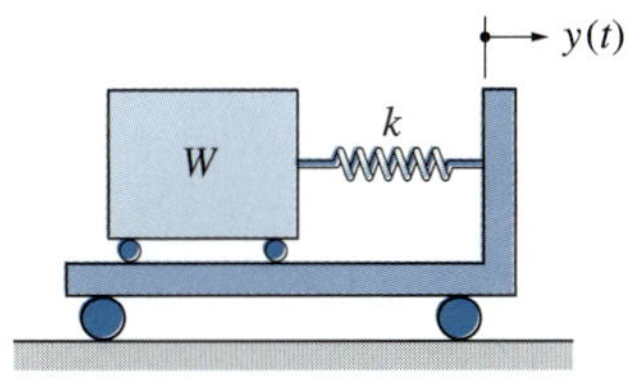

Figure P20.100

20.100 The block of weight $W = 1.09$ kg is connected to the shaker table by a spring of stiffness $k = 2.1$ kN/m. The system is at rest with the spring undeformed when the harmonic displacement $y(t) = 6.35 \sin 60t$ mm is imposed on the table. Determine the displacement of the weight relative to the table as a function of time.

20.101 The uniform 8.165-kg bar is in equilibrium in the position shown. The stiffnesses of the springs attached to the ends of the bar are $k_1 = 292$ N/m and $k_2 = 437.8$ N/m. If the couple $C(t) = C_0 \sin \omega t$ N·m is applied to the bar, where $C_0 = 0.678$ N·m and $\omega = 18$ rad/s, determine the amplitude of the displacements at the end-points of the bar due to steady-state vibration.

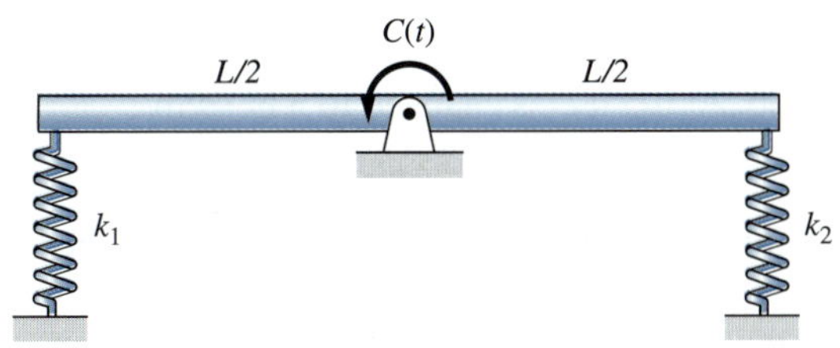

Figure P20.101

20.102 The 12-g bullet hits the stationary 5-kg block at 1200 m/s and becomes embedded in the block. Derive the expression for the displacement x of the block in terms of time t, assuming that the impact took place at $t = 0$.

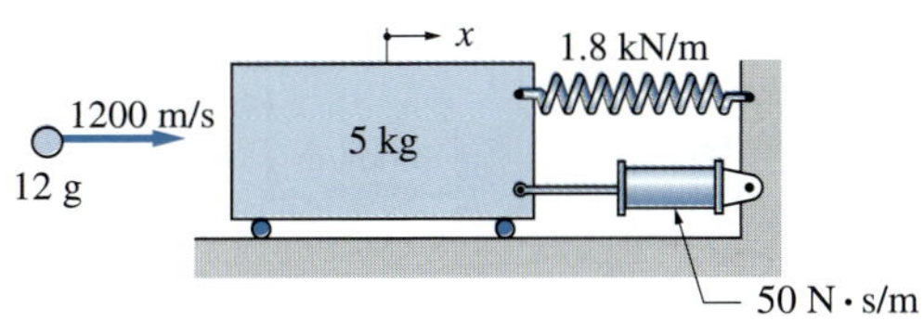

Figure P20.102

20.103 The figure shows a damped oscillator and the plot of its displacement during free vibration (x is measured from the equilibrium position). Knowing that the weight of the oscillator is $W = 227$ g, find the spring stiffness k and the damping coefficient c. (Hint: Use the logarithmic decrement.)

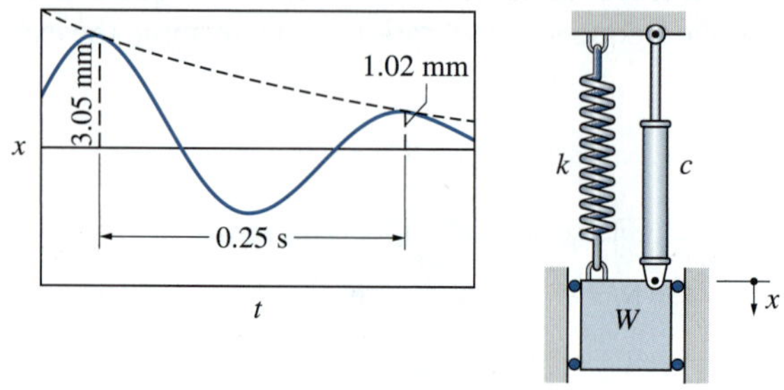

Figure P20.103

20.104 The 3.63-kg block is released from rest at time $t = 0$ in the position $x = 76.2$ mm, where x is measured from the position where the spring is undeformed. If the damping factor is 0.6, determine the expression for $x(t)$.

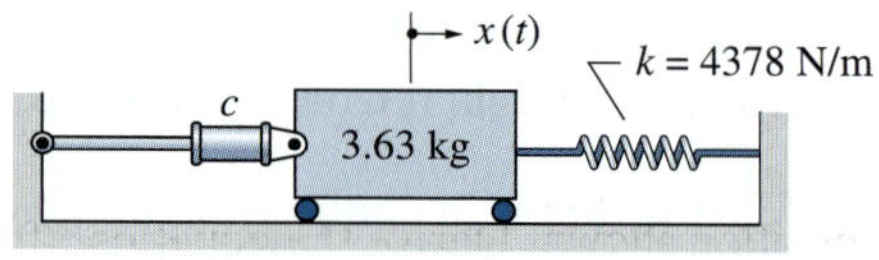

Figure P20.104

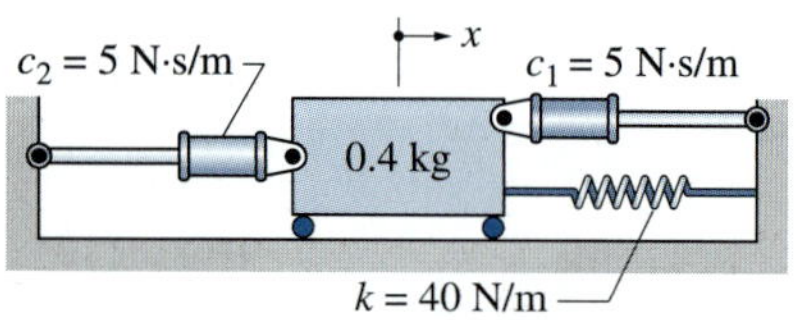

Figure P20.105, P20.106

20.105 The system is set into motion at time $t = 0$, with $x = 0$ and $\dot{x} = 2$ m/s, where x is measured from the undeformed position of the spring. Determine the expression for $x(t)$.

20.106 Solve Prob. 20.105 if c_2 is changed to 3 N · s/m.

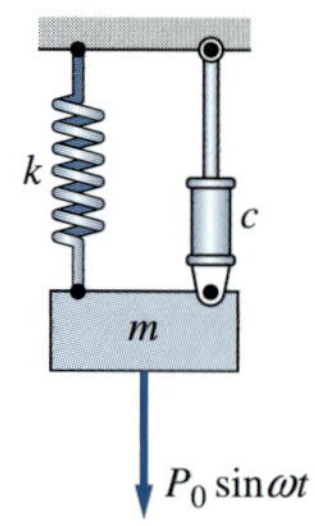

Figure P20.107, P20.108

20.107 For the system shown, $m = 7.3$ kg, $k = 1751$ N/m, and $c = 271.5$ N · s/m. (a) Determine the magnification factor if the circular frequency ω of the applied force equals the resonant frequency p of the system. (b) Find the maximum possible magnification factor and the corresponding value of ω.

20.108 Repeat Prob. 20.107 if the damping coefficient is changed to $c = 87.6$ N · s/m.

20.109 Determine the steady-state displacement $x(t)$ of the 8-kg mass if $Y = 24$ mm and $\omega = 18$ rad/s. Does $x(t)$ lead or lag $y(t)$?

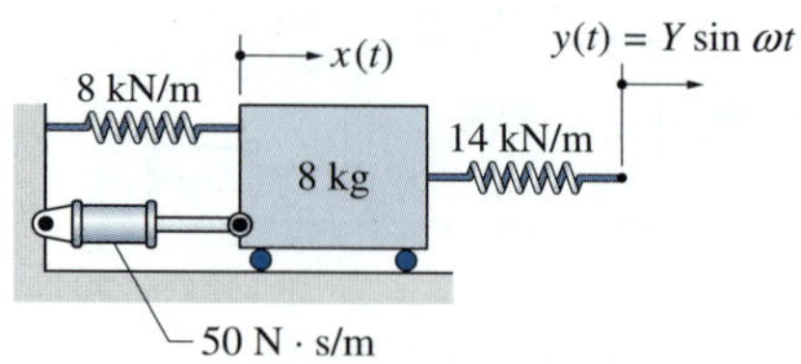

Figure P20.109

20.110 The rigid 24-kg uniform bar AB is in equilibrium in the position shown. Determine the damping coefficient c for which the bar would be critically damped for small oscillations.

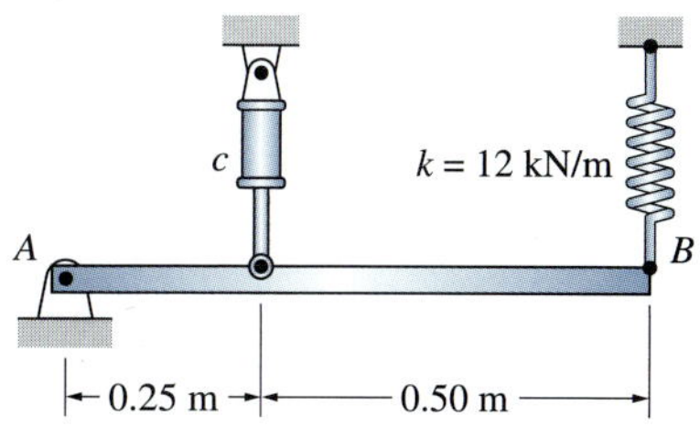

Figure P20.110

20.111 The uniform bar of mass m is in equilibrium in the position shown when it is displaced slightly and then released. Determine the circular frequency of the ensuing oscillations.

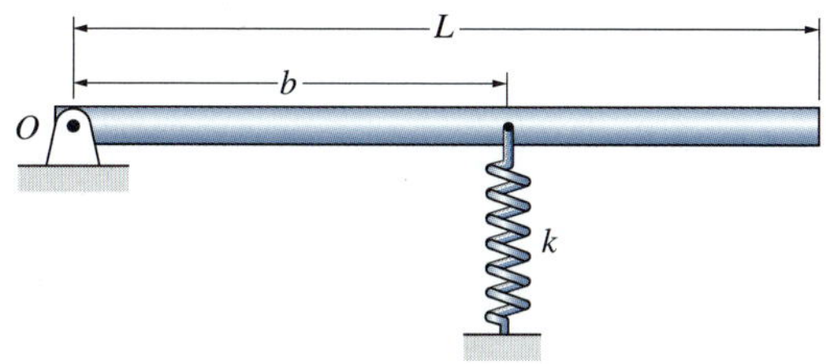

Figure P20.111

20.112 The T-shaped body is made of uniform bar that has a mass per unit length ρ. In the position shown, the body is in equilibrium. Determine whether the system is overdamped or underdamped for small oscillations, given that $\rho = 0.5$ kg/m, $a = 500$ mm, $c = 20$ N · s/m, and $k = 800$ N/m.

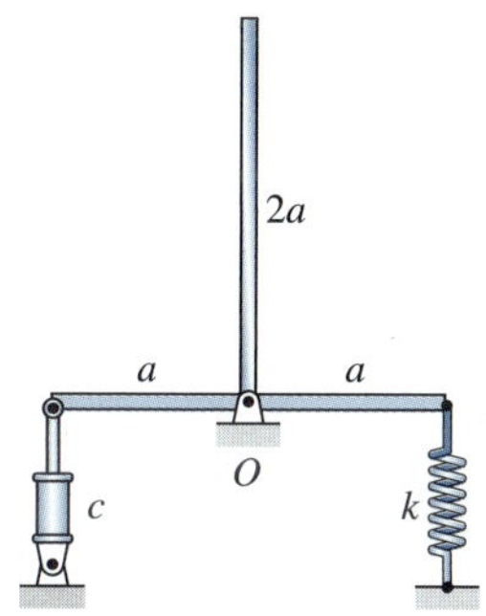

Figure P20.112

20.113 The figure shows the inside of an instrument that is used to measure the amplitude Y of the vertical ground motion $y(t) = Y \sin \omega t$. The L-shaped arm is in equilibrium in the position shown. Derive the equation of motion for the mass m in terms of z, the displacement of the mass relative to the frame. Assume small displacements and neglect all masses except m.

20.114 For the damped spring-mass system shown, the damping factor is $\zeta = 0.25$ and the undamped natural frequency is $f = 3$ Hz. When the support undergoes the vertical movement $y(t) = Y \sin 18t$ (t is the time in seconds), the relative amplitude of the steady-state vibration of the mass m is $Z = 10$ mm. Determine the amplitude Y of the support displacement.

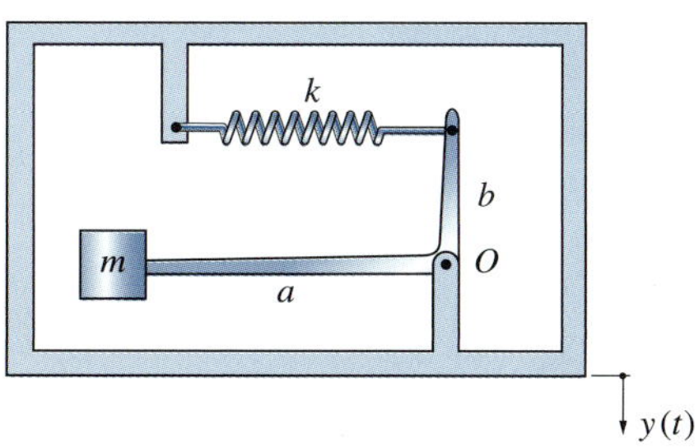

Figure P20.113

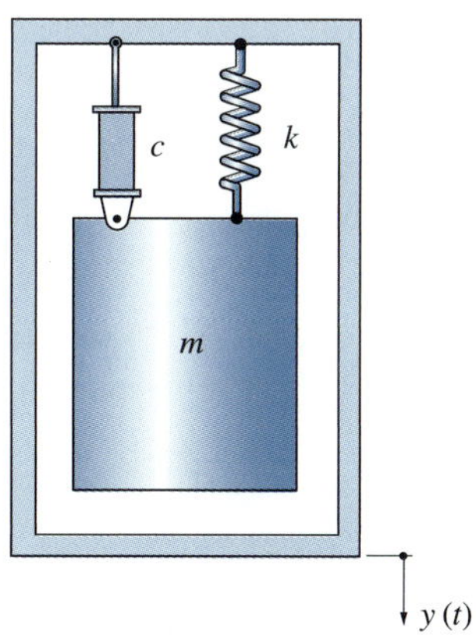

Figure P20.114

강체운동 상대속도식의 증명

Proof of the Relative Velocity Equation for Rigid-Body Motion

D

여기에서는 강체운동의 상대속도식인 $v_{B/A} = \boldsymbol{\omega} \times \mathbf{r}_{B/A}$을 증명하고자 한다. 여기에서 $\boldsymbol{\omega}$는 강체의 각속도(angular velocity)이다. 3차원 문제에서는 이 결과가 직관적으로 명백하지도 않고 그 증명이 자명하지도 않다.

그림 D.1에는 하나의 동일한 강체에 속하는 4개의 다른 점 A, B, C, D가 표시되어 있다. 이 점들은 다음과 같은 제한조건을 제외하고는 임의로 선정할 수 있다. 즉, (1) 기준점 A는 선 BC상에 놓여 있거나 선 CD상에 놓여 있어서는 안 되며, (2) 4개의 점은 동일 평면 위에 놓여 있어서는 안 된다.

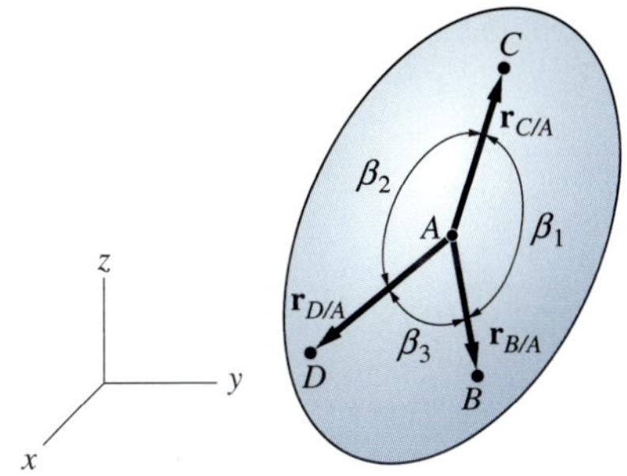

그림 D.1

물체의 강성 때문에 운동에는 다음과 같은 제한조건들이 부과된다. 즉, (1) 그림 D.1에 도시되어 있는 상대위치벡터의 길이는 일정하게 유지되어야 하며, (2) 상대위치벡터 간의 사이각 β_1, β_2 및 β_3는 일정하게 유지되어야 한다. 이어서, 이러한 조건들은 물체 위에 있는 임의의 두 점 간의 상대속도가 식 (19.1a)의 형태일 때에만 충족될 수 있다는 사실을 증명할 것이다.

먼저, 벡터 $\mathbf{r}_{B/A}$의 크기는 일정하다는, 즉 $\mathbf{r}_{B/A} \cdot \mathbf{r}_{B/A}$ $|\mathbf{r}_{B/A}|^2$ = 일정이라는 필요조건을 고찰해보자. 이 식의 양 변의 시간 도함수를 취하면, $(\mathbf{r}_{B/A} \cdot \dot{\mathbf{r}}_{B/A}) + (\dot{\mathbf{r}}_{B/A} \cdot \mathbf{r}_{B/A}) = 0$, 즉 $2\mathbf{r}_{B/A} \cdot \mathbf{v}_{B/A} = 0$이 나온다. 유사한 논리가 $\mathbf{r}_{C/A}$와 $\mathbf{r}_{D/A}$에도 적용될 수가 있다. 그러므로 다음 식이 나온다.

$$
\begin{aligned}
\mathbf{r}_{B/A} \cdot \mathbf{v}_{B/A} &= 0 \\
\mathbf{r}_{C/A} \cdot \mathbf{v}_{C/A} &= 0 \\
\mathbf{r}_{D/A} \cdot \mathbf{v}_{D/A} &= 0
\end{aligned}
\tag{D.1}
$$

이 식 중에서 첫째 식은 $\mathbf{v}_{B/A} = \mathbf{0}$이거나 $\mathbf{r}_{B/A}$가 $\mathbf{v}_{B/A}$에 직각을 이룰 때 성립된다. 어느 경우에도 상대속도벡터는 $\boldsymbol{\omega}_1$이 벡터일 때 $\mathbf{v}_{B/A} = \boldsymbol{\omega}_1 \times \mathbf{r}_{B/A}$의 형태의 것이어야만 한다는 결론에 이른다. $\boldsymbol{\omega}_1 = \mathbf{0}$이거나 $\boldsymbol{\omega}_1$이 $\mathbf{r}_{B/A}$와 평행일 때에는 $\mathbf{v}_{B/A} = \mathbf{0}$이 된다는 사실을 알아야 한다. 그렇지 않을 경우에는 $\mathbf{v}_{B/A}$가 $\mathbf{r}_{B/A}$에 직각을 이룬다(이는 크로스곱의 성질에서 바로 알 수 있다). 식 (D.1)에 있는 나머지 두 경우에 똑같은 논리를 적용하면 다음의 식이 나온다.

$$\begin{aligned} \mathbf{v}_{B/A} &= \boldsymbol{\omega}_1 \times \mathbf{r}_{B/A} \\ \mathbf{v}_{C/A} &= \boldsymbol{\omega}_2 \times \mathbf{r}_{C/A} \\ \mathbf{v}_{D/A} &= \boldsymbol{\omega}_3 \times \mathbf{r}_{D/A} \end{aligned} \tag{D.2}$$

지금까지는, 벡터 $\boldsymbol{\omega}_1$, $\boldsymbol{\omega}_2$ 및 $\boldsymbol{\omega}_3$에는 아무런 제한도 두지 않았다. 식 (D.2)는 물체의 운동 중에 상대위치벡터의 크기가 일정하게 유지하는 데 필요충분조건이다.

다음으로, $\mathbf{r}_{B/A}$와 $\mathbf{r}_{C/A}$의 사이각 β_1이 일정하게 되는 필요조건을 살펴보자. 도트 곱의 성질을 사용하면 $\mathbf{r}_{B/A} \cdot \mathbf{r}_{C/A} = |\mathbf{r}_{B/A}||\mathbf{r}_{C/A}| \cos \beta_1$이 된다. 이 식의 시간 도함수를 취한 다음 $|\mathbf{r}_{B/A}|$, $|\mathbf{r}_{C/A}|$ 및 β_1이 일정하다는 조건을 부여하면 다음이 나온다.

$$(\mathbf{r}_{B/A} \cdot \dot{\mathbf{r}}_{C/A}) + (\dot{\mathbf{r}}_{B/A} \cdot \mathbf{r}_{C/A}) = 0$$

즉

$$(\mathbf{r}_{B/A} \cdot \mathbf{v}_{C/A}) + (\mathbf{r}_{C/A} \cdot \mathbf{v}_{B/A}) = 0$$

β_2와 β_3에도 유사한 설명을 적용할 수 있으므로, 그 결과는 다음과 같이 된다.

$$\begin{aligned} (\mathbf{r}_{B/A} \cdot \mathbf{v}_{C/A}) + (\mathbf{r}_{C/A} \cdot \mathbf{v}_{B/A}) &= 0 \\ (\mathbf{r}_{C/A} \cdot \mathbf{v}_{D/A}) + (\mathbf{r}_{D/A} \cdot \mathbf{v}_{C/A}) &= 0 \\ (\mathbf{r}_{D/A} \cdot \mathbf{v}_{B/A}) + (\mathbf{r}_{B/A} \cdot \mathbf{v}_{D/A}) &= 0 \end{aligned} \tag{D.3}$$

식 (D.2)를 사용하여 식 (D.3)에서 상대속도를 소거하면 다음과 같다.

$$(\mathbf{r}_{B/A} \cdot \boldsymbol{\omega}_2 \times \mathbf{r}_{C/A}) + (\mathbf{r}_{C/A} \cdot \boldsymbol{\omega}_1 \times \mathbf{r}_{B/A}) = 0$$

(등등)

스칼라 3중곱의 성질을 사용하면 이 식들은 다음과 같이 간단해진다.

$$\begin{aligned} (\boldsymbol{\omega}_1 - \boldsymbol{\omega}_2) \cdot (\mathbf{r}_{B/A} \times \mathbf{r}_{C/A}) &= 0 \\ (\boldsymbol{\omega}_2 - \boldsymbol{\omega}_3) \cdot (\mathbf{r}_{C/A} \times \mathbf{r}_{D/A}) &= 0 \\ (\boldsymbol{\omega}_3 - \boldsymbol{\omega}_1) \cdot (\mathbf{r}_{D/A} \times \mathbf{r}_{B/A}) &= 0 \end{aligned} \tag{D.4}$$

이 3개의 스칼라 식에는, $\boldsymbol{\omega}_1$, $\boldsymbol{\omega}_2$ 및 $\boldsymbol{\omega}_3$ 각각에 3개의 성분이 들어 있으므로, 총 9개의 미지수가 들어 있다.

식 (D.4)의 일반해는 다음과 같다(대입해보면 증명할 수 있음).

$$\begin{aligned} \boldsymbol{\omega}_1 &= \boldsymbol{\omega} + k_1\mathbf{r}_{B/A} \\ \boldsymbol{\omega}_2 &= \boldsymbol{\omega} + k_2\mathbf{r}_{C/A} \\ \boldsymbol{\omega}_3 &= \boldsymbol{\omega} + k_3\mathbf{r}_{D/A} \end{aligned} \tag{D.5}$$

여기에서 $\boldsymbol{\omega}$는 물체의 각속도라고 하며 k들은 미결정 상수들이다.

식 (D.5)를 식 (D.2)에 대입하면 ($\mathbf{r}_{B/A} \times \mathbf{r}_{B/A} = 0$ 등이 되므로) k들이 소거되어 최종 결과는 다음과 같다.

$$\begin{aligned} \mathbf{v}_{B/A} &= \boldsymbol{\omega} \times \mathbf{r}_{B/A} \\ \mathbf{v}_{C/A} &= \boldsymbol{\omega} \times \mathbf{r}_{C/A} \\ \mathbf{v}_{D/A} &= \boldsymbol{\omega} \times \mathbf{r}_{D/A} \end{aligned} \tag{D.6}$$

식 (D.6)은 식 (19.1a)를 증명할 뿐만 아니라, $\boldsymbol{\omega}$(각속도)는 선정된 점(점 A, B, C 및 D는 임의로 선정했었음)에 종속되지 않는 물체의 성질이라는 사실을 나타내고 있다.

미분방정식의 수치해

Numerical Solution of Differential Equations

E

E.1 서론

일반적으로, 질점의 가속도는 그 속도, 위치 및 시간에 종속된다. 예를 들어, 질점이 xy 평면에서 움직이고 있을 때 그 가속도 성분은 다음과 같다.

$$a_x = f_x(x, y, v_x, v_y, t) \quad a_y = f_y(x, y, v_x, v_y, t) \tag{E.1}$$

여기에서, f_x와 f_y는 운동역학적 해석으로 결정되는 알고 있는 함수이다. 이를 식으로 바꿔 나타내면 다음과 같다.

$$\ddot{x} = f_x(x, y, \dot{x}, \dot{y}, t) \quad \ddot{y} = f_y(x, y, \dot{x}, \dot{y}, t) \tag{E.2}$$

이 식들이 2차 미분방정식의 연립식을 나타냄을 알 수 있다. **연립**(coupled)이라는 용어는 3개의 좌표 방향에서의 운동이 서로 종속되고 있음을 의미한다. 연립 미분방정식은 풀기가 어렵거나 아니면 불가능하다. 이 식들이 선형일 때에는 폐쇄형 해를 구하는 것이 가능하지만, 여기에 들어가는 수고는 거의 가치가 없다. 비선형 미분방정식은 대개 해석적 해가 없다. 다음과 같이 직선 운동에서 접하게 되는 단일의 미분방정식

$$\ddot{x} = f(x, \dot{x}, t)$$

조차도 12.4절에서 설명하는 특별한 경우에 속하지 않는 한 해석적으로 푸는 것이 불가능하다.

E.2 수치해법

해석해는 거의 구할 수가 없으므로 식 (E.2)를 푸는 데에는 수치해법이 주 도구이

다. 상미분방정식의 해를 구하는 데 사용되는 소프트웨어는 많이 있다. 대부분의 소프트웨어 패키지는 결과를 작도하는 데 사용할 수 있는 그래픽 프로그램이 딸려 있다. 현행 프로그램들은 거의 모두 식 (E.2)에 있는 2차 미분방정식보다는 다음과 같은 형태의 1차 연립 미분방정식을 취급한다.

$$\begin{aligned}\dot{x}_1 &= f_1(x_1, x_2, \ldots, x_n, t)\\ \dot{x}_2 &= f_2(x_1, x_2, \ldots, x_n, t)\\ &\vdots\\ \dot{x}_n &= f_n(x_1, x_2, \ldots, x_n, t)\end{aligned} \tag{E.3}$$

식 (E.2)는 식 (E.3)에 보이는 형태의 **등가 1차 미분방정식**(equivalent first-order equations)으로 쉽게 변환시킬 수 있으므로 이것은 문제가 되지 않는다. 다음과 같은 규약

$$x = x_1 \quad y = x_2 \quad \dot{x} = x_3 \quad \dot{y} = x_4 \tag{E.4}$$

을 사용하면, 등가 1차 미분방정식은 다음과 같이 된다.

$$\begin{aligned}\dot{x}_1 &= x_3\\ \dot{x}_2 &= x_4\\ \dot{x}_3 &= f_x(x_1, x_2, x_3, x_4, t)\\ \dot{x}_4 &= f_y(x_1, x_2, x_3, x_4, t)\end{aligned} \tag{E.5}$$

벡터 규약에서는 이 식들을 다음과 같이 나타낸다.

$$\dot{\mathbf{x}} = \mathbf{f}(\mathbf{x}, t) \tag{E.6}$$

미분방정식을 푸는 모든 수치해법은 유사한 방식으로 돌아간다. 즉, 초기조건으로 시작하여 시간 증분 Δt만큼씩 단계별로 순차 진행하여 각각의 단계에서 $\mathbf{x}$를 계산하는 것이다. 따라서 출력은 t에 대한 $\mathbf{x}$의 표로 나타난다. 필요한 입력은 1차 미분방정식, 초기조건 및 해의 시간 구간을 정의하는 벡터 $\mathbf{f}(\mathbf{x}, t)$로 구성된다. 대부분의 프로그램은 자동으로 가장 효율적인 Δt값을 계산하므로 시간 증분 Δt를 규정할 필요가 거의 없다. 여러 가지 소프트웨어 간의 본질적인 차이는 사용되는 신텍스(syntax)에 달려 있다.

E.3 MATLAB 활용

E.3a MATLAB 함수 ode45

MATLAB®은 미분방정식을 풀 수 있는 많은 소프트웨어 패키지 가운데 하나이다. 사용하기에 가장 쉬운 프로그램은 아니지만, 교육기관에서 널리 사용할 수 있으므로 이 교재에서는 수치해를 구하는 데 채택하였다. MATLAB에는 미분방정식을 푸는 데 사용되는 몇 가지 함수가 있다. 이 가운데에서 가장 널리 사용되는 함수를 ode45라고 하는데, 이는 적응형 5차 Runge-Kutta 방법을 사용한다("적응형(adaptive)" 방법은 Δt를 조정하여 오차가 미리 설정한 한계 내에 들도록 한다). 함수 호출은 다음과 같은 형태이다.

```
[t,x] = ode45(@f,[t0 t1 t2...tEnd],[x1 x2 x3...xn])
```

입력인수(argument)는 다음과 같다.

@f — 식 (E.6)에 있는 벡터 $\mathbf{f}(\mathbf{x}, t)$를 복귀시키는 사용자 제공(user-supplied) 함수의 핸들, **함수 핸들**(function handle)은 함수를 찾아 실행하는 데 필요한 정보를 담고 있는 MATLAB 데이터 타입이다. 함수 핸들의 이름은 단지 문자 @에 이은 함수 이름이다.

[t0 t1 t2...tEnd] — 해가 구해지는 시각. 해가 t0에서 시작하여 dt 단계들을 거쳐 tEnd까지 이르게 하여 구할 때에는 [t0:dt:tEnd]를 사용하면 된다.

[x1 x2 x3...xn] — $x_1, x_2, \ldots, x_n$의 초깃값들

출력에 있는 두 가지 항목은 다음과 같다.

t — 해가 구해지는 시각을 포함하고 있는 벡터.

x — 열에 $x_1, x_2, \ldots, x_n$의 값이 들어 있는 해 행렬식.

예를 들어, 다음과 같은 2차 미분방정식의 수치해를 고찰해보자.

$$\ddot{x} = -0.5(x^2 - 1)\dot{x} - x$$

여기에서, x는 단위가 [m]이고 t는 [s]이다. 초기조건은 $x(0) = 1$ m이고 $\dot{x}(0) = 0$이다. 해는 $t = 0$에서 $t = 10$ s까지 0.2 s 증분으로 얻어지게 된다. 기호규약 $x = x_1$ 및 $\dot{x}_1 = x_2$을 사용하면 다음과 같은 등가 1차 미분방정식은 다음과 같이 된다.

$$\dot{x}_1 = x_2$$
$$\dot{x}_2 = -0.5(x_1^2 - 1)x_2 - x_1$$

초기조건 $x_1(0) = 1$ m 및 $x_2(0) = 0$에 종속된다. 이 문제를 푸는 MATLAB 프

로그램은 다음과 같다.

```
function exampleE_1
[t,x] = ode45(@f,[0:0.2:10],[1 0]);
   function dxdt = f(t,x)
   dxdt = [x(2)
          -0.5*(x(1)^2 - 1)*x(2) - x(1)];
   end
end
```

여기에서 주 함수는 exampleE_1(임의로 선택한 이름)이다. 함수 f(t,x)는 미분방정식을 정의하고 있는데 임베디드 함수(주 함수로만 호출할 수 있음)라고 한다. MATLAB은 함수 f(t,x)를 프로그램에 포함시키는 다른 방법을 제공하지만 이미 제시한 프로그램에서 사용되고 있는 방법이 가장 간단하다.

E.3b 해 그래프 그리기

ode45의 출력은 MATLAB 함수 plot를 호출함으로써 그래프로 디스플레이할 수 있다. 그림 E.1에서 t에 관한 x_1(행렬식 x의 제1열)의 그래프는 exampleE_1에 다음 라인을 포함시킴으로써 구했다.

```
plot(t,x(:,1))
```

아래 그래프는 폰트 크기를 키우고, 굵은 선을 사용하고, 축에 명칭을 기입하고 그리드를 부가함으로써 그림 E.2와 같이 더 좋게 할 수 있다. 이는 plot(t,x(:,1))을 다음과 같은 명령어로 치환함으로써 달성할 수 있다.

```
axes('fontsize',14)
plot(t,x(:,1),'linewidth',1.5)
xlabel('t (s)'); ylabel('x (ft)')
grid on
```

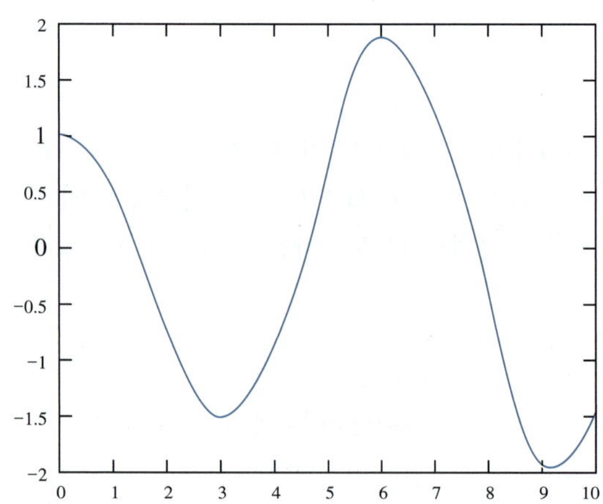

그림 E.1

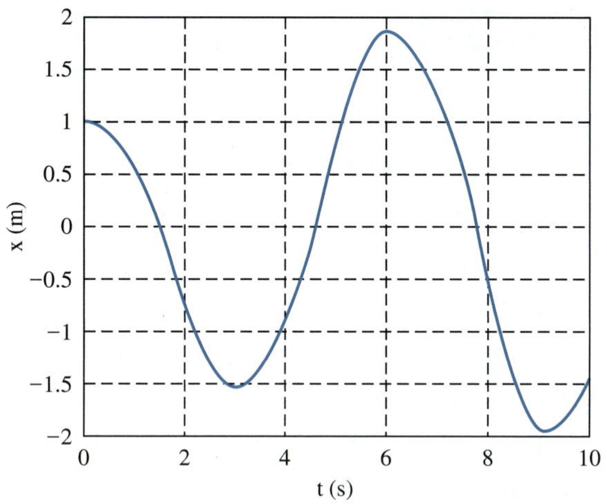

그림 E.2

E.3c 해를 프린트하기

MATLAB에는 ode45의 출력을 포맷된 표로 프린트하는 함수가 없다. 여기에는 이 교재에 걸쳐서 예제에서 사용된 이 교재만의 함수가 있다.

```
function printSol(t,x)
[m,n] = size(x);
head =' t';
for i = 1:n
   head = strcat(head,'        x',num2str(i));
end
fprintf(head); fprintf('\n')
for i = 1:m
   fprintf('%13.4e',t(i),x(i,:)); fprintf('\n')
end
```

이 함수를 exampleE_1으로 호출함으로써, 다음과 같은 프린트 아웃을 얻을 수 있다(처음 4개의 라인과 마지막 4개의 라인만 예시하였음):

```
      t             x1            x2
 0.0000e+000   1.0000e+000   0.0000e+000
 2.0000e-001   9.8006e-001  -1.9886e-001
 4.0000e-001   9.2084e-001  -3.9245e-001
 6.0000e-001   8.2356e-001  -5.7915e-001

 9.4000e+000  -1.9139e+000   4.3391e-001
 9.6000e+000  -1.8026e+000   6.7054e-001
 9.8000e+000  -1.6482e+000   8.6656e-001
 1.0000e+001  -1.4572e+000   1.0428e+000
```

E.4 선형 보간법

수치해에서 구한 결과는 관심이 있는 점과 정확하게 일치하는 경우가 거의 없다. 예를 들어, t에 관한 x의 프린트 아웃을 얻어 $x = 0$인 순간에서 t를 구하고자 한다고 하자. 프린트 아웃에서 x의 값을 제어할 수가 없으므로 $x = 0$인 라인을 찾아낸다고 하는 것은 거의 불가능한 것이다. 프린트 아웃에서 얻을 수 있는 최상의 것은 시간 간격, 즉 t_1에서 t_2까지이고 여기에서 x는 자체 부호가 바뀐다. 한층 더 정확한 t의 추정치를 구하고자 한다면 보간법을 사용하면 된다.

선형 보간법은 짧은 시간 간격에 걸쳐 t에 관한 x의 그래프를 직선으로 근사화할 수 있다고 가정하는 것이다. 직선에서는 어떠한 선분이라도 기울기가 동일하므로 다음과 같이 된다.

$$\frac{x(t_2) - x(t_1)}{t_2 - t_1} = \frac{x - x(t_1)}{t - t_1} \tag{E.7}$$

이것이 점$[t_1, x(t_1)]$과 점$[t_2, x(t_2)]$ 간의 보간식이다. x의 값을 규정함으로써 상응하는 t의 식을 풀 수도 있고 그 반대도 가능하다.

예시로써, `exampleE_1`의 프린트 아웃을 사용하여 $x_1 = -1.75$ m일 때 t를 계산하여보자. 프린트 아웃을 살펴보면 $9.6 < t < 9.8$임을 알 수 있다. 이 시간 값을 근거로 하여 보간식을 세우면 다음과 같이 된다.

$$\frac{-1.6482 - (-1.8026)}{9.8 - 9.6} = \frac{-1.75 - (-1.8026)}{t - 9.6}$$

해는 $t = 9.6681$ s이다.

질량관성 모멘트와 질량관성 곱 F

Mass Moments and Products of Inertia

F.1 서론

질량관성 모멘트의 개념은 17.2절에서 처음으로 소개되었다. 그 절에서는 강체의 평면운동을 설명하는데, 특히 질량관성 모멘트와 회전 반경의 정의, 평행축 이론(parallel-axis theorem) 및 합성체(composite bodies) 방법을 설명하는 데에 필요한 관성 특성량만을 고려하였다. 이러한 개념들은 17장과 18장의 평면운동 해석을 통하여 널리 사용되었다. 3차원으로 기술되는 강체의 관성 특성량은 질량관성 곱의 정의, 관성 곱에서의 평행축 이론 및 주 관성 모멘트를 포함하여 19.3절에 소개되었다. 관성 모멘트를 적분으로 구하는 기법은 이제까지 설명한 적이 없으므로 여기에서 설명하고자 한다. 이 부록은 주 관성 모멘트와 주 방향을 포함하여 관성 텐서 설명으로 끝난다.

F.2 질량관성 모멘트의 복습

그림 F.1에 있는 축 a-a와 같은 하나의 축에 대한 질량이 m인 강체의 질량관성 모멘트는 다음과 같이 정의하였다.

$$I_a = \int_{\mathcal{V}} r^2 dm \qquad \text{(17.1, 다시 씀)}$$

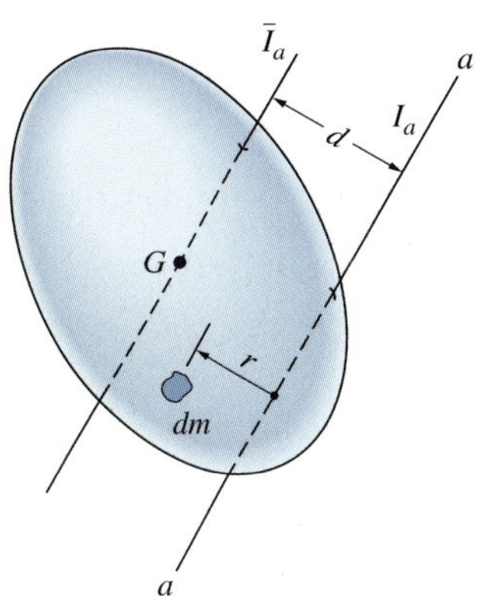

그림 F.1

여기에서, r은 축에서 질량 요소 dm까지 거리를 나타내므로 물체가 차지하는 영역 $\mathcal{V}$에 걸쳐 적분을 취한다. 식 (17.1)의 적분 계산법은 F.4절에서 설명한다.

축 a-a에 대한 물체의 회전 반경은 다음과 같이 정의된다.

$$k_a = \sqrt{I_a/m} \qquad \text{(17.2, 다시 씀)}$$

평행축 이론(17.2절에 증명되어 있음)은 다음과 같이 표현된다.

$$I_a = \bar{I}_a + md^2 \qquad (17.3, \text{다시 씀})$$

그림 F.1에서와 같이 $\bar{I}_a$는 축 a-a에 평행하면서 물체의 질량 중심 G를 통과하는 축(이를 **중심축**이라 함)에 대한 물체의 관성 모멘트이고, d는 두 축 간의 거리이다. 17.2절에서는 이 이론의 사용이 합성체의 관성 모멘트 계산에 한정되었다. F.4절에서 알게 되겠지만, 평행축 이론 또한 물체의 관성 모멘트를 적분으로 계산할 때 매우 유용하다.

F.3 박판의 관성 모멘트

여기에서는 균질 박판(얇은 판)의 질량관성 모멘트를 그 표면적의 2차 모멘트로부터 계산하는 편리한 방법을 소개한다. 박판은 당연히 중요할 뿐만 아니라 박판의 관성 특성량은 고체의 관성 특성량을 적분으로 계산할 때 유용하다.

그림 F.2에는 두께가 t인 박판이 표시되어 있다. 박판의 표면은 면적이 A인 평면 영역 $\mathscr{A}$이고, 박판을 둘러싸고 있는 고체 영역은 $\mathscr{V}$로 표시되어 있다. ρ를 질량 밀도(단위 체적당 질량)라고 하면, 박판의 질량은 다음과 같다.

$$m = \rho t A \qquad (\text{F.1})$$

식 (17.1)의 정의를 사용하고 그림 F.2를 참조하면, 좌표축에 대한 미분 질량 요소 dm의 관성 모멘트는 다음과 같다.

$$dI_x = y^2\,dm \qquad dI_y = x^2\,dm \qquad dI_z = r^2\,dm \qquad (\text{a})$$

여기에서, r은 좌표계의 원점 O에서부터 측정한 값이다. $dm = \rho t\,dA$를 대입한

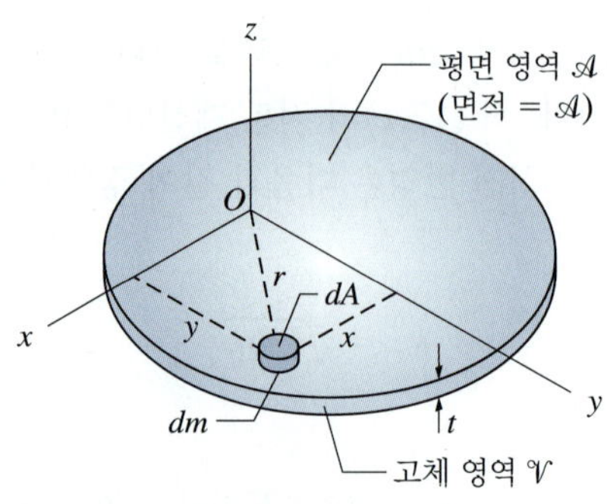

그림 F.2

다음 영역 $\mathscr{A}$에 걸쳐 적분하면 다음과 같이 된다.

$$I_x = \rho t \int_{\mathscr{A}} y^2\, dA \qquad I_y = \rho t \int_{\mathscr{A}} x^2\, dA \qquad I_z = \rho t \int_{\mathscr{A}} r^2\, dA \tag{b}$$

식 (b)의 적분은 박판 표면의 면적 관성 모멘트,* 즉 $\int_{\mathscr{A}} y^2\, dA = (I_x)_{면적}$, $\int_{\mathscr{A}} x^2\, dA = (I_y)_{면적}$ 및 $\int_{\mathscr{A}} r^2\, dA = (J_O)_{면적}$을 나타낸다.

그러므로 박판의 질량관성 모멘트는 다음 식과 같이 면적 관성 모멘트와 관계가 있다.

$$I_x = \rho t (I_x)_{면적} \qquad I_y = \rho t (I_y)_{면적} \qquad I_z = \rho t (J_O)_{면적} \tag{F.2}$$

식 (F.1)의 $\rho t = m/A$를 대입하면, 다음과 같이 식 (F.2)의 변형식을 구할 수 있다.

$$I_x = \frac{m}{A}(I_x)_{면적} \qquad I_y = \frac{m}{A}(I_y)_{면적} \qquad I_z = \frac{m}{A}(J_O)_{면적} \tag{F.3}$$

$r^2 = x^2 + y^2$이므로, 식 (b)는 다음과 같은 항등식이 된다.

$$I_z = I_x + I_y \tag{F.4}$$

여기에서 잊지 말아야 할 중요한 사실은 식 (F.4)가 박판에서만 성립한다는 점이다. 일반적으로 임의의 형상의 물체에는 적용되지 않는다.

일례로 그림 F.3(a)에 도시되어 있는 질량이 m인 균질의 얇은 원판을 고찰해보자. 이 원판의 표면은 그림 F.3(b)와 같이 반경이 R인 원이다. 앞 면지에 있는 표에서 원형 면적의 관성 모멘트는 $(I_x)_{면적} = (I_y)_{면적} = \pi R^4/4$이다. 그러므로 원판의 질량관성 모멘트는 다음과 같이 계산할 수 있다.

$$I_x = I_y = \frac{m}{A}(I_x)_{면적} = \frac{m}{\pi R^2}\frac{\pi R^4}{4} = \frac{mR^2}{4}$$

및

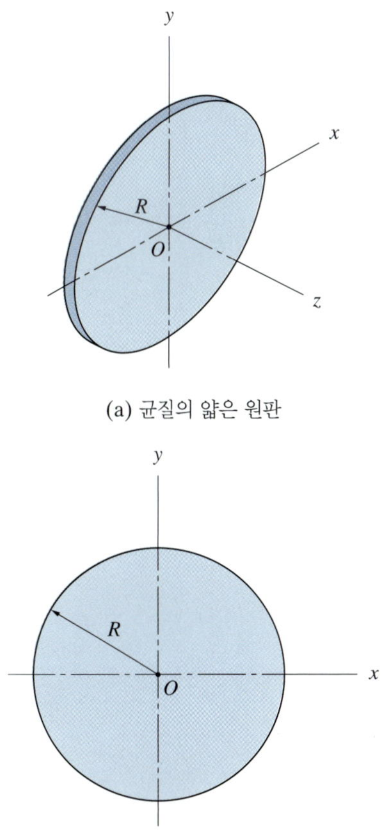

(a) 균질의 얇은 원판

(b) 원판의 표면 면적

그림 F.3

* 이 부록에서 아래첨자 “면적”은 박판의 면적 관성 모멘트를 질량관성 모멘트와 구별하고자 사용하였다.

$$I_z = I_x + I_y = 2\left(\frac{mR^2}{4}\right) = \frac{mR^2}{2}$$

위의 I_z의 결과는 $(Jo)_{면적} = (I_x)_{면적} + (I_z)_{면적}$일 때 $I_z = (m/A)(Jo)_{면적}$을 사용하여 구할 수도 있다.

F.4 질량관성 모멘트를 적분으로 구하기

식 (17.1)에 의하면, 영역 $\mathscr{V}$를 차지하는 물체의 질량관성 모멘트는 일반적으로 3중 적분을 나타내는 $\int_{\mathscr{V}} r^2\, dm$ 형태의 적분을 계산함으로써 구한다. 예를 들어, 직교 좌표계를 사용할 때 $dm = \rho\, dV = \rho\, dx\, dy\, dz$가 되며, 여기에서 ρ는 좌표가 (x, y, z)인 점에서의 질량 밀도이다. 다중 적분을 계산하는 기법은 미적분 입문 교재에 소개되어 있다(대부분의 교재에서는 공간 영역에서 수행되는 적분의 실제 적용으로서 관성 모멘트를 사용하고 있음을 알 수 있음).

여기에서는 대칭을 이루고 있어서 관성 모멘트를 단일 적분으로 계산할 수 있는 물체들만을 고찰하기로 한다. 예제 F.3을 풀어보면 알겠지만, 단일 적분 기법은 앞 절에서 설명한 박판의 관성 특성량에 근거를 두고 있다.

예제 F.1

그림 (a)는 질량이 m이고 길이가 L인 균질의 가늘고 기다란 봉을 나타내고 있다. 질량 중심 G를 통과하는 x, y 및 z축에 대한 봉의 질량관성 모멘트를 각각 구하라.

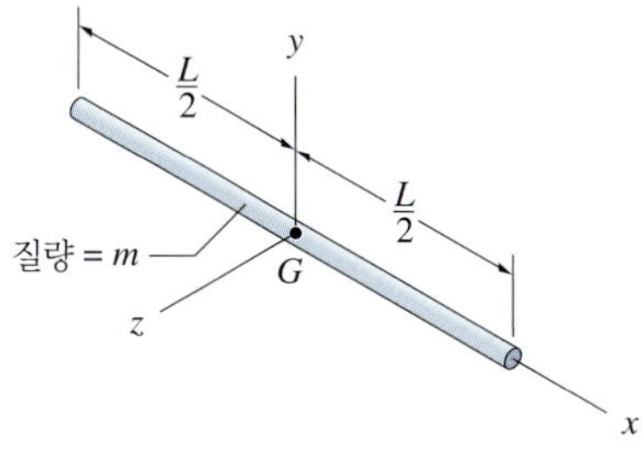

(a)

풀이

가늘고 기다란(slender)이라는 용어는 봉의 단면적을 그 길이에 비하여 무시할 수 있다는 의미이다. 그러므로 봉의 질량은 x축을 따라 분포되어 있다고 생각할 수 있는데, 이는 x축에 대한 관성 모멘트를 무시할 수 있다는 의미이다. 즉,

$$I_x \approx 0$$ **답**

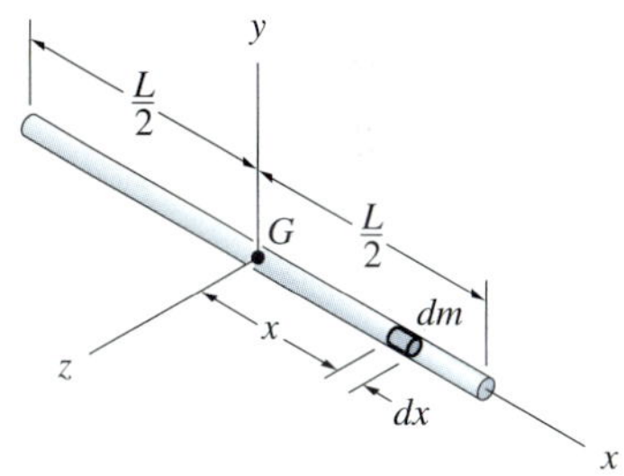

(b)

적분에 사용하고자 선정한 미분 질량 dm은 그림 (b)에 도시되어 있다. x는 y축과 z축 두 축으로부터 dm까지의 직교거리이므로 이 두 축에 대한 관성 모멘트는 동일하다. ρ를 단위 길이당 봉의 (일정) 질량이라고 하면, $dm = \rho dx$가 된다. 관성 모멘트의 정의는 다음과 같이 된다.

$$I_y = I_z = \int x^2\, dm = \rho \int_{-L/2}^{L/2} x^2 \rho\, dx = \frac{\rho}{3}\left(\frac{L^3}{8} + \frac{L^3}{8}\right) = \frac{\rho L^3}{12}$$

봉의 질량은 $m = \rho L$이므로, 이 결과는 다음과 같이 쓸 수 있다.

$$I_y = I_z = \frac{mL^2}{12}$$ **답**

예제 F.2

그림과 같이 질량이 0.227 kg인 사각판과 질량이 0.1815 kg인 삼각판을 접합하여 형성한 조립체가 있다. 두 판 모두 얇고 균질이라고 가정하고 세 축에 대한 이 조립체의 질량관성 모멘트를 각각 계산하라.

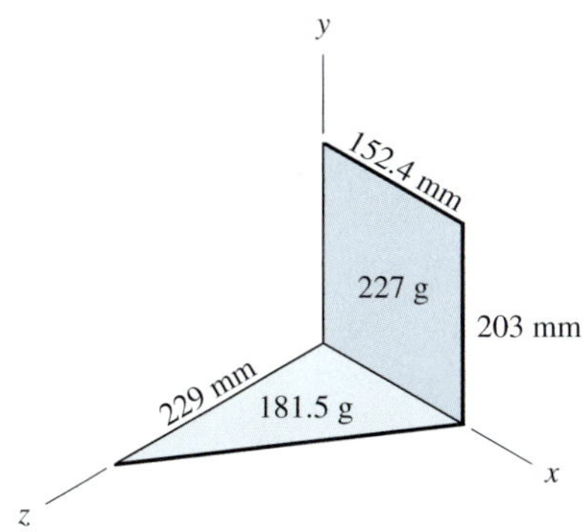

풀이

각각의 판의 질량관성 모멘트는 앞 면지의 표에 있는 면적의 성질을 사용하여 식 (F.3)으로 계산한다. 두 판의 계산 결과를 합하면 조립체의 질량관성 모멘트가 나온다.

사각판

$$m = 0.227\ \text{kg}$$
$$A = 0.1524 \times 0.203 = 3.09 \times 10^{-2}\ \text{m}^2$$
$$(I_x)_{\text{면적}} = \frac{0.1524 \times 0.203}{3} = 4.25 \times 10^{-4}\ \text{m}^4$$
$$(I_y)_{\text{면적}} = \frac{0.203 \times 0.1524^3}{3} = 2.4 \times 10^{-4}\ \text{m}^4$$

이 판은 xy 평면에 놓여 있으므로,

$$\begin{aligned}(J_O)_{\text{면적}} &= (I_x)_{\text{면적}} + (I_y)_{\text{면적}} \\ &= (4.25 + 2.4)(10^{-4}) = 6.65 \times 10^{-4}\ \text{m}^4\end{aligned}$$

위 결과를 식 (F.3)에 대입하면 다음과 같이 된다.

$$I_x = \frac{m}{A}(I_x)_{\text{면적}} = \frac{0.227}{3.09 \times 10^{-2}}(4.25 \times 10^{-4}) = 3.12 \times 10^{-3}\ \text{kg} \cdot \text{m}^2$$
$$I_y = \frac{m}{A}(I_y)_{\text{면적}} = \frac{0.227}{3.09 \times 10^{-2}}(2.4 \times 10^{-4}) = 1.75 \times 10^{-3}\ \text{kg} \cdot \text{m}^2$$
$$I_z = \frac{m}{A}(J_O)_{\text{면적}} = \frac{0.227}{3.09 \times 10^{-2}}(6.65 \times 10^{-4}) = 4.87 \times 10^{-3}\ \text{kg} \cdot \text{m}^2$$

삼각판

$$m = 0.1815\ \text{kg}$$
$$A = \frac{0.1524 \times 0.229}{2} = 0.0174\ \text{m}^2$$
$$(I_x)_{\text{면적}} = \frac{0.1524 \times 0.229^3}{12} = 1.517 \times 10^{-4}\ \text{m}^4$$
$$(I_z)_{\text{면적}} = \frac{0.229 \times 0.1524^3}{12} = 6.74 \times 10^{-5}\ \text{m}^4$$

이 판은 xz 평면에 놓여 있으므로,

$$\begin{aligned}(J_O)_{\text{면적}} &= (I_x)_{\text{면적}} + (I_z)_{\text{면적}} \\ &= (1.517 + 0.674)(10^{-4}) = 2.19 \times 10^{-4}\ \text{m}^4\end{aligned}$$

위 결과를 (면적이 xz 평면에 놓여 있다는 사실을 고려하여 변형된) 식 (F.3)에 대입하면 다음과 같이 된다.

$$I_x = \frac{m}{A}(I_x)_{면적} = \frac{0.1815}{0.0174}(15.17 \times 10^{-5}) = 1.58 \times 10^{-3}\ \text{kg} \cdot \text{m}^2$$
$$I_y = \frac{m}{A}(J_O)_{면적} = \frac{0.1815}{0.0174}(21.9 \times 10^{-5}) = 2.28 \times 10^{-3}\ \text{kg} \cdot \text{m}^2$$
$$I_z = \frac{m}{A}(I_z)_{면적} = \frac{0.1815}{0.0174}(6.74 \times 10^{-5}) = 0.702 \times 10^{-3}\ \text{kg} \cdot \text{m}^2$$

조립체

두 판에서 구한 결과를 합하면 다음과 같은 조립체의 관성 특성량이 나온다.

$$I_x = (3.12 + 1.58)(10^{-3}) = 4.7 \times 10^{-3}\ \text{kg} \cdot \text{m}^2$$
$$I_y = (1.75 + 2.28)(10^{-3}) = 4.03 \times 10^{-3}\ \text{kg} \cdot \text{m}^2 \qquad \text{답}$$
$$I_z = (4.87 + 0.702)(10^{-3}) = 5.58 \times 10^{-3}\ \text{kg} \cdot \text{m}^2$$

예제 F.3

그림 (a)에는 질량이 m인 균질 블록이 도시되어 있다. 적분을 사용하여 주어진 좌표축에 대한 질량관성 모멘트를 계산하라. 원점 O는 밑면의 중앙에 위치하고 있다.

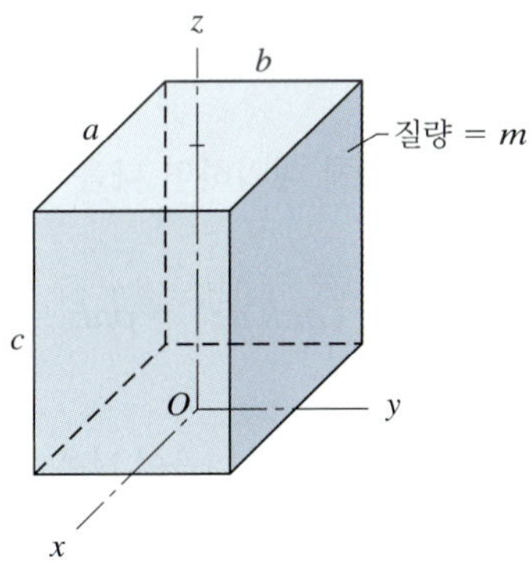

(a)

풀이

그림 (b)와 같이 질량이 dm인 미분 판 요소를 선정한다. 이 요소의 두께 dz는 무한히 작으므로 판의 모든 부분은 xy 평면으로부터의 거리가 z이다. 그림 (b)에 있는 x' 및 y'축은 요소의 중심축이다.

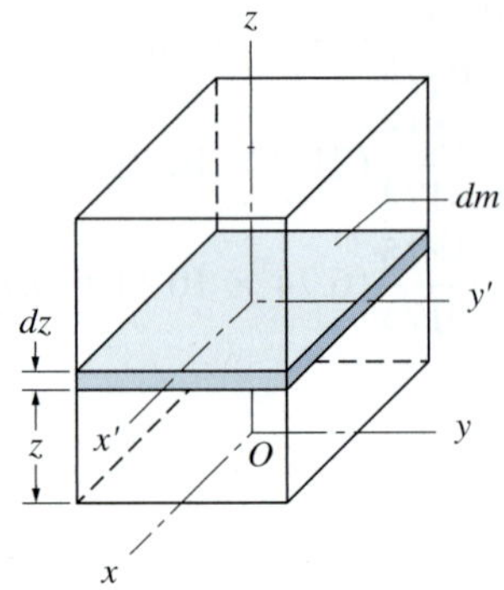

(b)

평행축 이론을 요소에 적용하면 다음과 같이 된다.

$$dI_x = dI_{x'} + z^2\, dm \tag{a}$$

여기에서, dI_x와 $dI_{x'}$는 각각 x 및 x'축에 대한 dm의 질량관성 모멘트이다. 식 (F.3)으로 다음과 같이 구한다.

$$dI_{x'} = \rho\, dz(I_{x'})_{\text{면적}} = \rho\, dz\, \frac{ab^3}{12} \tag{b}$$

여기에서 ρ는 블록의 (일정) 질량 밀도이고 $(I_x{}')_{\text{면적}}$을 구하는 식은 앞 면지에 있는 표에서 가져왔다.

식 (b)와 $dm = \rho dz$를 식 (a)에 대입하면 다음과 같이 된다.

$$dI_x = \rho\, dz\frac{ab^3}{12} + z^2(\rho ab\, dz) = \rho ab\left(\frac{b^2}{12} + z^2\right)dz \tag{c}$$

식 (c)를 $z = 0$에서부터 $z = c$까지 적분하면 다음이 나온다.

$$I_x = \rho ab \int_0^c \left(\frac{b^2}{12} + z^2\right)dz = \rho abc\left(\frac{b^2}{12} + \frac{c^2}{3}\right)$$

블록의 질량이 $m = \rho abc$이므로, x축에 대한 질량관성 모멘트는 다음과 같이 쓸 수 있다.

$$I_x = m\left(\frac{b^2}{12} + \frac{c^2}{3}\right) \qquad \textbf{답} \quad \text{(d)}$$

I_y의 계산은 길이 a와 b가 바뀌는 점을 제외하고는 I_x의 계산과 동일하다. 그러므로 식 (d)에서 다음을 추론할 수 있다.

$$I_y = m\left(\frac{a^2}{12} + \frac{c^2}{3}\right) \qquad \text{답 (e)}$$

식 (F.2)에서, z축에 대한 요소 dm의 질량관성 모멘트는 다음과 같다.

$$dI_z = \rho\, dz\, (J_O)_{\text{area}} \tag{f}$$

여기에서, $(Jo)_{면적}$은 요소 면적의 극관성 모멘트이다.

$$(J_O)_{면적} = (I_{x'})_{면적} + (I_{y'})_{면적} = \frac{ab^3}{12} + \frac{a^3b}{12} \tag{g}$$

식 (g)를 식 (f)에 대입하면 다음과 같이 된다.

$$dI_z = \rho\frac{ab}{12}(a^2 + b^2)\, dz$$

$z = 0$과 $z = c$ 사이에서 적분을 취하면, 다음과 같이 나온다.

$$I_z = \frac{\rho ab}{12}(a^2 + b^2)\int_0^c dz = \frac{\rho abc}{12}(a^2 + b^2)$$

이 식에 $m = \rho abc$를 대입하면 다음과 같이 쓸 수 있다.

$$I_z = \frac{m}{12}(a^2 + b^2) \qquad \text{답}$$

연습문제

F.1 질량이 113.4 g인 박판이 있다. 각각의 좌표축에 대한 관성 모멘트를 계산하라.

F.2 질량이 m인 활꼴 형상의 박판이 있다. z축에 대한 관성 모멘트를 구하라.

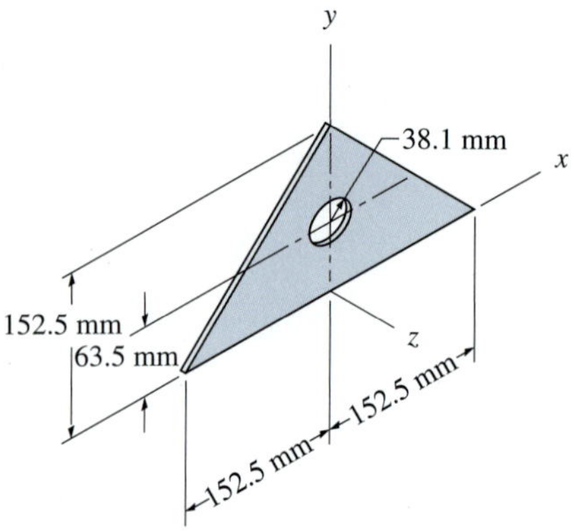

그림 PF.1

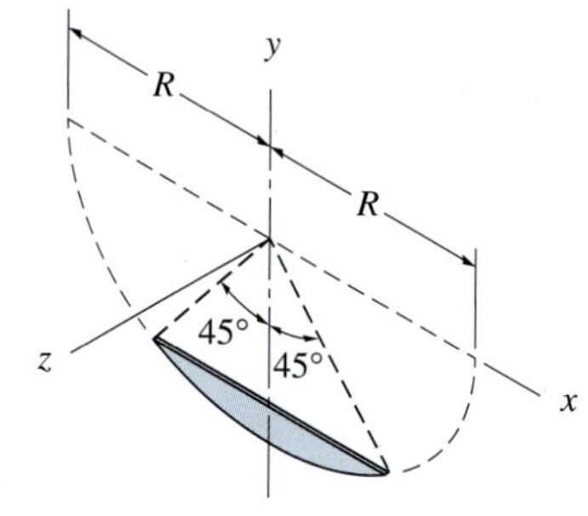

그림 PF.2

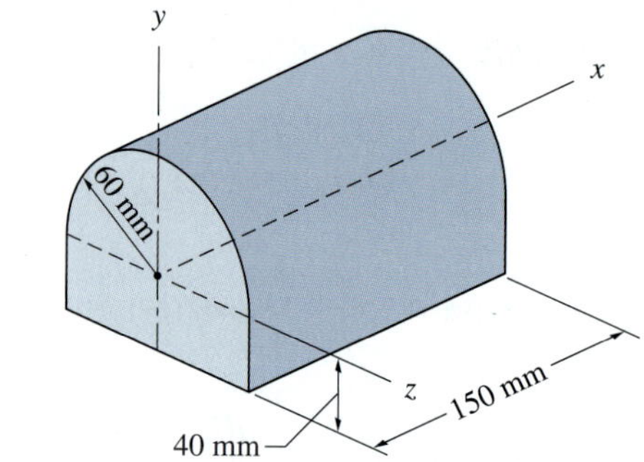

그림 PF.3

F.3 x축에 대한 주물의 관성 모멘트를 계산하라. 주철의 질량 밀도는 7200 kg/m^{3}이다.

F.4 질량이 m인 균일 두께의 브래킷이 있다. 각각의 좌표축에 대한 관성 모멘트를 계산하라.

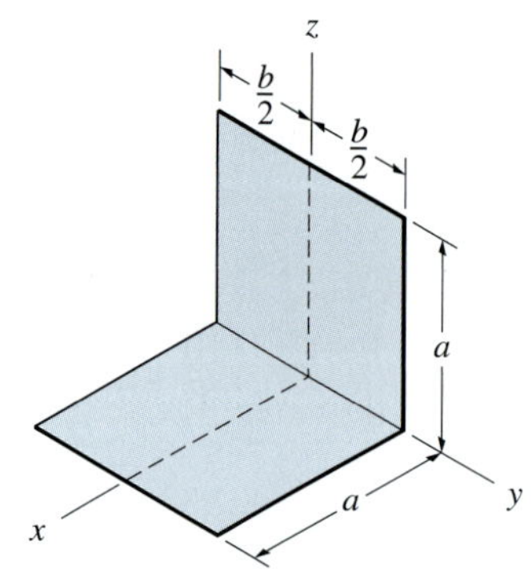

그림 PF.4

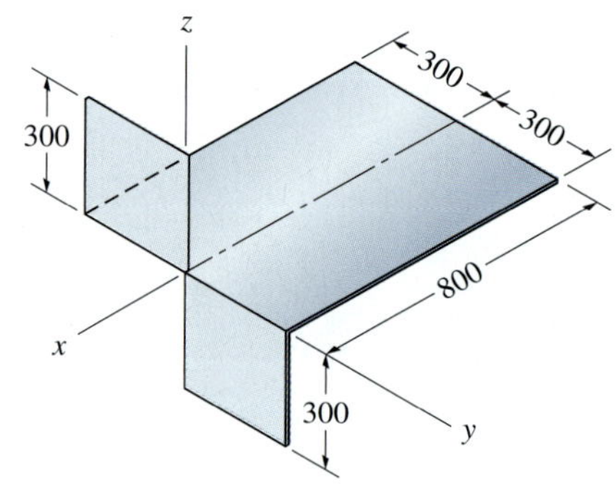

치수는 mm

그림 PF.5

F.5 해당 그림에 있는 부품은 박판을 자르고 굽혀서 형성된 것이다. 판의 전체 질량은 7.5 kg이다. 세 좌표축에 대한 관성 모멘트를 각각 구하라.

F.6 로켓 주물이 질량이 120 kg인 원통과 질량이 각각 15 kg인 4개의 사각형 핀으로 구성되어 있다. 모든 구성 부품을 두께가 얇고 균일하다고 가정하고 z축에 대한 주물의 관성 모멘트를 구하라.

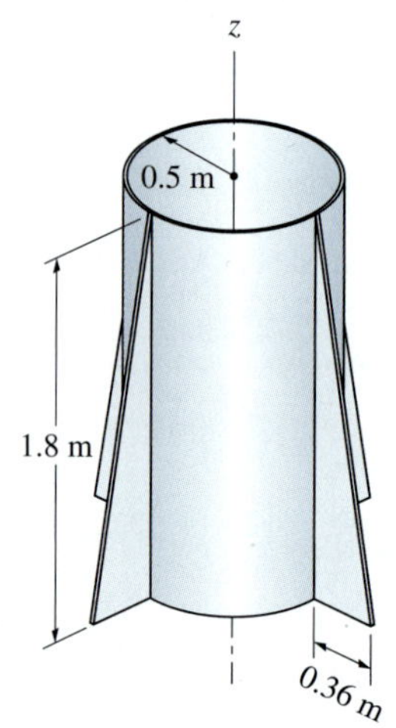

그림 PF.6

F.7 질량 중심 G를 지나는 y'축에 대한 철사의 관성 모멘트를 적분을 하지 않고 구하라.

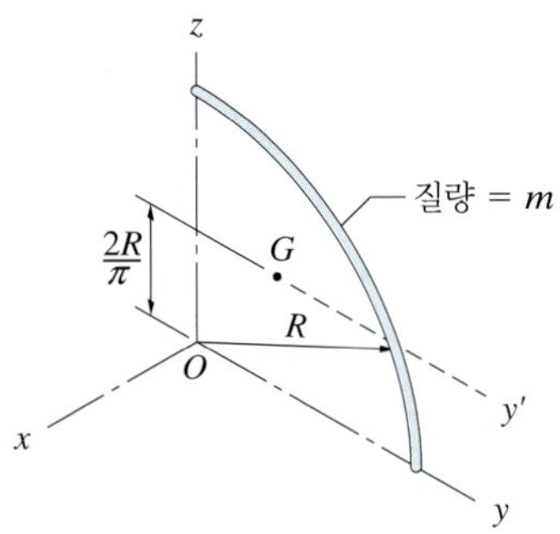

그림 PF.7

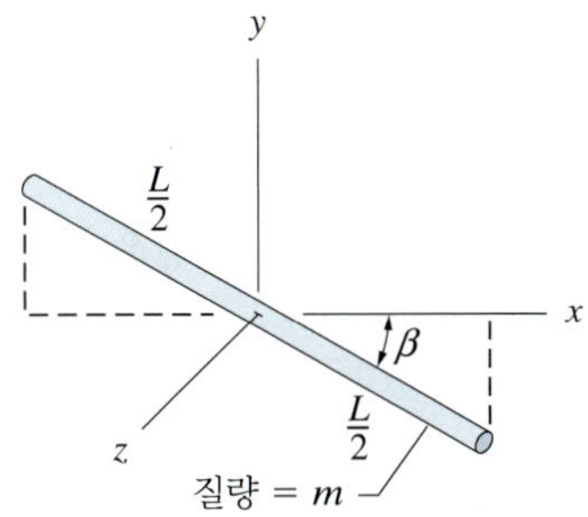

그림 PF.8

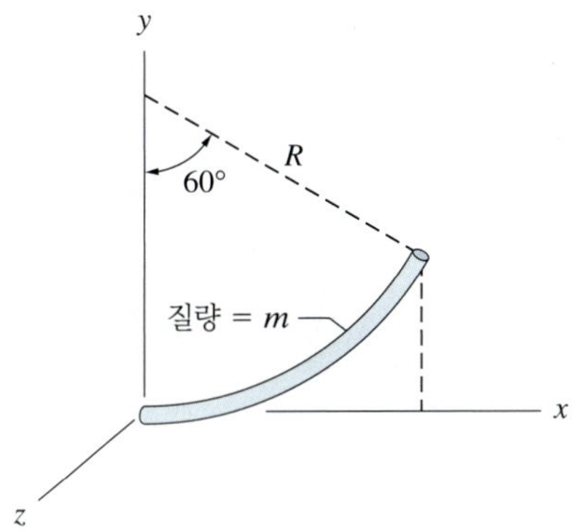

그림 PF.9

F.8 (a) x축에 대한 가늘고 기다란 봉의 관성 모멘트를 적분으로 구하라. (b) 문항 (a)에서 구한 결과를 사용하여 다른 두 축에 대한 관성 모멘트를 각각 구하라.

F.9 질량이 m인 가늘고 기다란 봉이 xy 평면에 놓여 있다. 적분을 사용하여 x축에 대한 관성 모멘트를 구하라.

F.10 (a) z축에 대한 균질 원기둥의 관성 모멘트를 적분으로 구하라. (b) 식 (F.3)을 사용하여 y축에 대한 관성 모멘트를 구하라.

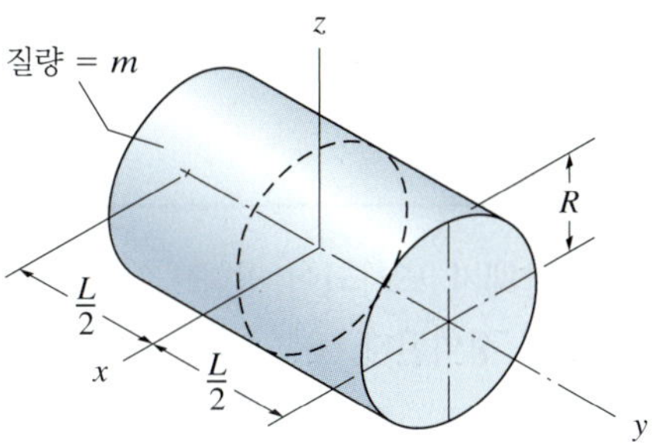

그림 PF.10

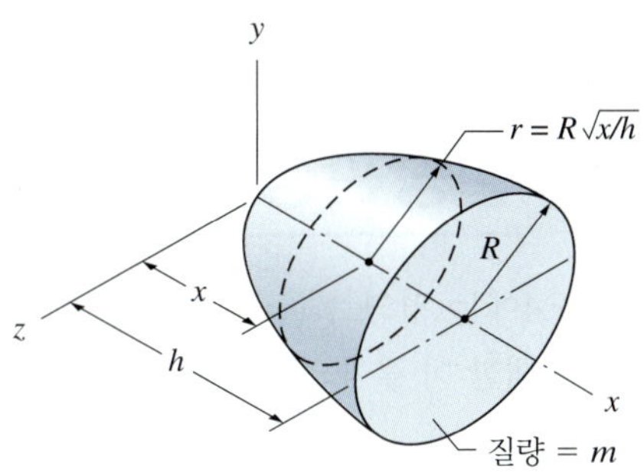

그림 PF.11

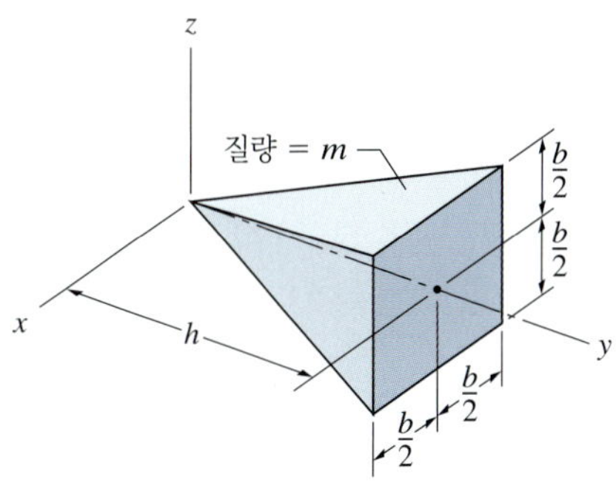

그림 PF.12

F.11 적분을 사용하여 x축에 대한 포물면 회전체의 관성 모멘트를 구하라.

F.12 적분을 사용하여 (a) z축과, (b) y축에 대한 사각형 피라미드의 관성 모멘트를 각각 구하라.

F.13 (a) y축에 대하여 질량이 m인 균질 반구의 관성 모멘트를 적분을 사용하여 구하라. (b) 문항 (a)에서 구한 결과를 사용하여 직경에 대한 질량이 M인 구의 관성 모멘트를 구하라.

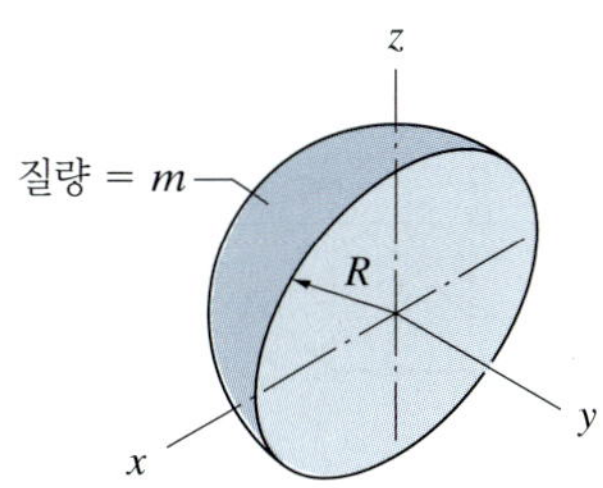

그림 PF.13

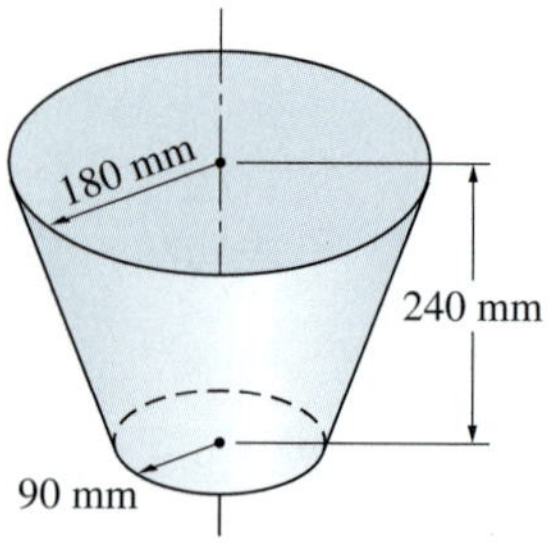

그림 PF.14

F.14 벽 두께가 일정하며 끝이 잘린 원뿔(원뿔대)형 통의 질량이 1.5 kg이다. 적분을 사용하여 이 통의 축에 대한 관성 모멘트를 구하라.

F.15 원통형으로 구부러진 얇은 판재의 z축에 대한 관성 모멘트를 적분을 사용하여 구하라.

F.16 미식 축구공의 거죽은 질량이 m인 얇은 균질의 껍질로 근사시킬 수 있다. z축에 대한 관성 모멘트를 구하라.

F.17 질량이 80 kg인 얇은 강판이 그림과 같은 모양으로 오려져 있다. y축에 대한 관성 모멘트를 구하라.

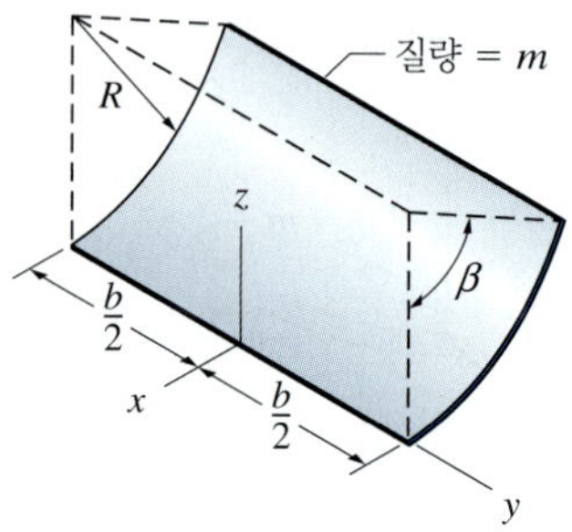

그림 PF.15

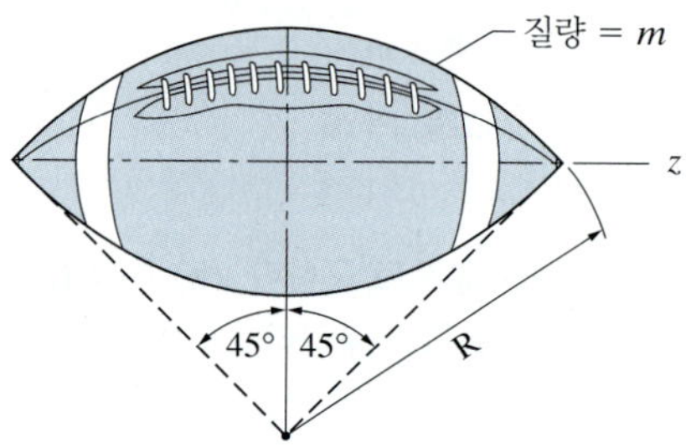

그림 PF.16

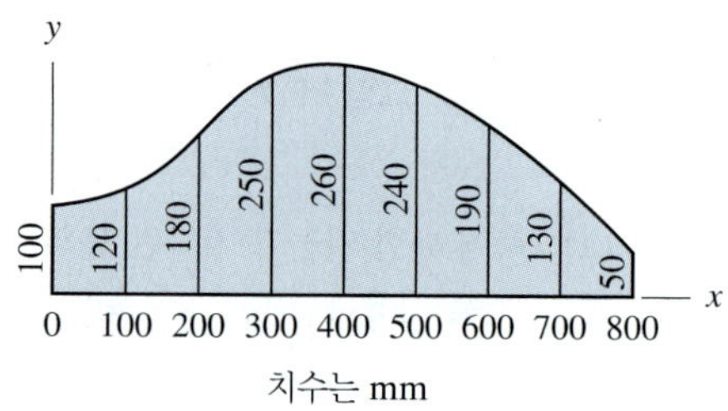

그림 PF.17, PF18

F.18 그림과 같은 모양을 모래주형 내에서 x축을 회전축으로 하여 회전시켜 비대칭 공간을 형성시켰다. 그런 다음 이 공간에 밀도가 2650 kg/m^{3}인 알루미늄을 채워서 주물을 만들었다. z축에 대한 이 주물의 관성 모멘트를 구하라.

F.5 질량관성 곱: 평행축 이론

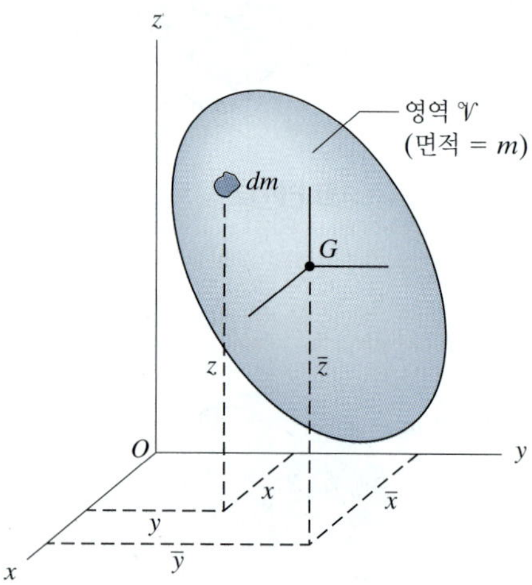

그림 F.4

그림 F.4에는 영역 $\mathscr{V}$를 차지하는 질량이 m인 물체가 도시되어 있다. 그림의 좌표축에 대한 이 물체의 질량관성 곱은 다음과 같이 정의된다.

$$I_{xy} = I_{yx} = \int_{\mathscr{V}} xy\, dm$$
$$I_{yz} = I_{zy} = \int_{\mathscr{V}} yz\, dm \qquad \text{(F.5)}$$
$$I_{zx} = I_{xz} = \int_{\mathscr{V}} zx\, dm$$

관성 곱의 차원은 관성 모멘트의 차원과 같다. 즉, $[ML^2]$ (kg·m^3 또는 slug·ft^2)이다. 물체의 관성 모멘트는 항상 양(1)이지만, 관성 곱은 양(1)일 수도 있고 음(2)일 수도 있고 0일 수도 있다.

관성 곱은 다음의 평행축 이론을 만족시키는데, 이는 관성 모멘트에서의 평행축 이론과 유사하다.

$$\begin{aligned} I_{xy} &= \bar{I}_{xy} + m\bar{x}\,\bar{y} \\ I_{yz} &= \bar{I}_{yz} + m\bar{y}\,\bar{z} \\ I_{zx} &= \bar{I}_{zx} + m\bar{z}\,\bar{x} \end{aligned} \tag{F.6}$$

식 (F.6)의 첫째 식에서 $\bar{I}_{xy}$는 x축과 y축에 각각 평행인 중심축, 즉 질량 중심 G의 좌표인 $\bar{x}$와 $\bar{y}$를 지나는 축에 대한 관성 곱이다(그림 F.4 참조). 다른 두 식에 있는 항들도 유사한 방식으로 정의된다.

평행축 정리를 증명하려면, 양의 x축을 따라 바라본 물체를 나타내는 그림 F.5를 고려하여야 한다. $x'y'$ 좌표계는 원점이 G에 있고 그 좌표축은 xy 좌표축에 평행이다. 그림 F.5에서 $x = \bar{x} + x'$ 이고 $y = \bar{y} + y'$임을 알 수 있는데, 이를 $I_{xy} = \int_{\mathcal{V}} xy\,dm$에 대입하게 되면 다음 식이 나온다.

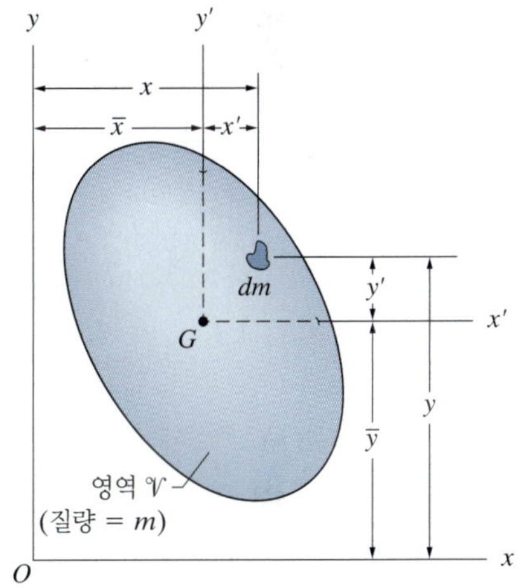

그림 F.5

$$I_{xy} = \int_{\mathcal{V}} (\bar{x} + x')(\bar{y} + y')\,dm$$

곱하면 다음과 같이 된다.

$$I_{xy} = \bar{x}\,\bar{y}\int_{\mathcal{V}} dm + \bar{y}\int_{\mathcal{V}} x'\,dm + \bar{x}\int_{\mathcal{V}} y'\,dm + \int_{\mathcal{V}} x'y'\,dm$$

x'축과 y'축이 G를 지나므로, $\int_{\mathcal{V}} x'y'\,dm = \bar{I}_{xy}$이 되고 $\int_{\mathcal{V}} x'\,dm = 0$ 및 $\int_{\mathcal{V}} y'\,dm = 0$이 된다는 점을 주목하여야 한다. 결국 위 식은 $I_{xy} = \bar{I}_{xy} + m\bar{x}\,\bar{y}$가 된다. 이로써 평행축 이론의 증명은 끝났다.

질량관성 곱에서의 합성체 방법은 관성 모멘트에서의 동일 방법과 상응한다. 즉, 합성체의 관성 곱은 각 부분의 관성 곱의 합과 같다. 이 내용은 관성 곱의 정의에서 바로 증명이 된다. 즉, 합의 적분은 적분의 합과 같다.

F.6 적분을 사용하는 관성 곱: 박판

$\int_{\mathcal{V}} xy\,dm$과 같이 물체의 질량관성 곱을 정의하는 적분식을 계산할 때에는 일반적으로 3중 적분이 필요하다. F.4절의 질량 모멘트에서와 같이, 여기에서도 대칭성 때문에 박판의 특성량을 사용하여 단일 적분만 하여도 관성 곱을 계산할 수 있는 물체에 한정하여 고찰한다.

그림 F.2에 도시되어 있는 균질 박판의 질량관성 곱은 다음과 같다.

$$I_{xy} = \int_{\mathcal{V}} xy\,dm \qquad I_{yz} = \int_{\mathcal{V}} yz\,dm \qquad I_{zx} = \int_{\mathcal{V}} zx\,dm \tag{a}$$

$dm = \rho t\, dA$를 사용하면, 식 (a)는 다음과 같이 된다.

$$I_{xy} = \rho t \int_{\mathcal{A}} xy\,dA \qquad I_{yz} = \rho t \int_{\mathcal{A}} yz\,dA \qquad I_{zx} = \rho t \int_{\mathcal{A}} zx\,dA \tag{b}$$

식 (b)의 적분들은 각각의 좌표축에 대한 평면 영역 $\mathcal{A}$의 관성 곱들이다. 이번에도 아래첨자 "면적"을 사용하여 면적 특성량임을 나타내면, 식 (b)는 다음과 같이 된다.

$$I_{xy} = \rho t (I_{xy})_{\text{면적}} \qquad I_{yz} = \rho t (I_{yz})_{\text{면적}} \qquad I_{zx} = \rho t (I_{zx})_{\text{면적}} \tag{F.7}$$

$\rho t = m/A$를 대입하면 식 (F.7)의 변형식이 나온다.

$$I_{xy} = \frac{m}{A}(I_{xy})_{\text{면적}} \qquad I_{yz} = \frac{m}{A}(I_{yz})_{\text{면적}} \qquad I_{zx} = \frac{m}{A}(I_{zx})_{\text{면적}} \tag{F.8}$$

자주 접하게 되는 평면 면적의 관성 곱은 앞 면지의 표에 실려 있다.

F.7 관성 텐서: 임의의 축에 대한 관성 모멘트

19.3절에 정의되어 있는 바와 같이, 점 O(좌표축의 원점)에서의 물체의 관성 텐서는 다음과 같은 행렬식이다.

$$I = \begin{bmatrix} I_x & -I_{xy} & -I_{xz} \\ -I_{yx} & I_y & -I_{yz} \\ -I_{zx} & -I_{zy} & I_z \end{bmatrix} \tag{19.11, 다시 씀}$$

이 절에서는, 점 O에서의 관성 텐서가 O를 지나는 임의의 축에 대한 관성 모멘트를 완벽하게 결정해준다는 것을 증명하고자 한다.

그림 F.6은 영역 $\mathscr{V}$를 차지하는 질량이 m인 강체를 나타내고 있다. 물체상에나 물체 밖에 있는 점 O를 xyz 좌표계의 원점으로 잡는다. 축 OM은 O를 지나는 임의의 축이다. 미분 질량 dm의 위치벡터 $\mathbf{r}$과 축 OM의 사이각을 θ로 표시한다. 그리고 λ를 OM 방향의 단위 벡터라고 한다. $\mathbf{r}$과 λ의 크로스 곱의 크기는 $|\mathbf{r} \times \lambda| = r \sin\theta = a$로서 이는 그림 F.6에 표시되어 있는 바와 같이 OM과 dm 간의 직교거리임을 주목하여야 한다.

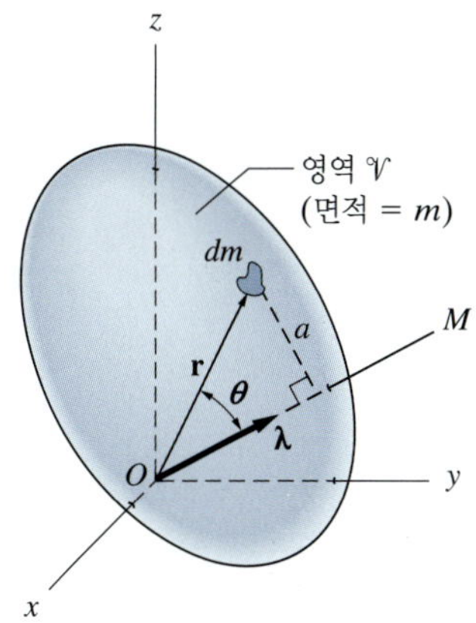

그림 F.6

축 OM에 대한 물체의 관성 모멘트는 다음과 같다.

$$I_{OM} = \int_{\mathscr{V}} a^2\, dm = \int_{\mathscr{V}} (\mathbf{r} \times \boldsymbol{\lambda}) \cdot (\mathbf{r} \times \boldsymbol{\lambda})\, dm \tag{a}$$

여기에서는 벡터와 그 벡터 자체의 도트 곱은 그 벡터 크기의 제곱과 같다는 사실, 즉 $(\mathbf{r} \times \lambda) \cdot (\mathbf{r} \times \lambda) = |\mathbf{r} \times \lambda|^2 = a^2$라는 사실이 적용되었다. x, y 및 z를 dm의 위치의 좌표라고 하고 λ_x, λ_y 및 λ_z를 λ의 성분이라고 하자. 그러면, $\mathbf{r} = x\mathbf{i} + y\mathbf{j} + z\mathbf{k}$와 $\lambda = \lambda_x\mathbf{i} + \lambda_y\mathbf{j} + \lambda_z\mathbf{k}$의 크로스 곱은 다음과 같이 된다.

$$\mathbf{r} \times \boldsymbol{\lambda} = (y\lambda_z - z\lambda_y)\mathbf{i} + (\lambda_x z - x\lambda_z)\mathbf{j} + (x\lambda_y - y\lambda_x)\mathbf{k}$$

그리고 a^2의 표현식은 다음과 같다.

$$a^2 = (\mathbf{r} \times \boldsymbol{\lambda}) \cdot (\mathbf{r} \times \boldsymbol{\lambda}) = (y\lambda_z - z\lambda_y)^2 + (z\lambda_x - x\lambda_z)^2 + (x\lambda_y - y\lambda_x)^2$$

제곱 항을 전개하고 항별로 정리하면 다음과 같이 된다.

$$\begin{aligned} a^2 = {} & (y^2 + z^2)\lambda_x^2 + (x^2 + z^2)\lambda_y^2 + (x^2 + y^2)\lambda_z^2 \\ & -2xy\lambda_x\lambda_y - 2xz\lambda_x\lambda_z - 2yz\lambda_y\lambda_z \end{aligned} \tag{b}$$

식 (b)를 식 (a)에 대입하고 관성 모멘트와 관성 곱의 표현으로 확실하게 나타내면, 축 OM에 대한 관성 모멘트는 다음과 같이 된다.

$$I_{OM} = I_x\lambda_x^2 + I_y\lambda_y^2 + I_z\lambda_z^2 - 2I_{xy}\lambda_x\lambda_y - 2I_{yz}\lambda_y\lambda_z - 2I_{zx}\lambda_z\lambda_x \tag{F.9}$$

이제 다음과 같이 중요한 결론에 이르게 되었다. 즉, 한 점에서의 관성 텐서 성분들(I_x, I_{xy}, I_{xz} 등)을 알면, 그 점을 지나는 임의의 축에 대한 관성 모멘트를 식 (F.9)로 계산할 수 있다.

F.8 주 관성 모멘트와 주 관성 축

일반적으로 관성 텐서 성분들(I_x, I_{xy} 등)은 기준점 O의 위치에 따라 그리고 xyz 좌표축의 방향에 따라 달라진다. 이 절의 전반에 걸쳐서 기준점은 변하지 않는다고 가정하고 좌표축 방향의 변화 효과를 학습하기로 한다.

관성 텐서가* 다음과 같은 **대각선 형태**(diagonal form)를 띠므로 적어도 하나의 xyz 좌표축 방향이 존재한다는 것을 알 수 있다.

$$\mathbf{I} = \begin{bmatrix} I_1 & 0 & 0 \\ 0 & I_2 & 0 \\ 0 & 0 & I_3 \end{bmatrix} \tag{F.10}$$

I_1, I_2 및 I_3는 점 O에서의 **주 관성 모멘트**(principal moments of inertia)라고 하고 이에 상응하는 좌표축들을 점 O에서의 **주 관성 축**(principal axes of inertia) 또는 **주 관성 방향**(principal directions of inertia)이라고 한다. 관성 곱은 주축에 대하여 0이다.

주 관성 모멘트와 각각의 주축의 방향 코사인(λ_x, λ_y및 λ_z로 표시됨)은 λ_x, λ_y 및 λ_z에 관한 다음 4개의 식을 풀면 구할 수 있다.

$$\begin{aligned} (I_x - I)\lambda_x \quad -I_{xy}\lambda_y \quad -I_{xz}\lambda_z \quad &= 0 \\ -I_{yx}\lambda_x \quad (I_y - I)\lambda_y \quad -I_{yz}\lambda_z \quad &= 0 \\ -I_{zx}\lambda_x \quad -I_{zy}\lambda_y \quad (I_z - I)\lambda_z \quad &= 0 \\ \lambda_x^2 + \lambda_y^2 + \lambda_z^2 &= 1 \end{aligned} \tag{F.11}$$

첫째, 둘째 및 셋째 식들은 주축에 대한 영의 관성 곱을 나타내는 것으로 볼 수 있으며, 넷째 식은 λ_x, λ_y 및 λ_z가 방향 코사인이 되는 것을 만족하여야만 한다.

식 (F.11)의 처음 3개의 식은 미지수 λ_x, λ_y 및 λ_z가 선형이면서 동차(우변이 0임)라는 사실을 주목하여야 한다. 그러므로 3개의 I값(I_1, I_2 및 I_3로 표시됨)은 λ_x, λ_y 및 λ_z의 계수의 행렬식을 0으로 놓은 식을 풂으로써 구할 수 있다. 즉,

* 이 절에서는 관성 텐서의 중요한 성질을 설명한다. 증명 과정은 대부분의 동역학 교재를 참고하면 된다. 예컨대, *Advanced Engineering Dynamics*, J. H. Ginsberg, Harper & Row, 1998 참조.

$$\begin{vmatrix} I_x - I & -I_{xy} & -I_{xz} \\ -I_{yx} & I_y - I & -I_{yz} \\ -I_{zx} & -I_{zy} & I_z - I \end{vmatrix} = 0 \tag{F.12}$$

일단, 주 관성 모멘트를 구하게 되면, 주축의 방향 코사인은 식 (F.11)에서 구할 수 있다.

선형 대수학에서, 주 관성 모멘트와 주 관성 축은 **행렬식 아이겐밸류 문제**(matrix eigenvalue problem)의 일례인데, 이 문제에서는 주 모멘트들이 관성 텐서의 아이겐밸류들이며, 주축 방향에서의 단위 벡터들은 그 **아이겐벡터**(eigenvector)들이다. 식 (F.12)는 아이겐밸류 문제의 **특성식**(characteristic equation)이라고 한다. 행렬식 아이겐밸류 문제들은 물리 과학의 여러 분야에서 발생하므로, 그 성질들을 철저하게 학습하여야 하며 해를 구하는 몇 가지 수치해법도 계발하여야 한다(예, Jacobi 방법).

알고 있는 아이겐밸류 문제의 특성을 사용하면 식 (F.11)에는 다음과 같은 성질이 있음을 알 수 있다.

1. 아이겐밸류, 즉 I_1, I_2 및 I_3는 실수이고 양수이다.
2. 아이겐밸류들이 $I_3 > I_2 > I_1$의 크기순이라고 가정하면, I_3와 I_1은 각각 점 O에서의 최대 및 최소 관성 모멘트이다. 바꿔 말하면, I_1과 I_3은 OM의 방향 변화에 대한 식 (F.9)에서의 I_{OM}의 극한값들이다.
3. 아이겐밸류들이 별개이면, 즉 식 (F.12)의 근이 이중근이 아니면 아이겐벡터(주축)들은 서로 직교한다.

예제 F.4

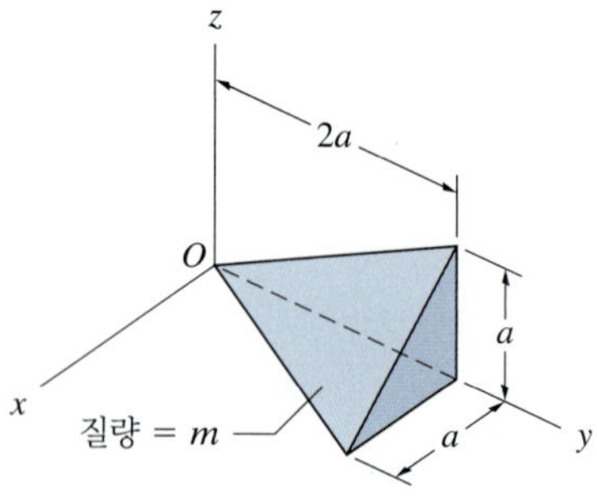

(a)

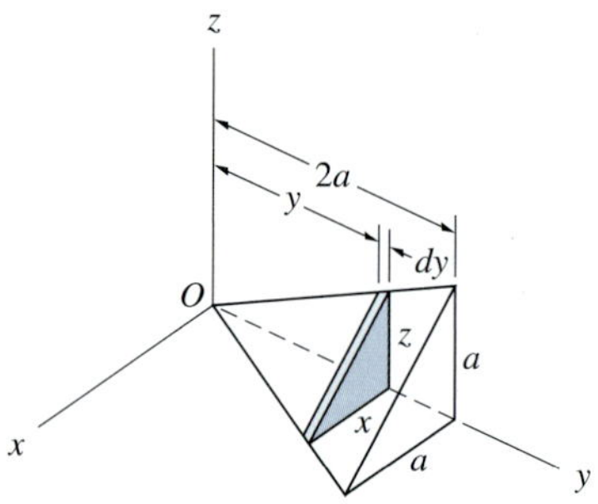

(b)

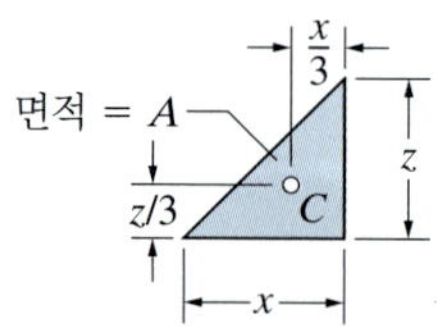

(c)

적분을 사용하여 그림 (a)에 있는 균질 물체의 관성 곱을 도시된 축에 대하여 계산하라. 그 결과를 물체의 질량 m으로 나타내라.

풀이

그림 (b)에 도시되어 있는 적분 요소를 선정한다. 이 요소는 그림 (c)와 같이 표면적이 A이고 두께가 dy인 삼각형 박판이라고 생각할 수 있다. 그림 (b)에 있는 삼각형들은 서로 닮은꼴이므로, $(x/y) = (a/2a)$이고 $(z/y) = (a/2a)$임을 알 수 있으며, 여기에서 다음의 관계식이 나온다.

$$x = z = \frac{y}{2} \tag{a}$$

다음으로, 식 (F.7)을 사용하여 적분 요소의 질량관성 곱을 그 면적 성질과 관계를 짓는다. 그러므로 그림 (c)에 도시된 면적의 관성 곱을 구하는 것에 초점을 맞추면 된다.

면적 A의 관성 곱

면적 A 평판은 xz 평면에 평행하므로, $(\bar{I}_{xy})_{면적} = (\bar{I}_{yz})_{면적} = 0$이다. 그리고 앞 면지에 있는 표에서 $(\bar{I}_{zx})_{면적} = x^2z^2/24$임을 알 수 있다. 식 (a)의 관계를 사용하면, A의 관성 곱은 다음과 같이 된다.

$$(\bar{I}_{xy})_{면적} = 0 \qquad (\bar{I}_{yz})_{면적} = 0$$
$$(\bar{I}_{zx})_{면적} = \frac{x^2z^2}{24} = \frac{1}{24}\left(\frac{y}{2}\right)^2\left(\frac{y}{2}\right)^2 = \frac{y^4}{384} \tag{b}$$

면적 A를 좌표 y로 나타내면 다음과 같다.

$$A = \frac{xz}{2} = \frac{1}{2}\left(\frac{y}{2}\right)\left(\frac{y}{2}\right) = \frac{y^2}{8} \tag{c}$$

또한, 도형 중심(도심) C의 좌표는 다음과 같다.

$$\bar{x} = \frac{x}{3} = \frac{y}{6} \qquad \bar{y} = y \qquad \bar{z} = \frac{z}{3} = \frac{y}{6} \tag{d}$$

이제 평행축 이론과 식 (b)~(d)를 사용하여 A의 관성 곱을 좌표축에 대하여 계산하면 다음과 같다.

$$(I_{xy})_{\text{면적}} = (\bar{I}_{xy})_{\text{면적}} + A\bar{x}\,\bar{y} = 0 + \frac{y^2}{8}\left(\frac{y}{6}\right)(y) = \frac{y^4}{48} \tag{e}$$

$$(I_{yz})_{\text{면적}} = (\bar{I}_{yz})_{\text{면적}} + A\bar{y}\,\bar{z} = 0 + \frac{y^2}{8}(y)\left(\frac{y}{6}\right) = \frac{y^4}{48} \tag{f}$$

$$(I_{zx})_{\text{면적}} = (\bar{I}_{zx})_{\text{면적}} + A\bar{z}\,\bar{x} = \frac{y^4}{384} + \frac{y^2}{8}\left(\frac{y}{6}\right)\left(\frac{y}{6}\right) = \frac{7y^4}{1152} \tag{g}$$

질량관성 곱

ρ를 물체의 질량 밀도라 하고 미분 질량 요소, 즉 그림 (b)에 도시된 두께 dy의 박판을 다시 고찰한다. 식 (e)~(g)를 식 (F.7)에 대입하면, 질량 요소의 관성 특성량은 다음과 같이 된다.

$$dI_{xy} = \rho\, dy(I_{xy})_{\text{면적}} = \rho\, dy\frac{y^4}{48} \tag{h}$$

$$dI_{yz} = \rho\, dy(I_{yz})_{\text{면적}} = \rho\, dy\frac{y^4}{48} \tag{i}$$

$$dI_{zx} = \rho\, dy(I_{zx})_{\text{면적}} = \rho\, dy\frac{7y^4}{1152} \tag{j}$$

극한값 0과 $2a$ 사이에서 y에 대해 적분하면 다음이 나온다.

$$I_{xy} = I_{yz} = \frac{\rho}{48}\int_0^{2a} y^4\, dy = \frac{\rho}{48}\frac{(2a)^5}{5} = \frac{2\rho a^5}{15} \tag{k}$$

$$I_{zx} = \frac{7\rho}{1152}\int_0^{2a} y^4\, dy = \frac{7\rho}{1152}\frac{(2a)^5}{5} = \frac{7\rho a^5}{180} \tag{l}$$

$dm = \rho\, dV = \rho A dy = \rho(y^2/8)\, dy$이며, 이를 극한값 0과 $2a$ 사이에서 적분하면 $m = \rho a^3/3$이 나옴을 주목해야 한다.

$$I_{xy} = I_{yz} = \frac{2\rho a^5}{15}\cdot\frac{m}{\rho a^3/3} = \frac{2}{5}ma^2 \qquad \text{답}$$

$$I_{zx} = \frac{7\rho a^5}{180}\cdot\frac{m}{\rho a^3/3} = \frac{7}{60}ma^2 \qquad \text{답}$$

예제 F.5

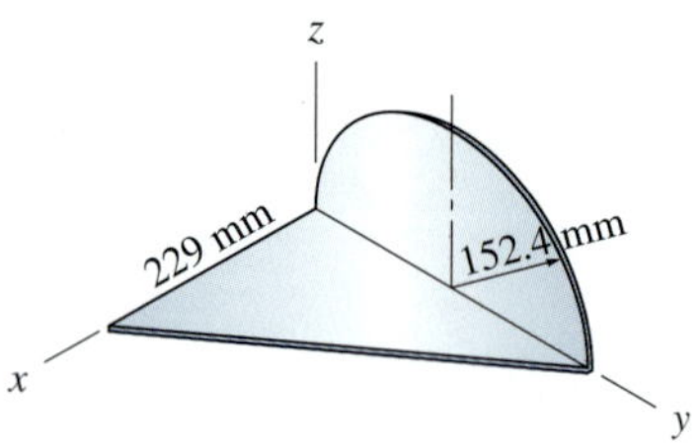

그림에 도시된 조립체는 두께가 1.59 mm인 강판을 두 조각 접합하여 형성한 것이다. 도시된 축에 대하여 관성 곱을 구하라. 강의 질량 밀도는 $\rho = 7850\ \text{kg/m}^3$이다.

풀이

이 문제에서는 각각의 성분 판의 두께가 그 평면 크기보다 훨씬 더 작기 때문에 식 (F.2) 또는 식 (F.3)의 박판 근사식을 사용하는 것이 타당하다.

삼각판

삼각판은 xy 평면에 놓여 있으므로, $(I_{yz})_{\text{면적}} = (I_{zx})_{\text{면적}} = 0$이다. 앞 면지에 있는 표에서 다음을 구할 수 있다.

$$(I_{xy})_{\text{면적}} = \frac{(0.3048)^2(0.229)^2}{24} = 2.023 \times 10^{-4}\ \text{m}^4$$

식 (F.2)를 사용하면, 삼각판의 질량관성 곱은 다음과 같이 된다.

$$\begin{aligned} I_{xy} &= \rho t(I_{xy})_{\text{면적}} = 7850(0.00159)(2.023 \times 10^{-4}) = 25.2 \times 10^{-4}\ \text{kg}\cdot\text{m}^2 \\ I_{yz} &= I_{zx} = 0 \end{aligned} \tag{a}$$

반원판

반원 면적은 yz 평면에 놓여 있으므로, $(I_{xy})_{\text{면적}} = (I_{zx})_{\text{면적}} = 0$이 된다. 평행축 이론을 사용하여 $(I_{yz})_{\text{면적}}$을 계산한다. 앞 면지에 있는 표를 참조하면, 반원 면적의 도형 중심은 $\bar{x} = 0$, $\bar{y} = 152.4$ mm, $\bar{z} = 4(152.4)/3\pi$ mm에 위치한다. 또한, 도형 중심을 지나는 z축은 대칭축이므로 $(\bar{I}_{yz})_{\text{면적}} = 0$임을 알 수 있다. 그러므로 평행축 이론에서 다음이 나온다.

$$\begin{aligned} (I_{yz})_{\text{면적}} &= (\bar{I}_{yz})_{\text{면적}} + A\bar{y}\bar{z} \\ &= 0 + \frac{\pi(0.1524)^2}{2}(0.1524)\frac{4(0.1524)}{3\pi} = 3.6 \times 10^{-4}\ \text{m}^4 \end{aligned}$$

반원판의 질량관성 곱은 이제 식 (F.2)로 계산할 수 있다. 이때, mm 단위는 m로 환산하고, 중량 밀도가 주어졌을 때는 질량 밀도로 환산해주어야만 한다.

$$\begin{aligned} I_{xy} &= I_{zx} = 0 \\ I_{yz} &= \rho t(I_{yz})_{\text{면적}} = (7850)(0.00159)(3.6 \times 10^{-4}) = 44.8 \times 10^{-4}\ \text{kg}\cdot\text{m}^2 \end{aligned} \tag{b}$$

조립체

조립체의 질량관성 곱은 식 (a) 및 (b)에 있는 삼각판과 반원판의 결과를 합하여 구하는데, 이는 다음과 같다.

$$I_{xy} = 25.2 \times 10^{-4}\ \text{kg} \cdot \text{m}^2$$
$$I_{yz} = 44.8 \times 10^{-4}\ \text{kg} \cdot \text{m}^2 \qquad \textbf{답}$$
$$I_{zx} = 0$$

예제 F.6

조립체가 질량을 무시할 수 있는 가늘고 기다란 봉과 이 봉에 부착되어 있는 질량이 각각 M인 3개의 작은 공으로 구성되어 있다. 축 OA에 대한 조립체의 관성 모멘트를 계산하라.

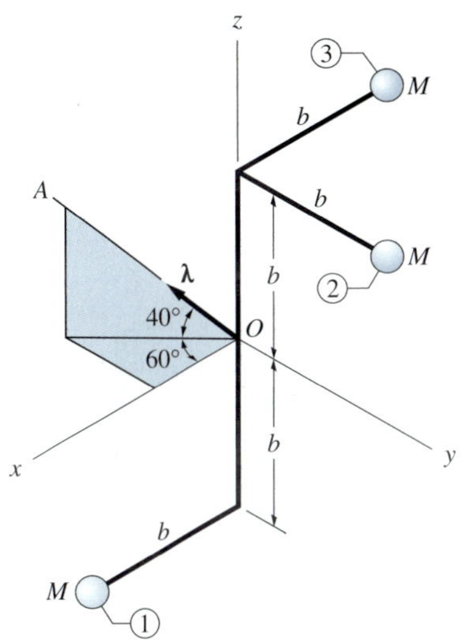

풀이

축 OA에 대한 관성 모멘트는 식 (F.9)로 구할 수 있다. 이 식을 사용하려면, 먼저 점 O에서의 관성 텐서와 축 OA의 방향 코사인을 계산하여야 한다.

다음 표에는 점 O에서의 조립체의 관성 텐서 계산값이 각각의 공의 관성 텐서를 합하여 구해져 있다. 각각의 공은 작기 때문에, 그 질량 중심을 지나는 축에 대한 관성 모멘트와 관성 곱은 무시할 수가 있다. 그러므로 평행축 이론은 $I_x = \bar{I}_x + M(\bar{y}^2 + \bar{z}^2) = M(y^2 + z^2)$ 등과 같이, 그리고 $I_{xy} = \bar{I}_{xy} + M\bar{x}\bar{y} = Mxy$ 등과 같이 단순해진다.

	공 1	공 2	공 3	합
	$x = b,\ y = 0,\ z = -b$	$x = 0,\ y = b,\ z = b$	$x = -b,\ y = 0,\ z = b$	
$I_x = M(y^2 + z^2)$	$M[0 + (-b)^2] = Mb^2$	$M(b^2 + b^2) = 2Mb^2$	$M(0 + b^2) = Mb^2$	$4Mb^2$
$I_y = M(z^2 + x^2)$	$M[(-b)^2 + b^2] = 2Mb^2$	$M(b^2 + 0) = Mb^2$	$M[b^2 + (-b)^2] = 2Mb^2$	$5Mb^2$
$I_z = M(x^2 + y^2)$	$M(b^2 + 0) = Mb^2$	$M(0 + b^2) = Mb^2$	$M[(-b)^2 + 0] = Mb^2$	$3Mb^2$
$I_{xy} = Mxy$	$M(b)(0) = 0$	$M(0)(b) = 0$	$M(-b)(0) = 0$	0
$I_{yz} = Myz$	$M(0)(-b) = 0$	$M(b)(b) = Mb^2$	$M(0)(b) = 0$	Mb^2
$I_{zx} = Mzx$	$M(-b)(b) = -Mb^2$	$M(b)(0) = 0$	$M(b)(-b) = -Mb^2$	$-2Mb^2$

축 OA를 따르는 방향을 가리키는 단위 벡터 λ는 다음과 같다.

$$\lambda = (\cos 40° \cos 60°)\mathbf{i} - (\cos 40° \sin 60°)\mathbf{j} + \sin 40°\mathbf{k}$$
$$= 0.3830\mathbf{i} - 0.6634\mathbf{j} + 0.6428\mathbf{k}$$

그러므로 OA의 방향 코사인은 $\lambda_x = 0.3830$, $\lambda_y = 20.6634$ 및 $\lambda_z = 0.6428$이다.

조립체의 관성 특성량(표에 계산되어 있음)과 방향 코사인을 식 (F.9)에 대입하면 다음과 같이 나온다.

$$\begin{aligned} I_{OA} &= I_x\lambda_x^2 + I_y\lambda_y^2 + I_z\lambda_z^2 - 2I_{xy}\lambda_x\lambda_y - 2I_{yz}\lambda_y\lambda_z - 2I_{zx}\lambda_z\lambda_x \\ &= Mb^2[4(0.3830)^2 + 5(-0.6634)^2 + 3(0.6428)^2 \\ &\quad -2(0)(0.3830)(-0.6634) - 2(1)(-0.6634)(0.6428) \\ &\quad -2(-2)(0.6428)(0.3830)] \\ &= 5.86Mb^2 \end{aligned}$$

답

예제 F.7

그림 (a)의 조립체는 질량이 각각 M이고 두께가 t인 2개의 동일한 박판으로 구성되어 있다. 점 O에서 (1) 도시된 축에 대한 관성 텐서와, (2) 주 관성 모멘트 및 주축을 구하라.

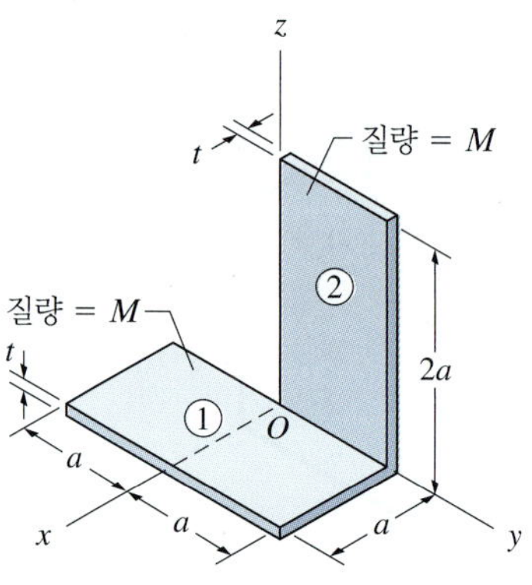

(a)

풀이

문항 1

점 O에서 조립체의 관성 텐서는 xyz 좌표축에 대한 두 판의 관성 모멘트와 관성 곱을 합하여 구한다. F.3절과 F.6절에서 기술한 박판 근사식을 사용한다.

판 1 그림 (a)와 앞 면지에 있는 표를 참조하면, 판 1의 면적에 대한 관성 모멘트와 관성 곱은 다음과 같다.

$$\begin{aligned} (I_x)_{\text{면적}} &= \frac{a(2a)^3}{12} = \frac{2a^4}{3} \\ (I_y)_{\text{면적}} &= \frac{2a(a)^3}{3} = \frac{2a^4}{3} \\ (J_O)_{\text{면적}} &= (I_x)_{\text{면적}} + (I_y)_{\text{면적}} = \frac{2a^4}{3} + \frac{2a^4}{3} = \frac{4a^4}{3} \\ (I_{xy})_{\text{면적}} &= 0 \qquad (x\text{축은 대칭축임}) \\ (I_{yz})_{\text{면적}} &= (I_{zx})_{\text{면적}} = 0 \qquad (\text{면적은 } xy \text{ 평면에 놓여 있음}) \end{aligned}$$

박판식[식 (F.2) 및 (F.7)]과 $M = \rho At = \rho 2a^2 t$를 사용하면, $A = 2a^2$은 박판 면적이고 ρ는 질량 밀도이므로, 질량 특성량 성질은 다음과 같이 된다.

$$I_x = \rho t(I_x)_{면적} = \rho t \frac{2a^4}{3} = \frac{1}{3}Ma^2$$
$$I_y = \rho t(I_y)_{면적} = \rho t \frac{2a^4}{3} = \frac{1}{3}Ma^2$$
$$I_z = \rho t(J_O)_{면적} = \rho t \frac{4a^4}{3} = \frac{2}{3}Ma^2$$
$$I_{xy} = I_{yz} = I_{zx} = 0$$

판 2 판 2의 면적 관성 모멘트와 면적 관성 곱은 다음과 같다.

$$(I_y)_{면적} = \frac{a(2a)^3}{3} = \frac{8a^4}{3}$$
$$(I_z)_{면적} = \frac{2a(a)^3}{3} = \frac{2a^4}{3}$$
$$(J_o)_{면적} = (I_y)_{면적} + (I_z)_{면적} = \frac{8a^4}{3} + \frac{2a^4}{3} = \frac{10a^4}{3}$$
$$(I_{xy})_{면적} = (I_{zx})_{면적} = 0 \qquad \text{(면적은 } xy \text{ 평면에 놓여 있음)}$$
$$I_{yz} = \frac{a^2(2a)^2}{4} = a^4$$

이 결과와 $M = \rho At = \rho 2a^2 t$를 식 (F.2) 및 (F.7)에 대입하면, 판 2의 질량 특성량은 다음과 같이 된다.

$$I_x = \rho t(J_O)_{면적} = \rho t \frac{10a^4}{3} = \frac{5}{3}Ma^2$$
$$I_y = \rho t(I_y)_{면적} = \rho t \frac{8a^4}{3} = \frac{4}{3}Ma^2$$
$$I_z = \rho t(I_z)_{면적} = \rho t \frac{2a^4}{3} = \frac{1}{3}Ma^2$$
$$I_{xy} = I_{zx} = 0$$
$$I_{yz} = \rho t(I_{yz})_{면적} = \rho t a^4 = \frac{1}{2}Ma^2$$

조립체 조립체의 질량 특성량은 두 판의 특성량을 합하여 구한다.

$$I_x = Ma^2\left(\frac{1}{3} + \frac{5}{3}\right) = 2Ma^2$$

$$I_y = Ma^2\left(\frac{1}{3} + \frac{4}{3}\right) = \frac{5}{3}Ma^2$$

$$I_z = Ma^2\left(\frac{2}{3} + \frac{1}{3}\right) = Ma^2$$

$$I_{xy} = 0 + 0 = 0$$

$$I_{yz} = 0 + \frac{1}{2}Ma^2 = \frac{1}{2}Ma^2$$

$$I_{zx} = 0 + 0 = 0$$

이 값들을 식 (19.11)에 대입하면, 점 O에서 조립체의 관성 텐서는 다음과 같이 된다.

$$\mathbf{I} = \begin{bmatrix} 2 & 0 & 0 \\ 0 & \frac{5}{3} & -\frac{1}{2} \\ 0 & -\frac{1}{2} & 1 \end{bmatrix} Ma^2$$ 답

문항 2

문항 1에서 구한 조립체의 관성 특성량을 식 (F.11)에 대입하면 주 관성 모멘트와 주축의 방향 코사인을 구하기 위해 풀어야 할 다음의 식들이 나온다. 즉,

$$(2Ma^2 - I)\lambda_x \quad + 0\lambda_y \quad + 0\lambda_z = 0 \tag{a}$$

$$0\lambda_x + \left(\frac{5}{3}Ma^2 - I\right)\lambda_y \quad -\frac{Ma^2}{2}\lambda_z = 0 \tag{b}$$

$$0\lambda_x \quad -\frac{Ma^2}{2}\lambda_y + (Ma^2 - I)\lambda_z = 0 \tag{c}$$

$$\lambda_x^2 + \lambda_y^2 + \lambda_z^2 = 1 \tag{d}$$

특성식을 식 (a)~(c)에 있는 계수의 행렬식을 0으로 놓고 구한다.

$$\begin{vmatrix} 2Ma^2 - I & 0 & 0 \\ 0 & \frac{5}{3}Ma^2 - I & -\frac{Ma^2}{2} \\ 0 & -\frac{Ma^2}{2} & Ma^2 - I \end{vmatrix} = 0 \tag{e}$$

행렬식을 전개하여 정리하면 다음이 나온다.

$$(2Ma^2 - I)\left(I^2 - \frac{8}{3}Ma^2I + \frac{17}{12}M^2a^4\right) = 0 \tag{f}$$

식 (f)를 풀어 근을 I_1, I_2 및 I_3으로 표시하면, 주 관성 모멘트(아이겐밸류)로서 다음을 구한다.

$$I_1 = 0.7324Ma^2 \qquad I_2 = 1.9343Ma^2 \qquad I_3 = 2.0000Ma^2$$ **답**

주축의 방향 코사인은 상응하는 아이겐밸류를 식 (a)~(d)에 대입한 후에 이 식들을 방향 코사인 λ_x, λ_y 및 λ_z에 대해 풀어 구할 수 있다. $I = I_3 = 2.0\ Ma^2$을 식 (a)~(c)에 대입하면 다음과 같이 된다.

$$\begin{aligned} 0 &= 0 \\ -\frac{1}{3}\lambda_y - \frac{1}{2}\lambda_z &= 0 \\ -\frac{1}{2}\lambda_y - \lambda_z &= 0 \end{aligned}$$

둘째 식과 셋째 식은 선형적으로 독립이므로, 그 해는 $\lambda_y = \lambda_z = 0$이다. 이 결과를 식 (d) $\lambda_x{}^2 + \lambda_y{}^2 + \lambda_z{}^2 = 1$과 결합하면 $\lambda_x = \pm 1$이라는 결과가 나온다. 그러므로 I_3, 즉 셋째 아이겐벡터와 관련된 축 방향의 단위 벡터는 다음과 같다.

$$\boldsymbol{\lambda}_3 = \pm \mathbf{i}$$ **답**

이 답에서 + 또는 − 부호는 아이겐벡터가 주축 방향만을 정의한다는 사실을, 즉 그 축을 따르는 단위 벡터의 방향성이 임의적이라는 사실을 반영한다. 바꿔 말하면 $\boldsymbol{\lambda}$가 아이겐벡터이면 $-\boldsymbol{\lambda}$도 아이겐벡터이다.

$I = I_2 = 1.9343\ Ma^2$이므로, 식 (a)~(c)는 다음과 같다.

$$\begin{aligned} 0.0657\lambda_x &= 0 \\ -0.2676\lambda_y - 0.5000\lambda_z &= 0 \\ -0.5000\lambda_y - 0.9343\lambda_z &= 0 \end{aligned}$$

첫째 식에서 $\lambda_x = 0$이 나온다. 둘째 식과 셋째 식은 둘 다 모두에서 $\lambda_z = -0.5352\lambda_y$가 나오므로 독립적이지 않다. 이 결과를 식 (d)에 대입하면 다음이 나온다.

$$0^2 + \lambda_y^2 + (-5352\lambda_y)^2 = 1$$

이 식에서는 $\lambda_y = \pm 0.8817$이 나온다. 그러므로 $\lambda_z = -0.5352(\pm 0.8817) = \mp 0.4719$이며, 이로부터 둘째 아이겐벡터는 다음과 같다.

$$\boldsymbol{\lambda}_2 = \pm\, 0.882\mathbf{j} \mp 0.472\mathbf{k}$$ 답

$I = I_1 = 0.7324\ Ma^2$에 상응하는, 첫째 아이겐밸류의 방향은 유사한 방식으로 구할 수 있으며 그 결과는 다음과 같다.

$$\boldsymbol{\lambda}_1 = \pm\, 0.472\mathbf{j} \pm 0.882\mathbf{k}$$ 답

3개의 주축이 그림 (b)에 도시되어 있다. 이 축들은 주 관성 모멘트들이 전혀 다르므로 당연히 서로 직각을 이룬다는 사실을 주목하여야 한다. 게다가, 그림 (b)에 도시되어 있는 바와 같이, 아이겐벡터의 부호는 대개 λ_1, λ_2 및 λ_3가 오른손 세 손가락 모양을 형성하도록 선정된다.

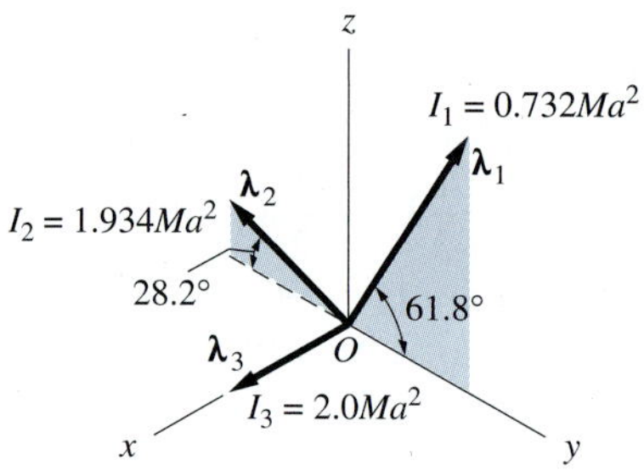

(b)

연습문제

F.19 적분을 사용하여 질량이 m이고 길이가 L인 균질의 가늘고 기다란 봉의 관성 곱을 도시된 축에 대하여 구하라.

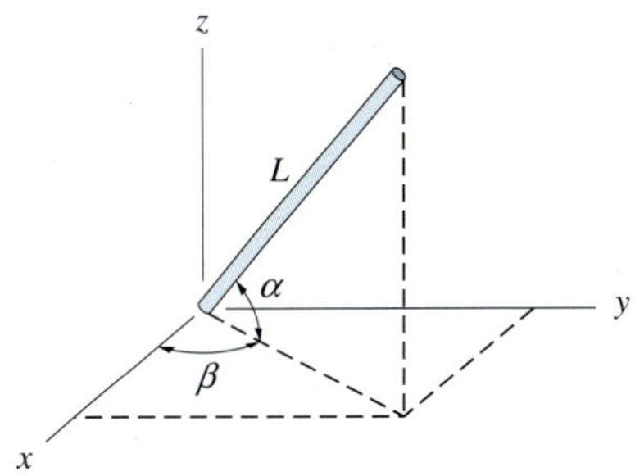

그림 PF.19

F.20 문제 F.9의 휘어진 가늘고 기다란 봉의 I_{xy}를 적분으로 계산하라.

F.21 질량이 m인 균질의 가늘고 기다란 철사가 나선 형상으로 구부러져 있다. 적분을 사용하여 도시된 축에 대한 관성 곱을 구하라(나선 식은 $z = h\theta/(2\pi)$이고, 여기에서 θ는 단위가 rad이다).

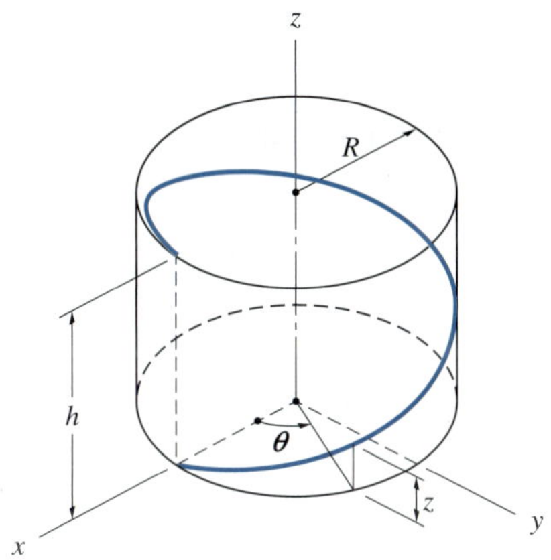

그림 PF.21

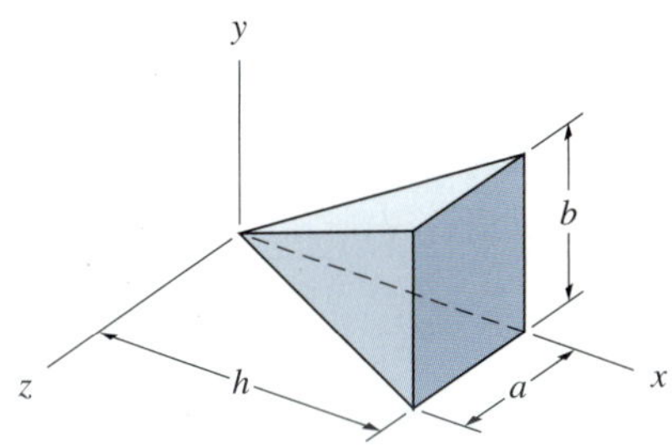

그림 PF.22

F.22 적분을 사용하여 도시된 축에 대한 균질 고체의 관성 곱을 구하라.

F.23 적분으로 도시된 축에 대한 균질 각기둥의 관성 곱을 구하라.

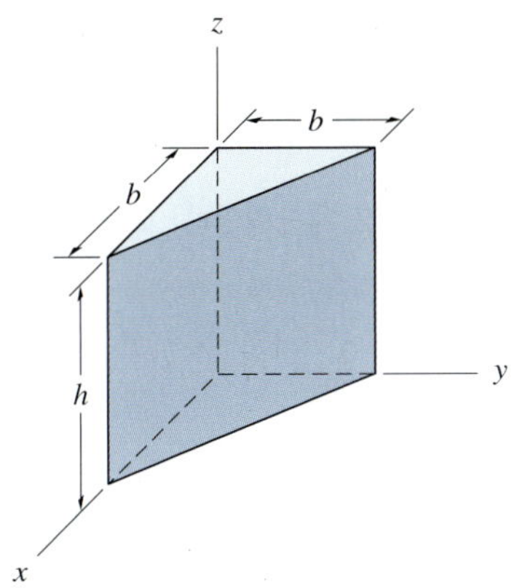

그림 PF.23

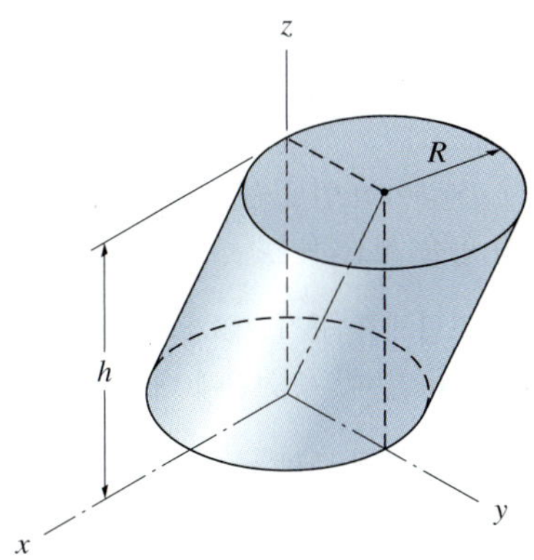

그림 PF.24

F.24 도시된 축에 대하여 질량이 m인 균질 고체의 관성 곱을 구하라. 적분을 사용하라.

F.25 균질 박판의 질량이 m이다. 도시된 축에 대하여 점 O에서의 관성 텐서를 구하라.

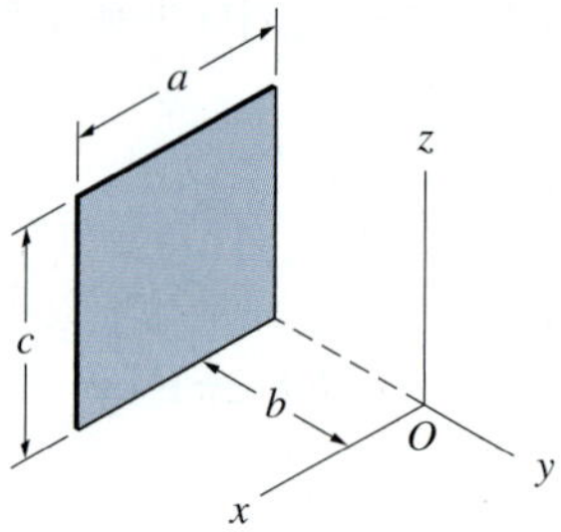

그림 PF.25

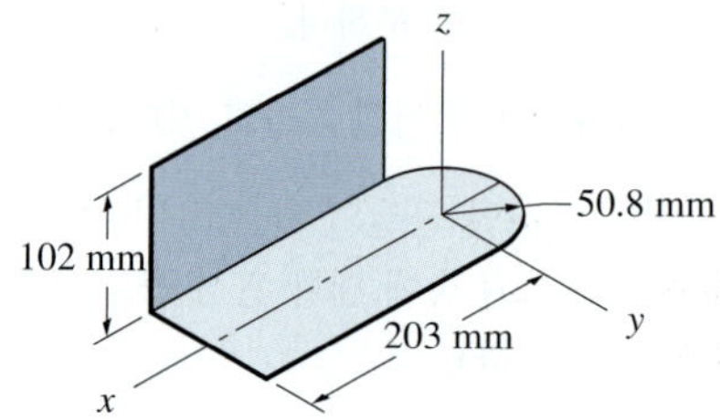

그림 PF.26

F.26 강제 브래킷이 두께가 1.59 mm로 균일하다. 도시된 축에 대한 관성 곱을 계산하라(강은 $\rho = 7850\ \text{kg/m}^3$이다).

F.27 축 AB에 대하여 질량이 8.165 kg인 균질 원판의 관성 모멘트를 구하라.

F.28 도시된 부품은 질량이 m인 얇은 원판을 자르고 굽혀서 만들었다. 도시된 축에 대한 관성 곱을 구하라.

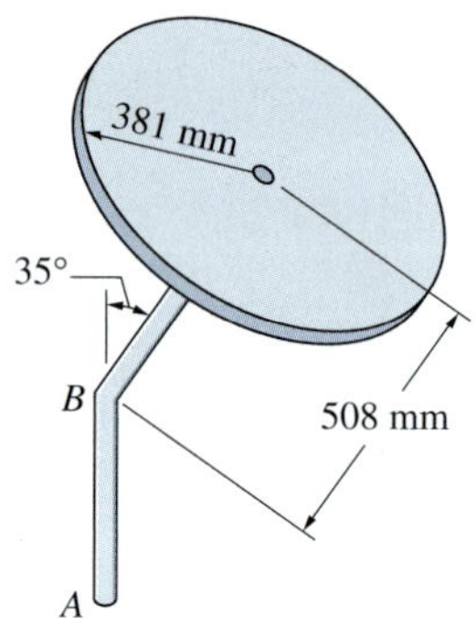

그림 PF.27

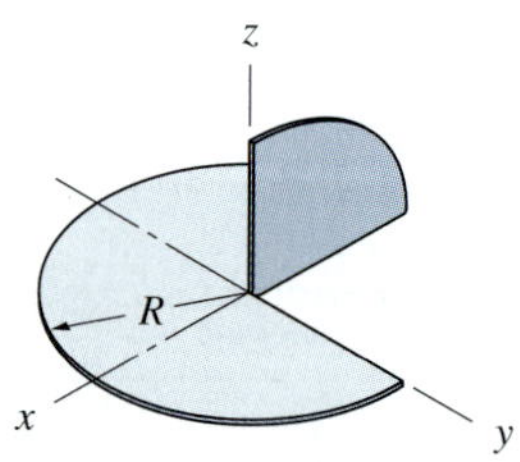

그림 PF.28

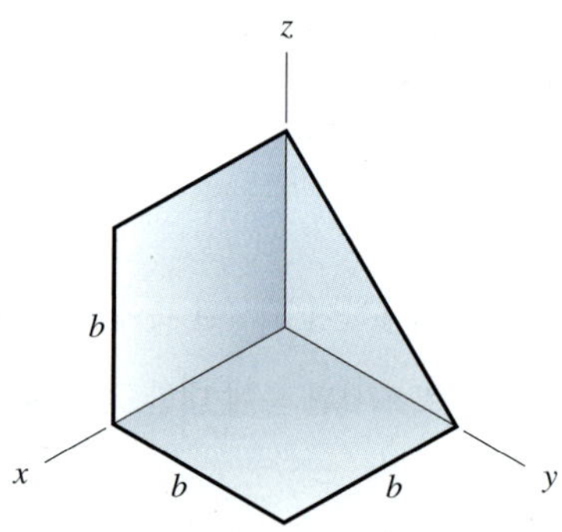

그림 PF.29

F.29 질량이 m인 물체가 두께가 일정한 박판재 금속으로 제작되었다. 도시된 축에 대한 관성 곱을 계산하라.

F.30 조립체가 균질인 3개의 가늘고 기다란 봉을 서로 용접하여 만들어졌다. 조립체의 질량이 m일 때, 축 AB에 대한 관성 모멘트를 구하라.

F.31 축 OA에 대한 균질 원뿔의 관성 모멘트를 계산하라.

F.32 균질 정육면체의 질량이 m이다. (a) 축 OA에 대한 관성 모멘트를 구하라. (b) OA가 O에서의 주 관성 축임을 증명하라(힌트: 문항 (a)에서 구한 답을 점 O에 대한 특성식에 대입하라).

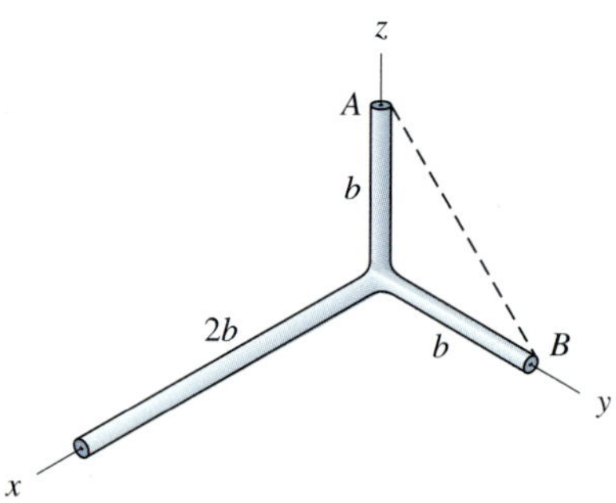

그림 PF.30

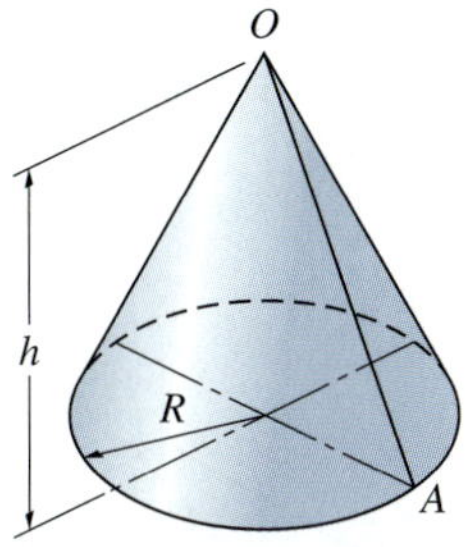

그림 PF.31

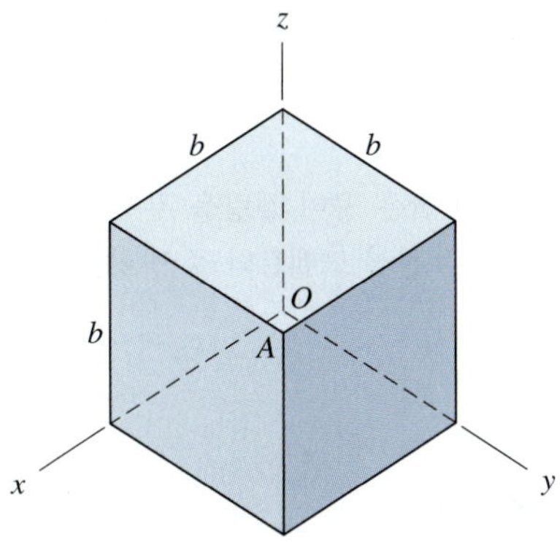

그림 PF.32

F.33 균질의 원기둥에서 질량 중심을 지나는 모든 축에 대한 관성 모멘트가 같아지도록 비 h/R을 구하라.

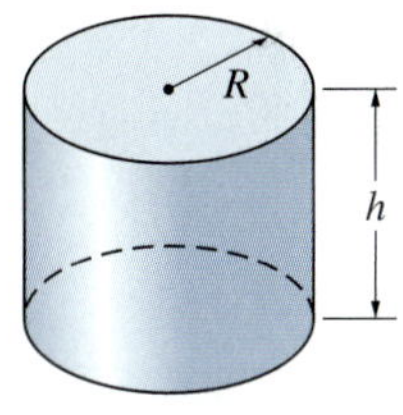

그림 PF.33

F.34 변 AB에 대한 균질 박판의 관성 모멘트를 면적 성질에서 찾아라.

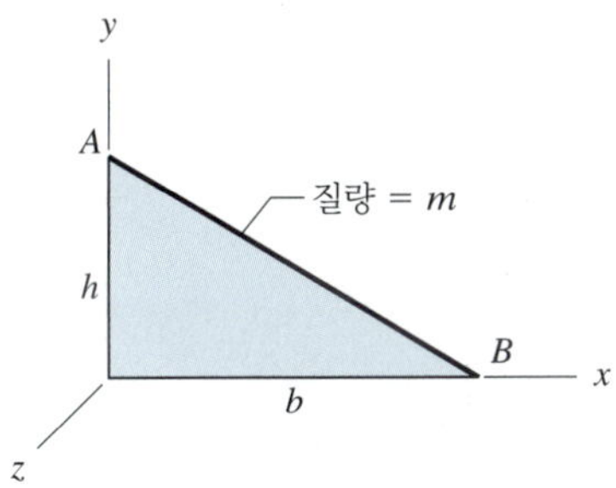

그림 PF.34, PF35

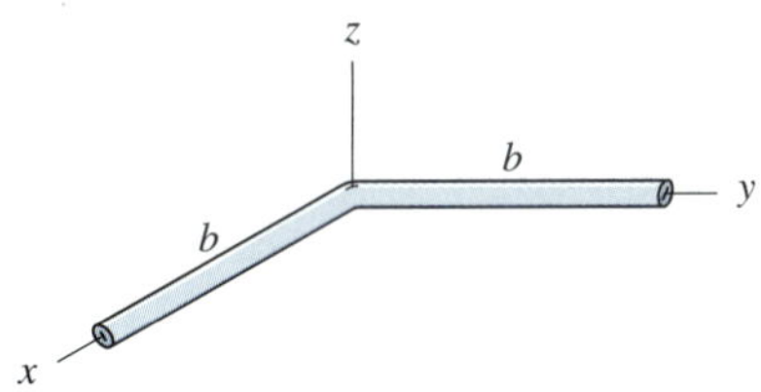

그림 PF.36

F.35 질량이 0.36 kg인 균질 박판의 치수가 $b = 240$ mm이고 $h = 150$ mm이다. 이 판의 질량 중심에 대하여, (a) 주 관성 모멘트를 계산하라. (b) 최소 관성 모멘트에 상응하는 주축의 위치를 구하라.

F.36 구부러진 가늘고 기다란 봉이 질량이 m이다. 이 봉의 질량 중심에서 주축과 주 관성 모멘트를 구하라(힌트: 주축은 대칭성을 관찰하면 위치를 구할 수 있다).

F.37 작은 덩어리가 가벼운 봉으로 연결되어 있다. 점 O에 대하여, (a) 도시된 축에 대한 관성 모멘트와 주축을 구하라. (b) O에서 주 관성 모멘트와 주축을 구하라. 주축을 물체 그림에 나타내보라.

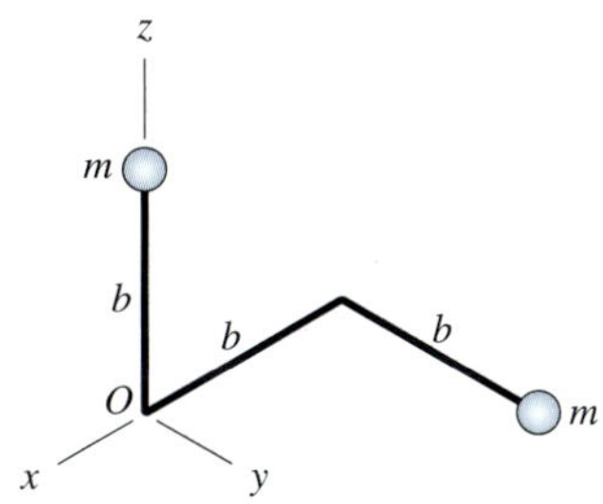

그림 PF.37, PF38

F.38 2개의 작은 덩어리가 질량을 무시할 수 있는 강체 봉으로 연결되어 있다. 이 시스템의 질량 중심에서 시스템의 주 관성 모멘트를 구하라(힌트: 주축은 관찰하면 구할 수 있으므로 관성 텐서를 계산할 필요는 없다).

F.39 균질의 구부러진 봉의 질량이 m이다. 점 O에 대하여, (a) 도시된 축에 대한 관성 텐서, (b) 주 관성 모멘트 및 (c) 최소 관성 모멘트와 관련된 주축을 각각 구하라.

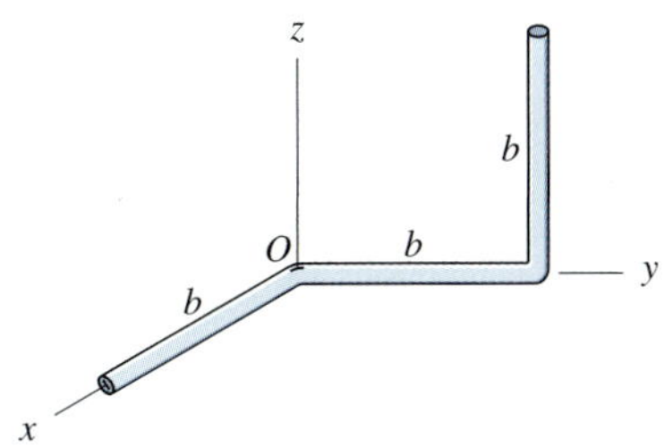

그림 PF.39

F.40 3개의 작은 공이 질량을 무시할 수 있는 봉으로 연결되어 있다. 점 O에 대하여, (a) 도시 축에 대한 관성 텐서와 (b) 주 관성 모멘트를 각각 구하라. 각각의 봉은 좌표축에 평행이다.

F.41 3개의 작은 공이 질량을 무시할 수 있는 봉으로 연결되어 있다. 이 시스템의 질량 중심에서 주 관성 모멘트와 주 방향을 계산하라.

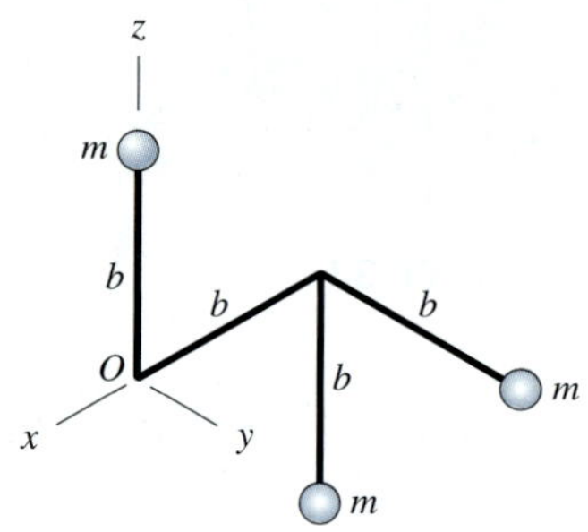

그림 PF.40, PF41

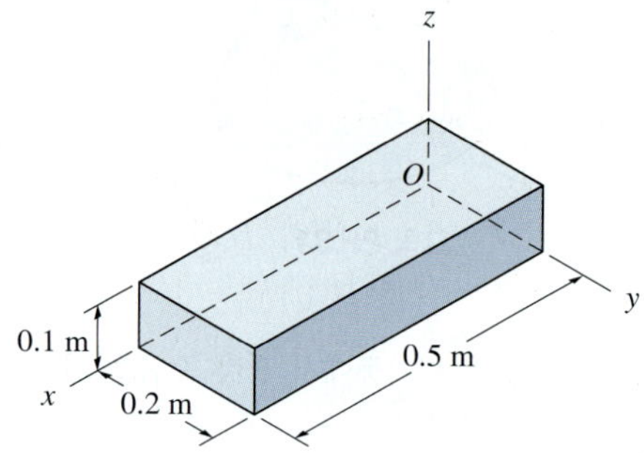

그림 PF.42

F.42 블록이 ρ = 7850 kg/m^{3}인 강으로 만들어져 있다. 점 O에 대하여, (a) 도시된 축에 대한 관성 텐서와 (b) 주 관성 모멘트 및 주축을 계산하라.

해답(짝수번호 문제)

제11장

11.2 19.8 N

11.4 20 N • m

11.6 (No answer)

11.8 (a) $[FL]$; (b) $[FT]$; (c) $[F]$

11.10 (a) $[FLT^2]$; (b) $[ML^2]$

11.12 $[c] = [FTL^{-1}], [k] = [FL^{-1}], [P_0] = [F],$ $[\omega] = [T^{-1}]$

11.14 (No answer)

11.16 3.32×10^{-10} N

11.18 (No answer)

11.20 5.93×10^{-3} N

제12장

12.2 (a) $v = -gt + v_0, a = -g$; (b) $x_{max} = v_0^2/(2g)$, $t = 2v_0/g$; (c) $x_{max} = 120.2$ ft, $t = 5.47$ s

12.4 $x = 2.03$ m, $v = 3.76$ m/s, $a = 1.22$ m/s^2, $s = 11.84$ m

12.6 (a) $v = v_0(1 - e^{-t/t_0})$; (b) $a = (v_0/t_0)e^{-t/t_0}$, $a = (v_0 - v)/t_0$

12.8 $v = 40.6$ mm/s, $a = 61.9$ mm/s^2

12.10 $\mathbf{v}_x = 3.05\mathbf{i} - 50.8\mathbf{j}$ mm/s, $\mathbf{a}_x = 1.22\mathbf{i}$ mm/s^2

12.12 (a) $\mathbf{v} = -10\mathbf{j}$ m/s, $\mathbf{a} = -4\mathbf{i} + 2\mathbf{j}$ m/s^2; (b) $\mathbf{v} = -20\mathbf{i}$ m/s, $\mathbf{a} = -4\mathbf{i} + 2\mathbf{j}$ m/s^2

12.14 $\mathbf{v} = 5.88\mathbf{i} + 1.177\mathbf{j}$ m/s, $\mathbf{a} = -0.1332\mathbf{i} + 0.666\mathbf{j}$ m/s^2

12.16 $v = R\omega^2 t$

12.18 $v = 15.15$ m/s, $a = 189.5$ m/s^2

12.20 (a) $\mathbf{v} = (1.83t + 1.22)\mathbf{i} + (-2.44t + 0.915)\mathbf{j} - 1.83\mathbf{k}$ m/s, $\mathbf{a} = 1.83\mathbf{i} - 2.44\mathbf{j}$ m/s^2

12.22 (a) $\dot{x} = -2b\dot{\theta}\sin\theta$; (b) $\ddot{x} = -2b(\ddot{\theta}\sin\theta + \dot{\theta}^2\cos\theta)$

12.24 $\mathbf{v} = -1.32\mathbf{i} + 0.762\mathbf{j}$ m/s, $\mathbf{a} = -2.54\mathbf{i}$ m/s^2

12.26 (a) 5770 m; (b) 263 m/s; (c) 18.86°

12.28 60.5 m

12.30 150.7 m

12.32 $v = \sqrt{(T/c)[1 - \exp(1 - 2cx/m)]}, v_\infty = \sqrt{T/c}$

12.34 $\tan^{-1}(a/g)$

12.36 $0.894g$

12.38 1300 km/s

12.40 $t = 1.105$ s, $v = 2.41$ m/s

12.42 (a) 3.52 m/s^2; (b) 2.83 m/s^2

12.44 7.05 m/s

12.46 1.418 m/s^2

12.48 1.373 m/s

12.50 5.56×10^5 N/m

12.52 $1.082\sqrt{Vq/m}$

12.54 $v_{max} = 1.38$ m/s at $x = 0.4$ m

12.56 241 m

12.58 6.56 s

12.60 (a) $v_{max} = 19.63$ m/s at $x = 9.02$ km

12.62 (a) $a = 6.25[(t + 1) + (t - 1)\,\mathrm{sgn}\,(1 - t)] - 12.5x$ m/s^2; (b) $x_{max} = 1.554$ m, $v_{max} = 2.0$ m/s

12.64 24.44 m/s

12.66 (b) 68.5 N

12.68 0.524

12.70 13.4 m

12.72 99.6 m

12.74 (a) $y = -3.57x^2 + 162x$ mm; (b) Avoids net and ceiling, lands behind baseline

12.76 4.03 ft

12.78 (a) $t = (m/c)\ \ln[1 + (cv_0/mg)\ \sin\alpha]$; (b) $v = v_0\ \cos\alpha/[1 + (cv_0/mg)\ \sin\alpha]$

12.80 (a) $a_x = 0.5x/(x^2 + y^2)^{3/2}$ m/s^2, $a_y = 0.5y/(x^2 + y^2)^{3/2}$ m/s^2; Initial conditions: $t = 0, x = 0.3$ m, $y = 0.4$ m, $v_x = 0$, $v_y = -2$ m/s; (b) $x = 0.360$ m, $v = 1.795$ m/s

12.82 (a) $a_x = -20.94v_x(v_x^2 + v_y^2)^{0.25}$ mm/s^2, $a_y = -20.94v_y(v_x^2 + v_y^2)^{0.25} - 9810$ mm/s^2; Initial conditions: $t = 0, x = 0, y = 1.83$ m, $v_x = 36.6$ m/s, $v_y = 0$; (b) $R = 19.23$ m, $t = 0.655$ s

12.84 (a) $a_x = -40[1 - (0.5/R)]x$ m/s^2, $a_y = -40[1 - (0.5/R)]y - 9.81$ m/s^2; Initial conditions: $t = 0, x = 0.5$ m, $y = -0.5$ m, $v_x = v_y = 0$

12.86 (a) $a_x = -0.01524vv_x + 0.488v_y$ m/s^2, $a_y = 0.01524vv_y - 0.488v_x - 9.81$ m/s^2 where $v = \sqrt{v_x^2 + v_y^2}$; (b) $t = 1.051$ s, $x = 5.9$ m

12.88 $v|_{20\text{ s}} = 400$ m/s, $a = 20$ m/s^2

12.90 14.0 s, 159 m

12.92 $v_0 = 269.8$ m/s, $R = 2698$ m, $h = 491$ m

12.94 $t = 16.09$ s, $R = 3070$ m

12.96 171.0 s

12.98 203 m

12.100 (a) 17.8 N; (b) 0.295 m/s

12.102 $v_{max} = 0.1018$ m/s, $y_{max} = 0.0728$ m

12.104 32.0 mm/s^2

12.106 17.58 s

12.108 40.7 m

12.110 1.563×10^{-3} s, 0.264 m

12.112 33.4 m/s

12.114 4230 m

12.116 (a) 1.635 N • s/m; (b) 25.0 s

12.118 543 m/s^2

12.120 80 mm/s^2 →

12.122 (a) $2mg$; (b) $g\sqrt{m/k}$

제13장

13.2 57.3 km/h

13.4 120 km/h

13.6 3.86 m/s^2

13.8 183 mm/s^2

13.10 (a) 108.0 mm/s^2; (b) 675 mm/s^2

13.12 (a) $\mathbf{v}_A = 4\mathbf{j}$ m/s, $\mathbf{v}_B = 8\mathbf{j}$ m/s; (b) $\mathbf{a}_A = -32\mathbf{i} + 12\mathbf{j}$ m/s^2, $\mathbf{a}_B = -64\mathbf{i} + 24\mathbf{j}$ m/s^2

13.14 (a) 0.2 m; (b) 22.4 m/s^2

13.16 53.0 m

13.18 5.18 m/s^2

13.20 76.4 s

13.22 0.61 m/s^2

13.24 $a_{max} = 2Av_0^2$, $x = -B/(2A)$

13.26 $v = 545$ m/s, $a = 101.4$ m/s^2

13.28 (a) $v_R = 915$ mm/s, $v_\theta = 1.83$ m/s, $a_R = -2.74$ m/s^2, $a_\theta = 2.74$ m/s^2; (b) $v_R = 0$, $v_\theta = 2.74$ m/s, $a_R = -5.49$ m/s^2, $a_\theta = 0$

13.30 943 ft/s

13.32 (a) $v_R = -0.255$ m/s, $v_\theta = 0.2$ m/s, $a_R = -0.4$ m/s^2, $a_\theta = -1.018$ m/s^2; (b) $v_R = -0.255$ m/s, $v_\theta = 0.333$ m/s, $a_R = -0.667$ m/s^2, $a_\theta = -1.018$ m/s^2

13.34 $\mathbf{v} = 0.8\mathbf{e}_R + 0.96t^2\mathbf{e}_\theta$ m/s, $\mathbf{a} = -1.152t^3\mathbf{e}_R + 2.88t\mathbf{e}_\theta$ m/s^2

13.36 $2.54b\omega^2$

13.38 (a) $2b\omega$; (b) $3b\omega^2$; (c) $b\omega$; (d) $b\omega^2$

13.40 $a_R = -3v_0^2/b$, $\rho = b/3$

13.42 $h = 1.43$ km, $v = 131$ m/s

13.44 1.416 m/s

13.46 $v_{max} = 91$ mm/s at $\theta = n\pi/4$, $n = 0, 1, 2, \ldots$, $a_{max} = 145.3$ mm/s^2 at $\theta = (\pi/8) + (n\pi/4)$, $n = 0, 1, 2, \ldots$

13.48 $v = 2.66$ m/s, $a = 13.5$ m/s^2

13.50 (a) $h\omega\sqrt{1 + \theta^2 \sin^2 \beta}/(2\pi \cos \beta)$; (b) $a_R = -(h\omega^2/2\pi)\theta \tan \beta$, $a_\theta = (h\omega^2/\pi) \tan \beta$, $a_z = 0$

13.52 0.417

13.54 8.09 m/s

13.56 (a) 103.6 N; (b) −2.59 m/s^2

13.58 (a) $\ddot{\theta} = -4.905 \sin \theta$ rad/s^2; (b) $6.26\sqrt{\cos\theta - 0.866}$ m/s

13.60 2.22 rad/s

13.62 1.59 N

13.64 (a) 3.78 rad/s; (b) 1.892 rad/s

13.66 (a) 1400 N; (b) 560 m/s^2

13.68 3.07 rad/s $\le \omega \le$ 5.72 rad/s

13.70 3.26 m/s

13.72 0.502

13.74 $F_R = -400$ N, $F_\theta = 480$ N

13.76 $F = 4.8 \tan \theta$ N

13.78 (a) $d^2R/d\theta^2 - R = g \sin \theta/\omega_0^2$; (b) $g(\sinh \theta - \sin \theta)/(2\omega_0^2)$

13.80 (a) 0.529 N; (b) 7.10 N

13.82 4.72 m/s

13.84 $F_R = -4.59$ kN, $F_\theta = 3$ kN, $F_z = 66.7$ N

13.86 (b) 120.2°

13.88 (a) Initial conditions: $t = 0$, $z = 1.83$ m, $\dot{z} = 0$, $\dot{\theta} = 5/(3\tan \beta)$ rad/s; (c) 0.631 m

13.90 (a) $\ddot{R} = R\dot{\theta}^2 - 40(R - 0.5) + 9.81 \sin\theta$ m/s^2, $\ddot{\theta} = (9.81 \cos\theta - 2\dot{R}\dot{\theta})/R$ rad/s^2; Initial conditions: $t = 0$, $R = 0.5$ m, $\dot{R} = \theta = \dot{\theta} = 0$; (c) $R_{max} = 1.282$ m, $\theta = 130.9°$

13.92 24.5 kN

13.94 39.2 m/s^2

13.96 0.422

13.98 72.8 N, 9.51 m/s^2

13.100 107 km/h

13.102 $v = \sqrt{2gR(1 - \cos\theta)}, \theta = 48.2°$

13.104 (a) $\sqrt{2}b\omega$; (b) $\sqrt{5}b\omega^2$

13.106 $2a\omega_0$ (constant)

13.108 $\sqrt{Rg \tan\beta}$

제14장

14.2 (a) $F_0b/2$; (b) $F_0b/2$

14.4 (a) $-0.414kR^2$; (b) WR

14.6 $-0.1186\mu kb^2$

14.8 4.23 m

14.10 62.1 km/h

14.12 $1.860Ph$

14.14 150.1 mm

14.16 98.1 N

14.18 13.28 N

14.20 2.31 m/s

14.22 7 m/s

14.24 41.82 m/s

14.26 $2W$

14.28 556 kN/m

14.30 200 N/m

14.32 2.38 m/s

14.34 4.90 m/s

14.36 8.41 N

14.38 (a) $\pm\sqrt{35.55x - 29.63x^2}$ m/s; (b) 0.366 m, 1.34 m/s

14.40 4.18 m/s

14.42 (a) $\sqrt{2gR(1 - \cos\theta)}$; (b) 48.2°

14.44 1.09 m/s

14.46 24.75 m/s

14.48 7.50×10^{10} J

14.50 4.57×10^6 m

14.52 308 m

14.54 17.46 kW

14.56 73.1%

14.58 F^2t/m

14.60 1.899 m/s

14.62 0.815 m/s

14.64 (a) 5.75 m/s^2; (b) 2.55 m/s^2

14.66 25.77 N · m/s

14.68 1.326 N · s

14.70 $-10.76\mathbf{i} + 6.22\mathbf{j}$ N

14.72 4.20 s

14.74 147.7 N

14.76 $v_2 = 26.0$ m/s, $\theta_2 = 57.1°$

14.78 294 N

14.80 $1.0\mathbf{i} + 0.463\mathbf{j}$ m/s

14.82 7.89 m/s

14.84 1.631 s

14.86 19.0 s

14.88 $P_0L^2/(2v_0)$

14.90 $0.437\mathbf{i} - 0.291\mathbf{k}$ N · m · s

14.92 $2mvR \cos^2\theta\mathbf{k}$

14.94 5.44 s

14.96 1.898 s

14.98 169.9×10^3 N · m · s

14.100 21.2 N

14.102 (a) 2000 m/s; (b) 9950 km

14.104 (a) 21.1 rad/s; (b) 15.82 rad/s^2

14.106 (a) 4.27 m/s; (b) 18.01°

14.108 $h_1 = 3.464 \times 10^6$ m, $h_2 = 1.496 \times 10^6$ m

14.110 $R_{max} = 402 \times 10^3$ km, $R_{min} = 360 \times 10^3$ km

14.112 (a) $v_{max} = 7030$ m/s, $v_{min} = 5740$ m/s; (b) 11 290 s

14.114 (a) hyperbolic; (b) 2250 km; (c) 8.93 km/s

14.116 (b) 11.45°; (c) 194 m

14.118 At A: 2335 kN · s, at B: 1388 kN · s

14.120 172.0 km

14.122 (a) $\ddot{R} = R\dot{\theta}^2 - (1.4076 \times 10^{16}/R^2)$, $\ddot{\theta} = -2\dot{R}\dot{\theta}/R$, Initial conditions: $t = 0$, $R_0 = 7.15 \times 10^6$ m, $\theta = 0$, $\dot{R} = 584$ m/s, $\dot{\theta} = 934.2 \times 10^{-6}$ rad/s, (c) 80.4°

14.124 3.32 m/s

14.126 662 N

14.128 (a) 0.85 m/s; (b) 70.8×10^{-3} N · m/s

14.130 7.28 m/s

14.132 6.02 s

14.134 $v_B = 7.32$ m/s, elongation rate = 4.03 m/s

14.136 4.87 km/s

14.138 7253 N/m

14.140 5.86 m/s

제15장

15.2 917 m, 166.7 s

15.4 $v = 877$ km/h, $\theta = 5.08°$

15.6 79.1°

15.8 41.1 km/h

15.10 (a) 100 m/s; (b) $160\mathbf{i} + 130.9\mathbf{j}$ m/s

15.12 1.98 m/s^2

15.14 $-10.1\mathbf{i} + 10.5\mathbf{j}$ km/h

15.16 1.2 m/s →

15.18 1.22 m/s ↑

15.20 137 mm/s ↑

15.22 2.81 m/s ↑

15.24 0.42 m/s →

15.26 $v_B = 0.1$ m/s ↓, $v_C = 0.5$ m/s ↑

15.28 (a) (1.32 m, 1.015 m); (b) $0.852\mathbf{i} + 0.171\mathbf{j}$ m/s^2

15.30 12.24 m

15.32 1.41 m

15.34 $x_B = 4390$ m, $y_B = 922$ m

15.36 $a = 3.49$ m/s^2, 2.83 N

15.38 $a_{\text{crate}} = 1.375$ m/s^2, $a_{\text{cart}} = 0.589$ m/s^2

15.40 18.59 N, 0.516 m/s^2 ↓

15.42 2.36 m

15.44 59.2 N

15.46 27.3 N

15.48 8.8 N

15.50 2.55 m/s^2 ←

15.52 (a) $a_1 = 2.36 - 47.1(x_1 - x_2)$ m/s^2, $a_2 = 47.1(x_1 - x_2)$, Initial conditions: $t = 0$, $x_1 = x_2 = v_1 = v_2 = 0$; (b) $v_1 = 184$ mm/s, $v_2 = 52.1$ mm/s, $P = 3.2$ N

15.54 (a) $a_A = (10/3)(v_B - v_A)$ m/s^2, $a_B = -2000(v_B - v_A)$ m/s^2, Initial conditions: $t = 0$, $x_A = x_B = v_A = 0$, $v_B = 600$ m/s; (b) $v_B = 81.8$ m/s, $x_A = 0.567$ mm

15.56 (a) $a_A = -2.943\,\text{sgn}(v_A - v_B) - 1000x_A$ m/s^2, $a_B = 1.4715\ \text{sgn}(v_A - v_B)$ m/s^2

15.58 1.375 m/s

15.60 7.01 m/s

15.62 5.46 m/s ←

15.64 $v_A = 0.464$ m/s ←, $v_B = 0.695$ m/s →

15.66 1.464 s

15.68 8.6 m/s ↑

15.70 0.893 m/s

15.72 2.68 m/s

15.74 28.2 kN

15.76 $(8/3)m\omega L^2$ (CCW)

15.78 (a) 36.2 s; (b) 404 rev

15.80 Block A hits first with speed 1.5 m/s

15.82 1.312 m/s ↓

15.84 $\mathbf{v}_A = \omega_0 L[(\mathbf{i}/2) - (\mathbf{j}/3)]$, $\mathbf{v}_B = \omega_0 L[-(\mathbf{i}/4) - (\mathbf{j}/3)]$

15.86 (a) $\pm R_0\sqrt{(k/m) - 2\dot{\theta}_0^2}$; (b) $\dot{\theta}_0 > \sqrt{k/(2m)}$

15.88 (a) 1.37 m/s; (b) 915 mm/s

15.90 $v_{\text{final}} = 3.842$ m/s →, energy lost = 6.20%

15.92 1.16 m

15.94 (a) 0.453 m/s; (b) 83.9%

15.96 28.8°

15.98 (a) $3.16\mathbf{i} + 7.19\mathbf{j}$ m/s; (b) 329×10^3 N · m

15.100 174 mm

15.102 568 mm

15.104 (a) $v\ \cos\alpha$; (b) $0.5mv^2 \sin^2\alpha$

15.106 (a) $1.532\mathbf{i}$ m/s; (b) $1.532\mathbf{i} - 0.558\mathbf{j}$ m/s

15.108 (No answer)

15.110 $v_A = (13/64)\,v_0$, $v_B = (15/64)\,v_0$, $v_C = (9/16)\,v_0$

15.112 v_0

15.114 0.268

15.116 (No answer)

15.118 6.93 rad/s

15.120 8.32 m

15.122 $v_A = 7.64$ m/s, $v_B = 6.94$ m/s

15.124 (a) 2.51 km/s; (b) 1.63 km/s

15.126 186.5 kW

15.128 $18.23\mathbf{i} - 73\mathbf{j}$ N

15.130 505 N

15.132 $3720\mathbf{i} + 6070\mathbf{j}$ N

15.134 71.8 N

15.136 $\theta = 46.77°$, $a = 9.22\ \text{m/s}^2$

15.138 $12.21\ \text{m/s}^2 \downarrow$

15.140 $274\ \text{Pa}^2$

15.142 (a) $0.135v(18 - v)$ N·m/s; (b) $v = 2.74$ m/s, $P_{\max} = 10.91$ N·m/s

15.144 (a) $-4.713t\mathbf{i} + (8.604t - 120)\mathbf{j}$ m; (b) 57.8 m

15.146 6.4 km/h

15.148 195 m/s

15.150 5.72 rad/s

15.152 $v = 2500$ ft/s, $\theta = 38.0°$

15.154 $v_0 m_h m_a(1 + e)/(m_h + m_a)$

15.156 $\mathbf{v}_A = 4.10\mathbf{i} - 1.88\mathbf{j}$ m/s, $\mathbf{v}_B = 6.58\mathbf{j}$ m/s

15.158 565 mm

15.160 (a) 14.5 m/s; (b) 4.40%

제16장

16.2 20 rad/s, 1.230 rev

16.4 (a) $\omega = -8$ rad/s, $\alpha = -8\ \text{rad/s}^2$; (b) 40 rad

16.6 (a) $9.0\ \text{s}^{-2}$; (b) 19 rad

16.8 48 rad

16.10 R/β^2

16.12 $50\ \text{m/s}^2$

16.14 (a) $5.0\ \text{rad/s}^2$; (b) 14.32 rev

16.16 $\mathbf{v}_B = -0.906\mathbf{i} - 1.088\mathbf{k}$ m/s, $\mathbf{a}_B = -4.65\mathbf{i} + 3.71\mathbf{j} - 1.107\mathbf{k}\ \text{m/s}^2$

16.18 $\mathbf{v}_B = 4.9\mathbf{i} + 3.92\mathbf{j} + 6.52\mathbf{k}$ m/s, $\mathbf{a}_B = -190.5\mathbf{i} + 63.1\mathbf{j} + 105\mathbf{k}\ \text{m/s}^2$

16.20 $\omega = 10.667$ rad/s (CW), $v_C = 5.69$ m/s $\rightarrow$

16.22 4 rad/s (CCW)

16.24 $\omega_0(r_A + r_B)/r_B$

16.26 406 mm/s $\leftarrow$

16.28 $0.8\sin^2\theta$ rad/s (CCW)

16.30 $\omega_{BD} = \omega_{DE} = 1.714$ rad/s (CCW)

16.32 10.8 m/s $\uparrow$

16.34 1.250 m/s $\leftarrow$

16.36 4.57 rad/s (CCW)

16.38 (a) 5.31°; (b) 3.17 m/s

16.40 1.32 m/s

16.42 902 mm/s at 56.3° $\nearrow$

16.44 (a) (1.22 m, 0.915 m); (b) (0, 917 mm)

16.46 8 rad/s (CW)

16.48 7.80 rad/s (CCW)

16.50 $\omega = 1.0$ rad/s (CCW), $\mathbf{v}_G = -3.35\mathbf{j}$ m/s

16.52 $-1.420\mathbf{i}$ m/s

16.54 5.13 rad/s (CCW)

16.56 6.90 rad/s (CW)

16.58 424 mm/s

16.60 469 mm/s $\uparrow$

16.62 (a) $3.66\mathbf{i} + 5.49\mathbf{j}\ \text{m/s}^2$; (b) $3.66\mathbf{i}\ \text{m/s}^2$

16.64 $\mathbf{a}_D = 406.4\mathbf{i} + 2540\mathbf{j}\ \text{m/s}^2$, $\mathbf{a}_A = 1.63\mathbf{i}\ \text{m/s}^2$, $\mathbf{a}_B = 4.67\mathbf{i} - 6.35\mathbf{j}\ \text{m/s}^2$

16.66 $a_B = 2.69\ \text{m/s}^2 \swarrow$, $\alpha = 0.991\ \text{rad/s}^2$ (CCW)

16.68 $27.77\ \text{m/s}^2 \rightarrow$

16.70 $154.0\ \text{m/s}^2 \uparrow$

16.72 $\alpha_{AB} = 1.333\ \text{rad/s}^2$ (CCW), $\alpha_{BC} = 10.67\ \text{rad/s}^2$ (CW)

16.74 $494\ \text{mm/s}^2 \rightarrow$

16.76 $\alpha_{AB} = 3.36\ \text{rad/s}^2$ (CCW), $\alpha_{BC} = 20.4\ \text{rad/s}^2$ (CCW)

16.78 $\alpha_{AB} = 3.0\ \text{rad/s}^2$ (CCW), $a_B = 6.4\ \text{m/s}^2 \uparrow$

16.80 $5.10\ \text{m/s}^2$

16.82 (b) $-1.736\mathbf{i} - 0.768\mathbf{j}\ \text{m/s}^2$

16.84 (a) $0.2\ \text{m/s}^2 \downarrow$; (b) $0.36\ \text{m/s}^2 \downarrow$

16.86 $\mathbf{v}_P = -660\mathbf{i} + 2057\mathbf{j}$ mm/s, $\mathbf{a}_P = -7595\mathbf{i} - 4265\mathbf{j}\ \text{mm/s}^2$

16.88 $v_P = -2.93$ m/s, $\mathbf{a}_P = -8.78\mathbf{i} - 23.4\mathbf{j}\ \text{m/s}^2$

16.90 $-19.9\mathbf{i} - 16.2\mathbf{j}\ \text{m/s}^2$

16.92 (a) $-0.667\mathbf{i} - 1.154\mathbf{j}$ m/s; (b) $9.62\mathbf{i} + 16.67\mathbf{j}\ \text{m/s}^2$

16.94 (a) $-45.7\mathbf{i} - 14.63\mathbf{j}\ \text{m/s}^2$; (b) $12.2\mathbf{i} + 25.4\mathbf{j}\ \text{m/s}^2$

16.96 (a) $-3.33\mathbf{i}\ \text{m/s}^2$; (b) $-3.33\mathbf{i}\ \text{m/s}^2$

16.98 2.88 rad/s (CW)

16.100 (a) 0.510 m/s $\downarrow$; (b) $1.312\ \text{m/s}^2 \downarrow$

16.102 1.045 rad/s (CCW)

16.104 (a) $(v_0/d)\sin^2\theta$; (b) $2(v_0/d)^2\sin^3\theta\cos\theta$

16.106 $2R\alpha_0(\sin\theta + 2\theta\cos\theta) \downarrow$

16.108 0.427 rad/s (CCW)

16.110 4.66 rad/s (CCW), 2.62 rad/s (CW)

16.112 $11.54\omega^2$ (CW)

16.114 (a) $v_A\cos\theta/\cos(\alpha - \theta)$; (b) $-(v_A^2/L)[\sin^2\alpha/\cos^3(\alpha - \theta)]$

16.116 $42.0\ \text{rad/s}^2$ (CCW)

16.118 $\mathbf{v}_C = -2.0\mathbf{i} + 3.464\mathbf{j}$ m/s, $\mathbf{a}_C = -5.43\mathbf{i} - 6.60\mathbf{j}$ m/s^2

16.120 $\mathbf{v}_C = -0.891\mathbf{i} - 1.337\mathbf{k}$ m/s, $\mathbf{a}_C = 0.484\mathbf{i} - 4.30\mathbf{j} + 9.33\mathbf{k}$ m/s^2

16.122 $\alpha_{AB} = 4.80$ rad/s^2 (CCW), $\alpha_{BC} = 0$

16.124 7.00 rad/s (CW)

16.126 $\omega_{BCD} = 74.3$ rad/s (CCW), $v_D = 54.1$ m/s

16.128 $v_C = 0.30$ m/s ↓, $a_C = 1.067$ m/s^2 ↓

16.130 (a) 5.21 m/s →; (b) 4.42 m/s^2 ←

제17장

17.2 $57mR^2/50$

17.4 $\bar{z} = 30.7$ m, $\bar{I}_x = 1167 \times 10^6$ kg·m^2

17.6 $mb^2/6$

17.8 $I_x = 13.98 \times 10^{-3}$ kg·m^2, $I_z = 70.9 \times 10^{-3}$ kg·m^2

17.10 $I_z = 0.141$ kg·m^2, $\bar{I}_z = 0.0331$ kg·m^2

17.12 0.614 kg·m^2

17.14 $\bar{x} = 1.548$ m, $\bar{I} = 121.0$ kg·m^2

17.16 (No answer)

17.18 (a) 9.20 m/s^2; (b) 0.938

17.20 $2\mu_s g$

17.22 $a = 3.57$ m/s^2, $N_A = 226$ N

17.24 $\ddot{\theta} = -6.16$ rad/s^2, $T_A = T_B = 177$ N

17.26 $1.5g$ ↓

17.28 $mg/7$

17.30 (No answer)

17.32 $\alpha = 5.26$ rad/s^2 (CCW), $T = 778$ N

17.34 $\alpha = g/(2R)$ (CCW), $A_x = mg/\pi$ →, $A_y = mg/2$ ↑

17.36 $\alpha = 2.90$ rad/s^2, $T = 80$ N

17.38 $\alpha_A = 53.0$ rad/s^2, $\alpha_B = -13.24$ rad/s^2

17.40 $\alpha = 12.42$ rad/s^2 (CW), $N = 365$ N ↑, $F = 132.5$ N →

17.42 (a) 165 mm; (b) 108.2 mm

17.44 204 N

17.46 28.3 N

17.48 (b) (i) to the right, (ii) to the left

17.50 1.826 m/s^2

17.52 (b) $\alpha = 5.37$ rad/s^2, $\bar{a} = 7.38$ m/s^2

17.54 (a) $0.283g/R$; (b) 0.322

17.56 6.90 rad/s^2

17.58 0.757 N ↘

17.60 (a) 8.0 m/s^2; (b) 0.8 m

17.62 $\alpha = 6.82$ rad/s^2 (CCW), $N_C = 34$ N ↑

17.64 (a) 9.06 rad/s^2; (b) 14.40 m/s^2 at 84.8° ↙

17.66 $(454 \sin\theta + 0.1667)\cos\theta$

17.68 (a) $\alpha = (3k/mL^2)\,\theta$; (b) $\omega = \sqrt{(3k/mL^2)(\theta_0^2 - \theta^2)}$; (c) $\omega_{max} = \sqrt{3k/mL^2}\,\theta_0$

17.70 (a) 14.22 rad/s^2 (CCW); (b) 6.22 rev

17.72 (a) 0.565 rad/s^2; (b) 74.1 s

17.74 (a) $\ddot{\theta} = -(2g/3R)\sin\theta$; (b) $\dot{\theta} = \pm\sqrt{(2g/3R)(2\cos\theta - 1)}$

17.76 (a) $\alpha = 4.15 + 9.22\cos\theta$ rad/s^2; (b) −711°

17.78 0.40

17.80 (b) $\sqrt{13.41\theta - 10.73\sin\theta}$ rad/s

17.82 (a) $\bar{a} = 7.5 - 100x$ m/s^2, $\bar{v} = \sqrt{15x - 100x^2}$ m/s; (b) $\bar{v}_{max} = 0.750$ m/s at $x = 0.075$ m; (c) 0.382

17.84 (a) $\omega = 3.13\sqrt{0.866 - \cos\theta}$ rad/s, $\alpha = 4.905\sin\theta$ rad/s^2; (b) $183.9(3\cos\theta - 1.732)\sin\theta$ N; (c) 54.7°

17.86 (b) 24.8°

17.88 (b) 2.29 rad/s

17.90 (b) rotation is counterclockwise

17.92 (a) $4R/(9\pi)$; (b) $1.190mR^2$

17.94 $\bar{v} = 1.09$ m/s, $\bar{a} = 8.66$ m/s^2

17.96 $0.283mg$

17.98 $\alpha = 0.843$ rad/s^2 (CCW), $a_A = 2.53$ m/s^2 ←

17.100 $\alpha = 2.41$ rad/s^2 (CW), $T = 225$ N

17.102 1.28 m

17.104 $\bar{a} = 6.64$ m/s^2, $T = 154$ N

17.106 785 N

17.108 (a) $\alpha = [3\cos\theta/(2L)][(2P/m) - g]$, $\omega = \sqrt{(3\sin\theta/L)[(2P/m) - g]}$ (CW); (b) $(9\sin 2\theta/8)(2P - mg)$ →

제18장

18.2 −9.1 N·m

18.4 40.8 N·m

18.6 Case (a): 480 W, Case (b): 120 W

18.8 $\sqrt{2Pt/\bar{I}}$

18.10 (a) 71.3 N • m; (b) 38.1 N • m
18.12 (b) 16.8 kW at 200 rad/s
18.14 (a) $(17/48)mL^2\omega^2$; (b) $(25/96)mL^2\omega^2$
18.16 86.4 N • m
18.18 4.2 N • m
18.20 118.4 N • m
18.22 291 J
18.24 242 J
18.26 3.45 rad/s
18.28 5.99 N • m/rad
18.30 (a) $2\sqrt{ge/(R^2+2e^2)}$; (b) $R/\sqrt{2}$; (c) $1.189\sqrt{g/R}$
18.32 11.09 rad/s
18.34 2.25 m/s
18.36 (a) 2.82 m/s; (b) 6 m/s
18.38 (a) 2.10 m/s; (b) 77.1 mm
18.40 $\sqrt{3P/(mL)}$
18.42 4.11 rad/s
18.44 (a) 4257 N • m; (b) 5.00 rad/s
18.46 2.36 m/s
18.48 1 m/s
18.50 3.18 m/s
18.52 74.2 N
18.54 $P_0R/(r\sqrt{\bar{I}k})$
18.56 5.81 N • m
18.58 (a) $mb^2\omega/6$ (CW); (b) $2mb^2\omega/3$ (CW); (c) $mb^2\omega/3$ (CCW)
18.60 $R/2$
18.62 1022 rad/s
18.64 24.3 rad/s
18.66 19.86 N
18.68 13.33 rad/s
18.70 (a) 0.9 s; (b) 0.1133
18.72 (a) 2.88 rad/s; (b) 2.88 rad/s
18.74 $v_A = v_0/3\uparrow, v_B = 2v_0/3\uparrow$
18.76 14.02 rad/s
18.78 11.85 rad/s
18.80 155.8 %
18.82 11.44 rad/s
18.84 14.29 rad/s
18.86 (a) 1.428 rad/s; (b) 34.6°
18.88 (a) $2.40v_1$; (b) 1.430 m/s
18.90 3.84 rad/s (CW)
18.92 (a) v_1; (b) 0%
18.94 5.24 rad/s
18.96 1.519 rad/s
18.98 (a) 0.551 rad/s; (b) 5.52°
18.100 2.0ω
18.102 $\sqrt{6Lg}$
18.104 0
18.106 $t = 0.824$ s, $\omega = 30.0$ rad/s
18.108 3.15 m/s ↓
18.110 4.20 rad/s
18.112 $1.054\sqrt{gh/R}$
18.114 62.6°
18.116 44.3 rad/s (CW)
18.118 2.43 rad/s

제19장

19.2 1.755 m/s^2
19.4 8.46 rad/s
19.6 (a) 2.22**j** rad/s; (b) 2.04**i** rad/s^2; (c) $\mathbf{v}_P = 0.205\mathbf{i}$ m/s, $\mathbf{a}_P = -0.188\mathbf{j} - 0.266\mathbf{k}$ m/s^2
19.8 (a) 1.80(**j** + **k**) rad/s; (b) 2.37**i** rad/s^2
19.10 (a) 33.1**i** + 28.2**k** rad/s; (b) 463**j** + 320**k** rad/s^2
19.12 (a) $(0.658\mathbf{j} - 0.940\mathbf{k})\omega_0$; (b) $4.17\omega_0\mathbf{j}$
19.14 (a) 2.0**i** + 4.24**j** + 12.24**k** rad/s; (b) 33.9**i** − 16.0**j** rad/s^2
19.16 (a) $\boldsymbol{\omega}_{CD} = 7.20\mathbf{j}$ rad/s, $\boldsymbol{\omega}_{BD} = \mathbf{0}$; (b) 34.6**j** rad/s^2
19.18 − 0.866**i** + 0.750**j** rad/s^2
19.20 $\boldsymbol{\omega}_A = -2.40\mathbf{j}$ rad/s, $\boldsymbol{\omega}_C = 0.90\mathbf{i} - 2.40\mathbf{j} + 1.20\mathbf{k}$ rad/s
19.22 (a) 30**j** rad/s^2; (b) −600**i** − 270**j** + 1000**k** in./s^2
19.24 (a) 180**j** rad/s^2; (b) 159.6**i** − 212.8**j** − 59.8**k** m/s^2
19.26 $\boldsymbol{\omega}_2 = 4.0\mathbf{i} - 3.14\mathbf{j} + 3.14\mathbf{k}$ rad/s, $T_2 = 1.997$ J
19.28 (a) 8.10**j** + 1.35**k** N • m • s; (b) 641 J
19.30 15.57 rad/s
19.32 0.410
19.34 −0.357**j** + 2.2**k** N • m • s
19.36 $2.65\sqrt{g/L}$

19.38 5.94 m/s

19.40 $-3.22\mathbf{i} - 4.29\mathbf{j}$ rad/s

19.42 $1.02\mathbf{j} - 2.45\mathbf{k}$ rad/s

19.44 $0.776\mathbf{j} - 0.631\mathbf{k}$

19.46 $\cos^{-1}[3g/(2L\omega^2)]$

19.48 $\mathbf{C} = -(1/12)mb^2\omega_0^2 \sin\beta \cos\beta\mathbf{i}, \mathbf{R} = \mathbf{0}$

19.50 $0.5mRL\omega^2$

19.52 $A_x = -ma\omega_0^2, B_x = -(1/2)ma\omega_0^2$

19.54 $\mathbf{R}_A = -1.5\mathbf{j}$ N, $\mathbf{R}_B = 1.5\mathbf{j}$ N

19.56 $\mathbf{C} = -6.91\mathbf{k}$ N · m

19.58 9.01 rad/s

19.60 360 N

19.62 $\mathbf{R}_A = -m\omega_0^2 b(\mathbf{j} + \mathbf{k}), \mathbf{C}_A = -(m\omega_0^2 b^2/8)\mathbf{j}$

19.64 98.3 N

19.66 18.8 N

19.68 $\dot{\boldsymbol{\psi}} = -4.98\mathbf{k}$ rad/s,
$\boldsymbol{\omega} = 0.872\mathbf{j} + 4.980\mathbf{k}$ rad/s

19.70 2.13

19.72 9.43 N

19.74 (a) Initial conditions: $t = 0, \theta = 0.5236$ rad, $\dot{\theta} = 0, \phi = 0, \dot{\phi} = 200$ rad/s; (b) $\tau = 0.0628$ s, $-86.6 \text{ rad/s} \le \dot{\theta} \le 86.6$ rad/s, $50 \text{ rad/s} \le \dot{\phi} \le 200$ rad/s

19.76 (No answer)

19.78 (a) $\ddot{\theta} = (0.75\dot{\phi}^2 \cos\theta - 0.25\dot{\phi}\dot{\psi} + 117.70)\sin\theta$,
$\ddot{\phi} = (-1.75\dot{\phi}\cos\theta + 0.25\dot{\psi})\dot{\theta}\csc\theta$,
$\ddot{\psi} = (1.75\dot{\phi}\cos\theta - 0.25\dot{\psi})\dot{\theta}\cot\theta + \dot{\theta}\dot{\phi}\sin\theta - 0.5(\dot{\phi}\cos\theta + \dot{\psi})$;
(b) $\omega_z|_{t=0} = 123.8$ rad/s, $\omega_z|_{t=1.0\text{ s}} = 75.1$ rad/s

19.80 $\dot{\phi} = 2Fb/(mR^2\dot{\psi})$

19.82 (a) $\theta = 20°, \dot{\psi} = 8.96$ rad/s, $\dot{\phi} = 3.18$ rad/s; (b) $15° \le \gamma \le 55°$

19.84 (No answer)

19.86 0.267 rad/s at 13.08° ↗

제20장

20.2 (a) 24.5 Hz;
(b) $x = 0.012 \sin(153.9t + 0.6228)$ m

20.4 1.858

20.6 0.747

20.8 (a) $\dot{\theta}_{max} = p\theta_0, \ddot{\theta}_{max} = p^2\theta_0$;
(b) $\dot{\theta}_{max} = p\sqrt{2(1 - \cos\theta_0)}, \ddot{\theta}_{max} = p^2 \sin\theta_0$

20.10 $\ddot{x} + 2Tx/(mL) = 0$

20.12 0.829 s

20.14 (b) 0.228 s

20.16 (No answer)

20.18 (b) 0.0856

20.20 31.0 N · s/m

20.22 −2.89 mm

20.24 0.398 s

20.26 5.18 m/s

20.28 1.419×10^{-4} N · s/m

20.30 (a) $\ddot{\theta} = -0.2791\,\dot{\theta}|\dot{\theta}| - 21.47 \sin\theta$;
(c) 44.1%

20.32 (a) $x = 0.02667(-0.5 \sin 50t + \sin 25t)$ m;
(b) 1.333; (c) 34.6 mm

20.34 73.4 mm

20.36 (a) 2.5 rad/s; (b) 60 mm

20.38 $\omega < 39.3$ rad/s or $\omega > 50.8$ rad/s

20.40 (a) 400 rad/s; (b) 1.847 mm

20.42 (a) $\ddot{\theta} = -9.0 \sin\theta + 12.5 \sin 5t \cos\theta$

20.44 1568 rev/min.

20.46 12.01 N · s/m

20.48 (b) $x_{max} = 40.1$ mm, $x_{min} = 18.5$ mm

20.50 (a) $m\ddot{x} + c\dot{x} + kx = -c\omega Y \sin\omega t$;
(b) $|X| = 33.5$ mm, $\phi = 24.8°$

20.52 $x(t) = 8.65 \sin(900t + 0.448)$ mm, $x(t)$ leads $y(t)$ by 25.6°

20.54 $Z_{max} = 1.155Y, \omega/p = \sqrt{2}$

20.56 (a) 25.0 N · s/m; (b) 90°

20.58 (a) $12\ddot{x} + 6\dot{x} + 140x = 0.32 \sin\omega t$;
(b) $x(t) = 15.62 \sin(3.42t + \pi/2)$ mm

20.60 (a) $\ddot{x} = 200 \sin 500t - 50\dot{x}|\dot{x}| - (250 \times 10^3)x$ m/s²; (b) 4.4 mm

20.62 314 N/m

20.64 (b) $y = \bar{k}, p_{max} = \sqrt{g/(2\bar{k})}$

20.66 (a) $m\ddot{\theta}/3 + (c_1 + c_2/4)\dot{\theta} - k\theta = 0$, (b) 0.628

20.68 1.969 Hz

20.70 0.725 Hz

20.72 16.63 rad/s

20.74 3.14 kN · s/m

20.76 (c) 41°

20.78 (a) 0.600; (b) 1.368 J · s

20.80 (b) Reduction in amplitude in one cycle is $0.6q_0$, System stops at $(q = -0.1q_0, \dot{q}/p = 0)$

20.82 $5.13\sqrt{m/k}$

20.84 $2\sqrt{3gR}/L$

20.86 $2\pi(1 - R/L)\sqrt{L/g}$

20.88 8.31 mm, 350 mm

20.90 $2\pi\sqrt{3m/(5k)}$

20.92 0.612 s

20.94 (a) $\ddot{\theta} + 3(k/m - 2g/L)\theta = 0$; (b) 0.897 s; (c) 30.0 kg

20.96 $0.1345\sqrt{g/(R-r)}$

20.98 (a) $\ddot{x} + 50x = 0$; (b) 1.125 Hz; (c) $x(t) = 30.2 \sin(7.071t - 0.9744)$ mm

20.100 $18.7 \sin 43.96t - 13.7 \sin 60t$ mm

20.102 $x(t) = 0.1571 \exp(-0.499t) \sin 18.28t$ m

20.104 $x(t) = 95.25 \exp(-20.85t) \sin(27.80t + 0.9273)$ mm

20.106 $2t \exp(-10t)$ m

20.108 (a) 1.291; (b) $(\text{M.F.})_{\max} = 1.400$, $\omega = 12.96$ rad/s

20.110 5.58 kN · s/m

20.112 Underdamped

20.114 5.32 mm

부록 F

F.2 $0.792mR^2$

F.4 $I_x = I_z = m(b^2 + 2a^2)/12$, $I_y = ma^2/3$

F.6 53.5 kg · m²

F.8 (a) $(mL^2/12)\sin^2\beta$; (b) $I_y = (mL^2/12)\cos^2\beta$, $I_z = mL^2/12$

F.10 (a) $(m/12)(L^2 + 3R^2)$; (b) $mR^2/2$

F.12 (a) $(m/5)(b^2/4 + 3h^2)$; (b) $mb^2/10$

F.14 0.304 kg · m²

F.16 $0.0584mR^2$

F.18 6.22 kg · m²

F.20 $3mR^2/(8\pi)$

F.22 $I_{xy} = 3mbh/10$, $I_{yz} = 3mab/20$, $I_{zx} = 3mah/10$

F.24 $I_{xy} = I_{zx} = 0$, $I_{yz} = mRh/3$

F.26 $I_{xy} = -1.33 \times 10^{-3}$ kg · m², $I_{yz} = -0.663 \times 10^{-3}$ kg · m², $I_{zx} = 1.33 \times 10^{-3}$ kg · m²

F.28 $I_{xy} = mR^2/(8\pi)$, $I_{zx} = -mR^2/(8\pi)$, $I_{yz} = 0$

F.30 mb^2

F.32 (a) $mb^2/6$

F.34 $mb^2h^2(b^2 + h^2)/6$

F.36 $\boldsymbol{\lambda}_1 = (\mathbf{i} + \mathbf{j})/\sqrt{2}$, $\boldsymbol{\lambda}_2 = (-\mathbf{i} + \mathbf{j})/\sqrt{2}$, $\boldsymbol{\lambda}_3 = \mathbf{k}$; $\bar{I}_1 = mb^2/6$, $\bar{I}_2 = mb^2/24$, $\bar{I}_3 = 5mb^2/24$

F.38 $\bar{I}_1 = 0$, $\bar{I}_2 = \bar{I}_3 = 3mb^2/2$

F.40 (a) $mb^2\begin{bmatrix} 3 & 1 & -1 \\ 1 & 4 & 0 \\ -1 & 0 & 3 \end{bmatrix}$;

(b) $I_1 = 1.75mb^2$, $I_2 = 4.80mb^2$, $I_3 = 3.45mb^2$

F.42 (a) $\begin{bmatrix} 1.308 & -1.963 & -0.981 \\ -1.963 & 6.803 & -0.393 \\ -0.981 & -0.393 & 7.588 \end{bmatrix}$ kg · m²;

(b) $I_1 = 0.522$ kg · m², $I_2 = 7.416$ kg · m², $I_3 = 7.762$ kg · m²,

$\boldsymbol{\lambda}_1 = 0.941\mathbf{i} + 0.303\mathbf{j} + 0.148\mathbf{k}$,

$\boldsymbol{\lambda}_2 = -0.330\mathbf{i} + 0.919\mathbf{j} + 0.216\mathbf{k}$,

$\boldsymbol{\lambda}_3 = -0.070\mathbf{i} - 0.252\mathbf{j} + 0.965\mathbf{k}$

찾아보기

한글 찾아보기

ㅅ

ㅇ

ㅈ

L

M

N

O

P

Q

R

S

Mass Moments of Inertia

Slender rod

$m = AL\rho$

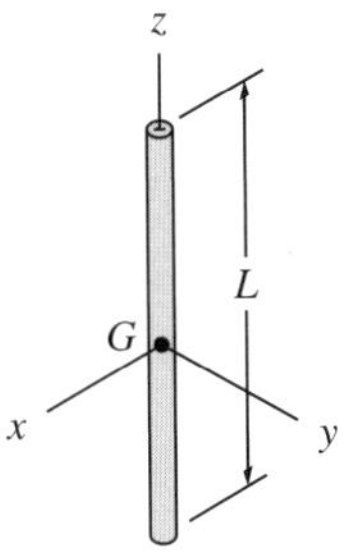

$\bar{I}_x = \bar{I}_y = \frac{1}{12}mL^2 \qquad \bar{I}_z \approx 0$

Cylinder

$m = \pi R^2 h\rho$

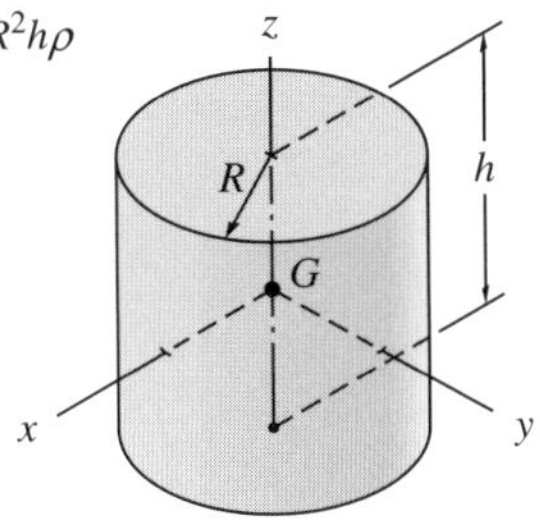

$\bar{I}_x = \bar{I}_y = \frac{1}{12}m(3R^2 + h^2) \qquad \bar{I}_z = \frac{1}{2}mR^2$

Hemisphere

$m = \frac{2\pi}{3}R^3\rho$

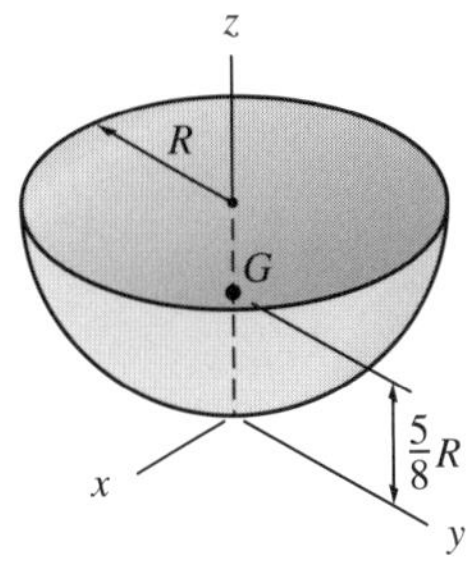

$I_x = I_y = \frac{208}{320}mR^2 \qquad I_z = \bar{I}_z = \frac{2}{5}mR^2$

$\bar{I}_x = \bar{I}_y = \frac{83}{320}mR^2$

Thin ring

$m = 2\pi AR\rho$

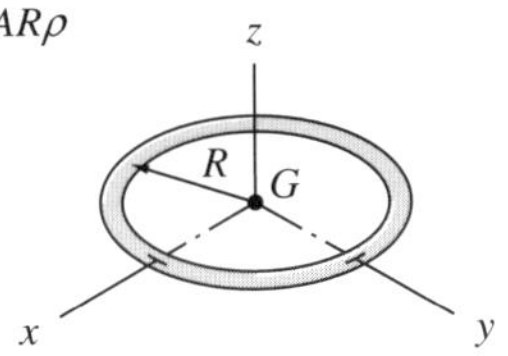

$\bar{I}_x = \bar{I}_y = \frac{1}{2}mR^2 \qquad \bar{I}_z = mR^2$

Sphere

$m = \frac{4\pi}{3}R^3\rho$

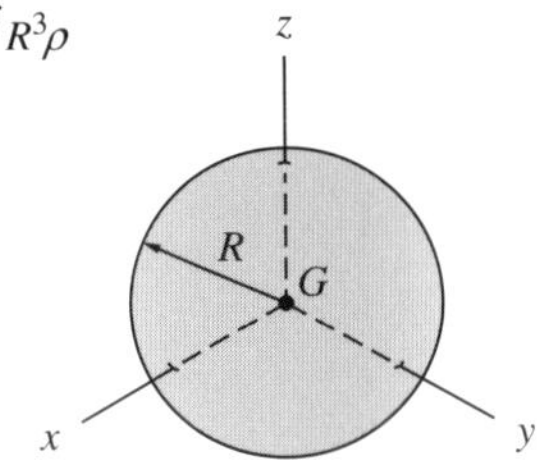

$\bar{I}_x = \bar{I}_y = \bar{I}_z = \frac{2}{5}mR^2$

Cylindrical shell

$m = 2\pi Rht\rho$

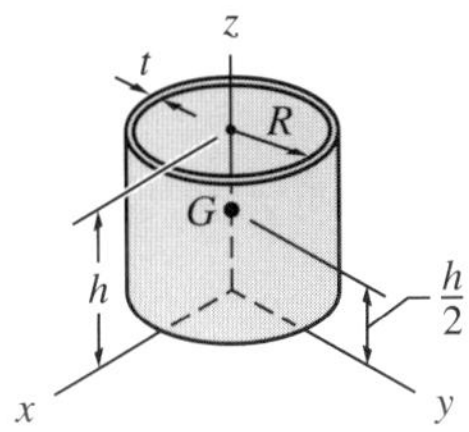

$I_x = I_y = \frac{1}{6}m(3R^2 + 2h^2) \qquad I_z = \bar{I}_z = mR^2$

$\bar{I}_x = \bar{I}_y = \frac{1}{12}m(6R^2 + h^2)$

Rectangular prism

$m = abc\rho$

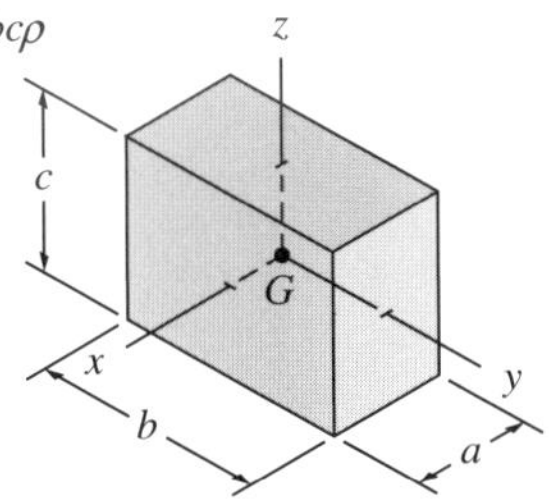

$\bar{I}_x = \frac{1}{12}m(b^2 + c^2)$

$\bar{I}_y = \frac{1}{12}m(c^2 + a^2)$

$\bar{I}_z = \frac{1}{12}m(a^2 + b^2)$

Cone

$m = \frac{\pi}{3}R^2 h\rho$

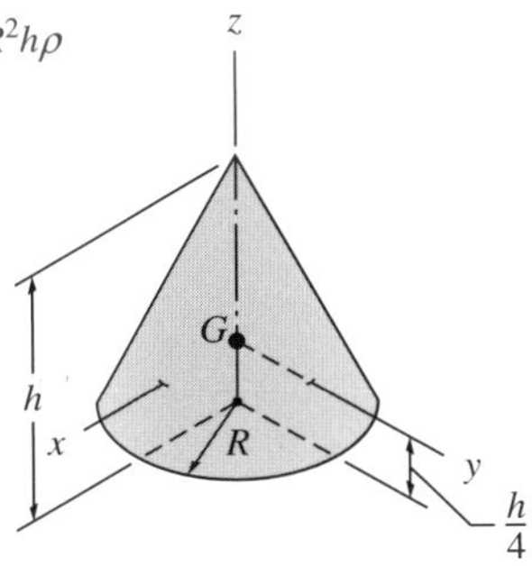

$\bar{I}_x = \bar{I}_y = \frac{3}{80}m(4R^2 + h^2)$

$\bar{I}_z = \frac{3}{10}mR^2$

Conical shell

$m = \pi Rt\rho\sqrt{R^2 + h^2}$

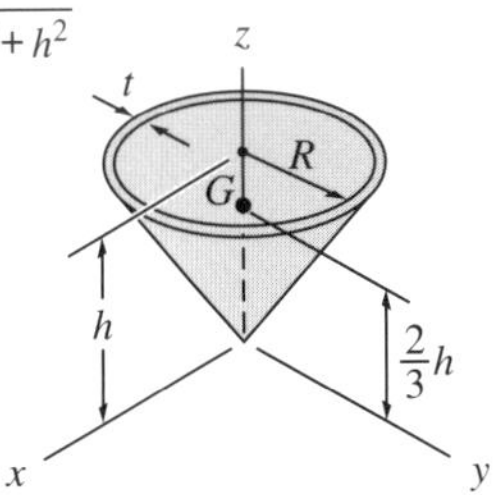

$I_x = I_y = \frac{1}{2}m(R^2 + 2h^2) \qquad I_z = \bar{I}_z = \frac{1}{2}mR^2$

$\bar{I}_x = \bar{I}_y = \frac{1}{12}m(6R^2 + h^2)$

Right tetrahedron

$m = \frac{1}{6}abc\rho$

$\bar{x} = \frac{1}{4}a$

$\bar{y} = \frac{1}{4}b$

$\bar{z} = \frac{1}{4}c$

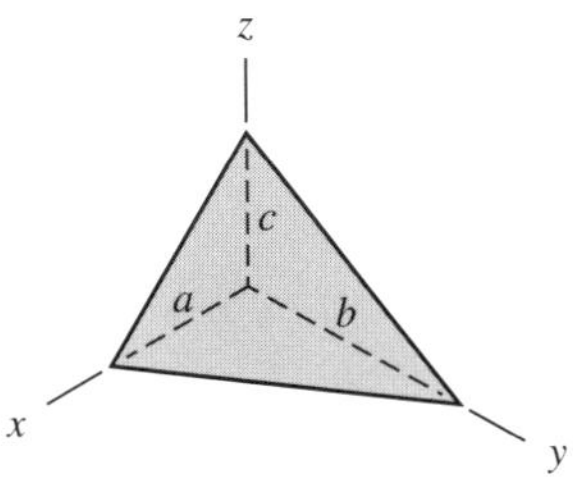

$I_x = \frac{1}{10}m(b^2 + c^2) \qquad \bar{I}_x = \frac{3}{8}I_x$

$I_y = \frac{1}{10}m(c^2 + a^2) \qquad \bar{I}_y = \frac{3}{8}I_y$

$I_z = \frac{1}{10}m(a^2 + b^2) \qquad \bar{I}_z = \frac{3}{8}I_z$

Semicircular rod

$m = \pi AR\rho$

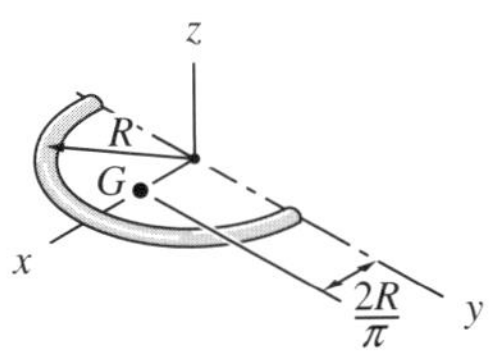

$I_x = I_y = \frac{1}{2}mR^2 \qquad I_z = mR^2$

$\bar{I}_x = I_x \qquad \bar{I}_y = \left(\frac{1}{2} - \frac{4}{\pi^2}\right)mR^2$

$\bar{I}_z = \left(1 - \frac{4}{\pi^2}\right)mR^2$

Hemispherical shell

$m = 2\pi R^2 t\rho$

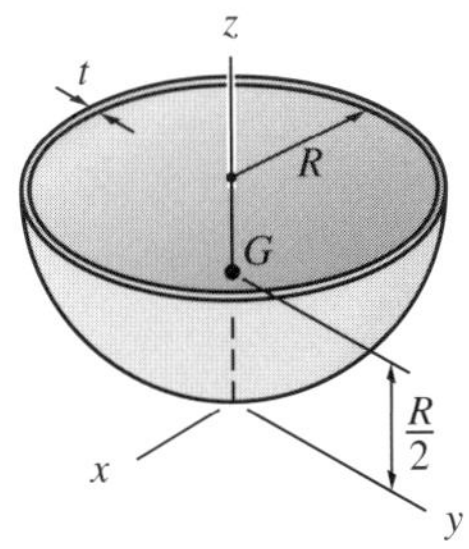

$I_x = I_y = \frac{2}{3}mR^2 \qquad I_z = \bar{I}_z = \frac{5}{12}mR^2$

$\bar{I}_x = \bar{I}_y = \frac{5}{12}mR^2$